DICTIONNAIRE

CLASSIQUE

D'HISTOIRE NATURELLE.

Liste des lettres initiales adoptées par les auteurs.

MM.

AD. B. Adolphe Brongniart.
A. D. J. Adrien de Jussieu.
A. F. Apollinaire Fée.
A. R. Achille Richard.
AUD. Audouin.
B. Bory de Saint-Vincent.
C. P. Constant Prévost.
D. Dumas.
D. C..E. De Candolle.
D..H. Deshayes.
DR..Z Drapiez.
E. Edwards.

MM.

E. D..L. Eudes Deslonchamps.
G. Guérin.
G. DEL. Gabriel Delafosse.
GEOF. ST.-H. Geoffroy St.-Hilaire.
G..N. Guillemin.
H.-M. E. Henri-Milne Edwards.
ISID. B. Isidore Bourdon.
IS. G. ST.-H. Isidore Geoffroy Saint-Hilaire.
K. Kunth.
LAT. Latreille.

La grande division à laquelle appartient chaque article, est indiquée par l'une des abréviations suivantes, qu'on trouve immédiatement après son titre.

ACAL. Acalèphes.
ANNEL. Annelides.
ARACHN. Arachnides.
BOT. CRYPT. Botanique. Cryptogamie.
BOT. PHAN. Botanique. Phanérogamie.
CHIM. ORG. Chimie organique.
CHIM. INORG. Chimie inorganique.
CIRRH. Cirrhipèdes.
CONCH. Conchifères.
CRUST. Crustacés.
ECHIN. Echinodermes.
FOSS. Fossiles.
GÉOL. Géologie.
INS. Insectes.

INT. Intestinaux.
MAM. Mammifères.
MICR. Microscopiques.
MIN. Minéralogie.
MOLL. Mollusques.
OIS. Oiseaux.
POIS. Poissons.
POLYP. Polypes.
PSYCH. Psychodiaires.
REPT. BAT. Reptiles Batraciens.
— CHÉL. — Chéloniens.
— OPH. — Ophidiens.
— SAUR. — Sauriens.
ZOOL. Zoologie.

IMPRIMERIE DE J. TASTU, RUE DE VAUGIRARD, N° 36.

DICTIONNAIRE

CLASSIQUE

D'HISTOIRE NATURELLE,

PAR MESSIEURS

AUDOUIN, Isid. BOURDON, Ad. BRONGNIART, DE CANDOLLE, G. DELA-FOSSE, DESHAYES, E. DESLONCHAMPS, DRAPIEZ, DUMAS, EDWARDS, H.-M. EDWARDS, A. FÉE, GEOFFROY SAINT-HILAIRE, Isid. GEOFFROY SAINT-HILAIRE, GUÉRIN, GUILLEMIN, A. DE JUSSIEU, KUNTH, LATREILLE, C. PRÉVOST, A. RICHARD, et BORY DE SAINT-VINCENT.

Ouvrage dirigé par ce dernier collaborateur, et dans lequel on a ajouté, pour le porter au niveau de la science, un grand nombre de mots qui n'avaient pu faire partie de la plupart des Dictionnaires antérieurs.

TOME DOUZIÈME.

NUA-PAM.

PARIS.

REY ET GRAVIER, LIBRAIRES-ÉDITEURS,
Quai des Augustins, n° 55 ;

BAUDOUIN FRÈRES, LIBRAIRES-ÉDITEURS,
Rue de Vaugirard, n° 17.

AOUT 1827.

DICTIONNAIRE

CLASSIQUE

D'HISTOIRE NATURELLE.

* NUAGE ou NUÉE. MOLL. Noms vulgaires et marchands du Cône Tulipe. (B.)

NUAGES. *V.* MÉTÉORES.

* NUAGEUX. POIS. Syn. de Bolty ou Bolti, espèce du genre Chromis. *V.* ce mot. (B.)

NUBÉCULA. MOLL. Mauvais genre de Klein (*Nov. Meth. Ostrac.*, pag. 76, pl. 5, n° 90), établi pour quelques Cônes dont les couleurs sont nuageuses, notamment le *Conus Geographus* dés auteurs, que Rumph le premier appela de la sorte. (D..H.)

* NUBÉCULAIRE. *Nubecularia.* MOLL.? FOSS.? Defrance a signalé, sous ce nom, de petits corps irréguliers appliqués sur l'intérieur des Coquilles univalves fossiles de Valognes; ces corps, qu'il est fort difficile de placer dans une classe des Invertébrés, paraissent formés de loges irrégulières dans l'une desquelles on aperçoit, à l'aide de la loupe, une très-petite ouverture vers le bord.

TOME XII.

Ces corps singuliers, qui font des pustules dans les endroits où ils adhèrent, ont les bords extrêmement minces; ils ont quelquefois quatre à cinq lignes de longueur. (D..H.)

* NUCAMENTACÉES. *Nucamentacea.* BOT. PHAN. Dans ses Fragmens d'ordres naturels, Linné appelait ainsi un groupe qu'il composait des genres *Xanthium*, *Ambrosia*, *Parthenium*, *Micropus* et *Artemisia*. Il l'avait d'abord placé auprès des Amentacées; mais plus tard il en fit une section des Synanthérées, et y réunit un grand nombre d'autres genres ayant peu d'analogie entre eux. Ce groupe n'a pu être adopté. (A. R.)

NUCIFRAGA. OIS. (Brisson.) Syn. de Cassenoix. (Daudin.) Syn. de Gros-Bec. *V.* ces mots. (B.)

NUCLÉOBRANCHES. *Nucleobranchiata.* MOLL. Blainville (Traité de Malacologie, pag. 491) a établi sous ce nom un nouvel ordre de Mollusques, qui est le cinquième des Mollusques dioïques; il le caracté-

1

rise de la manière suivante : organes de la respiration en forme de lanières symétriques, groupées avec les organes digestifs, dans une petite masse (*Nucleus*) située à la partie supérieure et ordinairement postérieure du dos ; la peau nue, épaisse, comme gélatineuse. Coquille symétrique plus ou moins enroulée longitudinalement ou d'arrière en avant et fort mince. Cet ordre est composé de deux familles : les Nectopodes qui contiennent les genres Firole et Carinaire, et les Ptéropodes qui contiennent les genres Atlante, Spiratelle et Argonaute. L'arrangement et les rapports de ces genres sont bien différens de ce qu'ils étaient avant Blainville (*V.* HÉTÉROPODES), et l'ordre lui-même est bien plus éloigné des Mollusques Céphalopodes que Lamarck ne l'avait pensé, tellement qu'il se trouve ici le dernier de la première classe, les Paracéphalophores dioïques après les Inférobranches. *V.* NECTOPODES et PTÉROPODES. (D..H.)

NUCLÉOTITE. *Nucleolites.* ECHIN. Genre de l'ordre des Pédicellés, ayant pour caractères : corps ovale ou cordiforme, un peu irrégulier, convexe ; ambulacres complets, rayonnant du sommet à la base ; bouche subcentrale ; anus au-dessus du rebord. Ce genre, que Lamarck a établi aux dépens du grand genre *Echinus* de Linné, diffère à peine de celui que le premier de ces auteurs a nommé Cassidule (*V.* ce mot) ; les espèces qu'il renferme ont également l'anus à la surface supérieure, plus ou moins près du bord ; toute la différence consiste en ce que les ambulacres des Nucléotites sont complets et s'étendent jusqu'à la bouche, tandis qu'ils sont bornés à la surface supérieure dans les Cassidules. Les espèces sont peu nombreuses, d'assez petite taille, et n'ont encore été trouvées qu'à l'état fossile : ce sont les *N. scutata, columbaria, ovulum* et *amygdala.* (E. D..L.)

*** NUCLEUS.** MOLL. On donne aujourd'hui ce nom a l'assemblage des viscères saillans ou pendans sous le ventre des Ptéropodes que l'on nomme aussi Nucléobranches. *V.* ce mot. (D..H.)

NUCULA. BOT. PHAN. (Lobel.) Syn. de *Bunium Bulbocastanum.* (B.)

NUCULAINE. *Nuculanium.* BOT. PHAN. Le professeur Richard, dans sa Classification carpologique, nomme ainsi un fruit charnu, provenant d'un ovaire libre, c'est-à-dire non couronné par le limbe du calice et contenant plusieurs noyaux ou nucules disposés circulairement autour de l'axe du fruit. Nous pensons que l'on peut étendre cette définition aux fruits charnus provenant d'un ovaire infère ; tels sont ceux du Lierre, du Sureau, du Néflier, des Sapotiliers, etc. (A. R.)

NUCULE. *Nucula.* MOLL. Les Nucules, confondues par Linné avec les Arches, ne furent séparées de ce genre que par Lamarck ; car Bruguière, à l'exemple de Linné, les tenait réunies. C'est dans le Système des Animaux sans vertèbres (1801), que ce démembrement eut lieu pour la première fois. Le nouveau genre fut placé à côté des Pétoncles, des Arches et des Cucullées, avec lesquels il a, sans contredit, beaucoup de rapports, quant à la charnière ; ces genres se trouvent ainsi tous disposés pour une famille. Lorsque Lamarck, dans sa Philosophie Zoologique, disposa les Mollusques en un certain nombre de ces coupes, celle où ces genres furent réunis porta le nom d'Arcacées (*V.* ce mot). De Roissy, en adoptant ce genre, dans le Buffon de Sonnini, lui a conservé les rapports indiqués par Lamarck qui n'y apporta lui-même aucuns changemens dans ses divers ouvrages. Cuvier (Règne Animal) n'a admis ce genre qu'à titre de sous-genre des Arches ; il le laisse néanmoins en rapport avec les Pétoncles, de manière que ce genre Arche représente la famille des Arcacées de Lamarck. Férussac, Latreille, Blainville, n'ont apporté aucun changement dans ce genre; de sorte que ses rapports semblent désormais fixés et d'une manière fort naturelle dans la famille des Arcacées, que Blainville nomme aussi Polyodontes. On ne connaissait pas l'Animal des Nucules; Blainville, qui a eu occasion de l'examiner, l'a caractérisé ainsi : corps subtriquètre ; manteau ouvert dans sa moitié inférieure seulement, à bords entiers, denticulés dans toute la longueur du dos, sans prolongement postérieur; le pied fort grand, mince à la racine, élargi en un grand disque ovale, dont les bords sont garnis de digitations tentaculaires; les appendices buccaux antérieurs assez longs, pointus, roides, et appliqués l'un contre l'autre comme des espèces de mâchoires; les postérieurs également roides et verticaux. Coquille transverse, ovale-trigone ou oblongue, équivalve, inéquilatérale; point de facettes entre les crochets; charnière linéaire, brisée, multidentée, interrompue au milieu par une fossette ou par un cuilleron oblique et saillant, à dents membraneuses, s'avançant souvent comme celles des Peignes; les crochets contigus, courbés en arrière; ligament marginal et en partie interne, inséré dans la fossette ou le cuilleron de la charnière. Le genre Nucule a été adopté généralement par tous les auteurs; et il présente en effet des caractères suffisans pour être conservé; ce n'est pas seulement à cause de la forme de la charnière, mais encore sur l'Animal lui-même qui diffère assez notablement de celui des Arches et des Pétoncles, comme nous l'avons vu par les caractères que nous avons donnés d'après Blainville. La charnière diffère de celle des Arches et des Cucullées, qui est en ligne droite, de celle des Pétoncles qui est en ligne courbe, en ce qu'elle est en ligne brisée ou anguleuse; elle en diffère encore par le ligament qui, au lieu d'être extérieur et appliqué sur des facettes obliques sous les crochets, s'insère sur un cuilleron interne plus ou moins saillant dans l'angle de la charnière, de manière cependant qu'on peut en apercevoir une petite partie au dehors. Les Nucules sont des Coquilles marines, en général d'un petit volume, d'une forme presque toujours triangulaire, assez épaisses, nacrées, ayant les bords soit entiers, soit crénelés, selon les espèces. Ce caractère peut servir à établir entre elles deux groupes, comme l'a fait Blainville.

† Espèces à bords entiers.

NUCULE LANCÉOLÉE, *Nucula lanceolata*, Lamk., Anim. sans vert. T. VI, pag. 58, n° 1; Sowerby, *Genera of Shells*, n° 17, fig. 1. Espèce extrêmement rare et des plus curieuses tant par la forme que par la disposition de la charnière sur une ligne presque droite; elle présente cependant dans son milieu un cuilleron interne pour le ligament; cette Coquille est mince, diaphane, allongée, ayant le côté antérieur atténué, presque pointu; le côté postérieur est plus arrondi, plus large, mais presque aussi long que l'antérieur, car la coquille est presque équilatérale. Elle est toute blanche.

†† Espèces dont les bords sont crénelés.

NUCULE NACRÉE, *Nucula margaritacea*, Lamk., Anim. sans vert. T. VI, pag. 39, n° 6; *Arca Nucleus*, L., Gmel., n° 58; *Arca margaritacea*, Brug., Encyclop., n° 22; Chemnitz, Conch. T. VII, tab. 58, fig. 574, a, b; Encyclop., pl. 311, fig. 3, a, b; Sowerby, *loc. cit.*, n° 17, fig. 7. Espèce répandue dans l'Océan européen, la mer du Nord, la Méditerranée, sur les côtes d'Angleterre; elle se trouve fossile en Italie, à Bordeaux et dans les faluns de la Touraine, à Valognes; en Angleterre, aux environs de Paris, à Courtagnon, Parnes, Grignon, etc.; il en est de cette Coquille comme du *Lucina divaricata*, qui est également vivant dans l'Océan européen et la Méditerranée, et qui se trouve fossile dans presque tous les lieux où on en observe.   (D..H.)

NUCULE. *Pyrena.* BOT. PHAN. On appelle ainsi chacun des petits noyaux osseux contenus dans un Nuculaine. *V.* ce mot. (A. R.)

NUDIBRANCHES. *Nudibranchia.* MOLL. Ce fut Cuvier qui institua le premier l'ordre des Nudibranches parmi les Mollusques Gastéropodes. Duméril l'avait indiqué sous le nom de Dermobranches, et Lamarck ne l'a point admis; les Mollusques qu'il renferme ont été placés par ce dernier auteur dans la famille des Tritoniens, la première des Gastéropodes. Férussac, dans ses Tableaux Systématiques, a imité Cuvier, quant à la place de l'ordre qui est aussi le premier des Gastéropodes; mais il le divise en deux sous-ordres, le premier les Anthobranches de Goldfuss, qui contiennent une seule famille, les Doris. Cette famille est composée des trois genres Doris, Onchidiore et Polycère. Le second sous-ordre, les Polybranches de Blainville, est divisé en deux familles : la première, sous le nom de Tritonie, rassemble les quatre genres Tritonie, Doto, Téthys et Scyllée; et la seconde, les Glauques, en a également quatre, Laniogère, Glauque, Eolide et Tergipe. Férussac, dans cet arrangement, a admis trois genres de plus que Cuvier; ce sont : Onchidiore, Doto et Laniogère. Blainville n'a point adopté la dénomination de Nudibranches; il a divisé cet ordre de Cuvier en deux ordres, les Polybranches et les Cyclobranches (*V.* ces mots); mais ces deux ordres sont loin d'être placés, dans la méthode, dans les rapports indiqués par les auteurs qui ont précédé; ils sont ici dans la deuxième sous-classe des Mollusques, les *Paracéphalophores monoïques*, dans la seconde section de ces Mollusques qui rassemble ceux dont les organes de la respiration et la coquille, quand elle existe, sont symétriques; cette section contient trois ordres, les Aporobranches, les Polybranches et les Cyclobranches (*V.* ces mots; le premier au Suppl.).

Latreille (Familles Naturelles du Règne Animal) a admis l'ordre des Nudibranches; il le place comme lui au commencement des Gastéropodes, et il le divise en trois familles, les Orobranches, les Séribranches et les Phyllobranches (*V.* ces mots). Ce qui nous a surpris, c'est de trouver le genre Carinaire dans la première famille, les Orobranches, en rapport avec les Doris, les Polycères et Onchidiores : nous discuterons cette opinion à l'article de la famille que nous venons de citer. (D..H.)

NUDICOLLES. OIS. Duméril nomme ainsi dans sa Zoologie Analytique sa première famille des Rapaces, qui contient les genres Vautour et Sarcoramphe. *V.* ces mots. (B.)

NUDICOLLES. *Nudicolles.* INS. Tribu de l'ordre des Hémiptères, section des Hétéroptères, famille des Géocorises, établie par Latreille, et ayant pour caractères : base de la tête souvent rétrécie en forme de col allongé; corps oblong, plus étroit en avant, avec les pieds antérieurs courts, coudés ou courbés; antennes sétacées; bec à nu, arqué, de trois articles; labre court, sans stries. Les Géocorises de cette tribu diffèrent de celles qui composent la tribu des Membraneuses, par le bec qui, dans ces derniers, est droit et engainé à sa base ou dans toute sa longueur; les Oculées en sont séparées par leurs yeux très-gros et par leur tête qui n'est point rétrécie postérieurement. Les Nudicolles sont carnassiers et piquent très-fort avec leur bec quand on les inquiète. Ils habitent en général sur les Plantes ou à terre; quelques-uns vivent dans nos maisons. Latreille place cinq genres dans cette tribu. *V.* les articles HOLOPTILE, RÉDUVE, PÉTALOCHEIRE, NABIS, ZELUS et PLOIÈRE, tant à leurs lettres qu'au Supplément. (G.)

* **NUDILIMACES.** *Nudilimaces.* MOLL. Latreille (Familles Naturelles du Règne Animal, pag. 178) divise le quatrième ordre des Gastéropodes,

les Pulmonés, en trois familles dont la première est désignée sous le nom de Nudilimaces ; cette famille est la même que celle des Limaciens de Lamarck, moins le genre Vitrine. Latreille a adopté pour l'arrangement des genres qu'elle contient celui que Férussac a proposé dans son ouvrage sur les Mollusques terrestres et fluviatiles ; voici dans quel ordre ils ont été placés :

† Point de coquille extérieure.

1°. Corps entièrement cuirassé.

A. Deux tentacules.

Genres : ONCHIDE, ONCHIDIE.

B. Quatre tentacules.

Genres : VAGINULE, VÉRONI-CELLE.

2°. Corps cuirassé seulement antérieurement.

Quatre tentacules rétractiles dans tous.

Genres : LIMACE, ARION, LIMA-CELLE, PARMACELLE.

†† Une coquille extérieure.

Quatre tentacules.

Genres : PLECTROPHORE, TESTA-CELLE. *V.* LIMACIENS.   (D.-H.)

* NUDIPÈDE. MAM. Espèce du genre Marte. *V.* ce mot. (IS. G. ST.-H.)

NUDIPÈDES. OIS. Vieillot donne ce nom au premier ordre des Gallinacées, qui contient, dans sa méthode, les genres Hocco, Dindon, Paon, Eperonnier, Argus, Faisan, Coq, Monaul, Pintade, Rouroul, Tocro, Perdrix, Tinamou et Turnix. *V.* tous ces mots. On a aussi appelé Nudipède une espèce de Hibou. *V.* CHOUETTE.   (B.)

NUDIPELLIFÈRES. REPT. Cette classe, la quatrième du Système de Blainville, contient quatre ordres :

Les BATRACIENS, qui sont les Grenouilles, Crapauds, etc.

Les PSEUDO-SAURIENS ou Salamandres.

Les AMPHIBIENS, qui sont les Protées et les Syrènes.

Les PSEUDOPHYDIENS, ou Cœcilies.   (B.)

* NUÉE. MOLL. *V.* NUAGE.

NUÉE D'OR. MOLL. Nom vulgaire et marchand du *Conus Magus*. (B.)

NUGA. BOT. PHAN. Espèce du genre *Guilandina*, figuré dans l'*Herbarium Amboinense*, T. v, tab. 5o. (B.)

NUIL. BOT. PHAN. (Feuillée, Per. part. 2, tab. 17.) Syn. de *Neottia diuretica*, Willd.   (B.)

NULLIPORE. *Nullipora*. POLYP. Genre de productions marines de l'ordre des Milléporées? dans la division des Polypiers entièrement pierreux, ayant pour caractères : Polypier solide, inarticulé, polymorphe, rameux, subfoliacé, encroûtant, ou en masse informe, formé d'une substance calcaréo-gélatineuse, à surface presque toujours lisse et sans pores apparens, ou couverte çà et là de granulations tuberculeuses. Quoique plusieurs auteurs aient regardé ces productions marines comme de simples concrétions calcaires inorganiques, tous les avaient réunies aux Millépores, sans doute par analogie de forme. Lamarck, dans son Système des Animaux sans vertèbres (p. 334), distingua ces productions des Millépores et les nomma Nullipores ; mais dans son Histoire des Animaux sans vertèbres (T. 11, p. 2o3), il a réuni les Nullipores aux Millépores, à la vérité dans une section particulière. Ce nouveau rapprochement ne semble pas naturel, et nous ne croyons pas que les Nullipores appartiennent à la famille des Milléporées. Outre le caractère essentiel (l'absence de pores à la surface), la structure intérieure des Nullipores, bien vue, bien décrite, bien figurée par Ellis, ne permet pas de les laisser avec les Millépores. Nous savons que la plupart des auteurs soutiennent qu'Ellis s'est trompé, qu'il a cru voir plutôt qu'il n'a vu réellement la structure de ces êtres, que s'il a remarqué des porosités, c'étaient des porosités de matières inorganiques. Ni l'une ni l'autre de ces assertions n'est vraie ; Ellis a vu la réalité, et les Nullipores ne sont point des corps inorganiques. En suivant le procédé qu'indique Ellis, c'est-à-dire en fracturant obliquement des fragmens de Nullipores, nous avons pu observer cette structure sur les *Millepora agariciformis*, Lamk., et ses nombreuses variétés, *M. calcarea*, Lamk., et 281 ; sur le *M. fasciculata*, Lamk., var. в. Nous n'en pouvons donner une idée plus exacte qu'en la comparant, pour l'aspect, à la structure interne de la coquille de la Sèche officinale. Ce sont de petites lames transversales entre lesquelles existent une infinité de petites colonnes perpendiculaires, mais le tout avec des proportions moindres que dans la coquille de la Sèche. L'on ne peut presque jamais observer cette structure sur tous les points d'un même échantillon, mais sur quelques-uns seulement, et plus facilement à l'extrémité des branches ou des lames. Il est plusieurs espèces ou variétés sur lesquelles nous n'avons pu apercevoir cette structure en aucun point ; ce sont en général les plus compactes. Dans les points où l'on peut distinguer la structure interne, elle est recouverte à l'extérieur par une lame assez épaisse, et qui paraît entièrement compacte ; cette lame est ordinairement colorée en rose pâle, verdâtre, ou jaunâtre. En soumettant à l'action des Acides affaiblis de petites plaques des espèces ou variétés de Nullipores membraniformes, et les laissant ensuite sécher sur de petits morceaux de verre, on découvre assez bien cette structure qui semble alors tout-à-fait analogue à ce qu'on obtient en soumettant à la même expérience des fragmens de Coralline. Nous ne doutons point que les Nullipores ne doivent être rapprochées des Corallines, et que l'affinité de ces productions entre elles ne soit plus grande qu'on ne le croirait au premier aperçu. C'est la même consistance, la même composition chimique, les mêmes couleurs. Nous ajouterons que toutes les fois que nous

avons pu observer la Coralline officinale et les espèces qui lui ressemblent le plus, fixées sur les corps solides où elles se sont développées, il y avait toujours alors un large empâtement, une sorte de croûte de matière en tout semblable à certaines variétés de Nullipores ; les grains articulés de Coralline en naissent immédiatement ; enfin il nous semble qu'on pourrait regarder une Coralline comme un Nullipore articulé, ou un Nullipore comme une masse de matière de Coralline sans articulations. Rien n'est plus variable que la forme de ces productions ; tantôt elles sont élégamment ramifiées, et leurs rameaux cylindriques, plus ou moins gros, souvent dichothomes, s'anastomosent quelquefois entre eux ; tantôt leurs ramifications sont irrégulières, inégales, bossclées, tortueuses ; elles ne paraissent pas toujours avoir été fixées à quelque corps solide, mais leur ensemble forme une masse irrégulièrement arrondie, couverte de tous côtés de rameaux courts ; tantôt les Nullipores sont étendus en membranes larges, minces, prolifères, à bords irrégulièrement arrondis, et paraissent s'être développés, non sur des corps solides, mais sur quelque chose de mou qui aurait disparu ; on trouve souvent entre ces lames de la vase ou du sable ; d'autres fois les lames sont assez épaisses, solides et moins larges que dans le cas précédent ; elles se croisent et se coupent entre elles dans toutes sortes de directions ; le plus souvent les Nullipores encroûtent sous la forme de membrane plus ou moins épaisse, et adhèrent souvent avec beaucoup de force à la surface des pierres des Coquilles vivantes ou mortes, des Polypiers pierreux, des Fucus, etc. On ne peut se faire une idée de toutes ces formes et de leurs variétés qui sont sans nombre, qu'en voyant rassemblés dans un même lieu des Nullipores de tous les pays ; et en même temps on ne peut méconnaître que les êtres revêtus de formes si diverses appartiennent à un même genre, et peut-être ne se tromperait-on pas en avançant qu'ils sont tous de la même espèce, tant on trouve de nuances qui mènent des uns aux autres, et semblent tout confondre. Aussi règne-t-il la plus grande confusion dans la définition des espèces et leur synonymie. Ne pouvant entrer ici dans aucune discussion critique, nous nous contenterons de citer les espèces admises par Lamarck dans la seconde section de ses Millépores : *N. informis, racemus, fasciculata, byssoides, calcarea, agariciformis.* Les Nullipores se trouvent dans toutes les mers et à toutes les latitudes ; c'est une des productions la plus répandue dans la nature ; il en existe également de fossiles. (E. D. L.)

NUMENIUS. ois. *V.* COURLIS.

NUMIDIA. ois. Syn. de la Pintade qu'on avait d'abord appelée Poule de Numidie. (DR. Z.)

NUMMISMALES. MOLL. FOSS. On donnait ce nom à des corps lenticulaires organisés fossiles qui ont une forme circulaire, et quelque ressemblance avec des pièces de monnaie. On les nomme aujourd'hui Nummulines. *V.* ce mot. (D. H.)

*NUMMULACÉES. *Nummulacea.* MOLL. Blainville, dans son Traité de Malacologie, a proposé cette famille parmi les Multiloculaires pour rassembler un certain nombre de genres dont les caractères communs seraient les suivans : Animal entièrement inconnu, contenant probablement dans sa partie dorsale, et verticalement placée, une coquille ou un corps crétacé, discoïde ou lenticulaire, ne laissant voir à l'extérieur aucune trace des tours de spire entièrement intérieure et partagée en un grand nombre de petites loges ou cellules séparées par des cloisons sans siphon. Les genres contenus dans cette famille sont les suivans : Nummulite, Hélicite, Sidérolite, Orbiculine, Placentule et Vorticiale auxquels nous renvoyons. (D. H.)

NUMMULAIRE. *Nummularia,* BOT. PHAN. Espèce du genre Lisimaque. (*V.* ce mot.) On a même étendu ce nom au *Linnæa borealis.* (B.)

* NUMMULIE. MOLL. (Denys Montfort.) Syn. de Nummuline. *V.* ce mot. (B.)

NUMMULINE. *Nummulina.* MOLL. La découverte d'espèces vivantes dans ce genre a dû faire changer le nom de Nummulite en celui de Nummuline. D'Orbigny est le premier qui ait proposé ce changement ; il est peu de corps dans la nature qui aient fait naître, chez les anciens comme chez les modernes, un plus grand nombre d'opinions plus ou moins bizarres, plus ou moins justes. Très-répandues, formant quelquefois des montagnes entières ou couvrant de vastes contrées ; d'une forme discoïde, quelquefois aussi grandes que des pièces de monnaie ; d'autres fois pas plus grandes que des lentilles, les Nummulines ont servi tour à tour à expliquer des miracles et à exercer la sagacité des naturalistes ou des écrivains de presque tous les âges. Strabon, qui avait vu l'Egypte et visité les Pyramides, avait remarqué la grande abondance de pierres lenticulaires dont les décombres étaient remplis, et avait admis l'opinion sans doute déjà populaire alors, qu'elles étaient les résidus des alimens des ouvriers qui s'étaient pétrifiés. Ce serait supposer qu'ils ne vécurent que de lentilles. Dans son trente-sixième livre de l'Histoire Naturelle, Pline parle aussi des pierres lenticulaires, mais il ne cherche pas à en expliquer l'origine. Il constate seulement ce fait, qu'elles sont répandues dans les sables de la plus grande partie de l'Afrique.

L'opinion populaire que les pierres lenticulaires ont une origine miraculeuse, fut long-temps accréditée par les historiens eux-mêmes qui écrivirent au renouvellement des lettres. Nous laisserons les naturalistes de la même époque, et même d'une époque moins reculée, les Imperato, les Kircher, les Langius, etc., se conformer à l'opinion vulgaire, pour arriver à un temps où les auteurs cherchèrent à donner aux Nummulites une origine plus naturelle et plus raisonnable. Nous ne parlerons point de Mercati quoiqu'il ait figuré plusieurs espèces dans son *Metallotcca vaticana*. Nous ne relèverons pas non plus l'opinion de son commentateur Lancisi qui a pris ces corps pour des écussons d'Oursins; il fallait voir les choses bien superficiellement pour émettre de telles idées. Que dirons-nous donc de Bourguet qui, dans ses *Lettres philosophiques*, voulut prétendre que les Nummulites étaient des opercules d'Ammonites? Il suffit de rappeler une telle opinion pour en découvrir tout le ridicule. Bourguet est d'autant moins excusable, que Scheuchzer avant lui, et le premier de tous les auteurs, après un examen approfondi des Nummulites les avait justement comparées avec les Ammonites et les en avait rapprochées. Quant à leur origine, si Scheuchzer manifeste quelques doutes, cependant on doit croire, par l'analogie même qu'il leur trouvait avec les Ammonites, qu'il les considérait comme d'origine animale. Cette opinion de Scheuchzer, que l'on attribua à Breyne, qui n'eut d'autre mérite que de l'adopter, fut contredite par plusieurs auteurs. Bruchman d'abord pensa que ce pourrait bien être des Coquilles bivalves. Cette pensée a dû naître de la facilité avec laquelle on sépare quelquefois les Nummulites en deux parties égales dans leur plan vertical. Spada, qui a publié un Catalogue des pétrifications, a eu la même idée que Bruchmann, mais il pensait que ces Coquilles bivalves ne devaient point s'ouvrir à la manière des autres Bivalves, mais bien comme quelques Univalves, ce qui implique évidemment contradiction, et ce qui prouve que Spada ne savait trop à quoi s'en tenir sur les Nummulites, dont il a écrit sans en connaître la structure et les rapports. Ces diverses erreurs ne devaient pas être les seules auxquel-

les les Nummulites pouvaient donner naissance. Quelques espèces de véritables Nummulites sont striées du centre à la circonférence, et quelques personnes, par un examen peu attentif, les ont confondues avec de véritables Polypiers. Scheuchzer est peut-être le premier cause de cette confusion, car en parlant des pierres lenticulaires, il les décrit avec des stries rayonnantes, ce qui n'est applicable qu'à quelques espèces, et les auteurs suivans, confians dans cette description de l'oryctographe de Zurich, ont rapporté aux Nummulites d'autres corps nummiformes appartenant à la classe des Polypiers. Linné ne tomba pas dans cette faute; il sépara bien clairement, dans le *Systema Naturæ*, sous le nom de *Madrepora porpita*, p. 3756, n. 3, les Polypiers nummiformes des véritables Nummulites qu'il plaça dans le genre Nautile sous la dénomination de *Nautilus helicites*, p. 3791, n. 6. Ce rapprochement de Linné, quoique blâmé par plusieurs naturalistes, était cependant le seul qui pût mettre sur la voie des déterminations exactes; aussi fut-il presque généralement adopté. Valch, Gesner, Guettard, Targioni, Fichtel, la suivirent. De Saussure, ce savant géologue, se forma la même idée, après l'examen des différens corps qu'avant Linné on confondait avec les Nummulites. Il en sépara les Polypiers, après des incertitudes nombreuses. Bruguière trouva les opinions à peu près fixées à l'égard des Nummulites; ce réformateur de Linné sentit que ce ne pouvait être ni de véritables Nautiles ni des Ammonites; il créa pour elles un nouveau genre qu'il laissa près des Nautiles. Il lui donna le nom de Camérine. Cet auteur estimable attribua à tort à Gesner le mérite du rapprochement des Nummulites et des Nautiles, qui appartient, comme nous l'avons vu, à Scheuchzer; mais Bruguière fut le premier qui, par une connaissance approfondie des rapports, chercha à déterminer, par une heureuse hypothèse, la nature de l'Animal cons-tructeur des Nummulites. Il conclut, avec juste raison, que cet Animal ne doit ressembler à aucun de ceux qui sont connus; qu'il ne peut être contenu dans sa coquille, mais bien la coquille elle-même être intérieure ou demi-intérieure, et qu'elle ne doit adhérer à l'Animal que par un seul point, la dernière cloison dans laquelle un muscle ou un ligament doit s'insérer; peut-être cette dernière opinion serait-elle susceptible d'être encore discutée. Quoi qu'il en soit, cette manière rationnelle de considérer la chose a dû avoir une grande influence sur les zoologistes qui suivirent Bruguière; il leur fut plus facile de pousser plus loin leur investigation par les progrès de la science, et d'établir le rapport des Camérines et des Sèches, et plus tard avec les Spirules dont la connaissance jeta un si grand jour sur la classe des Céphalopodes. Cuvier, dans son Traité Elémentaire d'Histoire Naturelle des Animaux, publié en 1798, rapprocha, comme Bruguière, les Camérines des Nautiles; il adopta même la dénomination de Bruguière, et manifesta encore quelques doutes qui disparurent dans ses autres ouvrages. L'année suivante, Deluc, dans le Journal de Physique, 1799, donna quelques détails sur les Nummulites de la perte du Rhône, et trouva justement qu'elles n'ont point d'analogie avec les Nummulites ou Camérines de Bruguière, d'où la nécessité pour lui de proposer leur séparation en deux genres, ce qui était fait avant lui par Targioni, De Saussure, Bruguière, etc. Cependant toutes ces observations confirmatives de la part des savans distingués auraient dû être de quelque poids dans l'opinion de Fortis qui publia, en 1802, une année après que le Système des Animaux sans vertèbres de Lamarck eut paru, un long Mémoire sur les Nummulites qu'il nomma Discolithes; s'il avait mieux profité des travaux de l'illustre professeur, il ne serait pas tombé dans une

confusion impardonnable, puisque déjà Lamarck avait séparé en genres les divers corps qu'il s'obstina à ranger dans son genre Discolithe. Ainsi Fortis, malgré l'autorité des zoologistes et des géologues les plus recommandables, continua à confondre des Polypiers avec des Coquilles cloisonnées appartenant à plusieurs genres. Les Polypiers dépendent du genre Orbulite ou Orbitolite de Lamarck, et les Coquilles des Nummulites et des Mélonies (*V.* ORBITOLITE, MÉLONIE et DISCOLITHE.) Le plus grand nombre des auteurs que nous allons maintenant citer ont adopté plus ou moins complétement l'opinion de Bruguière ou de Lamarck, en la modifiant selon les connaissances acquises. Nous citerons d'abord Roissy qui, dans le Buffon de Sonnini, pense que les Nummulites devaient être libres dans l'Animal, puisque, dans les individus bien entiers, il n'y a aucune ouverture ni aucune trace d'adhérence musculaire. Cette circonstance, déjà appuyée par Fortis, porte Roissy à penser que l'Animal des Nummulites doit être fort voisin des Sèches. Dans la Philosophie Zoologique, Lamarck démembra les Lenticulites des Nummulites sur le motif insuffisant que les premières ont une ouverture, et que les secondes n'en ont pas. Ces deux genres sont placés à la fin de la famille des Lenticulacées, qui commence les Céphalopodes. Montfort (Conchyliologie Systématique, T. 1, p. 155) ne s'est pas contenté d'adopter les Nummulites auxquelles il donne le nom de Nummulie. Il a confondu une de leurs espèces avec un genre fort différent, les Rotalites de Lamarck (*V.* ce mot), parce qu'elle est rayonnée du centre à la circonférence. Cet auteur retombe aussi dans la même faute que Fortis, c'est-à-dire qu'il rapproche des Nummulites, et qu'il place parmi les Coquilles cloisonnées, de véritables Polypiers du genre Orbitolite de Lamarck qu'il démembre mal à propos en deux genres, Discolithe et Licophore (*V.*

ces mots.) Lamarck, qui a opéré des changemens notables dans l'arrangement de Céphalopodes (Extrait du Cours, 1811), a placé, bien à tort selon nous, les Lenticulines et les Nummulites dans deux familles : les premières dans les Radiolées, avec les Rotalies et les Placentules ; les secondes, parmi les Nautilacées, avec les Discorbes, les Sidérolithes, les Vorticiales et les Nautiles. Cuvier ne suivit pas Lamarck, il conserva (Règne Animal) le genre Camérine de Bruguière dans lequel il rangea comme sous-genres les Camérines propres, les Sidérolithes, les Rénulites, les Mélonies, les Milioles, les Pollonthes et les Aréthuses. A l'exception des deux premiers sous-genres, les autres ont peu de rapports avec les Nummulites, qui, dans le système de Cuvier, suivent les Ammonites, et sont séparées des Nautiles, dans lesquels les Lenticulines sont placées, par les genres Bélemnite, Hippurite et Ammonite. Lamarck, dans son dernier ouvrage, n'a rien changé, relativement à ce genre, à ce qu'il avait fait dans l'Extrait du Cours ; ainsi les Lenticulines et les Nummulites sont toujours séparées et sont restées dans les mêmes rapports. Férussac n'a composé sa famille des Nautiles que de deux genres, Lenticulines et Nautiles, qui sont divisés en un assez grand nombre de sous-genres, et à l'exemple de Lamarck et de Cuvier, il n'y a pas réuni les Nummulites, dont il a fait une famille à part, en leur conservant le nom de Camérine donné par Bruguière. Cette famille des Camérines se compose des quatre genres Sidérolithe, Nummulite, Orbiculine et Mélonie. Les deux premiers genres ont entre eux des rapports, mais les deux autres n'en ont aucun. L'arrangement des Lenticulines, qui ont tant d'analogie avec les Nummulites, qu'il n'est pas possible de les séparer, est véritablement curieux dans les Tableaux Systématiques, puisqu'on y trouve divisés en quatre groupes qui contiennent un grand nombre de genres

dont l'analogie est loin d'être certaine : 1° Storille, Florilie, Cellulie, Andromède, Nonione et Mélonie de Montfort, tous rapportés aux Vorticiales de Lamarck ; 2° les genres Théméone, Chrysole, Pélore, Géoponc et Sphinctérule de Montfort ; 3° les genres Hérione, Patrocle, Robule, Rhinocure et Lampadie ; 4° enfin, les genres Phonème, Elphide et Macrodite, toujours de Montfort. Blainville a suivi à peu près les mêmes erremens que Férussac ; il a séparé seulement sur des stries rayonnantes le genre Hélicite des Nummulites qu'il éloigne des Nautiles et des Lenticulites auxquelles il rapporte, comme Férussac, un grand nombre de genres de Montfort qui n'ont souvent entre eux que fort peu d'analogie. Mais ce chaos, dans lequel cette partie de la Conchyliologie se trouvait plongée, devait être bientôt éclairci. De Haan d'abord opéra un grand changement en établissant les deux grandes coupes si naturelles des Coquilles à siphons et des Coquilles sans siphons, ce qui fait voir sur-le-champ dans laquelle des divisions doivent être les Nummulites, et pour quoi elles ne peuvent rester dans la même famille que les Nautiles. D'Orbigny fut inspiré de la même idée presque en même temps que De Haan ; il donna le nom de Foraminifères à cette grande famille, quoique plusieurs genres, tels que celui qui nous occupe dans ce moment, aient des cloisons imperforées, et ne soient pas, par conséquent, foraminifères. C'est dans la famille des Hélicostègues, section des Nautiloïdes, que sont placées les Nummulines en rapport avec les Sidérolines, les Nonionines, les Cristellaires, etc. Le genre Nummuline de D'Orbigny rassemble les Lenticulines et les Nummulites de Lamarck, les Nummulites et les Hélicites de Blainville, et les genres Numulie, Licophre, Rotalie et Egéone de Montfort. De tous ces genres, les Licophres seules, qui sont des Polypiers très-voisins des Orbitolites, ne devraient pas faire partie des Nummulites. Ce genre est caractérisé de la manière suivante par D'Orbigny : ouverture contre l'avant-dernier tour de spire, masquée dans l'âge adulte ; coquille discoïdale, dépourvue d'appendices. Il se divise en deux sous-genres : 1° les Nummulines dont les tours de spire sont embrassans à tous les âges ; 2° les Assilines qui ont les tours de spire apparens à un certain âge.

Il existe un assez grand nombre d'espèces de Nummulines ; comme elles sont presque toutes lisses, qu'elles sont aussi quelquefois assez variables dans leur forme, que souvent leur taille dépend de l'âge, on doit sentir qu'il a dû être difficile de caractériser les espèces ; aussi trouve-t-on beaucoup de confusion dans la synonymie, surtout des auteurs anciens qui ont précédé Linné, et même dans quelques-uns de ceux qui l'ont suivi. Nous ne pouvons prétendre, dans un ouvrage comme celui-ci, donner toutes les espèces ; nous devons nous contenter de citer quelques exemples.

NUMMULINE LISSE, *Nummulina lœvigata*, D'Orb.; *Nummulites lœvigata*, Lamk., Anim. sans vert. T. VII, pag. 629, n° 1; *Camerina lœvigata*, Brug., Dict. Encyclop., n° 1; *Nautilus lenticularis*, Fichtel, tab. 6, fig. a-b, et tab. 7, c, d, e, f; Guettard, Mémoires, T. III, pl. 13, fig. 1, a, 10; D'Orbigny, Mém. de la clas. des Céph., Ann. des Scien. Nat. T. VII, pag. 295, n° 1.

NUMMULINE ROTULÉE, *Nummulina rotulata*, D'Orb., *loc. cit.*, n° 8; *Lenticulites rotulata*, Lamk., Anim. sans vert. T. VII, pag. 620, n° 5; Encycl. Méthod., pl. 466, fig. 5 ; Parkins., Org. Rem., tab. 11, fig. 4.

(D..H.)

NUMMULITE. *Nummulites.* MOLL. Nom que Lamarck a donné aux Camérines de Bruguière, et qui a été consacré pendant tout le temps que l'on n'a connu de ces Coquilles qu'à l'état fossile ou de pétrification ; aujourd'hui qu'elles sont connues vi-

vantes ou à l'état frais, on doit préférer le mot Nummuline employé par D'Orbigny. *V.* ce mot.　　(D..H.)

NUNDI. BOT. PHAN. *V.* NARU-NINDI.

NUNNESIA ou NUNNEZARIA. BOT. PHAN. Ce genre de la famille des Palmiers, institué par Ruiz et Pavon dans leur Flore du Pérou, paraît devoir être réuni au *Martinezia* des mêmes auteurs. *V.* MARTINÉZIE.　　(G..N.)

* NUPHAR. *Nuphar.* BOT. PHAN. Ce genre, établi par Smith (*Prodr. Fl. Grœc.*) pour le *Nymphœa lutea*, L., fait partie de la famille des Nymphéacées. C'est le même auquel le professeur Richard a donné le nom de *Nymphosanthus*, qui ne peut être adopté. On peut caractériser le genre *Nuphar* de la manière suivante : le calice se compose de cinq à six sépales colorés et pétaloïdes; la corolle de dix à dix-huit pétales très-courts, insérés ainsi que les étamines au-dessous de l'ovaire, et nullement sur les parois de celui-ci, comme dans le *Nymphœa*. Ces étamines sont fort nombreuses, recourbées en dehors, ayant leurs filets planes. L'ovaire est libre, ovoïde, terminé supérieurement par un stigmate concave, discoïde et rayonné. Le fruit est une péponide charnue intérieurement, où elle est séparée par autant de fausses cloisons membraneuses qu'il y a de lobes au stigmate. Les graines sont très-nombreuses, renversées, pendantes et attachées aux parois de ces fausses cloisons. Leur tégument propre est double; l'extérieur plus épais est comme crustacé; l'interne est mince et pellucide; il recouvre un endosperme charnu, blanc, et à la base duquel est placé un embryon extraire, ayant la même direction et la même structure que dans le genre Nénuphar (*V.* ce mot). Les espèces de ce genre sont assez peu nombreuses, tout-à-fait semblables aux espèces du genre Nénuphar par leur port et les localités où elles croissent. Parmi ces espèces, nous citerons ici :

Le Nûphar commun, *Nuphar lutea*, Smith, *loc. cit*; D. C., *Syst. Nat. Veg.*, 2, p. 60; *Nymphœa lutea*, L. C'est une Plante très-commune dans les rivières dont le cours est peu rapide. Ses feuilles, longuement pétiolées, sont cordiformes, arrondies, obtuses et nageantes à la surface des eaux; ses pédoncules sont cylindriques, élevant les fleurs au-dessus de l'eau. Celles-ci sont jaunes, assez grandes, donnant naissance à des fruits ovoïdes, de la grosseur d'une tête de pavot blanc, amincis vers leur sommet où ils sont comme tronqués par le stigmate. Leur partie corticale se rompt irrégulièrement en lanières qui s'enlèvent de la base vers le sommet. Cette espèce, très-commune dans presque toutes les parties de l'Europe, se trouve aussi en Géorgie et jusque dans les lacs de l'Amérique septentrionale.

Les autres espèces rapportées à ce genre sont : *Nuphar pumila*, Smith, qui croît en Ecosse et en Laponie; *Nuphar Kalmiana*, Ait., Kew., de l'Amérique septentrionale; *Nuphar japonica*, D. C., figuré dans les *Icones selectœ* du baron Delessert (vol. 2, tab. 6); *Nuphar sagittœfoliâ*, Pursh, de l'Amérique septentrionale, et *Nuphar advena*, Ait., également de l'Amérique boréale. (A. R.)

NURSIE. *Nursia*. CRUST. Genre de l'ordre des Décapodes, famille des Brachyures, tribu des Orbiculaires (*Leucosidea*, Leach), établi par Leach et adopté par Latreille. Les caractères de ce genre sont : tige externe des pieds-mâchoires extérieurs dilatée; pieds de la première paire anguleux, avec les doigts des pinces fortement infléchis; carapace un peu avancée en forme de rostre, ayant ses côtés postérieurs échancrés et dentelés; avant-dernier article de l'abdomen du mâle pourvu d'une petite pointe à son bord postérieur. Ce genre se distingue des Leucosies par la carapace qui est rhomboïdale, tandis qu'elle est globuleuse dans ces derniers, et par d'autres caractères

tirés de la forme des pieds-mâchoires. Les Ebalies ont la tige externe des pieds-mâchoires linéaire, ce qui n'a pas lieu dans les Nursies. Les espèces de ce genre sont propres aux mers des Indes et de la Nouvelle-Hollande. On n'en connaît que deux. Celle qui a été décrite par Leach et qui a servi de type à son genre est :

La Nursie d'Hardwick, *Nursia Hardwickii*, Leach, *Zool. Miscel.*, tab. 5, p. 20; Desm., Dictionn. des Scienc. Nat. et Cons., p. 166. Carapace à quatre dents de chaque côté, ayant sur son milieu trois tubercules disposés en triangle, et près de son bord postérieur, une ligne transversale élevée portant un tubercule; front avancé, quadrifide. Cette espèce vient de l'Inde. Latreille en connaît une autre qu'on a rapportée de la Nouvelle-Hollande. (G.)

NUSAR. MOLL. Adanson (Voy. au Sénég., pl. 18) nomme ainsi une Coquille du genre Donace; Linné lui a donné le nom de *Donax denticulata* que Lamarck a adopté. (D..H.)

NUSSHOLZSTEIN. MIN. Nom allemand d'une variété de Gypse compacte rubanné, des environs d'Osterode, au pied du Harz. (G. DÉL.)

NUTRITION. ZOOL. BOT. La Nutrition est cette fonction par laquelle tous les êtres organisés convertissent en leur propre substance, pour les faire servir à l'entretien et à l'accroissement de leurs diverses parties, les matériaux nutritifs élaborés par les fonctions organiques et assimilatrices. But et complément de ces fonctions, la Nutrition est destinée à réparer les pertes continuelles auxquelles sont incessamment soumises toutes les parties des êtres organisés. A mesure que d'anciens matériaux disparaissent, entraînés au-dehors par les sécrétions et les excrétions, de nouvelles matières arrivent, qui remplacent les premières, et renouvellent ainsi sans cesse la composition intime des organes. Cette rénovation des diverses parties du corps est prouvée par des expériences directes et positives. Si pendant quelque temps on mêle de la racine de Garance aux alimens d'un Animal, on voit bientôt que ses os prennent une coloration rose , qui devient de plus en plus intense. Cette coloration n'a pas lieu seulement à la surface externe de ces organes, elle pénètre leur tissu le plus intime. Si l'on cesse pendant un certain temps l'usage de cette racine, les os perdent graduellement cette couleur qui finit par disparaître entièrement. Ce phénomène prouve que les molécules nutritives sont transportées et charriées dans toutes les parties du corps ; qu'elles s'y fixent, et en deviennent en quelque sorte partie intégrante, jusqu'à ce qu'expulsées et remplacées par de nouvelles, elles soient rejetées au-dehors et deviennent matières excrémentitielles. La Nutrition se compose donc de deux mouvemens bien distincts, l'un d'assimilation par lequel les molécules nutritives pénètrent les organes et s'identifient avec eux; l'autre de désassimilation opposé au précédent, et qui chasse au-dehors les matériaux qui ne peuvent plus servir à l'entretien et au développement des parties.

Un grand nombre de physiologistes ont cherché à mesurer l'espace de temps employé à cette rénovation des diverses parties du corps. Plusieurs l'avaient fixée à sept ans, chez l'Homme; d'autres, parmi les modernes, avaient dit qu'il ne fallait que trois ans pour que le corps fût en quelque sorte recomposé de matériaux nouveaux. Mais en y réfléchissant un peu, on voit qu'il est impossible d'assigner avec précision les limites de ce phénomène. Sa durée doit nécessairement varier suivant une foule de circonstances. Ainsi l'âge, les dispositions individuelles exercent une influence extrêmement marquée sur la rapidité et la force de la Nutrition, comme au reste sur les diverses autres fonctions. Il est donc impossible de rien préciser à cet égard.

Bien différente de toutes les autres fonctions, la Nutrition n'a pas d'organe qui lui soit spécialement affec-

té. Elle s'exerce dans toutes les parties vivantes, pour lesquelles elle est en quelque sorte l'aliment de la vie. Mais pour qu'un organe se nourrisse, il faut nécessairement qu'il jouisse de la sensibilité et du mouvement; la section des cordons nerveux qui se rendent à une partie, la ligature des vaisseaux qui s'y distribuent, y suspendent et anéantissent le mouvement assimilateur.

De même que dans la plupart des fonctions vitales, nous connaissons les circonstances qui mettent en jeu et accompagnent l'exercice de la Nutrition; mais nous ignorons son essence, son véritable mécanisme; nous voyons les substances alimentaires soumises aux différentes phases de la digestion, se changer en une pâte fluide qui, en s'animalisant de plus en plus, forme un liquide nommé chyle. Ce liquide, dans l'intestin grêle, est absorbé par les vaisseaux lymphatiques. Ces vaisseaux, en se réunissant, forment un tronc commun qui va verser le produit de l'absorption dans le torrent de la circulation sanguine. Chargé de ces nouveaux principes nutritifs, le sang est ensuite vivifié dans le poumon par son contact avec l'air atmosphérique, auquel il emprunte de nouveaux principes de vie. C'est dans cet état que, par la force contractile du cœur, il est transporté dans toutes les parties du corps. Chemin faisant, il se dépouille des substances les plus fluides, s'élabore et s'animalise de plus en plus, fournit aux organes glanduleux le principe de leur sécrétion, et par la ramification et la division toujours croissante des vaisseaux, arrive jusque dans le tissu des organes où s'opère la Nutrition. Mais c'est ici que cesse l'observation directe des phénomènes, et que commence le champ illimité des hypothèses. La matière nutritive arrivée dans les organes s'y distribue, et c'est alors seulement que commence la Nutrition. Quoique cette matière soit une, elle se convertit cependant en autant de substances distinctes qu'il y a d'élémens organiques ; mais ces changemens sont inappréciables aux yeux de l'observateur, et leur mécanisme nous échappe entièrement. Il semble que pour cette fonction, tous les organes du corps deviennent autant d'organes sécréteurs, élaborent chacun un fluide particulier, qui, par une cause qui nous est entièrement inconnue, se convertit aussitôt et ajoute à l'organe qui l'a formé. Ce n'est pas par une force spéciale désignée par quelques auteurs sous le nom de force assimilatrice, qu'ont lieu les phénomènes de la Nutrition, mais c'est par suite de la vertu tonique inhérente à chacun de ces tissus, et par une sorte d'affinité vitale, qui leur fait choisir dans les principes nutritifs les élémens en rapport avec leur nature, que l'on peut concevoir le mécanisme de cette fonction.

Mais ce mécanisme très-compliqué chez l'Homme et chez tous les Animaux d'un ordre supérieur, se simplifie à mesure que l'organisation elle-même offre plus de simplicité. Ainsi, dans les Animaux d'un ordre tout-à-fait inférieur, dans les Infusoires, quelques Vers et quelques Mollusques, les fonctions assimilatrices sont réduites à l'absorption et à la circulation ; encore cette dernière fonction nous échappe-t-elle dans quelques cas. Ces Animaux qui vivent dans l'eau, absorbent par tous les points de leur surface externe les matériaux nutritifs qu'ils puisent dans le fluide au milieu duquel ils se meuvent, et souvent sans qu'on puisse suivre ce fluide, il est immédiatement employé à l'entretien et à l'accroissement des tissus. Ici donc il n'a fallu qu'une force de succion ou d'absorption inhérente à la surface de ces êtres en contact avec le fluide ambiant pour déterminer tous les phénomènes de la Nutrition. L'un des phénomènes remarquables qui résultent de la Nutrition dans ce qu'on pourrait appeler les Animaux purement absorbans, est la viridité des Huîtres et la coloration des Polypes d'eau douce opérée

par Bory de Saint-Vincent. *V.* MATIÈRE.

Il en est de même dans les Végétaux ; c'est en vertu d'une force de succion qu'ils absorbent dans l'atmosphère ou dans le sein de la terre les substances solides, liquides ou gazeuzes qui doivent servir à leur Nutrition. Nous allons donc étudier d'abord la succion exercée par les racines dans le sein de la terre, par les feuilles ou les autres parties vertes au milieu de l'atmosphère ; puis nous suivrons la marche des sucs nourriciers des racines vers les feuilles à travers les tiges et leurs ramifications, et nous étudierons successivement les divers phénomènes auxquels elle donne lieu dans sa marche à travers toutes les parties du Végétal.

La succion ou l'absorption s'opère dans le sein de la terre par les racines qui y sont plongées ; mais ce n'est pas indistinctement par tous les points de leur surface qu'elle a lieu ; ce n'est que par les extrémités de leurs fibrilles les plus déliées qu'elles absorbent dans la terre les fluides et les gaz qui y sont contenus ; mais ce ne sont pas les radicelles qui sont les seuls organes de l'absorption ; toutes les parties vertes des Végétaux exposées à l'air, telles que les feuilles, les stipules, les jeunes branches, sont également douées de la même force de succion, et concourent aussi à cette importante fonction. Plongées dans le sein de la terre, les radicelles capillaires y pompent par leur extrémité l'humidité dont elle est imprégnée. L'eau est le véhicule nécessaire des substances nutritives qu'absorbe le Végétal ; ce n'est pas elle qui forme la base de son alimentation, comme le croyaient les anciens physiciens ; mais elle sert simplement de dissolvant et de menstrue aux corps qu'il doit s'assimiler. Il est facile de démontrer cette vérité : si l'on fait végéter une Plante dans de l'eau distillée, à l'abri de toute influence étrangère, elle ne tardera pas à périr. L'eau seule ne suffit donc pas à sa Nutrition (*V.* EAU). Il faut, pour cela, qu'elle contienne d'autres principes étrangers à sa nature ; et d'ailleurs les Végétaux ne renferment-ils pas, outre les principes constituans de l'eau, c'est-à-dire, l'Oxigène et l'Hydrogène, du Carbone, des gaz, des substances terreuses, des sels et même des matières métalliques à l'état d'oxides ou en combinaison avec les acides ? L'eau, par sa décomposition, n'ayant pu donner naissance à ces divers principes, il faut en trouver la source ailleurs. Le Carbone existe en abondance dans toutes les parties des Végétaux, dont il forme en quelque sorte la base. Ce n'est pas à l'état de pureté qu'il a pu s'y introduire, puisque dans cet état il est excessivement rare dans la nature et tout-à-fait insoluble dans l'eau ; mais en revanche, l'acide carbonique est très-abondamment répandu. Il se trouve dans l'atmosphère mélangé avec l'air, dans le sein de la terre, dans les engrais qu'on y mêle. Très-soluble dans l'eau, il est rare que celle-ci n'en contienne pas toujours une certaine quantité. C'est donc à l'état d'acide que le Carbone est porté dans le tissu végétal. Or, voici comment il s'y décompose pour s'y fixer et en faire partie : exposées aux rayons du soleil, les Plantes, comme l'expérience l'a prouvé, absorbent l'acide carbonique, le décomposent, retiennent le Carbone, et laissent ensuite exhaler l'Oxigène qui le tenait à l'état acide. L'eau n'a donc pu contribuer en rien à la formation de cette substance.

Quant à l'Oxigène, il n'est pas difficile d'expliquer sa présence dans les tissus végétaux. En effet, 1° une certaine quantité de l'eau absorbée étant décomposée, son Oxigène se fixe dans le Végétal ; 2° Théodore De Saussure a prouvé que les Plantes ne rejettent point au-dehors tout l'Oxigène qui acidifiait le Carbone, elles en retiennent une certaine quantité ; 3° enfin l'air atmosphérique qui circule dans les Végétaux se décompose en partie et cède une portion de son Oxigène. On voit par-là que ce principe élémentaire arrive aux Végétaux de plusieurs sources différentes. L'Hydrogène et l'Azote des substances végétales sont également le produit de décompositions analogues. Le premier provient évidemment de celle de l'eau, et le second de l'air atmosphérique.

Mais indépendamment de ces substances inorganiques qui entrent essentiellement dans la composition des tissus végétaux, il en est encore d'autres qui, sans faire partie essentielle de leur organisation, s'y rencontrent néanmoins assez fréquemment ; tels sont la Silice, les différens sels de Chaux, de Soude, de Potasse, le Fer, etc. Les expériences précises de Théodore De Saussure ont également prouvé que ces substances arrivent toutes formées dans l'intérieur du Végétal. Déposées dans le sein de la terre ou de l'atmosphère, elles sont dissoutes ou entraînées par l'eau qui les fait ainsi pénétrer dans le Végétal. Ce n'est donc pas l'acte de la végétation qui forme ces substances ainsi que l'avaient avancé quelques physiciens. C'est le milieu dans lequel les Plantes se développent qui leur cède les alcalis, les terres et les substances métalliques que l'analyse chimique y fait découvrir. Ce fait, prouvé par les expériences de De Saussure, a été de nouveau mis en évidence par une ingénieuse expérience de Lassaigne, préparateur de chimie à l'école d'Alfort. Ayant fait germer sur de la fleur de Soufre bien lavée et dans un appareil convenablement préparé, dix grammes de graines de Sarrasin qu'il arrosait seulement avec de l'eau distillée, il les incinéra au bout d'une quinzaine de jours, lorsqu'elles eurent développé leur tige et quelques feuilles. La quantité de matières salines qu'il trouva dans leurs cendres fut absolument la même que celle qu'il retira d'une égale quantité de graines non germées qu'il incinéra. Il est donc démontré d'après cette expérience qu'il ne s'était formé aucune matière saline par l'acte de la végétation, quand celle-ci a lieu sans la participation des substances capables de lui en céder.

Mais quelle est la puissance qui détermine la succion des racines? Les lois ordinaires de la physique et de la mécanique sont insuffisantes pour expliquer un semblable phénomène. La force extraordinaire avec laquelle s'opère cette absorption ne peut être conçue d'une manière satisfaisante qu'en admettant une puissance, une énergie vitale, inhérente au tissu même des Végétaux, et déterminant par son influence, dont la nature nous est entièrement inconnue, tous les phénomènes sensibles de la végétation.

Hales, célèbre physicien anglais, dans sa Statistique des Végétaux dont Buffon nous a donné une traduction, est le premier qui ait démontré, par des expériences directes, la force prodigieuse de succion des racines et des branches. Il découvrit une branche de la racine d'un Poirier, en coupa l'extrémité et y adapta l'un des bouts d'un tube recourbé rempli d'eau et dont l'autre extrémité était plongée dans une cuve à Mercure; en six minutes le Mercure s'éleva de huit pouces dans le tube. Le même physicien fit une expérience analogue pour mesurer la force avec laquelle la Vigne absorbe l'humidité dans le sein de la terre. Le 6 avril, il coupa un cep de Vigne sans rameaux, d'environ sept à huit lignes de diamètre, et d'à peu près trente-trois pouces de hauteur. Il y adapta un tube à double courbure qu'il remplit de Mercure jusqu'au coude qui surmontait la section transversale de la tige. La sève qui sortit du sommet tronqué de la tige et qui était absorbée par les racines, eut assez de force pour élever en quelques jours la colonne de Mercure à trente-deux pouces et demi au-dessus de son niveau. Or le poids énorme de l'atmosphère ne peut élever le Mercure que de vingt-huit pouces au-dessus de son niveau. Dans l'expérience précédente la force avec laquelle la sève s'élevait des racines dans la tige était donc su-

périeure à la pression de l'atmosphère. Cette expérience a été répétée par le professeur Mirbel qui en a constaté l'exactitude.

Les feuilles exercent une grande influence sur cette force de succion qui peut se produire également par des branches détachées de la Plante mère et par conséquent indépendamment des racines. Ainsi un jeune rameau chargé de feuilles, plongé par son extrémité inférieure dans un liquide, absorbe ce liquide avec une grande activité. Il en sera encore de même si on le retourne, c'est-à-dire si l'on plonge son sommet dans l'eau, l'absorption continuera à s'exercer avec une force presque égale. Il résulte de-là que l'absorption a lieu non-seulement par les racines, mais encore par les feuilles et toutes les parties vertes exposées à l'air. Dans quelques cas même ces organes sont les seuls qui servent à cette fonction. Ainsi dans les Plantes grasses et particulièrement dans les *Cactus*, dont les racines sont fort petites et qui végètent d'ordinaire dans les sables brûlans des déserts ou sur des rochers nus et dépouillés de toute terre végétale, il est évident que l'absorption des fluides nutritifs a lieu presque exclusivement par les feuilles et les autres parties vertes développées dans l'atmosphère, car la faiblesse de leurs racines, l'extrême aridité du sol dans lequel ils croissent ne suffiraient pas pour les faire végéter.

Ainsi donc, c'est à la fois par les racines, les feuilles et toutes les parties vertes, que sont absorbés les fluides qui doivent servir à la Nutrition du Végétal. Mais ces fluides qui portent le nom de sève ne sont pas immédiatement employés à la Nutrition, pas plus que le chyle, produit de la digestion dans les Animaux. Il faut que la sève ait circulé dans le Végétal, qu'elle ait perdu par la transpiration la partie surabondante d'eau qui la compose, avant d'être employée à l'assimilation. C'est lorsqu'elle a ainsi parcouru toute l'étendue de la Plante, qu'elle a acquis

véritablement la propriété de pouvoir renouveler les tissus végétaux.
Mais comment s'opère cette Nutrition? Nous ne le savons pas plus ici
que dans les Animaux. Nous connaissons simplement l'origine des matériaux constitutifs de la Plante, mais
comment s'opère la transformation
du Carbone, de l'Oxigène, de l'A-
zote, en tissus organisés? Nous l'i-
gnorons et sommes forcés d'admettre
encore ici une force occulte, une
force vitale inhérente à la matière
organisée qui est la cause première
de son développement.

La Nutrition dans les Végétaux a
de grands rapports avec la même
fonction dans les Animaux, mais
néanmoins elle offre quelques différences dignes d'être notées. Ainsi
c'est par la bouche que les Animaux
d'un ordre supérieur, ou par toute
la surface de leur corps, que ceux
qui occupent les derniers degrés de
l'échelle animale, introduisent au-
dedans les substances qui doivent
servir à leur Nutrition. C'est au moyen
des bouches aspirantes qui terminent
leurs fibres radicellaires, ou par les
pores absorbans qui existent sur les
feuilles ou les autres parties vertes,
que les Végétaux puisent au sein de
la terre ou de l'atmosphère les matériaux qui doivent être employés à
leur Nutrition. Dans les Animaux,
les matières absorbées suivent un
seul et même canal depuis la bouche
jusqu'à l'endroit où la matière nutritive doit être séparée des substances
inutiles ou excrémentitielles. Dans
les Végétaux, le même phénomène a
lieu : les fluides absorbés parcourent
un certain trajet avant d'arriver jusqu'aux feuilles où s'opère la séparation des parties nécessaires ou inutiles à la Nutrition. Les uns et les autres rejettent au-dehors les substances impropres à leur développement.
Le chyle ou l'aliment des Animaux
se mêle au sang, qu'il entretient et
répare continuellement; il parcourt
toutes les parties du corps, auxquelles il cède les principes qui doivent
réparer leurs pertes et leur fournir

de nouveaux principes de vie et de
développement. La sève des Végétaux, après avoir éprouvé l'influence
de l'atmosphère dans les feuilles,
après s'y être dépouillée d'une partie
des fluides surabondans qu'elle contenait; enfin après avoir acquis une
nature et des propriétés nouvelles,
redescend dans toutes les parties du
Végétal, pour y porter les matériaux
de leur accroissement et servir au développement de toutes leurs parties.
V. pour les phénomènes de la marche des fluides dans les Végétaux et
les Animaux, les mots SÈVE et CIR-
CULATION.   (A. R.)

* NUTTALLIE. *Nuttallia.* BOT.
PHAN. En rétablissant le genre *Ne-
mopanthes* de Rafinesque, De Candolle lui avait d'abord imposé le
nom de *Nuttallia*, mais il abandonna
cette dénomination, parce, que, dit-
il, elle était déjà employée par
Sprengel pour un genre de Légumineuses. Il paraît que ce dernier genre n'a pas été adopté, car nous ne le
retrouvons ni dans les Mémoires sur
les genres de Légumineuses publiés
par De Candolle, ni dans son *Prodromus.* D'un autre côté, le nom de *Nuttallia* a été appliqué par Barton (*Flor.
Americ.* 2, p. 74, tab. 62) à un
nouveau genre de Malvacées constitué sur une Plante trouvée par Nuttall lui-même sur le territoire d'Ar-
kansa dans l'Amérique septentrionale. Nuttall lui avait donné dans ses
manuscrits le nom de *Callirrhoe.*
Ce genre a le calice des *Sida* et le
fruit des Mauves; cependant il nous
paraît se rapprocher davantage du
premier de ces deux genres. Le *Nuttallia digitata*, Bart., *loc. cit.*, et
Botan. Magaz., tab. 2612, est la
seule espèce décrite. C'est une Plante
à fleurs purpurines, portées sur de
longs pédoncules, et à feuilles peltées digitées.   (G..N.)

* NUTTALLITE. MIN. (Brooke,
Annales de Philosophie, mai 1824,
p. 366.) Minéral qui, par son aspect
extérieur, a quelque analogie avec
l'Eléolite ou Pierre grasse, avec la-

quelle on l'avait d'abord confondu ;
qui, par sa forme, se rapproche de la
Scapolite, mais qui diffère de ces deux
Minéraux par son clivage , son éclat
plus vitreux, et sa moindre dureté.
Suivant Brooke, ses cristaux sont des
prismes rectangulaires, droits , divi-
sibles parallèlement aux faces latérales. Les arêtes longitudinales sont
remplacées par des plans ; les bases
ne sont pas nettes et le clivage qui leur
est parallèle est peu distinct. Brooke
a donné à cette substance le nom de
Nuttallite, en l'honneur de Nuttall
qui l'a rapportée des Etats-Unis. On
l'a trouvée en cristaux engagés dans
un carbonate de Chaux, à Boston,
état de Massachussets.   (G. DEL.)

NUX. BOT. PHAN. *V.* Noix.

NUXIER. *Nuxia.* BOT. PHAN. Ce
genre de la Tétrandrie Monogynie,
L., a été fondé par Lamarck (*Illustr.
Gen.*, n. 1508, pl. 71), d'après les
manuscrits de Commerson. Il avait
d'abord été confondu par Jussieu
avec le *Manabea* d'Aublet, et conséquemment réuni à l'*Ægiphila* par
Willdenow. Dans le septième volume
des Annales du Muséum d'Histoire
Naturelle , Jussieu confirme l'existence du genre *Nuxia*, après avoir
connu la véritable structure du fruit.
L'observation en est due à Michaux
qui la fit sur la Plante vivante pendant son court séjour à l'Ile-de-
France. On devra néanmoins exclure de ce genre le *Nuxia elata* de
Swartz et Persoon, qui paraît être
un véritable *Ægiphila*. Les caractères essentiels du genre Nuxier , après
ces réformes indiquées par Jussieu ,
consistent en un calice quadrifide ;
une corolle presqu'infundibuliforme,
à quatre segmens peu profonds et réfléchis ; quatre étamines insérées à
l'entrée de la corolle ; stigmate tronqué ; fruit capsulaire à deux loges
remplies de graines nombreuses. Ce
genre , selon Jussieu , doit s'éloigner
des Verbénacées , et se rapprocher
des Scrophularinées auprès du *Bud-
leia.*
  Le NUXIER VERTICILLÉ, *Nuxia ver-*

ticillata , Lamk. , *Ægiphila Nuxia,*
Willdenow , est un bel Arbre qui
croît à l'Ile-de-France. Son écorce est
blanchâtre ou brune, fendillée ; son
bois a une teinte jaune. Ses rameaux
opposés portent des feuilles réunies
par trois ou quatre en une sorte de
verticille , entières, glabres et luisantes. Les fleurs sont également
disposées par verticilles et forment
une grande panicule.   (G..N.)

NYALEL. BOT. PHAN. *V.* NIALEL.

NYCTAGE. *Nyctago.* BOT. PHAN.
Genre type de la famille des Nyctaginées , et de la Pentandrie Monogynie, L., offrant les caractères suivans : périanthe double ; l'extérieur
campanulé , ouvert , à cinq divisions
peu profondes , lancéolées , pointues
et inégales ; l'intérieur, considéré par
Tournefort et Linné comme une corolle , très-grand , pétaloïde , infundibuliforme , ventru à la base , resserré au-dessous de l'ovaire , puis
s'élargissant en un limbe ouvert presque entier ou à cinq petites dents ;
cinq étamines dont les filets sont insérés sur le réceptacle réuni à la
base autour de l'ovaire et adné au périanthe interne dont la base persiste
et couvre l'ovaire qui est turbiné ,
surmonté d'un style filiforme de la
longueur des étamines, et terminé par
un stigmate globuleux et couvert de
petites glandes papillaires ; graine
globuleuse , pourvue d'un albumen
farineux , très-abondant. Tournefort
donnait à ce genre le nom de *Jalapa*
qui fut de nouveau reproduit par
Mœnch, parce qu'on croyait que l'espèce principale était la Plante qui
produisait la racine de Jalap. Linné
le nomma *Mirabilis* , quoique ce mot
fût un adjectif qui ne peut être
adopté pour désigner un genre. C'est
pourquoi Jussieu, dans son *Genera
Plantarum*, lui restitua la dénomination employée autrefois par Van-
Royen. Les Nyctages sont des Plantes
herbacées, indigènes du Pérou, du
Mexique et d'autres régions circon-
voisines de l'Amérique. Plusieurs espèces sont cultivées en Europe dans

les jardins, parmi lesquelles nous décrirons les suivantes :

La Nyctage faux-Jalap, *Nyctago Jalapæ*, D. C., Flore Française; *Mirabilis Jalapa*, L. Vulgairement Belle de Nuit ou Merveille du Pérou. Cette Plante a une racine pivotante, grosse, charnue, blanche en dedans, noirâtre extérieurement. Sa tige, haute de près d'un mètre, est noueuse, ferme et dichotome; elle porte des feuilles opposées, entières, presqu'en cœur, pointues, glabres et légèrement glutineuses. Les fleurs forment au sommet des branches des corymbes très-serrés; chacune est portée sur un pédoncule particulier. Elles sont ordinairement rouges, quelquefois jaunes, blanches, ou panachées dans les variétés que la culture a fait développer. Il est à remarquer que l'on n'a pu obtenir par la culture que des variétés de couleur et non des différences marquées dans les formes; ainsi les fleurs sont toujours à peu près de la même grandeur, mais jamais doubles ou monstrueuses. La Belle de Nuit est ainsi nommée parce qu'elle étale ses fleurs quand notre horizon est privé de la lumière solaire; elle tient ses fleurs ouvertes non-seulement pendant la nuit, mais encore pendant la journée lorsque le ciel est couvert de nuages. C'est donc un effet direct de la lumière solaire, et non pas, comme Linné a voulu expliquer ce phénomène, un effet d'habitude résultant de ce que la Belle de Nuit est originaire du Pérou, contrée située sous les tropiques et dans un autre hémisphère où les heures pendant lesquelles le soleil éclaire l'horizon correspondent précisément à celles pendant lesquelles nous avons la nuit. La racine de Belle de Nuit a un goût âcre et nauséabond; elle est purgative à peu près autant que le Jalap, ce qui a fait croire que cette dernière racine provenait de la Belle de Nuit. On est aujourd'hui certain que le Jalap est produit par une espèce de Liseron, *V*. ce mot et Jalap. Les graines de la Belle de Nuit renferment un pé-

risperme ou albumen farineux, très-abondant, dont il ne serait pas difficile d'extraire de la fécule amylacée. Les fleurs de cette Plante se succédant pendant un espace de temps assez considérable, la récolte de ces graines ne pourrait, il est vrai, se faire que successivement, mais elle serait pour ainsi dire continue; elle donnerait plus d'importance à cette Plante qui d'ailleurs est une des plus agréables parmi celles qui décorent les parterres vers la fin de la belle saison.

La Nyctage dichotome, *Nyctago dichotoma*, Juss., *Mirabilis dichotoma*, L. et Lamk., ressemble beaucoup à la précédente, mais ses tiges se divisent en rameaux plus étalés, plus nombreux et plus touffus. Ses feuilles sont de même forme, mais beaucoup plus petites. Il en est de même des fleurs, qui en outre sont sessiles, axillaires, presque solitaires ou rarement réunies plus de deux ou trois dans la même aisselle; elles s'épanouissent beaucoup plus tôt que dans l'espèce précédente, à peu près vers quatre heures de l'après-midi, d'où le nom de Fleur de quatre heures qu'on lui donne vulgairement; elle répand alors une odeur très-suave. Cette Plante, originaire du Mexique, est cultivée en Europe dans les jardins de botanique.

La Nyctage a longues fleurs, *Nyctago longiflora*, D. C., Flor. Fr.; *Mirabilis longiflora*, L., se distingue facilement à l'extrême longueur du tube de ses fleurs; ce tube est étroit, penché, et s'ouvre au déclin du jour en un limbe plissé à cinq dents; les fleurs répandent alors une odeur musquée très-agréable. Cette Plante a des tiges si faibles qu'elles ont besoin d'être appuyées pour ne pas ramper à terre. Les feuilles sont molles, pubescentes, cordiformes, les inférieures pétiolées, les supérieures sessiles et amplexicaules. Cette belle Plante croît naturellement dans les hautes montagnes du Mexique, d'où les astronomes français en rapportèrent des graines vers le milieu du siècle dernier. Elle est plus recher-

2*

chée par les amateurs que les deux précédentes.

Les hybrides que produisent, par une fécondation croisée, les diverses espèces de Nyctages, ne sont pas rares. On en trouve des exemples cités par des auteurs qui ont écrit sur ce sujet de physiologie végétale il y a plus de quarante ans. Lepelletier de Saint-Fargeau a décrit (Ann. du Mus. T. VIII, p. 480) celle qui provient du *Nyctago longiflora* et du *N. Jalapa*, et qui offre les caractères intermédiaires de ces deux espèces dont les différences sont si tranchées. L'hybride de Lepelletier est remarquable en ce qu'elle a donné des graines fertiles.

(G..N.)

NYCTAGINÉES. *Nyctagineœ.* BOT. PHAN. Famille naturelle de Plantes dicotylédones apétales et hypogynes dont le nom est tiré du genre *Nyctago* qui en est le type. Cette famille peut être caractérisée de la manière suivante. Les fleurs sont environnées d'un involucre monophylle ou polyphylle, contenant plusieurs fleurs ou quelquefois une seule, et offrant alors l'apparence d'un calice. Celui-ci est coloré, monosépale et généralement tubuleux, ayant son tube plus ou moins grêle, renflé à sa partie inférieure qui persiste quand toute la partie supérieure se détache; son limbe est plus ou moins plane, rarement entier, le plus souvent divisé en lobes plissés. Les étamines sont en nombre défini qui varie de cinq à dix ; elles sont insérées au bord supérieur d'un disque hypogyne saillant, autour de l'ovaire, sous la forme d'un godet concave qui le recouvre en partie. Les filets des étamines sont grêles, terminés par une anthère bilobée, à deux loges opposées, s'ouvrant chacune par un sillon longitudinal. L'ovaire est ovoïde, libre, à une seule loge contenant un ovule dressé. Le style est long, grêle, terminé par un stigmate simple. Le fruit est une cariopse recouverte par le disque qui lui forme comme un péricarpe accessoire. Le véritable péricarpe est mince et adhérent avec le tégument pro-

pre de la graine. Celle-ci se compose d'un embryon recourbé sur lui-même, ayant sa radicule repliée sur la face d'un des cotylédons et embrassant ainsi l'endosperme qui se trouve central.

Les Nyctaginées sont des Plantes herbacées, annuelles ou vivaces, ou des Arbustes et même des Arbres. Leurs feuilles sont simples, le plus souvent opposées et inégales, quelquefois cependant alternes. Les fleurs sont axillaires ou terminales, réunies plusieurs ensemble dans un involucre commun ou ayant chacune un involucre particulier et caliciforme. Quelques auteurs partant des genres dont l'involucre est uniflore, comme de la Belle de Nuit, par exemple, ont décrit cet involucre comme un calice et le véritable calice comme une corolle. Mais l'examen des genres dont l'involucre renferme plusieurs fleurs pourvues seulement d'un périanthe simple, repousse cette manière de considérer l'organisation de cette famille.

Les genres qui appartiennent aux Nyctaginées ont leurs espèces ou toutes herbacées ou toutes ligneuses: de-là les deux sections qui ont été établies pour disposer les genres.

† *Tige herbacée.*

Nyctago, Juss. ; *Oxybaphus*, l'Héritier, qui est le *Calyxhymenia* d'Ortéga; *Allionia*, L., qui comprend le *Wedelia* de Lœffling; *Boerrhaavia*, L.; *Abronia*, Juss., qui est le *Tricratus* de l'Héritier.

†† *Tige ligneuse.*

Pisonia, L., auquel il faut réunir le *Calpidea* de Du Petit-Thouars; le *Muruwalia* de Rottler; *Salpianthus*, Kunth, qui est le *Boldoa* de Cavanilles; *Neca*, Ruiz et Pavon ; *Axia*, Lour.; *Buginvillea*, Commers., qui comprend le *Tricycla* de Cavanilles, et enfin le *Torreya*, Spreng.

La famille des Nyctaginées est très-voisine des Amaranthacées dont elle diffère surtout par son fruit monosperme et indéhiscent, et par le port des Végétaux qui la composent.

(A. R.)

NYCTALOPES. zool. Les Animaux qui voient mieux dans la nuit, ou du moins dans le crépuscule que pendant le jour, ont quelquefois été désignés sous ce nom. (IS. G. ST.-H.)

NYCTANTHE. *Nyctanthes*. bot. phan. Genre de la famille des Jasminées et de la Diandrie Monogynie, L., offrant pour caractères essentiels: calice tubuleux, entier; corolle tubuleuse, dont le limbe est à cinq lobes obliques et en cœur renversé; deux étamines ayant leurs anthères presque sessiles et renfermées dans le tube; capsule obovée, comprimée, coriace, indéhiscente, à deux loges parallèles; chaque loge ne renfermant qu'une graine convexe d'un côté, plane de l'autre, attachée au fond de la loge. Linné, auteur de ce genre, l'a composé de plusieurs espèces hétérogènes, parce qu'il n'en connaissait pas le fruit. Toutes celles qui possèdent un fruit bacciforme ont été reportées dans le genre *Jasminum*. *V*. JASMIN. Jussieu, d'après une note de Vahl, cite comme synonyme du *Nyctanthes* de Linné le *Scabrita* de cet auteur lui-même. En conséquence de la suppression de toutes les espèces linnéennes à fruit non capsulaire, il ne reste qu'une seule espèce originaire des Indes-Orientales et qui est cultivée depuis long-temps dans les jardins d'Europe.

Le NYCTANTHE ARBRE TRISTE, *Nyctanthes Arbor tristis*, L.; *Manjapumeran*, Rhéed., *Hort. Malab.*, vol. 1, p. 35, tab. 21, est un petit Arbre dont les branches sont écartées, longues et garnies de feuilles opposées, sessiles, ovales, pointues et entières. Les fleurs, au nombre de deux à trois, sont portées sur des pédoncules axillaires moins longs que les feuilles. Leur couleur est jaunâtre, et elles exhalent une odeur agréable aux approches de la nuit. On cultive cette Plante de la même manière que les Jasmins. (G..N.)

*NYCTÉE. *Nycteus*. ins. Genre de l'ordre des Coléoptères, section des Pentamères, famille des Serricornes, tribu des Cébrionites, mentionné par Latreille (Fam. Nat.) et dont il ne donne pas les caractères. Ce genre avoisine les Elodes et les Scyrtes, et s'en distingue parce que tous les articles de ses tarses sont entiers. (G.)

NYCTELEA. bot. phan. Nom scientifiquement spécifique de la petite Plante qui seule jusqu'ici compose le genre *Ellisia*. *V*. ce mot.

(B.)

*NYCTÉLIE. *Nyctelius*. ins. Nom donné par Latreille (Fam. Nat. du Règn. Anim) à un nouveau genre de Coléoptères de la tribu des Blapsides, famille des Mélasomes, dont il ne donne pas les caractères. Il a formé ce genre avec le *Zophosis nodosa* de Germar. (G.)

*NYCTÉRANTHE. *Nycteranthus*. bot. phan. Necker (*Elem. Botan.*, n. 735 à 758) a établi dans le genre *Mesembryanthemum* de Linné quatre divisions auxquelles il a imposé des noms particuliers. Le *Nycteranthus* est une de ces divisions qui, n'étant fondées sur aucun caractère tiré de la fleur, n'ont pas été adoptées. Il est dit dans le Dictionnaire de Levrault que le *Nycteranthus* se rapporte à une division du genre *Diosma*, laquelle avait été nommée *Monnetia* par Adanson. Cette application du mot inutilement forgé par Necker est encore une erreur de plus. (G..N.)

NYCTÈRE. *Nycteris*. mam. *V*. VESPERTILION.

NYCTÉRIBIE. *Nycteribia*. ins. Genre de l'ordre des Diptères, famille des Pupipares, tribu des Phthiromyies, établi par Latreille qui le plaça d'abord dans la classe des Arachnides; et qui l'en a bientôt retiré en lui assignant pour caractères: corps aptère; tête très-petite, sous la forme d'un tubercule capsulaire, implanté sur le thorax. Yeux composés de petits grains; thorax demi-circulaire. Ce genre a été le sujet de bien des erreurs, et l'on voit que Latreille lui-même n'en a pas été exempt, puisqu'il l'a placé, sans doute d'après les formes extérieures, parmi les Arachnides; Leach, sans savoir que Latreille avait rectifié cette erreur, l'avait aussi placé dans la même classe, et lui avait conservé le nom de Phthiridie, qu'Hermann fils lui a donné bien après l'établissement de ce genre par Latreille. Linné avait placé ce genre parmi les Mites, quoiqu'il n'ait que six pates; Fabricius a d'abord suivi son exemple, et ce n'est que plus tard qu'il a adopté la dénomination et la place que Latreille assigne à ce genre. La tête des Nyctéribies est très-distincte du corselet, et ressemble à un tubercule assez grand et presque ovoïde, velu, implanté, au moyen d'un article très-court servant de pédicule, sur le dos de cette partie, entre son milieu et celui de son extrémité antérieure, immédiatement derrière le point où prennent naissance les deux premiers pieds; cette tête forme une sorte de capsule coriace en cône renversé, comprimée, échancrée à son extrémité supérieure ou la plus grosse, et creuse en voûte à la partie antérieure. Les antennes, qu'Hermann n'a point vues et qu'il a dit ne pas exister dans ce genre, ont été aperçues par Latreille; elles sont insérées dans l'échancrure du bord supérieur, très-courtes, contiguës l'une à l'autre, avançant parallèlement, composées de deux articles dont le dernier plus grand, presque triangulaire, mais arrondi extérieurement. Les yeux sont placés de chaque côté et immédiatement au-dessous de la naissance des antennes; ils sont légèrement saillans, noirs et composés de petits grains réunis. Les palpes sont insérés en avant des yeux et aux extrémités un peu avancées des bords internes de la cavité orale; ce sont deux petites lames oblongues, étroites, de la même largeur, obtuses ou arrondies à leur sommet, garnies de poils, et dont les supérieurs sont plus longs; ces lames remontent parallèlement en

présentant la tranche la plus mince, convergent et se touchent à leur extrémité, qui fait une saillie au-delà des antennes, au-dessous desquelles elles sont placées : dans l'intervalle qui les sépare on distingue le tubercule arrondi ou le bulbe d'où part le suçoir, et que Latreille présume être semblable à celui des autres Pupipares. Le corps des Nyctéribies est très-singulier; il a été décrit avec un grand soin par Latreille (Nouveau Dictionnaire d'Histoire Naturelle), et nous croyons devoir transcrire ici cette description pour lui conserver toute son originalité : « Le corselet est plat et demi-circulaire; le derme de la face inférieure est coriace, en forme de plan égal, et présente, près de son extrémité extérieure, une ligne enfoncée, offrant un angle qui semble indiquer la suture ou la réunion du segment antérieur du tronc et du suivant. Le derme de la face opposée ou du dos est membraneux, avec divers enfoncemens, séparés par des arêtes dont les crêtes sont d'une consistance plus solide, ou coriace, ou de la nature du derme inférieur. C'est ce que Linné a exprimé en parlant du Pou de la Chauve-Souris (*Faun. Suec.*) *Thorace angulato-cruciato*; et quoiqu'il cite pour synonyme de cet Insecte une figure de Frisch qui ne lui convient pas, je n'en suis pas moins convaincu, contre l'opinion d'Hermann, que ce caractère ne peut s'appliquer qu'à une Nyctéribie. Le milieu du dos présente une cavité longitudinale et qui se termine postérieurement, du moins dans la Nyctéribie ordinaire de notre pays (*Nycteribia Vespertilionis*), par une partie élevée, formant le capuchon. La tête peut se rejeter en arrière, et son extrémité est reçue dans le capuchon. Les arêtes des côtés sont transversales. Si l'on observe que par une disposition très-bizarre, mais que nécessitait l'attitude ordinaire de ces Insectes, les pates sont insérées sur le pourtour supérieur du thorax; que le premier article des quatre hanches postérieures est soudé avec lui, et qu'il présente deux plans membraneux avec une arête solide au point de leur réunion ; en un mot, que cette face du thorax devient en quelque sorte, en raison de ce changement, la poitrine ; les inégalités que l'on y remarque s'expliqueront facilement. Les deux premières pates naissant à l'extrémité antérieure et supérieure du thorax, sont très-rapprochées à leur base, et se portent en avant. Elles diffèrent des autres en ce que le premier article de leurs hanches est libre, comme dans les pieds des autres Insectes, et même assez allongé ; le second article de ces hanches, ainsi que le même des suivantes, est très-court, et ne peut se montrer qu'en dessous. Entre la première paire de pates et la seconde, près des bords et de chaque côté, est une cavité, tantôt presque ovale, tantôt linéaire et arquée, dans laquelle on observe une rangée de petites lames ou de dents imitant un peigne et formant en cette partie une tache noire. Ces ouvertures sont destinées à l'entrée de l'air ; le corselet des Hyppobosques nous offre dans des points semblables deux grands stigmates. Quelquefois le bord postérieur du premier anneau de l'abdomen est couronné, soit presque entièrement, soit seulement sous le ventre, d'une série de dents semblables. Les pates, par leur forme, leur écartement et leur direction, ressemblent beaucoup à celles des Hyppobosques, mais elles sont beaucoup plus longues, et ont cela de particulier, que le premier article des tarses est très-long, grêle et arqué. » L'abdomen est ovale ou ovoïde ; tantôt de six à huit anneaux découverts, tantôt paraissant en avoir beaucoup plus ; le premier étant prolongé en arrière, et cachant, suivant Leach, les quatre suivans. Il dit que dans les derniers individus, le segment terminal est le plus grand, et porte deux styles soyeux à leur extrémité. Il soupçonne que ces individus sont les mâles. Ceux dont l'abdomen offre un plus grand nombre d'anneaux, sans avoir d'appendices saillans au bout, appartiendraient à l'autre sexe.

Hermann a donné une description des organes générateurs du mâle, qui sont composés d'un style aussi long que les soies que Latreille décrit, et courbés à angles obtus en avant ; ce style est divisé en deux lames, entre lesquelles est une autre tige en forme de soie qu'Hermann présume être le pénis. Ces Insectes vivent sur les Chauve-Souris ; Montagu a observé qu'ils se renversent sur le dos pour sucer le sang de ces Animaux ; leur tête étant placée sur le dos, il était difficile, avant cette observation, de concevoir comment l'Insecte aurait pu approcher sa bouche de la peau de la Chauve-Souris. Les Nyctéribies courent très-vite quand elles sont sur le corps de l'Animal, mais une fois qu'on les en a séparées, elles ne peuvent plus marcher, et ne font que des mouvemens désordonnés. On connaît deux espèces de ce genre ; l'une, qui a servi à Latreille pour faire les observations que nous avons données plus haut, lui a été communiquée par Cuvier ; c'est :

La Nyctéribie de Blainville, *Nycteribia Blainvillii*, Latr. ; *Phthiridium Blainvillii*, Leach. Elle est longue de près de deux lignes, d'un brun marron foncé avec les pates plus claires. Elle a été rapportée de l'Île-de-France.

La Nyctéribie de la Chauve-Souris, *Nycteribia Vespertilionis*, Latr. (*Gener. Crust.*, etc. T. 1, t. 15, fig. 11), Fabr. ; Oliv. ; *Phthiridium biarticulatum*, Herm. ; *Phthiridium Hermannii*, Leach (*Zool. Miscell.* T. iii, p. 55, pl. 144) ; *Phthiridium Latreillii*, ibid. ; *Acarus Vespertilionis*, L., Fabr., Scop., Frisch, Oliv. Beaucoup plus petite que la précédente ; dessus du corps et pates d'un jaunâtre roussâtre ; dessous du corselet d'un brun rougeâtre avec une ligne noire au milieu. Cette espèce se trouve aux environs de Paris et dans toute l'Europe sur la Chauve-Souris fer-à-cheval. (G.)

NYCTERINS. ois. (Duméril.) Syn. d'Oiseaux nocturnes. (B.)

NYCTÉRISITION. BOT. PHAN. Genre de la famille des Sapotées, et de la Pentandrie Monogynie, L., établi par Ruiz et Pavon, et adopté par Kunth qui lui a imposé les caractères suivans : calice à cinq divisions profondes ; corolle dont le tube est court, le limbe à cinq segmens profonds, réfléchis ; point d'écailles à la base des divisions de la corolle ; cinq étamines insérées au sommet du tube, et opposées aux segmens de la corolle ; ovaire à cinq loges, renfermant un seul ovule dans chacune de celles-ci ; style court, surmonté d'un stigmate obtus presqu'à cinq dents ; fruit inconnu. Ce genre ne se compose que de deux espèces qui ont le port des *Bumelia*.

Le NYCTÉRISITION FERRUGINEUX, *Nycterisition ferrugineum*, Ruiz et Pavon (*Flor. Peruv. et Chil.*, 2, p. 47, t. 187), est le type du genre. C'est un grand Arbre du Pérou dont l'écorce est ferrugineuse, le tronc épais, laissant écouler par incision un suc laiteux qui rougit à l'air. Les branches, étalées, portent des feuilles éparses, pétiolées, ovales, allongées, légèrement acuminées et échancrées au sommet, lisses en dessus, couvertes en dessous d'un duvet ferrugineux ; les fleurs sont en petits fascicules, agrégées.

Le NYCTÉRISITION A FEUILLES ARGENTÉES, *Nycterisition argenteum*, Kunth (*Nov. Gener. et Spec. Plant. æquin.*, 3, p. 238, t. 244), est figuré dans les planches de ce Dictionnaire. Cet Arbre, qui se rapproche beaucoup du *N. ferrugineum*, croît près de Jaen de Bracamoros, dans la république de Colombie. Ses rameaux sont alternes, un peu ridés, légèrement pubescens dans leur jeunesse, mais ils ne sont pas ferrugineux comme dans l'espèce précédente. Ses feuilles sont en outre plus petites, et couvertes en dessous d'un duvet soyeux argenté. Les fleurs sont disposées en petits groupes qui naissent dans les aisselles des feuilles et le long des rameaux. (G..N.)

NYCTERIUM. BOT. PHAN. Ventenat (Jardin de Malmaison, n. 85) a formé sous ce nom un genre qui a pour type le *Solanum Vespertilio* d'Aiton, mais qui ne diffère pas suffisamment du genre *Solanum* pour mériter d'être adopté. *V.* MORELLE. (G..N.)

NYCTIBUS. OIS. *V.* IBIJAU.

NYCTICÈBE. *Nycticebus.* MAM. Genre de Quadrumanes Lémuriens établi par Geoffroy Saint-Hilaire, et dont le type est une espèce indiquée par Linné sous le nom de *Lemur Tardigradus*. Très-voisins du genre Loris par leur système dentaire, par la forme de leurs oreilles, par celle de leurs ongles, par l'état très-rudimentaire de leur queue, par plusieurs autres caractères d'une moindre importance, et même par les couleurs de leur pelage, les Nycticèbes se distinguent par leur museau obtus et peu prolongé, leurs membres courts et assez forts, et leur corps gros et épais : le Loris a, au contraire, le museau saillant et relevé, et les membres et le corps d'une longueur excessive et d'une gracilité qui le rendent très-remarquable : d'où le nom spécifique de *gracilis* sous lequel il est ordinairement désigné. A ces caractères, qu'on peut regarder comme les plus importans, ou même comme les seuls importans, du moins sous le rapport de la distinction générique des Nycticèbes, on a ajouté les suivans : tête ronde ; yeux grands, rapprochés et dirigés en avant ; l'os jugal sans ouverture appréciable à la simple vue ; les intermaxillaires courts, verticaux et sans saillie ; les oreilles courtes et velues ; la langue rude ; les narines entourées d'un mufle ; le pelage laineux ; les os de la jambe et du bras distincts ; le tibia plus long que le fémur, et le tarse égal en longueur au métatarse (Geoffroy Saint-Hilaire, Tableau des Quadrumanes, Ann. Mus. T. XIX ; et Desmarest, Mammalogie). Quant au système dentaire, il nous suffira de dire, au sujet des canines et des molaires, qu'elles sont très-semblables à celles du Loris : il en est de même des incisives inférieures, dont le nombre est de six, et qui sont proclives, comme cela a généralement lieu chez les Lémuriens. Le nombre des supérieures varie de deux à quatre ; les incisives latérales étant toujours, lorsqu'elles existent, beaucoup plus petites que les deux autres : celles-ci sont constamment séparées sur la ligne médiane par un intervalle vide, assez étendu. Le Muséum possède maintenant plusieurs squelettes de Nycticèbes, dont quelques-uns, qui lui ont été envoyés de Sumatra par Duvaucel, sont dans le plus parfait état de conservation ; leur comparaison avec celui des Loris donne le même résultat que l'examen des caractères extérieurs : beaucoup de ressemblance générale avec d'importantes différences sur quelques points. Le nombre des côtes est de seize.

Les Nycticèbes diffèrent peu des Loris par leurs habitudes : leur lenteur et leur indolence sont excessives; d'où les noms de Paresseux et de *Tardigradus* qui leur ont été donnés par Vosmaër, par Linné, par Séba et par quelques autres auteurs. Ces Animaux semblent même ne pouvoir se soutenir. Lorsqu'ils marchent à quatre pates, leurs jambes s'écartent de leur corps, de sorte que leur poitrine et leur ventre touchent presque le sol ; ce qui leur donne une physionomie fort singulière, et ce qui les a fait comparer à de jeunes Chiens qui viendraient de naître, et que leurs membres n'auraient point encore la force de porter. Cette curieuse observation peut seule nous faire comprendre les remarques faites sur les Nycticèbes par Vosmaër et par d'Obsonville (Essais Philos. sur les mœurs de divers Animaux étrangers): le premier nous dit que la marche de ces Animaux est une sorte de reptation, et le second affirme que, lorsqu'ils paraissent se hâter, ils parcou-

rent à peine un espace de quatre toises en une minute. Cette lenteur les a quelquefois fait comparer aux Bradypes ou Paresseux, avec lesquels ils ont aussi assez de ressemblance par leur voix : on les entend continuellement, surtout lorsqu'on les irrite, répéter sur un ton plaintif un cri que Vosmaër exprime par les syllabes *aï*, *aï*. Ils dorment presque tout le jour, la tête posée sur la poitrine ; et l'étendue considérable de leurs orbites annonçait en effet en eux des Animaux nocturnes. Leurs pupilles sont transversales, et suivant F. Cuvier, elles peuvent se fermer entièrement; ce qui expliquerait parfaitement l'assertion de d'Obsonville, qui nous les représente comme ne redoutant nullement l'éclat de la lumière solaire. Suivant le même auteur, ils mangent volontiers des fruits sucrés et du pain ; mais ils sont surtout friands d'œufs, d'Insectes et de petits Oiseaux. « S'il apercevait, dit d'Obsonville au sujet de l'individu qu'il a eu occasion d'observer, s'il apercevait une pièce de pareil gibier, que je m'amusais à attacher à l'autre extrémité de la chambre, ou à lui présenter en l'appelant, aussitôt il s'approchait d'un pas allongé et circonspect, tel que celui de quelqu'un qui marche en tâtonnant. Arrivé environ à un pied de distance de sa proie, il s'arrêtait : alors, se levant droit sur ses jambes, il s'avançait debout, en étendant doucement les bras, puis tout-à-coup le saisissait, et l'étranglait avec une prestesse singulière. »

On a cherché à expliquer la lenteur des Nycticèbes par une disposition particulière que présentent les artères de leurs membres; disposition dont on doit la connaissance à Carlisle. Suivant cet auteur, l'artère brachiale est entourée d'un lacis vasculaire résultant de l'anastomose d'un très-grand nombre de rameaux, fournis par l'axillaire ; et la même chose a lieu à l'extrémité inférieure, à l'égard de la crurale. Cette même disposition existerait également, suivant Carlisle, chez tous les Mammifères remarquables par leur excessive lenteur, tels que le Loris et les Bradypes; et il est de fait qu'elle a été retrouvée par Quoy et Gaimard dans une des espèces de ce dernier genre.

Le Nycticèbe du Bengale, *Nycticebus Bengalensis*, Geoff. St.-Hil., est l'espèce la plus anciennement et la mieux connue : c'est à elle qu'on a rapporté le *Lemur Tardigradus* de Linné; le Loris du Bengale, de Buffon ; le Paresseux pentadactyle du Bengale, de Vosmaër, le Thevangues ou Tongres de d'Obsonville, et le Poucan ou Lori–Poucan de Duvaucel et de Fr. Cuvier. Geoffroy Saint–Hilaire le caractérise ainsi : pelage roux ; ligne dorsale brune ; museau large; quatre dents incisives à la mâchoire supérieure. Sa longueur totale est d'un pied environ.

Le Nycticèbe de Java, *Nycticebus Javanicus*, est une espèce établie (Ann. du Mus. T. xix) par Geoffroy qui l'a ainsi caractérisée : pelage roux; ligne dorsale plus foncée; museau étroit; deux dents incisives à la mâchoire supérieure. Sa taille est peu différente de celle du Nycticèbe du Bengale.—On voit par cette phrase caractéristique que ces deux espèces se ressemblent beaucoup : elles sont d'ailleurs très-imparfaitement connues, et sujettes à de nombreuses variations; circonstances qui rendront fort difficile l'histoire des Animaux de ce genre, tant que l'on n'aura pas reçu de l'Inde des individus de différens sexes, et en assez grand nombre pour permettre, au moyen de comparaisons multipliées, de lever tous les doutes que l'on peut conserver jusqu'à ce moment. C'est seulement alors qu'il sera possible d'établir d'une manière plus certaine et sur des bases moins vagues, les véritables caractères des espèces.

Le Nycticèbe de Ceylan, *Nycticebus Ceylonicus*, Geoff. St.-Hil., est une espèce seulement connue par une planche de Séba, et par la description qu'en a donnée le même auteur sous le nom de *Tardigradus Ceylonicus* : elle serait caractérisée par son pelage d'un brun noirâtre avec la ligne dorsale noire.

Quant au Potto de Bosman, tour à tour placé parmi les Nycticèbes et parmi les Galagos, et depuis considéré comme type d'un genre nouveau, nous n'ajouterons rien à ce qui a été dit ailleurs (*V.* Galago) de cet Animal, encore très-imparfaitement connu.   (is. g. st.-h.)

NYCTICORAX. ois. (*V.* Héron-Bihoreau.) Ce nom, qui signifie Corbeau de nuit, fut indifféremment appliqué à l'Engoulevent et à la Hulote. Il est mentionné dans les saintes Écritures, où un prélat de la cour de Louis XIV qui demandait ce que c'était, prenait Nycticorax pour un officier de la cour du juif David.   (b.)

NYCTINOME. *Nyctinomus.* mam. *V.* Vespertilion.

*NYCTOPHILUS. mam. Leach a proposé (Transact. de la Société Linnéenne, T. xiii, première partie) d'établir sous ce nom un nouveau genre dans la famille des Chauve-Souris Insectivores à feuilles nasales; ce genre est composé d'une seule espèce dont la patrie est inconnue, et que Leach a dédiée à Geoffroy Saint-Hilaire. Nous ferons connaître, dans l'article Vespertilion, les caractères assignés par Leach au *Nyctophilus Geoffroyi*.   (is. g. st.-h.)

NYLGAUT. mam. Espèce du genre Antilope. *V.* ce mot.   (b.)

NYMPHACÉES. conch. Lamarck, dans son dernier ouvrage, a proposé de rassembler dans cette famille un certain nombre de genres dont quelques-uns ont été démembrés des Solens, et quelques autres des Vénus. Cette famille dans la manière de voir de Lamarck peut servir d'intermédiaire entre les Solens et les Conques. Elle n'a point été adoptée par Cuvier, mais Férussac l'a admise en y apportant quelques changemens dont le plus important a été d'en ôter le genre Crassine pour le porter près des Crassatelles. Lamarck caractérise ainsi cette famille : deux dents cardinales au plus sur la même valve; coquille souvent un peu bâillante aux extrémités latérales; ligament extérieur; nymphes en général saillantes au-dehors. Il divise cette famille en deux sections de la manière suivante :

1. NYMPHACÉES SOLENAIRES.

Genres : SANGUINOLAIRE, PSAMMOBIE, PSAMMOTÉE.

2. NYMPHACÉES TELLINAIRES.

A. *Une ou deux dents latérales.*

Genres : TELLINE, CORBEILLE, LUCINE, DONACE.

B. *Point de dents latérales.*

Genres : CAPSE, CRASSINE. *V.* ces différens mots.   (D..H.)

NYMPHÆA. BOT. PHAN. *V.* NÉNUPHAR.

NYMPHALE. *Nymphalis.* INS. Genre de l'ordre des Lépidoptères, famille des Diurnes, tribu des Papillonides, division des Nacrés, établi par Linné qui donnait ce nom, dans les dernières éditions de son *Systema Naturæ*, à une des grandes divisions de son genre Papillon. Cette coupe a été adoptée par Réaumur, et d'après lui par Geoffroy qui l'a subdivisée d'après la forme des pates et des chenilles. Scopoli et Degéer ont profité des moyens de Réaumur pour diviser encore cette coupe. Après eux Fabricius est venu transformer toutes les divisions que ses prédécesseurs avaient faites dans les Papillons-Nymphales de Linné en autant de genres, en y en ajoutant quelques-uns qui lui sont propres. Enfin Latreille est venu arrêter cette confusion, et il a adopté quelques-uns des genres de Fabricius en en rejetant un grand nombre basés sur des caractères trop peu importans; il a donc conservé dans le genre Nymphale proprement dit les Papillons qui ont pour carac-

tères : antennes terminées en une petite massue allongée; longueur des palpes inférieurs ne surpassant pas notablement celle de la tête; ces palpes étant très-poilus et leur dernier article n'étant, au plus, que d'une demi-fois plus court que le précédent. Chenilles n'ayant que quelques épines ou quelques tubercules avec l'extrémité postérieure du corps fourchue. Les Nymphales se distinguent des Vanesses, Biblis et Satyres par les antennes qui, dans ces derniers, sont terminées brusquement par un bouton court. Le genre Morpho de Fabricius en est séparé par les antennes presque filiformes, légèrement et insensiblement plus grosses vers leur extrémité. Les Argynnes sont bien distinctes des Nymphales par leurs antennes finissant brusquement par un bouton en forme de toupie, et par leurs palpes inférieurs dont le dernier article est grêle et aciculaire ou en pointe d'aiguille. Les Nymphales sont des Papillons de haut vol, et leurs ailes, fortes et épaisses, font bien voir qu'ils sont destinés à planer au haut des grands Arbres dans les forêts. Leur tête est petite, elle porte deux yeux ronds, saillans au-dessus et entre lesquels sont insérées les antennes. Leurs pates antérieures sont très-petites et inutiles pour marcher ou même se retenir posés sur les corps; elles sont composées comme les suivantes, mais leurs tarses ne sont pas terminés par des crochets; ces pates sont toujours appliquées sur les côtés du thorax et leur genou est dirigé vers la tête; cette disposition leur a valu le nom de pates en palatine. Les autres pieds sont trois fois plus grands; la jambe est un peu plus courte que la cuisse; les tarses sont de la longueur de la jambe, de cinq articles dont le premier est aussi long que les quatre autres ensemble; le dernier est terminé par deux crochets recourbés. L'abdomen des Nymphales est de grandeur moyenne, il n'est pas embrassé par un prolongement des ailes inférieures. On trouve des espèces de ce genre dans tous les pays du monde. En général, ces Papillons sont ornés des couleurs les plus brillantes et les plus variées. Les grands bois des environs de Paris en nourrissent quelques espèces qui font l'ornement des collections et dont les couleurs sont admirables. Ces Lépidoptères aiment beaucoup les excrémens et l'urine et en général toutes les matières en fermentation. On profite même de cette circonstance pour les attirer à terre et pour les prendre. Quand les grands Sylvains (*Nymph. Populi*) ou les autres grandes espèces voltigent au sommet des Arbres, et ne descendent pas à la portée du chasseur, il n'a qu'à mettre dans la route qui traverse le bois un tas de crottin de Cheval, ou bien des Pommes pourries, ou encore de l'urine ; il ne tardera pas à voir les Nymphales venir et se poser sur ces matières. Ce singulier goût pour les matières en fermentation leur est commun avec un grand nombre d'Insectes. Le genre Nymphale est très-nombreux en espèces. Godard (Encyclop. Méthod., article Papillon), en décrit deux cent soixante-sept qu'il place dans un grand nombre de divisions. Latreille (Nouveau Dict. d'Histoire Naturelle) n'a fait que deux grandes divisions dans ce genre. Nous allons les présenter ici avec quelques-unes des espèces qu'elles renferment.

I. Ailes très-arrondies, sans dentelures ni prolongemens en forme de queue au bord postérieur.

Nymphale Sorana, *Nymphalis Sorana*, God., Encycl. Méth., article Papillon, p. 422, n. 229. Ailes ayant deux pouces et demi d'envergure, noires, glacées de violet, supérieures, ayant de part et d'autre deux bandes cramoisies dont l'antérieure commence au-dessus des secondes ailes ; dessous de ces dernières avec deux yeux et une ligne très-anguleuse, bleus. Cette espèce habite le Brésil.

II. Ailes dentées ou sinuées au bord postérieur, celui des inférieures ayant, dans plusieurs, des prolongemens en forme de queue.

A. Massue des antennes formée presque insensiblement et grêle.

† Ailes étroites et allongées. Genre : Neptis, Fabr.

Nymphale de l'Érable, *N. Aceris*, God., Fabr., Latr. ; *Papilio Aceris*, Hbn. Herbst, tab. 255, fig. 5, 6 ; *Papilio leucothoa* et *columella*, ib. et Cram. ; *Papilio plantillia*, Hubn. Le Sylvain à deux bandes blanches, Engram. Deux pouces et demi d'envergure ; ailes dentées, d'un noir brun en dessus, fauves en dessous, avec trois bandes blanches maculaires ; bande de la base des supérieures longitudinale et lancéolée. La femelle ressemble au mâle, seulement elle est plus grande. Cette espèce se trouve depuis les îles de la Sonde jusqu'en Autriche inclusivement. Les individus des Indes-Orientales sont, comme le dit fort bien Fabricius, plus grands que ceux d'Europe.

†† Ailes guère plus longues que larges. Genres : Limenites et Apatura, Fabr.

Nymphale du Peuplier, *N. Populi*, Latr., God., Fabr. ; *Papilio Populi*, L., etc., etc. Le Sylvain, Engram., Pap. d'Eur. T. 1, p. 26, pl. 9, fig. 10, A, D (mâle), et le grand Sylvain (la femelle), de trois pouces à trois pouces et demi d'envergure ; ailes légèrement dentées, d'un brun noirâtre en dessus, avec une bande blanche maculaire, un cordon de lunules fauves et une double ligne marginale d'un bleu ardoisé. La chenille de ce beau Papillon est verte, nuancée de brun, avec l'anus ou la tête fauves ou rougeâtres. L'anus est un peu fourchu. Le dos offre des éminences charnues et épineuses, dont les deux antérieures plus grandes et les postérieures un peu recourbées en arrière. Elle vit sur le Tremble et sur les Peupliers noir et blanc. La chrysalide est obtuse antérieurement, jaunâtre, mouchetée de noir, avec une bosse arrondie vers le milieu du dos. C'est du 10 au 15 juin que l'Insecte parfait en sort. Cette espèce se trouve dans les contrées septentrionales de l'Europe. On la rencontre aux environs de Paris, mais elle y est rare.

NYMPHALE IRIS, *N. Iris*, Godard, Latr.; *Papilio Iris*, Fabr.; *Papilio Iole*, Esp.; *Papilio Beroe*, Herbst, tab. 229, fig. 3-6, tab. 230, fig. 1-2; *Maniola Iris*, Schrank. Le Grand-Mars changeant, Engram., Papillons d'Europe, tab. 1, p. 157, pl. 31, fig. 62, A-B (mâle); le Grand-Mars non-changeant, *ibid.* (femelle). Deux pouces et demi à trois pouces d'envergure; ailes dentées, d'un brun obscur avec un reflet violet dans les mâles, des taches aux supérieures et une bande unidentée aux inférieures blanches; dessus des supérieures sans taches oculaires. Cette espèce varie beaucoup, et ses variétés ont été érigées en espèces par un grand nombre d'auteurs. Ce Papillon est un des plus beaux de notre pays; vu à divers angles, ses ailes paraissent du plus beau bleu. Il habite les parties basses des bois et se tient sur la cime des Chênes; il n'en descend qu'entre onze et deux heures, et vient en planant se poser sur la fiente, sur les Arbres qui suintent, ou sur d'autres corps en décomposition. On le trouve dans le nord de la France et aux environs de Paris dans les bois de Meudon, Bondy, Saint-Germain, etc.

B. Antennes terminées brusquement en un bouton obconique, gros et allongé. Genre: PAPHIA, Fabr.

NYMPHALE JASIUS, *Nymphalis Jasius*, Latr., God.; *Papilio Jasius*, Fabr., L.; *Papilio Jason*, L., Herbst, Cramm.; *Papilio Rhea*, Hubn., Pap., t. 115, f. 580, 581. De trois à quatre pouces d'envergure; bord postérieur des premières ailes plus ou moins concave; bord correspondant des secondes avec deux queues extérieures, linéaires et aiguës. Ailes supérieures ayant de part et d'autre une raie maculaire et le bord postérieur

fauves; dessous des quatre ailes ferrugineux vers la base avec les anneaux et une bande bleue. Ce Lépidoptère, comme nous avons souvent eu occasion de le voir, plane comme les Oiseaux, et se tient toujours à de grandes hauteurs; il vient souvent se reposer sur les troncs des Arbres exposés au soleil. On le trouve dans les contrées méridionales de la France, en Italie, en Corse, dans les îles d'Hières près Toulon, dans l'Asie-Mineure, en Sicile et à Naples; on en trouve une variété en Afrique. Le Fébure de Cérisy, ingénieur de la marine à Toulon, a fait des observations fort curieuses sur les métamorphoses de ce Papillon. La chenille est verte dans le premier âge, elle devient jaunâtre plus tard, sa peau est comme chagrinée et plissée transversalement. Sa tête est ornée de quatre cornes verticales, dont les deux intermédiaires sont les plus longues. Cette chenille ne mange que la nuit; pendant le jour, elle se tient immobile et attachée aux feuilles d'Arbousier dont elle se nourrit, et dont la couleur ne diffère pas de la sienne. La chrysalide est lisse, grosse, un peu coriace, d'un vert pâle: elle se change en Papillon au bout de quinze jours.   (G.)

NYMPHANTHUS. BOT. PHAN. Loureiro (*Flor. Coch.*, 2, p. 665) a décrit sous ce nom générique quatre Plantes indigènes de la Chine et de la Cochinchine, lesquelles ont été réunies au genre *Phyllanthus* de la famille des Euphorbiacées. En effet, le filet unique du *Nymphanthus*, portant une anthère à quatre ou six loges, peut être considéré comme la soudure de plusieurs filets portant chacun deux ou trois anthères, et dès-lors il n'y a point de différence entre ce genre et les *Phyllanthus*. Les *Nymphanthus squamifolia*, *pilosa*, *chinensis* et *rubra*, sont des Arbres ou des Arbrisseaux qui se rapprochent du *Phyllanthus Niruri*. La première de ces espèces offre une exception assez remarquable dans les Euphorbiacées, en ce que ses feuilles, ses fleurs et ses fruits jouissent de propriétés émollientes, résolutives et anodines. Les peuples de la Cochinchine en font usage dans les maladies de la poitrine, des reins et de la vessie.

(G..N.)

NYMPHE. REPT. OPH. Espèce du genre Bongare. *V.* ce mot. (B.)

NYMPHE DE TERNATE. OIS. (Séba.) Syn. de Martin-Pêcheur à longs brins, *Alcedo Dea*, L.. (B.)

NYMPHEA. BOT. PHAN. Pour *Nymphæa. V.* NÉNUPHAR. (B.)

*NYMPHÉACÉES. *Nymphæaceæ.* BOT. PHAN. Famille naturelle, ayant pour type le genre *Nymphæa*, mais dont la place est fort indécise encore dans la série des ordres naturels, puisque les uns, et nous sommes de ce nombre, la rangent parmi les Monocotylédons, et les autres parmi les Dicotylédons. Nous allons rappeler en peu de mots la structure de l'embryon, point litigieux dans cette question, en renvoyant pour les autres caractères aux mots NÉNUPHAR et NÉLUMBO. Lorsque l'on enlève l'épisperme ou tégument propre de la graine d'une espèce de Nénuphar, on trouve que l'amande se compose de deux organes distincts, un endosperme charnu, qui en forme presque toute la masse, et un embryon assez petit, qui a une forme irrégulièrement conique ou en toupie. Examiné à l'extérieur, cet embryon est parfaitement indivis, sans aucune trace de fente ou de suture. Gaertner, d'après cet examen superficiel, l'avait décrit comme Monocotylédone; telle était également l'opinion de Jussieu, puisqu'il avait placé ce genre dans les Hydrocharidées, qui sont bien certainement monocotylédonées. Si l'on fend en deux cet embryon, on lui reconnaît l'organisation suivante : la partie externe forme une sorte de petit sac assez mince, du fond duquel part un corps épais et charnu, qui en remplit exactement la cavité : ce corps est partagé presque jusqu'à sa base en deux lobes

épais, charnus, un peu inégaux. En écartant ces deux lobes, on trouve entre eux un autre corps plus petit, divisé en deux parties très-inégales. Cherchons maintenant à dénommer ces parties. Toutes les fois qu'un embryon est simple et ne présente aucune sorte de fente ni de suture à sa surface externe, cet embryon est réputé monocotylédoné. Dans ce cas, le cotylédon est toujours sous la forme d'un étui mince ou épais, contenant dans son intérieur les rudimens des parties qui doivent se développer à l'extérieur, c'est-à-dire la gemmule. Partant de ce principe fondamental, auquel nous ne connaissons aucune exception, il nous sera facile de dénommer les parties qui forment l'embryon des Nénuphars. L'espèce de sac extérieur et indivis est le cotylédon, et les deux corps bilobés, emboîtés l'un dans l'autre, forment la gemmule. Mais cette manière de voir, qui est celle du professeur Richard, n'a pas été adoptée par les botanistes. Ainsi, Corréa de Serra considère le sac extérieur comme une expansion de la radicule, analogue à celle de certains embryons vitellifères, et dès-lors le corps bilobé, placé au-dessous, est le corps cotylédonnaire formé de deux cotylédons; le corps plus intérieur également bilobé, est la gemmule. Cette opinion est à peu près celle qui a été soutenue par De Candolle, Mirbel, Poiteau, etc., avec cette différence toutefois qu'ils ne se prononcent pas sur la nature du *saccule* qui enveloppe le corps bilobé, et qu'ils le considèrent comme un organe spécial particulier à l'embryon des Nénuphars. Avant d'apporter et de discuter les raisons émises à l'appui de ces deux opinions, il nous paraît indispensable de faire connaître aussi la structure de l'embryon du Nélumbo, qui offre avec celle du *Nymphæa* plusieurs points de conformité. La graine du Nélumbo, dépouillée de son péricarpe, est à peu près ovoïde; elle est recouverte d'un épisperme ou tégument propre très-mince, qui, par la macération, s'enlève facilement de l'amande, avec laquelle il ne contractait aucune espèce d'adhérence. Cette amande est composée uniquement par l'embryon, sans aucun vestige d'endosperme. Examiné extérieurement, l'embryon est partagé par une fissure profonde en deux gros lobes charnus, qui tiennent au reste de l'embryon seulement par leur base. En écartant ces deux lobes et leur faisant prendre une position horizontale, on voit qu'ils recouvraient par leur face interne un autre corps ovoïde, allongé, ayant presque la même hauteur, mais beaucoup plus étroit qu'eux. Ce corps est parfaitement simple et indivis. Si on le fend suivant sa longueur, on voit qu'il se compose d'un sac mince, membraneux, recouvrant un bourgeon formé de deux ou trois feuilles rudimentaires déjà pétiolées et diversement emboîtées les unes dans les autres. Dénommons ces parties : le corps extérieur et bilobé, qui part de la base de l'embryon, c'est-à-dire de la radicule, nous paraît être deux expansions du corps radiculaire. Nous espérons le prouver bientôt. Le sac indivis est le cotylédon entièrement semblable à celui des Nénuphars, et le bourgeon intérieur est évidemment la gemmule. Il n'y a donc de différence entre l'embryon du Nélumbo et celui des *Nymphæa*, que dans le Nélumbo, la radicule offre deux appendices latéraux qui manquent dans l'embryon des Nénuphars. Voyons maintenant quelle est, au sujet du Nélumbo, l'opinion des autres botanistes. Corréa de Serra admet, comme le professeur Richard, que le corps extérieur bilobé est une dépendance de la radicule, analogue au sac indivis qui forme la partie externe de l'embryon du *Nymphæa*. Pour cet habile carpologiste, l'embryon du Nélumbo est tout-à-fait dépourvu de cotylédons; le sac intérieur et tout ce qu'il renferme forment la gemmule. Telle n'est pas l'opinion de De Candolle, de Mirbel, etc. Pour eux, le corps bilobé forme les deux cotylédons; le sac intérieur constitue

une sorte de gaîne stipulaire, et les folioles qu'il renferme sont la gemmule.

Examinons chacune de ces opinions.

1°. *L'embryon du Nymphæa et du Nélumbo est monocotylédoné*. Quel est le véritable caractère d'un embryon monocotylédon? C'est d'être parfaitement indivis, c'est-à-dire de ne présenter à l'extérieur aucune trace de fente, de division ou de suture. Or, tels sont en effet les caractères que présente l'embryon du *Nymphæa*. Pour soutenir cette opinion relativement à ce genre, il n'y a aucune supposition à faire, rien d'insolite à admettre. Cet embryon est conformé absolument de la même manière que celui des autres Plantes monocotylédonées, c'est-à-dire qu'il renferme intérieurement la gemmule. A l'appui de cette opinion, nous ajouterons les phénomènes de la germination, qui sont absolument ceux des autres embryons unilobés. Quand une graine du *Nymphæa alba* commence à germer, on voit saillir à son extrémité, qui correspond à l'embryon, un petit mamelon arrondi; c'est le corps radiculaire, qui bientôt se rompt pour laisser sortir la radicule qui était intérieure. Peu après, le sac cotylédonnaire se rompt aussi; les deux lobes externes de la gemmule s'en dégagent en partie, et de leur écartement sort un autre bourgeon, qui prend bientôt un accroissement plus considérable. Cette germination ne présente-t-elle pas tous les caractères de celle des Monocotylédones : une radicule intérieure ou endorhizée, forcée de percer l'extrémité radiculaire qui ne prend aucun accroissement; un cotylédon qui se rompt pour laisser sortir la gemmule qu'il renfermait, nous paraissent des caractères qui ne s'observent dans aucune germination de Plante dicotylédonée. Quant au Nélumbo, nous convenons qu'il présente une particularité qui ne s'observe pas dans le *Nymphæa* ; ce sont les deux appendices latéraux très-développés de sa radicule ; mais d'abord, nous ferons remarquer que ce genre manquant d'endosperme, ces deux appendices en tiennent en quelque sorte lieu ; ils étaient nécessaires ici pour remplacer l'endosperme et fournir à la jeune Plantule les premiers matériaux de son développement, le cotylédon étant extrêmement mince et ne pouvant servir à cet usage. Si l'on retranche ces deux appendices, il n'existe plus de différence entre l'embryon du Nélumbo et celui du Nénuphar. Si nous parvenons à prouver qu'ils sont une dépendance de la radicule, nous nous croirons dispensé d'établir que le sac indivis est le cotylédon, puisque nous l'avons déjà démontré pour le genre *Nymphœa*. Nous ferons remarquer d'abord qu'il n'est pas rare de trouver dans les Plantes monocotylédones des embryons dont la radicule offre un volume excessivement considérable relativement aux autres parties ; c'est à ces embryons que le professeur Richard a donné les noms de *Macrorhizes* et de *Macropodes*, et Gaertner celui d'embryons vitellifères. Ainsi, dans le *Ruppia maritima*, presque toute la masse de l'embryon est formée par un gros corps arrondi, qui est évidemment une dépendance de la radicule. Il en est de même dans le *Zostera marina*. Quand on examine son embryon, on voit qu'il a une forme ovoïde allongée. Sur l'un de ses côtés on remarque une fente longitudinale, dont les bords rapprochés et contigus vers la partie inférieure de la graine s'écartent un peu vers le point opposé. Dans l'écartement de ces deux lobes, on trouve un corps allongé, cylindroïde, recourbé sur lui-même. Cette disposition n'est-elle pas absolument la même que celle du Nélumbo. Cependant tous les botanistes considèrent le *Zostera* comme Monocotylédon ; ils admettent que les deux lobes ne sont qu'une dépendance du vitellus, qui fait évidemment partie du corps radiculaire, et que le corps

renfermé entre eux, qui contient la gemmule dans son intérieur, est le cotylédon. Il existe donc, 1° des embryons monocotylédons dont la radicule, c'est-à-dire le corps qui sert de base au cotylédon, est très-grosse ; 2° des embryons dont le corps radiculaire se prolonge latéralement, de manière à former des appendices plus ou moins volumineux, qui recouvrent en partie ou en totalité le cotylédon, comme dans le *Zostera* et plusieurs autres genres. Or, les appendices du Nélumbo nous paraissent être absolument analogues à ceux du *Zostera*; donc ils sont une dépendance de la radicule. On se confirmera encore dans cette opinion, si l'on écarte les deux lobes du Nélumbo, et qu'on les place dans une direction horizontale; on verra alors qu'ainsi disposé, cet embryon peut être parfaitement comparé à celui des Plantes vitellifères.

2°. *L'embryon des Nymphéacées est dicotylédoné*. Pour soutenir cette opinion, on est obligé d'admettre dans l'embryon du *Nymphœa*, aussi bien que dans celui du Nélumbo des parties qu'on ne rencontre dans aucun autre Végétal. Ainsi, il faut considérer le sac extérieur du *Nymphœa*, comme un organe particulier, n'ayant aucun analogue dans les autres Végétaux connus; admettre que cet organe manque dans le Nélumbo; mais que l'embryon de ce dernier offre aussi une autre particularité dont on ne trouve aucune trace ni dans le *Nymphœa* ni dans aucun autre genre connu ; c'est l'existence d'un étui ou sac placé en dedans des cotylédons, et recouvrant en totalité la gemmule. Dans cette hypothèse, l'embryon des deux genres en litige n'offre donc aucune analogie avec les autres embryons dicotylédonés, tandis que nous croyons avoir démontré que, comparé à beaucoup d'autres embryons monocotylédonés, cet embryon n'offrait rien que l'on ne retrouvât dans une foule d'autres Plantes bien connues. Il faut ensuite ne pas admettre les caractères que l'on peut tirer de la germination ; car ces caractères sont bien évidemment ceux des Plantes endorhizes ou monocotylédonées. Les botanistes qui soutiennent cette opinion, s'appuient aussi sur l'anatomie intérieure des tiges, qui, selon eux, se rapproche dans les Nymphéacées tout-à-fait de celle des Dicotylédons. Mais ici nous ferons remarquer, 1° que dans toutes les Plantes herbacées qui vivent dans l'eau, qu'elles soient monocotylédones ou dicotylédones, l'organisation intérieure des tiges est à peu près la même ; c'est un tissu cellulaire très-lâche parcouru par des fibres vasculaires et longitudinales ; 2° quelle que soit la généralité de la belle découverte du savant Desfontaines relativement à la structure différente des Monocotylédons et des Dicotylédons, cette loi souffre néanmoins quelques exceptions. Dirons-nous que les auteurs dont nous venons de parler fondent encore leur opinion sur l'analogie qu'ils trouvent entre le fruit du *Nymphœa* et celui des Pavots, et qu'après avoir admis les Nymphéacées parmi les Dicotylédones, ils les rangent auprès des Papavéracées ? Nous convenons qu'en effet, examiné superficiellement, il y a quelque ressemblance grossière entre le fruit du *Nymphœa* et la capsule d'un Pavot ; mais combien cette ressemblance extérieure est de peu de valeur, et surtout comme elle disparaît par un examen plus profond ! D'abord, la capsule du Pavot est à une seule loge, offrant des trophospermes saillans, qui simulent des cloisons incomplètes ; celui des *Nymphœa* est à plusieurs loges distinctes. Trouvera-t-on ensuite la moindre analogie dans les graines de ces deux familles ? Mais en supposant que le *Nymphœa* ait en effet quelques rapports par son fruit avec les Pavots, que fera-t-on du genre *Nelumbium ?* A-t-il la moindre analogie avec les Papavéracées ? Quel est le genre de cette famille où nous trouverons un disque évasé comme dans le Nélumbos, et portant dans les alvéoles

de sa face supérieure des pistils uniloculaires et monospermes ? Il faudrait donc placer le *Nymphœa* auprès des Papavéracées, et reporter fort loin de-là le *Nelumbium.* Nous n'ignorons pas qu'un botaniste aussi ingénieux que profond, le professeur De Candolle, a dit (Mém. de la Soc. de Genève, T. I, part. 1) que dans le genre *Nymphœa*, il y avait un réceptacle analogue à celui du Nélumbo ; que ce réceptacle recouvrait et se soudait intimement avec la paroi externe des carpelles. Mais cette opinion, tout ingénieuse qu'elle est, nous paraît une pure supposition, que rien ne prouve, et, par conséquent, elle ne peut en rien servir à la solution de la question.

Nous croyons donc que l'opinion qui fait du *Nymphœa* et du *Nelumbium* deux genres à embryon monocotylédoné, réunit plus de probabilités en sa faveur. 1°. Ainsi considéré, cet embryon n'offre aucune partie, que l'on ne retrouve dans une foule d'autres embryons monocotylédonés ; ce qui n'a certainement pas lieu dans l'opinion contraire. 2°. Son mode de germination confirme cette unité de cotylédon, et par conséquent elle est tout-à-fait opposée à celle des Dicotylédons. Mais ici nous ferons encore une autre question : doit-on laisser le genre *Nelumbium* dans la famille des Nymphéacées, ou doit-on en faire le type d'une famille distincte ? Nous avouons que nous ne saurions résoudre cette question d'une manière positive. Le port est absolument le même dans ces deux genres, et il peut paraître extrêmement étrange de les séparer comme ordres distincts, quand quelques botanistes, en tête desquels se présente Linné, avaient cru devoir les réunir en un seul genre ; mais nous demanderons, d'un autre côté, si l'on peut admettre dans la même famille deux genres dont l'un a l'ovaire simple, à plusieurs loges polyspermes, surmonté d'autant de stigmates qu'il y a de loges, et dont les ovules nombreux sont attachés à toute l'étendue des parois des cloisons, et dont l'autre, offrant au centre de sa fleur un très-grand réceptacle en forme de cône renversé, présente un grand nombre de pistils distincts, uniloculaires et monospermes, implantés dans des alvéoles creusés à la face supérieure de ce réceptacle; deux genres, dont l'un est muni d'un très-gros endosperme charnu, qui manque en totalité dans l'autre. Ces différences nous paraissent être d'une très-grande importance, et nous avons cru devoir les faire connaître, sans néanmoins nous prononcer irrévocablement dans cette question.

La place des Nymphéacées dans la série des familles monocotylédonées, n'est nullement facile à déterminer. Elles ont de grands rapports avec les Cabombées ou Hydropeltidées, par leur port et leur insertion hypogynique, et par quelque ressemblance dans leur embryon; mais elles en diffèrent par la disposition de leurs pistils et leur périanthe. D'un autre côté, on ne peut nier les rapports qui unissent les Nymphéacées aux Hydrocharidées, et c'est même de cette dernière famille qu'elles se rapprochent le plus, malgré leur ovaire libre et non infère. Nous pensons donc qu'on ne saurait les en éloigner. (A. R.)

NYMPHEAU. BOT. PHAN. Syn. vulgaire de Ményanthe nymphoïde, qui maintenant appartient au genre Villarsie. *V.* ce mot. (B.)

NYMPHES. INS. On donne ce nom à un état particulier que les Insectes présentent pendant leurs métamorphoses, et qui est intermédiaire à l'état de larve et à l'état parfait. On désigne aussi les Nymphes sous les noms de Chrysalides, Aurélies, Fèves dorées et Pupes. On traitera la signification de chacun de ces mots à l'article OEuf. *V.* ce mot. (AUD.)

NYMPHÉS. *Nymphes.* INS. Genre de l'ordre des Névroptères, section des Filicornes, famille des Planipennes, tribu des Hémérobins, établi par Leach (*Zoological Miscell.*,

vol. 1, pag. 102, tab. 45), et adopté par Latreille dans les Familles Naturelles du Règne Animal. Les caractères de ce genre sont : antennes filiformes, plus courtes que le corps, avec les articles du milieu un peu plus épais; dernier article des palpes extérieurs presque aussi long que le précédent, cylindrique et obtus à son extrémité; le même des palpes intérieurs plus long que le précédent et pointu à son extrémité; labre échancré au milieu; point d'yeux lisses; jambes bi-épineuses à leur extrémité; tarses composés de cinq articles entiers. Ce genre est très-voisin des Hémérobes, mais il en diffère par les antennes renflées au milieu et par les ailes dont la coupe se rapproche davantage de celle des Myrméléons; les Nymphés paraissent faire le passage des Myrméléonides aux Hémérobins. La seule espèce connue de ce genre a été trouvée à la Nouvelle-Hollande. Leach lui a donné le nom de Nymphés Myrméléonide; son corps et ses pates sont roussâtres; ses antennes sont noires avec l'extrémité brune; les ailes sont transparentes avec le bout roussâtre et quelques taches blanchâtres. Percheron, de Paris, jeune amateur très-zélé, possède une autre espèce de ce genre qu'il se propose de décrire. (G.)

NYMPHOÏDES. BOT. PHAN. Le genre établi par Tournefort sous le nom de *Nymphoïdes*, à cause de ses feuilles semblables à celles des *Nymphœa*, fut réuni au *Menyanthes* par Linné. Mais comme ce genre se distingue réellement des Ményanthes (*V.* ce mot), il a fallu lui donner un nom générique qui ne fût pas contraire aux règles de la terminologie. Parmi les diverses dénominations proposées, celle de *Villarsia* a prévalu. *V.* VILLARSIE. (G..N.)

NYMPHON. *Nymphon.* ARACHN. Genre de l'ordre des Trachéennes, famille des Pycnogonides, établi par Fabricius, adopté par Latreille et tous les entomologistes, et ayant pour caractères : pieds fort longs; deux mandibules et deux palpes; corps de forme très-étroite et oblongue. La seule espèce de ce genre, connue par Linné, avait été confondue par cet auteur avec les *Phalangium*; Fabricius l'en distingua le premier, et la réunit au genre *Pycnogonum* : il l'en a séparée ensuite, et l'a placée (*Ent. Syst.*) dans l'ordre des Diptères. Olivier, à l'exemple d'Othon Fabricius, place les Nymphons dans la troisième série de l'ordre des Aptères. Savigny pense que ces Animaux font le passage des Crustacés aux Arachnides, et qu'ils tiennent aux premiers par les Cyames qui en sont les plus voisins par leur organisation. Latreille, après un examen attentif, et en attendant qu'on ait assigné, par une anatomie détaillée, la place de ces êtres, les met dans l'ordre des Arachnides, près des Pinces et des *Phalangium*; les Nymphons se distinguent des Phoxichiles parce que leurs mandibules sont en pince ou didactyles; les Ammothées de Leach ont les mandibules moins longues que le suçoir, ce qui n'a pas lieu chez les Nymphons; les Ammothées s'en distinguent encore par l'avant-dernier article de leurs pates ambulatoires, qui est beaucoup plus court que le même article des Nymphons. Enfin les Pycnogonons en sont séparés par l'absence de palpes et de mandibules. Le corps des Nymphons est long, très-étroit, grêle et composé entièrement par le thorax; on voit à sa partie antérieure, un suçoir tubulaire portant des mandibules et des palpes; les mandibules sont didactyles ou en pinces; elles sont beaucoup plus longues que le suçoir; celui-ci est tubulaire, et Latreille pense qu'il pourrait bien être une réunion des mâchoires et de la lèvre inférieure prolongées et soudées. Les palpes sont composés de cinq articles et terminés par un petit crochet. Ces Animaux n'ont point d'yeux composés; seulement on voit des yeux lisses sur un petit tubercule. Les pieds des Nymphons sont composés de neuf articles. Les antérieurs sont organisés de manière à porter les œufs quand l'Animal les a pondus. L'abdomen est représenté par un petit article en forme de queue. Ce genre se compose de deux ou trois espèces marines. Fabricius dit qu'une d'elles (*N. grossipes*) s'insinue dans les valves des Moules, et épuise l'Animal à force de le sucer.

NYMPHON GROSSIPES, *Nymphon grossipes*; Fabr., Latr. (Hist. Nat. des Crust. et des Ins. T. VII, p 333, pl. 65, fig. 2, 3 et 4); *Phalangium grossipes*, L.; *Pycnogonum grossipes*, Fabr. (*Mull. Zool. Dan.* T. II, p. 67, t. 119, fig. 5-9); Stram. (*Soudon.* T. I, p. 208, t. 1, fig. 16). Cette espèce est longue d'un demi-pouce sur une demi-ligne de large; son corps est cylindrique, et a de chaque côté quatre incisions ou crénelures qui forment, indépendamment de la tête, quatre anneaux mieux distincts au-dessous du corps qu'au-dessus, et dont le premier est grand, et les autres insensiblement plus étroits; sur le dos du premier anneau s'élève un piquant droit, à la base duquel sont placés, de chaque côté, deux petits yeux noirs ayant le milieu blanc. Au dernier anneau est attaché une queue courte, horizontale, droite, ou un cylindre dont l'extrémité est amincie et percée d'un trou qui est probablement l'anus. Les pates antérieures sont insérées à la base du col; elles sont plus grêles que les autres, filiformes, une fois plus longues que le corps et composées de dix pièces, dont les trois premières grosses, très-courtes; les deux suivantes très-longues, minces, deux ensuite beaucoup plus courtes, et trois un peu plus courtes, dont la dernière terminée par un angle très-aigu. Ces pates sont appliquées contre l'abdomen; elles servent aux mêmes usages que les fausses pates des Crabes et des Ecrevisses, c'est-à-dire qu'elles sont destinées à servir d'attache aux œufs de la femelle. Les huit autres pates sont deux fois plus longues, grêles, presque égales entre elles ; il en part deux e chaque anneau du thorax, une e chaque côté. Tout le corps de cett Arachnide est couvert d'une mem ane lisse, un peu dure, semblal à celle des Squilles, mais un p moins solide. La couleur est tantô rougeâtre, tantôt blanchâtre, quelquefois mais rarement verdâtre ; les œufs sont de la couleur du corps. Ces Arachnides se trouvent parmi les Ulves capillaires, les Conferves, et sous les pierres des bords de la mer en Norvége et dans le Groenland ; ils se tiennent particulièrement vers les racines des grandes espèces d'Ulves. Ils font leur nourriture de petits Vers marins et d'autres Animaux qu'ils saisissent avec leurs pinces. C'est dans le mois d'octobre que les femelles ont des œufs renfermés dans un sac léger et attachés aux pates antérieures ; en décembre les œufs sont devenus grands et faciles à détacher, ce qui fait soupçonner que c'est vers cette époque que l'Animal éclot. Leach, dans le second volume de ses Mélanges de Zoologie, donne la figure de deux espèces que l'on trouve dans les mers de la Grande-Bretagne, près du rivage, et que D'Orbigny père a observées sur les côtes de la Vendée. La première, que Leach nomme *Nymphon gracile*, paraît être très-voisine de celle dont nous venons de donner la description, et il est possible que la comparaison des individus fasse reconnaître que ce n'est que la même espèce ; la seconde, qu'il nomme *Nymphon femoratum*, forme une espèce bien distincte. (G.)

NYMPHONIDES. *Nymphonides.* ARACHN. Leach donne ce nom à une famille de sa sous-classe des Céphalostomes. Cette famille comprend une partie de celle des Pycnogonides de Latreille, et renferme les deux genres Ammothée et Nymphon. *V.* PYCNOGONIDES. (G.)

*** NYMPHOSANTHUS.** BOT. PHAN. Le genre ainsi nommé par le professeur Richard, et qui a pour type le *Nymphæa lutea*, L., avait été ap-

pelé antérieurement *Nuphar* par Smith. *V.* NUPHAR. (A. R.)

NYPA. BOT. PHAN. Pour Nipa. *V.* ce mot. (G..N.)

NYROCA. OIS. Espèce du genre Canard. (B.)

* NYROPHYLLA. BOT. PHAN. Le genre formé sous ce nom par Necker (*Elem. Bot.*, n. 987), aux dépens des Lauriers, n'a pas été adopté. (G..N.)

NYSSA. BOT. PHAN. Genre de la Polygamie Diœcie établi par Linné, et présentant les caractères suivans : fleurs polygames, dioïques et axillaires ; les hermaphrodites ont un calice adhérent à l'ovaire, divisé profondément en quatre ou cinq lobes ; point de corolle ; cinq étamines à filets libres, à anthères arrondies et biloculaires, insérées au-dessous des divisions calicinales ; un ovaire adhérent, renfermant un seul ovule pendant et attaché au sommet de la cavité de l'ovaire ; un stigmate simple ou divisé ; une drupe monosperme ; une seule graine dont l'embryon a ses cotylédons élargis et foliacés, sa radicule ascendante, et dont l'albumen est charnu. Les fleurs mâles ont un calice semblable à celui des fleurs hermaphrodites ; elles sont également apétales, et elles renferment dix étamines. Ce genre avait d'abord été placé parmi les Elœagnées, groupe primitivement hétérogène dont les botanistes ont réparti les genres dans plusieurs familles. R. Brown qui a fixé les limites des Elœagnées, et a créé à leurs dépens les familles des Santalacées et des Combrétacées, observe (*Prodr. Flor. Nov.-Holland.*, p. 351) que le *Nyssa*, par son ovaire monosperme et son embryon pourvu d'albumen ainsi que de cotylédons foliacés et d'une radicule supère, s'éloigne beaucoup des Elœagnées, et qu'on ne peut l'associer aux Santalacées ; c'est sans doute cette indétermination qui a engagé A.-L. De Jussieu à proposer, dans le Dictionnaire des Sciences Naturelles, la formation d'un nouvel ordre formé jusqu'à présent du seul genre *Nyssa*, ordre auquel il a donné le nom de Nyssées. *V.* ce mot.

Cinq espèces de *Nyssa* sont décrites dans la Flore de l'Amérique septentrionale de Michaux. Ce sont des Arbres, vulgairement nommés *Tupelo* et qui croissent en diverses localités. Quelques-uns habitent les lieux inondés pendant l'hiver et boueux dans la saison chaude; leur bois est blanc, léger et très-susceptible de pourrir, et par conséquent peu utile. Tels sont les *Nyssa aquatica*, L., *biflora*, Walter, et *angulisans* de Michaux. D'autres, comme le *Nyssa sylvatica*, Michx. (Hist. des Arbres d'Amérique, p. 260, t. 21), et le *N. candicans*, Michx. (*Flor. Americ. Boreal.*), sont de grands Arbres qui se trouvent sur les montagnes et sur le bord des fleuves. Leur bois assez dur, d'une texture fine, peut être employé à divers usages dans les arts. Ces Arbres, que l'on nomme Tupélos de montagnes, seraient susceptibles d'acclimatation en Europe. Les Tupélos aquatiques réussiraient probablement dans les terrains marécageux où peu d'Arbres peuvent se dévolopper. Leurs fruits ont une saveur fade; ils sont mangés par les Ecureuils, les Perroquets, les Pigeons, les Grives et autres Animaux sauvages. (G..N.)

NYSSANTHE. *Nyssanthes.* BOT. PHAN. Genre de la famille des Amaranthacées, et de la Tétrandrie Monogynie, L., établi par R. Brown (*Prodr. Flor. Nov.-Holland.*, p. 418) qui l'a ainsi caractérisé : périanthe irrégulier, à quatre folioles spinescentes, dont deux extérieures inégales, accompagnées de bractées également spinescentes; deux à quatre étamines à anthères biloculaires, et dont les filets sont connés à la base, alternes avec de petits prolongemens (squammules); un seul style surmonté d'un stigmate capité; utricule monosperme. Ce genre est, de l'aveu de son auteur, tellement voisin de l'*Achyranthes*, qu'il n'en diffère que par son périanthe à folioles inégales et spinescentes. Il se compose de trois espèces qui croissent dans la Nouvelle-Hollande; les *Nyssa erecta* et *media*, aux environs du port Jackson, et le *N. diffusa*, dans les contrées situées entre les Tropiques. Ce sont des Herbes ou des sous-Arbrisseaux à feuilles opposées, et à fleurs disposées en épis agglomérés, axillaires et terminaux. (G..N.)

***NYSSÉES.** BOT. PHAN. Sous ce nom A.-L. De Jussieu a proposé l'établissement d'une petite famille composée uniquement du genre *Nyssa*, placé autrefois parmi les Elæagnées. Les caractères de cette famille sont donc ceux du genre que nous avons exposés plus haut (*V.* NYSSA). R. Brown avait fait remarquer le premier, d'après les observations de Gaertner et de Richard sur le fruit de ce genre, qu'il était fort éloigné des Elæagnées, et qu'on ne pouvait le réunir aux Santalacées. Dans la Monographie des Elæagnées publiée par notre collaborateur Achille Richard (Mém. de la Société d'Hist. Natur. T. 1, p. 579), il est dit que le *Nyssa* a tous les caractères des Combrétacées, à l'exception de son albumen charnu. A.-L. De Jussieu ne propose l'établissement des Nyssées que pour obtenir de nouveaux renseignemens pris sur les Plantes vivantes, et qui pourront ou confirmer ou faire rejeter l'existence de cette famille. (G..N.)

NYSSON. *Nysson.* INS. Genre de l'ordre des Hyménoptères, section des Porte-Aiguillons, famille des Fouisseurs, tribu des Nyssoniens, établi par Latreille et adopté par tous les entomologistes avec ces caractères : antennes insérées près de la bouche, plus grosses vers leur extrémité et dont le dernier article est crochu dans les mâles; mandibules sans dentelures; labre petit, caché ou peu saillant; segment antérieur du tronc très-court, transversal, linéaire; ailes supérieures ayant trois cellules cubitales complètes, dont la seconde, qui est pétiolée, reçoit les deux nervures récurrentes ; deux pointes fortes à l'extrémité du corselet; pates courtes ; abdomen ovoïde , conique. Fabricius n'a connu que trois espèces de ce genre, et il les a placées dans trois genres différens ; ainsi l'une était pour lui un Frélon, l'autre un Sphex, et ensuite un Pompyle, et la troisième un Melline, et plus tard un Oxybèle. Les Nyssons ont beaucoup de rapports avec les Arpactes de Jurine, ou les Gorytes et les Oxybèles de Latreille. Mais ils en diffèrent par leurs mandibules sans dents au côté interne et par beaucoup d'autres caractères. Les Nitèles en diffèrent , ainsi que les Oxybèles, par leurs ailes supérieures qui n'ont qu'une seule cubitale fermée ; enfin le genre Pison, qui a trois cellules cubitales comme les Nyssons, en est bien distinct par ses yeux échancrés, ce qui n'a pas lieu chez les premiers. La tête des Nyssons est de la largeur du corselet, comprimée sur le devant; leurs yeux sont grands, entiers, oblongs et peu saillans ; sur le vertex et entre les yeux se voient trois petits yeux lisses disposés en triangle. Les antennes insérées à la partie antérieure du front, sont filiformes, à peine renflées au delà du milieu , plus courtes que le corselet et composées de douze articles dans les femelles et de treize dans les mâles. Le dernier article, dans les mâles seulement , est un peu crochu. La lèvre supérieure est peu avancée, large, cornée et entière ou à peine échancrée. Les mandibules sont dures, cornées et sans dents. Les mâchoires sont cornées, dures et terminées par deux pièces courtes, dont l'inférieure est beaucoup plus petite que l'autre; au dos de ces mâchoires sont insérés les palpes maxillaires qui sont plus longs que les labiaux , filiformes, composés de six articles. La lèvre inférieure est courte, petite, formée de deux petites pièces qui paraissent membraneuses , et sur les côtés desquelles sont insérés des palpes labiaux. Ceux-ci sont filiformes et composés

de quatre articles presque égaux. Le corselet est un peu convexe, arrondi , et sa pièce antérieure nommée collier est très-courte, lisse, un peu élevée. La pièce postérieure est terminée , de chaque côté, par une petite épine. Les ailes ne dépassent pas l'abdomen en longueur; les pates sont de longueur moyenne , et l'abdomen est ovale , pointu et armé d'un aiguillon dans les femelles , et un peu échancré dans les mâles, qui sont privés d'aiguillon ; il tient au corselet par un pédicule très-court. Les Nyssons se rencontrent plus particulièrement sur les fleurs en ombelles et dans les lieux chauds et sablonneux. Ces Insectes paraissent être propres aux pays chauds ; leur manière de vivre et leurs larves sont encore inconnues. Ce genre n'est pas très-nombreux en espèces. Olivier , Encycl. Méth., en décrit onze ; parmi les trois ou quatre espèces que l'on trouve aux environs de Paris, nous citerons :

Le NYSSON INTERROMPU , *Nysson interruptus* , Latr., Jurine , Oliv.; Panz. (*Faun. Germ.* , fasc. 72 , tab. 13); *Mellinus interruptus*, Fabr., Ent. Syst. Suppl.; *Oxybelus interruptus*, Fabr. (Syst., Piez., p. 316). Long d'à peu près trois lignes ; antennes et tête noires, avec un léger duvet argenté au-dessus de la bouche ; corselet noir, pointillé, marqué d'une petite raie courte, jaune, à la partie antérieure, d'un point sur les côtés et d'un autre écailleux à l'origine des ailes. Abdomen noir, pointillé , marqué de trois bandes jaunes, interrompues. Pates fauves, avec une partie des cuisses noire. On trouve cette espèce sur les ombelles des Carottes et sur d'autres Ombellifères , dans les lieux chauds des environs de Paris. Olivier en a observé, dans l'île de Rhodes, une variété dont les pates sont noires. (G.)

NYSSONIENS. *Nyssonii*. INS. Tribu de l'ordre des Hyménoptères, section des Porte-Aiguillons, famille des Fouisseurs, établie par Latreille et à laquelle il donne pour caractères : mandibules point échancrées inférieurement ; premier segment du tronc très-court, ne formant qu'un simple rebord linéaire et transversal. Labre petit, caché, soit entièrement, soit en partie ; pieds courts ; abdomen ovoïde conique. Les Insectes de cette tribu aiment les lieux chauds et arides ; on les rencontre sur les fleurs ; ils ressemblent beaucoup aux Larrates ; mais ce qui les en distingue le plus, est la partie inférieure des mandibules qui a une profonde échancrure chez les Larrates. La-treille divise cette tribu ainsi qu'il suit :

† Yeux entiers.

α Trois cellules cubitales fermées.
Genres : ASTATE, NYSSON.

β Une seule cellule cubitale fermée.
Genres : OXYBÈLE, NYTÈLE.

†† Yeux échancrés ; trois cellules cubitales fermées.

Genre : PISON. *V*. ces mots. (G.)

NZFUSI ET NZIME. MAM. La Civette au Congo. (B.)

O.

OARIANA. OIS. Espèce du genre Tinamou. *V*. ce mot. (DR..Z.)

* OBCONIQUE, OBCORDIFORME, etc. BOT. PHAN. Ces expressions et toutes les autres analogues, sont formées de la contraction de l'adverbe *Obversè* et d'un adjectif. Ainsi, *Obconique* se dit d'un corps en cône renversé, c'est-à-dire ayant la pointe en bas ; *Obcordiforme* s'emploie pour les feuilles ou autres parties qui ont la forme d'un cœur renversé, c'est-à-dire dont la pointe est en bas. (A. R.)

OBEAU OU OBEL. BOT. PHAN. Vieux noms français du Peuplier blanc. (B.)

* OBÉJACE. *Obœjaca*. BOT. PHAN. Genre de la famille des Synanthérées, Corymbifères de Jussieu, et de la Syngénésie superflue, L., proposé dans le Dictionnaire des Sciences Naturelles par Cassini, qui l'a formé aux dépens du genre *Senecio* de Linné. Il correspond à la seconde section de ce dernier genre, laquelle est caractérisée par sa calathide radiée, dont les fleurs marginales sont roulées en dessous. Dans les Seneçons, toutes les fleurs de la calathide sont uniformes, à corolles régulières et hermaphrodites. Les Obéjaces ne peuvent donc être confondues avec les Seneçons ; mais elles offrent beaucoup de rapports avec les Jacobées (*V*. ce mot), surtout par les fleurs en languette et femelles de la circonférence. Ces fleurs offrent pourtant quelques différences ; elles sont, dans les Obéjaces, inégales et dissemblables ; elles s'épanouissent plus tard que les fleurs centrales ; leur languette, ordinairement lancéolée et très-entière, n'excède pas en longueur le tube qui les porte ; elle est courbée en dehors au sommet, plus roulée en spirale, jamais étalée horizontalement ; les corolles des fleurs centrales ont le limbe ordinairement étroit et plus court que le tube ; les ovaires s'allongent beaucoup après la

fécondation; enfin, l'involucre est égal aux fleurs du centre au commencement de la fleuraison, et plus court que les fleurs après la fleuraison.

Ce genre se compose des *Senecio viscosus* et *sylvaticus*, L., auxquels Cassini donne les noms d'*Obœjaca viscosa* et *sylvatica*. Ces deux Plantes sont assez communes dans les bois et les localités pierreuses des environs de Paris et dans toute l'Europe.

(G..N.)

OBÉLIE. *Obelia.* ACAL. Genre de Médusaires de l'ordre des Acalèphes libres, ayant pour caractères : un corps orbiculaire, transparent, sans pédoncule et sans bras; des tentacules au pourtour de l'ombrelle; un appendice court à son sommet; quatre bouches. Ce genre établi par Péron et Lesueur, adopté par Lamarck, réuni aux Cyanées (*V.* ce mot) par Cuvier, ne se distingue des Ephyres (*V.* ce mot) que par la présence des tentacules au pourtour de l'ombrelle, et d'un appendice globuleux situé à la surface supérieure. Il ne renferme qu'une espèce microscopique, l'*Obelia pharulina*, observée sur les côtes de la Hollande. (E. D..L.)

* OBÉLIE. *Obelia.* POLYP. Genre de Polypiers de l'ordre des Escharées dans la division des Polypiers pierreux, ayant pour caractères : Polypier encroûtant, subpyriforme, presqu'épars au sommet, ensuite rapproché en lignes transversales régulières ou irrégulières; un sillon transversal semble le partager en deux parties égales. Ce genre établi par Lamouroux ne paraît pas différer essentiellement des Tubulipores de Lamarck; nous avons donc cru suffisant de rapporter ici ce que l'auteur a dit de ce Polypier dans son Exposition méthodique, en avertissant que les caractères génériques ont été établis sur une seule espèce, nommée dans l'ouvrage cité *Obelia tubulifera*, et provenant de la Méditerranée, sur les Fucus. *V.* TUBULIPORE. (E. D..L.)

OBÉLISCAIRE. *Obeliscaria.* BOT. PHAN. H. Cassini a établi sous ce nom un genre ou sous-genre aux dépens des *Rudbeckia*, Plantes qui appartiennent à la famille des Synanthérées et à la tribu des Hélianthées. Il n'en diffère que parce que son aigrette est complètement nulle. L'espèce qui a servi de type à cette nouvelle division générique, est le *Rudbeckia pinnata*, Ventenat (Jardin de Cels, tab. 71). C'est une Plante herbacée, dont les tiges sont élevées d'environ deux mètres, dressées, rameuses, striées et pubescentes. Les feuilles inférieures sont ailées, à folioles ovales, lancéolées, dentées en scie, pubescentes, à trois nervures; les intermédiaires sont divisées en trois ou cinq lobes oblongs, légèrement dentés; les supérieures sont simples; les unes dentées, les autres entières. Les fleurs forment des capitules terminaux et solitaires; elles ont le disque pourpre et la couronne jaune. Cette Plante est indigène de l'Amérique septentrionale. Selon Cassini, le genre *Obelisteca* de Rafinesque est le même que l'*Obeliscaria*. Le nom donné par l'auteur américain a semblé trop mal construit à Cassini pour être admis sans modification. (G..N.)

OBELISCOTHECA. BOT. PHAN. Vaillant avait nommé ainsi le genre qui fut plus tard proposé par Linné sous celui de *Rudbeckia*. *V.* ce mot. Adanson, rétablissant la dénomination imposée par Vaillant, adjoignit à ce genre l'*Asteriscus* de Tournefort, qui en est tellement éloigné, que loin d'être son congénère, il n'appartient pas à la même tribu naturelle. (G..N.)

OBÉLISQUE ET OBÉLISQUE CHINOIS. MOLL. Espèce du genre Cérithe. *V.* ce mot. (B.)

* OBELISTECA. BOT. PHAN. (Rafinesque.) Synonyme d'*Obeliscaria* de Cassini. *V.* OBÉLISCAIRE. (G..N.)

* OBENTONIA. BOT. PHAN. Auguste Saint-Hilaire (Plantes remarquables du Brésil, p. 130) cite ce

nom, employé par Velloso, comme synonyme de son genre *Galipea*. *V.* ce mot. (G..N.)

* OBEREAU. ois. Pour Hobereau. *V.* FAUCON. (B.)

OBERNA. BOT. PHAN. Ce genre, formé par Adanson, et dont le *Cucubalus bacciferus* était le type, n'a pas été adopté sous ce nom. *V.* CUCUBALE. (B.)

OBESA. MAM. Sous ce nom, qui signifie *difformes*, Illiger établit une famille des Mammifères multungulés, qui ne renferme que le genre Hippopothame. *V.* ce mot. (B.)

OBESIA. BOT. PHAN. Le genre établi sous ce nom par Haworth, aux dépens des *Stapelia*, n'a pas été adopté. *V.* STAPÉLIE. (G..N.)

OBIER. BOT. PHAN. Nom vulgaire du *Viburnum Opulus*, L., dont Tournefort avait fait un genre distinct des Viornes. *V.* ce mot. (B.)

OBIONE. BOT. PHAN. Gaertner (*de Fruct.*, vol. 2, p. 198, t. 126, f. 5) a établi sous ce nom un genre qu'il a ainsi caractérisé : fleurs unisexuées sur la même Plante ou sur des individus distincts. Les mâles ont un calice divisé profondément en quatre lobes; point de corolle; quatre étamines. Dans les femelles, le calice est monophylle, bilabié, muriqué; il n'y a point de corolle; l'ovaire est supère, surmonté d'un style bipartite; la graine est unique, recouverte par le calice endurci. Ce genre a été fondé sur l'*Atriplex sibirica*, L., espèce que Gmelin, dans la Flore de Sibérie, plaçait dans le genre *Spinacia*. Il diffère, d'après Gaertner, de ces deux genres par les pointes de son calice (d'où le nom spécifique de *muricata*), par le nombre des étamines, et surtout par la situation renversée de la graine et de l'embryon. Néanmoins, les ressemblances que la Plante en question offre avec les autres *Atriplex*, ne permettent pas d'attacher beaucoup d'importance à ce dernier caractère, qui est d'ailleurs assez amphibologique lorsque l'embryon, comme dans les Chénopodées, est circulaire; aussi la plupart des auteurs n'ont pas admis le genre de Gaertner. (G..N.)

OBISIE. *Obisum.* ARACHN. Genre de l'ordre des Trachéennes, famille des Faux-Scorpions, établi par Leach aux dépens des *Acarus* et des *Phalangium* de Linné, adopté par Latreille et tous les entomologistes, avec ces caractères : corselet sans division; mandibules sans stylet; poils du corps en forme de soies. Ces Arachnides avaient été placées par Geoffroy avec ses Pinces (*Chelifer*); Hermann fils, dans son Mémoire aptérologique, a confondu les Pinces et les Obisies, mais il a fait une division dans son genre Pince; dans la première se trouvent les Pinces proprement dites, et dans la seconde se trouvent les espèces qui forment le genre dont nous nous occupons. Les Obisies se distinguent des Pinces parce que ces dernières Arachnides ont le corselet partagé en deux par une ligne imprimée et transversale. Leurs mandibules ont une espèce de stylet au bout de leur doigt mobile; enfin les poils de leur corps sont en forme de spatule au lieu d'être sétacés comme cela a lieu dans les Obisies. Ces Arachnides, auxquelles Walkenaer avait donné le nom d'Obise, dans sa Faune Parisienne, ont le corps presque cylindrique, avec le corselet sans ligne imprimée et transverse; elles ont quatre yeux lisses; leurs huit pieds postérieurs sont composés de huit articles; la paire antérieure est généralement plus grande que la même des Pinces. La grandeur des pieds-palpes varie ainsi que leurs articles selon les espèces; il en est de même pour les proportions des mandibules. On trouve les Obisies dans la mousse et sous les pierres placées à terre; leurs mœurs sont encore inconnues. Nous citerons comme type du genre :

L'OBISIE ORTHODACTYLE, *Obisium orthodactylum*, Leach (Mél. de Zool. T. III, pl. 141, fig. 2), Latr.; la Pince Ichnochèle d'Hermann; *Cheli-*

fer trombidoides, Latr. , *Gen. Crust.*, etc. , et Hist. Nat. des Crust. et des Ins. T. VII, p. 142. Cette espèce est très-petite ; ses mandibules sont grandes, saillantes ; ses bras sont grands , avec leur second article allongé , et les doigts longs et droits. On la trouve aux environs de Paris.

(O.)

OBLADE. pois. Espèce du genre Bogue , dont le nom a été étendu à plusieurs autres Poissons détachés du genre Spare, et qui se placent systématiquement à côté des *Boops melanurus*. *V*. Bogue. (B.)

* OBLIQUAIRE. *Obliquaria.* conch. Sous ce nom, Rafinesque réunit en genre un certain nombre de Mulettes dont les formes sont assez variables , et qu'il fait reposer sur les caractères suivans : coquille variable, souvent à peine transversale et plus ou moins oblique postérieurement ; ligament oblique ; dent bilobée , commencement sillonné ; dent lamellaire, oblique, souvent droite ; axe variable ; contour marginal épaissi ; trois impressions musculaires ; Mollusque semblable à celui de l'*Unio*. Tous ces caractères rentrent très-bien dans ceux des *Unio* proprement dits , et quoique Rafinesque ait divisé ce genre en six sousgenres, il ne peut être adopté, pas plus que les sous-genres qui le composent ; ces sous-genres sont : PLAGIOLE, *Plagiola* ; ELLIPSAIRE, *Ellipsaria* ; QUADRULE, *Quadrula* ; ROTONDAIRE, *Rotondaria* ; SCALÉNAIRE, *Scalenaria* ; et SINTOXIE, *Sintoxia*. *V*. ces mots et MULÉTTE. (D..H.)

OBOLAIRE. pois. (Dict. de Déterville.) *V*. OBOLARIUS. (B.)

OBOLAIRE. *Obolaria.* bot. phan. Ce genre était placé dans la famille des Pédiculaires par Jussieu et Lamarck, et dans la Didynamie Angiospermie, L. Nuttall (*Genera of North Amer. Plants*, 1, p. 103) l'a rapporté à la famille des Gentianées et à la Tétrandrie Monogynie, L. Voici ses caractères : calice divisé en deux segmens larges, arrondis , ayant la forme de deux bractées ; corolle campanulée , dont le tube est renflé , le limbe divisé en quatre segmens entiers, quelquefois crénelés ou ciliés sur les bords ; quatre étamines égales insérées sur le tube de la corolle, entre ses segmens ; stigmate échancré ; capsule ovée à une loge, à deux valves, renfermant plusieurs graines très-petites. Ce genre ne se compose que d'une seule espèce, *Obolaria Virginiana*, L. ; *O. Caroliniana*, Walt. (*Flor. Carol.*) qui, dans Morison, Plukenet et les anciens auteurs, a été figurée et décrite sous le nom d'*Orobanche Virginiana*. C'est une très-petite Plante qui naît au printemps , dans la Pensylvanie, les environs de Philadelphie, et les épaisses forêts qui avoisinent le lac Érié de l'Amérique septentrionale. . Sa tige est simple ; ses feuilles sont opposées, ses fleurs bleuâtres, sessiles , terminales , marcescentes, assemblées en petit nombre, deux ou trois seulement au sommet de la tige.

Le nom d'*Obolaria* a été aussi donné à plusieurs Plantes et notamment au *Linnœa borealis*, à cause de leurs petites feuilles rondes , faisant allusion aux pièces de monnaie connues anciennement sous le nom d'*Obolus*. (G..N.)

OBOLARIUS. pois. Le genre formé par Steller sous ce nom , rentre parmi les Gastérostées. *V*. ce mot. (B.)

* OBOVAIRE. *Obovaria.* moll. Premier genre de la sous-famille des Amblémides (*V*. ce mot), proposé par Rafinesque (Monogr. des Bivalv. de l'Ohio, dans les Annal. Génér. de Bruxelles, 1820) pour une division des Mulettes , qu'il caractérise de la manière suivante : coquille obovale , presque équilatérale ; axe presque médial ; ligament courbe ; dent bilobée , striée ; dent lamellaire, presque verticale, un peu courbée ; contour marginal épaissi ; trois impressions musculaires. Animal semblable à l'*Unio*, mais ayant l'anus inférieur. Ce genre est établi seulement d'après la forme de la coquille, qui

est subcordiforme, ce qui a dû entraîner quelques modifications dans la position relative de l'anus de l'Animal, par exemple, et dans celle de la lame cardinale; mais ces caractères étant insuffisans pour la formation de bons genres, nous renvoyons à MULETTE.   (D..H.)

* OBRIUM. INS. Genre de Coléoptères établi par Megerle, et que Latreille réunit (Fam. Nat.) à son genre Callidie. *V.* ce mot.   (G.)

OBSIDIENNE. MIN. Lave vitreuse feldspathique; Verre volcanique; Roche leucostinique vitreuse de Cordier. Les Obsidiennes sont des Roches volcaniques, vitrifiées, de couleur grise ou noirâtre, à cassure vitreuse, largement conchoïde, et à bords tranchans. Elles sont parfaitement ou imparfaitement vitreuses, ont quelquefois l'aspect perlé ou résineux, dans d'autres cas, celui d'un émail. Elles perdent au feu du chalumeau leurs teintes noirâtres, et fondent en un émail blanc, lorsqu'elles sont parfaitement hyalines, ou se boursoufflent sans se réduire en globules, lorsqu'elles sont opaques. On confond souvent avec elles d'autres matières vitrifiées, à teintes foncées, rouges, noires ou bleuâtres, fusibles en globules de couleur vertbouteille, et que Cordier a distinguées sous le nom de Gallinaces, pour les réunir à la famille des Roches pyroxéniques. Une autre substance vitreuse, analogue aux Obsidiennes, et que l'on a également confondue avec elles, est la Rétinite de Brongniart, ou le *Pechstein* des Allemands, qui fait partie de la division des Roches pétrosiliceuses : elle renferme toujours une certaine quantité d'eau, ne contient point de fer titané, et n'offre point de passage à la Ponce, comme les véritables Obsidiennes. On peut distinguer parmi celles-ci plusieurs variétés : 1° l'Obsidienne hyaline, parfaitement vitreuse, transparente et de couleur noire; 2° l'Obsidienne perlée, ou la Perlite à structure testacée, et d'un éclat plus ou moins nacré. Souvent les parties de cette variété d'Obsidienne montrent une grande tendance à former des zônes ou à passer à la forme globulaire; 3° l'Obsidienne zônaire; 4° l'Obsidienne globulaire (marékanite), en masse composée de sphéroïdes irréguliers, à couches concentriques, gros comme des pois ou des noisettes, ayant l'éclat de l'émail, et une couleur ordinairement grise; 5° l'Obsidienne capillaire, en filamens vitreux très-déliés (Verre capillaire de Bory de Saint-Vincent); 6° l'Obsidienne porphyroïde, renfermant des cristaux de Feldspath, auxquels se joint quelquefois le Mica; Roche très-commune, et très-abondante, formant de grands filons et des assises considérables. Toutes ces variétés sont massives ou cellulaires, dans la partie moyenne des couches ou courans qu'elles composent; vers la partie superficielle de ces courans, elles passent à la Pumite ou Pierre ponce, substance poreuse, légère, à pores allongés, qui donnent à la masse une structure fibreuse, à laquelle se joint quelquefois un éclat nacré. Ce mot de Ponce indique, non une espèce particulière de Roche, mais un certain état cellulaire et filamenteux, sous lequel plusieurs Roches des terrains trachytiques et volcaniques peuvent se présenter.

L'Obsidienne est l'une des Roches dont l'origine ignée ne peut être contestée, et dont la fusion est évidente. Elle fait partie des terrains trachytiques, dans lesquels elle forme des masses considérables (environs de Tokaï, en Hongrie; îles de Lipari et de Vulcano; Andes de Quito; Mexique). On la retrouve à la partie supérieure des courans de laves modernes (pic de Ténériffe, Islande, volcan de Sotara près Popayan). Elle est souvent lancée pendant les éruptions, à des distances de plusieurs lieues, sous la forme de larmes ou de boules à surface tuberculeuse (champs de Los Serullos près de Popayan). A l'île Mascareigne, elle est également rejetée par le volcan, sous la forme remarquable de filets capillaires et vitreux, et quelquefois en si grande abondance, qu'un quartier de l'île en a été presqu'entièrement couvert. Commerson a le premier fait connaître cette production; mais c'est à notre collaborateur Bory de Saint-Vincent, que l'on doit la théorie de sa formation, qu'il a pour ainsi dire saisie sur le fait, au péril de sa vie. Voici ce qu'il rapporte à ce sujet, dans son Voyage aux principales îles des mers d'Afrique (T. III, p. 49): « Des gerbes de feu s'élèvent de temps en temps en divers endroits de la surface du cratère Dolomieu; lancées comme des fusées perpendiculaires ou obliques, elles montent souvent à une grande hauteur, et produisent alors un effet magnifique..... Les éclats que quelques-unes de ces gerbes lancèrent jusqu'à nous, n'étaient que des petits morceaux d'une espèce de scories qui couvrait la chaudière, et dont nous avions trouvé de nombreux fragmens sur toute la montagne. J'y reconnus tous les caractères d'une espèce particulière de Verre de volcan; ce qui m'aida à me rendre raison de la formation de ces filets capillaires et vitreux, que jusqu'ici on n'a trouvés que sur la montagne ignivome de Mascareigne, et dont toutes les éruptions produisent plus ou moins, en raison de leur importance. Les gerbes qui s'échappent en fusées, et tout ce que lance le cratère, se séparant subitement d'une masse en fusion, doivent produire à peu près, sur la surface dont ces parties s'échappent, le même effet qu'un bâton de cire d'Espagne enlevé brusquement de dessus le cachet qu'on étend avec son extrémité fondue, et dont cette extrémité se réduit en fils, souvent d'une très-grande longueur. Ce qui m'a confirmé dans l'idée que cette théorie était fondée, c'est que nous avons vu des filets volcaniques de plusieurs aunes; d'autres avaient vers leur milieu, ou à l'une de leurs extrémités, des petites gouttes en forme de poires. J'ai

reconnu ces gouttes pour être des fragmens de scories vitreuses pareilles à celles qui couvraient la chaudière, et dont le filet ne semblait qu'un prolongement. »   (G. DEL.)

* OBSUTURAL. BOT. PHAN. On dit du trophosperme qu'il est *obsutural*, quand il est placé en face des sutures, par lesquelles le péricarpe s'ouvre, comme dans les Légumineuses, les Crucifères, etc.   (A. R.)

* OBTURION. BOT. PHAN. On lit dans le Recueil des Voyages que c'est une Ortie de l'Inde si venimeuse, que sa piqûre cause d'horribles douleurs, et peut déterminer les plus graves accidens. On a cru reconnaître au peu que nous venons d'en dire, un de ces Acalèphes vulgairement appelés Orties de mer. Il y a pourtant un peu loin d'un Médusaire à une Urticée.   (B.)

* OCCATRERI-OCCASU. MAM. *V.* TAMANOIR au mot FOURMILIER.   (B.)

OCCELLAIRE. *Occellaria.* POLYP. (Dict. de Déterville.) Pour Ocellaire. *V.* ce mot.   (B.)

* OCCIDOZYGA. REPT. BATR. Kuhl, naturaliste hollandais, a récemment établi ce genre pour un Reptile de Java, intermédiaire aux Crapauds et aux Grenouilles, et qu'il distingue par la forme d'un corps régulièrement ovale et par quelque différence entre les pates de derrière. Nous n'en savons pas davantage sur le genre Occidozyga.   (B.)

* OCCIPITAL. ZOOL. *V.* CRANE.

* OCCIPUT - FOURCHU. REPT. SAUR. (Daubenton.) Syn. de Tête-Fourchue, espèce d'Agame. *V.* ce mot.   (B.)

* OCCULTINE. BOT. CRYPT. Leman, d'après Bridel, propose, dans le Dictionnaire de Levrault, ce nom français, pour désigner le genre *Cryphæa*, qui est le *Daltonia* de Hooker, établi depuis que nos premiers volumes ont épuisé les lettres C et D. Il nous paraît plus convenable, pour

ne pas consacrer l'introduction d'un troisième nom pour une petite Mousse, d'en traiter au Supplément. *V.* DALTONIE. (AD. B.)

OCÉAN. GÉOL. *V.* MER.

OCÉANIE. *Oceanus.* MOLL. Une variété du Nautile flambé, variété d'âge seulement dans laquelle l'ombilic, très-petit, est resté à découvert, a été considérée par Montfort (Conchyl. Syst. , p. 58) comme type d'un genre auquel il a donné le nom d'Océanie. Il est inutile de dire que ce genre n'a pu être adopté. (D..H.)

OCÉANIE. *Oceania.* ACAL. Genre des Médusaires établi par Péron et Lesueur dans la division des Méduses gastriques, monostomes, pédonculées, brachidées et tentaculées. Caractères : quatre ovaires allongés qui, de la base de l'estomac, descendent vers le rebord de l'ombrelle, ou adhèrent à sa base inférieure ; quatre bras simples. Ce genre a été réuni aux Dianées par Lamarck, et aux Cyanées par Cuvier. *V.* ces mots. (E. D..L.)

* OCÉANIQUE. ZOOL. Race humaine, de l'espèce Neptunienne. *V.* HOMME. Ce nom a été également donné comme spécifique, mais adjectivement, à d'autres espèces d'Animaux, par exemple, à un Poisson du genre Holocentre, etc. (B.)

OCELLAIRE. *Ocellaria.* POLYP. Genre de l'ordre des Milléporées dans la division des Polypiers entièrement pierreux, ayant pour caractères : Polypier pierreux, aplati en membrane, diversement contourné, subinfundibuliforme, à superficie arénacée, muni par ses deux faces de trous disposés régulièrement en quinconces ou en carrés, ayant souvent dans leur centre un axe solide. Lamarck rapporte ce genre à la section des Polypiers à réseau; Lamouroux, à la famille des Milléporées : ces deux rapprochemens nous semblent également peu naturels ; mais les Ocellaires ont un aspect et une structure particuliers, qui rendent difficiles à découvrir leurs rapports avec les autres êtres. On ne les connaît qu'à l'état fossile : il n'y en a que deux espèces de décrites, au moins sous ce nom ; mais il en existe un plus grand nombre. Le Cabinet d'histoire naturelle de la ville de Caen possède, outre les *Ocellaria nuda* et *inclusa*, six ou sept autres espèces, dont l'une provient du Calcaire à Polypier (Forest-Marbre), une de la Craie supérieure, et les autres de la Craie inférieure. Les Ocellaires sont aplaties en lanières, quelquefois irrégulières, affectant le plus souvent la forme d'un entonnoir ; leur épaisseur est en général d'une à deux lignes ; leur grandeur varie ; quelques-unes paraissent avoir été fixées par la petite extrémité, comme certaines Eponges infundibuliformes. Les deux surfaces sont garnies de trous assez grands, disposés régulièrement en quinconces ou en carrés ; dans une espèce, les trous paraissent traverser l'épaisseur du Polypier, *Ocellaria inclusa*; dans les autres, ils pénètrent plus ou moins profondément sans la traverser, *O. nuda*, etc. On s'est singulièrement mépris sur la nature de l'axe solide qui remplit assez généralement les trous, on a cru qu'il faisait partie du Polypier même, tandis que ce n'est que la gangue qui s'est moulée dans ces trous, et qui s'est cassée au niveau de la surface du Polypier, lorsque celui-ci a été détaché de la masse qui le renfermait. Le tissu des Ocellaires n'est point compacte, mais finement lacuneux, ou, comme l'on dit, arénacé ; c'est ce qui fait paraître comme étoilée la circonférence des trous. L'*Ocellaria nuda* a été trouvée au sommet du mont Perdu, cime des Pyrénées, dans un Calcaire noirâtre, micacé, fort dur, et l'*O. inclusa*, dans les terrains crayeux de l'Artois, enveloppée (accidentellement) dans une sorte d'étui siliceux, moulé sur ses surfaces extérieure et intérieure. (E. D..L.)

* OCELLÉ. POIS. Espèce du genre Chœtodon. *V.* ce mot. (B.)

OCELLULARIA. BOT. CRYPT. (*Lichens.*) Meyer (*Lichenum Dispositio*, etc.) a établi ce genre, le sixième du deuxième ordre, les Myélocarpiens (Lichens à apothécies médulleux, *V.* PANNALIA où nous examinerons la Méthode de ce lichénographe). Les caractères qui différencient ce genre sont des sporocarpes (apothécies) hémisphériques ou coniques ; des sporanges (périthécium) propres, charbonnés ou cornés, renfermant des verrues, ouverts au sommet, surmontés d'une papille ou d'un ostiole ; sporules formant un noyau gélatineux et hyalin. Ce genre est formé aux dépens du *Thelotrema* et du *Pyrenula* ; il comprend le genre *Ophthalmidium* d'Eschweiler. L'*Ocellularia* se compose d'espèces presque toutes exotiques. Nous en examinerons la validité en traitant du genre *Thelotrema* auquel nous renvoyons.

(A. F.)

OCELOT. *Felis Pardalis.* MAM. Espèce du genre Chat. *V.* ce mot.

(B.)

*** OCHINA.** INS. Genre de Coléoptères, voisin des Dorcatomes, établi par Ziégler, et dont nous ne connaissons pas les caractères. Dejean (Catal. des Coléopt.) mentionne trois espèces de ce genre dont une se trouve aux environs de Paris. (G.)

OCHNA. *Ochna.* BOT. PHAN. Ce genre établi par Linné, et placé par Jussieu à la suite des Magnoliacées, forme aujourd'hui le type d'une famille distincte établie par le professeur De Candolle sous le nom de Ochnacées (*V.* ce mot). Quant au genre *Ochna* de Linné qui renferme le *Jabotapita* de Plumier, il a été divisé par Schreber en deux genres ; savoir : les vraies *Ochna* qui, entre autres caractères, ont les fleurs polyandres et les loges des anthères s'ouvrant par une fente longitudinale, et le genre *Gomphia* qui comprend les espèces dont les fleurs sont décandres et les anthères s'ouvrant chacune par deux pores terminaux. Voici du reste quels sont les caractères du genre *Ochna*

tel qu'il est admis par tous les botanistes modernes : le calice est monosépale, persistant, à cinq divisions profondes, égales et généralement étalées ; la corolle se compose de cinq à dix pétales étalés, égaux ; les étamines sont en grand nombre ; leurs filets sont grêles, filiformes, persistans ; les anthères sont allongées, presque linéaires, à deux loges s'ouvrant chacune par une fente longitudinale. Le pistil est porté sur un disque hypogyne, quelquefois saillant, en forme de colonne, et qui a reçu le nom de *Gynobase.* Ce pistil se compose d'un ovaire offrant de cinq à dix loges monospermes, séparées les unes des autres par des sillons profonds. Le style, simple inférieurement, s'insère à une dépression considérable de l'axe de l'ovaire et semble naître immédiatement du gynobase. Chaque loge contient un seul ovule qui naît de sa partie inférieure. (Dans l'article OCHNACÉES nous donnerons plus de développement à cette singulière organisation du pistil gynobasique.) Le sytle, simple à sa partie inférieure, se divise à son sommet en un nombre variable de lanières stigmatifères. Le fruit se compose d'autant de carpelles distincts qu'il y avait de loges à l'ovaire. Les carpelles sont portés sur le gynobase qui s'est accru et est devenu charnu ; ils sont dressés, d'une forme variable, uniloculaires, monospermes et indéhiscens, légèrement drupacés. La graine qu'ils renferment est dressée.

Les espèces de ce genre, au nombre d'environ dix à douze, sont des Arbres ou des Arbustes tous originaires des régions intertropicales de l'Ancien-Monde. Leur port leur donne une certaine ressemblance avec nos Cerisiers. Les feuilles sont alternes, simples, entières ou dentées, munies à leur base de deux stipules ; ces feuilles sont généralement caduques. Les fleurs forment des espèces de grappes pédonculées qui naissent sur les rameaux de l'année précédente. Les pédoncules sont articulés vers leur partie moyenne.

Dans la Monographie qu'il a publiée de la famille des Ochnacées, le professeur De Candolle a décrit neuf espèces du genre qui nous occupe. Ce nombre a été porté à onze dans le premier volume du *Prodromus Systematis* du même auteur. De ces espèces, quatre sont originaires des Indes-Orientales ; savoir : *Ochna obtusata*, De Cand., Mon., n. 1, T. 1 ; *Ochna lucida*, D. C., *loc. cit.*, n. 2 ; Lamk., Illust., tab. 472, fig. 1 ; *Ochna nitida*, Thunb., D. C., *loc. cit.*, n. 3, tab. 2 ; *Ochna pumila*, Buchn. Trois viennent au cap de Bonne-Espérance et à Sierra-Leone ; savoir : *Ochna multiflora*, D. C., *loc. cit.*, n. 4, tab. 3 ; *Ochna arborea*, Burch. ; *Ochna atropurpurea*, D. C., *loc. cit.*, n. 5. Deux croissent à Madagascar ; savoir : *Ochna ciliata*, Lamarck, D. C., *loc. cit.*, n. 6, tab. 4 ; *Ochna Madagascariensis*, D. C., *loc. cit.*, n. 7. Une à l'Ile-de-France, *Ochna mauritiana*, Lamk., D. C., *loc. cit.*, n. 8, tab. 5, et une dans l'Arabie-Heureuse, *Ochna parvifolia*, Vahl, Symb., 1, p. 33. (A. R.)

OCHNACÉES. *Ochnaceæ*. BOT. PHAN. Nous avons dit dans l'article qui précède que cette famille avait pour type le genre *Ochna* d'abord placé à la suite des Magnoliacées, et qu'elle avait été établie par le professeur De Candolle (Ann. Mus., 17, p. 398). Cette famille appartient à la classe des Dicotylédons polypétales à étamines hypogynes, et offre les caractères suivans : les fleurs sont hermaphrodites ; le calice à cinq divisions très-profondes, persistantes, imbriquées latéralement avant leur évolution. La corolle se compose de cinq à dix pétales quelquefois onguiculés, étalés, caducs, imbriqués lors de la préfloraison. Le nombre des étamines est variable ; on en compte quelquefois cinq seulement, alternes avec les pétales, d'autres fois dix ou un plus grand nombre. Les filets sont ordinairement grêles et persistans, insérés, ainsi que les pétales, au-dessous d'un disque hypogyne ;

les anthères sont introrses, à deux loges, s'ouvrant chacune par une fente longitudinale ou par un pore terminal. Le pistil est porté sur un disque hypogyne, quelquefois peu saillant, d'autres fois au contraire élevé en forme de colonne, et que le professeur De Candolle a désigné sous le nom de *Gynobase*. L'ovaire est assis sur le sommet de ce disque, il est déprimé et présente un nombre de loges, séparées les unes des autres par des sinus profonds, en rapport généralement avec celui des pétales. Ces loges paraissent au premier abord autant d'ovaires distincts rangés autour d'un style simple qui s'insère immédiatement au réceptacle ou disque. Telle était la manière dont on avait considéré primitivement l'organisation singulière du pistil des Ochnacées. Mais le professeur Mirbel, et un peu plus tard l'habile observateur Auguste de Saint-Hilaire, ont les premiers fait connaître la véritable organisation de l'ovaire gynobasique. Ils ont démontré d'abord que cet ovaire était simple, et qu'il ne s'éloignait de la structure ordinaire que parce que son axe central était considérablement déprimé, de manière que par l'abaissement de la base du style les loges de l'ovaire sont devenues horizontales de verticales qu'elles étaient d'abord, et que l'ovule unique, que chacune d'elles renferme, ayant suivi leur mouvement, se trouve dressé dans la loge bien qu'il naisse de son angle rentrant, parce que le côté qui paraît inférieur est véritablement le côté interne déprimé. Auguste St.-Hilaire, dans son excellent Mémoire sur le Gynobase (Mém. Mus., 10, p. 153) cite une monstruosité de son *Gomphia oleæfolia*, dans laquelle l'ovaire offre cinq lobes non distincts, mais attachés à un axe vertical terminé par le style, et où l'ovule fort petit était inséré dans l'angle interne de chaque loge. Il ne peut donc rester aucune sorte de doute sur la véritable structure du pistil des Ochnacées. Le style, ainsi que nous l'avons dit, est simple dans sa partie inférieure, assez souvent il se termine supérieurement en un nombre variable de lanières stigmatifères. Le fruit se compose des loges de l'ovaire qui se sont séparées les unes des autres et qui forment autant de carpelles légèrement drupacés, portés sur le disque ou gynobase qui a pris beaucoup d'accroissement. Ces carpelles, dont plusieurs avortent quelquefois, sont uniloculaires, monospermes et indéhiscens; ils paraissent en quelque sorte articulés sur le gynobase dont ils se détachent assez facilement. La graine se compose d'un gros embryon, sans endosperme, dressé, ayant la radicule inférieure et très-courte, et les cotylédons très-épais.

Les Végétaux qui composent cette famille sont des Arbres ou des Arbrisseaux très-glabres dans toutes leurs parties, ayant des feuilles alternes, munies de deux stipules à leur base, et des fleurs pédonculées, très-rarement solitaires, et en général formant des grappes rameuses. Les pédoncules sont articulés vers le milieu de leur longueur. Toutes les Ochnacées croissent dans les régions intertropicales de l'Ancien et du Nouveau-Continent.

Les genres qui forment cette famille sont les suivans: *Ochna*, Schreber, D. C. ; *Gomphia*, Schr., D. C. ; *Walkera*, Schr., D. C., ou *Meesia*, Gaertner. Le professeur De Candolle rapporte encore à cette famille, mais avec quelques doutes, les genres *Elvasia*, D. C., et *Castela* de Turpin. Nous pensons qu'il faut joindre à ces différens genres le genre *Niota* de Lamarck ou *Biporeia* de Du Petit-Thouars, qui, par tous ses caractères, nous paraît appartenir à cette famille beaucoup mieux qu'aux Banistériées, ou aux Simaroubées dans lesquelles il avait été placé. Quant au genre *Castela* de Turpin, son insertion périgynique, ses graines munies d'un endosperme nous paraissent l'éloigner considérablement des Ochnacées, pour le rapprocher peut-être des Rhamnées. La famille des Ochnacées a les rapports les plus intimes avec les Rutacées et surtout avec la tribu des Simaroubées, dont il est impossible de l'éloigner; elle en diffère seulement par ses feuilles simples et munies de stipules, par ses graines dressées, par ses carpelles indéhiscens. D'un autre côté, les Ochnacées ont quelques affinités avec les Magnoliacées et surtout avec le genre Drymis.

(A. R.)

OCHODOEUS. ins. Genre de Coléoptères, voisin des Géotrupes, des Lèthres et des Bulbocères, établi par Megerle, et dont nous ne connaissons pas les caractères. La seule espèce qui compose ce genre est le *Melolontha Chrysomelina* de Fabricius. (G.)

OCHODONE. mam. *V.* Ogoton.

OCHRADENUS. bot. phan. Genre de la famille des Résédacées établi par le professeur Delile (*Flor. Ægypt. Ill.*, 15, pl. 31, fig. 1), et appartenant à la Dodécandrie Trigynie, L. Ses caractères consistent en un calice étalé à cinq dents, recouvert par un disque jaune et lobé; la corolle manque; les étamines sont au nombre de douze à quinze insérées au-dessous de l'ovaire, et ayant leurs filets légèrement déclinés. L'ovaire est allongé, à trois pointes stigmatifères à leur sommet. Le fruit est à peine charnu, presque transparent, contenant plusieurs graines réniformes.

Ce genre se compose d'une seule espèce, *Ochradenus baccatus*, Del., loc. cit. C'est un Arbrisseau buissonneux de quatre à cinq pieds d'élévation, portant des feuilles éparses, linéaires, sessiles, insérées au-dessous d'un tubercule jaunâtre et luisant. Les fleurs forment des épis allongés qui terminent les rameaux. Les sommités de cet Arbuste, qui a l'odeur et la saveur du Cochléaria, sont broutés par les Chameaux, les Chèvres et les Moutons, et deviennent épineux. Il croît en Egypte, dans les lieux stériles.

Le genre *Ochradenus* diffère des vraies espèces de Réséda par l'absence de sa corolle, son large disque et son fruit légèrement charnu.

(A. R.)

OCHRE. MIN. Pour Ocre. *V.* ce mot. (B.)

*OCHREA. BOT. Quelques botanistes nomment ainsi l'appendice membraneux et engaînant dont le pétiole de certaines Plantes, comme par exemple celui des Polygonées, est muni à la base. Son histoire anatomique offre encore quelques obscurités ; le professeur De Candolle (Organographie végétale, I, p. 282) dit qu'on peut aussi bien le considérer comme une gaîne pétiolaire, que comme formé par des stipules intraaxillaires soudées ensemble. (G..N.)

OCHROCARPOS. BOT. PHAN. Du Petit-Thouars (*Gener. Nov. Madagasc.*, p. 13) a établi sous ce nom, d'après Noronha, un genre qui appartient à la famille des Guttifères, section des Garciniées de Choisy, et à la Diœcie Polyandrie, L. Il est ainsi caractérisé : fleurs dioïques ; les mâles et les femelles sont pourvues d'un calice à deux sépales coriaces, et d'une corolle à quatre pétales. Dans les fleurs mâles, les étamines sont nombreuses, soudées par la base, à anthères ovées. Dans les fleurs femelles, le style est nul ; le stigmate est sessile, pelté, à quatre ou six lobes. Le fruit est une baie revêtue d'une écorce épaisse, à quatre ou six loges. Les graines sont arillées et pseudomonocotylédones. Une seule espèce, indigène de Madagascar, *Ochrocarpos Madagascariensis*, constitue ce genre. C'est un Arbre à feuilles verticillées, rapprochées, et à fleurs peu nombreuses et pédonculées. (G..N.)

*OCHROCÉPHALE. OIS. Espèce du genre Merle. *V.* ce mot. (DR..Z.)

*OCHROITE. MIN. Syn de Cérite, ou Cérium oxidé silicifère. (G. DEL.)

OCHROMA. BOT. PHAN. Genre de la tribu des Bombacées, établi par Swartz (*Act. Holm.*, 1792, p. 148, T. VI) et qui peut être caractérisé de la manière suivante : calice tubuleux, évasé, subcampaniforme, à cinq lobes égaux, arrondis, obtus et mucronés ; corolle de cinq pétales très-grands, un peu réunis par leur base, de manière à paraître comme monopétale ; étamines nombreuses, monadelphes et synanthères ; filets formant un tube long et cylindrique ; anthères linéaires, repliées un grand nombre de fois sur elles-mêmes et d'une manière irrégulière, disposées ainsi en un tube à cinq lobes aigus à leur sommet ; les anthères sont uniloculaires et s'ouvrent par toute leur longueur. Le style paraît formé de la réunion de cinq qui sont intimement soudés. Il se termine par cinq stigmates tordus en spirale. Le fruit est une capsule oblongue, cylindrique, creusée de cinq sillons, longue de six à huit pouces ; elle s'ouvre en cinq valves septifères, est remplie intérieurement d'un duvet cotonneux et de graines arrondies, noires, et terminées par une sorte de petit bec. L'espèce qui a servi de type à ce genre est l'*Ochroma Lagopus*, Sw., *loc. cit.* C'est un très-grand Arbre qu'on rencontre dans presque toutes les Antilles ; son port est le même que celui des *Bombax* ; ses feuilles sont extrêmement grandes, alternes, pétiolées, arrondies, fendues dans leur partie inférieure et offrant de cinq à sept lobes anguleux peu marqués. Les fleurs, très-grandes, longues d'au moins six pouces, blanches, pédonculées et réunies plusieurs ensemble vers la partie supérieure des rameaux. Le calice est coriace et tomenteux, à cinq lobes, dont trois sont obtus et deux aigus. Le bois de l'*Ochroma* est blanc, tendre et léger. Dans les Antilles, on s'en sert en guise de liège pour soutenir les filets à fleur d'eau.

Willdenow (*Enum.* 695) a décrit une seconde espèce recueillie par Humboldt et Bonpland, mais qui n'a pas été mentionnée par notre collaborateur Kunth dans les *Nova Genera*, ce qui nous porte à croire que cette Plante n'appartient pas au genre Ochroma. (A. R.)

* **OCHROPUS.** ois. Les espèces désignées sous ce nom avec les épithètes *magnus*, *medius* et *minor* par Gesner, sont le *Fulica flavipes*, Gmel., le *Trigla Ochropus*, L., et le *Glareola austriaca*, Gmel. (B.)

OCHROS. bot. phan. (Théophraste.) Probablement le *Pisum Ochrus*, L. *V*. Ochrus. (B.)

OCHROSIE. *Ochrosia.* bot. phan. Genre de la famille des Apocynées, établi par Jussieu (*Gen. Plant.*) pour un Arbrisseau de l'île Mascareigne où il est connu sous le nom vulgaire de *Bois jaune*, et dont voici les caractères : calice très-petit, à cinq dents ; corolle monopétale, tubuleuse, infundibuliforme, et à limbe étalé ; cinq étamines incluses, à anthères comme sagittées. L'ovaire est simple, surmonté d'un style également inclus, terminé par un stigmate bilobé. Les deux follicules sont divariqués, elliptiques, renflés, terminés en pointe à leurs deux extrémités. Chacun d'eux est drupacé et contient une noix biloculaire dont chaque loge renferme d'une à trois graines inégales, planes et légèrement membraneuses vers le sommet. Ce genre se compose de deux espèces. La première qui ait été connue est l'*Ochrosia borbonica* de Jussieu, décrite par Persoon sous le nom d'*Ophyoxylon Ochrosia*, par Poiret sous celui de *Rauwolfia striata*, et auquel il faut rapporter le *Cerbera parviflora* de Forster. C'est un Arbrisseau assez élégant, portant des feuilles verticillées par trois, pétiolées, obovales, allongées, entières, terminées au sommet en pointe assez mousse. Les fleurs forment des espèces de cimes géminées, longuement pédonculées et naissant de la bifurcation qui termine les jeunes rameaux.

Une seconde espèce a été décrite par Labillardière (*Sertum Austro-Caledon.*, 1, p. 25, T. xxx) sous le nom d'*Ochrosia elliptica*. Elle diffère de la précédente par ses feuilles obovales, très-obtuses, plus courtes, et par ses fleurs formant une cime très-courtement pédonculée. Selon Labillardière le fruit est à quatre loges. Cette espèce croît à la Nouvelle-Calédonie. (A. R.)

OCHROXYLUM. bot. phan. Schreber constitua sous le nom de *Curtisia* un genre dont il changea lui-même la dénomination en celle d'*Ochroxylum*, qui fut adoptée d'abord par Martius dans les Mémoires de l'académie de Munich pour 1816, puis par Nées et Martius dans leur Mémoire sur les Fraxinellées, inséré parmi ceux de l'Académie de Bonn pour 1823. Martius avait rapproché ce genre du *Brunellia* de Ruiz et Pavon, et nommé l'espèce de Schreber *Ochroxylum punctatum*. De Candolle (*Prodrom. Syst. Veget.*, 1, p. 725) l'ayant réuni au *Zanthoxylum*, lui imposa pour nom spécifique celui du genre de Schreber. Les auteurs du Mémoire sur les Fraxinellées composent maintenant leur genre *Ochroxylum* de plusieurs espèces américaines à fleurs unisexuées, rangées par les auteurs, soit parmi les *Zanthoxylum*, soit parmi les *Fagara*. D'après les observations de notre collaborateur A. De Jussieu (Mém. sur les Rutacées, p. 120) il doit faire partie du grand genre *Zanthoxylum* auquel sont réunis plusieurs genres qui étaient fondés sur des caractères mal connus. Le genre *Kampmannia* de Rafinesque se rapporte aussi à l'*Ochroxylum*, et conséquemment au *Zanthoxylum*. *V*. Zanthoxyle. (G..N.)

OCHRUS. bot. phan. Ce genre de Tournefort, réuni par Linné au *Pisum*, fut reproduit par Mœnch (*Meth. Plant.*, p. 105) et adopté par Persoon. De Candolle (Flore Française, 4, p. 578) en fit une espèce de *Lathyrus*, et il a conservé son opinion dans le second volume de son *Prodromus*. *V*. Gesse. (G..N.)

OCHTEBIE. *Ochtebius.* ins. Genre de l'ordre des Coléoptères, section des Pentamères, famille des Palpicornes, tribu des Hydrophiliens, établi par Leach et adopté par Latreille. Ces

Insectes se distinguent des Eléophores, avec lesquels plusieurs auteurs les ont confondus, par leurs palpes maxillaires qui sont terminés par un article plus grêle et pointu. Les Hydrœnes ont les palpes maxillaires plus longs. L'espèce qui peut servir de type à ce genre est l'*Elophorus riparius* d'Illiger ou *pygmœus* de Fabricius.   (o.)

OCHTÈRE. *Ochtera*. ins. Genre de l'ordre des Diptères, famille des Athéricères, tribu des Muscides, division des Scathophiles (Latreille, Fam. Natur.), établi par Latreille aux dépens du grand genre *Musca* des anciens auteurs et ayant pour caractères : cuillerons petits ; balanciers nus ; ailes couchées sur le corps; antennes plus courtes que la face de la tête, insérées entre les yeux ; tête presque triangulaire; pieds antérieurs ravisseurs. Degéer est le premier qui ait fait connaître la seule espèce qui compose ce genre ; Fabricius, qui l'a d'abord cru inédite, l'a nommée *Musca manicata* dans ses premiers ouvrages ; Meigen en a formé son genre *Macrochira* long-temps après Latreille; enfin, Fabricius, dans ses derniers ouvrages, la place parmi les *Tephritis*. La tête des Ochtères paraît triangulaire quand on la regarde en face ; les yeux sont saillans, trèsdistans l'un de l'autre, et l'on voit entre eux et sur le haut de la tête, trois petits yeux lisses élevés et saillans. Les antennes, très-courtes et insérées entre les yeux, sont assez grosses et formées de trois articles dont le premier est très-petit et les deux autres presque de la même longueur ; le dernier, qui est arrondi, porte une soie plumeuse ; la trompe est courte, bilabiée et rétractile ; on aperçoit dans l'ouverture supérieure de la cavité buccale, une petite lame presque orbiculaire, transverse et que Latreille compare au labre ; les palpes sont dilatés à leur extrémité ; le corselet est peu convexe, presque ras ; l'abdomen est ovalé et un peu déprimé ; les pates postérieures sont

conformées à l'ordinaire et comme celles des Mouches, mais les antérieures sont ravisseuses et méritent, par leur singularité, d'être décrites avec détail. Ces pates ressemblent assez à celles des larves des Cigales ou des Tettigomètres, ou mieux encore à celles des Mantes ; la hanche est longue et massive; la cuisse est très-grande, large et un peu aplatie des deux côtés, ayant le plus de largeur au milieu, et diminuant ensuite peu à peu jusqu'au bout ; son bord inférieur est garni de quelques petites pointes en forme d'épines ; la jambe proprement dite est déliée et cylindrique, courbée en dedans, et peut s'appliquer exactement contre le bord inférieur de la cuisse; cette jambe est terminée par un long crochet comme cela a lieu dans les Mantes ; le tarse est inséré à l'origine et en dessus de cette épine; il est de cinq articles. Cet Insecte, qui au premier aspect ressemble entièrement à une Mouche, se rencontre dans les lieux aquatiques et au bord des étangs. Il court sur la surface de l'eau et cherche à saisir avec ses pates antérieures les petits Insectes qui s'y trouvent. La seule espèce connue jusqu'à présent est :

L'Ochtère Mante, *Ochtera Mantis*, Latr., *Gen. Crust. et Ins.* T. iv, p. 348, Oliv.; *Musca Mantis*, Degéer, *Mem. Ins.* T. vi, p. 143, pl. 8, fig. 15, 16, 17; *Musca manicata*, Fabr., *Ent. Syst. Cocqueb. Illustr. Ins.* T. iii, tab. 24, fig. 5; *Tephritis manicata*, Fabr., *Syst. Antl.*; *Macrochira Mantis*, Meigen. Elle est de la grandeur de la Mouche domestique ; sa couleur est noire, mais le ventre est d'un vert obscur bronzé et luisant ; le devant de la tête est gris ; les deux balanciers sont d'un jaune clair. On trouve cet Insecte aux environs de Paris et dans toute la France.

* Le nom d'Ochtère, *Ochterus*, avait été donné par Latreille (*Gen. Crust. et Ins.* T. iii, p. 142) à un genre d'Hémiptères ; il a changé ce nom trop conforme au précédent, et

il a donné à ses *Ochterus* celui de Pélogone. *V*. ce mot. (G.)

* OCHTHODIUM. BOT. PHAN. Genre de la famille des Crucifères et de la Tétradynamie siliculeuse, L., établi par De Candolle (*Syst. Véget. Nat.*, 2, p. 423) qui l'a ainsi caractérisé : calice à sépales étalés ; corolle dont les pétales sont obovés, atténués à la base ; étamines ayant leurs filets dépourvus de dents ; silicule coriace, biloculaire, indéhiscente, presque globuleuse, terminée par le stigmate sessile, à valves concaves à peine distinctes, extérieurement verruqueuses, séparées dans leur plus grand diamètre par une cloison épaisse ; graine solitaire dans chaque loge, comprimée, ovée, insérée latéralement ; cotylédons planes, ovales-oblongs, accombans. Ce genre fait partie de la tribu des Euclidiées ou Pleurhorizées-Nucamentacées de De Candolle. Il ressemble au *Neslia* par la forme extérieure de la capsule, mais il en diffère par ses cotylédons accombans et non incombans, par sa cloison épaisse au lieu d'être mince, par sa silicule constamment biloculaire, enfin par ses graines comprimées, tandis qu'elles sont globuleuses dans le genre *Neslia*. Il est constitué sur une espèce que Linné plaçait parmi les *Bunias*, Lamarck dans les *Myagrum*, et Brown dans ses *Rapistrum*. Cette Plante, nommée *Ochthodium ægypticaum*, croît en Egypte, en Syrie et en Grèce. C'est une Herbe annuelle, dressée et rameuse. Ses feuilles inférieures, pinnatifides-lyrées, ressemblent à celles de la Rave. Les supérieures sont presque entières. La tige est un peu velue à la base. Les fleurs sont disposées en grappes allongées et portées sur des pédicelles courts, dépourvus de bractées. (G..N.)

* OCHTHOSIE. *Ochthosia*. CIRRH. Genre démembré des Balanes par Ranzani et rangé par lui dans la famille des Balanides (*Opuscoli Scient., Dec. prim., Bologne*) pour une espèce figurée dans la Zoologie Danoise, par Stroëm. Cette espèce n'aurait, à ce qu'il paraîtrait d'après la figure, que trois pièces à la partie coronale. Blainville dit avoir observé une espèce de Balane des mers du Nord, et même de la Manche, qui aurait une ressemblance très-grande avec celle de Stroëm et de Ranzani, mais elle serait composée de quatre parties, ce qu'il serait plus naturel de penser. On doit donc conserver quelques doutes jusqu'à ce que l'on ait de nouvelles observations. Voici les caractères de ce genre tels que Ranzani les a donnés : coquille subconique, verruqueuse ; la partie coronaire formée de trois valves seulement dont les sutures sont visibles à l'extérieur ; trois aires déprimées, chacune avec une suture au milieu ; trois aires saillantes dont une plus petite, avec une suture moyenne dans celle-ci ; lame interne quadripartite, dont trois portions viennent des trois sutures antérieures du tube et divisent la cavité en trois loges ; le support membraneux ; ouverture trigone, oblongue, fermée par un opercule pyramidal, articulé, bivalve, c'est-à-dire dont les deux pièces de chaque côté sont soudées entre elles. Ce genre, qui ne contient qu'une espèce, est très-voisin des Balanes.

OCHTHOSIE DE STROEM, *Ochtosia Stroëmii*, Ranz., Müll., *Zool. Danic.* T. III, tab. 91, fig. 1, 4 ; *ibid.*, Blainv., Traité de Malacol., p. 597, pl. 85, fig. 4. (D..H.)

* OCIDIOPHERA. BOT. CRYPT. Le genre formé sous ce nom par Necker, aux dépens des *Fucus*, est trop imparfaitement caractérisé, non-seulement pour être adopté, mais même pour être reconnu dans ceux qu'ont récemment établis les algologues. (B.)

* OCIMUM. BOT. PHAN. Pour *Ocymum*. *V*. BASILIC.

* OCKIA ET OKENIA. BOT. PHAN. (Dietrich.) Syn. d'*Adenandra* de Willdenow, genre formé aux dépens du *Diosma* avec lequel plusieurs auteurs le réunissent encore. (G..N.)

* OCOCOL. BOT. PHAN. (L'Ecluse.) Que C. Bauhin, d'après Hernandez, écrit *Ococoll*. C'est, au Mexique, l'Arbre d'où découle le baume appelé *Liquidambar*. *V*. ce mot. (B.)

OCOCOLIN. OIS. (Hernandez.) Nom de pays du Tocolin. *V*. TROU-PIALE. On a aussi donné ce nom à une espèce du genre Perdrix, et, selon Séba, c'est encore une espèce de Cotinga. *V*. ces mots. (DR..Z.)

OCOROME. MAM. L'un des noms de pays du Raton Crabier. (IS. G. ST.-H.)

* OCOS. OIS. (Froger.) Syn. de Hocco. *V*. ce mot. (B.)

OCOTE. *Porostema*. BOT. PHAN. De Déterville, pour *Ocotea*. *V*. ce mot. (B.)

OCOTEA. BOT. PHAN. Genre de la famille des Laurinées, établi par Aublet, adopté par Kunth et plusieurs autres botanistes, mais qui ne diffère pas suffisamment des véritables espèces de Laurier. *V*. ce mot. (A. R.)

OCOTZINITZCAN. OIS. (Séba.) Syn. d'Arc-en-queue. *V*. TROUPIALE. (DR..Z.)

OCRE ou BOL. MIN. Argile ocreuse ; terre bolaire. Les Ocres sont des matières terreuses, mélangées de Péroxide de Fer ou d'Hydroxide de Fer, qui les colore en rouge ou en jaune. Ces matières sont plus ou moins fusibles ; elles deviennent attirables à l'Aimant, lorsqu'on les calcine. Elles se divisent dans l'eau sans y former de pâte longue ; elles happent à la langue, ont le grain fin et serré, et sont susceptibles d'être polies par l'ongle. Elles étaient anciennement fort employées dans la médecine. On ne s'en sert plus aujourd'hui que dans la peinture. Les Ocres rouges sont beaucoup plus rares dans la nature que les Ocres jaunes. Presque tous ceux que l'on trouve répandus dans le commerce sont des préparations artificielles. Parmi les plus célèbres, on peut citer : l'Ocre rouge ou Bol d'Arménie, celui de Bucaros, province d'Alentejo, en Portugal ; l'Almagro du royaume de Murcie, et l'Ocre rouge du pays des Cafres. Les Ocres jaunes sont assez communs ; et il en est en France qui sont très-estimés, particulièrement ceux de Vierzon, département du Cher ; ceux d'Auxerre que l'on transforme en Ocre rouge par la calcination ; ceux de Morague, etc. Ce qu'on nomme *Terre de Sienne* est un Ocre d'un assez beau jaune que l'on tire des environs de Sienne, en Italie, et qui, par le grillage, prend une teinte rouge particulière et une sorte de transparence.

OCRE DE BISMUTH. *V*. BISMUTH OXIDÉ.

OCRE DE CUIVRE ROUGE. *V*. CUIVRE OXIDULÉ TERREUX.

OCRE DE FER ROUGE. *V*. FER OXIDÉ ROUGE OCREUX.

OCRE MARTIAL BLEU. *V*. FER PHOSPHATÉ TERREUX.

OCRE MARTIAL BRUN. *V*. FER HYDRATÉ TERREUX.

OCRE DE NICKEL. *V*. NICKEL ARSÉNIATÉ.

OCRE DE VITRIOL. *V*. FER SOUS-SULFATÉ TERREUX.

OCRE D'URANE. *V*. URANE HYDRATÉ. (G. DEL.)

* OCREA. BOT. PHAN. Pour Ochrea. *V*. ce mot. (G..N.)

* OCRÉALE. *Ocreale*. ANNEL. Genre établi par Oken (Syst. général de Zoologie, T. I, p. 581) pour une espèce d'Annelide voisine des Sabelles, et dont le fourreau est coudé à angle droit. Ses caractères sont : tube calcaire, conique, courbé à angle droit à l'extrémité la plus épaisse où se trouve l'ouverture ; une grande quantité de filamens roides au-devant de la tête de l'Animal et servant probablement de branchies. Oken rapporte à ce genre la *Sabella rectangula* de Gmelin, qui en est le type, et la *Serpula Ocrea* du même auteur. (AUD.)

OCTAÉDRITE. MIN. Nom donné par Werner au Titane anatase, qui se distingue du Titane rutile par sa forme octaédrique, sous laquelle il se présente constamment. (G. DEL.)

OCTANDRIE. *Octandria.* BOT. PHAN. Huitième classe du Système sexuel de Linné qui renferme toutes les Plantes à fleurs hermaphrodites ayant huit étamines. Cette classe se divise en quatre ordres, savoir : 1° Octandrie Monogynie, exemple : *Tropæolum, Erica;* 2° Octandrie Digynie, *Mæhringia;* 3° Octandrie Trigynie, *Polygonum;* 4° Octandrie Tétragynie, *Paris, Adoxa.* (A. R.)

OCTARILLUM. BOT. PHAN. Loureiro (*Flor. Cochinch.*, 1, p. 113) a établi sous ce nom un genre de la Pentandrie Monogynie, L., qui offre pour caractères : un périanthe coroloïde, supérieur, hypocratériforme, dont le tube est tétragone et court; le limbe a quatre lobes aigus, charnus; quatre étamines ayant les filets très-courts, insérés au haut du tube; les anthères allongées, biloculaires; ovaire allongé, surmonté d'un style turbiné plus long que les étamines, et d'un stigmate épais; baie ovoïde, allongée, renfermant une graine munie d'un arille à huit faces.

L'*Octarillum fruticosum*, Loureiro, *loc. cit.*, est un Arbrisseau à tige droite, élevée, divisée en rameaux lisses, garnis de feuilles glabres, alternes, lancéolées, très-entières. Les fleurs sont blanches, axillaires, lancéolées, solitaires et pédonculées. Ses baies sont rouges. Cette Plante croît dans les forêts de la Cochinchine. (G..N.)

* **OCTIDENT.** BOT. CRYPT. Nom français proposé par Bridel pour désigner le genre de Mousses scientifiquement nommé *Octoblepharum. V.* ce mot. (B.)

OCTOBLEPHARUM. BOT. CRYPT. (*Mousses.*) Ce genre, créé par Hedwig, ne renferme qu'une seule espèce désignée par Linné sous le nom de *Bryum albidum.* Arnott le range dans la tribu des Orthotrichoïdées dont il se rapproche par l'organisation de la capsule quoiqu'il en diffère assez par son port. Le caractère essentiel de ce genre est de présenter des capsules terminales droites sans apophyse distincte, dont l'orifice est entouré par un péristome simple, formé de huit dents dressées, distinctes à leur base et entières au sommet. La coiffe est longue, conique, et ne se fend pas latéralement.

La seule espèce connue, l'*Octoblepharum albidum*, croît dans presque tous les pays équatoriaux, et même dans plusieurs parties de l'hémisphère austral. C'est une très-petite Mousse à tige droite, courte, peu rameuse, couverte de feuilles linéaires, obtuses, blanchâtres comme celles du *Dicranum glaucum.* Les capsules sont droites, petites, ovales, portées sur un court pédicelle.

On avait également rapporté à ce genre, sous le nom d'*Octoblepharum serratum*, la Mousse désignée par Bory de Saint-Vincent sous le nom d'*Orthodon;* mais ce genre a été reconnu distinct de l'*Octoblepharum*, et est généralement admis par les auteurs les plus modernes. (AD. B.)

* **OCTOCÈRES.** *Octocera.* MOLL. Leach a divisé les Céphalopodes en deux sections, très-facilement reconnaissables par le nombre des pieds. Il nomma Octopodes ceux qui en ont huit, et Décapodes ceux qui en ont dix. Blainville, en adoptant cette division, a changé les mots; il nomme les premiers Octocères, et les seconds Décacères. Il forme des uns et des autres deux familles qui composent, à elles seules, le premier ordre des Mollusques, les Mollusques céphalopodes cryptodibranches. La famille des Octocères ne renferme qu'un seul genre, c'est celui du Poulpe (*V.* ce mot) auquel sont rapportés les genres Elédone de Leach et Ocythoé de Rafinesque. (D..H.)

OCTODICERAS. BOT. CRYPT. (*Mousses.*) Bridel a établi sous ce nom un genre auquel il ne rapporte que le *Fissidens semi-completus* d'Hedwig, dont le *Fissidens debilis* de Schwægrichen ne paraît pas différer. Il diffère des autres espèces de *Fissidens* par son péristome qui, suivant Hedwig, n'a que huit dents profondément bifides au lieu de seize dents également bifides qui caractérisent les *Dicranum* dont les *Fissidens* ne paraissent qu'un sous-genre. Du reste, le port de cette Plante est le même que celui des *Fissidens*, c'est-à-dire que ses feuilles distiques sont également fendues à leur base pour embrasser la tige qui est rameuse et porte des capsules pédicellées et axillaires. Cette Plante étant fort rare est très-mal connue, et jusqu'à ce qu'elle ait été observée de nouveau, le genre *Octodiceras* restera douteux. Quelques auteurs ont rapproché de ce même genre le *Skitophyllum fontanum* de La Pylaie, ou *Fontinalis* de Dillen, Musc., pl. 55, fig. 4; mais cette dernière Plante est encore moins bien connue que la première, et toutes deux ont besoin d'un nouvel examen. (AD. B.)

* OCTOGONOTE. *Octogonotus.* INS. Genre de l'ordre des Coléoptères, section des Tétramères, famille des Cycliques, tribu des Gallérucites, établi par notre collaborateur Drapiez, et adopté par Latreille (Fam. Nat.) Les caractères de ce nouveau genre ne sont pas encore publiés; Dejean, dans son Catalogue des Coléoptères, cite deux espèces de ce genre qui ont été trouvées à Cayenne et qui n'ont pas été décrites.   (G.)

OCTOMÉRIE. *Octomeria.* BOT. PHAN. Genre de la famille des Orchidées, établi par R. Brown (*in Ait. Hort. Kew.*, ed. 2, vol. V, p. 211) et ayant pour type l'*Epidendrum graminifolium*, L., dont Willdenow a fait une espèce de *Dendrobium*. Ce genre peut être ainsi caractérisé : les trois divisions externes du calice et les deux internes et supérieures sont conniventes et comme campanulées, ovales, lancéolées, aiguës, égales et semblables; les deux externes et inférieures sont soudées entre elles par une petite étendue de leur côté

intérieur. Le labelle est inclus, à peu près indivis, onguiculé et attaché à un prolongement de la base du gynostème. Celui-ci est dressé, assez long, cylindroïde, terminé par une anthère operculiforme, à deux loges contenant chacune quatre masses polliniques solides réunies entre elles. Le stigmate forme un petit enfoncement au-dessous de l'anthère. L'ovaire n'est pas tordu.

L'*Octomeria graminea*, Brown, *loc. cit.*, est une jolie petite Orchidée parasite, assez commune dans les Antilles et sur le continent de l'Amérique méridionale. Sa souche ou tige principale, de la grosseur d'une petite plume, est rampante, noueuse, articulée, donnant naissance à des rameaux simples, dressés, longs de trois à quatre pouces, également articulés, terminés par une seule feuille lancéolée, étroite, aiguë, très-entière, faisant à sa base fonction de spathe, et recouvrant ordinairement deux fleurs jaunâtres, qui sortent de plusieurs petites écailles imbriquées. Ces fleurs répandent une odeur assez agréable.   (A. R.)

* OCTONUS. POIS. Rafinesque établit sous ce nom un genre de Poisson trop légèrement caractérisé dans l'*Indice d'ithioligia Siciliana* pour qu'on puisse statuer sur sa valeur.   (B.)

OCTOPODES. *Octopodæ.* MOLL. Leach a divisé les Mollusques céphalopodes en deux grandes familles, d'après le nombre des bras; il y a effectivement de ces Animaux qui en ont constamment huit, et d'autres constamment dix, d'où la création de ces deux familles généralement admises depuis par les zoologistes, les Octopodes et les Décapodes. Blainville a admis cette division si naturelle; mais il leur a donné les noms d'Octocère et Décacère. Férussac a compris parmi les Octopodes, non-seulement les Poulpes, mais encore les Argonautes que Blainville rejette, et nous pensons, avec de justes motifs, hors de la classe des Céphalopodes. Férussac y ajouta même le genre Ocythoé de Rafinesque qui a été établi pour un Poulpe congénère à celui que l'on trouve ordinairement dans la coquille de l'Argonaute, d'où il résulte évidemment un double emploi; *V*. OCYTHOÉ et POULPE. D'après les observations de Blainville et celles de Leach, Férussac reconnut bientôt son erreur, et il la rectifia dans le travail qu'il fit en commun avec D'Orbigny sur les Céphalopodes. Dans ce travail, les Octopodes se composeront de cinq genres qui sont : Argonaute, Bellérophe, Poulpe, Elédon et Calmaret; ce dernier genre avec un point de doute. *V*. ces mots. Férussac l'avait d'abord placé avec les Sèches ou Céphalopodes dans ses Tableaux des Animaux Mollusques.

(D..H.)

OCTOPUS. MOLL. *V*. POULPE.

OCTOSPORA. BOT. CRYPT. (*Champignons*.) Hedwig avait donné ce nom au genre *Peziza* de Linné, adopté par tous les botanistes. Le nom d'Hedwig était fondé sur ce que les thèques de ces Champignons renferment presque toujours huit sporules. *V*. PEZIZE. (AD. B.)

* OCULÉES. *Oculatæ*. INS. Tribu de l'ordre des Hémiptères, section des Hétéroptères, famille des Géocorises, établie par Latreille (Fam. Nat.), et dont les individus ressemblent beaucoup à ceux de sa tribu des Nudicolles, quant au petit nombre d'articles de la gaîne du suçoir, à l'insertion des pieds et à leur usage; mais s'en éloignent parce que leur bec est libre et ordinairement droit; la tête n'est point rétrécie postérieurement et les yeux sont très-gros, et enfin parce que leur labre est saillant. Ces Punaises fréquentent les lieux aquatiques et les prairies humides. Latreille divise cette tribu en trois genres : Leptope, Acanthie, (*Salda*, Fabr.) et Pélogone, *V*. ces mots. (G.)

* OCULEUS. POIS. L'un des deux noms par lesquels Commerson désigna, dans ses manuscrits, le Méga-lope filament, espèce du genre Clupe. *V*. ce mot. (B.)

OCULINE. *Oculina*. POLYP. Genre de l'ordre des Madréporées, dans la division des Polypiers entièrement pierreux, ayant pour caractères : Polypier pierreux, le plus souvent fixé, dendroïde, à rameaux lisses, épars, la plupart très-courts : étoiles, les unes terminales, les autres latérales et superficielles. Les Oculines ont beaucoup de rapports avec les Caryophyllies et spécialement le *Caryophyllia ramea*, Lamk.; mais leur tissu intérieur est entièrement compacte dans les intervalles des étoiles, et leur surface extérieure lisse et sans porosités, à l'exception des cellules qui sont toujours grandes, étoilées, et souvent saillantes. Un Polypier, rangé par Lamarck entre les Oculines, l'*Oculina Echidnæa*, s'éloigne des autres par ses caractères; son tissu intérieur est finement celluleux, et sa surface poruleuse entre les cellules; elle me semblerait mieux placée avec les Madrépores, dont elle ne diffère que par ses cellules plus rares et plus allongées. Schweigger (*Handbuch der Naturgeschichte*, pag. 415) a réuni avec raison les Oculines et les Caryophyllies dans un genre qu'il nomme Lithodendron; et dans lequel il établit deux sous-genres : les Lithodendres à surface lisse, *Oculina*, Lamk., et les Lithodendres à surface sillonnée, *Caryophyllia*, Lamk. Lesueur (Mém. du Musée d'Hist. Nat.) a figuré et décrit succinctement l'Animal d'une espèce d'Oculine des Antilles, qu'il nomme *Oculina varicosa*, et qui pourrait bien être celle que Lamarck a nommée *diffusa*. Il lui donne pour caractères : Animal actiniforme; disque entouré de trente à trente-deux tentacules; ouverture centrale linéaire, ayant de petits plis ou bourrelets à l'intérieur; disque s'élevant en cône. Les Oculines habitent les mers des climats chauds. On en trouve quelques-unes fossiles dans les terrains tertiaires. Lamarck a rapporté à ce genre les *Oculina virginea*, *hirtella*, *diffusa*, *axillaris*, *prolifera*, *Echidnœa*, *infundibulifera*, *flabelliformis* et *rosea*. (E.D..L.)

OCULUS-MUNDI. MIN. C'est-à-dire *OEil-du-monde*. Ancien nom passé de l'alchimie dans le commerce des Gemmes, et donné à l'Hydrophane. *V*. ce mot. (B.)

OCYDROME. *Ocydromus*. INS. Nom donné par Frœlich aux Insectes du genre Bembidion de Latreille. *V*. ce mot. (G.)

OCYMASTRUM ET **OCYMOIDES**. BOT. PHAN. Ces noms étaient employés par les anciens botanistes pour désigner des Plantes fort différentes. Le premier a été appliqué à des espèces placées aujourd'hui dans les genres *Silene*, *Lychnis*, *Thymus*, *Stachys*, *Scrophularia*, *Valeriana*, *Circœa*, etc.; le second a désigné tantôt le Clinopode, tantôt des Caryophyllées, telles que plusieurs *Silene*, *Lychnis*, *Saponaria* et *Cerastium*. Ces dénominations sont maintenant inusitées pour exprimer des genres. (G..N.)

OCYMOPHYLLUM. BOT. PHAN. (Buxbaum.) Syn. d'Isnarde. *V*. ce mot. (B.)

OCYMUM. BOT. PHAN. *V*. BASILIC.

OCYPÈTE. *Ocypetes*. ARACHN. Genre de l'ordre des Trachéennes, famille des Microphtires (?) de Latreille, établi par Leach, et auquel ce savant anglais donne pour caractères : pieds ambulatoires; des mandibules; palpes ayant un appendice mobile à leur extrémité; deux yeux portés sur un pédicule; corps comme divisé en deux portions dont l'antérieure porte la bouche; les yeux et les deux paires de pieds antérieurs; six pieds. Ce genre ne se compose que d'une seule espèce à laquelle Leach donne le nom d'Ocypète rouge (*Ocypete rubra*); son corps est garni de poils d'un cendré roussâtre, ceux du dos sont longs et rares; ceux des pates sont très-courts; les yeux sont d'une couleur noirâtre.

Cette espèce est très-commune sur les Diptères de la famille des Tipulaires. (G.)

OCYPODE. *Ocypode*. CRUST. Genre de l'ordre des Décapodes, famille des Brachyures, tribu des Quadrilatères, établi par Fabricius, restreint par Latreille et adopté par tous les entomologistes, avec ces caractères : carapace presque carrée; yeux placés sur des pédoncules allongés; antennes apparentes, les extérieures très-petites, un peu arquées en dehors, les internes contiguës aux externes, un peu plus longues que celles-ci; troisième article des pieds-mâchoires en forme de trapèze, presque aussi long que large; pinces inégales, grandes. Les Ocypodes auxquels Latreille avait réuni, ainsi que Bosc, plusieurs Crustacés, qu'Olivier a placés avec les Grapses, comprennent encore pour ce dernier auteur plusieurs espèces avec lesquelles Latreille et Leach ont formé les genres Gélasime, Gonoplace, Gécascin et Uca. Ils se distinguent des Gélasimes parce que ceux-ci ont une des pinces énormément développée relativement à l'autre, et que ces pinces sont très-comprimées : les Gélasimes en diffèrent encore par d'autres caractères tirés des organes de la manducation, et par la forme en trapèze de leur carapace. Les Mictyres en sont séparés par la forme du corps qui est bombé, et dont les régions sont bien distinctes, et par les yeux qui sont portés sur de très-courts pédoncules. Enfin les Pinnothères, Gécascius, Ucas, Cardisomes, Plagusies, Grapses et Macrophthalmes s'en séparent par la forme de leurs antennes intermédiaires qui sont distinctement bifides à l'extrémité, tandis que celles des Ocypodes et des deux genres dont nous avons parlé plus haut sont à peine bifides; le premier article des antennes extérieures plus transversal que longitudinal distingue encore ces genres des premiers chez lesquels ce premier article est toujours longitudinal. Le corps des Ocypodes est presque carré, un peu plus large que long, terminé en devant et de chaque côté par un angle aigu ; son bord antérieur présente, dans son milieu, un chaperon étroit et rabattu ; de chaque côté de ce chaperon sont des sinus ou cavités transversales profondes et ovales destinées à loger les yeux qui sont insérés sur les côtés du chaperon, placés sur des pédoncules assez longs et dirigés, dans le repos, vers les angles du test, en reposant dans les fossettes dont nous venons de parler. Les antennes sont insérées immédiatement au-dessous de l'origine du pédicule oculaire, sur l'arête transverse qui ferme supérieurement la cavité buccale ; les extérieures sont très-petites, un peu arquées en dehors, composées d'abord d'un pédicule court, insensiblement plus menu, de trois articles dont le basilaire est allongé et aplati, et dont les deux supérieurs sont presque cylindriques. A la suite de ces trois articles que Latreille considère comme le pédoncule de l'antenne, on en voit d'autres plus petits et allant en diminuant jusqu'à l'extrémité ; ce filet est composé d'à peu près dix ou onze articles cylindriques ; les antennes intermédiaires sont très-petites et ont échappé à l'observation de Fabricius ; elles sont contiguës aux extérieures et composées de trois gros articles courts dont le dernier est tronqué obliquement et ne porte point de filet articulé. On voit à la partie intérieure et à l'extrémité du second un très-court filet conique composé de deux articles apparens. Ces antennes sont toujours repliées et cachées dans la cavité destinée à les recevoir. Toutes les parties de la bouche sont recouvertes par les pieds-mâchoires extérieurs qui sont contigus dans toute leur longueur. Le premier article de ces pieds-mâchoires est très-petit et donne attache à un palpe flabelliforme très-court, d'une seule pièce, et aigu à son extrémité ; le second article est très-grand ; le troisième beaucoup plus petit et en forme de trapèze. Les trois autres articles sont à peu près de la même longueur et cy-

lindriques, au lieu que les trois premiers sont aplatis. Les pinces sont inégales, grandes, courbées, en forme de cœur ou ovales et comprimées. Les autres pates sont longues, comprimées ; celles de la quatrième et de la troisième paire étant les plus longues. Les ongles ou le dernier article des tarses sont très-comprimés, marqués de quelques lignes élevées, velus ou ciliés et terminés en pointe.

Les Ocypodes se tiennent le plus souvent à terre, surtout après le coucher du soleil ; on les rencontre sur les plages sablonneuses des bords de la mer ou des fleuves, surtout vers leur embouchure ; ils se creusent des terriers où ils se retirent pendant la nuit, et où ils se renferment peut-être dans le temps de leurs mues. Ces Crustacés courent tellement vite, qu'Olivier assure avoir vainement tenté d'atteindre à la course une espèce qu'il a trouvée sur les côtes de Syrie, et qu'il a nommée Ocypode Chevalier. Latreille pense que c'est cette espèce dont Pline fait mention, et que les Grecs désignaient sous le nom d'*Hippeus*. Bosc a observé, à la Caroline, une autre espèce d'Ocypode (Ocypode blanc) qu'il dit courir avec tant de vélocité qu'il avait de la peine à le devancer à cheval, et à le tuer à coups de fusil. Latreille pense que ces Crustacés doivent se nourrir de cadavres d'Animaux, comme le font d'autres Crustacés voisins. Du reste, beaucoup de voyageurs ont parlé des habitudes de plusieurs Crustacés qu'ils désignent sous le nom vague de Crabes de terre, et il est bien probable que plusieurs Ocypodes sont désignés ainsi par eux. Cependant comme les Gécascins, les Gélasiens, les Ucas et les Grapses sont nommés ainsi et confondus par eux sous cette dénomination, il est fort difficile de savoir à quelle espèce s'appliquent les détails qu'ils ont donnés de leurs habitudes.

Le genre Ocypode renferme assez peu d'espèces, toutes propres aux pays chauds de l'Europe, de l'Asie, de l'Afrique et de l'Amérique. On n'en connaît pas encore de la Nouvelle-Hollande. Latreille le divise ainsi qu'il suit :

I. Pédicules des yeux prolongés au-delà de leur extrémité supérieure, en forme de pointe ou de corne.

Ocypode blanc, *Ocypode albicans*, Bosc (Hist. Nat. des Crust. T. 1, p. 196, pl. 4, fig. 1), Latr., Oliv., Desm. Pédicules des yeux prolongés au-delà de leur extrémité en une pointe obtuse ; serres presque égales, hérissées de tubercules épineux, à doigts courts ; carapace blanchâtre, chagrinée, entière sur ses bords ; pates des quatre dernières paires blanches, garnies de poils serrés, assez longs. Cette espèce se trouve dans la Caroline du Sud. L'Ocypode Chevalier d'Olivier appartient aussi à cette division ainsi que quelques autres.

II. Pédicules des yeux se terminant avec eux.

Ocypode Rhombe, *Ocypode Rhombea*, Fabr., Latr. (Hist. Nat. des Crust. et des Ins. T. vi, p. 52, n° 21) ; Bosc, Oliv., Desm. Pinces comprimées, ovoïdes, finement chagrinées, avec les doigts striés, la gauche étant la plus grande ; yeux très-grands, s'étendant dans toute la longueur de leur pédoncule ; carapace blonde et glabre. On trouve cette espèce à l'Ile-de-France. (G.)

OCYPTÈRE. *Ocyptera*. ins. Genre de l'ordre des Diptères, famille des Athéricères, tribu des Muscides, division des Créophiles, Latr. (Fam. Nat.), établi par Latreille aux dépens du genre *Musca* de Linné, et adopté par Fabricius et Olivier avec ces caractères : cuillérons grands, couvrant la majeure partie des balanciers ; trompe distincte ; antennes en palettes, présque de la longueur de la face antérieure de la tête, de trois articles dont le second et le troisième allongés, celui-ci plus large avec une soie simple et distinctement biarticulée à sa base. Ailes écartées ; abdomen long, cylindrique ou conique. Latreille, en formant le genre Ocyp-

tère, lui avait réuni quelques espèces avec lesquelles Meigen a formé son genre Gymnosome ; ces Diptères, quoique semblables aux Ocyptères sous le rapport des antennes, en diffèrent par leur port qui les rapproche des Mouches et des Tachines. Meigen avait aussi formé, aux dépens des Tachines de Latreille, qu'il nomme Cylindromyes, son genre Eriotrix que Latreille n'adopte pas. La tête des Ocyptères est demi-sphérique, les yeux à réseau occupent ses parties latérales, et les trois petits yeux lisses sont peu distincts et placés en triangle sur le vertex. La cavité buccale renferme une trompe courte, coudée à sa base, bilabiée à son extrémité et avancée. Les palpes sont filiformes, de deux articles et un peu plus courts que la trompe. Le corselet est arrondi, peu renflé, guère plus large que la tête ; l'abdomen est allongé, presque cylindrique, plus étroit que le corselet, et formé de quatre anneaux distincts. En général, tout le corps de ces Diptères est parsemé de poils longs et roides. Les ailes des Ocyptères sont de la longueur du corps ; l'Animal les agite en courant.

Les Ocyptères vivent sur les fleurs dans les prairies ; on en trouve quelquefois sur les vitres des croisées. Leurs métamorphoses sont inconnues. Olivier dit cependant que leurs larves sont apodes, allongées et presque cylindriques, et qu'elles vivent dans les tiges et les racines des Végétaux ; mais Latreille pense qu'il n'exprime qu'une présomption, puisqu'on ne trouve dans les auteurs qui ont parlé des mœurs des Diptères aucune observation directe à cet égard. Degéer dit seulement, en parlant de la Mouche à taches rousses, qui est une espèce d'Ocyptère, qu'elle est vivipare, et que ses larves sont blanches, à tête pointue, et de figure variable. Ce genre se compose à peu près d'une vingtaine d'espèces ; la plus commune et celle que l'on peut considérer comme type, est :

L'Ocyptère Brassicaire, *Ocyptera brassicariæ*, Latr., Fabr., Oliv. ;

Musca cylindrica, Degéer (Mém. sur les Ins. T. VI, p. 30 , pl. 1, fig. 12, 14; *Cylindromyia brassicariæ*, Meig.; *Musca brassicariæ*, Schell. (Dipt. , tab. 3, fig. 1, 2). Cette espèce est longue de près de six lignes; tout son corps est noir, avec le second et le troisième anneau d'un rouge fauve. On la trouve assez communément aux environs de Paris, dans les lieux chauds et sur les fleurs.　　(G.)

* OCYPTERUS. ois. *V.* LANGRAYEN.

* OCYROÉ. *Ocyroe.* ACAL. Genre de Médusaires établi par Péron et Lesueur dans la division des Méduses gastriques, polystômes, non pédonculées, brachidées et sans tentacules. Caractères : quatre bouches; quatre ovaires disposés en forme de croix; quatre bras simples confondus à leur base. Réuni par Lamarck aux Cassiopées. *V.* ce mot.　　(E. D..L.)

OCYTHOÉ. *Ocythoe.* MOLL. Genre institué par Rafinesque, dans son Traité de Somiologie, pour un Poulpe qu'il observa dans la Méditerranée, dans les mers de Sicile. Il le caractérisa par les huit pieds non réunis à la base, et les deux supérieurs ailés intérieurement. Rafinesque, qui connaissait cependant le Poulpe de l'Argonaute, ne reconnut pas l'extrême ressemblance qui existe entre son nouveau genre et ce Poulpe. Ce fut Blainville qui reconnut le premier l'erreur de Rafinesque et le double emploi qu'elle jetait dans la science; il communiqua ses observations à Leach qui en reconnut la justesse ; d'où il résulterait que l'on devrait supprimer l'un des deux genres. Il n'en sera peut-être point ainsi si l'on considère l'état incertain de la question qui pourrait seule décider. Est-il prouvé que le Poulpe de l'Argonaute soit le constructeur de l'élégante coquille dans laquelle on le trouve souvent? Si on répond affirmativement avec des preuves évidentes, le genre Ocythoé devra disparaître; mais cette question, loin d'être résolue de cette

manière, partage encore les zoologistes. Il en est un certain nombre qui, se fondant sur ce que les analogies ont de plus probable, ne peuvent concevoir qu'un Animal qui n'a point de rapports de formes et de structure avec la coquille dans laquelle on le trouve, puisse être le constructeur de cette coquille. Ils ne peuvent s'expliquer comment cet Animal dépourvu de manteau, et n'ayant avec cette coquille aucune adhérence musculaire, peut la sécréter aussi régulièrement lorsque le moindre choc peut la déranger et établir avec ses parties ou ses organes d'autres rapports. Il est encore d'autres objections qui tiennent à la manière dont on a observé, car il n'existe d'un côté comme de l'autre aucune observation concluante. Déjà cette question a été débattue à l'article ARGONAUTE. Nous ajouterons ce que l'on a dit depuis sur le même sujet; ce sera à l'article POULPE auquel nous renvoyons.

　　(D..H.)

ODACANTHE. *Odacantha.* INS. Genre de l'ordre des Coléoptères, section des Pentamères, famille des Carnassiers, tribu des Carabiques, division des Troncatipennes, établi par Paykull et adopté par tous les entomologistes. Les caractères de ce genre sont : dernier article des palpes de forme ovalaire, et terminé presque en pointe. Antennes beaucoup plus courtes que le corps, à articles presque égaux; le premier plus court que la tête. Tarses filiformes, le pénultième article, au plus, bilobé. Corselet en ovale, allongé et presque cylindrique ; tête ovale, rétrécie postérieurement, mais nullement prolongée. L'espèce qui sert de type à ce genre a été placée par les entomologistes parmi les Attelabes, les Carabes et les Cicindèles. Des six espèces que Fabricius a placées dans ce genre, dit Dejean (Spéciès général des Col., p. 175), la *tripustulata* est un *Anthicus;* la *bifasciata*, et probablement l'*elongata*, sont des Cordistes; et la *cyanocephala* est une Casnonie. Il ne reste donc dans ce genre que la *melanura* et la *dorsalis* ; il serait même possible que la dernière dût constituer un genre propre, ce qui réduirait le genre Odacanthe à une seule espèce. L'*Odacantha melanura*, véritable type de ce genre, a quelques rapports avec quelques espèces de Dromies, et surtout avec le *linearis*, que Steven a même décrit dans les Mémoires des Naturalistes de Moscou, sous le nom d'*Odacantha præusta* ; mais elle en diffère essentiellement par les crochets des tarses qui sont simples et sans dentelures. Elle a une forme allongée, presque cylindrique. Le dernier article des palpes est allongé, ovalaire et presque terminé en pointe. Les mandibules sont peu saillantes. Les antennes sont beaucoup plus courtes que le corps ; leur premier article est beaucoup plus court que la tête ; le second est un peu plus court que les suivans qui sont presque égaux. La tête est ovale, rétrécie postérieurement, mais nullement prolongée ; elle tient au corselet par un col court, dont elle est séparée par un étranglement beaucoup moins marqué que dans les genres voisins. Le corselet est un peu plus étroit que la tête, en ovale allongé et presque cylindrique. Les élytres sont allongées, parallèles et tronquées à l'extrémité. Les pates sont assez courtes. Les tarses sont presque filiformes ; les antérieurs sont très-légèrement dilatés dans les mâles.

Ce genre se distingue des Agres parce que ceux-ci ont les palpes labiaux terminés par un article plus grand et presque en forme de hache. Les Dryptes ont les quatre palpes terminés par un article plus grand. Enfin les Galérites et les Zuphies ont le corselet en cœur, ce qui les distingue au premier coup-d'œil du genre dont nous nous occupons. Les mœurs des Odacanthes nous sont encore inconnues ; nous savons seulement qu'elles vivent en quantité dans certains lieux aquatiques plantés de roseaux ; on en a trouvé beaucoup dans un très-petit espace des environs

de Lille. Elles se tiennent sur les tiges des Roseaux, ou à terre et au bord de l'eau. Leach les a observées dans les mêmes circonstances, dans un canton maritime de l'Angleterre. Dejean, *loc. cit.*, décrit deux espèces de ce genre ; il en a reçu une autre depuis la publication de son premier volume. Nous allons donner la description de ces trois espèces.

ODACANTHE MÉLANURE, *Odacantha melanura*, Fabr., Latr., Oliv. (Clairv., Entom. Helv. T. II, pl. V) ; Dej., Sch. (Syn. Ins. T. I, p. 236, n° 1) ; *Carabus angustatus*, Oliv., 3, 35, p. 113, n° 159, t. I, fig. 7, a–b). Elle est longue de trois lignes à peu près ; son corps est vert-bleuâtre ; la base des antennes, le métathorax et les pates sont jaunes ; les élytres sont de cette couleur avec le bout d'un noir violet. On la trouve en Allemagne, en Suède, en Angleterre et dans le nord de la France.

ODACANTHE DORSALE, *Odacantha dorsalis*, Fabr., Dej., Sch. (Syn. Ins., 1, p. 237, n° 7). Elle est longue de trois lignes et demie, brune, avec les antennes, les pates et les élytres testacées. Les élytres ont une suture brune, assez étroite depuis la base jusqu'au-delà du milieu, et s'élargissant ensuite en forme de tache oblongue qui n'arrive pas jusqu'à l'extrémité. Elle se trouve dans l'Amérique septentrionale, en Géorgie et dans la Caroline.

ODACANTHE CÉPHALOTE, *Odacantha cephalotes*, Dej. (Spec. gén., etc. T. II, p. 439, n° 3). Longue de trois lignes et demie, déprimée, brune ; corselet en cœur ; pates et élytres testacées, avec une marque suturale oblongue et brune. Elle se trouve aux Indes-Orientales. (G.)

ODDER. MAM. *V.* OTTER.

ODOÉ. POIS. Bloch a décrit sous ce nom une espèce du sous-genre Characin parmi les Salmones. *V.* ce mot. (B.)

ODOLLAM. BOT. PHAN. Syn. de *Cerbera Manghas*, L., de la côte de Malabar. Adanson adopte ce nom barbare pour désigner le genre *Cerbera. V.* ce mot. (B.)

ODONATES. *Odonata.* INS. Fabricius désigne ainsi le cinquième ordre de la classe des Insectes. Cet ordre correspond à la tribu des Libellulines de Latreille. *V.* ce mot. (O.)

ODONECTIS. BOT. PHAN. Genre de la famille des Orchidées, proposé par Rafinesque dans le Journal de Botanique (1, p. 21), mais dont les caractères sont tellement imparfaits qu'aucun botaniste ne l'a adopté. (A. R.)

ODONESTIS. INS. Germar désigne sous ce nom un genre de Lépidoptères nocturnes composé des *Bombyx quercifolia, Pruni, populifolia*, etc., de Fabricius. (O.)

* ODONIA. BOT. PHAN. Genre de la famille des Légumineuses et de la Diadelphie Décandrie, L., établi par Bertoloni (*Lucubr.*, 1822, p. 35) qui lui a imposé les caractères suivans : calice sans bractées, plus court que la corolle, divisé profondément en quatre segmens presque égaux ; étendard dressé, un peu ouvert; ailes unidentées supérieurement ; carène bipartite inférieurement, réfléchie, éloignée de l'étendard ; étamines diadelphes ; style unciné ; légume comprimé, uniloculaire, renfermant environ huit graines. Ce genre, extrêmement rapproché du *Galactia*, ne comprend qu'une seule espèce (*Odonia tomentosa*) rapportée de Saint-Domingue par Bertero; c'est une Herbe volubile, à feuilles composées d'une seule paire de folioles terminée par une impaire. Les fleurs forment des grappes axillaires plus courtes que la feuille. Le légume est cotonneux-velouté dans sa jeunesse et presque glabre à sa maturité.

De Candolle a placé ce genre douteux dans sa tribu des Lotées, section des Clitoriées. (O..N.)

* ODONTANDRA. BOT. PHAN. Genre proposé par Humboldt et Bonpland dans l'Herbier de Willdenow, publié par Rœmer et Schultes, et auquel Kunth (*Nov. Gener. et Spec. Plant. æquin. Supplem.*, vol. VII, p. 229) assigne les caractères suivans : calice hémisphérique, à cinq dents courtes, ovales, un peu aiguës; corolle à cinq pétales hypogynes (?), sessiles, ovales, aiguës, égales, à préfleuraison valvaire; dix étamines hypogynes (?), dont les filets sont courts, réunis en un petit tube, librés au sommet et terminés en pointe subulée; cinq de ces filets sont anthérifères; les cinq autres, opposés aux pétales, sont dépourvus d'anthères; anthères ovées, obtuses, cordiformes, biloculaires, glabres, introrses et déhiscentes longitudinalement; disque nul; ovaire supère, presque arrondi; style très-court, terminé par un stigmate obtus; fruit inconnu. Ce genre a été placé par Rœmer et Schultes dans la Pentandrie Monogynie, L., parce que Willenow considérait les étamines stériles comme des appendices dentiformes. Sa place dans les familles naturelles est incertaine, à cause de l'ignorance où l'on est relativement à la structure complète de ses organes floraux; cependant Kunth le range avec doute à la suite des Méliacées.

L'*Odontandra acuminata* est un Arbre à rameaux alternes, non épineux; ses feuilles sont alternes, simples, très-entières, membraneuses, non ponctuées, portées sur des pétioles articulés; il n'y a point de stipules. Les fleurs forment des panicules axillaires et placées au sommet des rameaux. Cette Plante croît près de Turbaco dans la Nouvelle-Grenade, où les habitans lui donnent le nom de *Mangle-Blanco*. (O..N.)

* ODONTHALIA. BOT. CRYPT. (*Hydrophytes.*) Genre très-naturel, très-caractérisé, établi par le savant Lyngbye aux dépens des Délesseries de Lamouroux, confondu par Agardh dans le genre monstrueux que cet algologue appelle *Rhodomela. V.* ce mot. Les caractères du genre dont il est question consistent dans la fronde qui est plane, membraneuse, presque

sans nervures, produisant des siliques axillaires et lancéolées où se développent les gemmes sur un ou deux rangs. Le défaut de nervures à la fronde distingue ces Plantes des Délesseries et des Dawsonies; leur consistance et leurs fructifications les séparent des Holyménies. L'espèce qui a servi de type au genre est le *Delesseria dentata*, Lamx., *Thal.*, p. 36, qui d'abord fut un *Spherococcus* pour Agardh. Très-bien représenté par Turner, *Fuc.* T. I, tab. 13, et par Lyngbye qui en fait son *Odonthalia dentata*, p. 9, tab. 3, A. C'est une très-élégante Plante des mers du Nord, qu'on trouve en abondance aux îles Ferroë, mais qui n'a pas encore été recueillie plus bas que les côtes d'Islande, d'où nous en avons reçu de beaux échantillons. Sa couleur est d'un pourpre vineux qui passe au brun rouge; ses lanières qui sont élégamment divisées sont dentées largement sur les bords; elle varie pour la largeur d'une demi-ligne à deux lignes et plus.   (B.)

ODONTIA. BOT. CRYPT. (*Champignons.*) Ce nom a été donné par Hill à des Champignons qui font partie du genre Hydne. *V.* ce mot.   (AD. B.)

ODONTITES. BOT. PHAN. Sous ce nom et sous celui d'ODONTITIS, les anciens ont désigné plusieurs Plantes très-différentes. Linné n'en fit qu'un nom spécifique d'une espèce d'Euphraise et de Buplèvre. C'est sur cette dernière Plante qu'Hoffmann et Sprengel ont établi leur genre *Odontites*, de la famille des Ombellifères, et de la Pentandrie Digynie, L., genre qu'ils ont ainsi caractérisé : involucre général et involucelles à trois ou cinq folioles égales, lancéolées; corolle dont les pétales sont égaux, infléchis, ovales et échancrés; fruit ové un peu cylindrique et comprimé, à cinq côtes pubescentes ou couvertes de glandes verruqueuses, distinctes ou confluentes. Ce genre ne peut guère être distingué du *Buplevrum* dont on l'a démembré.

En effet Sprengel lui-même qui, dans le sixième volume de Rœmer et Schultes, l'avait composé de six espèces parmi lesquelles on remarque les *Bupl.orum Odontites, semicompositum, tenuissimum* de Linné, Sprengel, disons-nous, ne reconnaît plus ce genre dans la nouvelle édition du *Systema Vegetabilium* de Linné qu'il vient de publier.   (G..N.)

ODONTOGLOSSUM. BOT. PHAN. Genre de la famille des Orchidées établi par Kunth (*in Humb. Nov. Gener.*, 1, p. 351) et qu'il a caractérisé de la manière suivante : les folioles du calice sont étalées, les trois externes et les deux internes et latérales sont égales entre elles; le labelle est onguiculé à sa base, dépourvu d'éperon; l'onglet est soudé dans sa moitié inférieure avec le gynostème, la lame du labelle est plane et pendante et offre à sa base trois tubercules subulés. Le gynostème est canaliculé, membraneux sur ses bords et terminé à son sommet par deux ailes membraneuses. L'anthère est terminale, operculiforme et à deux loges. Les masses polliniques sont solides, au nombre de deux, attachées par leur base sur un pédicelle commun et recourbé en hameçon. Ce genre a les plus grands rapports avec le *Brassia* de R. Brown. Il en diffère seulement par son gynostème terminé par deux ailes à son sommet; par son labelle onguiculé, soudé par sa partie inférieure avec le gynostème, tandis que dans le genre Brassia le gynostème est dépourvu d'ailes; le labelle est plane, libre et non onguiculé.

Une seule espèce a été rapportée à ce genre, c'est l'*Odontoglossum epidendroides*, *loc cit.*, tab. 85. C'est une Orchidée parasite, bulbifère à sa base. Ses fleurs grandes, pédicellées, inodores, jaunes, tachetées de pourpre, sont portées sur un pédoncule radical et multiflore. Elle croît en Amérique, entre le fleuve des Amazones et la ville de Jaen, et fleurit au mois d'août.   (A. R.)

ODONTOGNATHE. POIS. Espèce qui forme un sous-genre parmi les Clupes. *V.* ce mot. — (B.)

ODONTOIDES ET ODONTOLITHES. ZOOL. FOSS. Ces noms se trouvent dans les anciens naturalistes et oryctographes pour désigner les Glossopètres. *V.* ce mot. (B.)

ODONTOLITHE. MIN. On a donné ce nom à la Turquoise de la Nouvelle-Roche, ou Turquoise osseuse, qui doit son origine à des os fossiles, surtout à des dents d'Animaux, dont le principe colorant est le Phosphate de fer. *V.* TURQUOISE. (G. DEL.)

*** ODONTOLOMA. BOT. PHAN.** Genre de la famille des Synanthérées, et de la Syngénésie égale, L., établi par Kunth (*Nov. Gen. et Spec. Plant. æquin.*, vol. IV, p. 43) qui l'a placé dans sa section des Carduacées, en lui assignant les caractères suivans : involucre cylindracé, composé d'environ neuf folioles étroitement imbriquées, aiguës, concaves, scarieuses, à une seule nervure; la plus intérieure oblongue; les extérieures ovales, diminuant graduellement de grandeur. Réceptacle très-petit et nu. Fleuron unique, tubuleux, hermaphrodite; corolle tubuleuse, un peu dilatée au sommet, dont le limbe est à cinq lobes lancéolés, aigus et étalés; étamines insérées sur le milieu de la corolle; à filets capillaires et à anthères connées, saillantes, nues à la base, surmontés d'appendices ovales-lancéolés, obtus et diaphanes; ovaire cunéiforme, surmonté d'un style légèrement velu au sommet, et d'un stigmate à deux branches saillantes et écartées. Akène cylindracé, cunéiforme, surmonté d'un rebord membraneux, à plusieurs dents, et caducs. Ce genre est voisin du *Turpinia*, dont il diffère principalement par le rebord denté qui couronne l'akène.

L'*Odontoloma acuminata*, Kunth (*loc. cit.*, tab. 319), seule espèce du genre, est un Arbre qui croît dans la vallée de Caracas dans l'Amérique méridionale. Ses rameaux portent des feuilles épaisses, pétiolées, ovales, très-entières. Les fleurs sont blanchâtres, fasciculées, et forment des corymbes terminaux. (G..N.)

*** ODONTOLOMA. BOT. CRYPT.** (*Champignons.*) Persoon a formé sous ce nom une section particulière des Pezizes dont le bord des capsules est denté. *V.* PEZIZE. (AD. B.)

ODONTOMAQUE. *Odontomachus.* **INS.** Genre de l'ordre des Hyménoptères, section des Porte-Aiguillons, famille des Hétérogynes, tribu des Fornicaires, établi par Latreille, et ne différant des Ponères, auxquelles cet auteur les a réunis depuis, et qu'il en a séparées à présent (Fam. Nat., etc.), que parce que les mandibules des neutres sont presque linéaires au lieu d'être triangulaires, comme dans les Ponères; du reste, tous les autres caractères sont entièrement semblables à ceux des Ponères. *V.* ce mot. (G.)

ODONTOMYIE. *Odontomyia.* **INS.** Genre de l'ordre des Diptères, famille des Notacanthes, tribu des Stratyomides, établi par Meigen et adopté par Latreille et tous les entomologistes, avec ces caractères : antennes guère plus longues que la tête, avancées, rapprochées, de trois articles, dont les deux premiers courts, presque de la même longueur, et dont le dernier, en fuseau allongé de cinq anneaux, sans soie ni stylet au bout. Ce genre a été établi par Meigen, aux dépens des Stratyomes de Geoffroy et de Fabricius; depuis, Meigen l'a supprimé dans son grand ouvrage, en alléguant qu'il ne différait des Stratyomes que par un seul caractère quelquefois douteux, la longueur des antennes. Cependant, par une espèce d'inadvertance, il reconnaît lui-même ceux qu'offre la conformation de la trompe et des yeux. Enfin, Macquart, en ajoutant la considération des nervures des ailes, pense que ce genre peut être conservé et distingué suffisamment de celui de Stratyome. L'hypostome des Odontomyies est plus ou moins saillant; la trompe est menue, un peu allongée, à labiules marquées de lignes transversales du côté intérieur; la lèvre supérieure est échancrée à l'extrémité; la langue est de la longueur de la lèvre supérieure, suivant Fabricius; le troisième article des palpes est peu renflé. Les deux premiers articles des antennes sont à peu près également courts; le troisième est long, fusiforme, à cinq divisions. Les yeux sont souvent ornés d'un arc pourpre et à facettes beaucoup plus grandes, chez les mâles, dans la partie supérieure que dans l'inférieure; l'écusson est armé d'épines; les ailes ont quelquefois une seule cellule sous-marginale, et toujours quatre postérieures; les nervures postérieures sont sinueuses. Ce genre est assez nombreux en espèces; nous citerons la plus commune aux environs de Paris.

ODONTOMYIE VERTE, *Odontomyia viridula*, Macquart, Dipt. du nord de la France, fasc. 2, p. 128, n° 7; Meig. (Klass.), Latr., *Odontomyia dentata*, Meig.; *Stratyomys viridula*, *marginata* et *cania*, Fabr.; *Musca viridula*, Gmel., Schœff., *Icon.*, tab. 14, f. 14. Elle est longue de trois lignes et demie; son abdomen est vert, avec une bande noire dilatée postérieurement; la femelle a la bande noire plus large que dans le mâle.　　　　　　(G.)

* ODONTOPETALUM. BOT. PHAN. *V*. MONSONIE.

ODONTOPÈTRES. ZOOL. FOSS. Ce nom fut donné aux dents fossiles. Celui de Glossopètre a prévalu. *V*. GLOSSOPÈTRES.　　　　　(B.)

ODONTOPHORUS. OIS. (Vieillot.) *V*. TOCRO.

ODONTOPTERA. BOT. PHAN. H. Cassini a proposé, dans le Dictionnaire des Sciences Naturelles, d'ériger en un genre distinct l'*Arctotis sulphurea*, dont le fruit a été décrit et figuré par Gaertner (*De fructib.*,

TOME XII.

vol. II, p. 559, p. 172). Les caractères de ce nouveau genre sont uniquement tirés de la description suivante du fruit : akène en pyramide renversée, presque tétragonale, garni de poils laineux, bordé extérieurement de deux ailes longitudinales, coriaces, cartilagineuses, denticulées, recourbés sur la face extérieure qu'elles couvrent incomplétement. L'aigrette est composée de huit petites paillettes dont quatre grandes ovales, acuminées, dressées, alternant avec les quatre qui sont caduques, selon Cassini. Les ailes dentées du fruit de l'*Odontoptera* représentent les deux loges stériles des *Arctotis*. La dégénérescence est encore poussée plus loin dans le genre *Arctotheca*, où ces loges sont réduites à l'état de simples filets cylindriques ou de nervures saillantes. Le genre *Odontoptera* fait partie de la section des Arctotidées prototypes, où il avoisine les genres *Arctotis*, *Arctotheca*, et surtout un nouveau genre que Cassini nomme *Cymbonotus*, et qui est constitué sur une Plante rapportée de la Nouvelle-Hollande par Gaudichaud. Dans ce dernier genre le fruit est analogue à celui de l'*Odontoptera*, mais il est glabre et privé d'aigrette.　　(G..N.)

ODONTOPTERIS. BOT. CRYPT. (*Fougères*.) Bernhardi avait donné ce nom à un genre fondé sur l'*Ophyoglossum scandens*, L., mais qui était déjà établi sous le nom de *Lygodium* par Swartz, d'*Hydroglossum* par Willdenow, de *Ramondia* par Mirbel, d'*Ugena* par Cavanilles. *V*. LYGODIUM qui a prévalu.

* Nous avons désigné par ce même nom d'*Odontopteris* un groupe de Fougères fossiles, remarquables par la forme de leurs frondes et la disposition de leurs nervures. Nous en connaissons maintenant cinq espèces; toutes out la fronde bipinnée; à pinnules adhérentes au rachis, et même légèrement unies entre elles par la base, plus ou moins pointues, entières ou dentelées. Ces pinnules ne sont pas traversées par une nervure moyenne;

mais toutes les nervures, partant du rachis lui-même, se répandent en divergeant sur les pinnules; elles sont fines, égales, simples, ou une seule fois divisées. L'espèce que nous connaissons le plus complétement, a été découverte par Brard dans les mines de houille de Terrasson; nous lui avons donné le nom d'*Odontopteris Brardii*, et nous en avons figuré une portion dans l'*Essai de Classification des Végétaux fossiles*, pl. 2, fig. 5. La fronde entière a plus de deux pieds de long; ses pinnes très-ouvertes, très-longues et fort régulières, sont garnies de pinnules en forme de profondes dents de scie; les pinnes supérieures sont simples et entières.

Il en existe une espèce plus grande du même lieu, dont les pinnules sont allongées, aiguës et crénelées. Nous l'avons nommée *Odontopteris crenulata*. Une autre, abondante dans les mines de Saint-Etienne, a des pinnules moitié plus petites que la première espèce, divisées jusqu'à la base et fort aiguës; c'est notre *Odontopteris minor*. Une quatrième a des pinnules obtuses et arrondies; elle a été trouvée dans les couches d'Anthracite de la Savoie. On peut la nommer *Odontopteris obtusa*. Enfin, la Plante figurée par Schlotheim sous le nom de *Filicites osmundæformis*, Flor. der Vorw., tab. 5, fig. 3, 6 a (*nec* fig. 6 c), paraît être une cinquième espèce que nous désignons par le nom d'*Odontopteris Schlotheimei*; toutes ces espèces sont propres au terrain houiller ou d'Anthracite, et la fructification d'aucune d'elles n'est connue. (AD. B.)

ODONTORAMPHES. ois. Dénomination donnée par l'auteur de la Zoologie Analytique, à l'une des familles de ses Passereaux, qui comprendrait nos genres Calao, Momot et Phytotome. (DR..Z.)

* ODONTORHYNQUES. *Odontorhynchæ*. ois. (Duméril et Mœrrhing.) Même chose que Dentirostres. *V.* ce mot. (B.)

* ODONTOSTEMON. BOT. PHAN.

De Candolle (*Syst. Veget. Nat.*, 2, p. 323) a donné ce nom à la quatrième section du genre *Alyssum* qui se compose uniquement de l'*Alyssum hyperboreum*, L., et qui est caractérisée par ses fleurs blanches et ses grandes étamines dont les filets sont pourvus d'une dent. (G..N.)

ODORAT. Certains corps jouissent de la propriété d'exciter en nous des sensations d'un ordre particulier, et nous révèlent leur existence au moyen de l'odeur qu'ils exhalent. Cette action peut s'exercer à une distance plus ou moins grande; mais l'impression que les substances odorantes déterminent sur nos sens n'est pas produite par un agent intermédiaire; ce sont les particules de ces corps eux-mêmes qui, divisées au point de passer à l'état de fluide aériforme, se répandent dans l'espace, à la manière des vapeurs, et viennent exciter nos organes par leur contact immédiat. Cette propriété, dont on ignore complétement la cause, n'est pas commune à tous les corps, soit solides, soit fluides. Ceux qui en sont doués deviennent en général d'autant plus odorans que les circonstances où ils sont placés favorisent davantage leur volatilisation, et d'un autre côté, si on les renferme de manière à intercepter le passage des particules qui tendent à s'en échapper, on empêche par cela même leur odeur de se faire sentir. C'est mêlées à l'air atmosphérique que les odeurs arrivent aux Animaux qui vivent dans ce milieu; mais les êtres qui habitent dans l'eau peuvent recevoir également l'impression des particules odorantes répandues dans ce liquide, et c'est à tort que quelques physiologistes ont pensé que les odeurs, pour être perçues, devaient nécessairement être dissoutes dans l'air; elles se propagent de même dans le vide, et l'état de division extrême des particules des corps odorans paraît être la seule condition nécessaire pour que leur contact soit perçu par l'organe de l'Odorat considéré d'une manière générale. Les odeurs sont tantôt fortes, tantôt faibles, mais elles se refusent à toute espèce de classification : on ne peut même les diviser en agréables et en désagréables, car l'impression qu'elles produisent flatte les sens de certains Animaux et déplaît fortement à d'autres.

D'après ce que nous venons de dire, on voit que le sens de l'Odorat peut nous faire connaître certaines qualités des corps placés loin de nous, bien que les impressions qu'il est destiné à percevoir ne soient produites qu'au contact. Ce sens établit donc, pour ainsi dire, le passage entre le toucher et le goût d'une part, la vue et l'audition de l'autre. Enfin, pour qu'une partie quelconque du corps soit apte à percevoir les odeurs, elle doit, à ce que nous croyons, présenter les conditions suivantes : 1° être placée de manière à ce que les particules odorantes puissent y arriver facilement; 2° être constamment enduite d'un liquide de nature à absorber ces particules et à les fixer pendant un certain temps sur la surface olfactive; 3° présenter une structure plus ou moins molle et spongieuse; 4° recevoir un certain nombre de nerfs propres à cet usage.

Dans les Animaux les plus simples, rien ne paraît annoncer la faculté de percevoir les odeurs ; mais à un degré plus élevé dans la série des êtres, ce sens existe à ne pas en douter, bien que l'on ne trouve encore aucun appareil spécial qui y soit affecté. Les Mollusques nous en offrent des exemples. On a observé que l'odeur de quelques Végétaux fait fuir les Seiches et les Poulpes, et on voit les Limaces, quoique placées dans une obscurité profonde, rechercher certaines Plantes de préférence à d'autres; enfin c'est évidemment l'Odorat qui dirige un grand nombre des Animaux de cette classe dans le choix de leur nourriture. Quelques auteurs pensent que les tentacules, que l'on trouve près de la bouche des Mollusques, sont spécialement destinés à la perception des odeurs chez un certain nombre de ces Animaux, tandis que chez d'autres ces appendices auraient des usages tout différens. Dans les Seiches et les Poulpes, par exemple, les tentacules ou bras qui entourent la bouche, sont recouverts de petites ventouses et servent manifestement à la préhension des alimens ainsi qu'à la locomotion, et rien n'indique qu'ils soient le siége de l'Odorat. C'est plutôt à la surface générale des corps que la faculté de percevoir les odeurs nous paraît devoir être rapportée; car les tégumens réunissent toutes les conditions les plus nécessaires à l'exercice de cette fonction ; ils présentent au contact des particules odorantes une large surface toujours lubréfiée par une mucosité abondante; leur texture est molle et délicate, et ils reçoivent un grand nombre de filets nerveux.

L'organisation des Mollusques gastéropodes et acéphales est plus simple que celle des céphalopodes; il est par conséquent à présumer que les fonctions qui n'ont point encore d'appareil spécial dans ces derniers, ne se localisent pas davantage dans les premiers. Les idées théoriques ne conduisent donc pas à admettre l'hypothèse de Ducrotay de Blainville qui place *à priori* le siége de l'Odorat à l'extrémité des tentacules de ces Animaux. Du reste, ces appendices ne présentent aucune particularité de structure propre à étayer cette opinion, et la surface des autres parties du corps, notamment du manteau dont les nerfs sont bien plus nombreux, nous paraît tout aussi propre à cet usage ; aussi croyons-nous devoir placer, sous ce rapport, tous les Mollusques dans la même catégorie, et les regarder comme jouissant du sens de l'Odorat, sans avoir cependant aucun organe spécial qui y soit destiné.

Le sens de l'Odorat, chez les Insectes, est attesté par des preuves non moins multipliées et irréfragables. L'odeur des matières animales en putréfaction attire un grand nombre de ces Animaux, et ce n'est point leur vue qui les guide, comme on s'en est assuré par des expériences directes. Si on renferme de la viande, par exemple, dans une toile épaisse, on peut la cacher complétement aux yeux; mais l'odeur forte qui ne tarde pas à s'en exhaler attire de toutes parts les Mouches et une foule d'autres Insectes que l'on voit faire des efforts multipliés pour parvenir jusqu'à la substance odorante afin d'y déposer leurs œufs. Le résultat de cette expérience, qui a été faite avec tous les soins convenables par Redi, est encore confirmée par une observation de Duméril. Ce savant a vu un grand nombre de fois ces Animaux, trompés par l'odeur fétide et cadavéreuse de certaines Plantes, venir y pondre leurs œufs qui, n'y trouvant pas alors la nourriture qui leur convient, ne tardent pas à périr. Les expériences de Huber sur les Abeilles sont également concluantes. Les preuves directes de l'existence de l'Odorat chez les Insectes abondent, mais il paraît également démontré que ces Animaux ne sont pas pourvus d'un organe spécial destiné à recevoir les impressions de cette nature. Quelques auteurs regardent les antennes comme étant le siége de ce sens; mais ces appendices sont les moins développés chez les Mouches et les autres Insectes dont l'Odorat paraît être le plus fin, et du reste ils ne présentent aucune des conditions qui paraissent être nécessaires pour la perception des odeurs; il en est de même de toute le surface extérieure de la plupart des Insectes; mais l'air, et par conséquent les émanations odorantes qui s'y trouvent mêlées, pénètrent dans l'épaisseur de toutes les parties de leur corps, à l'aide d'un système particulier de canaux que l'on nomme trachée et dont les parois minces et délicates sont toujours humectées. Il en résulte que si l'Odorat n'est point encore devenu l'apanage d'un organe spécial, il est probable, comme l'a très-judicieusement observé Duméril, que c'est dans l'intérieur de ces vaisseaux que le

contact des particules odorantes détermine les sensations particulières qui les font distinguer. D'après quelques expériences de Huber, il paraîtrait cependant que chez les Abeilles ce sens siége spécialement dans l'intérieur de la bouche; car ces Animaux deviennent insensibles aux odeurs lorsqu'on remplit leur trompe de colle de farine par exemple.

Dans les Crustacés, ce sont encore les filamens antennaires que quelques auteurs ont regardés comme étant le siége spécial de l'Odorat. Les considérations que nous avons déjà rapportées auraient pu suffire pour nous faire rejeter *à priori* cette hypothèse; mais afin de ne laisser aucun doute sur ce point, nous avons fait, conjointement avec notre collaborateur Audouin, des expériences qui nous paraissent de nature à décider la question. En effet, après avoir étudié l'action de l'odeur de l'Ammoniaque, de l'Acide acétique et de quelques autres substances sur le Homard, nous avons constaté que l'ablation des filamens antennaires ne détermine aucune différence sur le résultat de l'expérience; car toujours l'Animal témoigna par des mouvemens particuliers la sensation désagréable que lui occasionaient ces odeurs. Il paraîtrait donc que le sens de l'Odorat ne siége point dans ces appendices filiformes; mais la surface générale du corps présente une disposition telle, que la perception des odeurs par cette voie nous paraît impossible. Quelle est donc la partie destinée à cet usage? Nos recherches n'ont pas encore été poussées assez loin pour nous donner la solution complète de cette question; mais nous avons découvert dans le Homard un organe spécial qui n'avait point été aperçu jusqu'ici, et qui nous paraît être le siége de cette fonction importante. C'est une espèce de sac membraneux, à parois molles et spongieuses, placé près de l'organe de l'ouïe, auquel elle ressemble beaucoup, et communiquant au dehors par une petite ouverture.

Ce trou est placé sur le trajet du courant que l'eau forme en sortant de la cavité respiratoire, et l'Animal peut l'ouvrir ou la fermer à volonté. Nous avons fait un grand nombre d'expériences sur cet appareil curieux; mais d'autres occupations nous ont empêché jusqu'ici de terminer nos recherches à ce sujet.

Dans la série des Animaux vertébrés, le contact des particules odorantes ne produit pas sur toutes les parties du corps, abondamment pourvues de nerfs, lubréfiées par un liquide muqueux et d'une texture molle et spongieuse, les sensations particulières qui font distinguer les odeurs. La faculté de les percevoir devient circonscrite dans une seule partie du corps, et suit par conséquent la même loi que toutes les autres fonctions; car à mesure qu'on s'élève dans l'échelle des êtres, on la voit se localiser davantage. L'organe spécial destiné au sens de l'Odorat, presque toujours pair, est formé chez ces Animaux par un prolongement des tégumens communs qui se reploient en dedans pour tapisser une cavité communiquant librement avec le dehors et située près de l'extrémité céphalique. Cette membrane, que l'on nomme pituitaire ou olfactive, est molle, spongieuse et d'une structure délicate; elle reçoit un grand nombre de vaisseaux sanguins, et un liquide muqueux la lubrifie constamment. Enfin, deux ordres de filets nerveux viennent, en général, s'y répandre; les uns appartiennent aux nerfs olfactifs; les autres, à celui de la cinquième paire.

Dans les Poissons, la cavité olfactive a, en général, la forme d'un cul-de-sac, et communique au dehors à l'aide de deux ouvertures qui en occupent la paroi externe. Ces ouvertures sont très-rapprochées dans la plupart des Poissons; la postérieure est béante; l'antérieure est contractile, et se prolonge quelquefois sous la forme d'un tube susceptible de se redresser. D'après Geoffroy Saint-Hilaire, l'eau pénètre dans la poche olfactive par le premier de ces trous, et en sort par le second, de manière à former un courant continu. La forme et la disposition de cet organe varient beaucoup dans les divers Animaux de cette classe; mais, en général, on y observe un nombre plus ou moins grand de lames membraneuses, disposées à peu près comme les feuillets de certaines branchies, et dont le système vasculaire est très-développé. La plupart des auteurs regardent cet appareil comme étant destiné à augmenter l'étendue de la surface olfactive sans accroître l'espace occupé par l'organe entier, et comme devant servir aussi à mieux arrêter les particules odorantes lors de leur passage à travers la cavité dont il occupe le fond. Mais Geoffroy Saint-Hilaire, guidé par des considérations anatomiques et physiologiques que nous regrettons de ne pouvoir exposer ici, considère ces lames membraneuses comme formant une espèce de branchie accessoire.

Dans les Animaux vertébrés, à respiration aérienne, la cavité olfactive est toujours placée sur le passage par lequel l'air pénètre dans les poumons; elle communique en dehors par des ouvertures que l'on nomme narines, et débouche dans le canal alimentaire plus ou moins près du sommet de la trachée-artère. L'utilité de cette disposition est manifeste; car les particules odorantes étant mêlées à l'air atmosphérique, doivent ainsi pénétrer avec elles dans la cavité olfactive à chaque inspiration. Les Batraciens, qui font entrer l'air dans leurs poumons par déglutition et non par aspiration, ne font pas même exception à cette règle; car c'est à travers les narines qu'ils font arriver ce fluide dans la bouche pour l'avaler ensuite. D'un autre côté, chacun sait que, pour éviter les odeurs désagréables, on est porté instinctivement à respirer par la bouche; ce qui empêche effectivement l'air et les molécules odorantes contenues dans les fosses nasales, de se renouveler aussi rapidement, et par conséquent de produire une impression aussi forte que si l'on respirait par les narines.

Parmi les Reptiles, ce sont les Batraciens chez lesquels le sens de l'Odorat est le moins développé; la cavité qu'il forme est petite, imparfaitement cloisonnée par les os de la face, en général lisse à l'intérieur, et s'ouvrant dans la bouche à très-peu de distance des narines. Il en est à peu près de même dans les Ophydiens, si ce n'est que l'ouverture externe est située plus en arrière. Dans la plupart des Sauriens, on remarque à peine quelques saillies dans l'intérieur du sac olfactif, qui s'ouvre postérieurement vers le milieu de la voûte palatine; mais dans le Crocodile, cette cavité présente des anfractuosités très-marquées, et se prolonge très-loin en arrière. Enfin, chez ce dernier Animal, les narines sont entourées d'une masse charnue, que Geoffroy regarde comme une espèce de tissu érectile. Quant à la membrane pituitaire elle-même, elle offre ceci de remarquable, que chez presque tous les Reptiles sa couleur est noire.

Dans les Oiseaux, les narines sont percées plus ou moins près de la base du bec, près de l'os frontal, et assez loin l'un de l'autre; elles ne sont pas susceptibles de se resserrer ou de se dilater, mais souvent elles sont en partie recouvertes par une plaque cartilagineuse immobile qui les rétrécit beaucoup. La cavité olfactive elle-même est en général grande, et paraît divisée en deux portions assez distinctes par une masse cylindrique de replis de la membrane pituitaire soutenus par des lames, ordinairement cartilagineuses et situées dans l'angle que forme la cloison médiane en se réunissant aux os maxillaire et intermaxillaire. L'ouverture postérieure ou pharyngienne des fosses nasales est située très-près de la ligne médiane et assez loin en arrière; enfin la membrane pituitaire mince et d'un tissu spongieux, sécrète une

grande quantité d'un mucus visqueux.

C'est dans la classe des Mammifères que l'organe de l'Odorat acquiert son plus haut degré de développement. Les narines deviennent plus ou moins mobiles et occupent l'extrémité d'un prolongement saillant qui porte le nom de *nez*. Cet organe, formé principalement par quelques lames cartilagineuses et par les muscles destinés à les mouvoir, présente des différences très-remarquables dans les divers Animaux de cette classe. Dans certains Rongeurs, il est peu saillant et presque immobile. Dans la plupart des Carnassiers dont le museau ne se prolonge pas au-delà de la bouche, et dans les Singes, sa structure est à peu près la même que dans l'Homme, quoiqu'il soit bien plus développé chez ce dernier. Dans les Carnassiers à museau saillant et mobile, tels que les Coatis, les Taupes, etc., les cartilages du nez forment un tuyau complet articulé sur les bords de l'ouverture osseuse des narines; enfin dans d'autres Animaux de cette classe, tel que l'Eléphant, le nez acquiert un développement excessif et une mobilité très-grande : aussi peut-il même devenir alors un organe de préhension (*V.* ELÉPHANT, TAPIR, COCHON).

La cavité olfactive est en général très-développée chez les Mammifères, car elle occupe non-seulement l'espace que les os maxillaire, intermaxillaire, palatin, sphénoïde, ethmoïde, vomer, lacrymaux et naseaux laissent entre eux, mais aussi de vastes sinus creusés dans l'épaisseur du maxillaire, du frontal et du sphénoïde. La membrane pituitaire tapisse tous ces sinus, mais l'étendue de la surface qu'elle recouvre est encore augmentée par les saillies que l'on remarque dans l'intérieur des fosses nasales et que l'on nomme cornets; elles occupent la paroi externe de ces cavités et sont formées par des lames osseuses longitudinales, très-minces, comme réticulées et recourbées sur elles-mêmes. On en compte trois ; l'une inférieure est formée par un os distinct; la moyenne et la supérieure appartiennent à l'ethmoïde. Les espaces que ces cornets laissent entre eux constituent des gouttières longitudinales plus ou moins larges, que l'on nomme méats et dans lesquelles viennent s'ouvrir les sinus dont il a déjà été question. La disposition de ces lames osseuses varie beaucoup, mais en général on observe un rapport assez exact entre la finesse de l'Odorat d'une part et leur étendue et la grandeur des sinus de l'autre.

L'ouverture postérieure de la cavité olfactive est située à la partie supérieure des pharynx plus ou moins directement en face du sommet de la trachée-artère. Chez certains Mammifères le larynx peut remonter jusque dans l'extrémité postérieure des fosses nasales, de manière à former avec ces organes un canal continu propre à l'introduction de l'air dans les poumons et entièrement indépendant de la bouche. C'est à l'aide d'une disposition de ce genre que les jeunes Didelphes respirent lorsqu'ils sont greffés à la tétine de leur mère (Geoffroy), et que les Cétacés peuvent rester très-long-temps la bouche béante dans l'eau. Quant à la structure curieuse des fosses nasales de ces derniers Animaux, nous n'y reviendrons pas ici, car il en a déjà été question à l'article BALEINE. Nous rappellerons seulement que, d'après les recherches de Cuvier, il paraît que les Cétacés sont complétement dépourvus de nerfs olfactifs. Ce fait remarquable avait déjà fait penser que les rameaux de la troisième paire pouvaient servir à la perception des odeurs ; mais un résultat auquel les physiologistes étaient loin de s'attendre, c'est que les autres Mammifères perdent l'Odorat lorsque le nerf de la cinquième paire cesse d'exécuter ses fonctions accoutumées, bien qu'il existe chez eux un nerf olfactif qui se distribue également à la surface pituitaire. Ce fait a cependant été constaté par

Magendie, et confirmé par des observations pathologiques que l'on doit à Serres. D'un autre côté le nerf olfactif paraît également nécessaire à l'intégrité de cette fonction ; mais quel rôle ces deux nerfs jouent-ils dans la perception des odeurs ? C'est ce qui paraît difficile à décider dans l'état actuel de la science ; du reste nous aurons l'occasion de revenir sur ce sujet en parlant des sens en général. *V.* SENS. (H.-M. E.)

ODORBRION. (Gesner.) Syn. de Rossignol, *Motacilla Luscinia*, L. *V.* SYLVIE. (DR..Z.)

* **ODOSTEMON.** BOT. PHAN. Le genre *Mahonia* de Nuttall a été ainsi nommé postérieurement par Rafinesque. *V.* MAHONIE. (G..N.)

***ODOTROPIS.** MOLL. Genre tout-à-fait inutile, proposé par Rafinesque, pour les Hélices qui ont une dent lamelleuse ou carénée sur la spire à l'entrée de l'ouverture. Ce genre est compris par Férussac dans son sous-genre Hélicodonte. *V.* ce mot et HÉLICE. (D..H.)

O-DUOC. BOT. PHAN. Nom de pays du *Laurus Myrrha* de Loureiro. (B.)

ODYNÈRE. *Odynerus.* INS. Genre de l'ordre des Hyménoptères, section des Porte-Aiguillons, famille des Diploptères, tribu des Guêpiaires, division des Guêpiaires solitaires, établi par Latreille, et ayant pour caractères : les deux ou trois derniers articles des palpes maxillaires dépassant l'extrémité des mâchoires; lobe terminal de ces mâchoires court, brièvement lancéolé. Ce genre n'a pas été adopté par Fabricius. Les espèces qui le composent sont toutes renfermées dans son genre *Vespa.* Olivier en a fait autant, en avouant cependant que ces Hyménoptères diffèrent éminemment des Guêpes par quelques points de leur organisation, et surtout par leurs habitudes. Jurine n'adopte pas non plus ce genre parce que ses ailes sont tout-à-fait semblables à celles des Guêpes. Les Odynères sont distinguées des Guêpes et de toutes les autres Guêpiaires sociales, par leurs mandibules qui sont très-étroites, tandis qu'elles sont aussi longues que larges, et tronquées au bout dans ces dernières. Le lobe intermédiaire de la languette est étroit et long dans les Guêpes solitaires, tandis qu'il est presque en cœur dans les Sociales. Le genre Synagre se distingue des Odynéres par sa languette, qui est divisée en quatre filets, sans points glanduleux au bout, tandis que celle des Odynéres est trilobée, avec quatre points glanduleux à l'extrémité. Dans les Ptérochiles de Klug, les derniers articles des palpes maxillaires ne dépassent pas la longueur des mâchoires, tandis qu'ils sont beaucoup plus longs dans les Odynéres; enfin les Eumères et les Discœlies s'en distinguent par des caractères de la même valeur, et les Céramies en sont séparées par leurs quatre ailes qui sont toujours étendues, tandis que les supérieures sont doublées dans le repos dans les genres précédens. La tête des Odynéres est verticale, comprimée, presque triangulaire, comme dans les autres Guêpiaires; les yeux sont échancrés, leurs antennes sont semblables à celles des Guêpes; les mandibules sont étroites, allongées, rapprochées et avancées en forme de bec; les mâchoires et la lèvre sont proportionnellement plus avancées que dans les autres genres voisins. La languette est bifide, avec la division du milieu longue, profondément échancrée; les palpes maxillaires sont composés de six articles, les labiaux de quatre; la fausse trompe est courte et ne va pas jusqu'à la poitrine. L'abdomen est ovoïdo-conique, point rétréci en pédicule à sa base, et armé chez les femelles d'un aiguillon fort et rétractile.

Les mœurs de ces Hyménoptères sont très-remarquables et les éloignent beaucoup des Guêpes; les Odynéres vivent solitaires, sans construire de ruches; tandis que les Guêpes forment de grandes sociétés composées de trois sortes d'in-dividus, et font des travaux analogues à ceux des Abeilles. Réaumur, qui a étudié les habitudes d'une espèce d'Odynére (la Guêpe des murailles de Linné), a donné des détails très-curieux sur la manière dont elles construisent leurs nids. La femelle pratique dans le sable ou dans les enduits des murs, un trou profond de quelques pouces, à l'ouverture duquel elle élève en dehors un tuyau d'abord droit, ensuite recourbé et composé d'une pâte terreuse, disposée en gros filets contournés. Elle entasse dans la cavité de la cellule intérieure, huit à douze petites larves du même âge, vertes, semblables à des chenilles, mais sans pates, en les posant par lits, les unes au-dessus des autres et sous une forme annulaire. Après y avoir pondu un œuf, elle bouche le trou et détruit l'échafaudage qu'elle avait construit; les larves qui sont déposées au fond du trou servent de nourriture à la petite larve, qui ne tarde pas à éclore de l'œuf qui a été déposé par la femelle, et comme ces Vers ainsi renfermés sont sans moyens de nuire, ils ne peuvent faire périr la larve d'Odynére, qui prend son accroissement, et qui ne se transforme probablement qu'après avoir mangé toute la provision de petits Vers. Le genre Odynére se compose de plusieurs espèces; nous citerons comme la plus remarquable et la plus commune dans toute l'Europe:

L'ODYNÈRE DES MURAILLES, *Odynerus murarius*, Latr.; *Vespa muraria*, L., Fabr., Oliv. Noire; dessous des antennes et milieu du front jaunes; corselet ayant deux taches de la même couleur en devant; abdomen ayant quatre bandes jaunes. Cette espèce se rencontre fréquemment aux environs de Paris, dans les lieux secs et sablonneux. Suivant Latreille, les vingt-six dernières espèces de Guêpes du système des Piezzates de Fabricius, appartiennent à ce genre.

(G.)

OECODOME. *OEcodoma*. INS. Latreille a substitué ce nom, dans ses derniers ouvrages, à celui d'Atte que Fabricius et Jurine donnaient à un genre de Formicaires, parce que Walcknaer avait employé ce nom d'*Attus* pour désigner des Aranéides sauteuses ou phalanges. *V*. ATTE.

(G.)

OECOPHORE. *OEcophora*. INS. Genre de l'ordre des Lépidoptères, famille des Nocturnes, tribu des Tinéites, établi par Latreille aux dépens du grand genre *Tinea* de Fabricius, et ayant pour caractères : antennes et yeux écartés ; une spiritrompe très-distincte et très-allongée ; ailes pendantes sur les côtés du corps ; palpes labiaux beaucoup plus longs que la tête, et rejetés en arrière jusqu'au-dessus du thorax. Les OEcophores se distinguent au premier coup-d'œil des Teignes, parce que celles-ci ont les palpes labiaux petits et point saillans. Les Euplocampes et les Phicis en sont séparées par leur spiritrompe ou langue qui est très-courte ou presque nulle. Les Lithosies et les Yponomeutes ont les ailes posées en toit, plus ou moins arrondies dans le repos ; enfin les Adèles en sont très-distinctes par leurs antennes énormément longues, et par leurs yeux qui sont presque contigus. Ces petits Lépidoptères ont les ailes ornées de couleurs souvent très-agréables, et quelquefois même métalliques et très-brillantes ; le bord de ces ailes est entouré d'une frange de longs poils. Les chenilles se nourrissent de Végétaux ; elles sont tantôt presque nues ou cachées dans la substance dont elles se nourrissent, n'ayant rarement que quatorze pates ; tantôt renfermées dans l'intérieur des grains qu'elles rongent. Duhamel et Dutillet ont observé une espèce d'OEcophore qui vit dans les graines des Céréales, et qui fit, en 1770, de grands ravages dans l'Angoumois. Il paraît, d'après les faits consignés dans leur Mémoire (Histoire d'un Insecte qui dévore les grains de l'Angoumois, 1 vol. in-12), que l'Insecte parfait dépose ses œufs sur les grains de blé et d'orge avant leur maturité ; que

la chenille, en sortant de l'œuf, s'introduit dans le grain de blé et en mange toute la substance farineuse sans toucher à l'écorce, de sorte qu'au premier coup-d'œil les grains rongés par cette chenille ne diffèrent nullement de ceux qui sont sains. Ces petits Lépidoptères multiplient considérablement, et quoiqu'un ou deux grains suffisent à la chenille la plus vorace, il n'est pas étonnant qu'elles aient détruit beaucoup de blé et d'orge dans des années où ils étaient très-abondans. Latreille pense que beaucoup de chenilles qu'on a nommées Mineuses, produisent des OEcophores. On connaît cinq à six espèces de ce genre, mais il est probable qu'on en découvrirait beaucoup d'autres si on se livrait à ce genre de recherches. Nous citerons :

L'OEcophore Oliviflle, *OEcophora Oliviella*, Latr. ; *Tinea Oliviella*, Fabr. Elle a les ailes supérieures d'un noir doré, avec une tache à la base et une bande au milieu, jaunes ; derrière cette bande est une petite raie argentée ; les antennes ont un anneau blanc près de leur extrémité. On la trouve aux environs de Paris. Les *Tinea Linneella*, *Ræseella*, *Leuvenhockella*, *Bracteella*, *Brongniardella*, *Geoffroyella*, *Flavellana* de Fabricius, appartiennent à ce genre.

(G.)

* OEDALÉE. *OEdaleus*. INS. Genre de l'ordre des Diptères, famille des Tanystômes, tribu des Asiliques, établi par Latreille (Fam. Nat. du Règn. Anim.) et différant des Asiles et autres genres voisins, parce que l'épistome est imberbe ; la tête presque globuleuse et entièrement occupée par les yeux. Ce savant ne donne pas d'autres renseignemens à l'égard de ce nouveau genre. (G.)

OEDELITE. MIN. Variété de la Scolézite. (G. DEL.)

* OEDÉMAGÈNE. *OEdemagena*. INS. Genre de l'ordre des Diptères, famille des Athéricères, tribu des OEstrides, établi par Latreille aux dépens du genre OEstre de Linné, et

ayant pour caractères : soie des antennes simple; point de trompe; deux petits palpes rapprochés, à deux articles, dont le premier très-petit, le second grand, orbiculaire, comprimé; une fente très-petite, linéaire, élargie supérieurement entre les palpes; espace compris entre eux et les fossettes des antennes uni, sans sillon; dernier article des antennes hémisphérique, plat en dessus, à peine aussi grand que le précédent. Ce genre se rapproche beaucoup des Hippodermes, mais il en est distingué parce qu'il n'a point de palpes, et par d'autres caractères moins sensibles. Les Cutérèbres et les Céphénémyes ont une trompe distincte; enfin, les Céphalémyes et les OEstres proprement dites en sont séparées, parce qu'ils n'ont ni trompe ni palpes.

Les larves des OEdémagènes produisent des tumeurs à la peau des Animaux ruminans; c'est même de cette propriété qu'est tiré le nom du genre. L'espèce qui lui sert de type est :

L'OEDÉMAGÈNE DU RENNE, *OEdemagena Tarandi*, Latr.; *OEstrus Tarandi*, L., Fabr., Oliv., Clarck, *The Bots of Horses*, 2ᵉ édit., tab. 1, fig. 13, 14. Elle est noire, avec la tête, le corselet et la base de l'abdomen garnis de poils jaunes; son corselet est traversé par une bande noire; les ailes sont transparentes, sans taches; les poils du second anneau de l'abdomen et des suivans sont fauves; les pelotes et les crochets des tarses sont allongés. La larve de cette espèce vit sur le dos des Rennes; ces larves font périr beaucoup de Rennes de deux ou trois ans, et la peau des plus vieux est souvent si criblée des piqûres de ces Insectes, que l'on a cru que ces Animaux étaient sujets à la petite vérole. Quand ces Animaux entendent l'Insecte parfait bourdonner auprès d'eux, ils en sont tellement épouvantés qu'ils bondissent et entrent en fureur. Les Lapons nomment ces OEstres *Kurbma* ou *Gurbma*. Linné, en voyageant en Laponie, observa la patience d'une femelle qui suivit pendant plus d'une journée le Renne qui le conduisait, tenant sa tarière tirée avec un œuf au bout prêt à être déposé sur l'Animal dès qu'il s'arrêterait. (C.)

OEDÉMÈRE. *OEdemera*. INS. Genre de l'ordre des Coléoptères, section des Hétéromères, famille des Sténélytres, tribu des OEdémérites, établi par Olivier et adopté par Latreille. Les caractères de ce genre sont : antennes filiformes, plus courtes que le corps; premier article allongé, renflé; le second court, arrondi; mandibules cornées, arquées, terminées par deux ou trois dents; mâchoires bifides; palpes ayant leur dernier article plus grand, en forme de cône renversé et comprimé; pénultième article de tous les tarses bifide; crochets du dernier simple; corps étroit et allongé; élytres flexibles, souvent rétrécies à leur extrémité; cuisses postérieures renflées dans les mâles du plus grand nombre. Les Insectes qui composent le genre OEdémère avaient été dispersés dans différens genres par les auteurs anciens : Geoffroy les avait placés parmi les Cantharides. Linné en avait mis aussi quelques-unes dans ce genre, et d'autres espèces dans son genre Nécydale. Fabricius, en adoptant la manière de voir de Linné, plaça plusieurs OEdémères dans son genre Lagrie; enfin, le même auteur a donné le nom de Dryops, qu'Olivier avait assigné avant lui à un autre genre, aux OEdémères d'Olivier, et il s'est servi du nom de *Parnus* pour désigner les Dryops d'Olivier.

Le genre OEdémère, tel qu'il est adopté actuellement, diffère des *Nothus* de Ziégler et d'Olivier qui en sont le plus rapprochés, par leurs yeux qui sont entiers et non échancrés pour recevoir les antennes. Les Galopes et les Lagries en diffèrent par le même caractère. Enfin, les Sténostomes, qui ont encore la même forme, et dont les élytres sont de la même consistance, s'en éloignent cependant parce qu'ils ont un museau aussi long que le reste de la tête et portant les antennes. Le corps des OEdémères a une forme allongée, presque cylindrique ; leur tête est étroite, avancée, peu inclinée ; les yeux sont de grandeur moyenne, arrondis, assez saillans ; la bouche est un peu avancée, avec les mandibules bifides à leur extrémité ; les mâchoires sont terminées par deux lobes dont l'extérieur est étroit, allongé, presque cylindrique, frangé au bout ; les palpes maxillaires sont composés de quatre articles dont le dernier plus grand, presque en forme de cône renversé et comprimé ; la languette est presque en forme de cœur, membraneuse, profondément échancrée ; les palpes labiaux sont composés de trois articles, ils sont beaucoup plus courts que les maxillaires ; les antennes sont filiformes ou sétacées, composées d'articles cylindriques, grêles et allongés, et insérés sur une petite protubérance près du bord interne des yeux ; les élytres sont plus ou moins flexibles, de largeur égale dans quelques espèces, atténuées postérieurement ou presque subulées dans les autres ; elles sont en général pointillées et marquées de lignes élevées ; les pates sont de longueur moyenne ; les cuisses sont en général peu renflées, si ce n'est dans les mâles de quelques espèces où les postérieures seulement sont extrêmement renflées et très-courbées ; cette grosseur considérable des cuisses, qui, au premier aspect, ferait croire que ces Insectes sont, ou sauteurs, ou très-lourds, ne les empêche pas de marcher avec autant d'agilité que les femelles. On ne sait pourquoi la nature a grossi outre mesure ces cuisses dans quelques mâles seulement ; il est probable cependant que ce n'est pas sans motifs ; ne serait-ce pas pour remplir quelque usage pendant l'accouplement ? Les mœurs et les métamorphoses des OEdémères sont tout-à-fait inconnues. On trouve l'Insecte parfait sur les fleurs, dans les lieux secs, humides, dans les bois, les prairies, etc. Les différentes espèces se rencontrent dans les pays chauds et dans les climats tempérés. On en connaît plus de cinquante espèces propres aux cinq parties du monde. Latreille partage le genre en deux sections ainsi qu'il suit :

† Elytres presque de la même largeur partout, n'étant pas entr'ouvertes postérieurement, dans la moitié de leur longueur, à la suture.

OEDÉMÈRE NOTÉE, *OEdemera notata*, Oliv., Entom. T. III, 10, n. 8, tab. 1, fig. 8, A, B ; *Necydalis notata*, Fabr., Payk. ; *Cantharis testacea*, etc., Geoff., Fourcr. Longue de près de cinq lignes ; tête et corselet ferrugineux ; élytres testacées, avec l'extrémité noire ; pates tantôt noirâtres, tantôt d'un brun ferrugineux, avec les jambes et les tarses antérieurs jaunâtres. On trouve cette espèce aux environs de Paris ; on la rencontre plus communément dans le midi de la France, dans les chantiers de bois de construction.

†† Elytres fortement rétrécies postérieurement, et entr'ouvertes à la suture dans la moitié de leur longueur.

OEDÉMÈRE BLEUE, *OEdemera cærulea*, Oliv., *ibid.*, pl. 1, fig. 10 ; *Necydalis cærulea*, Fabric., L., Schrank, Rossi ; *Cantharis nobilis*, Scop. ; *Cantharis viridi-cærulea elytris*, etc., Geoff. ; *Cantharis grossipes*, Fourcr. Longue de quatre lignes ; élytres subulées ; corps bleu ; cuisses postérieures arquées et renflées dans les mâles. Elle est commune dans tout le midi de l'Europe et aux environs de Paris.   (G.)

* OEDÉMÉRITES. *OEdemerites.* INS. Tribu de l'ordre des Coléoptères, section des Pentamères, famille des Trachélides, établie par Latreille, et renfermant des Coléoptères qui ont les mandibules bifides, le pénultième article de tous les tarses bilobé, et le dernier des palpes maxillaires grand, triangulaire. Les antennes sont insérées à nu, filiformes ou sétacées

généralement allongées et quelquefois en scie. Le corps est étroit, allongé, avec le corselet cylindracé, plus étroit postérieurement que la base des élytres. Les élytres sont souvent molles et flexibles, rétrécies dans plusieurs à leur extrémité. Les pieds postérieurs de plusieurs diffèrent selon les sexes. Latreille divise cette tribu en quatre genres : Calope, Sparèdre, Dityle et OEdémère. *V*. ces mots.   (G.)

OEDÈRE. *Œdera.* BOT. PHAN. Genre de la famille des Synanthérées, et de la Syngénésie superflue, L. , dont les caractères ont été rectifiés de la manière suivante par Cassini : involucre presque cylindrique, plus court que les fleurs du disque, formé de folioles irrégulièrement imbriquées, appliquées, oblongues, lancéolées et scarieuses. Réceptacle petit, plane ou conique, garni de paillettes linéaires lancéolées. Calathide cylindracée, dont le disque se compose de dix à douze fleurons réguliers et hermaphrodites, et la circonférence de huit à dix demi-fleurons en languette, femelles et étalés en rayons du côté extérieur. Les corolles des fleurs centrales ont le tube légèrement hérissé de poils papillaires, et le limbe à cinq lobes épaissis, hérissés également de petites papilles; celles de la circonférence ont la languette très-longue, entière, sur le côté extérieur de la calathide; cette languette est très-courte, et comme tronquée dans les demi-fleurons du côté intérieur. Les étamines ont leurs filets soudés à la base seulement; leur article anthérifère est long et grêle; leurs anthères surmontées d'appendices tronqués au sommet, mais privés d'appendices basilaires. Les ovaires sont glabres, oblongs, cylindracés ou anguleux, surmontés d'une aigrette tantôt courte, membraneuse et dentée, tantôt composée de paillettes sur un seul rang, laminées et membraneuses. Les calathides sont rassemblées en capitules terminaux, solitaires et involucrés.

Linné constitua ce genre sur une Plante qu'il avait d'abord rapportée aux *Buphtalmum*; il lui donna ensuite le nom d'*Œdera prolifera*. Linné fils, Jacquin et Thunberg ajoutèrent plusieurs espèces au genre *Œdera*; mais Cassini a reconnu qu'elles devaient former les types de genres distincts; ainsi l'*Œdera aliena*, L. fils et Jacq., *Arnica inuloides*, Vahl, est placée par Cassini dans son nouveau genre *Heterolepis*; et l'*Œdera alienata* de Thunberg, que l'on a confondue avec celle-ci, est le type du genre *Hirpicium* (*V*. ces mots). En excluant ces espèces du genre *Œdera*, il se compose seulement de la Plante de Linné qui est subdivisée par Cassini en deux espèces, sous les noms d'*Œdera obtusifolia* et *Œ. lanceolata*. Ce sont des Plantes originaires du cap de Bonne-Espérance. On les cultive au Jardin des Plantes de Paris. Le genre *Œdera* est placé dans la section des Inulées Graphalicées de Cassini; il est voisin des *Seriphium*, *Stœbe*, etc.; mais il a aussi quelque affinité avec les *Buphtalmum*, et même avec les Anthémidées.

Le nom d'*Œdera* a été donné par Crantz au genre *Dracœna*, L. (G..N.)

OEDICNÈME. *Œdicnemus.* OIS. (Temminck.) Genre de la première famille de l'ordre des Gralles. Caractères : bec plus long que la tête, droit, fort, un peu déprimé à sa base, comprimé vers la pointe; arête de la mandibule supérieure élevée; mandibule inférieure formant l'angle; narines doublement contournées, situées vers le milieu du bec, fendues longitudinalement jusqu'à la partie cornée, ouvertes en avant et percées de part en part. Pieds longs, grêles; trois doigts antérieurs, bordés par une membrane qui les réunit jusqu'à la première articulation; point de doigt postérieur ou pouce; ailes de médiocre longueur; la première rémige un peu plus courte que la seconde qui dépasse toutes les autres; rectrices fortement étagées. Les OEdicnèmes, que l'on a long-temps confondus avec les Pluviers, sont des Oiseaux propres à l'ancien continent; les parties élevées et désertes des terrains arides et sablonneux sont leurs habitations favorites ; d'un naturel extrêmement craintif et même farouche, ils y demeurent stationnaires pendant toute la journée, et ce n'est que lorsque le crépuscule vient la clorre, que ces Oiseaux, qui se croient en sûreté dans l'ombre, se mettent à la recherche des Limaces, des Insectes et des petits Reptiles dont ils composent leur nourriture. Leur vol nocturne est rapide; il est accompagné de cris aigus et en quelque sorte plaintifs, qui se font entendre de très-loin. Pendant le jour, ce vol est bas et réservé, et même l'Oiseau lui préfère la course pour se dérober au danger. Dès qu'il le croit passé, il s'arrête brusquement, se blotit contre un faible abri, et s'y tient dans une immobilité complète. La couleur de son plumage, qui se trouve en harmonie avec celle de la terre, fait que l'on ne peut les apercevoir que très-difficilement, et presque par hasard. Les OEdicnèmes émigrent périodiquement et par troupes, au renouvellement des saisons : ils arrivent dans le Nord vers le mois d'avril, sous la conduite d'un chef qui trace la route. Ils retournent vers le Sud dès que les pluies d'automne font pressentir l'hiver. Leurs voyages s'exécutent toujours la nuit et avec des cris qui décèlent facilement les passages. A l'époque des amours, les sociétés se rompent. Le mâle cherche une femelle à laquelle il paraît né rester attaché qu'autant de temps qu'il en faut pour se reproduire. Alors la femelle, constamment accompagnée du mâle, cherche dans le sable une petite cavité ombragée par de la bruyère, et favorable à la ponte, qui consiste en deux œufs généralement d'une teinte jaunâtre ou verdâtre, et tachetés de brun. Quand les petits sont éclos, ils sont nourris par le père et la mère, jusqu'à ce qu'ils puissent se passer de leurs soins. Ils sont plusieurs an-

nées avant d'acquérir leur plumage permanent, et n'éprouvent qu'une seule mue annuelle.

OEDICNÈME CRIARD, *Œdicnemus crepitans*, Temm.; *Otis OEdicnemus*, Gmel. Grand Pluvier ou Courlis de terre, Buff., pl. col. 919. Parties supérieures d'un roux cendré avec une tache longitudinale brune sur le milieu de chaque plume; entre le bec et l'œil un espace d'un blanc pur de même que la gorge, le ventre et les cuisses ; cou et poitrine roussâtres, parsemés de taches longitudinales brunes; tectrices alaires brunes, traversées par une bande blanche; rémiges noires, la première tachetée de blanc vers le milieu, et la seconde sur la barbe interne; les six rectrices intermédiaires rayées de brun, les six autres blanches, rayées de noirâtre; toutes, à l'exception des deux du milieu, terminées de noir; parties inférieures blanchâtres; bec jaunâtre, noir à sa base; iris et pieds jaunes. Taille, seize pouces. Les jeunes ont les couleurs beaucoup moins vives et tranchées. D'Europe et d'Afrique.

OEDICNÈME A GROS-BEC, *Œdicnemus magnirostris*, Geoff. Parties supérieures variées de cendré, de roux et de brun; côtés de la tête ornés de trois bandelettes, une blanche et deux noires; une tache allongée noirâtre sur les côtés du cou; paupières, joues et gorge blanches; sommet de la tête et dessous du cou gris, tachetés de noir; tectrices alaires d'un cendré clair, traversées dans le haut par une bande blanche; rémiges noires, la première tachetée de blanc vers le milieu; pli de l'aile et parties inférieures d'un blanc assez pur, avec un trait longitudinal brun au milieu des plumes de la poitrine et du devant du cou qui sont grisâtres; rectrices tachetées et grises en dessous; bec noir, assez long, gros et comprimé. De l'Australasie.

OEDICNÈME A LONGS PIEDS ou ÉCHASSES, *Œdicnemus longipes*, Geoff., Temm. (Ois. color., pl. 386). Parties supérieures et côtés du cou bruns, tachetés de blanc; sommet de la tête, occiput, nuque et dessus du cou d'un gris cendré rayé longitudinalement de brun; sourcils, gorge, poignet, ventre et abdomen d'un blanc pur; devant du cou et poitrine blancs, tachetés longitudinalement de noir; rémiges noires; rectrices intermédiaires grises rayées de bandes plus foncées, les latérales noires, rayées de blanc; bec noir; pieds brunâtres. Taille, vingt pouces. De l'Australasie.

OEDICNÈME TACHARD, *OEdicnemus Grallarius*, Temm. (Ois. color., pl. 292); *OE. maculatus*, Cuv. Parties supérieures d'un brun roussâtre, tachetées longitudinalement de brun noirâtre; tour des yeux, moustaches, menton et gorge d'un blanc pur; petites tectrices alaires roussâtres, tachetées de noirâtre et terminées de blanc, les grandes largement bordées de blanc de même que le poignet; rémiges noires, les deux premières blanches jusqu'au-delà de leur milieu; sommet de la tête, cou et poitrine roussâtres, rayées longitudinalement de noirâtre; parties inférieures d'un blanc roussâtre, strié de noir; tectrices caudales inférieures rousses; rectrices d'un cendré blanchâtre, rayées et terminées de noir. Bec brun, noir à la pointe et jaune à la base; pieds jaunes. Taille, dix-huit pouces. De l'Afrique. (DR..Z.)

* OEDIONIQUE. INS. Genre de Coléoptères établi par Latreille aux dépens des Altises, et dont il ne donne pas les caractères. (G.)

OEDIPE. *OEdipus*. MAM. Nom spécifiquement scientifique de l'Ouistiti dans Linné. (B.)

* OEDIPODE. INS. Genre de l'ordre des Orthoptères, famille des Acridiens, établi par Latreille (Fam. Nat. du Règne Anim.), et dont nous ne connaissons pas suffisamment les caractères. (G.)

OEDMANNIA. BOT. PHAN. Ce genre, fondé par Thunberg (*Prodrom. Flor. Cap.*, 2, p. 561, et *Act. Holm.*, 1800, p. 281, tab. 4), a été réuni au

Rafnia par De Candolle (*Prodrom. Syst. Veget.*, p. 119), et l'espèce sur laquelle il était constitué a reçu le nom de *Rafnia lancea*. Il n'avait pour caractère distinctif qu'une bien faible différence dans la structure du calice; du reste, le port de la Plante ne justifiait pas même sa distinction générique. *V.* RAFNIE. (G..N.)

* OEDOGONIUM. BOT. CRYPT. (*Confervées.*) Le genre proposé par Link, sous ce nom, paraît être le même que celui que Vaucher nomma *Prolifera*, pour lequel nous avons adopté celui de Vaucherie. *V.* ce mot. (B.)

OEIL. Organe spécial du sens de la vue. On ne trouve aucune trace d'yeux chez les Microscopiques et les Polypes, où leur absence est un des caractères que Bory de Saint-Vincent attribue à ses Psychodiés; il n'en existe pas non plus chez les Zoophytes et les Mollusques acéphales; mais ces organes commencent à se montrer chez quelques Annélides; du moins paraît-il probable que les petits tubercules noirs qui se trouvent en nombre variable près de l'extrémité céphalique de ces Animaux, en remplissent les fonctions, bien que nous n'ayons aucune donnée exacte sur leur structure. Les yeux des autres Animaux articulés, c'est-à-dire des Insectes, des Arachnides et des Crustacés, ont été mieux étudiés; leur organisation, très-simple, présente toujours la plus grande analogie, et peut être rapportée à deux types principaux, celui des yeux lisses ou simples, et celui des yeux chagrinés ou composés.

La forme générale des *yeux lisses* ou stemmates varie beaucoup; en général, cependant, elle est allongée et elliptique ou arrondie; leur nombre présente aussi des différences très-grandes; il varie entre deux et huit ou même plus; mais, ordinairement on en trouve trois, deux latéraux, et un moyen situé sur la ligne médiane et au sommet de la tête. Chacun de ces organes est composé par une membrane externe, qu'on nomme cornée transparente; elle est dure, diaphane, et formée d'une seule pièce, sans trace de division; elle est convexe au dehors et concave en dedans; quelquefois cependant elle présente une disposition contraire. La face interne de cette membrane est tapissée d'un enduit visqueux, d'où dépend la couleur de l'OEil; dans les Hyménoptères, il est presque toujours noir; dans les Orthoptères, il est au contraire blanchâtre; enfin, chez diverses chenilles, il peut être jaune, rouge ou vert. Immédiatement derrière cette couche de pigment, se trouve la choroïde, revêtue également par un vernis particulier, en général assez distinct, et d'une couleur très-différente du premier; cette membrane est assez épaisse, et sa largeur est toujours plus considérable que celle de la cornée; enfin, elle paraît formée par un tissu cellulaire à mailles très-rapprochées, sur lequel vient se distribuer une grande quantité de trachées. Les nerfs qui se rendent aux yeux lisses, en nombre égal à celui de ces organes, et assez grêles, naissent du ganglion céphalique, soit isolément, soit par un tronc commun; pendant leur trajet vers les yeux, ils sont fixés aux parties voisines par des trachées ou des poches aériennes, et ne paraissent point présenter de renflement; ils passent entre les muscles moteurs des différentes parties de la tête, traversent ensuite la choroïde et son vernis, et semblent s'épanouir sur la face interne de la cornée, où ils sont entourés par la couche de pigment appartenant à cette membrane. En procédant de dehors en dedans, on trouve donc dans les yeux lisses : 1° la cornée transparente; 2° le pigment qui en tapisse la face interne; 3° la terminaison des nerfs optiques; 4° le pigment de la choroïde (lorsqu'il est distinct de celui de la cornée), et 5° la choroïde qui repose souvent sur une grosse trachée. (Marcel de Serres.)

Les yeux chagrinés ou composés

doivent être considérés comme formés par la réunion d'un grand nombre de stemmates, ainsi que l'on peut s'en convaincre facilement par l'examen de ces organes dans les Jules, les Scolopendres, etc. Le volume et la situation de ces organes varient beaucoup dans les différens Insectes; en général, on les trouve sur les parties latérales ou moyennes de la tête, près des antennes et au fond des cavités orbitaires pratiquées dans l'enveloppe cornée générale; quelquefois, au contraire, ils occupent l'extrémité d'une espèce de pédoncule ou de col, comme cela se remarque chez les Mantes; mais ils sont toujours immobiles. La forme des yeux composés varie; ils sont plus ou moins convexes, suivant les espèces et même les genres; mais il paraîtrait que cette disposition présente toujours certains rapports avec la manière de vivre de ces Animaux. Marcel de Serres a observé que chez les Insectes, les yeux sont d'autant plus sphériques et d'autant plus saillans, que l'Animal est plus carnassier, ou que l'OEil est caché sous une avance plus considérable du corselet. Il paraîtrait aussi que ces organes sont d'autant plus convexes, qu'ils sont moins grands. Dans les yeux composés des Insectes, de même que dans les stemmates, la membrane la plus externe est dure et transparente; mais au lieu d'être formée d'une seule pièce, bombée uniformément, elle présente un nombre immense de petites facettes hexagones, disposées les unes à côté des autres avec la plus grande régularité, et séparées par des sillons. Cette disposition se remarque également à la face convexe ou externe, et à la face concave ou interne de la cornée transparente, qui est souvent forte, épaisse, et en général enchâssée dans une rainure que présentent les parties dures de la tête. Derrière la cornée transparente se trouve un enduit peu liquide, peu soluble dans l'eau et adhérent à cette membrane; sa couleur est en général un violet noir; mais quelquefois ce pigment est vert, rouge ou même rayé de brun et de vert. Le vernis de la choroïde placée en dessous, est au contraire toujours noir et visqueux; aussi est-il facile de le distinguer du pigment de la cornée, lorsque ce dernier est coloré d'une manière différente. La choroïde elle-même est une membrane formée par du tissu cellulaire condensé, sur lequel existe un assemblage de trachées; elle est épaisse, opaque et profondément pénétrée par le vernis qui la recouvre. Par sa circonférence, elle se fixe au bas de la cornée, et elle est entourée par une grosse trachée circulaire, dont les ramifications très-déliées et en nombre inférieur viennent s'y répandre après avoir formé par leurs bifurcations une rangée de triangles tout autour de l'OEil. Mais cette disposition curieuse n'existe pas toujours; car il est des Insectes dont les yeux composés sont dépourvus de la choroïde et de son vernis, et alors la grosse trachée circulaire dont nous venons de parler, manque aussi. Les nerfs qui se rendent à ces organes, naissent en général des parties latérales et supérieures du ganglion céphalique; mais rien n'est plus variable que leur position relativement à l'origine des autres nerfs de la tête; car ils constituent tantôt la troisième paire de cordons nerveux fournis par ce ganglion, tantôt au contraire la quatrième ou la cinquième. Chacun des nerfs optiques dont le volume est assez considérable, est d'abord cylindrique et dirigé en dehors. Chez les Insectes à trachées vésiculaires, il passe bientôt dans une petite trachée circulaire, qui est environnée elle-même par de nombreuses poches aériennes, dont l'usage paraît être de soutenir le nerf et de le maintenir dans sa position. Chez les Insectes dont les trachées ne sont pas vésiculaires, cette petite trachée circulaire n'existe pas, et le nerf optique passe dans une ouverture circulaire, qui est formée par les faisceaux charnus

du muscle adducteur de la mandibule, et qui remplit les mêmes fonctions que la petite trachée circulaire. Bientôt le volume du nerf optique augmente sensiblement, et, arrivé derrière l'OEil, il présente un large épanouissement, dont le diamètre est souvent presque égal à celui de la cornée; il en résulte que ce cordon nerveux a la forme d'un cône, dont le sommet est sur le ganglion céphalique, et la base derrière l'OEil. De cet épanouissement naissent un grand nombre de filets nerveux qui traversent la choroïde et son pigment, et vont former une rétine particulière derrière chacune des petites facettes de la cornée déjà mentionnée. Suivant Marcel de Serres, à qui nous devons la connaissance de la plupart des détails que nous venons de rapporter, ces filets du nerf optique traverseraient également le vernis de la cornée, et correspondraient directement à la face interne de la cornée, de manière à recevoir à nu l'impression de la lumière; il fonde son opinion sur ce que les fibres nerveuses se montrent à nu sous la forme de points blancs et saillans au milieu du pigment, lorsqu'on enlève la cornée avec les précautions convenables. Mais, comme l'observe Tréviranus, quand on procède ainsi, les parties colorées qui couvrent la face interne de la cornée, y restent adhérentes, de même que les extrémités des filets nerveux, et ces filamens tronqués et séparés par violence du pigment qui les entoure, se montrent à découvert. Du reste, si cette disposition existait réellement, l'œil armé d'un bon microscope devrait apercevoir en dehors un point blanc en dessous de chaque facette de la cornée; ce qui n'a pas lieu.

Ainsi que nous l'avons déjà dit, la choroïde et son pigment manquent quelquefois; cette disposition curieuse se remarque chez les Insectes qui voient distinctement la nuit et qui paraissent au contraire éblouis par la lumière du jour. Les observations de Marcel de Serres et de Tréviranus s'accordent sur cette particularité, mais ce dernier anatomiste croit que les yeux des Insectes photophobes différent de ceux des Insectes photophiles par d'autres points encore plus importans. Du moins, dans le *Blatta orientalis*, trouve-t-on, suivant lui, entre l'extrémité de chaque fibre du nerf optique et la section correspondante de la cornée, une matière transparente qui n'existe pas dans les autres Insectes. « J'ai rencontré chez cet Animal, dit Tréviranus, au-dessous de la cornée de l'OEil composé, une masse d'un violet foncé, qui, examinée au microscope, paraissait être un agrégat d'autant de corps pyramidaux qu'on comptait de divisions dans l'OEil. Chaque division avait sa pyramide particulière dont la base arrondie y adhérait. Ces pyramides étaient serrées latéralement les unes contre les autres, de sorte que leurs sommets convergeaient vers l'intérieur de la tête; chacune d'elles était composée de deux substances, savoir : d'une masse analogue au corps vitré qui lui donnait sa forme conique, et d'un pigment d'un violet foncé qui couvrait ses faces latérales. Le nerf optique se répandait sous la forme de fibres dans les extrémités de ces pyramides. » La nécessité de ces différences dans la structure des yeux des Insectes photophiles et photophobes s'explique facilement, comme nous le verrons lorsque nous traiterons de la physiologie de la vue. *V.* Vision.

Dans les Arachnides, on ne trouve que des yeux lisses; en général, ils sont au nombre de huit; les Faucheurs n'en ont que deux. Tous les Insectes parfaits ont au contraire des yeux composés; mais chez quelques-uns de ces Animaux, il existe en même temps des stemmates. Enfin, chez les larves des Insectes à demi-métamorphose, les yeux sont semblables à ceux de l'Animal parfait, tandis que dans les larves des Insectes à métamorphose complète, il n'existe que des yeux simples.

Dans les Crustacés, on rencontre également des yeux lisses et des yeux composés ; les premiers existent seuls chez quelques Entomostracés, tels que l'Apus, et simultanément avec les seconds chez les Limules. Dans les Décapodes, les Stomapodes, etc., on ne trouve au contraire que des yeux composés. On ne connaît pas bien la structure des yeux lisses des Crustacés; ils sont toujours sessiles et paraissent très-analogues à ceux des Insectes. L'organisation des yeux composés présente au contraire des particularités très-remarquables. En général, ils sont portés sur un pédoncule mobile et inséré au fond d'une fossette particulière ; quelquefois cependant ils sont sessiles. Dans le jeune âge, les Daphnies et quelques autres Entomostracés paraissent avoir deux yeux distincts, mais bientôt ils se réunissent pour en former un seul situé sur la ligne médiane. Straus a constaté que, dans les Daphnies, cet OEil unique est recouvert par l'enveloppe générale qui ne prend aucune modification à cet endroit; sa forme est celle d'une sphère, mobile sur son centre dans toutes les directions, et sa surface est garnie d'une vingtaine de cristallins parfaitement limpides, placés à de petites distances les uns des autres, et s'élevant en demi-sphère sur un fond noir qui constitue la masse de l'OEil, et qui paraît formé d'un amas de petits grains d'un brun noirâtre liés par une substance filamenteuse. Tout cet ensemble est enveloppé par une membrane sphéroïdale commune, parfaitement diaphane, qui est l'analogue de la cornée transparente et qui s'applique immédiatement sur les cristallins sans cependant se mouler sur eux. Enfin, le ganglion terminal du nerf optique présente un faisceau de petits nerfs dont le nombre paraît égal à celui des cristallins. Suivant Ducrotay de Blainville, les yeux composés des Langoustes présentent encore un autre mode d'organisation; chacune des petites facettes que présente la cornée transparente est bombée en

dehors et plus épaisse au milieu que
sur les côtés; derrière cette membrane se trouve une couche de pigment noir que cet anatomiste assimile
à la choroïde; et qu'il croit percé
d'une ouverture au milieu de chaque
petite cornée; de cet orifice, qu'il regarde comme l'analogue de la pupille,
part un petit tube membraneux trèscourt qui s'applique sur un mamelon
correspondant d'une masse subgélatineuse, diaphane, assez solide, convexe d'un côté, concave de l'autre,
et appliquée sur un gros renflement
du nerf optique.

Un grand nombre de Mollusques,
comme nous l'avons déjà fait remarquer, ne présentent aucune trace
d'organes spéciaux de la vision. Les
Gastéropodes ont, pour la plupart,
des yeux; en général ils sont sessiles
et très-petits; mais chez quelques
Animaux de cet ordre, ils sont placés à l'extrémité ou à la partie moyenne
des tentacules charnus et mobiles;
ces appendices, que l'on nomme vulgairement des cornes, sont des tubes
charnus susceptibles de rentrer en
entier dans sa tête et d'en sortir en
se déroulant comme un doigt de gant;
le premier de ces mouvemens est produit par un muscle qui pénètre dans
l'intérieur de la corne et va se fixer à
son extrémité; le second, par la contraction successive des fibres annulaires qui entourent l'appendice dans
toute sa longueur. Quant à l'organisation des yeux eux-mêmes, on sait
seulement qu'ils sont formés par une
cornée transparente, une enveloppe
colorée en noir, un nerf optique, et
peut-être une masse vitreuse.

Dans les Mollusques céphalopodes
et dans les Animaux vertébrés, les
yeux présentent une disposition toute
différente de celle que nous avons
rencontrée jusqu'ici. Ces organes,
toujours au nombre de deux, sont
plus ou moins sphériques, mobiles
et logés dans des cavités de la tête
nommées orbites. Leur structure présente la plus grande analogie dans
tous les Animaux de ces différentes
classes; il en est de même des parties

destinées à les mouvoir ou les protéger. Le globe oculaire est toujours
formé par un certain nombre de
membranes superposées, et par des
humeurs renfermées dans les cavités
circonscrites par les premières. L'enveloppe externe, qui détermine la
forme générale de l'OEil, est composée de deux parties distinctes; l'une
antérieure, porte le nom de cornée
transparente, l'autre celui de sclérotique; la forme de cet organe varie
suivant le milieu dans lequel habite l'Animal auquel il appartient.
Chez l'Homme et la plupart des Mammifères, il est presque sphérique et
présente à sa partie antérieure une
légère saillie formée par la cornée
qui représente un segment d'une
sphère plus petite que celle formée
par la sclérotique. Dans le Porc-Epic,
les Animaux marsupiaux et l'Ornithorynque, cette disposition est peu
ou point marquée, et dans les Cétacés
et les Poissons la face antérieure de
l'OEil est plus ou moins aplatie; dans
quelques Poissons, cet organe ne représente même qu'une demi-sphère
dont la partie plane est dirigée en
avant, et la partie convexe en arrière. Dans les Oiseaux au contraire,
et plus particulièrement dans ceux
qui se tiennent habituellement à
une certaine élévation dans l'atmosphère, on remarque une disposition
inverse; car, sur la partie antérieure
de l'OEil, qui est tantôt plane, tantôt en forme de cône tronqué, se
trouve une espèce de cylindre trèscourt et terminé par une cornée trèsconvexe, quelquefois entièrement hémisphérique. Dans tous les cas, la
courbure de la cornée des Oiseaux
représente un segment d'un cercle
beaucoup plus petit que celui auquel
appartient la convexité postérieure
de l'OEil (Cuvier). Dans les Mollusques céphalopodes, la forme générale des yeux est à peu près la même
que dans les Poissons; la plupart des
anatomistes les regardent comme étant
dépourvus de cornée transparente,
mais d'après des recherches de Tréviranus, il paraîtrait que cette mem-

brane existe ici aussi bien que chez les Animaux vertébrés.

Ainsi que son nom l'indique, la cornée transparente est parfaitement diaphane; elle est à peu près circulaire, et paraît formée d'un certain nombre de feuillets. La sclérotique est au contraire opaque; à sa partie antérieure se trouve une ouverture circulaire dans laquelle la cornée est comme enchâssée; vers sa partie postérieure il existe un autre trou qui donne passage au nerf optique. Dans la plupart des Mammifères cette membrane est blanche, brillante, solide, élastique et médiocrement épaissie; sa texture est semblable à celle des autres tuniques albuginées, et, par la macération, elle se résout en un tissu cellulaire formé de filamens entremêlés en tous sens. Dans la Baleine, et dans quelques autres Cétacés, la sclérotique est extrêmement épaissie; et, par une simple section, on voit que sa substance est formée de fibres tendineuses qui interceptent des mailles remplies d'une substance molle et comme fongueuse. La sclérotique des Oiseaux est mince, flexible et d'une texture albuginée par derrière; mais sa partie antérieure est formée de deux lames entre lesquelles se trouvent des plaques osseuses, minces, oblongues, et disposées en cercle. Une disposition analogue se remarque chez les Tortues et quelques autres Reptiles; mais dans les Poissons la sclérotique est cartilagineuse, homogène, élastique et assez ferme pour conserver sa forme par elle-même, bien que fort mince dans quelques espèces. Enfin dans les Mollusques céphalopodes, cette tunique forme en arrière un cône tronqué dont le sommet tient au fond de l'orbite.

La seconde tunique de l'OEil porte le nom de choroïde; elle est appliquée contre la face interne de la sclérotique, et unie au bord intérieur de cette membrane par une zône cellulo-fibreuse, appelée ligament ciliaire. A sa partie antérieure, cette tunique n'adhère point à la face interne de la cornée, mais en est plus ou moins éloignée, et forme une espèce de diaphragme qui partage la cavité de l'OEil en deux parties inégales; c'est l'iris. Son centre est percé d'une ouverture tantôt circulaire, tantôt allongée, nommée pupille; sa face antérieure, diversement colorée, présente en général deux cercles assez distincts; sa face postérieure, que l'on appelle uvée, offre souvent une série de plis disposés en rayons. Dans les Mammifères, les Oiseaux et les Reptiles, ce diaphragme est contractile, et la pupille peut s'agrandir ou se resserrer suivant que la lumière doit être admise en quantité plus ou moins grande dans l'intérieur de l'OEil; mais dans les Poissons l'iris paraît tout-à-fait immobile. Derrière cette cloison membraneuse, et au-devant du ligament ciliaire, on voit naître, de la face interne de la choroïde, un grand nombre de replis saillans nommés procès ciliaires; ils sont placés à côté l'un de l'autre, disposés en rayou, et en général de forme triangulaire; leur extrémité interne tournée un peu en arrière, circonscrit un espace circulaire qui loge le cristallin, et leur bord antérieur, souvent comme frangé, est en rapport avec l'iris. Les lames ciliaires existent dans tous les Mammifères et les Oiseaux, chez la plupart des Reptiles et chez les Seiches; mais ils manquent dans la plupart des Poissons. La portion de la choroïde située en arrière du cercle que nous venons de décrire, est tendue sur la face interne de la sclérotique, et paraît souvent formée de deux feuillets très-distincts. Sa texture est toute vasculaire, et il est à remarquer que les artères occupent sa face externe, et les veines sa face interne, dont l'aspect est souvent velouté. Elle est recouverte dans toute son étendue d'une couche plus ou moins épaisse de pigment dont sa substance est également pénétrée. Dans les Mammifères, ce vernis est noirâtre; mais il manque entièrement chez les individus albinos. Dans les Oiseaux et les Reptiles il est

de la même teinte que dans les Mammifères ; mais dans les Poissons et les
Mollusques céphalopodes, la choroïde elle-même est en général d'un
blanc nacré. Un organe dont on ne
connaît bien ni les fonctions ni la
structure, se trouve entre les deux
lames de la choroïde, chez la plupart des Poissons; on le nomme glande
choroïdienne; Cuvier pense qu'il est
destiné à la sécrétion des humeurs de
l'OEil; Blainville croit que cet organe
est entièrement vasculaire; d'après
Haller et E. Home, ce serait une
masse musculaire ; mais cette dernière opinion paraît la moins probable
de toutes. Quoi qu'il en soit, on y a
assimilé la masse glandulaire qui se
trouve dans l'OEil des Seiches.

L'espace compris entre la cornée
transparente et l'iris, porte le nom de
chambre antérieure de l'OEil, et contient une humeur limpide et aqueuse;
quelques anatomistes le croient ta-
pissé d'une membrane mince et transparente, analogue aux synoviales ;
mais cela paraît douteux. L'espace
circonscrit par l'iris, les procès ciliaires et le cristallin, constitue la chambre postérieure de l'OEil, également
remplie par l'humeur aqueuse et en
communication directe avec la chambre antérieure par l'intermédiaire de
la pupille, si ce n'est pendant la vie
embryonaire, car alors cet orifice
n'existe pas encore. L'étendue de ces
deux cavités varie beaucoup suivant
le milieu qu'habitent les Animaux.
Dans les Oiseaux et les Mammifères
leur profondeur est assez considérable, mais dans les Poissons elles sont
réduites presqu'à rien, et dans les
Seiches elles n'existent pas. Au-delà
de la chambre postérieure de l'OEil
se trouve la capsule cristalline; c'est
une petite poche sans ouverture, parfaitement transparente, et renfermant
dans son intérieur un corps diaphane, lenticulaire, et formé de couches
superposées plus ou moins distinctes,
et plus dures au centre que vers la
circonférence. Aussi paraît-il être
un produit de la sécrétion de la
membrane capsulaire plutôt qu'un

corps organisé et vivant. Cette lentille, nommée cristallin, est très-volumineuse et presque sphérique dans
les Poissons ; dans les Mollusques céphalopodes son diamètre antéro-pos-
térieur est encore plus considérable,
et elle paraît formée par la réunion
de deux portions de sphère placées
au-devant l'une de l'autre ; dans les
Mammifères et les Oiseaux, le cristallin est au contraire plus ou moins
aplati d'avant en arrière, et en général sa face antérieure est moins convexe que la postérieure, qui est toujours logée dans une excavation de
l'humeur vitrée. On donne ce nom
à une masse gélatineuse et transparente qui occupe toute la partie postérieure du globe de l'OEil, et qui
paraît contenue dans les cellules
d'une membrane extrêmement mince
appelée hyaloïde.

C'est derrière l'humeur vitrée, et
au fond de l'œil que se trouve la
rétine, expansion nerveuse destinée
à percevoir l'impression de la lumière. Elle naît du nerf optique, après
son passage à travers la sclérotique
et la choroïde, et tapisse exactement
la face interne de cette dernière tunique, dont elle est séparée par une
couche plus ou moins épaisse de
pigment. L'épaisseur de la rétine diminue d'arrière en avant, et en général elle se termine près du cercle
ciliaire; sa couleur est blanchâtre, et
sa texture molle et réticulée. Dans
tous les Animaux vertébrés les rayons
lumineux y arrivent directement;
mais dans les Mollusques céphalopodes, sa face interne est recouverte
d'une couche de pigment noir, qui
paraît devoir opposer un obstacle
invincible au passage de ces rayons.

Enfin on trouve encore dans l'OEil
des Oiseaux et de certains Reptiles et
Poissons, une membrane en général
plissée, qui traverse l'humeur vitrée
et s'étend obliquement du point où
le nerf optique traverse la choroïde
à la face postérieure du cristallin ;
son tissu est blanchâtre, mais sa surface est recouverte d'un enduit noir
analogue au pigment de la choroïde.

Quelques anatomistes ont pensé que cet organe singulier que l'on nomme peigne ou *marsupium*, est une expansion nerveuse destinée à augmenter l'étendue de la surface de la rétine ; d'autres au contraire pensent qu'il est de nature vasculaire et sert de voile à la rétine lorsque la lumière qui la frappe est trop vive.

Dans tous les Animaux vertébrés (excepté ceux qui ne paraissent point jouir de la vue, la Taupe par exemple), l'OEil reçoit deux ordres de nerfs, les uns proviennent du trifacial, dont les rameaux se rendent également aux autres organes des sens ; l'autre appartient spécialement à cet organe, et a reçu le nom de nerf optique. *V.* CÉRÉBRO-SPINAL.

Quant aux parties destinées à mouvoir et à protéger les yeux, nous dirons seulement que les premières sont des muscles en général au nombre de six, qui se fixent à la sclérotique d'une part, et aux parois de la fosse orbitaire de l'autre ; les dernières sont cette fosse orbitaire d'une part (*V.* CRANE), et les paupières et leurs appendices de l'autre.

Dans les Mollusques céphalopodes, la plupart des Poissons et les Serpens, les tégumens communs se prolongent sur la face antérieure de l'OEil, et y deviennent plus ou moins minces et transparens ; mais n'y forment point de repli ; tandis que dans la plupart des autres Animaux vertébrés, ils forment au-devant de ces organes des espèces de voile mobile, que l'on nomme paupières. La lame interne de ces replis cutanés, qui se prolonge sur la face antérieure de l'OEil, présente tous les caractères des membranes muqueuses, et porte le nom de conjonctive. Dans l'épaisseur de ces replis, on trouve divers ordres de fibres musculaires qui servent à les mouvoir, et souvent une lame cartilagineuse ou même osseuse. En général, il existe deux paupières horizontales qui, en se rapprochant, ferment complétement la cavité orbiculaire ; mais souvent un troisième repli membraneux, vertical, trans-

parent, et placé au-dessus des premières, forme une troisième paupière indépendante des autres ; c'est la membrane nictitante. Outre les follicules sébacées logées dans l'épaisseur des paupières, on remarque encore dans cette partie un appareil sécrétoire plus ou moins compliqué, destiné à la production des larmes, liquide aqueux, qui sert à favoriser les mouvemens des paupières et de l'OEil. La glande lacrymale elle-même est logée dans l'angle supérieur et externe de l'orbite, et verse le produit de sa sécrétion entre le globe de l'OEil et la paupière supérieure ; enfin, deux petits canaux creusés dans l'épaisseur de ces organes, près de leur commissure interne, se réunissent en un canal commun qui va s'ouvrir dans les fosses nasales, et servent à y conduire la portion surabondante du liquide lacrymal.

Telles sont les parties les plus importantes de l'appareil de la vision chez les Animaux vertébrés et les Mollusques céphalopodes, et les modifications les plus remarquables qu'elles présentent dans ces différentes classes ; des détails plus minutieux auraient été inutiles pour l'objet que nous nous sommes proposé, et même déplacés dans un ouvrage de ce genre. Ce qui importait ici était de donner une idée générale de cet appareil, et de rappeler brièvement les faits d'organisation nécessaires à l'explication de ses fonctions, dont nous nous occuperons à l'article VISION où l'on a renvoyé plus haut.

(H.-M. E.)

Le mot OEIL a été vulgairement employé, par allusion, soit en zoologie, soit en botanique, soit même en minéralogie ; ainsi l'on a appelé :

OEIL simplement, le Bouton ou Bourgeon naissant des Arbres.

OEIL D'AMMON (Moll.), l'*Helix Oculus-Capri* de Müller.

OEIL-BLANC (Ois.), nom de pays de la Fauvette Tchéric.

OEIL DE BŒUF (Bot. Zool.), le *Sparus macrophthalmus* parmi les Poissons ; le Roitelet, *Motacilla Regulus*, parmi les Oiseaux ; l'*Helix Oculus-Capri* parmi les Coquilles ; les Chrysanthèmes des champs et Leucanthème, les Buphtalmes et l'*Anthemis tinctoria* parmi les Plantes.

OEIL DE BOUC (Zool. et Bot.), la plupart des Patelles de nos côtes, et le Peson, *Helix Algira*, parmi les Mollusques ; la Pyrèthre et le *Chrysanthemum Leucanthemum* parmi les Végétaux.

OEIL DE BOURIQUE (Bot.), le Pois-à-gratter, *Dolichos urens*, dont la graine ressemble effectivement à un gros OEil.

OEIL DE CHAT (Bot.), les fruits du *Guilandina Bonduc* dans les colonies.

OEIL DE CHEVAL (Bot.), l'*Inula Helenium*.

OEIL DE CHÈVRE (Bot.), les Graminées du genre *Ægilops* dont le nom scientifique est la traduction.

OEIL DE CHIEN (Bot.), le *Gnaphalium dioicum*, la Conyse squarreuse et le *Plantago Psyllium*.

OEIL DE CHRIST (Bot.), une Inule et l'*Aster Amellus*.

OEIL DE CORNEILLE (Bot.), un Agaric vénéneux dans Paulet, qui n'est pas encore scientifiquement spécifié.

OEIL DU DIABLE (Bot.), l'*Adonis æstivalis*.

OEIL DE DRAGON (Bot.). Céré, ancien directeur du jardin de l'Etat à l'Ile-de-France, donnait, on ne sait pourquoi, ce nom bizarre aux fruits de Longanier qui ne ressemblent à aucune sorte d'OEil ; et depuis les Dictionnaires reproduisent ce nom qui n'est employé nulle part dans les colonies orientales, encore qu'on le donne comme y étant celui d'un Litchi.

OEIL DE FLAMBE (Moll.), le *Trochus vestiarius*.

OEIL DU JOUR (Ins.), même chose que Paon de jour. *V.* ce mot.

OEIL DE LOUP (Pois. foss.), même chose que Bufonites. *V.* ce mot.

OEIL D'OR (Ois.), syn. de Garrot, espèce du genre Canard. *V.* ce mot ; (Pois.), un Lutjan, *Lutjanus Chrysops*; (Bot. Crypt.), un très-joli Lichen du genre *Borrera*, qui croît indifféremment dans nos régions et au cap de Bonne-Espérance ; le *Borrera chrysopthalma*.

OEIL D'OLIVIER (Bot. Crypt.), on ne sait quel Agaric, dans Paulet.

OEIL DE PAON (Pois.), le *Chætodon occellatus*; (Ins.), le Paon du jour, *Papilio Io*, L.

OEIL PEINT (Ois.). Lachesnaye des Bois indique sous ce nom, dans son Dictionnaire, un Oiseau du Mexique qui est l'*Yxcuicuil* de Hernandez, ce qui ne le fait pas mieux connaître.

OEIL DE PERDRIX (Bot.), les Myosotides dans le midi de la France, le *Scabiosa columbaria* et l'*Adonis æstivalis*.

OEIL-ROUGE (Pois.), un Cyprin.

OEIL DE RUBIS (Moll.), une Patelle.

OEIL DE SAINTE-LUCIE (Moll.), l'opercule d'une Coquille du genre Trochus ; qui s'était répandu dans l'ancienne pharmacie et dans les collections, comme une pierre douée de grandes propriétés.

OEIL DE SERPENT (Pois. foss.), même chose que Bufonites. *V.* ce mot.

OEIL DE SOLEIL (Bot.), la Matricaire commune.

OEIL DE VACHE (Moll.), l'Hélice glauque; (Bot.), les *Anthemis arvensis* et *Cotula*.

OEIL DE VERRE (Ois.), le *Colymbus septentrionalis* et autres Plongeons dans divers cantons de la France, et le *Sylvia Madagascariensis* dans les colonies à l'est de l'Afrique. (B.)

OEIL DE BŒUF (Min.). Les joailliers allemands donnent ce nom à une variété de Pierre de Labrador, dont les reflets sont brunâtres.

OEIL DE CHAT ou CHATOYANTE, variété de Quartz, d'un gris-verdâtre ou d'un jaune-brunâtre, offrant des reflets blanchâtres, nuancés de la couleur du fond. Suivant Cordier, ses chatoiemens sont dûs à des filets d'Asbeste interposés dans la pierre, et dont les surfaces soyeuses réfléchissent successivement les rayons lumineux, pendant qu'on la fait mouvoir ; ils deviennent très-sensibles, lorsque la pierre est taillée en cabochon. Cette pierre est infusible, ce qui la distingue d'une autre pierre chatoyante, connue sous le nom d'OEil de Poisson, et qui est une variété de Feldspath. L'OEil de Chat est une pierre fort rare, et d'un assez haut prix : les plus estimées nous viennent de Ceylan et du Malabar. *V.* QUARTZ CHATOYANT.

OEIL DU MONDE. Les anciens qui connaissaient parfaitement les variétés de Quartz, que nous nommions Enhydre et Hydrophane, les rangeaient au nombre des merveilles de la nature sous le nom pompeux d'*Oculus mundi*. Pline les a décrites avec assez de justesse, et elles ont été célébrées par Claudien dans quelques-unes de ses épigrammes.

OEIL DE PERDRIX, surnom donné à la bonne pierre meulière des carrières de Domme, département de la Dordogne.

OEIL DE POISSON ou PIERRE DE LUNE, variété du Feldspath adulaire, présentant un fond blanchâtre, avec des reflets d'un blanc nacré ou d'un bleu céleste, qui semblent flotter dans l'intérieur de la pierre, lorsqu'elle est taillée en cabochon, et qu'on la fait mouvoir.   (G. DEL.)

* OEILLÉ. ZOOL. Espèce du genre Dindon, *Meleagris ocellatus*, figuré par Temminck, et avant lui par Cuvier dans les Mémoires du Muséum d'Histoire Naturelle de Paris. On a donné le même nom à une Couleuvrée, à un Squale, au Pleuronecte Argus, à un Labre, ainsi qu'à plusieurs autres Poissons.   (B.)

* OEILLÈRE. POIS. Espèce de Bodian d'Amboine. *V.* BODIAN.   (B.)

OEILLET. *Dianthus.* BOT. PHAN. Ce genre est le plus remarquable de la famille des Caryophyllées qui a tiré son nom d'une espèce très-répandue dans les jardins, et à laquelle les anciens donnèrent le nom de *Caryophyllus* à cause de l'odeur de girofle qu'elle exhale. Il appartient à la Décandrie Digynie, L., et il offre les caractères suivans : calice tubuleux, cylindracé, à cinq dents, muni à sa base de deux, quatre ou un plus grand nombre d'écailles par paires opposées et croisées à angles droits ; corolle formée de cinq pétales dont les onglets sont étroits et de la longueur du tube calicinal ; le limbe est arrondi, souvent frangé ; dix étamines à filets subulés, élargis au sommet, analogues aux onglets des pétales, et surmontés d'anthères ovales-oblongues ; deux styles longs et divergens ; capsule oblongue, déhiscente par la partie supérieure, uniloculaire, renfermant un grand nombre de graines attachées à un placenta central. Ces graines sont peltées, convexes d'un côté et concaves de l'autre ; elles ont un embryon légèrement courbé. Ce genre, excessivement naturel, est néanmoins fort rapproché des genres *Gypsophila*, *Silene* et *Lychnis* qui composent avec lui la première section de la famille des Caryophyllées, section à laquelle on a donné les noms de Silénées et de Dianthinées, et qui a pour caractère essentiel la soudure intime des sépales du calice en un tube cylindrique. Scopoli, dans sa Flore de Carniole, a formé sur le *Dianthus prolifer*, L., un genre qu'il a nommé *Tunica* du nom que les fleurs d'OEillet (*Tunicus Flos*) portaient dans les anciens livres de matière médicale ; mais ce genre n'a pas été adopté.

Le nombre des espèces d'OEillets est très-considérable ; car les auteurs en ont décrit à peu près cent vingt, dont plus de la moitié sont indigènes de l'Europe, principalement de la partie méridionale qui constitue la région méditerranéenne, et conséquemment de la partie nord de l'Afrique qui fait partie de cette région naturelle. On en trouve aussi un grand nombre dans les pays montagneux de l'Asie, particulièrement dans la chaîne du Caucase, dans les contrées élevées de la Sibérie, de la Chine et du Japon. Un petit nombre se rencontre vers la pointe australe de l'Afrique. L'Amérique paraît en être dépourvue, à l'exception d'une ou deux espèces qui habitent les Etats-Unis. Les OEillets sont des Plantes herbacées, vivaces par leurs racines qui sont fibreuses, et desquelles s'élèvent ordinairement plusieurs tiges munies d'espace en espace de nœuds cassans, véritables articulations dans le sens qu'on doit attacher à ce mot en botanique, c'est-à-dire des parties organiques de la tige où celle-ci est susceptible d'être facilement divisée. Les feuilles sont opposées sur chacun de ces nœuds; elles sont en général linéaires, aiguës, entières, canaliculées et glauques. Les fleurs, disposées au sommet des tiges ou de leurs ramifications supérieures, sont blanches, purpurines ou panachées; elles exhalent souvent l'odeur la plus suave. La culture, sous ce rapport, en a produit un grand nombre de variétés qui ont pour type quelques espèces que nous allons passer en revue.

Afin de faciliter la détermination des espèces, on a divisé le genre OEillet en deux coupes; l'une qui comprend toutes les espèces à fleurs agrégées en tête ou en corymbes, sessiles ou pédonculées; l'autre qui se compose des OEillets à fleurs en panicules ou solitaires.

La première section, nommée *Armeriastrum* par Seringe (*in De Cand. Prodrom. Syst. Veget.*, 1, p. 355), ne renferme que vingt-six espèces formant trois subdivisions caractérisées d'après les bractées ovales et mutiques dans la première subdivision; lancéolées-aiguës, avec des calices striés-velus dans la seconde; ovales ou lancéolées, avec des calices glabres et à peine striés dans la troisième.

La seconde section (*Caryophyllum*, Seringe) comprend quatre-vingt-sept espèces partagées en deux subdivisions : la première caractérisée par

ses pétales, simplement dentés; la seconde par ses pétales frangés. Nous allons décrire quelques-unes des espèces les plus remarquables de ces diverses sections.

L'OEILLET BARBU, *Dianthus barbatus*, L., vulgairement OEillet de poëte. De ses racines fibreuses vivaces naissent plusieurs tiges d'abord couchées à la base, puis redressées, hautes d'environ un pied, garnies de feuilles rapprochées, lancéolées, d'un vert foncé et glabres. Les fleurs sont rassemblées en un faisceau terminal très-dense; elles sont hérissées de pointes subulées, formées par les écailles de la base du calice qui se prolongent jusqu'à la hauteur du tube de celui-ci. Ces fleurs sont rouges ou panachées de rouge et de blanc; ce mélange de couleurs leur donne un aspect fort agréable; aussi, l'OEillet de poëte, qui croît naturellement dans les lieux secs et stériles de l'Europe méridionale, est-il recherché comme Plante d'ornement, et cultivé dans les parterres où l'on en forme des plate-bandes. Il a produit un grand nombre de variétés doubles et simples, qui se distinguent par les nuances de leurs couleurs. Outre son nom d'OEillet de poëte, on donne à cette espèce cultivée, les noms vulgaires d'OEillet-Bouquet, de Bouquet-Parfait et de Jalousie.

L'OEILLET DES CHARTREUX, *Dianthus Carthusianorum*, L. Cette jolie petite espèce se trouve abondamment dans les pâturages secs et dans les lieux incultes de toute l'Europe. Sa tige est droite, grêle, haute d'environ un pied, garnie de feuilles étroites, linéaires, à trois nervures. Les fleurs sont rouges et sont rassemblées en petit nombre en un faisceau terminal, accompagnées de bractées plus courtes que le tube calicinal. On cultive cet OEillet dans quelques jardins; mais il est inférieur, pour l'agrément, à l'OEillet de poëte, et on lui donne également le nom de Bouquet-Parfait. La culture fait varier la couleur des fleurs du rouge au blanc;

en offrant toutes les nuances intermédiaires.

Parmi les autres espèces à fleurs fasciculées, nous en mentionnerons une très-agréable que l'on trouve fréquemment le long des bois et dans les lieux stériles de l'Europe. C'est le *Dianthus Armeria*, L., dont les fleurs ont de petits pétales rouges et des calices accompagnés d'écailles ciliées et velues.

L'OEILLET DES FLEURISTES, *Dianthus Caryophyllus*, L. Cette espèce est la souche de toutes ces belles variétés que la culture a fait éclore dans les jardins. Elle croît spontanément dans les fentes des rochers et des vieux murs de l'Europe méridionale; on la trouve aussi dans plusieurs de nos départemens occidentaux. Sa racine ligneuse produit des tiges dont la base est étalée, mais qui se redressent et s'élèvent à la hauteur d'un pied et davantage. Elles sont plus ou moins rameuses supérieurement et garnies à chaque nœud de feuilles linéaires, lancéolées, canaliculées, très-aiguës à leur sommet, et glauques ainsi que les tiges. Les fleurs sont pédonculées et solitaires aux extrémités des ramifications. L'odeur de ses fleurs est très-suave et se rapproche de celle des clous de girofle. La couleur, dans la Plante sauvage, est le rouge plus ou moins vif; mais dans les variétés cultivées elle est nuancée ou panachée de mille manières. Il en est résulté un nombre infini de variétés. Les fleuristes en effet, sur la moindre différence, ont distingué ces fleurs par des noms emphatiques ou par des mots qui n'ont pas le moindre rapport avec des OEillets. Ainsi le Jupiter, la France triomphante, le Grand-Clovis, le Bâton royal, etc., sont de ces dénominations ambitieuses qui ne s'appliquent en aucune manière à des fleurs, et qui, pour aider la mémoire, ne valent pas mieux que de simples numéros. La manie des OEillets a été poussée peut-être encore plus loin que celle des Tulipes et des Roses, et l'on sait jusqu'à quel point les amateurs ont porté leur enthousiasme pour ces belles Plantes. L'OEillet joint l'élégance du port au coloris le plus brillant et le plus varié, ainsi qu'à l'odeur la plus agréable; il est très-susceptible de revêtir ces formes monstrueuses qui plaisent tant à la multitude; il double avec la plus grande facilité, et alors ses organes floraux, excepté le calice, deviennent des pétales dont le nombre est indéfini. Mais souvent l'exubérance de cette transformation fait rompre le tube calicinal, les pétales, dont les onglets ne sont plus contenus dans un tube cylindrique, s'épanchent au travers de la fissure, et la fleur perd toute sa grâce. Les amateurs remédient à cet inconvénient en entourant le calice d'un petit cercle de carton.

On rencontre dans les jardins une variété remarquable par le développement excessif des bractées, ou plutôt par la transformation en bractées des feuilles caulinaires; il y en a quelquefois jusqu'à trente paires qui se croisent à angles droits. On a désigné cette variété sous le nom de *Dianthus Caryophyllus imbricatus*.

Ce qui contribue à étendre la culture des OEillets, c'est la facilité avec laquelle on peut les multiplier. Nous donnerons plus bas quelques détails sur cette culture.

Les fleurs d'OEillets étaient autrefois usitées en médecine comme excitantes et diaphorétiques, mais on ne pouvait compter sur l'efficacité d'un tel médicament, puisque son action dépendait d'un principe volatil très-fugace. On en prépare encore un sirop que l'on administre comme cordial et stomachique, mais qui doit être considéré plutôt comme une liqueur d'agrément que comme une préparation pharmaceutique. Les liquoristes font un ratafia d'OEillet qui jouit des propriétés de la fleur; enfin les parfumeurs en fixent l'odeur dans plusieurs de leurs cosmétiques.

L'OEILLET MIGNARDISE, *Dianthus plumarius*, L. Ses tiges redressées ne s'élèvent qu'à huit ou dix

pouces; elles portent des feuilles linéaires, d'un vert glauque, celles
de la base en gazon. Les fleurs, au
nombre de deux ou trois aux extrémités des tiges, sont d'un rose pâle,
et douées d'une odeur légèrement
musquée. Les pétales sont partagés,
jusqu'au tiers de leur longueur, en
lobes linéaires. Cette espèce est indiquée comme indigène des contrées
méridionales de l'Europe; on la cultive depuis long-temps dans les jardins, où l'on en forme de charmantes
bordures. De même que toutes les espèces d'OEillets, celle-ci offre beaucoup de variétés de fleurs doubles
ou simples, et colorées de toutes les
nuances intermédiaires entre le pourpre et le blanc; on en voit beaucoup
de couleur de chair, d'autres qui ont
des taches d'un rouge velouté à la
base du limbe des pétales. C'est à
cette dernière variété qu'on donne le
nom de Mignardise couronnée. On
rencontre dans les bois et les pâturages élevés de l'Europe, une espèce
qui a du rapport avec la précédente
par les pétales frangés, mais qui est
beaucoup plus grande dans toutes
ses parties. Cette Plante (*Dianthus
superbus*, L.), dont la culture a été
long-temps négligée, commence à
se répandre dans les jardins.

Quoique les OEillets naissent en
général dans des terrains arides, et
que par conséquent ils ne soient pas
très-délicats dans leur culture, cependant comme on vise à obtenir de
belles races, aussi riches en couleur
que distinguées par l'amplitude de
leurs formes, il convient de leur
donner une terre abondante en sucs
nourriciers, et pourtant assez meu-
ble, telle que celle d'alluvion ou la
terre franche des potagers. On emploie aussi avec avantage le terreau
provenant des vieilles couches faites
avec des feuilles ou du fumier; enfin les terres tirées des marais ou des
tourbières. C'est à la nature d'un
pareil terrain, commun dans quelques pays occidentaux de l'Europe,
tel que celui des Pays-Bas et de la
Flandre, qu'on doit attribuer la su-

périorité des OEillets de ces pays.
Tous les moyens de reproduction
sont mis en usage pour les OEillets.
Les semis font obtenir de nombreuses
variétés, mais il faut beaucoup de
temps et de patience, et d'ailleurs
on ne peut se servir de ce moyen que
pour les fleurs simples ou semi-dou-
bles; à l'égard des OEillets, dont
toutes les étamines sont converties en
pétales, on ne peut s'en servir à
moins que les pistils ne soient pas
entièrement transformés; dans ce cas
on pratique des fécondations artificielles par l'aspersion du pollen des
fleurs simples sur les stigmates des
fleurs qui n'ont plus d'étamines.
Quoiqu'il en soit, après avoir obtenu des germinations par des semis
convenables et soignés, on place, en
automne, les jeunes plants dans des
pots, et les OEillets commencent à
fleurir dès le printemps ou pendant
l'été de l'année suivante.

Lorsque par le moyen des graines
on s'est procuré de nouvelles variétés,
il est facile de les conserver par les
boutures, et surtout par les marcottes. Ces opérations d'horticulture
réussissent avec une facilité extraordinaire, vu l'organisation des tiges
d'OEillets que nous avons dit être divisées par des nodosités. On sait que
celles-ci ne sont autre chose que des
parties très-disposées à prendre racine, à cause des sucs en stagnation
qu'elles contiennent. La greffe est
peu employée; cependant on peut
s'en servir pour changer des pieds
simples et vigoureux en variétés plus
belles, et faire porter à plusieurs
branches d'un même plant des variétés de couleurs différentes.

L'exposition des OEillets ne doit
pas être très-chaude; on doit les
placer autant que possible à l'air
libre en les abritant, sous des Arbres
ou des berceaux de verdure, des
rayons d'un soleil trop ardent et des
pluies d'orage; ils demandent à être
arrosés médiocrement et de préférence le soir. On obtient de plus
belles fleurs en se servant de pots
en général petits et percés de plu-

sieurs trous. Comme les tiges des OEillets sont faibles et cassantes, on leur donne des tuteurs, c'est-à-dire qu'on les attache à des baguettes ou à des treillages. Pendant les rigueurs de l'hiver il est nécessaire de placer les OEillets dans des serres, mais ils ne s'y plaisent pas très-bien, et on les sort dès que le beau temps le permet, c'est-à-dire à la fin de mars ou au commencement d'avril. Plusieurs variétés, néanmoins, passent l'hiver en pleine terre et supportent des froids assez considérables, surtout lorsque la terre est couverte d'une couche épaisse de neige.

         (G..N.)

OEILLET DE MER. POLYP. Syn. vulgaire de *Caryophyllia*. *V*. CARYOPHYLLIE.   (B.)

OEILLETTE. On donne ce nom aux Pavots dans les pays où on en cultive pour extraire l'huile de leurs graines.   (B.)

OENANTHE. OIS. Nom donné à quelques espèces du genre Traquet, et que Vieillot a appliqué à une sous-division de ce genre. *V*. TRAQUET et MOTEUX.   (DR..Z.)

OENANTHE. BOT. PHAN. Ce genre de la famille des Ombellifères, et de la Pentandrie Digynie, L., offre les caractères suivans : involucre ordinairement nul ou composé d'un petit nombre de folioles; involucelles polyphylles; calice à cinq dents fines, persistantes; corolle dont les pétales sont cordiformes, infléchis, égaux dans les fleurs du centre de l'ombelle; ceux des fleurs marginales grands et irréguliers; fruits prismatiques, à cinq côtes aiguës ou obtuses, couronnés par les dents du calice et les styles. Les fleurs sont blanches, et leurs ombelles sont composées d'un petit nombre de rayons. Linné, auteur de ce genre, n'y comprenait qu'un petit nombre d'espèces, toutes indigènes d'Europe, et qui sont des Plantes aquatiques, à feuilles simplement ailées, et à racines fasciculées. Le nombre en fut ensuite considérablement augmenté par l'addition de plusieurs espèces rapportées du cap de Bonne-Espérance, par Thunberg, et d'autres, de l'Amérique septentrionale, décrites par divers auteurs; mais il faut déduire du nombre des espèces publiées, la plupart de celles qui ont été formées par les floristes de l'Europe aux dépens des espèces linnéennes, et qui ne sont en réalité que des variétés à peine sensibles de ces Plantes. Lamarck a réuni à l'OEnanthe le *Phellandrium aquaticum*, et Sprengel l'*Ottoa œnanthoïdes* de Kunth, ainsi que l'*Huanaca acaulis* de Cavanilles. D'un autre côté, il faut éliminer du genre dont il est ici question l'*OEnanthe purpurea* de Lamarck, fondé sur le *Phellandrium mutellina*, L., et l'*OEnanthe rigida* de Nuttall, qui est une espèce de *Pastinaca*. Au moyen de ces additions et retranchemens, le genre *OEnanthe* se trouve composé d'environ une vingtaine d'espèces qui, plus que toutes les autres Ombellifères, se trouvent disséminées à la surface du globe. Ainsi on en trouve six ou huit dans l'Europe méridionale et tempérée; à peu près autant dans l'Amérique boréale, parmi lesquelles plusieurs sont communes à cette région et à l'Europe; cinq au cap de Bonne-Espérance; deux dans l'Afrique boréale; une dans l'Orient; une sur la côte de Patagonie, dans l'Amérique australe. Parmi les espèces européennes, nous mentionnerons les *OEnanthe fistulosa, pimpinelloïdes* et *crocata*, L. La première est très-abondante dans les eaux stagnantes; elle est remarquable par ses feuilles dont les pétioles sont fistuleux; ses fruits forment une tête globuleuse. La seconde que l'on rencontre fréquemment dans les prés marécageux, a ses feuilles radicales deux ou trois fois ailées, à folioles incisées, assez semblables à celles du Persil. L'*OEnanthe crocata* a des racines composées de cinq ou six tubercules oblongs et fusiformes; sa tige est cannelée, rameuse, d'un vert roussâtre, et pleine d'un suc jaune safrané, qui a valu à la Plante son nom spécifique. Ses feuilles sont deux fois ailées, à folioles sessiles, cunéiformes et incisées vers le sommet; les fleurs sont disposées en ombelles hémisphériques à dix ou douze rayons, et ayant un involucre général à plusieurs folioles, caractère qui s'éloigne un peu des autres espèces. Cette Plante croît sur les bords des étangs et des rivières, dans plusieurs contrées de l'Europe occidentale. Ses racines et ses feuilles passent pour excessivement vénéneuses. On les a employées comme médicamens contre certaines maladies de la peau; mais les accidens qu'elles occasionent les ont fait rejeter de la matière médicale.

Les anciens botanistes donnaient le nom d'*OEnanthe* non-seulement à des Ombellifères qui ne font point partie du genre dont il a été question dans cet article, mais même à un *Thalictrum*, à une Pédiculaire, à la Filipendule et à la Vigne sauvage.

(G..N.)

OENAS. ois. Nom spécifiquement scientifique du Colombin (*V.* PIGEON). Il a aussi été appliqué par Vieillot aux genres Ganga et Inas. *V.* ces mots.

(DR..Z.)

OENAS. *OEnas.* INS. Genre de l'ordre des Coléoptères, section des Hétéromères, famille des Trachélides, tribu des Cantharidies, établi par Latreille aux dépens des *Lytta* de Fabricius, et adopté par Olivier et tous les entomologistes. Les caractères de ce genre sont : antennes grainées, coudées, guère plus longues que la tête, et terminées par une tige en fuseau ou cylindrique, composée des neuf derniers articles. Mandibules arquées, munies à leur partie interne d'un petit avancement membraneux. Mâchoires coriaces, bifides; division extérieure grande, arrondie, comprimée. Quatre palpes filiformes; dernier article en pointe obtuse. Tarses simples, terminés par quatre crochets. Ce genre, qui semble faire le passage des Mylabres aux Méloés et aux Cantharides, ne diffère des derniers que par les antennes. Les Cérocomes, qui en sont très-voisins, en sont aussi bien distingués par leurs antennes irrégulières. Les OEnas se trouvent, comme les Cantharides et les Mylabres, sur les fleurs. Leurs mœurs sont inconnues, mais il est probable qu'elles ne diffèrent pas de celles de ces deux genres. Ces Insectes sont propres aux contrées chaudes de l'Europe et de l'Afrique; on en connaît quatre ou cinq espèces; nous citerons comme le type du genre :

L'OENAS AFRICAIN, *OEnas afer*, Latr., Oliv. (Encyclopédie); *Meloe afer*, L.; *Lytta afra*, Fabr.; Cantharide africaine, Oliv. (Encycloped. et Entom. T III, n° 46, pl. 1, fig. 4, a-b). Long de près de quatre lignes et demie; antennes noires; tête très-inclinée, noire; corselet rouge, un peu plus étroit que la tête; élytres noires et pointillées; tout le corps en dessous noir et luisant. On trouve cette espèce sur la côte de Barbarie.

(G.)

* OENOCARPE. *Œnocarpus.* BOT. PHAN. Martius, dans son splendide ouvrage publié récemment sous le titre de *Gener. et Spec. Palm. Brasil.*, a établi ce genre, qui appartient à la famille des Palmiers et à la Monœcie Hexandrie, L. Voici les caractères essentiels qu'il lui attribue : fleurs monoïques dans le même régime; spathe double, ligneuse; fleurs sessiles. Les mâles ont un calice très-court, monophylle, à trois découpures plus ou moins profondes; une corolle à trois pétales; six étamines, à filets subulés et à anthères divisées, linéaires, plus longues que les filets. Les fleurs femelles ont un calice triphylle, enveloppant entièrement la corolle, qui est composée de trois pétales roulés en tête sur eux-mêmes; ovaire uniloculaire, surmonté de trois stigmates excentriques. Le fruit est une baie qui ne renferme qu'une seule graine pourvue d'un albumen solide et d'un embryon basilaire.

Les Palmiers qui composent ce genre sont indigènes des contrées voisines de l'équateur dans l'Amérique méridionale. Martius (*loc. cit.*, p. 22, t. 22-27) en a décrit et figuré avec beaucoup de soin cinq espèces, sous les noms d'*OEnocarpus distichus*, *OE. Bataua*, *OE. Bacaba*, *OE. minor*, et *OE. circumtextus*. Les tiges de ces Arbres s'élèvent verticalement à une hauteur qui varie entre trente et quatre-vingts pieds ; ils sont ordinairement cylindriques, quelquefois renflés vers leur milieu, marqués d'anneaux peu distincts, et offrent dans leur intérieur des fibres ligneuses concentriques vers la périphérie. Les frondes sont pinnées, étalées avec élégance, portées sur des pétioles très-larges et engaînans à la base, disposées alternativement dans l'*OEnocarpus distichus*, que l'on doit regarder comme le type du genre. Les régimes des fleurs sortent de la base des frondes inférieures ; ils sont divisés en rameaux nombreux, groupés, flexueux à la base et au sommet, droits dans le reste de leur étendue, et couverts partout, excepté à la base, de fleurs pâles ou brunâtres, sessiles dans de petites fossettes. Les fruits ont une couleur d'un bleu purpurin ou d'un gris violet ; leur chair est rougeâtre, et leur noyau est brun extérieurement. Les habitans de l'Amérique méridionale préparent avec le fruit de quelques espèces (*OE. Bataua* et *OE. Bacaba*) une boisson vineuse ; et c'est de cette circonstance que Martius a tiré l'étymologie du nom générique. L'*OE. distichus* est cultivé dans les bourgades à cause de son fruit, qui, après avoir été cuit et soumis à la presse, donne une huile limpide, inodore, d'une saveur très-agréable.

Sprengel, dans sa nouvelle édition du *Systema Vegetabilium*, regarde le genre *Oreodoxa* de Willdenow et Kunth, comme congénère de l'*OEnocarpus*. Si ce rapprochement est exact (ce dont il est permis de douter, puisque l'*Oreodoxa* est décrit comme ayant les fleurs hermaphrodites), le nom d'*Oreodoxa*, ayant l'antériorité, doit être préféré à celui donné par Martius.   (G..N.)

OENONE. *OEnone*. ANNEL. Genre de l'ordre des Néréidées, famille des Eunices, fondé par Savigny (*Syst. des Annelides*, p. 14 et 55) qui lui assigne pour caractères distinctifs : trompe armée de neuf mâchoires, quatre du côté droit, cinq du côté gauche ; les deux mâchoires intérieures et inférieures fortement dentées en scie. Antennes comme nulles. Branchies indistinctes. Front caché sous le premier segment, dont la saillie antérieure est arrondie. Ce genre, le dernier de la famille des Eunices, diffère essentiellement des Léodices et des Lysidices par un plus grand nombre de mâchoires ; sous ce rapport il ressemble aux Aglaures, mais il est cependant possible de l'en distinguer, en ayant égard à la saillie du premier segment qui est divisé en deux lobes chez ces dernières, tandis qu'il est arrondi chez les OEnones. Celles-ci sont de petites Annelides dont le corps est linéaire, cylindrique et composé de segmens courts et nombreux ; le premier segment, vu en dessus, paraît très-grand, arrondi par-devant en demi-cercle et débordant la tête ; le second est plus long que le troisième. La tête a deux lobes, et se trouve cachée sous le segment qui suit. Elle supporte des yeux peu distincts, les antennes ne sont point saillantes, et paraissent nulles. Il n'existe point de cirres tentaculaires, mais on compte un très-grand nombre de pieds ambulatoires à deux faisceaux inégaux de soies simples ou terminés par une barbe ; les cirres supérieurs et les cirres inférieurs de ces appendices ambulatoires sont presque également allongés et obtus ; la dernière paire est à peu près semblable aux autres. On ne connaît qu'une espèce :

L'OEnone BRILLANTE, *OEnone lucida*, Sav. Elle a des rapports de forme avec le *Lumbricus fragilis* de Müller, et se trouve sur les côtes de la mer Rouge (*V.* l'ouvrage d'Egypte, pl. 5, fig. 5). Savigny la décrit de la manière suivante : corps long d'un pouce, un peu renflé vers la tête,

formé de cent quarante-deux segmens; le premier égal en longueur
aux trois suivans réunis. Rames un
peu renflées au-dessus des soies de
leur faisceau supérieur, qui est moins
épais que l'autre. Soies jaunâtres;
les supérieures plus déliées, prolongées en barbe fine; les inférieures
terminées par une courte barbule. Acicules petits et jaunes. Cirres oblongs
presque parallèles, un peu comprimés, veinés, obtus; l'inférieur adhérent jusqu'à l'extrémité de la rame.
Couleur cendré-bleuâtre avec de riches reflets. (AUD.)

OENONE. BOT. PHAN. Ancien synonyme d'Argémone. *V*. ce mot. (B.)

OENOPLIA. BOT. PHAN. Deux espèces de Jujubiers, indigènes des
climats chauds, avaient été ainsi désignés par Belon et Clusius. Linné
les a placés dans son genre *Rhamnus;*
mais ils portent maintenant les noms
de *Zizyphus Spina Christi* et *Zizyphus OEnoplia.*

Schultes (*System. Veget.*, 5, n. 962)
a donné ce nom à un genre fondé sur
d'autres espèces de *Rhamnus* ou de
Zizyphus; mais le même genre ayant
été formé autrefois par Necker sous
le nom de *Berchemia*, le professeur
De Candolle a retenu cette dernière
dénomination. *V*. BERCHEMIA au
Supplément. (G..N.)

OENOTHERA. BOT. PHAN. *V*.
ONAGRE.

OENOTHÉRÉES. BOT. PHAN. Famille naturelle de Plantes plus généralement désignée sous le nom
d'Onagraires. *V*. ce mot. (A. R.)

* OEPATA. BOT. PHAN. Sous ce
nom est décrit et figuré dans Rhéede
(*Hort. Malab.*, vol. IV, p. 95, tab.
45) l'*Avicennia tomentosa*, L. Dans
le texte il est aussi nommé *Upata*,
dénomination employée comme générique par Adanson. *V*. AVICEN-
NIE. (G..N.)

OERUA ET OERVE. BOT. PHAN.
Pour *Ærua*. *V*. ce mot. (G..N.)

OESOPHAGE. ZOOL. La portion
du canal alimentaire qui s'étend du
pharynx à l'estomac. *V*. INTESTINS.
  (IS. G. ST.-H.)

OESTRE. *OEstrus*. INS. Genre de
l'ordre des Diptères, famille des
Athéricères, tribu des OEstrides,
établi par Linné, adopté par tous les
entomologistes, et restreint par Latreille qui lui assigne pour caractères:
cuillerons de grandeur moyenne, et
ne recouvrant qu'une partie des balanciers; ailes en recouvrement au
bord interne; les deux nervures longitudinales qui viennent immédiatement après celles de la côte, fermées
par le bord postérieur qu'elles atteignent, et coupées, vers le milieu
du disque, par deux petites nervures
transverses; milieu de la face antérieure de la tête offrant un petit sillon longitudinal, et renfermant une
petite ligne élevée, bifurquée inférieurement. Ce genre, ainsi caractérisé, se distingue des Hypodermes,
des Cutérèbres, Céphénémyies et
OEdémagènes, qui ont été formés
par Latreille aux dépens du genre
OEstre de Linné, parce que les OEstres proprement dites n'ont point de
trompe ni de palpes, et que leur cavité buccale est fermée. Les Cépha-
lémyies, qui en sont les plus voisines, s'en distinguent parce que leurs
ailes sont écartées, et par d'autres
caractères tirés des nervures des ailes.
Les Grecs désignaient sous le nom
d'OEstres des *Cymothoa* qui incom-
modent beaucoup les Poissons. Aristote paraît avoir voulu parler, soit
d'un *Cymothoa* qui attaque le Thon
et l'Espadon, soit d'un Hydrocorise.
Ælien appelle OEstres, des Insectes
ayant un aiguillon très-fort à la bouche, qui bourdonnent en volant et
tourmentent les Bœufs. Latreille pense
qu'il veut parler des Taons. D'après
ces observations, on voit que les anciens n'appliquaient pas le nom
d'OEstre aux Insectes que nous désignons à présent ainsi d'après Linné,
et que ce naturaliste n'a pas recherché exactement s'il donnait ce nom
aux Animaux qui le portaient du
temps d'Aristote. Les OEstres propre-

ment dits, tels que nous les adoptons ici, sont des Diptères d'assez grande taille, ressemblant beaucoup à de grosses Mouches, mais beaucoup plus velus. Ces Insectes, à l'état parfait, semblent appelés uniquement par la nature à remplir les fonctions de la reproduction, et il paraît qu'ils ne prennent pas de nourriture, puisque leurs organes de manducation sont réduits à un état presque rudimentaire. Ces Diptères ne sont pas plutôt parvenus à leur état parfait qu'ils cherchent à s'accoupler, et que bientôt après la femelle se met à la recherche des Animaux sur lesquels elle doit déposer ses œufs. On avait d'abord cru, d'après Vallisnieri et quelques autres auteurs, que l'OEstre allait déposer ses œufs sur les bords de l'anus des Chevaux, et que de-là la larve remontait dans l'estomac, en parcourant toutes les sinuosités des intestins ; Réaumur, qui n'a pas été à même de le vérifier, rapporte ce fait, qui n'est pas du tout en harmonie avec ce que Clark dit des mœurs de cet Insecte. D'après ce dernier naturaliste, l'un des plus célèbres vétérinaires de l'Europe, et auquel on doit une excellente Monographie des OEstres, la femelle, pour effectuer sa ponte, s'approche de l'Animal qu'elle a choisi, en tenant son corps presque vertical dans l'air : l'extrémité de son abdomen, qui est très-allongée et recourbée en haut et en avant, porte un œuf qu'elle dépose, sans presque se poser sur la partie interne de la jambe, sur les côtés et la partie interne de l'épaule, et rarement sur le garrot du Cheval ; cet œuf, qui est entouré d'une humeur glutineuse, s'attache facilement aux poils de l'Animal ; l'OEstre s'éloigne ensuite un peu du Cheval pour préparer un second œuf, en se balançant dans l'air ; elle le dépose de la même manière, et répète ainsi ce manége un très-grand nombre de fois. Clark croyait d'abord que ces œufs étaient pris par la langue du Cheval et portés dans son estomac où ils éclosaient ; mais des observations

plus rigoureuses l'ont convaincu que ces œufs éclosent à l'endroit où ils ont été posés, et que ce n'est qu'à l'état de larve que l'Insecte s'attache à la langue qui vient lécher la partie du corps sur lequel il est collé, et parvient ainsi par l'œsophage dans l'estomac. La larve de l'OEstre de Cheval est sans pates, de forme conique, allongée. Son corps est composé de onze anneaux, garnis chacun, à leur bord postérieur, d'une rangée circulaire d'épines triangulaires, solides, jaunâtres dans la plus grande partie de leur longueur, noires à leur extrémité, et dont la pointe, très-aiguë, est dirigée en arrière. Au-dessus du corps, les anneaux du bout postérieur et ceux qui en sont les plus proches, n'ont point de ces épines qui existent sur les mêmes anneaux du côté du ventre. L'extrémité postérieure, qui est tronquée, figure une espèce de bouche transversale, avec deux lèvres qui peuvent se rejoindre pour fermer l'ouverture qu'elles circonscrivent. On voit, dans l'espèce de cavité profonde que ces lèvres laissent entre elles lorsqu'elles sont écartées, six doubles sillons couchés transversalement, et courbés en dedans de chaque côté, de manière à se rapprocher en cercle. Ces sillons, formés par une substance écailleuse, sont criblés de petits trous que l'on regarde comme les ouvertures des stigmates. Les espèces de lèvres qui recouvrent cet appareil respiratoire sont évidemment destinées à le boucher exactement afin de le protéger contre les alimens liquides et les sucs qui se trouvent dans l'estomac. Il est plus difficile de concevoir comment ces Animaux peuvent exister dans l'estomac, exposés à une température très-élevée et dans un air aussi vicié. Ces larves se nourrissent du chyme qu'elles trouvent dans l'estomac ; elles se tiennent plus ordinairement autour du pylore, et y sont quelquefois en grande quantité. Clark croit que ces larves sont plus utiles que nuisibles aux Chevaux ; Réaumur ayant observé, pendant plusieurs années, des Chevaux attaqués par les OEstres, avait dit également qu'ils ne se portaient pas moins bien que ceux qui n'en nourrissent point ; mais Vallisnieri, d'après Gaspari, leur attribua la cause d'une maladie épidémique qui fit périr, en 1713, beaucoup de Chevaux dans le Véronais et le Mantouan. Lorsque ces larves ont pris tout leur accroissement, elles descendent en suivant les intestins, se traînent au moyen de leurs épines, ou sont portées par les excrémens, jusqu'à ce qu'elles arrivent à l'anus, sur les bords duquel on les trouve souvent suspendues dans les mois de mai et de juin, prêtes à tomber à terre pour y subir leur transformation : arrivées à terre, elles se changent bientôt en chrysalides, leur peau se durcit, devient d'un brun noir et leur sert de coque ; après être restées six ou sept semaines dans cet état, l'Insecte parfait sort de sa coque, en faisant sauter une pièce ovalaire au bout antérieur de cette enveloppe. La larve d'une autre espèce d'OEstre (hémorroïdal) vit aussi dans l'estomac du Cheval.

Le genre OEstre n'est pas encore nombreux en espèces ; celle dont les mœurs et les métamorphoses ont été rapportées plus haut, et qui sert de type au genre, est :

L'OEstre du Cheval, *OEstrus Equi*, Fabr., *Syst. Antl.* ; Oliv., Latr., Clark, *The Bost of Horse*, 2ᵉ édit., tab. 1, fig. 13, 14 ; *OEstrus Vituli*, Fabr., *Ent Syst.* ; *OEstrus Bovis*, L., Fabr., *Spec. Ins.* ; *OEstrus hemorroidalis*, Gmel. ; *OEstrus intestinalis*, Deg. ; *OEstrus*, etc. Geoff. Long de six à sept lignes ; tête d'un blanc jaunâtre avec une impression en forme d'angle sur le vertex, et renfermant les yeux lisses ; corselet jaunâtre ; deux faisceaux de poils relevés avec un point noirâtre sur chaque, à l'écusson ; abdomen d'un roussâtre clair, avec des tâches noirâtres ; ailes avec une bande au milieu et deux petits points à l'extrémité. On trouve cette espèce en France et en Angleterre, en Italie et dans l'Orient, dans les mois de juillet et d'août, près des pâturages. On peut rapporter au genre OEstre proprement dit les espèces que Clark désigne sous les noms d'hémorroïdal et de vétérinaire. (G.)

OESTRIDÉES. *OEstrideœ*. ins. Nom donné par Leach à une petite famille formée du genre *OEstrus* de Linné, et qui répond à la tribu des OEstrides de Latreille. *V.* ce mot. (G.)

OESTRIDES. *OEstrides*. ins. Tribu de l'ordre des Diptères, famille des Athéricères, établie par Latreille, et comprenant le grand genre OEstre de Linné. Latreille caractérise ainsi cette tribu : cavité buccale tantôt fermée par la peau, présentant deux tubercules ; tantôt ne consistant qu'en une petite fente ; trompe, dans ceux où on a pu la découvrir, très-petite. Quelques-uns offrant deux palpes, soit isolés, soit accompagnant cette trompe. Ces Diptères ont le port de la Mouche domestique ; leur corps est ordinairement velu et coloré par bandes, à la manière de celui des Bourdons ; leurs antennes sont très-courtes, insérées dans une cavité biloculaire, sous-frontale, et terminées en palette lenticulaire, portant chacune sur le dos, et près de son origine, une soie simple ; leurs ailes sont ordinairement écartées ; les cuillerons sont grands et cachent les balanciers ; les tarses sont terminés par deux crochets et deux pelotes.

On trouve rarement ces Insectes dans leur état parfait, dit Latreille auquel nous empruntons les détails qui vont suivre, le temps de leur apparition et les lieux qu'ils habitent étant très-bornés. Comme ils déposent leurs œufs sur le corps de plusieurs Quadrupèdes herbivores, c'est dans les bois et les pâturages fréquentés par ces Animaux qu'il faut les chercher. Chaque espèce d'OEstre est ordinairement parasite d'une même espèce de Mammifère, et choisit, pour placer ses œufs, la partie du corps qui peut seule convenir à ses larves, soit qu'elles doivent y rester, soit qu'elles doivent passer de-là dans l'endroit favorable à leur développement. Le Bœuf, le Cheval, l'Ane, le Renne, le Cerf, l'Antilope, le Chameau, le Mouton et le Lièvre sont jusqu'ici les seuls Quadrupèdes connus sujets à nourrir des larves d'OEstres. Ils paraissent singulièrement craindre l'Insecte lorsqu'il cherche à faire sa ponte. Le séjour des larves est de trois sortes qu'on peut distinguer par les dénominations de Cutané, de Cervical et de Gastrique, suivant qu'elles vivent dans des tumeurs ou bosses formées sur la peau, dans quelque partie de l'intérieur de la tête, et dans l'estomac de l'Animal destiné à les nourrir. Les œufs d'où sortent les premières sont placés par la mère sous la peau qu'elle a percée avec une tarière écailleuse, composée de quatre tuyaux rentrant l'un dans l'autre, armée au bout de trois crochets et de deux autres pièces. Cet instrument est formé par les derniers anneaux de l'abdomen. Ces larves, nommées Taons par les habitans de la campagne, n'ont pas besoin de changer de local; elles se trouvent à leur naissance au milieu de l'humeur purulente qui leur sert d'aliment. Les œufs des autres espèces sont simplement déposés et collés sur quelques parties de la peau, soit voisines des cavités naturelles et intérieures où les larves doivent pénétrer et s'établir, soit sujettes à être léchées par l'Animal, afin que les larves soient transportées avec sa langue dans sa bouche, et qu'elles y gagnent, de-là, le lieu qui leur est propre. C'est ainsi que la femelle de l'OEstre du Mouton place ses œufs sur le bord interne des narines de ce Quadrupède, qui s'agite alors, frappe la terre avec ses pieds, et fuit la tête baissée. La larve s'insinue dans les sinus maxillaires et frontaux et se fixe à la membrane interne qui les tapisse, au moyen des deux forts crochets dont sa bouche est armée. C'est ainsi encore que l'OEstre du Cheval dépose ses œufs sans presque se poser, se balançant dans l'air, par intervalles, sur la par-

tie interne de ses jambes, sur les côtés de ses épaules, et rarement sur le garrot. Celui qu'on désigne sous le nom d'Hémorroïdal, et dont la larve vit aussi dans l'estomac du même Solipède, place ses œufs sur les lèvres. Les larves s'attachent à sa langue, et parviennent, par l'œsophage, dans l'estomac, où elles vivent de l'humeur que sécrète sa membrane interne. On les trouve le plus communément autour du pylore, et rarement dans les intestins. Elles y sont souvent en grand nombre et suspendues par grappes. Clark croit néanmoins qu'elles sont plus utiles que nuisibles à ce Quadrupède.

Les larves des OEstres ont, en général, une forme conique, et sont privées de pates; leur corps est composé, la bouche non comprise, de onze anneaux chargés de petits tubercules et de petites épines, souvent disposés en manière de cordons, et qui facilitent leur progression. Les principaux organes respiratoires sont situés sur un plan écailleux de l'extrémité postérieure de leur corps, qui est la plus grosse. Il paraît que leur nombre et leur disposition sont différens dans les larves gastriques. Il paraît encore que la bouche des larves cutanées n'est composée que de mamelons, au lieu que celle des larves intérieures a toujours deux forts crochets. Les unes et les autres, ayant acquis leur accroissement, quittent leur demeure, se laissent tomber à terre, et s'y cachent pour se transformer en nymphes sous leur peau, à la manière des autres Diptères de cette famille. Celles qui ont vécu dans l'estomac suivent les intestins et s'échappent par l'anus, aidées, peutêtre, par les déjections excrémentielles de l'Animal dont elles étaient les parasites. C'est ordinairement en juin et juillet que ces métamorphoses s'opèrent. Humboldt a vu, dans l'Amérique méridionale, des Indiens dont l'abdomen était couvert de petites tumeurs produites, à ce qu'il présume, par les larves d'un OEstre. Il résulterait, de quelques témoignage , qu'on a retiré des sinus maxillaires et frontaux de l'Homme, dés larves analogues à celles de l'OEstre ; mais ces observations n'ont pas été assez suivies. Latreille divise la tribu des OEstrides ainsi qu'il suit :

I. Une trompe.

Genres : CUTÉRÈBRE, CÉPHÉNÉMYIE.

II. Point de trompe ; deux palpes.

Genre : OEDÉMAGÈNE.

III. Point de trompe ni de palpes ; une fente buccale.

Genre : HYPODERME.

IV. Point de trompe ni de palpes ; cavité buccale fermée ; deux tubercules très-petits (vestiges de palpes) sur sa membrane.

Genres : CÉPHALÉMYIE, OEstre. *V*. tous ces mots. (G.)

OETANIA. BOT. PHAN. Dunal et De Candolle ont ainsi nommé une sous-division du genre *Unona*. *V*. UNONE. (G..N.)

* OETHEILEMA. BOT. PHAN. Le genre que R. Brown a établi sous cette dénomination a été reconnu, par ce savant botaniste lui-même , comme identique avec le *Phaylopsis* de Willdenow qui a l'antériorité. *V*. ce mot. (G..N.)

OETHRE. *OEthra*. CRUST. Genre de l'ordre des Décapodes, famille des Brachiures , tribu des Cryptopodes, établi par Leach et adopté par Lamarck et Latreille qui lui donnent pour caractères : troisième article des pieds-mâchoires extérieurs presque carré, ne finissant pas en pointe ; carapace aplatie , clypéiforme , transversale, noueuse ou très-raboteuse sur le dos. Ce genre ressemble beaucoup, quant aux caractères essentiels , aux Calappes ; seulement les pieds-mâchoires extérieurs des premiers bouchent si exactement la cavité buccale, qu'on a bien de la peine à apercevoir les sutures, tandis que, dans les Calappes, ces organes sont

dentés au côté interne et ne se joignent pas bien. Les pieds antérieurs , en pinces, sont beaucoup plus grands dans les Calappes, ainsi que les autres pieds. Le test des OEthres est ovale, presque aussi large antérieurement que postérieurement, tandis qu'il est avancé chez les Calappes , beaucoup plus large et coupé presque transversalement en arrière. Les yeux des OEthres sont beaucoup plus distans l'un de l'autre que ceux des Calappes. Les OEthres habitent les mers des pays chauds de l'Inde et de l'Afrique. L'espèce la plus connue , et qui sert de type au genre , est :

L'OEthre DÉPRIMÉE , *OEthra depressa*, Lamk., Leach, Latr. ; *Cancer scruposus*, L., Herbst, Cancr., tab. 53, fig. 4, 5. Carapace elliptique, transverse, très-rugueuse, avec ses bords latéraux arrondis et marqués de dents en forme de plis. Elle se trouve dans les mers de l'Ile-de-France. (G.)

OETITE ou PIERRE D'AIGLE. MIN. Fer hydraté géodique , en nodules composés de couches concentriques , dont le centre est creux et ordinairement occupé par un noyau mobile ou par une matière pulvérulente que l'on entend résonner quand on agite la pierre. Les anciens lui donnaient le nom de Pierre d'Aigle , parce qu'ils s'imaginaient que les Aigles en portaient dans leurs nids , et qu'elle avait des propriétés merveilleuses. Pline prétend sérieusement qu'il n'y avait que celles que l'on trouvait dans le nid d'un Aigle qui eussent de la vertu. (G. DEL.)

* OETTE. OIS. *Ampelis Carnifex*. Espèce du genre Cotinga. *V*. ce mot. (B.)

OETUM. BOT. PHAN. La Plante dont les Egyptiens mangeaient la racine , et que Pline désigne sous ce nom , est la Colocase, selon les uns, et la Poirée, *Beta*, selon d'autres. On y a même cru reconnaître l'Igname. (B.)

OEUF. zool. Nom trop vague pour être susceptible d'une définition générale. Emprunté au langage vulgaire qui l'avait spécialement consacré à l'OEuf des Oiseaux après la ponte, il a servi successivement à désigner : 1º l'OEuf contenu encore dans l'ovaire ; 2º l'OEuf détaché de l'ovaire et non fécondé ; 3º l'OEuf détaché de l'ovaire et fécondé ; 4º l'OEuf en incubation et contenant le fœtus à diverses époques de son développement. Pour les naturalistes qui admettent la préexistence des germes dans le sens de Bonnet, tous ces OEufs se ressemblent, et par conséquent doivent être réunis sous une dénomination générale ; pour les épigénésistes et pour nous par conséquent, tous ces OEufs diffèrent et doivent recevoir des noms particuliers. C'est ce qui sera mieux compris en lisant l'histoire détaillée de l'OEuf dans les diverses classes d'Animaux. Nous renverrons donc la définition exacte du mot qui fait l'objet de cet article, à la fin de l'article lui-même, et nous allons passer de suite à l'examen de l'OEuf dans les grandes classes du règne animal.

OEuf des Mammifères. Parmi le nombre immense d'écrivains qui se sont occupés de l'OEuf des Mammifères, nous croyons que la science doit ses définitions les plus précises et ses observations les plus exactes, au célèbre Graaf, dont nous adoptons les vues générales. Graaf a exposé dans plusieurs écrits les résultats de ses propres observations (*Regneri de Graaf, opera omnia, Amstelodami*, 1705). Il a, le premier, bien reconnu l'existence des corps vésiculeux dans l'ovaire et le passage de ces corps vésiculeux dans les trompes et les cornes ou la matrice. Enfin, il a le premier encore attiré l'attention sur les changemens que l'ovaire éprouve par suite de la chute des vésicules. Prévost et nous, nous avons reproduit les faits observés par Graaf, et nous en avons développé les détails et les conséquences, comme le permettait l'état plus avancé de la science, à l'époque où nous nous en sommes occupés. C'est l'ensemble de ces résultats que nous allons exposer ici. Dans les femelles de Mammifères, il existe deux organes connus sous le nom d'ovaires. Ces organes contiennent des *vésicules* pleines de liquide. A l'époque de la fécondation, ces vésicules se fendent ; le liquide qu'elles contenaient s'écoule, et un petit corps ellipsoïde transparent, formé d'une mince membrane pleine de liquide, s'échappe et ne tarde pas à être recueilli par le pavillon qui termine la trompe. C'est à ce corps que nous donnerons le nom d'*ovule*. Après la chute des ovules, la cicatrice qu'elles ont laissée s'oblitère ; le tissu voisin s'épaissit et devient jaunâtre ; de-là le nom de *corps jaune* donné à ces tubérosités que l'on observe dans l'ovaire des femelles qui ont conçu. Nous avons vu avec Prévost (Annales des Sciences Naturelles, T. III, p. 115) que l'ovule détaché de l'ovaire n'était pas encore fécondé, et qu'il ne recevait le contact de la liqueur séminale que dans la partie inférieure des trompes, et le plus souvent dans les cornes ou la matrice elle-même. Nous avons vu, en outre, que la chute des ovules n'avait lieu que huit ou dix jours après l'acte même de la copulation ; ce qui place la fécondation réelle à une époque éloignée de ce premier acte. Ce qu'il y a sans doute de plus remarquable dans ces ovules, c'est leur petitesse, surtout quand on les compare aux vésicules de l'ovaire. Ils ont au plus un millimètre et demi ou deux millimètres de diamètre, et si l'on ne mettait pas dans l'examen des cornes le soin le plus scrupuleux, on les méconnaîtrait aisément ; mais lorsqu'on est prévenu, qu'on éclaire bien la corne qu'on veut examiner, et qu'on l'ouvre avec précaution, on ne peut guère éviter de rencontrer les ovules au bout de quelques essais. Ils sont entièrement libres, ne présentent point d'adhérence avec les parois des cornes, et l'on peut les enlever sur la lame d'un scalpel, puis les déposer dans un verre à montre rempli d'eau pour les examiner plus facilement. Cette particularité remarquable d'un isolement parfait présente non-seulement un caractère physiologique fort digne d'attention, mais encore elle devient très-utile pour distinguer les ovules des petites vésicules que l'on observe si souvent dans le tissu des cornes, et qui sont probablement des Hydatides. Celles-ci sont toujours engagées dans la paroi même de l'organe, et ne peuvent point s'en détacher sans le secours d'un instrument tranchant. Ces remarques prouvent aussi que ces ovules, puisqu'ils sont libres, ne sont pas des Hydatides, ni rien autre chose de ce genre; mais nous en verrons plus loin de meilleures preuves encore. Grossis trente fois et vus par transparence, ces ovules paraissent sous une forme ellipsoïde, et semblent composés d'une membrane d'enveloppe unique et mince, dans l'intérieur de laquelle est contenu un liquide transparent. A la partie supérieure de l'ovule on remarque une espèce d'écusson cotonneux, plus épais, et marqué d'un grand nombre de petits mammelons. Vers l'une des extrémités de celui-ci on observe une tache blanche, opaque, circulaire, qui ressemble beaucoup à une cicatricule. On est également frappé d'un rapport général de ressemblance entre l'écusson lui-même et la membrane caduque. Il est évident que ces ovules sont bien les mêmes que ceux rencontrés par Graaf au bout de trois jours dans les femelles de Lapin. Cruikshanks est le seul anatomiste à notre connaissance qui les ait retrouvés depuis; mais ce dernier a certainement contribué pour beaucoup à discréditer tous ces résultats, en donnant la figure des OEufs les plus petits qui se fussent offerts à lui. Il leur attribue un diamètre si faible, qu'on peut l'évaluer à un huitième de ligne environ, et nous ne pensons pas que des corps de ce genre puissent se distinguer des flocons de mucus qu'on

rencontre toujours dans les cornes. Les plus petits que nous ayons vus, avaient au moins un millimètre; et comme, d'après les circonstances de l'observation, on peut se convaincre qu'ils étaient détachés de l'ovaire, le jour même ou la veille au plutôt, il est bien probable qu'ils n'avaient encore subi aucun accroissement sensible. Les ovules que l'on rencontre dans les trompes douze jours après la copulation, sont encore moins volumineux que les vésicules de l'ovaire, et cette circonstance vient corroborer les observations précédentes. Ceux qui sont près de la base des cornes, c'est-à-dire éloignés de l'ovaire, sont toujours plus volumineux et plus avancés dans leur développement que ceux qu'on prend au sommet de ces organes ou plus près de l'ovaire. Cette remarque se lie fort bien avec la circonstance de leur arrivée progressive dans les cornes; car ceux qui sont placés à une plus grande distance de l'ovaire, y sont arrivés un ou deux jours plus tôt que les autres; et dans les premiers instants du séjour, cette différence, qui devient insensible plus tard, en amène de très-saillantes dans le volume et la forme de l'ovule, et plus encore dans l'état de l'embryon. Nous n'avons pas vu ce dernier lorsque nous avons examiné les petits OEufs ellipsoïdes de huit jours. Cela peut se concevoir aisément, si on le suppose fort petit, aussi petit, par exemple, qu'un animalcule spermatique du Chien; car dans cette hypothèse, il faudrait absolument employer, pour le distinguer, des verres capables de produire une amplification de deux ou trois cents diamètres; mais c'est une condition qui n'est point praticable à cause de l'épaisseur de la membrane d'une part, et de l'autre aussi, en raison des séries de globules qui se rencontrent dans son propre tissu, et que l'on apercevrait alors elles-mêmes. On pourrait admettre encore que l'OEuf n'avait point été fécondé; mais cette supposition répugne à l'esprit, et, d'ailleurs, il n'est pas nécessaire d'y avoir recours pour expliquer ce résultat, qui se conçoit fort bien d'après l'opinion précédente. Dans les ovules de douze jours, l'embryon se reconnaît sans la moindre difficulté. La transparence parfaite qu'ils ont conservée les rend même tellement propres à ce genre de recherches, que nous sommes bien convaincus, et chacun pourra former son jugement sur ce point, en comparant nos observations entre elles; nous sommes bien convaincus, disons-nous, que de tous les Animaux, les Mammifères sont ceux chez lesquels l'observation du premier âge de l'embryon s'exécute avec le plus de facilité. On pourrait même donner en quelque sorte l'expression numérique de cette différence, et nous savons, pour nous, par exemple, qu'il nous a fallu plus de cinq cents OEufs de Poule, plus de mille OEufs de Grenouille, pour établir chez chacun de ces Animaux les résultats que nous avons pu constater pour le Chien, avec une douzaine d'ovules seulement. Cela dépend uniquement de ce que, chez ce dernier, l'ovule est parfaitement limpide, en sorte qu'il n'est point nécessaire d'y toucher pour examiner l'embryon, tandis que pour les Batraciens, les Poissons et les Oiseaux, l'embryon se trouve appliqué sur une masse de substance opaque dont il faut toujours le dégager. En sorte que pour les Mammifères, la difficulté consiste seulement à se procurer des OEufs, tandis que pour les autres, lorsqu'on les possède, il est encore indispensable de se livrer à des dissections délicates, ou bien à des observations par réflexion, qui sont toujours bien plus fatigantes et bien moins sûres que celles qu'on opère par transmission. L'embryon se reconnaît donc aisément sur les ovules de douze jours; mais sa forme et ses dimensions varient; celles des ovules euxmêmes varient aussi, suivant qu'on les prend au sommet ou à la base des cornes. Comme nous devons suivre autant qu'il dépendra de nous la série des développemens, il faut donc commencer par ceux qui nous paraîtront les moins avancés. Ceux-ci ne sont plus ovales, et possèdent, au contraire, exactement la forme d'une poire qu'on supposerait très-régulière. A la première inspection, on peut y reconnaître trois parties. La tête de la poire est cotonneuse, marquée de petites taches plus opaques que la membrane, parfaitement arrondie et limitée par un bord frangé circulaire et déprimé légèrement. La queue est lisse, sillonnée de quelques plis très-faibles et profondément sinueuse au point où elle se réunit avec le corps de la poire. Celui-ci forme une espèce de bande ou de zône circulaire, plissée longitudinalement avec une sorte de régularité; mais elle est surtout remarquable à cause d'une dépression subcordiforme qui s'observe à la partie supérieure. C'est le siége du développement de l'embryon, et celui-ci peut déjà s'y reconnaître. On voit en effet une ligne plus noire ou plus épaisse partir du centre de l'écusson et aboutir à sa pointe. En suivant les progrès du développement, nous verrons que cette ligne est la moelle épinière ou son rudiment; c'est donc par elle que commence l'évolution du nouvel Animal.

Si l'on examine des OEufs plus avancés, on trouve leurs deux extrémités prolongées en cornes. Celles-ci sont situées dans l'axe des cornes de la matrice. Il en était de même dans le cas précédent; mais nous n'avons pu nous assurer s'il y avait quelque chose de régulier dans l'ordre et l'apparition de ces prolongemens. Nous n'avons vu que deux ovules unicornes; en sorte que nous ne pouvons savoir si ce changement s'opère plutôt à la face qui est tournée vers la matrice, ou bien à celle qui regarde les trompes. Des observations plus nombreuses peuvent seules décider cette question. A cet âge, l'ovule est devenu lisse dans toute sa surface, sauf l'endroit où se trouve le fœtus. La ligne primitive est plus longue; elle s'est entourée d'un bourrelet saillant, parallèle à sa direction, et l'on observe, dans la partie élargie de l'écusson, une espèce d'arc de cercle relevé en bosse. L'écusson lui-même n'est plus subcordiforme; il est devenu ovale-lancéolé. Plus tard, en donnant à cette expression un sens qui se rapporte à la grosseur de l'ovule, à la longueur du trait fœtal et à la position de l'OEuf dans les cornes de la matrice, plus tard l'écusson a pris l'apparence d'une lyre; le croissant s'est prolongé et dessine à l'intérieur de celle-ci, une ligne qui lui est entièrement parallèle, et le bourrelet qui environne le rudiment nerveux, commence à perdre sur ses bords sa direction droite. Enfin, dans les OEufs plus avancés encore, on retrouve à peu près le même aspect; seulement tout le système compris dans l'écusson a éprouvé un allongement considérable. La zône qui borde le renflement intérieur s'est rétrécie; la partie qui correspond à la queue du fœtus s'est prolongée en pointe, et le bourrelet qui environne la ligne primitive, semble devenir le siége d'une organisation plus active, qui s'annonce par l'apparition de plusieurs lignes sinueuses dans l'épaisseur de son tissu.

Passons à des fœtus beaucoup plus âgés, car nous trouverions difficilement des observations propres à tracer l'histoire progressive du développement qui ressemble d'ailleurs, sous beaucoup de rapports, à celui des Oiseaux que nous examinerons plus bas. A une époque où le fœtus est considéré comme ayant subi toutes les modifications qui lui sont nécessaires, on trouve dans l'ensemble de l'OEuf diverses parties qui ont été étudiées avec soin. Le corps du fœtus est enveloppé d'un sac membraneux qui porte le nom d'*amnios*; ce sac est rempli d'un liquide séreux transparent dans lequel flotte le fœtus. Ce premier sac membraneux est lui-même enveloppé d'un second plus volumineux, nommé *chorion*, qui s'applique à la surface interne de la matrice, et y contracte çà et là quelques adhérences celluleuses. La surface externe du chorion est très-cotonneuse et comme veloutée; l'intervalle entre l'amnios et le chorion est également rempli de liquide. Chez la plupart des Mammifères on observe en outre une vésicule volumineuse qui porte le nom d'*allantoïde*; elle est placée dans l'intervalle de l'amnios et du chorion en avant de la face abdominale du fœtus; outre les légères adhérences qui existent à la surface externe du chorion, on remarque une masse spongieuse nommée *placenta*, au moyen de laquelle l'OEuf se trouve greffé à la matrice; cette masse est abondamment pourvue de vaisseaux. Enfin la communication vasculaire du fœtus, avec ces diverses parties, s'établit au moyen du cordon ombilical qui envoie une artère et une veine au placenta, ainsi qu'aux diverses membranes citées.

Nous verrons dans l'OEuf des Oiseaux comment se forment ces membranes. L'amnios est un repli de la cicatricule même qui, de plane qu'elle était dans les premières heures, s'est recourbée de manière à former les cavités thoracique et abdominale; puis, revenant sur elle-même en haut et en bas, a formé autour du fœtus un sac complet dans lequel il est resté enfermé; c'est le point de rencontre du premier pli sur la face abdominale qui sert de passage au cordon ombilical. D'après Dutrochet, l'allantoïde est une dilatation de la vessie urinaire prolongée, et le chorion lui-même n'est qu'un prolongement de l'allantoïde qui s'est retourné et a enveloppé l'OEuf tout entier.

Quant au placenta, cet organe a été l'objet de recherches fort nombreuses. Nous avons déjà dit qu'il était abondamment pourvu de vaisseaux, les uns venant de la mère, les autres venant du fœtus; les uns et les autres s'y divisent d'une manière excessive. La mère y envoie du sang artériel et en reçoit du sang veineux; l'enfant y lance du sang veineux et en retire du sang artériel. Une des principales fonctions du placenta se rapporte donc à la respiration du fœtus. Mais comment cette respiration s'effectue-t-elle? On a pensé long-temps que le sang artériel de la mère arrivait au fœtus, et que le sang veineux du fœtus retournait à la mère. L'excessive division des vaisseaux du placenta servait à diminuer convenablement la rapidité du cours du sang de la mère, qui, parvenu dans ces vaisseaux, capillaires, n'obéissait plus qu'aux mouvemens du cœur de l'enfant. Les personnes qui se sont occupées de physiologie animale, s'apercevront aisément qu'une telle hypothèse fut établie par des médecins d'après la considération exclusive du fœtus humain. Mais, s'il est une partie de la physiologie où les idées de notre célèbre collaborateur Geoffroy Saint-Hilaire puissent servir à deviner ce que nous ignorons, à classer et apprécier ce que nous savons, c'est sans contredit l'histoire du développement de l'OEuf. Tous les OEufs se ressemblent, tous possèdent les mêmes organes, jouissant des mêmes fonctions, au moins autant qu'on a pu le reconnaître jusqu'ici. Il était donc impossible, d'après les vues de l'anatomie comparée, que le fœtus mammifère communiquât directement avec la mère, puisque l'OEuf des Oiseaux en est complétement séparé. Du reste, une expérience directe de Prévost est venue trancher toute difficulté sur ce point. En examinant le sang d'un jeune fœtus de Chèvre, il a pu s'assurer que ses globules étaient beaucoup plus volumineux que ceux du sang de la mère. Ainsi nul doute que le sang du fœtus mammifère ne soit produit par lui; nul doute qu'il ne se conserve exempt de tout mélange pendant le cours entier de la gestation. Mais comment la respiration s'effectue-t-elle ? D'après ce qui se passe dans les Oiseaux, on aurait été conduit à penser que le chorion, appliqué immédiatement à la surface interne de la matrice, enlevait l'oxigène au sang artériel de la mère, et le transmettait au sang veineux du fœtus. C'est à peu près là ce qui se

passe en effet ; la portion fœtale du placenta peut être considérée à cet égard comme une dépendance du chorion, et, dans cette partie, les vaisseaux de l'enfant, très-nombreux et très-divisés, se juxtaposent aux vaisseaux de la mère, également divisés et nombreux ; or, de même qu'une vessie pleine de sang veineux et fermée, qu'on abandonne à l'air, livre un passage assez facile à l'oxigène pour que ce sang s'artérialise, de même qu'une semblable vessie pleine de sang veineux qu'on plonge dans du sang artériel finit par contenir du sang oxigéné ; de même sans doute par le simple contact du vaisseau veineux fœtal et du vaisseau artériel de la mère, le sang de l'enfant enlève l'oxigène à celui de la mère.

Dans des circonstances aussi particulières, la nature ne s'est pas écartée d'un principe qui se retrouve dans tous les OEufs ; c'est à la partie la plus externe de l'OEuf que s'opère la respiration. Sous ce rapport, c'est un problème bien piquant à étudier que la formation et le développement de l'OEuf des Marsupiaux ! Quel arrangement de parties supplée aux organes qui paraissent manquer ? que sont devenus ces mêmes organes ? Ce sont là des questions de l'intérêt le plus profond sous le rapport de l'anatomie et de la philosophie naturelle. On se rappellera toujours avec reconnaissance le zèle avec lequel, depuis quelques années, Geoffroy Saint-Hilaire a saisi toutes les occasions d'en rappeler l'importance, et de hâter par ses recherches le moment où elles seront résolues.

OEuf des Oiseaux. Dans l'OEuf des Oiseaux complet et pondu, on distingue une coque de nature calcaire, puis une masse d'albumine liquide qui enveloppe le jaune. Il est conséquemment nécessaire de s'occuper d'abord de la composition de ces matières et de la manière dont elles se produisent. Le jaune seul se trouve dans l'ovaire ; il est renfermé dans un sac membraneux, très-riche en vaisseaux sanguins. L'ovaire se compose d'un grand nombre de ces sacs , dont l'ensemble lui donne la forme d'une grappe. Dans une femelle adulte, on en trouve de diverses grosseurs. Les plus développés contiennent un jaune assez volumineux, pour qu'il soit permis de croire qu'une fois sorti de l'ovaire, ce corps ne prend plus aucun accroissement. On a peu de notions sur la rapidité des développemens du jaune; mais il est probable cependant que quelques jours suffisent chez les Poules pour qu'un jaune de la grosseur d'une petite noisette, acquière la grosseur qu'on lui connaît à l'état parfait. C'est donc une sécrétion très-active que celle qui donne naissance à la matière propre du jaune. Cette matière est de nature assez compliquée ; elle renferme un corps gras assez abondant, qu'on peut même en extraire par la pression, et qui est connu en médecine sous le nom d'*Huile d'OEuf*. Elle contient, en outre, un corps de nature albumineuse. On y distingue au microscope une foule de petits globules, dont beaucoup sont remarquables par leur extrême ténuité. La matière grasse, sous forme de gouttelettes, s'y reconnaît aisément. Lorsque le jaune est d'une grosseur suffisante pour être aperçu, on remarque que la substance qui le forme est renfermée dans une membrane mince, continue et fort transparente. Une petite tache blanchâtre et circulaire se laisse déjà apercevoir sur un point de la surface ; c'est la cicatricule, siège du développement du futur Animal. Dès que le jaune a atteint le développement convenable, son enveloppe ovarienne se fend sur la ligne médiane, et le jaune devenu libre s'échappe. Il est saisi par le pavillon et passe dans l'oviductus. Parvenu vers la partie moyenne de celui-ci, il se recouvre d'une matière épaisse et glaireuse ; c'est le blanc de l'OEuf qui se compose d'albumine à peu près pure. Un peu plus bas, une nouvelle sécrétion donne naissance à une membrane épaisse qui tapisse l'OEuf tout entier et l'enferme de

toutes parts. Cette membrane elle-même s'incruste d'un dépôt terreux, essentiellement formé de carbonate de chaux. L'OEuf est ensuite pondu. Examinons-le dans cet état. Si l'on cherche à enlever la croûte calcaire , on voit qu'elle se sépare, ou du moins qu'elle tend à se séparer de la membrane sous-jacente. Cette membrane enlevée à son tour, on trouve le blanc, dont la disposition autour du jaune a donné lieu à des recherches importantes de la part de Dutrochet. Enfin, on parvient au jaune, qui se retrouve à peu près tel qu'il était sorti de l'ovaire. On y observe pourtant quelques différences toutes relatives à la cicatricule.

OEuf de l'ovaire. La cicatricule s'y montre parfaitement circulaire ; elle est d'un blanc mat dans presque toute son étendue ; mais, au centre, on y observe une tache d'un jaune foncé, qui paraît due, soit à une solution de continuité dans la membrane externe et la portion blanche, soit à une solution de continuité dans la position blanche seulement. Prévost pense que ce point est occupé par une vésicule membraneuse et transparente. Quoi qu'il en soit, ce point central mérite un examen approfondi. Lorsqu'on enlève la membrane externe du jaune, on trouve au-dessous une petite tache de matière blanche assez épaisse, granuleuse , sans connexion apparente soit avec la matière du jaune, soit avec la membrane elle-même. Cette petite masse est sillonnée sur les bords de raies concentriques plus ou moins régulières. Nous retrouverons une cicatricule analogue dans les OEufs de tous les autres Animaux. Rien de semblable ne s'est présenté cependant dans ceux des Mammifères. Sous ce rapport, l'existence d'une vésicule au centre de la cicatricule serait une découverte du plus haut intérêt, puisqu'elle rattacherait la forme du développement du fœtus dans les OEufs à cicatricule, à celle de ce même développement dans les OEufs des Mammifères. Cette découverte importante , nous le répétons, est due plus particulièrement à Prévost. Ce qui suit est tiré de nos recherches communes.

OEuf de Poule infécond. Il semblerait que la cicatricule de cet OEuf dût se rapporter à la forme que nous avons déjà signalée dans l'ovaire. Il n'en est pourtant pas ainsi; elle se distingue, soit de cette dernière, soit de la cicatricule de l'OEuf fécondé, par des différences très-marquées, et un seul coup-d'œil suffit lorsqu'on est exercé à ce genre de recherches. Mais les personnes qui font cet examen pour la première fois, doivent y employer une loupe faible et très-nette.

A l'œil nu on ne voit qu'une petite masse blanche, granuleuse, de forme irrégulière, entourée de quelques cercles d'un jaune pâle, peu distincts, et qu'il est quelquefois tout-à-fait impossible d'apercevoir. Lorsqu'on examine cette partie à la loupe, on reconnaît que sa forme n'est point sans régularité : en effet, cette substance blanche n'est autre chose qu'un réseau qui laisse voir le jaune au travers de ses mailles et dont le centre est occupé par une portion compacte plus épaisse et plus blanche; la zône grillée extérieure part de ce point central sous forme d'irradiation. Quand on a enlevé la membrane du jaune on distingue beaucoup mieux cet aspect réticulé, la cicatricule qui demeure adhérente à celui-ci se brise en petits grains si l'on essaie de la détacher.

Malpighi avait déjà reconnu cette apparence que nous avons toujours vue, pourvu que les OEufs fussent suffisamment frais. L'incubation la fait varier quelquefois, et nous allons en citer un exemple : en examinant un OEuf couvé pendant six heures, la membrane du jaune ayant été enlevée, entraîna la cicatricule qui s'en détacha pourtant avec facilité ; celle-ci avait quatre à cinq millimètres de diamètre, et était percée de trous qui lui donnaient l'apparence d'une dentelle. A la loupe elle offrit tous les caractères de la cicatricule inféconde,

à cela près que la masse centrale était beaucoup moins considérable. Nous n'avons eu que trois fois l'occasion de vérifier cette observation , bien que nous ayons ouvert plus de cinq cents OEufs inféconds qui avaient été couvés pendant un temps plus ou moins long; dans tous les autres OEufs , la cicatricule n'avait pas subi la moindre altération.

Ces trois exemples peuvent-ils suffire pour faire admettre dans la cicatricule inféconde une faculté de végétation aussi remarquable? Quoi qu'il en soit de l'opinion qu'on pourra se former sur ce point , nous avons cru convenable de les mentionner ici. Nous publierons incessamment un dessin exécuté avec beaucoup de soin d'après celle dont nous avons parlé en premier lieu.

Telles sont les seules circonstances que nous ayons pu remarquer dans les OEufs privés de l'influence fécondante. Il arrive pourtant quelquefois qu'on trouve sur leur membrane des vaisseaux remplis d'un sang rouge parfaitement distincts; mais leur position qui n'a rien de régulier et la forme des globules du sang qu'ils renferment ne laissent aucun doute sur leur origine; ils proviennent de la membrane de l'ovaire qui s'est soudée accidentellement dans ces parties avec le jaune lui-même. D'ailleurs de tels vaisseaux se rencontrent fréquemment sur des OEufs fécondés , et l'on peut alors s'assurer qu'ils n'ont réellement aucune connexion avec le système circulatoire de l'Animal.

OEuf fécondé. Les observations que nous avons faites sur l'OEuf fécondé avant l'incubation ont été répétées un très-grand nombre de fois; elles nous ont toujours fourni le même résultat; cependant, pour plus d'exactitude , nous avons cru devoir donner la préférence à la description que nous en avons faite plusieurs fois sur des OEufs extraits de l'oviducte, quelques heures avant la ponte. Sur ces derniers, la cicatricule a six millimètres de diamètre ; son centre est occupé par une portion membraneuse uniforme qui a 1,5 à 2 mm. de diamètre et qui offre une apparence légèrement lenticulaire. Il est entouré par une zône plus compacte et plus blanche, limitée par deux cercles concentriques d'un blanc mat. Dans la portion intérieure et transparente de la membrane, on trouve en outre un corps blanc un peu allongé, disposé comme le rayon d'un cercle. En effet, sa partie céphalique, comme nous le reconnaîtrons par la suite, arrive jusqu'au milieu; sa portion inférieure, au contraire, en touche la circonférence. On peut apercevoir dans ce corps une ligne moyenne, blanche et arrondie au sommet. Elle est entourée d'un bourrelet également blanc qui l'environne de tous côtés, et avec lequel sa partie inférieure se confond. Lorsqu'on a enlevé la membrane du jaune, on retrouve le même aspect, mais plus distinct, surtout dans les premiers momens, avant que l'eau ait agi sur le jaune suffisamment pour le blanchir.

Si l'on essaie d'enlever la cicatricule, on y parvient aisément, mais elle entraîne avec elle une petite masse blanche, granuleuse, située au-dessous d'elle et adhérente à sa zône extérieure. Pour les séparer, il suffit de renverser la cicatricule et d'*émietter* la petite masse dont nous parlons. On voit alors que le blastoderme consiste en une membrane d'un tissu lâche et cotonneux, très-granuleuse au microscope. Le fœtus se montre comme une trace linéaire entourée d'une espèce de nuage obscur.

Avant de passer à la description des développemens que nous offriront les heures subséquentes, il ne sera pas inutile de donner ici quelques détails sur notre manière d'observer.

L'examen de la cicatricule, avant de l'avoir séparée du jaune, doit se faire dans un lieu peu éclairé; on la met sous l'eau, et l'on fait tomber sur le point qu'on veut regarder un rayon de soleil concentré par une lentille; il est impossible, avec ces précautions, de ne pas retrouver les formes que nous venons d'indiquer, et il est très-probable que c'était la méthode dont usait Malpighi, quoique cet auteur ne nous ait laissé aucun éclaircissement à cet égard. Éclairé de la sorte, le fœtus se laisse apercevoir à l'œil nu, mais on le distingue mieux avec des loupes qui grossissent de dix à vingt fois : l'on ne saurait dépasser cette limite avec avantage, les granulations de la membrane du jaune, en se prononçant, cacheraient les objets situés au-dessous d'elle.

Pour enlever cette membrane, on y pratique avec des ciseaux bien acérés une section circulaire à quelque distance de la cicatricule; dans les premiers instans, elle se sépare de celle-ci, et la laisse adhérente au pourtour extérieur du nucléus; plus tard, elle l'entraîne. La zône extérieure dont nous avons parlé ayant contracté des adhérences avec elle et s'étant entièrement isolée du nucléus, avec une aiguille très-fine on rompt ces adhérences; après quoi l'on peut voir la cicatricule soit par réflexion en la plaçant sur un fond noir, soit par transparence, en l'éclairant inférieurement au moyen d'un miroir. Ces deux genres d'observations doivent même être mis concurremment en usage; l'un d'eux indique des formes que l'autre n'exprime pas, et en se critiquant mutuellement, ils donnent sur la vérité des apparences, des garanties que l'on n'obtiendrait pas en s'en tenant à un seul.

OEuf après trois heures d'incubation. La cicatricule a 8 millimètres de diamètre; sa partie interne et transparente en a trois; le fœtus a 1,1 mm. de longueur; l'aire transparente se distingue de la petite glèbe subjacente, et il s'est déposé entre elles une couche de sérosité fort claire qui, par la pression qu'elle exerce, donne à la membrane un peu de convexité, et lui fait assez bien simuler une vésicule remplie de liquide dans la portion supérieure de laquelle flotterait le fœtus; aussi Malpighi l'a-t-il mal à propos considérée comme un sac amniotique. Cette erreur est d'autant plus importante à rectifier, qu'elle a donné lieu à beaucoup de commentaires, et qu'elle a été reproduite par des observateurs récens. Le pourtour de la cicatricule entre les cercles qui le circonscrivent prend plus de consistance; son aspect est d'un blanc mat ; quelquefois il prend un arrangement en cercles concentriques sur lesquels se dessinent des lignes rayonnantes.

Le trait qui forme la partie rudimentaire du fœtus s'environne d'un nuage plus étendu, au centre duquel il se dessine en blanc lorsqu'on l'examine par réflexion ; son extrémité supérieure est légèrement pyriforme. Lorsqu'on a détaché l'aire transparente pour la voir par transmission, il faut l'enlever rapidement au moyen de la plaque de verre sur laquelle on veut la placer, car si elle se plisse, il est difficile de la déployer de nouveau sans la gâter. Le fœtus, vu par transparence, présente une ligne noire, terminée, comme nous l'avons dit, par un petit renflement situé à sa partie antérieure.

OEuf après six heures d'incubation. Le petit renflement de l'aire pellucide est devenu plus saillant ; la cicatricule entière a acquis un diamètre de 8,5 mm. de diamètre; sa portion transparente en a 3,5 ; le fœtus 1,8 de longueur. Celui-ci, lorsqu'on l'examine, soit à l'œil nu, soit à l'aide d'une faible loupe, offre un aspect entièrement semblable aux descriptions précédentes ; mais sa forme est devenue tellement distincte, qu'on ne peut imaginer par quelle fatalité l'aspect en a échappé si complétement à Pander, surtout lorsqu'il a cherché à retrouver les descriptions de Malpighi. La cicatricule adhère au jaune par toute la zône épaisse qui entoure l'aire pellucide, mais elle s'en détache plus aisément. On pourrait craindre d'avoir été induit en erreur par les fausses apparences que le nucléus est susceptible de produire, mais il suffit d'enlever la cicatricule après l'avoir mise à découvert en coupant la membrane du jaune. On voit très-bien alors le corps allongé, composé, comme nous l'avons déjà dit, du renflement nébuleux et de la ligne qui en occupe l'axe : en général, celle-ci se voit moins bien au premier abord, puis elle se dessine mieux peu après, probablement à cause de l'action de l'eau qui la blanchit. Enfin, elle disparaît en raison des froncemens que la cicatricule éprouve.

L'aire pellucide, à cette époque, a pris une forme un peu ovalaire dans la direction du trait fœtal. Nous entrerons ici dans quelques détails sur sa composition élémentaire; elle reste sensiblement la même pendant les heures qui précèdent et suivent celle-ci, jusqu'à une époque plus avancée où nous aurons soin de le remarquer; cette membrane, vue par transmission à l'aide d'un grossissement de trois cents diamètres, présente une forme tout-à-fait analogue à celle des membranes celluleuses en général ; et telle que nous l'a donnée d'une manière exacte Henri-Milne Edwards dans sa thèse, elle est composée de séries de petits globules réunis en chapelets qui se portent en différentes directions, en formant une espèce de trame irrégulière ou de tissu spongieux; dans certains endroits, les globules s'entassent, la lame cellulaire s'épaissait, et il en résulte de petites taches cotonneuses qui donnent quelquefois à la cicatricule un aspect moucheté tout-à-fait particulier lorsqu'elle est placée sur une glace bien pure.

OEuf après neuf heures d'incubation. La cicatricule a 9 mm. de diamètre; l'aire transparente en a 4. La forme ovalaire continue à se prononcer de plus en plus. Le nuage qui entoure le trait rudimentaire a pris quelque chose de moins confus ; les bords qui le terminent sont mieux arrêtés, et ce trait lui-même a maintenant atteint 2,7 mm. de longueur. Les changemens que nous avons décrits jusqu'à cette époque se sont bornés, comme il est aisé de s'en convaincre, à une simple extension des parties qui se rencontraient déjà dans la cicatricule fécondée avant l'incubation ; la ligne primitive était devenue plus longue ; le bourrelet qui l'avoisine s'était élargi ; la cicatricule avait acquis un plus grand diamètre, et son aire pellucide était elle-même plus allongée, et avait pris la figure que les botanistes désignent sous le nom de subcordiforme ; mais de ces diverses altérations aucune n'avait encore atteint plus spécialement des parties déterminées de là cicatricule ; bien au contraire toutes celles-ci semblaient avoir éprouvé le même effet général. Maintenant nous allons observer un genre d'action très-singulier en ce qu'il s'opère à une certaine distance de la ligne primitive qui paraît cependant en être la cause efficiente. L'aire pellucide va devenir le théâtre de métamorphoses diverses qu'il est très-important de suivre pas à pas puisque leur résultat définitif doit être l'édification complète du corps de l'Animal. Nous ne verrons pas la nature arriver tout-à-coup à ces formes finies qui doivent persister ensuite pendant toute la vie de l'être qu'elle s'occupe à créer, mais elle nous fera sentir par le choix même des voies détournées qu'elle emploie, qu'elle ne peut rien amener d'une manière abrupte, et qu'il lui est indispensable de parcourir certaines formes intermédiaires. Souvent même il serait aussi impossible de deviner le résultat auquel elle parviendra par la suite, que d'imaginer l'utilité présente de l'appareil qu'elle vient de construire.

OEuf après douze heures d'incubation. Les changemens dont nous avons remarqué la première origine, vers la neuvième heure de l'incubation, ont pris une extension complète ; nous avons vu alors qu'une petite portion du bord supérieur de l'aire transparente s'était soulevée et en déprimait le contour sous la forme d'un bourrelet ; pendant ces trois heures qui séparent cette époque de la précédente, celui-ci s'est avancé vers la base de l'aire pellucide en

parcourant progressivement toute sa surface, comme le ferait une onde légère ; toutes les portions comprises dans son trajet se sont relevées en bosse, et rien ne pourrait maintenant indiquer la cause à laquelle cet écusson doit sa naissance ; le pourtour immédiatement en rapport avec la zône épaissie, n'a point participé à ce genre d'action, et il est resté parfaitement horizontal ; de telle sorte que la partie interne de l'aire transparente se dessine en relief au-dessus de lui. Par une macération d'une heure, cette membrane se sépare en deux feuillets qui, dans l'état ordinaire, sont exactement superposés l'un à l'autre, et entre lesquels nous verrons plus tard courir les vaisseaux sanguins. La cicatricule a maintenant onze millimètres de longueur, sur un peu moins de largeur ; elle adhère par son pourtour à la membrane du jaune, mais faiblement. Cette disposition donne beaucoup de facilité pour l'enlever et la placer sur une plaque de verre. L'aire transparente a pris une longueur de cinq millimètres, sur une largeur de trois, et le trait primitif qui s'est légèrement prolongé se fait remarquer par sa forme plus arrêtée. Sa position est d'ailleurs toujours la même, il occupe la partie moyenne du disque, et le nuage blanc dont il est enveloppé s'accroît en diamètre dans la même proportion.

Le nucléus, qui est fixé par sa circonférence au bord interne de la zône épaisse, ainsi que nous l'avons déjà dit, a été entraîné par celle-ci ; à mesure qu'elle a augmenté de dimensions, ce corps a en conséquence éprouvé des altérations successives ; son centre a commencé par se creuser un peu ; puis il s'est aminci et même perforé de manière à laisser le vitellus à découvert ; il s'en est détaché des portions circulaires qui se sont séparées de la zône épaisse, lorsque la circonférence de celle-ci a augmenté. Enfin nous le verrons se subdiviser peu à peu, et même disparaître entièrement en se confondant, soit avec la zône épaisse, soit avec la substance du jaune subjacent. Ces diverses altérations du nucléus, qui nous semblent purement mécaniques et sans importance quelconque, ont été décrites et mesurées minutieusement par Haller et beaucoup d'autres auteurs qui les ont d'ailleurs confondues avec les bords de la cicatricule. Ils ont désigné sous le nom de Halons, les cercles blancs qu'ils apercevaient autour du fœtus, et Haller en particulier les a pris pour des organes essentiels, et a soumis la rapidité de leur accroissement à des calculs qui n'ont aucun fondement.

OEuf après quinze heures d'incubation. Cette époque n'est marquée par aucun progrès saillant; la cicatricule s'est accrue; elle a treize millimètres de longueur; l'aire transparente a six millimètres. Le disque commence à se rétrécir latéralement et prend la forme d'une lyre renversée; le trait fœtal a quatre millimètres de longueur; il occupe la partie moyenne du disque, et se termine par un petit renflement analogue à celui qu'on observe à l'extrémité céphalique, mais beaucoup moins marqué; ce nuage blanc qui l'entoure, s'élargit tout-à-coup depuis le tiers supérieur en bas, d'une manière très-considérable. Cette circonstance de développement est caractéristique de l'heure à laquelle nous observons.

OEuf après dix-huit heures d'incubation. Le disque qui porte la ligne primitive a pris une apparence très-différente. Supérieurement il s'est rétréci en s'arrondissant, et le pli que la membrane a formé en exécutant ce changement, s'est rabattu comme une toile au-devant de l'extrémité céphalique du trait. Latéralement ses bords sont devenus très-concaves à la partie moyenne; plus bas ils reprennent leur convexité et finissent par se rencontrer sous un angle aigu, ce qui le fait comparer à un fer de lance; la ligne primitive occupe la partie médiane. La bordu-

re opaque qui l'entoure forme de chaque côté, dans ses deux tiers inférieurs, deux petits bourrelets entre lesquels elle est reçue comme dans une petite gouttière. C'est là l'origine du canal vertébral que nous verrons bientôt s'achever. Si l'on tourne la cicatricule sur son autre face, cette apparence devient encore plus manifeste, car on voit la concavité des plis entre lesquels est placée la gouttière. On conçoit que sous de telles conditions la région dorsale du fœtus nous présente une forme arrondie; le trait fœtal se dessine au travers de la membrane; et ce nuage blanc qui l'environnait s'est transformé en ces deux plis longitudinaux qui l'accompagnent dans toute sa longueur.

Nous donnerons maintenant le nom de fœtus au disque ainsi transformé; sa région supérieure et postérieure est arrondie, demi-sphérique; on aperçoit, au travers, le pli rabattu dont nous avons déjà parlé. Replaçons la cicatricule dans sa situation naturelle; l'aire transparente, dont nous n'apercevions qu'un bord étroit dans les heures précédentes, est devenue plus large. Le disque s'étant beaucoup plus resserré et n'en occupant plus qu'une moindre surface, nous apercevons dans sa partie supérieure quelques traces d'un pli circulaire au bord de la zône épaisse; il formera bientôt une ligne distinguée par sa plus grande blancheur, et qui séparera la bordure épaisse de l'aire transparente. Quant aux mesures précises de cette époque, nous trouvons 16 mm. pour le diamètre de la cicatricule, six pour le plus long de l'aire transparente, et 5, 2 mm. pour le fœtus.

OEuf après vingt-une heures d'incubation. Le fœtus a 6, 3 mm. de longueur. Le pli supérieur que nous avons vu commencer vers la dix-huitième heure à se rabattre en avant, a descendu plus bas, et le double feuillet de la membrane qui le forme a pris de l'épaisseur. Elle a perdu l'apparence d'une lyre; les côtés des-

cendent à peu près en droite ligne,
et se terminent inférieurement en se
joignant à angle aigu, et en fer de
lance, comme nous l'avons vu précédemment. Les deux bourrelets qui
doivent former le canal vertébral se
rapprochent et commencent à cacher
la ligne primitive vers leurs deux
tiers inférieurs à droite et à gauche,
et à la même hauteur deux plis descendent et se dirigent en bas et en
dehors ; leur légère concavité est
tournée en dedans ; ce sont les premiers linéamens qui désignent le
pelvis. Entre les deux feuillets de
l'aire transparente et intérieurement
au cercle qui la circonscrit maintenant, il s'est développé une lame de
tissu spongieux qui, plus épaisse extérieurement, finit par se perdre en
s'avançant vers la partie où est placé
le fœtus. C'est dans cette membrane
et la ligne blanche circulaire dont
nous avons parlé, que nous allons
voir paraître les premiers globules
sanguins ; c'est là que commence-
ront à se développer les vaisseaux où
ils se rassemblent. La partie que nous
voyons se développer a la plus grande importance, relativement à la sanguification ; elle s'étendra de l'intérieur à l'extérieur, et finira par recouvrir tout le jaune, restant pendant
quelques jours le principal siége de la
sanguification. La densité de la substance du jaune paraît uniforme, et
cette assertion sera sans doute regardée comme peu d'accord avec tout ce
qu'on a dit sur la faculté qu'il possède de se placer de manière que le
fœtus en occupe la partie supérieure ;
mais on n'a pas suffisamment distingué les circonstances de ce phénomène. Dans les premiers temps,
c'est-à-dire à l'instant de la ponte et
pendant les six premières heures de
l'incubation ; le jaune n'affecte aucune situation déterminée, mais à
mesure que la cavité placée entre la
cicatricule et le jaune vient à s'a-
grandir, l'on aperçoit dans celui-ci
une tendance très-marquée à flotter
dans la situation désignée par les auteurs. Le fœtus en occupe toujours

la partie supérieure, et dès le second
jour il est arrivé de tels changemens
dans la densité relative du jaune et
du blanc, qu'on voit ce dernier se
placer constamment dans la portion
inférieure de l'OEuf, tandis que la cicatricule se porte dans la supérieure,
où on la voit paraître aussitôt qu'on
a enlevé la coquille. Cette disposition
est due à la sérosité qui s'accumule
au-dessous de la cicatricule, et dont
le poids spécifique étant moindre que
celui de la substance du jaune, en
rompt l'équilibre, et oblige la place
qu'elle occupe à se tenir dans l'endroit le plus élevé. Ainsi sera atteint
par un mécanisme fort simple un but
très-important, qui est de mettre la
cicatricule en rapport aussi immédiat que possible avec l'oxigène de
l'air.

*OEuf de vingt-quatre heures d'in-
cubation.* Les trois heures qui séparent l'époque dont nous allons nous
occuper, de la précédente, offrent ce
phénomène singulier qu'il n'est parvenu aucun changement dans la
dimension du fœtus, et que les altérations qu'on y observe se sont circonscrites pour ainsi dire dans les
limites qui arrêtaient sa forme précédemment. Elles n'en sont pour cela ni
moins importantes, ni moins curieuses, car il est déjà facile de reconnaître,
sur les deux renflemens longitudinaux qui courent parallèlement à la
ligne primitive, trois points arrondis
plus consistans dont on voit plus
tard le nombre s'accroître avec
rapidité. Ce sont les rudimens des
vertèbres. Les lignes qui terminent
en dedans chacun des renflemens
sont devenues sinueuses de droites
qu'elles étaient auparavant. Elles se
rapprochent au-dessus du trait primitif dans les points correspondans
aux petites traces vertébrales. La ligne primitive elle-même s'est considérablement gonflée à sa terminaison
inférieure, et présente très-nettement
l'origine du sinus rhomboïdal dont
la forme peut déjà même se distinguer. Au-dessous du point où elle
s'arrête les renflemens latéraux vien-

nent se réunir après avoir décrit une courbe gracieuse et parallèle à celle du sinus rhomboïdal lui-même. La portion céphalique n'a pas éprouvé des changemens aussi considérables, seulement la partie de la membrane qui se rabat en avant a continué sa marche et descend toujours vers la région moyenne du fœtus dont le sommet se trouve ainsi considérablement dégagé de toute adhérence latérale. Les renflemens longitudinaux se trouvent débordés par deux ailes qui sont placées à peu près sur le plan de l'aire pellucide dont elles font encore réellement partie. Celle-ci continue à se diviser en deux zônes distinctes dont l'externe devient toujours plus opaque par l'accroissement progressif d'épaisseur dans la membrane vasculeuse. Mais ce qu'il y a de remarquable, c'est que l'état du fœtus et celui de l'aire transparente ayant peu changé relativement aux dimensions, la cicatricule n'en a pas moins continué à s'étendre et se trouve à présent avoir un diamètre de vingt-un millimètres.

TABLEAU des accroissemens du Fœtus et de la Cicatricule pendant les premières heures de l'incubation.

DATE.	CICATRICULE.	AIRE TRANS-PARENTE.	FOETUS.	DATE.	CICATRICULE.	AIRE TRANS-PARENTE.	FOETUS.
heure.	mm.	mm.	mm.	heure.	mm.	mm.	mm.
0	6,0	2,0	0,9	30	26,0	9,5	7,0
3	8,0	3,0	1,1	33	27,0	9,5	7,0
6	8,5	3,5	1,8	36	31,0	10,0	7,5
9	9,0	4,0	2,7	39	34,0	11,0	7,5
12	11,0	5,0	3,0	42	38,0	12,0	8,5
15	13,0	6,0	4,0	45	39,0	13,5	9,0
18	16,0	6,0	5,2	48	48,0	16,0	9,0
21	19,0	8,0	6,3	54	60,0	16,0	
23	21,0	8,0	6,3	60	70,0	19,0	11,0
27	22,0	9,0	6,3				

Dès la trentième heure, le Poulet nous permet d'assister au développement des principaux organes que l'Animal adulte doit conserver. Nous avons déjà émis dans cet ouvrage (*V.* Cœur) nos idées sur le développement du cœur et sur la formation du sang. Le célèbre anatomiste Serres, dans le premier volume de son Anatomie comparée du cerveau, s'est occupé d'une manière très-heureuse de l'étude du développement de l'encéphale du Poulet; nous n'entrerons donc dans aucun détail sur ces deux points de son histoire. Nous allons au contraire examiner avec la plus grande attention le développement des membranes propres à l'OEuf, et nous verrons ensuite quel est le rôle qu'elles jouent dans l'incubation.

Vers la trentième heure, un réseau vasculaire a commencé à s'établir sur la cicatricule. Le sang part à droite et à gauche du Poulet, se divise dans un lacis de capillaires, puis arrive dans un vaisseau général qui le ramène en haut ou le dirige en bas; de-là il revient au cœur. Rien de nouveau ne se montre jusqu'à la quarante-cinquième ou quarante-sixième heure; mais à cette époque on aperçoit vers la région abdominale du Poulet une petite vésicule membraneuse et transparente. Cette vésicule, d'abord de la grosseur d'une tête d'épingle, se développe rapidement, s'étale d'abord à la partie supérieure du jaune, et finit plus tard par envahir toute la surface interne de la coquille contre laquelle elle se trouve appliquée. La portion de la vésicule qui est au contact de la coquille est abondamment fournie de vaisseaux, et le cours ainsi que la nature du sang démontrent que le sang qui s'y rend est veineux, que celui qui en revient est artériel. Cette vésicule correspond sans doute à l'allantoïde et au chorion des Mammifères.

Quant à l'amnios, dès le troisième jour il s'aperçoit bien distinctement, il est même formé plus tôt. Sa formation est évidemment due à un repli de la cicatricule qui enveloppe le Poulet après avoir formé la cavité abdominale. Pander a parfaitement décrit les diverses modifications que cette lame éprouve.

On voit donc que dans le Poulet il y a trois époques bien distinctes. Dans la première, il n'y a pas encore de sang. Dans la seconde, la circulation se porte principalement sur la cicatricule. Dans la troisième, les vaisseaux de la cicatricule perdent de leur importance ou changent de fonction et la circulation se dirige sur l'allantoïde. Ce terme atteint, l'OEuf n'offre plus de nouvelles modifications, le Poulet se développe peu à peu, le jaune se trouve enclavé dans l'abdomen lorsque celui-ci se ferme, et le jeune Animal perce sa coquille.

De la respiration du Poulet dans l'Œuf.

Le Poulet dans l'OEuf respire, c'est-à-dire qu'il s'empare de l'oxigène de l'air et le transforme en acide carbonique, c'est ce que nous mettrons hors de doute. Nous avons à cet égard à examiner comment cette respiration s'opère d'après les données anatomiques et comment elle peut se prouver et se concevoir d'après les données physiques ou chimiques.

Pris dans l'oviducte, l'OEuf tout formé est entièrement plein. Mais dès qu'il est exposé à l'air une portion de l'eau s'échappe par évaporation, un vide proportionnel s'établit dans l'OEuf, et la membrane inté-

rieure qui recouvre le blanc se sépare de la coque à l'un des bouts, entraînée par le blanc qui diminue de volume. Une cavité plus ou moins forte s'établit dans ce point. L'étendue de cette cavité indique assez bien la durée du séjour de l'OEuf dans l'air. Huit OEufs d'un à deux jours nous ont fourni, en les ouvrant sous l'eau, trois centimètres cubes de gaz. Ainsi l'étendue moyenne de la partie vide était de 3/5 de centim. cub. pour chacun d'eux. Ce gaz nous a paru de l'air ordinaire à peu près pur. Dans les OEufs plus anciens, les cavités deviennent bien plus grandes; on en trouve qui fournissent jusqu'à cinq centimètres cubes de gaz, mais le plus souvent on n'en retire que deux ou trois. Dans ces derniers ce n'est plus de l'air ordinaire, le gaz qu'on en obtient renferme deux ou trois centièmes d'acide carbonique, seize ou dix-sept centièmes d'oxigène, et quatre-vingt ou quatre-vingt-deux d'azote.

Par l'acte de l'incubation le même vide se forme, l'air y pénètre également, mais il perd plus tôt et plus complétement son oxigène. Il ne faudrait pourtant pas croire que toutes les époques de l'incubation exigent également la présence et le concours de l'air. Des expériences bien curieuses de Geoffroy Saint-Hilaire nous montrent le contraire. Pendant les premières heures, le fœtus semble susceptible d'un léger développement même à l'abri du contact de l'air. C'est ce qu'il faut conclure des effets observés par Geoffroy Saint-Hilaire dans les Poules dont l'oviducte fut lié quelques instans avant la ponte. D'après l'étendue des cicatricules, on peut juger que cette incubation à l'abri du contact de l'air conduisit ces OEufs jusqu'au développement qui correspond à la quinzième heure de l'incubation, peut-être même jusqu'à la vingtième; mais au-delà de ce terme la présence de l'air paraît indispensable; du moins les OEufs, quoique couvés plus long-temps dans le corps de la Poule, se sont-ils arrêtés vers cette époque. Remarquons à cet égard que le jaune paraît en effet indifféremment flottant jusqu'à la douzième ou à la quinzième heure, et que ce n'est qu'à cette époque qu'il prend une situation, déterminée évidemment par la nécessité de se mettre en rapport direct avec l'air extérieur. Ajoutons que ces expériences devraient être répétées dans des gaz variés pour qu'on pût en tirer une conclusion certaine.

Il n'en est pas de même des heures suivantes. La physiologie et la chimie y montrent également tous les signes d'une respiration active et continue. En effet, à mesure qu'il se forme sous la cicatricule un dépôt de liquide, cette partie de l'OEuf acquiert une densité moindre que celle du restant du jaune et tend toujours à se placer en haut. La densité de l'ensemble du jaune devient bientôt, par suite de la même cause, moindre que la densité du blanc, et dans quelque position que l'OEuf soit placé le jaune s'élève, s'applique contre la paroi interne de la coque, et la partie occupée par le Poulet est toujours celle qui se présente immédiatement au contact de la coque. Les vaisseaux du jaune se trouvent ainsi placés sous l'influence de l'air extérieur. Mais plus tard ce mécanisme devient moins utile ; la vésicule ombilicale ayant envahi toute la surface interne de l'OEuf, elle fait fonction de poumon et remplace complétement les vaisseaux propres au jaune sous ce point de vue. La simplicité du but et celle des moyens se font également admirer dans ce mécanisme. Tant que le Poulet n'a pas besoin d'air, le jaune qui le porte flotte à l'aventure ; dès que ce besoin se fait sentir une légère diminution de densité porte le jaune vers cet air qui lui est nécessaire, et l'emploi de ce moyen cesse lorsque le Poulet plus développé a pu envoyer des vaisseaux dans toutes les parties de son étroite prison, qui reçoivent le contact de l'atmosphère.

Un examen attentif de ces phénomènes ne laisse guère de doute sur leur

but. Quelques essais chimiques entraîneront une pleine conviction à cet égard. Observons d'abord que la coquille est bien perméable à l'air. On ne saurait en douter puisqu'à la place de l'eau qui s'évapore nous voyons arriver de l'air pur dans l'OEuf. Ce remplacement continue sans aucun doute pendant toute la durée de l'incubation, mais à mesure que celle-ci avance, l'air renfermé dans le bout vide perd plus vite son oxigène. En effet, dans les OEufs dont l'incubation est avancée, l'air qu'on extrait du bout vide ne contient plus que 14 ou 15 pour cent d'oxigène, au lieu de 21 ; à la vérité des OEufs inféconds soumis à la même épreuve donnent des résultats analogues. Après huit ou dix jours d'incubation, l'air renfermé dans la partie vide de ces OEufs ne contient quelquefois que 10 ou 12 pour cent d'oxigène. On pourrait penser d'après cela que l'absorption d'oxigène qui a lieu dans les OEufs fécondés, n'est pas nécessairement liée aux phénomènes de la vie du Poulet, et qu'elle résulte de la réaction de l'air sur la matière animale de l'OEuf. Toutes les incertitudes sur ce point cessent si l'on compare les effets obtenus par l'incubation des OEufs clairs et des OEufs féconds en vaisseaux clos. Les premiers absorbent bien moins d'oxigène et fournissent bien moins d'acide carbonique que les seconds. D'ailleurs au bout de huit jours les OEufs clairs donnent une quantité d'acide carbonique à peu près la même pour un temps donné, tandis que dans les OEufs féconds cette quantité augmente rapidement et devient d'autant plus forte qu'on se rapproche davantage de l'époque où le Poulet doit éclore.

Il nous paraît donc évident que le Poulet respire au moyen de l'air qui se tamise au travers de la coquille et qui arrive au contact des membranes vasculaires de l'Animal.

Des diverses méthodes d'incubation.

Tous les OEufs, pour se dévelop-

8

per, ont besoin du contact de l'air ou plutôt de l'oxigène de l'air. Mais en outre les fœtus des Animaux à sang chaud ne peuvent se passer de l'influence d'une température élevée, comprise dans les limites de 28 ou 30° centigrades au moins, et de 44 ou 45° centigrades au plus. Il en résulte, quant aux OEufs des Oiseaux, que si on les abandonnait à eux-mêmes, ils n'éprouveraient aucun changement organique; dans les circonstances ordinaires la mère les couve, c'est-à-dire en élève la température en s'accroupissant sur la masse d'OEufs qu'elle a pondus et rassemblés dans son nid. Elle ne quitte cette position fatigante qu'une fois ou deux par jour pour prendre sa nourriture et pour retourner les OEufs, afin qu'ils soient tour à tour amenés au contact de son corps. On conçoit que dans de semblables circonstances les OEufs ont à la fois la chaleur et l'air qui leur sont nécessaires.

Les OEufs de Poule étant le plus souvent choisis par les observateurs, à cause de leur abondance et de leur bas prix, dans les recherches relatives à l'incubation, nous entrerons dans quelques détails sur les procédés les plus commodes pour diriger cette opération, sans être astreint à des soins trop assidus. Les Poules ordinaires couvent assez bien pendant vingt ou vingt-cinq jours, mais lorsqu'au bout de ce temps, les OEufs ne sont pas éclos, leur patience se lasse vite, elles cessent de couver, et le plus souvent crèvent à coups de bec les nouveaux OEufs qu'on leur confie. Il n'en est point de même des Poules d'Inde; à cet égard leur instinct est tout-à-fait différent, et leur ténacité sans bornes. Elles couvent pendant cinq mois, six mois, en un mot elles couvent jusqu'à ce qu'elles succombent à l'état de marasme auquel ce genre de vie les réduit; nous en avons eu plusieurs exemples dans le cours de nos expériences. Toutes ont montré la même résignation, sans examiner si on renouvelait les OEufs, si on en ôtait, si on en ajoutait, tandis

que les Poules ordinaires cessent souvent de couver si elles ne retrouvent pas toujours leurs OEufs en même nombre, et quelquefois même si on a trop altéré leur position relative. Lorsqu'elles avaient couvé pendant plusieurs mois, les Poules d'Inde se trouvaient réduites à un état extraordinaire de maigreur, et l'autopsie faisait toujours reconnaître des altérations profondes et identiques dans tous les viscères; les intestins présentaient des adhérences morbides très-multipliées, soit entre eux, soit avec les membranes abdominales; le foie, le cœur et les poumons étaient couverts de petites taches blanches, et avaient également contracté des adhérences avec les organes voisins. A l'extérieur, tous les ravages d'une maladie longue se faisaient également apercevoir; le plumage était en grande partie tombé, et ce qui restait était flétri comme au temps de la mue. Succombant à cet état chronique, ces Animaux mouraient quelquefois sans abandonner leurs OEufs. Pendant toute la durée de leur incubation elles ne les quittaient jamais, il fallait les enlever du nid pour leur faire prendre leur nourriture, et lorsqu'on les avait remises en place, elles ne se dérangeaient jamais.

La Poule d'Inde est donc l'instrument d'incubation le plus commode pour un observateur; mais on peut, en toute saison et en toute circonstance, s'en procurer un qui donne des résultats plus réguliers. C'est une couveuse artificielle dont nous nous sommes servis très-souvent. Qu'on se représente deux vases cylindriques en fer-blanc, l'un de dix pouces de diamètre sur un pied de hauteur, et l'autre plus petit, dans un tel rapport qu'en le plaçant dans le plus grand il reste entre eux un vide d'un pouce dans tous les sens; ce vide doit contenir l'eau chaude destinée à élever la température des OEufs qu'on place dans le petit vase; six tuyaux d'une ligne de diamètre placés à la partie inférieure de l'appareil, et s'ouvrant en dehors, amènent de l'air dans le vase intérieur ; on place au fond de ce dernier un lit de coton, puis les OEufs au nombre de vingt ou vingt-cinq, enfin un lit de coton pour les préserver du refroidissement. On ferme l'appareil au moyen d'un couvercle percé de trous comme une écumoire. Voici maintenant le principe sur lequel repose cet instrument. Il doit être calculé de manière qu'il perde, par le rayonnement ou l'action de l'air extérieur, précisément autant de chaleur qu'il en acquiert par l'influence d'une petite lampe placée au-dessous de lui. C'est à quoi l'on arrive par une étude de quelques jours, en observant sa marche au moyen d'un thermomètre placé dans l'eau , et d'un autre qu'on met au milieu des OEufs ; on remplit l'intervalle des deux vases, d'eau à 45° centigrades, et on allume la lampe qui à la rigueur peut être une veilleuse ordinaire. Si la température s'élève, on éloigne la flamme, si elle s'abaisse on la rapproche, et l'on arrive bientôt à déterminer la distance qui convient à l'appareil et à la flamme. La veilleuse ordinaire à l'huile a plusieurs inconvéniens ; elle exige un renouvellement fréquent, les mèches donnent beaucoup de chaleur au commencement et peu à la fin, à cause du champignon qui s'est formé ; ces inconvéniens n'existent plus si on la remplace par une lampe à alcohol à niveau constant et à mèche d'amianthe. On obtient ainsi une flamme égale et à peu de frais, car on ne brûle pas deux onces d'alcohol en vingt-quatre heures.

On conçoit que les conditions de l'incubation étant bien connues, le désir de pratiquer cette opération en grand a dû se présenter souvent à l'esprit d'hommes industrieux. On a beaucoup parlé des procédés pratiqués en Egypte ; les OEufs, disait-on, étaient couvés dans du fumier, et Réaumur, guidé par ce renseignement inexact, perdit beaucoup de temps sans succès. Les gaz qui se forment dans une masse de fumier en putréfaction, et l'hydrogène sulfuré

en particulier, doivent en effet nuire singulièrement aux jeunes Poulets , et d'autant plus que l'air en contact avec le fumier éprouve lui-même une altération profonde, puisque son oxigène passe en grande partie à l'état d'acide carbonique.

N'ayant pu réussir dans ses premières tentatives, Réaumur tourna ses vues d'un autre côté. Une observation populaire avait appris qu'on pouvait couver des OEufs dans les étuves des boulangers ; Réaumur construisit donc des fours à Poulets, et à force de soins et d'attention, il parvint à les diriger d'une manière convenable ; mais ces soins, cette attention étaient trop nécessaires pour que leur emploi devînt général ; aussi les entreprises de Réaumur sont-elles restées comme un monument inutile d'une sagacité remarquable, mais mal appliquée. Dans ces derniers temps, une entreprise du même genre, mais fondée sur un principe différent, s'est formée aux environs de Paris. Bonnemain , auquel on doit plusieurs inventions utiles, a appliqué à l'incubation le principe des calorifères à circulation d'eau, qui semble en effet le mode de chauffage le plus propre à ce genre d'industrie. L'eau chauffée dans une chaudière s'élève, par sa légèreté, au point le plus haut de l'appareil, puis redescend dans des tuyaux serpentans qui échauffent l'étuve à incubation , et se rend en dernier lieu dans la partie inférieure de la chaudière d'où elle était partie. Cet appareil facile à diriger, couve bien et régulièrement une quantité considérable d'OEufs. Mais c'est la partie la plus aisée de cet art, que d'amener les Poulets au terme de l'incubation ; ce qui est plus difficile , sinon impossible, c'est de remplacer les soins de la mère lorsqu'ils sont éclos, de les préserver des épidémies qui frappent tous les rassemblemens d'Animaux de même espèce, et d'arriver enfin au milieu de tant de difficultés à se procurer des Poulets à un prix inférieur à celui des Poulets élevés dans les campagnes. L'expérience d'une longue suite d'années peut seule prononcer sur ce point. On trouvera du reste tous les renseignemens nécessaires sur ce sujet, dans l'ouvrage de Réaumur, et dans l'article *Incubation* du Dictionnaire Technologique où Bonnemain doit publier en détail les procédés et les observations auxquelles leur emploi a donné lieu.

Des phénomènes chimiques qui se passent pendant l'incubation.

Quelle que soit d'ailleurs la méthode d'incubation que l'on emploie de préférence, il se présente toujours dans les OEufs certains phénomènes chimiques que l'analyse peut atteindre et sur lesquels nous croyons devoir donner des détails circonstanciés. Ces phénomènes se lient aux fonctions les plus délicates des êtres organisés, et leur étude peut donner quelques lumières sur l'espèce de germination, si nous osons nous exprimer ainsi, que les petits Poulets éprouvent. On a étudié avec le plus grand soin ces phénomènes dans les Plantes, mais ils n'ont encore été l'objet d'aucune recherche dans les Animaux.

On savait depuis long-temps que les OEufs diminuaient de poids pendant l'incubation, mais il ne semble pas que cette question ait été l'objet de recherches convenables, jusqu'à l'époque où Geoffroy Saint-Hilaire s'en est occupé. Il a pésé six OEufs au commencement et vers la fin de l'incubation, et la moyenne de ses expériences donne un sixième de perte en poids, à très-peu de chose près. Les nôtres avaient déjà été exécutées lorsque l'ouvrage de Geoffroy Saint-Hilaire a paru, et comme elles s'en rapprochent beaucoup, puisque nos OEufs ont subi une diminution égale à peu près au septième de leur poids primitif, nous avons cru que cette

matière était suffisamment éclaircie. Afin de nous placer dans les conditions les plus ordinaires, nous avons fait usage de Poules couveuses, de préférence à notre machine et aux Poules d'Inde que nous avions coutume d'employer. Les OEufs étaient très-frais au moment où on les pesait pour la première fois, et nous avons eu soin de les soumettre à la même opération à trois époques différentes, c'est-à-dire après le septième, le quatorzième et le vingtième jour de l'incubation. Le résultat le plus saillant de cette comparaison, c'est que la perte se divise d'une manière inégale, et qu'elle est d'autant plus forte qu'on est plus près du commencement de l'expérience. En effet, d'après une moyenne de douze résultats, nous trouvons qu'un OEuf pesant 56 grammes 36 c., se réduit à 48 grammes 63 cent. par une incubation de vingt jours complets. La perte qu'il a éprouvée se trouve donc égale à 7 grammes 72 c. Mais il se trouve qu'elle se distribue de manière que pendant les six derniers jours l'OEuf a perdu à peu près la moitié du poids qui exprime la diminution occasionée par les sept premiers. En effet, au bout du septième jour, il offre une différence de 3 grammes 16 cent.; lorsqu'il arrive au quatorzième, il présente une nouvelle diminution, mais elle ne s'élève qu'à 2 grammes 84 cent.; enfin elle est encore plus faible à dater de cette dernière époque jusqu'au vingtième jour, et l'OEuf a perdu seulement 1 gramme 71 cent. Avant de discuter les causes de cette diminution progressive, nous donnerons le tableau qui renferme ces résultats, et nous passerons à une série analogue exécutée sur des OEufs qui n'avaient pas été fécondés.

*Changement survenu dans le poids des OEufs fécondés pendant l'incuba-
tion. — Octobre 1822.*

NUMÉRO DE L'OEUF.	POIDS PRIMITIF.	PERTE APRÈS SEPT JOURS.	PERTE APRÈS QUATORZE JOURS.	PERTE APRÈS VINGT JOURS.	PERTE TOTALE.	POIDS RESTANT.	OBSERVATIONS.
	grammes.	grammes.	grammes.	grammes.	gramm.	grammes.	
A.	58,75	2,98	2,52	2,00	7,50	51,25	Poulet prêt à éclore.
B	58,12	3,72	3,55	1,55	8,62	49,50	Idem.
C	62,93	3,41	3,07	1,00	7,48	55,45	Idem.
D	49,10	2,89	2,76	1,10	6,75	42,55	Il avait déjà percé la co-quille.
E	54,57	2,82	2,40	1,55	6,57	48,00	L'abdomen n'était pas encore fermé.
F	55,52	2,15	2,47	1,55	5,97	49,55	Prêt à éclore.
G	56,58	3,33	3,10	2,85	9,18	47,30	Idem.
H	53,55	3,25	2,90	1,50	7,65	45,90	Idem.
I	55,95	3,80	2,20	2,43	8,43	47,52	Prêt de rentrer le jaune.
K	50,35	3,05	2,65	1,40	7,10	43,25	Prêt à éclore.
L	56,20	2,35	3,45	2,55	8,15	48,05	Idem.
M	64.75	4,25	3,50	1,70	9,25	55,50	Coquille percée.
TOTAL. .	676,57	38,00	34,17	20,58	92,75	583,62	
MOYENNE..	56,36	3,16	2,84	1,71	7,72	48,63	

On conçoit qu'il suffisait de com-parer, sous ce point de vue, les OEufs féconds et les OEufs stériles, pour s'assurer si cette perte était un simple résultat d'évaporation, ou bien si elle se trouvait liée d'une manière quel-conque avec le travail de l'évolution; mais il fallait aussi, pour rendre la conclusion précise, que ces derniers n'éprouvassent pas un changement de constitution chimique. Car s'ils avaient offert cette action complexe, on n'aurait pas facilement distingué l'influence particulière à chacune de ces actions. Des expériences multi-pliées nous avaient appris que les OEufs très-frais, bien qu'ils ne fus-sent pas fécondés, pouvaient suppor-ter l'incubation ordinaire sans mani-fester des symptômes de putréfaction appréciables. Leur consistance reste à peu près la même, le jaune acquiert une couleur un peu plus foncée, et sur dix qu'on soumet à ce genre d'é-preuve, il s'en rencontre à peine un ou deux qui se soient notablement al-térés. Il n'en est pas de même si l'on continue, et vers le trentième ou le quarantième jour ils exhalent tous une odeur infecte qui se perçoit ai-sément même au travers de la co-quille.

Nous avons donc choisi douze OEufs stériles fraîchement pondus, et nous avons répété sur eux les opé-rations dont les OEufs féconds avaient été l'objet. Au bout de vingt jours révolus, la perte en poids s'est trou-vée absolument semblable, et en comparant les pesées intermédiaires, on peut se convaincre que sa distri-bution a lieu d'après la même loi. C'est ce que le tableau suivant met-tra facilement en évidence, et l'on pourra remarquer aussi que le poids moyen de l'OEuf stérile est plus faible que celui de l'OEuf fécondé. Avant d'admettre une telle différence, il se-rait nécessaire sans doute de multi-plier les résultats plus que nous ne l'avons fait ici ; mais nous ajouterons qu'elle nous a paru réelle dans un assez grand nombre d'OEufs que nous avons examinés sous ce rapport.

Changemens survenus dans le poids des OEufs fécondés lorsqu'on les a couvés pendant la période ordinaire. —Octobre 1822.

NUMÉRO DE L'OEUF.	POIDS PRIMITIF.	PERTE APRÈS SEPT JOURS.	PERTE APRÈS QUATORZE JOURS.	PERTE APRÈS VINGT JOURS.	PERTE TOTALE.	POIDS RESTANT.	OBSERVATIONS.
	grammes.	grammes.	grammes.	grammes.	gramm.	grammes.	
A	55,45	2,55	2,60	1,85	7,00	48,45	Tous les OEufs conte-
B	52,45	3,35	2,65	1,75	7,75	44,70	nus dans ce tableau
C	50,97	3,52	5,05	0,65	7,22	43,75	étaient stériles et
D	57,22	3,37	2,95	1,40	7,72	49,50	n'avaient contracté
E	54,12	2,97	2,75	1,50	7,22	46,90	presqu'aucune odeur
G	47,55	2,45	2,32	1,10	5,83	41,70	pendant cette incu-
H	50,85	2,70	2,55	1,25	6,50	44,35	bation. Les numéros
K	50,05	2,50	2,20	1,15	5,65	44,40	F, I et M ont été
L	54,45	3,00	2,70	1,50	7,20	47,25	mis de côté à cause
							de la puanteur qu'ils
							exhalaient.
TOTAL..	475,11	26,19	23,77	12,15	62,11	411,00	
MOYENNE..	52,56	2,91	2,64	1,35	6,90	45,66	

Nous avions un autre moyen plus propre encore à nous faire connaître s'il existe réellement quelque liaison entre les mouvemens du fœtus et la perte que l'OEuf éprouve par l'évaporation. Lorsqu'on se pourvoit au hasard, dans les marchés, des OEufs qu'on veut soumettre à l'incubation, ils se trouvent mélangés de manière à produire les résultats les plus irréguliers. Si l'on en prend un certain nombre et qu'on les couve pendant trente ou quarante heures, par exemple, les uns auront atteint réelle- ment le degré de développement qui convient à cette époque, les autres seront plus ou moins au-dessous, et l'on pourra même en rencontrer qui se montreront plus avancés de quel- ques heures. Ce dernier cas, bien qu'il soit plus rare, se montre néan- moins assez souvent pour donner la clef des petites inexactitudes rela- tives aux époques de l'évolution qu'on trouve, soit dans l'ouvrage de Pander, soit dans celui de Rolando, etc. Ces auteurs semblent avoir adop- té pour principe dans leurs recher- ches cette vue très-judicieuse dont nous avons fait usage nous-mêmes, qu'un fœtus peut bien être retardé, mais qu'il est impossible qu'il se mon- tre hâtif. Ce n'est point l'effet d'une idiosyncrasie particulière qui amène les irrégularités que nous venons de mentionner ; elles tiennent à des causes plus faciles à atteindre. Nous avons eu l'occasion de nous convain- cre plusieurs fois, et d'une manière positive, que les OEufs qui ne sont point récemment pondus, se déve- loppent plus tard que les autres. Aucun auteur n'a pris garde avant nous au temps qui leur est nécessaire pour acquérir la température qui est indispensable aux mouvemens du germe. L'incubation ne date donc pas de l'instant où l'OEuf est placé sous la Poule, elle commence réelle- ment à l'époque où le jaune a acquis la température de 55 à 40° c. C'est à cette cause que doivent se rapporter les observations tardives. Mais il en est une autre beaucoup plus fréqnente, et que l'on observe surtout lorsqu'on se livre à une série de recherches qui exigent plusieurs milliers d'OEufs, ainsi que cela est arrivé à Malpighi, à Pander et à nous-mêmes. C'est celle qui donne lieu aux fœtus hâtifs. On ne les trouve tels, nous pouvons l'assurer, que parce qu'ils ont déjà subi un commencement d'incubation, et pour s'en convaincre il suffit d'examiner quelques douzaines d'OEufs pris dans les marchés; on en trouvera de toutes les époques, depuis ceux qui n'ont point été couvés, jusqu'à dix ou douze heures et quelquefois davantage. Cette circonstance tient à la méthode adoptée dans les campagnes pour la récolte des OEufs. On les laisse pendant quinze ou vingt heures à la disposition de la mère qui en profite souvent pour les couver, ou qui les couve sans intention. Sous ce point de vue nos recherches ne sont point sans quelque prix, à cause du soin extrême que nous avons mis à constater les diverses époques de l'évolution. Les OEufs que nous avons employés pour établir notre série, ont été pour ainsi dire pondus sous nos yeux, et nous avons bien souvent poussé le scrupule jusqu'à les extraire de l'oviducte; aussi regardons-nous les dates que nous avons données comme excessivement exactes, et nous n'hésitons plus maintenant, dès qu'il s'agit de fixer l'âge d'un Poulet, puisqu'il suffit de comparer ses dimensions et l'état de ses organes aux figures que nous avons tracées. C'est ainsi que nous avons pu nous débarrasser de toutes les causes d'erreurs, et que nous avons reconnu les retards fréquens qui se montrent dans le développement des Poulets.

Ces retards eux-mêmes vont maintenant nous devenir fort utiles, puisqu'ils nous permettront de séparer nettement les deux ordres d'actions qui s'effectuent dans un OEuf fécondé qu'on soumet à la chaleur de l'incubation. En effet, si la perte de poids qu'il éprouve est liée d'une manière quelconque au mouvement de l'embryon, elle sera d'autant plus forte que celui-ci se trouvera plus avancé dans un temps donné; mais si au contraire elle n'est due qu'à un simple effet d'évaporation, elle sera en rapport avec le temps de l'incubation et n'en aura point avec l'âge réel du Poulet. Toutes les expériences que nous avons faites sont en faveur de cette dernière supposition, et dans le nombre il n'en est pas une qui puisse fournir un argument à l'appui de la première. Nous en citerons dix pour exemple, et l'on pourra s'assurer en parcourant ce tableau, qu'il arrive quelquefois que pour des temps d'incubation semblables, l'OEuf dont le Poulet est le moins avancé se trouve précisément celui qui a éprouvé la perte la plus considérable.

Nous joignons à ces résultats quelques faits du même genre observés sur des OEufs de Canard, mais c'est moins dans le but de fournir des élémens nouveaux à cette discussion que les faits précédens semblent éclaircir d'une manière suffisante, que pour montrer le rapport de la diminution des poids dans ces deux espèces. On arrive ainsi à ce résultat remarquable, que pendant la première heure les OEufs de Poule perdent 26 milligrammes par heure, et ceux de Canard 17 milligrammes seulement. Si l'on admet que cette différence est en raison inverse du temps nécessaire à l'incubation complète de ces deux espèces, on trouve $26 : 17 :: x : 21$ durée de l'incubation des Poules. Il est aisé de voir que $x = 32$, ce qui est à peu près le nombre de jours après lesquels les petits Canards percent leur coquille.

On conçoit maintenant pourquoi la coque de l'OEuf des Canards est plus épaisse, plus serrée et moins poreuse que celle des OEufs de Poule, et l'on parviendra probablement, par de nouvelles recherches, à donner à cette loi plus d'étendue et plus de généralité.

Perte en poids éprouvée par les OEufs pendant les premières heures de l'incubation.

ESPÈCE DE L'OEUF.	POIDS PRIMITIF.	PERTE.	TERME DE L'INCUBATION.	AGE DU FOETUS.	OBSERVATIONS.
	grammes.	grammes.	heures.	heures.	
POULET.	58,625	0,600	22	15	On remarque parmi ces OEufs celui qui pesait 72,600. C'est le plus lourd à un seul jaune que nous ayons jamais rencontré. Il est probable que sa dimension extraordinaire a contribué pour beaucoup à la lenteur de l'incubation en rendant plus difficile le réchauffement du jaune qui se trouve à peu près au centre dans les OEufs non couvés.
Id.	59,350	0,575	22	22	
Id.	72,600	1,050	48	24	
Id.	55,125	1,175	48	55	
Id.	54,525	1,325	48	42	
Id.	59,045	1,145	48	42	
Id.	55,725	1,150	48	42	
Id.	62,145	1,320	48	48	
Id.	50,075	1,875	60	48	
Id.	57,900	1,825	60	60	
TOTAL...	»	12,040	452	576	
MOYENNE	»	1,2040	45,2	57,6	
CANARD.	67,875	0,425	25	20	Les OEufs de Canard que nous avons employés étaient très-frais, et l'on pourra remarquer qu'ils ont presque tous éprouvé l'évolution la plus régulière.
Id.	63,300	0,475	55	30	
Id.	56,375	0,625	55	30	
Id.	60,450	0,600	56	32	
Id.	65,680	0,655	56	30	
Id.	61,775	0,575	36	52	
TOTAL...	»	3,355	199	174	
MOYENNE.	»	0,559	33	29	

Les physiologistes ont fait souvent de l'OEuf de Poule le sujet de leurs recherches, et ils ont été conduits à des résultats très-remarquables; mais il est bien à regretter que sous le point de vue chimique on n'ait pas encore soumis l'OEuf à diverses époques à un examen attentif. Il existe en effet une différence si grande entre l'OEuf non couvé et le Poulet qui en provient, qu'on ne peut se lasser d'admirer la puissance qui organise en si peu de temps une matière inerte en apparence de manière à former un Animal complet et d'une structure si compliquée. Nous avions formé le projet de nous livrer à cette étude, mais diverses circonstances nous ont toujours forcé de laisser ce travail incomplet. Nous allons toutefois en extraire quelques données qui bien qu'incomplètes pourront peut-être éveiller l'attention sur ce genre de recherches.

Les matières inorganiques que l'OEuf renferme sont assez nombreuses. On y trouve en effet beaucoup de carbonate de chaux, un peu de sulfate de chaux, de phosphate de chaux, de chlorure de sodium, de carbonate de soude, de phosphate de soude, de sulfate de soude, de silice et d'oxide de fer. On obtient ces matières par l'incinération dans un vase en platine.

8 OEufs frais pesant 428 gram. 55, ont laissé 40 gram. 10 de cendres, c'est-à-dire environ un dixième de leur poids. Ces cendres renferment au moins les neuf dixièmes de leur poids de carbonate de chaux, les autres matières réunies n'y entrent que pour un dixième.

Nous avons incinéré de la même manière des OEufs de la même Poule couvés, contenant des Poulets sur le point d'éclore, bien vivans et tous ayant déjà fendu leur coquille.

9 OEufs couvés, pesant 462 gram. 55, ont laissé 51 gram. 97 de cendres.

Si on ajoute au poids de ces OEufs celui qui exprime leur perte en matières volatiles pendant la durée de l'incubation et qu'on les compare aux OEufs non couvés, on arrive aux résultats suivans.

100 p. OEufs frais laissent 9,3 de cendres.

100 p. OEufs frais se réduisent à 86,2 par l'incubation.

86,2 p. OEufs couvés laissent 9,6 de cendres.

Une légère différence de 0,3 dans les deux résidus doit paraître insignifiante. Il est donc probable déjà qu'il ne se forme réellement aucune matière inorganique pendant l'incubation. Mais on en acquiert une preuve plus sûre en comparant les matières entre elles. Or, nous avons trouvé qu'entre l'oxide de fer, le chlorure de sodium, et les phosphates, le rapport était sensiblement le même dans les deux états des OEufs. Le carbonate de chaux présentait quelques différences, mais cela peut tenir à un peu plus ou un peu moins d'épaisseur dans les coquilles.

La matière inorganique de l'OEuf éprouve donc de simples changemens de transport. Quelques personnes assurent que la coquille s'amincit pendant l'incubation; le carbonate de chaux passerait en ce cas dans les organes du Poulet. Nous n'avons au-

cune donnée particulière à cet égard.

Examinons les changemens qu'éprouve la matière organique. On peut les envisager de deux manières. L'une consisterait à déterminer les proportions des matières albumineuses, grasses, etc., et à chercher si elles conservent leur état primitif et leur relation entre elles. Nous n'avons pu nous en occuper. L'autre consiste à chercher les proportions de matière animale et d'eau, et la composition élémentaire de la matière animale dans les deux époques. Nous allons noter ici quelques faits sur ces deux points. Nous avons pris des OEufs frais couvés, nous les avons séchés comparativement à 100°, dans le vide sec, puis nous avons incinéré les résidus. Voici les résultats moyens de deux expériences exprimés en centièmes.

	OEufs frais.	OEufs près d'écl.
Matières inorganiques.. .	9,3	9,4
Matières organiques. . . .	23,8	21,2
Eau.	66,9	55,6
Perte pendant l'incubation.		13,8
	100,0	100,0

Il y a donc 2,6 de matière animale qui avaient disparu pendant l'incubation; à cet égard les deux expériences que nous avons faites sont d'accord. Il était naturel de chercher dans l'acte de la respiration la cause de cette perte. L'analyse élémentaire de la matière animale nous a prouvé en effet que 100 p. d'OEuf frais perdaient environ 3 p. de carbone pendant la durée de l'incubation; ce qui revient à dire qu'un OEuf de Poule dont le poids est de 50 grammes, terme moyen, perd un gramme et demi de carbone pendant l'incubation et produit au moins trois litres d'acide carbonique; mais il serait nécessaire de vérifier directement ces résultats, et nous nous proposons de le faire. On voit qu'en définitive un OEuf couvé que nous supposons du poids moyen de 50 grammes, éprouve les changemens suivans :

Poids de l'OEuf couvé. 42,9
Carbone brûlé pendant l'in-
 cubation. 1,5
Eau évaporée dans le même
 temps. 5,6
OEuf frais. 50,0

De quelques particularités relatives aux OEufs des Oiseaux.

Nous n'aurions pas donné une idée complète de l'histoire de l'OEuf de Poule, si nous n'ajoutions quelques mots sur les accidens qui peuvent leur survenir. Ils se partagent en deux classes : les uns dépendent de l'OEuf lui-même ; les autres, extérieurs, tiennent aux circonstances dans lesquelles il est placé.

'Outre les OEufs fécondés et inféconds qui se présentent souvent, on rencontre de temps à autre des OEufs à double jaune et des OEufs sans jaune dits *OEufs de Coq*. Les OEufs à double jaune paraissent se produire sous certaines conditions d'une manière presque régulière. La plupart des Poules n'en donnent jamais, tandis que d'autres en fournissent, pour ainsi dire, constamment. Ces dernières sont en général très-fortes, bien nourries et doivent être pourvues d'un ovaire doué d'une organisation plus riche et plus développée qu'à l'ordinaire. Les deux jaunes se détachent de l'ovaire à un petit intervalle ; ils sont enveloppés par la même masse de blanc, et scellés dans la même coquille. Il paraît que parmi ces deux jaunes, il peut arriver souvent que l'un soit fécondé et l'autre infécond. C'est du moins ce que nous avons observé sur tous ceux que nous avons essayé de faire couver ; le Poulet qui en résultait était ordinaire, l'autre jaune se trouvant refoulé et écrasé pendant son développement. Il n'en est cependant pas toujours ainsi. Les deux jaunes se trouvent quelquefois fécondés, et dans ce cas tant qu'ils n'ont pas atteint un degré de développement un peu avancé, ils restent séparés et suivent la progression habituelle ; mais au bout de quelques jours leurs vaisseaux venant à se rencontrer, il s'établit des greffes, les deux fœtus finissent par s'accoler d'une manière plus ou moins intime, et il en résulte un Poulet nécessairement monstrueux. Tous les Poulets doubles rentrent dans cette catégorie, et nous ne pensons pas qu'on ait jamais observé deux cicatricules bien conformées sur le même jaune. Geoffroy Saint-Hilaire a examiné récemment les circonstances de cette monstruosité. *V.* Monstres.

Relativement aux OEufs sans jaune dont on attribue dans les campagnes la production aux Coqs et qui par l'incubation donneraient, dit-on, naissance à un Serpent, diverses causes peuvent en expliquer l'origine. Il suffit, pour comprendre ce phénomène, de se bien représenter l'état d'une Poule au temps de la ponte. Le jaune se forme, déchire ses enveloppes, tombe dans l'oviducte. Le blanc est sécrété, moulé sur le jaune, puis la sécrétion de la coquille s'établit à son tour. On pourrait penser que la sécrétion du blanc est déterminée par la présence du jaune, mais il n'en est point ainsi : ces phénomènes ne sont liés que par le temps, et sous ce rapport les OEufs sans jaune conduisent à des conséquences certaines. Lorsque tous les phénomènes se passent dans l'ordre accoutumé, le jaune arrive dans le lieu où la sécrétion commence ; mais si le jaune se trouve retardé ou détourné dans sa route, le blanc ne se produit pas moins, la coquille l'enveloppe, et un OEuf sans jaune est pondu. A cet égard on observe que des Poules qui produisent habituellement des OEufs ordinaires donnent quelquefois des OEufs sans jaune. Cela tient à ce que le pavillon aura laissé tomber le jaune dans la cavité abdominale où il ne tarde pas à être résorbé ; ou bien à ce que quelque accident du moment l'aura arrêté vers le haut de l'oviducte. Mais il est des Poules qui fournissent constamment des OEufs sans jaune ; cela tient alors à quelque cause permanente qui empêche les jaunes de pénétrer dans l'oviducte ou qui les détruit au passage ; un oviducte imperforé, ou dont le pavillon serait rétréci par quelques brides, produirait le premier de ces accidens. Le second résulterait d'un rétrécissement dans la longueur de l'oviducte ou de la présence de quelque production anomale qui obstruerait ce conduit. Une Poule qui ne pondait que des OEufs sans jaune, examinée par Lapeyronie (Hist. de l'Acad. des Scienc. de Par., 1712), lui offrit des circonstances qui se rattachent à ce dernier cas. A un ou deux pouces au-dessous du pavillon se trouvait une vessie de deux pouces de diamètre au moins ; elle était pleine de liquide aqueux, et se liait intimement à l'oviducte par des brides qui l'étranglaient en plusieurs endroits. Les jaunes arrivés à cette partie étaient quelquefois repoussés et tombaient dans l'abdomen ; il trouva les débris de cinq jaunes dans cette cavité ; quelquefois aussi les jaunes comprimés crevaient, et la Poule rendait avec les matières fécales un liquide jaune épais qui en provenait ; dans ce cas la membrane du jaune se trouvait souvent enveloppée par le blanc et se montrait dans l'OEuf pondu. Les recueils académiques contiennent quelques observations analogues qui se rattachent toutes à l'un des cas précédemment exposés.

Quant au Serpent qui doit provenir de ces OEufs, la chalaze tortillée qu'on observe dans le blanc a donné lieu à ce préjugé populaire.

L'autre espèce de monstruosité toujours provoquée par des circonstances extérieures, a été récemment l'objet des recherches de notre célèbre collaborateur Geoffroy Saint-Hilaire. On peut donner naissance à des accidens très-variés en introduisant des altérations convenables dans la marche de la respiration, de l'évaporation et de la température. Geof-froy Saint-Hilaire a produit des Poulets monstrueux, soit en diminuant l'évaporation, soit en l'accélérant, soit en diminuant la surface respirante. Enfin la température exerce sur ce point une influence profonde et singulière. L'incubation a lieu depuis 28 ou 30° c., jusqu'à 44 ou 45° c.; mais la température la plus convenable est de 38 à 40° c. On peut rendre à volonté les fœtus monstrueux en couvant à 50° c., ou à 45° c. On y parvient encore par des alternatives de température. Tantôt le système sanguin respiratoire devient très-riche et le Poulet s'atrophie, tantôt le Poulet grossit beaucoup et le système sanguin respiratoire s'appauvrit par degré jusqu'à ce que l'Animal périsse asphyxié. Tantôt enfin des disproportions bizarres se remarquent dans les grosseurs relatives de la tête et des autres parties du corps. Un examen attentif de ces phénomènes conduirait sans aucun doute à des résultats de la plus haute conséquence.

On ignore quel est le terme au-delà duquel des OEufs fécondés perdent la faculté de se développer. En général le développement s'opère mieux dans les OEufs frais, mais on peut couver avec succès des OEufs de douze ou quinze jours.

On a fait des expériences plus précises relativement à la conservation des OEufs frais comme aliment. Ces expériences sont curieuses et importantes. Elles prouvent que des OEufs déposés dans un vase rempli d'eau de chaux, s'y conservent frais pendant plusieurs mois. Un commerce de ce genre s'est même établi, et l'on transporte de quelques provinces de la France à Londres, des OEufs préparés de la sorte. Ils conservent bien leurs propriétés comme aliment, et ne diffèrent des OEufs ordinaires que par une légère couche d'albumine coagulée qui en tapisse l'intérieur.

OEUF DES REPTILES. La fécondation et le développement de l'OEuf des Reptiles se partage en deux grandes classes. Dans les uns (Serpens, Lézards, Tortues), le phénomène se rapproche du mode décrit dans les Oiseaux. Pour les autres (Batraciens), il rentre dans un autre système qui se retrouve chez les Poissons.

Chez les Serpens et les Lézards, l'OEuf se compose à l'état parfait comme dans les Oiseaux, d'un jaune à cicatricule, d'un blanc albumineux et d'une coque membraneuse; mais il ne s'effectue aucun dépôt calcaire. En outre la ponte de l'OEuf ne s'effectue que beaucoup plus tard, et cet OEuf éprouve toujours un commencement d'incubation et quelquefois une incubation complète (Vipère.) Nous avons vu cependant que ce phénomène ne s'offrait jamais chez les Oiseaux; essayons de nous rendre compte de cette différence; on y parvient aisément en examinant la structure d'un Serpent ou d'un Lézard femelle en gestation; on y voit la capacité presque entière de l'abdomen occupée par les poumons et les oviductes. Les premiers s'allongent presque jusqu'à l'anus, les seconds remontent beaucoup vers la tête. D'un autre côté les poumons se placent en arrière, le long de la colonne vertébrale, et les oviductes en avant le long de la face abdominale. Dans la position habituelle de l'animal, les OEufs sont en bas et les poumons en haut. Ces deux organes sont juxtaposés et très-minces. Enfin les OEufs se comportent comme ceux de Poules, c'est-à-dire que le jaune se place toujours à la partie supérieure de l'œuf, et que dans le jaune lui-même la portion occupée par le fœtus est toujours la moins dense. D'où l'on voit que le fœtus se trouve en contact avec le poumon, à cela près qu'il en est séparé par la coque et l'oviducte; mais la coque se trouverait aussi en obstacle si l'OEuf était dans l'air, et quant à l'oviducte, sa dilatation le réduit à une ténuité si grande qu'il ne peut offrir aucune résistance réelle à la respiration. Les OEufs peuvent donc se développer dans les animaux ainsi construits, sans le secours d'un placenta.

Quant à ce qui concerne les OEuf des Batraciens, *V.* Génération.

OEuf des Poissons. Les OEufs des Poissons ont été accidentellement l'objet de l'examen superficiel de beaucoup de naturalistes. Mais sous le rapport physiologique, leur développement exigeait de nouvelles recherches que Prévost a entreprises. Il résulte de ses observations encore inédites, que ce développement a les plus grands rapports avec celui des Batraciens; il en est de même de la composition générale de l'OEuf.

OEuf des Mollusques. Quoique beaucoup d'observateurs aient examiné les OEufs des Mollusques, cependant c'est encore à Prévost que nous devons les recherches les plus précises à ce sujet. On nous saura gré d'extraire textuellement les passages principaux du Mémoire remarquable qu'il a publié dans les Annales des Sciences Naturelles (T. VII, p. 447). Nous allons le laisser parler lui-même.

« Les observations que ce Mémoire renferme montrent que les Mollusques suivent la même loi que les Animaux dont nous nous sommes déjà occupés; je les ai faites sur la Moule des Peintres, *Unio Pictorum;* la facilité avec laquelle on se les procure dans nos marais, a déterminé mon choix. Si vers l'entrée du printemps, nous ouvrons quelques sujets de l'espèce que nous venons d'indiquer, nous sommes au premier coup-d'œil frappés des différences qu'offrent les produits de leurs appareils générateurs; tandis que chez une partie de nos Moules l'on trouve un veritable ovaire, et des OEufs en abondance, les organes analogues et semblablement placés chez le reste sécrètent un liquide épais de couleur lactée, et qui placé sous le microscope fourmille d'Animalcules en mouvement. Ces différences si tranchées, ne sont ni l'effet du hasard, ni le résultat du passage d'une certaine condition de l'ovaire à un état subséquent; les Moules qui pondent des OEufs ne présentent rien de semblable au liquide dont nous parlons, et celles où l'on rencontre ce liquide ne produisent pas d'OEuf. En conséquence de cette division naturelle du sujet, nous nous occuperons d'abord des Animalcules et de l'appareil qui les émet, de l'ovaire et de ses OEufs.

» L'appareil qui renferme les Animalcules se compose de deux grosses masses placées symétriquement à droite et à gauche sur le corps de l'Animal et immédiatement au-dessous de la peau. Ces lobes très-volumineux au temps de la fécondation perdent après cette époque la plus grande partie de leur épaisseur. Un examen attentif nous fait reconnaître que leur parenchyme consiste en une agglomération de cellules où se dépose la sécrétion que leurs vaisseaux laissent échapper. Cette sécrétion coule ensuite au dehors par deux conduits assez courts, passablement larges, placés l'un à droite, l'autre à gauche, vers les parties supérieure et antérieure du corps de la Moule près de l'insertion des branchies. Si, comme nous l'avons déjà dit, l'on soumet au microscope le liquide que les canaux latéraux versent sous la plus légère pression, on le trouve composé d'Animalcules identiques entre eux, doués de ce mouvement oscillatoire vague, qui caractérise tous les Animalcules spermatiques que nous avons observés jusqu'ici, mais leur forme n'est plus la même; elle consiste en deux éminences arrondies, dont l'une antérieure, un peu plus grosse, s'unit à la postérieure par un isthme étroit; vus avec un grossissement linéaire de trois cents, les êtres que nous décrivons ont 1, 8 mm. de longueur, 0, 8 mm. de largeur; comme leurs analogues chez les Vertébrés ils sont un peu raplatis; comme eux encore pour se mouvoir ils se placent sur le tranchant; les Acéphales ayant jusqu'ici été tous regardés comme androgynes, j'ai cherché avec beaucoup de soin si l'organe dont nous parlons ne contiendrait pas aussi des OEufs. J'ai fait cet examen avec le docteur Mayor, heureux de profiter dans cette circonstance des lumières de ce savant anatomiste. Nous avons bien vu des globules mélangés aux Animalcules, mais ils étaient en petit nombre, ne ressemblaient point aux OEufs, et leur diamètre ne dépassait pas 5 mm. grossis trois cents fois.

» Les ovaires forment aussi deux lobes étendus symétriquement à droite et à gauche immédiatement au-dessous de la peau; très-gonflés au temps de la ponte, ils perdent après qu'elle a eu lieu presque toute leur épaisseur et n'offrent plus qu'une couche mince de tissu celluleux. Le parenchyme des ovaires participe à l'organisation générale de ce viscère, telle qu'on la rencontre partout; il consiste en deux feuillets de tissu cellulaire assez serré, juxtaposés l'un à l'autre et adhérens entre eux. Les OEufs se développent entre leurs surfaces de contact, puis arrivés à leur maturité, ils s'en détachent pour tomber dans des cellules où ils s'entassent au nombre de vingt à trente, et s'enduisent d'un mucus qui les colle les uns aux autres. Les cellules sont formées par les plis de cette membrane qui constitue l'ovaire, et contracte avec elle-même de nombreuses adhérences. Les OEufs prêts à être pondus ont environ 0, 2 mm. de diamètre; ils consistent en un jaune flottant au milieu d'une albumine claire et fort transparente qu'une enveloppe mince et facile à déchirer environne de toute part. Les jaunes sont aussi sphériques, leur teinte varie du jaune pâle à la couleur brique foncée, et leur diamètre est 0, 6 mm. Leur substance, comme celle du même corps dans les OEufs des Vertébrés, présente au microscope des gouttelettes huileuses, et des globules jaunes de 0, 6 mm. grossis trois cents fois. On ne saurait plus maintenant distinguer sur les jaunes, la cicatricule, mais lorsque retenus entre les feuillets de l'ovaire, ils n'ont pas encore l'opacité qu'ils prendront plus tard, on voit à leur surface un petit disque plus clair,

entouré d'un anneau obscur tout-à-
fait semblable à la cicatricule des
OEufs des Vertébrés.

» C'est en déchirant les parois des
cellules que les OEufs sont émis par
deux canaux pareils en tout à ceux
de l'organe qui renferme les Animalcules ; en sortant des ovaires, ils
vont se loger dans les branchies.
Celles-ci au nombre de quatre et disposées par paires, ne ressemblent
pas mal à deux rubans larges, juxtaposés l'un à l'autre, à droite et à
gauche du corps, auquel ils se fixent
par leur bord supérieur, tandis que
l'inférieur est libre et flottant dans
la coquille.

» Chaque branchie forme une cavité divisée en locules dont l'entrée
se remarque vers le bord supérieur ;
c'est dans les locules que doivent se
développer les embryons ; l'accès en
est direct et facile pour la branchie
interne, une longue scissure vers le
bord supérieur expose aux regards
les ouvertures de chacune de ses subdivisions ; il n'en est pas tout-à-fait
de même pour la branchie externe ;
cependant on trouve bientôt postérieurement le large orifice de l'espèce de conduit qui aboutit à ses locules.

» Quelques jours après qu'ils ont
été déposés dans les branchies, l'on
commence à apercevoir sur les OEufs
les premiers changemens que la fécondation y apporte ; le jaune augmente de volume et devient plus
fluide ; à sa surface se marque un
trait en ligne droite, plus foncé que
le champ sur lequel il est placé ;
plus tard, l'on voit se dessiner à
droite et à gauche du trait, deux
courbes symétriques, qui tournant à
lui leur concavité, viennent aboutir
à ses points extrêmes. Ces courbes
latérales s'étendent, et lorsque les
surfaces qu'elles circonscrivent ont
pris quelque opacité, l'on reconnaît
en elles le limbe des valves de la
coquille, la ligne moyenne qui paraît la première correspond à la
charnière. Cette dernière partie prend
rapidement beaucoup de consistance,

et si l'on considère le fœtus de profil,
on la trouve droite ou même légèrement concave de très-convexe qu'elle
était auparavant. L'espace situé immédiatement au-dessous de la charnière est fort transparent ; il est environné d'une bande plus obscure
en forme de croissant. Si nous dispo-
sons la jeune Moule, de manière à se
présenter entièrement ouverte sur
le porte-objet, l'on voit que cette
bande est composée de deux feuillets
semblables, dont chacun correspond
à la valve au-dessous de laquelle il
s'est développé. Ces bandes sont les
portions latérales des parois de l'abdomen, leurs bords un peu plus épais
enfin que les portions latérales du
pied. Comme chez les Vertébrés,
l'abdomen du nouvel Animal est
ouvert ; il se fermera dans la suite
sur la ligne médiane. Enfin de même
que et comme chez les Vertébrés
ovipares, il recevra dans sa cavité le
jaune dont le volume est fort diminué. Encore renfermées dans l'enveloppe externe de l'OEuf, les petites
Moules exécutent déjà des mouvemens
fréquens et rapides qui contrastent
avec la lenteur de ceux des adultes.
Ces mouvemens ont aussi plus d'é-
tendue ; et ceci tient à ce que la suture moyenne de l'abdomen n'existant pas encore, l'écartement des valves de la coquille ne rencontre aucune opposition.

» Je ne m'arrêterai pas davantage
sur le développement de ces fœtus ;
plus de détails à cet égard m'éloigne-
raient du but que je me suis proposé,
et je passe aux deux conséquences
qu'il me semble permis de tirer des
faits exposés dans ce travail.

» 1°. Je remarquerai que le liquide blanc sécrété par les organes générateurs d'une moitié à peu près des
individus chez les Moules des Peintres, a trop d'analogie avec le sper-
me des Vertébrés pour qu'on ne
soit pas conduit à le regarder comme une substance semblable appelée
à jouer ici le même rôle.

» 2°. Que puisque nous ne trouvons pas les OEufs et la liqueur sé-

minale réunis sur le même sujet, les sexes doivent être séparés, contre l'opinion généralement admise que tous les Acéphales sont androgynes; la dernière des conclusions que j'énonce, demandait toutefois à être confirmée par des expériences, et j'ai fait les suivantes.

» J'ai mis dans un large baquet des Moules dont les OEufs prêts à être pondus distendaient les ovaires; je me suis assuré que c'était bien des OEufs qu'elles portaient, en en faisant sortir quelques-uns de leur flanc, au moyen d'une légère poncture. Dans un autre baquet j'ai placé des Moules que je regardais comme du sexe masculin, ayant, comme dans le cas précédent, vérifié que leurs organes générateurs contenaient la semence et non des OEufs.

» Les femelles, au bout d'un mois plus ou moins, ont pondu des OEufs stériles, qui après quelque temps ont été rejetés des branchies, défigurés et à moitié détruits; les mâles, à la fin du printemps, présentaient encore la semence dans le même état qu'auparavant; elle gonflait beaucoup les testicules, et de temps en temps il s'en émettait au dehors. Dans un troisième baquet où j'avais mélangé les sexes, les branchies des femelles renfermaient de jeunes Moules nouvellement écloses, très-vives et bien développées; les unes étaient encore dans les enveloppes de l'OEuf, d'autres les avaient déjà déchirées, et ne se trouvaient retenues que par la couche de mucus.

» Je n'ai rien vu quant à la manière dont le mâle féconde la femelle; il y a toute apparence que, placé près d'elle, il répand simplement sa semence; celle-ci, délayée dans l'eau qui baigne l'intérieur de la coquille, est rejetée au dehors avec ce véhicule dans le mouvement alternatif qui constitue la respiration de l'Animal. L'eau spermatisée vient à son tour en contact avec les OEufs de la femelle, soit à leur passage de l'ovaire dans les branchies, soit après qu'ils sont arrivés dans celles-ci. »   (D.)

OEuf des Annelides. Le mode de reproduction dans les Annelides est très-peu connu; on doute même, pour plusieurs d'entre elles, si elles sont ovipares, ovovivipares ou vivipares. Les Annelides Apodes, c'est-à-dire les Sangsues et les Lombrics, sont les seuls Animaux de cette classe dans lesquels on ait suivi la ponte et le développement des OEufs; on ne sait rien, ou fort peu de chose sur la génération des Aphrodites, des Néréides, des Eunices, des Amphinomes, des Amphitrites, des Arénicoles, des Serpules, etc.

La plupart des Sangsues pondent des espèces de capsules, dans lesquelles se développent plusieurs ovules. Les observations qu'on a recueillies jusqu'ici ont été principalement faites sur l'*Hirudo vulgaris* de Muller, et sur l'*Hirudo medicinalis*. Ces deux espèces offrent des particularités curieuses, que nous présenterons avec quelques détails.

Carena (*Mem. dell' Accad. di Torino*, T. xxv) a eu occasion d'observer dans l'*Hirudo vulgaris*, les différens changemens que subit l'OEuf depuis la ponte jusqu'au parfait développement des petits. Il remarqua, le 17 juin, un OEuf pondu depuis peu et collé contre les parois d'un vase de verre, dans lequel il avait plusieurs de ces Animaux. La Sangsue qui venait de pondre se promenait dessus l'OEuf en l'explorant tout autour avec sa bouche, comme si elle le flairait; quelquefois elle fixait dessus l'orifice buccal pour le comprimer et le faire adhérer davantage aux parois du vase; après avoir répété long-temps cette manœuvre, elle fit disparaître avec sa bouche un gros repli de l'enveloppe générale. Cette enveloppe est de couleur vert-jaunâtre, coriace, très-aplatie et ovale; elle est garnie tout autour d'un bord brun, par lequel elle adhère au verre. Le même jour, 17 juin, on voyait dans l'enveloppe commune douze petits grains ronds, isolés, disposés d'une manière non symétrique, de couleur un peu plus claire que celle de l'enveloppe. De ces douze OEufs, deux se sont oblitérés dans la suite, les dix autres grossirent en peu de jours, et parurent alors comme écumeux en dedans; le sixième jour après la ponte, on distinguait déjà des petits corps se remuant les uns sur les autres; chacun d'eux paraissait une masse oblongue vert-jaunâtre, à surface chagrinée. Au dixième jour, les petits étaient considérablement grossis; on les voyait entourés d'une substance transparente, débordant latéralement, et se prolongeant fort avant à la partie antérieure. Au douzième jour, on apercevait très-distinctement le disque et les yeux; ceux-ci étaient roussâtres, et ne devinrent noirs que dans la suite. A mesure que les petits grandirent, l'enveloppe commune devint de plus en plus bombée. Au dix-septième jour, on aperçut dans quelques-unes des petites Sangsues les vaisseaux sanguins; les individus se mouvaient facilement dans l'intérieur de leur prison, et ne manquaient jamais, en arrivant vers les grandes extrémités de l'ovale que formait l'enceinte, d'y donner un coup de museau. Cette manœuvre souvent répétée produisit une ouverture par laquelle une jeune Sangsue s'échappa le 8 juillet, c'est-à-dire le vingt-unième jour, à dater de la ponte. Le lendemain et les jours suivans, les autres individus sortirent; mais plusieurs d'entre eux revinrent par intervalle se cacher dans leur coque, qui, pendant quelque temps, devint pour eux une sorte de refuge.

On ne connaît pas aussi exactement le développement des OEufs de la Sangsue médicinale, et ce n'est que dans ces derniers temps qu'il a été prouvé que ces Animaux étaient ovipares, et que leur reproduction offrait beaucoup d'analogie avec celle de l'*Hirudo vulgaris* de Müller. Le 6 mars 1821, Le Noble, médecin de l'hospice de Versailles, annonça à la Société d'Agriculture du département de Seine-et-Oise, que les Sangsues médicinales se dévelop-

paient dans des espèces de cocons ovoïdes, assez semblables à ceux que construisent les Vers à soie, que le tissu extérieur ressemblait à celui d'une éponge très-fine, et que l'intérieur renfermait tantôt une gelée homogène et transparente, et tantôt des petites Sangsues plus ou moins développées, au nombre de neuf, dix, douze et quatorze. Un des membres de la Société, Collin de Plancy, présent à la séance, observa que les paysans de la Bretagne, qui font le commerce des Sangsues, connaissaient depuis long-temps l'existence de ces sortes de cocons, et qu'ils savaient si bien que c'étaient des nids, qu'ils les transportaient dans les étangs et les marais qu'ils voulaient repeupler de Sangsues. Toutefois ces faits vulgaires étaient perdus pour la science, et auraient pu rester long-temps ignorés des naturalistes, sans l'observation du docteur Le Noble. Cette découverte précieuse pour l'art de guérir, ne pouvait manquer de fixer l'attention. A peine fut-elle connue, que plusieurs savans s'empressèrent de vérifier le fait. Un médecin habile, Rayer, publia dans le journal qui a pour titre : *Annales des Sciences Naturelles* (T. IV, p. 184), les recherches qu'il entreprit à ce sujet. En voici les principaux résultats : les cocons des Sangsues médicinales représentent un ovoïde dont le plus grand diamètre varie ordinairement de six à douze lignes, et le plus petit, de cinq à huit lignes. Leur poids s'élève de vingt-quatre à quarante-huit grains, suivant leur grosseur, suivant leur état de plénitude ou de vacuité, suivant enfin qu'ils contiennent du mucus ou de petites Sangsues. Leur volume lui-même est en rapport constant avec le nombre d'ovules ou de Sangsues qu'ils renferment, et avec l'époque de leur formation et leur degré de développement. Leur structure est plus complexe que celle des capsules de l'*Hirudo vulgaris*. Parvenus à leur entier développement, ils présentent, 1° une enveloppe extérieure, spongieuse; 2° en dessous, une capsule analogue à celle observée autour des OEufs de l'espèce précédente; 3° enfin, dans la cavité de cette capsule du mucus, des OEufs ou des Sangsues à divers degrés de développement. L'enveloppe extérieure entoure la capsule dans toute son étendue, en formant une couche épaisse de deux lignes environ; le tissu qui la constitue est fortement organisé, demi-transparent, composé de fibres solides, fines et déliées, très-régulièrement entrelacées, de manière à former des espèces de mailles hexagonales, à travers lesquelles l'eau peut facilement pénétrer. Ce tissu, qui est élastique, a pour usage essentiel de protéger la capsule ovifère, qui lui adhère fortement. Celle-ci se montre sous forme de sac ovoïde sans ouverture, à parois minces, blanchâtre, transparente et assez résistante; l'extrémité de chaque grand diamètre offre deux petits prolongemens angulaires d'un tissu plus ferme que la membrane, et d'une couleur brune jaunâtre. Souvent la capsule présente vers le point qui correspond ordinairement à la petite extrémité, un trou circulaire d'une demi-ligne de diamètre. On remarque moins communément une semblable ouverture à l'extrémité opposée, et il est plus rare encore d'observer à la fois deux issues sur un même cocon. C'est par elles que sortent les Sangsues lorsqu'elles ont atteint le terme de leur vie intra-capsulaire. Enfin la capsule, lorsqu'aucun germe n'est encore assez développé pour être distinct, se trouve remplie entièrement par une sorte de mucus ou de gelée molle, blanchâtre, peu transparente, à saveur fade, se conservant plusieurs jours sans éprouver d'autres changemens qu'une légère dessiccation, et se transformant à l'air en un corps friable et transparent. L'analyse chimique a fait découvrir dans cette matière une très-grande quantité d'eau, peu d'albumine, et beaucoup de mucus. Les germes dont on n'a pu suivre encore les développemens successifs, sont au nombre de huit, dix et même quinze. Les capsules que pond l'*Hirudo medicinalis*, ne diffèrent donc essentiellement de celles de l'*Hirudo vulgaris*, que par l'existence d'une sorte de bourre ou enveloppe extérieure qui est parfaitement appropriée aux circonstances dans lesquelles les OEufs sont placés. En effet, la Sangsue médicinale ne les fixe pas à des Plantes aquatiques ou à tout autre corps étranger. Lorsqu'elle veut pondre, elle pratique dans le vase une espèce de tube de forme conique, à parois lisses, et dépose dans son fond une capsule. Celle-ci se trouve bientôt enveloppée par le tissu spongieux dont l'élasticité sert non-seulement à préserver les germes pendant le développement intracapsulaire, mais qui fournit encore aux jeunes Sangsues un abri assuré pendant les premiers temps de leur naissance. Le tissu spongieux est formé, après la ponte de la capsule; la Sangsue le dépose sous forme de bave écumeuse, qui ne tarde pas, en se desséchant, à prendre l'aspect d'un réseau.

On a reconnu que d'autres espèces de Sangsues étaient ovipares, mais les observations sont trop vagues pour que nous croyions utile de les rapporter; nous parlerons seulement des OEufs du Branchiobdelle, genre curieux d'Annelides, voisin des Sangsues, et qui a été fondé par notre ami Auguste Odier. Il pond des OEufs elliptiques, d'un jaune pâle, opaques, terminés supérieurement par une pointe cornée brune, et portés inférieurement sur un pédicule fin, de couleur brune, assez long, élargi par en bas. Au lieu de les déposer sur les Plantes ou dans la vase, l'Animal les fixe, au moyen du pédicule, sur les branchies des Ecrevisses de rivière. Il paraît que les OEufs éclosent à la fin de l'été ou en automne.

La reproduction du Lombric terrestre ou *Ver de terre*, est très-analogue à celle des Sangsues, et rappelle exactement celle de la Sangsue médicinale. En avril 1817, Léon Dufour trouva, aux environs de Saint-Sever (département des Landes), dans une marnière en exploitation, des cocons qui renfermaient de jeunes Lombrics. L'année suivante il fit de nouvelles recherches qui lui donnèrent le même résultat ; enfin la lecture du Mémoire du docteur Rayer, inséré dans les Annales des Sciences Naturelles, éveilla de nouveau son attention sur ce fait curieux, et l'engaga à adresser aux rédacteurs de ce journal, une lettre que ceux-ci ne tardèrent pas à publier (T. V, p. 17); la chose était d'autant plus importante à éclaircir, que Willis et Linné avaient dit que les Lombrics pondaient des OEufs, tandis que plusieurs naturalistes de notre époque affirmaient que ces Animaux engendraient des petits vivans, lesquels sortaient par l'anus. Léon Dufour ne se croit pas en droit de trancher cette question, mais il nous apprend que les Lombrics déposent dans la terre, à cinq ou six pieds de profondeur, des espèces de cocons longs de sept à huit lignes sur trois ou quatre d'épaisseur, d'une forme oblongue, conico-cylindrique, et ayant un bout plus gros que l'autre. La substance qui les constitue est cornéo-membraneuse, d'un tissu serré, assez élastique, résonnant, lorsqu'elle est sèche, sous le doigt qui la manie. Elle est parfaitement glabre, lisse, d'un roux jaunâtre, semi-diaphane, de manière que l'on voit, à travers, les circonvolutions du Lombric qu'elle enveloppe; le gros bout se termine dans son centre par une petite pointe un peu crochue; le bout opposé se prolonge en un cordon plus long, courbé sur lui-même, et finit par quelques filets détachés. La structure des bouts de ce cocon a fait penser à Léon Dufour qu'il pourrait bien être fixé dans quelque loge particulière du sol. L'intérieur renferme une pulpe homogène jaunâtre qu'on ne retrouve plus lorsque le Ver est formé. Tous ces faits, comme on voit, coïncident parfaitement avec ceux que nous

avons exposés en parlant de la Sangsue médicinale ; le tissu extérieur fibreux semble être l'analogue du tissu spongieux, et il est probable que dans le Lombric il existe aussi un second sac enveloppant la matière pulpeuse, et qui correspondrait à la capsule des Sangsues ; mais une différence qu'on doit noter, c'est que Léon Dufour n'a jamais rencontré dans chaque cocon qu'un seul Ver ; celui-ci s'échappe de sa prison en rompant le gros bout de la coque de manière à former une espèce de calotte assez semblable à celle des capsules de la Jusquiame ; à sa sortie il a près de deux pouces de long et la grosseur d'une ficelle ordinaire; sa consistance est très-molle, et sa région dorsale offre un vaisseau d'un rouge vif, exécutant des mouvemens de sistole et de diastole.

Quand on aura étudié avec plus de soin les Annelides, on trouvera sans doute qu'il existe entre elles de grands rapports dans leur mode de reproduction, mais on découvrira probablement aussi que les différentes familles, les différens genres et même les diverses espèces d'un même genre présentent de nombreuses modifications dans le nombre, la forme, le lieu de dépôt, la composition, la durée et le développement des OEufs.

OEUF DES CRUSTACÉS. Les Animaux de cette classe sont ovipares ou ovovivipares, et il existe entre eux les plus grandes différences, quant au nombre et à la grosseur des produits, quant au lieu où ils sont déposés par la mère, quant aux évolutions plus ou moins complètes qu'ils subissent; les uns ne rompant leur coquille qu'après avoir acquis la forme qu'ils auront toujours; les autres, au contraire, ne venant au monde qu'avec des parties incomplétement formées, et ne ressemblant à leurs parens qu'après une suite plus ou moins nombreuse et plus ou moins longue de transformations. Nous ne devons traiter ici que des OEufs proprement dits, et il faut avouer qu'à l'exception de quelques-uns d'entre eux on sait bien peu de chose sur leur développement.

Dans le grand ordre des Décapodes, les OEufs sont globuleux, arrondis, de couleur variable, à enveloppe flexible, généralement très-nombreux et portés par la femelle qui les agglomère entre eux à l'aide d'une matière gluante, et les tient fixés aux appendices qu'on remarque à la face inférieure de son abdomen. Là ils augmentent, dit-on, de volume, et après plus ou moins de temps, suivant le degré de la température, les petits éclosent.

Dans les Stomapodes, les OEufs paraissent être fixés aux appendices branchiaux de l'abdomen de la femelle; ce fait est attesté par Risso qui dit l'avoir remarqué sur des Squilles de la mer de Nice. Du reste on ne sait encore rien sur le développement de ces germes.

Dans le petit nombre d'Amphipodes qu'on a observés jusqu'à ce jour, on a vu un mode de génération très-différent de celui des deux ordres qui précèdent. Ces Animaux sont ovipares, mais d'une manière fort étrange; la femelle pond ses OEufs dans une espèce de poche où ils éclosent. Ce genre de reproduction est encore plus sensible dans l'ordre des Isopodes : les Aselles et les Cloportes présentent dans l'intervalle qui sépare leurs pates thoraciques antérieures et jusqu'au niveau de la cinquième paire une sorte d'ovaire externe formé par une membrane mince et très-flexible; les OEufs y sont pondus, s'y développent entièrement, et les petits en sortent en foule par des issues que la femelle referme après l'accouchement. Les OEufs des Aselles sont d'abord jaunes et globuleux; ils deviennent ensuite d'un gris brun, anguleux et irréguliers à mesure que le développement se fait dans leur intérieur.

L'ordre des Branchiopodes est de tous les Crustacés celui qui a été le mieux étudié sous le point de vue qui nous occupe; la génération de ces Animaux est ovipare, à peu près à la manière de celle des Isopodes, c'est-à-dire que la plupart des mères conservent sur elles, dans un lieu destiné à cet usage, les OEufs, jusqu'à la naissance des petits. Les Branchiopodes présentent entre eux quelques différences dans le lieu où s'effectue le dépôt; tantôt il s'opère dans des espèces de sacs que la femelle porte attachés à la base de son abdomen et qu'on a nommés *ovaires externes*; tantôt il occupe une cavité située sur le dos de l'Animal; d'autres fois il est placé dans les lames branchiales des pates natatoires; enfin chez quelques-uns, les OEufs sont immédiatement pondus au dehors.

Les Cyclopes offrent un exemple du premier mode de reproduction : les ovaires externes ou les deux sacs appendus à l'abdomen ne se développent qu'au moment de la ponte, et à mesure que la femelle y dépose ses OEufs, on peut les voir se former sous ses yeux. Ces ovaires restent fixés pendant quelques jours au corps de l'Animal et n'augmentent plus; on aperçoit bientôt à chaque germe contenu dans leur intérieur un point noir qui est l'œil du fœtus; bientôt alors la membrane de l'ovaire externe se déchire, et les OEufs sont dispersés dans le liquide. Cette opération se renouvelle dix et douze fois pour une même femelle dans le cours d'une année, et chaque fois l'ovaire externe complétement détruit se renouvelle en entier. Les OEufs en abandonnant l'ovaire externe ont déjà perdu de leur forme sphérique, ils présentent des inégalités à la surface de leur enveloppe extérieure. Celle-ci ne tarde pas à se fendre longitudinalement, et le jeune Cyclope s'en échappe avec une forme très-différente de celle qu'il doit avoir un jour. Jurine, auquel nous empruntons ces curieux détails (Histoire des Monocles), compare avec raison ce jeune Cyclope à un Têtard. «Au sortir de l'OEuf, dit-il, le Têtard a une forme presque sphérique; on en distingue fort bien l'œil et le cône stomachique; mais il n'est pas ce qu'il va devenir sous les yeux de l'observateur. Tout-à-coup on voit paraître les antennes qui se séparent du corps contre lequel elles étaient auparavant fixées, comme si un ressort, en cessant d'agir sur elles, leur permettait de s'étendre; peu de temps après les pates de devant se détachent de même; puis celles de derrière. Ce nouveau né, qui jusqu'alors avait été immobile, agite plusieurs fois ses membres nouveaux pour lui, comme s'il voulait apprendre à en connaître l'usage, puis s'élance par sauts et par bonds dans son élément pour y chercher sa nourriture. » Ces développemens et ceux qu'on voit ensuite, bien qu'ils représentent les évolutions que des Animaux d'une autre classe subissent dans l'intérieur de l'OEuf, ne sauraient trouver place dans cet article, car le Cyclope a déjà vu le jour; il est né. Cela prouve combien sont peu tranchées et sans doute nuisibles à la philosophie de la science, ces distinctions beaucoup trop précises qu'on a établies dans la vie fœtale, suivant qu'elle a lieu dans le corps de la femelle, dans l'intérieur de l'OEuf, ou tout-à-fait à l'extérieur au milieu de l'air ambiant. Pour nous l'Animal est un *fœtus*, tant que, zoologiquement parlant, il n'a pas encore acquis les formes qui caractérisent son père ou sa mère; tous les changemens qu'il éprouve jusqu'à ce terme de croissance, toutes les métamorphoses plus ou moins complètes par lesquelles il passe, quel que soit le lieu où elles s'opèrent, sont à nos yeux des changemens qui correspondent à ceux que subit le Poulet dans l'intérieur de l'OEuf d'où il sort avec les formes extérieures qui caractérisent ses parens.

Les Branchiopodes et les Cyclopes en particulier travaillent constamment et toute leur vie à la reproduction de leurs semblables, les petits ne sont pas long-temps à naître et se trouvent bientôt aptes à reproduire. Nous emprunterons à Jurine quelques observations qui présentent les phases de cette admirable fécondité.

Le 18 février, Jurine isola une femelle du *Cyclops quadricornis* qui portait pour la première fois des ovaires renfermant des OEufs qu'elle pondit.

26 février.		Les petits sont éclos.
7 mars.		Seconde ponte.
13 id.		Les petits sont éclos.
15 id.		Troisième ponte.
25 id.		Les petits sont éclos.
28 id.		Quatrième ponte.
6 avril.		Les petits sont éclos.
7 id.		Cinquième ponte.
11 id.		Les petits sont éclos.
12 id.		Sixième ponte.
15 id.		Les petits sont éclos.
18 id.		Septième ponte.
24 id.		Les petits sont éclos.
25 id.		Cette mère a paru malade; elle commençait le travail de la mue; elle a perdu un peu de sa couleur.
26 id.		Huitième ponte; les OEufs étaient transparens. Le 28, la mère a paru mieux; elle avait mué; sa couleur rouge a reparu.
1er mai.		Neuvième ponte.
6 id.		Les petits sont éclos.
8 id.		Dixième ponte; le nombre des OEufs produits par cette ponte était bien moindre que celui des précédentes.
18 id.		Les petits sont éclos.

Depuis lors la femelle a langui et elle a péri le 10 juin.

Il résulte de cette observation : 1° que les intervalles qui ont lieu entre les pontes ne suivent pas une marche régulière; 2° que le développement du fœtus dans l'OEuf est subordonné à des causes secondaires parmi lesquelles l'influence atmosphérique est très-puissante; 3° que la fécondité du Cyclope est prodigieuse.

Si nous récapitulons les divers termes du tableau précédent, nous apprécierons facilement les intervalles très-différens qui ont eu lieu entre chaque ponte, et nous trouverons :

De la 1re ponte à la 2e. . . 17 jours.
De la 2   à la 3. . . 8
De la 3   à la 4. . . 13
De la 4   à la 5. . . 10
De la 5   à la 6. . . 5
De la 6   à la 7. . . 6
De la 7   à la 8. . . 8
De la 8   à la 9. . . 5
De la 9   à la 10. . . 7

Nous pourrons aussi calculer le temps que les OEufs de chaque portée ont séjourné dans l'ovaire externe, et nous trouverons ces nombres :

Séjour dans l'ovaire.

1re ponte. . . 8 jours.
2. 6
3. 10
4. 9
5. 4
6. 3
7. 6
8. . . . . . . »
9. 5
10. 10

Ces variations du séjour des OEufs

dans l'ovaire externe sont très-remarquables et sont en rapport sans doute avec les causes atmosphériques extérieures. Au contraire, tout le monde le sait, la durée de la gestation chez les Vivipares, et la durée de l'incubation chez les Ovipares sont exactement déterminées par la nature.

Jurine a désiré connaître d'une manière approximative quelle pouvait être la propagation des Cyclopes pendant une année. Pour faire ce calcul, il a supposé que la première femelle de l'observation précédente avait été mise au commencement de janvier dans un étang où elle avait pondu dix fois dans l'espace de trois mois. A la fin de juin la première génération de cette mère en aura donné une seconde, à la fin de septembre celle-ci en aura procréé une troisième, et à la fin de décembre cette dernière en aura fourni une quatrième. Le tableau ci-joint fera connaître la prodigieuse fécondité qui en résulte (1).

TABLEAU de la fécondité pour le Cyclope quadricorne.

Nombre des femelles qui ont fourni à chaque ponte et qui provenaient originairement d'une seule mère.	Nombre et division des pontes dans le courant d'une année.	Époque et durée de chaque ponte.	Total des individus fournis par chaque ponte.	Soustraction des mâles.	Soustraction des femelles qui ont servi aux pontes suivantes.
1	8	Du 1 janvier à la fin de mars.			
240	8	Du 1 avril à la fin de juin.	320	80	240
57,600	8	Du 1 juillet à la fin de septembre.	76,000	19,200	57,600
13,824,000	8	Du 1 octobre à la fin de décembre.	18,432,000	4,608,000	13,824,900
			4,423,680,000	1,105,920,000	3,317,760,000
			Somme totale.	Somme des mâl.	Somme des fem.
			4,442,189,120	1,110,547,280	3,331,641,840

(1) Pour ne pas pousser trop loin la multiplication, Jurine a réduit à huit le nombre des pontes, et au lieu de porter à cinquante petits le produit de chacune d'elles, il s'est borné à quarante, en soustrayant encore un quart pour les mâles, ce qui, suivant lui, est beaucoup ; si pour base de ce calcul on prenait en considération l'époque des pontes, et que l'on partît de la première au lieu de la dernière, le résultat en serait presque double, vu surtout la rapide succession de ces pontes pendant les chaleurs.

Le second mode de développement des OEufs des Branchiopodes, se voit dans les Daphnies, dans les Cypris, dans les Limnadies, etc.; ils passent de l'ovaire interne dans une cavité particulière ménagée au-dessous du test de l'Animal et placée sur son dos. Jurine a rigoureusement déterminé les fonctions de cette partie qu'il nomme *matrice*, et ses observations les plus précises ont été faites sur le *Monoculus Pulex*, L., qui appartient aujourd'hui au genre *Daphnia*. Lorsque les germes ont acquis leur développement dans les ovaires internes, ce qui devient très-sensible peu de temps après l'accouplement des sexes, ils arrivent dans la matrice ou cavité dorsale en passant dans deux espèces d'oviductes qui y aboutissent. Quelquefois les deux ovaires ne se déchargent pas simultanément; l'un d'eux garde les OEufs quelques heures de plus et même un jour. Quoi qu'il en soit, les ovaires internes ne présentent d'abord que quelques molécules d'une matière colorée, en vert, en rose et en brun suivant la saison; elle augmente à chaque instant, et souvent au bout de quelques heures elle remplit les ovaires : « Il semble au premier aperçu, dit Jurine, que cette matière ne soit qu'une masse d'herbes hachées menu; mais par un examen plus approfondi on reconnaît que ces molécules sont arrangées avec ordre les unes à côté des autres, et qu'elles tiennent ensemble par un gluten particulier dans lequel on distingue de petites bulles rondes et un peu transparentes, en un mot ce sont des OEufs réunis les uns aux autres. » Les OEufs, déposés dans la matrice en nombre de plus de vingt, ont trois parties fort distinctes : une enveloppe extérieure, une matière colorée et de nombreux corps globuleux dont un, central, est très-remarquable par son immobilité et sa permanence; à mesure que l'embryon se développe, les particules colorées et les bulles disparaissent. Enfin lorsque le fœtus a atteint son entière croissance, elles ont disparu complétement. Il est difficile de distinguer sur des objets aussi petits la nature de ces matières, et de décider que l'une a les propriétés du jaune, et l'autre celles de l'albumen; mais on doit au moins admettre cette analogie avec l'OEuf de Poulet. Quant au développement des OEufs dans l'intérieur de la matrice, voici ce qui a été vu par Jurine : le premier jour l'OEuf a conservé la même apparence qu'il avait en entrant dans la matrice; on y distingue nettement une bulle centrale, entourée d'autres plus petites dont les intervalles sont garnis de molécules colorées; le second jour, la partie externe de l'OEuf est devenue un peu transparente, ou, en d'autres termes, les molécules colorées se sont rapprochées du centre; le troisième jour, la transparence du contour de l'OEuf s'est accrue; l'opacité des molécules colorées a diminué dans la périphérie de chaque bulle; celle du centre reste toujours la même et à la même place; le quatrième jour, l'OEuf a grossi sensiblement et a changé sa forme sphérique contre une légèrement ovoïde; le contour en est encore plus transparent et les petites bulles plus agglomérées autour de la centrale; le cinquième jour on distingue des inégalités, surtout à la partie antérieure de l'OEuf qui a augmenté de volume, et la matière colorante a un peu diminué; le sixième jour, la forme du fœtus commence à se montrer; les bras se détachent du corps; les bulles ont grossi et se sont un peu écartées les unes des autres; le septième jour, une partie des bulles a disparu et semble avoir été employée pour former les rudimens des pates et de la tête qu'on peut déjà distinguer; d'autres se sont portées en avant et occupent la place de l'œil; ce qui en reste est fixé dans la partie supérieure de la coquille; le huitième jour, l'œil paraît; il offre dans son centre une ligne rougeâtre qui sépare la partie noire en deux parties égales; l'intestin se découvre; à mesure que les bulles colorées diminuent, les parties solides de l'Animal se développent ; le neuvième jour tous les organes du fœtus sont à découvert ; l'œil est plus noir et l'on commence à en distinguer le réseau ; les bulles ont presque entièrement disparu, mais la centrale subsiste encore, et occupe le milieu du canal alimentaire, sous le cœur ; le dixième jour le développement du fœtus est terminé ; la petite Daphnie sort de la matrice et passe dans un élément nouveau ; elle reste un moment immobile, comme si elle voulait reconnaître le liquide dont elle est environnée et s'instruire sur l'usage et la force de ses membres ; puis elle s'éloigne en agitant ses petits bras. Tel est le développement ordinaire des OEufs ; mais à une certaine époque de l'année, au mois de juillet ou d'août, le dos de la femelle présente une particularité curieuse et qui a fixé l'attention des observateurs ; on remarque que cette partie prend de l'opacité ; d'abord un peu blanchâtre, elle devient plus foncée et finit par être d'un gris noirâtre assez obscur. Quand on l'examine avec plus de soin, on voit qu'elle est formée à droite et à gauche par deux ampoules ovalaires, placées l'une au-devant de l'autre, et formant avec celles du côté opposé deux petites capsules ovales qui ressemblent assez bien à une coquille bivalve. Müller a désigné ces pièces sous le nom de Selle, *Ephippium*, et au fait elles figurent assez bien une petite selle qui serait posée sur le dos de l'Animal. On a regardé d'abord la formation de l'*Ephippium* comme une maladie qui atteignait l'Animal dans l'arrière-saison ; mais un anatomiste très-habile, Straus, a reconnu la véritable nature de cette monstruosité apparente, il nous a appris que ce petit amas n'était autre chose qu'une surenveloppe que la nature avait ménagée aux OEufs pour passer l'hiver. En effet, à la dernière mue de l'année et à l'approche de la saison froide, la mère abandonne son *Ephippium* avec les deux OEufs qu'il contient, et ils n'éclosent qu'au printemps suivant.

Les Apus présentent le quatrième mode de développement des OEufs ; c'est-à-dire qu'ils sont déposés, en sortant des ovaires internes, dans une espèce de capsule à deux valves portée par la onzième paire de pates.

Le cinquième mode de développement des OEufs des Branchiopodes se remarque dans les Cypris ; ces petits Crustacés n'ont plus aucune partie de leur corps disposée pour le séjour des OEufs ; ils ne les transportent pas non plus avec eux, mais ils les déposent sur quelques corps étrangers en les agglutinant en une masse de plusieurs centaines. La ponte dure environ douze heures. Les petits qui sortent des OEufs ressemblent, par tous les traits de leur organisation extérieure, à leurs parens. Ils n'éprouvent donc pas après leur naissance des métamorphoses comme les Daphnies et la plupart des Branchiopodes. Les Cypris présentent encore une particularité curieuse ; ils paraissent être véritablement hermaphrodites. Jamais on ne les a vus s'accoupler, jamais on n'a reconnu la moindre différence sexuelle entre des milliers d'individus observés à toutes les époques de l'année. Enfin, les OEufs recueillis à la sortie du corps de la mère ayant été isolés, sont éclos, et les petits séparés à l'instant même, ont donné une nouvelle génération sans l'intervention d'aucun autre individu. Mais ce n'est pas le lieu de traiter ici la question curieuse de l'hermaphroditisme. Nous n'en avons parlé qu'en ce qu'il se rattachait au développement des OEufs. Ces OEufs, ainsi qu'on vient de le voir, présentent, dans la classe des Crustacés, des particularités curieuses qui ont été assez bien vues, mais qui mériteraient d'être examinées de nouveau d'une manière comparative et avec plus de soin.

OEuf des Arachnides. Les OEufs ont été étudiés, chez plusieurs d'entre elles, avec beaucoup de soin. Un observateur habile, Héroldt (*Exercit. de Anim. vert. carent. in Ovo formatione, pars* 1 : *de generatione Aranearum, in Ovo*), s'est attaché à nous faire connaître le développement de ceux des Aranéides. Nous extrairons de son travail les principaux faits.

Les OEufs des Araignées sont très-nombreux ; ils sont pondus dans une espèce de nid commun diversement construit ; en outre, ils paraissent enveloppés d'une membrane qui est fort délicate et transparente. Cette membrane extérieure est unique, et l'inspection au microscope n'y fait découvrir aucun pore ni aucune structure de fibre. Elle a pour usage de contenir une matière liquide dans laquelle Héroldt a distingué diverses parties essentielles qui, relativement à leur quantité, à leur couleur et à leur destination, semblent correspondre au vitellus, à l'albumen et à la cicatricule de l'OEuf des Oiseaux.

Le *vitellus* ou le *jaune* forme la plus grande masse du liquide ; l'OEuf en est presque totalement rempli ; sa couleur est ordinairement d'un jaune ochracé ; quelquefois ce jaune est safrané. Chez quelques espèces, le vitellus est gris, blanc ou rouge-brun ; dans tous les cas sa couleur détermine la teinte générale de l'œuf. Si on le soumet à un fort grossissement, on remarque qu'il est composé d'une infinité de petits globules de diverses dimensions qui nagent dans l'albumen ou sont environnés par elle, et ressemblent à autant de petits vitellus.

L'*albumen* est une liqueur transparente, cristalline, sans parties organiques distinctes, ne présentant par conséquent pas de globules, entourant le vitellus jusqu'à la cicatricule et tenant le milieu, quant au volume de sa masse, entre le jaune et la cicatricule. Si on ouvre un OEuf et qu'on laisse écouler sur une plaque de verre le liquide qu'il contient, on voit que l'albumen entoure les globules du jaune et de la cicatricule, exactement comme le serum du sang entoure le caillot. Dans l'intérieur de l'OEuf, l'albumen est placé de même que la cicatricule en de-

hors du jaune, et il remplit avec elle l'espace compris entre ce dernier et l'enveloppe extérieure. C'est dans cet espace circulaire qu'on voit se former les premiers linéamens du fœtus ; c'est là que se développent successivement la tête, le thorax, les membres, les tégumens, leurs dépendances ; enfin, c'est de ce lieu que semblent partir tous les organes internes sans en excepter les intestins.

La *cicatricule* ou le *germe* est la partie la plus petite et la plus importante de l'OEuf. Elle est placée immédiatement au-dessous de l'enveloppe extérieure et au centre de la circonférence de l'OEuf ; elle se distingue à l'œil nu sous forme d'un très-petit point blanc. Si on l'examine avec plus de soin, on voit que sa forme est lenticulaire, et qu'elle se compose d'une quantité innombrable de granulations blanchâtres. Au microscope, on remarque que ces granulations sont globuleuses, assez semblables sous ce rapport à celles du jaune, mais d'un diamètre moindre et plus opaque. On rend cet aspect très-sensible en ouvrant un OEuf et en épanchant les liquides qu'il contient sur une plaque de verre ; la cicatricule se résout alors en granules isolées et opaques qui, au premier aspect, présentent une analogie frappante avec des grains de pollen, à cette différence près que le pollen des Végétaux se compose de vésicules remplies par des molécules organiques, tandis que chaque globule de la cicatricule doit être considéré comme simple.

La cicatricule ou le germe est le point de départ des changemens qui ont lieu dans l'OEuf ; toutes les parties qu'il contient lui semblent subordonnées, ainsi que nous le verrons en suivant avec soin leur développement. Un fait remarquable, observé par Héroldt, sur les OEufs de certaines espèces d'Araignées qu'il n'a pas déterminées, c'est qu'au lieu d'une cicatricule unique, il semble en exister plusieurs répandues sur divers points de la surface de l'OEuf ;

mais ces petits germes ne tardent pas à se réunir en une seule masse qui bientôt se comporte comme la cicatricule originairement unique.

Les parties constituantes de l'OEuf étant connues, nous allons passer aux métamorphoses qu'elles subissent dans son intérieur jusqu'au moment où l'Araignée rompt sa coquille. C'est à Héroldt que nous emprunterons ces observations ; nous les présenterons de manière à les lier autant que possible aux faits curieux qui précèdent, et dont la connaissance est en partie due à nos amis Dumas et Prévost.

1re *période*. L'OEuf fécondé étant pondu, et les circonstances de température étant favorables (1), le développement commence. C'est toujours sur le bord du germe ou de la cicatricule qu'ont lieu les premiers changemens ; ces bords semblent se diviser en granules qui s'étendent dans l'albumen et sur le jaune ; le centre du germe est toujours le même, et la seule différence vraiment appréciable, c'est l'agrandissement de sa circonférence.

2e *période*. Le germe paraît beaucoup plus large ; ses bords se dispersent en une infinité de granules ; le centre n'est pas encore atteint par cette sorte de dispersion des molécules, mais il éprouve une modification notable, il se déplace et commence à cheminer vers l'extrémité de l'OEuf en laissant dans le lieu qu'il occupait d'abord une traînée de granules ; il figure alors assez bien une espèce de comète dont le noyau serait le centre du germe ; la queue, qui est formée par la dissémination des globules, est transparente, et on aperçoit, au-dessous d'elle, le jaune qu'elle recouvre, tout aussi distinc-

tement qu'on voit, à travers la chevelure d'une comète, les étoiles fixes.

3e *période*. Le noyau du germe qui a continué de se déplacer est arrivé jusque près l'extrémité de l'OEuf, mais il ne l'atteint pas entièrement. Le trajet qu'il a parcouru est marqué par une infinité de granules qui sont alors tellement disséminées, qu'elles se prolongent presque jusqu'au bout opposé de l'OEuf ; c'est alors que l'espèce de comète qu'il représente se montre dans son plus grand développement, et avec tous les caractères qui ont été indiqués. Le mouvement du noyau de la cicatricule autorise à supposer que ce corps n'a pas, au moins dans ces premiers temps, une connexion très-intime avec le jaune.

4e *période*. Le noyau du germe n'est pas allé au-delà du point qu'il avait atteint, mais il a subi un nouveau changement ; ses molécules se sont disséminées en une infinité de granules ; il n'existe plus de la comète que la queue qui offre encore plus d'étendue ; mais on voit alors que les granules répandues dans l'albumen ont une tendance à se rapprocher du point qu'occupait le germe avant son déplacement.

5e *période*. Le germe de l'OEuf, qui semble disséminé dans l'albumen, a subi une transformation bien curieuse ; toutes ses granules se sont décomposées en molécules imperceptibles qui, en faisant perdre à l'albumen sa limpidité, ont donné à toute cette masse l'apparence d'un nuage à travers lequel on distingue cependant les globules du jaune ; un seul point reste parfaitement transparent ; ce point se remarque à l'extrémité de l'OEuf opposée à celle qu'occupait le germe après son déplacement. Héroldt nomme *Colliquamentum* ce trouble de l'albumen. Jusque-là le jaune ne semble éprouver aucun changement ; tous ceux que l'on remarque ont lieu dans l'albumen et dans l'espace circulaire situé entre le jaune et la coquille.

6e *période*. Le colliquamentum ou la matière nuageuse qui était éten-

---

(1) Héroldt n'a pas cru devoir mesurer le temps du développement, ainsi qu'on l'a fait dans le Poulet, parce qu'ici ce temps est en rapport avec les températures atmosphériques ; mais s'il eût noté ces dernières, il fût arrivé sans doute, par un grand nombre d'observations, à des résultats curieux qui auraient fourni des nombres faciles à calculer.

due sur le jaune et le masquait, paraît maintenant concentré sur le point occupé en dernier lieu par le noyau du germe, il s'y est accumulé et a pris un aspect perlé; sa consistance est assez solide; il est opaque, et on ne distingue plus à travers lui les globules du jaune qu'il recouvre immédiatement; la totalité de celui-ci est cependant devenue plus apparente à cause du retrait de la matière nuageuse vers un seul point; dès ce moment le colliquamentum, qui paraît avoir changé de nature, reçoit un nouveau nom; Héroldt le désigne sous celui de *cambium*. Le cambium occupe en surface un peu plus du quart de la circonférence du jaune; sa forme est déjà assez bien caractérisée, et on peut lui distinguer deux parties, l'une grande, l'autre petite; la première ou la plus considérable, est séparée de la seconde par un étranglement; sa forme est elliptique, et c'est dans sa substance qu'on verra bientôt se former le thorax, les pates et les parties essentielles et internes du fœtus. La seconde partie, ou la plus petite, est arrondie et semble être, en quelque sorte, un appendice de la première; elle donnera naissance à la tête, aux organes des sens et aux appendices de ceux de la manducation. Ceci posé, on peut nommer avec Héroldt, la grosse masse *cambium thoracique*, et la petite *cambium céphalique;* on devra aussi, pour mieux comprendre les changemens qui vont suivre, diviser la surface de l'OEuf en quatre régions. La région qui contient le cambium sera nommée *région pectorale*, la portion opposée sera appelée *dorsale*, et l'on désignera sous le nom de *région latérale* les deux parties intermédiaires. Nous remarquerons que dans d'autres espèces à OEufs sphériques, le germe se convertit immédiatement en *colliquamentum*, puis en *cambium*, sans changer de place. L'Araignée Diadème en offre un exemple; du reste, il ne se présente ailleurs aucune autre différence importante.

7ᵉ *période*. Les deux portions du cambium, la céphalique et la thoracique, ne nous ont offert encore qu'une masse opaque et homogène; maintenant on y distingue des espèces d'arceaux au nombre de quatre de chaque côté; ce sont les rudimens des pates. Ces rudimens, situés en avant de l'OEuf, en occupent principalement les parties latérales; ils sont aussi très-visibles à la région pectorale où ils se prolongent inférieurement; l'extrémité de la première pate est contiguë à celle de la pate opposée, mais les trois autres, quoique plus longues, ne descendent pas aussi bas, et laissent entre elles un intervalle triangulaire qui se trouve rempli par une matière nuageuse assez transparente laissant apercevoir à travers elle les globules du jaune. Cet espace triangulaire qui plus tard sera recouvert par les pates, paraît donner naissance au tronc et à plusieurs parties contenues dans l'abdomen. Si à travers les changemens qui viennent de s'opérer, on veut retrouver les deux portions du cambium qui ont été distinguées dans l'observation précédente, on reconnaîtra que le cambium thoracique est représenté par l'assemblage des pates et par l'espace triangulaire qui est situé entre elles, et que le cambium céphalique existe au devant de lui. Les changemens qui ont eu lieu dans celui-ci ne sont pas moins remarquables; au lieu d'être arrondi, il est tronqué en avant, et l'on voit sur ses côtés un arceau qui n'est point divisé sur la ligne moyenne inférieure du corps en deux portions; il représente les palpes des mâchoires. On distingue même comme à travers un nuage les rudimens des mandibules. Il est probable que toutes les parties qui sont propres à la tête, comme les yeux, les crochets des mandibules et les mâchoires, ont dès ce moment leur circonscription bien établie; quant à la tête, elle se distingue alors très-nettement du thorax, et nous insistons sur ce fait parce qu'on sait que dans toutes les Araignées adultes la soudure de ces deux parties est très-intime; la division première n'étant plus représentée que par un sillon plus ou moins profond. L'OEuf, à l'époque où nous l'examinons, présente encore des parties nouvelles, ce sont des espèces de crénelures ou de replis arqués qu'on voit sur le jaune en arrière des pates, et qui méritent de fixer l'attention, parce qu'ils annoncent l'origine de la formation des tégumens communs du fœtus. C'est ici le lieu de faire remarquer qu'à cette même époque où nous sommes arrivés, les parties qui se développent ont avec le jaune une connexion intime; en effet, si on ouvre un OEuf avec toutes les précautions qu'exige cette opération délicate, et si on étend la matière sur une plaque de verre, on voit que les parties formées dans le cambium conservent leur forme générale, et que la couche la plus interne de cette matière muqueuse et blanchâtre est dans une communication intime avec le jaune; elle s'insère dessus comme les Champignons ou les Plantes parasites s'insèrent dans le tronc d'un Arbre; le jaune fournit donc à la nutrition des parties les plus extérieures du corps.

8ᵉ *période*. Les parties extérieures qui se développent dans le cambium, c'est-à-dire les pieds, les mandibules, et la tête elle-même, se distinguent encore plus nettement. L'OEuf présente ensuite une particularité très-importante, et qui déjà s'indiquait dans la période précédente. Il diminue très-légèrement de grosseur en avant, et le jaune, par le fait de ce rétrécissement, semble divisé en deux portions : l'une petite et antérieure se distingue très-bien à la partie dorsale du fœtus et occupe la place qui, plus tard, sera celle du corselet. Héroldt la nomme, à cause de cela, *portion thoracique*; l'autre porte le nom de *région abdominale*. Elle est très-visible, occupe plus de la moitié de la capacité de l'OEuf, et semble constituer à elle seule la plus grande masse de l'abdomen. Si on examine la face inférieure de cette portion abdominale, on remarque, indépen-

damment des deux crénelures obliques et arquées, qui s'étendaient de la partie dorsale à la portion abdominale, trois autres crénelures longitudinales et droites; l'une d'elles occupe la ligne médiane du corps, et les deux autres sont placées de chaque côté. Ces crénelures indiquent les progrès de la formation des tégumens. Un autre changement se présente à la face supérieure. On voit régner sur la ligne moyenne une bandelette obscure et droite qui commence à l'étranglement abdomino-thoracique et s'étend jusqu'à l'extrémité de l'OEuf en devenant de plus en plus étroite; cette bandelette qui, dans tout son trajet, ne fournit aucun prolongement latéral, doit être considérée comme le rudiment du cœur ou le vaisseau dorsal. Le liquide, qu'il contient sans doute dans son intérieur, n'est doué d'aucun mouvement. Héroldt pense que la formation du liquide est antérieure à celle des parois qui le renferment. Il croit aussi que c'est l'albumen qui donne naissance à l'appareil circulatoire; il attribue encore à l'albumen l'origine de tous les tégumens. Ces questions seraient sans doute importantes à résoudre; mais comme elles se rattachent plus au raisonnement qu'à l'observation directe, nous croyons devoir faire abstraction des théories et nous borner ici au simple exposé des faits.

9ᵉ *période*. L'OEuf présente un changement frappant dans sa forme générale. Nous avons vu que dans la période précédente il diminuait très-légèrement de grosseur en avant; il offre maintenant un amincissement très-sensible dans le même sens. On peut lui reconnaître deux parties: l'une étroite, antérieure, constitue la petite extrémité et renferme la tête, le thorax et les appendices qui en dépendent; l'autre sphérique et beaucoup plus considérable, constitue la grosse extrémité et correspond à l'abdomen. En même temps que ces modifications ont eu lieu, l'OEuf s'est un peu allongé, et toutes les parties qu'on lui distinguait ont marché vers leur perfection. Les pates présentent déjà de légères traces de division en articles, et leur longueur s'est accrue de telle sorte qu'elles recouvrent presque en entier la face inférieure du thorax.

10ᵉ *période*. La petite extrémité qui s'est allongée de plus en plus se trouve maintenant distinguée de la grosse portion par un véritable étranglement qui, lorsqu'on examine l'OEuf de profil, le divise nettement en deux portions, qu'on désignera dans l'Araignée parfaite sous les noms de thorax et d'abdomen. Les parties visibles du thorax sont les mandibules, les palpes et les pates. Ces derniers appendices, repliés sur la poitrine, ont atteint un tel accroissement, qu'ils traversent la ligne moyenne du corps, c'est-à-dire qu'ils se dépassent réciproquement en rentrant dans les intervalles les uns des autres, à peu près comme lorsqu'on joint par leur extrémité les doigts d'une main avec ceux de l'autre. L'abdomen ne présente rien de remarquable, si ce n'est une tache oblongue et opaque qui existe sur le milieu de sa face inférieure, à partir des pieds jusqu'à la terminaison du ventre. Héroldt pense que cette tache est un indice du développement des parties internes de l'abdomen, c'est-à-dire du canal intestinal, des vaisseaux sécréteurs de la soie, des organes génitaux, etc. A mesure que le fœtus s'accroît, la membrane externe ou la coque de l'OEuf s'applique plus exactement contre son corps et semble représenter une peau extérieure dont la jeune Araignée se dépouillera bientôt, à peu près comme la Chenille se dépouille de la peau qui l'enveloppe.

11ᵉ *période*. Par l'augmentation successive du fœtus, la membrane de l'OEuf devient tellement tendue, et s'applique si exactement sur toutes les parties du corps de l'Animal, qu'on les distingue toutes nettement à travers elle; on croirait voir la nymphe de certains Insectes Coléoptères. Les parties essentielles du thorax sont la tête et les pieds. La tête est de couleur blanche et surmontée par huit traits bruns; les pates, également blanches, sont étroitement serrées contre la poitrine, et reçues, par leur extrémité, les unes entre les autres. On leur distingue une hanche, une cuisse, une jambe et un tarse. Les articulations des palpes et les mandibules sont aussi visibles à travers l'enveloppe générale de l'OEuf. La tache inférieure de l'abdomen est beaucoup plus étendue et paraît divisée en deux parties; l'une grande, elliptique; l'autre petite et arrondie: celle-ci correspond à l'ouverture anale. A ce dernier degré de développement, le fœtus, ou, si l'on veut, la jeune Araignée prisonnière ne donne aucun signe de mouvement.

Exclusion de l'Araignée. Enfin, l'Araignée sort de l'OEuf en rompant sa membrane extérieure. Degéer (Mém. sur les Ins. T. VII, p. 196) a décrit cette naissance : « La coque, dit-il, ou la pédicule de l'OEuf reçoit une fente le long du corselet, et l'Araignée tire d'abord par cette ouverture la tête, les tenailles (les mandibules), le corselet et le ventre; après quoi il lui reste à faire l'opération la plus difficile, c'est de dégager les pates et les bras (les palpes maxillaires) de la portion de la pellicule dont ces parties sont comme enveloppées; elle en vient à bout, quoique lentement, en gonflant et en contractant alternativement le corps et les pates; après quoi elle se trouve libre et capable de marcher. A mesure qu'elle se dégage de la pellicule, celle-ci est poussée vers l'extrémité des pates où elle est réduite à un petit paquet blanc qui est tout ce qui en reste. Quelquefois la pellicule se trouve encore un peu adhérente au ventre; mais l'Araignée s'en débarrasse bientôt entièrement. C'est la façon dont les jeunes Araignées de toutes les espèces sortent de l'enveloppe de leurs OEufs, et cette opération se fait comme une mue. » Ce n'est encore ici, cependant, qu'une première naissance; en effet, toutes les parties de l'Araignée, sa tête, ses mâchoires, ses pates, son ventre, se trouvent encore enveloppés par une membrane qui fournit à chacune une sorte de fourreau. L'Araignée est embarrassée dans tous ses mouvemens ; elle ne se déplace qu'avec peine, et elle se trouve dans l'impossibilité de construire une toile et de saisir sa proie ; au reste, elle est comme assoupie et ne paraît pas disposée à agir. Pour qu'elle sorte de cet état, et qu'elle soit apte à se mouvoir, il faut nécessairement qu'elle se débarrasse de cette autre enveloppe ; c'est alors seulement qu'on peut dire qu'elle a vu le jour. Cette dernière période, ou, si l'on veut, cette première mue, a lieu dans un temps très-variable, suivant le degré de chaleur de l'atmosphère. Quelquefois on l'observe dès les premiers jours ; souvent aussi elle ne s'effectue qu'au bout de plusieurs semaines. Dans tous les cas la mue s'opère dans l'espèce de bourre qui forme aux OEufs une enveloppe générale, et la jeune Araignée ne sort de ce nid commun que par un temps doux, ordinairement aux mois de mai et de juin.

OEUF DES INSECTES. Les sexes, l'accouplement, le mode de fécondation, les diverses particularités de la ponte, les métamorphoses sont assez bien connus pour un certain nombre de genres de la classe des Insectes ; mais on ne sait rien ou presque rien de leurs OEufs. Souvent, il est vrai, on a calculé leur nombre, indiqué leur forme, et noté la couleur de leur coque, mais on n'a guère été au-delà ; le développement de l'OEuf, c'est-à-dire les changemens successifs qui ont lieu dans son intérieur depuis l'instant de la fécondation jusqu'à l'époque de la naissance, n'a été, à notre connaissance, l'objet d'aucune recherche très-fructueuse. Nous n'avons donc rien à dire des OEufs des Insectes, car notre but n'est point de les considérer ici sous le rapport de leur nombre, de leur forme et de leur couleur. Ces détails qui pourraient nous entraîner fort loin trouvent naturellement leur place dans l'étude de chaque genre. Nous dirons seulement que la plupart des Insectes sont ovipares ; que quelques-uns sont ovovivipares comme les Pucerons et quelques Mouches ; que le nombre de OEufs est généralement considérable ; que les uns en pondent par centaines et par milliers, tandis que d'autres en produisent une très-petite quantité ; qu'il en existe de toutes les couleurs et de toutes les nuances, depuis le blanc jusqu'au noir obscur ; que le lieu où les dépose la mère est aussi très-différent, les uns étant pondus dans l'eau, les autres dans l'air, un grand nombre dans la terre, plusieurs dans les tiges, les racines, les feuilles, les fleurs et les fruits de toute espèce de Plante, ou bien à la surface du corps et dans le corps même de certains Animaux ; qu'enfin ils ont tous une enveloppe extérieure le plus ordinairement solide, quelquefois molle, et dans tous les cas organisée de telle sorte qu'elle protége le germe et persiste jusqu'à la naissance du fœtus qui la rompt lui-même.

OEUF DES ZOOPHYTES. La grande classe des Zoophytes renferme des êtres très-différens entre eux par leur organisation extérieure, mais qui se ressemblent beaucoup sous le rapport de leur reproduction ; la plupart proviennent d'OEufs, mais ces OEufs n'ont le plus souvent été vus que dans les ovaires ; rarement on en a observé après la ponte ; et plus rarement encore on a examiné et suivi leur développement ; nous n'aurons donc presque rien à dire de cette classe nombreuse.

On a reconnu dans les Oursins des OEufs très-nombreux et quelquefois très-gros ; les Holothuries en ont présenté aussi un grand nombre, mais on ne les a entrevus que dans les ovaires. On sait que plusieurs Vers intestinaux sont ovipares, et que certains d'entre eux sont ovovivipares. Les OEufs de l'Ascaride lombricoïde, observés dans le corps de l'Animal, sont en nombre incalculable ; ils ont, suivant qu'on les examine dans l'ovaire, dans les cornes ou dans la matrice, une forme différente; d'abord ils sont linéaires, ensuite triangulaires et allongés, puis triangulaires à angles obtus, ellipsoïdes, et enfin ronds; on n'a point suivi leur développement, mais on a seulement distingué dans leur intérieur un germe blanc opaque auquel on a reconnu différentes formes suivant le degré de développement des OEufs. Le grand ordre des Polypiers, qui est intéressant sous mille rapports, nous offre des phénomènes bien remarquables dans les produits de leur génération. Quelques-uns paraissent être vivipares, un grand nombre sont ovipares, etc.; enfin il en est d'autres qui se reproduisent par bourgeons et qu'à cause de cela on désigne sous le nom de Gemmipares. Plusieurs espèces réunissent deux de ces conditions, et il paraît certain que quelques-unes les présentent toutes trois, c'est-à-dire qu'elles sont à la fois, et sans doute à différentes époques de l'année, vivipares, gemmipares et ovipares. On doit à Trembley, à Ellis et à Cavolini, la découverte de ces faits curieux. Nous ne rapporterons que ceux qui se rattachent plus spécialement au sujet qui nous occupe.

Dès l'année 1755, Ellis en étudiant la *Sertularia dichotoma* de Linné (*Campanularia dichotoma*, Lam.), aperçut à sa surface plusieurs vésicules, et il distingua dans leur intérieur des OEufs. Bientôt il fut témoin d'un phénomène très-étrange, il vit ces OEufs se mouvoir dans l'intérieur de la vésicule; quelques-uns en ayant été expulsés, il observa des mouvemens encore plus prononcés. Cavolini qui a remarqué ces mouvemens dans plusieurs espèces, fournit à cet égard des renseignemens beaucoup plus précis que ceux d'Ellis. Une espèce de Gorgone, le Corail, un Madrépore (*Caryophyllia*, Lam.), ont été successivement le sujet de ses observations. Il a vu principalement dans la Gorgone et dans le Madrépore, que les OEufs, de couleur plus ou moins rouge, sont des espèces de

capsules qui, indépendamment de mouvemens très-prononcés au moyen desquels ils nagent dans le fluide ambiant, jouissent de la faculté de s'allonger, de se raccourcir et de présenter tour à tour la forme d'un ovale, d'une espèce de poire et d'une sphère, jusqu'à ce qu'enfin ils se fixent à quelque corps pour se développer. Le développement paraît se faire dans l'intérieur de l'OEuf, c'est-à-dire qu'au bout d'une dizaine de jours on trouve qu'il renferme un rudiment de squelette ou de matière solide; le Polype ne naît donc point le premier, et la formation du Polypier ne lui est pas postérieure; l'une et l'autre partie croissent en même temps dans l'OEuf. Suivant Cavolini, les OEufs de Madrépores parcourent des conduits propres qui sont ouverts à la base des tentacules, et non dans l'ouverture buccale.

Les observations curieuses de Cavolini, sur le mouvement spontané des OEufs des Polypiers, ont été répétées dans ces derniers temps par Grant qui les a étendues à plusieurs autres espèces. Ce naturaliste habile, qui a eu occasion d'étudier les Campanulaires, les Plumulaires et plusieurs espèces d'Eponges (Ann. des Scienc. Natur., 1827), s'est assuré que les OEufs de ces Zoophytes, détachés nouvellement de leurs parens, ont le pouvoir de se soutenir dans l'eau par le mouvement rapide de cils nombreux qu'il a toujours trouvés à leur surface, jusqu'à ce qu'étant portés par les vagues ou par leurs propres efforts dans un lieu plus favorable, ils s'y fixent et s'y développent. Cavolini ne paraît pas avoir remarqué ces espèces de cils. Les OEufs des Eponges sont aussi hérissés de poils, mais il ne paraît pas qu'ils soient sujets à changer de forme; leurs mouvemens de natation sont très-bornés, ils semblent couler dans le liquide avec une direction donnée. Au contraire, ceux des Plumulaires (*Plumularia falcata*, Lamk.) contractent fréquemment leur corps, font varier ainsi son aspect, et nagent dans différens sens. Ces OEufs sont contenus dans des vésicules particulières d'où ils peuvent s'échapper. C'est au mois de mai que leur développement commence ; on les voit alors se fixer et devenir plats, puis on distingue dans leur intérieur des parties plus opaques qui ont une apparence radiée ; ils ressemblent à une petite étoile, dont les intervalles des rayons sont remplis par une matière peu colorée et transparente. Bientôt le centre s'élève, et on remarque au-dessus de lui une partie centrale et charnue qui n'a point encore l'apparence d'un Polypier, mais qui la prendra bientôt à mesure que l'accroissement aura lieu. La formation de l'Animal avec l'aspect qui le caractérise est donc postérieure, ou au moins contemporaine de la formation du Polypier, ce qui s'accorde parfaitement avec les observations de Cavolini, et semble confirmer les vues exposées par Bory de Saint-Vincent sur les Zoocarpes, qu'il donne comme mode de reproduction des êtres dont il propose de former le règne psychodiaire.

Les OEufs des Polypiers doués de mouvemens, changeant de forme, ne présentant encore aucun organe distinct, nous conduisent naturellement aux Animaux infusoires qui sont eux-mêmes des espèces d'OEufs dont la nature paraît être de ne jamais acquérir un plus grand développement.

Les faits contenus dans cet article donneront, ce nous semble, une idée assez précise du mode de reproduction et du premier développement des Animaux dans les différentes classes. Quel que soit l'état actuel de la science, on a cru utile de les réunir, ne fût-ce souvent que pour faire sentir la nécessité de compléter les observations en les rendant comparatives.　　　　　(AUD.)

OFFICIER. POIS. L'un des noms vulgaires du *Gadus Pollachius. V.* GADE.　　　　　(B.)

OFTIA. BOT. PHAN. (Adanson.) Syn. de *Spielmannia. V.* ce mot. (B.)

OGCODE. *Ogcodes.* INS. Genre de l'ordre des Diptères, famille des Tanystomes, tribu des Vésiculeux, établi par Latreille, et ayant pour caractères : antennes très-petites, insérées près de la bouche, de deux articles, dont le dernier presque ovalaire et terminé par une soie. Trompe, suçoir et palpes tout-à-fait retirés dans la cavité orale et non visibles. Corps court, renflé ; tête petite, globuleuse et presque entièrement occupée par les yeux ; trois petits yeux lisses ; corselet bossu ; abdomen paraissant vésiculeux ; ailes écartées, inclinées ; tarses terminés par trois pelotes. Les Ogcodes se distinguent facilement des Acrocères qui en sont les plus voisins, par l'insertion des antennes ; dans les Acrocères, les antennes prennent naissance sur le vertex, tandis que les Ogcodes les ont attachées au bord de la bouche. Les Astomelles ont les antennes composées de trois soies. Les genres Panops et Cyrte diffèrent des trois genres dont nous venons de parler, parce qu'ils ont une trompe bien apparente. La seule espèce connue de Linné, et celle sur laquelle Latreille établit son genre Ogcode, fut rangée par Linné dans son genre *Musca.* Schæffer l'associa aux Némotèles, et Fabricius aux Syrphus. Illiger est venu, après Latreille, donner le nom d'Hénops au genre Ogcode. Cette dénomination a d'abord été adoptée par Walkenaer, et ensuite par Meigen et Fabricius. Ce dernier a réuni à ce genre quelques autres espèces qui forment à présent d'autres genres. Les Ogcodes sont des Diptères d'assez petite taille et qui vivent dans les lieux aquatiques et humides ; leurs mœurs et leurs métamorphoses nous sont encore inconnues. Le genre se compose de peu d'espèces, toutes propres à la France et surtout aux environs de Paris ; ces Diptères se trouvent voltigeant autour des fleurs et posés sur les tiges des herbes ; ils sont en général assez rares. Nous citerons comme type du genre :

L'OGCODE BOSSU, *Ogcodes gibbo-*

sus, Latr., Hist. Nat. des Crust. et des Ins., t. 14, p. 315, n° 1, tab. 109, f. 10; Macquart, Ins. Dipt. du nord de la France; *Musca gibbosa*, L.; *Henops gibbosa*, Fabr., Walk., Meigen; *Hemotelus*, Schæff.; *Icon. Ins.*, t. 200, fig. 1; *Syrphus gibbosus*, Panz. Long de deux à trois lignes ; tête noirâtre ; thorax d'un noir luisant à poil jaunâtre antérieurement, gris postérieurement ; abdomen d'un blanc d'ivoire ; une bande noire au bord postérieur des segmens, élargie au milieu. Ventre blanc ; base et bord postérieur des segmens noirs. Pieds d'un fauve pâle ; cuisses noires, à extrémité fauve. Cuillerons blancs ; ailes hyalines. On trouve cette espèce aux environs de Paris, dans les prairies ; elle y est rare.

(G.)

OGIÈRE. *Ogiera.* BOT. PHAN. Genre de la famille des Synanthérées, tribu des Hélianthées, et de la Syngénésie égale, L., proposé par Cassini (Bullet. de la Société Philomatique, février 1818) qui l'a ainsi caractérisé : involucre égal aux fleurs ou un peu plus long, composé de cinq folioles, larges, ovales et disposées sur un seul rang. Réceptacle petit, plan, garni de paillettes plus courtes que les fleurons, ovales, acuminées, membraneuses, et à une seule nervure. Calathide, sans rayons, composée de fleurons peu nombreux, réguliers et hermaphrodites ; corolle à cinq lobes frangés ; anthères libres et noires ; style comme dans les autres Hélianthées ; ovaire grêle, oblong, hispide surtout au sommet, devenant un akène oblong, obové, obscurément tétragone, hérissé de tubercules presque globuleux, rétréci au sommet en un col gros et court, absolument dépourvu d'aigrette. Ce genre présente, par ses anthères libres, une de ces rares exceptions au caractère le plus saillant et qui a donné son nom à la famille des Synanthérées. Il paraît que le genre *Eleutheranthera* (*V.* ce mot) constitué par Poiteau, et décrit dans le nouveau Dictionnaire d'Histoire Naturelle, publié en 1803, est le même que l'*Ogiera* de Cassini. Mais ce dernier auteur observe que la description de l'*Eleutheranthera* est imparfaite et même inexacte en quelques points ; cependant il avoue qu'il y a de grandes probabilités en faveur de l'identité de ces genres. En conséquence l'*Ogiera triplinervis*, H. Cass., *loc. cit.*, ne serait qu'un synonyme de l'*Eleutheranthera ovalifolia*, Poit., Plante herbacée, rameuse, indigène de Saint-Domingue. Dans les *Horæ physicæ Berolinenses*, recueil de Mémoires publié à Bonn en 1820, Adelbert de Chamisso a proposé sous le nom d'*Euxenia*, un genre fondé sur une Plante qu'il déclare positivement être la même que l'*Ogiera triplinervis* de Cassini. S'il en était ainsi, le nom d'*Euxenia* serait superflu ; Cassini a prouvé, contre cette assertion, que non-seulement ces Plantes ne constituaient point la même espèce, mais qu'elles appartenaient à deux genres distincts. *V.* le mot EUXENIE au Supplément.

(G..N.)

. * **OGLIFA.** BOT. PHAN. H. Cassini a proposé sous ce nom (Bulletin de la Soc. Philom., septembre 1819) un genre ou sous-genre qui appartient à la famille des Synanthérées, tribu des Inulées, et qui est formé sur une espèce de *Filago* dont le mot *Oglifa* est l'anagramme. Cette espèce, *Filago arvensis*, L., est une Plante herbacée, annuelle, velue, cotonneuse et blanche sur toutes ses parties. La tige, haute d'environ un pied, est dressée, paniculée, rameuse, garnie de feuilles nombreuses, courtes, embrassantes, étroites et lancéolées. Les fleurs sont agglomérées en capitules dans les aisselles des feuilles supérieures et aux extrémités de la tige. On trouve cette Plante dans les champs stériles et sablonneux de l'Europe continentale. Le genre *Oglifa* est voisin du *Micropus*, ainsi que des vrais *Gnaphalium*; mais il se distingue de ceux-ci par les folioles de son involucre qui sont disposées sur un seul rang, égales, non scarieu-

ses, et par l'existence de fleurs femelles, à ovaire sans aigrettes situées
en dehors de l'involucre, et entourées de folioles surnuméraires. Peut-
être, serait-il plus rationnel de considérer les folioles de l'involucre intérieur comme des appendices du
réceptacle; alors chaque calathide
n'ayant qu'un seul involucre extérieur, serait composée de fleurs centrales hermaphrodites ou femelles à
ovaire aigretté, et de fleurs marginales femelles à ovaire sans aigrette.
Cette manière de voir a été sentie et
exprimée par l'auteur qui néanmoins
a fondé l'existence du genre ou sous-
genre dont il est ici question, sur la
disposition particulière des parties de
la fleur que nous avons exposée plus
haut.   (G..N.)

* OGNELLA. MOLL. *V.* BUREZ.

OGNON. BOT. PHAN. Et non *Oignon*.
Espèce du genre Ail. *V.* ce mot et
BULBE, dont il est ordinairement sy-
nonyme. Ainsi on a appelé :

OGNON DE LOUP, une variété de
Potiron.

OGNON MARIN, le *Scilla maritima*,
qui croît souvent très-loin de la mer.

OGNON MUSQUÉ, le Muscari.

OGNON SAUVAGE, l'*Hyacinthus co-
mosus*, autre espèce du genre Muscari, etc.   (B.)

* OGNON BLANC. MOLL. Nom
vulgaire et marchand de l'*Helix gi-
gantea*.   (B.)

OGNONNET. BOT. PHAN. Et non
Oignonnet. Une variété hâtive de Poires, et non de Pois.   (B.)

OGOTON, OGOTONE ou OCHO-
DONE. MAM. Espèce de Lagomys.
V. LIÈVRE.   (IS. G. ST.-H.)

OGYGIE. *Ogygia.* CRUST. Genre
de la famille des Trilobites, établi par
Alexandre Brongniart (Hist. Natur.
des Crust. fossiles, p. 6 et 26) qui
lui donne pour caractères distinctifs :
corps très-déprimé, en ellipse allongée non contractile en sphère. Bouclier bordé; un sillon peu profond,
longitudinal, partant de son extrémité antérieure. Point d'autres tuber-

cules que les oculiformes. Protubé-
rances oculiformes, peu saillantes,
non réticulées; angles postérieurs
du bouclier prolongés en pointes.
Lobes longitudinaux peu saillans;
huit articulations à l'abdomen. C'est
Guettard qui le premier a parlé de
ces Animaux curieux dans une dissertation sur les empreintes des roches schisteuses d'Angers (Mém. de
l'Académie des Sciences de Paris,
année 1757, p. 52, pl. 7-9); mais
il n'en a donné que des descriptions
vagues et très-incomplètes, car il n'a
connu que des fragmens de l'Animal. Brongniart l'a représenté en entier, et a consigné avec beaucoup de
soin, dans son travail, les caractères
qui en constituent un genre très-
distinct. A ces caractères qui viennent d'être mentionnés, nous ajouterons que les individus d'une même
espèce ont entre eux de grandes différences de taille; en ne comparant
que ceux qui sont évidemment de la
même espèce, on en trouve qui ont
huit centimètres et d'autres qui ont
jusqu'à vingt-huit centimètres de
long. Les Ogygies ont été rencontrées
en France dans les Schistes argileux
des environs d'Angers; on a cru aussi
en distinguer une espèce peut-être
distincte des précédentes dans une roche des environs de Schenectady, sur
le Mohawk dans l'Etat de New-Yorck,
laquelle roche est aussi schisteuse.
Cette analogie de gissement est remarquable et se reproduit pour les autres
genres de Trilobites que l'on a trouvés
jusqu'à ce jour. *V.* TRILOBITES.

On ne connaît encore que deux
espèces bien distinctes : 1° l'Ogygie
de Guettard, *Ogygia Guettardi*, Br.,
pl. 5, fig. 1; le corps est elliptique,
environ trois fois plus long que large; il est terminé en pointe aux deux
extrémités, et les différentes parties
qu'on y voit participent de son allongement. On le trouve dans les
Schistes ardoisés des environs d'Angers, où il est rare dans un parfait état de conservation, quoique les
fragmens en soient très-communs.
Ces fragmens offrent de telles diffé-

rences dans leurs proportions et dans leurs formes, que Brongniart suppose qu'il existe plusieurs espèces distinctes qu'il n'a pu encore caractériser. 2°. L'Ogygie de Desmarest, *Ogygia Desmarestii*, Br., pl. 3, fig. 2; le corps est ellipsoïde, tout au plus une fois et demie plus long que large; le bouclier est arrondi et presque échancré antérieurement. Cet Ogygie est remarquable par la dimension, l'Animal entier devant avoir au moins trente-cinq centimètres de long. Il se distingue en outre par une plus grande largeur de toutes ses parties, ce qui lui donne une forme générale raccourcie.   (AUD.)

OHIGGINSIA. BOT. PHAN. Nom d'un genre établi par Ruiz et Pavon, que Persoon a convenablement modifié en supprimant la première voyelle. *V.* HIGGINSIE.   (G. N.)

OICEPTOME. *Oiceptoma.* INS. Genre de Coléoptères, établi par Leach aux dépens des Boucliers ou *Sylpha* de Linné et que Latreille n'adopte pas dans ses Familles Naturelles. Ce genre est si peu tranché qu'il n'est réellement pas admissible. *V.* BOUCLIER.   (G.)

OIDE. *Oides.* INS. Genre de Coléoptères, établi par Weber, et auquel Fabricius a donné le nom d'*Adorium. V.* ADORIE.   (G.)

* **OIDEUM.** BOT. CRYPT. (*Mucédinées.*) Ce genre fut établi par Link; il est très-voisin des genres *Acrosporium* de Nées, et *Alysidium* de Kunze; aussi Persoon a réuni ces trois genres en un seul, sous le nom d'*Acrosporium.* Cette réunion paraît très-convenable; mais il serait préférable de conserver le nom d'*Oideum*, qui est le plus ancien. Ces petites Moisissures présentent des filamens simples ou rameux, très-fins, transparens, réunis par touffes, légèrement entrecroisés, cloisonnés, et dont les articles, et particulièrement ceux des extrémités des rameaux, finissent par se séparer et former autant de sporules.
Dans les vrais *Oideum*, les fila-

mens sont décombans, entrecroisés; dans le genre *Acrosporium*, ils sont dressés, et leurs articles sont globuleux; dans l'*Alysidium*, ils sont également dressés, mais à articles ovales. Toutes ces petites Plantes croissent sur les feuilles ou les bois pourris, ou sur les fruits pourris; c'est particulièrement sur ces derniers que se développent deux des espèces de véritables *Oideum* : l'*O. fructigenum* et l'*O. laxum*, qui forment sur les fruits qui commencent à se gâter des taches circulaires brunâtres, entourées de cercles concentriques semblables. Ces Plantes sont abondantes sur les Poires, les Abricots, les Prunes.   (AD. B.)

OIE. *Anser.* OIS. Espèce du genre Canard la plus répandue dans nos basses-cours, et qui est le type d'un sous-genre, encore sous-divisé par Cuvier. Il paraît que l'Oie, d'origine septentrionale, fut introduite assez tard en Italie, et plus tard encore dans la péninsule Ibérique; du moins croyons-nous l'avoir prouvé dans le T. V, p. 339 de l'Encyclopédie moderne de Courtin.
On a étendu le nom d'Oie à divers Oiseaux qui ne sont pas même du genre Canard; ainsi l'on a appelé OIE DE BASSAN ou de SOLOR, le Fou de Bassan; OIE DE LA MÈRE CAREY, l'Albatros, etc. *V.* ces mots et CANARD. (B.)

* **OIE DE MER.** MAM. L'un des noms vulgaires du *Delphinus Delphis. V.* DAUPHIN.   (B.)

OIGNARD, OIGNE. OIS. L'un des noms vulgaires du Canard Siffleur. *V.* CANARD.   (DR. Z.)

OIGNON. BOT. PHAN. On emploie dans beaucoup d'ouvrages imprimés, où l'on semble se complaire à perpétuer une orthographe vicieuse, cette faute, au lieu du mot Ognon. *V.* ce mot.   (B.)

OIGNONNET. BOT. PHAN. *V.* OGNONNET.

OINAS. OIS. Pour OEnas. *V.* ce mot.   (B.)

* **OISANITE.** MIN. Syn. de l'Ana-

tase, du bourg d'Oysans. *V.* OYSA-
NITE.   (G. DÉL.)

OISEAU. *Avis.* ZOOL. C'est à l'article OISEAUX qu'il sera traité de ce
qui concerne cette classe des Vertébrés; nous nous bornerons à faire
remarquer ici que le mot OISEAU a été
employé spécifiquement avec quelque épithète; de telles désignations
essentiellement vicieuses doivent être
bannies de la science. Nous n'en rapporterons que peu d'exemples, pour
l'intelligence de la lecture des anciens voyageurs, ou des ouvrages
dont les auteurs n'étaient pas ornithologistes, mais que cependant on
lit avec quelque fruit sous divers
rapports. Ainsi on appela :

OISEAU-ABEILLE, les Oiseaux-
Mouches. *V.* COLIBRIS.

OISEAU D'AFRIQUE, le Casse-Noix
et la Pintade.

OISEAU ANONYME (Hernandez),
probablement un Perroquet.

OISEAU AQUATIQUE, le Bec en
fourreau.

OISEAU ARCTIQUE (Edwards), le
Labbe. *V.* STERCORAIRE.

OISEAU BALTIMORE, l'*Oriolus Baltimore. V.* TROUPIALE.

OISEAU DE BANANA (Albin), l'*O-
riolus icterus. V.* TROUPIALE.

OISEAU DES BARRIÈRES, le *Coccyzus septorum. V.* COUA.

OISEAU A BEC BLANC, probablement un Troupiale.

OISEAU A BEC TRANCHANT, le Pingouin.

OISEAU BÉNI, le *Motacilla Troglodytes. V.* SYLVIE.

OISEAU BÊTE, l'*Emberiza Lia. V.*
BRUANT.

OISEAU BLEU, la Poule Sultane,
un Merle et le Martin-Pêcheur.

OISEAU DE BŒUF, le Héron crabier, *Ardea œquinoctialis.*

OISEAU DE BOHÈME, le Jaseur.

OISEAU A BONNET NOIR, le *Parus
palustris. V.* MÉSANGE.

OISEAU BOUCHER, syn. de Pie-
Grièche. *V.* ce mot.

OISEAU BOURDON, divers Oiseaux-
Mouches et autres Colibris.

OISEAU BRAME, le *Falco Pondi-
cherianus. V.* AIGLE.

OISEAU DE CADAVRE, la Chevêche.

OISEAU DE CALICUT, l'un des syn.
très-impropres de Dindon.

OISEAU DES CANARIES, le Serin,
Fringilla Canaria, L.

OISEAU CANNE, l'*Emberiza oli-
racea. V.* BRUANT.

OISEAU DU CÈDRE, une variété du
Jaseur.

OISEAU CÉLESTE. On nommait
ainsi les grandes espèces du genre
Faucon qui volent très-haut.

OISEAU CENDRÉ DE LA GUIANE
(Buffon, pl. enl. 687, fig. 1), probablement un Gobe-Mouche.

OISEAU DES CERISES, le Loriot
commun.

OISEAU CHAMEAU, l'Autruche.

OISEAU DE CHAROGNE, l'Oricou, espèce du genre Vautour. *V.* ce mot.

OISEAU CHAT, le *Muscicapa Ca-
roliniensis,* nommé Catbird dans le
pays. *V.* MERLE.

OISEAU DE CIMETIÈRE, le Grimpereau de muraille.

OISEAU A COLLIER (Nieremberg),
l'*Alcedo torquata. V.* MARTIN-PÊ-
CHEUR.

OISEAU DE COMBAT, le *Tringa Pu-
gnax. V.* BÉCASSEAU.

OISEAU A COU DE SERPENT, le *Plotus Levaillantii. V.* ANNINGA.

OISEAU DES COURANS, l'*Alca Pica.
V.* PINGOUIN.

OISEAU A COURONNE, l'*Ardea pavonina. V.* GRUE.

OISEAU DE LA COURONNE, même
chose qu'Oiseau du Cèdre.

OISEAU COURONNÉ DU MEXIQUE,
le *Touraco Louri.*

OISEAU COURONNÉ NOIR, le *Tangara melanictera. V.* TANGARA.

OISEAU DE LA CROIX, le Bouvreuil
à sourcils roux.

OISEAU DE CURAÇAO, syn. de
Hocco. *V.* ce mot.

OISEAU DE CYTHÈRE, le *Colomba
risoria. V.* PIGEON.

OISEAU DE DAMPIER, le Calao de
Céram, *Buceros plicatus.*

OISEAU DE DÉGOUT, le Dronte. *V.*
ce mot.

Oiseau du destin, le *Buceros abyssinicus*. *V*. Calao.

Oiseau a deux becs, le *Buceros ginginianus*.

Oiseau du Diable, même chose qu'Oiseau de Tempête.

Oiseau Diablotin, le *Larus catharractes*. *V*. Stercoraire.

Oiseau de Dieu, syn. d'Oiseau de Paradis.

Oiseau de Diomède, le Puffin. *V*. Pétrel.

Oiseau a dos rouge, le *Tangara Septicolor*.

Oiseau Dunette, syn. de Grive. *V*. Merle.

Oiseau Epinard, le *Tangara Septicolor*.

Oiseau Fétiche, le Butor. *V*. Héron.

Oiseau de feu, un Troupiale et un Tangara.

Oiseau Fou, la Sittelle de la Jamaïque.

Oiseau des glaces, l'Ortolan de neige. *V*. Bruant.

Oiseau goitreux, le Pélican blanc.

Oiseau de guerre, la Frégate.

Oiseau des herbes, le *Tangara canora*.

Oiseau jaune, syn. de Bruant commun et de *Sylvia œstiva*. On a encore appelé ainsi le Loriot commun.

Oiseau de Joncs, l'Ortolan de Roseaux. *V*. Bruant.

Oiseau de Juida, l'*Emberiza Paradisea*. *V*. Gros-Bec.

Oiseau de Lybie, la Grue cendrée.

Oiseau de mai, la Calandre.

Oiseau marchand, le *Vultur Aura*. *V*. Catharte.

Oiseau de mauvaise-figure, l'Effraie. *V*. Chouette.

Oiseau de Médie, le Paon.

Oiseau de meurtre, la Litorne. *V*. Merle.

Oiseau a miroir, syn. de Gorge-Bleue, espèce du genre Sylvie. *V*. ce mot.

Oiseau mon père, le *Corvus calvus*. *V*. Coracine.

Oiseau de montagnes, les Hoccos.

Oiseau de la Mort, l'Effraie. *V*. Chouette.

Oiseau-Mouche, sous-genre de Colibris. *V*. ce mot.

Oiseau de murmure, les plus petites espèces du genre Colibris, dont le vol produit un léger bourdonnement particulier.

Oiseau de nausée, même chose qu'Oiseau de Dégoût.

Oiseau de Nazare ou de Nazareth, le *Didus Nazarenus* qui n'était probablement que le Dronte. *V*. ce mot.

Oiseau de neiges, la Niverolle, l'Ortolan de neiges et le Lagopède. *V*. Gros-Bec, Bruant et Tétras.

Oiseau de Nerte, la Litorne. *V*. Merle.

Oiseau Niais, le Canard Siffleur.

Oiseau noir, le *Tangara atra*, espèce maintenant placée dans le genre Stourne. *V*. ce mot.

Oiseau de Notre-Dame, syn. d'*Alcedo hispida*. *V*. Martin-Pêcheur.

Oiseau de Numidie, la Pintade, et l'un des syn. impropres de Dindon. *V*. ce mot.

Oiseau d'Oeuf, le *Sterna vittata*. *V*. Sterne.

Oiseau d'Or, le Monaul. *V*. ce mot.

Oiseau de Palaméde, la Grue cendrée.

Oiseau de Paradis. *V*. Paradis.

Oiseau Pêcheur, le Balbuzard. *V*. Aigle.

Oiseau de la Pentecôte, le Loriot commun.

Oiseau a Pierre, le Pauxi. *V*. ce mot.

Oiseau de Pluie, syn. de Tacco, espèce du genre Coua. *V*. ce mot.

Oiseau Pluvial, le Pic-Vert.

Oiseau de Plumes, même chose qu'Oiseau Royal.

Oiseau pourpré, le *Fulica Porphyrio*. *V*. Talève.

Oiseau Prédicateur, nom commun à la plupart des Faucons. *V*. ce mot.

Oiseau Quaker, le *Diomedea fuliginosa*. *V*. Albatros.

Oiseau Rhinocéros, un Calao. *V*. ce mot.

Oiseau Rieur, le *Cuculus ridibundus*. *V*. Coucou.

Oiseau de Riz, l'*Emberiza oryzivora*. *V*. Gros-Bec.

Oiseau Roi, le *Lanius Tyrannus*, syn. de Tyran, sorte de Gobe-Mouche. *V*. ce mot.

Oiseau Royal, l'*Ardea pavonina* (*V*. Grue) et le Manucaude.

Oiseau des Savanes, le *Passerina pratensis*. *V*. Gros-Bec.

Oiseau Saint-Jean, le *Falco Lagopus*. *V*. Faucon.

Oiseau Saint-Martin, le Busard. *V*. Faucon.

Oiseau de Saint-Pierre, plusieurs espèces de Pétrels ont été ainsi désignées.

Oiseau sans ailes, les Pingouins et les Manchots.

Oiseau de Sauge, la Fauvette des roseaux. *V*. Sylvie.

Oiseau silencieux, un *Tangara*. *V*. ce mot.

Oiseau du soleil, le Caurale et le Grèbe-Foulque. *V*. ces mots.

Oiseau Sorcier, l'Effraie.

Oiseau Souris, les espèces du genre Coliou ont été indifféremment désignées sous ce nom.

Oiseau Teigne, le Martin-Pêcheur commun.

Oiseau de Tempête, le *Procellaria pelagica*. *V*. Pétrel.

Oiseau des Terres-Neuves (Belon), l'Aracari vert. *V*. Aracari.

Oiseau Tocan (Feuillée), le *Rhamphastos Erythrorhynchus*. *V*. Toucan.

Oiseau Tout-Bec, syn. de Toucan et d'Aracari. *V*. ces mots.

Oiseau Trompette, syn. d'Agami. *V*. ce mot. On a donné le même nom au *Buceros Africanus*, et à l'Oiseau Royal, *Ardea pavonina*. *V*. Calao et Grue.

Oiseau du Tropique, la Paille-en-Queue. *V*. Phaéton.

Oiseau de Turquie, l'un des syn. vulgaires de Casse-Noix.　　　(B.)

OISEAUX. *Aves*. zool. Seconde classe des Animaux qui, dans la plupart des systèmes et méthodes zoologiques, appartient au grand embranchement des Vertébrés, et qui présente des rapports frappans avec les Mammifères, quoique les êtres dont se compose la classe qui va nous occuper, présente des mœurs et des habitudes bien différentes. Les extrémités antérieures des Oiseaux sont de fortes rames destinées à choquer l'air et y établir alternativement un point d'appui pour le vol; on retrouve chez eux le bras, l'avant-bras, la main et quelques vestiges de doigts dont ils ne peuvent, à la vérité, faire usage comme organes de préhension, mais qui deviennent les instrumens principaux du mouvement. Leurs extrémités inférieures offrent une cuisse constamment cachée par la peau qui recouvre l'abdomen, une jambe plus ou moins grêle, plus ou moins élevée et proportionnée aux besoins de l'espèce, un tarse toujours plus allongé que dans aucune autre Vertébré, terminé par un pied composé de doigts dont le nombre et la forme sont susceptibles d'importantes variations. Le reste de la charpente osseuse présente encore, comme dans les Mammifères, cette boîte admirable qui renferme la source première de la vitalité. A la tête s'attache la colonne vertébrale dont sept de ses nombreux anneaux, par des prolongemens arqués, forment les côtes qui viennent s'articuler en devant à un sternum osseux, et donnent naissance à la cavité pectorale bornée antérieurement par de longues clavicules, par de larges omoplates, et que forment en partie les trois os du bassin, réunis au coccix. Cette grande cavité renferme et protège la trachée-artère, l'œsophage, l'estomac, les poumons, le cœur, le foie, les reins, les instestins et autres viscères indispensables à la vie, et dont la forme, l'étendue ou le volume varient en raison des alimens et de la quantité d'air que l'Oiseau consomme pour la respiration qui est double ainsi que la circulation.

L'organe cérébral est composé des deux lobes du *cerveau*, logés dans une cavité antérieure du crâne, et du *cervelet* qui, dans une autre cavité inférieure, se trouve en contact avec les deux couches optiques et la moelle allongée, formant une large surface lisse au milieu de ces deux couches; le cervelet présente à sa base et de chaque côté un prolongement plus ou moins grand; ses ventricules antérieurs sont fermés par une cloison. Tout cet appareil est protégé par la charpente du crâne. Les deux *mandibules* sont plus ou moins saillantes, quelquefois très-prolongées, et assez ordinairement d'une forme bizarre; leur ensemble forme le *bec*; celui-ci, droit ou courbé, arrondi ou triangulaire, comprimé ou déprimé, coudé ou croisé, sillonné ou appendiculé, etc., est toujours de matière cornée, rarement recouverte d'un épiderme; il renferme la *langue* dont les formes ne sont guère moins variées que la sienne. La mandibule supérieure s'articule au crâne dont elle est le prolongement par les os maxillaires et intermaxillaires qui sont des lames plus ou moins amincies, dont les formes constituent celle du *bec*, et par l'os ethmoïde qui représente les apophyses ptérigoïdes; elle porte souvent à sa base une membrane plus ou moins épaisse et diversement colorée, que l'on a nommée *cire*; la partie intermédiaire longitudinale s'élève ordinairement en carène, et limite de chaque côté l'ouverture des narines dont la position varie autant que la manière dont elles sont percées ou recouvertes, et qui termine les trois cornets cartilagineux du nez. La face interne de cette mandibule est concave, garnie de parties membraneuses qui forment le palais. La mandibule inférieure s'articule à la supérieure par l'os carré qui remplace la caisse du Mammifère et s'appuie sur l'ethmoïde; toutes deux ont leurs bords ou arrondis, ou tranchans, ou

dentés. La base du bec, les côtés de la tête, l'orbite des yeux, le menton, le cou sont quelquefois entourés de membranes plus ou moins épaisses, saillantes ou pendantes; on les nomme caroncules, crêtes, fanons, etc. La *face* comprend tout ce qui environne le bec à partir de la ligne qui va de l'angle de cet organe jusqu'à celui de l'œil, et que l'on désigne sous le nom de *lorum*; elle comprend la *joue* qui occupe tout l'espace entre la base du bec, le front et l'œil, le *capistrum* qui est la partie inférieure du front et l'*auréole* ou *région ophthalmique*, cercle entourant l'œil. Le *sourcil* est un trait formé par de petites plumes colorées, qui dessine un arc au-dessus de l'œil. Les *tempes* prennent ce qui est compris entre l'œil, le vertex et l'oreille. Le *sinciput* est la partie antérieure de la tête jusqu'au vertex qui forme le reste, entre les oreilles. L'*occiput* vient ensuite et se termine à la nuque ou l'origine du cou. Les ouvertures des *oreilles* sont cachées par des plumes décomposées que l'on aperçoit de chaque côté de la tête. Enfin le *menton* est la partie que laissent les deux branches de la mâchoire inférieure; il précède immédiatement la gorge.

La tête est unie au tronc par l'intermédiaire des vertèbres cervicales dont le nombre varie chez les diverses espèces en raison de la longueur du cou; ces vertèbres sont extrêmement mobiles et permettent au cou de se plier avec beaucoup de facilité soit en avant, soit en arrière, et même chez certaines espèces, comme le Torcol, la tête peut se tourner presque entièrement. Aux vertèbres cervicales succèdent les dorsales qui, loin d'être aussi mobiles que les précédentes, sont comme soudées et fixées entre elles par de forts ligamens, afin qu'elles ne puissent nuire, par leur jeu, aux efforts musculaires dans l'exercice du vol. Les vertèbres dorsales portent les côtes dont les antérieures appelées *côtes sternales*, s'arrondissent et viennent s'articuler par paires avec le sternum, pour se joindre ensuite aux côtes postérieures dites *vertébrales* qui forment la grande cavité renfermant la plupart des viscères.

Le sternum paraît être, chez les Oiseaux, l'une des pièces osseuses de la plus grande importance ; il présente dans sa partie antérieure une grande surface carrée et bombée dans le milieu et qui s'élève en carène longitudinale appelée *bréchet*. C'est une plaque destinée à l'insertion des muscles pectoraux qui, chez les Oiseaux comme chez tous les individus organisés pour le vol, doivent avoir un très-grand développement ; sa partie inférieure se rétrécit plus ou moins, et prend une forme concave ; du reste les dimensions et les inflexions de cette plaque se modifient dans chaque espèce au point qu'un anatomiste célèbre a pensé d'en faire la base d'une classification ornithologique. Les clavicules se réunissent, par une de leurs extrémités, au-dessus du sternum ; cet appareil qui prend la forme d'un V ou d'une espèce de *fourchette*, nom sous lequel on le connaît vulgairement, contribue puissamment au vol en tenant écartés l'un de l'autre, pendant le mouvement des ailes, les deux omoplates que l'on trouve placés en travers, sur les côtes, et parallèlement à la colonne vertébrale ; les omoplates sont arqués et guère plus longs que leurs apophyses coracoïdes qui s'appuient de chacun d'eux au sternum.

Les vertèbres lombaires, au nombre de sept à douze, sont toutes unies ; les hanches et les os du bassin y sont soudés ; elles sont terminées par les vertèbres caudales dont le nombre est pareillement indéterminé. Celles-ci jouissent d'une mobilité assez grande pour que l'Oiseau puisse, dans les régions aériennes, imprimer rapidement à la queue, devenue un excellent gouvernail, les mouvemens de direction qui conviennent à son extrême agilité. Nous nous sommes suffisamment étendus sur les extrémités ; nous nous dispenserons d'y revenir, mais nous dirons quelques mots sur

les organes contenus dans la grande cavité formée par les côtes et les vertèbres.

Au fond de la cavité orale ou plutôt sous la base de la langue se présente la trachée-artère dont le diamètre est sujet à varier, mais où l'on retrouve toujours entiers et cartilagineux les anneaux qui la composent. Outre le larynx proprement dit, commun à tous les Vertébrés et dont l'ouverture située vers le haut de la gorge conduit l'air immédiatement dans la trachée, il y a un *larynx inférieur*, appareil particulier de muscles et de pièces cartilagineuses, prenant naissance à la bifurcation de la trachée ; c'est une véritable glotte très-musculeuse dans laquelle se forme et se modifie la voix susceptible d'acquérir une grande étendue par l'énorme quantité d'air contenue dans les sacs aériens ; elle est quelquefois plus longue que le cou et se replie même sur les muscles pectoraux.

La respiration étant double chez les Oiseaux, l'air qui pénètre dans les poumons par le larynx inférieur, exerce également son action et sur le sang des artères et sur celui des vaisseaux pulmonaires. Les poumons sont en général très-volumineux, spongieux et garnis d'appendices ou poches aérifères dans lesquelles se terminent les bronches, qui transmettent l'air dans toutes les parties du corps, même dans les os ; ils remplissent toute la cavité pectorale et sont adhérens aux côtes ; quant à leur forme, elle est commune à toutes celles de ces viscères qui, divisés en plusieurs lobes, sont totalement enveloppés de leur membrane séreuse ou plèvre. Le cœur est d'une forme conique plus ou moins allongée ; les ventricules sont presque égaux, à parois épaisses ; les oreillettes sont munies d'appendices qui contribuent, avec les cavités cardiaques, à donner à la respiration des Oiseaux cette activité que l'on n'observe que chez eux. Le foie, remarquable par son volume, très-grand relativement à la masse totale de l'individu, est divisé en deux lobes, renfermés dans les hypocondres dont la capacité est souvent à peine suffisante pour les contenir ; la rate ordinairement petite , ovalaire ou cylindrique, est à côté; en dessous se trouve la vésicule du fiel.

Les organes de la digestion consistent dans un canal alimentaire dont le pharynx est la première partie; c'est une espèce de sac musculeux qui fait le prolongement de la cavité buccale; il communique avec l'œsophage, autre sac membraneux susceptible de renflemens et de rétrécissemens alternatifs qui la divisent en trois poches distinctes, dans lesquelles les alimens s'arrêtent et subissent successivement plusieurs degrés de macération. La première de ces poches se nomme *jabot* ; lorsqu'elle est remplie, son ampleur devient sensible à l'extérieur; la seconde est le *ventricule succenturié*, autre jabot garni d'une multitude de glandes qui sécrètent abondamment du suc gastrique pour humecter, imbiber et ramollir les alimens qui ne l'auraient été qu'imparfaitement dans le jabot; enfin la troisième poche est le *gésier* qui peut être considéré comme le véritable estomac ; elle est arrondie , comprimée et produite par une membrane venant de la péritonéale ; de chaque côté sont deux muscles vigoureux, réunis par des prolongemens de fibres rayonnantes qui s'étendent sur les tendons plats formant les surfaces latérales de la poche. Le velouté de cet organe est cannelé, cartilagineux, et ses parois sont douées d'une force de constitution assez considérable pour remplacer dans la trituration parfaite des alimens la mastication qu'opèrent les dents chez les Animaux qui en sont pourvus. Les Oiseaux augmentent souvent leurs moyens digestifs en avalant de petites pierres qui , tombant dans le gésier, contribuent à la division des alimens. On observe que chez les Oiseaux autres que ceux qui se nourrissent essentiellement de matières dures , telles que graines, amandes ,

bourgeons, etc., etc., le gésier offre beaucoup moins de consistance dans ses surfaces internes, et que les muscles qui les constituent sont même assez faibles chez les espèces carnivores. Le phénomène de la digestion se termine dans le canal intestinal et le cœcum qui se trouve presque toujours double dans cette grande division zoologique ; les excrémens passant par le rectum se rendent dans le cloaque, et sortent par l'anus. Les Oiseaux ne sécrétant pas , comme la plupart des autres Vertébrés , une urine liquide , sont privés de tout appareil urinaire ; chez eux point de reins , point de vessie , ni d'urètre , ni d'uretère. On considère comme de l'urine concrète qui n'a pas été séparée du sang par le concours d'organes appropriés , une matière blanche qui accompagne et recouvre en partie les excrémens et dans laquelle les travaux des chimistes ont fait reconnaître presque tous les principes constituant de l'urine.

Jetons maintenant un coup-d'œil sur l'ensemble du système dermoïde qui recouvre le tronc , et cherchons les noms que porte vulgairement chacune de ses parties, relativement aux places qu'elles occupent. Nous avons interrompu, à l'occiput, l'examen des parties de la tête; le cou lui succède et son origine supérieure forme la *nuque* qui, dans un grand nombre d'espèces , est ornée, dans la robe d'amour ou de noces, de plumes effilées ou décomposées, plus ou moins longues. Le devant du cou qui touche immédiatement le menton, sous les mandibules, porte le nom de *gorge.* Le dos comprend tout l'espace entre le cou et le *croupion;* celui-ci est arrondi et se termine en pointe très-obtuse sur laquelle sont implantées les rectrices; il est parsemé de glandes (entre autres deux opposées , très-volumineuses) sécrétant une matière graisseuse que les Oiseaux enlèvent avec le bec et qu'ils emploient à lisser leurs plumes pour les rendre moins perméables à l'air et à l'eau ; il est garni en dessus comme en dessous, par les tectrices caudales. Les épaules forment la partie antérieure des ailes, depuis l'articulation jusqu'à l'extrémité de l'humérus. En dessous la partie de la peau qui recouvre le sternum et que l'on appelle poitrine se prolonge de chaque côté sous les ailes où elle constitue les aisselles qui se rapprochent des épaules, et les flancs qui se terminent à l'abdomen; sous ce nom est comprise toute la partie qui s'étend jusqu'à l'anus.

La plupart des Oiseaux se font remarquer par une légèreté, une souplesse, une vivacité, disons même une pétulance qui paraissent propres à leur caractère; on les voit presque toujours en mouvement, et si quelques-uns, moins favorisés par la nature, ont à souffrir d'une conformation qui n'est plus en harmonie avec celle de la masse, l'air de stupidité qui les dégrade, indique suffisamment que leur état est en quelque sorte étranger à cette nombreuse tribu, qu'ils n'y sont assujettis que pour marquer la gradation, établir le passage d'une série à l'autre. Leurs sens sont plus ou moins perfectionnés; en général leur vue est plus perçante que chez aucun autre Animal; ils aperçoivent à une hauteur où l'Homme peut à peine les distinguer eux-mêmes, le petit Reptile qui doit leur servir de pâture et sur lequel ils fondent du haut des airs; ils fuient dès qu'ils aperçoivent le chasseur armé d'un fusil, tandis qu'ils attendent paisiblement jusqu'à faible portée, le voyageur dont ils n'ont point à redouter le simple bâton. Il est vrai que leur œil est organisé de manière à leur faire découvrir également bien les objets les plus éloignés. La cornée est fortement convexe, le cristallin plat et le corps vitré petit. Du fond du globe dont un cercle de pièces osseuses renforce la face antérieure, se développe une membrane plissée et vasculeuse qui s'étend jusqu'au bord du cristallin où elle accélère sans doute le déplacement de cette lentille; une troisième paupière placée à l'angle interne de l'œil peut en outre en couvrir le devant comme un rideau, à l'aide d'un appareil musculaire des plus admirables.

L'ouïe est aussi chez eux d'une très-grande netteté. On remarque qu'ils s'interrogent et se répondent de très-loin; et ce qui prouve également la délicatesse de ce sens, c'est la facilité avec laquelle ils apprennent un chant étranger et soumettent la mélodie de leur gosier aux accords combinés de certains instrumens. A l'exception des Oiseaux de proie nocturnes, qui sont munis d'une sorte de conque extérieure, l'oreille est généralement privée de cette partie; elle consiste en un seul osselet entre la fenêtre ovale et le tympan, et un limaçon conique, faiblement contourné, et dans de grands canaux semi-circulaires qui s'étendent dans le crâne, et qui sont environnés de cavités aériennes en communication avec la caisse.

Si l'on jugeait de l'odorat des Oiseaux par le peu de soins que la nature semble avoir apporté dans la position et la distribution des narines ou des conduits olfactifs, on pourrait le supposer bien faible; cependant on observe qu'un grand nombre de ces Animaux sont attirés de fort loin par des causes que l'on ne peut attribuer qu'à certaines émanations. Trois cornets cartilagineux plus ou moins compliqués et contenus dans une cavité située de chaque côté de la mandibule supérieure et ordinairement vers sa base, composent tout l'organe de l'odorat. Cette cavité, que l'on nomme fosse nasale, offre de grandes modifications de forme et d'étendue, qui sont même quelquefois suffisantes pour établir des différences génériques; elle est nue ou recouverte, soit en tout, soit en partie, d'excroissances charnues, de tégumens, de membranes, de poils, de plumes, qui en rétrécissent et en cachent assez souvent l'ouverture. Quelques Oiseaux de proie sécrètent par les narines une humeur infecte et dégoûtante, résultat repoussé sans doute de la digestion des immondices cadavéreuses dont ils se gorgent.

Le sens du goût doit être fortement prononcé chez les Oiseaux, puisqu'on en voit périr d'inanition à côté d'une nourriture qui n'est point l'objet de leurs préférences, tandis que quelques espèces voisines en font un usage exclusif. Le dédain de cette nourriture est-il l'effet d'une prédilection que la loi si impérieuse du besoin ne saurait vaincre, ou bien n'est-il qu'une conséquence de la conformation particulière de l'organe? Quoi qu'il en soit, la langue, ce principal instrument du goût, et le bec qui ne contribue pas peu à le déterminer, affectent, suivant les diverses espèces, une consistance, une forme et une dimension si différentes, qu'on les a fait avantageusement servir à la limitation d'une infinité de genres.

Nous ne dirons rien du toucher, parce que, quoiqu'il soit vrai que divers Oiseaux se servent des doigts pour saisir leur nourriture et la porter au bec, aucune observation n'a prouvé jusqu'à présent que ce mouvement naturel et vraisemblablement irréfléchi, soit occasioné par l'intention de s'assurer si l'objet saisi convient à l'usage qui doit en être fait. Quant au reste, l'Oiseau revêtu dans toutes ses parties de plumes ou de duvet, ne saurait recevoir immédiatement les impressions du toucher et y être sensible.

Après l'exposé rapide des sensations générales des Oiseaux, nous croyons devoir nous arrêter quelques instans sur celles de leurs facultés les plus remarquables, autres que celles qui ont rapport à leur nourriture, et dont nous ferons un examen particulier. Ces facultés sont celles de chanter, de voler, de s'accoupler et de se reproduire.

Le chant se forme à la bifurcation de la trachée-artère, dans une glotte musculaire ou larynx-inférieur; il est le véritable langage des Oiseaux, leur unique moyen de communication; c'est en chantant qu'ils expriment leur bien-être ou leurs besoins,

leurs plaisirs ou leurs peines. Du sommet d'un rocher sourcilleux, l'Aigle, par des vociférations cadencées, répand la terreur dans son domaine, et semble désigner les victimes qui doivent assouvir sa faim; le Hibou, par un râlement plaintivement étouffé, manifeste sa triste et nocturne existence; les Corbeaux, en bandes nombreuses, témoignent par leur dur croassement la satisfaction de revoir, après une longue absence, des lieux dont l'été les avait exilés; le Merle s'empresse de célébrer par un sifflement agréable quelques intervalles lucides dérobés aux frimas; le Rossignol, les Fauvettes et autres chantres du bocage, paraissent ne célébrer que les plaisirs de l'amour; la cruelle Mésange siffle de contentement à l'aspect de la petite proie qu'elle va déchirer impitoyablement; les Moineaux sont avertis du danger dont les menace l'Oiseau de proie, par le signal d'alarme que donne à cris redoublés le plus vigilant d'entre eux; les doubles inflexions de la voix du Coucou rappellent sa femelle vers la couche étrangère où ses petits sont élevés; les perpétuels gazouillemens de l'Hirondelle sont des entretiens de famille, des préceptes pour toutes les époques d'une vie active, et que quelques observateurs sont parvenus à interpréter assez exactement; le Pigeon demande à sa fidèle compagne, par des roucoulemens réitérés, des faveurs qu'elle est rarement disposée à lui refuser; les Poules répondent par un caquetage de reconnaissance à la voix éclatante de leur sultan qui, dès l'aube du jour, les invite à se rendre près de lui pour aller chercher en commun la nourriture; dans nos basses-cours, le Coq, quoique amené à un état de dégradation par la domesticité, n'a rien perdu de ses soins obligeans envers son sérail, qui est constamment l'objet de ses chants, soit qu'ils expriment la satisfaction, soit qu'ils indiquent l'inquiétude, soit qu'ils donnent le signal de la détresse: la Poule, délivrée de l'œuf auquel est attaché l'espoir d'une nombreuse famille, vient en avertir le Coq par des chants d'allégresse, dont souvent la fermière seule fait son profit; chaque soir la Perdrix et la Caille rassemblent leurs familles par des petits cris de rappel, où l'on reconnaît la peur d'être découverte; le Héron et le Butor n'ayant point à craindre la recherche du chasseur, font ouvertement retentir les marais de sons tellement étendus, que l'on a beaucoup de peine à se persuader qu'ils ne sortent que du gosier d'un Oiseau; de leurs rives marécageuses, les Courlis et les Barges unissent leur babil aigu au roulement des vagues qui résonnent dans le lointain; enfin, les Canards, les Mouettes et généralement tous les graves Palmipèdes, étourdissent les pêcheurs par leur voix rauque et glapissante.

Les saisons, les localités, quelques circonstances passagères modifient et altèrent considérablement le chant des Oiseaux : il se borne chez les uns à la seule époque du rut; souvent néanmoins il se fait encore entendre après la naissance des petits; il se prolonge quelquefois assez pour que ceux-ci puissent profiter des premiers élémens d'une éducation que des besoins subséquens doivent développer; mais il devient ensuite de la plus triste monotonie; chez d'autres, il est pour ainsi dire perpétuel. Là où de frais bocages, des alimens agréables et abondans épargnent aux Oiseaux les tourmens de la gêne et de l'inquiétude, les chants sont plus longs, plus mélodieux et plus variés. Un assez grand nombre d'espèces ne chantent que le matin; il en est qui préfèrent le déclin du jour et même le silence des nuits. Parfois, imitateurs d'un chant étranger à leur propre espèce, ils le redisent avec complaisance, et finissent même par en substituer une partie au leur. On sait avec quelle facilité on parvient à apprendre et à faire répéter à beaucoup d'Oiseaux de genres différens, des mots, des pensées, des vers et même des chansons entières : les Corbeaux, les Mainates, l'Etourneau,

le Merle, les Martins, le Serin, et surtout les Perroquets, sont sous ce rapport d'une docilité extrême aux leçons que l'Homme leur donne, et surpassent même ordinairement les espérances du maître.

En assignant aux Oiseaux les régions de l'air comme leur principal domaine, la nature les a revêtus de tégumens légers, propres à favoriser tous les mouvemens du vol; elle a placé dans leur conformation interne des cavités aériennes pour recevoir et laisser circuler librement le fluide dans lequel ils doivent continuellement se mouvoir; des poumons, l'air se répand dans les cavités et pénètre dans l'intérieur des os où il remplace la moelle, et dans la tige cylindrique des plumes demeurée vide. C'est ainsi qu'il augmente puissamment la légèreté spécifique de l'Animal. Les plumes de l'aile sont disposées de manière à donner à cet organe d'autres moyens encore de maîtriser la pression atmosphérique; elles ont le côté extérieur, celui qui est destiné à fendre l'air, garni de barbes plus roides et plus courtes, tandis que le côté opposé les a plus souples, plus longues, et dans une direction arrondie, afin de donner à l'aile une forme légèrement concave et susceptible d'opposer une plus grande résistance à la colonne d'air; alors l'Oiseau élevant et abaissant l'aile avec vivacité, trouve dans le fluide qu'il frappe, un point d'appui qui facilite son mouvement d'arrière en avant.

Plus l'étendue des ailes est grande, plus les Oiseaux ont d'avantage pour se soutenir long-temps dans l'air et y manœuvrer avec plus de rapidité. Les Aigles, les Faucons et surtout quelques Palmipèdes, tels que les Frégates, les Albatros, les Pétrels, les Mouettes, etc., parcourent en très-peu de temps des espaces immenses; ils s'élèvent à des hauteurs prodigieuses, où le duvet épais qui leur couvre le corps, les met à l'abri des fraîcheurs excessives que l'on éprouve momentanément dans ces régions d'une atmosphère extrêmement raréfiée. Les Hirondelles, les Martinets, les Sternes, semblent étrangers à tout repos, et dans le vaste espace des airs, ils décrivent en un clin-d'œil toutes les sinuosités que leur suggère le caprice ou l'espoir d'une chasse plus abondante. Les Grues, les Cigognes, les OEdicnèmes, et la plupart des Gralles, quoique assujettis à un vol plus lent, entreprennent néanmoins de longs voyages; ils les exécutent avec une sagacité admirable et presque toujours dans la même direction, n'ayant point, comme ceux que nous avons cités plus haut, la ressource d'une queue forte et épaisse qu'ils puissent employer comme gouvernail, leurs longues pates étendues en arrière étant les seuls instrumens qui les aident à effectuer les changemens de direction. Il est en général peu d'Oiseaux à ailes courtes ou de moyenne longueur (relativement à celle du corps) qui soient capables de soutenir la durée du vol; et si nous en voyons quelques-uns parmi les Pigeons, les Gallinacés et les Canards, forcés par une température rigoureuse à émigrer vers les régions méridionales, nous les voyons aussi interrompre leur course par des repos fréquens; et il en est beaucoup, malgré cela, qui succombent à la fatigue lorsqu'ils rencontrent de trop grands obstacles.

A l'aimable pétulance, à la franche gaieté, la plupart des Oiseaux joignent des mœurs douces et pacifiques; ceux qu'une conformation particulière contraint à se repaître de chair palpitante, ne respirent que pour les combats : la soif du sang, la férocité enflamment leur regard; et souvent, dans leur ardeur belliqueuse, on les voit fondre audacieusement sur des proies bien supérieures en force, mais incapables de leur opposer du courage et de la résistance. Les espèces qui ne font usage que de chair fétide, de cadavres corrompus, expriment dans tout leur *facies* une inquiète lâcheté : après avoir enduré avec une patience extrême les tour-

mens d'une longue abstinence, ils préfèrent recourir à toute autre espèce de nourriture plutôt que de hasarder une attaque contre de plus faibles Animaux : la crainte et la perfidie accompagnent simultanément leurs actions et président à toutes leurs démarches. Les Oiseaux auxquels l'habitude de vivre au sein des eaux, dans la fange des marais, assure en quelque sorte une subsistance abondante, présentent dans le caractère une tranquillité qui s'identifie parfaitement avec la stupidité : leur allure est lourde et pesante; ils marchent plus qu'ils ne volent; il est rare que des querelles sérieuses s'élèvent entre eux; plusieurs Palmipèdes présentent avec cette indolence naturelle, la bizarrerie des formes les plus grotesques.

Toutes les sensations, toutes les facultés des Oiseaux semblent redoubler d'activité à l'époque des amours; alors aussi ils se revêtent de toute la splendeur que comporte leur plumage. Les uns éprouvent de très-bonne heure ces feux passagers; d'autres n'y deviennent sensibles que long-temps après le retour du printemps; il en est peu qui soient assez privilégiés de la nature pour les ressentir pendant toute l'année; nous n'entendons point parler ici des espèces réduites en domesticité et dont les mœurs autant que les nôtres se sont insensiblement éloignées de plus en plus des lois naturelles. Il est des espèces monogames où les mâles ne s'attachent qu'à une seule compagne, et y restent fidèles toute la vie; d'autres changent de femelle à chaque renouvellement des besoins de la reproduction. Les mâles des espèces polygames qui sont plus communes parmi les Gallinacés, les Alectorides, les Gralles et les Palmipèdes que dans les autres familles, se choisissent un nombre de femelles proportionné à leurs forces physiques, et paraissent mettre beaucoup de soins à s'en assurer la possession; assez souvent la coquetterie, naturelle sans doute à toute sorte de femelles, occasione des rixes violentes entre deux mâles, et les porte à se livrer des combats que rendent meurtriers le bec, les ongles et d'autres armes plus ou moins puissantes, dont quelques espèces n'ont vraisemblablement pas été pourvues sans dessein.

Les élans de l'amour chez les Ovipares, sont ordinairement accompagnés des démonstrations les plus vives, et généralement les mâles peuvent réitérer plusieurs fois de suite la preuve de leur ardeur. Les organes sexuels sont conformés et disposés de manière à ce qu'il n'y ait pour tous les Oiseaux qu'un seul mode d'accouplement; le mâle monte sur le dos de la femelle, s'y cramponne à l'aide du bec, avec lequel il saisit une partie des ornemens de la nuque et des pates, qu'il appuie fortement sur les reins et les cuisses; il émet la liqueur séminale par une espèce de tubercule placé sous l'abdomen, et la femelle la reçoit sur l'orifice externe de l'ovaire, qui se trouve immédiatement au-dessus de l'anus. La copulation ne dure qu'un instant; c'est plutôt un simple attouchement, et, pour nous servir du terme propre, une affriction qu'une intromission réelle, qui pourtant peut avoir lieu chez quelques grandes espèces, dont les mâles ont le tubercule d'une conformation plus rapprochée de celle du pénis dans les Quadrupèdes. Pour favoriser la copulation, les femelles relèvent la queue, et la déplacent momentanément en la rejetant un peu de côté.

Dès que la femelle ressent les influences de la fécondation, elle manifeste de la gêne, de l'embarras, auxquels succède bientôt une tendre sollicitude pour la famille qu'elle doit mettre au jour; elle communique et fait partager ses sensations au mâle; et tous deux s'occupent en commun de la construction du nid que chaque espèce modifie d'une manière particulière et par l'emploi de matériaux différens, toujours néanmoins avec un art, une adresse et une élégance qui ne sont ni moins admirables ni

moins étonnans que la constante régularité dans toutes les générations successives. Si le nid appartient à certaines espèces des plus grandes parmi les Rapaces et les Gralles, il repose sur l'entablement que peuvent présenter quelques parties de roc, ou sur la plate-forme d'une tour élevée. Son étendue est considérable: chaque année contribue à son accroissement; car il est rare que ces Oiseaux abandonnent le premier monument de leur tendresse; ceux qui le quittent, y reviennent périodiquement déposer leurs œufs. Ce nid est composé de pièces de bois d'une telle force, qu'on les croirait difficilement apportées par l'Oiseau, si l'on ne connaissait la puissance extraordinaire de ses muscles; elles y sont arrangées de manière à ne pas céder à l'impétuosité des vents; elles reçoivent des branchages qui, diminuant insensiblement de grosseur, sont liés par les débris de la nourriture et les excrémens, de manière à former une aire solide. Les espèces qui n'emploient à cette construction que des joncs et des roseaux, en accumulent une si grande quantité; ils les fixent si bien à la plate-forme, que rarement les intempéries en occasionent la destruction; plus ordinairement néanmoins les nids sont placés sur les Arbres entre les bifurcations des branches: des brins de paille, des petites bûchettes apportés avec le bec, liés et entrelacés par le moyen de cet organe et avec le secours des pieds, constituent la charpente extérieure, et maintiennent la mousse ou le duvet qui doivent former la couchette. Quelques espèces ont aussi l'habitude de suspendre leur nid, plus artistement travaillé encore, à l'extrémité d'un rameau flexible, de manière qu'obéissant à toutes les impressions du vent, la couveuse qui l'habite éprouve un balancement presque continuel; d'autres enfin en revêtent toute la bâtisse extérieure d'un mastic ou enduit terreux, qui en augmente la solidité. Il en est qui, véritables maçons, n'emploient pour matériaux que ce même mastic gâché avec des fragmens de feuilles et de tiges. Combien de peines, combien de voyages ne nécessite pas une semblable industrie! et lorsque l'on pense que l'Oiseau n'a pour l'exécution de tant de travaux qu'un seul instrument, qui est en même temps celui du transport des matériaux, on ne peut se lasser d'une admiration si justement méritée. Ces nids mastiqués ont ordinairement une forme sphérique, conique ou ellipsoïdale; ils sont établis dans les angles des croisées, des cheminées, murailles et plafonds, souvent dans les entablemens abrités des rochers; ils sont ou solitaires ou serrés les uns contre les autres; l'ouverture se trouve ménagée soit vers le haut, soit sur l'un des côtés, et même quelquefois dans la partie inférieure. La construction interne présente assez souvent plusieurs compartimens; une espèce de vestibule est séparée du véritable nid par un étranglement en forme de cloison; c'est dans cet espace que le mâle se retire et pourvoit aux besoins de la couveuse.

Les nids placés immédiatement sur le sol, entre quelques mottes de terre, dans les joncs, dans les champs cultivés, n'exigent pas autant de soins; cependant on observe que les Oiseaux ont toujours la précaution de les établir de manière à les garantir des submersions que pourraient occasioner les grandes pluies. Un duvet abondant maintenu par des tiges flexibles, convenablement enlacées, forme tout l'appareil de l'incubation. Il est des espèces qui se contentent d'arrondir une cavité dans la terre ou dans le sable, et d'y déposer à nu leurs œufs qu'elles couvent assidument, ou qu'elles abandonnent pendant le jour à la chaleur du soleil; dans ce dernier cas néanmoins leur sollicitude les porte à recouvrir ces œufs d'une petite couche de sable ou de toute autre matière analogue, soit pour les soustraire aux regards des Animaux qui en feraient leur nourriture, soit pour les préserver d'une trop grande intensité des rayons solaires. La place choisie par les Oiseaux pour déposer leurs œufs varie selon chaque espèce monogame, et les polygames n'y apportent pas à beaucoup près autant de soins; ce qui se conçoit aisément, parce que le mâle, obligé de féconder plusieurs femelles, ne peut avoir pour toutes les mêmes attentions que pour une seule; qu'il ne se mêle en rien de ce qui concerne l'incubation, et que chaque femelle, réduite à choisir et préparer seule le premier asile de sa future couvée, n'y apporte qu'un travail rigoureusement subordonné à ses forces et à ses besoins. La ponte suit immédiatement la confection du nid; les œufs fécondés lors de l'accouplement ne consistaient qu'en des points jaunes; ils ont grossi; détachés de l'ovaire, ils sont tombés dans le canal de l'*oviductus* où ils ont trouvé l'albumen (matière du blanc dont ils se sont imbibés); insensiblement ils ont glissé dans la grande cavité du bassin, et de-là, après avoir acquis tout leur volume et s'être, dans les derniers jours, recouverts de l'enveloppe calcaire qui forme la coquille, ils sont enfin chassés de ce dernier organe et sortent par l'anus. *V.* OEUF.

Il s'en faut de beaucoup que la ponte se compose, chez tous les Oiseaux, d'un égal nombre d'œufs; elle n'est que d'un ou de deux dans les grandes espèces, telles que l'Autruche, l'Aigle, la Grue; de quinze ou de vingt dans divers Palmipèdes et dans les petites espèces, comme certaines Mésanges. Elle est unique chez un grand nombre; chez d'autres elle se réitère une fois, deux fois et à des époques tellement rapprochées qu'à peine les petits peuvent se passer des soins des parens. Si la femelle vient à être privée de ses œufs, par un accident quelconque, peu après la ponte unique qui lui est attribuée par la nature, elle en est assez ordinairement dédommagée par une nouvelle; mais on a remarqué que cette surponte était toujours moindre. que la première. L'on voit à la vérité perpétuer les pontes dans les basses-cours pendant une grande partie de l'année en récoltant journalièrement les œufs, mais c'est là une opération forcée que provoque une nourriture surabondante, et qui intervertit la marche régulière et constante que l'on observe chez les Oiseaux libres.

L'éducation du nouveau-né exige, suivant les espèces, des soins différens; le Canneton au sortir de l'œuf court à la rivière, le Poussin suit la Poule; l'un et l'autre apprennent de la mère à chercher aussitôt leur nourriture. Le Pigeonneau, le jeune Insectivore et la plupart des autres Oiseaux restent long-temps sédentaires dans le nid avant de pouvoir faire usage de leurs organes; les parens viennent leur apporter la nourriture, soit brute, soit rendue plus digestive par une macération préparatoire dans leur propre jabot; alors ils la leur dégorgent. Quels exemples de tendresse, d'amour maternel, de sollicitude touchante, les Oiseaux ne donnent-ils point ainsi dans l'éducation de leur famille? Quel courage surnaturel ne montrent-ils pas lorsqu'il s'agit de la préserver d'un danger, de la défendre contre l'ennemi? Que de peine, de fatigues, ne faut-il pas qu'ils endurent pour pourvoir à la subsistance de ces objets de leur affection?

A la sortie de l'œuf, les Oiseaux sont couverts, sur toutes les parties du corps qui doivent être emplumées, de poils fins plus ou moins serrés; ces poils sont implantés par touffes dans les bulbes des plumes dont la gaîne les repousse à mesure qu'elle paraît et qu'elle se développe. Cette gaîne est un tube ou cylindre membraneux, fermé à sa pointe, s'élevant immédiatement de la bulbe qui sert en quelque sorte de racine à la plume; celle-ci parvenue à un certain degré de croissance, perce l'extrémité de la gaîne en la fendant longitudinalement; la tige se présente, elle s'allonge; bientôt on aperçoit les rudimens des barbes, leur développement s'effectue; enfin lorsque l'accroissement qui se fait toujours par la base est terminé, il ne reste plus de la gaîne que quelques couches internes et desséchées qui se trouvent renfermées sous forme de membrane plissée vers la base conique du tube corné de la plume.

Les plumes ne recouvrent pas généralement toutes les parties du corps; les côtés du cou et du dos, le milieu de la poitrine et du ventre, quelques parties internes ou inférieures des cuisses et des ailes, etc., en sont totalement dépourvues, ou bien ils n'offrent pour garniture qu'un simple duvet. Elles varient singulièrement quant à la forme, la consistance, les couleurs et les reflets, quoique dans toutes on retrouve le tube ou tuyau qui constitue la base; la tige qui est un prolongement de ce même tuyau, mais presque quadrangulaire, rempli d'une matière blanche, légère et spongieuse, légèrement convexe sur la face supérieure et marqué inférieurement d'une cannelure profonde; enfin les barbes qui sont elles-mêmes garnies de chaque côté d'autres petites barbules, terminées par des crochets que l'Oiseau tourne dans certains cas, de manière à les entrelacer tellement les uns dans les autres que la plume ne présente qu'une lame solide impénétrable à l'air.

Les plumes reçoivent différens noms suivant la position qu'elles occupent sur le corps de l'Oiseau; on distingue d'abord les pennes alaires ou *rémiges*, les pennes caudales ou *rectrices* et les couvertures ou *tectrices*.

Les rémiges sont les plus grandes plumes de l'aile; elles sont roides, élastiques et destinées à porter le premier choc à la résistance de l'air: aussi les barbes externes sont-elles beaucoup plus fortes et moins étendues que les internes. On les subdivise en rémiges *primaires* qui sont celles adhérentes à la main ou métacarpe, toujours au nombre de dix;

en rémiges *secondaires* qui garnissent l'avant-bras ou le cubitus, et dont le nombre n'est point fixe; l'on trouve encore quelques rémiges *bâtardes* qui garnissent le pouce, ou du moins l'os qui le représente, par un appendice situé au-dessous du pli de l'aile.

Les rectrices moins fortes et moins consistantes que les rémiges sont implantées sur le croupion; elles sont plus larges que les précédentes, et les barbes sont presque égales des deux côtés; elles sont destinées par leur étalage à soutenir l'Oiseau dans son vol et à lui imprimer la direction; leur nombre varie suivant les espèces, depuis dix jusqu'à dix-huit.

On distingue les tectrices en *alaires* et en *caudales* suivant qu'elles recouvrent ou les ailes ou la queue; pour l'une et pour l'autre partie elles sont *supérieures* quand, attachées au-dessus de l'organe, elles se trouvent immédiatement exposées aux regards de l'observateur, dans toutes les positions de l'Oiseau; elles sont *inférieures* lorsque, garnissant le dessous des ailes ou de la queue, elles disparaissent pour la vue, sous les ailes pliées ou sous la queue baissée. On nomme *grandes* tectrices alaires celles qui recouvrent les rémiges les plus éloignées du corps, *petites* tectrices celles qui garnissent le pli de l'aile, et *moyennes* tectrices celles qui se trouvent intermédiairement placées. Toutes sont imbriquées, c'est-à-dire arrangées symétriquement comme les ardoises sur un toit. Au milieu des tectrices se trouve, chez un grand nombre de Palmipèdes, une grande tache colorée, brillante, que l'on nomme le miroir.

Les plumes *scapulaires* sont moins fortes que les rémiges et les tectrices, elles ont leur attache à la partie antérieure du bras, sur l'humérus; elles unissent l'aile avec le dos et s'étendent néanmoins plus particulièrement le long de cette dernière partie.

On a enfin donné le nom d'*aigrette* ou de *huppe* aux plumes longues et effilées qui garnissent l'occiput d'un certain nombre d'Oiseaux; il en est qui portent l'aigrette constamment relevée comme on l'observe dans le Paon; d'autres, tels que le Bihoreau, la tiennent habituellement couchée le long du cou. L'Oiseau de Paradis, le Ménura, l'Autruche, plusieurs Cigognes et diverses autres espèces portent, soit vers les hypocondres, soit près des tectrices caudales supérieures, de grandes plumes lâches ou flottantes qui ne ressemblent en rien aux autres; leurs barbes sont entièrement désagrégées et dépourvues des crochets qui pourraient les tenir réunies. C'est avec ces plumes flottantes que l'on forme ces panaches précieux qui sont chez quelques insulaires de la Nouvelle-Guinée les marques distinctives du pouvoir souverain, et qui donnent à nos beautés européennes les moyens d'accroître l'empire de leurs charmes ou de dissimuler les outrages que le temps peut y occasioner.

Tout le luxe du reflet, toute la richesse du coloris, ont été prodigués par la nature à certaines espèces, surtout parmi les nombreux habitans ailés des régions inter-tropicales. On en voit briller d'un éclat métallique des plus éblouissans, d'autres offrent à la fois le mélange le plus splendide du pourpre et de l'azur; la nacre reflette sur les ailes de celui-ci, tandis que celui-là étale somptueusement le vif éclat de l'or sur le noir soyeux du velours ou du satin, et que chez d'autres l'aigue-marine s'entremêle à l'incarnat; enfin il n'est pas de nuance que l'on ne retrouve sur la robe toujours élégante des Oiseaux. Mais dans ces brillantes familles, les mâles seuls jouissent du privilége d'éblouir par le faste comme par la mélodie; et quand on remarque que les modestes femelles ne peuvent jamais offrir à nos yeux que des teintes sombres et rembrunies, on est tenté d'attribuer à la nature une contradiction inexplicable puisqu'en faisant de la femelle le chef-d'œuvre de la création, elle l'a douée des plus séduisantes qualités. Ces parures superbes qu'étalent les Oiseaux, sont sujettes à des altérations singulières, et souvent il serait impossible de reconnaître le même individu dans son plumage d'automne, si les rémiges et les rectrices, qui restent invariables dans leurs nuances, n'étaient des indices certains pour ramener l'observateur au véritable type de l'espèce. Avec la saison du rut, tombe cette queue magnifique qui semble faire l'orgueil du Paon et du Gros-Bec à épaulettes; le Fondi quitte sa robe écarlate pour un vêtement d'un vert rembruni; le grand Promerops change ses paremens frisés en un plumage conforme à celui de la femelle. Les Oiseaux cependant n'acquièrent pas tous au même âge leur grande parure, il y en a dont la jeunesse et l'adolescence se prolongent plus long-temps et qui vont même, comme dans les Accipitres, jusqu'à la troisième année. Pendant cette première époque de l'existence, le plumage, presque semblable d'abord à celui de la femelle, éprouve des mues successives; autant à une seconde année il est devenu différent de ce qu'il était l'année précédente, autant il différera l'année qui va suivre jusqu'à ce qu'il arrive enfin à l'état de perfection. Les changemens que l'on observe dans le plumage résultant des trois ou quatre premières mues, rendent souvent le même Oiseau tellement méconnaissable que l'on pourrait (malgré néanmoins quelque circonspection) lui appliquer plusieurs dénominations spécifiques. *V.* MUE.

La mue ne s'opère point sans une légère maladie ou plutôt une indisposition forte, que l'Oiseau libre n'éprouve pas moins que le captif: embarras dans les mouvemens, dégoût marqué pour la plupart des alimens, humectation de la paupière, espèce de tremblottement convulsif, enfin silence obstiné. Ces symptômes sont plus ou moins caractérisés, suivant les espèces et l'état de vigueur des individus. La mue est simple lorsqu'elle n'arrive qu'une seule fois l'an; et dans nos climats tempérés, c'est presque toujours immédiatement après l'éducation de la jeune famille, ou vers cette même époque pour ceux qui n'ont pu obéir à l'acte de reproduction imposé par la nature. La double mue que doivent subir un très-grand nombre d'espèces, se renouvelle périodiquement au printemps et à l'automne: le renouvellement est ou complet ou seulement partiel. Au printemps, c'est presque toujours après la ponte: alors l'Oiseau quitte en très-peu de temps le plumage brillant qu'il avait insensiblement acquis pendant l'hiver, et qui l'avait rendu si rayonnant d'éclat et de plaisir. En automne, commencent à se laisser apercevoir ces belles plumes dont l'ensemble compose ce qu'on appelle la robe de noces. On a cru remarquer que les deux sexes n'étaient pas également sujets à la mue, et que, dans certaines espèces, le mâle seul payait ce tribut périodique. Un assez grand nombre d'observations contradictoires aux faits avancés à l'appui de cette opinion, nous portent à croire que l'on a trop légèrement généralisé un événement passager, occasioné par quelques circonstances particulières; car nous avons toujours vu parmi les sexes que l'on a cités comme impassibles de la mue, cette affection se reproduire sinon en même temps, du moins un peu plus tôt ou un peu plus tard, qu'elle attaquait l'un ou l'autre des époux. Il faut observer aussi que, dans la plupart des femelles, cette mue est peu sensible; car la différence entre le plumage qu'elles quittent et celui qui lui succède, est à peu près nulle.

Nous avons dit que les époques de la mue, soumises à des influences particulières, ne présentaient point le caractère de régularité que l'on observe généralement dans toutes les opérations de la nature; nous ajouterons que quant à la mue des Oiseaux, cette irrégularité n'existe pas seulement entre les diverses espèces d'un même genre, mais entre les individus d'une même espèce, et cela, en raison de leur âge. Ainsi les vieux éprouvent à chaque période, beaucoup plus tôt que les jeunes, la crise qu'ils ne peuvent éviter, et l'on a observé que cette différence dans l'époque de la mue, en amenait à son tour une dans l'époque des migrations ; d'où résulte l'explication de ce fait, qui a toujours paru fort extraordinaire, que dans les voyages périodiques on trouve constamment les bandes composées de tous adultes ou de tous jeunes Oiseaux. Il est donc clair que la mue est une maladie qui enlève momentanément aux Oiseaux une partie de leurs facultés, et que venant à se terminer plus tôt chez les vieux, ceux-ci éprouvent long-temps avant les autres le besoin de changer de climat, qu'ils se mettent en route dès qu'ils se sentent en état de supporter les fatigues du voyage, et qu'ils délaissent ainsi les plus jeunes, qui ne peuvent les imiter qu'après avoir parcouru les périodes de la même maladie. Aussi ces derniers n'atteignent-ils jamais le but du voyage ; et tandis que les vieux traversent la Méditerranée pour se répandre dans les contrées fertiles du nord de l'Afrique, les autres demeurent sur les plages méridionales de l'Espagne et sur les rives de la Calabre, de la Sicile, et même dans les régions encore plus tempérées du centre de l'Europe. Les adultes, au contraire, poussent leurs migrations vers l'Archipel de la Grèce, l'Egypte et la Nubie. *V*. MIGRATIONS.

Quelques Oiseaux erratiques effectuent leurs migrations isolément ou seulement accompagnés de leurs femelles ; le nombre en est bien petit comparativement à celui des espèces qui voyagent en commun : pour celles-ci, on admire encore l'instinct qui les porte à s'appeler, à se rassembler vers un point fixe, douze ou quinze jours avant celui du départ. Ce jour est ordinairement l'indice d'une variation météorologique ; car on remarque que les Oiseaux en ressentent les influences assez tôt pour que l'on puisse tirer de leur maintien et de certaines habitudes, des pronostics de changement de température. Or, comme ils sont chassés par l'appréhension du mauvais temps, leur départ doit nécessairement prédire le terme des beaux jours. L'on peut juger de l'ordre qui doit être observé dans toute la route, par celui que nous sommes à même d'observer chez quelques grandes espèces, telles que les Oies. La conduite de la troupe est confiée à un chef placé en tête de deux files plus ou moins écartées, qui se rencontrent vers un point ; le chef est le sommet de cet angle mouvant ; il ouvre la marche, porte les premiers coups à la résistance de l'air, fraie le chemin, et toute la bande le suit en observant l'ordre le plus parfait. Comme les efforts de ce chef sont très-violens, et qu'il ne pourrait les supporter pendant tout le voyage, on le voit, lorsqu'il est atteint par la fatigue, céder le poste à son plus proche voisin, et prendre rang à l'extrémité de l'une ou l'autre des deux files. Les oiseleurs qui, dans certains cantons, comptent sur le passage des Bec-Fins comme sur le revenu d'une rente dont le terme échoit à chaque semestre, calculent d'avance l'époque et les chances de ce passage : munis de leurs filets et de tous les appareils de la chasse, ils partent pour les gorges et les vallées par où les bandes doivent passer, et ils y arrivent à point nommé peu d'instans avant elles. Ces bandes sont ordinairement si nombreuses, et les individus qui les composent tellement serrés les uns contre les autres, que la lumière en est très-sensiblement interceptée.

Le besoin des voyages imposé à beaucoup d'Oiseaux, rend difficile toute bonne distribution géographique de cette grande partie du règne animal. Nous essaierons néanmoins d'en tracer une esquisse, au mot ORNITHOLOGIE. Il est bien rare que dans les contrées qu'elles parcourent successivement, les espèces erratiques ne laissent en arrière quelques traînards détachés de la troupe et retardés par une indisposition subite ou par toute autre cause imprévue. Ces individus, accidentellement isolés, soustraits à l'empire de leurs habitudes premières, sont bientôt forcés d'en contracter de nouvelles qui peuvent se trouver en opposition avec celles des voyages; conséquemment voilà des Oiseaux établis à demeure dans un pays où la nature n'avait point songé à les placer. Il peut en être de même d'autres espèces qui, sans être essentiellement voyageuses, après avoir perdu de vue les lieux de leur naissance, et cherchant peut-être tous les moyens d'y revenir, auraient néanmoins continué à suivre une route qui les en éloignait. Que de chemin n'ont-elles pas dû faire avant que, fatiguées d'errer à l'aventure, elles se soient fixées dans une contrée lointaine où elles jouissent pleinement enfin des douceurs du repos! C'est sans doute par des causes de cette nature que l'on a trouvé sauvages à Java quelques Oiseaux parfaitement semblables à nos Friquets. Nous en possédons un qui nous a été envoyé de cette île, ainsi qu'une Soulcie; l'un et l'autre ne diffèrent des nôtres que par une taille moindre d'un tiers environ dans toutes les proportions. Nous aurions pu croire que ces deux Oiseaux avaient été transportés dans l'archipel des Indes par le caprice de quelque navigateur, si le célèbre Labillardière n'avait également trouvé le premier de ces Fringilles à la Nouvelle-Hollande. Gaimard a rapporté notre Hulotte des îles Marianes, et l'on nous a envoyé des rives du Paramaribo notre Effraie, qui y a été tuée par un ancien camarade, que l'implacable proscription retient encore sur ces terres brûlantes, mais hospitalières.

La route que tiennent les Oiseaux dans leurs migrations, la nouvelle patrie qu'ils adoptent momentanément, sont presque toujours les mêmes chaque année. Il est des Oiseaux dont les voyages semblent n'avoir aucun but apparent, et auxquels tous les climats peuvent convenir. Ceux-là, doués d'ailes très-longues, paraissent ne suivre aucune direction fixe; ils ne s'arrêtent que pour prendre un repos indispensable, et leurs apparitions sont constamment accidentelles; ils font un contraste frappant avec le petit nombre d'espèces moins favorisées des bienfaits de la nature, privées des instrumens du vol, à la démarche lente ou embarrassée, condamnées à ne point quitter la roche qui les a vus naître. Ces Oiseaux usent leur patience à attendre une proie que leur avance le roulement des vagues; et ce n'est que quand elle leur échappe, et que le besoin devient vif et pressant, qu'on les voit se résoudre à la chercher à de légères profondeurs.

En terminant cet article, nous rappellerons au lecteur que le mot OI-SEAUX a été employé pour désigner de grandes divisions de la classe, auxquelles ont été joints d'autres noms scientifiques. Ainsi l'on appelle :

OISEAUX AQUATIQUES, les Pinnatipèdes et les Palmipèdes. *V*. ces mots.

OISEAUX CARNASSIERS OU DE PROIE, les Rapaces;

OISEAUX ÉCHASSIERS, les Gralles, etc.   (DR..Z.)

OISEAUX DE PARADIS. OIS. *V*. PARADIS.

OISILLONS. OIS. On comprend sous cette dénomination dans le langage vulgaire, mais peu ou point en histoire naturelle, les petits des Oiseaux. En terme de chasse ce sont les petites espèces que l'on prend à la pipée, à l'araignon, ou à la tendue.
        (B.)

OISON. OIS. L'Oie domestique dans l'état de jeunesse. *V*. CANARD.
        (DR..Z.)

OITHROS. OIS. Ancien nom du Chantre ou Pouillot, *Motacilla Trochilus*, L. *V*. SYLVIE. (DR..Z.)

OLACE. *Olax.* **BOT. PHAN.** Genre dont les caractères et la place dans la série des ordres naturels, ne sont pas encore bien positivement fixés. C'est Linné qui l'a établi dans ses

Aménités (vol. 1 , p. 387) pour une Plante de Ceylan , mentionnée par Burman et qu'il a nommée *Olax zeylanica*. Robert Brown , dans son Prodrome , a le premier bien fait connaître les caractères de ce genre , auquel il réunit le *Fissilia* de Commerson et le *Spermaxyrum* de Labillardière. Le professeur De Candolle au contraire a séparé de nouveau ces trois genres (*Prodr. Syst.* , 1, p. 531) qu'il regarde comme distincts. Une analyse soignée que nous avons faite d'un assez grand nombre d'espèces de ce genre, nous a mis à même de reconnaître la justesse de l'opinion du célèbre botaniste anglais, et nous pensons comme lui qu'il faut réunir en un seul genre, le *Fissilia*, le *Spermaxyrum* et l'*Olax*. Voici les caractères de ce genre qui doit conserver le nom d'*Olax* : le calice est cupuliforme, très-court, entier, à peine ondulé ou fimbrié sur son bord , persistant et prenant un grand accroissement après la fécondation. La corolle se compose de cinq à six pétales allongés, linéaires, dressés, à préfloraison valvaire. Ces pétales sont diversement réunis entre eux. Ainsi, lorsqu'il y en a six, ils sont soudés deux à deux par leur moitié inférieure de manière à représenter trois pétales bifides; dans les espèces à cinq pétales quatre sont réunis deux à deux, et le cinquième est libre , ou trois sont soudés ensemble et les deux autres sont également unis ensemble. Dans une espèce nouvelle originaire de Manille , nous avons trouvé six pétales, tellement soudés ensemble deux à deux dans toute leur longueur, qu'on pourrait croire qu'il n'y a que trois pétales , si la position des étamines sur les pétales n'éclairait sur le véritable nombre de ceux-ci. Les étamines sont au nombre de huit à dix, dont trois seulement sont fertiles. Ces étamines sont insérées sur le bord même des pétales , de manière que c'est par le moyen de leurs filets qu'a lieu la soudure des pétales entre eux; il en résulte que les trois étamines fertiles

correspondent toujours à trois des fentes qui séparent les pétales. Les étamines stériles , que l'on a décrites sous le nom de nectaires, sont des filamens placés, comme les étamines fertiles, sur le bord des pétales. Ces filamens se terminent à leur sommet soit par un petit corps globuleux et glandulaire, soit par une petite membrane allongée, pointue, simple ou bipartite, qui n'est évidemment qu'une anthère rudimentaire. L'ovaire est libre , sessile, ovoïde, allongé, légèrement trigone, placé sur un disque hypogyne peu saillant, à une seule loge contenant trois ovules , qui sont renversés et pendans du sommet d'un petit trophosperme, qui s'élève en forme de colonne du fond de la loge sans arriver jusqu'au sommet de cette dernière. Le style est plus ou moins long suivant les espèces , jamais saillant au-dessus de la corolle , très-simple , marqué de trois sillons longitudinaux et terminé par un stigmate très-petit et trilobé. Le fruit est une sorte de drupe sèche, recouverte presqu'en totalité par le calice, qui parfois devient légèrement charnu. Le noyau est crustacé, monosperme. La graine se compose d'un tégument, d'un gros endosperme charnu , contenant un embryon axile , cylindrique , ayant sa radicule supérieure.

Ce genre ainsi caractérisé se compose d'Arbres ou d'Arbrisseaux, originaires de l'Inde, des îles Maurice ou de la Nouvelle-Hollande. Quelques espèces sont sarmenteuses et grimpantes; leurs feuilles sont alternes, coriaces, entières, persistantes (dans l'*Olax aphylla*, elles sont remplacées par de très-petites écailles). Les fleurs sont assez petites , solitaires ou réunies en épis ou en grappes axillaires. Indépendamment de deux espèces nouvelles, dont nous comptons publier la description , celles qui appartiennent à ce genre sont : 1° *Olax zeylanica*, L. , *Sp.* , Gaertn. , Carp. , 5, p. 119, t. 201 ; 2° *Olax scandens*, Roxb., Corom. , 2, t. 102; 3° *Olax imbricata* , Roxb. , Flor. Ind., 1, p. 179; 4° *Olax Phyllanthi*,

Brown ; *Prodr.*, ou *Spermaxyrum Phyllanthi*, Labill., Nouv-Holl., 2, p. 84, t. 233; 5° *Olax stricta*, Br., *loc. cit.*; 6° *Olax aphylla*, Br., *loc. cit.* ; 7° *Olax Psittacorum*, Vahl, Enum., ou *Fissilia Psittacorum*, Juss. Nous avons dit en commençant cet article que la place du genre *Olax* n'était pas encore bien déterminée dans la série des ordres naturels. En effet, Jussieu l'avait mis à la suite des Sapotées avec les genres *Myrsine* et *Leea*, quoiqu'il ait la corolle polypétale. Le professeur Mirbel (Bull. Soc. Philom., 1813) a proposé d'en former le type d'une famille nouvelle, voisine des Orangers, en y joignant plusieurs des genres auparavant placés dans ce dernier ordre. Robert Brown au contraire place le genre *Olax* à la suite des Santalacées. Il ne saurait rester dans cette famille, dont il se rapproche, à la vérité, par la structure intérieure de son ovaire, mais dont il s'éloigne par son périanthe manifestement double et son ovaire libre. Nous pensons donc que le genre qui nous occupe doit être considéré comme formant le noyau d'un nouvel ordre naturel, primitivement proposé par le professeur Mirbel, adopté par le professeur De Candolle, et dont nous allons tracer les caractères dans l'article suivant.

(A. R.)

OLACINÉES. *Olacineæ*. bot. phan. Nous avons dit, dans l'article Olace, que le professeur Mirbel avait le premier proposé l'établissement de cette famille nouvelle pour le genre *Olax* et quelques autres placés dans la famille des Orangers, tels que *Heisteria* et *Ximenia*. Cette famille a depuis été adoptée par Jussieu (Dictionnaire des Sciences Naturelles) et par le professeur De Candolle (*Prodr. Syst.*, 1, p. 531). Voici ses caractères qui demanderont peut-être à être légèrement modifiés, quand le petit nombre de genres qui la composent auront été mieux étudiés. Le calice est monosépale, persistant, denté ou entier à son bord, et cupuliforme, prenant souvent un grand accroissement après la fécondation et recouvrant le fruit en partie. La corolle se compose de quatre à six pétales sessiles, tantôt libres, tantôt diversement soudés entre eux deux à deux par l'intermédiaire des filets staminaux. Ces pétales offrent une préfloraison valvaire. Les étamines sont généralement en nombre double des pétales ; quelquefois néanmoins leur nombre, quoique plus considérable que celui des pétales n'en est pas un multiple. Ainsi dans plusieurs *Olax*, on compte cinq pétales et huit étamines. Quelques-unes de ces étamines avortent, ou du moins sont stériles et rudimentaires dans le genre *Olax*, dont toutes les espèces n'offrent que deux et plus souvent trois étamines fertiles. Ces étamines ont en général leur filet dilaté et membraneux ; leur anthère est ovoïde, subcordiforme, introrse, à deux loges s'ouvrant par un sillon longitudinal. Les filets sont insérés soit à un petit disque hypogyne sur lequel l'ovaire est assis, soit sur les pétales qu'ils soudent alors diversement entre eux. L'ovaire est libre, sessile, ovoïde, à une ou à plusieurs loges. Dans le premier cas il renferme trois ovules attachés au sommet d'un podosperme axile qui naît du fond de la loge dans laquelle ils sont renversés et pendans ; dans le second cas, qui mérite d'être vérifié de nouveau, il y a un seul ovule dans chaque loge. Le style est simple, plus ou moins long ; il manque entièrement dans le genre *Heisteria*. Le stigmate est diversement lobé, mais toujours très-petit. Le fruit est une drupe sèche, généralement enveloppée ou du moins accompagnée par le calice, qui prend beaucoup d'accroissement et quelquefois même devient charnu. Le péricarpe est indéhiscent et contient une noix uniloculaire et monosperme. La graine outre son tégument propre se compose d'un gros endosperme charnu qui contient un petit embryon cylindrique, ayant en général sa radicule supérieure.

Les Olacinées sont toutes des Vé—

gétaux ligneux, ayant des feuilles coriaces, persistantes, alternes (une espèce en est dépourvue), sans stipules, entières ; des fleurs hermaphrodites, rarement polygames, solitaires ou diversement groupées et réunies à l'aisselle des feuilles. Les genres qui composent cette famille sont les suivans : 1° *Olax*, Rob. Brown, qui comprend le *Spermaxyrum* de Labillardière, et le *Fissilia* de Commerson ; 2° *Heisteria*, L., non Berg. ; 3° *Ximenia*, Plum. On en a aussi rapproché les genres *Pseudaleia* et *Pseudaleioides* de Du Petit-Thouars et l'*Icacina* d'Adrien de Jussieu. La place de cette famille nous paraît être auprès des Aurantiacées, dont plusieurs genres leur ont été empruntés. Elle en diffère par la structure de son ovaire et surtout ses graines munies d'un gros endosperme, qui manque entièrement dans les vraies Aurantiacées. Nous rappellerons ici que Robert Brown a rapproché le genre *Olax* des Santalacées, parmi les Apétales, regardant le calice comme un involucre et les pétales comme un calice. Mais cette opinion nous paraît inadmissible, car il est de toute évidence que les Olacinées ont un calice et une corolle. Jussieu au contraire émet l'opinion qu'on pourrait considérer la corolle comme monopétale et alors rapprocher les Olacinées des Sapotées. Mais la corolle est bien certainement polypétale, et la place que Mirbel et De Candolle ont donnée aux Olacinées entre les Théacées et les Aurantiées nous paraît être la meilleure. (A. R.)

* OLAMARI. ois. On lit dans le Voyage aux Indes-Orientales, par le père Paulin de Saint-Barthélemy, que l'on nomme ainsi, dans le pays, un petit Oiseau qui se plaît parmi les Cocotiers, et qu'il y construit des nids très-remarquables qui ont souvent une demi-toise de largeur, et qui sont divisés en trois pièces distinctes : l'une pour le mâle qui s'y tient en sentinelle pour veiller à la sûreté

des habitations, la seconde pour la femelle, et la dernière pour les petits. L'Olamari dont on ne possède pas de description qui le puisse faire reconnaître, paraît néanmoins appartenir à la famille des Tisserins. Il est peut-être celui dont Le Gentil a représenté le nid dans son Voyage aux Indes. (B.)

* OLAX. ois. Nom spécifiquement scientifique du Colombar odorifère. *V*. PIGEON. (DR..Z.)

OLAX. BOT. PHAN. *V*. OLACÉ.

OLBIA. BOT. PHAN. *V*. LAVATÈRE.

OLDENLANDIE. *Oldenlandia.* BOT. PHAN. Genre de la famille des Rubiacées, et de la Tétrandrie Monogynie, composé de Plantes herbacées ou de petits Arbustes originaires de l'Inde et de l'Amérique méridionale, offrant des fleurs terminales ou axillaires, solitaires ou réunies plusieurs ensemble. Ces fleurs ont un calice à quatre dents, une corolle très-courte, à peine tubuleuse, à quatre divisions profondes, quatre étamines. Le fruit est une petite capsule à deux loges polyspermes, couronnée par les dents calycinales et s'ouvrant par une fente qui se forme entre ces dents. Selon Retz et Willdenow, on doit réunir à ce genre l'*Heuchera dichotoma* de Murray, quoique cette Plante ait cinq étamines, et l'*Æginetia multiflora* de Cavanilles (*Ic.*, t. 572). Jussieu pense d'un autre côté qu'on doit retirer de ce genre l'*Oldenlandia digyna* de Retz, qui a cinq étamines et deux styles, et l'*Oldenlandia stricta* qui a la corolle infundibuliforme comme les *Hedyotis*, mais dont la capsule obovoïde n'est pas bilobée et didyme. Parmi les espèces assez nombreuses de ce genre nous citerons les deux suivantes :

OLDENLANDIE A OMBELLES, *Oldenlandia umbellata*, Roxb., Corom., 1, p. 2, t. 5. Cette espèce connue sous le nom de *Chayaver* offre une racine épaisse, rougeâtre, longue de deux à quatre pieds ; une tige grêle, étalée, portant des feuilles opposées ou verticillées par quatre. Ces feuilles sont étroites, linéaires, lancéolées, munies à leur base de stipules membraneuses, terminées par quelques filets sétacés. Les fleurs forment à l'aisselle des feuilles des ombelles simples et pédonculées. Cette espèce est originaire de l'Inde, particulièrement de la côte de Coromandel. Ses racines fournissent un très-beau principe colorant, analogue à celui de la Garance et employé aux mêmes usages dans l'Inde.

OLDENLANDIE A CORYMBES, *Oldenlandia corymbosa*, L., Pl. Ic., 212, f. 1. Originaire de l'Amérique méridionale, cette espèce offre des tiges redressées, rameuses, faibles, tétragones, ayant des feuilles lancéolées, sessiles, rudes sur leurs bords, légèrement blanchâtres en dessous; les stipules en forme de gaînes sont terminées par trois filets. Les fleurs sont réunies au nombre de trois à quatre sur des pédoncules axillaires. (A. R.)

OLEA. BOT. PHAN. *V.* OLIVIER.

OLEA. MIN. Pline mentionne sous ce nom des Pierres dont il existait des variétés jaunes, noires, blanches et vertes. C'étaient peut-être des Jaspes. (B.)

OLÉAIRE. BOT. PHAN. Pour Olearia. *V.* ce mot. (B.)

OLEANDER. BOT. PHAN. Nom scientifiquement spécifique de l'espèce la plus commune du genre Nérion. *V.* ce mot. (B.)

OLEANDRA. BOT. CRYPT. (*Fougères.*) Cavanilles a donné ce nom à un genre de Fougère qui ne paraît pas différer du genre *Aspidium*. La seule espèce qu'il y rapporte sous le nom d'*Oleandra neriiformis* est l'*Aspidium pistillare*, Swartz, ou *Aspidium neriiforme* de Willdenow. C'est une Fougère à feuilles simples, entières, lancéolées, dont les pétioles sont courts et articulés, et la tige grimpante; elle croît dans les Moluques. (AD. B.)

OLEARIA. MOLL. Plusieurs anciens écrivains rapportent que l'on employait une grande Coquille pour puiser de l'huile, d'où lui était venu, d'après son usage, le nom d'*Olearia*. Il s'est établi une discussion pour savoir quelle espèce de Coquille on avait voulu désigner ainsi; Rondelet, Buonani, Aldrovande, la figurèrent, et il serait certain d'après eux qu'on devrait la rapporter au *Turbo Olearius* de Linné. Mais cela paraît peu probable, car cette Coquille, qui ne se trouve que dans la mer des Indes, n'aurait pas été assez répandue autrefois en Italie pour y être d'un usage général. Il est plus croyable que la Coquille que les anciens ont nommée *Olearia*, était commune et originaire de la Méditerranée; une seule Coquille de cette mer semble propre à l'usage de puiser de l'huile; elle est mince, légère, d'une grande taille, ayant par conséquent une grande cavité intérieure, remplissant ainsi la plupart des conditions d'un vase à puiser; tout nous porte à partager l'opinion de Blainville que c'était le *Buccinum Olearium* de Linné, qui était consacré à cet usage. Klein, dans son Traité de Conchyliologie, a consacré sous le même nom un genre inadmissible dans lequel on trouve surtout le *Turbo Olearius* de Linné, comme type du genre. (D..H.)

OLEARIA. BOT. PHAN. Sous ce nom, Mœnch a établi un genre qui appartient à la famille des Synanthérées, et qui ne se distingue du genre *Aster*, aux dépens duquel il a été constitué, que par les demi-fleurons neutres des rayons de la calathide. L'Arbrisseau qui forme le type de ce genre douteux, est originaire de la Nouvelle-Hollande. Wendland l'a décrit et figuré (Mémoires d'Hanovre, T. IV, p. 8, tab. 24) sous le nom d'*Aster tomentosus*; et Andrews (*Botan. Reposit.*, tab. 61) sous celui d'*Aster dentatus*. (G..N.)

OLÉASTRE. BOT. PHAN. D'*Oleaster*, nom par lequel les anciens désignaient l'Olivier sauvage ; ce nom a été donné par quelques écrivains à ce même Arbre. *V.* OLIVIER. Cordus l'applique même à l'*Hippophae rhamnoides.* (B.)

* **OLÉATES.** CHIM. ORG. L'Acide oléique, un de ceux que Chevreul a obtenus par la sapouification des corps gras, donne naissance, en se combinant avec les différentes bases, à des sels qui ont reçu le nom d'Oléates. La quantité d'Oxigène de l'Oxide est à celle contenue dans l'Acide :: 1 : à 2,5. Les Oléates à base de Soude, de Potasse (excepté le sur-Oléate de cette dernière base), et d'Ammoniaque, sont solubles dans l'eau froide, ou à une température peu élevée, telle que 12 à 15 degrés centigrade. Ces Oléates, que l'on obtient directement en chauffant l'Acide oléique avec des solutions alcalines concentrées, servent à préparer par double décomposition les Oléates insolubles, tels que ceux de Baryte, de Chaux, de Strontiane et de Plomb. Plusieurs de ces sels peuvent encore être préparés par l'action immédiate de l'Acide oléique sur les solutions bouillantes des Oxides. Les Oléates n'ont encore aucun emploi direct, soit dans la médecine, soit dans les arts. (G..N.)

OLÉINE. CHIM. ORG. La substance végétale, d'abord nommée *Elaïne* par Chevreul, a reçu ce nouveau nom qui est en harmonie avec celui de l'Acide qu'elle produit. *V.* ELAÏNE. (G..N.)

* **OLÉINÉES.** *Oleineæ.* BOT. PHAN. Cette famille établie par Link et Hoffmansegg (*Flor. port.*), adoptée par Rob. Brown, se compose des genres *Chionanthus*, *Olea*, *Phillyræa* et *Notelæa*, autrefois placés parmi les Jasminées. A l'article JASMINÉES de ce Dictionnaire nous croyons avoir démontré que cette nouvelle famille ne saurait être séparée des Jasminées. *V.* ce mot. (A. R.)

* **OLÉIQUE.** CHIM. ORG. *V.* ACIDE.

* **OLEK.** MAM. *V.* GALÉOPITHÈQUE.

* **OLENCIRE.** *Olencira.* CRUST. Genre de l'ordre des Isopodes, famille des Cymothoadés, établi par Leach, et auquel cet auteur donne pour caractères : yeux un peu granulés, convexes, écartés. Côtés des segmens de l'abdomen imbriqués, le dernier allongé, pointu à son extrémité. Lames des appendices du ventre (surtout les extérieures) étroites, armées de piquans. Pates de derrière graduellement plus longues que celles de devant. Ce genre n'a pas été adopté par Latreille; il ne renferme qu'une espèce que Leach nomme :

OLENCIRE DE LAMARCK, *Olencira Lamarckii*, Leach., Dict. des Scienc. Nat. T. XII, p. 550. Dernier article de l'abdomen terminé graduellement en pointe jusqu'à son extrémité qui est arrondie. Patrie inconnue. (G.)

OLÉTÈRE. ARACHN. Walkenaer a donné ce nom à un genre que Latreille avait déjà établi sous celui d'Atype. *V.* ce mot. (G.)

OLFA. BOT. PHAN. (Adanson.) Syn. d'Isopyre. *V.* ce mot. (B.)

* **OLFERSIA.** BOT. CRYPT. (*Fougères.*) Ce genre a été établi par Raddi dans les Mémoires de l'Académie de Bologne, vol. 3, d'après une Fougère du Brésil. La seule espèce connue porte le nom d'*Olfersia corcovadensis;* elle croît auprès de Rio-Janeiro. Ce genre se rapproche des *Acrostichum*, et particulièrement de l'*Acrostichum aureum* dont le port est analogue; il en diffère en ce que ses frondes fertiles sont très-différentes des frondes stériles, ayant des pinnules étroites et contractées qui sont couvertes de capsules sur leurs deux faces. Ce dernier caractère le distingue essentiellement des *Acrostichum* et le rapproche du genre *Polybotrya* dont il diffère plus par sa fronde une seule fois pinnée, à folioles grandes et lancéolées, que par des caractères bien tranchés. Les capsules ont la même structure que celles de toutes les Polypodiacées, et ne sont recouvertes par aucun tégu-

ment. Cette espèce est figurée dans les *Opusculi scelti* de Bologne, vol. 3, t. 11, et dans les *Filicum Brasiliensum Nova Genera et Species*, etc., du même auteur, pl. 14.   (AD. B.)

OLIBAN. BOT. PHAN. Cette gomme-résine est plus généralement connue sous le nom d'Encens. On en distingue deux sortes principales dans le commerce, savoir : l'Oliban d'Afrique, qui nous vient de l'Arabie et de l'Abyssinie par la voie de Marseille, l'autre qui nous vient directement de l'Inde par Calcutta.

L'OLIBAN D'AFRIQUE. On ne sait pas encore positivement quel est l'Arbre qui produit cette gomme-résine. On a long-temps cru que c'était le *Juniperus Lycia*, ou le *Juniperus thurifera* de la famille des Conifères. Mais on croit aujourd'hui plus généralement, d'après les renseignemens fournis par quelques voyageurs, qu'il découle d'une espèce encore inconnue du genre *Amyris*, de la famille des Térébinthacées. Quoi qu'il en soit de ces deux opinions, l'Oliban d'Afrique se compose de larmes jaunâtres, irrégulièrement arrondies ou allongées, d'un petit volume, peu fragiles, recouvertes d'une poussière blanchâtre, opaques et non transparentes comme le mastic. Elles se ramollissent par la chaleur, offrent une saveur aromatique et un peu âcre. Leur odeur est résineuse, assez agréable. Parmi ces larmes se trouvent mélangés des marrons plus gros, rougeâtres, moins purs, mais d'une saveur et d'une odeur plus marquée. Ils contiennent de petits cristaux de Carbonate de Chaux.

L'OLIBAN DE L'INDE est aujourd'hui fort commun dans le commerce. Il est produit par le *Boswellia serrata*, Arbre de la famille des Térébinthacées. Cet Oliban indien est en larmes jaunes, généralement plus volumineuses que celles de l'Oliban d'Arabie; quelques-unes sont légèrement teintes en rougeâtre. Son odeur et sa saveur sont plus agréables, plus parfumées, et se rapprochent beaucoup de celles de la résine Tacamahaca. Aussi est-il plus estimé que le précédent. Le professeur Braconnot de Nancy a publié une analyse de l'Oliban, d'après laquelle cette gomme-résine serait composée de la manière suivante : résine soluble dans l'Alcohol, 56,0; gomme soluble dans l'eau, 30,0; résidu insoluble dans l'eau et dans l'Alcohol, 5,2; huile volatile et perte, 8,0. Les anciens distinguaient l'Encens en mâle et femelle. Le premier se composait des larmes les plus grosses et les plus pures; le second des larmes les moins volumineuses et les moins nettes. Tout le monde sait que l'Oliban ou Encens est brûlé dans nos églises pendant les cérémonies religieuses. Cet usage a été emprunté aux peuples païens par les chrétiens. Chez les premiers il avait son origine dans leur habitude d'immoler des Animaux, de consulter leurs entrailles; ce qui les forçait à masquer l'odeur désagréable qui devait se répandre dans leurs temples, par quelque substance balsamique. L'Oliban est aussi employé en pharmacie à la préparation de plusieurs emplâtres, du baume Fioraventi, de la thériaque, etc.   (A. R.)

OLIDA ET OLINDA. BOT. PHAN. (Hermann.) Noms de pays de l'*Abrus precatorius*, L.   (B.)

OLIDAIRE. BOT. PHAN. On a quelquefois désigné sous ce nom le *Chenopodium Vulvaria*.   (B.)

OLIER. BOT. PHAN. L'un des noms vulgaires de l'Olivier dans certains cantons de l'Occitanique.   (B.)

OLIET. BOT. PHAN. L'un des noms vulgaires du *Medicago Lupulina*, L.   (B.)

* OLIGACOCE. BOT. PHAN. Willdenow avait ainsi nommé, dans son Herbier, un genre formé aux dépens du genre *Valeriana* de Linné. Les espèces citées par Steudel, comme appartenant à ce genre, ont déjà été séparées génériquement des Valérianes par Dufresne, et font partie de

'son nouveau genre *Astrephia*. *V*. ce mot au Supplément.   (G. N.)

***OLIGACTE**. *Oligactis*. BOT. PHAN. Sous ce nom d'*Oligactis*, Kunth (*Nov. Gener. et Spec. Pl. æquin.*, vol. IV, p. 102) a désigné une section de son nouveau genre *Andromachia*, section que Cassini, dans le Dictionnaire des Sciences Naturelles, a élevée au rang de genre. Il appartient à la famille des Synanthérées, tribu des Vernoniées, à la Syngénésie superflue, L., et il est ainsi caractérisé : involucre presque cylindrique, composé de folioles imbriquées, appliquées, oblongues, lancéolées et scarieuses ; réceptacle plan, marqué d'alvéoles ou de fossettes séparées par des cloisons quelquefois frangées ; calathide radiée, dont le disque ne se compose que d'un petit nombre de fleurons réguliers hermaphrodites, et les rayons de demi-fleurons en languette et femelles ; corolles des fleurons du centre à cinq lobes linéaires ; celles des demi-fleurons de la circonférence, à languette oblongue et tridentée ; ovaires oblongs, pubescens ou à peine glabres, surmontés d'une aigrette double, l'extérieure courte, composée de paillettes égales, et sur un seul rang ; l'intérieure longue, formée de poils plumeux, nombreux et disposés aussi en une seule rangée. Ce genre est voisin, selon Cassini, de son genre *Liabum*, dont il diffère essentiellement par la structure de l'aigrette qui est simple dans ce dernier. Il comprend trois espèces, savoir : *Oligactis nubigena*, Cass., ou *Andromachia nubigena*, Kunth, *loc. cit.* ; *O. apodocephala*, Cass., ou *A. sessiliflora*, Kunth, *loc. cit.*, tab. 558 ; et *O. volubilis*, Cass., ou *A. volubilis*, Kunth. Ces Plantes sont des Arbrisseaux qui croissent dans les montagnes du Pérou.   (G. N.)

*** OLIGÆRION**. BOT. PHAN. H. Cassini (Dict. des Sc. Nat., vol. II, Suppl., p. 75) a formé sous ce nom un genre que, plus tard, il a reconnu pour le même que le *Sphenogyne* de R. Brown. *V*. ce mot.   (G. N.)

OLIGANTHE. *Oliganthes*. BOT. PHAN. Genre de la famille des Synanthérées, tribu des Vernoniées et de la Syngénésie égale, L., établi par H. Cassini (Bullet. de la Soc. Philomat., janvier 1817 et avril 1818) qui l'a ainsi caractérisé : involucre plus court que les fleurs, long, étroit, oblong ou cylindracé, composé de folioles imbriquées, appliquées, ovales, obtuses, coriaces et calleuses au sommet ; réceptacle petit et nu ; calathide longue, étroite, sans rayons, composée de fleurons, au nombre de trois, réguliers et hermaphrodites ; corolle longue, parsemée de glandes, à cinq segmens linéaires ; ovaire court, épaissi du haut en bas, à quatre faces peu prononcées, surmonté d'une aigrette caduque, formée de paillettes linéaires, légèrement plumeuses, sur deux rangs, les extérieures courtes, les intérieures longues, arquées au sommet. Le genre *Oliganthes* a de si grands rapports, par ses caractères, avec le *Pollalesta* de Kunth, publié quelques années plus tard, que Cassini n'hésite point à les croire identiques. C'est aussi l'opinion de Kunth qui, dans ses additions au quatrième volume de ses *Nova Genera*, cite l'*Oliganthes* comme synonyme de son *Pollalesta*. Cassini va même plus loin ; car il assigne pour synonyme à son *Oliganthes triflora*, le *Pollalesta vernonioides*, Kth. Mais est-il bien rationnel d'admettre comme spécifiquement semblables deux Plantes de patries aussi éloignées ? La première est ligneuse, originaire de Madagascar, d'où elle a été rapportée par Commerson ; la seconde est un Arbre qui croît dans la Nouvelle-Andalousie, sur le continent de l'Amérique méridionale. Quoique la diversité et l'éloignement des localités ne soit pas une objection sans réplique, nous croyons que cette question ne peut être décidée que par la comparaison attentive des échantillons sur lesquels ces genres ont été décrits. Malgré l'exactitude scrupuleuse et bien connue des botanistes qui les ont établis, il est possible que des différences importantes n'aient pas été signalées.   (G..N.)

OLIGANTHEMUM. BOT. PHAN. (Reneaulme.) Syn. de *Leucoium vernum.*   (B.)

OLIGARRHÈNE. *Oligarrhena.* BOT. PHAN. Genre encore douteux établi et placé par R. Brown dans la famille des Epacridées, mais ayant quelques rapports éloignés avec les Jasminées, à cause de sa corolle et du nombre de ses étamines, et composé d'une seule espèce, *Oligarrhena micrantha*, Br., *loc. cit.* C'est un petit Arbuste très-rameux portant des feuilles éparses, imbriquées, très-petites; des fleurs également petites, blanches, disposées en épis dressés et terminaux. Leur calice, accompagné extérieurement de deux bractées, est à quatre divisions profondes. Leur corolle monopétale, persistante, est à quatre lobes offrant une préfloraison valvaire. Les étamines, au nombre de deux, sont incluses. L'ovaire, environné de quatre écailles hypogynes, est à deux loges, et le fruit paraît être une capsule biloculaire. Ce petit Arbuste a été observé sur la côte méridionale de la Nouvelle-Hollande.   (A. R.)

OLIGOCARPHE. *Oligocarpha.* BOT. PHAN. Dans le courant de l'année 1817, H. Cassini et R. Brown ont publié, à l'insu l'un de l'autre, deux genres de la famille des Synanthérées, sous les noms d'*Oligocarpha* et de *Brachylæna*, lesquels genres, selon le premier de ces botanistes, sont identiques. La question de priorité devenant dans ce cas assez litigieuse, nous adoptons le nom proposé par Cassini, par le seul motif que l'article *Brachylæna* n'a point été décrit dans notre Dictionnaire. Le genre *Oligocarpha* est formé aux dépens du *Baccharis* de Linné, dont il doit être éloigné pour être placé parmi les Vernoniées, à côté du *Gymnanthemum.* Il est ainsi caractérisé : Plante dioïque; les calathides des fleurs mâles sont composées d'environ douze fleurons égaux, à peu près réguliers, dont la corolle est arquée, à limbe ordinairement palmé, toujours profondément divisée en cinq segmens linéaires; les anthères sont munies d'appendices basilaires subulés; l'involucre est presque hémisphérique, composé de folioles imbriquées, à peu près cordiformes, ovales; le réceptacle est petit, plan, presque toujours muni de paillettes. Ces fleurs mâles offrent un ovaire avorté, hispide et surmonté d'une aigrette, composée de poils inégaux, épais et légèrement plumeux. Les calathides des fleurs femelles se composent de neuf à douze fleurons, dont la corolle est régulière, à cinq segmens égaux, longs et linéaires. L'involucre cylindracé, plus court que les fleurs, est formé de folioles imbriquées, dont les extérieures sont presque cordiformes, les intérieures ovales. Le réceptacle est comme dans les calathides mâles, garni de une, deux, trois ou quatre paillettes, aussi longues que les fleurs, de consistance foliacée ou membraneuse. L'ovaire est épaissi au sommet, couvert de poils et de glandes, muni d'un bourrelet basilaire, et surmonté d'une aigrette roussâtre, composée de poils épais, légèrement plumeux et disposés sur plusieurs rangs. On trouve dans ces fleurs femelles des rudimens d'étamines dépourvues d'appendices basilaires, et dont les anthères sont à demi-avortées. Le style est filiforme, divisé en deux branches courtes, munies au sommet de quelques papilles ou poils collecteurs à peine visibles.

Au lieu d'une description aussi détaillée que celle qui précède, R. Brown (*Transact. Soc. Linn.*, 1817) n'a donné, pour son *Brachylæna*, que des caractères essentiels fort courts, et dont quelques-uns ne s'accordent point avec ceux de Cassini. Ainsi, le réceptacle, d'après le savant botaniste anglais, serait absolument nu, et par conséquent fort différent du réceptacle décrit par Cassini, qui a formé le nom générique d'après l'existence des paillettes sur cet organe. Faut-il en conclure que ces auteurs n'ont point étudié les mêmes Plantes ? Cependant leurs genres ont chacun pour type le *Baccharis neriifolia*, L., Arbrisseau du cap de Bonne-Espérance, dont la tige est droite, rameuse, garnie de feuilles nombreuses, rapprochées, persistantes, étroites, lancéolées, glabres et vertes en dessus, blanchâtres et à bords repliés en dessous. Les calathides sont disposées en petites panicules terminales. (G..N.)

OLIGOCHLORON. BOT. PHAN. L'un des anciens noms du Caprier.
(B.)

* OLIGOPODE. *Oligopodus*. POIS. (Risso.) Syn. de Leptopode. *V.* ce mot et CORYPHOENE dont Oligopode est un sous-genre. (B.)

OLIGOSPORE. *Oligosporus*. BOT. PHAN. Ce nom a été donné par H. Cassini (Bull. de la Soc. Philom., février 1817) à un genre de la famille des Synanthérées, qu'il a formé aux dépens du genre *Artemisia* de Linné. Il ne diffère de celui-ci que par les fleurs du disque, qui sont mâles au lieu d'être hermaphrodites ; mais ce caractère ne repose que sur un avortement plus ou moins complet, puisque, dans la description donnée par l'auteur lui-même, on voit qu'il existe un faux ovaire plus ou moins oblitéré. Les deux espèces indiquées comme types, sont les *Artemisia campestris* et *Dracunculus*, L., Plantes très-connues de tous les botanistes ; la première est commune dans les lieux arides de presque toute l'Europe, et particulièrement aux environs de Paris, et la seconde, originaire de Tartarie, est cultivée dans les jardins comme Plante aromatique, sous le nom d'Estragon. Malgré le caractère différentiel mentionné plus haut, il est bien difficile de se résoudre à adopter la séparation de ces Plantes comme genre distinct de l'*Artemisia*. Ce dernier se compose d'un nombre très-considérable d'espèces, qu'il serait très-utile de grouper par sections naturelles, mais qui sont tellement

liées par des rapports multipliés, que les faibles caractères qu'on voudrait assigner aux démembremens du genre, se nuanceraient dans certaines espèces, de manière qu'il serait difficile de savoir auquel de ces nouveaux genres on devrait les rapporter. Un tel inconvénient n'est point à redouter, lorsqu'il s'agit de simples sections génériques ; car celles-ci se croisent souvent en plusieurs sens, et forment ainsi une agglomération d'espèces distinctes, en un mot, ce que les botanistes appellent un genre.
(G..N.)

OLIGOTRICHUM. BOT. CRYPT. (*Mousses*.) Le genre admis sous ce nom par De Candolle est le même qui avait été désigné sous les noms de *Catharinea* par Ehrhart et d'*Atrichum* par Palisot de Beauvois. *V.* CATHARINEA. (AD. B.)

OLIGOTROPHE. INS. Nom donné par Latreille à un genre de Diptères qu'il a ensuite désigné sous le nom de Cécidomye. *V.* ce mot. (G.)

OLIMERLE. OIS. L'un des noms vulgaires du Loriot d'Europe. *V.* LORIOT. (DR..Z.)

OLINET. BOT. PHAN. L'un des noms donnés par les jardiniers au *Lycium europæum* et quelquefois étendu à l'*Elæagnus angustifolius*, L. (B.)

* OLING. BOT. PHAN. Jussieu présume que le grand Arbre de l'île de Luçon désigné sous ce nom par Camelli appartient à la famille des Guttifères. (B.)

*OLINIE. *Olinia*. BOT. PHAN. Genre encore fort imparfaitement connu, établi par Thunberg (*in Rœm. Arch.*, 2, pl. 1), et qui, selon les uns, se rapproche des Rhamnées, et selon les autres, des Myrsinées. Voici les caractères de ce genre : calice campanulé, tubuleux à sa base, à cinq ou six dents obtuses ; corolle formée de cinq pétales insérés au calice, linéaires, lancéolés, munis à leur base interne d'écailles concaves et alternant avec les dents du calice ;

étamines au nombre de cinq à six, très-courtes, insérées au calice, et ayant leurs anthères cachées sous les appendices concaves des pétales; l'ovaire paraît libre, surmonté d'un style très-court et d'un stigmate plus épais et à cinq lobes; le fruit est recouvert par le calice; il est à cinq angles, et renferme cinq graines. Une seule espèce, *Olinia cymosa*, Thunberg, *loc, cit.*, compose ce genre; c'est un petit Arbuste originaire du cap de Bonne-Espérance, glabre, très-rameux, ayant ses rameaux tétragones, portant des feuilles opposées, ovales, et des fleurs blanches disposées en panicules axillaires. (A. R.)

OLIVA. ois. Espèce du genre Pie-Grièche. *V.* ce mot. (DR..Z.)

* OLIVAIRE. *Olivaria*. MOLL. La seizième famille des Mollusques gastéropodes pectinibranches de Latreille (Fam. Natur. du Règn. Anim., p. 198) est nommée ainsi; elle est formée aux dépens de la famille des Enroulées de Lamarck, et elle contient les trois genres Olive, Tarière et Ancillaire. Latreille caractérise cette famille de la manière suivante: la coquille est cylindrico-ovalaire ou cylindrico-conique, avec la clavicule très-distincte; l'un des lobes du manteau recouvre seul la coquille. Cette dernière partie de la phrase caractéristique est la seule importante. Elle explique pourquoi les Coquilles de cette famille sont toujours lisses, polies et brillantes. D'après ce caractère, ces Coquilles ne sont pas les seules qui auraient pu entrer dans la famille des Olivaires. Si nous en croyons Adanson, son genre Porcelaine (Marginelle, Lamk.) devrait aussi en faire partie, car l'Animal recouvre aussi sa coquille avec son manteau dont le lobe droit est très-court et le gauche assez long pour couvrir la presque totalité de la coquille. Un autre genre, que l'on ne peut séparer de celui-là, est le genre Volvaire; ainsi, selon notre manière de penser, si l'on conservait la famille des Olivaires, on devrait y joindre les deux genres que nous venons de citer, et pour la rendre plus naturelle encore, il faudrait y joindre les Porcelaines et les Ovules, car dans ces genres le lobe gauche du manteau est aussi le plus grand; alors, en supposant, comme nous le croyons, que le caractère tiré du manteau soit suffisant, il n'y aurait de différence que du plus ou moins de développement de la partie caractérisant ce qui indique toujours des rapports naturels. (D..H.)

OLIVAREZ. ois. Espèce du genre Gros-Bec. *V.* ce mot. (DR..Z.)

* OLIVASTRE. BOT. PHAN. D'*Oleaster. V.* OLÉASTRE. Syn. d'*Elæagnus* et d'*Hippophae* dans quelques parties de la France méridionale. (B.)

OLIVE. ois. Syn. ancien de la Cannepetière. On a aussi donné ce nom à un Bruant. *V.* OUTARDE et BRUANT. (DR..Z.)

OLIVE. *Oliva*. MOLL. Les Olives, comme le plus grand nombre des Coquilles de la famille des Enroulées, présentent sur leur surface extérieure, lisse et polie, les couleurs les plus variées et les plus éclatantes; cette circonstance particulière les fait beaucoup rechercher des amateurs qui mettent quelquefois des prix fort élevés à quelques-unes d'entre elles. Ces Coquilles étaient au reste connues des anciens; il n'y a presque point d'ouvrages à figures où on n'en trouve quelques-unes plus ou moins fidèlement représentées. Buonani, Lister, Rumph, d'Argenville, etc., etc., les ont confondues soit avec les Cônes, soit avec les Volutes, et leur ont donné les noms de Rhombe, de Coquille cylindrique, d'Olive, etc. Gualtieri est le premier qui les ait distinguées nettement dans son *Index Testarum* où elles forment sans aucun mélange le second genre des Coquilles uniloculaires; on ne peut reprocher à cet auteur qu'une seule chose, c'est d'y avoir placé la seule espèce de Tarière qui fût connue alors, ce qui certes est bien excusable. On se demande pourquoi Linné n'a pas admis le genre de Gualtieri, et pourquoi il a confondu les Olives avec les Volutes, malgré l'ouvrage d'Adanson lui-même. La grande difficulté que l'on éprouve à distinguer et à caractériser nettement les diverses espèces d'Olives explique assez bien pourquoi Linné a rapporté presque toutes les espèces à une seule, son *Voluta Oliva*; l'extrême variation des couleurs et aussi un peu de la forme rend compte d'une manière assez plausible de l'opinion de plusieurs zoologistes qui ont conservé presque entièrement celle de Linné, puisqu'ils croient pouvoir rapporter à un très-petit nombre de types et à titre de variétés presque toutes les espèces de Lamarck. Cette opinion ne nous semble pas fondée sur de bonnes observations, elle est exagérée aussi bien que l'opinion contraire qui tendrait à spécifier chaque variété pour peu qu'elle présentât quelque constance. Ici comme partout ailleurs le zoologiste doit conserver cette circonspection et cette prudence nécessaires quand il doit porter un jugement. Comme nous l'avons vu précédemment, Linné rangea les Olives parmi ses Volutes. Bruguière ne l'imita pas, et il eut parfaitement raison; à l'exemple de Gualtieri, il isola complétement ce genre des Cônes et de toute autre Coquille analogue; ce fut entre les Ovules et les Volutes qu'il le plaça. Cuvier et Lamarck, dans leurs premiers travaux, imitèrent presque complétement Bruguière quant aux rapports qu'ils donnèrent à ce genre. Roissy, dans le Buffon de Sonnini, n'y changea rien non plus; elles étaient dès cette époque placées dans leurs rapports naturels; Lamarck les confirma et les rectifia encore en créant la famille des Enroulées qu'il composa des six genres, Ancillaire, Olive, Tarière, Ovule, Porcelaine et Cône. La famille qui précède celle-ci est celle des Columellaires; elle se termine par le genre Volute, ce

qui conserve les rapports indiqués par Linné et par Bruguière. Cette famille des Enroulées fut conservée par Lamarck dans ses autres ouvrages; Cuvier ne l'adopta pas et fit du genre Volute plutôt une famille qu'un genre, dans laquelle il en rassembla un grand nombre d'autres à titre de sous-genres; les Olives sont au nombre de ces sous-genres ainsi que les Columbelles, les Mitres, les Marginelles et les Cancellaires. Férussac, en adoptant la famille des Enroulées de Lamarck, l'a rendue plus naturelle encore en en rejetant le genre Cône, et n'est point tombé dans l'erreur de Cuvier ou plutôt de Linné. Blainville composa sa famille des Angistomes à peu près comme Cuvier son genre Volute, c'est-à-dire qu'après les Tarières, les Olives et les Ancillaires, on trouve les Volutes et les Mitres qui sont épidermées, puis les Marginelles, les Porcelaines et les Ovules qui ne le sont pas, par la même raison que les Olives. Nous avons vu à l'article OLIVAIRE que Latreille avait coupé en deux familles les Enroulées de Lamarck; les Olives se trouvent dans la première avec les Ancillaires et les Tarières, séparées ainsi des Porcelaines et des autres genres très-voisins.

L'Animal des Olives est resté inconnu jusqu'à ces derniers temps, et on peut même dire qu'il ne l'est point encore suffisamment, car d'Argenville dans sa Zoomorphose indique un opercule à l'Animal, ce que contredisent les observations de Blainville sur une petite espèce de la Méditerranée dont il possède un individu seulement. Blainville a caractérisé ce genre de la manière suivante : Animal ovale, involvé : le manteau assez mince sur les bords et prolongé aux deux angles de l'ouverture branchial en une ligule tentaculaire, et en avant par un long tube branchial; pied fort grand, ovale, subauriculé et fendu transversalement en avant; tête petite avec une trompe labiale; tentacules rapprochés et élargis à la base, renflés dans leur tiers médian et subulés dans le reste de leur étendue ; yeux très-petits, externes, sur le sommet du renflement ; branchie unique, pectiniforme ; anus sans tube terminal ; organe excitateur mâle fort gros et externe. Coquille subcylindrique, enroulée, lisse ; à spire courte, dont les sutures sont canaliculées. Ouverture longitudinale, échancrée à la base. Columelle striée obliquement. Les Olives sont, au rapport de plusieurs personnes, des Animaux fort carnassiers ; la pêche que l'on en fait à l'Ile-de-France le prouve, car pour en prendre un grand nombre il suffit de jeter dans les fonds où elles abondent des lignes amorcées de morceaux de chair ; l'Animal s'y attache, et on peut ainsi le tirer de l'eau.

On a long-temps discuté la question de savoir pourquoi les Olives comme les Porcelaines étaient dépourvues de drap marin et présentaient toujours leur surface extérieure polie et brillante. Sachant que les Porcelaines devaient leur vernis au contact des lobes du manteau qui se développent sur la coquille, la couvrent plus ou moins complétement et déposent sur elle une couche de matière testacée, on a par une juste comparaison attribué aux Olives une semblable organisation. Adanson nous apprend par l'observation directe que les lobes du manteau des Porcelaines sont presque égaux, ce dont on reste convaincu par la trace linéaire que leur jonction laisse sur le dos de la coquille dans le plus grand nombre des espèces. Pour les Olives cette ligne dorsale n'existant jamais, on a cherché à l'expliquer en supposant que le lobe gauche ne dépasse pas la columelle, tandis que le droit se reployant sur le bord droit couvre toute la surface de la coquille ; mais cette explication peut être fausse puisque l'observation directe manque ; on pourrait d'ailleurs faire une comparaison plus simple : les Marginelles, qui sont très-voisines des Olives et des Porcelaines, ont, comme ces genres, une coquille polie par le contact des lobes du manteau qui enveloppent la coquille presque totalement à la manière de celui des Porcelaines, c'est-à-dire que les lobes sont presque égaux ; ils ne laissent cependant sur la coquille aucune trace de leur jonction, pourquoi n'en serait-il pas de même pour les Olives ? D'ailleurs s'il était vrai, comme le pense Blainville, que ce ne fût pas le manteau, mais bien le pied fort grand des Olives qui enveloppât la coquille, toutes ces suppositions deviendraient nulles ; mais il est peu probable que l'observation confirme jamais l'opinion du savant que nous venons de citer, parce que l'on ne connaît point encore de Mollusques dont le pied soit un organe de sécrétion et d'enveloppe extérieure ; ces fonctions appartiennent essentiellement à la peau et à ses appendices plus ou moins développés ; les analogies que nous présentent les Marginelles et les Porcelaines sont trop concluantes pour attribuer aux pieds des Olives une fonction qui serait une unique exception dans tous les Mollusques.

Duclos, amateur distingué de conchyliologie, a réuni des matériaux nombreux pour une monographie des Olives. Son travail, qui n'a point encore paru, est fait d'après un grand nombre d'observations qui ont convaincu de la nécessité de supprimer un certain nombre des espèces des auteurs, qui ne sont que des variétés d'espèces déjà connues dont on n'avait pas saisi les rapports, faute d'un nombre suffisant et bien choisi d'individus pour établir les passages. C'était le seul moyen de parvenir à la distinction des véritables espèces, en fixant d'une manière précise les caractères de chacune d'après un grand nombre d'individus et de variétés. Ces variétés étant prises, pour le plus grand nombre, dans les changemens de couleur, et cette coloration étant en général très-variable, il s'ensuit que les caractères spécifiques devront être pris de la forme, ce qui, certainement, les perfectionnera. Duclos a

partagé les Olives en quatre sections.
Nous les adoptons à l'exemple de
Blainville, et nous allons en donner
quelques exemples.

† Espèces dont le pli columellaire
est en forme de torsade; les OLIVES
ANCILLOÏDES.

OLIVE HIATULE, *Oliva Hiatula*,
Lamk., Ann. du Mus. T. XVI, p.
525, n 52; *Voluta Hiatula*, L.,
Gmel., p. 3442, n. 20; l'*Agaron*,
Adans., Voy. au Sénég., pl. 4, fig.
7; Encyclop., pl. 368, fig. 5, a, b;
Oliva plicaria (fossilis), Lamk., Ann.
du Mus. T. XVI, p. 527, n. 2; *ibid.*,
Anim. sans vert. T. VII, p. 439, n.
2; *Oliva plicaria*, Bast., Mém. Géol.
sur les env. de Bordeaux, p. 41, n.
1, pl. 2, fig. 9. Par la synonymie
que nous venons d'établir, il est facile de voir que nous regardons les
deux espèces de Lamarck comme absolument identiques. Nous ne trouvons entre elles d'autres différences
que dans l'état vivant ou fossile où
elles se trouvent. D'après Gmelin,
cette Coquille se rencontrerait sur les
côtes d'Espagne; d'après Adanson au
Sénégal; d'après Lamarck dans l'o-
céan Américain austral; Desmoulins
de Bordeaux nous l'a envoyée provenant du canal Mozambique. Dax et
Bordeaux sont les seules localités où
on la trouve fossile.

†† Espèces cylindracées, à spire
fort pointue, avec des plis columellaires nombreux et occupant presque
tout le bord gauche; les OLIVES CY-
LINDROÏDES.

OLIVE SUBULÉE, *Oliva subulata*,
Lamk., Ann. du Mus. T. XVI, p.
524, n. 49; *ibid.*, Anim. sans vert.
T. VII, p. 454, n. 49; Martini, Conchyl. Cab. T. II, tab. 50, fig. 549,
550; Encyclop., pl. 368, fig. 6, a, b.
Celle-ci vient de l'océan Indien et
de Java. Elle est étroite, pointue; la
spire, assez longue, est marquée près
du canal de la suture d'un rang de
taches brunâtres, irrégulières; toute
la Coquille est d'un gris blanchâtre
ou plombé, excepté à la base où se

voit une large zône légèrement fauve.
Cette section des Olives contient
un assez grand nombre d'espèces qui
toutes se reconnaissent à leur forme
élancée. C'est ainsi que doivent s'y
ranger les *Oliva acuminata*, Lamk.,
Anim. sans vert. T. VII, p. 434, n.
48; Martini, Conchyl. Cab. T. II,
tab. 50, fig. 551, 552, 553; Encycl.,
pl. 368, fig. 3; *Oliva zonalis*, Lamk.,
Anim. sans vert. T. VII, p. 439, n.
61; *ibid.*, Ann. du Mus. T. XVI, p.
527, n. 58; *Oliva conoidalis*, Lamk.,
Anim. sans vert. T. VII, p. 437, n.
57; *Voluta jaspidea*, Gmel., p. 3442,
n. 21; Martini, Conch. Cab. T. II,
tab. 50, fig. 556; Lister, Conch., tab.
725, fig. 13; *Oliva clavula (fossilis)*,
Lamk., Anim. sans vert. T. VII, p.
440, n. 3; Bast., Mém. Géol. sur les
envir. de Bordeaux, p. 42, pl. 2,
fig. 7; Sow., *the Genera*, n. 3.
Nous possédons une espèce vivante que nous avons trouvée parmi
des Coquilles d'Afrique, qui a beaucoup d'analogie avec celle-ci, quoique cette analogie ne soit pas parfaite.
On la trouve à Dax, à Bordeaux et
dans les faluns de la Touraine.

††† Espèces globuleuses, ventrues,
à spire courte; le bord columellaire
strié seulement jusqu'à moitié; les
OLIVES GLANDIFORMES.

OLIVE PORPHYRE, *Oliva Porphy-
ria*, Lamk., Ann. du Mus. T. XVI,
p. 509, n. 1; *ibid.*, Anim. sans vert.
T. VII, p. 418, n. 1; *Voluta Porphy-
ria*, L., Gmel., p. 3438, n. 16;
Martini, Conch. Cab. T. II, tab.
46, fig. 485, 486, et tab. 47, fig. 498;
Encycl., pl. 361, fig. 4, a, b. Grande
et belle Coquille assez commune aujourd'hui dans les collections. Elle
est, de toutes les Olives, celle qui
acquiert le plus grand volume. Sur
un fond couleur de chair obscure,
quelquefois roussâtre, elle est ornée
de lignes brunes plus ou moins rapprochées, fines et fortement anguleuses. La zône de la base est violâtre
ainsi que la callosité décurrente autour du canal de la spire. Cette Coquille vient des côtes du Brésil et des

mers de l'Amérique méridionale. Cette section des Olives est de toutes la plus nombreuse en espèces ; l'exemple que nous venons de citer suffit pour qu'on puisse facilement y rapporter les espèces analogues.

†††† Espèces qui ont la spire mucronée et dont le canal s'oblitère vers le commencement du dernier tour ; les OLIVES VOLUTELLES.

OLIVE DU BRÉSIL, *Oliva brasiliana*, Lamk., Ann. du Mus. T. XVI, p. 322, n. 43 ; *ibid.*, Anim. sans vert. T. VII, p. 433, n. 45 ; Chemn., Conchyl. Cab. T. XVI, tab. 147, fig. 1367, 1368. Cette espèce est fort remarquable par sa forme qui s'éloigne un peu de celle des autres Olives pour se rapprocher des Volutes ; elle est ventrue, surtout vers la spire qui est courte ; le canal de la suture est oblitéré, excepté sur le dernier tour. Cela établit une transition avec les Ancillaires ; la columelle est légèrement tordue, et elle ne présente qu'un ou deux gros plis à peu près comme dans les Volutes. Cette espèce, ainsi que quelques autres très-voisines, établissent le passage aux Volutes et indiquent les rapports de ces deux genres. D'autres espèces, comme l'*Oliva corneola*, montrent également un rapport bien sensible avec plusieurs espèces de Marginelles, et peut-être, par la suite, trouvera-t-on une série de passages entre ces deux genres comme avec ceux que nous avons déjà cités.   (D..H.)

OLIVE. BOT. PHAN. Le fruit de l'Olivier. *V.* ce mot.   (B.)

OLIVENERZ ET OLIVENITE. MIN. Syn. du Cuivre arséniaté en octaèdres aigus dont la couleur est le vert d'olive.   (G. DEL.)

OLIVERIE. *Oliveria*. BOT. PHAN. Et non *Oliviera*. Genre de la famille des Ombellifères et de la Pentandrie Digynie, L., établi par Ventenat (Jardin de Cels, p. et t. 21) qui l'a ainsi caractérisé : calice à cinq dents; pétales divisés presque jus-

qu'à leur base en deux lobes ondulés et réfléchis; cinq étamines à filets cachés dans l'excavation des pétales pendant l'estivation, puis libres et saillans hors de la fleur ; ovaire surmonté de deux styles dressés, terminés par des stigmates en tête ; fruit obové, hérissé, divisible en deux akènes convexes et à cinq côtes sur le côté externe, plans et à un seul sillon sur le côté de la commissure. Les fleurs sont disposées en ombelles simples entourées chacune d'un involucre à plusieurs folioles droites, cunéiformes, divisé à leur sommet en trois dents, plus longues que les fleurs. Ces ombelles sont portées sur des pédoncules qui naissent au sommet des ramifications de la tige, tantôt simples tantôt au nombre de deux, trois et quatre, insérées au même point ; c'est ce qui les a fait considérer par l'auteur du genre comme formant une ombelle générale composée d'un petit nombre de rayons, et ce qui a fait donner le nom d'ombellules à chacune des inflorescences que nous avons désignées ici sous celui d'ombelles. A la base de l'ombelle générale est une sorte d'involucre composé de feuilles à peu près semblables à celles de la tige. Ce genre a été placé par Sprengel dans sa tribu des Caucalidées. Il ne renferme qu'une seule espèce décrite et figurée par Ventenat (*loc. cit.*) sous le nom d'*Oliveria decumbens*. C'est une Plante herbacée annuelle, dont la racine est pivotante, portant de nombreuses tiges, glabres, striées, noueuses, tombantes, rameuses, garnies de feuilles alternes, pétiolées, ayant une odeur de thym lorsqu'on les froisse; les inférieures bipinnatifides, les supérieures moins profondément découpées. Les fleurs sont blanchâtres avec une légère teinte purpurine. Cette Ombellifère croît aux environs de Bagdad, d'où Bruguière et Olivier en ont rapporté des graines qui ont levé dans le Jardin de Cels, à Paris, et qui ont produit les individus sur lesquels Ventenat a fait sa description.   (G..N.)

* OLIVERT. ois. Espèce du genre Sylvie. *V*. ce mot. (DR..Z.)

OLIVES PÉTRIFIÉES. échin. Quelques anciens oryctographes ont désigné ainsi des épines fossiles d'Echinodermes appartenant probablement au genre Cidarite de Lamarck. (E. D..L.)

OLIVET. ois. Espèce du genre Tangara. *V*. ce mot. (DR..Z.)

OLIVETIER. moll. Le Mollusque qui habite les Coquilles du genre Olive. *V*. ce mot. (B.).

OLIVETIER. bot. phan. L'un des noms français du genre Elæodendron. *V*. ce mot. (A. R.)

OLIVETTE. ois. Espèce du genre Gros-Bec. *V*. ce mot. (B.)

OLIVIE. *Olivia*. polyp. Bertoloni (*Decas*. III, p. 117) a désigné sous ce nom générique une production marine organisée et vivante, qu'il regarde comme végétale, et que la plupart des auteurs modernes considèrent comme un Polypier de l'ordre des Corallinées. C'est l'*Acetabularia integra* de Lamouroux, le *Tubularia acetabulum* de Linné et de Gmelin, le *Corallina androsace* de Pallas, l'*Acetabulum mediterraneum* de Lamarck, etc., que Bertoloni a nommé ainsi et dédié à l'auteur de la Zoologie adriatique, Giuseppe Olivi. Les naturalistes sont partagés d'opinion sur la nature des Corallines, et cette grande question nous paraissait loin d'être résolue, lorsque Delile, professeur de botanique à l'école de Montpellier, lut à l'Académie des Sciences, en 1826, un Mémoire fort intéressant où il établit la nature végétale de l'Acétabulaire. *V*. ce mot. (E. D..L.)

OLIVIER. *Olea*. bot. phan. Genre de la famille des Jasminées et de la Diandrie Monogynie, L., composé d'un assez grand nombre d'espèces qui croissent dans les diverses contrées chaudes du globe. Ce sont en général des Arbres assez élevés ou des Arbrisseaux, ornés en toutes saisons de feuilles simples, opposées, coriaces, entières ou dentées, sans stipules; de fleurs blanches, petites, disposées en grappes rameuses terminales ou axillaires. Le calice est très-petit, turbiné, à quatre dents; la corolle monopétale, régulière, subcampanulée, dont le tube est court; le limbe concave, à quatre divisions ovales; les étamines sont au nombre de deux; l'ovaire est libre, ovoïde, à deux loges, contenant chacune deux ovules insérés à l'angle interne de la loge. Le style, qui naît du sommet de l'ovaire est, inclus, simple, terminé par un stigmate épais et bilobé. Le fruit est une drupe de forme variée, ayant son péricarpe charnu, et contenant un noyau uniloculaire monosperme. Selon la remarque de Rob. Brown, il faudrait réunir à ce genre le *Phyllirea*, qui n'en diffère absolument que par la consistance cartilagineuse et non osseuse de son noyau, sur l'un des côtés duquel on trouve dans son épaisseur une fente qui annonce la place de la seconde loge qui est avortée. La graine est renversée, réticulée à sa surface; elle renferme sous son tégument, qui est assez mince, une amande composée d'un endosperme corné, contenant dans son intérieur un gros embryon renversé comme la graine, ayant sa radicule conique obtuse, ses cotylédons très-grands, obtus et médiocrement épais.

Parmi toutes les espèces de ce genre, il n'en est pas de plus intéressante et de plus importante à la fois, que l'Olivier proprement dit, ou Olivier d'Europe, *Olea europæa*, L., Rich., Bot. Méd., 1, p. 305. C'est un Arbre originaire des contrées méridionales de l'Europe et de l'Asie-Mineure. Dans nos départemens méridionaux, il ne s'élève guère au-delà de vingt-cinq à trente pieds au plus; mais en Italie, en Orient, en Grèce, il peut acquérir jusqu'à quarante-cinq à cinquante pieds d'élévation, sur un diamètre de cinq à six pieds. Le tronc généralement peu élevé, très-inégal, se divise en branches nombreuses et très-fortes, dressées. Les feuilles sont opposées, lancéolées, étroites, aiguës, convexes en dessus et à bords rabattus, entières, d'un vert terne à leur face supérieure, qui est très-glabre, blanchâtres et comme argentées en dessous par de petites écailles minces, peltées et ciliées sur les bords. Les fleurs sont petites, de la grandeur de celles du Troëne, disposées en petites grappes axillaires, accompagnées de bractées squammiformes, oblongues. Les fruits sont des drupes charnus, ellipsoïdes, allongés, d'environ un pouce de longueur, verts, blanchâtres ou violacés à l'extérieur, selon les variétés, et contenant un noyau réticulé, extrêmement dur, à une seule loge et à une seule graine. Mais, en général, il y a dans une grappe un grand nombre de fleurs stériles, qui sont beaucoup plus petites; en sorte qu'il est rare qu'une grappe qui se compose souvent de plus de trente fleurs, offre plus de deux à trois fruits qui parviennent à leur maturité.

Symbole de la paix, l'Olivier, consacré à Minerve, était chez les Grecs l'objet d'une sorte de culte. Il était défendu, sous des peines très-sévères, de détruire les plantations de cet Arbre. Des magistrats étaient préposés à leur conservation, et chaque particulier pouvait en abattre seulement deux ou trois dans une année. Encore leur bois ne pouvait-il être employé qu'à de nobles usages. Celui qui était surpris coupant un Olivier dans un bois consacré à Minerve, était puni du bannissement. On sait que les envoyés d'un peuple chargés d'aller demander la paix ou une simple suspension d'armes, devaient se présenter portant à la main un rameau d'Olivier. Dans cet état, ils avaient en quelque sorte un caractère sacré que toutes les nations policées savaient reconnaître et respecter.

A voir la profusion avec laquelle l'Olivier est cultivé dans les provinces méridionales de l'Europe, en Italie, en Espagne et dans le midi de la France, on le croirait indigène de ces contrées. Cependant il paraît que la patrie primitive de cet Arbre est l'Asie-Mineure et les côtes de l'Afrique baignées par la Méditerranée; mais son introduction en Europe remonte à une époque si éloignée, qu'elle se perd dans l'obscurité des temps anciens. Aujourd'hui cet Arbre vient sans culture dans les régions que nous venons de citer, à cause des graines qui se répandent dans les campagnes et qui s'y développent. L'Olivier se cultive en abondance en France dans les départemens des Bouches-du-Rhône, du Var, de l'Hérault, du Gard, de Vaucluse, etc.; mais il ne peut fructifier et se développer en pleine terre au nord d'une ligne qui, partant de la base des Pyrénées entre Narbonne et Bagnères de Luchon, traverse obliquement le midi de la France de l'ouest à l'est, et s'étend jusqu'aux pieds des Alpes, à la hauteur à peu près du petit Saint-Bernard. Toute la partie du bassin de la Méditerranée placée au midi de cette ligne, porte en France le nom de Région des Oliviers. Au-delà de cette ligne, qui présente quelques anfractuosités, quand elle rencontre des vallées bien exposées, ces Arbres ne peuvent être cultivés en pleine terre avec avantage. Ils craignent le froid quand il dure quelques jours, et il y a peu d'années qu'un grand nombre des Oliviers de la Provence et du Languedoc ont été presque détruits par un froid de neuf à dix degrés, qui n'a cependant duré que quelques jours. Dans le nouveau Dictionnaire d'Agriculture, on trouve, à l'article OLIVIER, qu'autrefois ces Arbres se cultivaient à une plus grande distance de la Méditerranée, et jusqu'aux environs de Valence, dans le département de la Drôme, mais qu'aujourd'hui on n'en voit plus même aux environs d'Avignon, et que ceux de la plaine d'Aix sont si souvent maltraités par le froid, que beaucoup de propriétaires commencent à les faire arracher pour les remplacer par des Amandiers. Nous pouvons assurer que ces faits sont tout-à-fait inexacts. Dans un voyage que nous avons fait dans les provinces méridionales de la France en 1818, nous avons vu que la culture des Oliviers en grand commence un peu au-delà de Montélimart ; qu'entre Orange et Avignon, elle est générale, et qu'enfin dans les environs d'Aix et de Marseille, les propriétaires ne songent pas aujourd'hui du moins à changer la culture de l'Olivier contre celle de l'Amandier. Quoique plus méridionale que la Provence, une grande partie de l'Espagne n'admet pas la culture de l'Olivier. Selon les observations de notre confrère Bory de Saint-Viencent dans son Résumé de géographie de la péninsule Ibérique, cet Arbre n'est un objet de rapport qu'au-delà de la ligne oblique qui, à partir du point où la ligne des Oliviers cesse chez nous vers les frontières de Catalogne, se dirige vers le Portugal supérieur. Dans les Asturies, et généralement sur le versant Boréal, les Oliviers gèlent partout, et l'on n'en trouve de sauvages, appelés *Azebuches*, qu'en Andalousie, qui, toujours d'après le savant que nous venons de citer, fit originairement partie des régions Barbaresques, ce qui confirme ce que nous venons de dire sur l'origine africaine de l'Olivier.

Le plan de cet ouvrage ne nous permet pas d'entrer dans des détails sur les nombreuses variétés qu'a subies l'Olivier depuis le temps immémorial qu'il est cultivé. Ces variétés tiennent, soit à la grosseur, à la forme du fruit, à sa couleur, à sa disposition sur les rameaux, et enfin à l'époque où il mûrit. Il est d'autant plus difficile de rien présenter de précis et de général sur cette partie de l'histoire de l'Olivier, que les noms par lesquels on désigne ces variétés, n'étant pas les mêmes dans toutes les provinces où on cultive cet Arbre, ne sont que des noms locaux, qui souvent ne seraient pas compris d'une province à une autre.

On a remarqué en général que, dans le midi de la France, les Oli-

viers donnaient alternativement une bonne et une mauvaise récolte, et cela d'une manière constante. Ce fait a été l'objet de beaucoup de conjectures pour l'expliquer. Ainsi, les uns ont dit que cela provenait de la manière dont se fait la récolte des Olives. En les abattant à coups de gaule, quand elles sont très-abondantes, on fatigue beaucoup les Arbres, et on détruit les jeunes bourgeons de l'année prochaine. Mais cette explication n'est point admissible; car une semblable différence dans le produit de la récolte se remarque également dans toutes les contrées où l'on recueille les Olives à la main. D'autres ont admis avec plus de vraisemblance, que les années très-productives épuisent en quelque sorte les Arbres, et que les fruits, pour mûrir, détournent une partie des sucs nécessaires au développement des jeunes bourgeons, et qu'ainsi la récolte suivante doit être moins productive.

Il est assez difficile de déterminer l'époque précise de la maturité des Olives, parce que cette époque varie suivant les localités; mais on peut dire d'une manière générale, que dans les départemens méridionaux de la France, la maturité arrive dans le courant du mois de novembre, un peu plus tôt ou un peu plus tard, selon l'exposition des contrées. Il est essentiel de remarquer que l'huile est d'autant plus abondante dans la chair de l'Olive, qu'elle est plus mûre, et ce dernier état est annoncé par la couleur noirâtre que prend le fruit; mais l'huile est d'autant plus fine, qu'on attend moins de temps après le moment de la véritable maturité. Ainsi, il ne faut pas, quand on tient à avoir de l'huile fine, mais en moins grande quantité, attendre que les Olives aient changé de couleur. Les cultivateurs savent parfaitement saisir cette époque. Il résulte de-là, 1° qu'il faut cueillir les Olives un peu avant leur maturité, quand on veut se procurer de l'huile fine et conservant le goût de

fruit; 2° qu'on peut laisser écouler
un mois depuis cette première cueil-
lette pour faire de l'huile ordinaire;
3° et qu'enfin on peut encore retar-
der pour les huiles communes destinées à la fabrication du savon et
autres emplois dans les arts.

La récolte des Olives, ainsi que
nous l'avons déjà indiqué, se fait de
deux manières; tantôt on les abat à
coups de gaule, tantôt on les cueille
à la main. Nous avons déjà dit que
ce dernier procédé était de beaucoup
préférable, parce qu'il ménageait et
laissait intacts les bourgeons qui doivent se développer l'année suivante.
On doit choisir un beau jour pour la
récolte des Olives, comme au reste
pour celle de tous les fruits. Les Olives
cueillies doivent être rentrées dans
des lieux abrités des intempéries de
l'air et des ravages des Animaux; on les
y amoncèle et on les y laisse pendant
quelque temps, pour qu'elles s'y
perfectionnent avant d'en exprimer
l'huile. Ce retard est nécessaire pour
que les fruits perdent une partie de
leur eau de végétation, et que leur
mucilage se change en huile; mais il
ne faut pas qu'il soit par trop prolongé; car alors les Olives s'échauffent, fermentent; leur huile se ran-
cit, devient âcre, désagréable, et
même finit par beaucoup diminuer.
L'huile est ensuite extraite par le
moyen de moulins dont la construction varie suivant les pays.

Arrivée à sa maturité complète,
l'Olive contient quatre sortes d'huile;
1° celle de la pellicule, qui est renfermée dans de petites vésicules globuleuses; elle paraît contenir un peu
d'un principe résineux; et quoique
analogue à celle de la chair, elle
est moins douce et moins agréable;
2° l'huile de la chair qui est la plus
abondante, renfermée dans des vésicules irrégulières, rapprochées les
unes des autres; 3° celle de la partie
osseuse, qui est peu abondante et
mêlée de mucilage; 4° enfin, celle de
l'amande, qui est jaunâtre, assez
abondante, légèrement âcre, et d'une
nature particulière.

Au moment où l'on fait la récolte
des Olives, ces fruits ont une saveur
excessivement âpre et désagréable,
qu'ils doivent à l'eau de végétation
contenue entre les vésicules pleines
d'huile. L'huile d'Olives est la meilleure et la plus recherchée de toutes
les huiles pour les usages de la table
et de l'éclairage. C'est elle aussi que
l'on emploie plus spécialement pour
les préparations médicamenteuses,
telles que les linimens et les embroca-
tions. L'huile d'Olives bien préparée est d'un jaune verdâtre, d'une
saveur douce, avec ou sans goût de
fruit, suivant le mode de préparation; d'une odeur agréable; elle se
fige et se congèle à une température
de cinq à huit degrés au-dessous de
zéro; elle se saponifie très-facilement, et sert à la préparation des
cérats, emplâtres et huiles composées pharmaceutiques; très-souvent
on la falsifie avec l'huile de Pavot ou
d'OEillette. On reconnaît cette fal-
sification, en ce que l'huile mousse
par l'agitation; elle ne se solidifie
pas entièrement par un mélange de
pernitrate acide de Mercure, qui
laisse liquides les huiles de graines.
Selon Braconnot de Nancy, l'huile
d'Olives se compose de vingt-huit
parties de Stéarine et de soixante-
douze d'Elaïne. Les Olives, lorsqu'elles ont été conservées pendant
quelque temps dans de l'eau salée,
perdent leur saveur âcre et en acquièrent une très-agréable. C'est
dans cet état qu'on les conserve et
qu'on les sert sur nos tables comme
hors-d'œuvre. En Italie, on les laisse
sécher sur l'Arbre, ou on les passe
au four, et on les conserve dans cet
état. On en mange beaucoup dans ce
pays, ainsi préparées. Les feuilles de
l'Olivier ont une saveur très-âpre et
contiennent une grande proportion
de Tannin et d'Acide gallique. Aussi
les emploie-t-on dans quelques contrées au tannage et à la préparation
des cuirs. Le docteur Bidot, médecin
de l'hôpital militaire de Longwi, les a
récemment proposées comme un des
meilleurs succédanées indigènes du

Quinquina dans le traitement des fièvres intermittentes. Quelques essais faits à l'hôpital de la Charité à Paris, ont prouvé que ces feuilles n'étaient pas sans quelque action contre les fièvres périodiques; mais cependant ce médicament est loin d'avoir l'efficacité qu'on a voulu lui attribuer.

Il découle de l'Olivier, surtout à l'état sauvage et dans les régions méridionales, une gomme-résine d'un brun rougeâtre, en larmes irrégulières plus ou moins volumineuses, offrant des points plus clairs, de manière à ressembler au Benjoin amygdaloïde ; sa cassure est résineuse, conchoïde, d'un aspect gras; projetée sur des charbons ardens, elle se gonfle, se fond et répand une odeur agréable, qui approche de celle de la Vanille. L'habile chimiste Pelletier, qui en a fait l'analyse, l'a trouvée composée de deux substances, l'une ayant une grande analogie avec les matières résineuses, l'autre se rapprochant des Gommes, mais en différant par quelques caractères, et qu'il a nommée *Olivile. V.* ce mot. Il a, de plus, constaté dans cette gomme-résine, l'existence de l'Acide benjoïque. Cette substance, autrefois très-employée comme stimulante, est aujourd'hui à peu près inusitée; aussi est-elle rare dans le commerce. Cependant, quelques médecins ont proposé de la substituer au Benjoin.

Disons maintenant quelques mots de la culture de l'Olivier. Cet Arbre se plaît surtout dans les terrains légers et pierreux, où ses fruits sont plus nombreux et donnent une huile de meilleure qualité. Dans les terres fortes il pousse trop de bois. Il lui faut un certain degré de chaleur, mais néanmoins il craint presqu'également les chaleurs excessives et les grands froids. Le voisinage de la mer paraît lui être favorable, et c'est surtout dans le bassin de la Méditerranée qu'il réussit le mieux. Les semis sont sans contredit le meilleur moyen de multiplication. C'est ainsi qu'on ob-

tient les sujets les plus beaux et les plus vigoureux. Cependant ce moyen est peu mis en usage, parce qu'il est le plus long et qu'il faut préparer à l'avance des pépinières d'Oliviers. Le plus généralement on se sert des rejetons qui partent naturellement du pied des Arbres faits ou de ceux que l'on recèpe lorsqu'ils sont trop vieux ou qu'ils ont été brisés par les vents. On laisse ces rejetons se fortifier pendant deux ou trois ans, après quoi on les lève pour les mettre en place. L'Olivier se plante en quinconce dans les champs, ou en allées et en lignes. Quand on a soin de les espacer convenablement, on peut cultiver dans le même champ des Céréales ou des Plantes légumineuses. En général, la taille est inutile, si ce n'est dans les premières années pour bien former les jeunes sujets; mais plus tard on peut s'en dispenser ; il suffit d'enlever chaque année le bois mort. L'Olivier croissant très-lentement et durant des siècles, son bois est très-lourd et très-dur. On s'en sert pour faire différens outils.

On voit quelquefois, dans les jardins des amateurs, une variété de l'Olivier ordinaire qu'on désigne sous le nom d'*Olea buxifolia*, à cause de ses feuilles courtes et un peu obtuses. Cette variété doit être rentrée dans l'orangerie.

Après avoir décrit l'Olivier ordinaire, qui est sans contredit l'espèce la plus intéressante, nous mentionnerons encore quelques-unes des espèces exotiques qu'on cultive dans les jardins.

OLIVIER ODORANT; *Olea fragrans*, Thunb. C'est un Arbrisseau de six à huit pieds de hauteur, originaire de la Chine et du Japon, et qu'on cultive dans nos orangeries. Ses feuilles opposées sont ovales, aiguës, coriaces, glabres, d'un vert clair, légèrement dentées sur leurs bords; les fleurs sont blanches, petites, répandant une odeur très-suave, et disposées en une grappe terminale et pédonculée. Il y a une variété de cette espèce qui offre des fleurs lavées de rouge. On prétend que c'est avec les fleurs de cet Arbrisseau que les Chinois aromatisent le Thé.

OLIVIER D'AMÉRIQUE, *Olea americana*, L. C'est un Arbre de trente à trente-cinq pieds d'élévation, portant des feuilles elliptiques, lancéolées, glabres, luisantes; des fleurs blanches, disposées en petites grappes axillaires.

On cultive encore l'Olivier de Madère (*Olea excelsa*), l'Olivier ondulé (*Olea undulata*), etc.

L'*Olea emarginata* forme le genre *Noronha* de Du Petit-Thouars.

(A. R.)

OLIVIÈRE. BOT. PHAN. On a ainsi francisé le nom du genre *Oliveria*, créé par Ventenat et dédié au naturaliste Olivier. Mais, si l'on adoptait ce nouveau mot, on pourrait confondre ce genre avec l'Olivier. Nous avons donc cru devoir conserver à ce mot son orthographe primitive. *V.* OLIVÉRIE.

(G..N.)

* OLIVILE. CHIM. ORG. Substance végétale cristalline obtenue par Pelletier dans l'analyse de la matière résineuse balsamique, improprement nommée Gomme d'Olivier. Il suffit, pour la faire cristalliser, d'abandonner à une évaporation spontanée la solution Alcoholique de la matière résineuse ; on fait dissoudre les cristaux dans l'alcohol, et après les avoir fait cristalliser de nouveau, on les lave avec de l'Ether hydratique. L'Olivile pure est blanche, brillante, d'un aspect cristallin ; elle se fond à 72 degrés et prend une légère couleur jaune ; elle est électrique par frottement. Son odeur est nulle ; sa saveur particulière, amère, légèrement aromatique. Très-soluble dans l'Alcohol et l'Acide acétique, elle résiste à l'action de l'Ether et de l'eau froide. Elle se dissout à peu près dans trente-deux fois son poids d'eau bouillante, mais elle s'en sépare par le réfroidissement. Les huiles fixes et volatiles ont également sur elle une légère action, mais à chaud seulement. Les solutions alcalines non concentrées la dissolvent sans l'altérer. Cette substance est entièrement composée d'Oxigène, de Carbone et d'Hydrogène. Ce dernier élément n'y est pas prédominant, puisqu'en la projetant sur des charbons ardens ; elle se décompose en répandant beaucoup de fumée, mais elle ne s'enflamme que difficilement. L'Olivile nous semble avoir beaucoup de rapports avec les substances cristallines que Bonastre, pharmacien de Paris, a fait connaître depuis quelques années sous le nom de sous-résines et qu'il a obtenues de plusieurs gommes-résines et baumes, par le même procédé que Pelletier a employé pour l'Olivile.

(G..N.)

OLIVINE. MIN. Syn. de Péridot granuliforme. *V.* ce mot. (G. DEL.)

OLLAIRE. MIN. *V.* TALC.

OLMEDIA. BOT. PHAN. Ruiz et Pavon (*Prodrom. Flor. Peruv.*, p. 129) ont établi sous ce nom un genre de la Diœcie Tétrandrie, L., et qui paraît se rapporter à la famille des Urticées. Les fleurs mâles sont placées sur une sorte de réceptacle hémisphérique, composé d'un grand nombre d'écailles imbriquées ; chaque fleur a un petit périanthe à deux ou quatre divisions ovales, acuminées, et renferme quatre étamines dont les filets, de la longueur du périanthe, s'ouvrent par une force élastique, et les anthères sont biloculaires, déhiscentes longitudinalement et des deux côtés. Les fleurs femelles, situées sur des pieds distincts, sont placées au centre de plusieurs écailles formant un capitule ovale et imbriqué ; il n'y en a qu'une seule dans cette espèce d'involucre. Elles ont un périanthe ovoïde, en forme de bouteille, très-resserré et quadridenté au sommet, renfermant l'ovaire qui est ovoïde et surmonté d'un style court à deux stigmates subulés. Le fruit est une drupe presque ronde, acuminée, renfermant un noyau de même forme. Aux caractères précédens, Kunth (*Synop. Plant. orb. nov.*, 4, p. 198) ajoute ceux de la graine, qui se compose d'un embryon dicotylédoné, sans albumen, à radicule supère.

Les auteurs de ce genre en ont décrit (*Syst. Veget. Flor. Peruv.*, p. 257 et 258) deux espèces sous les noms d'*Olmedia aspera* et *levis*. Ce sont des Arbres à suc laiteux, à feuilles simples et alternes, qui croissent dans les forêts du Pérou. (G..N.)

* OLOPETALUM. BOT. PHAN. *V.* MONSONIE.

* OLOPHORES. POIS. (Duméril.) *V.* ABDOMINAUX.

OLOPONG. REPT. OPH. Les naturalistes ne connaissent pas encore la grande Vipère des Philippines désignée sous ce nom de pays par divers voyageurs. (B.)

OLOR. OIS. Nom spécifique du Cygne domestique. *V.* CANARD. (B.)

OLOTOTOLT. OIS. Hernandez mentionne sous ce nom de pays un joli Oiseau un peu plus grand que le Merle, qui est bleu d'azur avec le cou varié de blanc et de rouge. Il habite les lieux montueux du Mexique ; on ne sait à quel genre le rapporter. (B.)

OLUS. BOT. PHAN. Ce mot latin, qui signifie proprement *Herbage*, est entré dans la composition du nom de plusieurs Plantes chez les anciens botanistes et répond exactement à Brèdes (*V.* ce mot). De-là on a appelé des Plantes potagères :
OLUS ALBUM, la Mâche.
OLUS ASTRUM, le Maceron commun.
OLUS AUREUM, le Bon-Henri.
OLUS HISPANICUM, l'Epinard.
OLUS JUDAICUM, la Corète.
OLUS SANGUINIS, l'Igname, etc. (B.)

OLYNTHOLITHE. MIN. Fischer nomme ainsi le Grenat granulaire dont il fait une espèce. (G. DEL.)

* OLYRACÉES ou OLYRÉES. *Olyraceæ.* BOT. PHAN. Nom de la neuvième section établie par Kunth dans les Graminées. *V.* ce mot. (A. R.)

OLYRE. *Olyra.* BOT. PHAN. Genre de la famille des Graminées, appartenant à la section des Olyracées de Kunth, et offrant pour caractères : des épillets uniflores, unisexués, mâles et femelles, réunis dans une même panicule. Les épillets mâles ont une lépicène composée de deux écailles, point de glume et trois étamines ; les épillets femelles, qui sont souvent hermaphrodites, ont une lépicène composée de deux écailles membraneuses, striées ; l'extérieure, plus grande, se termine par une très-longue pointe ; une glume de deux paillettes coriaces luisantes, plus courtes que la lépicène. Le fruit est une cariopse recouverte par les deux paillettes de la glume, qui se soudent entre elles et semblent former le péricarpe. On compte un seul style, terminé par deux stigmates plumeux.

Ce genre, qu'Adanson nommait *Mapira*, se compose d'un petit nombre d'espèces. Ce sont des Graminées généralement vivaces, croissant dans les diverses parties de l'Amérique méridionale, car il est très-probable que l'*Olyra orientalis* de Loureiro appartient à quelqu'autre genre. Les Olyres ont de larges feuilles entières, striées, des fleurs assez grandes disposées en une panicule simple et terminale. L'espèce la plus commune est l'*Olyra latifolia*, L. ; Lamk., Ill., t. 751, f. 1. Cette espèce croît sur le continent de l'Amérique méridionale, et dans plusieurs des Antilles. Ses tiges, hautes souvent de plusieurs pieds, sont fermes et comme ligneuses, glabres ; ses feuilles sont ovales, lancéolées, aiguës, d'une largeur remarquable pour une Graminée. Les fleurs, assez grandes, forment une panicule simple, dressée et terminale, composée de fleurs mâles et de fleurs hermaphrodites. Indépendamment de cette espèce, la première connue, Swartz en a décrit deux autres, originaires de la Jamaïque, l'une sous le nom d'*Olyra paniculata*, et l'autre sous celui d'*Olyra pauciflora*. Cette dernière, que Lamarck a décrite sous le nom d'*Olyra axillaris*, forme le genre *Litachne* de Beauvois. (*V.* Li-TACHNE.) Le professeur Kunth (*In Humb. Nov. Gen.*) en a fait connaître cinq espèces nouvelles recueillies par Humboldt et Bonpland en Amérique.   (A. R.)

OMAID. BOT. PHAN. Le genre formé sous ce nom , par Adanson , pour l'*Arum triphyllum*, L. , n'a pas été adopté.   (B.)

* OMALANTHUS. BOT. PHAN. Nous avons établi , dans la famille des Euphorbiacées, ce genre, voisin des *Stillingia* et *Sapium*, dont il se rapproche en plusieurs points et s'éloigne en quelques autres. Ses caractères sont les suivans : fleurs monoïques ; calice composé de deux sépales échancrés à leur base, et munis d'une glande, caducs dans la fleur femelle ; fleurs mâles : six ou dix étamines à filets courts et aplatis qui se soudent en partie entre eux ; anthères adnées, externes ; fleurs femelles : style bifide ; deux stigmates glanduleux, bilobés à leur sommet ainsi qu'à leur base, et qui semblent appliqués sur la face externe des deux divisions du style ; ovaire oblong, à deux loges contenant chacune un ovule unique, et qui devient une capsule à deux valves. Ce genre renferme deux espèces jusqu'ici inédites, originaires , l'une de Java et des Philippines, l'autre de la Nouvelle-Hollande. Ce sont des Arbrisseaux à feuilles alternes, entières, glabres, portées sur de longs pétioles munis de glandes à leur sommet. Les fleurs forment des épis terminaux sur lesquels les mâles se ramassent en petits pelotons serrés , accompagnés d'une bractée biglanduleuse ; les femelles solitaires, munies d'une bractée semblable et portées sur un pédoncule plus long, sont tantôt sur le même épi que les mâles au-dessous d'elles, tantôt sur un épi différent. *V.* Adr. de Jussieu, Euphorb. , p. 5o, tab. 16, n. 53.
    (A. D. J.)

* OMALE. INS. Genre d'Hyménoptères établi par Jurine et que La-

treille avait déjà nommé Béthile.
    (G.)

OMALIE. *Omalium.* INS. Genre de l'ordre des Coléoptères , section des Pentamères , famille des Brachélytres ; tribu des Aplatis , établi par Gravenhorst aux dépens du genre *Staphylinus* de Fabricius, et ayant pour caractères : palpes courts, filiformes , peu avancés ; les maxillaires composés de quatre articles et les labiaux de trois; mandibules arquées, pointues, simples ; antennes insérées devant les yeux, sous un rebord, de la longueur de la tête et du corselet , grossissant insensiblement vers leur extrémité, avec le premier article un peu allongé et renflé. Tête entièrement dégagée ; labre entier. Corselet transverse , rebordé latéralement ; élytres plus longues que lui ; pates simples ou à peine épineuses. Ce genre se distingue des Oxytèles qui en sont les plus voisins par les tarses qui ne se replient pas dans une rainure de la jambe, comme cela a lieu chez les Oxytèles ; les Protéines en sont distingués par leurs palpes en alène ; enfin les Lestèves et les Aléochares en sont séparées par des caractères tirés de la forme des antennes et de leur insertion. Les Omalies sont en général de très-petite taille ; leurs mœurs sont à peu près les mêmes que celles des Staphylins ; on les trouve dans les Mousses et surtout dans les fleurs ; quelques espèces vivent dans les bouses, d'autres fréquentent les Agarics en décomposition. Olivier a décrit vingt-sept espèces de ce genre qu'il partage en deux familles ainsi qu'il suit :

† Elytres à peine plus longues que le corselet.

OMALIE PLANE, *Omalium planum*, Gravenh., Latr., Oliv.; *Staphylinus planus*, Payk., *Faun. Suec.*, t. 3, p. 4o3, n° 48. Longue de près d'une ligne, plane, noirâtre, luisante ; antennes, élytres et pates pâles ; corselet avec trois impressions peu marquées. Cette espèce est très-commune dans toute l'Europe.

†† Elytres une fois plus longues que le corselet.

OMALIE RIVULAIRE, *Omalium rivulare*, Latr., *Gen. Crust. et Ins.*, Grav.; *Staphilinus rivularis*, Oliv., Entom. T. III, n° 42, 49, t. 5, fig. 27, a, b, Payk. Longue de près d'une ligne et demie; noire, luisante; élytres noirâtres; corselet sillonné. Cette espèce habite sur les fleurs, sur les Plantes graminées, sur les Bolets, les excrémens humains et les bouses. Elle est très-commune dans toute l'Europe. (G.)

OMALISE. *Omalisus*. INS. Genre de l'ordre des Coléoptères, section des Pentamères, famille des Serricornes, tribu des Lampyrides, établi par Geoffroy et adopté par tous les entomologistes, avec ces caractères : dernier article des palpes maxillaires tronqué; tête en grande partie découverte; second et troisième articles des antennes très-courts; yeux écartés, à peu près de la même grosseur dans les deux sexes; angles postérieurs du corselet prolongés et très-pointus; élytres plus fermes que dans les autres Malacodermes. Ce genre ressemble beaucoup aux Lycus, mais il en est bien distingué par sa bouche qui n'avance pas en forme de museau et par les antennes qui, dans les Lycus, sont très-comprimées, plus ou moins en scie, avec le troisième article semblable aux suivans. Les Lampyres se distinguent des Omalises par leur corselet demi-circulaire, cachant la tête, et par leurs palpes maxillaires terminés par un article aigu. La tête des Omalises est un peu plus étroite que le corselet; les yeux sont arrondis et saillans; les antennes sont filiformes, rapprochées à leur base, plus longues que le corselet, et composées de onze articles; dont le premier est un peu renflé, le second et le troisième petits et arrondis, et les autres cylindriques; la lèvre supérieure est petite, cornée, arrondie et légèrement ciliée; les mandibules sont cornées, assez longues, minces, très-arquées, simples, et terminées en pointe aiguë; les mâchoires sont cornées à leur base, simples, membraneuses et arrondies à leur extrémité; leurs palpes sont plus longs que les labiaux, presque en masse, et composés de quatre articles dont le premier est très-petit, à peine apparent, les autres coniques, et le dernier ovale et gros; la lèvre inférieure est cornée et échancrée, elle porte deux palpes courts, filiformes, et composés de trois articles; le corselet est déprimé, un peu rebordé, presque carré, un peu plus étroit que les élytres, et terminé postérieurement de chaque côté en pointe aiguë. Les élytres sont dures, un peu déprimées, et de la grandeur de l'abdomen; elles cachent deux ailes membraneuses, repliées; les pates sont de longueur moyenne, avec des tarses filiformes, terminés par deux ongles crochus. Les Omalises se trouvent dans les lieux secs, sur les Herbes et sur les jeunes Charmes. Celle que l'on trouve aux environs de Paris se plaît dans les prairies, près des bois ou dans les clairières entourées d'Arbres. Son vol est léger lorsque le temps est chaud et sec; cependant elle fait peu d'usage de ses ailes. Comme beaucoup d'autres Insectes dépourvus de défenses, elle se laisse tomber, en contrefaisant la morte, quand on approche pour la prendre. Sa larve et ses métamorphoses sont encore inconnues. Ce genre se compose de trois espèces, toutes propres à l'Europe. La plus commune et celle qui a servi à Geoffroy pour établir le genre, est :

L'**OMALISE SUTURALE**, *Omalisus suturalis*, Fabr., Oliv., Latr.; *Omalisus Fontisbellaquœi*, Fourcroy; l'Omalise, Geoffroy, Ins. Paris, T. 1, p. 180, n. 1, pl. 2, fig. 9. Longue de deux lignes et demie; corps déprimé; antennes noires, un peu velues, de la longueur de la moitié du corps; corselet noir; élytres d'un rouge obscur, avec la suture noire beaucoup plus large à la base qu'à l'extrémité; dessous du corps et pates noirs. Elle se trouve dans toute la France, mais surtout dans le nord. Elle est assez commune aux environs de Paris. Bonelli en a découvert une espèce toute noire dans les Alpes ; enfin Dejean en a trouvé une autre en Dalmatie. (G.)

OMALOCARPUS. BOT. PHAN. De Candolle (*Syst. Veget. Nat.* T. 1, p. 212) donne ce nom à l'une des six sections qu'il a établies dans le genre *Anemone*. Elle est caractérisée par ses carpelles comprimés-plans, orbiculés, très-glabres et entièrement mutiques. Les fleurs sont disposées en ombelles, rarement solitaires. L'*Anemone narcissiflora*, L., jolie Plante des Alpes à fleurs blanches, en est le type. L'auteur adjoint à cette espèce les *Anemone umbellata*, Willd., et *sibirica*, L. (G..N.)

OMALOIDES ou **PLANIFORMES. INS.** Duméril désigne ainsi une famille de Coléoptères tétramères, à laquelle il donne pour caractères : antennes en massue, non portées sur un bec ; corps déprimé. Elle comprend les Trogossitaires et les Platysomes de Latreille, plus le genre Hétérocère. (G.)

* **OMALON. INS.** Nom donné par Duméril (Dict. des Scienc. Natur.) à un genre d'Hyménoptères de la famille des Systrogastres ou Chrysides, et dont il ne diffère que par l'allongement de l'abdomen qui est à peu près d'égale largeur partout. Ce genre n'est pas adopté par Latreille. *V.* CHRYSIDES et CHRYSIS. (G.)

* **OMALOPLIE.** *Omaloplia.* **INS.** Genre de l'ordre des Coléoptères, section des Pentamères, famille des Clavicornes, tribu des Scarabéïdes phyllophages, établi, sans être publié, par Megerle, et adopté par Latreille (Fam. Nat.) qui ne donne pas ses caractères. Ce genre renferme une quinzaine d'espèces dont les principales sont : les *Melolontha brunnea*, *variabilis*, *ruricola*, etc., de Fabricius. (G.)

* **OMALOPODES. INS.** Famille établie par Duméril et renfermant le genre Blatte. *V.* ce mot. (G.)

OMALOPTÈRES. *Omaloptera.* **INS.** Nom donné par Leach (Encycl. d'Edimbourg, et Mélanges de Zoologie) à un ordre établi dans une nouvelle division de la classe des Insectes, et dans lequel ce savant renferme des Insectes à trois métamorphoses ; à bouche munie de mandibules et de mâchoires allongées ; à lèvre simple ; à ailes nulles ou au nombre de deux sans balanciers. Cet ordre comprend la deuxième section de l'ordre des Diptères de Latreille (Fam. Nat.), laquelle renferme deux tribus. *V.* CoRIACES et PHRYROMYES. (G.)

OMALORAMPHES ou **PLANIROSTRES. OIS.** Dénomination appliquée par Duméril à une famille d'Oiseaux qui renferme les genres Hirondelle, Martinet, Engoulevent et Pudarge, dont toutes les espèces se distinguent par un bec court, faible, large et plat à sa base, sans échancrure à l'extrémité. (DB..Z.)

OMALYCUS. BOT. CRYPT. (*Lycoperdacées.*) Rafinesque avait d'abord donné ce nom au genre qu'il a depuis décrit sous le nom de *Mycastrum. V.* ce mot. (AD. B.)

OMARE. POIS. Espèce du genre Sciène. *V.* ce mot. (B.)

OMARIA. MOLL. Espèce du genre Cône. (B.)

* **OMASÉE.** *Omasœus.* **INS.** Genre de l'ordre des Coléoptères, section des Pentamères, famille des Carnassiers terrestres, tribu des Carabiques, division des Bipartis, établi par Ziégler et adopté par Latreille (Fam. Nat.) qui ne donne pas ses caractères. Les *Carabus aterrimus*, *nigrita*, etc., de Fabricius, appartiennent à ce genre. (G.)

* **OMATERI-OUASSUUS. MAM.** *V.* TAMANOIR au mot FOURMILIER.

OMBAK. BOT. PHAN. Pour Hombak. *V.* ce mot. (B.)

OMBELLE. *Umbella.* **BOT. PHAN.** C'est une sorte d'inflorescence dans laquelle les pédoncules communs, partant tous d'un même point, se divisent à leur sommet en pédicelles qui partent également d'un même point et s'élèvent tous à la même hauteur, de manière que l'assemblage de fleurs présente une surface convexe et a quelque ressemblance avec un parasol étendu. Chacune des petites Ombelles partielles dont se compose l'Ombelle générale, s'appelle une Ombellule. Assez souvent à la base de l'Ombelle on trouve une réunion de folioles qu'on nomme involucre; et celles qui existent à la base des Ombellules constituent les involucelles; la vaste famille des Ombellifères nous offre des exemples de ce mode d'inflorescence et de toutes ses modifications. Quelquefois l'Ombelle est simple, c'est-à-dire que les pédoncules primaires sont simples et portent les fleurs à leur sommet. Cette disposition se remarque dans quelques Ombellifères, par exemple dans l'*Hydrocotyle umbellata*, L., dans beaucoup de Primevères, le *Butomus umbellatus*, un grand nombre d'espèces du genre Ail, etc. Le professeur Richard a donné le nom de Sertule à ce dernier mode d'inflorescence. *V.* SERTULE. (A. R.)

OMBELLIFÈRES. *Umbelliferæ.* BOT. PHAN. L'une des familles les plus naturelles du règne végétal, et reconnue comme telle par tous les botanistes, bien long-temps avant l'établissement de toute méthode. Les Plantes de cette nombreuse famille sont en général herbacées, annuelles ou vivaces; très-rarement elles sont ligneuses, mais jamais elles ne forment des Arbres, comme dans les Araliacées qui en sont si voisines. Leurs feuilles sont alternes, pétiolées, engaînantes à leur base, qui est souvent très-dilatée et membraneuse; le limbe de la feuille est en général plus ou moins profondément divisé, quelquefois partagé en un nombre infini de lanières extrêmement fines; dans quelques genres, et entre autres dans les Buplèvres, les feuilles paraissent simples et ont en général été décrites comme telles. Mais il en est

de ces prétendues feuilles simples comme de celles de certaines espèces de Mimeuses; ce sont de véritables pétioles dilatés en forme de feuilles, par suite de l'avortement du limbe. Dans les Hydrocotyles, nous avons le premier (Monograph. du genre Hydrocotyle) constaté l'existence de deux stipules libres à la base du pétiole de chaque feuille. Nous avons fait remarquer que ces stipules existaient dans toutes les espèces dont le pétiole n'était pas dilaté à sa base, d'où il nous semblait qu'on pouvait conclure que les dilatations membraneuses qui existent à la base des pétioles dans toutes les autres Ombellifères, peuvent être considérées comme des stipules adnées, semblables à celles qui se remarquent dans les Rosiers. La tige des Ombellifères est tantôt simple et tantôt ramifiée; son intérieur est généralement creux ou rempli d'une moelle diaphane et légère; de distance en distance elle présente des nœuds pleins; assez souvent elle offre des cannelures longitudinales, mais néanmoins elle est lisse dans un grand nombre d'espèces. Les fleurs des Ombellifères sont petites. Elles sont disposées en ombelles simples ou composées; quelquefois les pédoncules sont tellement courts, qu'elles forment des capitules, comme dans les *Eryngium*, par exemple; enfin dans un petit nombre de genres anomaux, les fleurs offrent une inflorescence différente de l'ombelle. A la base de l'ombelle on trouve, dans un grand nombre de genres, de petites folioles disposées soit circulairement, soit latéralement, et qu'on nomme l'involucre. Cet organe par le nombre, la disposition et la figure des folioles qui le composent, peut fournir d'assez bons caractères de genres. Il en est de même de l'involucelle, c'est-à-dire de l'involucre partiel qui existe quelquefois à la base des ombellules. Il y a des genres qui ont à la fois un involucre et des involucelles, d'autres qui n'ont qu'un involucre sans involucelles, ou des involucelles sans involucre ; et enfin, plusieurs dont les ombelles et les ombellules sont tout-à-fait nues. Une fleur d'Ombellifère offre constamment l'organisation suivante : un ovaire infère à deux loges contenant chacune un seul ovule pendant du sommet de la loge; cet ovaire est couronné par le limbe calycinal, qui tantôt est apparent et se compose de cinq petites dents, et tantôt est presque nul et non distinct; la corolle est formée de cinq pétales égaux ou inégaux, roulés vers le centre de la fleur avant son épanouissement, présentant ordinairement à leur partie moyenne une sorte de bande ou de frein longitudinal, qui quelquefois se replie à son sommet de manière à paraître former des pétales échancrés en cœur. Les étamines sont au nombre de cinq, insérées, ainsi que les pétales, autour d'un disque épigyne qui couronne l'ovaire ; elles sont alternes avec les pétales; leurs anthères, avant l'épanouissement de la fleur, sont recouvertes par les deux pétales contigus, qui chacun en recouvre un des côtés. Le disque épigyne, dont nous venons de parler, est partagé en deux lobes qui se continuent chacun avec la base des styles, dont ils ne sont pas distincts; Hoffmann les a nommés stylopodes. Les deux styles sont simples, plus ou moins longs, et terminés par un stigmate capitulé et très-petit. Le fruit est toujours couronné par le calice, dont le limbe est tantôt entier et tantôt denté; il se compose de deux akènes d'une forme extrêmement variable suivant les genres. Ces deux akènes sont réunis entre eux par leur côté intérieur au moyen d'une sorte d'axe central ou de columelle nommée spermapode par Hoffmann, et qui souvent se divise en deux parties. Examiné à sa surface externe, le fruit des Ombellifères présente à considérer : 1° sa commissure, c'est-à-dire la face interne qui réunit les deux moitiés ou les deux akènes qui le composent; 2° chaque moitié qui offre ordinairement cinq côtes saillantes, séparées par autant de sillons plus ou moins profonds. (*Valleculæ Hoffm.*) Dans le fond de ces sillons on aperçoit presque constamment des lignes colorées, qui paraissent être des faisceaux de vaisseaux propres, pleins de sucs colorés et résineux, et qu'Hoffmann a nommés bandelettes (*vittæ*). Le nombre et la disposition de ces bandelettes a servi au botaniste que nous venons de citer, pour établir de bons caractères génériques. Indépendamment des cinq côtes principales que nous avons dit exister sur chaque côté du fruit, on en trouve parfois de secondaires dont le nombre varie beaucoup; en sorte que dans quelques genres, la surface du fruit est marquée de stries nombreuses. Dans d'autres, au contraire, le fruit est lisse et sans côtes ni stries apparentes; plusieurs, au lieu de côtes, présentent des lames plus ou moins saillantes. Quant à la forme générale du fruit, elle est extrêmement variable ; ainsi elle est ovoïde, prismatique, allongée et presque linéaire, globuleuse, didyme, plane, etc. Ces formes, jointes à la disposition, au nombre et à la saillie plus ou moins considérable des côtes et des stries, sont la source la plus abondante où l'on puise les caractères propres à distinguer les genres entre eux. Chaque akène renferme une graine suspendue au sommet de la loge. Cette graine se compose d'un tégument propre, d'un gros endosperme ordinairement corné, contenant dans sa partie supérieure un très-petit embryon renversé comme la graine.

La famille des Ombellifères est tellement naturelle, elle offre une si grande uniformité dans son organisation, qu'on pourrait en quelque sorte la considérer comme un grand genre, dont les espèces seraient représentées par les genres aujourd'hui établis, et les variétés par les espèces. Mais néanmoins les genres peuvent encore être distingués les uns des autres, quoique fondés sur des caractères assez minutieux. C'est une remarque générale qui s'applique éga-

lement à toutes les familles très-na-
turelles, comme les Labiées, les Crucifères, les Graminées, les Lichens,
etc. Plusieurs auteurs se sont successivement occupés de cette famille;
tels sont, parmi les anciens, Morison, Tournefort, Linné, Adanson,
Crantz, Cusson, etc., et parmi les
modernes Hoffmann, Sprengel, Lagasca et Koch. Ces quatre derniers
botanistes ont publié chacun sur cette
famille un travail général dans lequel
ils ont embrassé les uns seulement
les genres, comme Lagasca et Koch,
les autres les genres et les espèces,
comme Hoffmann et Sprengel.

L'ouvrage d'Hoffmann est intitulé :
*Plantarum Umbelliferarum genera,
eorumque caracteres naturales*, etc.;
edit. nova Mosquæ, 1816. Les genres
enumérés par l'auteur sont au nombre de soixante, dont un grand nombre étaient nouveaux. C'est surtout
d'après l'existence ou la non existence
des bandelettes, leur position, leur
nombre, leur forme, etc., que ces
genres ont été établis. Ainsi, tantôt
les fruits en sont pourvus, tantôt ils
n'en ont pas. Dans le premier cas
elles peuvent être visibles à l'extérieur (*Vittæ Epicarpii*), ou non visibles à l'extérieur, et renfermées ou
recouvertes par une membrane propre (*Vittæ Epispermii*). Dans les
genres qui ont leurs bandelettes visibles, elles peuvent être situées à
la fois sur le dos du fruit et sur la
commissure, d'autres fois sur le dos
seulement ou sur la commissure, etc.
Voici le tableau des genres admis
par Hoffmann, et disposés selon sa
méthode :

I. Semina vittata.

1. Vittis epicarpii.

A. *Dorsalibus et commissuræ.*

a. Fructibus costatis, jugatis, alatis;

α. Costis nudis.

*Isophyllum , Drepanophyllum ,
Crithmum, Cicuta, OEnanthe, Phellandrium, Bunium, Carum, Chærophyllum, Anethum, Fœniculum, Pe-*

trosa *linum, Apium, Pimpinella, Tri-
nia, Æthusa , Cnidium, Conioseli-
num, Selinum, Oreoselinum.*

β. Costis armatis.

* *Pilosis , villosis.*

*Melanoselinum , Tragium , Cumi-
num.*

** Setosis, glochidatis.

*Daucus , Torilis, Caucalis, Turge-
nia, Orlaya , Platispermum.*

b. Fructibus ecostatis.

* Compressis nudis.

Malabaïla, Pastinaca, Heracleum.

** Compressis armatis.

*Sphondylium, Zozima, Tordilium,
Condylocarpus.*

B. *Vittis dorsalibus nec commissuræ.*

Wendia.

C. *Vittis commissuralibus nec dorsi.*

Coriandrum.

2. Vittis epispermii.

a. Fructibus costatis, jugatis, alatis,
compressis.

α. Costis nudis.

*Thisselinum, Callisace , Angelica ,
Archangelica.*

β. Costis utriculatis.

Ostericum , Pleurospermum.

b. Fructibus ecostatis.

* Nudis.

Cachrys.

** Rugosis.

Rumia.

*** Armatis, aculeatis.

Sanicula.

II. Semina evittata.

a. Fructibus costatis, jugatis.

α. Costis nudis.

*Buplevrum, Diaphyllum, Dondia,
Conium, Krubera, Ægopodium.*

β. Costis armatis, rostratis .

*Myrrhis, Scandix, Wylia, An-
thriscus*

γ. Costis utriculatis.

Astrantia.

b. Fructibus ecostatis, verruculosis.
Odontites , Bifora.

Le professeur Sprengel, de Halle,
s'est beaucoup occupé de la famille
des Ombellifères. Indépendamment
de son *Prodromus*, il a publié, dans
le cinquième volume du *Species Plantarum* de Rœmer et Schultes, un travail général qui comprend tous les
genres et toutes les espèces de cette
famille. Le premier il a eu l'heureuse
idée de diviser cette famille en plusieurs sections ou tribus naturelles,
principalement d'après la forme générale du fruit. Sans admettre les
nombreux changemens faits par le
célèbre professeur de Halle, cependant nous pensons que sa classification est celle qui mérite la préférence.
Aussi est-ce d'après elle que nous
allons donner le tableau des genres
qui composent aujourd'hui la famille
des Ombellifères.

1re Tribu. — ERYNGIÉES.

Ombelles incomplètes : fleurs généralement disposées en capitule.

*Arctopus, Eryngium, Exoacantha,
Echinophora , Eriocalia , Sanicula ,
Dondia , Astrantia, Pozoa.*

Cette tribu est peu naturelle ; elle
renferme tous les genres qui n'ont pu
entrer dans les tribus suivantes.

2e Tribu. — HYDROCOTYLINÉES.

Ombelles imparfaites : involucres
nuls ou presque nuls ; feuilles simples ou divisées ; fruit ovoïde, solide, le plus souvent strié.

*Hydrocotyle, Spananthe, Trachy-
mene, Bolax , Drusa , Bowlesia.*

3e Tribu. — BUPLEURINÉES.

Ombelles complètes ou presque
complètes ; involucre composé de
folioles larges ; feuilles simples, ou
mieux pétioles planes et élargis en
feuilles.

*Buplevrum , Tenoria , Hermas ,
Odontites.*

4e Tribu. — PIMPINELLÉES.

Ombelles parfaites , quelquefois
dépourvues d'involucres et d'involucelles. Fruits ovoïdes, solides à cinq
côtes ; rameaux effilés ; feuilles composées ou même décomposées.

*Pimpinella, Tragium , Seseli , Si-
son , Carum , Cnidium , OEnanthe ,
Apium , Meum.*

5e Tribu. — SMYRNIÉES.

Ombelles parfaites, le plus souvent
sans involucres ; fruits subéreux extérieurement, solides ou comprimés.

*Smyrnium, Cachrys , Coriandrum,
Biforis , Siler, Cicuta , Æthusa, Phy-
sospermum, Pleurospermum, Hassel-
quistia , Tordylium , Thysselinum.*

6e Tribu. — CAUCALIDÉES.

Fruits hispides ou épineux ; involucre polyphylle.

*Caucalis , Daucus, Torilis, Oli-
veria , Athamanta, Bubon, Bunium,
Capnophyllum.*

7e Tribu. — SCANDICINÉES.

Fruits allongés, pyramidaux, terminés par deux pointes à leur sommet. Pas d'involucre.

*Scandix, Myrrhis , Chærophyllum,
Anthriscus , Schultzia.*

8e Tribu. — AMMIDÉES.

Fruits ovoïdes munis de côtes très-
marquées ; involucre et involucelles
variés.

*Ammi , Cuminum, Sium , Conium,
Ligusticum , Wallrothia.*

9e Tribu. — SÉLINÉES.

Fruits comprimés, planes, souvent munis d'ailes ; involucres variés.

*Selinum, Peucedanum, Heracleum,
Pastinaca , Cogswellia, Ferula , Angelica, Imperatoria , Thapsia, Laser-
pitium, Artedia.*

La famille des Ombellifères est
suffisamment distincte de toutes les
autres familles du règne végétal, si
ce n'est des Araliacées, avec lesquelles elle se confond, et qui pourraient
facilement lui être réunies. En effet ,

les Araliacées ne diffèrent des Ombellifères que par leur fruit, qui présente cinq ou un plus grand nombre de loges, et autant de styles et de stigmates, et que parce que ce fruit est assez souvent légèrement charnu. Mais dans le genre *Panax*, il n'y a que deux styles et deux loges, et dans quelques espèces le fruit est à peine charnu. D'ailleurs, le fût-il constamment, nous ne croyons pas que ce seul caractère de la consistance du péricarpe pourrait être suffisant pour distinguer deux familles dont l'organisation offre autant de ressemblance dans toutes les autres parties. *V.* ARALIACÉES. (A. R.)

OMBELLULAIRE. *Umbellularia.* POLYP. Genre de l'ordre des Nageurs ou Flottans, ayant pour caractères : corps libre constitué par une tige simple, très-longue, polypifère au sommet, ayant un axe osseux, inarticulé, tétragone, enveloppé d'une membrane charnue; Polypes très-grands, réunis en ombelle, ayant chacun huit tentacules ciliés. Il paraît qu'Ellis est le seul auteur qui ait vu, décrit et figuré le singulier et magnifique Animal qu'il nomme Polype de mer en bouquet, et que Lamarck a depuis appelé Ombellulaire; mais sa décision est si précise, l'exactitude d'Ellis est d'ailleurs si grande, si scrupuleuse, qu'on peut admettre, sans restriction, tout ce qu'il en rapporte. Ce Polypier, recueilli proche les côtes du Groënland, se trouva attaché à une sonde de deux cent trente-six brasses de profondeur; sa tige, longue de plusieurs pieds, blanche, et ressemblant à de l'ivoire, est fort mince, aplatie, droite, et forme un seul tour de spirale près de la base commune d'où naissent les Polypes; elle est presque quadrangulaire dans la plus grande partie de sa longueur, et se termine en pointe à l'une de ses extrémités. Sa substance est une matière calcaire, pénétrée d'un peu de gélatine; elle n'est point articulée, ce qui sépare nettement ce genre des Crinoïdes qui en

diffèrent encore par d'autres caractères et notamment celui d'être constamment fixés. Une membrane mince enveloppe la tige de l'Ombellulaire depuis le disque musculeux sur lequel les Polypes sont fixés, jusqu'à l'extrémité opposée qui se termine en pointe. Dans cette dernière partie la membrane est épaisse et comme cartilagineuse; partout elle est collée sur la tige excepté dans une petite étendue près du disque musculeux où elle en est séparée par un intervalle assez considérable rempli d'air. Cette sorte de vessie sert sans doute au Polypier à conserver une attitude perpendiculaire dans la mer, et peut-être de moyen de s'élever ou de s'enfoncer à son gré. Les Polypes, dont le nombre varie de vingt-cinq à trente, sont fixés par leur base à une sorte de disque charnu qui termine une des extrémités de la tige; leur longueur est d'environ deux pouces; ils sont cylindroïdes et leur surface est inégale; ils sont couronnés en avant par huit tentacules ciliés sur leurs bords, longs d'un demi-pouce environ et de couleur jaune pendant la vie; la bouche est placée au milieu des tentacules. En ouvrant longitudinalement le corps de ces Polypes, Ellis y trouva de petites particules arrondies semblables à des graines, contenues dans les cavités celluleuses d'un muscle fort et ridé qui formait les parois de ce corps. L'espèce unique de ce genre, nommée *Umb. groenlandica* par Lamarck, est figurée dans l'Essai sur les Corallines de Jean Ellis, pl. 37, fig. a, b, c. On peut voir dans l'article MER de ce Dictionnaire, l'ingénieuse idée sur la coloration des productions aquatiques à laquelle l'Ombellulaire sert de preuve.

(E. D..L.)

OMBELLULE. *Umbellula.* BOT. PHAN. On appelle ainsi les Ombelles partielles dont se compose l'Ombelle. *V.* ce mot. (A. R.)

OMBILIC. Cicatrice arrondie située vers le milieu de l'abdomen, et résultant de l'oblitération de l'ouverture qui, pendant la vie fœtale, livrait passage aux parties constituantes du cordon ombilical. *V.* ce mot.   (H.-M. E.)

DANS LES MOLLUSQUES, on nomme OMBILIC l'ouverture plus ou moins grande qui se voit dans un certain nombre de Coquilles spirales à la base de l'axe ou de la columelle. Nous avons traité de cette partie à l'article COQUILLE, auquel nous renvoyons.   (D..H.)

DANS LES VÉGÉTAUX, on appelle OMBILIC la cicatricule par laquelle la graine communiquait avec le péricarpe. Cette partie est plus généralement désignée sous le nom de Hile. *V.* ce mot. On distingue l'Ombilic en externe et en interne. L'externe est celui qui occupe la membrane externe de la graine; l'interne, qu'on nomme plus souvent Chalaze, est l'ouverture ou cicatricule où aboutissent les vaisseaux nourriciers qui sont entrés par le hile. *V.* CHALAZE.   (A. R.)

OMBILICAIRE. *Umbilicaria.* BOT. CRYPT. (*Lichens.*) Ce genre a été fondé par Persoon dans les Actes de la Société Wettéravienne, II, p. 19. Acharius, qui d'abord avait réuni ces Lichens foliacés aux *Lecidea* à cause de l'aspect des apothécies, sentit plus tard combien ce rapprochement était monstrueux, et il les plaça avec les Gyrophores. Il existe donc alors un genre *Umbilicaria*, et un genre *Gyrophora*, ce qui a fait que les auteurs ont adopté, pour ces mêmes Plantes, tantôt l'un et tantôt l'autre de ces noms, circonstance qui embrouille la synonymie. Des travaux plus modernes mettent en évidence la difficulté de trouver à ces Lichens une place convenable par suite du peu d'importance qu'on veut attacher au thalle. Eschweiler ne reconnaît que le genre *Gyrophora* qu'il place à côté de l'*Endocarpon* avec lequel ce Lichen n'a point d'affinité véritable. Fries, dans un ouvrage récent (*Systema Orbis Vegetabilis*, 1825), rétablit

le genre *Umbilicaria* qu'il place en tête de l'ordre des Lichens, à côté des Calycioïdes. Meyer, adoptant l'idée primitive d'Acharius, que cet auteur avait condamnée avant que la critique ne l'avertît de sa faute, réunit l'Ombilicaire et le Gyrophore au genre *Lecidea;* malgré tout, nous pensons que cette innovation n'est point heureuse, et que les lichénographes regarderont les Ombilicaires comme devant trouver leur place parmi les Lichens à thalle foliacé. Mérat a proposé, dans la Flore des environs de Paris, de séparer le Gyrophore à pustules pour en former le genre *Lasallia.* Nous basant sur des idées semblables, nous avons formé le même genre sous le nom d'Ombilicaire afin d'employer un nom déjà connu des botanistes ; voici comment nous le caractérisons : thalle foliacé, membraneux, pelté, attaché au centre; apothécies (patellules turbinées) orbiculaires, sousconcaves, sessiles, pourvues d'une marge peu distincte; disque légèrement rugueux, recouvert d'une membrane colorée (noire), intérieurement similaire.

Les Ombilicaires se fixent exclusivement sur les pierres; on en trouve en Europe, aux Etats-Unis et au cap de Bonne-Espérance. Ce genre est peu nombreux en espèces. On les reconnaît, 1° à leur thalle relevé en bosselures convexes et grenues, creusé en fossettes irrégulières, lacuneux, marqué de fentes noires réticulées et anguleuses ou de granulations; il est ordinairement ample, à lobes assez larges, presque jamais polyphylle; 2° à leur apothécie creusé et marginé, à disque granuleux ou ridé; on peut le croire composé, mais un peu d'attention permet de s'assurer que, quelque pressés qu'ils soient, tous sont distincts. Nous n'en avons point vu offrant de véritables gyromes.

Les principales espèces qui composent ce genre sont : l'Ombilicaire pustuleuse, *Umbilicaria pustulata,* Hoffm., *Flor. Germ.,* p. 111 , si commune sur les rochers de presque toute l'Europe ; l'Ombilicaire de Pensylvanie , *Umb. pensylvanica* , Hoffm. , *Pl. Lich.* , vol. III , p. 8 , T , 69 , fig. 1 et 2 ; l'Ombilicaire de Muhlenberg , *Umb. Muhlenbergii* , Achar. , *Lich. univ.* , p. 227. Elle se trouve communément sur les montagnes de l'Amérique septentrionale.

Nous avons fait figurer dans notre Atlas une Ombilicaire inédite à laquelle nous avons imposé le nom d'Ombilicaire des Hottentots, N. *V.* planches de ce Dictionn. Elle se distingue des autres espèces connues, par son thalle d'une couleur rousse lie de vin très-prononcée, scrobiculé, lacinié sur ses bords , n'atteignant pas les proportions de ses autres congénères , et par ses apothécies nombreuses, sessiles, à disque creusé , à marges entières dans l'un des échantillons que nous possédons , et crénelées dans l'autre , noires, et situées surtout vers le sommet du thalle. Cette belle espèce , qui a été récoltée au Cap, nous a été communiquée par Aubert Du Petit-Thouars de l'Académie des Sciences. *V.* GYROPHORE.   (A. F.)

* OMBILICAL (CORDON). Prolongement des systèmes vasculaire et dermoïde qui , chez les Mammifères , sert à établir la communication entre le fœtus et le placenta. Il paraît que pendant les premiers jours de la vie utérine l'embryon est appliqué immédiatement contre ses enveloppes par un point qui correspond à la région abdominale, et qu'alors il n'existe pas de véritable Cordon Ombilical ; mais à mesure que l'embryon s'éloigne du placenta, ce prolongement devient de plus en plus distinct, et il finit par acquérir une longueur très-considérable. Les parties qui constituent essentiellement le Cordon Ombilical sont : 1° la veine et les deux artères ombilicales ; 2° la gélatine de Warton, substance molle qui entoure ces vaisseaux; 3° l'ouraque; 4° la gaîne ombilicale ; et 5° des vaisseaux omphalo-mésen-

tériques ; mais ces derniers ne persistent point pendant toute la durée de la vie utérine. La *veine ombilicale* naît du placenta, traverse l'anneau ombilical , et se rend presque entièrement au foie. Les *artères ombilicales* , au nombre de deux , proviennent de la bifurcation de l'aorte , remontent sur la paroi antérieure de l'abdomen , pénètrent dans le Cordon et vont se terminer au placenta. L'*ouraque* est un canal membraneux qui se porte de la vessie urinaire vers l'allantoïde. Enfin, les vaisseaux omphalo-mésentériques établissent une communication vasculaire entre la vésicule ombilicale, la veine-porte et l'artère mésentérique.

Avant la fin de la huitième semaine de la vie utérine, le Cordon Ombilical du fœtus humain a la forme d'un entonnoir qui se continue immédiatement avec l'abdomen ; son volume est très-considérable, et il renferme dans son épaisseur une grande portion de l'intestin ; enfin , les muscles qui concourent à former les parois abdominales ont l'apparence d'une mucosité jaunâtre. Vers la douzième semaine, les intestins rentrent complétement dans l'abdomen, le Cordon perd sa disposition infundibuliforme, et la peau commence à devenir distincte. Au quatrième mois, on aperçoit la structure fibreuse de la ligne blanche, mais la portion de ce raphé, située entre l'ombilic et le sternum, est encore entièrement muqueuse, et peut à peine être distinguée des parties environnantes. A mesure que les muscles des parois abdominales et leurs aponévroses se développent et prennent plus de consistance, la ligne blanche s'affaisse, et il se forme autour du Cordon une espèce d'anneau fibreux appelé anneau ombilical. Lors de la naissance les tégumens de l'abdomen se continuent sur le Cordon dans l'étendue d'environ un demi-pouce, mais ils ne sont unis aux vaisseaux qui le constituent que par du tissu cellulaire très-lâche; une cloison membraneuse, située entre la veine ombilicale et les autres vaisseaux du Cordon, paraît diviser l'anneau en deux parties à peu près égales. Après la naissance, toute la portion du Cordon Ombilical qui se trouve au-delà du point où se terminent les tégumens, se flétrit et se détache; la peau se cicatrise et contracte des adhérences intimes avec les vaisseaux ombilicaux qui s'oblitèrent. En se resserrant, ces vaisseaux l'entraînent en dedans, occasionent en partie l'enfoncement de la cicatrice, et se convertissent en autant de cordons ligamentaux. Enfin, l'espèce de tubercule qui se forme ainsi dans l'ouverture ombilicale contracte des adhérences très-fortes avec le péritoine dont les bords de l'anneau se resserrent et acquièrent une force et une épaisseur remarquables.   (H.-BL. E.)

DANS LES VÉGÉTAUX, c'est le faisceau de vaisseaux qui attachent l'ovule au placenta. *V.* PODOSPERME.
(A. R.)

* OMBILICARIÉES. BOT. CRYPT. (*Lichens.*) Nous avons établi ce groupe pour y renfermer les Lichens foliacés qui adhèrent par le centre aux corps sur lesquels ils sont fixés, et dont les apothécies sont concolores. Ce groupe prend place entre les Ramalinées et les Peltigères. Ces Lichens sont saxicoles; leur thalle est avide d'humidité; quand ils en sont privés, ils deviennent cassans et friables; ce thalle est rarement lisse, il est au contraire marqué d'enfoncemens, de proéminences et de papilles. On y trouve des pulvinules, sortes de végétations assez semblables à de petites corniculaires. Le fruit se nomme Gyrome (*V.* ce mot); il est arrondi, sessile ou seulement attaché au centre, turbiné, ayant quelque analogie avec la lirelle.

Deux genres seulement constituent ce groupe; 1° le Gyrophore, *Gyrophora*, Ach., *pro parte*, dont les apothécies sont de vraies gyromes, offrant des stries circulaires portées sur un thalle lisse; 2° l'Ombilicaire, *Umbilicaria*, N.; *Gyrophora*, *Sp.*, Ach.;

Lasallia, Mérat, dont les apothécies sont de fausses gyromes imitant des patellules, et très-rarement avec des stries circulaires, mais seulement des rugosités; elles sont fixées sur un thalle marqué d'enfoncement, et offrent une texture réticulée.

L'opinion des lichénographes sur la place que ces Plantes doivent occuper est très-différente. On attend avec impatience la Monographie que Delise, connu si avantageusement par son beau travail sur les Stictes, doit incessamment publier sur le groupe des Ombilicariées.   (A. F.)

* OMBILIQUÉ. *Umbilicatus*. BOT. PHAN. On dit d'un organe qu'il est ombiliqué, lorsqu'il présente sur l'une de ses parties une dépression et une sorte de cicatrice. Ainsi les fruits qui proviennent d'un ovaire infère, c'est-à-dire qui sont couronnés à leur sommet par le limbe du calice, sont ombiliqués à leur sommet; tels sont ceux du Pommier, du Néflier, etc.
(A. R.)

OMBLE ou MIEUX UMBLE. POIS. *Salmo Umbla*, L. Syn. d'Ombre Chevalier. *V.* OMBRE.   (B.)

OMBRE. POIS. On a donné ce nom à divers Poissons d'eau douce appartenant au genre Saumon, et il en est résulté une grande confusion dans leur histoire. Le véritable OMBRE ou OMBRE DE RIVIÈRE paraît être le *Salmo Thymallus* de Linné; l'OMBRE BLEU est le *Salmo Wartmanni*; et l'OMBRE CHEVALIER, l'Ombre ou Umble. On a aussi nommé OMBRE DE MER une espèce du genre Sciène. *V.* ce mot.   (B.)

* OMBRELLE. *Umbrella*. MOLL. Quoique Bruguière ait commis une faute en établissant son genre Acarde, du moins on ne peut lui reprocher d'y avoir rapporté la Coquille patelliforme connue depuis longtemps, dans les collections, sous le nom de Parasol chinois; Lamarck le premier a proposé ce rapprochement. On voit en effet dans le Système des Animaux sans vertèbres (1801) que le genre Acarde, adopté par Bruguiè-

re, est composé non-seulement de ce que cet auteur regardait comme le type du genre, mais encore de la *Patella Umbellata*, ce qui place cette Coquille parmi les Bivalves et la rapproche de corps qui n'appartiennent même pas aux Mollusques. Les judicieuses observations de Roissy, dans le Buffon de Sonnini, auront eu, sans doute, beaucoup d'influence sur la réforme que Lamarck a faite lui-même dans le genre Acarde, car Roissy avait deviné juste en rapportant les Acardes de Commerson et de Bruguière à des épiphises de vertèbres de Cétacés, et avait été conduit par la connaissance des rapports en n'admettant point le *Patella Umbella* au nombre des Acardes. Ce ne fut point dans sa Philosophie Zoologique que Lamarck proposa le genre Ombrelle; on ne le trouva que plus tard dans l'Extrait du Cours, faisant partie de la seconde section de la famille des Phyllidiens, associé aux Oscabrions, aux Patelles et aux Haliotides. Il semble que Cuvier ait ignoré l'existence de ce genre dont il ne parle pas; il dit seulement dans une note (Règn. Anim. T. ii, p. 452) qu'il est probable qu'il faudra séparer des autres Patelles le *Scutus* de Montfort (genre Parmophore de Lamarck), ainsi que le *Patella Umbella* de Martini qui ont l'air de Coquilles intérieures. Ces deux genres, que Cuvier croit devoir être séparés des Patelles, l'étaient déjà depuis long-temps; il ne fallait que les admettre. Ce fut quelques années après que Blainville, de retour de son voyage en Angleterre, publia l'Extrait de ses Observations sur l'Animal de l'Ombrelle qu'il eut occasion de voir et de disséquer au Muséum britannique qui en possède un individu conservé dans l'Alcohol. La connaissance de cet Animal fut rendue plus complète par la description détaillée qu'en fit Blainville à l'article *Gastroplace* du Dictionnaire des Sciences Naturelles, T. xviii, et par la figure fort bien faite, d'après ses propres dessins, qu'il donna dans le quarante-quatrième

fascicule de l'Atlas du même ouvrage. La singulière anomalie que présente l'Animal de l'Ombrelle semble tellement hors de toute possibilité, que Lamarck, dans son dernier ouvrage, n'a point admis, dans son entier, l'observation de Blainville, pensant que, dans l'individu observé par ce savant zoologiste, la coquille avait été en partie arrachée du dos de l'Animal et renversée sur le pied, ce qui semble confirmé, au rapport de Lamarck, par les observations faites sur le vivant, à l'Ile-de-France, par le colonel Mathieu. Malgré cela, Blainville a persisté dans la validité de son observation, et comme il parle de ce qu'il a vu, il faut attendre du temps et de nouvelles observations, la confirmation de l'une ou l'autre opinion. Comme Blainville est le seul zoologiste qui ait examiné l'Animal de l'Ombrelle, nous allons rapporter ce qu'il en dit : le corps est fort large, déprimé, presque rond, un peu pointu en arrière, et fortement échancré en avant dans la ligne médiane ; assez épais dans le milieu du dos qui est tout-à-fait plan, il s'amincit peu à peu jusqu'aux bords, en sorte que les côtés sont en talus ; la partie moyenne ou plate, formant le dos proprement dit, n'est couverte que par une peau blanche, molle, mince, et qui, sans doute, était garantie de l'action des corps extérieurs d'une manière quelconque; en effet, cette espèce d'élévation était circonscrite par une bande musculaire, au bord de laquelle était la partie libre du manteau, très-peu saillante, fort mince et déchirée évidemment d'une manière fort irrégulière ; au-delà de ce bord libre, le dessus de l'Animal est celui du pied, et il est recouvert d'une très-grande quantité de tubercules de différentes grosseurs; mais entre le manteau et le bord du dessus du pied se trouve un large espace ou sillon dont la peau était lisse, et dans la partie antérieure et latérale droite duquel se trouve une longue série de branchies nombreuses, en forme de pyramide épaisse, et que ce qui restait des bords du manteau était bien loin de pouvoir recouvrir ; à la partie antérieure du dos du pied est un autre large sillon, partant à angle droit du premier qui va se terminer dans l'échancrure marginale dont il a été parlé plus haut; au point d'embranchement des deux sillons se voit à droite et à gauche un organe de forme singulière, roulé en cornet, et dont l'antérieur est tapissé par une membrane finement plissée ; c'est l'analogue de ce qu'on nomme tentacules supérieurs des Aplysies; en avant, et dans le sillon antérieur est un gros bourrelet communiquant, au moyen d'une fente assez courte, avec un orifice, terminaison de l'appareil femelle de la génération; l'échancrure marginale antérieure conduit dans un large entonnoir dont le bord épais est fendillé; dans sa partie la plus profonde se trouve un gros mamelon saillant, avec une fente verticale pour la bouche, et de chaque côté, une sorte de crête ou d'appendice cutané assez irrégulièrement dentelé dans son contour, et attaché seulement par une espèce de pédicule qui occupe à peu près le milieu d'un des longs bords; ce sont les tentacules buccaux. Enfin, toute la partie inférieure de ce singulier Mollusque est formée par un disque musculaire énorme, tout-à-fait plat, blanc, lisse, absolument comme dans les Mollusques gastéropodes; mais ce qui est le plus singulier, c'est que tout le côté droit, et même une grande partie du milieu de ce pied, était recouvert par un disque crétacé ou une coquille tout-à-fait plate, composée, comme à l'ordinaire, de couches appliquées les unes contre les autres, et à laquelle adhèrent évidemment et très-fortement les fibres musculaires du pied qui se trouvaient au-dessous. Quant à la structure intérieure, elle a beaucoup de rapports avec celle de l'Aplysie; la masse buccale, très-forte, est pourvue de ses muscles et d'une plaque dentaire linguale de glandes salivaires; l'œsophage, fort court, se dilate aus-

sitôt en un vaste estomac membraneux, enveloppé dans le lobe postérieur et le plus volumineux du foie, qui y verse la bile par quatre ouvertures; le canal intestinal est large; après deux ou trois courbures, il va se terminer en arrière de la série branchiale par un orifice flottant; les branchies sont bornées par une grosse veine, dans laquelle se termine successivement chaque veine branchiale; le cœur, formé comme à l'ordinaire d'une oreillette où arrive la veine branchiale, et d'un ventricule d'où sortent les deux aortes, se trouve situé presque transversalement un peu en avant de la moitié antérieure du dos. Quant aux organes de la génération, ils sont presque semblables à ceux des Aplysies; le cerveau, situé comme de coutume, est composé de trois ganglions symétriques de chaque côté; des deux antérieurs naissent les nerfs antérieurs, et du troisième l'anneau œsophagien. D'après la position extrêmement anomale de la coquille, il est difficile de concevoir, ajoute Blainville, comment l'Animal qui la porte pourrait ramper. Aussi Blainville s'appuyant sur ce que le dos, couvert d'une peau extrêmement mince, a dû aussi être mis à l'abri de l'action des corps extérieurs, a supposé que ce Mollusque était pour ainsi dire placé entre deux corps protecteurs, un inférieur ou la coquille, et l'autre qui pourrait être une valve extrêmement mince et adhérente comme dans les Anomies, ou même quelque Rocher ; hypothèse que peut encore étayer la cavité au fond de laquelle est la bouche, et vers laquelle les tentacules pédiculés pourraient, par leur mouvement, déterminer l'arrivée des substances nutritives.

Si nous avions à choisir entre les opinions des deux savans que nous avons cités, nous adopterions de préférence celle de Lamarck qui nous semble la plus conforme à la nature et aux rapports qu'elle établit. Voici les caractères qu'il donne à ce genre: corps ovalaire, épais, muni d'une coquille dorsale (inférieure d'après Blainville), à pied très-ample, lisse et plat en dessous, débordant de toutes parts, échancré antérieurement et atténué en arrière; tête non distincte; bouche dans le fond d'une cavité en entonnoir, située dans le sinus antérieur du pied; quatre tentacules, deux supérieurs épais, courts, tronqués, fendus d'un côté, lamelleux transversalement à l'extérieur, deux autres minces, en forme de crêtes pédiculées, insérées aux côtés de la bouche; branchies foliacées, disposées en cordon entre le pied et le léger rebord du manteau le long du côté droit, tant intérieur que latéral; anus après l'extrémité postérieure du cordon branchial. Coquille externe, orbiculaire, un peu irrégulière, presque plane, légèrement convexe en dessus, blanche, avec une petite pointe apiciale vers son milieu, à bords tranchans; sa face interne étant un peu concave et offrant un disque calleux, coloré en fauve, enfoncé au centre, et entouré d'un limbe lisse. On ne rapporte encore que deux espèces à ce genre, que Blainville nomme Gastroplace, et auquel il convient cependant mieux de conserver celui d'Ombrelle donné antérieurement. Les Ombrelles sont des Coquilles peu régulières, non symétriques, ayant le sommet excentrique peu prononcé, duquel partent quelquefois des côtes rayonnantes, obtuses, sensibles, surtout dans le jeune âge; des stries concentriques, peu sensibles, indiquent les accroissemens; elles sont toutes blanches en dehors; en dedans se voit une grande tache d'un brun plus ou moins foncé, qui n'est point au centre de la coquille, mais dont le centre correspond au sommet; une impression musculaire bien évidente entoure cette tache; elle n'est point régulière comme celle des Patelles ou des Cabochons; elle n'est même point en fer à cheval; elle est interrompue dans un seul endroit seulement, que nous pensons devoir être rapporté à la fente antérieure du pied,

au fond de laquelle se trouve la bouche. Cette position de la coquille explique assez bien l'excentricité du sommet de la tache intérieure et de l'impression musculaire qui l'entoure, par la position des branchies rejetées à droite, comme toutes ces parties, par la place qu'occupent ces branchies et le sillon qu'elles remplissent; la face supérieure du pied s'en trouve diminuée de ce côté d'une manière fort notable, ce qui correspond à l'endroit le plus étroit du limbe de la coquille. Ce sont ces divers motifs qui nous ont engagé à adopter de préférence l'opinion de Lamarck.

OMBRELLE DE L'INDE, *Umbrella indica*, Lamk., Anim. sans vert, T. VI, p. 543, n. 1; *Patella Umbellata*, L., Gmel., p. 3720, n. 146; *Mus. Tessenianum*, tab. 6, fig. 5, A, B, mala; Favane, Conchyl., tab. 3, fig. H; Davila, Catal. Rais. T. I, pl. 2, fig. A; Chemnitz, Conchyl. T. X, tab. 169, fig. 1645, 1646; *Umbrella chinensis*, Blainv., Dict. des Sc. Natur., atlas, 44e cahier, fig. 1, A, B, C; *Gastrophace tuberculosus*, ib., Dict. des Scienc. Nat. T. XVIII, p. 177. Cette Coquille a quelquefois jusqu'à quatre pouces de longueur, sur trois et demi de largeur; elle est blanche en dehors; ses bords sont fort minces, irréguliers à l'intérieur; la tache fauve présente des stries rayonnantes, ce qui la distingue de la suivante, qui n'en est peut-être qu'une variété.

OMBRELLE DE LA MÉDITERRANÉE, *Umbrella mediterranoa*, Lamarck, Anim. sans vert. T. VI, p. 545, n. 2. Elle est ordinairement plus petite, plus plate et plus mince que la précédente, et la tache brune de sa face inférieure n'a point de stries rayonnantes. (D..H.)

* OMBRES. *Umbri*. MAM. *V.* MOUFLON à l'article MOUTON.

* OMBRES. POIS. Syn. de Corégones. *V.* ce mot et SAUMON. (B.)

OMBRETTE. *Scopus*. OIS. (Lath.) Genre de la seconde famille de l'ordre des Gralles. Caractères : bec épais à sa base, comprimé, mou, en lame courbée à la pointe ; mandibule supérieure surmontée dans toute sa longueur d'une arête saillante, accompagnée de chaque côté d'une rainure ; l'inférieure plus courte, plus étroite, et un peu tronquée vers l'extrémité ; narines placées à la base du bec, linéaires, longues et à moitié fermées par une membrane ; quatre doigts ; trois en avant réunis par une membrane découpée ; l'intermédiaire plus court que le tarse, un en arrière portant à terre sur toute sa longueur ; première et deuxième rémiges plus courtes que les troisième et quatrième qui sont les plus longues. Ce sauvage habitant des rives brûlantes du Continent africain n'a encore offert que sa dépouille à l'examen des naturalistes. Delalande, le seul peut-être qui ait pu l'observer après Adanson, avait recueilli quelques particularités sur les habitudes de l'Ombrette ; mais n'ayant point été écrites, elles n'ont pu survivre à cet intrépide collecteur que le moment où il s'occupait de décharger sa mémoire d'une quantité considérable de remarques et d'observations qu'il avait rassemblées dans le cours de ses pénibles voyages.

OMBRETTE DU SÉNÉGAL, *Scopus Umbretta*, Lath., Buff., pl. enlum. 796. Tout le plumage d'un brun cendré, avec des reflets irisés violets plus apparens sur les rémiges, l'extrémité et le bord externe de celles-ci noirâtres ; rectrices brunes, rayées et largement terminées de noirâtre ; nuque garnie de longues plumes touffues, étroites et flexibles, formant une forte aigrette qui retombe sur le dos ; bec et pieds noirs. Taille, dix-huit à dix-neuf pouces. (DR..Z.)

OMBRIAS. ÉCHIN. Rumph, qui donnait ce nom aux Oursins fossiles, les croyait tombés du ciel, ainsi que les Bélemnites. (B.)

OMBRINE. *Umbrina*. POIS. Sous-genre de Sciènes. *V.* ce mot. (B.)

*OMÉGA. INS. Espèce de Phalène.

L'Oméga double est le *Bombyx cœruleocephala*, L. (B.)

OMELETTE. MOLL. Nom vulgaire et marchand du *Conus bullatus*, L. (B.)

OMICRON. INS. (Geoffroy.) Syn. de *Phalæna Aceris*, L. L'Omicron géographique est le *Phalæna perficariæ*, L. (B.)

OMMAILOUROS. MIN. (Lamétherie.) Syn. d'OEil de Chat ou Quartz Agathe chatoyant d'Haüy. (B.)

OMNICOLOR. OIS. Espèce du genre Martin-Pêcheur. *V.* ce mot. Séba donne ce nom à des Souimangas. (B.)

OMNIVORES. ZOOL. On emploie ce mot pour désigner les Animaux qui se nourrissent indifféremment de substances animales et de substances végétales. L'Homme est l'Omnivore par excellence.

Temminck a plus particulièrement concentré ce mot en l'appliquant au deuxième ordre de sa Méthode ornithologique qu'il caractérise de la manière suivante : bec médiocre, fort, robuste, tranchant sur les bords ; mandibule supérieure plus ou moins échancrée à la pointe ; pieds en général robustes ; quatre doigts, trois en avant et un en arrière ; ailes médiocres, à rémiges pointues. Cet ordre comprend les genres Sasa, Calao, Motmot, Corbeau, Casse-Noix, Pyrrhocorax, Cassican, Glaucope, Mainate, Pique-Bœuf, Jaseur, Pyroll, Rollier, Rolle, Loriot, Troupiale, Myophone, Etourneau, Martin, Oiseau de Paradis et Stourne. Les Oiseaux que comprennent ces vingt-un genres ont, dans leur manière de vivre et dans leurs principales habitudes, une conformité assez remarquable ; tous aiment la vie sociale ; aussi en rencontre-t-on quelquefois des bandes fort nombreuses. Ils sont presque tous monogames. Ils établissent leur nid sur les Arbres, dans les trous des vieilles fabriques et des bâtimens abandonnés, des tours, etc., etc. Les deux sexes couvent alternativement. Toutes espèces d'alimens composent leur nourriture, et on les voit rechercher indifféremment les graines et les fruits, les Insectes et les Vers; chasser les petites proies, comme se jeter avec avidité sur les cadavres infects. Leur chair noire, coriace et de mauvais goût, n'est trouvée supportable qu'aux époques de grande disette. (DR..Z.)

* OMOEA. BOT. PHAN. Genre de la famille des Orchidées et de la Gynandrie Diandrie, L., nouvellement constitué par Blume (*Bijdragen tot de Flora van Nederlandsch Indiè*, 1, p. 359) qui en a ainsi fixé les caractères : périanthe à cinq sépales libres, étalés, onguiculés; les intérieurs un peu plus étroits que les autres. Labelle terminé inférieurement en un éperon comprimé et émarginé; le limbe trifide ayant sa division médiane dressée et épaissie. Gynostème court, large et obtus; anthère terminale, biloculaire; masses polliniques, solitaires dans chaque loge, pulpeuses-céréacées, composées de petits grains terminés par des filamens élastiques qui se réunissent en un pédicelle commun, pelté à la base. Ce genre est très-voisin d'un autre genre nouveau que l'auteur propose sous le nom de *Ceratochilus*, et qui n'en diffère que par la forme du labelle. Il renferme une seule espèce (*Omœa micrantha*), petite Plante herbacée à tiges flexueuses, un peu rameuses et à fleurs petites et jaunâtres. Cette Plante croît dans les forêts élevées de la montagne Salak à Java. (G..N.)

* OMOLOCARPUS. BOT. PHAN. Nom inutilement proposé par Necker (*Elem. Bot.*, n. 675) pour distinguer le *Nyctanthes Arbor-tristis*, L., des autres espèces qu'on lui avait associées, et qui appartiennent au genre *Jasminum* ou *Mogorium*. *V.* NYCTANTHE. (G..N.)

OMOPHRON. *Omophron*. INS. Genre de l'ordre des Coléoptères, section des Pentamères, famille des Carnassiers, tribu des Carabiques abdominaux, établi par Fabricius sous le nom de Scolyte, déjà employé par Geoffroy pour des Insectes d'une autre famille, et adopté par Latreille, qui lui a donné le nom qu'il porte actuellement, et qui est généralement reçu. Les caractères de ce genre sont : premier article des tarses antérieurs légèrement dilaté dans les mâles et en forme de cône allongé. Dernier article des palpes allongé, presque ovalaire et tronqué à l'extrémité; antennes filiformes; lèvre supérieure entière ou très-légèrement échancrée; mandibules un peu avancées, non dentées intérieurement; une dent bifide au milieu de l'échancrure du menton; corps court et presque orbiculaire; corselet court et s'élargissant postérieurement; élytres courtes en demi-ovale. Les Omophrons se distinguent de tous les genres de la tribu par leur forme raccourcie et presque ronde. Leur tête est assez large, presque transversale et comme emboîtée dans le corselet. La lèvre supérieure est assez étroite, un peu avancée, entière ou très-légèrement échancrée. Les mandibules sont plus ou moins avancées, plus ou moins arquées, assez aiguës et non dentées intérieurement. Le menton a une dent bifide au milieu de son échancrure. Le dernier article des palpes est assez allongé et presque ovalaire. Les antennes sont filiformes et à peu près de la longueur de la moitié du corps. Les yeux sont assez grands et très-peu saillans. Le corselet est court et s'élargit postérieurement. Les élytres sont courtes, convexes et presque en demi-ovale. Les pates sont assez longues. L'échancrure qui termine les jambes antérieures en dessous, est très-légèrement oblique, et s'aperçoit un peu sur le côté interne. Le premier article des tarses est légèrement dilaté dans les mâles en forme de carré allongé. Ces Coléoptères semblent faire le passage des Carnassiers terrestres aux Aquatiques, et Clairville les a même placés à la tête de sa division des Adéphages aquatiques. On les trouve toujours sur le bord des rivières, dans les sables baignés par l'eau, à la racine des Plantes (*Omophron limbatum*), et surtout dans les lieux où croissent celles qu'on a nommées vulgairement l'Argentine, la Renouée persicaire, etc. On n'en rencontre jamais hors du sable pendant le jour; mais c'est le soir qu'ils courent et qu'ils vont même dans les endroits où l'eau arrive. La larve de l'espèce que l'on trouve à Paris, a été découverte par Desmarest; elle tient le milieu entre celles des Dytiques et des Carabes; son corps est conique, allongé et déprimé, ayant sa plus grande largeur du côté de la tête; il est composé de douze anneaux ou segmens, sa couleur est d'un blanc sale, à l'exception de la tête qui est d'un brun de rouille. Elle a deux petits yeux noirs et deux petites antennes sétacées, formées de cinq articles, et placées au-devant des yeux. La bouche est pourvue de deux fortes mandibules arquées et dentelées, de deux mâchoires portant chacune deux palpes, et d'une lèvre inférieure munie également de deux palpes. La tête a la forme d'un trapèze, elle est plus étroite que les anneaux suivans. Les trois premiers donnent naissance à trois paires de pates écailleuses, toutes dirigées en arrière, et terminées par deux ongles aigus. Le dernier anneau est terminé supérieurement par un filet relevé, composé de quatre articles, dont le dernier porte deux poils. On connaît quatre ou cinq espèces d'Omophrons; elles se trouvent dans les pays chauds et tempérés de l'Europe, l'Asie, l'Afrique et l'Amérique; celle qui est la plus commune en France est :

L'OMOPHRON BORDÉ, *Omophron limbatum*, Latr., Oliv., Dej.; *Carabus limbatus*, Oliv., Rossi; *Scolytus limbatus*, Fabr., Panz., Clairv., Ent. Helv. T. II, p. 168, tab. 26. Cet Insecte est long de près de trois lignes, et large de deux; son corps est

aplati, ové, d'un jaune rouillé; mais la bouche, les palpes, les antennes et les pates sont plus pâles. La tête est large et marquée de deux traits qui, de la base des antennes, se dirigent obliquement au milieu de la tête, où ils se joignent et représentent un V, derrière lequel le reste de la tête est vert métallique et pointillé. Le corselet, dont le milieu est occupé par une grande tache du même vert métallique, est carré, plus large que long; il se relève un peu à la partie supérieure, ou est un peu échancré du côté des angles, tandis que le milieu de sa base s'avance en pointe, comme dans les Dytiques; il n'a point d'écusson; les élytres ont des stries formées par des pointes; elles ont la suture verte et trois bandes transverses de la même couleur et très-sinueuses. Le dessous du corps est un peu plus ferrugineux que le dessus. Cet Insecte est assez commun dans une des îles de la Seine, vis-à-vis Sèvres.   (G.)

* OMOPLATE. ZOOL. *V.* SQUELETTE.

OMOPTÈRES. *Omoptera.* INS. Leach, dans sa nouvelle division des Insectes en douze ordres, désigne ainsi son ordre huitième; il paraît formé des Hémiptères – Homoptères de Latreille. *V.* HÉMIPTÈRES. (G.)

* OMPHACITE. MIN. *V.* OMPHAZITE.

OMPHALANDRIA. BOT. PHAN. *V.* OMPHALEA.

* OMPHALARIA. BOT. CRYPT. (*Lichens.*) Sous-genre établi par Acharius dans le Prodrome de la famille des Lichens pour le genre Parmélie.   (A. F.)

OMPHALEA. BOT. PHAN. Ce genre ainsi nommé par Linné, et qui a reçu de Patrice Browne le nom presque semblable d'*Omphalandria*, d'Adanson celui de *Duchola*, appartient à la famille des Euphorbiacées. Ses fleurs sont monoïques; leur calice a quatre divisions. Dans les mâles, du centre d'un bourrelet glanduleux, part un filet qui se renfle et s'épaissit à son sommet en un disque fendu dans son contour en deux ou trois lobes ; entre ces lobes sont enfoncées autant d'anthères, de telle sorte que les deux loges d'une même anthère sont séparées par toute l'épaisseur d'un lobe, qui est par conséquent un véritable connectif. Dans les fleurs femelles, on trouve un style court, épais, terminé par un stigmate obscurément trilobé ; un ovaire relevé extérieurement de trois angles obtus, à trois loges, renfermant chacune un ovaire unique. Le fruit charnu se sépare à la maturité (suivant le témoignage d'Aublet) en trois coques ; ses graines sont grandes et presque globuleuses. Ce genre comprend trois espèces, originaires de la Guiane et des Antilles. Ce sont des Arbres ou Arbrisseaux grimpans. Les feuilles sont alternes, stipulées, entières, épaisses, relevées sur leur face inférieure d'un réseau de nervures proéminentes, portées sur un pétiole muni à son sommet d'une double glande. Les fleurs sont disposées en courtes panicules, dans lesquelles, au-dessus d'une femelle unique terminale, on trouve plusieurs mâles avec de petites bractées ; ces panicules partielles, accompagnées chacune d'une large bractée glanduleuse à sa base, sont disposées sur un axe commun et forment par leur ensemble une seule panicule terminale, grande et rameuse.

Dans les Antilles et à la Guiane, on mange les graines des *Omphalea diandra* et *triandra :* celles de la première, à cause de leur goût, portent même le nom de Noisettes de Saint-Domingue. On peut en extraire, suivant Descourtilz, une huile comparable par sa saveur et ses caractères, à celle d'amande. Ces usages pourraient sembler étonnans dans deux Plantes d'une même famille, où les poisons et les purgatifs sont si communément répandus, et où ces propriétés sont surtout concentrées ordinairement dans la graine, si l'on ne savait qu'avant d'employer ou de

manger l'amande de l'*Omphalea*, on a soin d'en extraire l'embryon.

Le genre *Hecatea* (*V.* ce mot) est à peine distinct de celui-ci, si ce n'est par son calice quinquélobé, son inflorescence, et par la patrie de ses espèces qu'on n'a rencontrées qu'à Madagascar. (A. D. J.)

OMPHALIA. BOT. CRYPT. *V.* AGARIC.

OMPHALIE. *Omphalia.* MOLL. Genre proposé par De Haan pour les Nautiles, soit vivans, soit fossiles, qui sont ombiliqués. Aucun motif raisonnable ne peut faire adopter ce genre qui est entièrement inutile. *V.* NAUTILE. (D..H.)

OMPHALOBIUM. BOT. PHAN. Genre de la famille des Térébinthacées, section des Connaracées, et de la Décandrie Pentagynie, L., établi par Gaertner (*de Fruct.*, 1, p. 217, tab. 46) et ainsi caractérisé : calice persistant, entourant la base du fruit, divisé peu profondément en cinq lobes oblongs, aigus, imbriqués pendant l'estivation ; corolle à cinq pétales ; dix étamines légèrement cohérentes par la base en un ou plusieurs faisceaux ; ovaire composé de cinq carpelles monostyles, à deux ovules qui quelquefois avortent en partie ; une à cinq capsules, en forme de légume ou gousse, bivalves, déhiscentes, rétrécies ou stipitées à la base ; deux graines réduites souvent à une seule par avortement, insérées non à la base, mais le long d'une suture à la partie inférieure du fruit, dépourvues d'albumen, munies d'un arille et de cotylédons épais. Ce genre est voisin du *Connarus* aux dépens duquel il a été formé ; il en diffère principalement par son calice à lobes pointus, un peu étalés au sommet, et non ovales ou obtus ; par ses fruits solitaires ou multiples, rétrécis à la base, plus ou moins stipités, et non sessiles, ovés ou oblongs ; par l'insertion de ses graines, non au fond de la loge, mais le long de la suture. Sous ce dernier rapport, l'*Omphalobium* se rapproche des Légumineuses, et surtout des genres *Afzelia*, *Schotia* et *Copaifera*. Le professeur De Candolle a fait connaître les différences qui existent entre ces genres et l'*Omphalobium*, dans un Mémoire sur les Connaracées, imprimé parmi ceux de la nouvelle Société d'Histoire Naturelle de Paris, vol. II, p. 586.

Les espèces qui constituent ce genre sont des Arbres ou des Arbrisseaux à feuilles imparipinnées, à une ou plusieurs paires de folioles, et à fleurs disposées en grappes axillaires réunies en une panicule terminale. On en compte douze, relatées dans le second volume du *Prodromus* où elles sont réunies en deux sections. La première comprend les espèces Connaroïdes ou à carpelles solitaires au nombre de dix, parmi lesquelles on remarque l'*Omphalobium indicum*, Gaert., *loc. cit.*, qui doit être considéré comme type du genre. Les autres Plantes ont été décrites par les auteurs sous le nom de *Connarus*, ou sont des espèces nouvelles. Elles croissent dans les climats chauds de l'Inde, de l'Afrique et de la Guiane. C'est dans cette dernière contrée que se trouvent deux espèces figurées par De Candolle (*loc. cit.*, tab. 16, fig. A, B) sous les noms d'*Omphalobium Patrisii* et *Omph. Perrottetii*. La seconde section est formée de deux Plantes à plusieurs carpelles dont l'un (*Omph. villosum*) était placé par Lamarck dans le genre *Cnestis*, et l'autre était rapporté au genre *Connarus* sous le nom de *C. pinnatus*. La première est de la côte de Sierra-Leone en Afrique; la seconde de Madagascar. (G. N.)

OMPHALOCARPE. *Omphalocarpon*. BOT. PHAN. Genre établi par Palisot-Beauvois (Flore d'Oware, 1, p. 6) et appartenant à la famille des Sapotées. Voici les caractères qui lui ont été donnés par l'auteur lui-même : calice composé de plusieurs écailles imbriquées, concaves; corolle monopétale, régulière, hypogyne; limbe à six ou sept divisions égales et ondulées sur leurs bords; tube court, garni vers son orifice de six à sept étamines profondément découpées en lanières, alternes avec les lobes de la corolle, et ayant leurs anthères oblongues, linéaires et dressées; ovaire supère, terminé par un style simple, filiforme, persistant; stigmate terminal et presque simple; le fruit est arrondi, très-fortement déprimé et comme ombiliqué à son centre; il est épais, presque ligneux, indéhiscent, à plusieurs loges monospermes. Les graines sont osseuses, luisantes, portant un hile latéral; ces graines sont enveloppées d'une pulpe succulente qui remplit la loge; elles renferment un embryon plan dans un endosperme charnu.

Ce genre ne se compose encore que d'une seule espèce : *Omphalocarpum procerum*, Beauv., *loc. cit.*, tab. 5. Cet Arbre, du plus beau port, croît dans l'intérieur de l'Afrique, à près de vingt-cinq à trente lieues des derniers établissemens du royaume d'Oware. Son tronc s'élève droit, à une hauteur prodigieuse, sans se ramifier. Les fleurs naissent sur le tronc lui-même, et paraissent solitaires et courtement pédonculées; les feuilles sont alternes, lancéolées, entières et luisantes. (A. R.)

* OMPHALODE. *Omphalodium*. BOT. PHAN. Turpin a donné ce nom à un petit point saillant qu'on aperçoit sur le hile de certaines graines, et auquel, selon lui, venaient aboutir les vaisseaux nourriciers. *V.* GRAINE. (A. R.)

OMPHALODES. BOT. PHAN. Cet ancien genre de Tournefort, réuni par Linné au *Cynoglossum*, a été constitué de nouveau par Lehmann, et adopté par Rœmer et Schultes qui ont changé son nom en celui de *Picotia*. Nous ne pensons pas qu'il doive être séparé des Cynoglosses. *V.* ce mot. (G. N.)

OMPHALOMYCES. BOT. CRYPT. (*Champignons.*) Nom donné par Battara aux Agarics dont le chapeau est fortement ombiliqué dans son centre, tels que les *Agaricus deliciosus*, *Thilogalus*, *Prunulus*, *emeticus*, etc. (AD. B.)

* OMPHALOSIA. BOT. CRYPT. (Necker.) Syn. d'*Umbilicaria* et de *Gyrophora*. *V*. GYROPHORE et OM-BILICAIRE. (B.)

OMPHAZITE. MIN. Werner a donné ce nom à une variété lamellaire de Diallage smaragdite, que l'on trouve dans le pays de Bayreuth. (G. DEL.)

* OMPHEMIES. MOLL. Rafinesque a établi sous ce nom un nouveau genre qui est trop peu connu pour qu'on puisse l'adopter ou le rejeter définitivement (Journ. de Phys. T. LXXXVIII, p. 424). Il indique deux espèces qu'il ne décrit pas, et les caractères génériques sont, à ce qu'il nous semble, insuffisans. Ce genre serait un démembrement de quelques Paludines dont l'ombilic serait légèrement ouvert. (D..H.)

* OMPHISCOLE. MOLL. Quelques Limnées, qui ont un petit ombilic, ont été démembrées en genre particulier sous cette dénomination, par Rafinesque, dans le Journal de Physique, T. LXXXVIII, p. 423. Des genres proposés sur d'aussi faibles caractères ne peuvent être adoptés, car si on les admettait, bientôt le mot *genre* serait substitué au mot *espèce*, et nous sommes loin de croire qu'un tel changement serait favorable à la science. (D..H.)

* OMPHRA. INS. Nom donné par Leach à un genre de Carabique, auquel Bonelli avait déjà donné celui d'HELLUO. *V*. ce mot. (G.)

OMPOK. POIS. Lacépède, dans son Histoire des Poissons (T. IV, p. 49), a formé sous ce nom barbare un genre voisin des Silures, dont on ne sait rien de suffisant pour en valider l'existence. Il ne contient que le Siluroïde. « Nous avons trouvé, dit l'illustre professeur, un individu de cette espèce parmi les Poissons desséchés de la collection donnée à la France par la république batave. Une inscription attachée à cet individu indiquait que le nom donné à cette espèce dans le pays qu'elle habite, était *Ompok*. Nous en avons fait un nom générique, et nous avons tiré son nom propre de ses rapports avec les Silures. » Sa description n'a encore été publiée par aucun naturaliste. Plusieurs rangs de dents, grandes, acérées, mais inégales, garnissent ses deux mâchoires. Les deux barbillons que l'on voit auprès des narines, ont une longueur à peu près égale à celle de la tête. L'anale est assez longue pour s'étendre jusqu'à la nageoire de la queue ; mais elle ne se confond pas avec cette dernière. A. 9, P. 1/11, A. 56, C. 17-11. Cuvier, qui n'a point établi des genres sur des Poissons desséchés portant des inscriptions, n'adopte point l'Ompok, et pense (Règne Animal, T. II, p. 202) qu'il pourrait bien n'être qu'un Silure qui aurait perdu sa dorsale. (B.)

ONAGRA. BOT. PHAN. (Dioscoride.) L'*Epilobium angustifolium*, L. (Tournefort.) Syn. d'*OEnothera*. *V*. ONAGRE. BOT. PHAN. (B.)

ONAGRAIRE. BOT. PHAN. Syn. d'Onagre. *V*. ce mot. (B.)

ONAGRAIRES. *OEnothereæ* ou *Onagrariæ*. BOT. PHAN. Famille naturelle de Plantes dicotylédones, polypétales, épigynes selon les uns, et périgynes suivant les autres, et dont le genre Onagre (*OEnothera*) peut être considéré comme le type. Cette famille se compose de Végétaux herbacés, rarement ligneux, portant des feuilles simples, opposées ou éparses, et des fleurs tantôt axillaires et tantôt terminales. Leur calice est toujours adhérent avec l'ovaire infère ; quelquefois tubuleux au-dessus de l'ovaire ou sans tube manifeste ; le limbe à quatre ou cinq lobes ; la corolle est polypétale, et les pétales en même nombre que les divisions calycinales ; ces pétales sont incombans latéralement et tordus les uns sur les autres ; ils manquent quelquefois ; les étamines en même nombre, double ou moindre que celui des pétales, sont insérées au haut du tube du calice; l'ovaire est infère, ainsi que nous l'avons dit; il offre, en général, un nombre de loges égal à celui des lobes calycinaux; dans chacune d'elles, on trouve un nombre d'ovules, déterminé ou indéterminé, attachés à l'axe central, et y formant deux rangées longitudinales; l'ovaire est surmonté d'un style simple et d'un stigmate simple ou divisé en lobes égaux en nombre aux loges de l'ovaire. Le fruit est une baie ou une capsule à plusieurs loges contenant tantôt peu, tantôt beaucoup de graines, et s'ouvrant en autant de valves que de loges qui portent chacune une des cloisons sur le milieu de leur face interne. Les graines contiennent sous leur épisperme, qui est double, un embryon sans endosperme, ayant sa radicule courte, obtuse, tournée vers le hile, et ses cotylédons épais et obtus.

La famille des Onagraires, telle qu'elle avait été présentée par Jussieu, dans son *Genera Plantarum*, était divisée en cinq sections. Un assez grand nombre des genres qui y avaient été réunis, mieux étudiés et mieux connus aujourd'hui, ont été placés dans d'autres familles ou sont devenus les types d'ordres naturels nouveaux. Ainsi dans la première section se trouvent : le genre *Mocanera* que nous croyons appartenir à la famille des Ternstrœmiacées; le *Cercodea* qui forme le type de la famille des Cercodiennes ou Hygrobiées. Dans la troisième section, nous trouvons les genres *Cacoucia* et *Combretum* qui sont devenus les types de la famille des Combrétacées. *V.* ce mot. Le genre *Santalum* placé dans la quatrième, réuni à quelques genres autrefois placés dans les Eléagnées, constitue le nouvel ordre naturel des Santalacées proposé par R. Brown. Le *Mouriria* d'Aublet ou *Petaloma* de Swartz doit être rapporté aux Mélastomacées. Enfin, la cinquième section, composée des genres *Mentzelia* et *Loasa*, forme aujourd'hui la famille des Loasées. *V.* ce mot.

Les genres qui composent aujourd'hui la famille des Onagraires, ont été divisés en trois sections : 1° dans la première sont les genres qui ont les étamines en même nombre ou moindre que les pétales, et ayant pour fruit une capsule; tels sont : *Montinia*, Thunb.; *Serpicula*, L.; *Lopezia*, Cav.; *Circœa*, L.; *Ludwigia*, L.; 2° la seconde renferme ceux dont les étamines sont en nombre double des pétales et à fruit également capsulaire; tels sont : *Jussiœa*, L.; *Œnothera*, L.; *Clarckia*, Pursh; *Epilobium*, L.; *Gaura*, L.; 3° enfin dans la troisième section sont réunis les genres qui ont le nombre des étamines double de celui des pétales et le fruit charnu comme le *Fuschia*, L.; l'*Ophira*, Burm.; *Bœckea*, Loureiro; et le *Memecylon*, L.

La famille des Onagraires est trèsvoisine des Myrtées et des Mélastomacées; elle diffère de la première par son port, ses feuilles non ponctuées, ses étamines en nombre défini; et de la seconde, par son port également, et par la structure différente de ses étamines et de ses feuilles qui, dans les Mélastomacées, offrent des caractères si tranchés.   (A. R.)

ONAGRE. zool. L'Ane sauvage. *V.* Cheval. On a étendu ce nom au Chœtodon Zèbre. *V.* Choetodon.
          (B.)

ONAGRE. *OEnothera.* bot. phan. Genre de la famille des Onagraires et de l'Octandrie Monogynie, L., offrant pour caractères : un calice tubuleux et grêle, adhérent par sa base avec l'ovaire infère; à quatre lanières étroites; une corolle de quatre pétales larges et incombans latéralement, insérés ainsi que les étamines au haut du tube du calice; celles-ci, au nombre de huit, dressées, ont leurs anthères introrses, linéaires, vacillantes; l'ovaire est infère, à quatre loges, contenant un grand nombre d'ovules attachés sur deux rangées longitudinales à l'angle interne de chaque loge; le style est long, grêle, traversant le tube calycinal dans toute sa longueur, et terminé par un stigmate à quatre branches linéaires. Le fruit est une capsule cylindroïde ou tétragone, à quatre loges, s'ouvrant en quatre valves. Les graines sont nombreuses et sans aigrettes, caractère tranché qui distingue le genre Onagre des Epilobes, qui en sont très-rapprochés, et qui ont les graines couronnées d'une aigrette soyeuse. Les espèces de ce genre sont assez nombreuses, originaires d'Amérique, mais plusieurs se sont, en quelque sorte, naturalisées en Europe, par le moyen de graines échappées des jardins. Ces Plantes sont généralement herbacées, annuelles ou bisannuelles, portant des feuilles alternes et des fleurs axillaires et assez grandes. Nous mentionnerons ici les suivantes qu'on voit assez fréquemment dans les jardins.

Onagre bisannuelle, *Œnothera biennis*, L., Flor. Dan., tab. 446. Cette espèce, la plus commune de toutes, et qui aujourd'hui est naturalisée dans plusieurs parties de l'Europe, est vulgairement connue sous le nom d'*Herbe aux Anes*. Ses racines, assez épaisses, donnent naissance à des feuilles qui s'étalent en rosette à la surface du sol. Du centre de ces feuilles s'élève une tige forte, cylindrique, de deux à trois pieds d'élévation, légèrement velue, et portant des feuilles alternes, lancéolées et un peu dentées. Les fleurs, d'un jaune pâle, exhalent une odeur très-forte et très-suave. Elles sont sessiles et solitaires à l'aisselle des feuilles supérieures, et par leur réunion elles constituent une sorte d'épi terminal. L'Onagre est originaire de l'Amérique septentrionale, d'où elle a été apportée en Europe vers 1614. Elle s'est naturalisée en divers cantons du midi de la France et de l'Espagne. On la cultive fréquemment dans les parterres; mais malheureusement ses fleurs durent trop peu de temps. En Allemagne, on mange ses racines,

qui sont charnues, soit cuites, soit crues. Les Porcs en sont friands, et elles paraissent leur être très-favorables.

Onagre a longues fleurs, *OEnothera longiflora*, Jacq. Cette espèce, que l'on dit venue des environs de Buenos-Ayres, est également fort commune dans les jardins. Elle ressemble beaucoup à la précédente dont elle diffère surtout par ses fleurs plus grandes et surtout par la longueur excessive du tube calycinal qui n'est pas moindre de trois à cinq pouces.

Onagre pourpre, *OEnothera purpurea*, Lamk., Dict. Originaire du Pérou, d'où les graines ont été rapportées par Dombey, cette espèce offre des tiges d'un pied et demi à deux pieds d'élévation, droites, velues et légèrement rameuses; des feuilles radicales, ovales, longuement pétiolées et sinueuses sur leurs bords; celles de la tige sont lancéolées et dentées. Les fleurs, assez petites et axillaires, sont d'un rouge pourpre, légèrement pédonculées et réunies vers le sommet des ramifications de la tige. Les capsules sont courtes, ovoïdes et à quatre angles saillans. (A. R.)

* **ONAIBOUBOU.** bot. phan. (Surian.) Syn. de *Bocconia frutescens*. L. *V*. Bocconie. (B.)

* **ONAIRILA.** bot. phan. (Cossigny.) Nom de pays du *Viola enneasperma*, L. (B.)

ONANICAR. pois. Nom de pays du Gymnote électrique. (B.)

* **ONBAVÉ.** bot. phan. Rochon cite sous ce nom un Arbre indéterminé de Madagascar qui donne un suc concret semblable à la gomme arabique. (B.)

ONCE. mam. Espèce du genre Chat. *V*. ce mot. (B.)

ONCHIDIE. *Onchidium*. moll. Buchanan proposa le premier ce genre dans les Transactions de la Société Linnéenne de Londres, T. v, p. 132; ce fut un Mollusque terrestre pulmoné qui vit sur les bords du

Gange, qui servit de type à ce genre. Malheureusement Buchanan n'observa point cet Animal assez complétement pour ne point laisser de doute à son égard, et la figure qu'il en donna ne peut suppléer à ce que sa description laisse d'incertain ; il ne serait point étonnant d'après cela qu'on ait commis quelques erreurs, soit en rapprochant de ce genre des Animaux différens, soit en établissant de nouveaux genres pour des Animaux semblables ; il sera difficile de reconnaître ces erreurs avant que l'on ait fait de nouvelles observations sur l'Animal de Buchanan. Cuvier a cru pouvoir rapporter au genre Onchidie un Mollusque marin trouvé par Péron à l'Ile-de-France ; mais, dans ce rapprochement, il est probable que Cuvier a été dans l'erreur. Quoique la différence du milieu habité soit assez grande pour entraîner des modifications assez notables, ce ne serait pourtant pas un motif suffisant pour rejeter les rapports indiqués par Cuvier ; les différences qui existent dans les organes de la génération seraient des motifs plus propres à nous déterminer. Les sexes sont séparés dans l'Onchidie de Buchanan, ils ne le sont pas dans l'Onchidie de Péron ; c'est d'après ce motif que Blainville a cru nécessaire de former un nouveau genre avec l'Onchidie de Péron, auquel il a donné le nom de Péronie (*V.* ce mot). Dans sa manière de voir, Blainville ne le laisse pas dans les mêmes rapports ; il le rapproche des Doris ; ce genre ne serait donc point pulmoné comme on l'avait cru, ou bien Blainville réunirait dans ses Cyclobranches des Animaux branchifères et d'autres Pulmonés. Des Animaux de genres très-voisins, peut-être même appartenant à un seul, ont servi à Férussac pour l'établissement de son genre Vaginule, (*V.* ce mot), et à Blainville pour celui qu'il a nommé Véronicelle (*V.* ce mot), et il serait possible que ces deux genres fussent non-seulement semblables entre eux, mais qu'ils fussent aussi le même que ce-lui de Buchanan. On voit par cela seul combien des observations bien faites sont nécessaires pour jeter quelque jour sur ces Mollusques, et arrêter leurs rapports dans la série ; il est donc très-difficile, pour ne pas dire impossible, de se former une opinion qui soit hors de discussion ; il faut tout attendre du temps et de l'observation.   (D..H.)

ONCHIDORE. *Onchidoris.* MOLL. Un Mollusque nouveau observé par Blainville dans la Collection du Muséum britannique, lui servit de type pour un nouveau genre qu'il caractérisa dans le Bulletin de la Société Philomatique, 1816, et qu'il rangea avec les Doris dans sa famille des Cyclobranches. Férussac l'a adopté dans ses Tableaux Systématiques, et l'a mis en rapport avec les Doris et les Polycères. Blainville, dans son Traité de Malacologie, considère ce genre par ses caractères particuliers comme intermédiaire entre les Doris et les Péronies. Voici ces caractères : corps ovalaire, bombé en dessus ; le pied ovale, épais, dépassé dans toute sa circonférence par les bords du manteau ; quatre tentacules, comme dans les Doris, entre deux appendices labiaux ; organes de la respiration formés par des arbuscules très-petits, disposés circulairement et contenus dans une cavité située à la partie postérieure et médiane du dos ; anus également médian à la partie inférieure et postérieure du rebord du manteau ; les orifices des organes de la génération très-distans et réunis entre eux par un sillon extérieur occupant toute la longueur du côté droit. On ne connaît encore qu'une seule espèce de ce genre, et on ignore quelle est sa patrie.

ONCHIDORE DE LEACH, *Onchidoris Leachii,* Blainv. (Traité de Malac., p. 489, pl. 46, fig. 8; *ibid.*, Dict. des Scienc. Nat. T. XXXVI, p. 121). Outre les caractères génériques, Blainville ajoute que dans l'état où il l'a observé elle avait environ deux pouces de longueur sur quinze lignes de large; sa couleur était d'un gris blanchâtre; son dos parsemé de tubercules nombreux et de différente grosseur, et son pied d'élévations ou de boursoufflures, comme on en voit souvent dans la Péronie de l'Ile-de-France. (D..H.)

* **ONCHOBOTRYDES**. INT. *V*. BOTRYOCÉPHALE.

ONCIDIUM. BOT. PHAN. Genre de la famille des Orchidées, établi par Swartz (*Flor. Ind. Occid.*), et dans lequel il a placé plusieurs espèces parasites, faisant partie des genres *Epidendrum* et *Cymbidium*. Voici les caractères de ce genre : les trois folioles externes du calice sont égales, étalées et dirigées vers la partie supérieure de la fleur; les deux internes sont également étalées, quelquefois soudées entre elles en partie et placées à la partie inférieure de la fleur. Le labelle est plan, généralement large, sans éperon, diversement lobé, offrant à sa base quelques points tuberculeux. Le gynostème est dressé, membraneux et quelquefois frangé sur ses bords; il se termine par une anthère operculiforme à deux loges. Les masses polliniques au nombre de deux sont ovoïdes, solides, attachées par leur partie inférieure à une caudicule commune, quelquefois très-longue, qui se termine par une glande ou rétinacle de forme variée. Toutes les espèces de ce genre sont originaires de l'Amérique méridionale. Ce sont des Plantes parasites, souvent renflées et bulbiformes à leur base. Leurs fleurs, portées sur des hampes radicales, sont généralement assez grandes, le plus souvent disposées en panicule, rarement solitaires. Plusieurs sont cultivées dans les serres; telles sont les suivantes.

ONCIDIUM VARIÉ, *Oncidium variegatum*, Sw., *Fl. Ind. Occid.*, 3, p. 1485. Cette espèce est fort commune dans toutes les Antilles et sur le continent de l'Amérique méridionale. Ses feuilles sont distiques, iridiformes, alternes, superposées,

et recourbées, longues de deux à quatre pouces et se coupant transversalement au-dessus de leur base. La hampe est longue, grêle, axillaire, simple. Les fleurs disposées en une panicule simple sont blanchâtres, maculées de taches d'un jaune rougeâtre.

ONCIDIUM BARBU, *Oncidium barbatum*, Lindl., Coll. Bot., t. 27. Les feuilles sont renflées en un bulbe ovoïde et comprimé. Elles sont planes, oblongues, lancéolées, dressées et émarginées à leur sommet. La hampe est axillaire, grêle, rameuse, très-longue. Les fleurs sont disposées en une panicule lâche. Les divisions calycinales sont étalées, lancéolées, obtuses, ondulées sur les bords, d'un jaune rougeâtre, maculées de taches plus foncées; les deux divisions inférieures sont soudées en partie par leur côté interne. Le labelle est pendant, jaune et trilobé; les deux lobes latéraux sont très-larges et en forme d'ailes obtuses et arrondies; le lobe moyen offre un petit appendice et il est cilié sur son bord. Cette espèce est originaire du Brésil. Dans les *Nova Genera et Spec. Plant.*, notre savant collaborateur Ch. Kunth a décrit six espèces nouvelles de ce genre, savoir : *Oncidium echinatum*, *loc. cit.*, 1, p. 345, t. 79; *Oncidium ornithorynchium*, *loc. cit.*, p. 345, t. 80; *Oncid. pictum*, *loc. cit.*, 1, p. 346, t. 81; *Oncid. panduriferum*, *loc. cit.*, 1, p. 346, t. 82; *Oncid. globuliferum*, 1, p. 347; *Oncid. olivaceum*, *loc. cit.*, 1, p. 347. Le genre *Jonopsis* de Kunth que Meyer et Lindley réunissent au genre Oncidium, en est, il est vrai, très-voisin, mais il en diffère par la forme de son labelle, par ses divisions calycinales très-rapprochées et conniventes, et dont les deux inférieures forment à leur base une bosse proéminente ou pérule. Du reste le pollen à la même organisation. (A. R.)

* **ONCIDIUM**. BOT. CRYPT. (*Mucédinées.*) Ce nom, donné par Nées, a été changé avec raison par Kunze, en celui de Myxotrichum, puis-

qu'il existe déjà depuis long-temps un genre *Oncidium* dans la famille des Orchidées. *V.* MYXOTRICHUM.

(AD. B.)

ONCINUS. BOT. PHAN. Genre de la Pentandrie Monogynie, L., établi par Loureiro (*Flor. Coch.*, 1, p. 151) qui l'a ainsi caractérisé : calice tubuleux, court, à cinq crénelures ; corolle infundibuliforme, charnue, dont le limbe offre cinq divisions obtuses, émarginées, toutes munies d'un crochet sur un de leurs côtés ; l'entrée du tube de la corolle est ornée d'un appendice (nectaire selon Loureiro) quinquéfide et dressé ; cinq étamines dont les filets sont courts, insérés sur le milieu du tube de la corolle ; ovaire arrondi, surmonté d'un style plus long que la corolle, et d'un stigmate aigu ; baie globuleuse, luisante, uniloculaire et polysperme. Ce genre, que l'auteur lui-même avait indiqué comme voisin du *Theophrasta*, doit être placé avec celui-ci à la suite de la famille des Apocynées. Sprengel, dans sa nouvelle édition du *Species Plantarum* de Linné, a même fait, de l'*Oncinus Cochinchinensis* de Loureiro, une espèce de *Theophrasta* sous le nom de *T. Cochinchinensis*. Cette Plante, comme son nom l'indique, croît dans les forêts de la Cochinchine. C'est un Arbrisseau inerme, grimpant, de vingt pieds environ de longueur. Ses feuilles sont ovales-lancéolées, très-entières, glabres, luisantes, opposées. Les fleurs sont blanches, disposées en longs corymbes terminaux. On mange la pulpe des fruits qui est rouge, douce, avec une légère astringence.

(G..N.)

ONCOBA. BOT. PHAN. Ce genre, établi par Forskahl (*Flor. Ægypt. Arab.*, p. 103), appartient à la Polyandrie Monogynie, L. Il avait été rapporté à la famille des Tiliacées ; mais Kunth, dans une notice sur les genres qui font partie des Malvacées, des Tiliacées, et des familles voisines, a indiqué sa place dans les Ternstrœmiacées, à côté des genres *Ventenatia*, *Stewar-*

tia, *Gordonia*, etc. Dans la Révision de la famille des Ternstrœmiacées, publiée postérieurement à l'opuscule de Kunth, le professeur De Candolle ne place point le Genre *Oncoba* dans cette famille, et nous ne le retrouvons pas dans les familles voisines. Quoi qu'il en soit de la place que le genre *Oncoba* doit occuper dans la série des ordres naturels, voici les caractères essentiels assignés par son auteur : calice persistant, à quatre divisions profondes, arrondies, concaves et réfléchies ; corolle à onze ou douze pétales inégaux et en ovale renversé ; étamines nombreuses, insérées sur le réceptacle, à anthères linéaires, aiguës ; ovaire supère, sillonné, surmonté d'un style épais et d'un stigmate orbiculaire à plusieurs lobes ; baie multiloculaire, contenant des graines nombreuses renfermées dans la pulpe.

L'*Oncoba spinosa*, Forsk., *loc. cit.*, est un grand Arbre qui croît dans l'Egypte supérieure, où il est vulgairement nommé *Rimbot* ou *Dim*. On le dit également indigène du Sénégal. Son tronc se divise en rameaux alternes, verruqueux, garnis d'épines qui naissent solitaires ou géminées dans les aisselles des rameaux, ou qui sont terminales. Les feuilles sont alternes, pétiolées, glabres, ovales, acuminées et dentées en scie ; les fleurs sont grandes, solitaires et terminales ; la pulpe qui entoure les graines est mangée par les enfans.

(G..N.)

* ONCOPHORUS. BOT. CRYPT. (*Mousses.*) Bridel a formé sous ce nom un sous-genre parmi les *Dicranum* ; il renferme les espèces dont la capsule présente une apophyse à sa base ; tels sont les *Dicranum cerviculatum*, *strumiferum*, *Starkii*, etc. (AD. B.)

* ONCORHIZA. BOT. PHAN. (Persoon.) Syn. d'*Oncus*. *V.* ce mot.

(G..N.)

ONCOTION. POIS. (Klein.) Syn. de Cycloptère. *V.* ce mot.

(B.)

ONCUS. BOT. PHAN. Loureiro (*Flor. Cochinchin.*, 1, p. 259) a établi sous ce nom un genre de l'Hexandrie Monogynie, L., auquel il a imposé les caractères suivans : deux bractées (calice selon Loureiro) aiguës, dressées, embrassant la base du périanthe (corolle selon l'auteur) ; celui-ci offre un tube allongé, hexagone, dilaté à la partie supérieure ; son limbe est petit, à six découpures réfléchies et subulées ; six étamines insérées à la base des divisions du périanthe ; ovaire supérieur, oblong, marqué de six sillons, adhérent jusque vers le milieu au tube du périanthe, surmonté d'un style court, à trois branches, portant des stigmates bifides et réfléchis ; baie oblongue, hexagonale, à trois loges polyspermes. Persoon a proposé pour ce genre le nom d'*Oncorhiza* comme plus conforme au motif qui l'a fait nommer *Oncus*. En effet, ce nom est tiré d'un mot grec qui signifie *tumeur*, parce que l'*Oncus esculentus* de Loureiro présente une racine tubéreuse, excessivement renflée, farineuse, comestible, semblable à celle des Iguames. Les rapports du genre *Oncus* avec le *Dioscorea* n'avaient pas échappé à Loureiro, mais il avait cru y reconnaître des différences que plusieurs auteurs n'ont pas jugées assez importantes, et qui, en conséquence, ont réuni les deux genres. Quoi qu'il en soit, la Plante dont il est ici question croît dans les forêts de la Cochinchine. C'est un Arbuste grimpant, rameux, dépourvu de vrilles et d'aiguillons. Ses feuilles sont cordiformes, acuminées, obtuses, alternes. Les fleurs sont d'un blanc pâle, portées sur des épis grêles, longs et terminaux.   (G..N.)

ONDATRA. MAM. Espèce du genre Campagnol, devenue type d'un sous-genre de ce nom. *V*. CAMPAGNOL.   (B.)

ONDECIMAL. POIS. Espèce du genre Silure. *V*. ce mot.   (B.)

ONDETTOUTAQUE. OIS. Le Père Théodat dit que les sauvages du Canada nomment ainsi le Dindon. *V*. ce mot.   (B.)

ONDOYANT. POIS. *Coryphœna fasciolata*. (Encyclop. Méth., Pall.) Espèce du genre Coryphœne. *V*. ce mot, sous-genre CENTROLOPHE. (B.)

* ONDULÉ. ZOOL. Levaillant a donné ce nom à un Gobe-Mouche qui paraît le même que celui de l'Ile-de-France, et qu'il a représenté dans ses Oiseaux d'Afrique, pl. 156. C'est aussi un Reptile du genre Agame. *V*. ce mot.   (B.)

ONDULÉ. *Undulatus*. BOT. PHAN. On dit d'une feuille ou d'un pétale qu'ils sont *ondulés* sur leurs bords, quand ils présentent des espèces de plis ou d'ondulations qui proviennent de ce que le bord est plus grand que la circonscription même de la feuille ou du pétale. Ainsi les feuilles du Choux, de la Mauve crépue, sont ondulées.   (A. R.)

* ONÉGITE. MIN. Suivant Léonhard, ce nom aurait été appliqué à une variété de Sphène. *V*. ce mot.   (G. DEL.)

* ONEILLIA. BOT. CRYPT. (*Hydrophytes*.) On ne voit pas pourquoi Agardh s'est permis de substituer ce nom à celui de *Claudea* imposé par Lamouroux à un genre de sa création, et adopté par les botanistes. *V*. CLAUDÉE.   (B.)

ONGLE. ZOOL. L'anatomie humaine définit l'Ongle, cette lame cornée qui revêt l'extrémité de la face supérieure des doigts et des orteils. Cette définition, très-exacte à l'égard de l'Homme et de la plupart des Quadrumanes, ne peut être admise d'une manière générale en anatomie comparée ; car le plus souvent l'Ongle n'est pas une simple lame qui recouvre sur une de ses faces la dernière phalange, mais une sorte d'étui qui enveloppe celle-ci d'une manière plus ou moins complète, comme chez presque tous les Unguiculés où il forme une griffe, et surtout comme chez les Ongulés où il forme un sabot.

On trouve des Ongles bien conformés dans le plus grand nombre des Mammifères, des Oiseaux et des Reptilés; et les modifications que présentent ces organes dans leur forme, leur position et leur grandeur proportionnelle, fournissent d'importans caractères, soit pour la distinction des genres (et quelquefois des espèces), soit pour les classifications. C'est ce que nous avons montré avec détail à l'égard des Mammifères, dans notre article MAMMALOGIE ; et ce qui a également lieu chez les Oiseaux, comme on peut voir au mot ORNITHOLOGIE. Quant à la classe des Reptiles, les Ongles sont plus fréquemment rudimentaires ; et leur absence ou leur présence sont les seuls caractères qu'on ait coutume d'apprécier dans les classifications générales, tandis qu'on ne tient guère compte de leurs formes que pour la distinction des genres et des sous-genres. *V*. ERPÉTOLOGIE.

On a indiqué ailleurs (*V*. CORNES) l'analogie de l'Ongle avec l'étui corné des prolongemens frontaux des Ruminans : l'analogie du même organe avec l'enveloppe cornée du bec des Oiseaux est peut-être plus évidente encore ; et, en effet, les griffes de quelques Mammifères carnassiers sont tellement semblables au bec de plusieurs Oiseaux, et particulièrement de certaines espèces de Perroquets, que, lorsqu'elles sont isolées, il est difficile de les distinguer de cette dernière partie. (IS. G. ST.-H.)

On a fait quelquefois du mot ONGLE un nom spécifique, et on a appelé :

ONGLE AROMATIQUE, l'opercule d'une coquille de la mer Rouge qu'on dit sentir le musc, employée dans l'ancienne pharmacie, et qui paraît appartenir au *Strombus lentigiosus*.

ONGLE MARIN, une espèce du genre Solen, etc. (B.)

ONGLE DE CHAT. *Unguis-Cati.* BOT. PHAN. Une espèce de Mimeuse du genre Inga. (B.)

ONGLET. OIS. Espèce du genre Tangara. *V*. ce mot. (DR..Z.)

ONGLET. *Unguiculus.* BOT. PHAN.

On appelle ainsi le rétrécissement brusque qui termine certains pétales à leur base, comme dans les Caryophyllées, les Malpighiacées, les Crucifères, etc. De-là le nom de pétales onguiculés. Ceux qui sont dépourvus d'Onglets sont dits sessiles. (A. R.)

ONGO. POIS. Espèce d'Holocentre. (B.)

ONGUENT DE CAYENNE ou ONGUENT-PIAN. BOT. PHAN. Même chose que Copaïa. *V*. ce mot.

On appelle aussi ONGUENT-PIAN le *Bignonia procera* de Willdenow. (B.)

ONGUICULÉ. OIS. Ce nom, imposé par Temminck à un genre d'Oiseaux, que le même auteur nomme scientifiquement *Orthonix*, ne saurait être adopté, et l'on doit préférer conséquemment la seconde désignation. *V*. ORTHONIX. (B.)

ONGUICULÉ. BOT. PHAN. On appelle pétale onguiculé, celui qui se termine brusquement à sa base par une partie rétrécie qu'on nomme onglet. Ainsi les pétales de l'OEillet, et en général des Caryophyllées, ceux des Crucifères, sont onguiculés. (A. R.)

ONGUICULÉS ou UNGUICULÉS. *Unguiculata.* MAM. *V*. MAMMALOGIE.

ONGULÉS. *Ungulata.* MAM. *V*. MAMMALOGIE.

ONGULINE. *Ungulina.* MOLL. Ce genre a été créé par Daudin, et publié la première fois par Bosc dans le Buffon de Déterville ; il fut bientôt après consacré, car Roissy l'adopta dans le Buffon de Sonnini, en le rapprochant des Bucardes ; enfin Lamarck ne tarda pas lui-même à l'adopter aussi ; il fait partie de la famille des Mactracées, entre les Erycines et les Crassatelles, dans les Tableaux de la Philosophie Zoologique. Depuis lors, presque tous les auteurs de conchyliologie admirent ce genre, à l'exception de Cuvier qui ne l'a pas mentionné. Férussac le laissa dans les rapports indiqués par Lamarck, mais avec un point de doute. Blainville avoue ne pas connaître

assez ce genre pour le placer convenablement ; d'après cela ou ne peut
considérer comme définitive la place
qu'il lui fait occuper dans son Traité
de Malacologie à la fin de la famille
des Conchacées qui contient presque
tous les genres des Conques, des
Mactracées et des Corbules de Lamarck. Latreille a conservé absolument les indications de Lamarck ; on
voit en effet dans les Familles Naturelles du Règne Animal, pag. 221,
les Ongulines dans la famille des
Mactracées entre les Érycines et les
Crassatelles. Sowerby est le premier
qui ait indiqué à notre avis les rapports naturels des Ongulines ; il démontre, dans son *Genera of Shells*,
qu'elles ont la plus grande analogie
avec les Lucines. Cette opinion est
celle que nous nous étions faite depuis long-temps et que nous avons
conservée dès l'instant où nous avons
eu dans notre collection cette précieuse Coquille et que nous pûmes
l'examiner avec soin : la charnière se
compose de deux petites dents cardinales sur chaque valve ; elles sont
placées sous les crochets ; derrière
elles se trouvent les ligamens,
dont l'un est interne et l'autre externe ; le premier occupe une surface
triangulaire, courbée, qui s'étend
depuis le sommet des crochets jusque vers le bord cardinal ; la plus
grande partie de cette surface du
ligament repose sur les nymphes qui
se trouvent enfoncées sous le corselet et cachées en grande partie par
lui ; c'est dans le sillon profond qui
sépare les nymphes du corselet que
s'insère le ligament externe qui a
tous les caractères des ligamens de
cette espèce ; ce ligament s'enfonce
profondément derrière ces nymphes,
et se prolonge au-delà de leur lon-
guéur sur la lame cardinale, ce qui
y fait naître à côté de la première où
est le ligament interne, une seconde
surface ligamenteuse qui est bien
séparée, mais qui ne reçoit pas une
partie du ligament interne, comme
semble le faire croire la caractéristique de Lamarck, mais seulement le

prolongement du ligament externe.
Cette disposition des ligamens se retrouve dans plusieurs espèces de Lucines, et notamment les *Lucina ti-
gerina* et *punctata* ; seulement la nymphe est moins saillante et le sillon d'insertion du ligament externe est moins
profond. Les impressions musculaires
des Ongulines sont presque égales,
elles sont longues, étroites, et se
communiquent par l'impression simple non échancrée du manteau ; l'impression musculaire antérieure est
aussi la plus longue, comme dans
toutes les Lucines. Il résulte de cet
examen que les Ongulines doivent
être placées près des Lucines dans la
série générique ; il serait même possible par la suite, si l'on trouvait
quelques intermédiaires, de réunir
les deux genres dont celui-ci serait
une petite section. Les Ongulines
sont de petites Coquilles dont on ne
connaît pas encore la patrie ; il n'en
existe qu'un fort petit nombre dans
les collections. Lamarck en cite deux
espèces, la seconde n'est qu'une variété plus allongée de la première ;
ces variétés de formes paraissent tenir à l'âge.

ONGULINE TRANSVERSE, *Ungulina
transversa*, Lamk., Anim. sans-vert.
T. v, pag. 487 ; Bosc., Hist Nat. des
Coquilles, T. III, pl. 20, fig. 12 ;
Ungulina transversa, Sow., *Genera of Shells*, dixième cahier, Blainville, Traité de Malacol., p. 562, pl.
75, fig. 6. Cette Coquille est brune
et rugueuse en dehors, plus ou moins
allongée, assez épaisse, à crochets petits, peu inclinés ; la lunule ni le corselet ne sont marqués en dedans ;
elle est d'un rose pourpré assez vif,
surtout vers les bords ; elle a souvent
une tache brune dans le milieu des
valves.   (D..H.)

ONGULOGRADES. MAM. Septième ordre de la classe des Mammifères, suivant la Méthode de Blainville.
V. MAMMALOGIE.   (IS. G ST.-H.)

* **ONICHIA.** BOT. CRYPT. On ne
sait quelle Plante marine de l'Adriatique Donati a voulu désigner sous ce

nom. Il la dit munie de baies oblongues, réunies, un peu cannelées, latéralement monospermes, etc. Nous ne connaissons, parmi les Hydrophytes, rien à qui de tels caractères puissent convenir.   (B.)

ONISCIDES. CRUST. *V.* CLOPORTIDES.

* **ONISCODE.** *Oniscodes.* CRUST. Genre de l'ordre des Isopodes, section des Aquatiques, famille des Asellotes, établi par Latreille (*Fam. Nat.*, etc.); et que Leach avait déjà désigné sous le nom de *Janira*, sans savoir que ce nom avait été employé par Risso pour désigner un Crustacé voisin des Galathées. Ce genre, que Latreille réunit (*Règn. Anim.*) aux Aselles (*V.* ce mot), en a tous les caractères généraux, mais les crochets terminaux des quatorze pates sont bifides; les yeux sont assez gros, placés plus près l'un de l'autre que dans les Aselles. Les antennes intermédiaires et supérieures sont plus courtes que l'article terminal et sétacé des extérieures. La seule espèce de ce genre est :

L'ONISCODE TACHÉE, *Oniscodes maculosa, Janira maculosa*, Leach, Edimb. Encycl. T. VII, p. 434, et *Trans. Linn. Soc.* T. XI, p. 373; *Oniscus maculosus*, Montagu (manuscrit). Corps cendré, taché de brun. Cette espèce a été trouvée sur les côtes d'Angleterre, sur des Ulves et des Varecs.   (G.)

ONISCUS. CRUST. *V.* CLOPORTE.

ONITE. POIS. Espèce du genre Labre.

ONITE. *Onitis.* INS. Genre de l'ordre des Coléoptères, section des Pentamères, famille des Clavicornes, tribu des Scarabéides division des Coprophages, établi par Fabricius aux dépens du genre Bousier (*Copris* de Geoffroy) et adopté par tous les entomologistes; les caractères de ce genre sont : les quatre jambes postérieures courtes ou peu allongées, en cône long, très-dilatées ou beaucoup plus épaisses à leur extrémité; les intermédiaires insérées à une plus grande distance l'une de l'autre, que les autres. Dernier article des palpes labiaux très-distinct; corselet plus court que les élytres, presque aussi long que large. Abdomen déprimé, plan en dessus; jambes antérieures très-longues et arquées dans un des sexes; un écusson très-petit et visible. Les Onites ressemblent beaucoup aux Bousiers proprement dits; cependant ils s'en distinguent par leurs palpes labiaux dont le second article est très-sensiblement plus long que le premier et le troisième, tandis que dans les Bousiers le premier article de ces palpes est le plus grand de tous. Les Oniticelles, *V.* ce mot, se distinguent des Onites par des caractères de la même valeur. La tête des Onites s'emboîte postérieurement dans le corselet; elle a un petit rebord et est marquée supérieurement par des lignes élevées, transverses, et quelquefois par une petite corne. Les yeux sont arrondis, plus apparens en dessous qu'en dessus. Les antennes ne sont composées que de neuf articles apparens; le premier est allongé, un peu renflé à son extrémité, le second court et assez gros, les quatre suivans plus petits, plus courts, mais s'élargissant; et les trois derniers formant une massue ovale, lamellée et dont les feuillets s'emboîtent un peu l'un dans l'autre. La lèvre supérieure est entièrement cachée sous le chaperon; elle est fort mince, assez large, de consistance coriace, arrondie et ciliée à sa partie antérieure. Les mandibules sont petites, presque ovales, fort minces, coriacées à leur base et à une partie de leur bord interne, transparentes dans leur moitié supérieure et fortement ciliées à leur bord interne. Les mâchoires sont cornées, assez grosses, presque cylindriques depuis leur base jusqu'à l'insertion des palpes; elles sont ensuite bifides; la division extérieure est plate, dilatée, arrondie et coriace; la division interne a la même forme, mais elle est beaucoup plus petite. Les palpes maxillaires sont filiformes, plus longs que les labiaux, composés de quatre articles dont le premier est petit, les deux suivans presque égaux et le dernier un peu allongé, à peine renflé dans sa partie moyenne. La lèvre inférieure est bifide ou divisée en deux jusqu'à sa base; ses palpes sont composés de trois articles dont le premier est bien apparent, un peu plus court que le second qui est assez grand; le dernier est très-petit et presque cylindrique. Ces palpes sont couverts de longs poils roides. Le corselet est grand, convexe, ordinairement un peu plus large que les élytres et marqué de quatre fossettes dont une de chaque côté près du bord, et deux rapprochées vers l'écusson. Ce dernier est bien apparent, très-petit et terminé par une pointe aiguë. Les élytres sont aussi longues dans leur milieu qu'à la base; au-dessous se trouvent deux ailes membraneuses. Le corps des Onites a une forme plus allongée et moins ovale que dans la plupart des Bousiers. Les pates antérieures ont quelquefois aux cuisses et aux jambes, des épines très-remarquables. Les mâles ont les pates antérieures plus longues, sans tarses et souvent même différentes des mêmes dans les femelles. On trouve les Onites dans les pays chauds de l'Ancien-Continent; les provinces méridionales de la France en nourrissent quelques espèces; on les trouve, comme les Bousiers, dans les fientes des Animaux; ils creusent des trous dans la terre sous les bouses, s'y enfoncent pour y déposer leurs œufs et les provisions nécessaires aux larves qui en naîtront. Ce genre se compose à présent d'une trentaine d'espèces. Olivier en a connu dix-huit qu'il a réparties dans deux coupes ainsi qu'il suit, mais dont nous ne pouvons citer que celles qui peuvent être considérées comme les types :

I. Un écusson très-apparent.

ONITE AYGULE, *Onitis Aygulus*, Latr., Oliv., Ent., Scarabées, pl. 13,

fig. 120, Fabr., Syst. Eleuth.; *Scarabæus*, Fabr., Mant. Ins. et *Species*, etc. Long de sept à huit lignes; tête et corselet d'un vert bronzé, luisant; le corselet étant très-finement pointillé; élytres testacées, légèrement sillonnées; corps brun en dessous; pates d'un vert bronzé. Olivier dit qu'il se trouve aux Indes-Orientales et au cap de Bonne-Espérance.

II. Un écusson à peine apparent.

ONITE BISON, *Onitis Bison*, Fabr., Oliv., Latr.; *Copris Bison*, Oliv., Encycl.; *Scarabæus Bison*, L., Fabr., Jablonsk., Coléopt., 2, tab. 15, 6, Vill., Rossi, *Faun. Etrusc.*, t. 1, p. 27, n° 7. Long de près de six lignes, noir; tête armée de deux petites cornes éloignées l'une de l'autre et réunies par une petite crête transversale; corselet plus large que long, très-finement pointillé et ayant en avant une corne aplatie, avancée et plus grande dans le mâle; élytres lisses, sillonnées; pates noires. Cette espèce est assez commune dans les provinces méridionales de la France, en Italie, en Espagne et même en Barbarie. (c.)

ONITES. BOT. PHÁN. Dont Linné a fait l'*Origanum Onitis*, Plante que les anciens mentionnèrent sous ce nom, parce qu'on prétend que les Anes en sont très-friands. (B.)

* ONITICELLE. *Oniticellus*. INS. Genre de l'ordre des Coléoptères, section des Pentamères, famille des Lamellicornes, tribu des Scarabéides, division des Coprophages, établi aux dépens des Onthophages de Latreille, par Ziégler (qui n'a pas publié les caractères), adopté par Latreille (*Faun. Nat.*, etc.), par Lepelletier de Saint-Fargeau et Serville, dans l'Encyclopédie Méthodique, article SCARABÉIDE. Ce genre peut être ainsi caractérisé : pates intermédiaires beaucoup plus écartées entre elles, à leur insertion, que les autres. Ecusson petit, mais distinct, ou un espace scutellaire libre, laissé par les élytres; corps allongé; corselet aussi

long que large ; élytres allongées.
D'après ces caractères tracés par les
naturalistes cités plus haut, les Onites se distinguent des Oniticelles par
la massue de leurs antennes en forme de carré à angles adoucis, dont
le diamètre longitudinal ne surpasse
pas le transversal, et par la forme
des articles qui composent cette massue, le premier étant infundibuliforme, le second plus court que les
deux autres et presque entièrement
renfermé entre eux, le dernier en
forme de capsule renversée. Dans les
OEschrotès, la massue des antennes
a aussi ses deux diamètres presque
égaux ; le corselet est fortement
échancré sur les bords latéraux depuis le milieu jusqu'à la partie postérieure ; les élytres ont leurs côtés
rabattus. Enfin les Onthophages diffèrent des Oniticelles par l'absence
d'écusson, par la forme plus raccourcie de leur corps, et par leur corselet
qui est toujours plus large que long.
Les Oniticelles vivent aussi dans les
bouses de Vaches, de Chevaux et
d'autres Animaux ; on n'en trouve
jamais dans les fumiers et les excrémens humains. Ces Insectes sont
propres aux pays chauds et tempérés ; on en trouve en Europe, en
Afrique et dans l'Inde ; nous n'en
connaissons pas d'Amérique. L'espèce qui sert de type au genre est :

L'ONITICELLE FLAVIPÈDE, *Oniticellus flavipes*, *Ateuchus flavipes*,
Fabr.; *Onthophagus flavipes*, Latr.;
Copris flavipes, Oliv., Encycl. méth.;
Copris fulvus, *capite æneo*, etc.,
Geoff., Ins. T. I, p. 90, n. 6, Schoeff.,
Icon., Ins. T. I, tab. 74, f. 6. Il
varie de grandeur depuis deux jusqu'à quatre lignes ; sa tête est d'un
verdâtre bronzé, avec le chaperon
légèrement échancré antérieurement ; le corselet est d'un jaune pâle
sur les bords avec le milieu d'un
brun verdâtre, et échancré en avant
pour recevoir la tête, plus large, antérieurement rebordé, et ayant une
petite impression de chaque côté et
une espèce de sillon court à sa base
vis-à-vis l'écusson. Les élytres sont

à peu près deux fois plus longues
que larges, d'un jaune sale avec
quelques petits traits longitudinaux
plus obscurs ; la suture est un peu
élevée et verte. On voit sur chaque
élytre et près de son extrémité une
très-petite élévation de la même couleur. Le dessous du corps et les pates
sont d'un jaune livide à reflets verts.
Cet Insecte se trouve dans le midi
de la France où il est très-commun.
On le rencontre aussi aux environs
de Paris, mais plus rarement. (G.)

ONIX. MIN. Pour Onyx. *V.* ce mot.
(B.)

ONNEFERA. BOT. PHAN. Syn. ancien de *Centaurea Rhapontica*, L. (B.)

ONOBLETON. BOT. PHAN. (Hip-
pocrate.) Syn. de *Saxifraga Cotyledon*, L. (B.)

ONOBRICHIS. BOT. PHAN. Pour
Onobrychis. *V.* ce mot. (B.)

ONOBROMA. BOT. PHAN. Ce genre, établi par Gaertner, est le même
que le *Carduncellus* d'Adanson, nom
adopté par tous les botanistes modernes. *V.* CARDONCELLE. (G..N.)

ONOBRYCHIS. BOT. PHAN. Tournefort avait ainsi nommé un genre
formé sur le Sainfoin cultivé, Plante
que Linné réunit à son *Hedysarum*.
Mais ce dernier genre ayant été grossi
outre mesure d'une foule d'espèces
dont l'organisation était très-diversi-
fiée, les auteurs modernes, et particulièrement Gaertner, Desvaux et De
Candolle, ont séparé de nouveau l'*O-
nobrychis* des *Hedysarum*, se fondant
principalement sur la structure de la
gousse. *V.* SAINFOIN. (G..N.)

ONOCARDIUM. BOT. PHAN. C'est-
à-dire Cœur d'Ane. Ancien synonyme
de *Dipsacus fullonum*. *V.* CARDÈRE.
(B.)

* ONOCENTAURE. MAM. L'an-
tiquité donna ce nom à un Animal
fabuleux qu'on figurait moitié Homme, moitié Ane. (B.)

ONOCHILES. BOT. PHAN. Ce nom,
qui signifie *Fourrage d'Ane*, a été
aussi écrit *Onocleia* et *Onoclia*. Il est

appliqué par L'Ecluse avec cette dernière orthographe à l'*Anchusa tinctória*. — (B.)

ONOCLÉE. *Onoclea*. BOT. CRYPT. (*Fougères*.) Linné réunissait sous ce nom plusieurs Plantes qui ont été successivement distraites de ce genre, lequel ne comprend plus maintenant qu'une espèce, l'*Onoclea sensibilis*. Mitchel et Adanson avaient avant Linné formé de cette Plante leur genre *Angiopteris*, nom appliqué depuis à un autre genre de la même famille. Bernhardi et Mirbel, ayant laissé le nom d'*Onoclea* à d'autres espèces du genre de Linné, avaient formé de celle que nous venons de citer un genre particulier, le premier sous le nom de *Calypterium*; le second sous celui de *Riedlea*. Cependant la plupart des auteurs sont d'accord pour regarder l'*Onoclea sensibilis* comme le type et l'unique espèce du genre *Onoclea*. R. Brown y joint le *Struthiopteris germanica* de Willdenow. Les autres espèces, rapportées successivement au genre *Onoclea*, sont maintenant rangées parmi les *Lomaria* de Willdenow, ou *Stegania* de Brown, ou, parmi les *Woodwardia*; l'une d'elles constitue le genre *Struthiopteris*.

L'*Onoclea sensibilis* est une belle Fougère de l'Amérique du nord, dont les frondes, très-minces et très-délicates, ont une forme assez différente, suivant qu'elles sont stériles ou fertiles. Les frondes stériles sont une seule fois pinnées à pinnules larges et sinueuses; les frondes fertiles sont deux fois pinnées; chaque pinnule porte un groupe assez gros de capsules; ces capsules sont enveloppées par une sorte d'involucre scarieux, composées de plusieurs écailles imbriquées, et imitant une sorte de baie. La structure des capsules est la même que celle de toutes les Polypodiacées.

Le *Struthiopteris germanica*, Willd.; *Onoclea Struthiopteris*, Swartz; *Osmunda Struthiopteris*, L., ne paraît pas en effet différer assez du genre précédent pour mériter d'en être sé-

paré; les groupes de capsules sont seulement beaucoup plus petits, et les écailles de l'involucre plus distinctes et moins nombreuses partent du bord même de la fronde. Cette espèce croît en France, en Allemagne, en Suède, en Norvège, etc. Mougeot l'a naturalisée dans les Vosges d'où elle n'était pas indigène.

(AD. B.)

* **ONOCLIA.** BOT. PHAN. Et non *Onoclea*. *V*. ONOCHILES.

ONOCORDON. BOT. PHAN. (J. Bauhin.) Syn. d'*Alopecurus pratensis*, L. (B.)

ONOCROTALE. *Onocrotalos*. OIS. Il est défendu dans le Deutéronome, ch. XIV, v. 17, de manger de l'*Onocrotalos*, qui était un Oiseau impur pour les Juifs. On a traduit Onocrotale par Pélican, et nommé scientifiquement *Onocrotalus* le Pélican blanc dont effectivement personne ne mange, parce que sa chair est huileuse et désagréable. (B.)

ONOGIROS. BOT. PHAN. (Nicander.) Syn. d'*Onopordon Acanthium*, L. (B.)

ONONIDE. *Ononis*. BOT. PHAN. Genre de la famille des Légumineuses et de la tribu des Lotées de De Candolle, placé par les auteurs systématiques dans la Diadelphie Décandrie, L., quoiqu'il soit le plus souvent monadelphe. Il présente les caractères suivans : calice campanulé, légèrement évasé, divisé peu profondément en cinq lanières linéaires; corolle papilionacée dont l'étendard est grand, redressé, ordinairement marqué de stries, et la carène acuminée; dix étamines monadelphes, la dixième quelquefois libre; légume renflé, sessile, ne renfermant qu'un petit nombre de graines. Ce genre, anciennement nommé *Anonis* par Tournefort, est tellement naturel qu'il est très-facile de décider si une Plante de la vaste famille des Légumineuses lui appartient, et cependant ses caractères sont extrêmement ambigus, c'est-à-dire qu'ils se confondent avec ceux de plusieurs genres voisins, tels que les *Crotalaria*, les *Spartium*, les *Anthyllis*, les *Psoralea*, etc. C'est ce qui a fait dire au professeur De Candolle (Mémoires sur les Légumineuses, p. 218) que son étude fournit un exemple frappant de cet aphorisme de Linné : *character non facit genus*. En effet, le caractère le plus saillant à l'aide duquel on peut reconnaître le genre *Ononis* réside dans le port des espèces.

Ces Plantes sont des Herbes ou des sous-Arbrisseaux souvent couverts de poils qui sécrètent une liqueur visqueuse et odorante, à feuilles trifoliées, quelquefois réduites à une seule foliole, et rarement à plusieurs paires de folioles terminées par une impaire : les folioles sont dentées en scie d'une manière particulière. Les fleurs, de couleur jaune ou purpurine, naissent des aisselles supérieures, tantôt pédicellées, et alors le pédicelle offre une petite articulation vers son sommet, tantôt sessiles, souvent accompagnées de stipules adhérentes au pétiole dans une partie notable de leur longueur. A ces détails sur la structure des organes de la végétation, nous ajouterons ceux que présente la germination des Ononides et qui ont été observés par De Candolle. Ceux-ci ne doivent pas paraître superflus, puisque l'on manque de bons caractères pour distinguer un groupe si naturel au premier coup-d'œil. Les cotylédons sont ovales, quelquefois presque orbiculaires, étalés, sessiles, plus ou moins pubescens en dessus, circonstance assez rare dans les feuilles séminales. Les feuilles primordiales sont alternes, pétiolées, simples, et naissent à peu de distance des cotylédons ; leur pétiole est muni de deux stipules adhérentes à sa base, et le limbe est denté en scie. Ce dernier caractère est un des plus précieux pour reconnaître facilement le genre.

Mœnch (*Meth. Plant.*, 157 et 158) avait divisé le genre *Ononis* en deux qu'il nommait *Anonis* et *Natrix* ; mais cette séparation n'a pas été admise. Cependant, comme les Ononides sont très-nombreuses, De Candolle (*Prodrom. System. Veget. Nat.*, 2, p. 158) en a formé deux grandes sections subdivisées elles-mêmes en plusieurs sous-sections.

§ I. EUONONIS.

Caractérisée essentiellement par la présence de stipules adhérentes au pétiole, cette sous-section se compose d'environ soixante-quinze espèces toutes originaires du bassin de la Méditerranée et de l'Orient. Les sous-sections ont été formées d'après des considérations déduites de leur port. Ainsi les *Natrix* sont munies de feuilles à une ou plus souvent à trois folioles ; leurs fleurs sont portées sur de longs pédicelles axillaires, et elles ont leurs corolles jaunes, avec l'étendard souvent rougeâtre ou marqué de raies rouges. La plupart de ces Plantes sont remarquables par la viscosité et l'odeur pénétrante de leur surface. Telle est entre autres l'*Ononis Natrix*, L., qu'on peut considérer comme type de la sous-section, Plante qui croît abondamment en plusieurs localités arides de l'Europe, et notamment aux buttes de Sèvres dans les environs de Paris. La seconde sous-section a été nommée *Natridium*. Elle est très-voisine de la précédente à laquelle elle ressemble par ses feuilles, et dont elle diffère par la couleur de ses fleurs qui sont purpurines ou blanches. Parmi les espèces qu'elle renferme, nous citerons les *Ononis rotundifolia* et *Cenisia*, L., jolies Plantes qui croissent dans les Alpes et les Pyrénées. La troisième sous-section, nommée *Bugrana*, se compose d'espèces à feuilles simples ou trifoliées ; à fleurs blanches ou purpurines, sessiles ou portées sur des pédicelles courts et rapprochés au sommet des branches en épis serrés, entremêlés de bractées. C'est à ce groupe qu'appartient l'espèce la plus vulgaire du genre, celle qui a été désignée dans les livres de matière médicale sous les noms de

Bugrane et d'Arrête-Bœuf. Linné lui a imposé celui d'*Ononis spinosa*, et en a distingué l'*Ononis antiquorum* qu'on doit cependant lui réunir comme simple variété. Cette Plante infeste les champs en friche de toute l'Europe ; son nom d'Arrête-Bœuf vient de sa racine qui est très-longue, rampante, brune extérieurement, blanchâtre en dedans, et qui présente beaucoup d'obstacles dans le labour des terres. Cette racine était autrefois préconisée pour activer la sécrétion urinaire, et elle faisait partie des cinq racines apéritives de l'ancienne thérapeutique. Aujourd'hui, malgré les éloges que des modernes lui ont prodigués, elle est tombée en désuétude. La quatrième sous-section, désignée sous le nom de *Bugranoides*, ne diffère de la précédente que par ses fleurs jaunes, et devra probablement lui être réunie. L'*Ononis minutissima*, L., qui en fait partie, nous semble en effet se lier par son port avec des espèces du groupe des vraies Bugranes. Enfin, sous le nom de *Pterononis*, De Candolle a formé une dernière sous-section des Ononides à feuilles composées de plusieurs paires de folioles terminées par une impaire. Ce groupe est encore mal connu, quoiqu'il ne contienne que quatre espèces indigènes de la Péninsule espagnole et de l'Orient, parmi lesquelles on remarque l'*Ononis rosæfolia*, qui, comme son nom l'exprime, a le feuillage semblable à celui des Rosiers.

§ II. Lotononis.

Nous avons vu jusqu'ici le genre *Ononis* composé d'espèces étroitement liées par leurs affinités naturelles, et en même temps presque exclusivement circonscrites dans la région méditerranéenne. Un groupe de Légumineuses d'environ trente espèces, toutes indigènes du cap de Bonne-Espérance, a cependant été placé à la fin du genre dont il est ici question, par le professeur De Candolle qui l'a nommé *Lotononis*. Ces espèces ressemblent aux *Ononis* par leurs étamines monadelphes, et quelques-

unes par leur carène acuminée ; elles ont de l'affinité avec les *Lotus* par leurs stipules à peine ou nullement adhérentes au pétiole. Enfin, il en est qui ont la carène obtuse comme dans les *Aspalathus*, d'autres le calice renflé à la façon des *Anthyllis*. C'est ce qui avait fait placer ces espèces par divers auteurs dans les genres que nous venons de citer. Comme ces Plantes n'ont pas toutes été soumises à un examen sévère, De Candolle n'a pas jugé convenable d'en former un genre distinct, et les a réunies provisoirement aux Ononides en recommandant leur étude aux monographes. (G..N.)

ONOPHYLLON. bot. phan. C'est-à-dire *Feuille d'Ane.* Syn. ancien de Buglosse. *V.* ce mot. (B.)

ONOPIX. bot. phan. Ce genre établi par Rafinesque dans la famille des Synanthérées, sur deux Plantes de la Louisiane, analogues aux Chardons, est trop imparfaitement caractérisé pour mériter d'être pris en considération. (G..N.)

ONOPORDE. *Onopordum.* bot. phan. Genre de la famille des Synanthérées, tribu des Carduacées, et de la Syngénésie égale, L., offrant pour caractères essentiels : un involucre composé d'écailles larges, imbriquées, très-étalées, terminées par des pointes dures et fort piquantes ; un réceptacle gros, charnu, creusé de fossettes nombreuses ; la calathide très-grosse, formée de fleurs nombreuses, régulières, hermaphrodites ; des akènes comprimés, anguleux, tétragones, sillonnés transversalement, très-serrés et nombreux, surmontés d'une aigrette caduque, formée de poils réunis par la base. On compte environ neuf à dix espèces dans ce genre, lesquelles, comme Plantes herbacées, sont remarquables par leurs grandes dimensions (les *Onopordum græcum* et *arabicum* s'élevant quelquefois à près de trois mètres), et par leurs feuilles décurrentes, ordinairement tomenteuses, sinuées, pinnatifides, quelques-unes imitant celles de l'Acanthe. Les fleurs sont rouges ou blanches, terminales au sommet des ramifications.

L'Onoporde Acanthe, *Onopordum Acanthium*, L., vulgairement connu sous le nom de Chardon-aux-Anes, croît en abondance sur le bord des routes parmi les décombres et dans les lieux stériles de toute l'Europe. Sa tige s'élève quelquefois à plus d'un mètre; elle est ordinairement cotonneuse; mais on en trouve aussi une variété verte et presque toute glabre. Le réceptacle charnu et très-considérable de cette Plante pourrait devenir comestible et suppléer aux Artichauts, si la culture en avait développé les parties molles en faisant disparaître le tissu filandreux et coriace que ce réceptacle offre dans les Plantes sauvages. Les graines de l'Onoporde renferment de l'huile fixe, qu'il serait lucratif d'extraire par expression, puisqu'un seul pied, selon Murray, a fourni douze livres de graines qui ont rendu le quart de leur poids d'huile. Quant aux propriétés médicales de l'Onoporde, usité jadis comme topique dans des maladies constitutionnelles, telles que le cancer, les affections scrophuleuses, elles sont purement illusoires. Scopoli, par un changement inutile de nom générique, a nommé cette Plante *Acanos Spina*.

C'est au genre *Onopordum* qu'Allioni a rapporté une Plante des Alpes méridionales, sur laquelle Guettard a formé un genre *Villarsia*, lequel a été changé par Villars en celui de *Berardia*. Ce genre n'ayant pas été admis, la Plante en question avait été réunie au genre *Arctium* par Lamarck et De Candolle.   (G..N.)

* ONOPTERIS. BOT. CRYPT. C'est-à-dire *Fougère d'Ane*. Syn. d'*Asplenium Adianthum-Nigrum*, dans Dodoens et dans Gérard.   (B.)

ONOPYXOS. BOT. PHAN. C'est-à-dire *Buis d'Ane*. (Théophraste.) L'*Onopordum Illyricum*, selon Daléchamp; le *Carduus nutans*, selon Dodoens.   (B.)

ONORÉ. ORN. Espèce du genre Héron. *V.* ce mot.   (DR..Z.)

* ONOS. ZOOL. Aristote, et généralement toute l'antiquité, ont indifféremment désigné sous ce nom l'Ane et le Cloporte; d'où la dénomination d'*Oniscus* et d'*Asellus* appliquée à ce dernier par les traducteurs, et adoptée par les naturalistes.   (B.)

ONOSÉRIDE. *Onoseris*. BOT. PHAN. Genre de la famille des Synanthérées et de la Syngénésie superflue, L., établi par Willdenow, adopté avec des modifications par De Candolle et Kunth. Il a été ainsi caractérisé par ce dernier auteur : involucre presque hémisphérique; composé de folioles nombreuses, imbriquées, linéaires-aiguës, subulées au sommet; réceptacle nu; calathide radiée; les fleurons du disque tubuleux, hermaphrodites, à corolle dont le tube est quinquéfide; les rayons ou fleurons de la circonférence bilabiés, femelles, à anthères sessiles, munies à la base de deux appendices sétacés; akènes cylindracés, striés, surmontés d'une aigrette sessile et poilue. Ce genre fait partie des Labiatiflores de De Candolle, et forme le type de la section des Onoséridées dans la tribu des Carduacées de Kunth. Il se compose de Plantes indigènes de l'Amérique méridionale, et particulièrement des contrées occidentales, telles que les républiques de Colombie, du Pérou et du Chili. Ce sont des Plantes acaules ou quelquefois caulescentes, rarement sous-frutescentes, à feuilles alternes. Les fleurs dont les rayons sont pourpres, roses ou blancs, sont portées sur des pédoncules uniflores ou multiflores. Parmi ces espèces, nous citerons seulement celles qui ont été décrites et figurées par Kunth (*Nov. Gen. et Spec. Plant.*, vol. IV, p. 7, tab. 304, 305 et 306), savoir : *Onoseris hieracioides*, *Onos. speciosa*, et *Onos. hyssopifolia*.   (G..N.)

* ONOSÉRIDÉES. BOT. PHAN. L'une des six sections établies par Kunth, dans les Carduacées. *V.* ce mot.   (B.)

ONOSME. *Onosma.* BOT. PHAN. Genre de la famille des Borraginées, et de la Pentandrie Monogynie, L., qui, dans les ouvrages français, tels que la Flore Française et l'Encyclopédie Méthodique, porte le nom d'Orcanette; mais cette dénomination étant universellement reçue pour désigner une Plante du genre Grémil (*Lithospermum tinctorium,* L.) dont la racine donne une belle couleur rouge, il pourrait résulter de la confusion en employant le mot d'Orcanette pour le genre dont il est ici question. Voici ses caractères essentiels: calice à cinq lobes qui ne dépassent pas le milieu de sa longueur; ces lobes sont lancéolés et droits; corolle tubuleuse, campanulée, ou plutôt infundibuliforme, dont le tube est court, le limbe tubuleux-ventru, à cinq lobes droits, et à gorge nue; cinq étamines dont les filets sont courts, et les anthères sagittées; stigmate obtus; quatre akènes, ovés, luisans, durs, non perforés à la base, uniloculaires, et cachés dans le fond du calice persistant. Ce genre a de l'affinité avec le *Symphytum* et le *Pulmonaria;* il se distingue du premier par l'entrée de sa corolle qui n'est point munie d'écailles, et du second par sa corolle dont les divisions du limbe sont dressées et conniventes. Lehmann qui s'est beaucoup occupé des Plantes de la famille des Aspérifoliées ou Borraginées, a établi son genre *Moltkia* sur une espèce rapportée aux *Onosma,* par Willdenow. Il a en outre fondé les genres *Craniospermum* et *Colsmannia,* qui paraissent très-voisins de l'*Onosma.* D'un autre côté, le *Cerinthe orientalis* de Linné (*Amœn. Acad.,* p. 267) a été réuni au genre dont il est ici question.

L'espèce type du genre est l'*Onosma echioides,* L., Plante qui croît dans les lieux arides du midi de l'Europe. Sa tige et ses feuilles sont hérissées de poils blancs un peu écartés; ses fleurs sont jaunâtres, terminales, et forment deux ou trois épis légèrement contournés.

Les qualités tinctoriales de la racine de cette Plante étaient connues des anciens qui savaient en composer un rouge pour le visage et en teindre les étoffes. Pallas rapporte que les hordes tartares des bords de la mer Caspienne, ne se servent guère d'autre substance pour teindre en rouge. On voit donc que cette racine offre un intérêt assez grand aux peuples qui ne jouissent pas encore de tous les bienfaits de la civilisation; mais elle est d'une faible valeur chez les nations éclairées où le commerce et l'industrie mettent à profit beaucoup de matières colorantes infiniment supérieures à la racine d'*Onosma echioides.* C'est dans l'écorce de cette racine que réside le principe colorant.

Les auteurs modernes ont décrit en outre plus de vingt espèces de ce genre, lesquelles sont indigènes des contrées orientales et méridionales de l'Europe. La Hongrie, la Russie d'Europe, le littoral asiatique de la Méditerranée, l'Archipel grec, sont les lieux où on en rencontre une plus grande quantité.

(G..N.)

ONOSMODIUM. BOT. PHAN. Genre de la famille des Borraginées, et de la Pentandrie Monogynie, L., établi par Richard (*in Michaux Flor. bor. Amer.,* 1, 132) qui lui a imposé les caractères suivans: calice profondément divisé en cinq lanières dressées, étroites, linéaires; corolle oblongue, à peu près campanulée, dont la gorge est nue, le limbe renflé, à cinq découpures dressées, conniventes, lancéolées, aiguës, dont les bords sont infléchis; cinq étamines à anthères sessiles, incluses et sagittées; ovaire semblable à celui des *Onosma,* avec un style très-long, et saillant hors de la corolle. Quoique le nom d'*Onosmodium* ait été adopté par tous les auteurs qui ont écrit sur les Plantes de l'Amérique septentrionale, Lehmann et Sprengel ont essayé de lui substituer celui de *Purshia.* Ce nouveau nom n'a pas été adopté: 1° parce qu'il n'était nullement urgent de rejeter celui de l'auteur du genre; 2° parce que le nom de *Purshia* a été donné à plusieurs autres genres, entre autres au *Tigarea tridentata* de Pursh par De Candolle, *V*. PURSHIE. Le genre *Onosmodium* est excessivement voisin de l'*Onosma*; car si l'on compare leurs caractères, on n'y trouvera presqu'aucune différence, et, par le port, il tient le milieu entre ce dernier genre et les Consoudes. Les deux espèces décrites dans la Flore de Michaux, portent les noms d'*Onosmodium hispidum* et d'*O. molle, loc. cit.*, tab. 15. La première a pour synonyme le *Lithospermum Virginicum* de Linné; la seconde le *Lith. Carolinianum* de Lamarck. Ces Plantes sont des Herbes à feuilles larges, marquées de fortes nervures parallèles; leurs fleurs sont grandes, blanchâtres, analogues à celles des *Onosma* et des *Symphitum*. Elles croissent dans les régions chaudes des États-Unis. A ces espèces Rœmer et Schultes en ont ajouté une troisième indigène de la Virginie, et à laquelle ils ont donné le nom d'*O. scabrum*. (G..N.)

ONOSURIS. BOT. PHAN. Rafinesque (*Flor. Ludov.*, p. 96) a formé sous ce nom et sur une Plante de la Louisiane, un genre qui ne diffère de l'*Œnothera* que par une légère modification dans la forme du calice, qui offre deux découpures réfléchies et caduques. Nous ne pensons pas qu'il doive être adopté, et conséquemment, l'*Onosuris acuminata*, Raf., doit prendre place parmi les Onagres. *V*. ce mot. (G..N.)

ONOTAURUS. MAM. *V*. JUMAR.

ONOTERA. BOT. PHAN. Pour OEnothera. *V*. ONAGRE. (B.)

* ONOTROPHE. BOT. PHAN. Le genre *Cirsium* de Tournefort, fondu par Linné dans les *Carduus* et les *Cnicus*, mais rétabli par Gaertner, De Candolle et par la plupart des auteurs modernes, ayant de nouveau été examiné avec attention par Cassini, a subi encore de la part de ce botaniste divers changemens. Il a formé trois genres à ses dépens, qu'il a nommés *Notobasis*, *Eriolepis* et *Onotrophe*. Ce dernier est caractérisé par ses calathides composées de fleurs hermaphrodites, et par son involucre à folioles dépourvues de piquans, ou pourvues seulement d'une petite épine molle, et il a divisé ce genre en deux sections, dont la première (*Apalocentron*), qui a pour type le *Cirsium oleraceum*, D. C., présente un involucre ayant les folioles intermédiaires larges, foliacées, terminées en épine molle, mais non piquantes; la seconde (*Microcentron*), qui renferme les *Cirsium palustre* et *acaule*, D. C., a l'appendice des folioles de l'involucre extrêmement court, ordinairement réduit à une petite épine molle. Les personnes qui ont eu occasion d'examiner ces Plantes, très-communes dans les environs de Paris, regarderont probablement comme arbitraire leur rapprochement en un genre isolé des *Cirsium*; elles ont un port très-différent les unes des autres, et les diversités qu'elles présentent dans leur involucre, paraissent assez majeures pour ne pas les réunir, si toutefois on consent à morceler le groupe des *Cirsium*, dont le caractère essentiel repose sur la structure de l'aigrette. *V*. CIRSE. Nous accorderons néanmoins que le *Cirsium oleraceum*, à cause des larges folioles et de la forme générale de son involucre, ainsi que de son port particulier, pourrait bien être séparé des Cirses; dans ce cas, il faudrait lui associer non pas les *Cirsium palustre* et *acaule*, mais les *Cirsium ochroleucum, tataricum*, et quelques espèces voisines qui croissent dans les Alpes et les Pyrénées. Mais une forte objection se présente à notre esprit, pour ne pas admettre un genre si peu caractérisé; c'est l'hybridité signalée par Gay (Bullet. de Férussac, février 1826, Botanique, p. 209), qui résulte naturellement du voisinage du *C. glabrum* avec le *C. Monspessulanum*, D. C., que l'on considère comme de vrais

Cirsium, mais qui sont des espèces assez différentes par le port. Or, il est presque démontré que les hybrides ne peuvent avoir lieu entre des espèces appartenant à des genres réellement distincts. *V.* HYBRIDITÉ.

(G..N.)

ONTHOPHAGE. *Onthophagus.* INS. Genre de l'ordre des Coléoptères, section des Pentamères, famille des Clavicornes., tribu des Scarabéides, division des Coprophages, établi par Latreille, et se distinguant des Bousiers proprement dits, avec lesquels Fabricius et Olivier les avaient confondus, par les caractères suivans : antennes de neuf articles, terminées par une massue de trois articles, lamellée, presque aussi longue que large ; palpes maxillaires de quatre articles dont le dernier est ovalaire ; les labiaux ayant leur dernier article presque nul ; écusson nul. Corps court, déprimé en dessus, et ovale. Ce genre se distingue des Phanées (*Copris* de Fabricius), qui en sont les plus rapprochés, en ce que la massue des antennes de ces derniers est infundibuliforme et par leurs tarses postérieurs composés d'articles aplatis. Les Bousiers proprement dits sont distingués des Onthophages par leur corps convexe en dessus et par d'autres caractères tirés des palpes et des pates. Enfin les Oniticelles, Onites et Œschrotès, en sont bien séparés par leur écusson qui est plus ou moins visible, ce qui n'a pas lieu chez les Onthophages. La tête de ces Insectes est arrondie antérieurement, armée de cornes, d'éminences ou de tubercules selon les espèces ; le labre et les mandibules sont membraneux et cachés sous le chaperon. Les mâchoires sont terminées par un grand lobe membraneux, arqué, large, tourné en dedans. Elles donnent attache chacune aux palpes de quatre articles dont le dernier est médiocrement allongé et presque ovale. La lèvre inférieure est très-petite ; elle porte deux palpes très-velus, de trois articles, dont le premier et le second

sont ovalaires et le dernier presque nul. Le corselet est plus large que long, armé, le plus souvent, d'éminences en forme de cornes, ou de tubercules ; il n'y a point d'écusson ; les élytres sont arrondies postérieurement, et laissent à découvert l'extrémité postérieure de l'abdomen. Les ailes sont pliées sous les élytres. Les pates sont courtes ; les hanches intermédiaires sont très-écartées entre elles, les autres plus rapprochées ; les quatre jambes postérieures s'élargissent subitement et grossissent vers l'extrémité ; les tarses intermédiaires et postérieurs sont composés d'articles cylindrico-coniques, légèrement aplatis et terminés par des crochets apparens. Les Insectes de ce genre ont les mêmes habitudes que les Bousiers et les Onites ; comme eux ils vivent dans les bouses et tous les excrémens. On en trouve dans toutes les parties du monde. L'Europe et l'Afrique sont les pays où il y en a le plus. On en connaît actuellement près de cent espèces que l'on peut placer dans les trois divisions suivantes établies par nos collaborateurs de l'Encyclopédie Méthodique. Nous ne mentionnerons ici que les principales espèces.

I. Tête bicorne dans les mâles.

ONTHOPHAGE TAUREAU, *Onthophagus Taurus*, Latr.; *Copris Taurus*, Oliv.; *Scarabœus Taurus*, L., Fabr.; *Scarabœus ovinus*, Bay., Ins., p. 105, 2; *Scarabœus illyricus*, Scop.; *Copris niger*, etc., Geoff., Ins. T. 1, p. 92, n° 10; *Scarabœus corniger*, Fourcroy, etc. etc. Long de près de deux lignes et demie, noir ; corselet simple ; tête armée de deux longues cornes arquées. Ces cornes sont beaucoup plus courtes dans les femelles. Il est commun aux environs de Paris.

II. Tête unicorne dans les mâles.

ONTHOPHAGE NUCHICORNE, *Onthophagus nuchicornis*, Latr.; *Copris nuchicornis*, Oliv.; Encycl. et Hist. Nat. des Col., Scarabée, pl. 7, fig.

53; *Scarabæus nuchicornis*, Fabr., Geoff., Ins. T. 1, 89, 6 et 4, Degéer, 4, 265, 9, etc., etc. Long de près de trois lignes, bronzé; élytres testacées; tête avec une corne postérieure, élevée, déprimée à la base. Commun aux environs de Paris.

III. Tête sans cornes dans les deux sexes.

ONTHOPHAGE DE SCHREBER, *Onthophagus Schreberi*, Latr.; *Ateuchus Schreberi*, Fabr., Oliv., Entom. T. 1, pl. 19, f. 176; *Scarabæus Schreberi*, Fabr., L.; *Copris niger*, etc., Geoff., 1, 91, 7. Long de deux lignes à peu près; presque rond, noir, luisant et pointillé avec deux taches rouges sur chaque élytre dont l'une à la base et l'autre à l'extrémité. Commun dans le midi de la France, plus rare aux environs de Paris. (G.)

ONTHOPHILE. *Onthophilus*. INS. Genre de l'ordre des Coléoptères, section des Pentamères, famille des Clavicornes, tribu des Histéroïdes, établi par Leach et adopté par Latreille (Fam. Nat.). Ce genre est formé aux dépens du genre Escarbot, et n'en diffère que par le présternum qui n'est point dilaté, presque plan et court; par ses antennes, qui sont presque de la longueur du corselet avec le troisième article manifestement plus long que les suivans, et qui peuvent se placer dans une cavité du prothorax. Le corps des Onthophiles est carré; mais il se rapproche de la forme globuleuse. Ce petit genre a pour type les *Hister globosus* et *minutus* de Fabricius. *V.* ESCARBOT. (G.)

ONXIE. BOT. PHAN. Pour Unxie. *V.* ce mot.

* ONYCHIE. *Onychia*. MOLL. Genre voisin des Seiches et des Sépioles, établi par Lesueur, et auquel on a donné depuis le nom d'Onychoteuthe. *V.* ce mot. (D..H.)

* ONYCHITE. MOLL. Quelques espèces de Térébratules ou d'autres Coquilles bivalves, à crochet recourbé, en forme d'ongle crochu, ont été ainsi nommées par quelques anciens oryctographes. (D..H.)

* ONYCHIUM. BOT. PHAN. Blume (*Bijdragen tot de Flora van Nederlandsch Indië*, 1, p. 523) a nouvellement établi sous ce nom un genre de la famille des Orchidées, et de la Gynandrie Diandrie, L., auquel il a imposé les caractères suivans : sépales du périanthe étalés ou légèrement dressés; les trois extérieurs un peu cohérens à la base, les latéraux soudés inférieurement avec l'onglet du labelle, et simulant un éperon. Labelle étroit à la base, nu ou appendiculé à l'intérieur, soudé par la base avec le gynostème, ayant son limbe élargi, presque lobé et étalé. Anthère terminale, biloculaire, déprimée; masses polliniques au nombre de deux, ovales, bipartibles, pulpeuses-céréacées, penchées vers le bord lamelleux du stigmate. Ce genre est indiqué par son auteur, comme formé sur des espèces qui appartiennent au *Dendrobium* de Swartz. Toutes celles qu'il a décrites (*loc. cit.*) sont nouvelles, ou du moins il n'en a pas indiqué les synonymes. Il les a distribuées en deux sections; la première caractérisée principalement par ses sépales étalés, son gynostème pubescent dans sa partie supérieure, ses tiges non bulbeuses à la base, et ses fleurs formant des grappes denses. Elle ne contient que deux espèces natives des montagnes de Java. La seconde section diffère de la première par ses sépales dressés, son gynostème nu, ses tiges pourvues à la base de bulbes, et ses fleurs en grappes lâches. Elle se compose de douze espèces qui croissent pour la plupart dans les forêts des montagnes de l'île de Java. Un petit nombre se trouve aux environs de Batavia; l'une d'elles, étant originaire du Japon, a reçu le nom d'*Onychium Japonicum*. (G..N.)

* ONYCHOTEUTHE. *Onychoteuthis*. MOLL. Des Calmars, dont les bras sont armés de ventouses et de griffes, et qui ont le rudiment tes-

tacé, à trois tranchans, ont été séparés par Lichtenstein pour former un genre particulier. Férussac en fit d'abord un groupe ou un sous-genre des Calmars; Blainville (Traité de Malacologie) imita cet exemple que Latreille ne suivit pas, car il adopta dans ses Familles Naturelles du Règne Animal, le genre *Onichia* de Lesueur, qui est le même que celui-ci. Il le plaça dans la famille des Enterostés, à l'égal des Calmars, Sépiole et Cranchie. Vers ces derniers temps, D'Orbigny, dans son travail sur les Céphalopodes, a admis ce genre, qu'il place dans la famille des Décapodes, entre les Sépioles et les Calmars. Il le caractérise de la manière suivante : sac cylindracé, acuminé postérieurement ; bord dorsal, bien distinct du col ; nageoires grandes, formant un rhombe par leur réunion ; bras sessiles, assez égaux, quelquefois armés de griffes ; bras pédonculés, longs, terminés en massue et armés de ventouses et de griffes cornées et inégales ; un rudiment testacé, interne, corné, étroit, en forme d'épée, à trois tranchans. Montfort, dans le Buffon de Sonnini, avait mentionné de nouveau un Animal sous le nom de Poulpe onguiculé, qu'antérieurement Molina avait décrit dans son Histoire Naturelle du Chili. Leach, en adoptant le genre de Lichtenstein, ajouta un certain nombre d'espèces, augmenté depuis par Lesueur, et enfin par D'Orbigny. On en connaît onze aujourd'hui. (D..H.)

ONYGENA. BOT. CRYPT. (*Lycoperdacées*.) Ce genre, établi par Persoon, appartient à la section des Trichiacées. Il se rapproche cependant des vraies Lycoperdacées par son tissu plus solide, sa taille un peu plus grande, sa forme plus irrégulière; son péridium est globuleux, simple, ordinairement porté sur un pédicule court et solide, d'une texture fibreuse; il s'ouvre irrégulièrement au sommet, et finit par se détruire complétement. Les sporules sont agglomérées, entremélées de filamens. Ces petites Cryptogames sont remarquables en ce que plusieurs d'entre elles croissent, ainsi que le nom du genre l'indique, sur la corne, les os ou d'autres substances animales exposées à l'humidité dans les champs. Deux espèces sont dans ce cas ; ce sont les *Onygena equina* et *O. corvina* de Persoon. Deux autres croissent sur les bois morts; ce sont les *O. decorticata* et *cœspitosa* du même auteur. Ces Plantes ont tout au plus trois à quatre lignes de haut; leur couleur est généralement d'un blanc sale ou d'un fauve pâle. (AD. B.)

* ONYRA. BOT. PHAN. (Dioscoride.) Probablement le Laurier de saint Antoine, *Epilobium angustifolium. V.* EPILOBE. (B.)

* ONYX. MOLL. Nom vulgaire et marchand du *Conus Virgo.* (B.)

ONYX. MIN. Les différentes sous-variétés d'Agate appelées Calcédoine, Sardoine, Cornaline, etc., se trouvent souvent réunies dans la même masse, où elles forment des couches successives ou des bandes parallèles de couleurs vives et tranchées. On donne en général le nom d'*Onyx* à ces Agates ainsi composées de deux ou plusieurs couches parallèles, et que l'on peut employer utilement pour la gravure en camées. On distingue trois sortes d'Onyx : l'Onyx à couches droites et parallèles, ou l'Onyx proprement dit ; l'Onyx à couches ondulées, ou l'Agate rubanée des lapidaires ; et l'Onyx à couches circulaires et concentriques, ou l'Agate œillée, qui provient d'une section faite dans un mamelon ou dans une stalactite d'Agate, dont les couches successives sont diversement colorées. Les Onyx étaient très-recherchées des anciens pour la culture en relief. Pline cite les Indes et l'Arabie, comme les lieux d'où les tiraient les artistes romains. Ils employaient de préférence les Onyx à trois et à quatre couches, surtout ceux qui présentaient une couche blanche entre deux couches de couleur rembrunie. Ils sculptaient le principal relief dans la partie blanche, réservaient une portion de la couche supérieure pour les ornemens accessoires, et gardaient l'inférieure pour servir de fond. Parmi les chefs-d'œuvre de l'antiquité, que possède la collection des Pierres gravées de la Bibliothèque royale, on remarque l'Apothéose d'Auguste, gravée sur Onyx à quatre couches, deux brunes et deux blanches ; ce camée est de forme ovale, et a onze pouces de largeur sur neuf de hauteur ; c'est le plus grand Onyx connu. Un autre Onyx à quatre couches de la plus grande beauté, est l'Apothéose de Germanicus. Ce héros y est représenté enlevé sur les ailes d'un Aigle. Le nom d'Onyx, qui signifie ongle, avait été donné par les anciens à une Calcédoine dont la teinte blanchâtre tirait sur celle de l'ongle séparé de la chair. Une autre variété d'Agate, que l'on peut rapporter à la Cornaline, et qui était d'une couleur de chair, portait le nom de *Sarda*. On appela Sardonyx un composé de l'une et de l'autre, dans lequel une couche blanche et translucide recouvrait une autre couche d'un rouge incarnat, dont la couleur perçait à travers la première comme celle de la chair à travers l'ongle. Dans la suite on a fini par appliquer le nom d'Onyx à toutes les Pierres formées de couches différemment colorées.   (G. DEL.)

* ONZA. MAM. Syn. de Jaguar. *V*. CHAT.   (B.)

*OOBAR. BOT. PHAN. On ne connaît pas cet Arbre de Sumatra que Marsden dit fournir un bois pareil à celui de Campêche, et dont les naturels se servent pour teindre leurs filets.   (B.)

OODE. *Oodes*. INS. Genre de l'ordre des Coléoptères, section des Pentamères, famille des Carnassiers, tribu des Carabiques, établi par Bonelli et adopté par Latreille et Dejean avec ces caractères : les trois premiers articles des tarses antérieurs dilatés dans les mâles ; dernier article des palpes allongé, presque ovalaire et tronqué à l'extrémité ; antennes filiformes ; lèvre supérieure presque transverse, coupée carrément ou légèrement échancrée ; mandibules peu avancées, légèrement arquées et assez aiguës, une dent simple au milieu de l'échancrure du menton ; tête presque triangulaire et un peu rétrécie postérieurement ; corselet trapézoïde, rétréci antérieurement et aussi large que les élytres à la base. Ces Insectes se distinguent des Amares et autres genres voisins par la forme des articles de leurs tarses et par des caractères tirés des palpes. Les Chlœnies ont le dernier article des palpes maxillaires cylindrique ; les Callistes ont le corps allongé et le corselet rétréci postérieurement ; enfin les Epomis et les Dinodes ont le dernier article des palpes extérieurs comprimé, dilaté, en forme de triangle renversé. Ce genre se compose de six espèces, dont deux appartiennent à l'Europe, deux aux Indes, une à l'Amérique septentrionale et la dernière à Cayenne. Nous citerons parmi celles d'Europe :

L'OODE HÉLOPIOÏDE, *Oodes helopioides*, Latr., Dej., Catal. des Coléopt. T. II, p. 378) ; *Carabus helopioides*, Fabr., *Syn. Ins.*, 1, p. 203, n° 196 ; *Harpalus helopioides*, Gyllenhal, 2, p. 135, n° 45. Long de trois lignes et demie à quatre lignes, noir ; tête lisse, très-légèrement convexe, avec deux petites impressions peu marquées entre les antennes ; palpes d'un brun noirâtre ; antennes un peu plus courtes que la moitié du corps, ayant les trois premiers articles d'un noir un peu brunâtre, et les autres obscurs et pubescens ; yeux brunâtres, arrondis et peu saillans ; corselet un peu plus large que la tête à sa partie antérieure, et du double plus large à sa base, lisse et un peu convexe ; une ligne enfoncée, très-peu marquée au milieu, et deux petites impressions à peine marquées vers sa base ; écusson assez grand, lisse et triangulaire ; élytres de la largeur du corselet, presque parallèles, assez allongées, arrondies et très-légèrement sinuées à l'extrémité, avec des stries légèrement ponctuées, et deux points enfoncés entre la seconde et la troisième strie ; dessous du corps et pates noirs. On trouve ce Coléoptère sous les pierres et les débris de Végétaux, dans les endroits humides, en Suède, en Allemagne et aux environs de Paris ; sans être fort rare, il n'est commun nulle part.   (G.)

OOLITHE. MIN. Ce nom a été appliqué à toutes les Pierres en grains ou formées de globules agglutinés, que pour leur grosseur on a comparés à des œufs de Poisson. Il désigne plus particulièrement une variété de calcaire, en globules réunis ordinairement par un ciment de même nature, et dont le volume varie depuis la grosseur d'un grain de millet jusqu'à celle d'un pois et au-delà. Les géologues ne sont pas d'accord sur la cause qui a ainsi granulé la pâte calcaire ; les uns considèrent cette structure globuleuse comme un résultat du mouvement des eaux, dans lesquelles se déposait la matière calcaire, et assimilent ainsi la formation des Oolithes à celle des Pisolithes ou Dragées de Tivoli, que l'on voit se former journellement, et dont les Oolithes ne diffèrent que parce qu'ils sont ordinairement compactes à l'intérieur ; d'autres imaginent que ces globules se sont produits au milieu d'une pâte calcaire contemporaine par le groupement d'une partie des molécules autour d'autant de centres d'attraction, déterminés souvent par de petits grains de sable ou des débris de Coquilles. Le calcaire oolitique forme des dépôts considérables dans la partie moyenne des terrains secondaires proprement dits ; on le trouve presque constamment au-dessus du calcaire jurassique, et quelquefois intercalé entre les couches supérieures de ce dernier. Il offre différentes va-

riétés de couleur et de grain ; ses teintes les plus ordinaires sont le blanc, le jaunâtre, le rougeâtre, le gris-noirâtre. Brongniart distingue trois variétés de ce calcaire d'après la grosseur des globules ; le calcaire Oolithe noduleux, en globules assez gros, et irréguliers ; le calcaire Oolithe cannabin, en globules semblables à des grains de chanvre, et le calcaire Oolithe miliaire en globules semblables à des grains de millet. On trouve au milieu de ce calcaire des parties siliceuses disséminées, et des débris de Zoophytes parfaitement spathisés, qui permettent quelquefois à la roche de recevoir un assez beau poli. Il cite au mont Salève et dans le Jura, des couches entières remplies de ces débris. On a appliqué aussi le nom d'Oolithe à des masses composées de globules d'hydroxide de Fer, et qui constituent ce qu'on nomme le minerai de Fer en grains. *V*. FER.
    (G. DEL.)

OOSTERDIKIA. BOT. PHAN. Et non *Oosterdiskia*. (Burmann.) Syn. de Cunone. *V*. ce mot.   (B.)

* **OOTOQUE. BOT. CRYPT.** Il est impossible de dire quel est le genre d'Hydrophyte de l'Adriatique dont Donati a entendu parler sous ce nom.
    (B.)

OPA. BOT. PHAN. Loureiro (*Flor. Cochinch.*, 1, p. 377) a formé, sous ce nom, un genre qui appartient à la famille des Myrtacées et à l'Icosandrie Monogynie, L. On a proposé de le réunir au *Myrtus*, mais il est évident, d'après la description donnée par l'auteur, qu'il ne peut faire partie de ce dernier genre, attendu que sa baie est monosperme, au lieu d'être polysperme comme dans tous les Myrtes. Ajoutons néanmoins que ce caractère d'unité de graines dans le fruit de l'*Opa* est fort douteux, ou qu'il provient d'un avortement. Sans cette dernière supposition, on ne pourrait admettre ce genre parmi les Myrtacées, et c'est probablement ce qui l'a fait négliger par De Candolle dans la révision de cette famille qu'il a publiée au mot MYRTACÉES de notre Dictionnaire. Loureiro comprenait deux espèces dans le genre *Opa*, l'une sous le nom d'*Opa odorata*, l'autre sous celui d'*Opa Metrosideros*. La première est un Arbrisseau à feuilles odorantes, et à fleurs blanches qui croît dans les buissons de la Cochinchine. La seconde est un grand Arbre des forêts du même pays, remarquable par son bois dur, rougeâtre, pesant, et excellent pour les constructions.   (G..N.)

OPAH. POIS. Syn. de Poisson Lune. *V*. CHRYSOTOSE.   (B.)

OPALAT. BOT. PHAN. Pour Apalat. *V*. ce mot.   (B.)

OPALE. MIN. Ce nom est employé par les minéralogistes comme synonyme de Quartz ou Silex résinite. *V*. QUARTZ RÉSINITE; mais dans l'art de la joaillerie, il ne s'applique qu'aux variétés de ce Quartz, dont le fond est légèrement laiteux et bleuâtre, et qui se distinguent par de beaux reflets d'iris, présentant les teintes les plus vives et les plus variées. Suivant Haüy, ces reflets seraient dus à une multitude de fissures dont l'Opale est pénétrée dans tous les sens, et qui sont occupées par autant de lames d'air très-minces; ce qui assimilerait ce phénomème à celui des anneaux colorés, si bien expliqué par Newton. Aussi a-t-on prétendu que toute cette variété de couleurs disparaissait, aussitôt qu'on chauffait l'Opale, ou qu'on venait à la briser. Mais Beudant n'admet point cette explication, et encore moins l'exactitude du fait sur lequel elle repose; il dit que les plus petits fragmens, ceux même qu'on ne peut observer qu'au microscope, présentent des couleurs aussi vives et aussi variées que ceux d'un volume plus considérable. On distingue parmi les Opales les variétés suivantes : l'Opale orientale ou l'Opale à flammes, qui offre des reflets diversement colorés et comme flamboyans; l'Opale arlequine, ou à paillettes, dont les couleurs variées sont distribuées par taches; l'Opale gi-

rasol, qui présente un fond d'un blanc-bleuâtre, d'où jaillissent des reflets rougeâtres et quelquefois d'un jaune d'or; l'Opale vineuse, dont le nom indique la couleur dominante de ses reflets, et la Prime d'Opale, qui consiste en grains d'Opale irisée, disséminés dans une gangue terreuse. Les belles Opales irisées se trouvent principalement à Cservenitza, en Hongrie, sous forme de rognons ou de petites veines, dans une roche provenant du remaniement par les eaux des terrains trachytiques. On en rencontre aussi dans les filons de Zimapan au Mexique; et c'est de-là que provient la variété dite Opale de feu (Feueropal), dont les reflets passent du rouge d'hyacinthe au jaune verdâtre doré. Les Opales les plus estimées sont les Opales à flamme et les Opales arlequines. Une Opale à flammes de cinq lignes de diamètre vaut cent louis à Paris, lorsqu'elle est sans défaut. On ne taille l'Opale qu'en cabochon, et on l'emploie seule, ou mieux avec un entourage de Diamans ou de Saphirs. (G. DEL.)

OPATRE. *Opatrum*. INS. Genre de l'ordre des Coléoptères, section des Hétéromères, famille des Mélasomes, tribu des Ténébrionites, établi par Fabricius, qui est le premier qui l'ait distingué des Ténébrions, avec lesquels Linné, Geoffroy et Degéer les confondaient; Linné avait même placé une espèce d'Opatre parmi les Silphes; Fabricius leur avait associé deux espèces, avec lesquelles Latreille a fait le genre Élédone, dont Fabricius a changé le nom en celui de Bolétophage; le genre Asyde de Latreille en a aussi été extrait. Les caractères du genre Opatre, tel qu'il est adopté par tous les entomologistes, sont : palpes courts, terminés par un article plus gros, en massue tronquée; antennes grenues, grossissant vers leur extrémité; une entaille au milieu du bord antérieur du chaperon, et recevant le labre; corps ovale, déprimé; corselet transversal, rebordé latéralement, échancré en devant; jambes antérieures droites, souvent presque triangulaires et élargies à leur extrémité; des ailes. Ces Insectes ne diffèrent des Pédines de Latreille, que parce qu'ils ont des ailes, tandis que ceux-ci n'en ont pas. Les Asydes se distinguent des Opatres par leur chaperon entier ou à peine échancré, et par les antennes dont le pénultième article est plus gros que les précédens, et le dernier plus petit. Les Cryptiques ressemblent aussi beaucoup aux Opatres; mais ils n'ont point d'échancrure au chaperon, et leur labre est avancé et transversal avec les palpes maxillaires terminés par un article fortement en hache. Le corps des Opatres est allongé, presque cylindrique, un peu déprimé en dessus; leur tête est petite, un peu enfoncée dans le corselet, et plane à sa partie supérieure; les yeux sont placés à sa partie antérieure, petits, arrondis et un peu enfoncés; les antennes sont plus courtes que le corselet, composées de onze articles, dont le premier est un peu allongé, plus gros que les suivans; le second est plus petit que celui-ci, assez court; le troisième est un peu allongé; les quatre suivans sont grenus, presque coniques; les quatre derniers vont un peu en grossissant; elles sont insérées à la partie latérale antérieure de la tête, à quelque distance des yeux. La lèvre supérieure est cornée, petite, un peu échancrée antérieurement et placée dans une échancrure plus profonde du chaperon ou de la partie antérieure de la tête. Les mandibules sont cornées, courtes, creuses à leur partie interne et presque bidentées à leur extrémité. Les mâchoires sont courtes et bifides; elles portent chacune un palpe court, composé de quatre articles, dont le premier est petit; le second allongé et conique; le troisième une fois plus court que le second; ce dernier court, assez gros et tronqué. La lèvre inférieure est très-petite, coriace, bifide, insérée à la partie antérieure un peu

interne du menton, qui est corné, plus large que la lèvre supérieure. Les palpes labiaux sont très-courts, de trois articles, dont le premier petit, le second presque conique, et le troisième un peu renflé et tronqué. Le corselet est ordinairement aussi large que les élytres, un peu convexe et à bords tranchans sur les côtés. L'écusson est petit, presque en cœur et arrondi postérieurement. Les élytres sont rugueuses, chagrinées ou striées suivant les espèces; quelquefois elles sont couvertes d'une poussière grise, qui s'enlève par le frottement. Les pates sont de longueur moyenne, et les tarses sont filiformes. Les Opatres vivent dans les lieux chauds et sablonneux; on en rencontre dans tous les pays du monde, mais plus particulièrement dans les parties chaudes de l'ancien continent. Leur démarche est lente, et leurs larves sont inconnues. Ce genre se compose d'une cinquantaine d'espèces; nous citerons comme le type du genre :

L'OPATRE DU SABLE, *Opatrum sabulosum*, Latr., Oliv., Col., 3, 58, 1, 4, Fabr., Illig.; Panz., Herbst, Payk., Rossi; *Sylpha sabulosa*, L., Scop.; *Tenebrio atra*, Geoffr., Ins., 1-530, 7. Long de quatre lignes, noir, mais paraissant ordinairement d'un gris cendré; corselet un peu plus large que le corps; des lignes élevées, entremêlées de tubercules, qui se réunissent souvent avec elles sur les étuis. Cette espèce est commune aux environs de Paris et dans toute l'Europe. (G.)

* OPATRINE. *Opatrinus*. INS. Nom donné par Dejean, dans le Catalogue de sa collection, à un genre voisin des Pédines, et dont il ne donne pas les caractères. Latreille pense qu'on doit réunir ce genre aux Pédines. *V.* ce mot. (G.)

OPÉGRAPHE. *Opegrapha*. BOT. CRYPT. (*Lichens.*) Ce genre fait partie du groupe des Graphidées; il est ainsi caractérisé : thalle crustacé, membraneux ou lépreux, uniforme;

apothécie allongé, oblong ou ovale, simple, sessile, à disque étroitement marginé, intérieurement similaire. Ce genre a été établi par Persoon, modifié par Acharius, qui forma à ses dépens le genre *Graphis*, mal circonscrit par Adanson, adopté par Eschweiler, par Fries, et par presque tous les auteurs modernes, mais pourtant rejeté par Meyer sans cause suffisante.

Le genre *Opegrapha* se distingue de l'*Hysterium* par la présence d'un véritable thalle, et par celle de gongyles fort différentes des thèques allongées qui laissent échapper par leur sommet les sporules qu'elles renferment, comme cela a lieu dans les Plantes de la tribu des Phacidiacées. Il s'éloigne de l'*Enterographa* par la situation des lirelles qui sont superficielles ou semi-immergées, et par la présence de la fente longitudinale qu'on y remarque; enfin il diffère du *Graphis* par l'absence du nucléum, et par sa constante homogénéité, caractères si tranchés qu'on a lieu de s'étonner que les naturalistes aient pu hésiter pour séparer ces deux genres. Le thalle de l'Opégraphe est fort variable; il est crustacé, lépreux, rarement tartareux, avec ou sans limites. Il avorte quelquefois, mais ce fait est rare. La couleur de ce support est assez diversifiée; celle qui domine est le blanc cendré, puis viennent le glauque, le blanc de lait, le jaunâtre, le brun, le verdâtre, l'olive et le blanc farineux. Aucun thalle n'est vert, ni bleu, ni rouge. Les apothécies (lirelles) sont communément ovales ou elliptiques, plus ou moins allongés, quelquefois confluens; ce qui leur donne un aspect fourchu ou tridenté; ordinairement superficiels, toujours noirs et homogènes. Il arrive, quoique bien rarement, qu'ils sont voilés par le thalle, qui imite alors un périthécium, et donne à la Plante l'aspect d'un *Graphis*; dans ce cas, une coupe horizontale et verticale permet de constater l'absence du nucléum et de ranger la Plante dans le genre auquel elle appartient.

On peut porter à quatre-vingts espèces environ le nombre des Lichens qui composent le genre Opégraphe, et ce nombre s'accroît encore. Elles envahissent les écorces dans les expositions septentrionales. Il est à remarquer que l'air et la lumière sont indifféremment indispensables à leur développement. Les branches des Arbres, dirigées horizontalement, ne portent des Opégraphes que vers la partie de l'écorce qui regarde le ciel. Il est facile de s'assurer de ce fait sur les rameaux du Cytise Aubours, envahi par l'*Opegrapha atra* des auteurs. Plusieurs espèces se fixent sur les calcaires, le Silex, et même sur le Granit; c'est alors qu'il arrive que le thalle avorte. Le bois dénudé offre rarement des Opégraphes. Nous en avons observé deux espèces fort curieuses sur les feuilles vivantes d'Arbres de Cayenne et de Saint-Domingue; l'une serait fixée sur la fronde d'un *Diplazium*, et l'autre sur la feuille d'un *Theobroma*. Le mot *Opegrapha* a été créé par Humboldt, et vient de deux mots qui signifient écriture ou gravure en creux; on voit que ce mot ne convient guère à des Lichens dont les lirelles sont presque toujours en relief. Les écorces officinales, les Quinquinas, les Cascarilles, etc., nous ont permis d'établir vingt-quatre nouvelles espèces d'Opégraphes, qui presque toutes sont figurées dans notre Essai sur les Cryptogames des écorces exotiques officinales; plusieurs se trouvent inédites dans notre Collection; nous nous bornerons à décrire les deux espèces suivantes :

L'OPÉGRAPHE A LIRELLES CONNIVENTES, *Opegrapha connivens*, N. Thalle cartilagineux, roussâtre, lisse, bordé d'une teinte d'un noir intense, quelquefois assez large, inégale et ondulée. Apothécies (lirelles) connivens, revêtus dans leur jeunesse par le thalle, noirs, ovales ou punctiformes, éloignés ou rapprochés par l'une de leurs extrémités, s'ouvrant par une fente étroite. Cette singulière Opégraphe se trouve sur l'Angusture vraie (*Bonplandia trifoliata*) des pharmacies ; nous la ferons figurer dans le Supplément de notre Essai que nous préparons.

L'OPÉGRAPHE DES MURS, *Opegrapha murorum*, N. Thalle sous-tartareux, blanc, avec une teinte bleuâtre, fendillé, lisse, sans limites ; apothécies allongés, flexueux, se terminant en pointe aiguë, épars ou rapprochés, mais non disposés en étoiles, s'ouvrant par une fente canaliculée dont la marge est très-prononcée et obtuse. Cette Opégraphe envahit les tours de l'observatoire du Blancy, élevé vis-à-vis les côtes d'Angleterre, près de Calais. Elle diffère évidemment de l'Opégraphe des calcaires, avec laquelle elle a quelque rapport. Nous l'avons récoltée en 1825. Le thalle, dans l'espèce que nous décrivons, est ponctué ; ce sont peut-être des lirelles naissantes.

(A. F.)

OPELIA. BOT. PHAN. (Persoon.) Pour Opilia. *V*. ce mot.   (G..N.)

OPERCULAIRE. *Opercularia*. BOT. PHAN. Genre appartenant à la famille des Rubiacées et à la Pentandrie Digynie, mais qui offre quelques caractères assez singuliers, pour que Jussieu et quelques autres botanistes aient eu l'idée d'en faire le type d'une famille naturelle distincte. Néanmoins, ces caractères sont d'assez peu d'importance, et nous croyons que ce genre doit en effet être placé parmi les Rubiacées. Le type de ce genre est une Plante mentionnée par Solander dans l'herbier de Banks, sous le nom de *Pomax umbellata*, et dont Gaertner a formé le genre *Opercularia*, ainsi nommé à cause du mode particulier de déhiscence de ses fruits. Indépendamment de cette espèce, Gaertner en mentionne deux autres, sous les noms d'*Opercul. aspera* et d'*Op. diphylla*. Plus tard, d'autres espèces ont été successivement ajoutées par Jussieu, dans une Monographie qu'il en a publiée dans le tome IV des Annales du Muséum, et par Labillardière dans sa Flore

de la Nouvelle-Hollande. Toutes les espèces connues jusqu'à ce jour, et dont le nombre est d'environ une douzaine, sont originaires de la Nouvelle-Hollande et de la Nouvelle-Zélande. Nous allons donner les caractères de ce genre, qui nous paraissent avoir été assez incomplétement tracés jusqu'à présent.

Les fleurs sont réunies en capitules globuleux, axillaires, sessiles ou pédonculés. Toutes les fleurs d'un même capitule sont réunies et entièrement soudées ensemble par leurs ovaires, qui sont infères, ainsi qu'on l'observe dans la famille des Calycérées. Ces ovaires sont uniloculaires et contiennent un seul ovule dressé ; le calice qui est adhérent avec l'ovaire, n'est libre qu'à son limbe, qui se compose de trois à quatre lanières dressées, roides, inégales, persistantes, saillantes au-dessus de la masse formée par la réunion et la soudure des ovaires entre eux. La corolle est monopétale, infundibuliforme, à trois, quatre ou cinq lobes égaux, dressés et peu profonds. Le nombre des étamines est très-variable, mais jamais il n'est en rapport avec les divisions de la corolle ; dans quelques espèces, il n'y en a qu'une seule, quelquefois deux ; nous n'en avons jamais observé plus de quatre, dans les espèces que nous avons été à même d'analyser. Ces étamines ont leurs filets grêles, capillaires, insérés tout-à-fait à la base de la corolle ; mais ils ne naissent jamais du réceptacle, ainsi que plusieurs auteurs l'ont avancé. Ces étamines ont une anthère ovoïde, introrse, attachée par le milieu du dos, à deux loges, s'ouvrant chacune par un sillon longitudinal. Le style est simple, très-court, terminé par deux longs stigmates filiformes, à peu près de la longueur des étamines. Le fruit est composé de tous les ovaires réunis. Il forme un capitule globuleux, hérissé de pointes roides, formées par les divisions calycinales persistantes. A la surface de ce capitule, il se forme des fissures circulaires, qui constituent autant d'opercules, de forme et de grandeur variées, généralement communs à plusieurs fruits. La graine que chacun d'eux renferme se compose d'un tégument propre, assez épais, légèrement chagriné, d'un endosperme charnu, au centre duquel est un embryon cylindrique, ayant sa radicule très-longue, obtuse, et ses cotylédons fort courts.

Les espèces de ce genre sont des Plantes herbacées, rameuses, portant des feuilles simples, opposées, munies de stipules interpétiolaires, simples ou bifides. Les fleurs, ainsi que nous l'avons dit, constituent des capitules globuleux et axillaires. Toutes ces espèces sont originaires de l'Australasie.   (A. R.)

OPERCULE. *Operculum.* MOLL. Une pièce testacée ou cornée, destinée à fermer plus ou moins complétement l'ouverture d'un certain nombre de Coquilles, a reçu ce nom. Nous avons traité de cette partie à l'article COQUILLE auquel nous renvoyons.

(D..H.)

Plusieurs parties dans les Végétaux ont reçu le nom d'Opercule. Dans la vaste famille des Mousses, on donne ce nom à l'espèce de couvercle qui ferme l'urne; dans les fruits qu'on désigne sous le nom de Pyxide, comme dans le Pourpier, l'Anagallis, les Lécythis, la Jusquiame, on nomme Opercule la valve supérieure du péricarpe, qui, en effet, forme une sorte de couvercle. Dans quelques graines, à l'époque de la germination, la partie de l'épisperme correspondante à la radicule, se détache circulairement; cette partie, nommée Embryotège par Gaertner, a été appelée Opercule par le professeur Mirbel. Enfin certains périanthes s'ouvrent au moyen d'un Opercule, comme dans le genre Calyptranthe et quelques Mélastomes.   (A. R.)

OPERCULINE. *Operculina.* MOLL. D'Orbigny est le créateur de ce genre, que l'on confondait à tort avec les Lenticulaires. Une espèce fort grande,

qui se trouve assez abondamment fossile aux environs de Bordeaux, peut servir de type à ce genre de Multiloculaires microscopiques. Ce genre, dans la méthode de D'Orbigny, fait partie de la troisième famille des Foraminifères, les Hélicostèques, dans la seconde section de cette famille. Il caractérise ce genre de la manière suivante : coquille libre, régulière, déprimée; spire régulière, également apparente de chaque côté; ouverture en fente contre l'avant-dernier tour de spire. D'Orbigny, en établissant ce genre, a fait connaître cinq espèces, dont deux vivantes; malheureusement elles ne sont ni figurées ni décrites. Nous citerons seulement l'espèce la plus connue :

OPERCULINE APLATIE, *Operculina complanata*, D'Orb., Mém. sur les Céphalopodes, Ann. des Scienc. Nat. T. VII, p. 281, pl. 14, fig. 7 à 10; *Lenticulites complanata*, Basterot, Mém. géol. sur les environs de Bordeaux, p. 18.   (D..H.)

* OPERCULINE. *Operculina.* ZOOL.? BOT.? Genre de Vorticellaires appartenant conséquemment à ce règne psychodiaire dont nous avons proposé l'établissement, et dont Müller n'a décrit clairement aucune espèce dans son immortel ouvrage de *Animalcula Infusoria*, encore que Roösel et Baker en eussent fait connaître deux dont ils donnèrent d'excellentes figures. Les caractères de ce genre, très-tranchés, sont : capsules polypigènes se terminant inférieurement en pédicule articulé sur le stipe et dont l'ouverture glabre, comme munie d'un anneau, se peut fermer par un opercule marginalement muni de cirres vibratiles que forme la dilatation du Polype. On dirait des Foliculines ou des Tubicolaires portées sur un pédoncule ainsi que le sont les fruits d'un Vinetier (*Berberis*); mais l'organe rotatoire serait unique, central, et disposé pour clorre au besoin le fourreau. Nous ne connaissons encore que deux espèces de ce genre; leur stipe rameux offre en miniature

l'organisation des Sertulaires ; leurs capsules se détachent au temps de la maturité, et s'en vont errer librement dans l'eau douce des marais qu'habitent ces êtres singuliers qui paraissent être des plus élégans quand on les observe au microscope.

1°. L'OPERCULINE DE ROESEL, *Operculina Roeselii*, N.; *Pseudo-Polypus operculatus*, etc., Roës., *Ins.* T. III, tab. 98, fig. 5, 6; Animalcule à couvercle, Lederm. T. II, p. 88, W.-z; *Brachionus vegetans*, Pall., et Zool, p. 104, n. 62; *Vorticella operculata*, Gmel., *Syst. Nat.* XIII, T. I, p. 3875; Encyclop. Méth., Vers. Ill., pl. 26, fig. 8, 29; Lamk., Anim. sans vert. T. II, p. 51, n. 17. On la trouve dans les marais de l'Europe où elle est invisible à l'œil nu. Les Carex et autres Plantes inondées nous l'ont offerte quelquefois dans l'étang de Saint-Gratien.

2°. OPERCULINE DE BAKER, *Operculina Bakerii*, N.; *Clusternigs Polypes*, Bak., Empl. micr. T. III, pl. 13, fig. 13, 14. Confondue par Gmelin avec la précédente, elle en diffère en ce qu'elle est bien moins rameuse, et que les capsules sont bien plus allongées. (B.)

OPERCULITES. MOLL. Des oryctographes ont donné ce nom aux Opercules fossiles. (B.)

OPETIOLA. BOT. PHAN. Gaertner (*De Fruct.*, p. 14, tab. 2) a décrit et figuré sous le nom d'*Opetiola myosuroides*, une Plante dont la structure est assez singulière. Ses feuilles sont ramassées au-dessus d'un chaume très-court, peut-être nul ; elles sont linéaires, un peu roides, à trois nervures ; de leurs aisselles sortent des pédoncules munis à la base d'une gaîne tronquée, triquètres supérieurement et terminés par des épis simples, creusés sur toute leur surface de fossettes, dans chacune desquelles est nichée une graine petite, arrondie, blanchâtre et marquée au sommet d'une petite cicatrice. Cette Plante, dont on ne connaît pas les fleurs mâles, est une Monocotylé-

done ; les organes de la végétation ressemblent à ceux de certaines Cypéracées. Les renseignemens donnés par l'auteur sont insuffisans pour déterminer exactement sa place dans la série des ordres naturels. (G. N.)

* OPETIORYNCHOS. OIS (Temminck.) *V.* OPHIE. (DR. Z.)

OPHA. POIS. Pour Opah. *V.* ce mot. (B.)

OPHÈLE. BOT. PHAN. Pour *Ophelus*. *V.* ce mot. (A. R.)

* OPHÉLIE. *Ophelia*. ANNEL. Genre de l'ordre des Néréidées, famille des Néréides, section des Néréides glycériennes, fondé par Jules-César Savigny (Syst. des Annelides, p. 12 et 58) qui lui a donné pour caractères distinctifs : trompe couronnée de tentacules à son orifice ; antennes égales ; point de cirres tentaculaires ; les cirres inférieurs des pieds intermédiaires très-longs ; tous les autres nuls ou très-courts ; point de branchies distinctes. Les Ophélies s'éloignent des Lycoris et des Nephthys par l'absence des mâchoires ; elles ressemblent sous ce rapport aux autres genres de la même famille. Toutefois on peut les en distinguer à l'aide de quelques caractères qui leur sont propres. Ainsi elles diffèrent des Syllis par le peu de longueur des antennes, et parce que l'impaire manque entièrement : on ne les confondra pas avec les Aricies, les Glycères et les Hésiones, qui n'ont point de tentacules à l'orifice de la trompe ; les Myrianes et les Phyllodores sont comme elles pourvues de tentacules plus ou moins longs ; mais ces deux genres ont des cirres tentaculaires, et celui que nous traitons ici en est privé. Le genre Ophélie est donc fondé sur d'assez bons caractères, et les détails suivans que nous empruntons à Savigny les feront encore mieux ressortir : le corps des Ophélies est cylindrique et formé d'anneaux peu nombreux et peu distincts ; les deux premiers réunis sont égaux au troisième. La tête, soudée aux deux premiers segmens,

est divisée antérieurement en deux cornes saillantes et divergentes, qui portent les antennes; celles-ci sont incomplètes, c'est-à-dire que l'impaire est nulle, les mitoyennes sont excessivement petites, très-écartées, de deux articles dont le dernier subulé, et les extérieures, semblables pour la forme et la grandeur aux mitoyennes, sont rapprochées d'elles. Les yeux, au nombre de quatre, sont distincts, écartés, deux antérieurs plus grands et deux postérieurs. La bouche ne présente point de mâchoire; elle est formée par une trompe très-courte qui est coûronnée d'un cercle de tentacules, pourvue de plis saillans, et garnie en outre, à la face supérieure, d'un palais charnu, renflé, prolongé en forme de côte cylindrique dans l'intérieur de la trompe et comprimé en crête dentelée vers son orifice. Les pieds, à l'exception des derniers, sont tous ambulatoires, très-petits et à deux rames courtes; la rame dorsale étant pourvue d'un seul faisceau de soies, et la rame ventrale de deux faisceaux, il existe des soies fines et très-simples; on ne voit point de cirres supérieurs saillans; mais les inférieurs sont articulés à la base, cylindriques et très-longs aux pieds de la partie moyenne du corps, depuis la septième paire de pieds jusqu'à la vingt-unième inclusivement, tandis qu'ils paraissent peu saillans ou nuls sur toutes les autres; les derniers pieds sont réunis en un filet court et terminal. On ne remarque aucune trace de branchies. Nous ne connaissons encore qu'une espèce découverte par D'Orbigny sur les côtes de l'Océan; c'est :

L'OPHÉLIE BICORNE, *Ophelia bicornis* de Savigny. Ce savant n'en donne pas la figure; mais il la décrit avec soin : corps long de deux pouces, assez épais, sensiblement renflé vers son bout postérieur, composé de trente segmens pourvus de pieds à rames, les quinze intermédiaires portant les longs cirres, qui deviennent plus saillans par degrés et se raccourcissent de même; le trente-unième et dernier segment conique, terminé brusquement par un style en pointe et pourvu d'un grand anus supérieur, à deux lèvres transverses; trompe garnie de quatorze tentacules pointus et d'autant de plis dans son intérieur; sa crête membraneuse découpée en sept dents; cornes de la tête égales aux tentacules; soies dorées, excessivement fines; acicules jaunes; couleur générale gris clair avec de beaux reflets.   (AUD.)

OPHELUS. BOT. PHAN. Loureiro (*Flor. Cochinch.*, 2, p. 501) a décrit sous ce nom un genre de la Monadelphie Polyandrie, L., auquel il a imposé les caractères suivans : calice nu, à cinq lobes aigus et étalés; corolle à cinq pétales épais; étamines nombreuses, réunies en tube par la base, renversées dans leur partie supérieure; stigmate multifide; baie ligneuse, oblongue, ovée, à douze loges, et polysperme. Ce genre fait partie de la famille des Bombacées de Kunth; il avoisine le genre *Adansonia*, si toutefois il n'est pas son congénère. En effet, De Candolle (*Prodr. Syst. Veget.*, 1, p. 478), tout en admettant ce genre, le considère comme extrêmement rapproché de l'*Adansonia*; et Sprengel, dans sa nouvelle édition du *Systema Vegetabilium*, ne fait pas difficulté de les réunir. L'*Ophelus sitularis*, Lour., loc. cit., *Adansonia Situla*, Spreng., est un Arbre à feuilles éparses, oblongues, très-entières, glabres et pétiolées; ses fleurs sont blanches, solitaires, et ont trois pouces de diamètre. Il croît sur les côtes orientales de l'Afrique.
(G..N.)

OPHIBASE. MIN. Nom donné par De Saussure à la pâte des Variolites de la Durance, qu'il regardait comme analogue à celle de l'Ophite.
(G. DEL.)

OPHICALCE. MIN. Brongniart (Essai d'une classification des Roches mélangées, Journal des mines, juillet 1813) partage les Roches mélangées à base de calcaire en trois espèces : le Cipolin, le Calciphire et l'Ophicalce. Cette dernière Roche est un agrégat formé par voie de cristallisation, dont la base est le Calcaire; cette base est mêlée avec de la Serpentine, du Talc, de la Chlorite, et le tout présente une structure empâtée. Les Ophicalces sont souvent employées comme marbres. Brongniart en distingue trois variétés : 1° l'Ophicalce réticulée, dont la masse présente des veines talqueuses, entrelacées, formant une espèce de réseau à mailles allongées (le marbre de Campan); 2° l'Ophicalce veinée, à veines irrégulières de Serpentine (le vert antique, le vert de Suze); 3° l'Ophicalce grenue; Calcaire saccaroïde, dans lequel est disséminée la Serpentine (le marbre du mont Saint-Philippe, près Sainte-Marie-aux-Mines). Ces Roches font partie de la série des formations calcaires, subordonnées aux terrains micacés, talqueux et amphiboliques. (G. DEL.)

OPHICÉPHALE. *Ophicephalus.* POIS. C'est-à-dire *à tête de Serpent.* Genre de Malacoptérygiens Subbrachiens, établi par Bloch, dont les caractères sont : corps épais, cylindracé, comprimé légèrement, et entièrement couvert, comme la tête qui est déprimée, courte et obtuse, par de grandes écailles polygonales qui offrent quelque rapport avec les plaques qui recouvrent le vertex des Serpens; gueule fendue, garnie de dents en râpe, dont quelques-unes, plus grandes, en forme de crochets, sont éparses principalement sur les côtés; les ventrales situées sous les pectorales; dorsale unique, fort longue; opercules lisses. On compte cinq rayons à la branchiostége; aux os pharyngiens tient un appareil compliqué et propre à arrêter la circulation de l'eau, à peu près comme on l'observe dans les Muges, les Ophronèmes, etc. On ne connaît encore que deux espèces de ce genre.

Le KARRUWEY, Lacép. T. III, p. 552; *Ophicephalus punctatus,* Bloch, pl. 358. Des eaux douces de l'Inde où sa chair est estimée; sa longueur est de sept à onze pouces. B. 5, P. 16, V. 6, A. 23, C. 14.

Le WRAHL, Lacép., *loc. cit.; Ophicephalus striatus,* Bloch, pl. 359. Des rivières de la côte de Coromandel où il atteint jusqu'à quatre pieds de longueur. B. 5, P. 17, V. 6, A. 26, C. 17. (B.)

OPHICHTHYCTES. POIS. Huitième et dernier ordre de la classe des Poissons, dans la Zoologie analytique du professeur Duméril, qui répond, à peu de chose près, à la famille des Anguilliformes de Cuvier, et contient les genres Murénophis, Gymno-Murène, Murénoblène, Unibranchapérture et Sphagébranche de l'auteur. *V.* tous ces mots. (B.)

OPHIDIE. *Ophidium.* POIS. Genre de la classe des Malacoptérygiens Apodes dans la Méthode de Cuvier, dont les caractères sont : d'avoir l'anus assez en arrière; une dorsale et une anale qui se joignent à la caudale pour terminer le corps en pointe; ce corps est d'ailleurs allongé et comprimé, ce qui l'a fait comparer à une épée, et recouvert de très-petites écailles irrégulières, encastrées dans l'épaisseur de la peau. Les Poissons de ce genre, très-voisins, comme on le voit, des Anguilles, par leurs caractères et par leur forme allongée de Serpent, en différent essentiellement par leurs branchies bien ouvertes, munies d'un opercule large et d'une membrane à rayons courts; la tête est recouverte de grandes plaques écailleuses. Il paraît qu'on doit éliminer de ce genre, l'*Ophidium* de la plupart des ichthyologistes, qui n'est pas celui de Linné, l'*Ophidium viride,* qui est probablement l'Anguille, et l'*Ophidium occellatum* de Tilésius, qui peut être une Gunelle. Ainsi réduit, le genre Ophidie se compose des deux sous-genres suivans :

† DONZELLES ou OPHIDIES proprement dites, qui portent sous la

gorge deux petits barbillons adhérens à la pointe de l'os hyoïde.

DONZELLE COMMUNE (qu'il est impropre de nommer Méditerranéenne, puisque la Méditerranée en offre au moins une autre espèce), *Ophidium barbatum*, L., Gmel., *Syst. Natur.*, XIII, T. I, p. 1146; Bloch, pl. 159, fig. 1; Encyclop. Méthod., Pois., pl. 26, 89; l'*Ophidium* des anciens. Ce petit Poisson, qui n'atteint guère un pied de longueur, est argenté, avec les nageoires lisérées de noir; sa chair est d'un fort bon goût; sa vessie, aérienne, présente une conformation particulière, étant grande, épaisse et supportée par trois pièces osseuses suspendues sous les vertèbres et dont la mitoyenne se meut par des muscles propres. B. 7, P. 20, D. 124, 153, P. 0, V. 0, A. 112, 115, C. 0.

Risso, pl. 5, fig. 12, a décrit une autre Donzelle des mers de Nice, sous le nom d'*Ophidium Vassali*. Le BLACODE, *Ophidium Blacodes*, Schneid., pl. 484, est une espèce gigantesque des mers Australes, observée à la Nouvelle-Zélande où elle dépasserait six pieds de longueur, et qu'on prétend se retrouver au cap de Bonne-Espérance, où sa chair, fort recherchée, passe pour être exquise.

†† FIERASFERS, Ophidies qui manquent de barbillons. L'espèce constatée de ce sous-genre est l'*Ophidium imberbe*, L., Gmel., *Syst. Nat.*, XIII, T. I, p. 1147; *Notopterus fontanes*, Risso, pl. 4, fig. 11, qu'on trouve dans la Méditerranée. Il est peu de Poissons où le nombre des rayons aux nageoires varie davantage, si l'on s'en rapporte aux évaluations des auteurs. Artédi les compte ainsi : D. 79, P. 11, A. 41, C. 18; Gronou, D. 147, P. 26, A. 101, C. 0; et Bonnaterre, D. 228, A. 0, C. 0.

(B.)

OPHIDIENS. *Ophidii*. REPT. Quatrième ordre de la classe des Reptiles, ainsi qu'on le voit dans notre Tableau erpétologique inséré au Tome VI, p. 282 du présent Dictionnaire, où nous avons donné ses caractères et l'énu-

mération des genres qu'il renferme. Il répond à celui que Linné appelait *Serpentes* dans sa classe des Amphibies, et se compose des Animaux généralement connus sous le nom de Serpens. C'est Brongniart qui introduisit cette dénomination dans la science où elle est maintenant consacrée. On croirait, au premier coup-d'œil, qu'un tel ordre est très-facile à circonscrire; mais comme rien n'est réellement et strictement circonscrit dans l'ensemble de la création, les Serpens se confondent vers les limites de l'ordre, non-seulement avec les autres ordres de Reptiles, mais encore avec des Poissons. Ils offrent d'un côté les plus grands rapports avec les Sauriens, où, de passages en passages, on serait tenté de les ramener, en considérant que la présence, le nombre ou l'absence des pates, ne semblent pas un caractère très-essentiel dans la classe; ils offrent, de l'autre, des points de connexion très-étroits avec les Batraciens par les Leiodermes. Duméril les a divisés en Hétérodermes et Homodermes. *V.* ces mots. Cuvier les a répartis en trois familles : celle des Anguis, des vrais Serpens et des Serpens nus. La première et la dernière ne comprennent chacune qu'un genre. Ce sont des Seps, genre de Sauriens sans pates, ou des Grenouilles sans métamorphoses du moins connues. Il résulte de cette division que le nombre énorme d'Ophidiens maintenant connu, demeure réuni presqu'en désordre dans une famille où règne encore une grande confusion pour la détermination des espèces. Cette confusion vient de ce qu'on en a donné une multitude de descriptions et de figures insuffisantes ou fausses. Les Serpens conservant parfaitement leurs formes dans l'esprit de vin, on en a beaucoup rapporté en Europe de toutes les parties du monde, dès que les collections d'histoire naturelle prirent faveur. Les *habitats* étaient généralement mal indiqués dans des pacotilles de ce genre; les couleurs s'altéraient ou passaient, et l'on formait, sur des individus dégradés et dépaysés, des espèces que désignaient souvent les noms les plus baroques. Linné crut réformer l'abus où Séba particulièrement était tombé, en caractérisant ses espèces par le nombre de plaques ventrales et caudales. L'idée était ingénieuse, comme toutes celles de ce grand homme; mais le nombre de plaques étant sujet à varier dans les espèces qui en ont, comme il arrive aux rayons des nageoires, chez les Poissons, ce caractère ne doit pas être exclusivement employé; il faut rappeler, à l'aide de la méthode, la couleur qui, toute altérée qu'elle puisse être par le séjour des Serpens dans l'esprit de vin, n'en donne pas moins des indications utiles, puisque l'altération est à peu près la même pour chaque espèce mise dans une condition semblable. Ainsi le jaune et le rose tendent à passer au blanc, le brun au roux pâle, le bleu de ciel pâlit, le vert tendre s'efface en gris sale, mais les teintes vigoureuses se conservent parfaitement. Daudin recommande de tenir compte du rapport de la queue avec le reste du corps, parce qu'il n'arrive point, comme on le croit vulgairement, que la queue grandisse dans d'autres proportions. Cette partie se compte de l'anus. On peut tirer encore de fort bons caractères des grandes écailles ou plaques hexagonales qui protégent la tête.

Les Ophidiens deviennent plus nombreux à mesure qu'on se rapproche de l'équateur; il n'en existe que trois ou quatre espèces constatées au-dessus du 50e degré nord; vers le 45e degré, on peut en porter le nombre à deux ou trois douzaines au plus, mais la Zône-Torride en offre plus de quatre cents. On n'en trouvait guère que deux cent vingt ou deux cent trente énumérées dans le *Systema Naturæ* de Gmelin et dans l'Encyclopédie Méthodique; aujourd'hui la quantité en est plus que doublée, et l'on est loin de connaître tous les Serpens. C'est parmi eux que se trouvent les Animaux les plus vénimeux

connus. *V.*, pour l'histoire de leurs mœurs, le mot SERPENT, et pour leur organisation comparative, REPTILES.

(B.)

OPHIDIUM. POIS. *V.* DONZELLE et OPHIDIE.

* OPHIE. *Opetiorynchos.* OIS. *Furnarius*, Vieill. Genre de l'ordre des Anisodactyles. Caractères : bec plus long que la tête, droit ou légèrement courbé, grêle et très-effilé, déprimé à la base, comprimé à la pointe qui est subulée; narines placées assez loin de la base du bec, et sur les côtés, ovoïdes, à moitié fermées par une membrane nue; pieds longs; quatre doigts; trois en avant dont l'intermédiaire a la moitié de la longueur du tarse; ceux des côtés égaux, avec l'externe soudé à la base; ailes courtes; les trois premières rémiges étagées, les troisième et quatrième les plus longues. Queue courte faiblement étagée et flexible. Les Oiseaux qui composent ce genre seraient les Guêpiers du nouveau continent, si malgré de grandes anomalies dans les caractères, ils pouvaient demeurer réunis, ainsi que l'a fait Latham; mais cette réunion, ainsi que beaucoup d'autres prononcées trop légèrement, quelquefois même sur de simples descriptions, et sans qu'elles fussent le résultat de l'examen des espèces, n'est plus tolérable au point où en est arrivé la science. Les Ophies ne sont ni farouches ni solitaires, quoique très-rarement on les rencontre autrement que par paires; ils voltigent autour des habitations, y pénètrent assez fréquemment, et se retirent dans les bosquets qui les entourent. Etrangers aux grandes forêts, on ne les y rencontre qu'accidentellement; on ne les voit pas non plus entreprendre de longs voyages; il est vrai que la brièveté de leurs ailes y ferait obstacle; elle les assujettit en quelque sorte à la vie sédentaire. La longueur de leurs jambes, qui seule écarterait tout rapprochement avec les Guêpiers, les rend aptes à la marche, qu'ils exé-

eutent alternativement avec une lenteur affectée qui leur donne un air grave, et une extrême vivacité qui imprime à cette marche, ou plutôt à cette course, une irrégularité remarquable. Leur voix est forte et sonore; leur ramage un peu monotone est néanmoins écouté avec plaisir à quelque distance du bocage; mais ce que l'on admire le plus dans ces Oiseaux, c'est l'art qu'ils apportent dans la construction de leur nid, que quelques ornithologistes ont comparé pour la forme à un four, et qui même a fait donner au genre le nom de Fournier.

Ce nid est placé indifféremment contre les grosses branches, les fenêtres, les poteaux, les palissades, etc.; il est hémisphérique, et construit totalement en terre gâchée; il a environ six pouces de diamètre, et se trouve partagé intérieurement en deux chambres, au moyen d'une cloison semi-circulaire percée d'un trou de communication correspondant à l'ouverture extérieure pratiquée sur le côté. C'est dans la seconde chambre qu'est déposé un lit d'herbes molles sur lequel doivent éclore quatre œufs blanchâtres piquetés de roux. D'autres espèces donnent à leur nid une étendue considérable qui dépasse même quelquefois dix-huit pouces de diamètre. La charpente qui soutient toute cette construction est d'un volume tel que l'on pourrait avec raison douter que son transport fût l'ouvrage d'un aussi petit Oiseau; elle consiste en bûchettes ou rameaux ordinairement garnis d'épines. Il est enfin une troisième Ophie qui substitue au ciment de terre un tissu formé de brins d'herbe finement entrelacés; elle le suspend à l'extrémité des branches flexibles, où il devient le jouet des vents. Ce nid, fort ample quoique léger, est divisé en plusieurs compartimens au moyen de cloisons internes, et diverses ouvertures communiquent du dehors au dedans. Dans le compartiment du fond sont déposés les œufs, les autres servent à l'exercice des petits avant qu'ils

aient acquis assez de force pour s'échapper du berceau.

OPHIE FOURNIER, *Merops rufus*, Latr.; *Furnarius rufus*, Vieill. Parties supérieures d'un brun roussâtre; dessus et côtés de la tête d'un brun foncé; sourcils d'un brun fauve de même que la partie externe de l'aile, qui est aussi traversée par une bande rousse; rectrices d'un roux brunâtre; gorge, devant du cou et pates inférieures blancs; flancs d'un brun roussâtre; bec brun en dessus et vers la pointe, le dessous est blanchâtre; pieds noirâtres. Taille, sept pouces. De la Caroline.

OPHIE ANNUMBI, *Furnarius Annumbi*, Vieill. Parties supérieures d'un brun rougeâtre, tachetées de noirâtre; front d'un brun rougeâtre; sommet de la tête et nuque bruns; petites tectrices alaires et rémiges d'un brun clair, les grandes d'un beau brun rougeâtre; côtés de la tête blanchâtres avec un trait brun derrière l'œil; gorge blanche encadrée par un trait noir qui part de chaque angle du bec; parties inférieures variées de brun et de blanchâtre; tectrices alaires inférieures d'un blanc luisant, nuancé de rouge; rectrices latérales noirâtres, bordées de brun et terminées par une tache blanchâtre, les deux intermédiaires d'un brun clair; bec d'un brun rougeâtre; pieds olivâtres. Taille, sept pouces et demi. Du Paraguay.

OPHIE ROUGE, *Furnarius ruber*, Vieill. Parties supérieures d'un brun roussatre; côtés de la tête bruns; tectrices alaires d'un rouge de carmin; rémiges rouges avec l'extrémité noirâtre; rectrices d'un rouge pourpré; parties inférieures blanchâtres. Les plumes qui garnissent la tête et le dessus du cou sont assez rudes, et l'extrémité de la baguette dépasse d'un peu les barbules; bec noirâtre en dessus et blanchâtre en dessous; pieds d'un brun verdâtre. Taille huit pouces. Du Paraguay.

(DR..Z.)

OPHIODONTES. POIS. FOSS. Syn. de Glossopètres. *V.* ce mot. (B.)

OPHIOGLOSSE. *Ophioglossum.*
BOT. CRYPT. (*Fougères.*) Le genre décrit sous ce nom par Linné renfermait deux groupes de Plantes tout-à-fait différens qui sont devenus les types de deux genres appartenant même à deux sections différentes de la famille des Fougères : les vrais Ophioglosses qui, avec les *Botrychium*, forment la tribu des *Ophioglossées*, et les *Lygodium* ou *Hydroglossum* qui appartiennent à la tribu des Osmundacées. Les Ophioglosses sout de petites Fougères dépourvues de tiges, à feuilles simples, entières, ou très-rarement lobées à leur extrémité, marquées de nervures réticulées, d'une consistance molle, d'un vert tendre, ordinairement glabres; de leur base part un épi porté sur un pédoncule plus ou moins long; cet épi, tantôt plus court, tantôt plus long que la fronde, est simple, formé par deux rangs de capsules, enchâssées pour ainsi dire dans son tissu et s'ouvrant par des fentes transversales. Ces capsules bivalves, analogues pour leur forme et leur structure à celles des *Botrychium* et à celles des Marattiées, ne présentent aucune trace d'anneau élastique; elles renferment une infinité de graines très-fines, blanches, parfaitement libres. Ce genre, ainsi que le *Botrychium*, offre cette particularité que les frondes ne sont pas enroulées en crosses avant leur développement comme celles des autres Fougères.

On connaît environ treize espèces de ce genre qui, quoique peu nombreux, paraît répandu dans presque toutes les parties du globe. Deux seulement habitent l'Europe : ce sont les *Ophioglossum vulgatum* et *Lusitanicum*; le premier est commun dans toute l'Europe, le second est propre aux régions occidentales et méridionales. Parmi les espèces exotiques, les plus remarquables sont : l'*Ophioglossum pendulum*, Rumph, *Amb.*, VI, t. 57, dont la fronde linéaire et pendante porte vers son milieu un épi beaucoup plus court qu'elle, et l'*Ophioglossum palmatum*,

Plum., *Filic.*, tab. 65, dont la fronde, profondément palmée, donne naissance vers sa base et sur ses côtés à trois ou quatre épis qui ne paraissent être que d'autres lobes fertiles. La première de ces Plantes croît dans l'archipel Indien, la seconde, très-rare, dans les Antilles.　　(AD. B.)

*OPHIOGLOSSÉES. BOT. CRYPT. (*Fougères.*) La tribu à laquelle on a donné ce nom ne renferme que les deux genres *Ophioglossum* et *Botrychium* dont on doit peut-être séparer, ainsi que R. Brown l'a indiqué, et que Kaulfuss l'a fait, le *Botrychium Zeylanicum* dont ce dernier auteur a formé son genre *Helminthostachys*. Ces Plantes diffèrent de toutes les Fougères par leurs frondes qui ne sont pas enroulées en crosse dans leur jeunesse, par leur capsule dépourvue de toute espèce d'anneau, élastique, sessile, et presque enchâssée dans le tissu de la fronde. (AD. B.)

OPHIOGLOSSITES. FOIS. FOSS. C'est-à-dire *Langues de Serpens pétrifiées.* On verra pourquoi ce nom fut donné aux Glossopètres à l'article où il est traité de ces dents fossiles.　　　　　　　(B.)

OPHIOIDES ET **OPHIOMOR-PHITES.** MOLL. Syn. d'Ammonites dans Aldrovande, parce qu'on regarda d'abord ces débris de Céphalopodes comme des Serpens pétrifiés.
　　　　　　　　　　　　(B.)

OPHIOLITE. MIN. Nom donné par Brongniart aux Roches composées à bases de Diallage, de Serpentine et de Talc, enveloppant du Fer titané. *V.* EUPHOTIDE et SERPENTINE.
　　　　　　　　　　　(G. DEL.)

*OPHIOMACHUS.** REPT. SAUR. (Séba.) Nom donné à un Lézard qui paraît être une variété de la Galéote. *V.* ce mot.　　　　　　(B.)

OPHIOMORPHITES. MOLL. FOSS. *V.* OPHIODES.

OPHION. MAM. *V.* MOUFLON à l'article MOUTON.

OPHION. *Ophion.* INS. Genre de l'ordre des Hyménoptères, section des Térébrans, famille des Pupivores, tribu des Ichneumonides, établi par Fabricius, réuni par Latreille à son genre Ichneumon, adopté par Olivier, et dans ces derniers temps, par Latreille (*Fam. Natur.*, etc.). Les caractères de ce genre sont : tarière courte, mais saillante ; extrémité des mandibules très-distinctement bidentée ; antennes filiformes ou sétacées ; bouche point avancée, en manière de bec ; palpes labiaux de quatre articles, les maxillaires ayant leurs articles très-inégaux ; abdomen très-comprimé, plus ou moins arqué en faucille, tronqué au bout. Ce genre se distingue des Pimples et des Cryptes, avec lesquels il a le plus de rapports, par l'abdomen qui, dans ces derniers, est cylindrique ou presque ovale, et terminé par une tarière longue. Les Stéphanes et les Xorides sont séparés des Ophions, parce que l'extrémité de leurs mandibules est entière ou faiblement bidentée. Enfin, les Métopies, Ichneumons, Banchus, etc., en sont distingués, parce que leur tarière est cachée ou peu saillante. Les mœurs des Ophions sont analogues à celles des autres Ichneumonides. Latreille observe que ces Insectes doivent déposer leurs œufs dans le corps des Chenilles et Chrysalides qui sont en plein air ou dans des retraites peu profondes, parce que leur tarière est courte et ne pourrait pas pénétrer bien avant dans les corps où ces larves vont se cacher. Olivier décrit soixante-une espèces de ce genre ; celle qui est la plus remarquable et qui lui sert de type, est :

L'OPHION JAUNE, *Ophion luteus*, Fabr., Oliv. ; *Ichneumon luteus*, L., Fabr., Schæff., *Icon. Ins.*, tab. 1, fig. 12, tab. 101, fig. 4 ; Réaum., *Mem. Ins.* T. VI, tab. 30, fig. 9-12. Il est long de plus de dix lignes ; d'un jaune roussâtre, avec les yeux verts. La femelle dépose ses œufs sur la peau de quelques Chenilles ; particulièrement sur celle qu'on a nommée la Queue fourchue. Ils y sont fixés au moyen d'un pédicule long et dé-

lié. Les larves y vivent ayant l'extrémité postérieure de leur corps engagée dans les pellicules des œufs d'où elles sont sorties, y croissent, sans empêcher la chenille de faire sa coque ; mais elles finissent par la tuer, en consument toute la substance intérieure, se filent des coques oblongues les unes auprès des autres, et en sortent sous la forme d'Ichneumons, ainsi que de l'enveloppe commune. Cette espèce se trouve aux environs de Paris. La larve d'une autre espèce (*Ichn. moderator*) détruit celle d'un autre Ichneumon (*Ichn. Strobilellæ.*) (G.)

* OPHIONEA. *Ophionea.* INS. Nom donné par Klüg, dans son *Entomologiæ Brasilianæ Specimen*, au genre *Casnonia* de Latreille. *V.* CASNONIE au Supplément. (G.)

* OPHIOPHAGE. OIS. C'est-à-dire *Mangeur de Serpens*. Espèce du genre Faucon. *V.* ce mot. (DR..Z.)

* OPHIOPHAGES. OIS. Dénomination donnée à quelques Animaux qui se nourrissent de Serpens. Vieillot l'avait appliquée à une famille composée du seul Hoatzin. *V.* FAISAN. (DR..Z.)

OPHIOPOGON. BOT. PHAN. Ker a nommé ainsi un genre qu'il a établi pour le *Convallaria Japonica*. Mais ce genre avait déjà été fait par le professeur Richard (*in* Schrader Journ., 1807), sous le nom de *Fluggea*. Cependant comme il existait déjà un genre de ce dernier nom établi par Willdenow, en 1805 (et non en 1815, comme il est imprimé par erreur à l'article FLUGGEA de ce Dictionnaire) dans son *Species Plantarum*, Desvaux lui a substitué le nom de *Slateria* qui doit être adopté. *V.* ce mot. (A. R.)

OPHIORHIZE. *Ophiorhiza.* BOT. PHAN. Le genre établi par Linné sous ce nom se composait de deux espèces, savoir : *Ophiorhiza Mungos*, qui croît dans l'Inde, et *Ophiorhiza Mitreola*, originaire de l'Amérique septentrionale et méridionale. Ayant soumis ces deux Plantes à une analyse soignée, nous avons reconnu (Mém.

Soc. d'Hist. Nat., 1, p. 61) que non-seulement ces deux Plantes forment deux genres différens, mais que ces deux genres appartiennent à deux familles très-distinctes. Nous avons conservé le nom d'*Ophiorhiza* pour la première espèce, qui en effet était connue sous ce nom avant la seconde pour laquelle nous avons rétabli le nom de *Mitreola*. *V*. ce mot. Le genre *Ophiorhiza*, tel que nous l'avons limité, appartient à la famille des Rubiacées et à la Pentandrie Monogynie; ses caractères sont : un calice turbiné, adhérent avec l'ovaire infère, ayant son limbe à cinq dents; une corolle monopétale, tubuleuse, presque infundibuliforme, à cinq lobes; cinq étamines incluses, insérées à la corolle; un ovaire à deux loges polyspermes, couronné par un disque épigyne bilobé; chaque loge offre un trophosperme cylindracé, pédicellé, qui part de son fond et est couvert d'un grand nombre d'ovules très-petits; le style est court, simple, terminé par un stigmate bifide. Le fruit est une capsule comprimée, couronnée par les dents du calice, mince et comme ailée des deux côtés, à deux loges polyspermes, s'ouvrant transversalement par son sommet au moyen d'une fente commune aux deux loges. L'*Ophiorhiza Mungos*, L., *Sp. Plant.*, Rich., *loc. cit.*, t. 2, est une Plante annuelle, qui croît à Amboine, à Java, à Ceylan et dans d'autres parties de l'Archipel des Indes. Sa racine est allongée, pivotante, un peu plus renflée que la tige avec laquelle elle se confond insensiblement. La tige, dressée, cylindrique, est haute d'un pied et plus, divisée en quelques rameaux opposés, légèrement pubescens et comme ferrugineux dans leur partie supérieure. Les feuilles sont opposées, ovales, lancéolées, entières, acuminées à leur sommet, portées sur un pétiole d'environ un pouce. Entre chaque paire de feuilles on aperçoit une petite cicatrice transversale que l'on peut considérer comme la trace de stipules très-caduques, mais que nous n'a-

vons pu observer en place. Les fleurs sont fort petites, rougeâtres, formant une espèce de corymbe terminal à la partie supérieure des ramifications de la tige; ce corymbe se compose de ramifications dressées, partant presque toutes du même point et portant des fleurs dans toute leur longueur. Ces fleurs sont tournées d'un seul côté. La racine de cette Plante jouit dans l'Inde d'une très-grande réputation dans le traitement de la morsure des Serpens venimeux. (A. R.)

OPHIOSCORODON. BOT. PHAN. C'est-à-dire *Ail de Serpent*. Nom donné à diverses espèces du genre *Allium*, tels que l'*ursinum*, le *Victorialis*, le *vineale* et le *Scorodoprasum*. *V*. AIL. (B.)

OPHIOSE. BOT. PHAN. Nom francisé du genre *Ophioxylum*. *V*. ce mot. (G..N.)

OPHIOSPERMES. BOT. PHAN. La famille de Plantes ainsi désignée par Ventenat, est plus généralement connue sous le nom de Myrsinées. *V*. ce mot. (A. R.)

OPHIOSTACHYS. BOT. PHAN. Genre de la famille des Colchicacées et de l'Hexandrie Trigynie, L., établi par Delile (Liliacées de Redouté, vol. VIII, tab. 464), sur une espèce placée par Linné dans le genre *Veratrum*, et dans le *Melanthium* par Walter. Il se distingue suffisamment de ces deux derniers genres par son port, ses fleurs dioïques, et par la structure de sa capsule. Willdenow a, de son côté, constitué le même genre sous le nom de *Chamelirium*.

L'*Ophiostachys Virginica*, Delile et Redouté, *loc. cit.*, *Veratrum luteum*, L., *Melanthium dioicum*, Walt., *Flor. Carol.*, *Chamælirium Carolinianum*, Willd., est une Plante glabre dans toutes ses parties, dont les tiges verticales, hautes de trois à six décimètres, sont munies de feuilles alternes, sessiles, ovales, lancéolées. Les fleurs dioïques forment un long épi terminal, analogue à celui de la Gaude (*Reseda luteola*, L.). Les mâles ont un périgone à six segmens linéaires, étalés, avec six étamines, dont les filets sont inégaux en grandeur, et terminés par des anthères biloculaires; il n'y a aucune trace de pistil. Les fleurs femelles forment un épi moins serré que celui des mâles; leur périgone est à six segmens assez larges et peu découpés; elles renferment six filets opposés à ces segmens et dépourvus d'anthères; leur ovaire est ovoïde et porte trois styles courts, divergens au sommet, bordés supérieurement par des stigmates linéaires. La capsule est ovoïde, triloculaire, renfermant des graines imbriquées, ovoïdes et bordées par une membrane irrégulière. Cette Plante est commune sur le penchant des collines et dans les bois un peu découverts de la Caroline et de la Virginie. Les habitans de ces contrées emploient, contre les morsures des Serpens, sa racine, qui est charnue, tubéreuse et très-amère.

(G..N.)

OPHIOSTAPHYLON. BOT. PHAN. L'un des noms anciens de la Bryone. *V.* ce mot. (B.)

OPHIOSTOME. *Ophiostoma.* INTEST. Genre de l'ordre des Nématoïdes, ayant pour caractères : corps cylindrique, élastique, atténué aux deux extrémités; tête bilabiée; une lèvre en dessus, l'autre en dessous. Ce genre, peu nombreux en espèces, se distingue facilement des autres Nématoïdes par la forme de la tête, qui tantôt est distincte par un rétrécissement, tantôt est continue avec le corps; elle présente à son extrémité antérieure une fente transversale ou bouche plus ou moins profonde, toujours munie de deux lèvres peu mobiles, de même longueur ou de longueur inégale; la lèvre supérieure est quelquefois renflée; le corps très-allongé, cylindrique, est atténué aux deux extrémités, mais spécialement à la postérieure; l'intestin, étendu de la bouche à l'anus, présente quelques renflemens et rétrécissemens dont la situation varie. On n'a point disséqué ces Animaux, et l'on n'a pu

juger de leurs organes intérieurs, qu'au travers de leur peau qui est plus ou moins transparente; leurs organes génitaux internes sont de couleur blanche, tachée. Une espèce d'Ophiostome (*Oph. cristatum*) est vivipare; les autres sont ovipares; la vulve est un petit tubercule bilobé, presque toujours saillant à l'extérieur, et situé tantôt vers le tiers postérieur, tantôt vers le tiers antérieur de l'Animal. Les mâles, plus petits et plus grêles que les femelles, ont leur organe génital extérieur situé près de la queue; il est double dans quelques espèces, il a paru simple dans d'autres. La peau ou enveloppe générale du corps paraît organisée comme dans les autres Nématoïdes. Hippolyte Cloquet a rapporté à ce genre un Ver observé chez un cultivateur des environs d'Uzerches, sujet depuis quelques années à des attaques d'épilepsie, qui cessèrent lorsque ce Ver eut été rendu par le vomissement. (*V.* le nouveau Journal de Médecine, 1822, février, p. 98.)

Les espèces qui composent ce genre n'ont encore été trouvées que dans quelques Mammifères et dans quelques Poissons. Ce sont les *Ophiostoma cristatum, mucronatum, dispar, lepturum* et *Pontierii.* (E. D..L.)

OPHIOTÈRES. OIS. (Vieillot.) *V.* MESSAGER.

OPHIOXYLUM. BOT. PHAN. Genre de la famille des Apocynées et de la Pentandrie Monogynie, L., ainsi caractérisé : calice quinquéfide, dont les découpures sont très-petites, droites et aiguës; corolle infundibuliforme, ayant le tube long, filiforme, renflé vers son milieu, et le limbe quinquéfide; cinq étamines courtes; stigmate capité; baie bilobée, blanchâtre, renfermant des graines petites et arrondies. On trouve sur les mêmes pieds des fleurs simplement mâles, dont le calice est bifide, la corolle ornée à sa gorge d'un nectaire cylindrique, et qui offrent deux étamines. Ce genre, voisin du *Rauwolfia,* ne renferme qu'une seule espèce ; car l'*Ophioxylon Ochrosia* de Persoon est définitivement admis comme genre distinct, sous le nom d'*Ochrosia*, proposé par Jussieu. *V*. OCHROSIE.

L'*Ophioxylum serpentinum*, L., et Vendt. *in Rœmer Archiv.* 1, p. 59, tab. 7 ; *O. trifoliatum*, Gaertn., est une Plante indigène de la côte du Malabar et des îles de l'archipel Indien. Rhéede (*Hort. Malab.*, VI, p. 81, tab. 47) l'a décrite et figurée sous le nom de *Tsjovanna*. La tige, sous-frutescente et dressée, porte des feuilles opposées, ternées ou quaternées, lancéolées, acuminées, très-entières. Les fleurs, de couleur blanche ou rougeâtre, sont disposées en corymbes pédonculés et axillaires. (G..N.)

OPHIRE. *Ophira.* BOT. PHAN. Le genre créé sous ce nom par Linné est le même que le *Grubbia* de Bergius. En conséquence l'*Ophira stricta*, L., unique espèce du genre, est synonyme de *Grubbia rosmarinifolia*, Berg. (G..N.)

OPHISAURE. *Ophisaurus.* REPT. OPH. C'est-à-dire *Serpent-Lézard*. Sous-genre d'Orvet. *V*. ce mot. (B.)

OPHISPERMUM. BOT. PHAN. Genre de la Décandrie Monogynie, L., établi par Loureiro (*Flor. Cochinchin.*, 1, p. 344) et adopté par De Candolle (*Prodrom. Syst. Veget. Nat.*, 2, p. 59) qui l'a ainsi caractérisé : périgone divisé profondément en six parties, urcéolé, tomenteux et placé en cercle à la base du périgone ; dix étamines à anthères fixes ; style bifide au sommet et plus long que les étamines ; capsule comprimée, déhiscente par le sommet ; graine solitaire, ovée, acuminée, munie latéralement d'une aile longue, sinueuse et presque cylindrique. C'est de cet appendice en forme de Serpent que le nom générique est dérivé. Ce caractère combiné avec ceux des anthères fixes, de la présence d'un style bifide, et de l'urcéole, ont motivé l'admission du genre *Ophispermum* qui, selon R. Brown, Jussieu et Poiret, ne doit point être séparé de l'*A-*

quilaria, type de la nouvelle famille des Aquilarinées. Quant au nombre des divisions du périgone, il est probable qu'il est de cinq plutôt que de six, attendu que les étamines sont au nombre de dix.

L'*Ophispermum sinense*, Lour. (*loc. cit.*), est un Arbre à feuilles lancéolées et ondulées, originaire de la Chine. (G..N.)

OPHISURE. *Ophisurus.* POIS. Sous-genre de Murènes. *V*. ce mot. (B.)

OPHITE. MIN. Serpentin ; *Grun-Porphyr* des Allemands ; le Porphyre vert antique. L'Ophite est un Aphanite porphyroïde, contenant des cristaux de Feldspath gras, bien prononcés, mais intimement liés avec la pâte environnante. Cette roche a été confondue par la plupart des géologues avec les Grünsteins, ou Diorites, qui sont des Roches amphiboliques ; et d'après cette opinion l'Aphanite d'Haüy serait une Roche composée d'Amphibole et de Feldspath fondus imperceptiblement l'un dans l'autre. Mais Cordier, qui a soumis cette Roche à un examen approfondi, croit devoir la rapporter à la famille des Roches pyroxéniques. Suivant lui, l'Aphanite est une Roche compacte, composée de Pyroxène verdâtre, de Feldspath verdâtre ou blanchâtre, gras et tenace, et de Talc ou de terre verte, sans Fer titané. La pâte de l'Ophite présente quelquefois de petits cristaux de Pyroxène vitreux. Elle est souvent amygdalaire, et contient des amandes de Calcédoine ou de terre verte endurcie. Elle est susceptible de s'altérer, à cause de la facile décomposition du Pyroxène, et se transforme alors en une Roche d'un aspect aride, à laquelle Haüy a cru devoir donner le nom particulier de Xérasite. L'Ophite moderne existe en couches puissantes, dans la partie moyenne des terrains intermédiaires, au Harz, et surtout dans les Vosges où il joue un grand rôle. Il est amygdalaire ; ses cellules contiennent souvent du carbonate de Chaux au lieu de Calcédoine et de terre verte. Quant à l'Ophite ou Porphyre vert antique, on croit que les anciens le tiraient des montagnes qui bordent la mer Rouge du côté de l'Egypte ; mais il en existe de parfaitement semblable dans différentes parties de la Corse. Ils donnaient à ce beau Porphyre le nom d'Ophite ou de Serpentin, à cause de la couleur de ses taches, qui ressemblent grossièrement à celles de la peau de certains Serpens.

(G. D L.)

* OPHITINE. MIN. (Lamétherie.) Nom donné à la base de l'Ophite. V. ce mot. (G. DEL.)

OPHIURE. *Ophiura.* ÉCHIN. Genre de l'ordre des Pédicellés, ayant pour caractères : corps orbiculaire déprimé, à dos nu, ayant dans sa circonférence une rangée de rayons allongés, grêles, cirrheux, simples, papilleux ou épineux sur les côtés, presque pinnés ; face inférieure des rayons aplatie et sans gouttière ou canal ; bouche inférieure et centrale ; des trous aux environs de la bouche. Les Ophiures séparées par Lamarck du grand genre *Asterias* de Linné, comprennent toutes les espèces dont le corps est petit, aplati, discoïde, et dont les rayons, au nombre de cinq, sont allongés, grêles, non divisés, formés de pièces solides, articulées et garnies d'écailles, qui fortifient et soutiennent les pièces principales. Beaucoup d'Ophiures ont sur les parties latérales de leurs rayons plusieurs rangées de pointes mobiles, cylindroïques ou aplaties, articulées seulement à leur base et comparables aux pointes qui revêtent l'enveloppe calcaire des Oursins ; d'autres sont glabres ou au moins dépourvues de pointes articulées. La face inférieure des rayons n'a jamais de sillon longitudinal : ce caractère sépare nettement les Ophiures des Astéries ; leurs rayons non divisés les distinguent des Euryales ; elles se distinguent également des Comatules par l'absence de rayons dorsaux, et parce que leurs épines ne sont point for-

mées de plusieurs pièces. Le mouvement des rayons peut servir aussi de moyen de distinction ; ils se meuvent latéralement en formant des ondulations et ne se roulent point vers la bouche.

Dans les espèces dont les rayons sont munis d'épines articulées et mobiles, il existe entre les épines de petits pieds charnus, rétractiles, très-nombreux, qui servent à l'Animal à se mouvoir et à se cramponner sur les corps solides ; celles dont les rayons n'ont point d'épines latérales, n'ont point également de pieds charnus sur les rayons, mais seulement dans cinq sillons courts, qui forment une étoile autour de la bouche. Leur disque central au corps a ; de plus, dans chaque intervalle des rayons, quatre trous qui pénètrent dans l'intérieur, et qui servent probablement à la respiration. L'estomac ne se prolonge point en cœcums dans les rayons, puisque ceux-ci ne sont pas creux.

Les Ophiures se trouvent dans toutes les mers. Lamarck a établi deux sections dans ce genre. La première renferme les espèces à rayons arrondis ou convexes sur le dos ; ce sont les *Ophiura texturata, lacertosa, incrassata, annulosa, marmorata.* La seconde comprend des espèces à rayons aplatis en dessus comme en dessous ; tels sont les *Ophiura echinata, scolopendrina, longipeda, nereidina, ciliaris, squamata, fragilis.* (E. D..L.)

OPHIURUS, BOT. PHAN. Genre de la famille des Graminées, établi par Gaertner aux dépens du genre *Rottboellia,* et que l'on peut caractériser de la manière suivante : les fleurs forment un épi cylindrique, articulé ; chaque articulation porte une seule fleur qui est enfoncée dans une excavation du rachis. La lépicène est biflore, à deux valves dont l'extérieure est cartilagineuse, l'interne concave et membraneuse. Chaque fleur offre une glume composée de deux paillettes membraneuses et mutiques ; la fleur interne est hermaphrodite, l'externe est mâle ou même neutre. Ce genre se compose d'un très-petit nombre d'espèces, offrant des chaumes dressés, rameux, et des épis souvent fasciculés. Ces espèces sont exotiques. On peut considérer comme type de ce genre le *Rottboellia corymbosa* de Linné fils, ou *Ophiurus corymbosa*, Gaertner, 3, p. 4. Ce genre diffère surtout du *Rottboellia* par les articulations de son épi qui portent un seul épillet, tandis qu'elles en offrent deux dans ce dernier genre. (A. R.)

* OPHIURE. BOT. CRYPT. (*Hydrophytes*.) Espèce du genre Laminaire. *V.* ce mot. (B.)

* OPHONE. *Ophonus*. INS. Genre de Coléoptères, établi par Ziégler aux dépens du genre Harpale de Bonelli et adopté par Latreille (Fam. Nat.). Ce genre ne diffère des Harpales proprement dits, que parce que tout le corps est couvert de points enfoncés, tandis que cela n'a pas lieu chez les Harpales. Le type du genre est le *Carabus sabulicola* des auteurs. (G.)

OPHRIDE. *Ophrys*. BOT. PHAN. Genre de la famille des Orchidées, et de la Gynandrie Monandrie, mal caractérisé par Linné et les anciens botanistes et dont Rob. Brown et le professeur Richard ont les premiers bien limité les caractères. En effet le genre *Ophrys* de Linné contenait cette foule d'Orchidées terrestres, qui n'ayant point d'éperon comme les *Orchis*, ni de bosse comme les *Satyrium*, présentaient un labelle plane ou convexe et non concave comme les *Serapias*. On conçoit qu'avec un tel caractère le genre *Ophrys* des anciens botanistes devait contenir une foule d'espèces fort différentes. Swartz commença le premier à débrouiller ce chaos; mais ce fut, comme nous l'avons dit, Rob. Brown et le professeur Richard qui les premiers trouvèrent dans la disposition des masses polliniques le véritable caractère distinctif de toutes les espèces de ce genre. Voici comment il peut être caractérisé : les divisions calycinales sont étalées; les deux divisions internes sont dressées et généralement plus petites. Le labelle est sans éperon, convexe, entier ou lobé, généralement tomenteux et comme velouté, d'une couleur pourpre foncé. Le gynostème est court. L'anthère est terminale et antérieure, semblable à celle du genre Orchis, à deux loges, rapprochées à leur partie inférieure. Chaque loge contient une masse pollinique, finissant en une petite caudicule transparente que termine un rétinacle. Chaque rétinacle est contenu dans une petite boursette particulière, tandis que dans les véritables espèces d'Orchis, une seule et même boursette contient les deux rétinacles. Les espèces de ce genre sont encore assez nombreuses et surtout très-faciles à reconnaître à la forme de leurs fleurs qui toutes offrent quelque ressemblance avec une Mouche, un Bourdon, etc. Ces espèces sont surtout très-communes dans le bassin de la Méditerranée. Parmi elles nous citerons ici :

L'OPHRIDE MOUCHE, *Ophrys Myodes*, L., Willd. Ses bulbes sont ovoïdes, entiers; sa tige grêle, haute d'un pied, porte des feuilles alternes et lancéolées. Les fleurs forment un épi lâche et pauciflore. Les divisions externes du calice sont étalées, ovales, obtuses, vertes; les deux intérieures sont beaucoup plus courtes; le labelle est velu, presque noir, trilobé; les deux lobes latéraux sont linéaires, lancéolés; celui du milieu beaucoup plus grand est bilobé. Cette espèce croît dans les bois montueux, aux environs de Paris.

OPHRIDE BOURDON, *Ophrys Apifera*, Willd. Cette espèce offre également deux bulbes ovoïdes et arrondis, une tige de six à dix pouces d'élévation dont les feuilles ovales arrondies, aiguës, sont réunies à la partie inférieure de la tige. Les fleurs disposées comme dans l'espèce précédente sont plus grandes. Les divisions externes du calice sont roses, étalées, et le labelle est très-convexe, velu, d'un brun foncé, à cinq lobes inégaux, repliés en dessous. Cette espèce croît dans les mêmes localités que la précédente. On trouve encore en France plusieurs autres espèces, telles que : *Ophrys Aranifera, Ophrys Arachnites, Oph. lutea, Oph. speculum*, etc. (A. R.)

* OPHRIDÉES. BOT. PHAN. L'une des tribus établies dans la famille des Orchidées. *V*. ce mot. (A. R.)

* OPHRYDIE. *Ophrydia.* MICR. Genre de la famille des Mystacinées, l'ordre des Trichodés, caractérisé par dans des faisceaux de cils opposés et implantés aux deux côtés de la partie antérieure d'un corps arrondi, cylindrique ou turbiné. Les Animaux qui le composent présentent les formes extérieures des véritables Urcéolaires, et les faisceaux de cils disposés de la même façon comme pour y former un passage, mais ils ne sont point évidés en manière de godet ou de cupule, et leurs cils ne sont pas aussi distinctement vibratiles. On conçoit en conséquence qu'on en eût pu comprendre plusieurs dans le genre indigeste des Trichodes, tel qu'on le conçut lors de sa formation, mais on ne voit pas comment quelques-uns furent regardés comme des Vorticelles par le judicieux Müller, puisque leur corps ne présente point d'excavation qu'on puisse regarder comme le rudiment d'un sac alimentaire ou digestif. Les espèces d'Ophrydies qui nous sont connues offrent beaucoup de ressemblance entre elles ; à l'exception d'une seule, elles sont toutes d'eau douce, et aucune ne vit habituellement dans les Infusoires. La principale comme la plus commune est : l'OPHRYDIE LAGÉNULE, *Ophrydia Lagenula*, N.; *Trichoda Diota*, Müll., *Inf.*, p. 168, tab. 24, fig. 3-4, Encycl. Vers., Ill., pl. 12, f. 24, 25. Cet Animal, qui se trouve parmi les Lenticules des marais, est composé de molécules hyalines jaunâtres, mais non urcéolaire, comme le dit la phrase de Müller. C'est un globule au contraire tellement rempli, qu'il en est presque

inerte. La partie antérieure se rétrécit comme pour former le goulot de ces sortes de grandes bouteilles appelées Dames-Jeannes, auxquelles notre Microscopique ressemble parfaitement. Au deux côtés opposés du goulot tronqué en avant, sont les faisceaux de cils qui demeurent distinctement séparés dans toutes les circonstances où l'Animal les fait agir. Il n'en montre parfois qu'un seul. Il se contracte souvent en boule parfaite et demeure assez long-temps dans cet état où l'on dirait alors quelque Volvoce immobile.

Les autres espèces de ce genre constatées sont : 2° *Ophrydia Gyrinus*, N.; *Trichoda Gyrinus*, Müll., tab. 23, f. 10-12; Encycl., pl. 12, f. 10-12 ; 3° l'*Ophrydia Trochus*, N.; *Trichoda*, Müll., tab. 23, f. 8, 9: Encycl., pl. 12, f. 8, 9; 4° *Ophrydia Clavata*, N.; *Vorticella albinea*, Müll., tab. 38, f. 9, 10; Encycl. pl. 20, f. 29, 30 ; 5° *Ophridia nasuta*, N.; *Vorticella versatilis*, Müll., tab. 39, f. 17 (14-16, *Excl.*), Encycl., pl. 21, f. 4 (1-3, *Excl.*). (B.)

OPHRYS. BOT. PHAN. *V*. OPHRIDE.

* OPHTHALMIDIUM. BOT. CRYPT. (*Lichens.*) Eschweiler (*Systema Lichenum*, p. 18) est le créateur de ce genre qui figure dans sa troisième cohorte, les Trypéthéliacées. Il le caractérise par un thalle crustacé, attaché, uniforme, portant des verrues presque hémisphériques, jaunâtres, composées d'un ou de plusieurs apothécies sous-immergés, presque globuleux, dont le nucléum, aussi globuleux, est recouvert par un périthécium supère, latéral et ostiolé. Cet auteur a pris pour type du genre dont il est question, le *Pyrenula discolor*, Ach., *Monogr. der Gatt. Pyrenula*, etc. T. I, f. 2; l'*Ophthalmidium hemisphæricum*, tab. unique, fig. 23, est l'espèce dont l'auteur donne l'analyse. Meyer, qui réunit tous les genres formés avant lui, mais qui ne se croit pas néanmoins dispensé d'en créer un grand nombre sur des caractères souvent très-légers, a réuni l'*Ophthalmidium*

246 OPI

à son genre *Ocellularia. V.* Verru-
cariées. (A. F.)

* **OPHTHALMOPLANIDE.** *Ophthalmoplanis.* micr. Genre de la famille des Monadaires, dans l'ordre
des Gymnodés, dont les caractères
sont : corps simple, parfaitement ou
légèrement ovoïde, avec un point au
centre ou vers l'une de ses extrémités. Le point qui sert à distinguer
le genre dont il est question des vraies
Monades, manifeste déjà une certaine tendance à l'organisation. On
peut considérer comme suffisamment
connues seulement les espèces suivantes : 1° l'*Ophthalmoplanis Ocellus,*
N.; *Monas Ocellus,* Müll., *Inf.,* tab.
1, f. 7, 8; Encycl. Méth., Vers., Ill.,
pl. 1, f. 4. Petit globule noirâtre
ponctué au centre, qui erre entre les
filamens des Conferves dans nos marais; 2° *Ophthalmoplanis Cyclopus,*
N.; *Monas Atomus,* Müll., tab. 1, f.
2, 3; Encycl., pl. 1, f. 2, qu'on trouve
par milliers dans l'eau douce long-
temps gardée; 5° *Ophthalmoplanis
Polyphœmus,* N.; *Monas Mica,* Müll.,
tab. 1, f, 14, 15; Encycl., pl. 1, f. 6.
Brillante, cristalline, presque aussi
petite que le *Monas Termo,* et dont
le point central, variant de forme
et de grandeur, est encore plus transparent que le reste de l'Animal qui
vit dans les eaux les plus pures, et
qui persiste dans certaines infusions
végétales. (B.)

OPILE. *Opilo.* ins. Genre de l'ordre des Coléoptères, section des Pentamères, famille des Serricornes,
tribu des Clairones, établi par Latreille, et ayant pour caractères :
corps allongé; antennes filiformes,
de la longueur du corselet, les derniers articles un peu plus gros que
les autres, bien distincts; palpes terminés par un article très-dilaté en
hache; mandibules dentées intérieurement; premier article des tarses
très-court, caché en dessus par la
base du second; yeux point échancrés. Ces Insectes avaient été placés,
par Linné, avec les Attélabes. Geoffroy et Degéer les placèrent avec les

Clairons. Fabricius qui les avait distingués de ceux-ci, les confondit
avec les Notoxes de Geoffroy; dans
ses derniers ouvrages, voyant que les
Opiles ne pouvaient pas appartenir à
ce genre, il les en a séparés en leur
conservant le nom de Notoxe, et a
donné celui d'*Anthicus* aux vrais
Notoxes de Geoffroy. C'est Latreille
qui a remis les choses sur l'ancien
pied en restituant leur nom aux Notoxes de Geoffroy (*Anthicus,* Fabr.),
et en donnant le nom d'Opiles à ceux
de Fabricius. Les Opiles, tels qu'ils
sont adoptés ici, se distinguent des
Clairons parce que ceux-ci ont les
palpes maxillaires terminés par un
article obconique, et qu'ils n'ont que
les labiaux qui soient terminés en
hache. Leurs antennes forment une
massue ainsi que celles des Corynètes
de Fabricius (Nécrobie, Latr.); dans
ces derniers les palpes sont tous terminés par un article obconique. Les
Tilles, Enoplies, Cylidres, etc., se
distinguent des Opiles parce que le
premier article de leurs tarses est très-
apparent et que leurs antennes sont
presque toujours en scie. Les Opiles
ont le corps allongé et étroit; leur
tête est un peu enfoncée dans le corselet; les yeux sont assez saillans,
entiers et arrondis. La lèvre supérieure est courte, large, cornée, échancrée antérieurement. Le
chaperon, dont elle est bien distincte, est peu avancé, légèrement
échancré. Les mandibules sont arquées, aiguës et armées d'une dent
vers le milieu de leur partie interne.
Les mâchoires sont cornées à leur
base; coriaces et bifides au milieu à
leur extrémité. La division intérieure
est courte, petite, pointue, un peu
ciliée à son bord interne; l'autre est
grande, presque arrondie, fortement ciliée à son bord interne. Les
palpes maxillaires sont un peu plus
longs que les labiaux; composés de
quatre articles, dont le premier est
court; le second fort allongé, à peine
allant en grossissant; le troisième
court et conique; le dernier fort
large, triangulaire ou sécuriforme.

La lèvre inférieure est avancée, bifide. Les divisions sont divergentes et arrondies ; elles ont quelques cils assez longs à leur bord interne. Les palpes labiaux sont assez longs, composés de trois articles dont le premier est fort court, le second un peu allongé, et le dernier semblable au même des palpes maxillaires. Le corselet est à peu près de la largeur de la tête, à sa partie antérieure, et un peu plus étroit postérieurement ; il est arrondi et sans rebords sur les côtés ; l'écusson est fort petit et arrondi ; les élytres sont assez dures, peu flexibles, de largeur presque égale ; elles recouvrent deux ailes membraneuses. Les pates sont de longueur moyenne. Les tarses ont le premier article peu apparent. Les trois qui suivent sont spongieux en dessous, bilobés et assez larges, et le dernier allongé, peu arqué et muni de deux crochets. Les mœurs des Opiles nous sont encore inconnûes, on pense que leurs larves vivent dans les bois ; c'est sur les troncs d'Arbres, dans les forêts et dans les chantiers de bois, que l'on rencontre l'Insecte parfait. Nous citerons comme type du genre :

L'OPILE MOU, *Opilo mollis*, Latr., Oliv., Ent. T. IV, n° 76, 18, tab. 1, f. 6, 10 ; *Notoxus mollis*, Fabr., Panz., Payk. ; *Attelabus mollis*, L. ; le Clairon Porte-Croix, Geoff. Long de quatre lignes, pubescent ; tête, corselet et élytres d'un brun roussâtre ; élytres ayant chacune trois taches jaunes, la première petite et placée à la base et sur le bord externe ; la seconde au milieu de la longueur, plus large, mais n'atteignant par la suture ; la troisième à l'extrémité, plus petite et arrondie. Cuisses d'un jaune pâle jusqu'au milieu de leur longueur, le reste de la cuisse et la jambe d'un brun un peu plus pâle que celui du reste du corps. On trouve cette espèce aux environs de Paris. Elle n'est pas commune. (G.)

OPILIA. BOT. PHAN. Sous le nom d'*Opilia amentacea*, Roxburgh (*Plant. Coromand.*, vol. 2, p. 33, tab. 138) a décrit et figuré une Plante qui d'abord avait été regardée par quelques botanistes comme appartenant aux Rhamnées, mais dont le professeur De Candolle (*Prodrom. Syst. Veget. Nat.*, 2, p. 42) indique la place parmi les Myrsinées. C'est un petit Arbre qui croît dans les parties montueuses de Circars, dans les Indes-Orientales, et auquel les Télingas donnent le nom de *Bally-Coma*. Ses feuilles sont alternes, portées sur de courts pétioles, oblongues, entières, glabres et dépourvues de stipules. Les fleurs petites et d'un blanc grisâtre, forment des grappes axillaires et droites ; leur calice est très-petit, à cinq dents ; la corolle est à cinq pétales, grands et oblongs ; il y a un nectaire composé de cinq lobes courts, épais et charnus, alternes vers les étamines ; celles-ci sont au nombre de cinq, plus courtes que les pétales ; l'ovaire est oblong, surmonté d'un stigmate sessile ; le fruit est une baie de la grosseur d'une cerise, globuleuse, succulente et à une seule graine.

Le nom d'*Opilia* est, par erreur typographique, changé en celui d'*Opelia* dans le *Synopsis* de Persoon.

(G..N.)

* OPIPTÈRE. *Opipterus*. MOLL. Genre proposé par Rafinesque dans le tome LXXXIX du Journal de physique ; malheureusement il n'est décrit que d'une manière fort incomplète, et pourrait bien avoir été fait sur le même Mollusque qui a servi à Meckel pour établir son genre Gastéroptère. *V.* ce mot au Supplément.

(D..H.)

* OPIS. MOLL. Defrance est le premier qui ait proposé ce genre, dans le Dictionnaire des Sciences Naturelles, pour une Coquille pétrifiée que Lamarck avait rangée parmi les Trigonies sous le nom de Trigonie cardissoïde. Defrance n'a pu caractériser complétement ce genre, parce qu'il n'a connu qu'un fragment de valve sur laquelle la charnière est bien conservée. C'est ce fragment

qu'il a fait figurer dans l'Atlas du Dictionnaire des Sciences Naturelles. Blainville n'a admis ce genre qu'à titre de section des Trigonies; il en indique la figure à la pl. 64 de son Traité de Malacologie, mais elle n'y est pas représentée, de sorte qu'il est fort difficile, en ce moment, de donner quelque chose de certain sur ce genre. (D..H.)

* OPISTERIA. BOT. CRYPT. (*Lichens.*) Sous-genre établi par Acharius dans son Prodrome de la famille des Lichens, dans le genre *Parmelia*. (A. F.)

OPISTHOCOMUS. OIS. (Illiger.) Syn. d'Hoazin. *V.* ce mot. (DR..Z.)

OPISTHOGNATHE. POIS. Sous-genre de Blennie. *V.* ce mot. (B.)

OPISTHOLOPHUS. OIS. (Vieillot.) Syn. de Chavaria. *V.* ce mot. (DR..Z.)

OPIUM. BOT. CHIM. C'est un suc gommo-résineux, solide, extrait du Pavot somnifère (*Papaver somniferum*, L.), qui croît dans l'Asie-Mineure, la Perse, l'Inde, l'Afrique, où il est cultivé à cet effet. L'Opium se prépare de différentes manières, qui influent considérablement sur ses caractères et ses qualités. Ainsi tantôt on fait aux capsules encore vertes, des incisions transversales ou en spirale, avec une sorte de couteau armé de plusieurs lames. Le suc qui en découle est d'abord blanc et laiteux; il ne tarde pas à prendre une teinte jaune, et vingt-quatre heures après il a une couleur brunâtre et forme des larmes à demi-concrètes. On les recueille, on les met en masse, et cette sorte d'Opium est l'Opium en larmes. C'est sans contredit le plus pur et le plus estimé; il est moins âcre, moins amer et moins vireux que l'Opium du commerce. Comme cette espèce est très-recherchée, elle ne sort pas des pays où on en fait la récolte, et c'est pour cette raison que quelques auteurs avaient dit qu'on n'en préparait plus de cette manière. Mais Olivier, dans son Voyage dans l'empire Ottoman et l'Asie-Mineure, dit qu'il en a vu préparer par ce procédé. La méthode la plus usitée et celle par laquelle on en obtient la plus grande quantité, consiste à piler les capsules et la partie supérieure des tiges, pour en extraire le suc propre que l'on fait ensuite évaporer lentement jusqu'à siccité. C'est cet extrait divisé en masses ou pains arrondis, déprimés, du poids de quatre à seize onces, et enveloppés dans des feuilles de Tabac, de Pavot ou de Rumex, qui forme l'Opium du commerce ou *Meconium* des anciens. Enfin il existe une troisième sorte d'Opium qui porte le nom de *Poust.* Elle est de beaucoup inférieure aux autres, et n'est que l'extrait des tiges, des feuilles et des capsules, obtenu par le moyen de l'eau bouillante. L'Opium de bonne qualité présente les caractères suivans : il est en masses bien sèches, se cassant facilement sous le choc du marteau, offrant une cassure brillante et résineuse, d'une belle couleur brune; son odeur est vireuse et désagréable, sa saveur fort amère, nauséabonde, persistant avec une grande intensité dans la bouche; il se ramollit lorsqu'on le malaxe entre les doigts, est soluble dans l'eau et dans l'Alcohol, brûle et s'enflamme quand on le projette sur des charbons ardens. Presque tout l'Opium qui se consomme en France, nous est apporté de l'Asie-Mineure, de la Perse et de l'Egypte. Il paraît même qu'autrefois les anciens estimaient beaucoup celui qu'on récoltait aux environs de Thèbes : de-là le nom d'Opium thébaïque, qu'on donnait alors à cette espèce et que depuis on a indistinctement appliqué à l'Opium de bonne qualité en général. C'est au contraire de l'Inde que les Anglais reçoivent l'Opium qu'on emploie dans les îles britanniques et leurs nombreuses colonies. Selon Blumenbach, le Bengale en fournit seul environ six cent mille livres pesant, chaque année. Plusieurs chimistes habiles se sont successivement occupés de l'analyse, de l'Opium. Nous citerons particulièrement ici Derosne, Seguin, Sertuerner, Robiquet, etc. Les résultats les plus saillans de ces diverses analyses sont la découverte de deux principes immédiats, nouveaux, qui paraissent de nature alcaline, savoir: la Narcotine et la Morphine. Ces deux principes qui avec l'Acide méconique forment le caractère distinct de l'Opium, paraissent en être la partie active. Selon les expériences du professeur Orfila, la Narcotine serait le principe irritant et stimulant de l'Opium, tandis que la Morphine en serait la partie calmante. Les Sels de Morphine et surtout l'Acétate jouissent des mêmes propriétés médicales que l'Opium, et lui sont souvent substitués dans la pratique. Il est peu de médicamens aussi célèbres et sur lesquels on ait autant écrit que l'Opium. La haute antiquité de son introduction dans la matière médicale, l'énergie de son action, la propriété précieuse qu'il possède de calmer la douleur, même quand il ne peut en tarir la source, ont de tout temps été l'objet de l'admiration du vulgaire et des méditations du philosophe. Homère, dans ses immortels écrits, indique l'Opium comme une substance alors fort connue dans ses effets et fréquemment employée. Quelques auteurs pensent même que le fameux Népenthès dont il parle dans l'Odyssée, n'est aussi que l'Opium, ou du moins quelque breuvage dont cette substance faisait partie. En Europe le nom d'Opium rappelle sur-le-champ l'idée d'un médicament énergique et stupéfiant même à très-faible dose. Chez les Orientaux au contraire l'Opium est autrement considéré. Ces peuples pour lesquels la mollesse et l'oisiveté sont l'essence du bonheur suprême, s'habituent dès l'enfance à l'usage de cette substance, ils la mêlent dans leurs breuvages, en mâchent presque continuellement; et tant l'habitude émousse les organes et rend presque nulle l'action des poisons les plus violens, l'Opium, qui pour les Européens est un médicament redoutable, que l'on n'emploie qu'aux doses les plus faibles, tels qu'un à deux grains, peut être pris à des doses centuples par les Orientaux sans qu'ils en éprouvent aucun accident. Seulement il les jette dans un état de langueur voluptueuse, si bien en harmonie avec leurs habitudes et leur paresse naturelle. S'ils veulent s'exciter fortement, ils en prennent une quantité plus considérable, et c'est ainsi qu'ils se préparent aux combats. Mais tel n'est pas le mode d'action de l'Opium sur les individus qui n'en font pas habituellement usage. Il suffit des doses les plus faibles, d'un demi-grain ou d'un grain, pour provoquer un état de somnolence ou même d'un sommeil lourd et pesant; et si la dose était plus considérable, tous les phénomènes d'un véritable narcotisme, d'un empoisonnement violent ne tarderaient pas à se montrer; car donné à forte dose l'Opium est un poison très-actif.

L'Opium est un des médicamens les plus précieux de la thérapeutique. Le célèbre Sydenham disait qu'il renoncerait à la pratique de la médecine si on lui interdisait l'usage de l'Opium. Il exerce un empire absolu sur le système nerveux; mais sa médication est une des plus compliquées et des moins bien connues de la thérapeutique. A faible dose, comme un demi-grain à un grain, il calme l'excitation nerveuse, apaise la douleur et procure souvent un sommeil bienfaisant et réparateur. A dose plus élevée, tantôt il jette dans une stupeur plus ou moins profonde, ou dans un état de narcotisme violent; tantôt il excite, exalte toutes les fonctions, et amène un état de délire, une sorte d'aliénation mentale passagère. Nous avons déjà dit qu'il peut occasioner la mort. Il est surtout fort utile dans ces maladies variées connues sous le nom de névroses et de névralgies, et qui consistent dans une altération plus ou moins considérable dans les fonctions des nerfs, des sens et du mouvement.

Dernière ressource de l'art, il apaise la douleur, et rend moins pénibles les derniers instans d'une existence qu'il n'est plus au pouvoir du médecin de prolonger.

Ce médicament entre dans un grand nombre de préparations pharmaceutiques, auxquelles il communique sa propriété calmante : tels sont le Diascordium, la Thériaque, le Laudanum liquide de Sydenham, le Laudanum de Rousseau, le sirop d'Opium, les pilules de Cynoglosse, etc.

On a cherché à retirer du Pavot somnifère, que nous cultivons en abondance dans certaines provinces de la France, pour extraire l'huile grasse que contiennent ses graines, et plus récemment du *Papaver Tournefortii*, un Opium indigène qu'on pût substituer à celui de l'Orient et de l'Inde. Les essais que l'on a tentés à cet égard n'ont pas été sans succès. On a en effet obtenu un Opium fort analogue à l'Opium exotique, tant par sa composition chimique que par son mode d'action sur l'économie animale. Mais il faut noter que cet extrait est moins actif que l'Opium, et que pour produire les mêmes effets, on doit employer des doses doubles. Du reste il revient encore à un prix assez élevé, en sorte qu'on l'emploie fort peu. (A. R.)

* OPLARIUM. BOT. CRYPT. Necker (*Corollar. ad Philos. Botan.*, p. 14) a désigné sous ce nom les sommets évasés en entonnoir ou en forme de coupes des pédicelles qui soutiennent la fructification de certains Lichens, comme par exemple dans le genre *Cenomyce. V.* ce mot. (G..N.)

OPLISMENUS. BOT. PHAN. Ce genre de la famille des Graminées, section des Panicées, établi par Palisot de Beauvois, dans sa Flore d'Oware, est le même que R. Brown a nommé *Orthopogon.* Notre collaborateur Kunth, qui a adopté ce genre, et en a décrit plusieurs espèces nouvelles, y réunit l'*Echinochloa* de Beauvois. Voici comment le genre *Oplismenus* peut être caractérisé : les épillets

sont biflores, nus ; la fleur supérieure est hermaphrodite, l'inférieure est mâle ou neutre. La lépicène se compose de deux écailles membraneuses et aristées ; dans la fleur hermaphrodite la glume est formée de deux paillettes plus ou moins coriaces, l'inférieure est mucronée à son sommet ; de celles de la fleur mâle ou neutre, dont une avorte quelquefois, l'inférieure est également aristée. La glumelle est composée de deux paléoles hypogynes ; les étamines sont au nombre de trois ; les deux styles sont terminés par deux stigmates en forme de pinceaux ; le fruit est enveloppé dans les écailles florales. Ce genre formé aux dépens du genre *Panicum* a pour type le *Panicum Burmanni* de Retz ; les autres *Panicum* qu'on y a placés sont : *Panicum bromoides*, Lamk. ; *Panicum loliaceum*, id. ; *Panicum colonum*, L. *V.* PANIC. (A. R.)

* OPLOGNATHE. *Oplognathus.* INS. Genre de Scarabéides, de la division des Xylophiles, mentionné par Latreille (Fam. Nat.) et voisin des Chrysophores et des Cyclocéphales. Les caractères de ce genre ne sont pas encore publiés. (G.)

OPLOPHORES. POIS. Famille établie par Duméril dans sa Zoologie analytique, caractérisée par les branchies munies d'un opercule et d'une membrane ; par la forme du corps qui est conique avec le premier rayon de la nageoire pectorale épineux souvent denté et mobile. Les genres que ce naturaliste y comprend, sont : Silure, Schibbé, Macroptéronote, Malaptérure, Cataphracte, Pogonathe, Tachisure, Plotose, Macroramphose, Carydoras, Centranodon, Dora, Hétérobranche, Pimélode, Bagre, Schal, Agéneiose, Loricaire, Hypostome et Asprède. *V.* tous ces mots. (B.)

* OPLOTHECA. BOT. PHAN. Genre de la famille des Amaranthacées et de la Pentandrie Monogynie, L., établi par Nuttall (*Gen. of North Amer. Plants*, vol. II, p. 78) qui en a ainsi fixé les caractères essentiels : le calice

est double; l'extérieur à deux folioles scarieuses, roulées en dedans, tronquées et beaucoup plus grandes que le calice intérieur; celui-ci est monophylle, tubuleux, à cinq découpures courtes et couvertes d'un duvet épais; le tube des étamines ou androphore (*Lepanthium*, Nuttall) est cylindracé et à cinq dents; le stigmate est simple, capité, papilleux; le fruit est un utricule couvert par le calice persistant et muriqué, renfermant une seule graine. Ce genre a été adopté par Martius et Zuccarini (*Nov. Gen. Plant. Brasil.*, 2, pl. 47, tab. 146) qui ont donné la description et la figure d'une espèce brésilienne. Les caractères assignés par ces auteurs au genre *Oplotheca* sont à peu près les mêmes que ceux de Nuttall, à l'exception du nom des organes qu'ils ont changé en raison des vues théoriques que ces savans ont adoptées. Ainsi, le calice intérieur est une corolle aux yeux de ces botanistes. Nuttall avait fondé son genre sur une espèce de la Floride qu'il avait nommée pour cela *Oplotheca floridana*, et il avait indiqué comme congénère le *Gomphrena interrupta*, indigène de la Jamaïque. Il faut leur ajouter l'*O. lanata*, Mart., ou *Gomphrena lanata*, Kunth; l'*O. tomentosa*, Mart., et l'*O. sericea*, ou *Gomph. sericea*, Rœm. et Schultes. Ces Plantes herbacées ont le port des *Gomphrena* et des *Achyranthes*. Elles croissent dans l'Amérique méridionale. (G..N.)

OPOBALSAMUM. BOT. PHAN. Espèce du genre Amyris. *V.* ce mot au Supplément. (B.)

OPOCALPASUM. BOT. PHAN. Galien a mentionné sous ce nom une substance gommo-résineuse analogue à la Myrrhe, mais excessivement vénéneuse. Selon Bruce, l'espèce de *Mimosa* figurée dans son Voyage d'Abyssinie sous le nom de *Sassa*, fournit une gomme qu'il croit être l'*Opocalpasum* de Galien. (G..N.)

OPOETHUS. OIS. (Vieillot.) Syn. de Touraco. *V.* ce mot. (DR..Z.)

OPOPONAX OU **OPOPANAX.** BOT. PHAN. Gomme-résine qu'on retire par incisions d'une espèce de Panais (*Pastinaca Opopanax*, L.) qui croît dans l'Asie-Mineure, la Perse, la Grèce, l'Italie, l'Espagne, et jusque dans le midi de la France. Mais dans ces dernières régions elle ne donne que peu ou point de gomme-résine. L'Opoponax du commerce est en larmes opaques, irrégulières, d'un brun rougeâtre à l'extérieur, jaune marbré intérieurement, légères, grasses au toucher, et se cassant avec facilité. Leur odeur est forte et aromatique, leur saveur âcre et amère. Selon Pelletier elles se composent : de résine, 42,0; de gomme, 33,4; d'amidon, 4,2; d'extractif et d'acide malique, 4,4; de ligneux, 9,8; de cire, 0,3; d'huile volatile et perte, 5,9. Cette substance est tonique et excitante. Elle entre dans plusieurs préparations compliquées, comme par exemple la Thériaque. Du reste elle est peu employée. (A. R.)

* **OPORANTHUS.** BOT. PHAN. W. Herbert, dans son *Synopsis* de la famille des Amaryllidées (*Botan. Magas.*, vol. LII, n. 2606 *bis*), indique la formation d'un grand nombre de genres, et entre autres de l'*Oporanthus*, qui est ainsi caractérisé : ovaire ovale, comprimé; tube et limbe du périanthe infundibuliformes, dressés; filets des étamines insérés à la même hauteur sur le tube, dressés et connivens. L'auteur n'a pas fait connaître l'espèce sur laquelle il a constitué ce nouveau genre; il dit seulement que c'est une petite Plante à fleur d'un jaune citrin. Au surplus, il l'a placé à la suite de l'*Hippeastrum* et du *Zephyranthes*, qui sont des démembremens du genre *Amaryllis*. (G..N.)

OPOSPERMUM. BOT. CRYPT. Rafinesque a formé sous ce nom un genre qu'il est impossible de reconnaître et dont le type paraît être une Céramiaire des mers de Sicile. (B.)

OPOSSUM. MAM. *V.* DIDELPHE SARIGUE.

* **OPPOSÉ**. *Oppositus*. BOT. On dit des feuilles qu'elles sont opposées, quand elles sont placées deux à deux l'une en face de l'autre à une même hauteur de la tige. Cette expression s'applique également aux stipules, aux bractées, aux rameaux, et en général à tous les organes des Végétaux. On dit des étamines qu'elles sont opposées aux pétales ou aux divisions de la corolle, quand elles sont placées en face de ces pétales ou de ces divisions de la corolle, ce qui est assez rare; les familles des Vignes, des Primulacées, etc., en offrent des exemples. (A. R.)

OPSAGO. BOT. PHAN. Syn. ancien de Coqueret et de Belladone. (B.)

OPSANTHA. BOT. PHAN. (Reneaulme.) Syn. de *Gentiana amarella*. (B.)

* **OPSOPÆA**. BOT. PHAN. Ce genre formé par Necker aux dépens de certaines espèces d'*Helieteres* de Linné, n'a pas été adopté, étant fondé sur des caractères inexacts. (G..N.)

OPULUS. BOT. PHAN. Ce nom donné d'abord à des Érables, s'applique aujourd'hui scientifiquement à une espèce de Viorne. *V*. ce mot. (B.)

OPUNTIA. BOT. PHAN. (Haworth.) *V*. CIERGE.

* **OPUNTIACÉES**. BOT. PHAN. *V*. Nopalées.

OR. MIN. Métal caractérisé par une couleur jaune qui lui est propre, par sa grande malléabilité et une densité considérable. Sa pesanteur spécifique est de 19,13; elle ne le cède qu'à celle du Platine. Il surpasse tous les Métaux par sa ténacité, qui est telle qu'un fil d'un dixième de pouce de diamètre soutient un poids de cinq cents livres sans se rompre. Sa dureté est supérieure à celle de l'Etain et du Plomb; mais elle est moindre que celle du Fer, du Cuivre, de l'Argent et du Platine. Son éclat, inférieur à celui de l'Acier, du Platine et de l'Argent, surpasse l'éclat des autres Métaux ductiles. L'Or est inattaquable par tous les Acides, excepté l'Acide nitro-hydrochlorique ou l'Eau régale, qui a la propriété de le dissoudre; sa solution précipite en pourpre par l'Hydrochlorate d'Etain. Il n'est fusible qu'à une température au-dessus de la chaleur rouge, et n'est point volatil à un feu de forge; le contact de l'air ne l'altère en aucune manière. L'Or n'existe dans la nature qu'à l'état natif ou allié avec une petite quantité de Cuivre, de Fer ou d'Argent qui modifie plus ou moins sa couleur. Quelques minéralogistes considèrent l'alliage d'Or et d'Argent comme une espèce particulière, à laquelle ils donnent le nom d'Electrum. L'Or se montre quelquefois cristallisé régulièrement : les formes qu'il affecte dans ce cas, sont celles du cube, de l'octaèdre, du trapézoèdre, etc. ; il est plus ordinaire de le rencontrer à l'état de dendrites ou de ramifications qui proviennent de petits cristaux implantés les uns dans les autres ; on le trouve également sous la forme de lames planes ou contournées, composant quelquefois des réseaux à la surface de différentes gangues pierreuses; sous la forme de filamens très-déliés ou bien en paillettes, en grains disséminés dans les Sables, ou engagés dans les Pyrites, que pour cette raison on nomme Aurifères. Enfin on le rencontre quelquefois en masses isolées, arrondies, appelées Pépites, et qui sont plus ou moins volumineuses. Le Muséum d'Histoire Naturelle en possède une dont le poids est d'environ cinq hectogrammes ou une livre quatre gros. On a cité des masses d'Or, trouvées dans la province de Quito, en Amérique, dont le poids était d'environ cinquante kilogrammes.

L'Or, considéré sous les rapports géologiques, peut être rapporté à trois sortes de gisemens, dans lesquels il n'est jamais assez abondant pour former à lui seul des filons ou des roches. On ne le trouve que disséminé en petites lamelles, et le plus souvent en particules invisibles, tantôt dans des bancs de Roches quartzeuses appartenant à la période primitive ou intermédiaire ; tantôt dans les filons pierreux ou métallifères, qui traversent les terrains de cette même période ; tantôt enfin, et c'est le cas le plus ordinaire, dans les dépôts arénacés des alluvions modernes, dans les sables des rivières, dans ceux qui contiennent en outre le Platine, le Diamant et d'autres pierres fines, et qui appartiennent au système du grand attérissement diluvien, ou tout au plus à la partie supérieure des terrains tertiaires. On ne connaît point l'Or dans les terrains de sédiment ou secondaires proprement dits.

C'est au Brésil que l'on a trouvé l'Or disséminé dans des couches solides où il est répandu en assez grande quantité. Ces couches, composées de Quartz et de Fer oligiste métalloïde, font la base de l'Itabyrite, formation remarquable par son énorme épaisseur et l'étendue qu'elle occupe. Elles sont souvent mélangées de Chlorite, paraissent se lier au terrain de Micaschiste, et les paillettes d'Or qu'on y rencontre y font en quelque sorte la fonction de Mica. Ces Roches quartzeuses, qui constituent la masse du pic d'Itacolumi, et ont jusqu'à mille pieds d'épaisseur, ont été observées par Eschwege, sur le plateau de Minas-Geraes, près de Villa-Ricca. Elles y sont recouvertes par une brèche ferrugineuse extrêmement aurifère. Ce savant croit pouvoir attribuer à la destruction de ces Roches les dépôts arénacés de ces mêmes contrées dont on retire par le lavage l'Or, le Platine et les Diamans.

On trouve l'Or disséminé dans des filons quartzeux traversant des Roches primitives, à la Gardette en Dauphiné ; au pied du Mont-Rose en Piémont ; au Pérou, dans la province de Pataz et Huailas ; au Mexique, dans la province de Oaxaca ; à la Nouvelle-Grenade, dans la province d'Antioquia. Les Roches que ces filons traversent, sont des Granits, des Gneiss, des Micaschistes,

des Schistes talqueux et argileux, etc. Le Quartz, qui sert de gangue immédiate à l'Or, est ordinairement un Quartz gras. Enfin ce Métal se rencontre aussi, mais toujours comme partie accidentelle, dans les filons métallifères, où il est engagé tantôt dans le minerai métallique, tantôt dans la gangue pierreuse qui l'accompagne : cette gangue pierreuse est un Quartz gras, un Silex corné, ou un Jaspe, du carbonate de Chaux, ou du sulfate de Baryte. Les minerais métalliques, avec lesquels il est le plus fréquemment associé, sont les pyrites de Fer et les minerais d'Argent. Les mines d'Argent du Mexique (Guanaxuato, Zacatecas, Catorce), celles du Pérou (Cerro del Potosi), de la Nouvelle-Grenade ; celles de Hongrie et de Transylvanie (Schemnitz, Kapnick, Felsobanya, etc.) en contiennent une assez grande quantité ; il est moins répandu dans les mines d'Argent de Freyberg, en Saxe ; de Smeof, en Sibérie, dans celles de la Daourie, etc. Les pyrites de Fer, que l'on trouve en beaucoup d'endroits formant des amas ou des filons dans le Granit, dans le Micaschiste et le Talc schistoïde, le renferment en quantité suffisante pour pouvoir être exploitées avec avantage ; telles sont les Pyrites de Macugnaga en Piémont ; celles de Freyberg en Saxe, et de Beresof en Sibérie. L'Or, qui est disséminé imperceptiblement dans ces Pyrites lorsqu'elles sont intactes, devient visible lorsqu'elles se décomposent et se transforment en hydrate de Fer. Enfin l'Or s'associe encore, mais plus rarement, à quelques autres substances métalliques, telles que la Galène, la Blende, le Mispickel, l'Arsenic, le Cobalt gris, le Manganèse carbonaté, l'Antimoine sulfuré et le Tellure. Les filons métallifères qui le contiennent, traversent non-seulement les Roches primitives dont nous avons parlé, mais encore celles du terrain de trachyte en Hongrie, et du terrain de grauwacke en Transylvanie.

Ce n'est point dans les Roches en couches et dans les filons que l'Or est le plus répandu à la surface du globe : la plus grande partie de celui que les travaux d'exploitation fournissent au commerce est disséminé dans les sables ou dans les conglomérats peu solides, formés de gravier et de cailloux roulés qui appartiennent au sol d'alluvion ; c'est ainsi qu'on le rencontre très-abondamment dans l'Amérique du Sud où il est l'objet d'un grand nombre d'exploitations ; on le trouve en grains disséminés dans un Sable quartzeux argilifère, le même que celui qui renferme le Diamant et le Platine, ou dans un Grès quartzeux ferrifère, espèce de Poudingue auquel les Portugais donnent le nom de Cascalho ; au Brésil, dans les capitaineries de Minas-Geraes, de Saint-Paul et de Rio-Janeiro ; à la Nouvelle-Grenade, dans les provinces de Choco, d'Antioquia et de Barbacoas ; au Chili, etc. L'Or existe également dans des dépôts arénacés en Amérique (Caroline du Nord), en Afrique (Kordofan), dans quelques parties de l'Asie méridionale, en Sibérie (au pied des monts Ourals) ; en Europe (Hongrie, Transylvanie, Espagne, Iles-Britanniques) ; on le trouve enfin dans le sable des rivières, et l'on sait que leurs eaux ont souvent la propriété de charier des paillettes d'Or ; telles sont, parmi les rivières de France, le Rhône, l'Arriège, le Doubs, le Rhin aux environs de Strasbourg, la Garonne près de Toulouse, l'Hérault près de Montpellier, etc. Il y a des hommes dont l'unique occupation est de recueillir cet Or, et que pour cette raison on nomme *orpailleurs* ou *paillotteurs*. Il paraît que les anciens tiraient une grande partie de leur Or des rivières aurifères de la Thrace et de la Lydie : on sait que le Pactole jouissait d'une grande célébrité à cet égard ; quelques-unes de ces rivières roulaient des paillettes d'Or en si grande abondance, que les habitans du pays employaient pour les recueillir un procédé particulier :

ils plongeaient dans les eaux du fleuve des peaux de brebis recouvertes de leur laine dont les filamens arrêtaient et retenaient les particules métalliques, et au bout d'un certain temps ils les retiraient toutes chargées d'une multitude de paillettes. Il est probable que c'est un fait de ce genre qui a donné naissance à la fable de la Toison-d'Or.

Quelques minéralogistes ont pensé que l'Or des rivières était arraché par leurs eaux aux filons et aux roches des pays montueux d'où elles descendent, et on a même cherché à remonter à la source des ruisseaux aurifères pour y découvrir ces prétendus filons, qui devaient fournir tout l'Or des terrains d'alluvion des plaines ; mais cette idée n'a pu venir dans l'esprit de ces minéralogistes, que parce qu'ils n'avaient point observé la constitution de ces terrains qui encaissent le cours des rivières aurifères et la marche de ces transports de paillettes. On est d'accord aujourd'hui sur leur origine, sans pouvoir toutefois assigner le gisement primitif de ces particules d'Or ; il est bien démontré que l'Or des rivières appartient aux terrains mêmes qui sont traversés et lavés par leurs eaux ; et qu'ainsi il n'a pu provenir que des roches qui, par leur décomposition et le transport de leurs élémens, ont donné naissance au sol d'alluvion dans des temps antérieurs à l'ordre de choses actuel. On peut citer à l'appui de cette opinion, les observations suivantes : le sol des plaines, traversé par les rivières aurifères, contient des grains et des pépites d'Or à une certaine profondeur, et à une distance assez considérable des cours d'eaux ; le lit des rivières contient plus d'Or après les orages tombés sur les plaines environnantes que dans toute autre circonstance ; enfin il arrive que certaines rivières ne charient de l'Or que dans une partie très-circonscrite de leur cours ; par exemple, le Tésin ne donne de l'Or qu'au-dessous du lac Majeur ; le Rhin en fournit beaucoup plus du côté de Strasbourg qu'aux environs de Bâle qui est cependant moins distant des lieux où ce fleuve prend sa source.

Les lieux les plus célèbres, d'où les anciens tiraient l'Or qu'ils employaient avec tant de profusion dans beaucoup de circonstances, sont l'Inde, la Thrace, la Macédoine, les environs du Caucase, l'Arabie, le Portugal et l'Espagne. Au lieu de se borner à suivre les filons aurifères, comme on le fait maintenant, ils attaquaient des rochers entiers, faisaient écrouler des pans de montagnes, et en lavaient les débris avec des courans d'eau amenés à grands frais : ils recueillaient aussi avec beaucoup de soin l'Or des terrains d'alluvion qui était même la principale source de leurs richesses. Au rapport d'Hérodote, les trésors de Crésus, ce roi de Lydie si renommé pour son opulence, n'étaient composés que de parcelles d'Or amoncelées dans ses palais. Ce prince permit un jour à Alembon, auquel il faisait voir ces immenses richesses, de prendre tout l'Or qu'il pourrait emporter; celui-ci se jeta aussitôt sur un tas de paillettes, et en remplit ses bottines, ses vêtemens et sa bouche.

De nos jours, les mines les plus célèbres sont celles du Nouveau-Monde, parmi lesquelles on distingue particulièrement celles de Jaragua au Brésil, dans la capitainerie de Saint-Paul, et les lavages de Minas-Geraes aux environs de Villa-Ricca; les mines du Chili et de la Nouvelle-Grenade; celles du Pérou et du Mexique, aujourd'hui bien inférieures aux mines du Brésil et du Chili. On estime le produit total annuel des mines et lavages d'Or de l'Amérique à 17,291 kilogrammes d'Or fin, ayant une valeur de 59,582,694 fr., dont le Brésil à lui seul fournit 24 millions. En Afrique on ne connaît que des lavages d'Or qui sont très-productifs, principalement ceux du Kordofan, partie de la Nubie entre le Darfour et l'Abyssinie; ceux de la Nigritie et du royaume de Bambouck en

Ethiopie; ceux de Sofala ou Sophira, peut-être l'Ophir de Salomon. L'Asie méridionale contient aussi beaucoup de sables aurifères, et la plus grande partie de l'Or de la Chine se recueille également dans le lit des rivières et des torrens. En Sibérie, on peut citer une véritable mine d'Or à Beresof, où ce Minéral précieux est disséminé dans des Pyrites ferrugineuses; on y connaît aussi des sables aurifères extrêmement riches sur le côté oriental des monts Ourals, depuis la source de la rivière de ce nom jusqu'à Verkhoturie. L'Or s'y rencontre quelquefois en pépites d'une grosseur remarquable. L'existence de l'Or, en assez grande abondance dans les régions hyperboréennes, détruit complétement l'opinion accréditée parmi le vulgaire et appuyée par quelques noms célèbres, que le climat a eu de l'influence sur la création de ce Métal dont la patrie est entre les Tropiques. Il y a peu d'années que Patrin écrivait encore : « La Nature a décoré la terre d'une ceinture dorée, parsemée de Diamans et de Pierres précieuses : il ne faut pas moins que la toute-puissance des rayons perpendiculaires du soleil pour former ces belles productions du règne minéral; aussi les trouve-t-on presqu'à la surface du globe. »

L'Or est aussi très-répandu en Europe; mais il est peu de mines exploitées autrefois avec avantage qui aient pu soutenir la concurrence avec celles du Nouveau-Monde; car l'Or ayant perdu beaucoup de sa valeur, à l'époque de la découverte de l'Amérique, il n'a plus été possible d'exploiter d'une manière lucrative un grand nombre de sables et de filons aurifères dont le produit ne couvrait plus la dépense du travail. Les mines d'Europe sont presque réduites aujourd'hui à celles qu'on exploite en Hongrie et en Transylvanie, principalement à Schemnitz et Kremnitz, à Felsöbanya et Zalathna. Les mines anciennement exploitées en Espagne, ont été abandonnées lors de la conquête du Pérou : en France, il n'existe aucune mine susceptible d'exploitation ; on connaît cependant à la Gardette, dans le département de l'Isère, un filon aurifère traversant le Gneiss qui, pendant quelque temps, a donné aux mineurs de belles espérances; mais il s'est appauvri à une faible profondeur, et on a été forcé de l'abandonner.

Le traitement métallurgique des minerais, dans lesquels l'Or est apparent, consiste à l'amalgamer avec le Mercure, pour lequel il a une grande affinité, après avoir fait subir aux minerais quelques préparations mécaniques; on enlève ensuite le Mercure par la distillation, et l'on obtient l'Or pur ou allié avec quelques autres substances métalliques dont on le sépare en traitant l'alliage par l'Acide nitrique qui dissout tous les Métaux étrangers. Quant à l'Or extrait par le lavage des terrains meubles, il n'exige d'autre opération que celle de le fondre pour le mettre en lingots.

La quantité d'Or, qui entre annuellement dans le commerce, peut être évaluée à environ 440 quintaux dont la valeur absolue est de 74 millions; celle de l'Argent est beaucoup plus considérable, elle s'élève à 17,806 quintaux dont la valeur peut être estimée à 192 millions. Ces quantités d'Or et d'Argent sont à peu près entre elles dans le rapport de 1 à 52; les valeurs relatives des deux Métaux sont seulement entre elles comme 1 est à 15; cette différence provient de ce que l'Or étant beaucoup moins employé que l'Argent, les demandes qu'on en fait sont moins nombreuses, et son prix réel est au-dessous de celui qu'il devrait avoir, s'il suivait le rapport de sa quantité.

L'Or est un Métal si connu, qu'il serait superflu d'entrer dans le détail des nombreuses applications que l'on en fait aux besoins et aux agrémens de la vie. Tout le monde sait qu'il est devenu la base de toutes les transactions, qu'il est le signe le plus précieux de toutes nos autres richesses, et qu'il a été de tout temps le symbole de ce qui occupe le premier rang dans l'estime des Hommes. Le prix que l'on attache à ce Métal, ne dépend pas seulement de sa rareté ; il tient aux qualités qui le distinguent éminemment. L'Or est de tous les Métaux celui qui a la plus belle couleur ; il est le plus ductile, et celui qui se prête le plus aisément à tout ce qu'on veut en faire : par cette propriété, on est parvenu à suppléer à sa rareté en l'étendant sur les surfaces des autres corps en couches d'une épaisseur presque infiniment petite. À l'abri, par son inaltérabilité des injures de l'air, il sert à en préserver les matières sur lesquelles on l'applique. Avant qu'on eût inventé l'art de couler et de frapper l'Or, il servait déjà de monnaie, et l'on payait avec de l'Or en poudre où tel qu'il se trouve dans les sables : c'est même encore sous cette forme que les peuples sauvages de l'Afrique l'emploient pour trafiquer entre eux ou avec les Européens.

L'Or pur étant l'un des Métaux les plus tendres, on est dans l'usage de l'allier avec une petite quantité de Cuivre ou d'Argent, pour augmenter sa dureté ou lui donner plus de consistance. La présence de l'Argent lui communique une teinte d'un jaune verdâtre moins foncé, tandis que le Cuivre exalte sa couleur et la fait passer au jaune rougeâtre. Comme il importe que l'on connaisse la juste proportion de l'alliage contenu dans l'Or qui circule dans le commerce, les lois et ordonnances ont fixé, dans chaque Etat, la quantité de Métal étranger qu'on peut introduire dans l'Or ; c'est là ce qui détermine le titre avoué de chaque pays, et qui est garanti par le contrôle ou l'empreinte du poinçon apposée sur les bijoux que l'on a préalablement essayés. Quant aux monnaies d'Or, elles portent leur garantie avec elles-mêmes, leur titre étant réglé par les lois du pays dans lequel elles ont été frappées. On évaluait anciennement en France le titre de l'Or en karats ou en vingt-quatrièmes de son poids ; aujourd'hui, il s'exprime en millièmes ; la monnaie d'Or est au titre de neuf cents millièmes, c'est-à-dire qu'elle contient un dixième d'alliage et neuf dixièmes de Métal pur ; l'Or des bijoux est au titre de huit cent trente-trois millièmes.

On donne le nom de *Pierre de touche* à diverses substances minérales à texture compacte et de couleur noire ; on peut les employer pour s'assurer non-seulement si un objet est d'Or, mais encore à quel titre il peut être (*V.* PIERRE DE TOUCHE). Lorsqu'on veut essayer un lingot, on le fait passer avec frottement sur une face unie de la pierre, de manière qu'il y laisse une trace métallique ; on passe ensuite de l'eau forte sur cette trace avec la barbe d'une plume ; on remarque le changement qui s'opère dans la trace ; et l'on juge de la quantité d'alliage par le degré d'altération qu'elle a subie : Cette épreuve exige beaucoup d'habitude.

L'art de la dorure est fondé sur la propriété dont jouit le Mercure de s'amalgamer avec l'Or, et de se volatiliser au feu, en abandonnant l'Or qui adhère fortement au Métal sur lequel on a étendu l'amalgame. C'est ainsi que l'on dore à chaud l'Argent qui, dans cet état, prend le nom de Vermeil. Quant à la dorure des matières qui ne peuvent soutenir l'action du feu, telles que le Plomb et le bois, elle se pratique en fixant à leur surface, au moyen d'un mucilage, des feuilles d'Or excessivement minces.

OR ARGENTAL ou ELECTRUM, alliage naturel d'Or et d'Argent que l'on trouve en Transylvanie et dans la mine d'Argent de Zmeof en Sibérie. Suivant Klaproth, il est formé de soixante-quatre parties d'Or et de trente-six d'Argent.

OR DE CHAT. *V.* MICA JAUNE MÉTALLOÏDE.

OR DE NAGYAG. *V.* TELLURE AURO-PLUMBIFÈRE.

OR GRAPHIQUE. *V.* TELLURE AURO-ARGENTIFÈRE.

OR MUSSIF NATIF. *V.* ÉTAIN SULFURÉ.
(G. DEL.)

OR. CHIM. INORG. Les caractères, les propriétés physiques, le gissement, et les usages de l'Or, viennent d'être exposés avec tous les détails que comporte la nature de notre Dictionnaire. Afin de compléter les notions que réclame une substance qui excite à un aussi haut degré l'intérêt général, il nous semble nécessaire d'ajouter, à la suite de son histoire minéralogique et géologique, ce que l'Or offre de plus important dans son histoire chimique, c'est-à-dire d'examiner l'action que certains corps exercent sur lui et les principaux produits de cette action.

En disant que l'Or a la propriété de résister à l'action des agens atmosphériques, c'est exprimer qu'il n'est pas susceptible de se combiner à l'Oxigène dans les circonstances ordinaires, même lorsque la présence de l'Eau pourrait en favoriser la combinaison. Cependant Van-Marum et Guyton-Morveau ont avancé que l'Or soumis à une forte décharge électrique au milieu de l'air, absorbe de l'Oxigène et se convertit en une poudre de couleur pourpre.

On parvient, par des moyens chimiques, à oxider l'Or et à produire des Oxides qui, selon Berzélius, sont au nombre de trois ; Proust n'en reconnaissait qu'un seul. Le protoxide d'Or contient, sur 100 parties ; Or, 96, 13 ; Oxigène 3, 87. On l'obtient en traitant par l'eau de Potasse le Chlorure d'Or qui a été exposé à une chaleur suffisante pour en chasser une partie du Chlore. Cet Oxide est vert, réductible par la chaleur et incapable de s'unir aux Acides.

Le deutoxide d'Or se compose, d'après Berzélius, de métal 92, 55, et d'Oxigène 7, 45 ; total 100. Tous les chimistes n'admettent pas l'existence de cet Oxide, et le regardent comme un état particulier de l'Or, dépendant de la division de ses molécules, et sous l'influence duquel il prend un aspect purpurin ; ainsi,

17

par exemple, l'Or devient pourpre, quand il est soumis à une décharge électrique, ou chauffé avec des matières terreuses, lorsque son peroxide ou son Chlorure est étendu sur des matières organiques, telles que la corne et l'écaille; enfin lorsque son Chlorure est mis en contact avec une dissolution de protochlorure d'Etain. Dans ce dernier cas on obtient un produit fort remarquable et célèbre dès l'époque des alchimistes, sous le nom de *Pourpre de Cassius*. Proust, auquel on doit une bonne analyse et une étude spéciale de cette substance, la regardait comme composée de peroxide d'Etain et d'Or métallique. Berzélius, au contraire, fait jouer au peroxide d'Etain le rôle d'Acide (*A. stannique*) par rapport au deutoxide d'Or avec lequel il formerait, d'après cette opinion, un sel métallique (Stannate d'Or). Ces deux théories ont chacune leurs partisans qui les défendent avec un succès à peu près égal, car on peut, à l'aide de l'une et de l'autre, expliquer d'une manière satisfaisante tous les phénomènes que présente le Pourpre de Cassius. Pour préparer celui-ci, on met dans de l'eau du protochlorure d'Etain, ou, ce qui réussit mieux, du Nitrate de protoxide d'Etain; puis on y verse du Chlorure d'Or étendu; on agite le mélange, et on voit bientôt des flocons d'un beau pourpre qui se précipitent. On rassemble ces flocons et on les lave avec de l'eau distillée. La liqueur d'où l'on a précipité ces flocons retient quelquefois et lorsqu'il y a un excès d'Acide, de l'Or dont on détermine la précipitation en pourpre par l'addition d'un peu de Potasse, ou même de quelques gouttes d'une solution d'un sel neutre, tel que du sulfate de Potasse. Il faut aussi avoir soin que la solution d'Etain ne soit ni en excès ni très-concentrée; autrement on obtiendrait de l'Or métallique très-divisé, mais qui ne serait pas le Pourpre de Cassius. Celui-ci, lorsqu'il est en flocons gélatineux, a une belle couleur purpurine;

il se dissout alors dans l'Ammoniaque, et sa solution se trouble par la chaleur; quand il est desséché, il présente l'éclat de certaines lacques, et sa couleur est le pourpre noir. Il est insoluble dans l'eau; soumis à l'action de l'Acide hydrochlorique bouillant, il abandonne à celui-ci une partie du peroxide d'Etain, et il reste de l'or métallique. L'Acide nitrique bouillant ne lui enlève qu'une très-petite quantité d'Oxides d'Or et d'Etain; enfin l'Acide sulfurique avive sa couleur en dissolvant un peu d'Oxide d'Etain. Le Pourpre de Cassius est la base des couleurs vitrifiables qui donnent le rose, le pourpre et le violet; aussi est-il employé avec beaucoup de succès dans la peinture sur Porcelaine, et dans la coloration des émaux.

Le peroxide d'Or contient sur 100 parties : Or, 86, 23; Oxigène 10, 77. Comme il paraît remplir le rôle d'Acide relativement à quelques alcalis, tels que la Potasse et l'Ammoniaque, puisqu'il se combine avec ces corps et les neutralise en partie, quelques chimistes lui ont donné le nom d'*Acide orique*. Pour le préparer, on met du Chlorure d'Or en contact avec un excès de lait de Magnésie ou d'Oxide de Zinc; il y a production d'hydrochlorate de Magnésie ou de Zinc, qui reste en solution, et de peroxide d'Or qui se précipite, ou d'Oxide de Zinc uni à une petite quantité de Magnésie, et qui se mélange avec l'excès de ces bases salifiables. On enlève celles-ci par l'Acide nitrique qui les dissout, et on obtient le peroxide d'Or à l'état de pureté, en le lavant avec de l'eau. Ce corps est d'un jaune brun à l'état sec, et d'une couleur plus pâle quand il est floconneux. Il se décompose avec la plus grande facilité par son exposition, soit à la lumière, soit à une légère chaleur. Il se dissout en très-faible proportion dans l'eau, à laquelle il communique une saveur légèrement astringente. Les Acides concentrés se comportent diversement avec lui. Les Acides nitrique et sulfurique n'en dissolvent qu'une faible quantité qui se précipite de nouveau par l'affusion de l'eau. Pour qu'il se produise quelque action, il est nécessaire de les employer concentrés et bouillans. L'Acide hydrochlorique, au contraire, le dissout complétement, en donnant naissance à de l'Eau et à du Chlorure d'Or. Les Acides nitreux, sulfureux, phosphoreux, etc., lui enlèvent son Oxigène, et le réduisent à l'état métallique. Il s'unit facilement à la Potasse et à l'Ammoniaque. Dissous dans une solution concentrée du premier de ces Alcalis, il forme une combinaison incristallisable, alcaline, non susceptible d'être altérée par l'addition de l'Eau, combinaison que l'on considère comme un Sel nommé Orate de Potasse. En arrosant d'Ammoniaque le peroxide d'Or, on obtient l'Orate d'Ammoniaque vulgairement appelé *Or fulminant*. Mais cette dangereuse préparation s'obtient avec plus d'économie et de facilité en versant de l'Ammoniaque dans une solution étendue de Chlorure d'Or, et en ayant soin de ne pas mettre un excès d'Alcali, de peur qu'il ne redissolve une portion de l'Or fulminant qui se précipite par la première affusion. Après avoir lavé celui-ci et l'avoir convenablement desséché, on le conserve dans un bocal en le recouvrant simplement d'un papier, et non en l'introduisant dans un flacon bouché à l'émeril ou au liége, car la moindre portion d'Or fulminant qui adhérerait au col du flacon et qui serait frottée par le bouchon, suffirait pour produire une détonation dont on n'a malheureusement que trop d'exemples. Cette détonation est due à la réaction subite des élémens de l'Orate d'Ammoniaque, de laquelle résultent des substances éminemment expansives, telles que de l'Eau en vapeur et du gaz Azote. Le résidu fixe est de l'Or métallique.

L'Or est susceptible de se combiner immédiatement avec le Chlore à l'aide de la chaleur, et il peut se dissoudre dans l'Eau chargée de Chlore. On obtient ainsi un Chlorure d'Or; mais ce n'est point le procédé que l'on suit pour la préparation de ce composé. Il est facile de s'en procurer par le moyen suivant : on dissout l'Or dans l'Eau régale ou Acide nitro-hydrochlorique, et on évapore doucement la solution jusqu'à siccité. Si l'on veut avoir le Chlorure cristallisé, il faut faire chauffer la solution dans une petite cornue jusqu'à un point de concentration convenable, et laisser refroidir lentement la liqueur. Le Chlorure cristallise en lames ou en aiguilles jaunes qui sont tellement solubles qu'en été ils se redissolvent dans leur eau mère, pendant le jour, et qu'ils reparaissent le soir. L'Alcohol et l'Ether dissolvent aussi facilement le Chlorure d'Or, sans en altérer la composition. Les solutions sont d'un jaune plus ou moins foncé. Baumé a proposé l'usage de la dissolution éthérée pour dorer les pièces d'horlogerie, et d'autres ont conseillé de s'en servir pour produire des dessins d'Or sur l'Acier; mais ces procédés n'ont point réussi à Proust qui a essayé de les faire revivre. Les Acides, soit volatils soit fixes, où l'Oxigène est en forte proportion, tels que les Acides sulfurique, phosphorique, etc., n'ont point d'action sur le Chlorure d'Or, au moins à une basse température. Les Acides qui n'ont qu'une faible proportion d'Oxigène, comme les Acides sulfureux, phosphoreux, etc., décomposent au contraire le Chlorure d'Or, dissous dans l'Eau; l'Hydrogène de ce liquide se porte sur le Chlore, son Oxigène s'ajoute à celui de l'Acide pour en former un Acide plus oxigéné, et l'Or métallique se précipite. Les Sels à base de protoxide de Fer, dissous dans l'Eau, agissent de même sur le Chlorure d'Or; il y a également décomposition de l'Eau, formation d'Acide hydrochlorique par la combinaison de son Hydrogène avec le Chlore; addition de l'Oxigène à celui du protoxide de Fer qui se charge en peroxide; et l'Or métallique dégagé de son Chlore se précipite. Si l'on verse de la Potasse, de la Soude, ou tout autre Oxide métallique de la classe des anciens Alcalis, dans une solution aqueuse de Chlorure d'Or, on obtient un précipité d'Oxide d'Or hydraté, parce que l'Oxigène de l'Eau se combine avec l'Or métallique qui cède le Chlore à l'Hydrogène pour former de l'Acide hydrochlorique et conséquemment un Hydrochlorate avec l'Alcali. Le Chlorure d'Or est décomposé par quelques Sels à base de Mercure et d'Argent; le Chlore se combine avec ces divers Métaux, et l'Or se précipite tantôt à l'état métallique, tantôt à l'état d'Oxide.

Avec le Chlorure de Potassium ou de Sodium, le Chlorure d'Or forme un Sel double qui offre de beaux Cristaux d'un beau jaune d'Or lorsqu'ils sont hydratés, et d'un jaune clair, lorsqu'ils ont perdu leur Eau de cristallisation. Ce Sel double a beaucoup plus de fixité que le Chlorure d'Or simple, car il n'abandonne le Chlore qu'à une température assez élevée pour faire fondre le vase de verre dans lequel on le chauffe. En exposant avec précaution à la chaleur le Chlorure d'Or simple, on le réduit d'abord à l'état de Protochlorure, lequel se résout par une plus forte chaleur en Chlore et en Or.

Le Chlorure d'Or et le Sel à double base dont nous venons de faire mention, ont été proposés par le docteur Chrétien, de Montpellier, dans le traitement des maladies syphilitiques. On les administre à de très-petites doses, en frictions sur la langue.

Pelletier a obtenu un Iodure d'Or en faisant bouillir de l'Or très-divisé avec de l'Acide hydriodique dans lequel il avait ajouté de l'Acide nitrique pour en faire de l'Acide hydriodique ioduré. La liqueur a déposé en refroidissant de l'Iodure d'Or sous forme de poudre cristalline. D'autres procédés ont encore été suivis pour obtenir cet iodure qui d'ailleurs n'a point d'usage, et sur lequel par conséquent nous ne croyons pas nécessaire d'insister.

L'Or se combine au Soufre et donne naissance à un Sulfure qui est d'un noir bleuâtre. On l'obtient en faisant passer un courant d'Acide hydrosulfurique dans une solution de Chlorure d'Or. Ce sulfure est dissous par les hydrosulfates. Stahl nommait *Or potable*, la dissolution d'Or que l'on préparait en faisant bouillir ensemble de l'Or, du Soufre et de l'Eau de Potasse. On a dit que Moïse s'était servi d'un procédé analogue pour faire avaler le Veau d'Or aux Israélites. Cette explication physique d'un fait, qui sort de la catégorie des faits naturels et historiques, ne saurait être admise; car si Moïse fut aussi bon chimiste qu'on veut nous le faire croire, il était, d'un autre côté, législateur et homme d'Etat trop habile pour faire prendre des poisons très-violens, comme sont la plupart des préparations métalliques, au plus mutin et au plus incorrigible de tous les peuples.

Un Phosphure d'Or, d'un blanc jaunâtre, et sous forme cristalline a été obtenu par Pelletier en chauffant au rouge 8 parties d'Or en poudre, 16 parties d'Acide phosphorique vitreux et une partie de charbon en poudre; le tout bien mélangé était recouvert, dans un creuset, d'une couche de poussière de charbon.

Avec la plupart des Métaux, l'Or forme des alliages qui le rendent en général plus dur et plus cassant, et qui donnent à sa couleur des tons très-diversifiés ou qui la changent complétement. L'Arsenic et surtout l'Antimoine lui enlèvent sa ductilité. L'alliage de Cuivre et d'Or est plus dur, plus foncé en couleur et plus sonore que l'Or; il est ductile et employé pour la soudure des bijoux. L'Argent forme avec l'Or un alliage blanc, plus fusible, plus sonore que l'Or, et employé pour le souder. L'Or des monnaies est allié de Cuivre et quelquefois de Cuivre et d'Argent. Le Bismuth, le Plomb, le Zinc et le Fer alliés en petite proportion à l'Or, lui communiquent des teintes variées, et forment des alliages non ductiles. L'alliage à parties égales de

Zinc et d'Or est blanc, très-dur, susceptible de recevoir un beau poli, peu altérable à l'air. On l'a proposé pour fabriquer des miroirs de télescope.

On a vu plus haut que le traitement métallurgique des Minerais dans lesquels l'Or est apparent, se fonde principalement sur la grande affinité de l'Or et du Mercure; il en résulte un amalgame dont le Mercure est facile à séparer par la distillation. À l'article MERCURE, nous avons parlé de l'amalgame d'Or usité pour la dorure, et de son mode de préparation.   (G..N.)

ORAGE. *V.* MÉTÉORES.

ORAN-BLEU. ois. Espèce du genre Merle. *V.* ce mot.   (DR..Z.)

ORANG. mam. Lorsque l'ordre alphabétique appela dans ce Dictionnaire le mot GIBBON, Isidore Geoffroy Saint-Hilaire, qui, dans cet ouvrage, traite aujourd'hui avec tant de lucidité la Mammalogie, ne nous prêtait pas encore sa précieuse collaboration, et ce qui concerne les espèces de ce genre ayant été négligé, nous avons été contraint d'en renvoyer l'histoire au présent article, qui devient conséquemment un supplément indispensable à celui où se trouve traité le mot BIMANES. On croyait naguère que ces Gibbons étaient congénères de ce qu'on appelait l'Homme des bois, on les repoussait avec celui-ci parmi les Singes; et Geoffroy Saint-Hilaire, qui en instituant l'ordre des Quadrumanes y introduisit des coupes génériques assez nombreuses, et savamment caractérisées (Magasin Encyclopédique, T. III, 1795), réunit tous ces Animaux dans le genre ORANG, *Simia;* il en établit ainsi les caractères : museau court; angle facial de 60 degrés; tête arrondie; quatre ou cinq dents molaires; point de queue, ni abajoues. Geoffroy Saint-Hilaire admettait que des Singes à fesses calleuses pussent y entrer. L'évaluation de l'angle facial n'était pas tout-à-fait exacte

ainsi qu'on le verra par la suite, et quant à l'importance de ce caractère, elle nous paraît ne devoir pas être aussi considérable que l'ont supposé ceux qui inventèrent cette façon de mesurer le degré d'intelligence chez les Animaux; elle varie d'un individu à l'autre et dans le même selon les âges. Il suffit d'une promenade aux catacombes de la rue d'Enfer, pour se convaincre de la variation prodigieuse que cet angle facial éprouve même d'un homme à un autre. On ne trouvera pas dix têtes de morts dans ce vaste charnier, qui soient en tout semblables, et quand nous avons examiné assez attentivement, à l'aide d'un goniomètre approprié, beaucoup de ces têtes parisiennes accumulées sous le sol de Mont-Rouge et du faubourg Saint-Germain, nous avons été tenté de nous croire dans une de ces collections où, comme chez Blumenbach, on avait réuni des crânes de toutes les espèces, de toutes les races et de toutes les peuplades humaines; nous y avons même vu des boîtes osseuses qui présentaient d'étranges rapports avec des têtes de Singes, et nous engageons les personnes qui s'occupent de crânologie, à faire le même voyage souterrain; elles y apprendront combien il est dangereux de trop préciser les mesures des proportions osseuses de la face dans l'établissement des espèces de Bimanes.

Cuvier, dans son Règne Animal (1817), en consacrant l'ordre des Quadrumanes, n'y admit que deux genres, celui des Singes, et le Makis déjà érigé en famille des Lémuriens par Desmarest. Pour ce naturaliste, il y eut moins de distance anatomique entre l'Homme et le Troglodyte, qu'entre ce dernier et un Ouistiti! L'Orang, ainsi que le plus pétulant des Magots, et le lubrique Cynocéphale, subit le nom de *Simia,* qui fut même réservé au sous-genre dont cet Orang faisait partie, comme si la plus raisonnable des créatures après celle qui se prétend raisonnable par dessus tous les autres, n'eût été que le Singe par excellence. Cependant ce nom de Singe emporte avec lui une idée d'irréflexion, d'impudicité, d'animalité burlesque, qui n'est pas celle que l'observation doit donner des Orangs, tellement rapprochés des Hommes par leur conformation, par leur humeur, tranchons le mot, par certains penchans moraux, qu'on se trouve réduit, pour les en séparer, à des considérations tirées d'un doigt des pieds. Il nous semble pourtant qu'un doigt un peu différent est bien peu de chose en comparaison d'un encéphale presqu'en tout pareil. Quoi qu'il en soit, le sous-genre Orang fut caractérisé de la sorte : museau très-peu proéminent ; angle facial de 65 degrés ; sans aucune queue ; un os hyoïde ; le foie et le cœcum ressemblant à ceux de l'Homme ; quelques-uns ont les bras assez longs pour atteindre à terre quand ils sont debout. Les espèces d'Orang furent l'Orang-Outang, *Simia Satyrus*, L., le Gibbon noir, *Simia Lar*, le Gibbon cendré ou Wouwou, *Simia leucisca* ou *Moloch*, le Chimpansé, *Simia Troglodytes*. Une telle classification devint bientôt insuffisante, et Geoffroy Saint-Hilaire retouchant sa méthode simiologique, en publia une beaucoup plus parfaite dans le Tome XIX des Annales du Muséum. Les deux genres de Cuvier y furent convertis en deux grandes familles, celle des Singes et celle des Lémuriens ; la première se divise en deux tribus, appelées des Catarrhinins pour les espèces de l'ancien continent, et des Plathyrrhinins pour celles du Nouveau-Monde. Les Singes sans queue ouvrirent la marche ; ceux que l'auteur avait d'abord confondus sous le nom commun d'Orangs, se trouvent répartis en trois genres nouveaux.

1°. TROGLODYTE , *Troglodytes :* museau court ; front fuyant en arrière et se prolongeant au-dessus des yeux au moyen d'une forte saillie des bords orbitaires ; angle facial de 50 degrés sans y comprendre la crête sourcilière ; oreilles assez grandes de forme humaine ; bras courts et atteignant le bas des cuisses ; mains larges et courtes ; pouce très-reculé ; canines excédant à peine les incisives, dont elles sont, en bas et en haut, très-rapprochées ; point d'abajoues. Le Chimpansé, *Troglodytes niger*, est la seule espèce connue de ce genre.

2°. ORANG , *Pithecus :* museau court ; tête sphéroïdale ; front avancé ; oreilles moyennes et de forme humaine ; bras excessivement longs et atteignant les malléoles ; mains étroites et allongées ; pouces très-reculés ; canines excédant à peine les incisives dont elles sont, en haut et en bas, très-rapprochées ; point d'abajoues. L'Orang-Outang, *Pithecus Satyrus*, le Gibbon, *Pithecus Lar*, l'Orang varié, *Pithecus variegatus*, et le Wouwou, *Pithecus leuciscus*, étaient les espèces de ce genre.

3°. PONGO , *Pongo :* museau très-long ; front très-reculé ; angle facial de 30 degrés ; angle palatin de 20 ; bras excessivement longs et atteignant les malléoles ; canines très-longues ; crêtes osseuses à l'occiput et sur les sutures sagittales et coronales ; apophyses épineuses des vertèbres cervicales plus longues du double que celles des vertèbres dorsales ; peut-être des abajoues, et des callosités. Geoffroy n'admet dans ce genre qu'une espèce décrite par Wurmb , *Pongo Wurmbii*, et qu'on soupçonne aujourd'hui n'en pas être une, à plus forte raison qui ne peut servir de type à un genre, et qui paraît être fondée sur la description d'un Orang roux adulte.

Ces Orangs, ces Gibbons, ces Pongos ont de commun le système dentaire, le même que chez l'Homme et dans lequel on n'aperçoit de différences que par le résultat d'une seconde dentition et de l'âge qui détermine chez les Orangs comme chez nous des modifications considérables dans le système osseux relativement à la tête surtout. Ils ont encore de commun l'absence totale de queue et d'abajoues ; l'ouverture de l'angle facial, lequel est toujours plus considérable qu'il ne l'est dans les Singes, et qui dans les jeunes surtout s'éloigne peu de la mesure du même angle dans les dernières espèces du genre Homme; un estomac semblable au nôtre, ainsi que les intestins et le cœcum avec son appendice vermiculaire; un foie composé de deux lobes; un os hyoïde pareillement conformé; à quelques vertèbres près dont le nombre varie un peu, les mêmes pièces dans ce squelette et presque de même forme; la cloison des narines étroite, et les narines ouvertes au-dessous du nez dont les os, comme chez le Hottentot, sont soudés avant même la chute des dents de lait; l'axe de vision parallèle au plan des os maxillaires; des ongles plats à tous les doigts; un mollet prononcé formé par de puissans muscles jumeaux; la tête arrondie, enfin un véritable visage. Un flux périodique a lieu chez les femelles qui portent long-temps un seul ou rarement deux petits auxquels les attache l'amour le plus tendre et que les mères élèvent soigneusement. Mais en poussant plus loin l'examen, les Gibbons s'éloignent bientôt des Orangs pour descendre à un degré d'infériorité fort notable, et l'animalité s'y prononce par des callosités sur les fesses, callosités qui rapprochent les Gibbons des Singes les plus dégradés. On peut donc considérer les Gibbons comme l'essai par lequel la puissance créatrice, parvenant au terme le plus élevé de ses admirables conceptions, voulut redresser sur deux pieds des Mammifères dont l'essence paraissait avoir été de marcher sur quatre, depuis que Cétacés, ils n'étaient plus réduits à nager dans les mers. Ainsi la nature procéda par les Gibbons pour passer de la forme de Quadrupède à celle dont l'Homme se glorifie, parce qu'on lit quelque part qu'il fut fait à l'image de Dieu.

Les Gibbons, par un plus grand nombre de caractères physiques, rapprochés du vulgaire des Animaux, sont aussi beaucoup moins intelligens que les Orangs, où les bras se raccourcissent et deviennent presque semblables aux nôtres; dans la première des espèces du genre au moins, laquelle nous est conséquemment la plus ressemblante. Cependant après un examen anatomique approfondi on ne pourra guère se résoudre à n'y voir que des Singes. Il faut admettre ces Gibbons à la suite des Orangs, mais encore assez près de l'Homme, au nombre des Bimanes, famille qui nous semble devoir être composée et caractérisée ainsi qu'on va le voir. Cette famille de Bimanes sera pour nous la première de l'ordre des Anthropomorphes, c'est-à-dire des Mammifères digités et munis d'ongles plats en tout ou en partie; à boîte cérébrale approchant le plus de la forme sphérique; à dents de trois sortes: *incisives*, aplaties, tranchantes; *canines*, en coin; *molaires*, couronnées et tuberculeuses; à estomac simple; à mamelles pectorales; à pénis et testicules pendans extérieurement; à clavicules parfaites; où les bras et les jambes sont articulés de manière à pouvoir exécuter des mouvemens de pronation et de supination plus ou moins complets; ayant enfin les pieds portant sur une plante. Les Bimanes seront distingués des Singes et des Lémuriens qui sont les deux autres familles de l'ordre, par l'absence d'une queue; par les extrémités antérieures exclusivement destinées à la préhension tandis que dans les postérieures destinées à la préambulation, le talon porte ordinairement sur le sol; par l'angle facial beaucoup plus ouvert; par des mollets très-évidens à cause du développement des deux muscles appelés jumeaux; par une rotule faite de façon à s'opposer à la marche sur quatre pates proprement dites; par l'absence d'abajoues; par la nudité et la forme des oreilles qui sont munies d'un rebord et appliquées contre la tête; enfin par la faculté qu'ils ont de se nourrir indifféremment de substances végétales et animales. Le cerveau y est profondément plissé et à trois lobes de chaque côté dont le postérieur

recouvre le cervelet ; la fosse tempo-
rale y est séparée de l'orbite par une
cloison osseuse ; les intestins y sont
en tout point semblables ; le péricar-
de est attaché au diaphragme. Les
forts ligamens du foie, la descente du
cordon spermatique autrement que
chez les Quadrupèdes où il perce le
péritoine et les muscles, prouvent
non moins que la rotule et la conformation de la plante que les Bimanes
sont faits pour se tenir debout ou à
peu près. Ils procèdent à l'acte de la
génération par un même mode d'accouplement. Leur face s'appelle un
visage, et chez eux l'intelligence
est susceptible d'un degré de développement supérieur à celui où
peut s'élever l'intelligence de tous
les autres Animaux ; le corps n'y
est velu que par places, plusieurs
parties de son étendue demeurant
dépourvues de poils. Deux tribus y
sont parfaitement tranchées. La première se compose des genres Homme
et Orang où les extrémités antérieures, quelque longues qu'elles puissent
être, ne dépassent pas les mollets,
qui n'ont point de callosités aux fesses, et chez qui les poils de l'avant-
bras se dirigent, d'une façon plus ou
moins distincte, d'avant en arrière
depuis les poignets jusqu'aux coudes ;
la seconde tribu ne renferme que le
genre Gibbon, où les mains peuvent
toucher à terre, l'Animal étant debout, et dans lequel des callosités
présentent un point de contact prononcé avec la première tribu de la
famille suivante qui est celle pour laquelle nous réserverons le nom de
Singes. Nulle part on n'a trouvé le
moindre débris de Bimanes à l'état
fossile, même parmi les pétrifications ou les dépôts les plus modernes,
ce qui, joint au témoignage formel des
livres sacrés, indique la nouveauté
de ces Animaux dans le vaste ensemble de la création actuelle.

Le genre Homme ayant été traité
précédemment dans ce Dictionnaire,
T. VIII, p. 266, il ne nous reste plus
qu'à faire connaître les Orangs et les
Gibbons.

§ I.

ORANG, *Pithecus*. Ce genre serait,
zoologiquement parlant, à peine distinct de celui dans lequel nous ren-
trons, si les pouces des pieds n'y
étaient assez éloignés des autres
doigts, et assez distinctement opposables surtout dans la seconde espèce
qu'on y admet. Mais cette particularité à laquelle on a donné tant d'importance, sans laquelle (abstraction faite de cette ame immortelle
dont on nous a doué et qui n'est
point un caractère anatomique) les
Orangs ne pourraient être génériquo-
ment séparés des Hommes ; cette particularité, avons-nous dit ailleurs, ne
peut être considérée comme un caractère de première valeur pour désu-
nir les membres d'une même famille
naturelle. Nous l'avons signalée chez
plusieurs de nos propres compatrio-
tes, et c'est une chose digne de remarque, que pour rejeter les Orangs
parmi les Singes, et ceux-ci parmi les
brutes stupides, en conservant à nos
pareils la dignité qu'ils s'arrogent au
sein de l'immense nature, on ait ar-
gué d'un avantage incontestable que
posséderaient sur nous les Singes et
les Orangs. En effet, quatre mains ne
vaudraient-elles pas mieux que deux
comme élémens de perfectibilité ?
L'habitude de grimper sur les Arbres
rend chez l'Homme lui-même le pouce
du pied opposable jusqu'à un certain
point et d'une manière peut-être aussi
prononcée qu'il l'est au moins chez
l'Orang noir, vulgairement appelé
Champanzée ou Chimpansé. Les naturalistes de Paris qui tiennent au
caractère qu'on peut tirer de cette
opposition, n'en ont raisonné que
d'après les habitudes de nos citadins,
qui dès leur tendre enfance portent
des chaussures où les doigts des pieds,
étant emprisonnés, ne peuvent prendre, par un exercice continuel, le développement qui leur serait propre
si les habitans des villes perchaient
dans les forêts au lieu d'habiter des
maisons ; mais il n'en est pas de même partout, et nous avons rapporté

à ce sujet, dans une note de notre Traité de l'Homme, un fait qu'on peut facilement vérifier sur une classe nombreuse de Français, habitans des Landes aquitaniques. Dans cette région aride, de vastes bois de Pins maritimes (*Pinus maritima*) couvrent certaines dunes, et notamment le canton appelé Marensin; des paysans, dont l'unique occupation est d'en exploiter la résine, pratiquent sur les troncs, des entailles qu'on rafraîchit chaque année par le haut, au point qu'il en résulte avec le temps une gouttière longitudinale, souvent élevée de trois à quatre toises. C'est par cette plaie de l'Arbre que découle le suc dont la récolte forme le principal revenu du pays. Pour gravir le long des troncs cylindriques, le *Résinier* (l'Homme qui recueille la résine) se sert d'une sorte de perche où, de distance en distance, sont de petits échelons sur lesquels portent à peine les doigts du pied droit, tandis que ceux du pied gauche se cramponnent contre l'Arbre, le pouce étant séparé des autres. Il en résulte que ces pouces se contournent, remontent, deviennent exactement opposables et acquièrent une certaine facilité de mouvemens, qui fait que le Résinier s'en peut servir pour arracher l'écorce, pour saisir au besoin l'instrument qui sert à entailler, pour remuer en tout sens, et pour ramasser les plus petits objets. Les Résiniers finissent par acquérir une dextérité remarquable dans les doigts des pieds et surtout dans celui dont l'inflexibilité et le parallélisme seraient un des caractères de l'espèce humaine, d'après nos savans. Nous avons employé un de ces paysans pour nous récolter des Lichens sur la cime des Arbres avec les pieds dont il se servait aussi pour écrire. Pour peu qu'on soit pratique des lieux, on distingue sur le sable la trace de ces Hommes des bois de notre Europe; nous ne les confondions jamais dans les herborisations de notre jeune âge avec celles que les pasteurs impriment dans les dunes et les agricul-

teurs sur l'arène des chemins. Les Résiniers ne devraient-ils pas être séparés de l'ordre des Bimanes pour devenir des Singes? Tous n'en ont pas l'intelligence; comme chez les premiers sujets de l'Académie royale de musique, leur esprit est dans les pieds. On sait d'ailleurs que chez les Hottentots le pouce se retire et se déjette tandis que la plante se contourne sensiblement. Aussi distingue-t-on à la trace ces habitans du sud de l'Afrique; les Cafres et les chasseurs colons qui se divertissent à leur donner la chasse pour les tuer ne s'y trompent jamais.

Les rapports des Orangs avec les Hommes sont si frappans, que les peuplades asiatiques ou africaines chez lesquelles existent de tels Bimanes, et où l'on a souvent occasion d'en observer, n'ont pas hésité à leur reconnaître une sorte de parenté. Le nom par lequel on les désigne est malais et signifie *être raisonnable;* on l'applique également aux espèces du genre Homme. Frédéric Cuvier (Dict. de Levrault, t. 56, p. 276) pense cependant que chez ces êtres de forme humaine, « les facultés ne sont pas mélangées de raison comme chez l'Homme, ni peut-être d'instinct comme chez les Animaux d'un rang inférieur. » Nous trouvons qu'il est difficile de concevoir qu'un Animal quelconque puisse à la fois n'avoir ni raison ni instinct; et serait-il raisonnable de refuser le raisonnement à ces Orangs desquels le même savant dit un peu plus haut: « Les notions qui ont été acquises sur ces Animaux, suffisent pour que, d'après l'étendue de leur intelligence, on soit en droit de les placer en tête du règne animal, en en exceptant l'Homme. » Il eût été plus exact de dire : Quelques Hommes, car très-certainement il est beaucoup d'individus, jusque chez les nations civilisées, dont l'intelligence ne s'élève pas à celle du dernier des Singes. Quoi qu'il en soit, l'illustre frère de Frédéric donne une idée des Orangs qui les rapproche beaucoup plus de nous que des Singes, parmi lesquels ce savant professeur, ainsi que nous venons de le voir plus haut, ne les range pas moins comme sous-genre, tout en avouant que l'Orang-Outang est entre les Animaux celui qui nous ressemble le plus par la forme de sa tête et le volume de son cerveau.

Tiedmann (*Zeitsch. fur Phys.* T. II, 1er Cahier), qui s'est occupé avec son ordinaire sagacité de ce cerveau, lui trouve la plus accablante conformité avec le nôtre, c'est-à-dire que dans les différences qu'il énumère, nous n'en voyons guère de plus essentielles que celles qui existent entre les mêmes parties chez divers individus de notre espèce. C'est sur l'Orang roux qu'a opéré le célèbre anatomiste; il est probable que l'encéphale du Champanzée ou Orang noir eût fourni des ressemblances encore plus complètes. Si le cerveau du Satyre ou Orang roux est moindre, relativement aux nerfs que chez l'Homme, on ne doit pas oublier que chez l'Ethiopien les nerfs au contraire sont dans un rapport opposé avec la masse cérébrale, ce qui n'empêche pas que les Nègres ne fassent partie du genre humain. Le cerveau, observé par Tiedmann, diffère de celui des Singes : 1° par l'absence de ce faisceau médullaire qu'on appelle trapèze et qui dans les Animaux où il se trouve est situé derrière le ganglion cérébral, point originaire des nerfs auditifs et de la face; 2° par l'existence d'une échancrure postérieure au cervelet; 3° par un plus grand nombre de sillons et de lames dans la même partie; 4° par la présence de deux tubercules maxillaires distincts; 5° par les circonvolutions et les anfractuosités plus nombreuses et en même temps moins symétriques du cerveau; 6° enfin par l'existence d'incisures dirigées sur les Cornes d'Ammon. Par tous ces points, il y a conformité avec l'Homme. C'est à cause de cette organisation, et des formes de Bimanes que présentent les Orangs, qu'on peut en-

seigner à ceux-ci des choses que l'Homme seul semblait pouvoir faire. « Ils répètent sans peine, dit F. Cuvier, toutes les actions auxquelles leur organisation ne s'oppose pas, ce qui résulte de leur confiance, de leur docilité, et de la grande facilité de leur conception. Dès la première tentative, ils comprennent ce qu'on leur demande, c'est-à-dire qu'après avoir fait l'action pour laquelle on vient de les guider, ils savent qu'ils doivent la faire eux-mêmes, lorsque la même circonstance se renouvelle; ainsi ils apprennent à boire dans un verre, à manger avec une fourchette ou une cuiller, à se servir d'une serviette. Ils se tiennent à table comme un domestique derrière leur maître, et l'on assure même qu'ils versent à boire, donnent des assiettes, etc. » Comment se fait-il que l'excellent observateur dont nous venons de transcrire quelques lignes, ajoute que toutes ces choses ne sont pourtant pas des actes de raisonnement, et qu'on pourrait les apprendre à des Chiens seulement avec un peu plus de peine. Lorsqu'en 1808 F. Cuvier eut occasion d'étudier vivant l'Orang qu'on avait envoyé à l'impératrice Joséphine, il lui accordait cependant, dans les Annales du Muséum (T. xvi, p. 58), « la faculté de généraliser ses idées, de la prudence, de la prévoyance, et même des idées innées, auxquelles les sens n'ont jamais la moindre part. »

Buffon, au contraire, avait dit : « La langue et tous les organes de la voix sont les mêmes que dans l'Homme, chez l'Orang-Outang, et il ne parle pas; le cerveau est absolument de la même forme et de la même proportion, et cependant il ne pense pas. Y a-t-il une preuve plus évidente que la matière seule, quoique parfaitement organisée, ne peut produire ni la pensée, ni la parole qui en est le signe, à moins qu'elle ne soit animée par un principe supérieur. » Malgré l'assertion de Buffon, la parole n'est pas toujours la preuve d'un principe supérieur animant la matière; s'il en était ainsi, l'on n'entendrait pas prononcer de sots discours ou émettre d'idées absurdes, tandis que tant d'images de Dieu sur terre ne s'en font pas faute au temps qui court. Des imbécilles, des Perroquets parlent très-distinctement. La vérité est que les organes de la voix ne sont pas aussi semblables dans l'Homme et dans les Orangs que le prétendait Buffon, sans avoir probablement examiné ces organes, et que le sont leurs cerveaux respectifs ou parties pensantes. C'est précisément dans la différence de ces organes que nous trouvons les seuls caractères capitaux ou de première valeur qui puissent servir à distinguer en zoologie les Orangs des Hommes. La différence essentielle consiste, comme condition d'infériorité chez ces premiers, dans les poches thyroïdiennes qui sont placées au-devant du larynx, de manière à ce que l'air qui sort de la glotte s'y engouffre pour produire un murmure sourd, lequel ne peut conséquemment jamais fournir les élémens d'un langage articulé. Si les poches thyroïdiennes ne se fussent pas opposées au mode d'expression de la pensée, qui seul en peut rendre la communication facile et l'échange profitable à l'expérience des individus d'une même espèce, le Champanzée, entre les Orangs, serait, quoiqu'avec son pouce semi-opposable, déjà supérieur à ce Hottentot qui, selon la judicieuse expression du professeur Vrolik, est bien plus au-dessous du Nègre que la brute n'est au-dessous de lui. C'est en considérant l'importance des organes, d'où résulte la parole, que nous avons dit précédemment : « Le genre humain joignait à sa faiblesse instigatrice, à son penchant vers la fidélité, d'où résulte le premier mariage, ainsi qu'à la nécessité d'une plus longue éducation, une disposition naturelle des membres qui rendaient ces espèces capables de comparer un plus grand nombre d'objets qu'il n'était donné à tous les autres Animaux de le faire; la forme des mains surtout

fut chez lui un puissant moyen de régularisation pour le jugement ; mais ces mains, auxquelles Helvétius attachait trop d'importance, n'en faisaient guère qu'un genre voisin des Singes, et le mettaient simplement sur la ligne des Orangs. Ce fut le mécanisme de l'organe, d'où proviennent les facultés vocales, qui compléta l'Homme, et qui commanda son élévation dans la nature. Seul au sein de cette mère féconde, il lui était donné d'articuler des mots ; et dès que chaque couple ou chaque famille se fut fait un vocabulaire, le genre humain put aspirer à commander dans l'univers. »

L'Orang noir, tout voisin de l'Homme qu'il l'est par ses formes, supérieur peut-être, comme on vient de le voir, au Hottentot par ses facultés intellectuelles, ne marche cependant qu'après ce dernier dans l'univers, où la parole est le premier titre à la puissance. En faire un automate avec Buffon parce qu'il n'est pas orateur, ou, parce qu'il donne des signes de prudence, lui accorder avec F. Cuvier des idées innées, sont, à notre sens, des propositions également inadmissibles. Il nous paraît sage de prendre un juste milieu entre ces écrivains, en reconnaissant que si les Orangs ne s'élèvent pas à la hauteur intellectuelle des hommes de génie, ils sont supérieurs sous beaucoup de rapports à la presque totalité des autres Mammifères, y compris les Crétins et les Maniaques. Nul doute qu'on ne puisse enseigner beaucoup de choses à des Chiens, et qu'on n'en voie qui sautent pour le roi en faisant l'exercice ; mais ces singeries ne passent jamais en habitude chez les Barbets auxquels on les enseigne; ils ne les répètent qu'au commandement qui leur en est fait sous l'influence du bâton ou d'un regard menaçant de leur maître. Les Orangs n'ont pas besoin de tels excitans pour répéter celles des actions humaines, que des formes convenables leur permettent d'imiter. Ils s'approprient de ce qu'ils nous voient faire, tout ce qui leur peut être commode dans l'état de domesticité; ils n'en oublient rien, et l'on verra dans les détails où nous allons entrer sur chacune des espèces du genre dont il est question, combien de preuves de bon sens donnèrent les individus observés en Europe, et qui cependant étaient sans exception de véritables enfans; on admirera comment, dans un âge où l'Homme n'est qu'une machine gourmande et capricieuse, ces Orangs, dont les savans veulent absolument faire des bêtes, étaient plus avancés, sous le rapport du développement de l'intelligence que beaucoup de jeunes gens. Un adolescent d'espèce japétique n'est certainement pas aussi raisonnable que l'est un Chœmpanzée de trois ans.

Dans l'état actuel des connaissances mammalogiques, il existe deux espèces parfaitement constatées dans le genre Orang, mais que la confusion introduite dans la nomenclature a fait d'abord confondre. Buffon causa principalement cette confusion, en appliquant successivement les noms de Pongo et de Jocko à un même Animal, d'où vint que Wurmb transporta le nom de Pongo, qui désignait un Orang d'Afrique, à cet Orang roux de l'Inde, non moins improprement appelé Jocko; puis ce nom de Jocko trouve encore sa racine dans l'Enjocko des bords du Zaïre, au pays de Congo. Pour sortir de ce dédale, nous proposerons d'abandonner ces désignations barbares, empruntées des dialectes sauvages, et d'appeler Orang noir et Orang roux, d'après la couleur de leur robe, les deux espèces du genre qui nous occupe.

Espèces constatées du genre ORANG.

1°. L'ORANG NOIR, Chimpansé, Cuv., Règ. An. T. 1, p. 104; le CHAMPANZÉE, véritable nom de pays de cet Animal; QUIMPEZÉ, Lecot., Mouv. Muscul., pl. 1, fig. 1; *Pithecus Troglodytes* (*V.* pl. de ce Dictionnaire); *Simia Troglodytes*, L., Gmel., *Syst. Nat.* XIII, T. 1, p. 26; PYGMÉE, de

Tyson, *Anat. of a Pygm.*, pl. 1, copiée par Schreber, tab. 1, B.; JOCKO, de Buffon, Hist. Nat. T. XIV, pl. 1, copiée, quoique très-médiocre, dans l'Encycl. Méth. Quadr., pl. 5, fig. 2; PONGO, de Buffon, au Supplément, T. VII, p. 2, et d'Audebert, Histoire des Singes, fam. 1, sect. 1, fig. 1, copiée dans l'Atlas du Dictionnaire de Levrault; *Troglodytes niger*, de Geoffroy-Saint-Hilaire, Ann. Mus., T. XIX, p. 87; Desmarest, Encycl. Mammal., p. 49; appelé Homme des Bois ou Satyre par divers auteurs, et qu'on dit être, selon les contrées où il se trouve, encore désigné par les noms d'Enjocko, de Quojas-Moras, de Quino-Morrou et de Barris. Cet Orang est celui qui, pour les formes et quant à l'humeur, se rapproche le plus de l'Homme, non de l'Homme d'espèce japétique, parvenu au degré de développement intellectuel où l'éleva la civilisation, mais des espèces que leur conformation paraît condamner à cet état d'infériorité, qui ne permet pas de distinguer le genre Humain du genre Orang, d'une façon aussi tranchée qu'on s'obstine à le faire pour un pouce plus ou moins opposable aux pieds; sa tête, très-forte, et qui paraît faire la sixième partie de la hauteur totale, lorsqu'elle en est la huitième chez nous, est aplatie sur le vertex, de sorte que le front n'est guère plus élevé que les sourcils, où il se termine en avant par des crêtes très-apparentes. Le nez et la bouche s'avancent en une sorte de museau, qui diminue l'angle facial, dont l'ouverture est de 60 degrés, c'est-à-dire 10 environ de moins que dans l'Éthiopien, et deux ou trois seulement que dans certains Hottentots. Les oreilles ont la même forme que dans l'Homme, et sont de même munies d'un rebord, mais proportionnellement plus grandes. Les canines n'excèdent guère les incisives, et ne donnent à la denture aucun caractère de férocité; la lèvre supérieure présente quelques poils roides, en manière de moustache. Du reste, la face est glabre, et sa couleur est celle des Mulâtres ; des favoris en garnissent les deux côtés. Les yeux sont petits et rapprochés, mais vifs, avec une expression d'inquiétude qui n'est pourtant pas sans une certaine douceur ; le corps est assez bien conformé ; des poils noirâtres, rudes, mais assez clair-semés, plus longs sur les épaules, où ils atteignent à deux pouces de longueur, en revêtent les régions dorsales et les membres, principalement en dehors. Ces poils sont beaucoup plus rares en devant, et le ventre, qui est large et plat, comme dans l'Homme, en est presque dépourvu, ainsi que la poitrine et le dedans des cuisses. Les fesses sont prononcées, sans la moindre apparence de callosités ; les bras ne sont point démesurés ; robustes, et même assez bien faits, ces bras n'atteignent guère qu'au genou ; les mains sont fortes, sans être trop longues, glabres et grisâtres intérieurement, ayant leur pouce un peu reculé et proportionné aux autres doigts ; le pouce du pied est moins parallèle ; mais loin qu'il soit ainsi écarté et aussi opposable que dans l'espèce suivante, il porte comme les autres à terre, avec la plante, qui n'est pas trop longue, comme dans les Gibbons et les Singes, et que termine postérieurement un calcanéum parfaitement arrondi en talon ; les jambes sont un peu courtes, munies d'un mollet rendu saillant par deux muscles jumeaux très-prononcés, et certainement moins grêles qu'elles ne le sont dans les Hommes d'espèces Australasienne et Mélanienne. On n'en a vu que rarement et seulement de très-jeunes en Europe, où le plus grand qui fut observé n'avait guère que deux pieds six pouces de hauteur. Au pays d'Angole, dans le Congo, et généralement dans la région africaine qui borde le golfe de Guinée, au-delà de la ligue, les Orangs noirs deviennent beaucoup plus grands ; leur taille ordinaire est celle des Nègres ; on prétend même qu'elle la surpasse, et que les indivi-

dus de six pieds ne sont pas rares. On leur compte une vertèbre lombaire de plus que chez l'Homme ; ils ne sont ni sanguinaires ni même provocateurs, quoi qu'on en ait dit ; leur caractère est, au contraire, doux et circonspect, mais indépendant et ne pouvant se plier à la domesticité. Lorsqu'ils sont parvenus à un certain âge, les Orangs dont il est question choisissent les lieux écartés pour y vivre en troupes où règne la meilleure intelligence. La défense commune y devient la grande affaire ; l'approche de toute créature vivante capable de causer quelque ombrage à la petite société, est aussitôt repoussée vaillamment ; les Eléphans eux-mêmes ne pénètrent pas impunément dans les bois où se tiennent les Champanzées, qui, mettant leur confiance dans leur extrême agilité, et dans la faculté qu'ils ont de sauter au besoin d'Arbres en Arbres, attaquent les colosses à coups de pierre ou de bâton, et finissent, en jetant de grands cris, par les contraindre à la retraite ; ils se défient surtout des Nègres, et tuent, dit-on, sans pitié, ceux qui semblent menacer leur repos. Cet amour de la liberté valut à l'Orang noir une réputation de violence et de grossièreté qu'ont démentie les mœurs des jeunes individus observés en Europe, et qui se perpétue de dictionnaire en dictionnaire, par ce que le bon abbé Prévost ou bien Laharpe ont dit quelque part dans leurs ramas de Voyages : « Cet Animal est si féroce, qu'il se défend quand on veut le tuer. » Ce sont pourtant de telles niaiseries qui servent de base aux deux tiers des traditions adoptées dans l'histoire naturelle déclamatoire sur le naturel des Animaux. Cependant les Champanzées ou Chimpansés qui ont été vus dans nos climats, bien traités par leurs maîtres, étaient doux et affectueux ; ils imitaient toutes les actions humaines que permettait leur organisation, surtout en ce qui leur était commode, préférant boire dans un verre que de laper, se lavant et s'essuyant les mains ou les lèvres avec une serviette, faisant leur lit et mettant au soleil pour la sécher leur couverture, reposant avec plaisir leur tête sur l'oreiller, servant à table, pilant dans un mortier les choses qu'on leur commandait d'y piler, portant du bois ou de l'eau avec la plus grande docilité au commandement qu'on leur en faisait. Tout dénotait en eux une humeur sociale, jointe à beaucoup de gravité et un certain esprit d'observation; mais de ce que de tels domestiques n'étaient point des esclaves qui supportassent sans regimber les mauvais traitemens et les caprices des enfans ou des valets, on conclut qu'en vieillissant dans leurs bois, où ne les a observés aucun naturaliste, ils devenaient intraitables. Ne les trouvant pas sottement méchans dans nos maisons, lorsqu'on tenait à ne voir en eux que des êtres déraisonnablement furieux, on calomnia, s'il est permis d'employer cette expression, en parlant des Orangs, ces créatures indépendantes. Qu'en ont donc écrit les voyageurs, qui puisse justifier de telles déclamations? Purchas, à qui l'a raconté Battel, rapporte que dans les forêts de Mayombo, au royaume de Loango, on voit des Pongos qui sont plus gros que les Enjockos, avec un visage humain, mais ayant les yeux enfoncés; leurs mains, leurs joues sont sans poils, à l'exception des sourcils qu'ils ont fort longs; quoiqu'ils aient le reste du corps assez velu, le poil n'en est pas fort épais, et sa couleur est brune. Ils marchent droit, en se tenant de la main le poil du cou; ce qui indique des allures fort différentes de celles qu'on attribue aux Orangs de l'espèce suivante, lesquels se servent fréquemment, pour se déplacer, de leurs mains qu'ils posent à terre, en faisant suivre le train de derrière à la manière des culs-de-jatte. Personne n'attribua ce mode de préambulation au Champanzée ou Pongo de Battel, lequel ajoute que son monstre fait sa retraite dans les bois, dort

sur les Arbres, s'y forme une sorte de toit qui le met à couvert de la pluie; qu'il se nourrit de noix sauvages et jamais de chair, et que lorsque, dans leurs bivouacs, les Nègres ont allumé du feu pendant la nuit, les grands Singes, leurs imitateurs, prennent leur place autour des braises qu'ils attisent fort adroitement, et ne se retirent pas que ces braises ne soient consommées. Ce fait, dont il n'est guère permis de douter, nous fut autrefois attesté par un chirurgien nommé Perrin, qui se livrait avec beaucoup de zèle à des recherches d'histoire naturelle pendant les expéditions de traite qu'il fit au Congo; il nous paraît l'un des plus dignes d'attention qu'on ait recueilli sur les mœurs des Orangs. Comment ces Animaux, qui font des choses bien plus difficiles que d'entretenir du feu, puisqu'ils se coupent des branches d'Arbre afin de les façonner en bâtons, dont ils se servent pour l'attaque et la défense, qui savent très-bien lancer des pierres et construire des huttes, n'ont-ils pas l'idée de rassembler des branchages sur ces charbons, dont la chaleur mourante paraît leur causer une agréable sensation? Craignent-ils les incendies qui pourraient résulter de pareils soins, et qu'ils n'auraient pas les moyens d'éteindre? Ils ont dû très-souvent être épouvantés dans le fond de leurs forêts par les ravages qu'y font trop souvent les flammes imprudemment allumées par des Nègres et ce que l'on prend pour une preuve d'infériorité, serait alors celle d'une véritable prévoyance. Lorsque l'aspect des Européens ne sera plus une cause de désordre et de crimes sur les bords africains; que les bienfaits d'une civilisation raisonnable pénétreront dans les établissemens portugais d'Angole et de Loango, on pourra savoir ce qui en est; il sera curieux de se procurer de jeunes Champanzées, auxquels, dans une éducation soignée, on ne négligera pas d'apprendre à faire et à entretenir du feu. Les individus ainsi instruits rendus à la liberté, après une longue habitude de notre fréquentation, deviendraient peut-être les Prométhées de leur espèce. C'est toujours d'après le témoignage de Battel qu'on sait que les Orangs noirs marchent en troupes, tuent parfois les Nègres qui les inquiètent dans leurs bois, écartent jusqu'aux Eléphans dont ils n'ont pas peur. « On n'en prend jamais en vie, dit ce voyageur, parce qu'ils sont si robustes, que dix hommes ne suffiraient pas pour les arrêter ; mais les Nègres en prennent quantité de jeunes, après avoir tué la mère, au corps de laquelle s'accrochent étroitement les petits. Lorsqu'un de ces Animaux meurt, les autres marquent de la tristesse, et couvrent son corps de feuillages. Un Pongo enleva l'un des Négrillons de Battel, qui passa au bois un mois dans la société du ravisseur, sans que les autres Pongos lui aient fait le moindre mal. Ces Animaux ne s'irritent que des regards menaçans ou des gestes de provocation. » Le rapport d'un certain Labrosse confirme l'anecdote de Battel. « Il avait, dit Buffon, connu à Lowango une Négresse qui, enlevée par les grands Singes, demeura trois ans avec eux dans les forêts, où ils l'avaient logée dans une hutte de feuillages, et cette Négresse n'avait eu qu'à se louer des bons traitemens de tout genre qu'elle reçut. » De pareils enlèvemens ne doivent pas être rares. On en cite plusieurs autres exemples, ainsi que l'existence de Métis qui en seraient résultés. Si de tels Métis sont possibles, ce fut sans doute d'après leur existence que l'on forgea ces histoires de Satyres, de Faunes, d'Ægypans, de Saguirs, et autres monstres composés d'Homme et d'Animal, qu'on trouve chez la crédule antiquité. Quoi qu'il en soit, les Orangs noirs durent être plus répandus autrefois qu'ils ne le sont aujourd'hui. Il en existait sans doute jusque dans ces Gorgades, que nous appelons aujourd'hui Iles du Cap-Vert : du moins a-t-on regardé comme appar-

tenant à l'espèce qui nous occupe, ces Gorilles qu'Hannon y tua, environ 336 ans avant J.-C., que ce navigateur regardait comme des femmes sauvages, et dont il rapporta les peaux rembourrées à Carthage, où les Romains les retrouvèrent suspendues dans un temple de Junon, lors de la ruine de la cité rivale. Dapper, dans sa description de l'Afrique, rapporte que « le royaume de Congo est rempli de ces Animaux, que les Africains nomment Quojas-Morros, et qui sont si semblables à l'Homme, qu'il est tombé dans l'esprit de quelques voyageurs qu'ils pouvaient être sortis d'une Femme et d'un Singe. Une de ces bêtes fut apportée en Hollande et présentée au prince d'Orange, Frédéric-Henri. Elle était de la hauteur d'un enfant de trois ans et d'un embonpoint médiocre, mais carnée, bien proportionnée, fort agile et fort vive, ayant les jambes charnues et robustes, tout le devant du corps nu, mais le derrière couvert de poils noirs ; son sein, car c'était une femelle, était potelé, son nombril enfoncé, ses mollets et ses talons gros et charnus. Elle marchait droite sur ses jambes, était capable de porter des fardeaux assez lourds, prenant d'une main le couvert du pot, et de l'autre le fond, quand elle voulait boire, s'essuyant gracieusement les lèvres, se couchant pour dormir la tête sur un coussin ; elle se couvrait dans son lit avec tant d'adresse, qu'on l'y eût prise pour une créature humaine. » Plusieurs voyageurs, entre autres Grose, attribuent aux Champauzées des sentimens de pudeur très-marqués, surtout aux femelles, que personne, en effet, ne dit avoir vu se livrer à des transports lubriques comme le font les Singes. Elles aiment passionnément leur petit ; il paraît qu'elles n'en portent qu'un à la fois, durant sept à neuf mois. L'éducation dure, dit-on, une ou deux années ; on ne sait quelle peut être la longueur de la vie chez ces Animaux, qui sont naturellement omnivores ; car outre les fruits qui composent le fond de leur nourriture, ils recherchent sur les Arbres et dans les buissons, les œufs d'Oiseaux, dont ils font un grand dégât; ils donnent la chasse aux Grenouilles, dont ils se montrent friands; les Limaçons ou autres Mollusques paraissent encore être de leur goût; et c'est une croyance reçue aux rives du Zaïre, qu'ils ont l'adresse de lancer de petits cailloux entre les valves des Huîtres entr'ouvertes, afin d'en dévorer ensuite le contenu sans crainte d'avoir les doigts pincés. Les Orangs noirs qui ont vécu dans la domesticité, y avaient contracté tous nos goûts, et buvaient avec plaisir du lait, du thé et même du vin, mangeant beaucoup de sucre, de friandises et jusqu'à de la viande.

Il est étonnant qu'une créature si extraordinaire et si digne qu'on l'étudie, qu'on dit être fort commune dans les régions où tant de voyageurs en ont vu, et dont, selon Battel, « on prend des jeunes en quantité, » ne nous soit pas mieux connue, et qu'on n'en possède pas au Muséum d'Histoire Naturelle plusieurs individus de tout âge et de toute taille, avec des squelettes, des fœtus, et l'anatomie complète. Un voyage dont le but serait de pénétrer dans les vastes bois où les Champanzées vivent en société, d'y observer leurs mœurs, d'approfondir leur histoire, d'essayer le perfectionnement moral de divers individus en constatant jusqu'où on le pourrait élever, d'en essayer enfin le croisement avec les espèces voisines soit ascendantes, soit descendantes, illustrerait à jamais le naturaliste qui l'oserait entreprendre. Nous connaissons déjà moins mal les Quadrupèdes qui ne nous ressemblent pas du tout et qu'on a rapportés de l'Australasie récemment découverte, que ces êtres, presque nos pareils, dont les premières notions remontent pour l'Europe à deux mille et quelques cents ans, et qui peuplent des parages voisins où la traite des Nègres semble être seule en possession d'attirer

les vaisseaux des nations chrétiennes.

2°. L'Orang roux (*V.* planches de ce Dictionnaire), *Pithecus Satyrus* , Geoffr., Ann. Mus. T. xix, p. 87; Desmarest, Encycl. Mammal., p. 50; Orang-Outang, Cuv., Règn. Anim. T. 1, p. 102, Mamm. du Mus., 42ᵉ livraison (une jeune femelle); Camper. *Nat. Verh. Over der Orang-Utang, tab.* 4, faite d'après le cadavre et copiée par Schreber, pl. 11, c; *Simia Satyrus*, L., Gmelin, *Syst. Nat.* xiii, T. 1, p. 26, qui confond la synonymie de cette espèce avec celle de la précédente; Vosmaer, Descr. de l'Orang-Outang, 1778; Jocko du Supplément de Buffon, T. vii, fig. 1, médiocre, un peu meilleure dans Audebert, fam. 1, sec. 1, f. 11; celle-ci est copiée dans les planches de Levrault, sous le nom d'Orang. On en trouve une encore meilleure, pl. 40, dans le T. xv de l'édition hollandaise par Allaman, et que Schreber a reproduite, pl. 11, b. L'une des plus mauvaises figures est celle des Quadrupèdes de l'Encyclopédie Méthodique, pl. 5, sous le nom de Pongo, copiée d'après l'*Homo sylvestris*, d'Edwards dans ses Glanures, pl. 20. Les formes humaines s'altèrent déjà dans cette espèce où les bras commencent à s'allonger considérablement, comme dans les Gibbons, tandis que l'angle facial devient un peu plus aigu; cependant les crêtes sourcilières y sont d'abord moins prononcées, et le front y étant plus élevé, la face y semble mieux caractérisée. La tête est plus grosse, toutes proportions gardées, que dans l'Orang noir; les yeux, petits et enfoncés, sont mis en quelque sorte à l'abri du soleil par la cavité au fond de laquelle ils brillent; leurs paupières et leurs alentours sont couleur de chair, ainsi que la bouche ou museau sur lequel s'aplatit le nez; le reste du visage est grisâtre, passe avec l'âge à la couleur de l'ardoise, et le tout devient même presque noir si la liqueur n'a point altéré les teintes d'un individu dont le peintre Maréchal a fait un magnifique dessin que nous avons sous les yeux, et dont la tête est copiée dans nos planches. Les poils de cette partie, dirigés en avant sur le vertex, sont distribués comme chez l'Homme, si ce n'est qu'ils sont plus fournis vers les tempes ; du reste ils garnissent comme une barbe et aux mêmes lieux les joues et le menton ; les oreilles, bordées et bien placées sont nues ainsi que le visage. La poitrine est large, mais les bras sont démesurés, terminés par une main fort longue, où le pouce n'atteint que jusqu'à la première phalange de l'index ; ils se prolongent presque jusqu'aux talons ; de sorte que pour peu que l'Animal se courbe, les mains portent à terre. Les cuisses et les jambes au contraire sont assez courtes, de sorte que pour se déplacer les Gibbons préfèrent souvent appuyer leurs poignets sur le sol en s'y accroupissant, et porter en avant le train de derrière tout d'une pièce, comme nous voyons se traîner dans nos rues les culs-de-jatte à qui la police donne la permission d'émouvoir la pitié publique ; l'Orang roux sait cependant courir, ce qu'il fait en jetant le haut du corps en avant, toujours prêt à s'appuyer sur les mains ; il est inexact de dire qu'il ne marche jamais qu'à quatre pates, et quoique son pied soit long, que le pouce y soit déjà fort reculé, et que lorsqu'il veut s'élancer, l'Animal élève le talon qui cesse de porter à terre, l'Orang roux n'en a pas moins des allures plus voisines de celles des Australasiens et autres espèces d'Hommes à bras longs, et extrémités inférieures grêles, qu'avec les Singes. Le ventre est fort gros, surtout dans les jeunes individus qui sont les seuls qu'on ait pu bien observer en Europe ; les fesses sont peu charnues et le mollet a presque disparu ; des poils d'un roux ardent, longs d'un à deux pouces, gros, mais laineux, couvrent les épaules, le dos, les reins et les membres ; ces poils deviennent fort rares vers la poitrine et le ventre où ils finissent par disparaître, et on reconnaît alors sans obstacle la teinte ardoisée de la peau. C'est

dans cette espèce plus fortement que dans tout autre Bimane qu'on observe le caractère résultant de la direction de bas en haut des poils de l'avant-bras. La paume des mains, la plante des pieds ainsi que le tour des mamelles sont d'une couleur de chair cuivrée ; l'iris est brun, et les ongles, parfaitement conformés comme les nôtres, sont noirs. On n'a encore étudié que des jeunes de cette espèce dont les plus formés n'avaient guère que deux ou trois ans, et moins de trois pieds de hauteur. Les voyageurs rapportent que les adultes acquièrent une beaucoup plus forte taille, et qu'il y en a de quatre pieds et au-dessus ; ils sont, dit-on, alors d'une force prodigieuse et très-farouches ; ils vivent dans les grands bois où ils se tiennent presque continuellement sur les Arbres en sautant de branche en branche avec une merveilleuse adresse, s'y accrochant des pieds et des mains, et ne tombant ou ne bronchant jamais. La presqu'île orientale de l'Inde, les grandes îles Polynésiennes, Bornéo particulièrement, sont les lieux où se trouvent les Orangs roux et dans lesquels on ne les appela jamais ni Jockos ni Pongos, mais Orangs-Outangs, ce qui signifie, en langue malaise, êtres raisonnables ainsi qu'Hommes des bois. Il est fort difficile de se saisir des vieux qui se défendent vaillamment comme les Champanzées ; aussi leur courageuse résistance aux attaques de l'Homme leur a valu la même réputation de bêtes féroces. Quoi qu'il en soit, tous ceux qu'on étudia étaient d'une humeur douce et graye ; ils se montraient dociles, imitateurs, et même intelligens, surtout fort affectueux envers les personnes qui prenaient soin d'eux. Fr. Cuvier, qui observa, comme nous l'avons déjà dit plus haut, la jeune femelle qu'on avait donnée à l'impératrice Joséphine, et qui en a fait faire le portrait, s'exprime de la sorte sur son compte : « L'Orang-Outang femelle qui a fait le sujet de nos observations, appartient à la même espèce que les Orangs-Outangs qui ont été décrits et figurés par Tulpius, Edwards, Vosmaer, Allaman et Buffon; c'est le *Simia Satyrus* de Linné. Debout dans sa position naturelle, sa taille n'excédait pas vingt-six à trente pouces; la longueur de ses bras, depuis l'aisselle jusqu'au bout des doigts, était de dix-huit pouces, et les extrémités inférieures du haut de la cuisse jusqu'au tarse, n'avaient que huit à neuf pouces; la mâchoire supérieure avait quatre incisives tranchantes, dont les deux moyennes étaient du double plus larges que les latérales, deux canines courtes et semblables à celles de l'Homme, et trois molaires à tubercules mousses de chaque côté. La mâchoire inférieure avait aussi quatre incisives, deux canines et six molaires, mais les incisives étaient égales entre elles. Le nombre des molaires n'était pas encore complet, mais la forme de ces dents était la même que celle des molaires de l'Homme. La tête ressemblait plus que celle d'aucun autre Animal à la tête de l'Homme; le front en était élevé et saillant, et la capacité du crâne fort étendue, mais elle était portée sur un cou très-court; la langue était douce, et quoique les lèvres fussent extrêmement minces et peu apparentes, elles avaient la faculté de s'étendre considérablement. Cet Orang était entièrement conformé pour grimper et pour faire des Arbres son habitation. En effet, autant il grimpait avec facilité, autant il marchait péniblement; lorsqu'il voulait monter à un Arbre, il en empoignait le tronc et les branches avec ses mains et ses pieds, et ne se servait ni de ses bras, ni de ses cuisses. Ce n'était, ajoute Cuvier, qu'en se soutenant par la main qu'il marchait sur ses pieds; » mais on doit observer qu'il est question d'un individu souffrant et d'une extrême faiblesse. Les Singes que les bateleurs font promener dans les rues, simples Quadrumanes, qui ne sont pas comme les Orangs construits pour marcher à peu près debout, n'ont pas eux-mêmes besoin

d'un appui pour aller ainsi; à plus forte raison si l'Animal dont F. Cuvier rapporte l'histoire n'eût pas été mourant, il eût certainement fort bien marché debout tout seul, et si la plupart du temps il ne posait guère sur le sol qu'un tranchant de sa plante, on a vu, lorsqu'il a été question des Hottentots, que cette espèce d'Hommes en fait à peu près de même. La manière dont s'accroupissait ordinairement l'Orang dont il est question, n'était pas plus une preuve d'animalité qu'une pareille posture ne l'est pour nos garçons tailleurs, et pour les grands seigneurs orientaux, qui passent une partie de leur vie assis sur leur derrière, les jambes reployées en dessous. Cet Animal se couchait sur le dos ou sur l'un ou l'autre, côté indifféremment en retirant ses jambes à lui et en croisant ses bras sur sa poitrine; alors il aimait à être couvert, et prenait toutes les étoffes et le linge qui se trouvaient près de lui. Il employait ses mains comme nous employons les nôtres, et l'on voyait qu'il ne lui manquait que de l'expérience pour en faire l'usage que nous en faisons dans un très-grand nombre de cas particuliers. Il portait presque toujours les alimens à sa bouche avec les doigts, et c'était en humant qu'il buvait, comme le font tous les Animaux dont les lèvres peuvent s'allonger; il se servait de son odorat pour juger de ce qu'on lui présentait et qu'il ne connaissait pas, paraissant consulter ce sens avec beaucoup de soin. Il mangeait presqu'indifféremment des légumes, des fruits, des œufs, du lait et de la viande. Il aimait beaucoup le pain, le café et les oranges, ne mettait aucun ordre dans ses repas et pouvait manger à toute heure comme les enfans. On a eu la curiosité de voir quelle impression notre musique ferait sur cet Animal, et comme on aurait dû s'y attendre, elle ne lui en fit aucune; elle n'est même pour nous qu'un besoin artificiel, ne faisant jamais sur les sauvages d'autre effet que celui du bruit. Pour sa défense, l'Orang-Outang de l'impératrice Joséphine mordait et frappait de la main, mais ce n'était qu'envers les enfans qu'il montrait quelque méchanceté, encore y paraissait-il porté par impatience plutôt que par colère. En général il était doux et affectueux, et éprouvait un besoin naturel de vivre en société. Il aimait à être caressé, donnait de véritables baisers, et paraissait trouver un fort grand plaisir à teter les doigts des personnes qui l'approchaient, mais il ne tetait point les siens. Son cri était guttural et aigu; il ne le faisait entendre que lorsqu'il désirait vivement quelque chose; alors tous ses signes étaient très-expressifs; secouant sa tête pour montrer sa désapprobation, il boudait quand on ne lui obéissait pas, et quand il était fâché tout de bon, il criait très-fort en se roulant par terre; son cou s'enflait alors beaucoup. Cet Orang arriva à Paris dans le courant du mois de mars 1808. Il avait passé par l'Ile-de-France, et on le débarqua en Espagne; transporté par terre à Paris pendant la mauvaise saison, il eut plusieurs doigts gelés au passage des Pyrénées. Malgré les soins les plus constans, on ne put lui rendre la santé; il mourut après avoir langui durant cinq mois, âgé d'un an et demi seulement. Cet Animal, bien différent de ceux dont on avait jusqu'alors fait l'histoire, n'avait été soumis à aucune éducation particulière; il ne devait rien à l'habitude, toutes ses actions étaient indépendantes, et les simples effets de sa volonté. Il était donc parfaitement lui-même, et l'on remarqua combien son intelligence était bien plus avancée qu'elle ne l'eût été dans un enfant humain du même âge. « La nature, ajoute l'auteur dont nous venons de faire un extrait, a doué l'Orang-Outang de beaucoup de circonspection; la prudence de cet Animal s'est montrée dans toutes ses actions et principalement dans celles qui avaient pour but de le soustraire à quelque danger. Il donna plusieurs preuves d'une

certaine force de raisonnement durant la traversée, ne se hasardant à faire ce dont il ne connaissait pas les suites qu'il ne l'eût vu faire sans danger à la personne qui en avait un soin particulier, et dans laquelle il avait conséquemment placé ses affections et sa confiance. » Ainsi il ne monta aux manœuvres que lorsqu'il y eut vu monter le capitaine Decaen son ami, il ne cessa de se cramponner à des cordages en se promenant sur le pont, que lorsqu'il se fut bien familiarisé avec le roulis. Rendu à Paris il aimait à se promener dans un jardin, où il grimpait ensuite sur des Arbres, à la cime desquels on le voyait s'asseoir; mais dès qu'on feignait de l'y vouloir suivre, il agitait les branchages de toute sa force pour empêcher qu'on pût y monter. Ennuyé des nombreuses visites qu'on lui faisait, il se cachait souvent sous sa couverture, mais il n'en agissait jamais ainsi avec les personnes qu'il affectionnait, et dont il ne se séparait qu'avec peine, la solitude lui paraissant insupportable. Une fois pour l'empêcher d'entrer dans un appartement, on avait ôté du voisinage de la porte les chaises sur lesquelles il eût pu monter pour atteindre au loquet; mais il fut au loin en chercher une pour s'élever jusqu'à la serrure qu'il sut fort bien ouvrir. Aimant à jouer avec un petit Chat qu'on lui avait donné pour le divertir, il en fut égratigné; aussitôt il regarda fort attentivement le dessous des pates du Chat; y ayant trouvé les griffes, il examina comment elles étaient faites et essaya de les arracher avec ses doigts. Se servant assez maladroitement de fourchette et de cuiller, lorsque les choses qu'il voulait saisir avec ces instrumens semblaient s'y refuser, il présentait la fourchette et la cuiller aux personnes qui l'avoisinaient pour qu'on l'aidât dans ce qu'il n'avait su faire. Ayant posé un vase de travers et s'apercevant qu'il allait tomber, il le soutint et l'étaya.

L'Orang roux, observé par Vosmaër, n'était pas plus méchant que celui dont nous venons de parler. Tous ses mouvemens étaient lents, et dans aucun on ne trouvait le moindre rapport avec l'impétuosité des Singes. On ne lui remarqua point d'écoulement périodique, mais c'était une femelle encore très-jeune. Elle aimait le vin de Malaga, les carottes et surtout les feuilles de persil. Elle prenait aussi avec goût de la viande rôtie et du poisson cuit, savait boire avec un verre, déboucher une bouteille, se curer les dents, s'essuyer les lèvres avec une serviette, escamoter dans les poches ce qui s'y trouvait à sa convenance. Connaissant la route de la cuisine, elle y allait seule chercher son repas; elle se couchait à l'entrée de la nuit après avoir bien arrangé le foin de sa couche, s'être fait un oreiller et avoir disposé convenablement sa couverture sous laquelle on la voyait se blottir, comme le fait un homme frileux. Cet Animal ayant remarqué que Vosmaër ouvrait ou fermait le cadenas de sa chaîne au moyen d'une clef, on le surprit tournant un morceau de bois dans le trou et comme cherchant à se rendre compte de ce qu'il ne réussissait point à se mettre en liberté. Lorsqu'il lui arrivait d'uriner sur le plancher, il n'avait pas de cesse qu'il n'eût trouvé un chiffon pour essuyer les ordures qu'il avait faites. On lui avait appris à nettoyer les bottes, ainsi qu'à ôter les boucles des souliers. Des observations récentes sur un autre jeune Orang roux qu'on élevait à Java, ont fait connaître que ses pareils se construisent, sur les Arbres, de véritables hamacs, qu'ils se couchent et se lèvent avec le soleil, et qu'ils ne descendent guère à terre si ce n'est pour aller dans les broussailles dénicher des œufs dont ils sont extrêmement friands.

Wurmb, dans les Mémoires de la Société de Batavia (T. II, p. 245), a décrit un Orang de grande taille où il crut reconnaître le Pongo de Buffon, c'est-à-dire le Champanzée, et qu'il nomma conséquemment Pongo, ajoutant ainsi à la confusion d'une versatile et fausse nomenclature d'où sont résultées tant d'erreurs. Il ne donne point de figure de son prétendu Pongo, mais son squelette, parfaitement conservé, a été fidèlement représenté dans l'Histoire des Singes d'Audebert (pl. 2, des détails anatomiques, fig. 5). La taille de ce squelette est de quatre pieds; la forme de la mâchoire inférieure fait présumer un os hyoïde fort grand; le museau y est aussi long que dans le Mandril, et même plus gros et plus obtus. On remarque sur le crâne une crête osseuse très-forte, laquelle, de l'occiput, s'élève sur le vertex, et se partage en deux branches qui se dirigent sur les côtés des orbites. Deux autres crêtes latérales, partant également de l'occiput, se dirigent vers les trous des oreilles; elles sont plus saillantes encore que la crête supérieure, et ont quatre à cinq lignes d'élévation. Les vertèbres cervicales sont particulièrement remarquables par la longueur extraordinaire de leurs apophyses épineuses qui surpasse, proportions gardées, ce qu'on trouve dans tous les autres Mammifères. Il y a douze côtes dont cinq fausses. Les membres antérieurs sont fort longs et descendent jusqu'aux malléoles ou chevilles des pieds; la main étant presque aussi longue que la jambe, et l'avant-bras que le bassin avec le fémur pris ensemble. Les canines y sont de véritables coins ou crochets aussi forts et prononcés que dans les bêtes féroces. Wurmb rapporte que le résident hollandais à Rambang, ayant été envoyé en mission à Saccadona dans l'île de Bornéo, parvint à se procurer l'Animal dont il est question, lequel se défendit vigoureusement avec de grosses branches d'Arbre qu'il arrachait, de sorte qu'on ne put parvenir à le saisir vivant. Sa tête était un peu pointue vers le haut de l'occiput; le museau était assez proéminent, et les deux joues munies d'une large excroissance charnue. Les yeux petits saillaient hors de la tête; le nez, qui n'offrait point d'élévation, consistait en deux narines placées obliquement à côté l'une de l'autre. Les oreilles petites étaient collées contre la tête. La bouche était garnie de grosses lèvres et d'abajoues, la langue épaisse et large; la face d'un noir fauve, sans poils, excepté à la barbe qui en présentait fort peu; le cou fort court; la poitrine beaucoup plus large que les hanches. Les jambes courtes et grêles étaient fortement musclées. La poitrine et le ventre demeuraient sans poils, mais sur les autres parties du corps où l'Animal en était couvert, ce poil, qui n'avait au plus qu'un doigt de long, était brun. Wurmb parle en outre de poches particulières que son prétendu Pongo avait sur la poitrine, caractère qui, avec la couleur, la grosseur des lèvres et les abajoues qu'il lui attribue, semblerait indiquer un Animal très-différent de l'Orang roux où le crâne n'offre point de crête dans la jeunesse, où le poil tire sur le rouge, où les lèvres sont minces, où les canines ne s'avancent point d'une manière menaçante, chez qui l'on n'observe ni abajoues, ni poches pectorales, et que nous avons vu n'être point de grandes et méchantes bêtes, ainsi que le sont les Pongos de Wurmb. Cependant Cuvier, ayant reçu en 1818 une tête osseuse de l'Inde, qui, dans la généralité de ses formes, ressemble à celle de l'Orang roux, mais où le museau est plus allongé, et dans laquelle on voit des crêtes sourcilières, soupçonna que cette tête intermédiaire prouvait l'identité de l'Homme des bois et du Pongo de Wurmb qui serait le vieil âge des Orangs roux dont on n'avait connu que l'enfance. En effet, si tous ces jeunes Orangs, vus en Europe, avaient l'angle facial très-ouvert et le crâne lisse, ils n'avaient guère que dix-huit mois à trois ans au plus, et l'on sait combien la forme de la tête varie dans l'Homme et dans les Singes, suivant les époques de la vie où la tête devient proportionnellement plus petite et plus bosselée en vieillissant. On voit des enfans blonds et des jeunes Singes roussâtres deve-

nir fort bruns avec les années; l'Orang roux aura donc pu devenir noirâtre. La croissance de la boîte osseuse dans les Orangs, et les modifications qui en résultent, changeraient conséquemment l'humeur et le caractère d'un Animal qui, de fort doux, deviendrait violent; qui, d'affectueux, deviendrait intraitable; et qui, susceptible dans sa jeunesse d'attachement pour l'Homme, en fuirait l'approche avec horreur quand l'expérience lui aurait fait connaître le prix des amitiés humaines.

Un fait récent paraît confirmer cette identité du Pongo de Wurmb et de l'Orang roux, en prouvant que ce dernier peut acquérir des proportions bien autrement considérables que celles qu'on lui supposait, et presque le double de la hauteur où atteint le squelette figuré par Audebert. On lit, dans le quinzième volume des Recherches asiatiques, la relation d'une capture d'Orang, faite à Sumatra en 1825. D'après la description minutieuse que le docteur Abel Clarke donne de l'Animal tué en cette occasion, et faite sur la peau altérée par la préparation, on ne peut méconnaître l'identité, encore qu'on en ait fait quelque part une espèce nouvelle, sous le nom de *Pongo Abelii*. Il n'y est point question d'abajoues, ce qui nous fait croire que Wurmb se trompa en attribuant de telles parties à son Pongo; mais on spécifie la direction des poils de la tête en avant, surtout celle de la toison rousse des bras qui est du bas en haut, l'existence d'une véritable barbe qui n'était pas implantée sans élégance, et la nudité ainsi que la petitesse des oreilles. Les proportions seules de l'Orang récemment mis à mort forment un grand contraste avec les idées qu'on s'était faites de l'élévation où de tels Animaux pouvaient atteindre. « L'équipage d'un canot sous le commandement de MM. Craygymann père et fils, officiers du brick la Marie-Anne-Sophie, dit la relation anglaise, étant débarqué au lieu nommé Ramboom, près Touramand, dans le nord-ouest de Sumatra, sur un canton bien cultivé qu'ombragent des Arbres clair-semés, aperçut un Animal gigantesque de la race des Singes. A l'approche des Hommes, cet Animal descendit de l'Arbre sur lequel il était perché ; mais quand il vit qu'on s'apprêtait à l'attaquer, il se réfugia sur un autre et présenta, dans sa fuite, l'aspect d'un Homme de la plus grande taille, couvert de cheveux luisans qui paraissaient noirâtres, mais dont la démarche eût été chancelante, et qui, pour ne pas broncher, appuyait ses mains de temps à autre sur le sol où, en se servant d'un bâton, il cheminait alors assez doucement ; mais on jugea de son agilité et de sa force, dès qu'il fut parvenu sur une cime d'où, s'élançant à l'aide des grosses branches, il passait d'un Arbre à l'autre aussi lestement que l'eût fait le plus petit et le plus vif des Singes. Il eût été impossible de s'en rendre maître dans un bois touffu et serré, car alors la rapidité d'un Cheval au galop n'eût pas été plus considérable. Ses mouvemens étaient si prompts, qu'on avait à peine le temps de l'ajuster. Ce n'est qu'après avoir abattu plusieurs Arbres et en agissant de ruse, qu'on parvint à l'isoler, et alors il fut frappé successivement de cinq balles dont une parut avoir pénétré dans les entrailles, et ses forces étant considérablement diminuées, il sembla les avoir entièrement perdues après avoir vomi beaucoup de sang. Néanmoins il se tenait toujours dans le feuillage. Quelle fut la surprise des chasseurs, quand le dernier asile du Singe ayant été forcé, on vit ce vigoureux Animal s'échapper encore avec une nouvelle vigueur vers d'autres Arbres. Mais enfin, presque mourant, on croyait s'en pouvoir rendre maître avant son dernier soupir, lorsqu'il se remit en posture d'une défense déterminée ; on l'attaqua alors de toutes parts avec des piques, et sa vigueur était toujours si grande, qu'ayant saisi l'arme d'un agresseur, il la rompit avec autant de facilité, selon l'expression du rap-

port, qu'il eût fait d'une simple carotte. Après cet effort, la malheureuse bête prit l'expression d'une suppliante douleur, et la manière piteuse dont elle portait ses mains sur les larges blessures dont elle était couverte, toucha tellement les chasseurs qu'ils commencèrent à se reprocher l'acte de barbarie qu'ils commettaient sur une créature, qui leur semblait presque humaine, non moins par la manière dont elle exprimait ses douleurs, que par ses formes. Lorsque le Singe expira, les naturels, accourus autour des Européens, contemplèrent sa figure avec un égal étonnement. Étendu sur le sol, il semblait avoir sept pieds anglais de hauteur ; mais quand il était debout, dépassant de toute la tête le plus grand Homme de l'équipage, on ne lui en avait pas supposé moins de huit. Le corps était fort bien proportionné ; la poitrine large et carrée ; le bas de la taille mince ; les yeux étaient grands, mais petits, proportions gardées avec les nôtres ; le nez paraissait plus saillant que chez aucune autre espèce de Singe, et la bouche très-fendue ; une barbe frisée, couleur de noisette, et de trois pouces de long, ornait les lèvres et les joues plutôt qu'elle ne défigurait ces parties ; ses bras étaient bien plus longs que ses membres postérieurs ; les organes générateurs, retirés, se laissaient à peine entrevoir. La beauté de ses dents, dont pas une ne manquait, indiquait qu'il n'était pas vieux ; les incisives, au nombre de quatre à chaque mâchoire, aplaties et taillées en biseau, avaient un pouce cinq lignes à l'inférieure ; les canines deux pouces et demi ; les molaires ne différaient des molaires humaines que par plus de grandeur. Le poil qui recouvrait tout le corps comme un habit, était poli, doux et reluisant. Ce qui surprenait le plus les assistans était la ténacité de la vie qui avait long-temps résisté à tant de coups. La force musculaire devait avoir été bien considérable, car l'irritabilité de la fibre se manifesta encore d'une manière très-frappante, lorsque le cadavre ayant été transporté à bord et hissé pour y être écorché, le couteau produisit un mouvement effroyable de contraction sur les parties charnues long-temps après la mort. Ces mouvemens furent tels, lorsqu'on parvint aux régions dorsales, que le capitaine Cornfoot en eut horreur, et que dans la persuasion où il fut que ces marques de sensibilité ne pouvaient avoir lieu sans de vives douleurs, il ordonna de ne pas passer outre à la dissection que la tête n'eût été détachée. Cet Animal, comme dépaysé, devait avoir voyagé durant un certain temps avant d'être parvenu au lieu dans lequel on le surprit, car il avait de la boue jusqu'aux genoux, et les habitans du canton ne se souvenaient point qu'on eût vu son semblable; ne s'enfonçant jamais dans les vastes et impénétrables forêts qui commencent à deux lieues de-là, ils ignoraient qu'un pareil Singe y existât; ils lui attribuèrent les cris singuliers qu'on avait entendus depuis quelques jours et qui ne ressemblaient à ceux d'aucun des Animaux féroces qui viennent de temps à autre menacer leurs demeures. La peau séchée et toute ridée de cet Orang a maintenant cinq pieds dix pouces du haut de l'épaule à la cheville du pied, le cou a trois pouces de longueur seulement, la face du haut du front à la pointe du menton, en a neuf, et du pied à la jambe il y a huit pouces, ce qui donne en tout sept pieds six pouces et demi (mesure anglaise.) La figure est entièrement nue, si ce n'est au menton et sur le bas des joues où règne la barbe qu'on trouva si bien placée et si belle; quelques cheveux d'un noir plombé tombent sur les tempes et sur les côtés; les paupières sont garnies de cils; les oreilles ont un pouce et demi du haut en bas et sont appliquées contre la tête; les lèvres paraissent minces; le poil de la tête implanté d'arrière en avant a cinq pouces dans sa plus grande longueur, et sa couleur est d'un roux foncé. Les bras étant étendus, on trouve huit pieds deux pouces de l'extrémité d'un doigt à l'autre extrémité. » Le reste de la description s'accorde parfaitement avec celle que nous avons donnée plus haut de l'Orang roux. Le squelette d'un pareil Bimane eût été une pièce bien plus curieuse à rapporter que sa peau même; son examen eût levé tous les doutes, car malgré l'opinion de Cuvier et le témoignage de Blainville qui appuya cette opinion de diverses analogies, il ne demeure pas prouvé que le Pongo de Wurmb soit le même être, et nous ne voyons pas pourquoi il n'existerait pas dans les îles de la Sonde, si peu connues, plus d'une espèce d'Orang. Le zèle avec lequel les savans des Pays-Bas explorent maintenant, sous la protection d'un prince instruit et libéral, les colonies dont l'ancienne compagnie hollandaise ne s'occupait guère que sous les rapports commerciaux, ne tardera point à éclaircir des points si importans de l'histoire naturelle.

On trouve dans le Magasin Philosophique (mars 1826, p. 182) quelques détails sur la dissection d'un autre Orang roux, qui, tout en laissant beaucoup à désirer, ne méritent pas moins qu'on en donne une idée pour compléter le présent article. L'auteur John Jeffries rapporte que son Satyre avait été pris à Bornéo et apporté à Batavia; au premier aspect il avait quelque ressemblance avec un Nègre, par son museau prolongé et par la couleur noirâtre de sa peau; à l'exception des lèvres, du tour des yeux et du dedans de ses mains et des pieds, le reste de cette peau, dans les lieux dépourvus de poils, ressemblait en tout à celle de l'Homme; il marchait, soit sur deux pieds, soit en s'aidant des membres antérieurs qui étaient plus longs que ses jambes. Ses yeux bruns étaient enfoncés dans leurs orbites. Le nez était court; les lèvres étaient saillantes; les épaules assez larges et aplaties; les fesses à demi-nues, mais distinctes; il y avait un sacrum, un coccyx sans prolongement caudal, un nombril profond, un scrotum prononcé et rugueux; le tout parfaitement semblable aux mêmes parties dans l'Homme. Le capitaine du navire l'Octavie put observer à son aise les mœurs de cet intéressant Animal. Il vivait familièrement avec les marins qui l'appelaient George, et le considéraient comme un nègre de l'équipage. Il servait le café à table, comme il l'avait toujours fait dans la maison de son premier possesseur, rendait plusieurs services à bord pour nettoyer le pont et apporter de l'eau; il arrangeait les habits des officiers, comme l'eût fait un valet de chambre soigneux; docile, obéissant, il amusait tout le monde. Corrigé une fois par le capitaine, on eût dit, à son repentir, un enfant qui pleurait. Sa nourriture de prédilection était le riz; aimant les fruits, buvant du thé, du café et du vin blanc à dîner; il ne s'asseyait jamais sur le plancher, mais sur un siége élevé. D'après l'avis de son premier maître, on lui donnait de l'huile de ricin lorsqu'il était incommodé; une once le faisait vomir et le purgeait. Lorsqu'il contracta la maladie dont il mourut, il se laissait tâter le pouls qui donnait autant de pulsations par minute que celui d'un Homme. Sa peau était attachée par du tissu cellulaire, dense à la face, aux pieds et aux mains comme chez nos pareils, et il n'avait de muscle cutané que l'occipito-frontal. L'abdomen ouvert fut trouvé, dans toutes ses parties, conforme au nôtre. Le péritoine avec les ligamens suspenseurs du foie et du mésentère, étaient forts. Le cordon spermatique glissait le long des muscles et du ligament de Poupart. L'estomac, dans sa forme et dans sa situation, était semblable à celui de l'Homme; il n'y avait pas non plus de différence pour la structure des poumons, ni dans le cœur qui était d'égal volume. La glotte, l'épiglotte, l'os hyoïde et les cartilages du pharynx étaient les mêmes, mais vers le cartilage thyroïde et à l'entrée du larynx existait une partie que l'Animal pouvait gonfler d'air

à volonté, et cette poche est celle qui a été parfaitement décrite par Camper. Le cerveau pesait neuf onces trois quarts; les nerfs qui en émanaient sortaient des mêmes lieux que chez l'Homme et se distribuaient pareillement; la fibre musculaire parut très-robuste. La taille totale de l'Animal était de trois pieds quatre pouces.

Les Orangs, du moins l'espèce dont il est ici question, ont encore de commun avec l'Homme, qu'ils ne savent pas nager quand on ne le leur a pas appris, et qu'ils manifestent une certaine répugnance pour se plonger dans l'eau quand on ne les y a point de très-bonne heure habitués. Le savant Labillardière nous a autrefois raconté qu'ayant vu tomber un de ces Animaux dans la mer, celui-ci, surpris de sa chute, ne fit pas le moindre mouvement pour se sauver; il se laissait couler avec une sorte de résignation, et se fût infailliblement et promptement noyé, si l'on ne se fût pas empressé d'aller à son secours. « Au reste, dit judicieusement F. Cuvier, la nature n'a donné aux Orangs-Outangs que peu de moyens de défense. Après l'Homme, ce sont peut-être les Animaux qui trouvent dans leur organisation les plus faibles ressources contre les dangers; mais ils ont de plus que nous, une extrême facilité pour grimper aux Arbres et pour fuir ainsi les ennemis qu'ils ne pourraient combattre qu'avec désavantage. » Ajoutons que l'invention des armes, qu'ils eussent fort bien pu s'essayer à manier, ne leur a conséquemment pas été nécessaire; que suffisamment vêtus pour les climats qu'ils habitent, ils n'ont pas eu besoin de chercher à se façonner d'autres habits; et qu'une chaussure, qui n'eût pas manqué de devenir indispensable pour protéger leur large plante charnue, s'ils eussent été voyageurs, leur devenant inutile et même incommode pour percher, sédentaires dans les forêts, les Orangs créés pour l'indépendance, n'ont pas plus eu besoin de se chercher des moyens d'attaque que de se chercher des commodités personnelles ; ce sont les avantages corporels qu'ils ont sur l'Homme, avec moins de nécessité, qui ont dû contenir ces Animaux au degré d'infériorité qu'ils occupent dans la nature par rapport à nous. Nul doute qu'à l'aide de tant de conformités physiques existantes entre l'Homme et le Champanzée, qu'au moyen des facultés intellectuelles qui élèvent ce dernier au moins au niveau du Hottentot, on ne parvînt à développer considérablement la raison de ce second Bimane, comme on parvient à faire un peu plus qu'une machine d'un paysan grossier, lorsqu'on s'occupe de l'éducation de celui-ci avant que, croupi dans une stupide superstition, il ne soit définitivement constitué en brute, et qui pis est en brute la plus méchante de toutes, parce que les fausses idées dont on l'imboit, détruisent en lui jusqu'à cette rectitude d'instinct qui faisait que cet Orang roux dont on a tout à l'heure raconté le meurtre, était probablement moins bête que la moitié des marins qui l'assommèrent. C'est donc avec beaucoup de sens que Maupertuis aurait préféré une heure d'observation d'un Orang-Outang à la conversation du plus savant homme, et nous croyons, dût-on s'en égayer, qu'il serait de la plus haute importance pour l'avancement des sciences morales, qu'on se donnât la peine d'élever des Orangs dès le berceau, et loin de leurs aînés, en employant pour les instruire les procédés par lesquels on parvient à élever nos muets de la triste condition d'infirmes à la dignité d'Hommes. En vain contre la possibilité de réaliser notre vœu, l'on arguerait de cette humeur indomptable et sauvage, que la plupart des auteurs attribuent aux Orangs, mais dont nous avons plus haut essayé d'expliquer les causes. « Ce serait une grande simplicité, disait Jean-Jacques, de s'en rapporter là-dessus à des voyageurs grossiers, sur lesquels on serait quelquefois tenté de faire la même question, qu'ils se mêlent de résoudre sur d'autres Animaux....... Ces

voyageurs, ajoute le philosophe genevois, font sans façon sous les noms de Pongo, d'Orang-Outang, etc., des Bêtes de ces mêmes êtres dont les anciens faisaient des divinités. Peut-être, après des recherches plus exactes, on trouvera que ce ne sont ni des Bêtes ni des Dieux, mais des Hommes. » En ajoutant, *ou à peu près*, à sa phrase, Rousseau l'eût rendue parfaitement orthodoxe en histoire naturelle ; c'est-à-dire conforme aux idées que les Hommes raisonnables ont aujourd'hui de l'Orang-Outang et du Pongo.

Nous saisirons, en terminant l'histoire des vrais Orangs, l'occasion de citer un passage de Virey, au même titre que nous avons transcrit quelques bonnes lignes de cet écrivain dans notre article Homme. « Aucun des Orangs, dit-il, n'habite le nouvel hémisphère ; ils appartiennent à l'Asie et à l'Afrique ; leur visage n'est pas velu, mais il y a une sorte de barbe. Enfin, lorsqu'on a bien examiné toutes les ressemblances des Orangs-Outangs avec l'Homme, qu'on a bien étudié toutes leurs différences, on demeure convaincu que ce sont des créatures à forme humaine, plus intelligens que les Quadrupèdes, mais beaucoup moins que nous. Cependant, il y a des individus de l'espèce humaine si brutaux, si peu policés, et tellement imbécilles, qu'on n'aperçoit pas une grande distance de ces Animaux à ces Hommes, quoiqu'on ne puisse pas les confondre. Tels sont les Crétins et les Idiots, à beaucoup d'égards inférieurs à ces Singes, puisqu'ils ne sauraient seuls subvenir à leur subsistance. »

Devisme a figuré, dans les Transactions philosophiques (T. 59, pl. 3), un Singe du Bengale qu'il dit être de la grandeur de l'Homme, et se nommer Golokk ; cet Animal n'a pas les bras démesurés des Gibbons, et paraît devoir former une troisième espèce dans le genre qui vient de nous occuper, espèce qui ressemblerait plus au Champanzée qu'à l'Orang roux.

§ II.

Gibbon, *Hylobates* (Illiger). Quels que soient les rapports d'aspect et de conformation qui rattachent les Animaux de ce genre à la famille des Bimanes, ils ne peuvent demeurer confondus avec les Orangs dans un même genre; les callosités de leurs fesses les en distingueraient suffisamment quand l'angle facial ne serait pas diminué chez eux et quand leurs bras difformes ne seraient point allongés au point que sans s'accroupir ni même se baisser, les Gibbons peuvent poser leurs mains sur le sol, et marcher en quelque sorte à quatre pates tout en se tenant debout. Les extrémités inférieures sont au contraire courtes et surtout grêles, mais ce ne serait point cette maigreur des jambes et des cuisses avec la disproportion des bras qui éloignerait le plus les Gibbons de la famille où nous comprenons les espèces humaines, puisqu'en passant de ces Gibbons à l'Orang roux où les bras sont raccourcis, et de celui-ci au Champanzée chez qui nous les voyons encore plus courts, nous arrivons à ces Hommes de l'Australasie chez qui les bras sont plus longs que chez nous, tandis que les cuisses et les jambes n'y sont pas moins grêles que chez les Orangs. Partout la nature nous montre, au moyen des passages qui lient ses productions, combien sont téméraires et vains ces systèmes de classification où certains naturalistes prononcent de toute leur hauteur, quelle créature doit nécessairement être éloignée de celles qui lui sont voisines parce qu'on lui trouve un point de connexion avec le groupe dans lequel on les veut rejeter sous prétexte, s'il est permis d'employer cette expression dans un ouvrage sérieux, qu'il ne faut pas casser les vitres. Quoi qu'il en soit, comme c'est des formes corporelles et des subordinations organiques que résultent les facultés des Animaux sans exception, et qu'en raison du plus grand nombre de telles ressemblances ces êtres ont de plus grands rapports dans ce qu'il est temps d'appeler le moral indistinctement chez tous, les ressemblances des Gibbons avec les Hommes diminuant à peu près dans la proportion où leurs ressemblances avec les Singes augmentent, ces Gibbons devaient être les derniers des Bimanes sous le rapport de l'intelligence, et ils le sont en effet. Généralement plus petits que les autres et conséquemment moins forts; indolens, parce que la bizarre contexture de leurs bras les condamne à une sorte de maladresse; ordinairement sédentaires, parce que la disproportion de leur ensemble rend leurs allures pénibles, ils vivent cantonnés dans les sauvages et vastes forêts des parties les plus orientales et méridionales de l'Asie, ainsi que des grandes îles de la Polynésie. Ils ne pourraient courir et ne grimpent point non plus aux Arbres avec autant de facilité que les Orangs; aussi se défient-ils de leurs ressources pour échapper au danger, et ils sortent rarement de leurs fourrés où ils vivent en sociétés assez nombreuses, et commodément assis au moyen des callosités de leurs fesses sur les grosses branches; d'autres fois ils se tiennent debout à l'extrémité des rameaux même les plus agités par les vents où l'on prétend qu'ils se dressent aisément, non en cherchant à s'accrocher aux branchages voisins à l'aide de leurs longs bras, mais en étendant horizontalement ces bras qui forment balancier; de sorte que l'idée de faire des tours de force sur la corde, étant originaire de l'Inde avec tant d'autres jongleries, il est probable que les Gibbons furent les premiers modèles que se proposèrent les acrobates. Ainsi que leurs élèves, ces Animaux peuvent avoir une excellente tête pour résister au genre d'étourdissement qu'éprouvent ordinairement les Hommes lorsqu'ils se voient comme suspendus dans les airs, exposés à tomber d'une grande hauteur; mais on peut dire que dans toute autre circonstance ils ont l'esprit faible. Le peu d'individus qu'on a étudiés dans la domesticité, s'y sont montrés timides, défians, poltrons, taciturnes, en tout temps comme embarrassés de leur maintien. Ils mangeaient de tout ce que nous mangeons, mais en préférant les légumes et les œufs; ils imitaient bien quelques-unes des actions humaines, mais avec gaucherie, et nul doute qu'un Orang noir ou Champanzée ne soit beaucoup plus au-dessus d'un Siamang ou d'un Wouwou, qu'un Hottentot, un Mélanien, ou même plus d'un de nos concitoyens, ne sont au-dessus de ces Champanzées ou Orangs noirs dans lesquels certains raisonneurs ne verraient une bête que parce que certains docteurs leur auraient dit qu'il est fort dangereux de voir autrement. Les Gibbons ont du reste, à quelques modifications de formes près, le système dentaire qui caractérise les autres Bimanes; le poil de l'avant-bras s'y dirige également du bas en haut, c'est-à-dire en venant du poignet au coude, mais plus obscurément parce qu'il est tant soit peu laineux; le bassin y est plus allongé et déjà beaucoup plus oblique.

Espèces constatées du genre GIBBON.

1°. Le SIAMANG, *Hylobates syndactylus*, Cuv., figuré dans les Mammifères du Mus. (34e livr., n. 1821), est l'un des plus grands Gibbons, quoiqu'il atteint jusqu'à trois pieds et demi de hauteur. Assez commun à Sumatra, où le découvrit Alfred Duvaucel, il est étonnant qu'on n'en ait point eu plus tôt de notions en Europe. Une poche gutturale comme dans les Orangs lui interdit un langage articulé, mais coopère à rendre ses cris forts et lugubres. Son pelage est extrêmement noir, si ce n'est aux sourcils et sous le menton, où les poils, toujours doux, épais et brillans, sont roussâtres. Le mâle porte un pinceau de semblables poils à chaque testicule, tandis que la femelle a le tour des parties correspondantes et des mamelles totalement nu. Le caractère principal qui ne permet de confondre le Siamang avec aucune autre espèce, consiste dans la membrane qui, très-étroite, unit le doigt index au médius, en s'étendant jusqu'à la première phalange. Selon les observations de Duvaucel, ces Animaux se tiennent en troupes fort nombreuses où semblent exercer une certaine autorité quelques individus plus forts et plus agiles que les autres. Ces troupes font retentir les forêts de cris épouvantables pendant le coucher et le lever du soleil; dans l'obscurité profonde ils gardent le silence, et le jour, blottis à l'ombre du feuillage, on ne les entend pas plus que s'ils n'existaient pas. Gênés dans leurs mouvemens, ils ne grimpent même pas avec légèreté; aussi sont-ils attentifs au moindre bruit et très-vigilans; ils placent des sentinelles pour observer au loin ce qui pourrait menacer leur repos. On s'empare aisément des individus qu'on surprend à terre; il est au reste peu d'Animaux plus bêtes et plus maussades; d'une patience stupide, supportant les plus mauvais traitemens avec une imperturbable résignation, ils peuvent être réputés un modèle de l'esclave et mériteraient plus que le Chien même le titre de fidèle, dans le sens où beaucoup de personnes comprennent la fidélité. On n'a pas manqué conséquemment d'arguer de l'idiotisme du Siamang pour dégrader les Orangs qui ne sont pourtant ni des Gibbons, ni des Idiots. Cependant qu'une femelle de l'espèce dont il est question devienne mère, un nouveau sentiment l'élève aussitôt au-dessus de ses semblables; l'amour maternel développe en elle et au plus haut degré l'intelligence nécessaire pour veiller à l'éducation de son petit en subvenant à tous ses besoins; prévoyante, active, elle devine et sait écarter les moindres dangers à l'aspect desquels son courage s'allume. Des squelettes de Siamangs des deux sexes ayant été adressés au Muséum avec diverses peaux, on remarquera que dans le crâne des femelles adultes une saillie terminale et bien plus considérable que chez tous, les Orangs et les Singes, est située au-dessous de la place correspondante au cervelet qu'elle déborde de beaucoup; cette saillie correspond à l'extrémité prolongée en arrière des hémisphè-res cérébraux. Le docteur Gall re-garde ces extrémités comme la sour-ce des attachemens de famille. Leur grandeur, chez le Siamang, expli-querait donc cette tendresse des mè-res pour leur progéniture, portée au plus haut degré; mais il faudrait vé-rifier si cette prépondérance n'est pas aussi considérable dans les mâles, pères assez indifférens et à peu près stupides en tout temps, et si les fe-melles demeurent toujours intelli-gentes, actives et courageuses, lors-que l'amour maternel n'exalte plus leurs facultés.

2°. Le Wouwou, Encycl., Mam., Suppl., pl. 1, fig. 1, et de Camper, *Hylobates leuciscus*; le Gibbon cen-dré de Cuvier figuré sous ce nom dans l'Atlas du Dictionnaire de Le-vrault; Moloch, d'Audebert, Fam. 1, sec. II, fig. 11; *Pithecus leuciscus*, Geoff., Mém. Mus. T. II, p. 89, n. 4; *Simia leu“isca*, Schreb., tab. 5, B. Ce Gibbon atteint jusqu'à qua-tre pieds de hauteur; son pelage est d'un gris cendré clair, tirant sur le brun et le bleu sur les reins; doux, laineux et touffu. Ses callosités sont très-fortes; tous ses doigts sont li-bres, et les bras sont encore plus longs que dans l'espèce précédente. La face nue est d'un bleu noirâtre, légèrement teint en brun dans les fe-melles; un cercle de poils particuliers qui entoure cette face, les pieds, les mains, les oreilles et le sommet de la tête tirent sur le noir. Les jeu-nes sont d'un blond uniforme. Les vieux se diaprent de quelques nuan-ces plus ou moins variées et foncées. Les Wouwous ne vivent point en troupes autant que les autres Bima-nes; on les trouve presque toujours par couple, et leur agilité est surpre-nante. On les voit souvent grimper rapidement sur les Bambous les plus élevés et les plus mobiles à l'extré-mité desquels ils se soutiennent hors

de toute portée, debout et en équili-bre dans l'air à l'aide de leurs grands, bras étendus en croix; d'autres fois saisissant l'extrémité agitée des bran-chages flexibles, ils s'y laissent pen-dre, et s'y balancent pour se lancer au loin quand ils se sont donné l'im-pulsion convenable; on assure qu'ils peuvent ainsi sauter plusieurs fois de suite jusqu'à trente et même jusqu'à quarante pieds de distance. Leurs pas-sions sont vives, leurs appétits res-semblent à ceux des enfans; dans la domesticité, ils deviennent mélanco-liques et fort peu divertissans, ne se montrant plus aussi agiles qu'ils l'étaient dans leurs bois. On trouve assez communément ce Gibbon aux Moluques et dans les îles de la Sonde.

3°. L'Ounco, *Hylobates Lar*, Gib-bon de Buffon, T. xiv, pl. 2, copiée sous le nom impropre de grand Gib-bon, dans l'Encyclopédie Méthodi-que, Quadrupèdes, pl. 5, fig. 5; Audebert, Fam. 1, sec. 11, fig. 1, où les bras et les jambes, dessinés d'après des peaux rembourrées, sont beaucoup trop gros et trop régulière-ment cylindriques; *Pithecus Lar*, Geoff., Mém. Mus. T. xxix, p. 88, n° 2; *Simia Lar*, L., Gmel., *Syst. Nat.*, xiii, T. 1, p. 27; *Simia longi-manus*, Schreb., tab. 5. Cette espèce, la première du genre que fit connaî-tre Buffon d'après une petite femelle que Daubenton étudia et qui ne pe-sait guère que dix-huit livres; cette espèce qu'on a quelquefois et si mal à propos appelée grand Gibbon, puis-que l'Ounco n'est pas aussi grand que le Wouwou et le Siamang, n'atteint guère que trois pieds de hauteur. Elle a été trouvée à Sumatra; on l'a aussi rapportée des environs de Pondiché-ry. Sa couleur est d'un noir brunâtre, son poil épais et lisse forme sous le cou comme une sorte de crinière. Ses pieds, ses mains et sa face sont d'une couleur noire foncée; cette dernière partie est comme encadrée par un bandeau de poils blancs qui passe sur les sourcils et forme des fa-voris épais.

4°. Le Petit Gibbon de Buffon,

T. xiv, pl. 3, copiée dans l'Encyclopédie, pl. 5, f. 4; *Hylobates variegatus; Simia variegata*, *varietas*, Schreb., tab. 3; *Pithecus variegatus*, Geoff., Mém. Mus. T. xix, p. 88, n. 3; Desmarest, Encycl. Méth., Mam., p. 51, n. 5. Cuvier n'a point adopté cette espèce qu'il présume avec Schreber n'être qu'une variété de la précédente. L'individu femelle sur lequel on la fonda, était d'un tiers moins grand que le Ounco, mais offrait d'ailleurs les mêmes proportions dans toutes ses parties; il ne différait guère que par la couleur du dessus et des cotés du cou, du dos et de la face externe, et par celle des bras qui était brune et non pas noire; les régions internes, ainsi que la croupe, étaient grises mêlées de brunâtre. On n'a pas retrouvé dans les collections du Muséum l'Animal observé par le collaborateur de Buffon et qui servit à établir cette espèce; il venait de la presqu'île de Malacca.

On a cru reconnaître un Gibbon dans le grand Singe de la Chine dont certains voyageurs ont fait mention sous le nom de Féfé, et dont les dents très-fortes ont fait supposer qu'il était carnivore et même antropophage. L'existence de cet Animal n'est rien moins que constatée.
(B.)

*ORANGA. ois. Espèce du genre Couroúcou. *V.* ce mot.   (DR..Z.)

ORANGE. bot. phan. Fruit de l'Oranger. *V.* ce mot. La ressemblance de certaines variétés de Courge avec l'Orange, par la couleur surtout, leur a valu les noms d'Orange et d'Orangins.   (B.)

ORANGE DE MER. polyp. Nom vulgaire d'une masse arrondie, que Linné prit pour un Alcyon, et que, pour cette raison, il nomma *Alcionium Aurantium*. Nous n'y voyons pas un Alcyon, mais des amas d'œufs de Mollusques.   (B.)

ORANGER. *Citrus*. bot. phan. Grand et beau genre, qui sert de type à la famille des Hespéridées ou Aurantiées, et qui appartient à la Polyadelphie Polyandrie, L. Ce genre, peu nombreux en espèces, mais dont les variétés sont presque innombrables, peut être ainsi caractérisé : le calice est monosépale, persistant, presque plane, étoilé. La corolle se compose de quatre à cinq pétales, étalés ou dressés, sessiles, recourbés en dehors, égaux entre eux, blancs ou légèrement lavés de violet. Les étamines sont en grand nombre, dressées autour du pistil, réunies par leurs filets en un grand nombre de faisceaux inégaux, planes; les anthères sont terminales, introrses, subcordiformes ou sagittées, à deux loges, s'ouvrant chacune par un sillon longitudinal; ces étamines sont, ainsi que les pétales, insérées autour d'un disque plane, hypogyne, légèrement lobé sur ses bords. L'ovaire est libre, généralement globuleux, à plusieurs loges, dont le nombre est très-variable; chaque loge contient de quatre à huit ovules, attachés à l'angle interne par une de leurs extrémités, pendans dans la loge et disposés sur deux rangées longitudinales. Le style est simple ; épais, cylindracé, terminé par un gros stigmate convexe, glanduleux et trèsvisqueux. Le fruit offre une organisation très-remarquable, et quelques auteurs lui ont donné un nom spécial (Hespéridie). Il se compose d'une partie extérieure ou péricarpe épais, comme spongieux, luisant extérieurement et rempli d'un grand nombre de glandes vésiculaires, pleines d'une huile volatile; il offre intérieurement un grand nombre de loges séparées par des cloisons celluleuses, facilement séparées les unes des autres. Ces loges sont remplies d'une substance celluleuse et charnue, qui paraît composée d'un grand nombre de cellules charnues et irrégulières, naissant des parois de la loge; à l'angle interne de celle-ci sont deux ou trois graines, plus ou moins, suivant qu'un nombre plus ou moins grand a été fécondé et s'est développé. La structure de ce fruit, qui a été l'objet des discussions d'un grand nombre de botanistes, nous paraît extrêmement simple, quand on en suit les développemens successifs, à partir de l'époque de la fécondation. Ainsi, comme on reconnaît alors bien évidemment un ovaire à plusieurs loges, contenant chacune un certain nombre d'ovules; que, plus tard, on voit l'intérieur de ces loges se remplir d'un tissu vésiculeux et charnu, on devra considérer chacune des parties ou des segmens de l'Orange comme une loge. Quelques autres botanistes, au contraire, sont disposés à admettre chaque graine comme environnée d'une loge qui lui soit propre. D'un autre côté, le professeur De Candolle regarde la partie corticale du fruit comme une prolongation du torus, recouvrant un nombre variable de carpelles à parois membraneuses. Cette opinion ne nous paraît pas admissible, quand on examine avec soin la structure de l'ovaire. Les graines renfermées dans le fruit sont irrégulièrement ovoïdes, généralement enveloppées dans le tissu pulpeux; elles sont dépourvues d'endosperme et contiennent souvent plusieurs embryons, irrégulièrement emboîtés les uns dans les autres; ces embryons ont leur radicule tournée vers le hile; leurs cotylédons épais, charnus et souvent auriculés à leur base.

Les espèces de ce genre sont de beaux Arbres ou des Arbustes odorans, toujours verts, d'un port élégant, produisant des feuilles alternes, simples, entières ou dentées, glabres, articulées au sommet d'un pétiole simple ou dilaté en forme d'ailes sur ses côtés; dans les espèces sauvages et dans quelques-unes de celles qui sont cultivées, on trouve souvent à la base des feuilles un aiguillon plus ou moins roide et allongé, et qui semble être une stipule unilatérale. Les fleurs généralement blanches ou rosées sont de grandeur moyenne et exhalent les odeurs les plus suaves qu'on puisse imaginer; elles sont en général réunies en un petit nombre à l'extrémité des jeunes

rameaux. Les fruits offrent toutes les modifications possibles de grosseur, depuis celle d'une cerise jusqu'à celle de la tête d'un enfant; quant à leur forme, elle est tellement variée, que souvent elle échappe à l'exactitude de nos descriptions; mais toujours ces fruits, parvenus à leur maturité, ont à l'extérieur une teinte jaune très-animée, dont la nuance seule varie, et qui porte un nom particulier, ayant son type parmi les couleurs dites primitives dont se nuance le spectre solaire. La saveur du tissu pulpeux est fort différente, suivant les espèces et les variétés; mais presque constamment elle est plus ou moins acidifiée par un acide particulier, qu'on a nommé pour cette raison *Acide citrique*; mais quelquefois la saveur sucrée prédomine comme dans les Oranges proprement dites, par exemple; d'autres fois, c'est la saveur acide, comme dans les Limons; dans quelques-uns, elle est fade, dans d'autres, amère, etc.

Nous avons déjà dit que le nombre des espèces de ce genre était peu considérable; mais il est néanmoins très-difficile d'en assigner les caractères précis. Cette difficulté vient certainement du nombre prodigieux de variétés qu'ont éprouvées chacune de ces espèces depuis le temps immémorial qu'elles sont cultivées. Les ouvrages les plus importans à consulter sur l'histoire des Orangers, sont : 1° celui du jésuite Jean-Baptiste Ferraris, publié à Rome en 1646, sous le titre de : *Hesperides sive de Malorum aureorum culturá et usu*, avec pl.; 2° le Traité du Citrus, par Georges Gallesio, in-8°, Paris, 1811; 3° et surtout les ouvrages de Risso, savant naturaliste à Nice, également recommandable par l'étendue et la variété de ses connaissances en botanique et en zoologie. Ses ouvrages consistent en Mémoires publiés dans le T. xx des Annales du Muséum, et surtout dans la belle Histoire des Orangers, ouvrage orné de figures magnifiques, qu'il a publié à Paris en 1818, conjointement avec l'habile icouographe botaniste Poiteau. Dans ses premiers Mémoires (Ann. du Muséum, vol. xx), Risso a surtout eu pour objet de chercher à déterminer les espèces ou types qui existent parmi la foule de variétés cultivées. Il admet cinq espèces; savoir : 1° *Citrus medica*, Risso, Ann. Mus., 2, p. 199, T. ii, f. 2. Il y rapporte les Cédrats ou Cédrots. Cette espèce, originaire d'Asie, est celle que l'on cultivait dès les temps les plus reculés en Médie et dans l'Europe australe. 2° *Citrus Limetta*, Risso, *loc. cit.*, 195, T. ii, f. 1. Ce sont les Bergamottes, les Limettiers ou Limons doux. Elle est également originaire d'Asie, et abondamment cultivée en Italie. 3° *Citrus Limonium*, Risso, *loc. cit.*, p. 201. Elle est aussi d'Asie, et cultivée dans l'Europe australe. Risso y rapporte les diverses variétés de Limons ou Citrons. 4° *Citrus Aurantium*, Risso, *loc. cit.*, p. 181, T. i, f. 1 et 2. A cette espèce, également originaire de l'Inde, se rapportent toutes les variétés de l'Orange douce. 5° *Citrus vulgaris*, Risso, *loc. cit.*, p. 190. C'est la Bigarade et toutes les variétés d'Oranges à fruits amers. Ces cinq espèces ont été admises par De Candolle dans le premier volume de son *Prodromus systematis*. Mais néanmoins, quand on passe en revue le nombre prodigieux de variétés que la culture et si souvent le hasard seul ont fait naître dans le genre qui nous occupe, on voit combien il est difficile de tirer une ligne de démarcation entre ces diverses espèces. Elles passent si souvent de l'une à l'autre par des nuances insensibles, qu'on ne peut plus saisir les caractères qu'on a proposés pour les distinguer. Aussi voyons-nous l'habile naturaliste qui a établi les cinq espèces précédentes, abandonner cette méthode dans son Histoire des Orangers, publiée postérieurement. Il y établit huit types ou races principales, composés chacun d'un nombre plus ou moins considérable de variétés, mais auxquels il ne donne pas le nom d'espèces. C'est cette classification que nous allons suivre ici, en faisant connaître les variétés d'Orangers qu'on rencontre le plus fréquemment dans nos jardins.

I. ORANGERS A FRUITS DOUX.

Leurs feuilles sont ovales, allongées, aiguës, quelquefois légèrement dentées, pétiolées, à pétiole plus ou moins dilaté, ailé et articulé avec la feuille. Les fleurs sont blanches; les fruits multiloculaires, arrondis ou ovoïdes, rarement terminés à leur sommet par une petite pointe ou mamelon. Leur couleur est jaune doré ou orangé; leur écorce a les vésicules d'huile volatile convexes. La pulpe renfermée dans ces fruits est abondante, aqueuse, sucrée, douce, agréable et légèrement acidule. A cette première division appartiennent toutes les variétés dont nous mangeons les fruits, sous les noms d'Oranges de Malte, de Portugal, des Açores. Dans son Histoire Naturelle des Orangers, Risso en décrit quarante-trois variétés principales. Parmi ces variétés, nous distinguerons :

L'ORANGER FRANC ou ORANGER SAUVAGE A FRUIT DOUX, *Citrus Aurantium*, Risso, *loc. cit.*, p. 33, T. iii. On s'accorde généralement à considérer cette variété comme le type du véritable Oranger à fruit doux. C'est un Arbre qui, sur les bords de la Méditerranée européenne, s'élève à environ vingt-quatre ou vingt-cinq pieds de hauteur, tandis que, dans les régions plus chaudes, il peut acquérir une hauteur double. Sa tige est droite, rameuse dans sa partie supérieure, où elle s'étale en une tête hémisphérique. Ses rameaux sont garnis d'aiguillons acérés, et ses jeunes pousses sont ordinairement anguleuses et d'un vert tendre. Ses feuilles sont d'un vert plus ou moins intense, longues d'environ quatre pouces, ovales, allongées, luisantes; les inférieures dentées, les supérieures entières. Les fleurs sont axillaires et terminales, d'un blanc pur; les fruits, globuleux, de moyenne grosseur, sont quelquefois un peu déprimés à leur sommet, d'un beau jaune doré, offrant une peau rugueuse, partagés intérieurement en huit ou dix loges, remplies d'une chair très-agréable. Cet Arbre ne donne guère de fruits que quand il est parvenu à l'âge de vingt ans. Quoique ces fruits soient des meilleurs, qu'ils mûrissent promptement, et que l'Arbre résiste bien au froid, cependant on le cultive peu dans la rivière de Gênes, soit parce qu'il faut attendre trop long-temps ses récoltes, qui sont assez peu productives, soit parce que ces fruits sont en général endommagés par les épines dont les rameaux sont hérissés.

L'Oranger a été connu dès les temps fabuleux de l'histoire. On compte parmi les travaux d'Hercule de l'avoir enlevé du Jardin des Hespérides. On a beaucoup disputé sur le lieu de ce fameux jardin, que les uns placent dans la partie la plus occidentale de l'Afrique, au pied du mont Atlas, d'autres en Mauritanie; mais généralement on en assigne la place dans cette partie de l'Afrique baignée par la Méditerranée. Selon Celsius, l'Oranger aurait passé des montagnes de la Mauritanie dans la Médie, et de-là aurait pénétré en Grèce et en Italie. Bory de St.-Vincent a, comme Celsius, cherché à établir dans ses Essais sur les îles Fortunées, l'origine occidentale de l'Oranger qui loin de venir de l'Asie dans nos contrées méditerranéennes, y serait venu de l'Hespéride, qu'il cherche dans les Canaries et dans Madère où l'on sait que l'Oranger est naturalisé s'il n'y est pas indigène. Quant à l'Oranger à fruits doux dont nous nous occupons dans ce paragraphe, tous les auteurs s'accordent à le considérer comme originaire des provinces méridionales de la Chine, des îles de l'archipel des Indes, des Marianes, des archipels épars dans l'Océan Pacifique. La plupart des historiens disent que ce sont les Portugais qui l'ont transporté en Europe; ils l'ont sans doute répandue en route dans les îles où ils abordaient, puis-

qu'on en retrouve de sauvages avec des Citroniers, à Maurice, à Mascareigne, etc. D'un autre côté, Galesio, dont nous avons déjà parlé, prétend que ce sont les Arabes qui l'ont amené en Grèce, dans les îles de l'Archipel et en Italie. Quel que soit le fondement de ces diverses opinions, l'Oranger à fruits doux est aujourd'hui bien cultivé et acclimaté dans toutes les régions méridionales de l'Europe. On le trouve également presque devenu indigène dans les Antilles et toute l'Amérique méridionale, et dans l'Afrique australe. En France, en Italie, en Espagne et en Grèce, on cultive l'Oranger. Dans le premier de ces pays, on ne le voit guère que dans la partie maritime du département du Var, à Toulon et surtout à Hyères, où on le cultive en grand avec avantage. Notre collaborateur Bory de Saint-Vincent nous apprend, dans ses ouvrages sur la péninsule Ibérique, que l'Oranger qui n'y gèle nulle part, ne réussit bien cependant, et au point de procurer des bénéfices, qu'au-dessous de la ligne diagonale qu'il trace du Portugal vers la Catalogne, et qui sépare le pays en deux grandes régions physiques. Les Orangers deviennent, surtout en Andalousie et dans les Algarves, des Arbres énormes qui composent de véritables bois; les *huertas* ou vergers immenses qui en sont formés, font, durant des siècles, la richesse de certains couvens qui les possèdent. On en voit à Cordoue qui datent du temps des rois maures, sur le sol qu'on sait avoir été le jardin de leur palais. L'un d'eux passe pour avoir de six à sept siècles d'âge; son tronc commence à se détruire, et l'on a été obligé d'en étayer quelques branchages. Bory de Saint-Vincent a aussi remarqué qu'aucun Lichen n'est propre à l'Oranger, et que son écorce n'en supporte presque jamais ou même jamais d'aucune espèce. En Italie, l'Oranger est commun sur tous les bords de la rivière de Gênes, c'est-à-dire dans tout le versant méridional de la branche de l'Apennin qui sépare les bassins du Pô de la Méditerranée. On ne le voit pas dans les plaines de la Lombardie et très-peu en Toscane, bien que ce dernier pays, situé plus au midi que la rivière de Gênes, soit placé au-delà de la chaîne de l'Apennin qui sépare le bassin de l'Arno de celui du Pô; car on ne doit pas compter comme grande culture quelques Orangers que l'on voit dans certains jardins de Florence et de Pise. On ne le trouve pas non plus dans tous les États Romains, et il ne recommence à se montrer en grand que dans le golfe de Gaëte, où l'on en voit des plantations qui, de loin, ressemblent en quelque sorte à de vastes forêts toujours vertes. Ainsi donc, il est à remarquer qu'en France l'Oranger s'avance beaucoup plus au nord qu'en Italie et qu'en Espagne, où l'on n'en aperçoit aucun, ni en Catalogne, ni en Biscaye, ni en Galice. Cette différence provient évidemment de l'exposition plus ou moins avantageuse de ces diverses contrées. Dans toute la rivière de Gênes et la partie du département du Var, où l'Oranger prospère, une chaîne de montagnes élevées suit les sinuosités du rivage, dont elle est très-rapprochée. Elle garantit cette région non-seulement des vents du nord et de l'est, mais elle sert en quelque sorte à réfléchir les rayons du soleil et à en concentrer la chaleur. La Toscane, quoique plus méridionale que Nice et Gênes, quoique environnée de deux chaînes de montagnes, forme une vallée trop ouverte aux vents de l'est et de l'ouest, pour que les Orangers puissent y prospérer. Il en est de même des plaines basses qui forment le territoire de Saint-Pierre, et qui du côté de la mer surtout sont trop largement ouvertes à tous les vents.

Nous ne croyons devoir entrer ici dans aucun détail sur les nombreuses variétés de l'Oranger à fruit doux. Nous dirons seulement que parmi celles dont les fruits sont les plus estimés, on distingue surtout celles de Malte, de Portugal et des Açores. En général, on reconnaît une Orange de bonne qualité à sa peau mince, unie et luisante, caractère que l'on remarque surtout dans les Oranges de Malte et des Açores. Ces dernières, malgré leur petitesse, sont extrêmement bonnes, tandis qu'il est fort rare de trouver de bons fruits parmi ceux dont la peau est épaisse et rugueuse. La chair des Oranges est quelquefois teinte de rouge vineux. On a généralement remarqué que ces variétés ont une saveur plus douce; aussi sont-elles recherchées. L'Orange est un fruit bien précieux. Sa saveur sucrée est relevée par un goût acidule extrêmement agréable et rafraîchissant. Il offre aussi le très-grand avantage de pouvoir se conserver long-temps et de pouvoir être transporté à de grandes distances. Aussi trouve-t-on des Oranges dans presque tous les pays. Mais celles que l'on destine à voyager doivent être cueillies avant l'époque de leur maturité, et l'on nous a assuré à Hyères, en Provence, que celles que l'on expédie pour Paris, dans le courant de décembre, pour être vendues dans les premiers jours de l'année, sont encore entièrement vertes quand on les met dans les caisses.

L'Oranger est aussi fort employé en médecine. Ses feuilles, infusées au nombre de cinq à six dans une pinte d'eau, servent à faire des boissons calmantes et légèrement diaphorétiques. Qui ne connaît les usages multipliés de l'eau distillée de fleurs d'Oranger, soit dans l'économie domestique, soit dans la thérapeutique! Elle est antispasmodique, calmante, et fort usitée à la dose d'une demi-once jusqu'à celle de deux à trois onces dans une potion. Les diverses parties de l'Orange sont également fort usitées. Son écorce a une saveur amère et un peu âcre; elle est tonique, excitante, et entre dans un grand nombre de préparations; ainsi on en fait une teinture, un sirop, etc. C'est avec les écorces d'Oranges que se prépare l'excellente liqueur connue sous le nom de Curaçao. La pulpe des Oranges sert à préparer des orangeades, sorte de boissons plus douces et moins acides que les limonades. Comme ces dernières, elles sont tempérantes, et conviennent dans les inflammations légères des organes de la digestion. On fait aussi, avec le suc d'Orange clarifié, un sirop rafraîchissant et très-agréable, qui, étendu d'eau, forme extemporanément des orangeades; mais ce sirop a l'inconvénient de s'altérer rapidement. On emploie encore les Oranges pour désaltérer les malades dans certains cas où il est important de ne pas introduire une quantité marquée de liquide dans les organes de la digestion, comme par exemple dans le cas d'engouement ou d'étranglement d'une hernie. Un quartier d'Orange, dont le malade exprime le suc, suffit pour apaiser la soif, en rafraîchissant l'intérieur de la bouche.

II. **Bigaradiers ou Orangers a fruits amers.**

Les Bigaradiers s'élèvent généralement moins que les Orangers à fruits doux; leurs feuilles sont plus grandes et plus larges; leurs fleurs également plus grandes et plus parfumées; aussi sont-elles préférées dans les officines pour la préparation de l'eau distillée et de l'huile essentielle. Le fruit, que l'on appelle *Bigarade*, a le volume et la forme de l'Orange douce, mais son écorce est plus rugueuse; elle devient d'un jaune plus rougeâtre; sa pulpe est acide et amère; mais cette amertume n'est pas désagréable; aussi les Bigarades sont-elles employées comme les Limons, pour assaisonner les viandes et le poisson. Il faut encore ajouter comme caractère essentiel à ce fruit, que les vésicules à huile essentielle de son écorce sont concaves, tandis qu'elles sont convexes dans les Orangers à fruit doux.

Bigaradier franc, *Citrus Bigaradia*, Risso. Cet Arbre qui, dans l'Inde et la Chine sa patrie, s'élève à une hauteur souvent très-considérable, peut, dans l'Europe australe, acquérir vingt-quatre ou vingt-cinq pieds d'élévation; ses rameaux sont garnis de longues épines verdâtres; ses feuilles sont elliptiques ou oblongues, étroites, acuminées, légèrement dentées dans la partie supérieure, un peu ondulées et à pétiole plus ou moins ailé. Les fleurs, réunies en bouquets, sont entièrement blanches. Les fruits sont de grosseur moyenne, arrondis ou légèrement allongés, ou déprimés au sommet, lisses ou rugueux, d'un jaune qui passe à l'orangé foncé tirant sur le rouge de minium; leur écorce est très-amère et odorante, adhérente avec la pulpe qui est jaunâtre, acidule et amère; on cultive en grand cet Arbre en Andalousie, non moins que l'Oranger, l'écorce des fruits étant envoyée en Hollande pour la confection de la liqueur dite de Curaçao ou Cuirassau, les sucs sont mis dans des barils en Angleterre où l'on s'en sert dans la teinture.

On cultive en général un assez grand nombre des variétés de cette race dans les jardins et les orangeries de France. Ce sont leurs fleurs qui sont les plus recherchées pour la suavité de leurs parfums. Ces Arbres, ainsi que tous ceux du même genre, peuvent vivre et végéter pendant plusieurs siècles. On voit encore aujourd'hui, dans l'orangerie du parc de Versailles, un Bigaradier, vulgairement connu sous les noms de Grand-Bourbon, Grand-Connétable, François Ier; cet Arbre, disent les auteurs de l'Histoire des Orangers, provient d'une graine qu'une reine de Navarre fit semer dans un pot en 1421. L'Arbre qui en provient fut élevé à Pampelune, alors capitale du royaume de Navarre, et vint à Chantilly par succession jusqu'au règne de François Ier. Le connétable de Bourbon, seigneur de Chantilly, s'étant révolté, et ayant pris le parti de Charles-Quint contre François Ier, celui-ci fit confisquer les biens du Connétable, et notamment cet Oranger, unique en France à cette époque, qui fut transporté de Chantilly à Fontainebleau en 1532. Ce transport a été payé trois cents écus. (L'argent valait alors seize francs le marc.) En 1684, Louis XIV fit venir cet Oranger de Fontainebleau à Versailles ; il en coûta six cents francs de transport. (L'argent valait alors cinquante-quatre francs le marc.) Conservé depuis cette époque dans l'orangerie de Versailles, cet Arbre historique a aujourd'hui quatre cent six ans. Sa hauteur est de vingt-deux pieds y compris la caisse, ce qui le réduit à dix-sept environ ; sa tête n'a pas moins de quarante-cinq pieds de circonférence, et rien n'annonce encore que l'âge ait détruit ou seulement diminué sa force de végétation et sa fécondité. Poiteau (Hist. des Orangers) dit qu'en 1819, il était chargé de plus de mille fruits.

Nous devons mentionner encore quelques variétés trop remarquables ou trop communes dans les jardins pour que nous puissions les passer sous silence.

BIGARADIER CHINOIS, *Citrus Bigaradia sinensis*, Risso et Poit., Hist., p. 103, tab. 49. Cette variété ne forme, dans nos orangeries, qu'un Arbrisseau peu élevé, mais dans le midi de l'Europe, il peut s'élever jusqu'à une hauteur de dix à douze pieds. Ses feuilles sont extrêmement nombreuses, très-rapprochées les unes des autres, assez petites, ovales, aiguës, légèrement dentées, portées sur des pétioles courts et à peine ailés. Ses fleurs, également nombreuses, d'un blanc pur, forment des grappes ou des thyrses au sommet des rameaux. Ses fruits sont petits, globuleux, déprimés à la base et au sommet, d'un jaune rougeâtre. Cette espèce, dont la fleur est très-odorante, se cultive, surtout pour ses fruits que l'on cueille au mois d'août, avant leur maturité, que l'on confit au sucre, et que l'on connaît sous le nom vulgaire de *Chinois*.

On doit probablement placer ici le Voncassayer ou Voangyssayer de Madagascar, dont Bory de St.-Vincent parle dans son Voyage en quatre îles des Mers d'Afrique, et dont Hu-

bert de Mascareigne avait introduit la culture dans son île, d'où elle est passée à Maurice. C'est un fort joli Arbre qui croît en quenouille et dont les fruits sont extrêmement aplatis à leurs pôles au point d'en être quelquefois presque discoïdes. La peau n'y tient pas du tout, si ce n'est par les deux extrémités. Le suc en est fort amer ; on les confit au sucre et à sec, leur aplatissement naturel permettant de les réduire à la forme d'une petite galette.

BIGARADIER A FEUILLES DE MYRTE OU BIGARADIER CHINOIS NAIN, *Citrus Bigaradia myrtifolia*, Riss. et Poit., *loc. cit.*, p. 104, tab. 50. Cette espèce est cultivée en abondance, surtout à Paris. Elle est extrêmement remarquable par son port qui est tout-à-fait celui d'un Myrte. C'est un Arbrisseau peu élevé dont les feuilles, extrêmement nombreuses et rapprochées, paraissent en quelque sorte imbriquées ; elles sont roides, et leur pétiole est avec ou sans ailes latérales. Les fleurs petites, odorantes, sont groupées au sommet des rameaux. Les fruits sont globuleux, jaune-doré, peu volumineux. Ce charmant Arbrisseau, dont on orne si souvent les appartemens, est originaire de la Chine. On dit que, dans ce pays, on sème les graines par rayons en bordure, et qu'il ne s'élève pas plus haut que le Buis que nous employons à cet usage. Il fleurit et fructifie dans cet état.

BIGARADIER BIZARRERIE, *Citrus Bigaradia bizarria*, Riss. et Poit., *loc. cit.*, p. 107, T. LII. Cet Arbre est un des plus singuliers du règne végétal ; il semble que la nature, en le formant, ait voulu se jouer de toutes nos divisions systématiques et de toutes nos méthodes de classification. Cette singulière variété réunit en effet, sur le même individu, jusqu'à cinq espèces de fruits distinctes, c'est-à-dire qu'on peut y cueillir à la fois des Oranges douces, des Bigarades de différentes formes, des Cédrats, etc. ; mais ce qui est encore plus remarquable, c'est que le même fruit offre quelquefois les caractères de deux espèces. Ainsi on observe quelquefois des fruits qui sont Orange dans une de leurs moitiés, et Cédrat dans l'autre, ou qui se composent de côtes alternativement Orange et Cédrat. La Bizarrerie se cultive fréquemment dans les orangeries à cause de sa singularité. Elle est aujourd'hui commune dans le commerce.

III. Bergamottiers.

Les Bergamottiers ont les rameaux épineux ou sans épines; les feuilles, plus ou moins allongées, sont aiguës ou obtuses, munies de pétioles plus ou moins ailés où marginés; leurs fleurs sont blanches, généralement petites, et d'une odeur suave; leurs fruits sont pyriformes ou déprimés, lisses ou soruleux, d'un jaune pâle, à vésicule d'huile essentielle concave; leur pulpe, légèrement acide, est d'un arôme agréable.

Bergamottier commun, *Citrus Bergamia vulgaris*, Riss. et Poit., *loc. cit.*, p. 111, tab. 53. Le Bergamottier s'élève à une assez grande hauteur. Ses rameaux sont redressés, garnis d'épines, mais comme ils sont très-cassans, la tête de l'Arbre est rarement bien faite. Ses feuilles, de grandeur moyenne, sont oblongues, les unes aiguës, les autres obtuses, portées sur de longs pétioles ailés, d'une teinte blanche en dessous. Les fleurs blanches, petites et portées sur des pétioles très-courts, sont éparses ou réunies vers le sommet des rameaux. Les Bergamottes ou fruits sont assez gros, pyriformes ou plus rarement arrondis, d'un jaune pâle ou doré, lisses. Leur écorce est douée d'une odeur particulière, mais des plus agréables. Malgré leur peu de grandeur, les fleurs du Bergamottier sont très-recherchées des parfumeurs qui en extraient, ainsi que de l'écorce du fruit, l'huile essentielle connue sous le nom d'Huile de Bergamotte, et qui sert de base à un grand nombre de préparations de parfumerie. On se sert également de l'écorce vidée avec soin et séchée. On

en fait de petites boîtes qui ont l'avantage de conserver une odeur agréable.

On doit également réunir dans cette section les Mellaroses des Italiens, que l'on a tour à tour placées parmi les Bigaradiers, les Limoniers et les Limettiers, mais qu'un examen plus attentif a fait reconnaître pour appartenir aux Bergamottiers.

IV. Limettiers.

Ils ont le port et les feuilles du Limonier; leurs fleurs sont petites, blanches, d'une odeur très-douce; leur fruit, plus ou moins volumineux, selon les variétés, est ovoïde ou arrondi, terminé par un mamelon; son écorce est d'un jaune pâle, et ses vésicules sont concaves; la pulpe est aqueuse, douceâtre, fade ou légèrement amère.

Limettier ordinaire, *Citrus Limetta vulgaris*, Risso et Poit., *loc. cit.*, p. 117, t. 57. Cet Arbre assez élevé croît sur le littoral de la Méditerranée; il offre des rameaux garnis de petites aspérités au lieu d'épines; les feuilles sont ovales, rétrécies en pointe à leurs deux extrémités, légèrement dentées, d'un vert pâle, portées sur des pétioles à peine ailés. Les fleurs sont petites et blanches; les fruits de moyenne grosseur, sont globuleux, couronnés par un large mamelon aplati; leur écorce très-mince est d'un jaune pâle; la pulpe est douce, un peu fade, mais assez parfumée. On les connaît sous le nom de Limes douces.

Limettier des orfèvres, *Citrus Limetta auraria*, Riss. et Poit., *loc. cit.*, p. 123, 59; *Citrus Hystrix*, D. C., Cat. Mons., 1813. Cette variété connue aussi, sous le nom de Citronnier Hérisson est peu élevée, diffuse, munie d'un grand nombre d'épines; ses feuilles sont petites, obtuses, crénelées, d'un vert foncé, portées sur un pétiole très-long et largement ailé; les fleurs sont petites, courtes, blanches, disposées en grappes axillaires et terminales. Les fruits sont petits, globuleux ou pyriformes, d'un jaune citron; leur pulpe est douce. Rumphius est le premier qui ait fait connaître ce Limettier, sous le nom de *Limonellus aurarius*, parce que dans l'Inde les orfèvres emploient le suc de ses fruits pour nettoyer leurs ouvrages. On s'en sert aussi pour blanchir le linge. Cet Arbre qui existe aussi dans l'île de Timor, est depuis long-temps naturalisé à l'Ile-de-France, où l'on en fait de très-bonnes haies. Ses fruits confits au sucre sont excellens.

V. PAMPELMOUSES.

Les Pampelmouses forment le groupe le plus distinct et le mieux caractérisé dans le genre des Orangers. Ils sont quelquefois épineux, et leurs jeunes pousses sont pubescentes; leurs feuilles sont grandes, coriacées, à pétioles très-longs et très-dilatés; leurs fleurs, plus grandes que dans aucune autre espèce du genre, sont blanches; les fruits d'une forme variée, sont souvent d'une grosseur surprenante. Leur écorce d'un jaune pâle est lisse et à vésicules planes ou convexes; leur pulpe est verdâtre, peu abondante et légèrement sapide.

PAMPELMOUSE POMPOLÉON, *Citrus Pampelmos decumanus*, Risso et Poit., *loc. cit.*, p. 127, t. 61. Cet Arbre originaire de l'Inde s'élève à une hauteur de vingt à vingt-cinq pieds; ses rameaux sont gros, cassans, peu divisés; ses feuilles très-grandes, ovales, oblongues, aiguës ou obtuses, coriaces; ses fleurs sont très-grandes, blanches, parsemées de points verdâtres, ordinairement à quatre pétales; elles sont disposées en grappes. Les fruits sont très-gros, arrondis, déprimés, à écorce lisse et d'un jaune assez pâle; ils atteignent jusqu'à cinq et six pouces de diamètre, mais alors ils consistent en une écorce épaisse, et la pulpe qui est divisée en dix-huit à vingt loges n'équivaut pas à la grosseur d'une Noix, elle est peu sapide.

VI. LUMIES.

On réunit sous le nom de Lumies tous les Orangers, qui avec le port, les feuilles, les fleurs et le fruit du Limonier, ont la pulpe de leur fruit douce, sucrée et nullement acide comme celle du Limon. On voit que par ces caractères les Lumies se rapprochent beaucoup des Limettiers, mais ils en diffèrent par leurs fleurs teintes de rose, ce qui forme un caractère constant. Un assez grand nombre de variétés appartiennent à ce groupe; telles sont la Lumie poire du commandeur, Riss. et Poit., t. 67; la Lumie à pulpe rouge, id., *loc. cit.*, t. 68; la Lumie Limette, id., *loc. cit.*, t. 69.

VII. LIMONIERS.

Les Limoniers ou Citronniers sont des Arbres élevés, à rameaux effilés et flexibles, souvent armés d'épines; leurs feuilles sont ovales et oblongues, le plus souvent dentées, d'un vert jaunâtre, portées sur un pétiole simplement marginé; les fleurs de grandeur moyenne sont lavées de rose. Le fruit d'un jaune clair est ovoïde, rarement globuleux, terminé à son sommet par un mamelon plus ou moins long; leur écorce est quelquefois mince et lisse, quelquefois épaisse et rugueuse. Leur pulpe est pleine d'un suc abondant et très-acide. Leurs vésicules d'huile volatile sont convexes. Les Limoniers offrent un très-grand nombre de variétés, que l'on cultive surtout sur le littoral méditerranéen; mais ils sont généralement assez rares dans les orangeries de Paris.

LIMONIER ORDINAIRE, *Citrus Limonium vulgaris*, Riss. et Poit., *loc. cit.*, p. 176, t. 84. Cet Arbre assez élevé offre des feuilles grandes, ovales, oblongues, rétrécies en pointe à leurs deux extrémités, inégalement dentées. Les fleurs sont grandes, violacées en dehors. Les fruits sont de moyenne grosseur, ovoïdes, oblongs, lisses, d'un jaune pâle, terminées par un mamelon obtus. Leur écorce est mince et adhérente à la pulpe, qui contient un suc acide très-abondant. Le Limonier est originaire de cette partie de l'Inde située au-delà.

du Gange, mais sa transmigration vers l'Europe, dit Risso, se rattache à l'invasion de ces Califes célèbres, qui du fond de l'Asie méridionale, étendirent leurs conquêtes jusqu'aux pieds des Pyrénées et laissèrent partout des traces imposantes de leur puissance et de leurs connaissances en médecine et en agriculture. Le Limonier transporté par les Arabes dans tous les lieux de leur vaste empire, où ce bel Arbre pouvait croître, fut trouvé en Syrie et en Palestine par les croisés vers la fin du onzième siècle. Il est très-probable qu'à la même époque il était aussi multiplié en Afrique et en Espagne; néanmoins il paraît certain que ce furent les croisés qui l'introduisirent en Italie et en Sicile. Les Limons que nous nommons vulgairement Citrons en France, sont très-employés pour préparer des boissons tempérantes et rafraîchissantes auxquelles on ajoute une certaine quantité de sucre et qu'on nomme limonades. On se sert aussi de leur suc pour assaisonner les viandes et particulièrement le gibier. On prépare aussi avec ce suc un sirop connu sous le nom de sirop de Limon, et avec lequel on peut préparer extemporanément des limonades en mêlant deux à trois onces de ce sirop dans une pinte d'eau. C'est également de ce suc que l'on retire l'Acide citrique.

VIII. Cédratiers.

Les Cédratiers ressemblent beaucoup aux Limoniers dont il vient d'être question dans le paragraphe précédent; ils n'en diffèrent que par leurs rameaux plus courts et plus roides; leurs feuilles plus étroites; leurs fruits ordinairement plus gros et plus verruqueux et dont la chair est plus épaisse, plus tendre; la pulpe moins acide.

Cédratier ordinaire, *Citrus medica vulgaris*, Risso et Poit., *loc. cit.*, p. 194, t. 96. Le Cédratier a ses rameaux roides, munis de longues épines; ses jeunes pousses anguleuses et violacées. Les feuilles sont oblon-

gues, épaisses, d'un vert foncé, pointues, portées sur des pétioles sans ailes. Les fleurs sont roses ou violacées. Le fruit très-variable en grosseur est d'abord d'un rouge pourpre, il devient ensuite vert, puis jaune. Il est obovoïde, profondément sillonné, terminé à son sommet par un mamelon. Sa chair est épaisse, blanche, tendre; sa pulpe verdâtre, peu abondante et légèrement acidulée. Théophraste est le premier auteur qui ait parlé des Cédrats sous le nom de Pommes de Médie, d'Assyrie ou de Perse, ce qui n'indique pas, selon divers commentateurs, la patrie primitive de ce bel Arbre, qui aujourd'hui est naturalisé dans toutes les régions méridionales de l'Europe, mais qui viendrait des propriétés médicinales qu'on supposait à ses fruits, lesquels, comme on sait, eurent une telle célébrité qu'on les employa parfois dans les enchantemens et dans les opérations de magie. Nous devons encore mentionner ici quelques variétés de Cédratiers remarquables les uns par leur prodigieuse grosseur, les autres par leur forme. Ainsi parmi les premiers nous nommerons ici le Poncire, *Citrus medica tuberosa*, Risso, et le Cédratier à gros grains, *Citrus medica maxima*; leurs fruits sont très-rugueux, comme mamelonnés, sillonnés à leur surface, et souvent ne pèsent pas moins de vingt-cinq à trente livres. En général on fait confire au sucre les Cédrats, qui forment d'excellentes conserves.

Culture des Orangers.

Après avoir fait connaître les principales races auxquelles on peut rapporter les nombreuses variétés de ce beau genre, nous terminerons par quelques mots sur leur mode de culture et de multiplication. Nous ne dirons rien de la culture de l'Oranger en pleine terre, nous nous contenterons de quelques détails sur sa culture dans les climats tempérés, comme dans les environs de Paris. C'est par le moyen des graines qu'on multiplie les Orangers. On préfère en général celles des espèces à fruits aigres et particulièrement des Limoniers, parce que ce sont elles qui donnent naissance aux sujets les plus vigoureux. Ces graines ne doivent être retirées du péricarpe, que quand le fruit est parvenu à son dernier degré de maturité et même quand il commence déjà à se pourrir. On choisira les plus grosses et les plus lourdes. C'est aux mois de février et de mars qu'on doit les semer dans des pots ou des terrines remplis de terre à Oranger, c'est-à-dire d'un mélange de moitié terre franche et l'autre moitié de fumier de Vache, de Cheval et de Mouton, que l'on a laissé murir pendant une année. On ne doit mettre qu'une seule graine dans un pot, et dans les terrines il est nécessaire de les espacer de trois pouces. Ces vases, recouverts de crottin émietté, doivent être placés sous couche chaude, sous châssis ou sous cloche. On arrosera légèrement avec de l'eau bien aérée et plutôt tiède que trop froide. Les graines germées, on donnera de l'air aux jeunes plants, surtout dans le moment du soleil, jusqu'à ce qu'enfin la saison bien assurée permette de les laisser exposés à l'air libre. On aura soin d'arroser convenablement, de biner et de sarcler les pots et les terrines. Au commencement de septembre, on sépare les jeunes plants des terrines en ayant soin de ne pas les démotter, et on les place en pot; on les remet ensuite sous châssis pendant une huitaine de jours pour faciliter leur transplantation, après quoi on leur donne de l'air jusqu'au moment de la rentrée dans l'orangerie, c'est-à-dire sous le climat de Paris, du 1er au 15 octobre. Il faut remarquer que l'Oranger en général craint beaucoup moins le froid que l'humidité. Ainsi il supporte facilement un froid de deux à trois degrés, sans en éprouver aucun mal, si le temps et surtout l'orangerie sont bien secs; mais la moindre gelée qui pénètre dans une orangerie humide est funeste aux Oran-

gers et surtout aux Limoniers qui sont encore plus délicats. Elle les jaunit, fait tomber leurs feuilles et détruit leurs jeunes rameaux. On pourra tenir les croisées de l'orangerie ouvertes, tant qu'il ne gèlera pas et que le temps sera beau. Il ne faudra faire du feu que quand le thermomètre descend à deux ou trois degrés au-dessous de zéro, dans une orangerie bien sèche, et dès qu'il est plus bas que zéro dans une où pénètre l'humidité. Au retour du printemps on sort les Orangers, dans les mois d'avril ou de mai, suivant que la saison est plus ou moins avancée. Peu de temps après leur sortie on doit greffer les jeunes sujets. On préfère en général la greffe à la pontoise ou à l'anglaise, par laquelle on obtient en très-peu de temps des sujets portant fleur. Mais par ce procédé on épuise bien vite les individus, qui ne durent que peu de temps. Si l'on attend jusqu'à la seconde année on peut immédiatement greffer des branches à fleurs et à fruit, qui se développent souvent dès l'automne suivant. Mais on n'a pas toujours l'intention de greffer de si bonne heure. Quand on veut faire des sujets plus forts, on les taille chaque année en crochet, afin de leur donner plus de corps. Cette opération doit être faite à la sortie de l'orangerie. On les empotte tous les deux ans en ayant soin d'augmenter graduellement la grandeur du vase ou de la caisse. Pour ces sujets plus forts on greffe ordinairement en fente, en écusson à œil poussant ou à œil dormant, très-rarement en approche. La taille à donner à l'Arbre varie suivant la forme qu'on veut lui faire prendre. Dans nos orangeries on a l'habitude de former une tête arrondie, portée sur une tige simple plus ou moins élevée; les Bigaradiers sont en général les espèces qui se prêtent le mieux à cette forme. Mais rien à notre avis n'est plus monotone et de plus mauvais goût que cette forme globuleuse, que l'on force l'Oranger à prendre, et qui en général s'éloigne tant de la forme élancée de ses rameaux croissant en liberté. Quand on a vu les immenses bosquets d'Orangers de Hyères, de la Ligurie et des environs de Mala de Gaeta, qui semblent de loin former de vastes forêts, on ne peut supporter ces allées symétriques de boules arrondies que l'on figure dans nos jardins avec les Orangers esclaves. (A. R.)

* ORANGERS (FAMILLE DES). BOT. PHAN. Cette famille qui a porté successivement ce nom ainsi que ceux d'Aurantiées et d'Hespéridées, est plus généralement connue sous ce dernier nom. *V*. HESPÉRIDÉES. (A. R.)

ORANGINS ou COLOQUINELLES. BOT. PHAN. Variétés de Courges. *V*. ce mot. (B.)

ORANG-OUTAN. MAM. *V*. ORANG.

ORANOIR. OIS. Espèce du genre Gros-Bec. *V*. ce mot. (DR..Z.)

* ORANOR. OIS. Espèce du genre Gobe-Mouche. *V*. ce mot. (DR..Z.)

ORANVERT. OIS. Syn. de Pie-Grièche à plastron noir. *V*. ce mot. (DR..Z.)

ORBAINE. OIS. Syn. vulgaire de Lagopède. *V*. TÉTRAS. (DR..Z.)

ORBE. *Orbis*. POIS. Espèce d'Ephippus du genre Chœtodon. *V*. cè mot. C'est aussi un Diodon ; appelé ORBE ÉPINEUX. (B.)

*ORBEA. BOT. PHAN. Genre séparé des Stapélies par Haworth (*Synops. Plant. succulent.*, p. 37), et fondé sur des caractères si faibles, qu'il n'a pas été adopté. *V*. STAPÉLIE. (G..N.)

ORBICULA. CONCH. *V*. ORBICULE.

* ORBICULAIRE. ZOOL. Syn. de Tapaye, *V*. AGAME, parmi les Reptiles. C'est, parmi les Poissons, un Chœtodon du sous-genre Plataxe. (B.)

* ORBICULAIRES. *Orbiculata*. CRUST. Tribu de l'ordre des Décapodes, famille des Brachiures, établie par Latreille (Fam. Nat. du Règn. Anim.), et dont une partie formait, pour lui (Règn. Anim.), la quatrième section de sa famille des Brachyures. Dans le premier ouvrage que nous avons cité, Latreille a mieux circonscrit cette coupe, et en a éloigné quelques genres qui en faisaient partie dans son Règne Animal ; tels sont les genres Atélécyle et Thia qu'il réunit à sa tribu des Arqués. Les Pinnothères sont placés à côté des Gécarcins dans la famille des Quadrilatères, et les Hépates qui étaient placés près du genre Crabe, ont été rapprochés des Coristes et Leucosies, dans la tribu des Orbiculaires. Les Crustacés de cette tribu ont l'extrémité de la cavité buccale rétrécie, allant en pointe, et offrant le plus souvent deux dépressions ou deux sillons ; le troisième article des pieds-mâchoires extérieurs est en forme de triangle long, étroit, et souvent pointu ; le thoracide est rarement évasé, il est plus souvent orbiculaire ou ovoïde. Latreille divise cette tribu en deux coupes ainsi qu'il suit :

I. Des pieds terminés en nageoire.

Genres : MATULE, ORITHYIE.

II. Point de pieds terminés en nageoire.

Genres : CORYSTE, LEUCOSIE, HÉPATE, NURSIE. *V*. ces mots. (G.)

ORBICULE. *Orbicula*. CONCH. Müller, dans la Zoologie Danoise, a fait connaître, sous le nom de *Patella anomala*, une petite Coquille patelloïde que l'on a reconnu depuis appartenir à une Coquille bivalve pour laquelle Lamarck créa dès 1801, dans le Système des Animaux sans vertèbres, le genre Orbicule qui a été conservé par tous les zoologistes. Cet illustre professeur sut dès-lors apprécier les rapports naturels de ce genre ; il le plaça à côté des Lingules avec lesquelles il a une analogie très-grande quant à la structure de l'Animal. Ces rapports durent rester les mêmes quand plus tard, dans la Philosophie Zoologique, il forma la famille des Brachiopodes (*V*. ce mot). Cuvier, de cette famille et sans y apporter de changement, fit sa cinquième classe des Mollusques en leur conservant le nom de Brachiopodes imposé par Lamarck. Par un double emploi, difficile à expliquer, la Coquille qui servit à Lamarck, pour son genre Orbicule, s'était présentée à lui avec quelques caractères différens; il en fit un nouveau genre sous le nom de Discine. Sowerby, dans un Mémoire publié dans les Transactions de la Société Linnéenne de Londres, fit reconnaître l'erreur de Lamarck en démontrant l'identité des Coquilles. Dès-lors ce genre dut être supprimé et nous voyons en effet Férussac et Blainville le rejeter de leurs méthodes.

L'Animal des Orbicules doit être fort voisin de celui des Cranies; le manteau est composé de deux parties entièrement séparées, une supérieure qui revêt la valve supérieure, et l'autre inférieure pour l'autre valve. Il y a quatre muscles dont les valves portent des impressions bien marquées; elles forment un cercle vers la partie postérieure de la Coquille. Comme les Lingules, les Cranies et les Orbicules sont munies de deux bras ciliés, roulés en spirale dans le temps du repos. La Coquille est souvent irrégulière, assez déprimée; les deux valves sont à peu près également concaves; la valve inférieure présente cela de singulier qu'elle est fendue au centre du cercle que forment les impressions musculaires; cette fente traverse toute l'épaisseur de la Coquille, donne passage à quelques fibres musculaires au moyen desquelles la Coquille adhère aux rochers sous-marins. Voici les caractères de ce genre dans lequel on ne compte encore que quatre espèces, deux vivantes et deux fossiles : corps déprimé, arrondi, le manteau ouvert dans toute sa circonférence; deux appendices tentaculaires, ciliés comme dans les Lingules et les Térébratules; coquille orbiculaire, comprimée, inéquilatérale, inéquivalve; la valve inférieure mince, adhérente, au moyen des fibres tendineuses qui

s'insèrent dans la fente allongée, étroite, surmontée à l'intérieur d'une apophyse comprimée; valve supérieure patelliforme, à sommet peu élevé, incliné postérieurement; aucune trace de charnière.

ORBICULE DE NORVÈGE, *Orbicula Norvegica*, Lamk., Anim. sans vert. T. VI, p. 242, n. 1; *Patella anomala*, Müll., *Zool. Dan.* T. 1, t. 5, fig. 1 à 7; *ibid.*, L., Gmel., p. 3721, n. 151; Sow., Trans. Soc. Lin. T. XIII, pl. 26, fig. 2, a, b, c, d, e, f; *ibid.*, *The Genera of Shells*, n. 12, fig. 3, 4, 5; Blainv., Trait. de Malac., p. 515, pl. 55, fig. 5. Cette Coquille est d'une petite dimension, suborbiculaire, souvent irrégulière, d'un brun obscur en dehors; la valve supérieure est couverte de stries rayonnantes, subgranuleuses, coupées par des stries peu régulières des accroissemens. Son nom indique de quelles mers elle vient. Elle a un centimètre ou un peu plus de diamètre.

ORBICULE LISSE, *Orbicula lœvis*, Sow., Trans. Soc. Lin. T. XIII, pl. 26, fig. a, b, c, d; Blainv., Trait. de Malacol., p. 515, n. 1, pl. 55, fig. 4. Celle-ci se trouve dans les mêmes mers que la précédente, elle ne présente pas toujours la fente à la valve inférieure; elle a à peu près la même taille que la première, quoiqu'elle puisse venir un peu plus grande; elle s'en distingue surtout par la valve supérieure qui est lisse, sans aucunes stries rayonnantes.

Defrance, dans le Dictionnaire des Sciences Naturelles, rapporte deux espèces fossiles au genre Orbicule. La première vient de Virginie, et elle a, d'après l'auteur que nous citons, de l'analogie avec l'Orbicule de Norvège; la seconde espèce, d'après notre opinion, n'est point une Orbicule, mais bien un Cabochon; l'impression musculaire unique et en fer à cheval l'indique assez clairement; c'est un des caractères de ce genre, et il est essentiel aux Orbicules de présenter quatre de ces impressions. Sowerby, dans le *Zoological Journal*, n. 7, a donné la description et les figures de deux nouvelles espèces de ce genre; elles sont fossiles.

ORBICULE TREILLISSÉE, *Orbicula cancellata*, Sow., *Zool. Journ.*, n. 7, p. 321, n. 1, pl. 11, fig. 6. Coquille orbiculaire; le sommet de la valve supérieure est marginal; cette valve est élégamment et finement treillissée par des stries rayonnantes, coupées par des stries régulières d'accroissement; elle est aplatie et moins irrégulière que les espèces vivantes.

ORBICULE RÉFLÉCHIE, *Orbicula reflexa*, Sow., *ibid.*, pl. 11, fig. 7. Elle est plus épaisse que la première, elliptique, plus aiguë postérieurement; la valve supérieure est convexe, le sommet assez saillant et submarginal; la valve inférieure est plane; le sommet non central; les bords sont réfléchis; elle est toute lisse; elle a à peu près les mêmes dimensions que la précédente. (D..H.)

ORBICULÉS. CRUST. Lamarck (Hist. des Anim. sans vert.) désigne sous ce nom une petite famille renfermant les genres Porcellane, Pinnothère, Leucosie et Coryste. *V.* ces mots. (G.)

*ORBICULINE. *Orbiculina.* MOLL. Ce genre de Multiloculaires microscopiques fut proposé par Lamarck, en 1811, dans l'Extrait du Cours, et placé alors dans sa famille des Cristacées avec les Rénulites et les Cristellaires avec lesquels il n'a pas beaucoup de rapports de structure. Ces rapports ne furent pas mieux sentis par les autres conchyliologues. Cuvier ne le mentionne pas. Férussac le met dans sa famille des Camérines avec les Nummulites, les Sidérolines et les Mélonies. Il n'était pas nécessaire de changer les rapports indiqués par Lamarck pour ne pas les rendre meilleurs. Blainville est tombé dans la même faute que Férussac en plaçant ce genre dans la famille des Nummulacées qui correspond assez bien à celle des Camérines de Férussac. Ces erreurs, il faut le dire, tiennent à ce qu'on n'avait point encore assez approfondi la structure de ces petits êtres difficiles à observer. Ils ont donné lieu à un genre d'erreur plus étonnant. Montfort, de ce seul genre, en fit trois : Ilote, Hélénide et Archidie; mais bien plus, ces trois genres auraient été faits sur une seule espèce, dans trois âges différens, si l'on en croit D'Orbigny. Cette faute au reste a son origine dans l'ouvrage de Fichtel et Moll qui, les premiers, ont fait trois espèces d'une même Coquille observée dans des âges différens, ce qui fut copié par Lamarck, Blainville, etc., et rectifié par D'Orbigny. Dans son travail sur les Céphalopodes microscopiques, cet auteur a rapproché dans une seule famille, les Entomostèques (*V.* ce mot au Supplément), toutes les Coquilles polythalames dont les loges sont composées de plusieurs autres loges beaucoup plus petites, et le genre Orbiculine a dû nécessairement s'y trouver. Caractères génériques : coquille discoïdale, tranchante sur les bords; spire excentrique, visible des deux côtés; loges partagées en un grand nombre de cavités par des cloisons perpendiculaires et transversales, le bord terminal percé d'un grand nombre de pores placés sur des lignes longitudinales.

Ce genre, d'après l'examen approfondi de D'Orbigny, ne renferme plus qu'une seule espèce qui se trouve vivante aux Antilles et aux îles Marianes.

ORBICULINE NUMISMALE, *Orbiculina Numismalis*, Lamk., Anim. sans vert. T. VII, p. 609; *Orbiculina angulata*, ib., n. 2, jeune; *Orbiculina uncinata*, ib., n. 3, adulte; *Nautilus Orbiculus, angulatus, aduncus*, Fichtel et Moll., Test. Microsc., tab. 21, a, b, c, d; tab. 22, a, b, c, d, e; tab. 23, a, b, c, d, e; Encycl., pl. 468, fig. 1, 2, 3. (D..H.)

ORBILLE. *Orbilla.* BOT. CRYPT. (*Lichens.*) On nomme ainsi l'apothécie des Usnacées; il est fixé au centre, se développe et s'élargit en disque comme la patellule et la scutelle, mais beaucoup plus mince, de la couleur des thalles et se prolonge en cils; ces cils, formés par le thalle, prennent quelquefois un accroissement considérable et deviennent de véritables expansions organisées comme celles qui constituent le Lichen. Les rayons qu'on observe sur l'*Usnea cladocarpa*, N., figurée dans notre Essai sur les Cryptogames des écorces officinales, pl. 41, fig. 5, sont plusieurs fois ramifiées. *V*. Usnée.   (A. F.)

ORBIS. POIS. *V*. Orbe.

* ORBIS. CONCH. L'un des noms vulgaires et marchands du *Cardium aculeatum*, L.   (B.)

ORBITÈLES. *Orbitelæ*. ARACHN. Tribu de l'ordre des Pulmonaires, famille des Aranéides, section des Dipneumones, établie par Latreille, correspondant entièrement à sa quatrième section des Araignées fileuses (Règn. Anim.), et comprenant les Araignées tendeuses de plusieurs auteurs. Ces Aranéides ont, comme les Inéquitèles, les crochets des mandibules repliés en travers le long de leur côté interne; les filières extérieures, presque coniques, peu saillantes, convergentes et disposées en rosettes, et les pieds grêles; mais elles en diffèrent par les mâchoires qui sont droites et sensiblement plus larges à leur extrémité. La première paire de pieds, et la seconde ensuite, sont toujours les plus longues. Les yeux sont au nombre de huit et disposés ainsi : quatre au milieu formant un quadrilatère, et deux de chaque côté. Ces Araignées se rapprochent des Inéquitèles par la grandeur, la mollesse, la variété des couleurs de l'abdomen, et par la courte durée de leur vie; mais elles font des toiles en réseau régulier, composé de cercles concentriques croisés par des rayons droits, se rendant du centre à la circonférence. Quelques-unes se cachent dans une cavité ou dans une loge qu'elles se sont construite près des bords de la toile, qui est tantôt horizontale, tantôt perpendiculaire. Leurs

œufs sont agglutinés, très-nombreux, et renfermés dans un cocon volumineux. D'après une observation communiquée à Latreille par Arago, les fils qui soutiennent la toile de ces Araignées peuvent s'allonger d'environ un cinquième de leur longueur, et on s'en sert pour les divisions du micromètre. Une espèce d'Epeïre, genre appartenant à cette tribu, sert d'aliment aux naturels de la Nouvelle-Hollande, et de quelques îles de la mer du Sud qui la mangent à défaut d'autre nourriture. Cette famille renferme quatre genres : Linyphie, Ulobore, Tétragnathe et Épeïre. *V*. ces mots.   (G.)

ORBITOLITE. *Orbitolites*. POLYP. Genre de l'ordre des Milléporées, dans la division des Polypiers entièrement pierreux, ayant pour caractères : Polypier pierreux, libre, orbiculaire, plane ou un peu concave, poreux des deux côtés ou dans le bord, ressemblant à une Nummulite; pores très-petits, régulièrement disposés, très-rapprochés, quelquefois à peine apparens. Les Orbitolites sont de petits Polypiers libres dont quelques-uns ressemblent beaucoup aux Nummulites avec lesquels on les a quelquefois confondus; ils sont constamment orbiculaires, planes des deux côtés, ou convexes d'un côté et concaves de l'autre; leurs pores très-petits, et régulièrement disposés, occupent les deux surfaces, ou une seule, ou même la circonférence. On en connaît une espèce vivant actuellement dans les mers; toutes les autres sont fossiles. La première a été nommée par Lamarck *Orbitolites marginalis*, les autres, *Orbitolites complanata*, *lenticulata*, *concava*, *Mapropora* et *pileolus*.   (E. D. L.)

ORBULITE. *Orbulites*. MOLL. Lamarck a proposé ce genre pour séparer des Ammonites toutes les Coquilles de ce genre dont le dernier tour enveloppe tous les autres, c'est-à-dire dont la spire n'est nullement visible. Comme on arrive à ce degré par des nuances insensibles, depuis, les espèces dont tous les tours sont à peine enchâssés, il s'ensuit qu'on ne peut pas poser de limite certaine à un genre ainsi conçu ; aussi il n'a été adopté que par peu de personnes et seulement à titre de section sous-générique. De Haan cependant a conservé ce genre en lui donnant le nom de *Globites*. Les motifs qui font rejeter les Orbulites de Lamarck ne permettent pas d'adopter davantage les *Globites* De Haan. *V.* AMMONITE.

(D..H.)

* ORBULITE. POLYP. Ce nom qui avait été, comme on vient de le voir, donné par Lamark à un genre de Coquilles à cloisons sinueuses, très-voisines des Ammonites, le fut aussi à un genre de Polypiers foraminés. La plupart des auteurs qui ont écrit depuis Lamarck, en adoptant ce dernier genre, en ont changé le nom en celui d'Orbitolite. *V.* ce mot. (E. D..L.)

ORCA. MAM. *V.* ORQUE.

ORCA. MIN. La Pierre à laquelle Pline attribue ce nom barbare réfléchissait des couleurs noires, rousses, vertes et blanches. On ne saurait reconnaître l'Orca d'après de si vagues indications. (B.)

ORCANETTE. BOT. PHAN. On désigne sous ce nom la racine du *Lithospermum tinctorium*, L., qui donne un principe colorant d'un beau rouge, soluble dans les corps gras, l'Alcohol et l'Ether. Comme ce principe ne se dissout point ou se dissout très-peu dans l'eau, il serait fort dispendieux d'en faire une utile application à la teinture des tissus. *V.* l'article GRÉMIL où nous avons fait connaître la Plante qui produit la véritable racine d'Orcanette.

Le nom d'Orcanette a été employé par quelques botanistes français, pour désigner le genre *Onosma*. *V.* ONOSME. (G..N.)

ORCEILLE ET ORSEILLE. BOT. CRYPT. (*Lichens.*) *V.* ROCCELLE.

ORCHEF. OIS. Espèce du genre Gros-Bec. *V.* ce mot. (DR..Z.)

ORCHÉSIE. *Orchesia.* INS. Genre de l'ordre des Coléoptères, section des Hétéromères, famille des Taxicornes, tribu des Crassicornes, établi par Latreille, et ayant pour caractères : antennes terminées par une massue de trois articles ; dernier article des palpes maxillaires fortement en hache ; jambes postérieures ayant deux longues épines à leur extrémité, avec leur tarse beaucoup plus long, et composé d'articles presque cylindriques ; les tarses des quatre pates antérieures beaucoup plus courts, et ayant le pénultième article échancré au milieu et comme bilobé. Ce genre a été confondu par Illiger et Paykul avec les *Hallomenus* ; Fabricius l'a placé dans son genre *Dircœa* ; enfin Latreille l'avait d'abord réuni aux Anaspes de Geoffroy ; mais il en diffère en ce que sa tête n'est point distincte du corselet par un étranglement en forme de cou. Les Leiodes, Tétratomes et Eustrophes, s'en distinguent parce que le pénultième article de leurs tarses antérieurs et intermédiaires n'est pas échancré antérieurement, et par l'absence des deux longues épines des pates postérieures. Les Serropalpes en sont bien distincts par les antennes et les palpes. Il en est de même des Hallomènes avec lesquels on avait confondu le genre qui nous occupe. Les Orchésies ont le corps allongé, rétréci antérieurement et postérieurement ; leur tête est petite, inclinée, avec les yeux allongés ; leurs antennes sont composées de onze articles dont le premier long, fusiforme, les sept suivans plus courts, presque égaux entre eux et allant un peu en augmentant de largeur jusqu'au neuvième qui est plus grand ; le dixième est encore plus large, et enfin le dernier est beaucoup plus long, en forme de cône aplati dont la base est appliquée sur l'article précédent ; ce sont ces trois derniers articles qui forment la massue. Ces antennes sont insérées à nu au-devant des yeux ; le labre est saillant ; les mandibules sont triangulaires, allongées, peu courbées et bifides à leur extrémité; les mâchoires sont termi-nées par deux petits lobes membra-neux et velus; elles portent un palpe de quatre articles dont le premier est très-petit, le second plus grand, triangulaire, dilaté en forme de dent de scie au côté interne; le troisième plus large, également dilaté inté-rieurement, mais plus court que le précédent; enfin, le dernier presque aussi grand que les trois premiers en-semble, en forme de triangle dont le plus grand côté est le côté interne. La lèvre inférieure est petite, échan-crée. Les palpes labiaux sont filifor-mes. Le corselet est presque demi-circulaire, sans rebords; l'écusson est très-petit. Les élytres sont étroi-tes, terminées en pointe. Les pates sont grêles; les quatre antérieures paraissent plus courtes que les posté-rieures, parce que leurs tarses sont à peu près de la longueur de la jam-be quoique composés de cinq articles; ces articles sont presque égaux; les trois premiers sont entiers, un peu aplatis, le quatrième est un peu plus large, échancré antérieurement; en-fin, le dernier s'insère sur le dos du précédent et se termine par deux cro-chets courbés. Les tarses postérieurs ont plus de deux fois la longueur de la jambe; ils sont composés de qua-tre articles cylindriques dont le pre-mier est presque aussi long que les trois autres ensemble, et dont le der-nier est terminé par deux crochets recourbés. La base des jambes pos-térieures est armée de deux longues épines aplaties, dentelées sur leurs deux tranchans, et qui doivent servir à l'Insecte pour exécuter les sauts qu'il fait quand on l'inquiète.

La larve et les métamorphoses des Orchésies étaient inconnues avant que nous les eussions observées; nous avons élevé des larves de la seule espèce connue jusqu'à présent, et nous nous proposons, de concert avec notre collaborateur Audouin, de faire connaître nos observations dans un Mémoire. La larve de l'Or-chésie luisante vit dans les Bolets; on la trouve en grande quantité vers l'automne; elle est longue de plus d'une ligne, d'un rose clair très-pur, et composée de douze anneaux, la tête non comprise; cette tête est assez grande, d'une consistance plus ferme que le reste du corps et armée de deux mandibules cornées, bifides, de deux mâchoires portant chacune un petit palpe de trois articles distincts, et d'une très-petite lèvre inférieure ou languette sur laquelle on voit les ves-tiges de deux très-petits palpes. Les trois premiers anneaux, qui corres-pondent au thorax de l'Insecte par-fait, portent chacun une paire de pa-tes de cinq articles, terminées par une pointe un peu cornée; les autres anneaux sont simples, munis de quel-ques poils épars; la chrysalide pré-sente toutes les parties de l'Insecte parfait; la tête paraît en dessous; elle est entièrement cachée par le thorax quand on la regarde en dessus; les antennes, les palpes et les pates sont très-apparens; les fourreaux des ély-tres sont allongés, et on aperçoit les sillons qui seront sur les élytres de l'Insecte parfait. Ces nymphes éclo-sent au printemps. La seule espèce d'Orchésie bien connue est:

L'ORCHÉSIE LUISANTE, *Orchesia micans*, Latr.; *Anaspis clavicornis*, Latr.; *Dircœa micans*, Fabr.; *Mega-toma picea*, Herbst, Col. 4, 97, 5, tab. 39, fig. 5; *Mordella Boleti*, Marsh., Entom. Brit. T. 1, Coléopt., p. 494; *Hallomenus micans*, Panz., *Faun. Germ.*, fasc. 17, tab. 18; Payk., Illig. Longue de plus d'une ligne; antennes testacées; dessus du corps d'un brun testacé plus ou moins fon-cé, tout couvert de poils fins, courts, couchés, et qui le rendent soyeux et luisant; élytres ayant un léger re-bord tout au tour, même à la suture; dessous du corps d'un brun testacé plus clair que le dessus. Ce petit In-secte a la faculté de sauter à peu près comme les Mordelles; aussi Olivier est-il d'avis de placer ce genre dans la famille des Mordellones. On trouve cette Orchésie en France, en Alle-magne, mais elle est rare; nous avons trouvé la larve aux environs de Paris, et nous pensons que ce qui rend l'Insecte parfait rare dans les collections, c'est qu'il est très-difficile de le prendre, parce qu'il échappe facilement au chasseur au moyen des sauts qu'il exécute avec une grande agilité. (G.)

ORCHESTE. *Orchestes.* INS. Genre de Charansonite établi par Illiger, adopté par Latreille, et qu'il réunit (Fam. Nat.) à son genre Rhynchœne. *V.* ce mot. (G.)

* ORCHESTIE. *Orchestia.* CRUST. Genre de l'ordre des Amphipodes, famille des Crevettines, établi par Leach et adopté par Latreille (Fam. Nat. du Règn. Anim.). Les caractères de ce genre sont : antennes supérieures sensiblement plus courtes que les inférieures ; devant de la tête non prolongé, ayant une serre à deux doigts dans la femelle, ou à un seul doigt dans le mâle, mais très-grand et très-comprimé. Ces Crustacés se distinguent des Crevettes et des autres genres voisins, parce que ceux-ci ont les antennes supérieures plus courtes que les inférieures ; les Atyles, qui en sont très-voisins, en diffèrent sensiblement par le devant de leur tête, qui se prolonge en forme de bec. Les Talytres ont les pieds presque semblables entre eux, et tous terminés par un seul doigt ; enfin, les genres Corophie, Podocère et Jasse en sont bien distingués par leurs antennes inférieures, qui sont très-grandes et pédiformes.

Les Orchesties vivent dans la mer ; elles nagent de côté ou se trouvent sur le sable. Elles sautent en se servant de leur queue comme d'un ressort ; en général, leurs habitudes ne diffèrent pas de celles des Crevettes et des autres genres voisins. L'espèce la mieux connue, et qui sert de type au genre, est :

L'ORCHESTIE LITTORALE, *Orchestia littorea*, Leach, Edimb. Encycl.. ; Trans. Soc. Lin. T. XI, p. 56 ; *Cancer gammarus littoreus*, Montag. ; *Talytrus gammarus*, Latr., Risso ; *Oniscus gammarellus*, Pall.,

Spicil., fasc. 9, tab. 4, fig. 8. Longue de six à sept lignes, d'un vert pâle, nuancé de rougeâtre ; tête petite ; pinces de la seconde paire très-grosses ; queue composée de trois appendices bifides, dont celui du milieu est fort court. On connaît une variété de cette espèce, qui est entièrement d'un jaune pâle. On trouve cette Orchestie sous les pierres ou sous les tas de Plantes marines rejetées par les vagues, dans le midi de la France et sur les côtes de Nice. D'après Risso, la femelle pond des œufs jaunâtres plusieurs fois dans l'année. (G.)

ORCHIDASTRUM. BOT. PHAN. (Micheli.) Syn. de Néottie. *V.* ce mot. (B.)

ORCHIDE. *Orchis.* BOT. PHAN. Ce nom, connu dès l'antiquité, a été appliqué par les botanistes à un genre de Plantes qui comprend les espèces que les Grecs désignaient ainsi. Le genre *Orchis*, de la Gynandrie Monandrie, L., forme le type de la famille des Orchidées. Cette famille si singulière dans son organisation a été l'objet de tant de travaux de la part des botanistes modernes, que le genre *Orchis*, tel qu'on le caractérise aujourd'hui, est bien différent du genre *Orchis* de Linné. En effet, l'auteur du *Systema Naturæ* réunissait sous ce nom toutes les espèces terrestres d'Orchidées qui, avec un calice irrégulier, offraient un labelle convexe ou plane, sessile, terminé à la base par un ou deux éperons allongés. Swartz adopta à peu près le genre *Orchis* tel qu'il avait été caractérisé par Linné. Néanmoins, il en sépara les espèces munies de deux éperons, dont il forma le genre *Satyrium*, différent du *Satyrium* de Linné (*V.* ce mot). Enfin, Rob. Brown, dans son Prodrome et dans la seconde édition du Jardin de Kew, et le professeur A. Richard, dans son Mémoire sur les Orchidées d'Europe, limitèrent d'une manière précise les véritables caractères qui distinguent le genre *Orchis*. Ces caractères peuvent être énoncés de la manière suivante : les trois divisions externes du calice sont réunies et rapprochées en forme de casque pointu ou déprimé ; les deux divisions internes sont plus petites ; le labelle est étalé, pendant, muni à sa base d'un éperon plus ou moins allongé ; le gynostème est très - court ; le stigmate en occupe la face antérieure ; l'anthère est dressée, terminale et antérieure à deux loges rapprochées, chacune contenant une masse pollinique, granuleuse, agglutinée, terminée inférieurement par une caudicule et une petite glande rétinaculifère. Ces deux glandes sont renfermées dans une petite poche membraneuse ou boursette, commune à toutes les deux. Ces caractères, tirés des masses polliniques, des glandes rétinaculifères et de la boursette, sont de la plus haute importance ; ce sont eux qui distinguent essentiellement le genre *Orchis*. D'après ces caractères précis assignés au genre *Orchis*, un grand nombre des espèces qui y avaient été réunies, forment aujourd'hui d'autres genres fort distincts ; ainsi, parmi les espèces mentionnées par Willdenow, les *Orchis Susannæ, radiata, ciliaris, blepharoglottis, cristata, fimbriata,* etc., forment le genre *Habenaria* ; les *Orchis plantaginea* et *hirtella*, le genre *Physurus* ; l'*Orchis hispidula*, le genre *Holothrix* ; l'*Orchis pyramidalis*, le genre *Anacamptis* ; l'*Orchis hircina* ou *Satyrium hircinum*, L., le genre *Loroglossum* ; l'*Orchis nigra* ou *Satyrium nigrum*, L., le genre *Nigritella* ; les *Orchis conopsea, odoratissima, ornithis, albida, viridis, cucullata*, le genre *Gymnadenia* ; l'*Orchis bifolia*, le genre *Platanthera*, etc.

Les espèces du genre *Orchis* sont presque toutes européennes ; quelques-unes habitent dans l'Amérique du nord ; mais aucune véritable espèce de ce genre ne se trouve sous les tropiques ; c'est, en général, le genre *Habenaria* qui l'y remplace. Ainsi, il n'existe pas d'*Orchis* en Afrique, au-delà du bassin de la Méditerra-

née, ni dans l'Amérique méridionale, ni dans l'Inde, ni dans l'Australasie. Les espèces appartenant réellement à ce genre sont herbacées, vivaces, toutes terrestres, offrant à leur racine, qui se compose de fibres simples et cylindriques, deux tubercules charnus, entiers ou divisés et palmés. De ces deux tubercules, l'un est ferme, dur ; c'est celui qui renferme les rudimens de la tige qui doit se développer l'année suivante ; l'autre, au contraire, est flasque et ridé, et a servi au développement de la tige. Les feuilles sont toujours simples et entières, tantôt toutes réunies en rosette à la base de la tige, tantôt alternes sur la tige. Les fleurs forment un épi simple, plus ou moins dense, plus ou moins allongé, cylindrique. Les fleurs sont assez généralement purpurines, accompagnées chacune d'une bractée. On a divisé les Orchides en deux sections, suivant qu'elles ont des tubercules entiers ou palmés. Nous indiquerons simplement ici les espèces qui croissent naturellement en France.

§ I. *Tubercules entiers.*

Orchis coriophora, L., remarquable par ses fleurs, qui répandent une odeur très-forte de punaise ; *Orchis Morio*, L. ; *Orchis mascula*, L., Fl. Dan. tab. 457 ; *Orchis variegata*, Lamk. ; *Orchis tephrosanthos*, Willd. ; *Orchis militaris*, L. ; *Orchis fusca*, Jacq. ; *Orchis Robertiana*, etc., etc.

§ II. *Tubercules palmés.*

Orchis maculata, L. ; *Orchis latifolia*, L., etc.

Les tubercules charnus des *Orchis* sont presque exclusivement composés d'une fécule amilacée, très-pure. Ce sont les tubercules de quelques espèces, particulièrement de l'*Orchis mascula* et de l'*Orchis Morio*, qui constituent le médicament connu sous le nom de Salep. Il se prépare en Orient avec ces tubercules, que l'on lave, que l'on fait ensuite blanchir dans l'eau bouillante et ensuite sécher. Cette substance est extrêmement nutritive. Quand on la fait bouillir pendant un certain temps dans l'eau, elle forme une gelée transparente. Les médecins en recommandent l'usage aux convalescens pour rétablir leurs forces, sans fatiguer leur estomac.

Les anciens considéraient les tubercules des Orchides comme une des substances les plus précieuses. La ressemblance qu'ils avaient cru remarquer entre eux et les organes de la génération de l'homme, leur avait inspiré l'idée de placer ces tubercules parmi les substances aphrodisiaques. Selon Théophraste, le plus gros des deux tubercules pris dans du lait de chèvre, est un puissant stimulant; le plus petit, au contraire, éteint les désirs vénériens. Enfin, Dioscoride dit que le gros tubercule mangé par un homme, lui donnait le moyen d'engendrer des mâles, et le petit mangé par une femme, celui de procréer des filles. Mille autres contes absurdes ont été répétés sur ces racines; mais ce qu'il y a de bien certain, c'est qu'elles ne sont pas plus excitantes, pas plus aphrodisiaques que tous les autres alimens composés de fécule.

Les espèces du genre *Orchis* sont des Plantes d'un aspect très-agréable et très-singulier. Malheureusement on ne peut pas les cultiver dans les jardins, ou du moins on peut rarement les y conserver. Pour se les procurer, il faut les aller prendre au printemps dans les bois, un peu avant l'épanouissement de leurs fleurs, et avoir soin de les déplanter avec une très-grosse motte de terre, afin de ne pas endommager leurs racines; on les plante ensuite dans de la terre de bruyère. Quelques-unes se conservent pendant plusieurs années. (A. R.)

ORCHIDEA. bot. phan. (Petiver.) Syn. d'*Eucomis nana*, Willd. (b.)

ORCHIDÉES. *Orchideæ*. bot. phan. Famille très-naturelle de Plantes monocotylédones à étamines épigynes, qui présente des formes et une organisation tellement singulières, que nous croyons devoir donner quelque développement aux caractères que nous allons en tracer. Les Orchidées sont des Végétaux tous vivaces, tantôt terrestres, et tantôt parasites, c'est-à-dire croissant sur l'écorce des autres Arbres, et y formant quelquefois des festons et des guirlandes ornées de fleurs qui réunissent à la variété des couleurs et souvent au parfum le plus suave, les formes les plus bizarres et les plus inattendues. Nous verrons bientôt que le mode de végétation de ces Plantes, suivant qu'elles sont terrestres ou parasites, entraîne avec lui des différences fort remarquables dans la structure de la plupart des organes, soit de la végétation, soit de la reproduction. Le calice est toujours adhérent avec l'ovaire qui est infère; jamais il ne forme de tube au-dessus de celui-ci. Son limbe, qui est toujours irrégulier, offre constamment six divisions, dont trois extérieures et trois internes. Ces divisions calicinales sont diversement disposées, quelquefois plus ou moins soudées entre elles ou rapprochées à la partie supérieure de la fleur où elles forment une sorte de casque (*calyx galeatus*); de ces trois divisions l'une est supérieure et les deux autres sont latérales et inférieures. Les trois divisions internes sont distinguées en deux latérales et supérieures toujours égales et semblables entre elles, et une inférieure dissemblable, qui a reçu les noms de nectaire, tablier ou labelle. Le labelle est l'organe le plus polymorphe dans les Orchidées; il est généralement pendant, mais quelquefois il est dressé, diversement configuré et offrant même parfois des formes que l'on a comparées à celles d'une Mouche, d'une Araignée, d'un Bourdon, d'un Homme pendu, etc. Il est quelquefois sessile, quelquefois onguiculé, adhérent et continu ou articulé avec la colonne centrale qui surmonte l'ovaire. Le plus souvent il naît de la base de cette colonne ou gynostème, d'autres fois il naît de sa partie supérieure et forme autour de lui une sorte de gaîne qui l'embrasse en totalité et y adhère complétement. Le labelle peut être plane, convexe ou concave; il peut se prolonger à sa base en un éperon plus ou moins long, ou simplement former une bosse saillante; dans un seul genre il offre deux éperons. Du centre de la fleur, s'élève une sorte de petite colonne charnue qui a reçu le nom de *gynostème*, parce qu'en effet elle sert à la fois de support et de moyen d'union entre l'organe mâle et l'organe femelle. Sa longueur varie beaucoup. Généralement elle est légèrement concave ou creusée en gouttière à sa partie antérieure, et convexe postérieurement; quand elle a une certaine longueur elle est plus ou moins arquée. A sa partie supérieure elle porte trois étamines. De ces étamines deux avortent constamment et sont réduites à l'état rudimentaire, excepté dans le seul genre *Cypripedium* où les deux étamines latérales sont les seules fertiles, tandis que celle du milieu avorte complétement. La position de l'anthère unique qui termine le gynostème, sa forme, sa structure, son mode de déhiscence varient singulièrement dans les différens genres. Tantôt l'anthère est placée à la partie antérieure du gynostème qu'elle recouvre en grande partie, comme dans la tribu des Ophrydées par exemple; cette conformation ne se remarque jamais que dans les genres dont les espèces sont terrestres; tantôt l'anthère est tout-à-fait terminale, c'est-à-dire qu'elle repose sur une excavation du sommet du gynostème qui a reçu le nom de *clinandre*; dans ce dernier cas elle n'y est attachée que par une sorte d'onglet ou de partie rétrécie; elle est placée de manière qu'elle repose sur le clinandre par sa face inférieure. Il arrive de-là que, lors de l'anthèse, l'étamine se relève en forme d'opercule (*anthera operculiformis*), c'est ce que l'on remarque dans toutes les Orchidées véritablement épidendres. L'anthère est à deux loges rapprochées et contiguës ou

éloignées; quelquefois on ne trouve qu'une seule loge; chaque loge est souvent partagée en deux, rarement en quatre, par une ou deux cloisons plus ou moins saillantes. Le pollen renfermé dans l'anthère offre une organisation bien particulière dont on ne retrouve d'analogue que dans une famille très-éloignée, celle des Asclépiadées; tout le pollen renfermé dans une loge y forme une masse continue, homogène; quand l'intérieur de la loge est partagé par des cloisons, quelquefois on trouve autant de masses distinctes que de cellules, comme dans le genre *Bletia* par exemple; d'autres fois la masse pollinique principale est seulement partagée en autant de lobes qu'il y a de cellules; enfin, quand l'anthère est uniloculaire, tantôt elle renferme deux masses polliniques distinctes, tantôt une seule qui est bilobée, comme dans le genre *Bulbophyllum* par exemple. Ces masses polliniques peuvent offrir trois modifications principales quant à leur nature; elles peuvent être composées de grains anguleux réunis ensemble par une sorte de réseau élastique; on dit alors qu'elles sont *granuleuses* ou *sectiles*; elles peuvent être formées de grains excessivement petits, peu adhérens entre eux, on les nomme alors masses polliniques *pulvérulentes* ou *pultacées*; enfin, chez le plus grand nombre des Epidendres, elles sont *sulides* ou *céracées*. Chaque masse offre une forme variable; quelquefois elles sont nues à leur base; d'autres fois terminées par un prolongement diaphane qu'on nomme *caudicule*; dans quelques genres, la même caudicule est commune aux deux masses polliniques. Cette caudicule peut se terminer par un petit corps de forme variée, ordinairement de nature glandulaire et visqueux, qu'on nomme *rétinacle*; le même rétinacle peut être commun à deux masses polliniques; quelquefois il y a rétinacle sans caudicule, comme dans notre nouveau genre *Beclardia* par exemple. A la partie antérieure du gynostème on aperçoit

une aréole glanduleuse, ordinairement très-visqueuse dans l'état frais,
c'est le stigmate, d'une forme très-
variée; au-dessus du stigmate la
partie antérieure du gynostème se
prolonge quelquefois en une pointe
plus ou moins allongée qu'on nomme
rostelle ou *bec*. Dans le cas où l'anthère est antérieure, elle se termine
à sa partie inférieure par une ou deux
petites poches ou boursettes, dans
lesquelles sont reçus les rétinacles;
cependant ceux-ci sont quelquefois
à nu, comme dans les genres *Gymnadenia*, *Platanthera*, etc. L'ovaire
est constamment infère, plus ou
moins cylindracé, à trois angles, relevé de trois côtes plus saillantes, qui
correspondent toujours aux trois divisions externes du calice; cet ovaire
est quelquefois tordu sur lui-même
en forme de spirale; il est à une seule
loge, offrant trois trophospermes pariétaux et longitudinaux, souvent bi-
furqués, alternant avec les trois côtes de l'ovaire, et chargés d'un nombre prodigieux d'ovules extrêmement
petits. Le fruit est une capsule ovoïde ou plus ou moins allongée et cylindrique, généralement marquée de
trois côtes plus ou moins saillantes,
s'ouvrant en trois valves. Les trois
côtes sont souvent persistantes, adhérentes entre elles par leur sommet
et par leur base, et formant une sorte
de châssis dont les trois valves constituent les panneaux. Quelquefois le
fruit est pulpeux intérieurement,
comme dans la Vanille, par exemple.
Les graines sont d'une excessive ténuité. Dans presque tous les genres,
le tégument extérieur forme un réseau diaphane, une sorte de tissu léger au centre duquel est l'amande
recouverte d'un second tégument. Ce
réseau a été décrit par la plupart des
auteurs comme une arille. L'amande
se compose d'un endosperme contenant un embryon très-petit, axile,
ayant sa radicule tournée vers le hile.

Les Orchidées, ainsi que nous l'a-
vons dit, sont toutes des Plantes vivaces, tantôt terrestres et tantôt parasites. Dans le premier cas leur racine est
entièrement fibreuse, ou bien elle
est accompagnée de deux tubercules
charnus, entiers ou divisés, qui
sont de véritables bourgeons souterrains destinés à reproduire chaque
année une nouvelle tige. Dans les
Orchidées parasites au contraire, il
n'y a jamais de bulbes radicaux,
mais la base des feuilles ou quelquefois de la hampe s'épaissit et
forme un renflement charnu et bul-
biforme, mais entièrement différent
des bulbes proprement dits que l'on
observe dans les Orchidées terrestres.
Les feuilles sont quelquefois toutes
radicales, et du centre de leur assemblage s'élève une hampe nue;
d'autres fois elles naissent sur la tige
et sont alternes, embrassantes, et
quelquefois terminées par une gaîne
plus ou moins longue, entière ou
fendue; dans un grand nombre d'E-
pidendres les feuilles sont coriaces,
persistantes; d'autres fois elles se
coupent transversalement et se détachent de leur gaîne qui paraît être
une sorte de pétiole dilaté et persistant. Ces feuilles sont toujours parfaitement entières dans leur contour
et simples. La tige, qui quelquefois est une véritable hampe, est
simple ou rameuse. Les fleurs varient
beaucoup en grandeur, en couleur,
et dans leur disposition. Elles sont
ou en épis ou en grappes rameuses,
en cimes ou solitaires, toujours accompagnées chacune d'une seule
bractée. Ces feuilles sont quelquefois renversées, c'est-à-dire que le
labelle, qui est généralement pendant à la partie inférieure de la
fleur, est placé à sa partie supérieure
par une inversion occasionée par la
torsion du pédoncule et de l'ovaire.

Tels sont les caractères généraux
et en quelque sorte habituels de la
famille des Orchidées : nous allons
indiquer ici certaines particularités
qui peuvent jeter quelque jour sur
l'organisation singulière de leurs
fleurs. Ainsi tous les botanistes conviennent aujourd'hui que le type régulier de la famille des Orchidées est
d'avoir trois étamines dont les deux

latérales avortent constamment dans tous les genres, excepté dans le *Cypripedium* où c'est celle du milieu qui avorte, tandis que les deux latérales sont développées. Mais jusqu'à présent on n'avait pas eu la confirmation indubitable de ce fait. Nous avons publié dans le premier volume des Mémoires de la Société d'Hist. Naturelle la description d'une monstruosité bien remarquable des fleurs de l'*Orchis latifolia*, propre à nous dévoiler la véritable structure de la fleur des Orchidées. Le centre de la fleur est occupé par un corps charnu portant à son sommet trois étamines verticillées et entièrement semblables entre elles; ainsi donc ici les deux étamines latérales qui avortent constamment se sont développées. Mais ce qui n'est pas moins remarquable, c'est que la forme de la fleur est entièrement changée; le périanthe est étalé, à six divisions parfaitement égales et régulières, dont trois externes et trois internes; on n'aperçoit plus de labelle ni d'éperon. On pourrait donc conclure de ce fait, qui nous paraît très-important, que le type véritable de la fleur des Orchidées est un périanthe à six divisions égales et régulières, et trois étamines gynandriques. Dès-lors on pourrait admettre que l'irrégularité de la fleur, c'est-à-dire la formation du labelle et de son éperon, ne proviennent que de l'avortement des deux étamines inférieures. On a émis encore une autre opinion sur la nature de la fleur des Orchidées. En 1807, un amateur de botanique, Charles His, dans une lettre imprimée, adressée à la section de botanique de l'Institut, a décrit une monstruosité fort remarquable de l'*Ophrys Arachnites* dans laquelle les deux divisions internes et supérieures du calice sont converties en étamines; de sorte qu'il y a aussi trois étamines développées. L'auteur pense ensuite que le labelle doit être considéré comme composé lui-même de trois étamines, en sorte qu'il y aurait primitivement six étamines. Mais bien que nous croyions que l'observateur que nous citons ici a commis une petite erreur en considérant le labelle comme formé de trois étamines, car dans ce cas il y en aurait huit dans la fleur, puisqu'il est certain que la colonne centrale de la fleur est le support de trois étamines, ainsi qu'il est bien démontré aujourd'hui; si l'on voulait admettre, et nous ne repoussons point cette idée, que les trois divisions intérieures du calice sont des étamines stériles, il faudrait les considérer chacune comme une seule étamine, par conséquent on en aurait six pour la fleur, ce qui complète le nombre normal de la plupart des Plantes monocotylédones. Dans cette supposition, le périanthe n'offrirait plus que trois divisions; mais un genre publié par notre savant ami, le professeur Kunth, sous le nom d'*Epistephium*, peut servir à lever cette difficulté. En effet, il offre indépendamment des six divisions calicinales qu'on observe dans toutes les autres Orchidées, un calicule extérieur couronnant l'ovaire et beaucoup plus court que les divisions du calice. De ces différens faits qui nous semblent de la plus haute importance, nous croyons qu'on peut tirer les conclusions suivantes : le type normal de la fleur des Orchidées est un périanthe à six divisions régulières dont trois extérieures et trois internes, et six étamines. Mais dans tous les genres connus, à l'exception de l'*Epistephium*, les trois divisions externes du calice avortent, et le périanthe ne se compose que des trois internes. Dans tous les genres connus, excepté dans quelques cas de monstruosités, si l'on peut donner ce nom au retour d'un organe dégénéré à son type normal, les trois étamines externes sont stériles et développées en appendices pétaloïdes. Dans tous les genres connus, excepté dans le *Cypripedium* et quelques cas de monstruosités, deux des étamines intérieures avortent complétement et se montrent seulement sous la forme de deux petits mamelons glanduleux auxquels on a donné le nom de *staminodes*.

Ce n'est que depuis un petit nombre d'années que l'on connaît bien l'organisation des Orchidées et que les caractères des genres principaux ont été définitivement fixés. Swartz le premier, dans un ouvrage spécial sur les genres et les espèces de cette famille, et dans sa Flore des Indes-Occidentales, a beaucoup mieux caractérisé les genres de la famille des Orchidées, et dévoilé en partie leur structure. Ce travail a servi de base à presque tous les ouvrages généraux publiés depuis cette époque. Mais néanmoins les genres établis par Swartz mieux étudiés ont pu se prêter à de nouvelles divisions. Presque à la même époque, le célèbre Rob. Brown, dans sa Flore de la Nouvelle-Hollande, et dans la seconde édition du Jardin de Kew, et le professeur Richard, dans son Mémoire sur les Orchidées d'Europe (Mémoires du Musée) démontrèrent la vraie structure de l'anthère dans cette famille et firent voir que les caractères des genres devaient être puisés dans cet organe, à cause du grand nombre de modifications qu'il présente, et de la fixité de ces modifications dans les différens genres. L'un et l'autre en retravaillant ainsi une partie de la famille proposèrent un assez grand nombre de genres nouveaux. C'est d'après ces principes que les Orchidées ont été étudiées dans les ouvrages des botanistes modernes, et en particulier dans les *Nova Genera et Species Plant. Amer. œquin.*, publiés par notre collaborateur Kunth ; dans l'*Exotic Flora* de Hooker ; dans le *Botanical Register*, les *Collectanea Botanica* de John Lindley. Ce dernier botaniste paraît avoir fait une étude toute particulière de cette famille ; dont il a proposé une nouvelle division dans une petite brochure publiée à Londres en 1826 sous le nom de *Sceletos Orchidearum*. Indépendamment de ces ouvrages très-modernes, nous devons citer encore comme offrant des notions utiles sur les Orchidées, le Prodrome de la Flore du Chili et du Pérou de Ruiz et Pavon, et surtout l'Histoire des Orchidées des îles Australes d'Afrique, publiée par Du Petit-Thouars. Ce dernier ouvrage est le plus étendu qu'on ait publié sur les Orchidées d'un pays.

Les genres de la famille des Orchidées sont fort nombreux. On peut les diviser facilement en trois sections d'après la nature de leurs masses polliniques, tantôt formées de grains réunis ensemble par une matière visqueuse et élastique, tantôt formées de graines fort petites et sans adhérences, tantôt enfin entièrement solides. Le genre *Cypripedium*, à cause de ses deux étamines latérales constamment fertiles, forme une quatrième section. Les trois premières auxquelles nous donnons les noms d'Ophrydées, de Limodorées et d'Épidendrées, peuvent être ensuite subdivisées suivant la forme de l'anthère ou les modifications des masses polliniques. Nous adopterons en grande partie la classification proposée par John Lindley.

† Ophrydées.

Masses polliniques sectiles ou granuleuses, c'est-à-dire formées de grains anguleux, adhérens entre eux au moyen d'une matière visqueuse et élastique. Espèces toutes constamment terrestres.

Tribu 1 : Ophrydées proprement dites.

Anthère terminale et antérieure, dressée ou renversée ; masses polliniques munies d'une caudicule.

Orchis, L. ; *Glossula*, Lindl. ; *Anacamptis*, Rich. ; *Nigritella*, Rich. ; *Diplomeris*, Don. ; *Aceras*, Rich., Br. ; *Ophrys*, L. ; *Serapias*, Swartz ; *Altensteinia*, Kunth ; *Disa*, Berg. ; *Habenaria*, Willd. ; *Gymnadenia*, R. Br. ; *Bonatea*, Willd. ; *Platanthera*, Rich. ; *Chamorchis*, Rich. ; *Herminium*, Rob. Brown ; *Holotrix*, Rich. ; * *Arnottia*, N. ; *Dryopeia*, Du Pet.-Th. ; *Bartholina*, R. Br. ; *Repandra*, Lind. ; *Pterygodium*, Sw. ;

Disperis, Sw.; *Satyrium*, Sw.; *Corycium*, Sw.

Tribu 2 : GASTRODIÉES.

Anthère terminale et operculiforme.

Gastrodia, R. Br.; *Epipogium*, R. Br.; *Prescotia*, Lindl.; *Hysteria*, Reinwardt.

†† LIMODORÉES.

Masses polliniques pulvérulentes ou pultacées. Espèces généralement terrestres; quelques-unes parasites.

Tribu 3 : ARÉTHUSÉES.

Anthère terminale operculiforme. *Arethusa*, Sw.; * *Aplostellis*, Nob.; *Limodorum*, Tournef.; *Calopogon*, R. Br.; * *Centrosia*, Nob.; *Bletia*, Ruiz et Pavon; *Vanilla*, Sw.; *Epistephium*, Kunth; *Pogonia*, Juss.; *Eriochilus*, R. Br.; *Pterostylis*, R. Br.; *Glossodia*, R. Br.; *Lyperanthus*, R. Br.; *Caladenia*, R. Br.; *Chiloglottis*, R. Br.; *Cyrtostylis*, R. Br.; *Corysanthes*, R. Br.; *Caleana*, Rob. Br.; *Microtis*, Rob. Br.; *Epipactis*, Sw.; *Corallorhiza*, Haller; * *Benthamia*, Nob.

Tribu 4 : NÉOTTIÉES.

Pelexia, Poit.; *Goodyera*, R. Br.; *Physurus*, Rich.; *Hæmaria*, Lind.; *Thelymitra*, Forst.; *Diuris*, Smith; *Epiblema*, R. Br.; *Cryptostylis*, R. Br.; *Orthoceras*, R. Br.; *Prasophyllum*, R. Br.; *Cranichis*, Sw.; *Chloræa*, Lindl.; *Ponthieva*, R. Br.; *Genoplesium*, R. Br.; *Neottia*, Rich.; *Listera*, Br.; *Spiranthes*, Rich.; *Zeuxina*, Lindl.; *Stenorhynchus*, Rich.; *Calochilus*, R. Br.; *Synassa*, Lindl.

††† ÉPIDENDRÉES.

Masses polliniques solides. Espèces toutes parasites.

Tribu 5 : VANDÉES.

Masses polliniques terminées à leur base par une caudicule diaphane ou une glande.

Calanthe, R. Br.; *Octomeria*; R. Br.; *Arpophyllum*, La Llave; *Pina-lia*, Lindl.; *Maxillaria*, Ruiz et Pavon; *Camaridium*, Lindl.; *Ornithidium*, Salisb.; * *Beclardia*, Nob.; *Pholidota*, Lindl.; *Sunipia*, Lindl.; *Telipogon*, Kunth.; *Ornithocephalus*, Hooker; *Cryptarrhena*, R. Br.; *Psittacoglossum*, La Llave; *Alamania*, La Llave; *Tipularia*, Nutt.; *Aerides*, Lour.; *Vanda*, R. Br.; *Sarcanthus*, Lindl.; *Aeranthes*, Lindl.; *Cryptopus*, Lindl.; *Æonia*, Lindl.; *Jonopsis*, Kunth; * *Gussonea*, Nob.; *Cymbidium*, Sw.; *Lissochilus*, R. Br.; *Geodorum*, Jackson; *Sobralia*, Ruiz et Pavon; *Gastrochilus*, Don.; *Dipodium*, R. Br.; *Oncidium*, Sw.; *Macradenia*, R. Br.; *Brassia*, R. Br.; *Odontoglossum*, Kunth; *Cyrtopodium*, R. Br.; *Cyrtochilum*, Kunth; *Cuitlauzina*, La Llave; *Anguloa*, R. et Pav.; *Catasetum*, Rich.; *Eulophia*, Rob. Br.; *Xylobium*, Lindl.; *Trizeuxis*, Lindl.; *Fernandezia*, R. et Pav.; *Rodriguezia*, R. et Pav.; *Gomeza*, R. Br.; *Cirrhæa*, Lindley; *Notylia*, Lind.; *Megaclinium*, Lind.; *Trichoceros*, Kunth; *Masdevallia*, Ruiz et Pav.; *Gongora*, R. et Pav.

Tribu 6 : ÉPIDENDRÉES vraies.

Masses polliniques terminées par un prolongement de même nature replié en dessous.

Brassavola, R. Br.; *Epidendrum*, Sw.; *Cattleya*, Lindl.; *Broughtonia*, R. Br.; *Isochilus*, R. Br.; *Dinema*, Lindl.

Tribu 7 : MALAXIDÉES.

Masses polliniques libres sans caudicule.

Angræcum, Du Pet.-Th.; *Eria*, Lindl.; *Acianthus*, R. Br.; *Dendrobium*, Sw.; *Pachyphyllum*, Kunth; *Stenoglossum*, Kunth; *Anisopetalum*, Hooker; *Restrepia*, Kunth; *Cælogyne*, Lindl.; *Malaxis*, Rich.; *Microstylis*, Nutt.; *Liparis*, Richard; *Dienia*, Lindl.; *Empusa*, Lindley; *Calypso*, Salisb.; *Pleurothallis*, R. Br.; *Stelis*, Sw.; *Tribrachia*, Lind.; *Bulbophyllum*, Du Petit-Th.; *Pedilea*, Lindl.; *Zygoglossum*, Reinw.; *Schœnorchis*, Reinwardt.

†††† Cypripédiées.

Tribu 8 : Les deux étamines latérales
fertiles.

Cypripedium, L.

A la suite de ces genres rapportés
à la tribu dont ils font partie, on
doit ajouter les suivans qui ne sont
pas encore assez bien caractérisés
pour pouvoir être définitivement placés dans les huit tribus précédentes :

Sarcochilus, R. Br.; *Cirrhopeta-
lum*, Lindl.; *Renanthera*, Lour.;
Aeiropsis, Reinw.; *Callista*, Lour.;
Thrixspermum, Lour.; *Galeola*, *id.*;
Isotria, Rafin.; *Diphryllum*, Rafin.;
Ceraia, Lour.

Tel est le tableau des genres nombreux qui composent aujourd'hui
l'intéressante famille des Orchidées.
Quoique nous pensions que plusieurs
de ces genres pourraient être réunis,
que d'autres au contraire pourraient
être divisés, nous n'avons pas cru
cependant devoir opérer ici ces changemens. La difficulté d'un pareil travail ne permet pas de s'en occuper
dans un article de ce genre plutôt
destiné à faire connaître l'état actuel
de la science qu'à y introduire des
modifications qui ne peuvent être
convenablement développées que
dans un travail spécial. Les genres
nouveaux que nous avons indiqués
ici, en les marquant d'un astérisque,
sont ceux que nous avons établis dans
notre Flore encore inédite des îles de
France et de Mascareigne. (A. R.)

* ORCHIDIUM. BOT. PHAN. Le
genre d'Orchidées ainsi nommé par
Swartz, et établi pour le *Cypripedium
bulbosum*, L., est plus généralement
connu aujourd'hui sous le nom de
Calypso. *V.* ce mot. (A. R.)

ORCHIDOCARPUM. BOT. PHAN.
Le genre établi sous ce nom par le
professeur Richard, dans la *Flora
Boreali-Americana* de Michaux, pour
l'*Anona triloba*, L., avait déjà été
nommé *Asimina* par Adanson. *V.*
ASIMINA. (A. R.)

* ORCHILE. OIS. Aristote mentionne sous ce nom un Oiseau qu'il
dit être un ennemi du Chat-Huant.
Sur cette simple indication, Gesner
y reconnaît le Roitelet. C'est ainsi
qu'on faisait ordinairement de l'histoire naturelle avant Linné. (B.)

ORCHIS. BOT. PHAN. *V.* ORCHIDE.

* ORCYNUS. POIS. *V.* SCOMBRE.

ORDILLON. BOT. PHAN. (Nicander.) Syn. de *Tordylium officinale*.
(B.)

ORÉADE. *Oreas.* MOLL. Genre
formé par Montfort sur des caractères
de peu d'importance. Il fait partie du
genre Cristellaire, tel que l'ont conçu les conchyliologues les plus modernes, quoiqu'il en diffère un peu
sous quelques rapports ; mais ces différences sont de trop peu de valeur
pour que l'on adopte le genre de
Montfort. *V.* CRISTELLAIRE. (D..H.)

OREADES. BOT. PHAN. (Columna.)
Syn. d'*Orchis tephrosanthos*, Willd.
(B.)

* OREAS. MAM. *V.* CANNA au
mot ANTILOPE.

* OREAS. BOT. PHAN. Genre de la
famille des Crucifères et de la Tétradynamie siliculeuse, établi par Chamisso et Schlectendal (*Linnœa*, janvier 1826, p. 29) qui lui ont assigné
les caractères suivans : calice dont
les sépales sont un peu étalés et égaux
à la base; pétales entiers, onguiculés, égaux; filets des étamines égaux,
dépourvus de dents; style extrêmement court, surmonté d'un stigmate
capité ; silicule lancéolée, comprimée, uniloculaire, sans aucune cloison, à valves planes, marquée d'une
nervure médiane; graines nombreuses, ovoïdes, pendantes de la partie
supérieure des filets placentaires, au
moyen de longs cordons ombilicaux;
cotylédons incombans. Ce genre,
rapproché par ses auteurs de l'*Eu-
trema* de R. Brown, est très-remarquable par ses funicules allongés,
durs et persistans, ses étamines égales, et surtout par l'absence des glandes et de la cloison. Une seule espèce

constitue ce genre nouveau. Chamisso et Schlectendal l'ont décrite et figurée sous le nom d'*Oreas involucrata*, *loc. cit.*, tab. 1. C'est une petite Plante vivace, qui a le port du *Cardamine bellidifolia*. Ses feuilles radicales sont glabres, pétiolées, spathulées et très-entières; les caulinaires n'existent pas. C'est ainsi que s'expriment les auteurs du genre; mais il nous semble, d'après la figure et des échantillons authentiques, que les feuilles dites radicales sont réellement caulinaires, qu'elles sont attachées à la véritable tige raccourcie, et que les prétendues tiges sont des pédoncules latéraux et axillaires. Les fleurs, disposées en sertules, sont blanches, quelquefois marquées d'un réseau pourpre-noirâtre. A la base de chaque sertule, est un involucre composé de bractées foliacées, analogues aux feuilles, mais non pétiolées. Cette Plante croît entre les monceaux de pierres, sur les hautes montagnes de l'île d'Unalaschka. (G..N.)

* OREAS. bot. crypt. (*Mousses.*) Ce genre de Bridel n'a pas été adopté. Il était fondé sur une Plante qui a été nommée *Weissia Martiana* par Hornschuch. (G..N.)

OREILLARD. *Plecotus.* mam. Sous-genre établi par Geoffroy Saint-Hilaire dans le genre Vespertilion, et dont le type est le *Vespertilio auritus*, Lin., que Daubenton avait décrit sous le nom d'Oreillard. *V.* Vespertilion. (IS. G. ST.-H.)

* OREILLARD. ois. Espèce du genre Traquet. C'est aussi le nom d'un Grèbe d'Europe. *V.* Grèbe et Traquet. (DR..Z.)

OREILLE. zool. Organe spécial du sens de l'ouïe. Les changemens qu'une force mécanique détermine dans la forme des corps, peuvent être permanens ou cesser avec l'action de la cause qui les produit. Mais dans ce dernier cas, lorsque les molécules déplacées ont repris la place qu'elles occupaient d'abord, au lieu de s'y arrêter, elles se portent au-delà, puis reviennent eu-deçà, et exécutent un certain nombre d'oscillations, dont l'étendue diminue progressivement. Ces mouvemens vibratoires se propagent de proche en proche à travers tous les corps élastiques, et l'on donne le nom de *son* à la sensation particulière qu'ils déterminent, lorsqu'ils arrivent jusqu'à nous, et que leur vitesse est telle, que nos organes peuvent les percevoir.

L'existence du sens de l'ouïe est pour le moins très-douteuse chez les Animaux des classes les plus inférieures. La sensibilité générale des Actinies est assez développée, et chez certains Animaux de ce genre, le moindre attouchement, ou même l'action de la lumière, suffit pour déterminer des mouvemens très-marqués; mais le bruit ne paraît les affecter en aucune manière, comme nous nous en sommes assuré un grand nombre de fois. On ignore si les Mollusques acéphales peuvent percevoir les sons; mais toujours paraît-il certain qu'ils sont entièrement dépourvus d'organe spécial de l'audition. La plupart des Insectes jouissent, sans aucun doute, de la faculté d'entendre certains sons; mais la science ne possède que bien peu de données sur les parties destinées à cet usage. Comparetti, il est vrai, a décrit l'organe de l'ouïe de la Libellule, de la Cigale, de la Mouche, de la Fourmi et de quelques autres Insectes, mais d'une manière si vague, si obscure et si incomplète, qu'il est bien difficile de savoir au juste ce qu'il a voulu dire, et encore plus de croire à l'exactitude de ses observations. La description que Tréviranus a donnée de l'Oreille de la Blatte orientale est, au contraire, claire et précise; et comme on a omis d'en parler dans le dernier ouvrage publié sur l'Anatomie comparée, nous en rapporterons ici les détails les plus importans. Dans la partie du sommet de la tête qui se trouve entre la marge de l'œil et les ouvertures circulaires dans lesquelles sont implantées les antennes, se trouvent deux ouvertures arrondies, visibles à l'œil nu, et bouchées par

une membrane blanche, extrêmement mince, ferme, élastique et concave. Deux prolongemens nerveux se
portent du cerveau vers les yeux, et
leur sommet obtus et d'une couleur
noirâtre correspond à la membrane
élastique dont nous venons de parler;
aussi ce disque paraît-il destiné à
vibrer sous l'influence des ondes sonores qui viennent le frapper, et à
agir immédiatement sur le nerf qui
y aboutit.

Dans les Crustacés, la structure de
l'organe de l'ouïe est moins simple.
Chez l'Écrevisse, par exemple, il est
formé d'une membrane extérieure
élastique, d'un sac membraneux,
rempli de liquide, et d'un nerf qui
vient s'y terminer. A la face inférieure
de l'article basilaire de l'antenne externe, se trouve une petite éminence
osseuse, arrondie, très-dure et percée
à son sommet d'une ouverture arrondie, que Scarpa appelle la fenêtre
du vestibule; une membrane mince,
élastique et tendue, est fixée aux
bords de ce trou et le bouche complétement; derrière elle se trouve
une vésicule membraneuse, cylindrique, allongée et logée dans l'intérieur de l'éminence osseuse; son
extrémité interne est extrêmement
mince et accollée à la membrane de
la fenêtre; son extrémité postérieure
se continue avec la membrane qui
tapisse l'intérieur du test; enfin sa
cavité est remplie d'un liquide aqueux.
Le nerf acoustique ne naît pas immédiatement du ganglion céphalique,
mais est fourni par le tronc qui se
distribue à l'antenne externe; il se
porte en arrière, passe entre les muscles voisins, sans fournir aucun rameau, et, parvenu près du fond du
sac membraneux, s'élargit manifestement, puis pénètre dans la cavité
du vestibule, où il se ramollit et s'é-
tend sous la forme d'une pulpe molle
qui tapisse la paroi opposée à la fenêtre, et nage dans le liquide ambiant.

L'appareil auditif des Mollusques
Céphalopodes est assez semblable
à celui que nous venons de décrire; mais il est complétement caché dans l'intérieur de l'Animal, et
on ne trouve aucune ouverture qui
y conduise. Il en résulte que chez
ces Animaux, il n'existe point de
membrane de la fenêtre du vestibule.
L'organe de l'ouïe (dont l'existence
a été indiquée par Hunter, mais dont
la connaissance exacte est due à
Scarpa et à Cuvier) est logé dans
deux petites cavités à peu près sphériques et à parois lisses, creusées
dans la partie externe de l'anneau
cartilagineux céphalique, là où il
présente le plus de largeur, d'épaisseur et de dureté. Un sac membraneux sphérique, transparent et plus
petit que la cavité dont nous venons
de parler, y est comme suspendu
par un grand nombre de filamens; il
est rempli d'un fluide transparent,
gélatineux, et l'on trouve fixée à la
partie postérieure de sa cavité une
petite pierre très-dure, en général
hémisphérique. Enfin, un nerf assez
grêle qui naît du collier médullaire
près de celui de l'entonnoir, pénètre
dans la cavité de ce sac, que l'on
nomme par analogie le vestibule, et
s'y divise en deux ou trois rameaux.

D'après ce que nous venons de dire
sur la structure de l'Oreille des Crustacés et des Mollusques Céphalopodes, on voit que le mécanisme de
l'audition doit être très-simple chez
ces Animaux. Chez les uns, les vibrations sonores qui se propagent
dans l'eau ambiante, viennent frapper la membrane mince, élastique
et tendue qui ferme la fenêtre du vestibule, et y déterminent des mouvemens du même genre. Les vibrations de cette membrane sont transmises au sac du vestibule et au liquide gélatineux renfermé dans sa
cavité, et vont enfin agir directement
sur la pulpe nerveuse qu'il baigne de
toutes parts. Chez les Mollusques Céphalopodes, les vibrations doivent se
communiquer de l'eau aux tégumens
et à l'anneau cartilagineux placé au-
dessous; de celui-ci à la membrane
fine et élastique qui constitue le vestibule, puis au liquide renfermé dans

son intérieur, et enfin aux filamens nerveux avec lesquels il est en contact. L'existence d'une petite plaque calcaire au fond de la cavité auditive et au-devant de la terminaison du nerf acoustique, n'est pas une circonstance indifférente ; car il est probable que ce corps mince très-dur et élastique doit participer aux vibrations qui agitent la masse cartilagineuse, et augmenter ainsi la force avec laquelle elles agissent sur le nerf. Le liquide qui remplit le vestibule paraît avoir pour usage principal de rendre le contact du nerf et du corps vibrant plus intime, et d'augmenter la faculté vibratoire de la membrane du sac ; les expériences de Savart prouvent en effet que le papier, par exemple, est ébranlé avec plus de facilité par les ondes sonores, lorsqu'il est mouillé, que lorsqu'il est sec. Enfin, il est important de noter que chez les Ecrevisses, le nerf destiné à percevoir les sons, n'est pas un nerf spécial, mais seulement une branche de celui qui se rend aux muscles et aux tégumens de l'antenne externe, partie qui est évidemment un organe de tact. Cette disposition que nous retrouverons encore par la suite, prouve que chez les Animaux des classes inférieures, l'existence d'un nerf spécial n'est pas une condition nécessaire pour la perception de sensations d'un ordre particulier, comme cela a lieu chez les Animaux plus compliqués. Ce fait vient à l'appui de l'opinion que j'ai déjà énoncée dans d'autres parties de cet ouvrage, et que j'exposerai plus en détail en traitant des sensations en général.

Chez quelques Poissons, la structure de l'Oreille est presque aussi simple que dans les Crustacés et les Mollusques Céphalopodes. En effet, dans la Lamproie, cet organe ne consiste qu'en un vestibule cartilagineux, un vestibule membraneux et un nerf auditif. De chaque côté et en arrière du crâne, se trouve une capsule cartilagineuse, elliptique, à parois minces, partout d'une égale épaisseur, et lisses sur leurs deux faces. L'in-

térieur de cette capsule, nommée vestibule cartilagineux, est creusé d'une cavité de même forme que lui. La face externe ne présente aucune trace d'ouverture, et est recouverte par les tégumens communs qui, dans cet endroit, sont minces et lisses ; sa face interne, tournée vers la cavité du crâne, offre deux trous ; l'un inférieur, large et ovalaire, est fermé par une membrane élastique, et donne passage au nerf ; l'autre supérieur est, au contraire, très-petit, et traversé par un vaisseau sanguin. A l'exception de ces deux ouvertures qui communiquent dans la cavité du crâne, le vestibule cartilagineux est parfaitement clos de toutes parts. Le vestibule membraneux est un sac elliptique et transparent qui remplit la cavité du vestibule cartilagineux, sans adhérer cependant à ses parois, et qui est uni à la membrane qui bouche l'ouverture dont nous venons de parler. Ce sac est lui-même rempli d'un liquide, et on observe dans son intérieur des replis saillans, qui semblent le diviser en plusieurs cellules. Le nerf qui se rend à ce petit appareil, naît isolément du cerveau ; enfin, on ne trouve ni concrétions pierreuses, ni même de traces de carbonate calcaire dans la substance pulpeuse qui revêt les parois de sa cavité. Quelques anatomistes avaient parlé de canaux semi-circulaires dans l'Oreille de la Lamproie ; mais, d'après des recherches minutieuses de Pohl et de Weber, il paraîtrait qu'ils n'existent réellement pas ; et ce serait les replis déjà indiqués, qu'on aurait confondus avec ces organes. Chez ces Animaux, les vibrations de l'eau peuvent arriver au siége de l'ouïe en passant de ce liquide aux tégumens qui recouvrent le vestibule cartilagineux, puis à celui-ci et au sac membraneux renfermé dans son intérieur ; mais elles peuvent aussi suivre une autre route ; car toute la portion de la cavité du crâne qui n'est point occupée par la masse cérébrale, est remplie d'un liquide particulier, qui doit participer aux mouvemens vibratoires imprimés aux lames cartilagineuses voisines, et les transmettre à la membrane qui bouche la grande ouverture du vestibule cartilagineux avec lequel il est en contact, et celle-ci doit à son tour ébranler le sac vestibulaire qui y adhère. Nous voyons donc, dans la Lamproie, que l'Oreille est disposée à peu près comme dans l'Écrevisse; seulement la membrane tendue et élastique de la fenêtre du vestibule, au lieu d'être placée au dehors et de recevoir directement les mouvemens vibratoires de l'eau ambiante, est située en dedans; elle sépare la cavité auditive de celle du crâne, et doit entrer en vibration par l'influence du liquide crânien.

Dans tous les Poissons, à l'exception des Lamproies, l'appareil auditif présente une structure plus compliquée; car on y trouve des organes que nous n'avons pas encore rencontrés et que l'on nomme canaux semicirculaires. Chez les uns ces parties, ainsi que le vestibule membraneux et le sac auditif qui en dépend et qui renferme une ou deux petites pierres, sont logées avec le cerveau dans la cavité crânienne; chez les autres, au contraire, l'appareil auditif est renfermé dans un vestibule cartilagineux distinct. Les Poissons du genre Raie et Squale présentent cette dernière disposition; le premier mode d'organisation, dont nous allons nous occuper maintenant, se rencontre dans quelques Chondroptérygiens et dans les Poissons osseux.

Le vestibule membraneux dans ces Animaux est un sac mince, transparent, rempli d'un liquide, allongé, aplati latéralement et dont la forme varie beaucoup. Sa face externe est plane et adhère d'une manière lâche aux parois du crâne ou au bord des cavités latérales dont nous parlerons bientôt; sa face interne, également plane, est en rapport avec le lobe impair postérieur du cerveau; enfin son extrémité antérieure qui est la plus grosse, renferme en général une petite concrétion calcaire. Trois appendices, qu'à raison de leur forme on nomme canaux semi-circulaires, s'insèrent à ce vestibule. Chacun de ces canaux présente, à l'une de ses extrémités, un renflement assez considérable, mais est cylindrique et grêle dans le reste de son étendue; l'un d'eux est horizontal et tourné en dehors; les deux autres sont placés perpendiculairement. L'ampoule du canal semicirculaire horizontal est fixée à l'extrémité antérieure du vestibule, et il s'ouvre par l'autre bout à l'extrémité opposée du vestibule; près de ce point on rencontre l'insertion de l'ampoule du canal semi-circulaire postérieur; celle de l'antérieur se trouve au contraire à l'extrémité opposée du vestibule; ces deux canaux verticaux se portent l'un vers l'autre, et après s'être réunis de manière à former un canal commun, vont s'ouvrir à la partie moyenne et supérieure du vestibule. Il en résulte que ce sac membraneux communique avec les canaux semi-circulaires par cinq ouvertures différentes. Au-dessous du vestibule membraneux se trouve un autre sac, également mince et transparent, uni à sa partie postérieure par un conduit très-étroit et plus ou moins long; la cavité de ce sac auditif est remplie d'un liquide limpide, et contient en général deux petites pierres, semblables à celle qui se trouve dans le vestibule.

Deux nerfs se rendent à l'appareil que nous venons de décrire; l'un d'eux, le nerf acoustique proprement dit, se distribue au vestibule membraneux et à l'ampoule des canaux semi-circulaires antérieur et externe; l'autre, que l'on a nommé nerf auditif accessoire, appartient à l'ampoule du canal postérieur et au sac. Scarpa et Cuvier pensent que le nerf acoustique ne naît point du cerveau lui-même, mais est fourni par le trifacial; en effet ces deux nerfs ne forment en général qu'un seul tronc près de leur origine, mais suivant Tréviranus et Weber, on doit les regarder comme étant des nerfs distincts. Du reste, quelle que soit la manière dont le nerf acoustique prenne naissance, il se divise bientôt en trois branches; l'antérieure pénètre dans l'ampoule du canal semi-circulaire antérieur; la seconde dans celui du canal horizontal, et la troisième, qui est la plus grosse et en général étendue en forme de membrane, pénètre dans la partie du vestibule qui est placée entre les ampoules et qui contient la petite pierre. Le nerf auditif accessoire varie beaucoup quant à son origine. Dans l'Anguille, etc., il naît du cerveau si près du nerf auditif, qu'on pourrait le prendre pour un de ses rameaux, et il n'a aucune communication avec le nerf pneumogastrique. Dans d'autres Poissons, tels que le *Sparus salpa*, ce nerf est fourni par la racine antérieure du pneumogastrique. Dans le *Silurus glanis* il naît du cerveau et reçoit un rameau du pneumogastrique; enfin dans les Cyprins le nerf trifacial fournit en arrière un rameau très-gros qui passe sous le nerf acoustique et forme à la base du crâne un gros ganglion recouvert par la moelle allongée, et d'où partent cinq rameaux distincts savoir : deux pour le sac, un pour l'ampoule postérieure, un pour les muscles des branchies, et un qui va s'anastomoser avec le nerf hypoglosse.

Ainsi que nous l'avons déjà dit, les diverses parties que nous venons de décrire et qui constituent le labyrinthe membraneux, ne sont pas logées dans une cavité spéciale, distincte de celle du crâne, mais bien dans l'intérieur de celle-ci près de la partie postérieure du cerveau. Chez quelques Poissons, les Cyprins par exemple, les parois du crâne en rapport avec le vestibule et les canaux semi-circulaires, présentent seulement quelques dépressions légères; mais dans la plupart des Animaux de ce genre on trouve à la partie postérieure du crâne deux cavités latérales creusées dans l'épaisseur de ces mêmes parois, et servant à loger la majeure partie des canaux semi-circulaires. Tantôt ces cavités, ouvertes largement, ne sont séparées en aucune manière de la cavité du crâne; mais d'autres fois elles ne communiquent avec celle-ci que par une ou deux ouvertures. Cette première disposition se rencontre dans la Loche des étangs, l'Anguille, etc., la seconde dans le Hareng, l'Eglefin (*Gadus æglefinus*), etc. Le vestibule membraneux n'est jamais renfermé dans ces cavités latérales, mais il est placé sur le bord de leur ouverture. Enfin les sacs qui contiennent les concrétions calcaires, et que plusieurs anatomistes regardent comme un appendice du vestibule, sont logés dans des cavités creusées à la base de l'os occipital.

Toute la portion de la cavité crânienne qui n'est pas occupée par la masse nerveuse encéphalique ou par les parties que nous venons de décrire, est remplie d'un liquide aqueux et huileux qui paraît renfermé dans les mailles d'un tissu cellulaire extrêmement fin. Il en résulte que ce liquide entoure, de toutes parts, le labyrinthe membraneux, et est en contact avec les lames osseuses plates et minces qui constituent les parois du crâne; aussi les vibrations sonores communiquées par l'eau à ces tables osseuses doivent-elles arriver à l'appareil auditif par l'intermédiaire du liquide crânien. Ces considérations ont porté Weber à regarder la cavité du crâne comme remplissant chez ces Animaux les fonctions qui, chez d'autres, appartiennent spécialement au vestibule osseux ou cartilagineux dont nous aurons bientôt à parler.

Chez la plupart des Poissons dépourvus de vestibule cartilagineux ou osseux, séparés de la cavité du crâne, l'appareil de l'ouïe se compose seulement des parties que nous venons de décrire; mais chez quelques-uns l'Oreille interne est en communication directe avec la vessie natatoire, et cette disposition curieuse, dont nous devons la connaissance à Weber, mérite de fixer un instant notre attention. Dans certains Poissons, le

Hareng, par exemple, la vessie natatoire s'étend jusqu'au vestibule membraneux. De l'extrémité antérieure de cette poche aérienne naissent deux canaux très-étroits qui pénètrent dans des conduits osseux, situés sur les côtés de la base de l'os occipital ; chacun de ces canaux osseux se bifurque et se termine par deux renflemens globuleux, l'un antérieur, l'autre postérieur ; ils sont creux et remplis, ainsi que les canaux desquels ils naissent, par les prolongemens tubulaires de la vessie natatoire. Le globule antérieur, outre l'extrémité renflée de ce prolongement, reçoit un appendice du vestibule membraneux qui, en rencontrant la fin de la vessie natatoire, forme une cloison dont le contour est entouré d'un anneau presque cartilagineux, et qui sépare la cavité du vestibule pleine d'eau de la cavité pleine d'air formée par l'extrémité renflée de la vessie natatoire. Il en résulte que les vibrations sonores communiquées à la vessie natatoire et à l'air qui la distend, peuvent être transmises ainsi jusque dans le vestibule même.

Dans d'autres Poissons on trouve également des prolongemens en forme de canaux, qui se portent de l'extrémité antérieure de la vessie natatoire vers la tête ; mais ils ne parviennent pas jusqu'au vestibule membraneux, et leur extrémité se fixe au bord de deux ouvertures ovales, situées à droite et à gauche de la base du crâne près de la cavité du sac, et bouchées par une membrane tendue, mince et transparente. Cette disposition se rencontre dans le *Sparus Salpa* et le *Sp. sargus*.

Enfin dans quelques autres Poissons, la communication entre l'Oreille interne et la vessie natatoire a lieu à l'aide d'organes intermédiaires dont la disposition est très-compliquée. Dans la Carpe, par exemple, le labyrinthe membraneux est formé, non-seulement du vestibule, des canaux semi-circulaires et du sac, comme dans la plupart des Poissons ; mais encore d'un sinus impair commun aux deux

Oreilles, et de deux cavités dites chambres du sinus impair, lesquelles communiquent avec la vessie natatoire par l'intermédiaire d'une chaîne d'osselets. Le sinus auditif impair est renfermé dans une cellule osseuse, creusée dans l'os occipital sous la cloison qui sépare les deux cavités contenant les sacs auditifs ; cette cavité s'ouvre dans l'intérieur du crâne par un petit trou impair, et communique à l'extérieur par deux petites ouvertures situées au-dessous du grand trou occipital. Le sinus impair est pyriforme, membraneux et transparent. Son extrémité antérieure parvenue dans la cavité du crâne, se divise en deux canaux très-étroits, dont l'un se rend à l'Oreille droite, l'autre à l'Oreille gauche. Ils se joignent au prolongement qui unit le vestibule au sac, sans cependant communiquer avec l'intérieur de cette espèce de canal. La partie postérieure de ce sinus s'ouvre, par les trous déjà indiqués, dans les deux chambres sphériques qui se trouvent à la face supérieure du corps de la première vertèbre, au-devant de la moelle épinière et dans le point où cet os se joint à l'occipital. La face interne de chacune de ces deux cavités est tapissée par une membrane, une continuation du sinus impair, et renferme, ainsi que cette cavité et les canaux qui en partent, un liquide aqueux. Une chaîne de quatre petits osselets mobiles établit la communication entre ces deux chambres et la vessie natatoire. Weber regarde ces osselets comme les analogues de ceux qu'on trouve dans l'Oreille des Animaux plus élevés ; mais ils nous paraissent plutôt dépendre des vertèbres, opinion professée par Geoffroy Saint-Hilaire. Quoi qu'il en soit, ces osselets sont logés dans une espèce de fosse formée par une membrane albuginée étendue de l'occipital à l'apophyse transverse et au corps de la seconde et de la troisième vertèbre ; cette cavité est remplie d'un liquide huileux et communiqué par une large ouverture avec l'intérieur du crâne.

Ainsi que nous l'avons dit plus haut, l'appareil auditif de certains Poissons, au lieu d'être logé dans la cavité commune du crâne, est renfermé dans l'intérieur d'un labyrinthe cartilagineux, distinct et séparé de cette cavité. C'est en effet le mode d'organisation que l'on observe dans les Raies et les Squales. Dans la Raie, par exemple, l'Oreille est logée dans une cavité creusée dans l'épaisseur des parois cartilagineuses du crâne, n'ayant aucune communication directe avec l'intérieur de la grande loge céphalique. A la partie moyenne et postérieure de la région occipitale on observe sur les tégumens communs, tantôt trois petits trous disposés en triangle, tantôt un seul plus large (comme dans la Torpille), qui se continuent avec autant de petits canaux infundibuliformes, et communiquent par leur intermédiaire avec un sac membraneux, à parois très-épaisses, et rempli d'un liquide blanc, calcaire: c'est le sinus auditif externe (Weber). Sa forme est ovale et il est divisé en deux portions par un étranglement; la partie supérieure, qui correspond à la peau, communique avec l'extérieur par les petits canaux dont il vient d'être question, et dont l'orifice interne est garni d'un repli valvulaire destiné à empêcher l'entrée de l'eau dans cette cavité; l'inférieure se rétrécit peu à peu et se transforme en un canal qui se rend dans le vestibule membraneux. Le vestibule cartilagineux est pyriforme, et présente à sa partie supérieure deux ouvertures situées au sommet du crâne; l'une postérieure, formée par une membrane mince, peut être considérée comme l'analogue de ce que l'on nomme la fenêtre ronde dans les Animaux supérieurs; l'autre antérieure, qui peut être comparée à la fenêtre ovale, donne passage au canal que nous venons de mentionner, et qui termine le sinus auditif externe. La base, ou partie inférieure de ce vestibule, présente trois renflemens; enfin autour de lui sont groupés les

trois canaux semi-circulaires cartilagineux, dont deux sont perpendiculaires et un horizontal; l'extrémité inférieure de chacun d'eux présente un renflement considérable en forme d'ampoule. Enfin une membrane, analogue à un périchondre, tapisse l'intérieur de ces canaux, ainsi que les parois du vestibule cartilagineux, et en se prolongeant au-devant de la fenêtre ronde, constitue l'espèce d'opercule qui bouche cette ouverture. Ces cavités logent le vestibule et les canaux semi-circulaires membraneux, dont les parois sont minces et transparentes; ils ne les remplissent pas exactement, mais y sont suspendus à l'aide d'un grand nombre de filamens cellulaires baignés par un liquide aqueux. Le vestibule membraneux communique avec le sinus auditif externe par le canal déjà décrit, et renferme deux petits corps gélatineux et crétacés que l'on peut comparer aux pierres qui existent chez d'autres Poissons; ici on ne trouve point de sac auditif distinct du vestibule membraneux; enfin les canaux semi-circulaires ne se réunissent point comme dans les autres Poissons, mais vont s'ouvrir séparément dans le vestibule. Quant au nerf auditif, proprement dit, et au nerf auditif accessoire, ils ne présentent rien de remarquable.

D'après les détails que nous venons de rapporter, on voit que l'appareil auditif présente dans les Poissons des modifications très-remarquables. Chez les uns sa structure est extrêmement simple. Il n'est formé que par un petit sac membraneux logé dans une capsule cartilagineuse, rempli d'un liquide aqueux, contenant une petite pierre, et recevant un nerf spécial. Bientôt nous voyons de nouvelles parties s'ajouter à celles que nous venons d'énumérer. Trois appendices ayant la forme de canaux, renflés en ampoule à l'une de leurs extrémités et recourbés sur eux-mêmes, se groupent autour du vestibule membraneux, dont une portion, plus ou moins complétement séparée

du reste, constitue une nouvelle cavité contenant une concrétion calcaire. Enfin cet appareil, au lieu de
ne recevoir qu'un seul cordon nerveux, est en communication avec le
système cérébro-spinal, par deux ordres de nerfs distincts. A un degré
d'organisation plus élevé, ces organes
présentent des liaisons plus ou moins
directes avec d'autres parties qui paraissent de nature à pouvoir concourir au même but. On voit ensuite
le vestibule et les canaux semi-circulaires logés dans une cavité spéciale
distincte de celle du crâne, et percée
d'une ou plusieurs ouvertures destinées à établir une communication
plus facile avec l'extérieur. Enfin,
dans la Raie, il existe entre ces organes, qui constituent le labyrinthe
ou Oreille interne, et la surface extérieure de l'Animal, une nouvelle cavité qui aboutit au dehors à l'aide de
quelques canaux étroits, et se continue de l'autre part jusque dans le
vestibule membraneux ; disposition
qui nous conduit au mode d'organisation que l'on rencontre, à
quelques exceptions près, dans tous
les Animaux vertébrés des trois autres
classes ; en effet, chez ces derniers la
cavité auditive externe ou caisse du
tympan qui est rudimentaire dans la
Raie, acquiert une importance plus
grande, et concourt à former ce que
l'on appelle l'Oreille moyenne.

Dans la Salamandre, l'appareil auditif présente une disposition très-
analogue à celle que nous avons signalée dans la plupart des Poissons.
Un vestibule membraneux rempli
d'une matière blanche et pulpeuse,
et en communication avec trois canaux semi-circulaires, également
membraneux, est logé dans une
petite cavité creusée dans l'un des os
du crâne, et percée de deux trous.
L'une de ces ouvertures débouche
dans l'intérieur du crâne et livre passage au nerf auditif ; l'autre, qui est
l'analogue de la fenêtre du vestibule,
et qui est située en bas et en dehors
derrière l'os carré, est arrondie et
fermée par un petit disque cartilagi-

neux (Pohl). Dans la Grenouille,
la disposition du labyrinthe est à peu
près la même que dans la Salamandre ; mais la fenêtre du vestibule, au
lieu de s'ouvrir à l'extérieur du crâne,
est située au fond de la caisse du tympan, cavité formée en partie par les
os temporal, carré, etc., et en partie
par des membranes. En bas et en
avant, une large ouverture établit
une communication entre l'arrière-
bouche et cette cavité, qui est constamment remplie d'air atmosphérique. Enfin, en dehors, on y remarque une grande ouverture arrondie, bouchée par une membrane mince, tendue, entourée d'un anneau
cartilagineux et recouverte par les
tégumens communs ; c'est la membrane du tympan, à la face interne
de laquelle est fixée l'extrémité d'une
petite tige osseuse qui traverse la
caisse, et va s'appuyer sur l'opercule
cartilagineux de la fenêtre du vestibule. Enfin, outre le nerf acoustique,
on trouve dans cet Animal un filet
nerveux qui naît au-devant du premier, l'accompagne pendant quelque
temps, sans s'anastomoser avec lui,
pénètre dans la caisse du tympan par
un canal osseux qui lui est propre, et
qui après s'être accolé à l'osselet auditif, sort de cette cavité par sa partie
postérieure. Dans les Tortues, le vestibule membraneux présente un prolongement ayant la plus grande analogie, tant par sa forme que par les
concrétions pierreuses qu'il renferme,
avec le sac auditif que l'on trouve en
connexion avec le vestibule, dans
presque tous les Poissons. Dans le
Crocodile et dans la plupart des Sauriens, cet appendice acquiert une organisation plus compliquée et peut
être considéré comme le vestige du
limaçon, partie de l'oreille interne
des Mammifères dont nous parlerons
bientôt. C'est un prolongement du
vestibule, conoïde, légèrement arqué, dirigé en dedans et divisé en
deux loges longitudinales ; l'extrémité externe de l'un des canaux ainsi
formés s'ouvre dans le vestibule ;
celui de l'autre, qui semble être la

continuation du premier reployé sur lui-même, se termine à un petit trou creusé dans les parois de la caisse du tympan et fermé par une membrane. Quant aux autres parties de l'appareil auditif du Crocodile, elles ne présentent aucune disposition importante à noter, si ce n'est toutefois la caisse du tympan. Les os cloisonnent cette cavité de toutes parts; elle communique avec des cellules plus ou moins grandes creusées dans leur épaisseur; son ouverture pharyngienne se transforme en un conduit assez étroit qui porte le nom de canal ou trompe d'Eustache; et enfin, son ouverture externe, ainsi que la membrane du tympan qui la ferme, n'est plus à fleur de tête, mais s'enfonce un peu et est recouverte par deux lèvres charnues; aussi est-ce dans cet Animal que l'on voit apparaître les premiers vestiges d'une troisième série d'organes faisant partie de l'appareil auditif des Mammifères, et qu'à raison de leur situation, on nomme Oreille externe.

Dans les Oiseaux, la structure de l'organe de l'ouïe ne diffère pas beaucoup de celle qu'on remarque dans les Sauriens et les Tortues, mais il est plus développé. Le vestibule est petit et arrondi; les canaux semi-circulaires sont assez grands; l'appendice du vestibule que l'on doit rapporter au limaçon est rempli d'une matière pulpeuse, et n'est guère plus développé que dans le Crocodile; la loge antérieure, qui est la plus longue, s'ouvre dans le vestibule; l'autre aboutit à l'ouverture de la caisse du tympan que l'on nomme fenêtre ronde et qui est bouchée, ainsi que nous l'avons déjà dit, par une membrane. Le labyrinthe osseux est formé par une lame calcaire, mince, dure, moulée exactement sur les parties que nous venons d'indiquer, et située dans l'épaisseur des os occipitaux et temporaux. La caisse du tympan, très-évasée, est formée par l'occipital et l'os carré, et communique, chez plusieurs Animaux de cette classe, avec trois grandes cavités creusées dans l'épaisseur des os du crâne; l'une d'elles s'ouvre à la partie supérieure de la caisse, s'étend dans toute la longueur de l'occiput, et va se joindre à celle du côté opposé; la seconde, qui est la plus petite, est située entre les canaux semi-circulaires, et débouche à la partie postérieure et inférieure de la caisse; enfin, la troisième, placée en avant de cette cavité, au-dessous de la trompe d'Eustache, occupe toute la longueur de la base du crâne et va communiquer sur la ligne médiane avec celle de l'autre Oreille. La paroi interne de la caisse est percée de deux ouvertures séparées par une lame osseuse très-mince; l'une, de forme ovale, établit la communication entre cette cavité et le vestibule; l'autre, appelée fenêtre ronde, est placée au-dessous et appartient au Limaçon. Le canal guttural ou trompe d'Eustache commence à la partie antérieure et inférieure de la caisse, se rétrécit beaucoup en se dirigeant en avant, et se termine par une petite ouverture, située au palais près de la ligne médiane et un peu en arrière des narines. La chaîne des osselets, qui traverse la cavité du tympan, s'étend comme dans les Reptiles, de la fenêtre du vestibule à la membrane du tympan, et est formée de trois pièces souvent confondues, mais que l'on peut rapporter à l'étrier, à l'enclume, et au marteau de l'Oreille des Mammifères. Enfin, la membrane du tympan convexe en dehors et ordinairement placée obliquement, se trouve au fond d'un tube membraneux situé entre les os carré et occipitaux, et dont l'orifice externe est garni de plumes.

C'est dans la classe des Mammifères que l'appareil auditif est le plus compliqué et que la plupart des parties qui concourent à le former acquièrent leur plus haut degré de développement. Chez ces Animaux, le vestibule membraneux ne présente rien de remarquable, si ce n'est toutefois le prolongement appelé aqueduc du vestibule. Un petit tube membraneux très-étroit, qui naît près de l'orifice commun de deux canaux semi-circulaires supérieurs, se dirige en haut, puis en arrière et en bas, en traversant les parois osseuses du labyrinthe, pénètre dans l'intérieur du crâne, en arrière du méat auditif interne et se termine en cul-de-sac sous la dure-mère. Les canaux semi-circulaires, toujours au nombre de trois et renflés à leur extrémité, se groupent autour de la partie postérieure et supérieure du vestibule, tandis que le limaçon se trouve à sa partie antérieure et inférieure. Cet organe, de forme turbinée, est souvent beaucoup plus grand que les canaux semi-circulaires. Dans les Cétacés, la spirale ne fait qu'un tour et demi, et reste presque dans le même plan sans s'élever sur son axe; mais dans la plupart des Mammifères, les spires du limaçon sont au nombre de deux et demi; sa forme générale est presque globuleuse et son axe est oblique; enfin, dans le Cochon d'Inde, etc., on y compte trois tours et demi. Quant aux deux rampes formées dans son intérieur par la cloison médiane déjà mentionnée, elles se terminent comme dans les Oiseaux; l'interne, qui aboutit au tympan, est en général plus grande que l'externe, surtout dans la partie qui est proche de la fenêtre ronde. C'est dans ce point qu'on rencontre l'origine de l'aqueduc du limaçon, petit canal creusé dans les parois du labyrinthe osseux et allant s'ouvrir à la base de la cavité du crâne. Un prolongement de la membrane du Limaçon tapisse ce conduit et se termine en cul-de-sac sous la dure-mère comme l'aqueduc du vestibule. Enfin, on trouve dans l'intérieur de ces canaux une matière pulpeuse et un liquide aqueux semblable à celui qui remplit les autres parties du labyrinthe et qui porte le nom de liquide de Cotunni.

Les lames osseuses qui entourent les parties membraneuses de l'Oreille interne, ne sont, en général, distinctes que dans le jeune âge, car,

plus tard, une substance d'une dureté extrême les encroûte de manière à les confondre complétement avec le reste de l'os temporal; aussi, les cavités qu'elles forment semblent-elles alors comme creusées dans l'épaisseur d'un renflement de cet os que l'on nomme le rocher. *V.* Crane. Le nerf acoustique, dont l'origine a déjà été indiquée (*V.* Cérébro-spinal), est accolé au nerf facial, et pénètre avec lui dans un canal assez vaste, creusé dans la portion interne du rocher et nommé conduit auditif interne. Vers le fond de ce canal osseux, on remarque en général trois ou quatre trous; l'un s'ouvre dans un long conduit appelé aqueduc de Fallope, et livre passage au nerf facial; les autres sont traversés par les branches du nerf acoustique qui se rendent au vestibule, aux canaux semi-circulaires et au limaçon.

Les diverses parties qui constituent l'Oreille moyenne des Mammifères sont : la caisse du tympan, les cellules mastoïdiennes, les osselets auditifs, la trompe d'Eustache, etc.; la cavité de la caisse, formée par la réunion des pièces qui, après leur soudure, portent le nom de collectif de temporal. Dans l'Homme, elle est presque hémisphérique; sa paroi interne, c'est-à-dire celle qui est vis-à-vis du tympan, présente une saillie en dos d'âne, nommée promontoire, et deux ouvertures; l'une, située au-dessus de cette saillie, communique avec le vestibule et regarde directement le tympan; l'autre placée au-dessous du promontoire, arrondie et très-petite, est dirigée en bas et en arrière; c'est la fenêtre ronde ou cochléaire (Cuvier). En arrière se trouve un léger enfoncement qui communique avec les cellules mastoïdiennes, cavités creusées dans l'épaisseur de l'apophyse de ce nom, en communication les unes avec les autres, et d'autant plus développées que le sujet est plus avancé en âge. La trompe d'Eustache commence à l'extrémité antérieure et inférieure de la caisse, et se porte obliquement en avant, en dedans et en bas ; sa portion postérieure est renfermée dans l'os temporal, la moyenne est fibro-cartilagineuse, et l'antérieure entièrement membraneuse, et aussi longue que les autres, vient se terminer à la partie supérieure du pharynx. Ce conduit est toujours béant, en sorte que, malgré sa longueur et son peu de largeur, il établit une communication facile entre l'arrière-bouche et la caisse du tympan. La paroi externe de cette cavité est formée presque entièrement par la membrane du tympan qui est enchâssée dans un cadre osseux, et dirigée obliquement en bas et en avant ; sa figure est celle d'un cercle plus ou moins elliptique, et elle est mince, transparente, sèche et de nature fibreuse. La membrane qui tapisse l'intérieur de la caisse paraît distincte de celle-ci ; elle est de nature muqueuse, se prolonge dans les cellules mastoïdiennes, et se continue avec celle de l'arrière-bouche à travers le conduit d'Eustache. Les osselets de l'ouïe sont en général au nombre de quatre, et forment une chaîne qui traverse la cavité du tympan de dehors en dedans. Ils portent les noms d'étrier, de lenticulaire, d'enclume et de marteau. Le premier de ces osselets a la forme de l'instrument dont il porte le nom ; sa base, formée par une plaque ovale, est appliquée sur la fenêtre du vestibule ; ses branches sont dirigées en dehors, et après s'être réunies, s'articulent avec l'os lenticulaire qui est extrêmement petit et joint à l'enclume par sa face opposée. Celui-ci, que l'on peut comparer à une dent molaire à deux racines, s'articule par l'une de ses apophyses avec l'os lenticulaire, et se fixe par l'autre aux parois de la caisse à l'aide d'un ligament élastique ; sa partie antérieure, assez grosse, et en général carrée ou aplatie, présente une échancrure destinée à recevoir le marteau qui est toujours formé d'une tête ou renflement dirigé en dedans et d'un manche allongé, mince et pointu, qui fait un angle avec la tête et

adhère à la membrane du tympan. Quatre petits faisceaux musculaires viennent se fixer à ces osselets et servent à leur imprimer divers mouvemens ; l'un appartient à l'étrier, s'insère aux parois de la caisse en arrière de la fenêtre ovale, et se termine par un tendon qui se rend à la branche postérieure de cet osselet qu'il tire en arrière ; les trois autres servent à mouvoir le marteau. L'un, interne, naît en dehors du crâne, pénètre dans la cavité du tympan par un demi-canal pratiqué dans le rocher sur la partie osseuse de la trompe d'Eustache, se contourne autour d'une éminence située au devant de la fenêtre ovale, se dirige en dedans, et va se fixer à la face interne du manche du marteau. En se contractant, ce petit muscle porte cet os en dedans, ce qui occasione une pression sur la membrane du tympan et pousse en même temps l'étrier dans la fenêtre ovale. Le muscle externe du marteau est extrêmement grêle et paraît devoir le porter un peu en avant. Enfin le troisième, qui vient de la voûte du méat auditif externe, et passe à travers une échancrure de son cadre, s'insère au col du marteau et le tire en dehors ; aussi est-il l'antagoniste du muscle interne. L'aqueduc de Fallope, que nous avons vu commencer au fond du conduit auditif interne et loger le nerf facial, est un canal très-long et diversement recourbé ; il monte d'abord en dehors, et reçoit un autre petit canal venant d'avant en arrière et renfermant une branche du nerf vidien de la cinquième paire qui s'unit au facial ; l'aqueduc se porte ensuite en arrière, traverse le haut de la caisse où il est en partie membraneux, redevient osseux, se recourbe au bas et se termine à l'extérieur du crâne par une ouverture nommée trou stylo-mastoïdien. Le nerf facial fournit, pendant son trajet à travers l'aqueduc, des rameaux au muscle de l'étrier et interne du marteau, et donne naissance à la corde du tympan qui pénètre dans la caisse à travers un petit canal osseux, passe derrière la membrane du tympan, et sort de la caisse par une fissure pour aller s'anastomoser avec le rameau lingual du nerf de la cinquième paire, après sa sortie du crâne par le trou stylomastoïdien. Le nerf facial se distribue aux tégumens et aux muscles de la face et du cou.

Dans les autres Animaux de cette classe, les diverses parties de l'Oreille moyenne présentent des différences assez grandes relativement à leur forme et à leur degré de développement. Ainsi dans le Chat et la Civette, la caisse du tympan est divisée en deux parties inégales par une crête osseuse qui se porte obliquement du bord postérieur et inférieur du tympan au promontoire. Les deux cavités, ainsi formées, communiquent ensemble par un trou; l'antérieure renferme les osselets de l'ouïe et la fenêtre ovale. Dans l'Eléphant, la caisse ne forme qu'une seule grande cavité, mais ses parois sont hérissées d'un grand nombre de lames saillantes qui se croisent en tous sens et forment une multitude de cellules. Dans les Cétacés, ces différences sont encore plus grandes, car la caisse est formée par une lame osseuse, roulée sur elle-même, adhérente au rocher par son extrémité postérieure, et entièrement ouverte à son extrémité antérieure où commence la trompe d'Eustache qui est membraneuse, très-longue, et vient se terminer à la partie supérieure du nez. Enfin il paraîtrait, d'après les recherches de Magendie, que dans la plupart des Animaux de cette classe, les muscles qui, dans l'Homme, meuvent les osselets d'ouïe, n'existent pas, et sont remplacés par une substance fibreuse très-élastique.

Les parties de l'appareil auditif qui sont situées en dehors de la caisse du tympan et qui forment l'Oreille externe, sont le conduit auditif et la conque, sorte de pavillon cartilagineux qui en est la suite. Dans tous les Mammifères, à l'exception des Cétacés, le méat auditif, ou conduit auditif externe est osseux dans la partie la plus voisine du tympan où il est formé par le prolongement du cadre du tympan; dans le reste de son étendue, il est formé par une lame cartilagineuse, contournée sur elle-même, et souvent confondue avec celle qui constitue la conque ou le pavillon de l'Oreille. Cette dernière partie manque entièrement dans les Cétacés, la Taupe, etc. Dans les autres Mammifères, elle occupe la partie latérale et postérieure de la tête; elle est toujours plus ou moins évasée, mais sa forme, sa grandeur et sa structure varient beaucoup. Dans l'Homme, le pavillon de l'Oreille est aplati, ovalaire, et libre en haut, en arrière et en bas, mais fixé aux parties voisines en dedans et en avant; sa face externe, dirigée un peu en avant, présente plusieurs saillies et enfoncemens. On y distingue : 1° la conque proprement dite, cavité profonde qui forme une espèce d'entonnoir autour de l'ouverture du conduit auditif; 2° le tragus, éminence aplatie et triangulaire située au-devant du conduit; 3° l'anti-tragus, saillie conique, placée vis-à-vis de la précédente de l'autre côté de la conque; 4° l'hélix, espèce de bourrelet qui commence au devant du conduit auditif à la partie antérieure du pavillon, et se continue le long de son bord supérieur et postérieur; 5° l'anthélix, repli entouré par le précédent; et 6° le lobule, repli de la peau rempli de graisse qui forme l'extrémité inférieure du pavillon. Un fibro-cartilage, d'un tissu très-fin et d'une grande flexibilité, forme la base et détermine la figure de cet organe; un assez grand nombre de faisceaux musculaires y sont fixés et servent à le mouvoir en totalité ou en partie; enfin, la peau qui le recouvre, remarquable par sa finesse et par le grand nombre de follicules sébacés, logés dans son épaisseur, y est entièrement unie, et se prolonge dans le conduit auditif dont elle tapisse les parois en formant un cul-de-sac au devant de la membrane du tympan. Les cryptes, situées dans cette dernière partie, sont très-nombreuses, et sécrètent une humeur sébacée et âcre, d'une nature particulière, que l'on nomme cérumen. Dans l'Éléphant et quelques autres Mammifères, le pavillon de l'Oreille acquiert des dimensions extrêmement grandes, bien qu'il reste aplati, ouvert et presque accolé au corps; mais dans la plupart des cas, il forme une saillie d'autant plus considérable qu'il est plus grand, et en même temps, les muscles qui s'y fixent acquièrent un très-grand développement.

D'après l'exposé que nous venons de faire, on voit que l'appareil de l'ouïe, d'une structure extrêmement simple d'abord, devient de plus en plus compliquée à mesure que l'on s'élève dans la série des Animaux, et cela par l'addition de parties nouvelles venant s'ajouter à celles qui existent dans les êtres appartenant aux types précédens. Quant à l'usage des divers organes qui viennent se grouper autour du vestibule et du nerf qui s'y rend, l'analogie et l'expérience tendent également à prouver qu'elles sont destinées à rendre l'appareil plus parfait, et non à être le siége de la perception des sons. En effet, cet appareil, réduit à sa plus grande simplicité (dans les Mollusques Céphalopodes, par exemple), ne consiste qu'en un sac membraneux, rempli de liquide et pourvu d'un nerf; c'est par conséquent dans cet organe nommé vestibule, que réside la faculté de percevoir les sons, et il était à présumer que dans tous les autres Animaux la même partie devait remplir les mêmes fonctions. C'est aussi la conclusion qui se déduit des expériences intéressantes de Flourens sur l'Oreille des Oiseaux. En désorganisant l'expansion nerveuse contenue dans le vestibule, il a vu l'ouïe se perdre complètement, tandis que la destruction successive de toutes les autres parties de l'appareil auditif n'a pas produit une surdité absolue.

C'est donc dans le vestibule, ou plutôt dans l'expansion nerveuse renfermée dans sa cavité, que siége le sens de l'audition, et toutes les autres parties que nous avons vu s'y ajouter successivement, ne servent qu'à l'étendue, à l'énergie et aux modifications accessoires de la fonction, ou à la conservation de l'organe. Voyons maintenant comment chacun d'eux concourt à ce but.

Les premiers organes qui viennent s'adjoindre au vestibule sont les canaux semi-circulaires; on ignore encore leurs fonctions, mais on a constaté que leur rupture rend tout à la fois l'ouïe confuse et douloureuse. Voici ce que Flourens a observé à ce sujet. « Les canaux semi-circulaires étant rompus, non-seulement l'Animal entendait encore, mais il paraissait souffrir lorsqu'il entendait. Evidemment le bruit l'agitait et l'importunait, et quoique l'audition ne fût pas aussi nette, elle semblait plus vive, ou du moins l'Animal en éprouvait plus vivement les signes à cause sans doute de la souffrance qu'il ressentait à l'occasion du bruit. » L'influence du limaçon sur la perception des sons est encore moins connue, aussi croyons-nous inutile de rapporter ici les hypothèses émises à ce sujet.

L'existence des ouvertures pratiquées à la paroi externe du labyrinthe osseux et fermé par des membranes paraît devoir contribuer puissamment à augmenter la finesse de l'ouïe. En effet, Savart a observé que des lames de carton, qui n'étaient point susceptibles de vibrer par influence, de manière à déterminer la formation de figures régulières dans le sable répandu sur leur surface, devenaient aptes à en produire de très-régulières lorsqu'elles étaient armées d'un disque membraneux. Il est donc à présumer que les membranes qui bouchent les fenêtres ovale et ronde, doivent servir à communiquer aux autres parties de l'Oreille interne les vibrations qui leur sont transmises, et qui n'affecteraient que peu ou point les parois osseuses de ces organes, s'ils n'étaient point en communication directe avec ces membranes.

Chez les Mollusques Céphalopodes et la plupart des Poissons, l'appareil auditif ne présente avec l'extérieur aucune communication directe de ce genre; aussi toutes choses égales d'ailleurs, la finesse de l'ouïe doit être moins grande chez eux que chez l'Ecrevisse, les Reptiles, les Oiseaux et les Mammifères. Chez quelques Poissons, il est cependant une disposition organique qui paraît de nature à suppléer jusqu'à un certain point à la fenêtre du vestibule et aux autres ouvertures du même genre. En effet, les parois de la voûte du crâne présentent souvent des ouvertures (analogues aux fontanelles) qui ne sont recouvertes que par les tégumens communs; il s'ensuit que les vibrations sonores qui viennent frapper la surface extérieure de l'Animal doivent déterminer des oscillations dans ces points, comme elles le feraient en tombant sur la membrane de la fenêtre du vestibule de l'Ecrevisse, et que les lames osseuses ou cartilagineuses de la boîte céphalique doivent participer à ces mouvemens. Or, la cavité du crâne est remplie d'un liquide qui baigne également l'appareil auditif, et par conséquent l'ébranlement imprimé aux parois crâniennes doit se transmettre à ce liquide et de-là à l'Oreille.

La caisse du tympan, au fond de laquelle sont placées les deux fenêtres de l'Oreille interne, paraît devoir contribuer beaucoup à la perfection de l'audition. En effet, si comme l'observe Savart, les membranes qui ferment ces ouvertures eussent été en contact immédiat avec l'air atmosphérique, leur état élastique eût été continuellement influencé par les changemens de température de ce fluide, et il en serait vraisemblablement résulté que l'organe aurait perdu la faculté qu'il possède de reconnaître les sons qu'il a déjà perçus; car pour un même nombre

de vibrations, les modes de division qu'il affecterait ou les lignes nodales qui s'y formeraient varieraient à l'infini. Or la caisse du tympan fermée par la membrane du même nom, et constamment remplie d'air atmosphérique, paraît devoir servir à empêcher ces variations chez les Animaux à sang chaud, puisque ce fluide ne peut s'y renouveler qu'assez lentement à cause de la longueur et de l'exiguïté du conduit guttural, et que les petites portions qui y pénètrent ont déjà été échauffées dans la bouche; aussi doit-il toujours être maintenu à la même température. Chez les Animaux à sang froid, au contraire, le conduit guttural est très-court et très-large, car le renouvellement lent de l'air contenu dans la caisse n'aurait eu aucun avantage puisque la température de ces êtres varie avec celle de l'atmosphère.

La membrane du tympan reçoit directement les vibrations sonores venant de l'extérieur, et les transmet à l'air renfermé dans la caisse, et à la chaîne d'osselets qui la traverse. On avait pensé que tout corps solide et rigide, et par conséquent cette membrane, pour entrer en vibration par influence à travers l'air, devait être susceptible de produire un nombre de vibrations égal à celui du corps directement ébranlé, c'est-à-dire de se mettre à l'unisson avec lui; mais les expériences curieuses et multipliées de Savart prouvent qu'il n'en est point ainsi, et que tous ces corps, réduits en lames minces, vibrent par influence avec tous les sons. La membrane du tympan peut donc être considérée comme un corps ébranlé par l'air, et exécutant toujours un nombre de vibrations égal à celui du corps qui a produit les vibrations de l'air. Si la caisse du tympan eût été renfermée de toutes parts dans l'épaisseur des os du crâne, au lieu d'être séparée de l'air atmosphérique seulement par ce disque membraneux, certains sons seraient également parvenus au nerf acoustique; mais la finesse et l'étendue de l'ouïe eussent été bien moins grandes qu'elles ne le sont; car le physicien que nous venons de citer a constaté qu'entre certaines limites, les corps vibrent par influence, avec d'autant plus de facilité qu'ils sont plus minces, et même que dans le cas où ils ne peuvent être ébranlés de la sorte que difficilement, il suffit de les armer d'une membrane pour les faire vibrer avec facilité. On peut donc conclure que la membrane du tympan remplit des fonctions analogues à celles que nous avons assignées aux membranes qui bouchent les fenêtres de l'oreille interne.

La faculté de juger de la direction des sons qui viennent frapper l'oreille paraît au premier abord bien difficile à expliquer d'après les lois de l'acoustique. Les recherches de Savart jettent cependant un grand jour sur cette question. Il a fait voir que la direction des oscillations moléculaires des membranes que l'on fait vibrer par influence, varie continuellement avec la direction des vibrations du corps directement ébranlé, et qu'il se produit un mode de division particulier pour chaque direction du mouvement. En effet, lorsque les deux corps sont présentés l'un à l'autre de manière à ce que leurs faces soient parallèles, la membrane exécute des vibrations normales, et la distribution des lignes nodales est la même sur ses deux faces. Si, au contraire, le disque ébranlé directement est placé de manière à ce que l'un de ses diamètres soit vertical, et vienne passer par le centre même de la membrane, on observe que la direction des vibrations de ce dernier corps ne se fait plus normalement à sa surface. Dans le premier cas les grains de sable dont on a recouvert la membrane en sont quelquefois lancés à une grande hauteur, mais dans le dernier cas ils ne sont animés que d'un mouvement tangentiel. Lorsqu'au lieu de tenir le disque dans une direction perpendiculaire à celle de la membrane, on l'incline, la figure formée par le sable se modifie; lorsqu'on augmente le degré d'inclinaison, la figure change de nouveau; enfin quand la surface vibrante devient parallèle à la membrane, le mouvement redevient normal. Ainsi, pour chaque degré d'inclinaison du disque, les phénomènes produits sont différens, et la disposition des lignes nodales varie, bien que le nombre des vibrations demeure le même. D'autres expériences prouvent que le passage des sons à travers des liquides ou des corps solides se fait de la même manière qu'à travers l'air, et que la direction des mouvemens oscillatoires reste toujours la même. Il en résulte donc que suivant la position du corps vibrant relativement à la surface de la membrane du tympan, le mouvement moléculaire dont celle-ci devient le siége peut être normal ou tangentiel, et que la direction des oscillations transmises par elle aux autres parties de l'Oreille et finalement au nerf acoustique doit varier de la même manière. Il est une autre considération dont il faut également tenir compte dans l'explication de la faculté de juger de la direction des sons. Chacun a pu observer que toutes les fois que nous cherchons à reconnaître la situation du corps qui les produit, nous faisons varier la position de la tête jusqu'à ce que nous nous soyons assurés de celle où nous l'entendons de la manière la plus distincte, et nous jugeons alors que le corps sonore est placé dans le prolongement d'une ligne normale à la membrane du tympan; et effectivement les expériences de Savart prouvent que, toutes choses égales d'ailleurs, les oscillations d'une membrane sont d'autant plus intenses que leur direction se rapproche davantage de la normale. Il en résulte donc que cette faculté paraît dépendre, non-seulement de la direction des vibrations moléculaires de la membrane du tympan (ou de la partie de l'appareil auditif qui remplit les mêmes usages chez les Animaux inférieurs), mais encore de l'intensité plus grande de ces mêmes oscillations, lorsque leur direction se rapproche davantage de la normale.

Il est également présumable que l'étendue de la membrane du tympan influe, dans les différentes espèces d'Animaux, sur le nombre des sons qu'ils peuvent percevoir, et sur les limites où les sons commencent à être perceptibles pour eux ou cessent de l'être. Si, dans l'Homme, cette membrane était un peu moins étendue, il ne paraît pas douteux qu'au lieu de commencer à entendre les sons produits par environ trente vibrations par seconde, nous ne pourrions entendre que des sons moins graves. « En effet, lorsqu'on cherche au moyen d'un son très-grave à ébranler par influence, à travers l'air, une membrane d'un petit diamètre, on observe qu'elle fait des mouvemens extrêmement faibles, tandis que, si on l'ébranle ensuite au moyen de sons qui résultent d'un nombre de vibrations beaucoup plus grand, elle devient le siège de mouvemens d'autant plus forts que le son produit approche plus d'être à l'unisson avec celui qu'elle rendrait elle-même si on l'ébranlait directement. Ceci explique pourquoi les sons très-graves font une impression si faible sur l'organe de l'ouïe, tandis qu'au contraire les sons très-aigus en font une si désagréable et souvent si déchirante. Ainsi il paraît naturel de présumer que les Animaux qui ont la membrane du tympan beaucoup plus étendue que celle de l'Homme, entendent des sons beaucoup plus graves que ceux qui résultent d'environ trente vibrations par seconde, et au contraire qu'il doit y avoir des Animaux qui n'entendent que des sons très-aigus. Toutefois il faut remarquer que l'étendue de la membrane n'est pas la seule circonstance à laquelle on doit avoir égard dans cette question. Le changement d'épaisseur et l'élasticité propre de la membrane, ainsi que son degré de tension, pourraient la ramener à donner des résultats semblables quoique son étendue fût différente dans

les diverses espèces d'Animaux. » (Savart.)

Le marteau, dont le manche est accolé à la face interne de la membrane du tympan, paraît remplir deux fonctions distinctes : l'une de modifier, au moyen de ses muscles, le degré de tension de cette membrane; l'autre de partager les mouvemens vibratoires qu'elle exécute et de les communiquer à d'autres parties. Nous avons déjà exposé le mécanisme à l'aide duquel les mouvemens augmentent ou diminuent la tension de la membrane du tympan. Depuis long-temps, la plupart des physiologistes pensaient que ces changemens étaient destinés à influer sur l'amplitude des excursions oscillatoires de la membrane du tympan, pour proportionner en quelque sorte l'intensité des sons qui viennent frapper l'Oreille au degré de sensibilité de cet organe. L'expérience vient à l'appui de cette opinion; mais c'est à tort qu'on avait imaginé que la membrane se détendait pour recevoir les impressions fortes et qu'elle se tendait pour les faibles; car Savart a observé qu'il devient d'autant plus difficile d'exciter dans une membrane des mouvemens appréciables par l'influence d'un corps sonore, qu'elle est plus tendue. Il est donc évident que le mécanisme par lequel le degré de tension de la membrane du tympan peut être augmenté par la pression qu'exerce sur elle le manche du marteau, lors de la contraction du muscle interne de cet osselet, sert à préserver l'organe auditif de l'impression de sons trop intenses en rendant les mouvemens vibratoires de cette membrane plus difficiles à exciter, et en diminuant leur amplitude. En même temps que le manche du marteau influe sur les mouvemens de la membrane du tympan, les vibrations de celle-ci se communiquent à cetos, et deviennent pour lui une cause d'ébranlement assez puissante pour le faire osciller avec force, ainsi que Savart l'a constaté par des expériences diverses. Or, puisque le marteau est en contact immédiat avec l'enclume, et que celle-ci communique avec l'étrier par l'intermédiaire de l'os lenticulaire, il est évident que les vibrations de la membrane du tympan doivent être ressenties et partagées immédiatement par la membrane de la fenêtre ovale sur laquelle est appuyée la base de l'étrier, et cela, sans que la période de ces oscillations subisse la moindre altération. On voit donc que la chaîne des osselets auditifs remplit des fonctions analogues à celles de la petite colonne de bois nommée *ame* que l'on place entre les deux tables des instrumens à cordes pour transmettre, sans altération, à l'une d'elles, les mouvemens oscillatoires qu'éprouve l'autre.

Nous avons déjà dit que le degré de pression exercé par la base de l'étrier sur la membrane de la fenêtre ovale peut être augmenté ou diminué, non-seulement par la contraction ou le relâchement du muscle fixé à cet osselet, mais aussi par les mouvemens qu'exécute le marteau.

Il en résulte que l'entrée du labyrinthe est pourvue d'un appareil préservateur analogue à celui qui existe derrière la membrane du tympan, et il paraîtrait même que ce mécanisme sert également à préserver la fenêtre ronde et toutes les parties molles du labyrinthe des impressions trop fortes. En effet, comme l'observe le physicien habile dont nous avons si souvent cité les travaux, la base de l'étrier en appuyant sur la membrane de la fenêtre ovale, doit comprimer le fluide qui se trouve dans le labyrinthe, et par conséquent ce fluide doit alors presser la membrane de la fenêtre ovale ainsi que les autres parties molles de l'Oreille interne, ce qui diminue nécessairement l'amplitude de leurs excursions. Ces expériences servent aussi à montrer combien est erronée l'opinion professée par plusieurs physiologistes sur les usages des aqueducs du vestibule et du limaçon. « On conçoit, dit un auteur célèbre, com-

bien il est important que le liquide de Cotunni puisse céder à des vibrations trop intenses, qui pourraient endommager le nerf. Il est possible, en ce cas, qu'il puisse refluer dans les aqueducs (Magendie, Précis élémentaire de Physiologie). » Or, il est évident que si un phénomène de ce genre avait réellement lieu, il en résulterait un effet directement opposé à celui qu'on lui attribue. En effet, si la quantité du liquide renfermé dans le labyrinthe était diminuée par le passage d'une certaine portion à travers ces canaux, la tension des membranes des fenêtres ovale et ronde éprouverait une diminution correspondante, et alors, au lieu de vibrer avec moins d'énergie, elles feraient, sous l'influence d'un son d'une intensité donnée, des excursions oscillatoires beaucoup plus étendues que si elles étaient plus fortement tendues.

Tel est à peu près l'état des connaissances exactes que l'on possède sur les usages des diverses parties de l'Oreille moyenne, organes qui commencent à paraître chez les Reptiles et qui acquièrent tout leur développement chez les Oiseaux et les Mammifères. Nous devons nous occuper maintenant du rôle que joue, dans le mécanisme de l'audition, le conduit auditif externe et le pavillon de l'Oreille, organes d'une moindre importance, puisqu'un petit nombre d'Animaux seulement en sont pourvus. En effet, la plupart des Mammifères sont les seuls chez lesquels ils parviennent à un degré de développement assez grand pour que l'on doive en tenir compte ici, et on a souvent observé que leur ablation plus ou moins complète n'affaiblissait que peu le sens de l'ouïe.

Les ondes sonores, comme on le sait, sont susceptibles, lorsqu'elles rencontrent des corps solides, de se réfléchir comme les rayons lumineux, en formant un angle de réflexion égal à l'angle d'incidence, et on a pensé que la conque auditive avait pour usage de réfléchir les sons qui viennent la frapper, de manière à les rassembler sur la membrane du tympan. Il est possible que chez certains Animaux, elle agisse de la sorte ; mais chez d'autres, sa forme aplatie et sa direction rendent cette supposition bien difficile à admettre. Savart pense que l'Oreille externe est principalement disposée pour entrer en vibration à peu près au même degré d'énergie, quelle que soit la direction du mouvement imprimé à l'air. « Quand on considère, dit-il, la forme aplatie du pavillon de l'Oreille de l'Homme, il n'est guère possible de concevoir comment il pourrait avoir pour principal usage de concentrer les ondes sonores vers un même point, tandis que si l'on se rappelle que plusieurs petits muscles viennent s'y insérer, et peuvent par leur action contribuer à le tendre et à le rendre plus élastique, il ne paraît point douteux qu'il soit disposé comme un auxiliaire important de la membrane du tympan, et qu'il ait pour fonction principale de présenter toujours à l'air par la variété de direction et d'inclinaison de ses surfaces les unes sur les autres, un certain nombre de parties dont la direction est normale à celle du mouvement moléculaire imprimé à ce fluide. » Cette assertion, qui pourrait paraître hasardée, acquiert néanmoins un grand degré de probabilité, par une expérience fort simple qu'on peut faire avec une feuille mince et rectangulaire de carton, d'environ trois décimètres de longueur sur quinze centimètres de largeur, de manière qu'en la pliant en deux, elle forme deux lames carrées, mobiles, sur une charnière ; l'une de ces lames est percée d'un trou circulaire pour recevoir une membrane très-mince, de deux ou trois centimètres de diamètre. Lorsque les deux lames passent par un même plan horizontal, si l'on approche de la membrane et parallèlement à ses surfaces, un disque en vibration, elle entre en mouvement. Après avoir remarqué avec quel degré de force les grains de sable qu'on y a répandus, sont entraînés à se

mouvoir, si l'on approche le corps en vibration dans une direction telle que ses faces soient perpendiculaires au plan qui, étant prolongé, passerait par les faces de la membrane, on observe alors que le mouvement communiqué est beaucoup plus faible que dans le cas de parallélisme. Pour lui rendre toute sa force, il suffit, en pliant la lame de carton, qu'une moitié de son étendue redevienne parallèle aux faces du corps qui communique le mouvement ; car, dans ce cas, les mouvemens des particules d'air se faisant dans une direction normale à une partie de la lame de carton, y produisent des vibrations qui se communiquent à la partie qui porte la membrane, et il devient impossible d'apercevoir une différence sensible dans les mouvemens du sable, lorsque le corps directement ébranlé est parallèle ou perpendiculaire à la direction de la membrane. La partie du pavillon de l'oreille appelée conque, présente en général une forme conique, aussi paraît-elle propre à concentrer les ondes sonores transmises par l'air contenu dans sa cavité. Quant à la portion du conduit auditif placée entre la conque et la membrane du tympan, elle ne paraît remplir aucune fonction importante, et n'existe probablement que parce que le contact de cette membrane avec l'air extérieur, était nécessaire, et qu'en même temps sa structure délicate et sa grande sensibilité exigeaient sa situation profonde, afin de la mettre à l'abri de l'action des corps étrangers. Les poils qu'on observe dans l'intérieur de ce conduit, et le cérumen qui y est constamment versé par les cryptes voisines, concourent également à y empêcher l'introduction de ces corps.

En résumé, nous voyons donc :

1°. Que c'est dans l'expansion nerveuse contenue dans le vestibule que réside la faculté de percevoir les sons, et que de toutes les parties constituantes de l'appareil auditif, cet organe est celui qui se montre le plus tôt, et présente le moins de variations dans la série des Animaux;

2°. Que les canaux semi-circulaires et les nerfs qui s'y distribuent ne servent point directement à la perception des sons; mais que ces organes doivent remplir des fonctions très-importantes, puisqu'elles existent dans tous les Animaux vertébrés (excepté les Lamproies); que leur nombre et leur structure sont toujours les mêmes, et que leur destruction rend l'ouïe confuse et douloureuse;

3°. Que l'appendice du vestibule nommé limaçon dans les Animaux les plus élevés, est probablement le même que celui nommé le sac dans les Poissons, mais que ses fonctions sont encore inconnues;

4°. Que les disques membraneux enchâssés dans les ouvertures pratiquées aux parois des cavités, renfermant le labyrinthe membraneux, servent à y transmettre les vibrations qui leur sont communiquées par les fluides ambians; qu'ils augmentent la faculté vibrante de ces parois, et que par conséquent ils contribuent à la finesse de l'ouïe;

5°. Que la pression exercée sur la membrane de la fenêtre ovale lors de certains mouvemens de l'étrier, diminue l'amplitude des oscillations dont elle peut être le siége, et tend ainsi à préserver l'Oreille interne de l'impression de sons trop intenses;

6°. Que le même mécanisme préservateur détermine aussi des changemens dans le degré de tension de la membrane de la fenêtre ronde et dans les autres parties molles du labyrinthe, ce qui doit y produire des effets analogues;

7°. Que les aqueducs du vestibule et du limaçon ne servent point, comme on l'avait avancé, à préserver le nerf auditif de l'impression de vibrations trop intenses, en permettant la sortie d'une partie du liquide de Cotunni;

8°. Que la cavité auditive externe ou caisse du tympan qui existe dans la plupart des Animaux vertébrés à respiration aérienne, et qui est toujours remplie d'air, est principalement destinée à préserver les membranes de l'Oreille interne de l'action des agens extérieurs;

9°. Que le conduit guttural sert à l'introduction de l'air dans la cavité du tympan;

10°. Que la membrane du tympan remplit, eu égard aux parois de la caisse, le même rôle que les membranes des deux ouvertures du labyrinthe, par rapport à l'Oreille interne;

11°. Que cette membrane est apte à être influencée par un nombre quelconque de vibrations, et que pour cela, il n'est point nécessaire qu'elle soit amenée à vibrer à l'unisson avec les corps qui agissent sur elle;

12°. Que la tension de cette membrane ne doit varier que pour augmenter ou diminuer l'amplitude de ses excursions; qu'elle doit se détendre pour les impressions faibles, et se tendre pour celles qui sont très-fortes, afin d'en être ébranlée avec moins d'intensité;

13°. Que ces changemens dans le degré de tension de la membrane du tympan, sont opérés par les mouvemens du marteau;

14°. Que l'étendue de l'ouïe et les limites où les sons commencent ou cessent à être perceptibles, varient dans les différens Animaux, et que cela dépend probablement de l'étendue, de l'épaisseur, du degré de tension et de l'élasticité propre de la membrane du tympan, lorsqu'elle existe, et des propriétés analogues des parties de l'Oreille qui vibrent également par influence chez les Animaux qui en sont dépourvus;

15°. Que la faculté de juger de la direction des sons, dépend probablement de la direction des vibrations moléculaires de la membrane du tympan et de l'intensité plus grande de ces mêmes oscillations, lorsque l'onde sonore vient la frapper dans une direction normale à sa surface;

16°. Que la chaîne des osselets de

l'ouïe, en même temps qu'elle sert à modifier l'amplitude des excursions des parties vibrantes contenues dans le labyrinthe et celles de la membrane du tympan, communique sans altération à l'Oreille interne, les vibrations dont cette membrane est le siége, et que, par conséquent, elle remplit les mêmes fonctions que l'ame des instrumens à cordes;

17°. Que le pavillon de l'Oreille a principalement pour usage d'entrer en vibration par influence, à peu près avec un même degré d'énergie, quelle que soit la direction du son, et de transmettre ces mouvemens à la membrane du tympan par l'intermédiaire du conduit auditif externe. Enfin, il paraîtrait aussi que, dans certains Animaux au moins, cet organe modifie les mouvemens des particules de l'air, de manière à concentrer les ondes sonores sur la membrane du tympan.   (H.-M.E.)

Le mot OREILLE a aussi été employé nominativement pour désigner avec quelque épithète des Animaux et des Plantes, où l'on trouvait quelque ressemblance avec telles ou telles Oreilles; ainsi l'on a appelé vulgairement :

OREILLE D'ABBÉ (Bot.), le spathe des Gouets, qu'on appelle aussi Oreille d'Ane, et le *Cotyledon Umbilicus*.

OREILLE D'ANE (Bot.), l'Oreille d'Abbé, le Nostoc et la Grande Consoude. — (Conch.) Une Haliotide et un Strombe.

OREILLE DE BŒUF (Moll.), un Bulime.

OREILLE DE CAPUCIN OU DE COCHON (Bot. Zool.), diverses Tremelles; une Moule et un Strombe, qu'on nomme aussi Oreille déchirée.

OREILLE DE DIANE (Bot.), la même chose qu'Oreille d'Abbé.

OREILLE DE GÉANT (Moll.), la Grande Haliotide.

OREILLE GRANDE ou GRANDE OREILLE (Pois.), le Thon.

OREILLE D'HOMME (Bot.), l'*Asarum* ou Cabaret et des Champignons parasites.

OREILLE DE JUDAS (Bot.), l'Oreille d'Ane et une Pezize.

OREILLE DE LIÈVRE (Bot.), des Buplèvres, l'*Agrostema Githago;* le Trèfle des Champs, etc.

OREILLE DE MALCHUS (Bot.), des Champignons parasites qui nuisent beaucoup au tronc sur lesquels on les voit se nourrir.

OREILLE DE MER (Moll.), les Coquilles du genre Haliotide.

OREILLE DE MIDAS (Moll.), les Coquilles du genre Auricule, et un Hélix, dont n'a pas encore parlé Férussac dans son grand ouvrage.

OREILLE DE MURAILLE (Bot.), le *Myosotis Lappula*.

OREILLE D'OURS (Bot.), une espèce de *Primula*, très-cultivée pour sa merveilleuse beauté et ses variétés innombrables.

OREILLE DE RAT et DE SOURIS (Bot.), le *Myosotis*; une Epervière, *Hieracium*, et un Céraiste, *Cerestium*.

OREILLE DE SAINT-PIERRE (Moll.), l'Animal des Fissurelles.

OREILLE SANS TROUS (Moll.), le Sigaret de Lamarck.

OREILLE DE SILÈNE (Moll.), un Bulime.

OREILLE DE VÉNUS (Moll.), la même chose qu'Oreille de Mer.

Paulet, dans sa bizarre nomenclature, a aussi beaucoup énuméré d'Oreilles parmi les Champignons; il avait ses Oreilles d'Ane, ses Oreilles d'Ours, et des OREILLES COQUILLÈRES, auxquelles nous ne nous arrêtons pas, ayant promis de ne plus citer un genre de synonymie qui ne sert qu'à grossir le nombre des feuilles d'un Dictionnaire aux dépens de la bourse du libraire et de la patience des lecteurs.   (B.)

OREILLE , OREILLON. MOLL. On employait autrefois indistinctement ces deux mots pour désigner les appendices des Peignes et autres genres de Bivalves auriculés. *V.* COQUILLE.   (D..H.)

OREILLÈRE. INS. L'un des syn.

vulgaires de Forficule. *V.* ce mot.
(B.)

* OREILLÈRE. BOT. CRYPT. *V.*
ESCOUBARDE. (B.)

OREILLETTE. BOT. PHAN. L'un
des noms vulgaires de l'*Asarum europæum*, L. *V.* ASARET. (B.)

OREILLON. OIS. Espèce du genre
Emberizoïde. *V.* ce mot au Supplément. C'est aussi un Martin-Chasseur. On a appelé OREILLON BLANC,
un Pigeon ; OREILLON TACHETÉ , une
espèce du genre Hylophile, et OREIL-
LON VIOLET, un Souimanga. (DR..Z.)

OREILLON. MOLL. *V.* OREILLE.

ORELIA. BOT. PHAN. (Aublet.)
V. ALLAMANDA.

ORELLANA. BOT. PHAN. Ce nom
de pays, que, selon Marcgraaff, les
Américains donnaient à la teinture
obtenue du Rocou, est devenu scientifique pour désigner spécifiquement
cet Arbrisseau, *Bixa Orellana. V.*
ROCOU. (B.)

OREOBOLUS. BOT. PHAN. Genre
de la famille des Cypéracées et de la
Triandrie Monogynie , L. , établi par
Brown (*Prodrom. Flor. Nov.-Holl.*,
p. 235), qui l'a ainsi caractérisé :
deux glumes spathacées , caduques ,
renfermant une seule petite fleur, dépourvue ou munie d'une seule écaille
intérieure ; périanthe à six divisions
cartilagineuses, persistant après la
chute du fruit ; trois étamines ; un
seul style , caduc, surmonté de trois
stigmates ; noix crustacée. Ce genre
ne renferme qu'une seule espèce à
laquelle l'auteur donne le nom d'*O-
reobolus pumilio.* C'est une Plante
très-petite , formant des gazons très-
épais sur les montagnes de la terre
de Van Diemen , dans l'Australasie.
Les chaumes, rameux inférieurement , sont garnis de feuilles linéaires , roides, dilatées, engaînantes,
nerveuses et imbriquées à la partie
inférieure , étalées au sommet. Les
fleurs sont solitaires au sommet de
pédoncules axillaires courts et com-

primés ; leurs glumes forment une
sorte de spathe bivalve. (G..N.)

ORÉOCALLIDE. *Oreocallis.* BOT.
PHAN. Genre de la famille des Protéacées et de la Tétrandrie Monogynie ,
établi aux dépens du genre *Embothrium* par R. Brown (*Transact.
Linn. Soc.*, X, p. 196) qui l'a ainsi
caractérisé : calice irrégulier , fendu
longitudinalement d'un côté, quadridenté de l'autre ; étamines enfoncées
dans les extrémités concaves du calice ; point de glande hypogyne ;
ovaire pédicellé , polysperme ; stigmate oblique, dilaté , orbiculaire ,
légèrement concave ; follicule cylindracé , renfermant des graines ailées
au sommet.

L'ORÉOCALLIDE A GRANDES FLEURS,
Oreocallis grandiflora , R. Br. ; *Embothrium grandiflorum* , Lamk., Encycl. Méth. ; *E. emarginatum*, Ruiz
et Pav. , *Flor. Peruv. et Chil.*, p. 62 ,
tab. 95 , est un bel Arbrisseau , dont
les rameaux sont munis de feuilles
éparses, entières , ovales , et dont les
fleurs ont des couleurs diversifiées.
Les grappes des fleurs d'un rouge
vif, font un effet charmant ; elles
sont terminales, droites , simples ,
dépourvues d'involucre ; mais chaque paire de pédicelles des fleurs est
munie d'une bractée. Ce fut Joseph
de Jussieu qui , le premier, découvrit
cette Plante dans les montagnes du
Pérou, et qui en envoya des échantillons en Europe , sous le nom de
Cata, probablement employé dans
le pays. Les botanistes espagnols
Ruiz et Pavon , ainsi que les célèbres
voyageurs Humboldt et Bonpland ,
l'ont retrouvée en diverses localités
des mêmes régions de l'Amérique
équinoxiale.

L'*Embothrium coccineum* de Forster et Lamarck , qui croît au détroit
de Magellan , n'est selon Poiret ,
qu'une variété de la précédente espèce. (G..N.)

OREODOXA. BOT. PHAN. Genre
de la famille des Palmiers et de l'Hexandrie Monogynie, L., établi par Willdenow, et présentant les caractères

suivans : fleurs hermaphrodites ; calice double ; l'un et l'autre à trois divisions profondes ; l'extérieur plus court ; six étamines libres ; ovaire triloculaire (?) , surmonté de trois styles ; drupe globuleuse , monosperme. Ce genre a été réuni par Sprengel (*System. Vegetab.*) à l'*OEnocarpus* de Martius, quoique ce dernier auteur décrive son genre comme pourvu de fleurs monoïques. Selon Kunth, il est intimement rapproché du *Martinezia* de Ruiz et Pavon. Les trois espèces qui constituent le genre *Oreodoxa*, ont reçu les noms d'*O. Sancona, frigida* et *regia*. La première fournit un bois d'une excessive dureté , et fort utile pour les constructions des maisons. C'est un des Palmiers qui acquièrent la plus grande élévation ; ses frondes sont pinnées , à folioles crispées. Le régime des fleurs est rameux, et la spathe monophylle. Ce Palmier croît dans la vallée du fleuve Cauca , non loin de Carthagène, dans l'Amérique méridionale. Les habitans le nomment *Palma Sancona*. La seconde espèce a une tige grêle et le port tout-à-fait de l'*Oreodoxa Sancona*. Ses frondes sont pinnées , à folioles un peu flexueuses. On trouve ce Palmier dans les localités rocailleuses des Andes de Quindiu , où on le nomme vulgairement *Palmito*. Enfin , l'*Oreodoxa regia* a le tronc épaissi vers son milieu , et ses frondes sont pinnées. Il croît dans l'île de Cuba , près de la Havane. Son fruit, dont la saveur est âcre, ne sert qu'à la nourriture des Cochons. (G..N.)

OREOSELINUM. BOT. PHAN. Ce nom imposé par les anciens botanistes à plusieurs Ombellifères, fut employé par Linné pour désigner une espèce de son genre *Selinum*. Hoffmann (*Umbell. Gen.*, p. 154) a formé un genre *Oreoselinum*, composé d'un grand nombre d'espèces qui étaient placées dans le genre *Selinum*. Il a , en outre, proposé d'autres genres aux dépens de celui-ci, mais qui semblent fondés sur des caractères trop faibles pour être adoptés. Le genre *Oreose-*

linum d'Hoffmann a beaucoup d'affinité avec les véritables *Peucedanum*. En attendant que les idées soient fixées à cet égard, nous le considérons comme faisant partie du genre *Selinum*. *V.* SELIN. (G..N.)

ORFE. POIS. Espèce d'Able. *V.* ce mot. (B.)

ORFRAIE. OIS. C'est le jeune Pygargue, que l'on a considéré pendant long-temps comme espèce distincte, sous le nom de *Falco Ossifragus. V.* AIGLE. (DR..Z.)

ORGANISATION. Tous les êtres doués de vie sont formés par l'assemblage de parties hétérogènes solides et fluides. Un tissu aréolaire , composé de lames ou de fibres solides , douées d'une grande extensibilité , et dont les interstices sont remplis de fluides, constitue toujours la base de ces corps, et cette structure, qui est une des conditions essentielles de leur existence, a reçu le nom d'Organisation.

Les diverses parties qui entrent dans la composition des corps organisés ou vivans, peuvent, en général, être ramenées en dernière analyse à trois ou quatre principes élémentaires, c'est-à-dire substances dont on n'a pu retirer jusqu'ici que des molécules homogènes. Ce sont l'Oxigène, l'Hydrogène, le Carbone et l'Azote. Ce dernier corps simple, que l'on ne rencontre que rarement et en petite quantité dans les Végétaux, n'existe pas dans toutes les substances animales, mais se trouve en grande abondance dans la plupart d'entre elles. Le Phosphore et le Soufre sont unis à ces élémens dans quelques composés organiques ; enfin, le Chlore, le Potassium , le Sodium, le Calcium, le Fer , etc. , entrent aussi dans la composition de ces corps, mais ce n'est que rarement et en quantités extrêmement petites.

Parmi les composés que les élémens chimiques des corps organisés forment en se combinant entre eux, il en est un certain nombre qui appartiennent également à la matière organique et à la matière inerte ; mais les autres ne se trouvent que dans les êtres vivans , et ont reçu le nom de principes immédiats des Animaux et des Végétaux. Ces composés sont toujours formés de trois , de quatre ou même d'un plus grand nombre d'élémens, et les lois d'après lesquelles ces élémens s'unissent, ne sont pas les mêmes que celles qui régissent les combinaisons inorganiques. En effet, leurs atomes élémentaires peuvent se combiner dans toutes les proportions, et sans que l'un d'eux joue nécessairement le rôle d'unité. Le nombre des principes immédiats dont on a constaté l'existence dans les corps organisés , est très-considérable ; mais il est à remarquer que la plupart sont plutôt des produits de l'organisation que des parties constituantes des organes, et que ceux qui forment pour ainsi dire la base des corps vivans , diffèrent peu entre eux. Ainsi, la Fibrine, l'Albumine et la Gélatine constituent la majeure partie du corps de tous les Animaux , et encore est-il probable que ces deux premières substances ne sont que des modifications d'un même principe. Les produits immédiats organiques peuvent être à l'état solide ou à l'état liquide ; dans le premier cas , ils offrent quelquefois des formes cristallines ; mais, en général , ils affectent celles de globules arrondis, d'une petitesse extrême ; du moins c'est ce que nous avons constaté pour la Fibrine , l'Albumine, la Gélatine, etc. Toutes les fois que ces substances passent de l'état liquide à l'état solide , quelle que soit du reste la cause qui détermine ce phénomène , l'examen microscopique montre que la masse amorphe qu'elles forment, est entièrement composée de globules semblables entre eux, et du diamètre d'environ un trois centième de millimètre, ainsi que nous l'avons exposé dans un Mémoire sur la structure intime des tissus Animaux , inséré dans les Annales des Sciences Naturelles, T. IX.

Tous les corps organisés , avons-nous dit , sont formés de parties hétérogènes, fluides et solides. La masse des liquides est, en général , très-considérable , et c'est à leur présence que la plupart des Animaux et des Végétaux doivent, en majeure partie, leurs formes arrondies, et les tissus organiques , les propriétés physiques qui les caractérisent. En effet, par le seul fait de la dessiccation, on voit le cadavre d'un Animal changer presque entièrement d'aspect , et dans cet état de momification , ne plus offrir de formes déterminées, si ce n'est celles qui dépendent de l'existence d'un squelette solide. Du reste , ces changemens, tout grands qu'ils sont, ne doivent pas nous étonner ; car, par des expériences directes, on a constaté que le corps de l'Homme , par exemple , contient environ les neuf dixièmes de son poids de liquide , et chez les Animaux des classes inférieures, cette proportion est souvent plus grande encore. La presque totalité de la masse des liquides qui entrent comme parties constituantes dans la composition du corps de tout être vivant , est formée par de l'eau , tenant en dissolution quelques principes immédiats et certains composés inorganiques. Ces liquides sont contenus , soit dans des cavités plus ou moins grandes , circonscrites par les solides , et qui leur servent en quelque sorte de réservoirs, soit dans la substance même de ces parties solides. Comme nous le verrons bientôt, c'est même à la présence de l'eau ainsi répandue dans toutes les parties, que la plupart des tissus organiques doivent les propriétés physiques les plus nécessaires à l'exercice des fonctions qu'ils sont destinés à remplir. Il est donc facile de concevoir l'importance du rôle que l'eau doit nécessairement jouer dans l'économie animale. La présence d'une certaine quantité de ce liquide est une des conditions indispensables à l'entretien de la vie ; aussi cesse-t-elle chez tous les êtres organisés , par le seul fait de la dessiccation poussée plus ou moins loin.

Nous avons cependant trouvé quelquefois des Grenouilles desséchées et ne donnant plus d'autres signes de vie que quelques mouvemens de déglutition rares et faibles; et en les tenant plongés dans l'eau ou même en les plaçant sur du sable humide, nous les avons vu reprendre en peu de temps leur volume et leur agilité naturels.

Les parties solides qui se trouvent dans les corps organisés, sont de deux sortes. Les unes jouissent de la vie, sont le siége d'un mouvement de composition et de décomposition continuel; les autres, formées tantôt par des principes immédiats, tantôt par des substances inorganiques, ne sont pas douées des mêmes propriétés, et doivent être plutôt considérées comme des produits de l'Organisation que comme des parties réellement organisées. L'Epiderme, les Coquilles, etc., appartiennent à cette dernière classe; la première comprend toutes les parties auxquelles on donne le nom de tissus organiques dont nous allons maintenant nous occuper.

Les tissus organiques qui entrent dans la composition du corps des Animaux, présentent certains caractères communs. Ils sont tous formés de filamens ou de lamelles disposés de manière à laisser entre eux des lacunes ou aréoles de figure et de grandeur variables; ils jouissent d'une élasticité plus ou moins grande, et renferment dans leur épaisseur des fluides en proportion variable. C'est même en grande partie à la présence de l'eau ainsi retenue entre les mailles des tissus organiques des Animaux, qu'ils doivent la plupart de leurs propriétés physiques. En effet, Chevreul a constaté que, par la dessiccation, on peut ramener la plupart d'entre eux à un état tel, qu'il est difficile, à la seule inspection, de les distinguer les uns des autres; mais si on les plonge alors dans l'eau, chacun d'eux reprend les caractères physiques qui lui sont propres, et qui suffisent pour le faire

reconnaître au premier abord. C'est ainsi que les tendons, en se desséchant, diminuent de volume, perdent leur souplesse, leur blancheur et leur éclat satiné, et deviennent demi-transparens, durs, roides, et d'une couleur jaune rougeâtre. En les plongeant alors dans l'eau, on les voit absorber rapidement ce liquide, et reprendre, à mesure que cette absorption s'opère, toutes les propriétés qu'ils avaient perdues. Ces changemens alternatifs peuvent être reproduits à volonté; aussi nul doute que ce ne soit à l'eau qu'on doive attribuer les propriétés physiques que la plupart de ces tissus présentent à l'état frais. Sous le rapport de leurs propriétés chimiques, ces tissus peuvent présenter des différences assez grandes; mais il n'en est pas de même de leur texture élémentaire. Nous avons déjà vu que la plupart des principes immédiats qui les constituent, affectent les mêmes formes déterminées toutes les fois que, dans nos expériences, ils passent de l'état liquide à l'état solide. Il n'est donc pas étonnant qu'il en soit de même dans l'économie animale, et que, malgré les différences qui peuvent exister dans l'aspect et dans la nature chimique de ces parties, elles soient toutes formées d'élémens organiques semblables par leurs propriétés physiques. C'est effectivement ce que nous avons constaté par l'examen microscopique de ces tissus. Partout nous les avons trouvés formés, en dernière analyse, par des corpuscules arrondis et d'une petitesse extrême, auxquels on a donné le nom de globules. Il est bien difficile de déterminer avec exactitude la grandeur réelle de ces globules; mais on ne rencontre pas les mêmes obstacles, lorsqu'on cherche seulement à connaître leur volume relatif; car, pour obtenir des résultats comparatifs, il suffit de les mesurer, en suivant toujours exactement le même procédé. Il serait inutile de rapporter ici toutes les recherches que nous avons faites à ce sujet; elles sont consignées, soit dans la publication citée ci-dessus, soit dans un Mémoire inséré dans les Archives de Médecine, T. III, et il nous suffira de dire que le diamètre de ces globules élémentaires nous a toujours paru sensiblement le même, quel qu'ait été le tissu où l'Animal dont ils faisaient partie. La structure globuleuse de certaines parties avait été reconnue depuis bien long-temps; mais il n'en était pas de même pour la plupart des tissus que nous avons soumis à l'examen microscopique, et ce n'est que par des observations nouvelles, extrêmement nombreuses et variées, que nous avons été conduit à regarder cette texture globuleuse comme une des lois les plus générales de l'Organisation des Animaux; opinion qui coïncide parfaitement avec le résultat des recherches de Prévost et Dumas, et qui a été pleinement confirmée par les travaux de Dutrochet. Cette disposition ne semble pas dépendre de l'action d'une force particulière inhérente à la vie; car nous voyons les principes immédiats qui constituent ces tissus affecter les mêmes formes primitives, toutes les fois qu'ils passent à l'état solide. Enfin, bien que ces globules, que l'on peut appeler élémentaires, soient peut-être formés à leur tour de corpuscules plus petits, que nos moyens d'investigation ne nous ont point encore permis d'apercevoir, il n'en est pas moins permis de dire qu'ils sont pour tous les tissus organiques des Animaux, ce que les molécules intégrantes des cristallographes sont pour les Cristaux qui résultent de leur agglomération, quelles que soient du reste les formes secondaires qu'ils affectent.

Dans les Animaux dont la structure est la plus simple, toutes les parties du corps présentent une texture uniforme, et ne sont formées que d'un seul tissu, que l'on nomme cellulaire; mais à mesure que l'on s'élève dans la série des êtres, la composition des organes devient plus complexe; le tissu cellulaire revêt des formes diverses, et d'autres tissus, qu'on ne peut regarder comme des modifications de celui-ci, viennent s'y mêler et concourir également à la formation de ces parties. On pourrait croire, au premier abord, que le nombre de ces tissus élémentaires est très-considérable, car leur aspect présente les plus grandes variétés; mais une étude plus approfondie nous apprend que ces différences dépendent souvent des conditions où se trouvent les parties qui les présentent, et qu'on peut les ramener toutes à quatre types principaux, savoir : les tissus cellulaire, musculaire, nerveux et glandulaire. Les formes secondaires de l'élément cellulaire sont très-remarquables et très-nombreuses; aussi, pour bien connaître les propriétés et la structure de toutes les parties qui concourent à la formation des organes, ne suffit-il point d'examiner les tissus que l'on pourrait nommer primitifs, et faut-il étudier aussi ceux qui résultent des modifications les plus importantes qu'ils peuvent présenter, savoir : les tissus séreux, muqueux, albuginé, cartilagineux et osseux.

De toutes les parties constituantes du corps des Animaux, le tissu cellulaire est la plus généralement répandue, et celle dont la structure paraît être la plus simple. Il entoure tous les organes, réunit leurs diverses parties et remplit les lacunes qu'ils laissent entre eux. Observé à l'œil nu, il présente l'aspect d'une substance molle, spongieuse, blanchâtre, demi-transparente et très-élastique. Suivant les parties où on l'examine, il paraît formé tantôt d'une sorte de flocons extrêmement minces, réunis par une matière visqueuse et semi-fluide; d'autres fois de fibrilles et de lamelles d'une consistance assez grande, mais très-extensibles, entrecroisées en divers sens, et laissant entre elles des lacunes ou cellules de figure irrégulière, de grandeur variable, en communication les unes avec les autres, et contenant du liquide. En poussant cet examen plus loin et en y employant un microscope puissant, on voit que la substance de ce tissu est entièrement formée de globules réunis en séries irrégulières, qui ne présentent rien de constant, soit sous le rapport de leur position, soit sous celui de leur longueur apparente. Ces séries forment des lignes tantôt plus ou moins tortueuses, tantôt droites ou légèrement courbées, dont la direction et la situation relative varient presque pour chacune d'elles. Les globules, ainsi disposés par rangées, ne forment pas un plan continu, mais paraissent placés par couches successives; de manière que les interstices qui existent entre les rangées linéaires de globules placés sur un même plan, laissent apercevoir les séries formant la couche suivante, et les lacunes de celle-ci sont à leur tour en rapport avec l'espèce de réseau globulaire placé au-dessous. Le nombre des globules qui forment ces séries, semble varier entre trois ou quatre, et dix ou même plus. Mais comme une même rangée de globules paraît souvent ne pas être placée sur un même plan dans toute sa longueur, on conçoit facilement qu'en se portant dans une couche plus inférieure, elle est bientôt recouverte par d'autres séries semblables, et qu'ainsi elle échappe à la vue. D'après ce que nous venons de dire, il est évident que les aréoles ou cellules qui existent dans la substance de ce tissu, ne peuvent être disposés d'une manière régulière ni avoir une forme déterminable, comme quelques auteurs l'ont pensé. Ces cellules ne sont que des lacunes plus ou moins grandes, et doivent toutes communiquer entre elles, puisqu'elles n'ont pour parois qu'une espèce de réseau formé de filamens mouiliformes, entrecroisés d'une manière irrégulière; enfin, un liquide aqueux, plus ou moins chargé de globules albumineux, humecte toutes les parties du tissu cellulaire et remplit les interstices dont il vient

d'être question. Lorsque ce tissu n'est point saturé d'humidité, il absorbe l'eau avec une force assez grande, et, de même que tous les corps essentiellement poreux, il se laisse facilement traverser par les fluides, quelle que soit leur nature.

Lorsque le tissu cellulaire se trouve placé dans l'épaisseur des organes, sa texture est lâche; vers leur surface, au contraire, il acquiert une consistance plus grande et affecte souvent une disposition membraniforme; mais les modifications que lui fait éprouver le contact des substances étrangères, sont bien plus grandes; car alors il acquiert souvent toutes les propriétés du tissu muqueux. La pathologie nous offre des exemples très-fréquens de ce genre de transformation. En effet, si à la suite d'une inflammation, il se forme, dans une partie quelconque du corps, un abcès dont la marche est lente, le tissu cellulaire qui entoure le foyer purulent acquiert bientôt une densité plus grande que de coutume, et présente tout l'aspect d'une membrane muqueuse. Des phénomènes analogues se passent à la surface de toutes les parties en rapport avec le monde extérieur, ou avec des quantités considérables de liquides en mouvement; aussi des membranes de la même nature se développent-elles, non-seulement à la périphérie du corps, mais encore à la surface d'un grand nombre de cavités situées dans son intérieur, et notamment de celles qui reçoivent les substances étrangères dont l'Animal se nourrit.

Considérées d'une manière générale, les membranes muqueuses ne présentent qu'un petit nombre de caractères constans, et cela parce qu'on ne les rencontre que rarement sans mélange de tissu glandulaire ou d'autres modifications du tissu cellulaire. Elles ont toujours une certaine épaisseur; leur tissu est mou et spongieux, et leur surface libre n'est point lisse et polie comme celle des membranes séreuses dont nous parlerons bientôt. Quant à leurs couleurs, elles varient suivant la nature des liquides renfermés dans leur substance. Examinée au microscope, leur structure intime ne diffère pas essentiellement de celle du tissu cellulaire ; mais les séries linéaires de globules qu'on y observe, sont plus rapprochées, et, en général, moins irrégulières. Dans la plupart des Animaux des classes inférieures qui vivent dans l'eau, l'enveloppe générale du corps ne diffère guère des autres membranes muqueuses, pourvu toutefois qu'elle ne renferme pas dans son épaisseur des organes sécréteurs, dont les produits masquent en quelque sorte ses caractères ; mais lorsque ces êtres vivent au milieu de l'air atmosphérique, la membrane extérieure qui porte le nom de derme, se recouvre d'une couche plus ou moins épaisse d'épiderme, substance lamelleuse qui ne paraît point mériter la dénomination de tissu organique, mais devoir être considérée comme produite par la solidification des principes immédiats contenus dans les humeurs qui lubréfient la surface de cette membrane. En effet, lorsque le derme est soustrait pendant longtemps à l'action de l'atmosphère, on le voit souvent se dépouiller d'épiderme, et présenter, même chez l'Homme, l'aspect des membranes muqueuses ; enfin, d'un autre côté, ces membranes se dessèchent, et ne diffèrent en rien de la peau, lorsque, par suite d'une affection morbide, elles sont soumises à l'influence prolongée de l'air. (*V.* PEAU.) Quant aux membranes muqueuses qui tapissent les conduits excréteurs de la plupart des glandes, elles ne présentent rien de remarquable, et ne diffèrent point de celles qui se forment, pour ainsi dire sous nos yeux, par le passage du pus dans les conduits fistuleux, et qui ne résultent évidemment que des modifications que ce phénomène détermine dans le tissu cellulaire. Enfin, il en est encore de même des tuniques qui tapissent l'intérieur des vaisseaux sanguins dont il sera question par la suite. (*V.* SANG et VAISSEAUX.)

Toutes les fois que le tissu cellulaire éprouve une certaine compression, et qu'il est le siége de mouvemens étendus et fréquens, ses mailles s'élargissent peu à peu ; les cavités plus ou moins grandes qui se forment ainsi, se remplissent d'un liquide visqueux, les lames qui les séparent incomplétement finissent par disparaître, et il en résulte une espèce de vessie ou d'ampoule, dont les parois lisses et assez minces se distinguent facilement du tissu cellulaire voisin. Ces espèces de poches membraneuses ou bourses synoviales, qui se forment souvent d'une manière accidentelle sous l'influence des causes que nous venons d'indiquer, et qui existent toujours dans certaines parties du corps, ne diffèrent guère des capsules synoviales articulaires, et les membranes qui forment celles-ci, présentent la plus grande analogie avec les membranes séreuses qui tapissent les grandes cavités splanchniques, et recouvrent les organes qui y sont contenus. Ce sont toujours des espèces de sacs en général sans ouverture, dont la face interne est partout en contact avec elle-même, et paraît à l'œil nu parfaitement lisse et polie. Les membranes qui les forment sont très-minces, blanchâtres et assez transparentes ; examinées au microscope, on voit que leur surface libre n'est pas réellement lisse et polie, comme on le croirait en l'observant à l'œil nu, et que leur texture intime ne diffère que bien peu de celle du tissu cellulaire proprement dit.

L'influence de la pression et du tiraillement détermine également dans le tissu cellulaire des modifications très-remarquables, mais qui diffèrent de celles que produit la friction. En agissant ainsi sur une petite portion de cette substance placée au foyer d'un microscope puissant, on voit les fibres moniliformes résultant de la réunion linéaire de ses globules élémentaires, changer d'as-

pect et de position ; au lieu d'être
tortueuses et de s'entrecroiser dans
tous les sens, elles deviennent presque droites et se placent parallèlement les unes aux autres. Il en est de
même dans l'économie animale ; car
toutes les fois qu'une tumeur se développe lentement dans une partie
abondamment pourvue de tissu cellulaire, celle-ci forme bientôt autour
d'elle une enveloppe membraneuse
plus ou moins épaisse, élastique, et
de structure fibreuse. Les fascias, ou
membranes fibreuses minces, qui entourent la presque totalité du corps de
l'Homme, et sont situées au-dessous
de la peau, reconnaissent la même origine ; il est souvent presque impossible
de les distinguer du tissu cellulaire
voisin ; d'autres fois, au contraire, ils
présentent tous les caractères des aponévroses, qui, à leur tour, ne diffèrent pas essentiellement des autres
membranes albuginées, et conduisent naturellement à la structure des
ligamens et des tendons. La formation
de la tunique moyenne des artères paraît également dépendre de l'influence mécanique dont nous venons de
parler. En effet, lorsque ces vaisseaux commencent à se former, ils
ne présentent point de membrane fibreuse ; mais chaque fois que le cœur
se contracte, le liquide contenu dans
ces canaux les dilate avec plus ou
moins de force, pourvu toutefois
qu'ils ne soient pas renfermés dans
d'autres conduits à parois résistantes
et inflexibles ; aussi voit-on bientôt
le tissu cellulaire qui entoure ces
vaisseaux, former une gaîne fibreuse
d'autant plus épaisse, que l'impul-
sion dont nous venons de parler est
plus forte ; mais lorsque, au contraire,
les artères ne peuvent être distendues,
à cause du canal osseux qui les renferme, elles sont réduites seulement
à leur membrane interne, ainsi qu'on
peut s'en assurer facilement dans la
Carpe, par exemple, où l'aorte présente l'une ou l'autre de ces modifications, suivant qu'on l'examine dans
l'abdomen ou dans la queue. Une autre considération qui vient à l'appui

de cette opinion, c'est que les veines
n'éprouvent point, comme les artères, une distinction brusque et
souvent répétée ; aussi ces vaisseaux
présentent-ils à peine quelques traces de tissu fibreux.

Nous voyons donc que les tissus
séreux et albuginé doivent être regardés comme du tissu cellulaire
dont les caractères ont été modifiés
par l'influence de causes toutes mécaniques. L'examen de ces tissus dans
les Animaux qui présentent des types
divers d'Organisation, l'étude de
l'embryogénie, et l'observation des
effets produits par certaines altérations pathologiques, conduisent également à ce résultat, et ne paraissent
devoir laisser aucun doute quant à
son exactitude. Les tissus cartilagineux et osseux, avons-nous dit, sont
également formés par l'élément cellulaire plus ou moins modifié ; mais
ici ces changemens ne peuvent être
rapportés à des influences du même
ordre ; ce sont des phénomènes chimiques qui les déterminent, car c'est
à la nature des produits déposés dans
sa trame que sont dues les propriétés nouvelles du tissu cellulaire, ainsi
modifié. En effet, les cartilages ne
paraissent être que du tissu cellulaire
dont la substance est devenue compacte et homogène par le dépôt de
globules albumineux ou gélatineux
dans les interstices que les filamens
moniliformes décrits ci-dessus laissent entre eux ; aussi, par la macération, les cartilages se transforment-ils
en tissu cellulaire ainsi que l'a constaté Duvernoy. Enfin, les os ne sont
à leur tour que des cartilages ou même
du tissu cellulaire, pour ainsi dire
incrusté de sels calcaires, comme
du reste nous le verrons plus en détail par la suite. (*V.* SQUELETTE.)

Le tissu glandulaire n'est peut-être
aussi qu'une modification du tissu
cellulaire, ayant quelque analogie
avec les vésicules séreuses ; mais nos
connaissances à ce sujet sont trop
bornées et trop incertaines pour que
nous nous y arrétions ; car à peine
possédons-nous quelques données sur

sa nature intime. L'examen micros-copique de quelques organes sécré-teurs nous a appris qu'il existe dans certaines parties des espèces de vésicu-les sphériques ou ovoïdes, remplies de liquide, à parois membraneuses, minces, transparentes et formées de rangées linéaires de globules, sem-blables à celles qu'on rencontre dans le tissu cellulaire. Les vésicules adi-peuses laissent apercevoir avec faci-lité cette disposition qui, du reste, se retrouve dans toutes les parties des Végétaux. Ces vésicules sécrétoires sont unies entre elles par une trame cellulaire, et sont en général disposées de manière à circonscrire des cavités communes ayant la forme de cœcums ou de canaux. Tantôt ces petits amas de vésicules glandulaires sont épars et logés dans l'épaisseur des mem-branes muqueuses; d'autres fois ils sont rassemblés en masses plus ou moins considérables et forment ce que l'on nomme des glandes. (*V.* SÉCRÉTIONS.)

Outre le tissu cellulaire, le tissu glandulaire et ceux que l'on doit re-garder comme n'étant que des modi-fications du premier, on trouve dans l'économie animale des élémens or-ganiques qui ne peuvent être rappor-tés ni à l'un ni à l'autre de ces types, et qui constituent des tissus primitifs distincts connus sous les noms de musculaire et de nerveux. De toutes les parties du corps, les muscles sont celles dont on avait étudié, avec le plus de soin et de persévérance, la texture intime; aussi avons-nous eu peu de choses à ajouter sur ce sujet que Leuwenhoek, Black, Swam-merdam, Prochaska, Fontana, Bauer et surtout Prévost et Dumas avaient déjà étudié avec le plus grand succès. Il résulte des observations de ces savans, comme de celles que nous avons faites, que les globules élémen-taires du tissu musculaire sont tou-jours réunis en séries linéaires d'une longueur assez considérable, et que, dans la plupart des cas au moins, les rangées moniliformes qu'ils consti-tuent sont à peu près droites et placées

toutes parallèlement entre elles. Enfin un certain nombre de ces fibres élé-mentaires réunies entre elles par un tissu cellulaire d'une très-grande finesse forme des faisceaux que l'on appelle fibres secondaires, et qui se réunissent à leur tour pour former d'autres fibres visibles à l'œil nu.

Le tissu nerveux présente aussi, dans la plupart des cas, une texture fibreuse; mais il ne nous paraît pas être identique dans toutes les parties d'un même être. Dans les cordons nerveux les globules élémentaires sont toujours disposés en séries li-néaires extrêmement longues, à peu près droites et parallèles entre elles. Dans les ganglions nerveux de cer-tains Animaux, la structure de la substance médullaire nous a paru se rapprocher davantage de celle des or-ganes sécréteurs, ainsi que nous l'a-vons exposé dans le Mémoire déjà cité. Quoi qu'il en soit, le tissu ner-veux est en général d'un blanc lai-teux, opaque, et d'une consistance presque pulpeuse. Chez les Animaux inférieurs, et pendant les premiers temps de la vie des autres, la subs-tance nerveuse est même presque li-quide, et ne doit les formes générales qu'elle affecte qu'aux gaînes membra-neuses qui l'entourent.

Tels sont les divers élémens orga-niques qui entrent dans la composi-tion des organes dont l'assemblage constitue le corps d'un Animal. Tan-tôt on trouve dans chacune de ces parties plusieurs tissus distincts, d'autres fois elles ne sont formées que d'un seul; mais leur forme et leur structure diffèrent presque dans chaque être vivant, et les fonctions qu'elles sont destinées à remplir présentent des modifications correspondantes; car le mode d'ac-tion d'un organe ou instrument dé-pend toujours de sa nature intime et de ses diverses propriétés.

Dans certains Animaux, le corps présente partout des caractères iden-tiques, et ne paraît renfermer aucun organe distinct. C'est une masse gé-latineuse, renfermant des globules qui semblent y former une sorte de tissu cellulaire dont les mailles sont remplies de la première de ces substances. Les Polypes d'eau douce (*V.* POLYPE) présentent une structure de ce genre. Nous avons vu plus haut qu'une Organisation identique suppose nécessairement un mode d'action semblable; d'où il suit que chez ces petits êtres, chacune des parties doit concourir à l'entretien de la vie à la manière de toutes les autres, et que la perte de l'une d'elles ne doit entraîner la cessation d'aucun des résultats produits par l'ensemble de toutes. Il existe chez ces Polypes une cavité destinée à recevoir les substances étrangères dont l'Animal se nourrit, à leur faire subir certaines modifications, et à absorber la matière ainsi élaborée. Mais la surface de cette cavité ne diffère ni par sa structure ni par ses propriétés de la surface extérieure du corps, et si ses fonctions ne sont pas exactement les mêmes, cela dépend seulement de sa position; aussi lorsqu'on retourne, comme un doigt de gant, un de ces êtres singuliers, voit-on la surface externe, devenue interne, être le siége des phénomènes en question. Cette fonction n'appartient donc pas à une partie plutôt qu'à une autre. Il en est de même de la sensibilité et de la faculté de se contracter; enfin, le pouvoir de reproduire des êtres semblables à eux, réside également dans chaque partie de ces êtres. Le corps de ces Animaux peut être comparé à un atelier où chaque ouvrier serait employé à l'exécution de travaux semblables, et où, par conséquent, leur nombre influerait sur la somme, mais non sur la nature du résultat. Aussi l'expérience a-t-elle démontré qu'en divisant un de ces êtres, on ne change point sa manière d'agir; chaque fragment continue de vivre comme auparavant, et peut former un nouvel Animal. Trembley, dont les observations curieuses sont d'un haut intérêt pour la physiologie et pour la zoologie, a ouvert un de ces petits êtres; puis il a étendu et coupé en tous sens la peau simple ainsi obtenue; il l'a pour ainsi dire hachée, et malgré cet état de division extrême, chacun des fragmens est devenu bientôt un Animal parfait. Ce résultat, qui, au premier abord, semblait si contraire à tout ce que l'analogie portait à admettre, et qui, par conséquent, a excité tant d'étonnement, est donc parfaitement d'accord avec les principes exposés plus haut, et fondés sur des considérations d'un autre ordre. En effet, chaque portion du corps pouvant sentir, se contracter, se mouvoir, se nourrir et reproduire un nouvel être, on conçoit facilement que, placée dans des circonstances favorables, chacune d'elles, après avoir été séparée du reste, peut continuer d'agir comme auparavant, et que non-seulement elle peut sentir, se contracter et se mouvoir, mais aussi reproduire un nouvel individu.

Mais par cela seul que tous les phénomènes dont se compose la vie de ces Polypes se produisent également dans chacune des particules de l'Animal, il était à présumer que ces mêmes phénomènes devaient être en petit nombre, d'un ordre peu élevé, et c'est effectivement ce que l'observation nous apprend. Lorsqu'au contraire, la vie commence à se manifester par des phénomènes plus compliqués, et que le résultat final produit par le jeu des différentes parties du corps devient plus parfait, certains organes offrent un mode de structure particulier et cessent alors d'agir à la manière du tout. La vie de l'individu, au lieu d'être la somme d'un nombre plus ou moins grand d'élémens de même nature, résulte de l'ensemble d'actes essentiellement différens et produits par des organes distincts. Les diverses parties de l'économie animale concourent toutes au même but, mais chacune d'une manière qui lui est propre, et plus les facultés de l'être sont nombreuses et développées, plus la diversité de structure et la division du travail, qui en est la suite, sont poussées loin.

Considérés sous le rapport des fonctions qu'ils sont appelés à remplir, les organes qui constituent le corps des Animaux peuvent être rapportés à trois ordres ; savoir : ceux qui servent à la nutrition, à la génération et à la vie de relation. Quant au mouvement interne de composition et de décomposition qui constitue la première de ces fonctions, nous ignorons également sa nature et ses causes; aussi ne pouvons-nous parler ici que des moyens à l'aide desquels les substances étrangères à l'Animal sont rendues aptes à la nutrition et portées dans l'épaisseur des parties à l'entretien desquelles elles sont destinées. Dans les Animaux dont la structure est la plus simple, et dont la masse est peu considérable, cette fonction ne consiste que dans l'absorption par imbibition des liquides qui baignent la surface extérieure ou des substances modifiées par l'action de la surface interne du corps. Mais lorsque la masse de l'Animal est très-considérable, comme dans les Méduses, ce moyen de transport serait trop lent et trop imparfait, et on trouve alors des conduits qui, de la cavité digestive, se rendent dans toutes les parties du corps et y portent les matières nutritives. Dans ces Animaux, dont l'organisation est du reste très-simple, nous voyons donc que l'appareil nutritif devient différent des autres parties du corps et qu'il est seul apte à remplir les fonctions dont il est chargé. En s'élevant davantage dans la série des êtres, on voit les parois de cette cavité devenir distinctes de la masse générale du corps, puis offrir, comme dans les Annélides, deux ouvertures, l'une pour l'entrée, l'autre pour la sortie des matières alimentaires. Chez certains Animaux de cette classe, la digestion s'opère dans un tube étendu d'un bout du corps à l'autre ; la surface extérieure sert à la respiration ; le transport du fluide nourricier se fait à l'aide d'un système vasculaire ;

la sensibilité devient l'apanage des nerfs, et la contractilité se concentre dans le tissu musculaire. Mais cette localisation des fonctions, si nous pouvons nous exprimer ainsi, n'empêche pas certaines portions du corps de représenter en petit tout l'ensemble de l'Animal et d'être le siége de toutes les fonctions qui concourent au résultat commun, la vie de l'individu. En effet, l'appareil nutritif, comme nous venons de le dire, est étendu d'une extrémité du corps à l'autre ; le système nerveux n'est qu'un filament, partout semblable à lui-même, et les organes du mouvement sont répartis avec la même uniformité dans toute la longueur de l'Animal. Il en résulte que chacun des segmens de ces êtres est la répétition des autres, et représente, jusqu'à un certain point, l'Animal entier; car il renferme tous les organes dont le jeu est nécessaire à l'entretien de la vie. Aussi, lorsqu'on divise transversalement ces êtres, chaque fragment continue de vivre, et peut former un Animal parfait. Bonnet, à qui nous devons un grand nombre d'expériences curieuses sur cette question, partagea un Ver de terre en deux parties, et plaça les deux moitiés dans un vase peu profond. « Je remarquai, dit-il, que la première moitié, celle où tenait la tête, se mouvait comme à l'ordinaire, mais ce qui me parut bien autrement remarquable, c'est que la seconde moitié, celle qui n'avait point de tête, se mouvait presque comme si elle en avait une. Elle allait en avant, en s'appuyant sur l'extrémité antérieure de son corps; elle avançait même avec vitesse. On voyait que ce n'était point un mouvement sans direction, un mouvement produit par une cause telle que celle qui fait mouvoir la queue d'un Lézard après qu'elle a été séparée du tronc, mais un mouvement très-volontaire. On l'observait se détourner à la rencontre de quelque obstacle, s'arrêter, puis se remettre à ramper. Lorsque les deux moitiés venaient à se rencontrer, c'était comme si elles n'eussent jamais formé un même Insecte. Elles ne paraissaient ni se chercher ni se fuir. Chacune tirait de son côté, ou si elles allaient de compagnie vers le même endroit, la première devançait ordinairement la seconde. Mais celle-ci ne montrait jamais mieux une sorte de volonté que lorsque je l'exposais au soleil ; elle hâtait alors considérablement sa marche. Deux jours s'étant écoulés, je crus devoir mettre dans la tasse un peu de terre et de lentille aquatique. La première moitié ne tarda pas à s'y enfoncer ; mais la seconde se contenta de se cacher entre les menues racines de la lentille. Dans ce temps-là, j'observai au bout antérieur de cette moitié, une espèce de petit renflement, une sorte de bourrelet analogue à celui qui vient à une branche d'Arbre dont on a enlevé circulairement une portion d'écorce. Je ne le distinguai pas si bien à l'extrémité postérieure de l'autre. Ce bourrelet semblait lui donner plus de facilité pour ramper ; elle ne paraissait plus craindre autant le frottement. Le lendemain, j'aperçus, à chaque moitié, un petit accroissement, reconnaissable par la différence de la couleur, qui était là beaucoup plus claire que dans le reste du corps. Les jours suivans, tout devint plus sensible. Enfin, au bout d'une semaine, chaque moitié fut un Ver complet. La tête, qui avait poussé à la seconde, était précisément telle, quant à sa forme, que celle de la première, et capable des mêmes fonctions ; et la nouvelle queue de celle-ci, en tout semblable à celle de la seconde moitié ; le cœur, l'estomac, les intestins, etc., s'étaient prolongés dans l'un et dans l'autre ; de nouveaux anneaux avaient poussé à la suite des anciens. En un mot, tout ce que le premier Ver faisait, avant d'avoir été partagé, nos deux Vers, qui en étaient provenus, le faisaient pareillement ; même agilité, mêmes inclinations, même façon de vivre et de se nourrir. » Dans d'autres expériences, ce savant poussa la division plus loin, et partagea ces Animaux en trois, en quatre, en huit, en dix, en quatorze portions, qui toutes, ou presque toutes, reproduisirent une tête et une queue. Enfin, il a été jusqu'à couper un Ver en vingt-six portions, dont la plupart ont continué de vivre, et dont plusieurs sont devenues des Animaux parfaits.

Lorsqu'on s'élève davantage dans la série des êtres, on voit l'Organisation devenir de plus en plus compliquée ; le nombre d'organes dissemblables qui concourent à l'exécution d'une même série d'actes augmente, et quand l'un d'eux cesse de remplir ses fonctions, la vie de l'individu est modifiée ou détruite, suivant l'importance du rôle qu'il joue dans l'économie. Pour terminer cette esquisse de l'Organisation des Animaux, il ne nous reste donc plus qu'à indiquer sommairement les différences principales qu'on observe sous ce rapport dans chacun des grands appareils dont se compose le corps.

Dans certaines Annelides, le canal digestif ne consiste, ainsi que nous l'avons déjà dit, qu'en un tube ayant la même structure dans toute sa longueur. Dans d'autres Animaux de la même classe, une portion de ce tube se renfle plus ou moins, et c'est dans ce point que les alimens séjournent le plus long-temps et éprouvent les changemens les plus importans. Des organes destinés à sécréter des fluides de nature à modifier les propriétés des substances nutritives, viennent se grouper autour de cette cavité. Dans les Mollusques, les Insectes et les Crustacés, cet organe, qui porte le nom de foie, acquiert un accroissement considérable et une importance correspondante ; mais il n'est pas le seul, et d'autres glandes versent aussi le produit de leur sécrétion dans le canal digestif. Chez les Animaux vertébrés, le nombre des organes différens destinés à cet usage, augmente beaucoup. En même temps on trouve près de l'ouverture par laquelle les alimens pénètrent dans le corps, des instrumens mécaniques qui servent à les broyer. Enfin, lorsque l'appareil digestif est parvenu à son plus haut degré de complication, comme dans les Ruminans, c'est dans une première cavité, la bouche, que les alimens sont divisés mécaniquement au moyen des dents, et imbibés d'un liquide légèrement alcalin, sécrété par les glandes salivaires ; de-là ils passent dans une seconde, puis dans une troisième cavité où, d'après les recherches de Prévost et Le Royer, ils sont soumis pendant un certain temps à l'action des liquides alcalins sécrétés par les organes déjà indiqués, et probablement aussi par les parois de ces deux premiers estomacs que l'on nomme la panse et le bonnet. Le bol alimentaire, ainsi modifié, pénètre dans le feuillet, puis dans le caillet ou quatrième estomac destiné spécialement à agir sur ces substances, à l'aide du suc acide sécrété par ses parois. L'intestin grêle, qui succède à cette cavité, est le siège d'une autre action exercée par la bile et le suc pancréatique, et enfin le gros intestin peut être considéré comme un réservoir destiné à contenir pendant un temps plus ou moins long les résidus excrémentitiels de la digestion. Tels sont les moyens divers que la nature emploie pour opérer la transformation des alimens en chyle. Voyons maintenant ceux à l'aide desquels ce liquide pénètre de la cavité digestive dans l'intérieur du corps, éprouve l'influence de l'air, et se porte dans les différentes parties qu'il est destiné à nourrir. L'imbibition paraît d'abord être le seul moyen par lequel ce transport s'opère, et c'est à la surface générale du corps que se fait la respiration. Dans les Insectes, un système de canaux très-compliqué sert à porter l'air dans l'épaisseur de toutes parties. Dans les Mollusques et les Crustacés, ce sont au contraire des vaisseaux sanguins qui portent le liquide nourricier dans un organe spécial, siége de la respiration, et qui servent à le faire pénétrer ensuite dans toutes les parties du corps. (*V.* Respiration et Sang.) Un organe contractile nommé cœur lui communique le mouvement nécessaire à ce transport. Dans les Animaux vertébrés, un nouveau système de canaux établit une communication entre la cavité digestive et l'appareil circulatoire, et sert d'une manière spéciale à l'absorption du chyle. Pour la circulation, la division du travail devient aussi plus marquée, car au lieu d'un seul agent mécanique et d'un seul système de canaux pour porter le sang à l'organe respiratoire et aux diverses parties du corps, comme dans les Poissons, nous trouvons pour chacun de ces actes un appareil vasculaire et un cœur distinct. Enfin, les résidus de la nutrition qui d'abord ne s'échappaient au dehors que par la surface externe ou interne du corps, sont en majeure partie éliminés par un appareil spécial nommé urinaire, dont la composition se complique de plus en plus comme nous le verrons par la suite. *V.* Sécrétions.

Si nous examinons les organes destinés à la vie de relation, nous verrons qu'ils suivent la même loi, et qu'à mesure que l'une des fonctions de cet ordre se perfectionne, les divers actes dont elle se compose sont exécutés dans ces Animaux par des instrumens de plus en plus dissemblables par leur structure et par leurs propriétés. En un mot, c'est toujours d'après le principe de la division du travail que la nature procède pour perfectionner le résultat qu'elle veut obtenir. Dans les Animaux des classes inférieures, la faculté de transmettre les sensations, celle de les percevoir, celle de déterminer, sous l'influence de certains excitans, la contraction musculaire, le pouvoir de produire volontairement cette excitation, celui de coordonner les mouvemens, etc., ne paraissent pas résider dans une partie du système nerveux plutôt que dans une autre ; mais, chez les Animaux les plus élevés dans la serie des êtres, chacune de ces facultés tend à se localiser, et se perd plus ou moins complétement par la destruction de l'organe spécial qui en devient le siége. En effet, les belles recherches de Rolando, de Flourens, de Ch. Bell, de Magendie et de plusieurs autres physiologistes, prouvent ce fait d'une manière évidente. L'appareil locomoteur suit une marche analogue, et les divers organes qui le composent deviennent de plus dissemblables et spéciaux. Les sens dont nous avons déjà eu l'occasion de parler, et ceux qu'il nous reste à examiner, fournissent de nouveaux exemples de la division du travail, accompagnant toujours le perfectionnement du résultat. (*V.* NERF, ODORAT, OUÏE, OEIL, SENS, TOUCHER, VISION). Enfin, il en est encore de même pour l'appareil reproducteur, car non-seulement cette fonction, qui pouvait d'abord s'exécuter indifféremment dans tous les points du corps, se localise et devient l'apanage d'une série d'organes de plus en plus compliquée, mais encore les sexes deviennent distincts et le concours de deux individus nécessaire à l'accomplissement de l'acte générateur. *V.* GÉNÉRATION. (H.-M. D.)

ORGANISTE, ois. Espèce du genre Tangara, *Pipra musica*, Lath. *V.* TANGARA. (DR..Z.)

* ORGANO. pois. Syn. de Trigle-Lyre chez les pêcheurs du golfe de Gênes. (B.)

ORGASME. zool. C'est, à proprement parler, la tendance vers l'organisation et la nécessité qui la complète après l'avoir déterminée. *V.* MATIÈRE. (B.)

ORGE. *Hordeum.* bot, phan. Genre de la famille des Graminées et de la Triandrie Digynie, L., très-facile à reconnaître aux caractères suivans : les fleurs sont disposées en un épi simple et serré ; les épillets sont distiques et alternes, réunis au nombre de trois sur chaque dent de l'axe ou rachis. Ces épillets sont uniflores. Dans quelques espèces, les deux épillets latéraux avortent, à l'exception de leur lépicène, en sorte que l'on trouve six écailles à la base

du seul épillet qui reste. La lépicène est à deux valves, lancéolées, aiguës ; la glume à deux paillettes, dont l'inférieure est terminée à son sommet par une soie roide et très-longue, et la supérieure entière ; le style est profondément biparti, terminé par deux stigmates poilus et glanduleux. Le fruit est une cariopse sillonnée, enveloppée dans la glume qui est persistante. Les espèces de ce genre sont annuelles ou vivaces. Nous indiquerons les suivantes :

ORGE COMMUNE, *Hordeum vulgare*, L. ; Rich., Bot. Méd., 1, p. 64. Cette espèce, abondamment cultivée, est annuelle. Son chaume, haut de deux à quatre pieds, est glabre, noueux, portant des feuilles alternes, engaînantes, planes, lancéolées, très-aiguës, glabres, mais un peu rudes au toucher ; fleurs en épi dense et terminal. Les trois épillets de chaque dent de l'axe sont développés, imbriqués, et les arêtes très-longues et rudes au toucher. On ne sait pas positivement quelle est la véritable patrie de l'Orge si abondamment cultivée aujourd'hui dans toutes les contrées de l'Europe. Quelques-uns la croient originaire de Sicile, d'autres de l'Inde et de la Tartarie ; Olivier l'a trouvée en Perse ; d'autres en Géorgie, etc. Enfin, il en est de l'Orge comme de la plupart des autres Céréales dont l'origine primitive est encore couverte d'un voile impénétrable.

Plusieurs autres espèces du même genre sont encore cultivées, quoique en général moins abondamment ; telles sont : l'Orge à six rangs, ou Orge carrée, *Hordeum hexastichon*, L., qui ne diffère de la précédente que par ses épis plus gros, plus courts et carrés ; l'Orge distique ou à deux rangs, *Hordeum distichum*, L. Cette espèce se distingue très-facilement des deux précédentes par ses épis, dont chaque dent de l'axe n'offre qu'un seul épillet fertile ; en sorte que l'épi est comprimé. On cultive encore l'Orge de Russie, Orge faux-Riz ou pyramidale, *Hordeum Zeocri-*

ton, L. Comme la précédente, cette espèce n'a qu'un seul épillet fertile à chaque dent de l'axe; mais les deux épillets latéraux sont visibles ; du reste, l'épi est plus dense et plus gros.

L'Orge a été connue dès les premiers temps de l'antiquité. Les Grecs la désignaient sous le nom de κριθη, et ils lui faisaient subir diverses sortes de préparations. Dépouillée de son enveloppe, ce qui constitue notre Orge mondée, ils en préparaient une décoction et la désignaient sous le nom de πτισανη, d'où est évidemment dérivé notre nom de *tisane*. Il paraît, par quelques passages d'Athénée, que les anciens préparaient avec l'Orge germée et fermentée, une boisson fort analogue à la bière, et qu'ils désignaient sous le nom de vin d'Orge.

L'Orge est une des Céréales les plus faciles à cultiver, et une de celles qui se développent avec le plus de rapidité. Aussi dans les pays de montagnes où la belle saison est si courte, on ne peut cultiver d'autre Céréale que l'Orge, qui sert exclusivement à la nourriture des gens du pays. Mais le pain préparé avec sa farine est moins blanc et moins nourrissant que celui du Seigle, et à plus forte raison que celui du Froment. L'Orge se cultive comme l'Avoine dans les champs qui ont donné l'année précédente une récolte de Froment. Il suffit de préparer la terre par un labour fait avant l'hiver, et de semer au printemps, sans fumier et sans nouveau labour. Indépendamment de son emploi comme aliment dans plusieurs provinces de la France, l'Orge se cultive encore pour servir à la fabrication de la bière et pour ses usages médicaux. Avant de l'employer à la fabrication de cette liqueur, d'un si grand usage dans tout le nord de l'Europe, on fait subir à l'Orge une préparation particulière ; elle doit germer dans l'eau et être ensuite séchée à l'étuve. Dans cet état, on lui donne le nom de *Malt*. Quand elle a été moulue, elle porte celui de *Drèche*. En médecine, on se sert de l'Orge pour faire des tisanes tempérantes. La tisane commune des hôpitaux civils et militaires, est une décoction d'Orge et de racine de réglisse. On se sert soit de l'*Orge mondée*, c'est-à-dire de celle qu'on a dépouillée de son enveloppe, soit de l'*Orge perlée*, qui se compose de graines qui ont été arrondies par le frottement. Dans plusieurs pays, et en particulier dans l'Allemagne et l'Italie, on se sert de l'Orge perlée, en guise de Riz, pour faire bouillir dans le bouillon et faire de très-bons potages.

On doit au chimiste Proust une analyse de l'Orge, qui se compose de Résine jaune, 1 ; d'Extrait gommeux sucré, 9 ; de Gluten, 3 ; d'Amidon, 32, et d'*Hordéine*, 55. Cette dernière substance a été rangée par les chimistes parmi les principes immédiats douteux.

Indépendamment des espèces dont nous avons parlé précédemment, on trouve fréquemment dans les prés l'*Hordeum secalinum*, l'*Hordeum pratense*, l'*Hordeum bulbosum*, etc. Ces diverses espèces forment d'assez bons fourrages.　　　　(A. R.)

ORGLISSE. BOT. PHAN. L'un des noms vulgaires de l'*Astragalus glyciphyllos*.　　　　(B.)

ORGUE. OIS. L'un des noms vulgaires du Siffleur. *V*. CANARD.
　　　　(DR..Z.)

ORGUE DE MER. POLYP. Nom vulgaire du *Tubipora Musica*. *V*. TUBIPORE.　　　　(E. D.. L.)

*ORGUES GÉOLOGIQUES. GÉOL. Mathieu, capitaine d'artillerie fort instruit, qui, dans l'hiver de 1812 à 1813, visita le plateau de Saint-Pierre de Maëstricht, signala le premier sous ce nom, dans le 201e numéro du Journal des Mines, ce que les carriers des bords de la Meuse appellent *Aerde-Pyp* (c'est-à-dire puits de terre), et qu'on retrouve dans les vastes carrières qui pénètrent sous Paris, où les ouvriers nomment *Fontis* ces singuliers accidens. Le nom d'Orgues géologiques nous a paru le meilleur lorsque nous avons, aux mêmes lieux que le capitaine Mathieu, examiné ce qu'il décrivit si bien, et nous l'avons adopté dans notre histoire du plateau de Maëstricht, intitulée Voyage souterrain. En nous étendant sur ce qui concerne ces singuliers caveaux, nous avons consacré deux figures à son explication, dont la plus significative sera reproduite dans l'Atlas du présent Dictionnaire, afin d'appeler l'attention des voyageurs sur ce qu'ils pourraient trouver ailleurs d'analogue à ce phénomène. Cuvier et Brongniart ont appelé *Puits naturels* de pareilles cavités, « qui, disent-ils, sont assez exactement cylindriques, percent toutes les couches calcaires, et sont exactement remplies d'argile ferrugineuse et de silex, roulés et brisés. » Ces savans les ont remarquées dans les carrières des communes de Houille et de Carrière-Saint-Denis, au nord-ouest de Paris. Ils en ont trouvé dans une autre carrière ouverte sur la droite de la route de Paris à Triel. En ce lieu, les puits naturels sont verticaux, à parois assez unies, et comme usés par le frottement d'un torrent; ils ont environ cinq décimètres de diamètre, et sont remplis d'une argile sablonneuse et ferrugineuse, et de cailloux roulés; ces puits sont assez communs dans le calcaire marin des environs de Paris; il y a même peu de carrières qui n'en présentent…. Il en existe à Sèvres…. Il y en a un assez grand nombre à la carrière dite du Loup dans la plaine de Nanterre, et tous sont remplis d'un mélange de cailloux siliceux et calcaires dans un sable argilo-ferrugineux. Bosc avait déjà mentionné de tels puits dans les anciennes carrières de Wessegnicours au département de l'Aisne, sur la lisière de la forêt de Saint-Gobin, traversant un banc de calcaire coquillier marin; ils y sont ou verticaux ou légèrement inclinés; leur diamètre surpasse quelquefois un mètre; leurs parois sont assez lisses et enserrent une terre argileuse, pareille à celle des couches supérieures. Gil-

let-Laumont a trouvé sur les bords de l'Oise, près des communes d'Auvers et de Méry, des espèces de tuyaux, peu inclinés à l'horizon, de la grosseur du doigt, quelquefois très-nombreux, traversant un banc calcaire grenu, qui contient des coquilles marines, dont la puissance est de cinq à six mètres; ils sont la plupart remplis d'un sable calcaire siliceux, mêlé de parties très-fines de chlorite verte; plusieurs présentent des renflemens qui, avec leurs parois plus compactes que la masse environnante, les ont fait prendre par quelques personnes pour des ossemens fossiles. Ce savant pense avec raison que leur découverte peut jeter quelques lumières sur les puits de terre de Maëstricht; en effet, les petits cylindres indiqués à Gillet-Laumont comme des ossemens fossiles, ne sont que nos Orgues géologiques en petit, de véritables *Aeude-Pyps*, proportionnés au peu d'épaisseur du banc calcaire qu'ils ont criblé. « Je fus conduit à la colline de Saint-Pierre, dit Mathieu, par Behr, ancien officier au service de Hollande, habitant actuellement Maëstricht, amateur zélé d'histoire naturelle, qui voulut bien avoir la complaisance de me mener dans les lieux les plus curieux. En parcourant l'extérieur de la colline du côté de la Meuse, je fus singulièrement surpris à l'aspect d'un grand nombre de trous cylindriques, qui me paraissaient partir d'un point où je me trouvais, et aller jusqu'à la surface supérieure de la colline; je les pris d'abord pour des soupiraux faits afin de faciliter les travaux d'exploitation; mais leur nombre, leur rapprochement dans un même lieu, et bien plus leur position, sans nul rapport avec les travaux des carrières, me firent bientôt sortir de l'erreur où je me trouvais; je remarquai alors que tous les trous se continuaient dans la profondeur de la montagne, et que, dans leur situation verticale, ils affectaient des sinuosités et des renflemens qui me parurent dater d'une époque fort ancienne. J'observai scrupuleusement le grain et les nuances de la surface intérieure de ces cylindres ; la différence de la texture de cette surface avec la masse générale, et de petites aspérités formant comme des stalactites légères qui la recouvraient, me prouvèrent que ces trous étaient indubitablement l'ouvrage de la nature. Ces cavités cylindriques sont remplies d'un amas de cailloux mêlés de terre, semblables à la grève qui couvre le plateau de la colline (nommé camp de César) : ceux de ces trous qui sont coupés par les souterrains d'excavation, sont vidés dans la partie supérieure ; le dépôt de cailloux s'y étant naturellement affaissé par son propre poids. »

Nous avons visité les mêmes lieux que Mathieu avec le digne fils de ce colonel Behr, qui lui servit de guide, et examiné plus de cent de ces puits naturels ou Orgues géologiques ; ils nous ont paru affecter constamment une disposition verticale, quelquefois légèrement oblique et souvent assez sinueuse, pour que des courbures en fissent disparaître une partie, de la surface des rocs dont le brisement met à jour le reste de leur longueur. Ils sont tellement rapprochés en plusieurs endroits, que quelques-uns d'entre eux se touchent et circulent pour ainsi dire les uns autour des autres ; il en est même qui paraissent se souder ensemble pour demeurer réunis ou pour se séparer encore. On pourrait les comparer à des cônes excessivement allongés, se terminant constamment en pointe par le bas, et présentant toujours un évasement plus ou moins considérable à mesure qu'on remonte vers le haut ; ils sont généralement cylindriques, et laissent souvent sur les pans de rochers qui les ont mis à jour en se partageant d'eux-mêmes, des traces creusées en larges gouttières. Ici la section a été complète sur toute la surface du massif calcaire fracassé ; alors il ne reste qu'une trace plus ou moins profonde, munie de légères aspérités, et dégagée de tout corps

étranger ; ailleurs cette section n'a eu lieu que dans la portion supérieure du tuyau d'Orgue, laquelle est demeurée remplie de débris des couches d'en haut, ou vide dans la partie brisée ; mais on voit dans la masse calcaire, le tuyau continuer sa route vers les plus grandes profondeurs, toujours rempli de sable et de galets ; là quelque autre tuyau d'Orgue, mis à jour longitudinalement sur la paroi d'une galerie souterraine par quelque imprudent carrier, a laissé échapper, pour en former un petit cône à la base du pilier de supports, des fragmens du sol supérieur, qu'il tenait renfermés dans la longueur de la section, tandis que les portions de ce sol étaient tellement tassées au-dessus du point où commença l'éboulement, qu'elles continuent à encombrer le haut du conduit ; une autre part des tuyaux pareils ont été coupés horizontalement dans leur diamètre, et leur tranche, souvent fort considérable, se voit sur les voûtes plates des galeries, sans qu'il en soit résulté d'effondrement, tant la pression des matières qui s'y sont introduites, jointe à quelque ciment calcaire produit par l'infiltration des eaux, a rendu compacte le contour de ces puits ; dans quelques-uns on dirait un véritable Poudingue, une nouvelle pierre indestructible, et comme un bouchon placé par la nature pour empêcher l'enfouissement du sol superficiel par des canaux qui semblaient n'avoir pas été faits pour que l'homme les vînt intercepter.

Les carriers intelligens évitent soigneusement les puits naturels ; quand ils en rencontrent ils les tournent, et s'ils ne le peuvent, ils les murent ou leur conservent une sorte d'encaissement. Lorsque par malheur ou par nécessité ils les ont mis à nu, de manière à redouter un éboulement, ils ne cessent de les observer, et pour peu que quelques cailloux s'en détachent, on les voit fuir avec rapidité ; car l'effet d'un effondrement est souvent terrible. Les substances étrangères, contenues dans des canons verticaux d'un genre si extraordinaire, pressés de tout le poids des couches supérieures, se précipitant par l'issue qui leur est donnée, selon les lois de la pesanteur qui accélèrent avec fracas la chute des corps, des cailloux de tous les volumes roulent au loin avec un bruit confus, et remplissent en peu d'instans une étendue des galeries proportionnelle au diamètre des tuyaux d'Orgue, par lequel l'effondrement s'opère; il arrive cependant que ces effondremens n'ont pas toujours lieu d'une manière également brusque; ils se forment et s'accroissent aussi peu à peu par l'effet de chaque hiver pluvieux. Dans tous les cas, il en résulte de ces cavités en forme de cratère, qu'on trouve à la surface du plateau de Saint-Pierre, et dont on voit la coupe perpendiculaire, avec celle du sol où ils s'enfoncent, des cryptes et de la roche que percent les tuyaux, dans la planche correspondante au présent article. Ces cavités, dans notre planche, présentent l'idée de grands horloges à sable où la nature, qui ne tient pas compte de la durée des temps par rapport à son ensemble, mesure cependant ceux qui sont nécessaires pour que le plateau de Maëstricht descende dans les travaux de l'Homme et les efface. Lorsque tous ces sabliers naturels, dont les Orgues géologiques représentent le conduit de communication, marqueront l'heure où ces lieux auront dû changer de face, le plateau n'aura plus rien de commun avec la description que nous en donnâmes il y a six ans environ; ses vastes galeries intérieures seront comblées, les portiques encombrés de ses cryptes, demeureront inconnus à des générations qui peut-être ignoreront l'existence des nôtres; sa surface anfractueuse, creusée, déchirée, dépouillée, ne se couvrira plus de riches moissons, et le géologue d'alors, en considérant un tel désordre, n'en pourra deviner les raisons. Un bouleversement, qui pourrait bien être analogue à celui que nous osons pré-

dire, a déjà été observé dans les terrains calcaires des provinces illyriennes par Omalius d'Halloy. Cet observateur nous apprend que dans les environs de Trieste et de Fiume surtout, une grande quantité d'enfoncemens très-considérables renversés donnent au pays un aspect extraordinaire : ces cavités ne retiennent point les eaux pluviales qu'elles laissent au contraire filtrer; de sorte que, lorsque les pentes n'en sont pas trop rapides, on y cultive l'olivier. Le savant, qui mentionne cette disposition de terrain, n'a pu se rendre raison de ce phénomène; il s'est borné à nous faire observer qu'il ne peut être attribué à un affaissement local du sol; car les couches dans lesquelles sont creusés les entonnoirs, ne présentent aucun dérangement particulier, et conservent la même disposition que toute la masse du terrain environnant. Il leur soupçonne de l'analogie avec les cavernes dont l'Illyrie est remplie; cavernes qui, dit-il, communiquent peut-être avec les entonnoirs. N'est-il pas en effet certain que cette Illyrie si antiquement habitée, était couverte, au temps où les arts florissaient en Grèce, de villes populeuses et de monumens. Les hommes, qui élevèrent ces monumens et ces cités, en trouvèrent les matériaux dans leur sol calcaire; ils creusèrent celui-ci dans toutes les directions; et, comme on l'a fait dans le plateau de Saint-Pierre, ils tranchèrent une multitude d'Orgues géologiques, qui ont successivement occasioné le transport du sol supérieur dans l'intérieur des galeries souterraines, galeries qu'on retrouverait à coup sûr sous le sol criblé d'entonnoirs, décrit par Omalius d'Halloy, si l'on se donnait la peine de les y chercher.

Il est difficile d'apprécier la longueur des tuyaux d'Orgues géologiques du plateau de Saint-Pierre; si l'on en croit les carriers, ils traversent le grand banc calcaire, dépassent les parties inférieures où se voient ces assises de silex dont il a été question au mot CRAIE, et descendent jusqu'au niveau de la Meuse (*V.* planches de ce Dictionnaire). Nous ne savons sur quelles données s'établit une telle croyance qui aura peut-être déterminé Claire, ingénieur des mines, dans un Mémoire sur les terrains des environs de Maëstricht (Journal des Mines, n° 214, p. 241 et suiv.), à supposer aux Orgues géologiques jusqu'à soixante mètres de longueur. Nous avons vainement cherché leurs traces au niveau de la rivière sur ces escarpemens qui la bordent en murs éblouissans de blancheur. Nulle part nous n'avons aperçu le moindre indice qui pût autoriser à penser que les puits naturels descendissent aussi profondément dans la masse solide; nous sommes porté à croire qu'ils ne dépassent pas la région où les bancs siliceux commencent à présenter une stratification continue. Quoi qu'il en soit, nous en avons observé de bien formés, c'est-à-dire de ceux qui, descendant depuis la surface du banc calcaire, traversent les cryptes, dont le diamètre varie prodigieusement, et depuis deux ou trois centimètres jusqu'à quatre mètres et demi. Plus communément ce diamètre égale un ou deux mètres. Les tuyaux qui dépassent quatre mètres sont les moins fréquens, ils occasionent ce qu'on peut appeler des effondremens complets; après avoir donné passage aux portions du sol supérieur qui les encombraient, ils demeurent entièrement vides ainsi que des évens de mines, et comme pour laisser pénétrer quelque clarté ou divers points de galeries.

Les Orgues géologiques, que leur position ou leur mise à nu permet d'examiner, nous ont présenté les aspérités que le capitaine Mathieu compara à des stalactites légères, et les renflemens qu'il y observa, nous les avons trouvés formés d'une croûte dure, plus compacte que le calcaire grossier environnant, et cette croûte, dont l'épaisseur est en raison du diamètre de chaque tuyau d'Orgue, for-

me un conduit dont la substance particulière se confond extérieurement et graduellement avec la masse qu'il perce. Le plus curieux nous paraît être celui que nous avons figuré en H, de la planche IV de notre Voyage souterrain. Le fracassement du banc calcaire qu'il traversait et qui s'est brisé précisément dans sa longueur, en a respecté les moindres détails. Le pan de rocher par lequel il dut être long-temps caché, et qui, gissant couché sur la terre à peu de distance, conserve encore sur un de ses flancs une empreinte demi-cylindrique, n'emporta dans sa chute qu'une petite portion de la croûte compacte du tuyau d'Orgue révélateur. Ce tuyau est légèrement sinueux; sa circonférence intérieure peut avoir trois mètres au plus, et est faite comme le serait la moitié d'une grosse colonne détériorée, mais taillée d'un seul fût, sur un antique mur de construction cyclopéenne. En approchant de cette saillie on aperçoit bientôt qu'elle est interrompue vers sa base, et cette interruption n'est qu'une brisure en forme de porte, par laquelle on pénètre dans l'intérieur du conduit, où l'on peut se tenir debout, et par l'extrémité supérieure duquel on aperçoit le ciel au-dessus de sa tête. Le naturaliste qui, chassant ou herborisant dans une vieille forêt, aura cherché un abri dans le cœur d'un arbre en décrépitude, où l'on peut entrer par les déchiremens de son tronc en ruine, se formera une idée très-juste du tuyau d'Orgue géologique dont il vient d'être question. On concevra encore l'effet que produisent sur certaines faces de rochers la confusion et le rapprochement des traces de vingt puits de terre détériorée et mis à jour, en jetant les yeux sur les murs limitrophes de ces maisons fort élevées et détruites dans une grande cité, où, abstraction faite de la suie qui les noircit, divers conduits de cheminées se croisent ou s'élèvent, tantôt parallèlement, tantôt en serpentant d'étage en étage. On dirait alors l'empreinte de Madrépores gigantesques ou d'énormes traces de Tarets dans le bois vermoulu d'un vaisseau, et nous n'avons pas été surpris à cet aspect que Mathieu, n'ayant eu la possibilité d'examiner ces lieux que superficiellement, ait pensé qu'on pourrait attribuer la formation des Orgues géologiques à quelque Animal monstrueux qui, au temps où la masse des rochers n'avait point acquis la consistance qu'elle présente maintenant, l'eût sillonnée, « ainsi que la Taupe creuse la terre, et que l'Araignée maçonne construit son admirable demeure dans un Granite encore très-dur, quoiqu'en état de décomposition. » Dans cette hypothèse, il eût été cependant plus naturel d'attribuer les tuyaux d'Orgues géologiques à quelque Pholade colossale et détruite comme tant d'autres races puissantes des temps antédiluviens, puisque les Pholades actuelles creusent sous l'eau, dans une pierre analogue à celle de Maëstricht, mais d'un grain plus fin; de véritables Orgues géologiques en diminutif. Ni des Lithophages, dont on ne voit point de débris, ni aucun Animal probable, n'eussent pu former les puits de terre; ce ne dut pas être non plus le dégagement d'un gaz qui aurait autrefois pénétré de ses bulles ascendantes un sol délayé et presque liquide, ainsi que de l'Hydrogène sulfuré ou carburé traverse la vase molle des marais en y laissant pour quelques instans les traces cylindriques de son passage. Nous doutons encore que des torrens ou des courans en puissent expliquer l'origine. On abuse par trop de pareilles explications. En vain Cuvier voudrait-il essayer de rendre raison par ce moyen de la formation d'un conduit qu'il a observé dans les carrières de Sèvres, et qui, selon lui, ressemblent à un canal oblique sillonné par un courant. Il était réservé à Gillet-Laumont d'entrevoir la véritable cause à laquelle on doit attribuer la formation des puits de terre. « J'ai regardé, dit ce savant, les tuyaux observés sur les bords de l'Oise, près d'Auvers et de Méry, comme formés

par l'infiltration des eaux dans une masse composée de grains peu adhérens les uns aux autres (Journal des Mines, n° 20, p. 203). » Mais pour que cette infiltration ait pu s'opérer, il n'est pas nécessaire de remonter à l'époque où l'Oise devait être plus élevée qu'elle ne l'est aujourd'hui; des masses d'eaux supérieures, stagnantes ou coulantes, peuvent y avoir été tout-à-fait étrangères, et non-seulement les puits de terre des bords de l'Oise, de la plaine de Mont-Rouge, de Sèvres et du plateau de Saint-Pierre, ont pu se former à une époque fort reculée, mais il s'en forme encore tous les jours, et nous avons pris à cet égard la nature sur le fait.

En descendant par la plus méridionale des entrées de galeries souterraines de Maëstricht, nous remarquâmes dans la paroi droite du chemin de fort petits puits de terre. Il s'en trouvait depuis quelques pouces jusqu'à quelques pieds de longueur; à mesure que ceux-ci s'allongeaient, leur forme conique se perdait pour passer à celle d'un cylindre dont l'extrémité inférieure se terminait toujours en pointe. D'abord ces tuyaux naissans ne sont point remplis de sable ou de galets; le grain de la pierre grossière y prend seul une disposition nouvelle; l'eau qui le pénètre goutte à goutte en sépare les parties, et dissolvant du carbonate calcaire, dépose latéralement cette substance durcie, en laissant le milieu du tube inégalement obstrué d'une terre bolaire brunâtre, et qui souvent affecte une disposition rubanée avec de petits interstices longitudinaux. Cette disposition est remarquable dans une moitié d'Orgue géologique, longue de deux mètres environ, et que l'on nous avait annoncé comme un Madrépore fossile; son diamètre est de douze à quinze centimètres; on l'aperçoit sur le flanc d'un gros rocher comme suspendu sous Lichtenberg, et qui semble menacer les curieux d'une chute que le moindre ébranlement suffirait pour déterminer.

Après avoir soigneusement examiné tous les phénomènes que présentent les Orgues géologiques, nous essayâmes de rivaliser avec la nature, et d'en faire comme elle. Pour ne pas trop attendre le résultat de nos expériences, nous avons choisi une substance aisément pénétrable par l'eau, et dont la cristallisation confuse, ou l'agglomération des parties offrît quelque rapport avec le calcaire grossier de Maëstricht : ayant fait tomber de l'eau goutte à goutte sur des morceaux de sucre, nous avons obtenu des petits puits naturels. Pour répéter nos expériences d'une manière plus concluante, nous avons pris un pain de sucre raffiné, nous l'avons taillé en carré, long de trois décimètres, large de douze centimètres, et, autant que nous l'avons pu, d'un décimètre d'épaisseur. Pour obtenir plus de ressemblance entre le morceau de sucre et le plateau calcaire qu'il devait représenter, nous avons creusé, sur la partie que nous destinions à devenir le dessous, de petites galeries de trois à cinq décimètres ; de sorte que tout l'ouvrage, posé sur une table de marbre, ressemblait à la moitié supérieure de la coupe représentée dans la planche reproduite ici. Nous avons ensuite établi au-dessus, à quelques lignes de la surface de notre simulacre, des morceaux de tube d'un thermomètre brisé, dont la partie supérieure avait été dilatée en entonnoir par le secours du chalumeau, et nous avons fait couler lentement par ces conduits grêles de très-petites gouttelettes d'eau, car l'eau en trop grande quantité eût détruit nos espérances. Ces gouttelettes dissolvant lentement le sucre, aux points seuls sur lesquels nous les faisions tomber successivement, y ont pénétré peu à peu ; elles ont formé des cylindres de la grosseur d'un tuyau de plume, quelquefois sinueux, inégaux, raboteux intérieurement ; et quand ils furent secs, leurs parois tapissées d'une sorte de cristallisation, devenues plus dures que le reste de la masse, nous présentèrent de véritables Orgues géologiques dont plu-

sieurs s'enfoncèrent jusque dans nos petites galeries à travers leurs voûtes plates, ou en crevant quelques-uns de leurs piliers latéraux.

Partout où l'on a observé des Orgues géologiques, on les a trouvées, lorsque des accidens n'en avaient pas vidé les tuyaux, remplies de substances pareilles à celles dont se compose la croûte du sol ; comme si les Orgues d'une formation antérieure avaient été obstruées au moment où les couches extérieures de terre, de sable ou de galets, furent déposées sur les bancs calcaires dans lesquels l'infiltration les avait percées. Cette antériorité est probable pour les plus grands tuyaux du plateau de Saint-Pierre, et généralement pour les tuyaux intacts remplis de corps étrangers qui n'ont pas occasioné, à la surface du terrain, d'entonnoirs en forme de cratère ; mais, comme nous l'avons dit, il se perce continuellement de tels puits ; nous en avons trouvé qu'on peut considérer comme en bas âge, et ceux-ci, acquérant avec les siècles des proportions assez considérables pour absorber une grande partie des couches supérieures, devront occasioner également dans ces couches une déperdition de substances d'où résulteront des entonnoirs cratériformes ; mais les effondremens futurs se feront probablement peu à peu, tandis que ceux qui proviennent de la coupure inférieure et accidentelle d'un puits de terre s'opèrent ordinairement en peu d'instans et avec fracas.

Gillet-Laumont, ayant soupçonné la véritable origine des Orgues géologiques, s'est néanmoins rapproché du sentiment de Cuvier, qui crut y voir des conduits dont les parois *ont été usés par le frottement d'un torrent.* Pour étayer cette opinion difficile à soutenir, il a cité des puits verticaux de trois à cinq mètres de profondeur, observés par Cordier dans le Schiste argilo-quartzeux primitif, sur lequel se précipite la cascade de Saint-Juéry, département du Tarn, ainsi que d'autres puits d'une très-grande dimension, creusés par le fleuve de Saint-Laurent, entre les lacs Érié et Ontario, dans la roche calcaire secondaire, en bancs horizontaux dont se compose le pays environnant ; puits que Maclure, minéralogiste américain, a fait connaître. Patrin explique, par le mécanisme d'un agent à peu près semblable, l'origine de cette excavation qui se trouve sur la partie la plus élevée du mont Salève, appelée *Caverne d'Orjobet* par Saussure, qui la décrit ainsi : « C'est une espèce de puits immense.... Il est percé dans sa partie inférieure par une ouverture semblable à un grand portail qu'on aperçoit de la plaine, et qu'on nomme le creux de Brifault ; j'ai observé qu'il est cannelé du haut en bas de sillons larges et profonds, et ces sillons règnent dans toute la circonférence intérieure, et dans toute la hauteur qui va à cent soixante pieds. » Nul doute que le puits de Saussure ne soit du genre de ceux qu'ont observés Cordier et Maclure ; mais ces puits n'ont aucun rapport avec les Orgues géologiques ; ils sont très-fréquens dans tous les pays de montagnes, où ils varient par leur dimension. Nous en avons trouvé de pareils dans le lit de toute eau torrentueuse qui sillonne des rochers, particulièrement dans les Schistes primitifs de la Sierra-Morena, entre l'Andalousie et l'Estramadure, ainsi que dans les laves basaltiques compactes dont se forment les lits des ravines de l'île de Mascaraigne. Quand ces puits ne sont pas dus à la destruction de quelques corps étrangers, contenus primitivement dans les substances qu'ils percent, c'est la chute des eaux et leur tournoiement au fond des trous, sur lesquels on les voit se précipiter, qui les formèrent ; ce tournoiement frotte, use et polit le fond des moindres cavités, surtout quand des particules de sable et d'autres corps durs qu'il met en mouvement ajoutent à son action.

L'ingénieur Claire parle d'un autre phénomène qu'il dit avoir observé dans le calcaire de Maëstricht, et qui,

selon lui, « présenterait des caractères particuliers, d'autant plus importans, qu'ils semblent, dit-il, repousser l'idée d'une origine par filtration, qu'on est presque forcé d'attribuer aux Orgues géologiques. » Ce phénomène consiste dans ce que Claire regarde comme une espèce de puits naturel et qu'il décrit de la manière suivante : « La seconde espèce de cavité, qui est autant remarquable par ses formes et sa position que par la matière qu'elle contient, consiste en des trous plus allongés dans un sens que dans d'autres, que j'ai observés dans la couche du milieu, et dont plusieurs n'ont guère que quelques mètres de longueur, tandis que d'autres ont à peine quelques décimètres. Ils présentent une multitude de formes diverses dans leur coupe ; leur position n'a rien de régulier ; tantôt ils sont horizontaux, tantôt inclinés, d'autres fois perpendiculaires, etc. Ces trous sont ordinairement remplis de terre végétale, qui quelquefois est mêlée avec des cailloux roulés de même nature que ceux qui remplissent les tuyaux verticaux. On remarque que ces amas de terre végétale se rencontrent souvent à une profondeur de plus de soixante à quatre-vingts mètres du sol dans la masse calcaire. » Quelque confiance qu'inspirent les observations de l'auteur que nous venons de citer, nous nous trouvons contraint de douter de l'exactitude de celle-ci ; le phénomène dont il est question eût pu nous échapper sans doute, mais il ne se fût pas soustrait à la sagacité de nos compagnons de voyage Behr et Dekin. Nous croyons donc qu'on peut douter de l'existence des cavités polymorphes, isolées et remplies de terreau végétal, que Claire croit avoir découvertes, et dont la formation nous paraîtrait comme à lui totalement inexplicable. L'introduction du terreau végétal dans des cavités sans issue, au cœur d'un épais rocher, ne nous semble pas plus possible que celle de Reptiles que tous les carriers disent avoir rencontrés dans le centre des pierres les plus dures, mais que personne digne de foi n'y a jamais vus. Nous avons bien observé assez fréquemment des amas de terre, de sable et de galets, former sur les parois des galeries ou sur leurs voûtes des figures irrégulières dans le genre de celles que Claire regarde comme la coupe de ses cavités extraordinaires ; mais partout nous avons reconnu dans ces amas, des tranches d'Orgues géologiques, verticales ou obliques, isolées ou contiguës, tranches dont la forme varie selon qu'elles sont opérées en travers, en biais ou en long, et plus ou moins profondément dans l'épaisseur des tuyaux d'Orgues. En faisant dégager de tout son contenu l'intérieur de l'une de ces prétendues cavités éparses, on se fût aisément convaincu qu'elle appartenait à quelque puits de terre sinueux, irrégulier, et se prolongeant de haut en bas en formant quelque renflement ; puits tels que nous en avons vu, dont la tranche, marquée sur le plafond des galeries, correspondait à la tranche opposée que nous foulions aux pieds, en laissant des traces de quelque ancien coude sur les parois de certains piliers voisins.   (B.)

ORGYIA. BOT. CRYPT. (*Hydrophytes.*) Les caractères assignés à ce genre établi par Stackhouse dans sa Néréide Britannique, sont ceux que nous avons donnés à notre genre *Agarum. V.* LAMINARIÉES. Nous avons donc eu tort dans une substitution de nom, que nous proposons de regarder comme non avenue, en adoptant l'*Orgyia* de Stackhouse, qui se trouve ainsi déjà traité dans notre Dictionnaire, T. IX, p. 196.   (B.)

* **ORGYE.** *Orgya.* INS. Genre de l'ordre des Lépidoptères, famille des Nocturnes, tribu des Faux-Bombyx, établi par Ochsenheimer, et adopté par Latreille (Fam. Nat., etc.). Les caractères de ce genre sont : langue très-courte ; antennes très-pectinées dans les mâles ; à peine ciliées dans les femelles. Chenilles couvertes de poils longs, fasciculés, se métamorphosant dans une coque d'un tissu lâche ; les mâles des Orgyes volent en plein jour, à la manière du *Bombyx dispar.* Les femelles sont presque toutes aptères. On connaît quatre espèces de ce genre ; la plus commune est :

L'ORGYE ÉTOILÉE, *Orgya antiqua,* Bombyx antique, Latr., Fabr., Ross., Ins*, 1, Class. 2, Papil. Noct., XXXIX, la femelle, III, Cl. 2, Pap. Noct., XIII, le mâle ; celui-ci a les ailes supérieures fauves avec deux raies transverses, noirâtres et une tache blanche vers l'angle interne ; la femelle est aptère et son abdomen est très-volumineux ; les autres espèces du même genre sont les *Bombyx gonostigma,* Fab., *B. Ericæ,* Germar, et *B. Selenetica,* Fabr., le seul dont la femelle soit ailée.   (G.)

ORIACHLOÉ. BOT. PHAN. Ancien synonyme d'*Eryngium.*   (B.)

ORIBA. BOT. PHAN. (Adanson.) Syn. d'*Anemone palmata.* Ce genre n'a pu être adopté.   (B.)

ORIBASIA. BOT. PHAN. (Schreber.) *V.* NONATELIE.

ORIBATE. *Oribata.* ARACHN. Genre de l'ordre des Trachéennes, famille des Acarides, établi par Latreille et qu'Hermann fils a désigné depuis, dans ses Mémoires aptérologiques, sous le nom de *Notaspis.* Les caractères de ce genre sont : mandibules en pince ; palpes très-courts ou cachés ; corps recouvert d'une peau ferme, coriace ou écailleuse, en forme de bouclier ou d'écusson ; pieds longs ou de grandeur moyenne. Ces Arachnides se distinguent des genres Trombidion et Erythrée, parce que ceux-ci ont les palpes saillans et terminés en pointe avec un appendice mobile ou une sorte de doigt inférieur. Les Gamases et les Cheylètes ont aussi les palpes saillans, mais sans doigt inférieur ; les Uropodes, qui ont le plus de rapports avec les Oribates, en sont distingués par leurs pieds qui sont très-courts et par un fil qu'ils ont à l'anus et qui leur sert à se fixer sur le corps de quelques Coléoptères; enfin les Eylaïs en sont séparés par leurs pieds propres à la natation. Le corps des Oribates est ovoïde et arrondi; il est enveloppé d'une peau plus solide que celle des autres Acarides, qui leur forme une espèce de bouclier ou une carapace comme celle des Tortues et de certains Tatous. Plusieurs espèces ont les cuisses renflées et en massue. Le nombre des crochets du bout des tarses varie, selon les espèces, d'un à trois; enfin le bouclier offre des variations très-remarquables dans sa figure et dans ses proportions. Les Oribates ne sont point parasites, ils vivent sous les écorces et dans les Mousses, et on les trouve errant çà et là, mais avec lenteur, sur les pierres et sur les Arbres. On connaît une douzaine d'espèces de ce genre; la plus commune est :

L'Oribate géniculée, *Oribata geniculata*, Latr., Oliv.; *Acarus corticalis*, Degéer; *Acarus*, etc., Geoff., Ins., t. 2, p. 626, n° 11; Herm., Mém. aptér., p. 88, pl. 4, f. 7. Long d'un quart de ligne, ovoïde, arrondi postérieurement, conique en devant, brun et parsemé de poils très-fins; pates de la longueur du corps; cuisses renflées; tarses ayant trois crochets à leur extrémité. On trouve cette espèce aux environs de Paris et dans toute l'Europe.　　(G.)

ORICHALQUE. *Orichalcum* et *Aurichalcum*. MIN. Le nom *Orichalcum*, qui veut dire Cuivre de montagne, a été donné par les anciens à un Minerai métallique dont la nature n'est pas bien connue, et qu'ils regardaient comme une sorte de Cuivre d'un grand prix. Les commentateurs ont cru reconnaître le Platine dans ce Métal, et se fondant sur l'opinion de Platon, qui a prétendu qu'on le trouvait dans son Atlantide détruite, ils en ont inféré que l'Atlantide était l'Amérique. Le nom d'*Aurichalcum*, Cuivre d'Or, désignait anciennement un alliage artificiel de Cuivre et d'Or, estimé pour son brillant et sa dureté, et qui était analogue au Laiton, ou plutôt au Similor des modernes.　　(G. DEL.)

ORICOU. ois. Espèce du genre Pigeon. *V.* ce mot. C'est aussi un Vautour dans les Oiseaux d'Afrique de Le Vaillant.　　(DR..Z.)

* ORIFLAMME. ois. Espèce du genre Tangara. *V.* ce mot. (DR..Z.)

ORIGAN. *Origanum*. BOT. PHAN. Ce genre, de la famille des Labiées et de la Didynamie Gymnospermie, L., offre les caractères suivans : calice variable dans sa forme et sa structure, tantôt fermé par des poils pendant la maturation, cylindrique et à cinq dents égales, tantôt nu pendant la maturation, divisé en deux lèvres dont la supérieure est grande, à trois dents très-petites, l'inférieure à deux segmens profonds; corolle dont le tube est comprimé; le limbe à deux lèvres, la supérieure droite, obtuse et échancrée; l'inférieure à trois lobes entiers presque égaux; étamines au nombre de quatre, didynames; style filiforme, surmonté d'un stigmate bifide; quatre caryopses arrondis, au fond du calice persistant. Le genre Origan ainsi caractérisé est tel que Linné l'a admis, c'est-à-dire composé des genres *Origanum* et *Majorana* de Tournefort. Quoiqu'il y eût des différences assez importantes entre ces deux genres, comme par exemple celles qui résultent des formes du calice, Linné les rassembla néanmoins en un seul, à cause de l'identité du port des espèces, qui toutes ont leurs fleurs entourées de bractées souvent colorées et disposées ordinairement en corymbes serrés ou en épis prismatiques. Mœnch, auteur de tant de coupes plus ou moins heureuses dans les genres de Linné, n'a pas oublié de rétablir les deux genres *Origanum* et *Majorana*. Ce sont les caractères tirés des organes de la végétation, qui distinguent les Origans des Thyms; mais dans une famille aussi naturelle que celle des Labiées, il ne faut pas être rigoureux sur le choix des caractères ; il importe seulement de bien reconnaître les groupes ou subdivisions naturelles, sans prétendre leur assigner des différences absolument tranchées.

Le nombre des espèces d'Origans s'élève à environ une vingtaine. Comme la plupart des autres Labiées, ce sont des Plantes herbacées, indigènes des contrées méridionales de l'Europe et du bassin de la Méditerranée. On en trouve surtout dans l'Archipel de la Grèce et sur les côtes de l'Asie-Mineure. Parmi ces espèces nous décrirons celles dont les propriétés médicales étaient jadis en grande réputation.

L'ORIGAN COMMUN, *Origanum vulgare*, L., Bulliard, Herb., tab. 195, a des tiges hautes d'un pied à un pied et demi, carrées, un peu rameuses supérieurement ; elles sont garnies de feuilles pétiolées, ovales, terminées par une pointe mousse, velues principalement sur leurs bords et leur face postérieure, vertes en dessus, et légèrement dentées. Les fleurs petites, d'une couleur rose tendre ou blanche, forment des panicules très-denses au sommet des ramifications de la tige. La couleur rouge des calices et des bractées, mélangée avec celle des corolles, donne un aspect fort agréable à cette Plante. Elle est très-abondante dans les bois, le long des haies et surtout dans les localités montueuses de l'Europe tempérée. On la retrouve aussi dans le Canada et aux États-Unis de l'Amérique septentrionale. Cette Plante répand une odeur agréable, surtout lorsqu'on la froisse entre les mains, odeur qui est due à une huile volatile assez abondante et qui lui communique des propriétés toniques et excitantes.

L'ORIGAN MARJOLAINE, *Origanum Majoranoides*, Willd. et D. C., Flore Française, est une Plante un peu différente de l'*Origanum Majorana*, L., avec laquelle Desfontaines l'a confondue. C'est elle que l'on cultive dans tous les jardins de l'Europe méridionale sous le nom de Marjolaine, et dont on se sert pour aromatiser différens mets. Elle a une tige vivace, un peu ligneuse à sa base, munie de feuilles pétiolées, elliptiques, obtuses, entières, blanchâtres et un peu cotonneuses. Les fleurs dont la corolle est blanche, forment des épis tétragones, arrondis au sommet, cotonneux, et disposés par trois ou quatre à l'extrémité de chaque pédoncule. Cette Plante est originaire des contrées d'Afrique littorales de la Méditerranée. Il paraît que le vrai *Origanum Majorana* de Linné se rapporte à une espèce extrêmement voisine de celle-ci, qui est originaire du Portugal et de l'Andalousie. Nous sommes néanmoins disposé à croire, avec Smith, que l'*Origanum Majoranoides* n'est qu'une variété de la Plante de Linné. La Marjolaine, indépendamment de ses usages culinaires comme condiment, entre dans quelques préparations pharmaceutiques dont elle augmente les propriétés stimulantes et toniques. Sa poudre est légèrement sternutatoire.

L'ORIGAN DICTAME, *Origanum Dictamnus*, L., vulgairement Dictame de Crète. Cette Plante a des tiges courtes, à peine ligneuses, velues, grêles et de couleur purpurine ; ses feuilles sont arrondies, pétiolées, épaisses, blanches et tomenteuses ; les supérieures sont presque sessiles et moins velues que celles du bas. Les fleurs dont la corolle est purpurine, forment des épis à l'extrémité d'un long pédoncule commun, lequel épi est ordinairement divisé à son sommet en trois autres dont celui du milieu est le plus court ; les bractées sont larges, ovales et purpurines. Cette espèce, originaire du mont Ida en Crète, est cultivée depuis long-temps dans les jardins de botanique. C'est à cette Plante que les anciens attribuaient des vertus merveilleuses, surtout pour la guérison des blessures. Homère et Virgile qui partageaient les idées populaires de leur temps, réservaient la connaissance exclusive de cet humble Végétal aux sages ou aux héros, et lui ont acquis une célébrité qui est aujourd'hui bien déchue. Nous ne voyons plus dans le Dictame de Crète, qu'une Plante inférieure sans doute à la Marjolaine, sa congénère, soit qu'on veuille ranimer les forces musculaires par son usage intérieur, soit qu'on l'applique extérieurement pour la cicatrisation des blessures.

Il ne faut pas confondre avec la Plante dont il vient d'être question, l'*Origanum creticum*, L., espèce qui se rapproche de l'Origan vulgaire, mais qui en diffère suffisamment par la forme de ses épis et par d'autres caractères essentiels. Cette Plante croît non-seulement dans l'île de Crète, mais encore dans toute la région méditerranéenne proprement dite, et particulièrement dans le midi de la France.

On a quelquefois appelé ORIGAN DES MARAIS, l'Eupatoire d'Avicène. (G..N.)

ORIGERON. BOT. PHAN. Syn. ancien de Pulsatille. *V.* ANÉMONE. (B.)

ORIGNAL ET ORIGNAUX. MAM. Syn. de Caribou ou l'Élan chez quelques peuplades du Canada. *V.* CERF. (B.)

ORIGOME. BOT. CRYPT. (Mirbel.) Pour *Orygoma. V.* ce mot. (G..N.)

ORILLETTE. BOT. PHAN. L'un des noms vulgaires de la Mâche. *V.* VALÉRIANELLE. (B.)

ORIMANTHIS. BOT. CRYPT. (*Hydrophytes*). Le genre formé sous ce nom par Rafinesque, qui attribue des fructifications en forme de fleurs à des Plantes marines, ne nous est pas connu. On a cru y voir des Alcyonidies dans les Dictionnaires précédens; on pourrait également y chercher des Spongodies ou des Aspérocoques, mais à coup sûr si ce qu'en dit l'auteur est exact, il ne peut y rentrer aucune espèce d'Ulve véritable. Rafinesque en cite deux espèces : 1° l'*Orimanthis vesiculata* en forme de vessie gonflée,

voûtée, lobée, onduleuse, difforme, cartilagineuse, d'un brun jaunâtre avec les fleurs éparses sur toute la surface extérieure; croissant sur les coquilles de Moule à Palerme où on la nomme *Baretta di Turco*; 2° l'*Orimanthis foliacea* en membrane foliacée, plane, onduleuse, blanche du côté inférieur où se trouvent les cellules fructifères; elle croît sur les Fucus où elle est fixée par un point. (B.)

ORINE. BOT. PHAN. L'*Euphorbia Apios* chez les anciens. (B.)

ORIOLUS. OIS. *V.* LORIOT.

ORION. BOT. PHAN. Nom bizarrement francisé du genre Orium de Desvaux. *V.* ORIUM. (B.)

ORITES. OIS. Genre créé par Moehring pour y placer la Mésange à longue queue. *V.* MÉSANGE. (DR..Z.)

ORITES. BOT. PHAN. Genre de la famille des Protéacées et de la Tétrandrie-Monogynie, L., établi par R. Brown (*Transact. Soc. Linn.*, x, p. 189) qui l'a ainsi caractérisé : calice régulier, à quatre folioles recourbées au sommet; étamines insérées au-dessus du milieu des folioles du calice, et saillantes au-delà de celles-ci; quatre glandes hypogynes; ovaire sessile, disperme, surmonté d'un style roide et d'un stigmate vertical, obtus; follicule coriace, uniloculaire, à une seule loge presque centrale, et contenant des graines ailées au sommet. Ce genre se compose de deux espèces, *O. diversifolia* et *O. revoluta*, qui croissent sur les sommets des montagnes de la Terre de Diémen. Ce sont des Arbrisseaux à feuilles alternes très-entières ou dentées. Leurs fleurs sont disposées en épis courts, axillaires ou terminaux.

Rœmer et Schultes ont réuni à ce genre, comme troisième espèce l'*Oritina acicularis* de R. Brown qui en avait démontré l'affinité. *V.* ORITINA. (G..N.)

ORITHYE. *Orithya.* CRUST. Genre de l'ordre des Décapodes, famille des Brachyures, tribu des Orbiculaires, établi par Fabricius et adopté par Leach et Latreille avec ces caractères : quatre antennes ; les extérieures très-courtes, sétacées ; le premier article fort long, cylindrique ; les autres très-nombreux et fort petits ; les intérieures une fois plus longues, repliées, de quatre articles, dont le second et le troisième plus longs ; le dernier très-court, subulé, bifide ; corps ovoïde, tronqué en devant, déprimé ; queue courte, sans feuillets natatoires au bout ; dix pates ; les antérieures en forme de bras, et terminées par une sorte de main didactyle ; dernière pièce des trois paires suivantes conique et pointue ; celle de la dernière paire en forme de lames ou de nageoires. Ce genre a beaucoup de rapports avec les Portunes ; il en a beaucoup aussi avec les Dorippes, et semble tenir le milieu entre ces deux genres ; cependant il est impossible de le rapprocher du second à cause des pieds postérieurs qui sont placés sur le dos dans ces derniers et qui ne sont pas propres à la natation, ce qui a lieu chez les Orithyes ; il s'éloigne des Portunes et des autres genres voisins par la forme du test et par d'autres considérations tirées des parties de la bouche. Les Orithyes, placées par Latreille auprès des Matules et dans la même tribu, en sont séparées par leurs pieds dont les postérieurs seuls sont terminés en nageoires. Les genres Coriste, Leucosie, Hépate et Nursie en diffèrent parce qu'ils n'ont point de pieds natatoires. La seule espèce connue de ce genre est :

L'Orithye mamillaire, *Orithya mamillaris*, Fabr., Latr., Leach, Desm.; *Cancer bimaculatus*, Herbst., Canc., T. I, p. 224, tab. 18, fig. 101. Elle est longue d'environ quinze lignes et un peu moins large ; son test est tuberculé, tricépineux de chaque côté, avec deux taches rougeâtres, arrondies sur le dos ; le chaperon est avancé, triangulaire, avec cinq dents. On trouve ce Crustacé dans l'océan Indien, en Chine. (G.)

ORITINA. BOT. PHAN. Sous le nom d'*Oritina acicularis*, R. Brown (*Transact. of the Linn. Soc.*, vol. x, p. 224) a mentionné un Arbrisseau parfaitement glabre, droit, à feuilles alternes cylindracées, marquées de sillons sur la surface supérieure et mucronées au sommet. Il croît sur les montagnes de la Table, dans l'île de Diémen. Les diverses parties de la fleur ne sont pas toutes connues ; l'auteur a cependant examiné un ovaire immédiatement après la fécondation, et qui sans aucun doute renfermait dans l'origine deux ovules ; cet ovaire était entouré à la base de quatre glandes, et le calice était probablement régulier. Ces caractères, quoiqu'incomplets, permettaient néanmoins de rapprocher la Plante du genre *Orites*, avec lequel son inflorescence établissait un autre rapport ; mais comme le fruit est un follicule coriace, lisse, comprimé, renfermant deux graines ailées aux deux bouts, R. Brown n'a pas voulu le réunir absolument à l'*Orites*, et a préféré lui donner un nom générique provisoire. Rœmer et Schultes ne pouvant, comme l'auteur anglais, temporiser, puisqu'ils avaient à publier une nouvelle édition de Linné, ont préféré adjoindre la Plante en question au genre *Orites*, que d'admettre le genre nouveau établi d'après des données insuffisantes. (G..N.)

* ORITROPHIUM. BOT. PHAN. Ce nom a été donné par Kunth (*Nov. Gener. et Spec. Plant. æquin.*, IV, p. 89) à une section du genre *Aster*, laquelle comprend trois espèces dont le port est différent de celui des autres espèces du genre, mais qui dans les organes floraux en offrent tous les caractères. Deux de ces espèces sont figurées (*loc. cit.*, tab. 332) sous les noms d'*A. crocifolius* et *A. repens*. Ce sont des Plantes herbacées, courtes, à tiges scapiformes, simples, uniflores ; à feuilles étroites, très-entières, coriaces, et à fleurs dont le rayon est blanc. (G..N.)

ORLUM. BOT. PHAN. Desvaux

(*Journ. de Bot.*, 3, p. 162, t. 25) a constitué sous ce nom un genre de Crucifères, siliculeuses, qui a pour type l'*Alyssum eriophorum* de Pourret et Willdenow. Ce genre a été considéré comme section des Clypéoles, par De Candolle (*Syst. Veget. Nat.*, 2, p. 527), qui a caractérisé celle-ci par sa silicule dentée sur les bords, et hérissée de poils longs et mous. Elle ne renferme que l'espèce ci-dessus mentionnée, qui est une petite Plante herbacée, indigène d'Espagne. (G..N.)

* ORIX. MAM. OIS. Pour Oryx. *V.* ce mot. (B.)

ORIXA. BOT. PHAN. Genre de la Tétrandrie Monogynie, L., établi par Thunberg (*Flor. Japon.*, p. 5) qui l'a ainsi caractérisé : calice très-court, monophylle, à quatre divisions; corolle verdâtre à quatre pétales lancéolés et étalés; quatre étamines dont les filets sont plus courts que les pétales., et les anthères globuleuses ; ovaire supère, surmonté d'un style unique, dressé, plus court que les pétales, et d'un stigmate obtus, capité; fruit inconnu, mais qui paraît être une capsule. Ces caractères se rapprochent beaucoup de ceux d'un autre genre également établi par Thunberg, et qu'il a nommé *Othera;* aussi Lamarck a-t-il réuni comme espèce l'*Orixa* à ce dernier genre ; Sprengel (*System. Vegetab.* T. I, p. 496) a confondu l'un et l'autre de ces genres avec les *Ilex*, malgré les descriptions incomplètes ou fautives données par Thunberg, descriptions qui ne peuvent aucunement mettre sur la voie de leurs rapports avec les Houx. Dans son *Prodromus Syst. Veget.*, De Candolle ne mentionne aucunement l'*Orixa*, soit comme synonyme de l'*Ilex*, soit comme faisant partie de la même famille. Il ajoute seulement dans une note que l'*Othera*, à cause de ses étamines opposées aux pétales, doit être placé dans les Myrsinées. L'*Orixa japonica*, unique espèce de ce genre douteux, est une Plante frutescente,

flexueuse, glabre et rameuse; à feuilles alternes, pétiolées, ovales, entières, vertes en dessus et pâles en dessous. Les fleurs sont disposées en grappes, portées sur des pédoncules velus, et accompagnées de bractées concaves, oblongues et glabres. (G..N.)

* ORIZIVORE. OIS. Espèce du genre Troupiale. *V.* ce mot. (DR..Z.)

* ORLAYA. BOT. PHAN. Hoffmann (*Umbellif.*, p. 58) a séparé des Caucalides, sous ce nom générique, l'espèce remarquable par l'ampleur et la radiation des pétales latéraux de l'ombelle, c'est-à-dire le *Caucalis grandiflora*, L., Plante qui croît dans les champs de l'Europe méridionale. Ce genre n'a pas été adopté. *V.* CAUCALIDE. (G..N.)

ORME ou ORMEAU. *Ulmus.* BOT. PHAN. Genre autrefois placé dans la famille polymorphe des Amentacées, mais constituant aujourd'hui le type d'un ordre naturel distinct qui a reçu les noms d'Ulmacées ou Celtidées. *V.* ULMACÉES. Ce genre se compose de grands et beaux Arbres, portant des feuilles simples, alternes, munies chacune de deux stipules à leur base. Les fleurs sont très-petites et de peu d'apparence, réunies et groupées à la partie supérieure des ramifications de la tige; et en général elles s'épanouissent avant que les feuilles aient donné aucun signe de développement; chacune d'elles se compose d'un calice monosépale, tubuleux, un peu comprimé, à quatre ou cinq divisions obtuses, inégales et souvent ciliés sur leurs bords; les étamines dont le nombre varie de trois à cinq, sont saillantes; leurs filets qui sont grêles, sont insérés tout-à-fait à la base interne du calice; les anthères sont arrondies, didymes, à deux loges. L'ovaire est libre, comprimé, à une seule loge, qui contient un seul ovule pendant du sommet de la loge. L'ovaire se termine par deux stigmates, épais, sessiles, non distincts de son sommet, chargés de poils glanduleux sur toute leur face interne, glabres sur leur côté externe. Le fruit est mince membraneux, à deux ailes entières, quelquefois échancré en cœur à sa partie supérieure.

L'Orme ordinaire, *Ulmus campestris*, L., que l'on connaît encore sous les noms d'Ormeau, d'Orme pyramidal, etc., est indigène de nos forêts. Il peut acquérir des proportions gigantesques, quand il est dans un terrain qui lui convient, parce qu'il peut vivre des siècles toujours en s'accroissant; ses feuilles sont alternes, courtement pétiolées, souvent distiques, ovales, acuminées, doublement dentées, inéquilatérales à leur base, un peu rudes au toucher et légèrement tomenteuses à leur face inférieure. Les fleurs qui s'épanouissent avant les feuilles, sortent de petits bourgeons coniques et écailleux, qui s'étaient développés à l'aisselle des feuilles de l'année précédente. Elles sont en général d'un rouge foncé, très-serrées et presque sessiles; les fruits sont très-planes, membraneux, réticulés et obcordiformes, entiers sur leurs bords et glabres. L'Orme fleurit à Paris dès les derniers jours de mars, et comme ses feuilles se développent assez tard, il n'est pas très-rare de voir ses fruits presque mûrs avant que ces dernières se soient déroulées.

L'Orme est un Arbre très-précieux et que l'on cultive en abondance. Il aime de préférence les bonnes terres, dans lesquelles il réussit mieux, mais néanmoins il vient aussi dans les terres médiocres. On s'en sert surtout pour former des alignemens, des avenues; ainsi tous les boulevards et la plupart des grandes promenades de Paris sont plantées d'Ormes. Il a l'avantage de conserver fort longtemps son feuillage, qui résiste très-bien au soleil, à la pluie et à toutes les intempéries de la saison. Le bois d'Orme d'ailleurs est fort précieux; il est très-dur, très-solide, et néanmoins il se prête facilement à être coupé et façonné; aussi est-il fort employé pour les ouvrages de charronnage. L'Orme est sujet à une ma-

ladie dont on tire avantage; ce sont ces énormes excroissances qui se développent sur les vieux pieds. Elles sont composées intérieurement de fibres entrelacées en tous sens, et comme elles sont fort dures et susceptibles d'un très-beau poli, on en fait de jolis meubles, remarquables par leur grand nombre de veines et de nœuds. L'Orme produit plusieurs variétés; ainsi en le tenant très-bas par une taille fréquente, on peut le réduire à la dimension d'un simple arbuste dont on peut faire des bordures ou des charmilles. Une autre variété est celle qu'on connaît sous le nom d'Orme subéreux ou Orme a Liége (*Ulmus suberosa*, Willd.), regardé comme espèce distincte par quelques botanistes. Ses rameaux sont anguleux, recouverts d'une écorce épaisse fongueuse, irrégulière et crevassée. Il est commun dans les bois.

On trouve encore dans nos forêts une seconde espèce d'Orme, *Ulmus effusa*, Willd., très-facile à reconnaître par ses fleurs longuement pédonculées, ses fruits plus étroits et velus. Il croît dans les mêmes localités que le précédent.

Enfin l'Amérique septentrionale nous offre plusieurs espèces d'Ormes, qui par leur port, les qualités et les usages de leur bois, sont en tout semblables à nos Ormeaux d'Europe. Nous citerons entre autres l'*Ulmus alata*, Michaux, remarquable par ses rameaux relevés de deux ailes ou crêtes ligneuses; l'*Ulmus americana*, connu sous le nom d'Orme blanc; l'*Ulmus rubra*, ou Orme rouge, l'*Ulmus fulva*, etc.

On a quelquefois désigné le *Guazuma ulmifolia*, sous le nom d'Orme d'Amérique.   (A. R.)

*ORMÉNIDE. *Ormenis*. BOT. PHAN. Genre ou sous-genre de la famille des Synanthérées, et de la Syngénésie superflue, L., établi par Cassini (Bullet. de la Soc. Philom., novembre 1818) aux dépens des *Anthemis* de Linné, et qui se distingue : 1° par son réceptacle cylindrique, très-élevé, garni de paillettes coriaces, enveloppant complétement l'ovaire et la base de la corolle ; 2° par les corolles des fleurs du centre dont le tube se prolonge inférieurement en un appendice membraneux, charnu, en forme de cuiller ou de capuchon, qui emboîte et couvre sans adhérence le côté intérieur de l'ovaire ; cette structure ne s'observe pas dans les corolles de la circonférence, qui sont continues par leur base à l'ovaire. Ainsi chaque ovaire des fleurs centrales se trouve complétement enfermé dans une espèce de sac clos de toutes parts, et constitué d'un côté par une des paillettes du réceptacle, de l'autre par le prolongement de la base de la corolle. Le type de ce genre est l'*Anthemis mixta*, L., que Cassini nomme *Ormenis bicolor*. Cette Plante herbacée, annuelle, est pourvue d'une tige rameuse, striée, pubescente, garnie de feuilles alternes, sessiles, inodores, pinnatifides, laciniées et glauques. Les fleurs sont solitaires au sommet des nombreuses ramifications, et douées d'une odeur analogue à celle de la Camomille puante ; elles sont jaunes au centre, et blanches à la circonférence. L'auteur pense que l'*Anthemis coronopifolia* de Willdenow doit être réuni à ce genre qu'il a placé dans la tribu des Anthémidées-Prototypes. (G. N.)

ORMIER. MOLL. (Adanson.) Syn. d'Haliotide. *V.* ce mot. (B.)

ORMIÈRE. BOT. PHAN. L'un des noms vulgaires de *Spiræa Ulmaria*, L., ou Reine des prés. (B.)

ORMIN. BOT. PHAN. Pour Hormin. *V.* ce mot. (B.)

* ORMISCUS. BOT. PHAN. (De Candolle.) *V.* HÉLIOPHILE.

ORMOCARPE. *Ormocarpum.* BOT. PHAN. Genre de la famille des Légumineuses et de la Diadelphie Décandrie, L., fondé par Palisot-Beauvois (Flore d'Oware et de Benin, p. 95) et présentant les caractères suivans : calice persistant, soutenu par deux petites bractées, divisé en cinq dents aiguës, inégales, et formant presque deux lèvres ; corolle papilionacée, dont l'étendard est renversé, large, entier ; les ailes simples, ovales, arrondies ; la carène large, à deux pétales terminés inférieurement par un onglet mince et filiforme ; dix étamines diadelphes ; légume stipité, arqué, à plusieurs articulations ; chaque article facilement séparable, comprimé, aminci aux deux extrémités, strié longitudinalement ou chargé de verrues, renfermant une seule graine. Ce genre, qui a été étudié de nouveau et confirmé par Desvaux dans le troisième volume du Journal de Botanique, est placé par De Candolle (*Prodr. Syst. Veget.*, 2, p. 314), dans sa tribu des Hédysarées entre les nouveaux genres *Pictetia* et *Amicia*. Il se compose d'Arbrisseaux glabres, à feuilles simples, ou plutôt à feuilles imparipinnées dont les folioles latérales ont avorté, en ne laissant subsister que la foliole terminale articulée au sommet du pétiole. Les fleurs sont disposées en grappes axillaires.

L'espèce qui forme le type de ce genre a été trouvée dans les localités élevées du royaume d'Oware en Afrique par Palisot-Beauvois qui l'a décrite et figurée, *loc. cit.*, tab. 58, sous le nom d'*Ormocarpum verrucosum*. Cet Arbuste est remarquable par ses fleurs roses et surtout par son fruit chargé de verrues. C'est le *Mullera verrucosa* de Persoon. Palisot-Beauvois avait en outre indiqué comme congénère et nommé *Ormocarpum sulcatum*, une Plante de Saint-Domingue, également à feuilles simples, mais dont le fruit était seulement strié, sans verrues. Selon le professeur De Candolle qui néanmoins a cité cette espèce, elle semblerait être la même Plante que le *Pictetia ternata*, quoique le genre *Pictetia* soit caractérisé par ses légumes non striés ni verruqueux. Desvaux a récemment confirmé ce soupçon dans ses Observations sur les Légumineuses (Ann. des Sc. Nat., décembre 1826, p. 416). L'*Hedysarum sennoides*, Willd., Plante de l'Inde-Orientale, qui a les feuilles imparipinnées, a été réunie à ce genre à cause de la forme de ses fruits. L'*Ormocarpum cassioides* de Desvaux (Ann. Soc. Linn. Paris, 1825, p. 307), que De Candolle cite avec doute parmi les synonymes de cette espèce, en est très-différente selon les dernières observations de Desvaux.   (G..N.)

ORMOSIE. *Ormosia.* BOT. PHAN. Genre de la famille des Légumineuses, et de la Décandrie Monogynie, L., établi par G. Jackson (*Transact. of Linn. Soc.*, vol. 10, p. 358) qui l'a ainsi caractérisé : calice bilabié ; la lèvre supérieure bilobée, l'inférieure à trois lobes profonds ; corolle papilionacée, dont l'étendard est presque arrondi, échancré, à peine plus long que les ailes : la carène est de la longueur de celles-ci et se compose de deux pétales ; dix étamines dont les filets sont libres, un peu dilatés vers la base ; ovaire presqu'ové, à cinq ou six ovules, surmonté d'un style courbé et de deux stigmates dont l'un est placé au-dessus de l'autre ; gousse ligneuse, large, comprimée, bivalve, contenant d'une à trois graines colorées et grandes. Ce genre a été fondé sur une Plante de la Guiane qu'Aublet avait nommée *Robinia coccinea*, en lui donnant une synonymie fort embrouillée. L'auteur du genre *Ormosia* a le premier reconnu l'affinité de cette Plante avec les genres *Sophora*, *Edwardsia* et *Virgilia* ou *Podalyria* de Lamarck. C'est aussi près de ces genres, dans la tribu des Sophorées, que l'*Ormosia* a été placé par De Candolle (*Prodrom. Syst. Veget.*, 2, p. 97). Indépendamment de l'*Ormosia coccinea*, Jacks., *loc. cit.*, tab. 25, l'auteur du genre lui a réuni le *Sophora monosperma* de Swartz, qu'il a nommé *O. dasycarpa*, figuré *loc. cit.*, tab. 26, et il a décrit une nouvelle espèce de la Guiane sous le nom d'*O. coarctata*,

loc. cit., tab. 27. Ces espèces sont des Arbres dont les rameaux sont couverts de poils d'une couleur ferrugineuse, les feuilles accompagnées de stipules distinctes du pétiole, et composées de quatre à six paires de folioles ou avec une impaire ; ces folioles sont très-entières. Les fleurs sont terminales, paniculées, bleuâtres ou purpurines.   (G..N.)

* **ORMYCARPUS.** BOT. PHAN. Necker (*Elem. Bot.*, n° 1409) a distingué sous ce nom générique le *Raphanus Sibiricus*, L., qui a été placé par De Candolle dans son genre *Chorispora*. *V.* ce mot.   (G..N.)

ORNE. BOT. PHAN. Espèce de Frêne. *V.* ce mot et ORNIER.   (B.)

* **ORNÉ.** REPT. SAUR. et POIS. Espèce d'Achire et de Tupinambis. *V.* ces mots.   (B.)

ORNÉODE. *Orneodes.* INS. Genre de l'ordre des Lépidoptères, famille des Nocturnes, tribu des Ptérophorites, établi par Latreille et auquel il donne pour caractères : antennes sétacées, simples ; trompe courte, presque membraneuse, ou peu cornée ; palpes inférieurs, avancés, plus longs que la tête, avec le second article très-garni d'écailles, et le dernier presque nu et relevé ; ailes divisées chacune en six rayons barbus ; chenille à seize pates ; chrysalide dans une coque peu serrée. Ce genre, que Fabricius avait confondu avec les Ptérophores, en est bien distingué par les palpes inférieurs qui dans ces derniers ne sont pas plus longs que la tête et entièrement garnis d'écailles. Les chrysalides des Ptérophores se métamorphosent sans se filer de coque. Les Ornéodes, sont de petits Lépidoptères à corps grêle et allongé dont les ailes ne présentent que quelques grosses nervures longitudinales plus ou moins séparées entre elles, couvertes de petites écailles, mais ayant aux deux bords une frange de poils et imitant ainsi des pennes d'Oiseau. Les antennes sont sétacées, simples, un peu plus courtes que le corps, insérées entre les yeux près du milieu de leur bord interne; la trompe est courte, roulée en spirale, presque membraneuse; les pates sont longues et épineuses. Ce genre n'est pas nombreux en espèces; la seule bien connue est :

L'ORNÉODE HEXADACTYLE, *Orneodes hexadactylus*, Latr.; *Pterophorus hexadactylus*, Fabr.; *Phalœna Alucita hexadactyla*, L., Scop., Vill.; le Ptérophore en éventail, Geoff., Ins. Par., t. 2, p. 72, Réaum., Ins., t. 1, pl. 19, fig. 19-21; *Alucita hexadactyla*, Hubn., Lépid., IX, tab. 2, fig. 10-11; Beitr. I, 1, tab. 4, fig. B; long d'environ six lignes; d'un gris cendré et un peu brun; les ailes, particulièrement les supérieures, sont traversées par des bandes plus obscures ou noirâtres, et ont quelques points d'un gris plus clair; chacune de ces ailes est divisée, jusqu'à sa naissance, en trois lanières ou côtes principales, dont la première se subdivise en deux rayons, et la seconde en trois; la troisième est simple. La chenille de cette espèce a seize pates, et vit sur le *Lonicera Xylosteum* dont elle mange les feuilles et les fleurs. Le premier auteur qui l'ait observée paraît être Frisch. Cette Ornéode est commune dans toute l'Europe; on la trouve souvent dans les appartemens aux vitres des croisées ou au plafond.

(G.)

ORNÉOPHILES ou **SYLVICOLES**. INS. Duméril, dans la Zoologie Analytique, donne ce nom à une famille de Coléoptères qui renferme les genres Hélops, Serropalpe, Cistèle, Calope, Pyrochre et Horie. *V.* ces mots. (G.)

* **ORNI**. BOT. PHAN. Les Grecs de l'Archipel nomment ainsi les dernières figues de l'automne qui ne mûrissent qu'au printemps. (B.)

* **ORNIER**. *Ornus*. BOT. PHAN. Quelques botanistes, et entre autres Persoon, ont établi ce genre pour le *Fraxinus Ornus* de Linné ou Frêne à fleurs, qui ne diffère des autres Frênes que par la présence d'une co-rolle. Mais ce caractère a paru de trop peu d'importance, et ce genre n'a pas été généralement adopté. *V.* FRÊNE. (A. R.)

ORNITHIDIUM. BOT. PHAN. Genre de la famille des Orchidées, établi par Salisbury (*Hort. Soc. Trans.*, 1, 293), et ayant pour type, et jusqu'à présent pour espèce unique, le *Cymbidium coccineum* de Swartz, Plante originaire des Antilles. Les caractères de ce genre peuvent être énoncés de la manière suivante : les trois divisions externes du calice sont égales entre elles, dressées, concaves; les deux intérieures un peu plus petites sont également dressées; le labelle de la même longueur que les divisions internes est sessile, concave et soudé avec la base du gynostème. Celui-ci est assez long, arqué, renflé vers sa partie supérieure, terminé par une anthère operculiforme, à deux loges, contenant quatre masses polliniques, solides, obliques, et marquées d'un sillon vers leur partie postérieure. La seule espèce qui compose ce genre jusqu'à présent, est l'*Ornithidium coccineum*, Salisb., *loc. cit.*, Hooker, *Exot. Flor.*, t. 58. C'est une Orchidée parasite qui croît aux Antilles et sur le continent de l'Amérique méridionale. Sa tige est plus ou moins allongée, composée d'articulations recouvertes par des gaînes alternes, qui ne sont que des bases de feuilles persistantes; les feuilles sont en général réunies vers le sommet de la tige; elles sont coriaces, allongées, étroites; quelques-unes sont renflées en bulbe à leur base. De l'aisselle de ces feuilles naissent plusieurs fleurs d'un rouge éclatant, portées sur de longs pédoncules solitaires et articulés. Cette espèce est cultivée dans les serres. (A. R.)

ORNITHOCÉPHALE. REPT. FOSS. (Sœmmering.) C'est-à-dire *Tête d'Oiseau*. Syn. de Ptérodactyle. *V.* ce mot. (B.)

* **ORNITHOCÉPHALE**. *Ornithocephalus*. BOT. PHAN. Genre nouveau

de la famille des Orchidées, établi par Hooker (*Exot. Fl.*, t. 127) pour une petite Plante originaire des Antilles, et dont voici les caractères : les fleurs sont petites, renversées; les trois divisions externes du calice sont à peu près égales et réfléchies; les deux internes sont dressées et à peu près semblables aux externes; le labelle est onguiculé, échancré en cœur à sa base, terminé par un appendice très-allongé, qui naît de sa face inférieure. Le gynostème est court, terminé à sa partie supérieure et antérieure par un très-long appendice en forme de bec de Bécasse; l'anthère est terminale, operculiforme. L'opercule a la même forme que cet appendice, il recouvre à sa base qui est arrondie quatre masses polliniques, solides, implantées sur la face supérieure d'une lame qui a la même forme que l'opercule, et se termine à sa partie antérieure par une sorte de rétinacle ou de glande ovoïde et comprimée. Ce genre offre, comme on voit, des caractères extrêmement tranchés, et la forme de son anthère et de son appendice donnent à cette partie la plus grande ressemblance avec une tête de Bécasse. L'*Ornithocephalus gladiatus*, Hook., *loc. cit.*, est une petite Plante parasite, haute seulement de deux à trois pouces; sa racine est fibreuse; ses feuilles sont radicales, alternes, falciformes, entières. Ses fleurs, petites et peu nombreuses, forment une sorte d'épi anguleux à la partie supérieure d'une hampe un peu plus longue que les feuilles; chaque fleur est accompagnée à sa base d'une bractée cordiforme. (A. R.)

ORNITHOGALE. *Ornithogalum.* BOT. PHAN. C'est-à-dire *Lait d'Oiseau.* On appelle ainsi un genre de la famille des Liliacées ou Asphodélées, et de l'Hexandrie Monogynie, L., très-nombreux en espèces qui croissent en Europe et dans d'autres parties du globe, et que l'on peut caractériser de la manière suivante : le calice est coloré, formé de six sépales généralement égaux, et plus ou moins étalés, dont trois plus internes et trois externes; les étamines au nombre de six sont dressées, ayant leurs filets plus ou moins dilatés à leur base, leurs anthères à deux loges introrses et attachées par le milieu de leur dos; l'ovaire est globuleux, à trois côtes obtuses, à trois loges, contenant chacune plusieurs ovules attachés sur deux rangées à leur angle interne; le style est simple, mais à trois angles obtus; le stigmate est terminal, très-petit, tronqué et entier. Le fruit est une capsule globuleuse ou trigone, à trois loges, s'ouvrant en trois valves septifères sur le milieu de leur face interne. Les espèces de ce genre sont des Plantes bulbeuses et à bulbe à tuniques. Leurs feuilles sont toutes radicales, généralement étroites et rubanées; leurs fleurs blanches, jaunes ou verdâtres, sont disposées en épis plus ou moins denses qui quelquefois ressemblent à des espèces de corymbes. Ce genre est extrêmement voisin des Aulx (*Allium*), dont il ne diffère sensiblement que par son inflorescence et la nullité de toute odeur alliacée; celle-ci étant toujours en sertule ou ombelle simple dans ce dernier genre et jamais dans le premier. Parmi les espèces indigènes nous remarquerons les suivantes :

ORNITHOGALE A OMBELLE, *Ornithogalum umbellatum*, L. Cette espèce, l'une des plus communes de toutes et l'une des plus généralement répandues, est connue sous le nom de Dame d'onze heures. D'un petit bulbe globuleux naissent des feuilles linéaires étroites, étalées sur la terre; la hampe haute de six à huit pouces, plus ou moins; les fleurs assez grandes, d'un blanc verdâtre, pédonculées, sont réunies au nombre de six à dix vers le sommet de la hampe où elles forment une sorte de corymbe. Ces fleurs ne s'épanouissent que vers dix ou onze heures du matin, et c'est de-là que cette espèce a tiré son nom vulgaire de Dame d'onze heures.

ORNITHOGALE DES PYRÉNÉES, *Or-*

nithogalum Pyrenaicum, Jacq., Fl. Austr., 2, t. 103; *O. flavescens*, Lamk., Fl. Fr. Cette espèce croît non-seulement dans les Pyrénées, mais dans les bois aux environs de Paris, et dans beaucoup d'autres parties de la France qui ne sont pas montueuses. Les feuilles sont linéaires, longues, flasques; les fleurs d'un jaune pâle, formant un long épi cylindrique à la partie supérieure d'une hampe d'un pied à un pied et demi d'élévation; chaque fleur est accompagnée d'une bractée membraneuse, élargie à sa base et terminée par une longue pointe.

ORNITHOGALE DE NARBONNE, *Ornithogalum Narbonense*, L. Elle ressemble beaucoup à la précédente par son port; mais elle est plus petite; ses fleurs au contraire plus grandes, blanches et ses feuilles plus larges. Elle croît dans les provinces méridionales de la France.

ORNITHOGALE D'ARABIE, *Ornithogalum Arabicum*, L., Red., Lil., t. 65. Cette belle espèce croît sur le rivage de l'Afrique méditerranéenne et dans l'île de Corse. Les feuilles sont linéaires, semblables à celle de la Jacinthe des jardins; de leur centre s'élève une hampe d'environ un pied de hauteur terminée par un épi de fleurs blanches, grandes et campaniformes, qui par l'allongement des pédoncules inférieurs semblent constituer une sorte de corymbe. Chaque fleur est accompagnée d'une bractée aussi longue que le pédicelle. Cette espèce se cultive dans les jardins. Nous devons ajouter que l'*Ornithogalum Arabicum* est encore remarquable par la couleur obscure et vernissée des ovaires qui contraste avec l'éclatante blancheur de ses grandes fleurs, et que notre collaborateur Bory de Saint-Vincent l'a retrouvée dans les environs de Cadix où cette Plante est encore l'une de celles de la flore africaine; l'*Ornithogalum nutans*, L., Jacq., Fl. Austr., t. 301; l'*Ornith. luteum*, L.; l'*Ornith. minimum*, L.; l'*Ornith. fistulosum*, Ramond, sont les autres espèces euro-

péennes. Parmi les espèces exotiques on cultive surtout : l'*Ornithogalum revolutum*, Willd., à fleurs blanches, lavées de jaune, odorantes; l'*Ornith. miniatum*, Willd., remarquable par ses fleurs en corymbes et d'un rouge vermillon; l'*Ornith. aureum*, Willd., dont les fleurs d'un jaune jonquille sont très-odorantes. Dans les environs du cap de Bonne-Espérance, les Hottentots mangent les bulbes de cette espèce. Ces diverses espèces se cultivent sous châssis comme les *Ixia*. (A. R.)

ORNITHOGLOSSE. POIS. FOSS. C'est l'un des noms donnés aux Glossopètres par des oryctographes qui prenaient ces corps pour des langues d'Oiseaux fossiles, comme d'autres les avaient regardés comme des langues de Serpens. *V.* GLOSSOPÈTRES. (B.)

ORNITHOGLOSSE. *Ornithoglossum*. BOT. PHAN. Ce genre, de la famille des Mélanthacées de Brown, ou Colchicacées de De Candolle, et de l'Hexandrie Trigynie, L., a été établi en premier lieu par Salisbury (*Parad. Lond.*, 34), sur une Plante du cap de Bonne-Espérance, placée par Linné et Thunberg dans le genre *Melanthium*. Willdenow constitua le même genre sous le nom de *Lichtensteinia* qui n'a pas été adopté; enfin Sprengel (*System. Vegetabilium*, 2, n. 1357) lui a imposé récemment la nouvelle dénomination de *Cymation*, quoiqu'il ait également admis dans le même ouvrage le genre *Ornithoglossum*. Ainsi le *Cymation* de Sprengel ne doit être considéré que comme un double emploi du genre de Salisbury, au moins pour la seconde espèce. Rétablissant le nom primitif, Schlechtendal, auquel on doit une bonne monographie des Mélanthacées du Cap (*Linnœa*, janvier 1826, p. 78), a fixé de la manière suivante les caractères de l'*Ornithoglossum* : périanthe à six folioles pétaloïdes, légèrement onguiculées; portant les étamines à la base, et munis un peu au-dessus de l'onglet d'une fossette nectarifère ; six étamines dont les anthères sont extrorses ; trois styles placés au sommet de l'ovaire et un peu réunis à leur base ; capsule triloculaire, à trois valves qui portent sur leur milieu des cloisons, sur le bord intérieur desquelles sont attachées les graines ; celles-ci sont grandes, brunes, globuleuses, un peu anguleuses, munies d'un tégument coriace, étroitement uni avec un albumen blanc presque corné, dans lequel existe un embryon elliptique, droit, antitrope, intraire, dont l'extrémité radiculaire est très-rapprochée du bord.

Ce genre ne renferme que deux espèces qui croissent toutes les deux au cap de Bonne-Espérance, dans les terrains arénacés. La première, qui forme le type générique, est l'*Ornithoglossum glaucum*, Salisb.; *Melanthium viride*, L.; elle a des feuilles glauques, linéaires-lancéolées, canaliculées, carénées, engaînantes; les supérieures plus petites, bractéiformes, les inférieures plus longues que la hampe; celle-ci porte des fleurs en corymbe. La seconde espèce est l'*Ornithoglossum Lichtensteinii*, Schlectend., ou *Lichtensteinia undulata*, Willd.   (G..N.)

ORNITHOIDES. REPT. Comme qui dirait *Faux Oiseaux*. Blainville propose de désigner sous ce nom commun les Tortues, les Lézards et les Serpens auxquels il trouve la plus grande ressemblance avec les volatiles.   (E.)

ORNITHOLITHES. OIS. On a désigné sous ce nom les restes d'Oiseaux fossiles conservés dans les parties superficielles de la croûte terrestre dont il nous est donné d'explorer quelques minces couches.   (B.)

ORNITHOLOGIE. *Ornithologia*. ZOOL. Branche de l'Histoire Naturelle, dont l'étude des Oiseaux est le but, et qui donne les moyens de reconnaître ceux-ci à l'aide des méthodes ou des systèmes qui ont été imaginés afin de parvenir à ce résultat. L'exposé de tels systèmes doit seul

former le sujet de cet article, en renvoyant au mot OISEAUX, où nous avons essayé de faire connaître l'organisation et l'histoire sommaire des Animaux dont s'occupe l'Ornithologie; il ne nous reste conséquemment plus qu'à resserrer dans un nouveau cadre l'énumération des principaux ouvrages des naturalistes anciens et modernes qui se sont occupés de l'histoire ou de la classification des Oiseaux, soit dans leur ensemble, soit dans quelques-unes de leurs parties. Nous suivrons autant que nous le pourrons la marche et les progrès de la science, et nous présenterons dans ses détails la distribution méthodique que nous avons adoptée et suivie pour la rédaction des articles de ce Dictionnaire qui, jusqu'ici, nous furent confiés.

Les temps anciens ne nous ont transmis que peu d'ouvrages sur l'Ornithologie; encore ces ouvrages ne nous sont-ils que d'un faible secours, quant aux documens que nous y cherchons, sur l'état où se trouvait alors la science, comparativement au point de perfection où de nos jours elle est arrivée. Les naturalistes ou les philosophes de ces époques reculées, paraissent ne s'être arrêtés, dans cette partie si essentielle et si importante de l'étude des productions naturelles, qu'à ce qui pouvait leur être d'une utilité immédiate sous le rapport d'une économie générale. D'après l'usage qu'ils faisaient, dans leurs festins, d'Oiseaux que nous voyons repoussés même de la table du pauvre, il nous est permis de croire qu'en amenant tour à tour au joug de la domesticité toutes les grandes espèces qui peuplaient leurs plaines ou leurs étangs, ils n'ont eu en vue que les moyens d'accroître leurs ressources alimentaires. Du reste ils ont assez généralement négligé l'histoire des individus que comprend cette grande classe de la zoologie, d'après les rapports des espèces entre elles; et toutes les fois qu'ils ont voulu les distribuer systématiquement en ordres, genres et espèces, on s'aperçoit qu'ils ont pris pour arriver à ce point une route fausse et incertaine ; ils ont dédaigné de recourir aux ressources que leur offraient les lumières de l'anatomie, lumières qui seules pouvaient les guider et les amener à des résultats moins équivoques.

Si nous fouillons dans les archives les plus anciennes de l'Ornithologie, nous trouvons, dans l'antique Grèce, Aristote essayant une histoire des Oiseaux, comprise dans celle de tous les Animaux alors connus. Les nombreuses traductions et éditions de cet ouvrage, faites depuis 1472 sur des manuscrits plus ou moins exacts, ne sont guère que des monumens des premiers efforts que fit la docte antiquité pour pénétrer les mystères de la nature. Environ quatre siècles après Aristote, C. Pline, qui fut chez les Romains le seul écrivain qui se soit positivement occupé de l'Histoire Naturelle, traita des Oiseaux, dans le même ouvrage où se trouvent compilées toutes les idées fausses ou vraies qu'on avait sur les sciences physiques. On rencontre dans les écrits de cet illustre déclamateur quelques faits intéressans au milieu d'une multitude d'erreurs.

De Pline jusqu'à la renaissance des lettres et des sciences, à la fin du quinzième siècle, l'Ornithologie demeura informe et stationnaire ; ce n'est que vers 1555 que Conrad Gesner, médecin de Zurich, et P. Belon, médecin de Henri II et de Charles IX, firent paraître en même temps, le premier une Histoire Naturelle des Oiseaux, imprimée dans sa patrie, et le second son Histoire de la Nature des Oiseaux avec leurs descriptions et *naïfs pourtraits*, publiée à Paris. Ces deux ouvrages sont enrichis de figures gravées sur bois ; elles donnent une idée assez exacte de l'organisation externe des diverses espèces qui, dans le premier ouvrage, sont décrites dans l'ordre alphabétique, et sont soumises, dans le second, à une sorte d'arrangement qui ne saurait mériter le nom de méthode, mais où sont déjà formées six

grandes divisions, basées sur des considérations qui ne feraient pas fortune aujourd'hui, quoiqu'elles indiquent un grand esprit d'observation chez l'auteur. Ces divisions ou classes sont : 1° celle des Oiseaux de rapine, où la seule analogie de plumage a sans doute fait entrer le Coucou. La deuxième comprend les Palmipèdes ; la troisième, les Gralles ou Echassiers, parmi lesquels l'auteur a confondu le Martin-Pêcheur, le Guêpier et quelques autres espèces hétérogènes. On trouve dans la quatrième tous les Oiseaux qui placent leur nid sur la terre ; ici des bases fautives ont laissé une trop grande latitude au méthodiste, et l'on trouve rapprochés le Faisan, l'Alouette et la Bécasse ; néanmoins, si des caractères différens qu'il n'a pas employés éloignent l'une de l'autre ces espèces, Belon a su, il faut le dire, ne point les confondre dans les groupes. Les Omnivores et les Insectivores, au milieu desquels se trouvent, on ne sait trop pourquoi, les Pigeons, composent la cinquième classe ; enfin la sixième renferme entièrement les Insectivores et les Granivores qui fréquentent habituellement les haies et les buissons. En 1599 Aldrovande commença son grand ouvrage en treize volumes in-folio, dont les trois premiers sont spécialement affectés à l'Ornithologie. Ce n'est au total qu'une répétition de tout ce que l'on trouve dans le recueil de Belon, et souvent l'auteur s'y montre beaucoup moins intelligible. A peu près dans le même temps parut à Châlons un Traité de l'Epervier, par Gommer de Luzancy. Cet ouvrage qui a pour premier titre : *de l'Autourserie*, renferme de bonnes figures de la plupart des Oiseaux de proie, alors dignes compagnons des plaisirs de nos hobereaux à parchemins. En 1603, Schwenckfeld, naturaliste prussien, donna dans un volume in-4° intitulé : *Theorio-Tropheum Silesiæ*, etc., une histoire particulière des Oiseaux d'Europe, où les espèces, rangées d'après l'ordre alphabétique, sont décrites d'une manière beaucoup trop brève et souvent inexacte. L'*Uccelliera* que fit paraître à Rome, en 1622, P. G. Olina, n'est remarquable que par quelques bonnes figures d'espèces jusque-là inédites. Il en est de même de la Dissertation sur les Cigognes, les Grues et les Hirondelles, publiée huit ans après à Spire par J. G. Swalbacius; de l'Histoire Naturelle de Nierenberg (Anvers, 1635); de la Description des Oiseaux des Indes-Occidentales, par J. De Laet (Leyde, 1633); de l'Histoire des Oiseaux du Brésil, par Marcgraaff de Liebstadt (Amsterdam, 1648); et de celle des Oiseaux du Mexique, par Fernandez ou plutôt Hernandez (Rome, 1651). L'Histoire Naturelle des Oiseaux que Jonston fit imprimer à Amsterdam en 1657, est encore une imitation du travail systématique de Belon, dégagée cependant d'une foule de discussions déplacées et souvent étrangères au sujet. Celle que donna plus tard Ruysch, sous le titre de *Theatrum universale Animalium omnium*, ne peut être considérée que comme une seconde édition de Jonston.

On a eu de Bontius, en 1658, une Histoire Naturelle et Médicale des Indes-Orientales, dans laquelle sont décrits plusieurs Oiseaux nouveaux; en 1661, Schoochius donna, à Amsterdam, son Traité sur les Cigognes, qui comprend en outre plusieurs autres Echassiers. En 1666, Séba commença son grand ouvrage, dont la médiocrité et l'inexactitude du texte ne répondent pas au luxe des planches. L'année suivante, Perrault, que diverses sciences semblaient réclamer, inséra dans le troisième volume des Mémoires de l'Académie, de bons documens pour servir à l'histoire naturelle et à l'étude anatomique des Oiseaux, que presque dans le même temps, O. Borrichius et Bartholin, à Copenhague, poussaient très-loin en s'occupant spécialement, l'un des Aigles, et l'autre des Paons. Le Catalogue des Oiseaux

de l'Angleterre, que J. Ray fit paraître à Londres, en 1675, fut le prélude de la publication qui se fit deux ans après, par Willugby, d'une Ornithologie à laquelle on n'ignore pas que Ray a pris la plus grande part. Ce travail systématique mémorable, en ce que Linné le prit pendant long-temps pour guide, est basé sur la conformation des pieds et du bec. Les six premières divisions comprennent les Oiseaux de proie; ils sont subdivisés d'abord en Diurnes; puis les premiers en grands, tels que les Aigles moyens, comme les Eperviers, et petits, les Pies-Grièches; les seconds en Nocturnes réguliers, les Chouettes; et en Nocturnes irréguliers, les Engoulevens. Les petits Oiseaux de proie étrangers se composent improprement des Oiseaux de Paradis, que des observations récentes ont présenté comme ne se nourrissant que de fruits, et principalement de Muscades. La septième division renferme les Frugivores, dont le bec et les ongles sont épais et crochus, tels que les Perroquets; la huitième, les Oiseaux à bec fort plus ou moins courbé, dépourvus d'organes propres au vol, les Autruches, Casoars, etc., etc.; la neuvième, ceux à bec droit et conique, comme les Corbeaux; la dixième, les Oiseaux de rivage, portés ordinairement sur de longues jambes et munis d'un bec plus long que la tête; la onzième, les Gallinacés; la douzième, les Pigeons; la treizième, les Frugivores à fin bec, comme les Grives et les Merles; la quatorzième, les Insectivores à bec fin, tels que ceux du genre Sylvie; les quinzième, seizième, dix-septième et dix-huitième, les Granivores, à bec assez gros, et qui sont distingués en grandes ou moyennes et petites espèces, en indigènes ou exotiques, et encore par la présence d'un tubercule osseux à la mâchoire supérieure, comme les Bruans; enfin dans les dix-neuvième et vingtième divisions sont placés les grands Oiseaux de marais, tels que les Cigognes, etc. Les Palmipèdes terminent ce Catalogue.

Un Recueil in-folio d'Oiseaux les plus rares tirés de la Ménagerie royale, accompagné de vingt-quatre planches dessinées et gravées par N. Robert, fut publié à Paris en 1673, et réimprimé bien long-temps après, en 1776, par Van Merle. Cette compilation ne présente aucun intérêt, même relativement à l'époque où elle a paru pour la première fois.

Des erreurs répandues par d'ignorans observateurs, accréditées par des chroniqueurs ou des écrivains crédules, tels qu'Esidus, Maiolus, Olaüs, le président Duret, le comte Maier, etc., ont donné, dans les quinzième et seizième siècles, quelque poids à l'opinion ridicule que les Bernaches, les Macreuses et autres Canards, avaient une origine végétale, et que le développement de leur existence était le produit de la décomposition ou de la transformation des feuilles. Ces erreurs ont été suffisamment réfutées par Belon, Clusius et Dusingius, pour que l'on puisse s'étonner qu'environ un siècle après, en 1680, un docteur de la Faculté de Montpellier, Graindorge, ait reproduit ces merveilleuses absurdités dans un Traité spécial sur l'origine des Macreuses.

En 1683 on réimprima à Rome l'*Ucceliera* d'Olina, et l'on fit connaître plusieurs espèces non décrites; vers la même époque, à Edimbourg, Sibbald produisait, sous le titre de *Scotia illustrata* le Prodrome de la zoologie du Nord.

Les migrations hivernales des Cigognes ont fait aussi à Copenhague le sujet d'une Dissertation du docteur Focius; elle a été imprimée en 1692. La Relation d'un Voyage dans les Antilles, publiée à Londres en 1707, par H. Sloane, renferme la Description de plusieurs Oiseaux jusque-là peu connus. En 1709, Hervieu de Chanteloup donna, à Paris, un Traité des Serins de Canaries.

Dans un ouvrage médiocre quoique exécuté avec tout le luxe de la typographie et de la gravure, Marsilli a fait connaître, en 1726, la plupart des Oiseaux observés sur le Danube et ses rives. Albin donna à Londres, en 1731, une répétition fautive de l'ouvrage de Villugby, qu'il accompagna de trois cents planches environ, aussi mal coloriées que mal dessinées et gravées. Tout médiocres que sont les trois volumes in-4°, ils furent cependant, vingt ans après, traduits de l'anglais en français, par Derham qui y ajouta plusieurs observations nouvelles. La réimpression se fit à La Haye. La même année Catesby publia à Londres les Figures coloriées, avec la description, des Oiseaux de la Caroline et de la Floride; les planches y sont au nombre de deux cent vingt. En 1734 Frisch commença, à Berlin, la publication d'une Histoire Naturelle des Oiseaux, que la mort de son auteur laissa imparfaite; elle fut achevée par une main étrangère qui donna, en 1763, une nouvelle édition de tout l'ouvrage, avec deux cent cinquante-cinq planches. La méthode adoptée par Frisch est inférieure à celle de Ray, ce qui n'établit rien en faveur de la science. Ce fut à la même époque aussi que Séba entama, à Amsterdam, cette énorme composition qu'il intitula pompeusement *Locupletissimi rerum naturalium Thesauri*, etc., et que l'on tire rarement de la poussière des bibliothèques. Enfin, en 1735, parut à Leyde la première édition du *Systema Naturæ*, qui annonça dans son auteur un génie extraordinaire, réformateur des pratiques vicieuses introduites dans l'étude de la nature; un véritable flambeau pour l'explication des phénomènes les plus importans. Douze éditions de cet immortel ouvrage dans l'espace de trente années, prouvent assez la supériorité de la méthode sur toutes celles qui existaient, et les travaux assidus de l'auteur pour les perfectionner. Nous reviendrons en temps et lieu sur la méthode du grand Linné.

Avec son Histoire Naturelle de la

France équinoxiale, P. Barrère publia à Paris et à Perpignan, en 1741 et 1745, une Méthode ornithologique; elle fut peu goûtée; les bases étaient en opposition avec celles qui venaient d'être posées par le naturaliste suédois. Edwards, à Londres, donna dans l'intervalle le premier volume de son Histoire Naturelle des Oiseaux qui n'avaient pas encore été décrits. Cet ouvrage, qui, avec les gravures, forme actuellement sept volumes in-4°, est encore estimé par la vérité des figures que représentent les trois cent soixante-deux planches coloriées. On ne peut porter le même jugement sur quelques Oiseaux qui font partie des deux cent quarante planches coloriées produites à Nuremberg en 1748 et années suivantes par J.-Dan. Meyer, avec un texte allemand en 3 p. in-folio, ayant pour titre : Passe-Temps agréable par l'examen de la Représentation de toutes sortes d'Animaux, etc.

En même temps fut imprimée à Pappenheim la lettre de J.-H. Zorn sur les Oiseaux de la Forêt-Noire, où se trouvent insérées de très-bonnes observations locales, et qui fut imitée par F.-E. Brückman et J.-H. Büchner qui étendirent cette correspondance de manière qu'elle forma trois volumes in-4° avec quarante-cinq planches. Des observations semblables sont encore consignées dans l'Histoire Naturelle de l'Islande et du Groënland qu'Anderson fit paraître à Paris en 1750, deux volumes in-8°. J.-T. Klein, à son tour, fit imprimer à Lubeck, en un volume in-4°, le Prodrome d'une histoire des Oiseaux ; mais au lieu de suivre les préceptes du grand maître, il fonda ses divisions méthodiques sur des bases artificielles, introduisit de nouveau le désordre dans l'étude. On peut faire le même reproche à Mœrhing pour le système qu'il a fait paraître à Brême en 1752. Quelques nouvelles espèces de la Jamaïque ont été décrites et figurées par P. Browne, dans son Histoire civile et naturelle de cette île, et dans les Illustrations de Zoo-

logie, Londres, 1756, in-folio. L'Histoire Nat. du Cornwalle (Oxford, 1758, in-folio) par le curé W. Borlase, présente quelques bonnes observations sur les Oiseaux de cette contrée. En 1760, M.-J. Brisson publia à Paris son Ornithologie, ouvrage en six volumes, beaucoup plus recherché pour l'exactitude des descriptions, souvent même trop minutieuses, que pour celle des figures. La méthode de classification adoptée par l'auteur repose exclusivement sur la forme du bec, celle des pieds, le nombre des doigts, et la manière dont ces doigts sont unis entre eux, avec ou sans membrane. Les douze premiers ordres de cette méthode renferment les Oiseaux qui, ayant les jambes couvertes de plumes jusqu'au talon, présentent trois doigts libres en avant et un seul en arrière. Les caractères qui limitent respectivement ces ordres sont tirés de la forme du bec. Les Oiseaux compris dans les deux ordres suivans ont également le bas de la jambe emplumé, mais ceux du treizième ont deux doigts en avant et deux en arrière ; ceux du quatorzième ont trois doigts en avant, mais l'intermédiaire est uni, par une membrane, à l'extérieur jusqu'à la troisième articulation, et à l'intérieur jusqu'à la première seulement. Les douze derniers ordres sont composés d'Oiseaux dont le bas de la jambe est plus ou moins dégarni de plumes; les quinzième, seizième et dix-septième ont les doigts libres, et sont divisés par la présence ou l'absence du pouce, par l'étendue ou la conformation des ailes qui rendent l'espèce apte à voler ou la privent de cette faculté. Le dix-huitième ordre et les suivans comprennent les Oiseaux dont les doigts sont unis complétement, ou seulement en partie par des membranes; le nombre des doigts, la forme des membranes, celle du bec et la position des jambes en dedans ou en dehors de l'abdomen, sont les caractères qui établissent la séparation de ces derniers ordres. L'ensemble de la méthode se compose de cent treize genres.

L'Ornithologie boréale, publiée à Copenhague, en 1764, par M.-T. Brünnich, celle de la Baltique que fit paraître l'année suivante à Altona, J.-D. Petersen, quoique fort incomplètes, renferment néanmoins des observations utiles. Celle de Manetti, en cinq volumes in-folio, accompagnés de six cents planches passablement exécutées et coloriées, s'imprimait à Florence, en 1767, en même temps qu'à Paris. Dans cette dernière ville encore, le docteur Salerne était occupé de la sienne que l'on doit considérer comme la traduction du *Synopsis* de Ray, enrichi de bonnes observations, et de l'addition de diverses espèces qui n'avaient point encore été figurées.

En 1766, Linné donna la douzième édition de sa Méthode de classification. Les Oiseaux y sont distribués en six ordres.

Le premier renferme les Accipitres (*Accipitres*) ou Oiseaux de proie dont les caractères principaux consistent dans la courbure du bec et la dentelure de l'extrémité de la mandibule supérieure, des narines très-ouvertes, des pieds robustes et courts, avec des doigts verruqueux en dessous, et terminés par des ongles très-forts et arqués. Cet ordre comprend les genres *Vultur*, *Falco*, *Strix* et *Lanius*.

Le deuxième ordre comprend les Pies (*Picæ*) dont le bec peut être droit ou courbé, mais toujours conique et convexe en dessus. Trois divisions principales rangent d'un côté les *Promeneurs* (*pedibus ambulatoriis*) qui ont trois doigts libres en avant et en arrière; et l'on y trouve les genres : *Trochilus*, *Certhia*, *Upupa*, *Buphaga*, *Sitta*, *Oriolus*, *Coracias*, *Gracula*, *Corvus* et *Paradisea*. Viennent ensuite les *Grimpeurs* (*pedibus scansoriis*), ayant deux doigts libres en avant et autant en arrière; tels sont les genres : *Rhamphastos*, *Trogon*, *Psittacus*, *Crotophaga*, *Picus*, *Yunx*, *Cuculus* et *Bucco*. Enfin, dans la troisième division se trouvent les *Marcheurs* (*pedibus gressoriis*) : ils

ont trois doigts en avant et l'intermédiaire uni à l'extérieur par une membrane qui prend plus ou moins d'étendue. On y compte les genres *Buceros*, *Alcedo*, *Merops* et *Todus*.

Le troisième ordre renferme les Palmipèdes (*Anseres*) qui se distinguent suffisamment de tous les autres Oiseaux par la membrane des pieds, qui développe tous les doigts. Ils ont, ou le bec dentelé sur les bords, comme dans les genres *Anas*, *Mergus*, *Phaeton* et *Plotus*, ou bien les bords du bec sont unis ou tranchans dans les genres *Rhyncops*, *Diomedea*, *Alca*, *Procellaria*, *Pelecanus*, *Larus*, *Sterna* et *Colymbus*.

Au quatrième ordre appartiennent les Echassiers (*Grallæ*); la plupart d'entre eux ont les pieds grêles, élevés, de manière à pouvoir braver la vase qui recèle leur principale nourriture, les Vers, les Mollusques et certains Reptiles; ils ont quatre doigts; ce sont les genres : *Phœnicopterus*, *Platalea*, *Mycteria*, *Palamedea*, *Tantalus*, *Ardea*, *Recurvirostra*, *Scolopax*, *Tringa*, *Fulica*, *Parra*, *Rallus*, *Psophia* et *Cancroma*. Les autres Echassiers qui n'ont que deux ou trois doigts, et dont la plupart ne sont aptes qu'à la course, se trouvent répartis dans les genres *Hœmatopus*, *Charadrius*, *Otis* et *Struthio*.

Le cinquième ordre, où sont les Gallinacés (*Gallinæ*), offre des pieds propres à la course; un bec convexe dont la mandibule supérieure recouvre l'inférieure en forme de voûte, et dont les narines sont recouvertes par une membrane cartilagineuse. L'auteur y a placé les genres *Didus*, *Pavo*, *Meleagris*, *Crax*, *Phasianus*, *Tetrao* et *Numida*.

Enfin, les Passereaux (*Passeres*), au bec conique et pointu, aux pieds grêles et aux doigts libres, constituent le sixième et dernier ordre. Ils sont divisés en *Cranirostres*; bec fort et gros : tels sont les genres *Loxia*, *Fringilla* et *Emberiza*; en *Curvirostres*, mandibule supérieure courbée vers le bout, comme les genres *Ca-*

primulgus, *Hirundo* et *Pipra*; en *Emarginirostres*; pointe de la mandibule supérieure échancrée, ce sont les genres *Turdus*, *Ampelis*, *Tanagra* et *Muscicapa*; et en *Simplicirostres*; bec droit et pointu, comprenant les genres *Parus*, *Motacilla*, *Alauda*, *Sturnus* et *Columba*. Telle est la Méthode de Linné, sans contredit la plus naturelle, et où les caractères génériques sont établis avec le plus de précision; c'est celle qui a servi de point de départ à tous les vrais observateurs qui, depuis, n'ont fait que l'augmenter de toutes les découvertes acquises.

En 1767 et années suivantes, le savant Pallas a décrit dans plusieurs ouvrages, et entre autres dans les *Spicilegia zoologica* (in-4°, Berlin), dans la Relation de ses voyages (Paris, 1788, cinq volumes in-4°), et dans les Mémoires de l'Académie royale de Pétersbourg, des espèces nouvelles observées par lui dans le nord de l'Europe et de l'Asie. Après cet illustre naturaliste, quatre cent soixante-douze planches, qui ne sont que des médiocres copies de celles d'Edwards et de Catesby, auxquelles a été joint un texte plus médiocre encore, ont été données en neuf volumes in-fol., à Nuremberg, en 1768, par J.-M. Seligman. Deux ans après, sortit des presses de l'imprimerie royale, la première partie de cette Histoire des Oiseaux qui valut à Buffon, son auteur, le surnom de Pline moderne. Buffon essaya d'y peindre, avec les couleurs les plus vraies et les plus agréables, les mœurs et les habitudes des nombreuses tribus habitantes de l'air. Nozemann, auquel s'est joint Sepp, et qui fut remplacé après sa mort par Houttuyn, ont entrepris à Amsterdam une description générale des Oiseaux des Pays-Bas, avec leurs nids et leurs œufs; l'ouvrage fut élégamment exécuté, et quoique non totalement achevé, il présente cinq volumes in-fol., avec deux cent cinquante planches. Un Mémoire de Necker sur les Oiseaux de la Suisse, et qui fait partie du volume des Actes de la Société de Genève, pour 1771, offre des observations qui ne sont point sans intérêt. On dit peu de chose de l'Ornithologie britannique de Tunstall, in-fol., imprimée à Londres en français et en anglais. Celle de Hoyes, dans le même format, mais qui n'a eu que quarante planches, et les Illustrations Zoologiques de P. Browne, qui parurent quatre à cinq ans après, n'ont guère été jugées plus recommandables. Il n'en est pas de même de la *British Zoology* de Pennant, en deux volumes in-4°, avec figures coloriées, dont on fait beaucoup de cas, ainsi que des autres ouvrages de ce savant naturaliste; tels sont : son *Arctic Zoology*, en deux vol. in-4°; son *Indian Zoology*, un vol. in-4°, qui fut traduit à Halle par J.-R. Forster en 1781 et 1795 (2ᵉ édit.), sous le titre de *Zoologia Indica*, un vol. in-fol., avec quinze planches coloriées. Une collection de nids et d'œufs a été publiée à Nuremberg par F.-C. Gunther, en soixante-quinze belles planches accompagnées d'un texte in-fol. L'Histoire Naturelle de la Sardaigne, en quatre vol. in-12 (1774), par Celti, renferma de bonnes, mais trop brèves descriptions des Oiseaux de cette contrée. Dans la même année, une nouvelle Méthode de classification fut publiée à Ratisbonne par J.-Ch. Schæffer, en un vol. in-4°, accompagné de soixante-dix planches : l'ouvrage porte le titre d'*Elementa Ornithologica*. La Méthode repose entièrement sur la forme des pieds, et les Oiseaux y sont distribués en deux grandes sections : d'un côté les *Nudipèdes*, de l'autre les *Plumipèdes*. Les caractères secondaires, ceux qui déterminent les ordres et les genres, sont tirés du nombre des doigts, de leur forme, de leur position respective, et de la manière dont ils sont quelquefois unis entre eux. L'auteur n'emploie la forme du bec que lorsqu'il est absolument impossible de n'y point recourir pour opérer la division des groupes. On sent, d'après cela, quels peuvent être les embarras et les incertitudes dans lesquels entraîne une semblable méthode. Sonnerat, qui avait déjà fait connaître partiellement, dans les Recueils périodiques, diverses espèces nouvelles d'Oiseaux exotiques, en publiant à Paris, en 1775 et années suivantes, les relations de ses Voyages aux Indes, à la Chine et à la Nouvelle-Guinée, les figures et les descriptions souvent exactes d'un grand nombre d'Oiseaux, a montré combien ces régions cachaient encore de trésors en ce genre. Dans son Introduction à l'Hist. Natur. publiée à Prague en 1777, Scopoli donna une distribution systématique des Oiseaux, basée sur la forme des écailles qui recouvrent le tarse. Les espèces qui ont la peau des jambes partagée en petites écailles polygones, telles qu'en général les Accipitres, les Perroquets, les Gallinacés, les Gralles et les Palmipèdes, sont, pour Scopoli, des Retepèdes ; toutes les autres sont des Scutipèdes, c'est-à-dire qu'elles ont le devant des jambes couvert de demi-anneaux inégaux, aboutissant de chaque côté dans un sillon longitudinal. Les genres de cette section sont divisés en Négligés (les Oiseaux dont la chair ne sert point de nourriture à l'Homme) ; en Chanteurs où sont confondus les Becs-Fins et les Gros-Becs ; en Brévipèdes où se trouvent les Hirondelles et les Engoulevens. En 1780, Daubenton commença la publication de son important Recueil de planches coloriées, destinées à enrichir les OEuvres de Buffon. Nous parlerons plus tard de la manière avantageuse avec laquelle cette collection se complète. Le *Synopsis general* que donna Latham à Londres en 1781 (huit vol. in-4°, fig.), est calqué sur la méthode de Linné, dont il ne diffère que par quelques légers changemens et par l'addition de plusieurs genres. P.-A. Gilius entreprit, à Rome, la Description méthodique de tous les objets dont la nature a gratifié cette contrée ; mais la partie ornithologique n'a point été achevée ; il n'en a paru qu'un volume

in-8° accompagné de vingt-quatre planches. En 1783, Merrhem entama, à Leipzig, la Description de l'Iconographie des Oiseaux les plus rares et les moins communs. Nous ne pensons pas que cet ouvrage ait eu plus de quatre cahiers in-4°. J.-F. Jacquin fit paraître l'année suivante à Vienne, un vol. in-4°, accompagné de planches, de bons matériaux pour l'Histoire des Oiseaux. En même temps, Mauduit commença la partie ornithologique de l'Encyclopédie Méthodique qui fut continuée plus tard par Vieillot, et pour laquelle Bonnaterre fit un Système de classification dont il accompagna le volume des planches. La méthode de ce dernier se rapproche beaucoup de celle de Brisson ; dans toutes deux, les divisions principales sont fondées sur les caractères que présente la conformation des pieds ; les corps secondaires reposent sur ceux tirés de la forme du bec ; néanmoins on l'a jugée inférieure à celle de Brisson, en ce qu'elle s'éloigne davantage de l'ordre naturel. Le *Museum Carlsonianum* que Sparmann, l'un des élèves de Linné, donna en 1786, contient, à quelques petites erreurs près, de bonnes descriptions d'un assez grand nombre d'espèces nouvelles dont la plupart sont figurées dans les cent planches qui ornent les quatre fascicules in-fol. de cet ouvrage. Dans les Mémoires de l'Académie des Sciences, imprimés en 1787, se trouvent des observations intéressantes de R.-L. Desfontaines sur diverses espèces d'Oiseaux des côtes de Barbarie. En 1787, Martinet, qui avait dirigé l'entreprise des Oiseaux enluminés de Daubenton, voulut aussi publier, pour son compte, un recueil exécuté par lui-même ou dans ses ateliers ; il y joignit un texte qui fait, avec les figures, neuf volumes in-8°. Ce recueil n'eut aucun succès. Gmelin publia, en 1789 et années suivantes, à Leipzig et à Lyon, la treizième édition du *Systema Naturæ* de Linné. Un volume et demi y est consacré aux Oiseaux ; mais le nouvel éditeur n'a fait qu'ajouter quelques genres nouveaux à la division méthodique de l'édition précédente. En 1789 parurent successivement à Londres, les Oiseaux de la Grande-Bretagne, par Lewin, huit volumes in-4° avec trois cent dix-sept planches coloriées; cinquante-cinq planches coloriées d'un Voyage du gouverneur Phillip à Botany-Bay (partie de l'Histoire Naturelle), avec le texte, par Latham; les Mélanges d'Histoire Naturelle par Shaw, continuées par Leach, un vol. in-8° avec planches, chaque année; à Paris, la traduction de Molina, Histoire Naturelle du Chili, par Gravel, in-8°; enfin, un Spécimen d'Ornithologie par S. Odman, inséré dans les Actes de la Société d'Upsal. Dans la relation de son Voyage en Abyssinie, etc., qui fut traduite et imprimée à Paris en 1790, Bruce a décrit et figuré plusieurs Oiseaux nouveaux découverts dans les contrées qu'il a parcourues à la même époque. Othon Fabricius publiait à Copenhague sa Faune du Groënland, ouvrage remarquable par la concision et l'exactitude des descriptions; Spalowski, à Vienne, des matériaux pour l'Histoire Naturelle des Oiseaux, par fascicules, in-4° avec pl. coloriées; Latham, à Londres, son *Index Ornithologicus*, deux vol. in-4°, méthode extrêmement claire à la production de laquelle a concouru la critique judicieuse de toutes celles qui l'ont précédée; Withe et Hunter, la Relation d'un voyage à la Nouvelle-Galles du Sud où se trouvent les descriptions et figures de beaucoup d'Oiseaux précédemment inconnus; J.-R. Forster, enfin, son *Spicilegium Zoologiœ indicœ rarioris*, assez répandu pour que nous nous dispensions d'appeler l'attention sur ce bon ouvrage. Une histoire des Oiseaux de l'Angleterre fut ajoutée à celles qui existaient déjà par T. Lord; c'est un volume in-fol., avec cent huit planches coloriées. J.-M.-T. Beseke a aussi rassemblé en Courlande les élémens de l'Histoire des Oiseaux de cette contrée; il les a fait imprimer à Mittau et à Leipzig en 1792; quatre-vingts planches grand in-fol., parfaitement coloriées, représentant les figures, accompagnées de descriptions des Oiseaux les plus rares et les plus curieux de la ménagerie du parc d'Osterly, sont dues à W. Haye qui les publia à Londres en 1794, tandis que paraissait à Upsal l'Ornithologie suédoise de Nilson, et à Newied, sans nom d'auteur, une Ornithologie de la France, en plusieurs langues, avec un assez grand nombre de planches coloriées, le tout in-4° que l'on reproduisit in-folio l'année suivante. En 1796 parurent à Nuremberg et à Leipzig les deux ouvrages de Bechstein, sur l'Ornithologie de l'Allemagne, et en 1797, à Londres, l'Histoire Naturelle des Oiseaux de la Grande-Bretagne par P. Bewick. Ces ouvrages sont accompagnés de figures, et l'on remarque que celles du dernier, quoique gravées sur bois, sont bien supérieures à celles de l'autre en beauté comme en exactitude.

En 1798, Cuvier donna, dans son Tableau élémentaire d'Histoire Naturelle, un système de classification des Oiseaux, que, plus tard, il perfectionna dans la distribution du Règne Animal. La méthode de Lacépède, qui date de l'année suivante, partage les Oiseaux en deux grandes sections; la première renferme les Oiseaux dont le bas de la jambe est garni de plumes; ils ont les doigts gros et forts, deux devant et deux derrière dans une première division; dans la seconde, leur nombre en avant est de trois, d'un seul et quelquefois point du tout en arrière. L'autre section se compose des Oiseaux dont le bas de la jambe est dépourvu de plumes, ou dont les doigts sont réunis par une large membrane. Dans la première division, on a rangé les espèces qui ont trois doigts devant, un ou point derrière; dans l'autre, les doigts sont très-forts et au nombre de deux, trois ou quatre.

Une nouvelle édition des OEuvres de Buffon, donnée par Sonnini, présente des additions nombreuses, suite des importantes découvertes faites en Ornithologie depuis ce célèbre historien de la nature; ces additions appartiennent à l'éditeur, qui, pour ce travail, s'est adjoint Virey, dont la faconde s'étend sur toutes les branches de l'Histoire Naturelle indifféremment. Une Table méthodique des Oiseaux a été rédigée par Picot de La Peyrouse; un excellent peintre anglais, Donavan, a entrepris, à Londres, de figurer tous les Oiseaux exotiques connus, et le nombre en fut par la suite assez grand pour former dix vol. grand in-8°; enfin, Levaillant, déjà connu par un voyage qu'il fit aux environs du cap de Bonne-Espérance, commença à Paris la publication de grands ouvrages, qui, par le luxe typographique de leur exécution, semblent réservés pour orner les bibliothèques de parade. Il débuta par l'Histoire Naturelle des Oiseaux d'Afrique, en six volumes, des deux formats in-f° et in-4°. En 1800 ont paru 2 vol. in-4° d'un Traité élémentaire d'Ornithologie.

La mort prématurée de l'auteur, Daudin, a laissé cet ouvrage incomplet. Le même naturaliste avait, peu de temps auparavant, donné des observations, 1° sur les Oiseaux placés dans le genre *Tanagra*, avec la description d'une espèce nouvelle, qui, précisément, s'est trouvée ne pouvoir appartenir à ce genre; 2° sur le *Laniarius viridis* (espèce de notre genre Pie-Grièche); 3° sur la famille des Colluriens, des Moucherolles et des Tourdes. L'Histoire des Oiseaux dorés ou à reflets métalliques, avec des planches du plus vif éclat, par Audebert et Vieillot, en 2 vol. in-f° ou in-4°, est encore le premier et le plus bel ouvrage en ce genre. On trouve dans le Voyage à la recherche de La Peyrouse, les descriptions de plusieurs espèces nouvelles d'Oiseaux, qui sont d'un grand intérêt. La Zoologie générale de G. Shaw, à Londres, est un recueil assez médiocre pour le texte comme pour les figures; il est continué par Stephens

à partir de la dernière moitié du 10ᵉ vol.

Borckhausen publia, en 1801, à Darmstadt, une Ornithologie allemande, in-f°. Levaillant faisait paraître sa belle Histoire des Perroquets, en 2 vol. in-4° ou in-f°; et F.-S. Bock, à Berlin, son Ornithologie prussienne. En 1803, Levaillant donna son Histoire Naturelle des Oiseaux de Paradis, des Toucans, des Barbus, des Promérops, des Guêpiers et des Couroucous, ouvrage magnifique, en 3 vol. grand in-f°, imprimé par Didot. L'Histoire Naturelle des Tangaras, des Manakins et des Todiers, par A.-G. Desmarets, Paris, 1 vol. in-f°, ainsi que celle des plus beaux Oiseaux chanteurs de la Zône Torride, par Vieillot, sont ce qui approche le plus, pour la beauté de l'exécution, de l'ouvrage précédent. Vient ensuite l'Ornithologie de l'Egypte, par Savigny, digne d'attacher son nom au magnifique et glorieux ouvrage dont Napoléon ordonna la publication pour éterniser la mémoire de l'un des faits les plus étonnans de nos temps modernes. L'Histoire des Oiseaux du nord de l'Allemagne, par Naumann, a été publiée par cahiers, avec un certain nombre de figures noires ou coloriées, à Nuremberg, en 1806. C. Duméril a, dans sa Zoologie analytique, disposé méthodiquement les Oiseaux dans les ordres Rapaces, Passereaux, Grimpeurs, Gallinures, Echassiers et Palmipèdes; les ordres y sont subdivisés en familles, et les familles en genres. S. Girardin, en publiant son Tableau élémentaire d'Ornithologie française, a également adopté une méthode particulière, dans laquelle les masses principales sont distribuées suivant la forme des doigts; ainsi, l'on a d'un côté les Fissipèdes proprement dits, qui se composent des Accipitres, des Passereaux, des Grimpeurs et des Gallinacés; d'un autre, les Fissipèdes riverains, où sont les Echassiers, et en troisième lieu, les Palmipèdes, qui comprennent tous les Aquatiques. Un atlas in-4°, où se trouve figurée, au simple trait, une espèce au moins de chaque genre, accompagne les deux vol. in-8° qui forment ce tableau. On est encore redevable à Levaillant de l'histoire d'une partie des Oiseaux rares ou nouveaux de l'Amérique et des Indes. Cet ouvrage, publié à Paris, renferme 49 planches coloriées. En 1807 et 1808, parurent presque simultanément, l'un à Paris, l'autre à Philadelphie, deux ouvrages d'une grande importance et d'une exécution parfaite. Le premier, intitulé *Histoire Naturelle des Oiseaux de l'Amérique septentrionale*, depuis Saint-Domingue jusqu'à la baie d'Hudson, grand in-f°, figures coloriées, par Vieillot, est resté au milieu de sa course, à la 22° livraison; ce qui forme à peu près deux volumes. Le second, qui a pour titre : *Histoire Naturelle des Oiseaux des Etats-Unis*, en neuf parties in-f° ou in-4°, par Wilson, contient la description et les figures de 278 espèces, dont 56 présumées inconnues jusque-là. L'année suivante, Sonnini fit paraître à Paris, dans la traduction des *Voyages* d'Azara dans l'Amérique méridionale, les observations que ce savant voyageur a faites sur les Oiseaux du Paraguay et de la Plata, au nombre de 450 espèces environ, décrites par familles, mais sans ordre rigoureusement méthodique. En 1810, Meyer et Wolff, qui, précédemment, avaient entrepris en commun une *Histoire Naturelle des Oiseaux d'Allemagne*, grand in-f°, et qu'ils continuaient à Nuremberg, donnèrent sous le simple titre d'*Almanach* une édition en 3 vol. in-8° de ce grand ouvrage, enrichie d'observations et de descriptions d'espèces nouvelles, mais dans laquelle ils ne figurèrent que la tête et un pied d'un individu pour chaque genre. Peu après, Bonelli publia à Turin le catalogue (in-8°) des Oiseaux du Piémont, et Illiger, à Berlin, son *Prodromus* (in-8°) du Système des Oiseaux, dans lequel il range toutes les espèces sous sept ordres : 1° les Oiseaux Grim-

peurs, subdivisés en cinq familles; 2° les Marcheurs, en onze familles; 3° les Rapaces, en trois familles; 4° les Sarcleurs, dans lequel sont confondus les Gallinacés, les Pigeons, le Dronte, etc., en cinq familles; 5° les Coureurs, en trois familles; 6° les Echassiers, en huit familles; 7° enfin, les Nageurs, en six familles. En 1813, C.-J. Temminck fit précéder de quelques années sa première édition du Manuel d'Ornithologie, par une Histoire générale et particulière des Pigeons et des Gallinacés, que madame Knip, née de Courcelle, orna d'un luxe étonnant de dessin, du moins pour les Pigeons; car cette partie seule a été gravée et coloriée en un volume grand in-f°. En 1815, parut en langue allemande une description des Oiseaux de la Suisse, par Schinz. Dans la traduction du Voyage de H. Salt en Abyssinie, qui fut imprimée à Paris en 1816, on trouve de bonnes observations sur les Oiseaux de cette partie de l'Afrique; elles sont accompagnées de descriptions assez exactes.

L'ouvrage de Cuvier, intitulé *Règne Animal*, publié en 1817, apparut alors, et doit, après les immortels travaux de Linné, faire époque dans la science; il renferme la méthode ornithologique de ce grand naturaliste, qui distribue les Oiseaux en six grands ordres, subdivisés en familles :

I. Les Accipitrés ou Oiseaux de proie, constituent le premier ordre, et se rangent en deux familles : les *Diurnes*, yeux dirigés sur les côtés, tête moyenne; les *Nocturnes*, yeux dirigés en avant, tête très-volumineuse.

II. Les Passereaux ont cinq familles : 1° les *Dentirostres*, bec échancré aux côtés de la pointe; 2° les *Fissirostres*, bec court, large, aplati horizontalement, fendu très-profondément, peu crochu; 3° les *Conirostres*, bec fort et plus ou moins conique; 4° les *Ténuirostres*, bec grêle, plus ou moins allongé et arqué; 5° les *Syndactyles*, qui se distinguent suffisamment de tous les autres par la longueur du doigt externe, qui égale presque celle de l'intermédiaire ; tous deux sont en outre réunis jusqu'à la pénultième articulation.

III. Les Grimpeurs, où n'existe qu'une seule et grande famille, encore que les Perroquets, les Toucans, les Pics et les Coucous, s'y trouvent compris.

IV. Les Gallinacés, ordre si naturel, qu'une famille unique le pouvait seul remplir.

V. Les Echassiers sont divisés en cinq familles : 1° les *Brévipennes*, ailes très-courtes, ne pouvant servir au vol; 2° les *Pressirostres*, point de pouce, ou cet organe, s'il existe, n'est jamais assez long pour toucher la terre, lorsque l'Oiseau y est posé ; bec médiocre, légèrement comprimé ; 3° les *Cultrirostres*, bec gros, fort et long, souvent pointu et tranchant, quelquefois arrondi et dilaté; 4° les *Longirostres*, bec grêle, long et faible ; 5° les *Macrodactyles*, doigts, le pouce compris, très-longs, et propres à nager.

VI. Les Palmipèdes, qui sont distribués en quatre familles : 1° les *Plongeurs* ou *Brachyptères*, ailes très-courtes; pieds implantés, très en arrière du corps; 2° les *Longipennes*, ailes très-longues ; pouce libre ou nul ; 3° les *Totipalmes*, tous les doigts et le pouce réunis dans une seule membrane ; 4° les *Lamellirostres*, bec épais, revêtu d'une peau molle, plutôt que d'une matière cornée, avec ses bords garnis de petites lames disposées en forme de dents.

La Description de l'île de Java par Raffles, qui date aussi de 1817, contient les inscriptions et les figures d'un assez grand nombre d'Oiseaux propres à cette île immense ; la plupart étaient ou entièrement inconnus ou mal indiqués. Brehme et G. Schilling ont exécuté, l'année suivante, un travail dans le même genre, pour quelques Oiseaux de l'Allemagne; leur ouvrage a été imprimé à Neustadt, en 3 vol. in-8°. La méthode de L.-P. Vieillot est de la même époque,

et quoique cet ornithologiste en ait précédemment donné une analyse, ce n'est qu'en 1818 qu'elle a paru avec tous ses développemens, dans le Dictionnaire de Déterville (2ᵉ édition); elle y est intercallée comme point de rapport pour toutes les descriptions partielles, disséminées suivant l'ordre qu'exige un ouvrage de cette nature. Les Accipitrés ouvrent la marche; ils sont divisés en Diurnes, où se trouvent les familles des *Vautourins*, des *Gypaètes* et des *Accipitrins*; en *Nocturnes*, qui ne présentent qu'une seule famille. Viennent ensuite les Sylvains : ce second ordre se sous-divise en deux grandes tribus, celle des *Zygodactyles* et celle des *Anisodactyles*; les *Psittacins*, les *Macroglosses*, les *Auréoles*, les *Ptéroglosses*, les *Barbus*, les *Imberbes* et les *Frugivores*, constituent les sept familles qui appartiennent à la première tribu. La seconde en admet vingt-trois, savoir : les *Granivores*, les *OEgitales*, les *Péricalles*, les *Tisserands*, les *Leimonites*, les *Caronculés*, les *Manucodiates*, les *Coraces*, les *Baccivores*, les *Chélidons*, les *Myothères*, les *Collurions*, les *Chanteurs*, les *Grimpereaux*, les *Anthomyzes*, les *Epopsides*, les *Pelmatodes*, les *Antriades*, les *Prionotes*, les *Porte-Lyres*, les *Dysodes*, les *Colombins* et les *Alcotrides*. Les Gallinacés n'admettent que deux familles : les *Nudipèdes* et les *Plumipèdes*. On en compte quinze dans les Echassiers, qui se subdivisent en deux tribus : celle des *Ditridactyles* et celle des *Tétradactyles*. Les familles des *Mégisthones*, des *Pédionomes*, des *Ægialites* appartiennent à la première tribu ; l'autre se compose des *Hélonomes*, des *Falcirostres*, des *Latirostres*, des *Hérodions*, des *Aérophones*, des *Colborámphes*, des *Uncirostres*, des *Hylébates*, des *Macronyches*, des *Macrodactyles*, des *Pinnatipèdes* et des *Palmipèdes*. Les Nageurs ont trois tribus : celle des *Téléopodes* où sont quatre familles ; savoir : les *Syndactyles*, les *Plongeurs*, les *Dermorhyn-*

ques et les *Pélasgiens* ; celle des *Até-léopodes*, dans laquelle on trouve les familles des *Siphorins* et des *Brachyptères* ; enfin la tribu des *Ptiloptères*, qui n'a que l'unique famille des Manchots.

En 1820, H. Kuhl, qu'un peu plus tard la mort a moissonné sous le ciel équatorial de Java, et au milieu des plus savantes recherches, a consigné dans le premier volume des Actes de la Société Léopoldine, des observations sur les Perroquets ; il y a joint les descriptions d'un certain nombre d'espèces nouvelles. Temminck et Meiffren-Laugier ont entrepris, à Paris, le magnifique Recueil in-f° et in-4° des Oiseaux coloriés ; il fait suite aux planches enluminées de Daubenton, et complète, par une exécution infiniment supérieure, cette collection dont H. Kuhl a encore publié à Groningue une distribution systématique. P.-L. Vieillot s'occupait concurremment de l'Iconographie lithographique de tous les Oiseaux rares et non encore décrits du Muséum d'Histoire Naturelle de Paris. Les auteurs ont ensuite ajouté un texte à ces deux recueils de planches, dont le dernier vient de se terminer par la 82e livraison, composée, ainsi que les autres, de six planches, texte in-4°. Le même naturaliste (P.-L. Vieillot) devait contribuer à la rédaction de la Faune Française, pour la partie ornithologique ; mais il n'en a fait paraître que trois cahiers de six feuilles in-8°, accompagnés de planches coloriées.

En 1821, Horsfield a donné à Londres le résultat de ses recherches zoologiques à Java ; on y trouve les descriptions et la classification systématique des Oiseaux de cette île importante de la Polynésie ; elles forment huit cahiers in-4°, qu'accompagnent des planches coloriées. Boié, qui est allé remplacer H. Kulh dans cette même île, a fait imprimer à Kiel, en 1822, un Mémoire in-8°, pour servir à l'Ornithologie de l'Allemagne ; un Prodrome des Oiseaux de l'Islande, par Faber, paraissait en même temps

à Copenhague, et l'année suivante, P.-J. Selby s'occupait de l'impression d'une Ornithologie britannique in-f°, tandis qu'une Ornithologie vénitienne, rédigée par F.-Louis Nuccavi, sortait des presses de Trévise.

Nous avons eu, en 1824 et en 1825, 1° des Tables d'observations sur les différens Oiseaux de passage aux environs de Manchester, par J. Blackwall ; 2° des Observations analogues sur les migrations des Oiseaux en Angleterre, par Jenner ; elles sont insérées dans les Transactions philosophiques et dans le Journal de Physique ; 3° un Catalogue raisonné de tous les Oiseaux des environs de Metz ; on le trouve dans la Faune du département de la Moselle, publiée en 1 vol. in-12 par Hollandre ; 4° la Description et les figures de toutes les nouvelles espèces d'Oiseaux obtenues par les soins de Quoy et Gaimard, qui faisaient partie de l'expédition autour du monde, commandée par Freycinet. Cette Description, due à Quoy et Gaimard eux-mêmes, ajoute beaucoup d'intérêt aux découvertes zoologiques contenues dans la relation in-f° et in-4° du Voyage ; 5° des Observations sur diverses espèces du genre Pétrel ; 6° d'autres sur plusieurs Canards ; 7° la Description de quelques espèces nouvelles du genre Fringille, avec des observations sur un assez grand nombre d'Oiseaux de l'Amérique septentrionale, dont la place, dans les méthodes, était encore restée incertaine et douteuse ; 8° des Observations critiques sur l'Ornithologie américaine de Wilson, particulièrement sur sa Nomenclature. Ces quatre derniers ouvrages, imprimés à Philadelphie, in-8°, sont de Charles Bonaparte, dont le début dans la carrière des sciences naturelles semble indiquer que tous les genres de supériorité sont un patrimoine de la famille à laquelle appartient ce jeune savant. Un travail bien plus important dont il s'occupe, est un Supplément au grand ouvrage de Wilson, renfermant toutes les espèces omises par cet auteur. La première partie a paru en 1825, en un vol. in-f°, accompagnée de planches gravées et coloriées, d'une exécution parfaite; elle doit être suivie de deux ou trois autres, qui paraissent ne devoir pas se faire attendre long-temps. La méthode adoptée ou plutôt produite dans la nouvelle Ornithologie américaine, paraît être la plus naturelle : tous les Oiseaux y sont rangés en deux grandes sous-classes; la première se divise en deux ordres : les Accipitrés, qui renferment les familles des Vautourins et des Rapaces, et les Passereaux, qui se composent de deux tribus. La première est celle des Grimpeurs, formée de six familles : les Psittacins, les Frugivores, les Amphibolins, les Sagittilingues, les Syndactyles et les Serratiers; la seconde est celle des Marcheurs, et comprend douze familles : les Dentirostres, les Angulirostres, les Patres, les Séricates, les Chélidons, les Chanteurs, les Ténuirostres, les Anthomyzes, les Ægitales, les Passerins, les Colombins et les Passerigalles. L'autre sous-classe se divise en trois ordres : les Gallines, les Gralles et les Ansères. Les Gallinacés et les Crypturins sont les seules familles du premier ordre; le second en compte neuf : les Struthiones, les Pressirostres, les Alectrides, les Hérodiens, les Falcirostres, les Limicoles, les Macrodactyles, les Pinnatipèdes et les Hygrobates; enfin, les Longipennes, les Lamellosodentés, les Stéganopodes, les Lobipèdes, les Lygopodes et les Impennes, sont les familles qui constituent l'ordre des Ansères.

La méthode de Latreille, un des plus savans naturalistes de l'époque, sépare les Oiseaux en deux sections : les Terrestres et les Aquatiques. Cinq ordres sous-divisent les premiers; ce sont les Rapaces, les Passereaux, les Grimpeurs, les Passerigalles et les Gallinacés. Les Rapaces ont trois familles : les Vautourins, les Accipitrins et les OEgoliens. Il y en a cinq dans les Passereaux : les Latirostres,

les Dentirostres, les Conirostres, les Ténuirostres et les Syndactyles; six dans les Grimpeurs : les Psittacins, les Pogonorhynques, les Cuculides, les Proglosses, les Grandirostres et les Galliformes. Le quatrième ordre se compose des Dysodes, des Colombins et des Alectrides; le cinquième des Tétradactyles et des Tridactyles. La section des Aquatiques comprend deux ordres, les Echassiers et les Palmipèdes. On compte dans l'un sept familles : les Brévipennes, les Pressirostres, les Cultrirostres, les Longirostres, les Ptérodactyles, les Macrodactyles et les Pyxidirostres; dans l'autre quatre : les Lamellirostres, les Totipalmes, les Longipennes et les Brachyptères.

Récemment (1826) Vigors, secrétaire de la section zoologique de la Société Linnéenne de Londres, a publié, dans les Actes de cette Société, un nouveau système de classification des Oiseaux. Suivant l'usage adopté par les naturalistes anglais, et l'on ne sait trop pourquoi, de tout rapporter à un nombre chéri, les espèces y sont distribuées en cinq ordres, susceptibles eux-mêmes d'être divisés en cinq familles, dans lesquelles on trouve souvent cinq tribus; mais comme la nature n'est pas toujours disposée à se soumettre au calcul, il en résulte que quelques cases de familles sont encore vides. Attendons, pour porter un jugement sur cette méthode, que de nouvelles découvertes ornithologiques aient mis les auteurs à même de la compléter.

Dans l'examen des différens systèmes de classification que nous venons d'analyser le plus rapidement possible, nous n'avons pu nous dissimuler l'insuffisance des caractères auxquels, sans le secours de l'anatomie, l'on a été forcé de se restreindre; nous voulons parler de ceux tirés du bec et des pâtes; déjà plusieurs savans se sont élevés avec force contre cette restriction, et l'un d'eux particulièrement a démontré avec les plus grands avantages, de quel secours peut être l'appareil sternal dans une nouvelle distribution systématique des Oiseaux. Quoique l'idée de faire servir la considération du squelette de cette nombreuse partie des Animaux vertébrés à leur classification méthodique, soit attribuée au professeur Blainville, le docteur Lherminier se l'est rendue bien plus propre par ses travaux d'application qu'il a su pousser très-loin et qui ont été couronnés des plus heureux résultats ; nous allons extraire de notre correspondance avec ce savant ce qui nous paraîtra pouvoir donner une idée exacte de son système. C'est le 6 décembre 1815, que dans un Mémoire lu à l'Institut de France, Blainville exposa le fruit de ses recherches sur les moyens d'employer la forme du sternum et de ses annexes, pour la confirmation ou pour l'établissement des familles naturelles parmi les Oiseaux. Dans ce travail aussi recommandable par l'idée qui en fait le fond, que par l'exactitude des faits observés et l'importance des résultats qui en découlent, le professeur décrit d'abord d'une manière générale le sternum proprement dit, l'os furculaire ou la fourchette dont il prouve la parfaite analogie avec les clavicules des Mammifères, et cet os enclavé de chaque côté, entre le précédent et l'omoplate en avant, le sternum en arrière, qu'il considère comme remplissant à l'égard de l'épaule, des usages analogues à ceux de l'ischion relativement au bassin, os que Cuvier appelle coracoïde, et que l'on connaît généralement, mais à tort, sous le nom de clavicule ; il examine ensuite, sous le rapport de l'appareil sternal, la série des Oiseaux qu'il partage en neuf ordres.

1°. Les PRÉHENSEURS, *Prehensores* ; il se compose des Perroquets qui se servent des pieds pour porter la nourriture à la bouche ; il les compare ingénieusement, avec Linné, aux Singes qu'ils représentent parmi les Oiseaux, et reconnaît qu'ils ne se prêtent point à la plupart des divisions qu'on a voulu établir parmi eux.

2°. Les RAVISSEURS, *Raptores* ; ils chassent pour se procurer leur nourriture, les uns le jour, les autres la nuit ; ils ont été divisés en diurnes et en nocturnes ; ils présentent au dedans comme au dehors des différences tellement profondes qu'on pourrait en former, avec assez de raison, deux ordres distincts.

3°. Les GRIMPEURS, *Scansores* ; groupe peu naturel qui est compris dans les *Picæ* de Linné.

4°. Les PASSEREAUX, *Passeres* ; il se compose de plus de la moitié du nombre total des Oiseaux connus.

5°. Les PIGEONS, *Sponsores* ; il n'a point de rapports avec l'ordre précédent, mais il en a quelques-uns avec celui qui suit ; les Colombi-Gallines semblent faire le partage des Pigeons et des Gallinacés.

6°. Les GALLINACÉS, *Gradatores* ; cet ordre est remarquable par la grande ressemblance qu'ont entre eux les individus qui le composent.

7°. Les COUREURS, *Cursores* ; à cet ordre appartiennent les Autruches et les Casoars qui, par la singulière conformation du sternum et de l'épaule, constituent un type tout particulier.

8°. Les GRALLES, *Grallatores* ; ces Échassiers se partagent en quatre sections : les Gallino-Gralles, les Hérons, les Tringas et les Gallinules.

9°. Les PALMIPÈDES, *Natatores* ; ces Oiseaux qui n'ont pour caractère distinctif que la présence, entre leurs doigts, d'une membrane qui encore varie dans sa disposition, diffèrent autant par la forme de leur bec, que par celle de leur appareil sternal. Sous ce dernier rapport on peut les partager en cinq sections : les Mouettes, les Pétrels, les Pélicans, les Canards et les Plongeons.

Telles sont les conséquences auxquelles l'auteur de cette nouvelle méthode est arrivé en envisageant la science sous un nouvel aspect. Deux nouveaux ordres établis, l'un en faveur des Perroquets, l'autre des Autruches et des Casoars ; les Pigeons définitivement séparés des

Gallinacés; dans les autres ordres des divisions généralement bien établies : voilà sans doute des faits qui ne sont pas sans importance.

Marchant sur les traces de son devancier, après avoir rassemblé, pendant quatre ans, les matériaux dont il a pu disposer, et après avoir examiné avec une exactitude scrupuleuse la plupart des Oiseaux, le docteur Lherminier a fixé de nouveau l'attention des zoologistes sur un sujet qui paraît plein d'intérêt. Il eût été sans doute bien désirable que son travail eût embrassé la totalité des Oiseaux connus; il en aurait acquis plus de prix en devenant complet; malheureusement il existe plusieurs genres fort intéressans qu'il n'a pu, malgré tous ses efforts, se procurer jusqu'ici, et qui manquent également au cabinet d'anatomie de Paris. Par une fatalité cruelle, ce sont précisément les Oiseaux qu'il eût été le plus important de connaître, puisque les ornithologistes ne sont point encore d'accord sur la place qu'il convient d'assigner positivement à quelques-uns d'entre eux; et il est probable que toute incertitude à cet égard devra cesser du moment qu'on aura pu examiner leur organisation profonde; telle est la Lyre que Cuvier et Temminck rangent parmi les Insectivores, à côté des Merles, d'après la seule considération du bec, tandis qu'en ayant égard à la conformation des pieds, semblables à ceux des Mégapodes, à la forme des ailes, ainsi qu'aux habitudes, on pourrait, avec plus de raison, rapprocher ce genre des Gallinacés. Tels sont encore les Rupicoles, les Kamichis, le Cariama, le Chionis dont personne n'a encore pu fixer irrévocablement les rapports. Nous aurions peut-être dû, avant de parler de ce travail, attendre que le docteur Lherminier fût en possession de tous les matériaux qui peuvent le compléter; mais outre que nous en aurions manqué l'occasion, il n'est pas certain que ces matériaux, extrêmement rares et difficiles à rencontrer, se présentent

de sitôt; d'ailleurs rien n'empêchera l'auteur d'exposer les faits complémentaires à mesure qu'il sera parvenu à les recueillir. Après avoir examiné et décrit les différentes pièces qui composent l'appareil sternal, le docteur Lherminier envisage leurs formes, leurs dimensions, leurs proportions relatives, leurs usages et leurs développemens; il les compare toujours aux mêmes parties chez les Mammifères qui leur sont analogues; il les termine par l'exposition des différens muscles qui s'attachent au sternum et à ses annexes. Dans la seconde partie il examine l'appareil sternal dans les différens groupes que constitue la série des Oiseaux. Ici l'auteur est conduit à adopter une classification nouvelle, entièrement différente, dans sa base et dans ses résultats, de toutes celles que les auteurs ont proposée jusqu'ici en exceptant toutefois le professeur Blainville qui a droit à en réclamer la première idée. Amené par la conviction, à ne considérer ces grandes réunions artificielles auxquelles on a donné le nom d'ordres, que comme des assemblages de groupes distincts. qui, loin d'avoir rien de commun, différaient souvent entre eux d'une manière prodigieuse, l'auteur abandonne les anciens erremens, et suit la marche que les faits eux-mêmes lui tracent. C'est à ces groupes qu'il donne le nom de familles, en attachant à ce mot une acception analogue à celle des botanistes. Chaque famille se compose d'un certain nombre d'Oiseaux qui ont dans la formation de leur appareil sternal, une analogie indubitable; un grand nombre d'entre elles représentent exactement les genres principaux établis par Linné. Elles se subdivisent en genres, en espèces et en variétés, comme dans tous les systèmes. Après avoir fixé les limites de chaque famille, il voulut mettre de l'ordre dans leur distribution, mais ici un obstacle l'arrêta; où placer les Autruches et les Casoars qui, par la singulière conformation de leur sternum dépourvu de crête et semblable au plastron des Tortues, par la réunion des trois os de l'épaule en un seul, comme dans ces Reptiles, et par plusieurs autres caractères non moins importans, diffèrent d'une manière notable de tous les autres Oiseaux? Ne pouvant les intercaler nulle part, il s'est décidé à les placer dans un groupe tout-à-fait distinct en les considérant comme des Oiseaux anomaux qui occupent le dernier degré de l'échelle ornithologique, et s'éloignent du type de leurs congénères, pour se rapprocher de celui des Reptiles et spécialement des Chéloniens.

Il commence la série par les Oiseaux qui jouissent au plus haut degré de la faculté de voler, par ceux qui sont en quelque sorte le type de la seconde classe des Vertébrés; il les range suivant leur aptitude pour le vol, mais surtout d'après les rapports de forme de leur appareil sternal; il termine par ceux qui ne peuvent plus voler, soit qu'ils aient été destinés à vivre sur les eaux, comme les Manchots, et à se rapprocher ainsi des Poissons par le genre de leur habitation, soit que la disproportion qui existe entre leur taille et l'étendue de leurs ailes, leur interdise la faculté de s'élever dans les airs, et les attache au sol; tels sont les Autruches et les Casoars.

Il divise les Oiseaux en deux sous-classes : les Normaux et les Anormaux. Dans la première sont compris tous les Oiseaux dont le sternum, quel que soit le nombre des pièces qui le composent, est constamment pourvu d'une crête plus ou moins développée; dont les trois os de l'épaule, toujours distincts, et simplement contigus à toutes les époques de la vie, ne se confondent jamais en un seul os, en se soudant à leurs points de contact; dont la clavicule est toujours complète et constitue un seul os. Cette première sous-classe renferme les trente-trois familles suivantes :

1re Famille : *Accipitrés*; elle se di-

vise en quatre sections : α. les Faucons; β. les Autours où sont compris les Busards, les Buses, les Bondrées, les Circaètes, les Milans et les Aigles; γ. les Balbuzards où sont aussi les Gypaètes; ς. les Vautours auxquels sont joints les Cathartes.

2. *Serpentaires*. Un seul genre, le Secrétaire, qui d'après son appareil sternal se rapproche également des Accipitrés et des Cigognes, sans néanmoins appartenir exclusivement aux uns ni aux autres. Il semble qu'Illiger ait pressenti cette double affinité en donnant à ce genre le nom de *Gypogeranus* (Vautour-Grue). Le Cariama est présumé devoir faire aussi partie de cette famille.

3. *Chouettes*. Ces Oiseaux diffèrent des Accipitrés d'une manière bien tranchée, par la faiblesse de leur appareil sternal.

4. *Touracos*. Ils ont le sternum et la clavicule conformés comme ceux des Chouettes dont ils diffèrent néanmoins assez grandement par la forme de l'os coracoïde et de l'omoplate.

5. *Perroquets*. Tous, à l'exception des Kakatoès qui offrent quelques légères différences, ont le sternum conformé presque de même et offrant quelque analogie avec celui des Accipitrés.

6. *Colibris*. Une lacune très-marquée existe ici entre cette famille et celle des Perroquets; en attendant qu'elle se remplisse, on y a intercalé les Oiseaux-Mouches, en se réglant sur leur grande aptitude pour le vol. L'appareil sternal de ces jolis Oiseaux diffère considérablement de celui des Souimangas auprès desquels on les place ordinairement. Le grand développement de leurs ailes, la brièveté de leurs pieds, indiquent des Oiseaux bien meilleurs voiliers.

7. *Martinets*. Autant ils s'éloignent des Colibris par la forme du bec et par leur système de coloration, autant ils s'en rapprochent par la conformation du sternum et de ses annexes. Sous ce rapport ils ne diffèrent pas moins des Hirondelles

que les Colibris sont peu rapprochés des Souimangas.

8. *Engoulevens.* Quoique assez différens des Martinets, et doués d'une aptitude beaucoup moins grande pour le vol, ces Oiseaux leur ressemblent bien plus que les Hirondelles.

9. *Coucous.* Ils se divisent, d'après le nombre des échancrures du sternum, en deux sections, les Coucous proprement dits et les Malkohas.

10. *Couroucous.* Ils ont beaucoup plus de rapports avec la famille suivante qu'avec celle qui précède.

11. *Rolliers.* Dans toutes les classifications ornithologiques on place ces Oiseaux dans le genre Corbeau, et particulièrement à côté des Geais avec lesquels ils ont les plus grands rapports extérieurs ; cependant ils en diffèrent complétement par leur organisation profonde. Les Rolles viendront probablement rapprocher encore les chaînons qui lient les Rolliers aux Couroucous.

12. *Guêpiers.* Il est vraisemblable que les Jacamars devront être placés dans cette famille.

13. *Syndactyles.* Composée des Calaos et des Martins-Pêcheurs ; ces derniers diffèrent toujours des autres par la conformation du bord postérieur du sternum, qui présente quatre échancrures au lieu de deux.

14. *Toucans.* Auxquels sont de nouveau réunis les *Aracais*, dont le sternum ne paraît point différer.

15. *Pics.* Ils ont les omoplates terminés en crochet arrondi ; les Torcols les ont en pointe aiguë, et ce caractère ne suffit point pour diviser le groupe.

16. *Epopsides.* Cette famille se compose des Huppes, des Promérops, et vraisemblablement des Tichodromes, des Epimaques et des Picucules.

17. *Passereaux.* Ce groupe qui, dans tous les systèmes, se compose toujours d'un très-grand nombre d'individus, constitue encore, malgré les retranchemens que l'on a pu lui faire subir, la famille la plus considérable. Il renferme les Souimangas, les Sylvies, les Merles, les

Corbeaux, les Pies-Grièches, les Mésanges, les Gros-Becs, les Hirondelles, etc. De la manière dont cette famille est caractérisée, il n'y a rien de plus facile que de reconnaître les individus qui la composent ; tous sont tellement semblables qu'il a été impossible de trouver des caractères qui s'accordassent avec les divisions en cultrirostres, conirostres, etc. ; à plus forte raison avec la subdivision en genres.

18. *Pigeons.* Il y a encore ici une lacune non moins sensible que celle que l'on a observée entre les Perroquets et les Passereaux. Cette famille conduit manifestement aux Gallinacés.

19. *Gallinacés.* Cette famille se compose des genres Hocco, Pénélope, Pintade, Dindon, Paon, Eperonnier, Lophophore, Houppifère, Coq, Faisan, Tétras, Francolin, Perdrix, Colin et Caille. Tous ces Oiseaux ont au dedans un air de famille non moins frappant qu'au dehors. L'appareil sternal des Gangas et des Syrrhaptes est encore inconnu à l'auteur. Il pourrait différer, sous quelques rapports, de celui des Gallinacés, et ressembler davantage à celui des Pigeons.

20. *Tinamous.* Ces Oiseaux ont été séparés de la famille des Gallinacés d'après l'inspection du sternum du Tinamou Magoua. La famille des Tinamous, dont l'établissement paraît un des résultats les plus importans du travail, se grossira des genres Turnix, Mégapode, Ménure, dont la place était indécise, et peut-être aussi des Kamichis, quoique ceux-ci paraissent s'en éloigner davantage.

21. *Poules d'eau.* L'inspection du sternum des individus de la famille précédente, dont la conformation est véritablement intermédiaire à celle des Gallinacés et des Poules d'eau, a décidé l'érection de ces dernières en famille, et leur rapprochement des Gallinacés, bien plus qu'on ne l'a fait jusqu'ici. Cette famille comprend les Poules Sultanes, les Poules d'eau, les Foulques, les

Jacanas et les Ralles. Tous se font remarquer par l'étroitesse extraordinaire de leur sternum, qui leur a valu le nom de *Compresse* que leur donne le professeur Blainville.

22. *Grues.* La forme de leur appareil sternal rapproche ces Oiseaux des Ralles plus que des Hérons et des Cigognes avec lesquels ils ont été confondus. Ils constituent avec les Agamis, une famille bien caractérisée dans laquelle la Grue couronnée doit former tout au moins un seul genre. La Grue commune et la Grue des Indes-Orientales, offrent une disposition curieuse dans la structure du sternum, dont la crête loge la trachée-artère.

25. *Hérodiens.* Elle se compose, 1° des Hérons; 2° des Cigognes, auxquels viennent se joindre les Tantales et les Becs-Ouverts; 5° de l'Ombrette qui s'éloigne un peu des précédens par le défaut d'articulation de la clavicule avec le sternum.

24. *Hétérorhynques.* Formée des Ibis et des Spatules, différens il est vrai par la forme du bec; mais tellement semblables d'ailleurs qu'ils pourraient être pris pour les espèces d'un seul genre.

25. *Tachydromes.* Très-nombreuse en espèces, cette famille comprend le reste des Gralles ou Echassiers des auteurs, à l'exception des Autruches et des Casoars qui constituent les Anomaux. L'appareil sternal est presque le même dans tous ces Oiseaux; en sorte que l'on ne sait vraiment par lequel commencer ou finir la série. Toutes les divisions génériques établies par les auteurs, correspondent à des différences le plus souvent très-légères, soit dans la configuration générale du sternum, soit dans celle de son bord postérieur. Les Outardes forment l'un des groupes les plus distincts de cette famille; il en est de même des Bécasses et des Courlis. Les Vanneaux se confondent insensiblement avec les Pluviers. Les Bécasseaux se lient aux Chevaliers par les Combattans. Aucune différence n'a été remarquée entre les

Tridactyles et les Tétradactyles. C'est encore à cette famille qu'appartiennent les Phénicoptères, les Giaroles et les Phalaropes. Quant à ces derniers, que Vieillot et Temminck placent, l'un dans la famille, l'autre dans l'ordre des Pinnatipèdes, avec les Foulques, en raison de la disposition festonnée des membranes des doigts, ils diffèrent de la manière la plus tranchée de ces Oiseaux et ne paraissent pas devoir être séparés de cette famille, dans laquelle leur système de coloration et leur organisation profonde leur assignent une place invariable à côté des Saurerlings; néanmoins, comme ils sont meilleurs nageurs que tous les autres Tachydromes, il convient de les placer tout-à-fait au dernier rang et de les rapprocher ainsi, autant que possible, des Mouettes et des Sternes avec lesquelles ils ont quelques points de liaison.

26. *Mouettes.* A la rigueur cette famille, dans laquelle viennent aussi se ranger les Sternes, les Rhyncops et les Stercoraires, n'aurait pas dû être isolée de la précédente, sans les différences marquées qui, à l'extérieur, ont paru suffisantes à la plupart des méthodistes pour éloigner d'une manière remarquable deux groupes que la conformation du sternum rapproche si fort.

27. *Pétrels* ou *Siphonorhyniens.* Les Pétrels et les Albatros constituent cette famille, que l'on peut sous-diviser en deux tribus : on placerait dans la première les meilleurs voiliers, ce sont les petits Pétrels et les Albatros dont le sternum, fortement modifié pour un vol très-soutenu, est plein ou seulement par deux légères échancrures en arrière. Les Pétrels, Damier et Puffins qui présentent quatre échancrures, formeraient la seconde tribu.

28. *Pélicans.* Les Phaétons, les Frégates dont le sternum, par sa brièveté, ne paraît pas en rapport avec l'énergie du vol dans ces Oiseaux, ou diffère à quelques égards du type affecté aux Pélicans proprement dits,

et les Fous, composent cette famille dans laquelle ils constituent cinq genres bien distincts. Le dernier de ces genres, par l'allongement du sternum, établit le passage à la famille suivante.

29. *Canards*. Cette grande famille, l'une des plus naturelles, admet indistinctement les Harles, les Oies, les Canards et les Cygnes. Les différences dans la forme du sternum sont à peine remarquables dans chaque espèce, si l'on en excepte celle du Cygne sauvage dont la trachée-artère se loge dans la crête sternale. Heureusement des caractères extérieurs facilitent l'établissement de petites tribus qui rendent moins pénible l'étude de ce groupe extrêmement nombreux.

3o. *Grèbes*. Toutes les espèces européennes de cette famille ont dans leurs formes une grande analogie avec les dernières espèces de celle des Canards; néanmoins, quelle que soit l'étendue latérale du sternum dans celle-ci, jamais on ne pourra les confondre avec les Grèbes.

31. *Plongeons*. Ils diffèrent beaucoup des Grèbes par la longueur du sternum, et des Pingouins par la largeur de ce même organe, la hauteur de la crête, la forme des os de l'épaule, etc.

52. *Pingouins*. Un sternum long et étroit rend cette famille commune aux Guillemots et aux Macareux. La forme du bec peut seule déterminer les coupes génériques.

33. *Manchots*. Il y a dans cette famille deux genres peu nombreux en espèces; ce sont les Manchots et les Garfous ou Sphénisques. L'appareil sternal, chez les uns et les autres, n'est guère plus épais que du papier à lettre, et l'omoplate est comparativement plus large que dans aucun autre Oiseau.

La deuxième sous-classe, celle des Oiseaux anomaux, se compose d'une seule famille à laquelle le docteur Lherminier donne, comme Blainville, le nom de Coureurs, en raison de la grande aptitude dont les Oi-

ORN

seaux qu'elle renferme sont doués pour la marche, ce qui compense leur incapacité pour le vol. Quatre Oiseaux qui constituent chacun un genre distinct, sont jusqu'ici les seuls membres connus de cette famille. Le Nandou ne diffère pas moins de l'Autruche au dedans qu'au dehors; le Casoar et l'Emou se ressemblent davantage quoique présentant des différences encore très-sensibles dans la forme de leur appareil sternal. Quand on considère la physionomie hétéroclite de ces Oiseaux, les anomalies singulières qu'ils présentent dans la forme et dans le mode d'ossification de leur sternum, dans les connexions et le développement des os de leur épaule et plusieurs autres caractères anatomiques non moins importans, on ne peut s'empêcher de croire qu'ils sont dans un état de dégradation, tendant à les rapprocher des premiers Reptiles et non des Mammifères, comme on est disposé à le penser d'abord. On est ainsi tenté de les mettre au nombre de ces êtres intermédiaires et de transition, qui semblent destinés à lier ensemble les différentes parties du règne animal. Ce sont les motifs qui ont engagé l'auteur de ce système à séparer ces Oiseaux de leurs congénères, et à leur assigner une place si différente de celle qu'ils occupent dans toutes les méthodes ornithologiques.

Nous nous sommes étendu un peu longuement sur ce dernier système parce qu'il nous a paru tracé d'après des vues tout à la fois neuves et piquantes; et quoique la première idée en soit réclamée par Blainville, le développement qui constitue la propriété scientifique n'en est pas moins dû à Lherminier. La lettre de ce savant qui accompagne l'envoi de ses derniers documens est du 3o novembre 1826; il nous y prévient, et nous en faisons part aux ornithologistes, que pour perfectionner sa méthode, il recevra avec la plus vive reconnaissance le squelette ou seulement l'appareil sternal des Barbus, Brèves, Rupicoles,

Motmots, Chionis, et de beaucoup d'espèces rares ou de contrées lointaines qu'il n'a pu encore réussir à se procurer; nous engageons vivement les naturalistes qui en seraient possesseurs ou qui le deviendraient, à vouloir les confier à l'auteur de cet important travail, afin qu'il puisse y mettre la dernière main. La méthode que Ranzani a adoptée dans ses Elémens de Zoologie (T. III) publiés à Bologne en 1821, est aussi fondée sur les caractères développés par Blainville. Elle comprend sept ordres dont le premier renferme les genres à sternum dépourvu de carène; tels sont les genres Autruche et Casoar. Tous les Oiseaux placés dans les autres ordres ont le sternum carené. Le deuxième se compose des Grimpeurs, dont les doigts sont opposés deux à deux. Le troisième ordre est celui des Oiseaux de proie; leurs tarses sont gros et robustes; leurs ongles crochus, leur mandibule supérieure, aiguë et recourbée. Le quatrième est formé des Gallinacés, dont le tarse est gros et robuste; les ongles non crochus, et la mandibule supérieure courbée en voûte. Le cinquième ordre, celui des Passereaux, a le tarse mince, médiocre ou court; la jambe entièrement emplumée. Le sixième ordre admet tous les Oiseaux de rivage, ou les Echassiers, à tarse plus ou moins long, et dénudé jusqu'au milieu de la jambe. Ces quatre ordres n'ont pas les tarses comprimés, et leurs pieds sont placés à l'équilibre du corps; il n'en est pas de même du septième et dernier ordre qui comprend tous les Palmipèdes; ceux-ci au contraire ont le tarse plus ou moins comprimé et les pieds très en arrière, et hors de l'équilibre du corps.

Nous avons réservé pour la fin de cet article l'exposé de la méthode de classification, publiée par C.-J. Temminck, en 1820, dans son Manuel d'Ornithologie. Et pour tenir la promesse que nous avons faite au mot OISEAUX, d'accompagner cette méthode d'une distribution géographi-

que des créatures qui s'y trouvent classées, sans cependant trop allonger cet article, nous ajouterons à la suite des noms de genres une simple indication des lieux qu'habitent leurs espèces. Nous pouvons nous restreindre aussi à cette nomenclature puisque les caractères génériques sont exposés fort en détail à chacun de leurs articles respectifs, disséminés dans le présent Dictionnaire.

Ordre I.—RAPACES, *Rapaces*. Bec court, robuste, comprimé sur les côtés, courbé vers l'extrémité; mandibule supérieure recouverte à sa base par une cire; narines ouvertes; pieds courts ou de moyenne longueur, nerveux, forts, emplumés jusqu'aux genoux ou jusqu'aux doigts. Trois doigts en avant et un en arrière, articulés sur la même place, entièrement divisés ou unis à la base par une membrane, rudes en dessous, pourvus d'ongles puissans, acérés, rétractiles et arqués.

1er genre : Vautour, *Vultur*. Il est répandu sur tout l'ancien continent et paraît être étranger au nouveau.

2. Catharte, *Cathartes*. Ancien et nouveau continent.

3. Gypaète, *Gypaetus*. Ancien continent.

4. Messager, *Gypogeranus*. Afrique.

5. Faucon, *Falco*. Ancien et nouveau continent.

6. Chouette, *Strix*. Ancien et nouveau continent.

Ordre II.—OMNIVORES, *Omnivores*. Bec médiocre, robuste, tranchant sur ses bords; mandibules supérieures plus ou moins échancrées vers la pointe. Quatre doigts; trois en avant et un en arrière. Ailes médiocres; rémiges terminées en pointe.

7. Sasa, *Ophistocomus*. Amérique équinoxiale.

8. Calao, *Buceras*. Afrique, Inde et Polynésie.

9. Motmot, *Prionites*. Amérique méridionale.

10. Corbeau, *Corvus*. Partout.

11. Casse-Noix, *Nucifragus*. Europe.

12. Pyrrhocorax, *Pyrrhocorax*. Ancien continent.

13. Cassican, *Barita*. Polynésie et Océanie. (Les espèces comprises jusqu'ici dans le genre *Vanga*, doivent faire partie du genre Cassican.)

14. Glaucope, *Glaucopis*. Polynésie.

15. Mainate, *Gracula*. Inde.

16. Pique-Bœuf, *Buphaga*. Afrique.

17. Jaseur, *Bombycivora*. Régions septentrionales des deux continens.

18. Piroll, *Kitta*. Océanie.

19. Rollier, *Coracias*. Ancien continent.

20. Rolle, *Colaris*. Ancien continent.

21. Loriot, *Oriolus*. Ancien continent et Océanie.

22. Troupiale, *Icterus*. Amérique.

23. Etourneau, *Sturnus*. Partout.

24. Martin, *Pastor*. Ancien continent, contrées équinoxiales.

25. Paradisé, *Paradisea*. Nouvelle-Guinée et quelques points de la Polynésie.

26. Stourne, *Lamprotornis*. Afrique et Asie.

Ordre III.—INSECTIVORES, *Insectivores*. Bec court ou médiocre, droit, arrondi, peu tranchant ou en alène; mandibule supérieure courbée, échancrée vers la pointe, ordinairement garnie à sa base de quelques poils rudes, dirigés vers la pointe. Trois doigts en avant, un en arrière, articulés sur le même plan ; l'extérieur soudé à la base ou uni à l'intermédiaire jusqu'à la première articulation.

27. Merle, *Turdus*. Partout.

28. Cincle, *Cinclus*. Europe, Asie et probablement aussi l'Amérique boréale.

29. Ménure ou Porte-Lyre, *Menura*. Océanie.

30. Myophone, *Myophonus*. Polynésie.

31. Brève, *Pitta*. Inde.

32. Fourmilier, *Myothera*. Amérique méridionale.

33. Batara, *Tamnophilus*. Amérique.

34. Pie-Grièche, *Lanius*. Partout, l'Amérique méridionale exceptée.

35. Bécarde, *Psaris*. Amérique méridionale.

36. Bec-de-Fer, *Sparactes*. Iles de l'océan Pacifique.

37. Langrayen, *Ocypterus*. Inde et Océanie.

38. Crinon, *Criniger*. Afrique et Polynésie.

39. Drongo, *Edolius*. Afrique et Asie.

40. Echenilleur, *Ceblephyris*. Afrique et Asie.

41. Coracine, *Coracina*. Amérique méridionale.

42. Cotinga, *Ampelis*. Amérique méridionale.

43. Avérano, *Casmarhincos*. Amérique méridionale.

44. Procné, *Procnias*. Amérique méridionale.

45. Eurylaime, *Eurylaimus*. Polynésie.

46. Rupicole, *Rupicola*. Amérique méridionale et Polynésie.

47. Tamnanak, *Phibalura*. Brésil.

48. Manakin, *Pipra*. Amérique méridionale.

49. Pardalote, *Pardalotus*. Des contrées équinoxiales des deux continens.

50. Todier, *Todus*. Antilles.

51. Platyrhinque, *Platyrhincos*. Amérique méridionale.

52. Moucherolle, *Muscipeta*. Toutes les contrées équatoriales.

53. Drymophile, *Drymophila*. Archipel des Moluques.

54. Gobe-Mouche, *Muscicapa*. Partout.

55. Mérion, *Malurus*. Afrique, Asie et Océanie.

56. Synallaxe, *Synallaxis*. Amérique méridionale.

57. Sylvie ou Bec-fin, *Sylvia*. Partout.

58. Hylophile, *Hylophilus*. Brésil.

59. Traquet, *Saxicola*. Ancien continent.

60. Accenteur, *Accentor*. Ancien continent.

61. Bergeronnette, *Motacilla*. Ancien continent.

62. Enicure, *Enicurus*. Polynésie.

63. Pipit, *Anthus*. Partout.

Ordre IV. GRANIVORES, *Granivores*. Bec court, gros, fort, plus ou moins conique, dont l'arête ordinairement aplatie s'avance sur le front; mandibule supérieure rarement échancrée; trois doigts en avant et divisés, un en arrière; ailes médiocres.

64. Alouette, *Alauda*. Partout.

65. Mésange, *Parus*. Partout.

66. Bruant, *Emberiza*. Partout, l'Amérique méridionale exceptée.

67. Embérizoïde, *Emberizoides*. Contrées équatoriales du nouveau continent.

68. Tangara, *Tanagra*. Amérique.

69. Tisserin, *Ploceus*.

70. Bec-Croisé, *Loxia*. Contrées boréales des deux continens.

71. Psittacin, *Psittirostra*. Océanie.

72. Bouvreuil, *Pirrhula*. Contrées tempérées des deux continens.

73. Gros-Bec, *Fringilla*. Partout.

74. Phytotome, *Phytotoma*. Afrique.

75. Coliou, *Colius*. Afrique.

Ordre V. ZYGODACTYLES, *Zygodactyli*. Deux doigts en avant et deux en arrière.

α. Bec plus ou moins arqué; doigt externe postérieur, quelquefois réversible.

76. Touraco, *Musciphaga*. Afrique.

77. Indicateur, *Indicator*. Afrique.

78. Coucou, *Cuculus*. Toutes les régions tempérées.

79. Coüa, *Coccyzus*. Régions tempérées des deux continens.

80. Coucal, *Centropus*. Afrique, Polynésie et Océanie.

81. Malcoha, *Phœnicophœus*. Inde.

82. Courol, *Leptotomus*. Afrique.

83. Scythrops, *Scythrops*. Océanie.

84. Aracari, *Pteroglossus*. Amérique méridionale.

85. Toucan, *Ramphastos*. Amérique méridionale.

86. Ani, *Crotophaga*. Amérique méridionale.

87. Couroucou, *Trogon*. Contrées équatoriales des deux continens.

88. Tamatia, *Capito*. Amérique méridionale.

89. Barbu, *Bucco*. Contrées équatoriales de l'ancien continent.

90. Barbican, *Pogonias*. Afrique.

91. Perroquet, *Psittacus*. Contrées inter-tropicales des deux continens.

β. Bec long, droit, conique et tranchant, l'un des deux doigts postérieurs quelquefois oblitéré.

92. Pic, *Picus*. Partout.

93. Picumne, *Picumnus*. Contrées équatoriales des deux continens.

94. Jacamar, *Galbula*. Amérique méridionale.

95. Torcol, *Yunx*. Partout.

Ordre VI. ANISODACTYLES, *Anisodactyli*. Bec plus ou moins arqué, souvent droit, toujours subulé, effilé, grêle et moins large que le front; trois doigts devant; l'externe soudé inférieurement à l'intermédiaire; un derrière, souvent très-long; tous pourvus d'ongles longs et courbés.

96. Oxyrhinque, *Oxyrhincus*. Amérique méridionale.

97. Sittelle, *Sitta*. Régions tempérées des deux continens.

98. Onguiculé, *Orthonyx*. Océanie.

99. Pipicule, *Dendrocolaptes*. Amérique méridionale.

100. Sittine, *Xenops*. Amérique méridionale.

101. Grimpart, *Anabates*. Amérique méridionale.

102. Ophie, *Opetiorhynchos.* Amérique méridionale.

103. Grimpereau, *Certhia.* Partout.

104. Guit-Guit, *Cœreba.* Amérique méridionale.

105. Colibri, *Trochilus.* Amérique méridionale et Antilles.

106. Souimanga, *Nectarinia.* Contrées équatoriales des deux continens.

107. Arachnothère, *Arachnothera.* Polynésie.

108. Echelet, *Climacteris.* Océanie.

109. Tichodrome, *Tichodroma.* Europe.

110. Huppe, *Upupa.* Ancien continent.

111. Promerops, *Epimachus.* Contrées équatoriales de l'ancien continent.

112. Héorotaire, *Drepanis.* Océanie.

113. Philidon, *Meliphaga.* Polynésie et Océanie.

Ordre VII. — ALCYONS, *Alcyones.* Bec long ou de médiocre longueur, acéré, presque quadrangulaire, droit ou faiblement arqué; tarse très-court; trois doigts en avant, réunis à la base; un en arrière.

114. Guêpier, *Merops.* Régions équatoriales de l'ancien continent.

115. Martin-Pêcheur, *Alcedo.* Partout.

116. Martin-Chasseur, *Dacelo.* Afrique et Asie.

Ordre VIII. — CHÉLIDONS, *Chelidones.* Bec très-court et déprimé, très-large à sa base; mandibule supérieure courbée vers la pointe; pieds courts; trois doigts en avant, entièrement divisés ou unis à leur base par une courte membrane; un en arrière, souvent réversible; ongles fort crochus; ailes longues.

117. Hirondelle, *Hirundo.* Partout.

118. Martinet, *Cypselus.* Partout.

119. Engoulevent, *Caprimulgus.* Partout.

120. Podarge, *Podargus.* Polynésie.

Ordre IX. — PIGEONS, *Columbæ.* Bec médiocre, comprimé; mandibule supérieure couverte à sa base d'une peau molle dans laquelle sont percées les narines, plus ou moins courbées vers la pointe. Trois doigts en avant très-divisés; un en arrière.

121. Pigeon, *Columba.* Partout.

Ordre X. — GALLINACÉS, *Gallinæ.* Bec court, convexe, quelquefois couvert d'une cire; mandibule supérieure plus ou moins courbée, soit dès la base, soit vers la pointe seulement. Narines latérales, recouvertes d'une membrane voûtée, nue ou bien garnie de plumes. Tarse allongé; trois doigts en avant, réunis par une membrane; un en arrière s'articulant plus haut que les autres, quelquefois très-petit ou même entièrement oblitéré.

122. Paon, *Pavo.* Inde.

123. Coq, *Gallus.* Inde et ses archipels.

124. Faisan, *Phasianus.* Contrées chaudes de l'Europe et de l'Asie.

125. Lophophore, *Lophophorus.* Inde.

126. Eperonnier, *Polyplectron.* Inde.

127. Dindon, *Meleagris.* Amérique boréale, mais chaude.

128. Argus, *Argus.* Polynésie.

129. Pintade, *Numida.* Afrique.

130. Pauxi, *Pauxi.* Amérique méridionale.

131. Hocco, *Crax.* Amérique méridionale.

132. Pénélope, *Penelope.* Amérique méridionale.

133. Tétras, *Tetrao.* Régions froides ou tout au plus tempérées des deux continens.

134. Ganga, *Pterocles.* Contrées chaudes de l'ancien continent.

135. Hétéroclite, *Syrrhaptes.* Tartarie.

136. Perdrix, *Perdrix.* Partout.

137. Cryptonix, *Cryptonix.* Iles de la Sonde.

138. Mégapode , *Megapodius.* Océanie.

139. Tinamou, *Tinamus.* Amérique méridionale.

140. Turnix, *Hemipodius.* Contrées chaudes de l'ancien continent.

Ordre XI.—Alectorides , *Alectorides.* Bec aussi long ou plus court que la tête, robuste et dur; mandibule supérieure courbée, convexe, ordinairement crochue vers la pointe. Tarse long et grêle; trois doigts en avant; un en arrière, articulé plus haut que les autres.

141. Agami, *Psophia.* Amérique méridionale.

142. Cariama, *Dicholophus.* Brésil.

143. Glaréole , *Glareola.* Ancien continent.

144. Kamichi, *Palamadea.* Amérique méridionale.

Ordre XII.—Coureurs, *Cursores.* Bec médiocre ou court; pieds longs, nus au-dessus du genou; deux ou trois doigts seulement en avant, point en arrière.

145. Autruche, *Struthio.* Afrique.

146. Rhea, *Rhea.* Amérique méridionale et Océanie.

147. Casoar, *Casoarius.* Inde.

148. Outarde, *Otis.* Contrées chaudes de l'ancien continent.

149. Court-Vite, *Cursorius.* Ancien continent.

Ordre XIII.—Gralles , *Grallatores.* Forme du bec très-variée, quelquefois en cône très-allongé, plus souvent droit, comprimé; rarement déprimé ou aplati. Pieds longs , grêles, plus ou moins nus au-dessus du genou.

a. Trois doigts en avant; point en arrière.

150. OEdicnème, *Œdicnemus.* Ancien continent.

151. Sanderling, *Calidris.* Partout.

152. Falcinelle, *Falcinellus.* Afrique.

153. Echasse , *Himantopus.* Partout.

154. Huîtrier, *Hæmatopus.* Partout.

155. Pluvier, *Charadrius.* Partout.

β. Trois doigts en avant; un en arrière.

156. Vanneau, *Vanellus.* Partout.

157. Tournepierre, *Strepsilus.* Partout.

158. Grue, *Grus.* Partout, l'Océanie exceptée.

159. Courlant, *Aramus.* Amérique.

160. Héron, *Ardea.* Partout.

161. Cigogne, *Ciconia.* Partout.

162. Bec-Ouvert , *Anastomus.* Inde.

163. Ombrette, *Scopus.* Afrique.

164. Drome, *Dromas.* Amérique méridionale.

165. Flammant , *Phœnicopterus.* Partout.

166. Avocette, *Recurvirostra.* Partout.

167. Savacou, *Cancroma.* Amérique méridionale.

168. Spatule , *Platalea.* Partout.

169. Tantale, *Tantalus.* Contrées intertropicales des deux continens.

170. Ibis, *Ibis.* Partout où la température ne s'abaisse pas au-dessous de o.

171. Courlis, *Numenius.* Partout.

172. Bécasseau, *Tringa.* Partout.

173. Chevalier, *Totanus.* Partout.

174. Barge, *Limosa.* Dans toutes les régions froides et tempérées.

175. Bécasse, *Scolopax.* Partout.

176. Rhynchée, *Rhynchœa.* Afrique et Asie.

177. Caurale, *Eurypyga.* Amérique méridionale.

178. Ralle, *Rallus.* Partout.

179. Poule d'eau, *Gallinula.* Partout.

180. Jacana, *Parra.* Régions inter-tropicales des deux continens.

181, Talère, *Porphyrio.* Contrées chaudes et tempérées des deux continens.

Ordre XIV.—Pinnatipèdes, *Pinnatipedes.* Bec médiocre, droit; mandibule supérieure légèrement courbée vers la pointe. Pieds médiocres ; tarses grêles ou comprimés ; trois doigts en avant, unis par des rudimens de membrane, qui bordent chacun des côtés ; un en arrière, articulé intérieurement sur le tarse.

182. Foulque, *Fulica*. Partout.

183. Grébi-Foulque, *Podoa*. Amérique méridionale et Afrique.

184. Phalarope, *Phalaropus*. Partout.

185. Grèbe, *Podiceps*. Partout.

Ordre XV.—PALMIPÈDES, *Palmipedes*. Forme du bec très-variée. Pieds courts, plus ou moins retirés dans l'abdomen ; trois ou quatre doigts en avant, réunis dans une membrane entière ou plus ou moins profondément découpée ; un en arrière (pour ceux qui n'en ont que trois en avant) articulé intérieurement sur le tarse, ou quelquefois oblitéré.

186. Céréopse, *Cereopsis*. Océanie.

187. Bec-en-Fourreau, *Chionis*. Océanie.

188. Bec-en-Ciseaux, *Rhynchops*. Amérique.

189. Sterne, *Sterna*. Partout.

190. Mouette, *Larus*. Partout.

191. Stercoraires, *Lestris*. Partout.

192. Pétrel, *Procellaria*. Partout.

193. Prion, *Pachyptila*. Mers intertropicales.

194. Pélécanoïde, *Haladroma*. Mers intertropicales.

195. Albatros, *Diomedea*. Mers intertropicales.

196. Canard, *Anas*. Partout.

197. Harle, *Mergus*. Partout.

198. Pélican, *Pelicanus*. Partout.

199. Cormoran, *Carbo*. Partout.

200. Frégate, *Tachypetes*. Mers intertropicales.

201. Fou, *Sula*. Partout.

202. Anhinga, *Plotus*. Mers intertropicales.

203. Paille-en-Queue, *Phaeton*. Mers intertropicales.

204. Guillemot, *Uria*. Partout.

205. Plongeon, *Colymbus*. Partout.

206. Starique, *Phaleris*. Kamtschatka.

207. Macareux, *Mormon*. Mers du Nord.

208. Pingouin, *Alca*. Mers du Nord.

209. Sphénisque, *Spheniscus*. Mers intertropicales.

210. Manchot, *Aptenodytes*. Mers intertropicales et australes.

Ordre XVI.—INERTES, *Inertes*. Forme du bec variée ; corps probablement trapu, couvert de duvet et de plumes, à barbes distantes. Pieds retirés dans l'abdomen ; tarse court ; trois doigts dirigés en avant, entièrement divisés jusqu'à la base ; un en arrière, court, articulé intérieurement ; ongles gros et acérés. Ailes impropres au vol.

211. Aptéryx, *Apteryx*.

212. Dronte, *Didus*. Ces deux genres ont été détruits par l'Homme dans les îles de Rodrigue, de Maurice et de Mascareigne.

Telle est la méthode de Temminck que nous avons adoptée dans la rédaction des articles ornithologiques du présent Dictionnaire. Les genres qui ont été ajoutés à cette méthode à mesure que chacun de nos tomes paraissait seront traités au Supplément, afin d'éviter ces additions qu'on se permet ailleurs sans mesure, et qui sont à peu près perdues pour des lecteurs qui ne savent où les déterrer à travers la confusion de l'ordre alphabétique violé sous le prétexte de demeurer au niveau de la science. (DR..Z.)

ORNITHOMYIE. *Ornithomyia.* INS. Genre de l'ordre des Diptères, famille des Pupipares, tribu des Coriaces, établi par Latreille aux dépens du genre *Hippobosca* de Linné et ayant pour caractères : antennes insérées à la partie antérieure et latérale de la tête, saillantes et s'avançant parallèlement de chaque côté de la trompe, très-velues, de deux articles, dont le premier très-petit, le second allongé. Trompe composée de deux valvules coriaces, formant un tube avancé et recouvrant un suçoir sétiforme, libre, saillant ;

point de palpes distincts; corps déprimé, à peau solide et coriace; crochets des tarses fortement tridentés et paraissant triples. Ce genre a les plus grands rapports avec les Hippobosques; comme dans ces derniers, son corps est aplati et revêtu d'une peau écailleuse, luisante et très-coriace; mais il en diffère principalement par les antennes qui sont en forme de tubercules avec une soie sur le dos dans les Hippobosques, tandis qu'elles sont en forme de lames dans le genre dont nous traitons. Les Mélophages de Latreille s'en distinguent au premier coup-d'œil, parce qu'ils sont privés d'ailes, et que leurs yeux sont peu distincts. La tête des Ornythomyies est logée dans une échancrure du corselet. Les yeux sont ordinairement grands, ovales, latéraux et entiers; l'extrémité antérieure de la tête est échancrée en un demi-cintre, où sont placés les organes de la manducation, fermé en dessous par une membrane, et en dessus par une petite pièce écailleuse ou coriace, en forme de chaperon, échancrée en devant, et portant les antennes; au devant de ce chaperon est insérée une petite pièce plus ou moins apparente, suivant les espèces, échancrée, et que Latreille compare à une lèvre supérieure; c'est de l'échancrure de cette pièce que l'on voit sortir la trompe ou la gaîne du suçoir, de longueur variable, mais ordinairement saillante. Un petit filet écailleux, avancé au delà de la trompe, un peu arqué, formé de deux soies réunies, constitue le suçoir de même que dans les Hippobosques. L'extrémité postérieure de la tête porte, dans son milieu, trois petits yeux lisses très-rapprochés et disposés en triangle; il n'y a que peu d'espèces qui ne présentent pas ce caractère. Le corselet a, de chaque côté, près du bord antérieur, un stigmate très-distinct. Les ailes sont longues, quelquefois très-étroites, horizontales et peu propres au mouvement. Dans les individus morts, les ailes sont divergentes, mais Réaumur qui a observé l'Ornithomyie

aviculaire vivante, dit qu'elles sont croisées l'une sur l'autre dans le repos. L'abdomen est revêtu d'une peau moins solide ou presque membraneuse; il paraît continu et tient au corselet par un pédicule assez gros; sa surface est hérissée de petites pointes ou garni de duvet avec des poils assez longs et recourbés en dedans sur les bords. Les pates sont semblables à celles des Hippobosques, quant à la forme et à la grandeur; mais les crochets des tarses sont proportionnellement plus longs que ceux des Hippobosques, et paraissent triples étant divisés profondément en trois pointes; ces Diptères se trouvent sur différentes espèces d'Oiseaux et jamais sur les Mammifères, ce qui prouve qu'ils diffèrent des Hippobosques et forment un bon genre. Degéer qui en a observé une espèce (*Ornithomyia viridis*), dit qu'elle est d'une grande vivacité et qu'elle court très-vite et souvent de côté comme les Crabes; elles s'envole facilement. On la trouve dans le nid des Oiseaux sur lesquels elle vit; elle s'accroche à leurs plumes avec ses tarses; ses Œufs, qu'elle dépose dans le nid, ressemblent à de petits grains noirs; ils sont très-luisans et durs. Une autre espèce (*O. Hirundinis*) a les ailes peu propres au vol; Réaumur en a trouvé jusqu'à trente individus dans le nid d'une Hirondelle. Latreille pense que les métamorphoses de ces Diptères sont semblables à celles des Hippobosques; on ne pourra être certain de cette analogie que lorsqu'on aura des observations directes sur ce sujet. Leach, dans une Monographie des Diptères coriaces, a divisé le genre Ornithomyie de Latreille en trois genres: ce sont les *Oxypterum, Stenopteryx* et *Ornithomyia* proprement dites. Dans le premier de ces genres, il place les espèces dépourvues d'yeux lisses et dont les ailes sont triangulaires obtuses. Le second renferme celles qui ont des yeux lisses, et dont les ailes, très-étroites, finissent en pointe; enfin il laisse dans son genre

Ornithomyie, celles qui ayant aussi des yeux lisses, ont les ailes triangulaires moins obtuses. Le genre Ornithomyie de Latreille renferme six espèces dont quatre d'Europe, une de la Nouvelle-Hollande et de l'Ile-de-France, et l'autre de la Caroline; nous citerons :

L'ORNITHOMYIE VERTE, *Ornithomyia viridis*, Latr.; *Hippobosca avicularia*, L., Fabr., Oliv., Rossi, Walk., Vill., Schellemb., Dipt., tab. 42, fig. 2, 3; Hippobosque des Oiseaux, Degéer, Mém., Ins. T. vi, p. 285, n° 2, pl. 16, fig. 21, 27. Longue de deux à trois lignes, d'un vert obscur, plus clair sur les pates ; yeux grands, d'un brun rougeâtre; une éminence noire, écailleuse, placée sur le derrière de la tête, et portant trois petits yeux lisses; dessus du corselet brun ; ailes vitrées, grandes, ovales, une fois plus longues que le corps, ayant de grosses nervures noires et se croisant dans le repos; crochets des tarses accompagnés chacun de deux appendices courts et arrondis au bout, et d'une pelote ovale et mobile. On trouve cette espèce aux environs de Paris et dans toute l'Europe, sur diverses espèces d'Oiseaux. En corrigeant cet article, nous apprenons que Léon Dufour vient de découvrir une nouvelle espèce de ce genre. La description qu'il en donne fait le sujet d'un Mémoire accompagné d'une planche et qui va être publié dans les Annales des Sciences Naturelles. Nous allons donner une description succincte de cette espèce.

ORNITHOMYE BILOBÉE, *Ornithomyia biloba*, Léon Dufour, Ann. des Sc. Nat. T. x, pl. 11, fig. 1, a, b, c, d, e. Longue de deux lignes, d'un roussâtre pâle; point d'yeux lisses; bec avancé; abdomen très-velu, échancré au milieu et bilobé postérieurement, sa base ayant de chaque côté une petite dent obtuse; corselet d'un roux pâle en dessus; ailes ovales-oblongues, presque enfumées; pates d'un verdâtre livide. Léon Dufour a rencontré une seule fois cette espèce sur les vitres de son appartement à

Saint-Sever, dans le mois d'août.

(o.)

ORNITHOMYZES ou RICINS. ARACHN. Sous ce nom, Duméril désigne (Zool. Analyt.) une famille d'Aptères composée du genre Ricin de Degéer. *V.* RICIN et PARASITES.

(G.)

ORNITHOPE. *Ornithopus.* BOT. PHAN. C'est-à-dire *Pied d'Oiseau.* Ce genre de la famille des Légumineuses, et de la Diadelphie Décandrie, L., avait été constitué par Tournefort sous l'ancien nom d'*Ornithopodium*, dont Linné modifia la désinence ; mais qui postérieurement fut employé de nouveau par Mœnch. Il offre les caractères suivans : calice muni d'une bractée, tubuleux, et à cinq dents presque égales; corolle dont la carène est très-petite, comprimée, l'étendard entier subcordiforme, les ailes droites, ovales, presque aussi longues que l'étendard; dix étamines diadelphes ; gousse comprimée et courbée, composée de plusieurs articles monospermes, indéhiscens, et tronqués également à leurs deux bouts.

Desvaux, dans le Journal de Botanique, 5, p. 121, a séparé des Ornithopes, quelques espèces non munies de bractées, avec lesquelles il a formé son genre *Astrolobium* ou plutôt *Arthrolobium*, admis par De Candolle. L'un et l'autre de ces genres sont placés dans la tribu des Hédysarées, section des Coronillées. Au moyen de cette séparation, le genre Ornithope ne comprend plus que deux espèces connues sous les noms d'*Ornithopus perpusillus* et *O. compressus*. Ce sont des Plantes européennes, velues et annuelles. Leurs feuilles sont imparipinnées et accompagnées de petites stipules adnées au pétiole. Les fleurs sont petites, blanches ou roses; elles forment de petites ombelles et sont portées sur des pédoncules axillaires. L'*Ornithopus perpusillus* est fort commun sur les côteaux sablonneux de l'Europe méridionale et occidentale. Son nom spécifique vient de ce qu'on le trouve souvent sous de très-petites dimensions ; cependant il acquiert quelquefois, en rampant et se ramifiant à la surface du sol, une taille de plus d'un pied de longueur. Ses fruits réunis au nombre de cinq ou six au sommet du pétiole simulent parfaitement les pates de certains petits Oiseaux.   (G..N.)

ORNITHOPODIUM. BOT. PHAN. C'est-à-dire *Pied d'Oiseau*. Le genre formé sous ce nom par Tournefort est l'*Ornithopus* de Linné. *V.* ORNITHOPE.   (B.)

*** ORNITHOPTERIS.** BOT. CRYPT. (*Fougères*.) Bernhardi a établi sous ce nom un genre qui ne diffère en aucune manière de celui que Swartz avait déjà désigné par le nom d'*Anemia*, et qui renferme plusieurs espèces rapportées par Linné à son *Osmunda*. *V.* ANÉMIE.   (AD. B.)

ORNITHOPUS. BOT. PHAN. *V.* ORNITHOPE.

*** ORNITHORHYNCHIUM.** BOT. PHAN. Steudel, dans son *Nomenclator botanicus*, cite ce nom générique parmi les nombreux synonymes de l'*Anastatica syriaca*, L., qui forme le type du genre *Euclidium* de Brown. *V.* ce mot.   (G..N.)

ORNITHORHYNQUE. *Ornithorhynchus*. MAM? (Quelques auteurs ont aussi écrit, pour abréger, Ornithorinque, *Ornithorinchus*). Nous avons essayé dans un précédent article (*V.* MONOTRÈMES) de présenter d'une manière succincte, mais exacte, le tableau de l'état de la science à l'égard du groupe singulier des Monotrêmes ; de donner une idée juste des principales opinions émises sur leur mode de génération ; d'indiquer ce qui rend vraisemblable ou ce qui infirme chacune d'elles ; enfin de faire connaître le rang assigné, par divers naturalistes, à cette famille remarquable. Nous avons ainsi cherché à rendre cet article aussi complet que nous le permettaient les étroites limites entre lesquelles nous avions

dû nous renfermer, et même nous croyons n'avoir rien omis d'essentiel. Depuis lors on n'a acquis aucune notion nouvelle sur l'un des deux genres dont se compose le groupe des Monotrêmes, celui des Échidnés, et nous n'aurions aujourd'hui même rien de véritablement important à ajouter à ce qui en a été dit. Au contraire, depuis l'époque à laquelle nous avons écrit notre article MONOTRÈMES, c'est-à-dire depuis moins d'un an, il a paru sur le genre Ornithorhynque de nombreux et importans travaux, dont le plus ancien est un ouvrage de Meckel, intitulé : *Ornithorhynchi paradoxi descriptio anatomica* ; ouvrage dont quelques exemplaires étaient même arrivés en France pendant le temps de l'impression de notre travail, mais dont il ne nous a été possible de prendre connaissance que quelques semaines plus tard. Cet ouvrage a été pour Blainville l'occasion de quelques remarques intéressantes que ce savant anatomiste a consignées dans le Bulletin de la Société Philomatique, numéro de septembre 1826. Plus récemment, Geoffroy Saint-Hilaire a lu, à l'Académie des Sciences, trois Mémoires dont le premier avait pour objet l'anatomie des organes génito-urinaires, dans les deux sexes ; le second, une nouvelle détermination d'une glande découverte par Meckel sur l'abdomen, et le troisième, des considérations purement zoologiques. L'Anthologie de Florence a aussi donné, il y a quelques mois, des détails assez curieux sur les mœurs de l'Ornithorhynque ; détails qui ont été reproduits, avec quelques additions, dans les Annales des Sciences Naturelles (n° de février 1827). Enfin nous aurons aussi occasion de citer un Mémoire très-intéressant de Knox, publié en juillet 1826, et dans lequel nous trouvons l'annonce d'un fait très-important.

L'ouvrage de Meckel contient une anatomie assez complète de l'Ornithorhynque, et ajoute une foule de faits très-curieux à ceux déjà connus par les travaux d'Everard Home, de Blumenbach, de Cuvier, de Blainville, de Geoffroy Saint-Hilaire, de Knox et de Rudolphi. Une des plus importantes découvertes de cet ouvrage, est celle de deux masses glanduleuses, aplaties, de forme oblongue et placées l'une à droite et l'autre à gauche entre le panicule charnu et les muscles abdominaux, et que le célèbre anatomiste allemand considère comme de véritables glandes mammaires (*V.* l'une de ces glandes, dans une planche de ce Dictionnaire, représentant les détails anatomiques des organes génito-urinaires de l'Ornithorhynque, fig. 1, lettre N). Cet appareil qui n'a encore été trouvé que chez la femelle, où il est très-développé, et où il s'étend depuis la cuisse jusqu'au sternum et au muscle pectoral, est surtout très-remarquable par sa structure. Chacune des deux masses se compose d'un très-grand nombre de cœcums (au moins 140 ou 150), qui, près de la peau, s'amincissent considérablement, et deviennent des tubes de longueur variable, mais toujours assez courts, qui sont unis entre eux, mais seulement d'une manière très-lâche, par l'intermédiaire de tissu cellulaire et de vaisseaux. Ces tubes sont des conduits excréteurs, très-déliés, qui s'ouvrent à l'extérieur vers le milieu de la glande, dans une petite fossette, entièrement privée de poils, mais rendue inégale par de petites éminences, qui sont sans aucun doute les papilles et les orifices des conduits, et dont la plus grande n'a pas la grosseur d'un grain de millet. Autour de cette fossette, on remarque, en écartant les poils qui l'environnent, un espace long de cinq lignes et large de trois, rempli de petits trous noirs, plus grands que ceux par lesquels sortent les poils, et dont le nombre est de quatre-vingts environ. Ce sont peut-être des orifices de conduits excréteurs.

On voit par cette description que l'appareil glanduleux découvert par Meckel est très-développé, plus développé même que ne l'est ordinairement la glande mammaire d'un Mammifère, et que sa structure est d'ailleurs très-compliquée : ainsi on ne peut admettre, pour soutenir l'opinion qui fait des Monotrêmes une classe distincte, que Meckel aurait découvert chez eux une glande mammaire rudimentaire, et trouvé ainsi, chez ces êtres anomaux, un simple et inutile vestige d'une organisation propre aux Mammifères; objection qu'un savant hollandais avait présentée avant de connaître l'ouvrage de Meckel, et qui tombe d'elle-même. Toutefois doit-on admettre avec le célèbre anatomiste allemand, que, par sa découverte, il soit prouvé, d'une manière rigoureuse, que l'Ornithorhynque ne peut être séparé de la grande classe des Mammifères? C'est ce que nous ne croyons pas, qu'il soit possible, dans l'état présent de la science, d'affirmer d'une manière positive et sans restriction ; car, d'une part, peut-on affirmer qu'un Animal à mamelles a nécessairement et le même mode de génération, et la même organisation générale que les véritables Mammifères (1)? Et de plus, est-il certain que l'appareil glandulaire, découvert par Meckel, soit une glande mammaire? Cette dernière question a déjà été vivement débattue, et les avis sont encore partagés : en effet Blainville n'élève aucun doute sur la détermination de Meckel, et il l'admet sans aucune restriction, comme ou peut le voir par la notice qu'il a insérée dans le Bulletin de la Société Philomatique (n° de septembre 1826). Au contrai-

______

(1) Il est presque superflu de remarquer que nous employons ici ce mot dans son sens le plus général, et sans tenir compte de ses données étymologiques. Autrement il serait absurde de dire qu'un Animal à mamelles peut ne pas être Mammifère. Cette remarque peut fournir une nouvelle preuve de l'inconvénient que présente l'emploi des noms significatifs, et faire regretter que la première classe du règne animal n'ait pas, comme celles des Oiseaux et des Poissons, un nom dont le sens ne soit pas tracé par son étymologie.

re, Geoffroy Saint-Hilaire, dans un travail récemment imprimé par extrait dans les Annales des Sciences Naturelles (n° de décembre 1826), a émis une opinion inverse : il établit que les glandes abdominales de l'Ornithorhynque, bien loin d'être de véritables glandes mammaires, sont seulement analogues à celles qu'il a trouvées sur les flancs des Musaraignes, et que nous avons ailleurs décrites d'après lui (*V.* Musaraignes). Il s'appuie, pour établir cette analogie, sur la différence très-grande qui existe entre la structure des premières et la composition des appareils sécréteurs du lait, chez tous les Mammifères et surtout chez les Marsupiaux, ceux de tous les Mammifères qui se rapprochent le plus des Monotrêmes. Cette différence nous paraît incontestable ; et d'ailleurs, comment concevoir la possibilité de la lactation chez un Animal dont le museau est terminé par un bec corné semblable à celui d'un Canard, surtout quand la prétendue glande mammaire manque de mamelon, et qu'elle ne laisse apercevoir à l'extérieur qu'un ou deux petits orifices (1) ?

Enfin Geoffroy Saint-Hilaire a même trouvé une réponse spécieuse à l'argument le plus puissant que l'on puisse produire en faveur de l'opinion de Meckel : argument que fournissent la petitesse ou l'absence complète de la glande abdominale chez le mâle, et son développement très-considérable chez la femelle. « La glande du sujet observé par Meckel, dit le naturaliste français (Ann. Sc. Nat., *loc. cit.*), était d'une grandeur considérable : j'apprends qu'elle était dans un maximum de volume, et telle que dans la saison de l'amour, le plus haut degré du développement des sexes pou-

vait donner ce volume ; je l'apprends par l'observation du même appareil chez une autre femelle qui avait cependant la taille et toute l'apparence d'un individu adulte. Cet appareil comparé au premier observé, n'en formait au plus que la quatrième partie. Or, une glande mammaire arrivée à tout son plus grand volume, fait toujours également ressentir sa turgescence à toutes les parties constituantes ; la tetine acquiert alors un peu plus de volume, encore plus il est vrai, quand elle a été saisie et allongée pendant la lactation ; mais d'ailleurs elle a d'origine ses conditions d'existence qui se rapportent au tissu érectile dont elle est formée. Rien de pareil n'existe chez l'Ornithorhynque. Mais cependant quelle serait et quelle est donc la glande découverte par Meckel. Je suis disposé à la croire analogue aux glandes qui garnissent le flanc des Salamandres, ou bien encore à l'appareil concentré vers les côtés de l'abdomen, que j'ai décrit à l'égard des Musaraignes. Mon travail sur ce riche appareil chez les Musaraignes, a paru dans le premier volume de la seconde collection des Mémoires du Muséum d'Histoire Naturelle. J'avais, dès cette époque, insisté sur ce que le développement de cette glande suivait dans le cours de l'année les phases du développement des organes génitaux. L'odeur qu'exhale l'humeur de cette glande, avertit les Musaraignes de l'exaltation de leur état sexuel, et les porte à le rechercher. La glande de l'Ornithorhynque, lequel se retire de même que les Musaraignes d'eau et les Desmans, dans des terriers communiquant à des marais pleins d'eau, n'aurait-elle que cet usage ? Ou bien fournirait-elle une humeur propre à enduire les tégumens et à les rendre moins miscibles à l'eau. »

On voit donc malgré la découverte de Meckel, et malgré les nouvelles recherches de quelques autres zootomistes, que si la science a fait, à l'égard de l'Ornithorhynque, des

___

(1) Meckel n'a figuré et décrit qu'un orifice : mais, suivant Geoffroy Saint-Hilaire, il en existe un second. La figure 1 de la planche déjà citée de l'Atlas de ce Dictionnaire, est empruntée à l'ouvrage de Meckel : toutes les autres figures sont tirées du Mémoire de Geoffroy sur les organes génito-urinaires des deux sexes.

progrès importans, du moins ces progrès ne sont-ils pas tels que l'on puisse regarder comme résolue avec toute la certitude désirable, l'importante question de savoir si les Monotrêmes sont ovipares ou vivipares à la manière des Mammifères, et s'ils doivent être séparés de ceux-ci, ou placés dans la même classe. C'est ce qu'il nous a paru nécessaire d'établir avant de passer à la description particulière de l'Ornithorhynque : en effet, les considérations générales que nous venons de présenter, et qui pour la plupart sont applicables aux Echidnés, nous paraissent former pour notre article MONOTRÊMES, un complément rendu nécessaire par la publication toute récente de tant de travaux importans.

Les caractères qui distinguent l'Ornithorhynque des Echidnés, sont très-nombreux à la fois et très-importans ; et le célèbre entomologiste Latreille a même cru devoir, dans son ouvrage sur les Familles Naturelles du Règne Animal, établir pour chacun de ces genres un groupe particulier : suivant ces vues, le genre des Echidnés constitue la tribu des Macroglosses, et l'Ornithorhynque, celle des Pinnipèdes. Ces coupes paraîtront certainement peu nécessaires à ceux qui jugeront de leur utilité par le nombre des espèces que renferme chacune d'elles ; mais ceux qui croient avec juste raison devoir se baser uniquement dans leurs classifications sur les rapports naturels, pourront les trouver fondées sur des considérations qui ne sont pas sans importance. C'est ce que prouvera la description que nous avons maintenant à donner, des principaux organes externes et internes de l'Ornithorhynque.

Ce Monotrême se distingue avec la plus grande facilité de tous les autres Quadrupèdes par son corps allongé, mais très-déprimé ; par sa queue aplatie ; par ses membres excessivement courts et pentadactyles ; par ses doigts postérieurs palmés et joints entre eux jusqu'aux ongles ; par l'existence aux pates antérieures d'une large membrane qui après avoir réuni les doigts sur toute leur étendue, se prolonge au-dessous d'eux, et dépasse de beaucoup leur extrémité ; par la forme de tous les ongles de devant, et de l'ongle du pouce postérieur, qui sont longs, droits, arrondis en dessus, obtus à leur extrémité, et comparables à des moitiés de cylindre ; par celle des autres ongles postérieurs qui sont de même longueur que les antérieurs, mais qui sont recourbés sur eux-mêmes, comprimés, aigus à leur extrémité et assez semblables aux griffes de plusieurs Mammifères ; enfin par le museau terminé par un bec corné, environ d'un tiers plus long que large, irrégulièrement quadrilatère, arrondi à son extrémité antérieure, et se continuant en dessus et en arrière avec une plaque cornée, placée transversalement sur le front. La mandibule inférieure, beaucoup plus étroite et plus courte que la supérieure, commence à la base d'une membrane libre et verticale, placée transversalement en dessous, au niveau de la bande cornée du front, et elle se termine en avant, au-dessous des narines, qui sont deux petits trous ronds, très-rapprochés l'un de l'autre, et percés dans le bec supérieur, vers son quart antérieur. Il est à ajouter que la mâchoire supérieure offre de chaque côté et sur toute sa longueur, une rainure qui correspond à une lame saillante qu'offre chacun des deux bords de la mandibule inférieure, et que celle-ci est divisée latéralement par des sillons transversaux en une vingtaine de denticules, que l'on a comparés aux dentelures du bec des Canards, quoi qu'ils diffèrent à plusieurs égards de celles-ci par leurs formes comme par leurs fonctions. Enfin, pour terminer ce qui concerne les deux mâchoires, elles portent des dents non enchâssées, dont la structure est très-remarquable, et dont nous empruntons la description à F. Cuvier (sur les Dents considérées comme caractères zoologiques, par. LXXXIII). « Les dents de l'Ornithorhynque, dit ce savant zoologiste, ne semblent au premier abord avoir rien de commun avec des dents proprement dites : elles ont l'apparence de callosités par leur forme, et de substance cornée par leur couleur et leur consistance. À la mâchoire supérieure, on trouve d'abord, à la partie antérieure du maxillaire, un organe long, étroit, jaunâtre, et qui a la dureté et la compacité de la corne ; cet organe ou cette dent présente trois côtes longitudinales, une centrale plus grande que deux autres qui sont sur les côtes. Fort en arrière de cette première dent, et dans une partie tout-à-fait analogue à la région malaire du maxillaire des Mammifères, se trouve un autre organe de mastication, une autre dent, formée d'une substance assez semblable à celle de la première, d'un tiers plus longue que large, circonscrite par une ligne courbe à son bord extérieur et à ses extrémités, et par une ligne droite à son bord intérieur, et dont les bords sont relevés en une crête continue, un peu plus épaisse au côté interne qu'au côté externe. Ces organes en dessous, à la partie correspondante aux racines, présentent des mamelons qui répondent à la partie centrale et creusée du dessus, mais qui sont beaucoup plus saillans que cette partie n'est profonde. A la mâchoire inférieure on trouve absolument les mêmes organes masticateurs qu'à la supérieure. Tout ce que nous pourrions faire remarquer ici de particulier, c'est que les dents postérieures sont un peu plus arrondies sur leur bord interne, et que leur couronne est partagée en deux parties égales, par une légère colline transverse. Dans leur position réciproque, ces dents sont opposées couronne à couronne. » On voit par cette description quelles énormes différences présentent les dents de l'Ornithorhynque, comparées à celles des Mammifères normaux, sous le rapport de leurs formes : on va voir que leur structure, leur mode de développement et leur composition chimique offrent des dissemblances non moins frappantes.

Une observation très-importante, et dont presque tous les auteurs français n'ont cependant pas fait mention, est celle de la division primitive des dents, ou du moins de quelques-unes entre elles, en deux ou trois pièces placées bout à bout. Cette division, très-manifeste dans le jeune âge, est encore indiquée chez l'adulte par des lignes droites transversales ; remarques très-curieuses dons la science est redevable aux illustres zootomistes Everard Home (Transact. philos., 1800, pl. 19), et Meckel (*Ornithor. Parad. Descr. Anat.*, par. 27, p. 44). On sait aussi, par les recherches de Blainville (Dissert. sur les Orn. et les Echidn., p. 26), que ces dents, qui ont quelques rapports extérieurs avec celles de l'Oryctérope, ne leur sont nullement comparables par leur structure interne, mais qu'elles sont fibreuses, très-faciles à entamer, enfin susceptibles de se raccornir par le dessèchement, et de se renfler par l'immersion dans un fluide. Enfin, Chevreul a analysé ces organes, qu'il regarde comme analogues à la corne par leur composition, et comme peu comparables aux dents des Mammifères, la quantité de Phosphate calcaire qu'ils contiennent, étant extrêmement petite.

L'Ornithorhynque s'éloigne des Echidnés par la plupart des caractères que nous venons de faire connaître : il se rapproche au contraire de ceux-ci par l'ergot corné qui arme le tarse du mâle. Cet organe a été décrit dans un autre article (*V.* CORNES); et on a déjà remarqué qu'il forme un véritable canal destiné à l'écoulement d'un liquide probablement venimeux. C'est ce qu'avait anciennement établi Blainville, et ce que les recherches récentes de Meckel ont pleinement confirmé. Blainville, qui n'avait eu à sa disposition qu'une peau bourrée, n'avait pu apercevoir que la vésicule du liquide et une portion du canal excréteur ; mais d'autres anatomistes (1) ayant pu examiner des individus entiers, conservés dans l'alcohol, ont été plus heureux, et sont parvenus à trouver la glande productrice du venin. Cette glande est placée sous le muscle peaussier, à la face externe du fémur, qu'elle recouvre presque tout entière ; et elle est, pour cette raison même, désignée par Meckel sous le nom de Glande fémorale, *Glandula femoralis* (*loc. cit.*, par. 42, p. 54). Elle est triangulaire, convexe en dessus, concave en dessous, longue d'un peu plus d'un pouce, épaisse de huit lignes, large de trois ou quatre. Elle est lisse, enveloppée d'une membrane mince, mais ferme et composée de plusieurs lobes ; sa couleur est brune. Le conduit excréteur, formé d'une épaisse membrane, est d'abord assez large ; mais il ne tarde pas à se rétrécir ; il sort vers le milieu du bord postérieur, et, couvert par les fléchisseurs de la jambe, descend derrière celle-ci, à l'extrémité postérieure de la plante, où il se renfle et forme une vésicule de deux lignes environ de diamètre. Cette vésicule est appliquée sur la base de l'ergot, et c'est de la partie moyenne que sort le petit canal qui pénètre dans cet organe. Meckel, à l'ouvrage duquel nous empruntons ces détails, établit ensuite que l'ergot n'est formé que d'une membrane et de substance cornée, et qu'il n'entre dans sa composition aucune partie osseuse, comme l'avaient cru, au contraire, Blainville et Rudolphi : cette remarque assez intéres-

(1) Cette glande n'est bien connue en France que depuis l'ouvrage de Meckel publié en 1826; mais elle avait déjà été annoncée en 1823 par un des élèves de Meckel, et décrite et figurée, aussi en 1823 et à la même époque, par Rudolphi qui en attribue la découverte à l'anatomiste anglais Clift. Le docteur Knox avait également vu la glande fémorale en 1823. L'existence de cette glande est donc un fait dont il n'est pas permis de douter : remarque qui nous paraît importante à cause de l'opinion de quelques savans zootomistes qui conservaient encore des doutes il y a peu de temps.

sante avait déjà été faite dans ce Dictionnaire par Desmoulins, auteur de l'article CORNES (*V.* ce mot). Telle est la disposition remarquable de la glande fémorale de l'Ornithorhynque mâle; glande que les travaux de Meckel ont fait enfin connaître d'une manière très-complète. Il ne reste plus maintenant à faire que quelques recherches sur la femelle : ces recherches devront avoir pour but de s'assurer si la glande fémorale manque entièrement chez elle ; ce que Meckel est porté à croire, à cause des tentatives inutiles qu'il a faites pour rencontrer cet organe, mais ce qu'il n'ose cependant point affirmer : car, ajoute-t-il, ceux qui ont examiné l'Ornithorhynque avant moi, ont laissé échapper tant de détails bien plus faciles à saisir, bien plus apparens, que je soupçonne qu'un autre, plus heureux que moi, pourra bien quelque jour trouver aussi quelque vestige de cette glande. Quant à l'ergot lui-même, on sait depuis long-temps qu'il manque chez les femelles ; mais ce qu'on a long-temps ignoré, c'est qu'il existe chez elles, à la place même qu'occupe l'ergot chez les mâles, un petit trou, ayant environ une ligne de longueur sur deux de profondeur (*V.* Atlas de ce Dictionnaire, fig. 1, lettre F de la planche indiquée). La peau, qui est brune sur tout le reste de la plante, est d'une nuance plus claire autour de ce trou et dans cette cavité elle-même. Le célèbre anatomiste allemand ajoute qu'elle est sans poils, comme toute la partie inférieure des pieds. Toutefois nous avons ordinairement trouvé sur l'un des bords de la cavité, quelques longs poils très-gros, partant tous du même point, et représentant un petit pinceau. Meckel pense (*loc. cit.*, par. 5, fig. 7) qu'il y a un rapport de fonctions entre cette partie et l'ergot du mâle : idée à laquelle il a été conduit par la remarque que tous deux ont exactement la même position, mais sur laquelle il ne donne aucun développement. Au reste, cette idée, que dans tous les cas on devra considérer comme ingénieuse, avait déjà été émise avant Meckel par Everard Home. L'auteur anglais cherche à établir, dans ses Leçons d'Anatomie comparée, que l'éperon du mâle joue un rôle important dans l'acte de l'accouplement, et qu'il a chez les Monotrêmes des fonctions analogues à celles que remplissent d'autres organes chez plusieurs Animaux, celles de retenir la femelle. Enfin l'opinion des deux zootomistes que nous venons de citer, a aussi été soutenue par un médecin de la Nouvelle-Hollande, le docteur Palmeter. Cet auteur établit que les mâles emploient leurs ergots pour tenir les femelles immobiles dans l'acte de la copulation; et il a publié sur ce sujet un petit Mémoire imprimé dans la Gazette de Sidney, mais qui ne nous est connu que par l'ouvrage zoologique de Garnot et de Lesson. Les idées du docteur Palmeter sont donc très-conformes à l'hypothèse d'Everard Home et de Meckel; et nous employons à dessein ce dernier mot qui exprime un doute. En effet, quelques auteurs combattent vivement les idées de ces deux illustres auteurs, et ils leur opposent plusieurs argumens, dont l'un surtout nous semble réellement important. Un savant anglais très-distingué, le docteur Knox, nous apprend, par un Mémoire publié dans le *Philosophical Journal* d'Edimbourg (n° d'avril 1826, p. 130), qu'il a découvert chez l'Echidné femelle un ergot rudimentaire placé dans le fond d'une cavité semblable à celle que nous avons décrite chez l'Ornithorhynque, d'après Meckel. « Je trouvai, dit l'anatomiste d'Edimbourg, sur le talon de l'Echidné femelle, précisément dans la même position que l'éperon du mâle, ce que j'appellerai un éperon rudimentaire, semblable, sous plusieurs rapports, à celui du mâle qu'il paraît représenter en miniature. Il est placé dans le fond d'une petite cavité, non assez profonde pour le soustraire à la vue, et il est de la même texture cornée que celui du mâle,

auquel il paraît entièrement analogue. Les anatomistes physiologistes n'auront pas de difficulté à comprendre que cet organe est à l'éperon du mâle, ce que la glande mammaire de l'Homme est à celle de la femelle : dans le premier cas, nous avons un organe entièrement développé et capable d'exécuter ses fonctions; dans le second, un organe rudimentaire et imparfait. Le reste de l'appareil producteur du poison, semble manquer chez la femelle. » En s'appuyant sur cette découverte, Knox réfute les idées d'Everard Home, et il établit que l'ergot du mâle est seulement une arme offensive : or, n'est-il pas très-probable que cet organe, presqu'exactement semblable chez l'Ornithorhynque et chez l'Echidné, remplit les mêmes fonctions chez l'un et chez l'autre ? C'est ce que nous n'hésitons pas à admettre, soit qu'il n'y ait réellement aucun vestige d'ergot chez la femelle du premier, soit, au contraire, qu'il existe quelques rudimens de cet organe; ce que l'analogie suffirait pour faire regarder comme très-vraisemblable, et ce qui paraît réellement avoir lieu. Ces rudimens sont en effet indiqués dans la figure de l'ouvrage de Meckel, que nous avons reproduite dans l'Atlas de ce Dictionnaire (*V.* l'Atlas, Anat. de l'Ornith., fig. 1, lettre K), et surtout dans l'explication de la planche 8. Nous ignorons pourquoi le célèbre anatomiste allemand n'en a point fait mention dans le cours de ses descriptions, quoiqu'il donne des détails presque minutieux sur la cavité où ils se trouvent renfermés dans leur position naturelle.

Quoi qu'il en soit, on a vu combien les naturalistes sont peu d'accord entre eux au sujet de la glande abdominale de l'Ornithorhynque femelle, et de l'éperon du mâle : la même divergence d'opinion a également lieu pour toutes les questions importantes qu'a soulevées l'étude anatomique du plus singulier de tous les Quadrupèdes. Ainsi, aujourd'hui même, après les nombreux et importans travaux d'Everard Home, de Meckel, de Tiedemann, de Blainville, de Geoffroy Saint-Hilaire, de Carus, d'Oken, de Rudolphi, de Knox, de Van der Hoeven, de Cuvier et de tous les naturalistes qui ont cherché la *signification* des diverses pièces scapulaires, le problème, à la vérité très-compliqué de cette détermination, ne peut encore être considéré comme résolu avec toute la certitude que comportent les démonstrations anatomiques. Nous avons remarqué ailleurs (*V.* MAMMIFÈRES) que l'épaule est élémentairement composée de quatre os, l'omoplate, la clavicule, le coracoïde et l'acromial, que la théorie des analogues retrouve constamment, mais avec un degré de développement très-variable, suivant les classes où on les observe. Ainsi, chez les Mammifères, le coracoïde et l'acromial, et souvent aussi la clavicule, sont tombés dans les conditions rudimentaires, et ne remplissent plus que des fonctions ou très-secondaires ou même presque entièrement nulles. Lorsque la clavicule n'est que rudimentaire, l'épaule est entièrement séparée du sternum, comme chez la plupart des Carnassiers et chez les Herbivores; mais lorsqu'elle n'est pas atrophiée comme chez l'Homme, les Quadrumanes, les Chauve-Souris, etc., elle s'articule par une de ses extrémités avec l'omoplate, et par l'autre avec le sternum, se trouvant ainsi rapprochée vers la ligne médiane de sa congénère, dont elle est d'ailleurs bien distincte et toujours séparée. Ce plan d'organisation a subi quelques modifications chez les Monotrêmes, et leur épaule a beaucoup plus d'analogie et de ressemblance avec celle des Oiseaux, et surtout avec celle des Lézards, qu'avec celle des Mammifères. C'est ce qu'on a montré avec détail au mot ÉCHIDNÉ, où les os, très-singulièrement disposés, qui la forment, ont été décrits avec soin et déterminés d'après Cuvier; et il est inutile que nous revenions ici sur ce sujet, d'autant plus que les pièces

scapulaires de l'Ornithorhynque ressemblent à celles des Echidnés, à cela près de quelques différences de forme et de grandeur proportionnelle. Nous passerons également ici sous silence les caractères du sternum et du bassin, parties qui ont déjà été décrites chez l'Echidné (*V.* ce mot), et qui varient très-peu dans les deux genres du groupe des Monotrêmes. Au contraire, nous devons donner quelques détails sur l'ostéologie de la tête, des membres et du tronc. Le crâne est principalement remarquable par le petit nombre de sutures que l'on trouve chez les individus adultes, entre les diverses pièces dont il se compose; circonstance qui contribue encore à augmenter les difficultés que présente son étude, et qui le rapproche sous un point de vue important, de celui des Oiseaux. La tête est légèrement arrondie en arrière, déprimée, plus large à sa partie postérieure qu'à sa partie antérieure, rétrécie entre les fosses orbitaires, qui sont peu profondes, ouvertes en haut, en avant et en arrière, et réunies aux temporales. Après les orbites, le museau s'aplatit et s'élargit encore, et donne de chaque côté un petit crochet au-dessus du trou sous-orbitaire, puis se divise en deux branches qui, après s'être un peu écartées, finissent en se recourbant l'une vers l'autre. Les condyles occipitaux très-grands, placés presque transversalement, se touchent par leur extrémité interne; disposition qui mérite d'être notée. Les arcades zygomatiques sont rectilignes, et présentent sur leur bord supérieur une apophyse post-orbitaire peu prononcée; c'est sous leur base que sont placées les dents postérieures. La facette glénoïde est transversale. « Les cavités des caisses, remarque Cuvier, au travail duquel nous avons emprunté une partie des détails précédens (Oss. Foss. T. v, 1re partie, p. 147), les cavités des caisses sont très-petites et comme cachées sous une apophyse mastoïde, en forme de petite crête. Je ne vois dans nos échantillons, ajoute l'illustre professeur, que deux sutures nettes ; celle qui distingue les crochets antérieurs, et celle qui sépare les maxillaires du palatin. La position, l'implantation des dents et le trajet du canal sous-orbitaire, donnent bien l'os maxillaire. Les os en crochet qui s'y enchâssent en avant, semblent les os maxillaires. Il y a entre eux suspendu dans le milieu des cartilages du bec supérieur, un petit os qui a un plan supérieur divisé en deux par un sillon, un plan inférieur échancré de chaque côté comme un violon, et un plan vertical réunissant les deux autres. C'est dans son voisinage que sont percées les narines. On peut croire qu'il représente les nasaux et la partie palatine des os intermaxillaires. » Quant à la mâchoire inférieure, elle est presque aussi longue que la tête, mais plus étroite, principalement en avant ; ses deux branches très-écartées en arrière, séparées en avant par un intervalle assez étendu, sont contiguës vers leur quart antérieur ; ses condyles très-grands, et plus larges transversalement que longitudinalement, ont été comparés par Blainville à des têtes de clous. Enfin, l'intérieur du crâne présente aussi quelques caractères très-remarquables, tel que celui de l'existence d'une grande faux longitudinale osseuse. Cette disposition, indiquée assez exactement par Blumenbach, a donné lieu à quelques discussions. En effet, Everard Home pense qu'elle rapproche l'Ornithorhynque des Oiseaux, chez lesquels quelque chose de semblable a lieu pour plusieurs espèces ; mais Blainville pense que ce rapprochement est peu fondé, puisque les Oiseaux n'ont pas tous la faux osseuse, tandis qu'on l'a quelquefois trouvée chez l'Homme lui-même. On peut même ajouter, suivant la remarque de Meckel, qu'elle existe dans l'état normal chez plusieurs Carnassiers amphibies, chez quelques Cétacés et chez quelques autres Mammifères. Au reste, l'intérieur

du crâne de l'Ornithorhynque ressemble d'une manière plus évidente à celui des Oiseaux sous plusieurs points de vue : la fosse ethmoïdale est petite, et n'a qu'un seul trou un peu grand pour le passage du nerf olfactif, et peut-être un autre plus petit ; les trois canaux demi-circulaires font en dedans une forte saillie, et interceptent un creux très-marqué (Cuv., *loc. cit.*, p. 148).

Les vertèbres sont peu différentes de celles des Mammifères normaux : leur nombre est de quarante-neuf, savoir : sept pour la région cervicale ; dix-sept pour la dorsale ; deux pour la lombaire, deux pour le sacrum, et vingt-une pour la queue. Les côtes, très-remarquables par l'ossification de leur partie sternale, se distinguent, comme à l'ordinaire, en vraies et en fausses ; les premières sont au nombre de six ; les secondes, au nombre de onze. L'humérus est large, aplati en dedans à sa partie supérieure, et en dehors à sa partie inférieure ; son condyle interne est percé, comme chez presque tous les Marsupiaux, d'un trou qui donne passage au nerf médian, et, suivant Blainville, à l'artère brachiale. Les deux os de l'avant-bras sont bien distincts, mais contigus dans presque toute leur étendue ; ils sont disposés de manière que le coude se trouve tourné en dehors. Le radius grêle, arrondi et renflé à ses deux extrémités, est sensiblement plus petit que le cubitus. Le carpe, très-court, se compose de huit os disposés sur deux rangées. Les os du métacarpe et les phalanges sont également peu allongées : celles-ci sont au nombre de deux pour le pouce, et de trois pour les autres doigts, comme chez presque tous les Mammifères. Le fémur est large, fort aplati d'avant en arrière, plus petit que l'humérus, et beaucoup plus court que la jambe ; ses deux trochanters sont presque également saillans. Le tibia, assez fort et arqué, s'articule inférieurement avec la moitié interne de l'astragale, l'autre moitié étant unie avec le péroné. Celui-ci, bien distinct, et même séparé du tibia, est beaucoup plus long que lui, et le dépasse considérablement en dessus. Le calcanéum et l'astragale sont placés presque sur la même ligne, celui-ci se trouvant en dehors, parce que les doigts sont habituellement dirigés en arrière. Les autres os du tarse sont, suivant Meckel, au nombre de six, dont cinq composant la seconde rangée, et un appartenant à la première : c'est sur celui-ci que s'appuie l'éperon du mâle. Les phalanges du membre postérieur, à l'exception de celles du pouce et les os du métatarse, sont plus grêles que leurs analogues du membre antérieur, et plus comprimés transversalement. Du reste, en arrière comme en avant, les trois doigts médians sont les plus longs.

On doit à Meckel d'importantes recherches sur la Myologie de l'Ornithorhynque ; recherches dont les résultats ont été exposés dans le grand ouvrage déjà cité, sous le titre de *Descriptio anatomica Ornithorhynchi paradoxi*. Il nous est impossible de suivre ici cet auteur dans les détails où il a dû entrer : car son travail se composant uniquement de faits exposés d'une manière très-succincte, nous ne pourrions, pour en donner une idée exacte, que le traduire dans son entier, et non pas l'analyser. Il est plus facile, et en même temps plus important, d'indiquer les principales modifications des systèmes vasculaire et nerveux.

Le cœur est, par ses formes et par sa position, un véritable cœur de Mammifère. L'aorte forme un arc d'où naissent trois troncs, savoir : l'artère brachio-céphalique qui se divise bientôt comme à l'ordinaire, la carotide primitive gauche et la sous-clavière gauche : disposition très-remarquable par cela même qu'elle ne présente rien d'insolite, et qu'elle rapproche l'Ornithorhynque, non-seulement de beaucoup de Mammifères, mais aussi de l'Homme

lui-même. L'aorte descendante n'offre rien de remarquable : elle produit successivement la cœliaque et la mésentérique supérieure qui ont toutes deux une origine séparée. La première se divise, comme chez l'Homme, en hépatique, splénique et coronaire stomachique. Les rénales sont simples. Arrivée à la partie supérieure du bassin, l'aorte se partage en trois branches, savoir : l'artère caudale, qui forme sa continuation, et les iliaques primitives. La veine cave inférieure est simple et placée à droite ; elle se dilate considérablement dans le foie, disposition qui se retrouve également chez les Phoques et chez les Loutres : du reste, elle reçoit les mêmes branches que chez les Mammifères normaux. Enfin le sang des parties antérieures du corps n'est point ramené au cœur par un seul tronc, mais bien par deux : il y a deux veines caves supérieures, ou plutôt, à cause de la position horizontale du corps chez l'Ornithorhynque, deux veines caves antérieures ; caractère très-remarquable, mais qui se trouve également chez plusieurs Mammifères (*V.* ce mot), et qui ne peut ainsi être considéré comme l'une des nombreuses anomalies que présente l'organisation des Monotrèmes. Ces remarques fort curieuses sur les systèmes artériel et veineux sont à peu près les seules que nous trouvions dans les auteurs ; mais Meckel donne du cerveau et des nerfs une description beaucoup moins incomplète, comme on va le voir par les détails suivans que nous empruntons encore à l'anatomiste allemand.

L'encéphale, qui remplit exactement la cavité crânienne, est d'abord entouré d'une membrane fibreuse, la dure-mère dont une portion forme entre le cerveau et le cervelet une tente non ossifiée. La membrane vasculaire ne présente rien de particulier. Le poids de toute la masse encéphalique est à celui du corps comme un est à cent trente. Le cerveau est presque entièrement lisse et généralement déprimé; il a un corps calleux, court et partagé en deux moitiés non réunies sur la ligne médiane : disposition des plus remarquables, et que la théorie du développement excentrique du professeur Serres peut seule permettre de comprendre dans ses causes et d'apprécier dans ses effets. Le troisième ventricule est étroit, le corps strié, très-allongé, et la commissure antérieure très-large. Les couches optiques sont très-petites, et se joignent sur la ligne médiane. Les tubercules quadrijumeaux ou lobes optiques sont très-grands et presque bijumeaux, parce que la paire postérieure de tubercules est à peine prononcée. Le cervelet a son lobe médian très-développé. La moelle allongée est assez développée, et l'éminence olivaire est beaucoup plus grande que la pyramidale. Quant à la moelle épinière, Meckel n'a pu l'examiner, non plus que la plupart des nerfs encéphaliques et rachidiens; il donne cependant quelques détails intéressans sur plusieurs d'entre eux, et principalement sur l'optique qui est très-petit, et forme, avec celui du côté opposé, un *chiasma* de forme oblongue; sur l'olfactif qui est volumineux; sur les cinq dernières paires cervicales et la première dorsale, qui se réunissent trois à trois en deux plexus, d'où naissent les nerfs des membres antérieurs; sur les paires dorsales qui ont cela de particulier, que chacune d'elles ne sort pas entre deux vertèbres, mais à travers la vertèbre qui lui correspond, par un trou qui existe à la base de son arc; sur le plexus lombo-sacré que forment, par leur réunion, les deux dernières paires dorsales, les deux lombaires et la première sacrée, et qui donne les nerfs cruraux, les obturateurs et les sciatiques; sur les paires caudales, au nombre de huit; sur le nerf pneumogastrique, qui est entièrement séparé du grand sympathique, mais étroitement uni à son origine avec l'hypoglosse, et qui fournit, comme chez les Mammi-

fères normaux, le récurrent, les cardiaques et les œsophagiens, et forme le plexus pulmonaire; sur l'accessoire de Willis, le facial et l'acoustique qu'il nous suffira de nommer; enfin, sur le trijumeau qui est sans contredit le plus remarquable de tous, et qui égale en volume à lui seul, non-seulement tous les nerfs encéphaliques, mais même le système nerveux périphérique tout entier. Il se divise, comme à l'ordinaire, en trois branches, dont l'une est assez petite, c'est l'ophtalmique de Willis, et dont les deux autres sont, au contraire, très-considérables; ce sont les nerfs maxillaires supérieur et inférieur.

On voit, par ce qui précède, que l'encéphale de l'Ornithorhynque diffère de celui des Mammifères normaux par quelques modifications de la plus haute importance : au contraire, les caractères que présentent, chez ce Monotrême, les nerfs encéphaliques, et même les nerfs vertébraux, ne sont guère, pour la plupart, que des caractères purement génériques : toutefois ces derniers sont très-remarquables par leur mode de sortie de la cavité rachidienne.

Les organes de la digestion dont nous avons maintenant à parler, ont été décrits, soit dans leur ensemble, soit en partie, par Cuvier, par Blainville, et surtout par Everard Home; néanmoins, on est encore, pour l'anatomie de ces mêmes organes, redevable d'un grand nombre de faits nouveaux aux recherches de Meckel. La langue, qui remplit seulement la moitié postérieure de la cavité orale, peut être divisée en deux portions, l'une antérieure, plus étroite et plus longue, terminée par une pointe obtuse, la postérieure plus courte, mais beaucoup plus large; un sillon transversal la divise profondément. La première de ces deux portions a sa surface hérissée de papilles cornées, dirigées en arrière; la seconde est garnie de villosités molles, et son bord antérieur a trois fortes papilles pointues, cornées et très dures, qui sont dirigées en avant. L'hyoïde, assez grand, est un véritable hyoïde de Mammifère; mais, suivant les observations de Cuvier, « il se lie d'une manière singulière avec le cartilage thyroïde qui, lui-même, est divisé d'une façon singulière en quatre lobes. » Les glandes salivaires ne sont pas connues. Meckel parle seulement de la sous-maxillaire, qui est ovale, non lobuleuse, lisse, assez grande, ayant son conduit excréteur bien visible, et d'un autre corps glanduliforme, deux fois plus grand, placé plus en avant et en dehors, composé de lobes distincts, mais dont le canal excréteur n'a pu être aperçu nettement. Le pharynx n'est pas très-large, et ne surpasse pas de beaucoup en diamètre l'œsophage qui est lui-même assez étroit. L'estomac, très-peu étendu, a déjà été décrit et comparé à celui de l'Echidné (*V*. notre article INTESTINS, T. VIII, p. 605), et nous passons de suite à la description du canal intestinal. Sa portion *post-cœcale* (*V*. INTESTINS) est quatre fois plus courte que la portion *anti-cœcale*, mais en même temps d'un diamètre beaucoup plus considérable, et l'intestin est lui-même, dans son ensemble, assez ample et assez long; il est pourvu d'un petit cœcum à l'entrée duquel se trouve, suivant Blainville, une petite valvule sygmoïde. Le foie, assez grand, s'étend presque autant à gauche qu'à droite, et est presque symétrique : il ne présente d'ailleurs rien de particulier, de même que la vésicule biliaire qui est assez ample et de forme arrondie. Le pancréas est composé de plusieurs lobes, et la rate est aussi divisée en deux parties, comme l'a remarqué le premier Everard Home. Les capsules surrénales et les reins (*V*. Atlas, Anat. de l'Orn., fig. 4, lettr. R) sont comme chez les Mammifères; mais les uretères (fig. 4, lettr. U), grêles et allongés, vont s'ouvrir (en *u*) au commencement du canal de l'urètre (fig. 4, lettr. C), et non pas, comme à l'ordinaire, dans la vessie (fig. 4, lettr. V). Celle-

ci est ample, un peu arrondie, et placée en arrière du bassin.

Les poumons sont assez développés et de forme allongée; le droit diffère du gauche en ce qu'il est beaucoup plus grand, et en ce qu'il se trouve divisé en plusieurs lobes. Le larynx est peu large, et présente des caractères très-remarquables : le cartilage thyroïde grand, et très-étendu transversalement, est cartilagineux dans sa partie moyenne, et osseux dans ses parties latérales; de plus, chacune des lames latérales osseuses est divisée en deux pièces, dont l'une se recourbe en dedans, et va presque, derrière le pharynx, se réunir à sa congénère sur la ligne médiane. Le cartilage cricoïde a beaucoup de hauteur dans ses parties latérales et inférieures, mais se rétrécit tout-à-coup dans sa partie supérieure. Meckel croit que la partie médiane et antérieure de cette pièce est en partie ossifiée. Les cartilages aryténoïdes n'offrent rien de particulier; l'épiglotte est très-large et recouvre en entier la face supérieure du larynx. Le corps thyroïde est très-petit et divisé en deux lobes. Les anneaux de la trachée-artère, dont le nombre est de quinze, suivant Meckel, ont beaucoup de hauteur, et se trouvent tellement rapprochés qu'ils ne sont pas seulement contigus entre eux, mais qu'ils se recouvrent même un peu les uns les autres; ils sont d'ailleurs très-peu incomplets, et les espaces membraneux qu'ils comprennent en arrière entre leurs deux extrémités, sont même à peine sensibles. Les bronches qui commencent très-haut, se ramifient dans les poumons, comme chez les Mammifères normaux : elles sont cartilagineuses à leur origine de même que la trachée-artère; mais, arrivées près des poumons, leur structure change d'une manière très-remarquable, et leurs anneaux deviennent, suivant Meckel, des osselets très-durs.

L'œil est très-petit et presque caché dans les poils qui avoisinent l'origine du bec; il a une membrane nictitante qui peut, suivant Meckel, le cacher en entier. L'anatomiste allemand ajoute que la sclérotique est cartilagineuse ; que la rétine est extrêmement épaisse ; qu'il n'y a aucun vestige de peigne, ainsi que l'avaient déjà remarqué Everard Home, et, d'après lui, Blainville ; que le cristallin est petit, aplati en avant, mais très-convexe en arrière ; que la choroïde est entièrement opaque ; que le pigment est partout très-noir ; que la pupille est arrondie ; que les nerfs ciliaires sont assez grands, et environ au nombre de dix, comme chez beaucoup de Mammifères ; que le nerf optique est petit ; enfin, que les muscles du globe sont proportionnellement très-larges et très-épais. Le nez est peu différent à l'intérieur de celui des Mammifères ; Everard Home a trouvé de chaque côté deux cornets. L'oreille manque de conque auriculaire, et la position de l'organe auditif n'est indiquée extérieurement que par une petite fente ovale placée en arrière des yeux, et autour de laquelle les poils sont disposés de manière à former une sorte d'entonnoir. La membrane du tympan, qui est extrêmement large, est placée en dedans d'un canal allongé, formé, suivant Blainville, d'un cartilage roulé en spirale, s'évasant vers son extrémité, et formant des circonvolutions sur les côtés de la tête ; mais Meckel paraît révoquer en doute cette disposition, et affirme avoir inutilement cherché ces circonvolutions sur les deux individus qu'il a disséqués. Les osselets sont, suivant Home et Blainville, au nombre de deux, et suivant Meckel, au nombre de trois. Les canaux semi-circulaires sont peu différens de ceux des Mammifères.

Les organes de la génération dont il nous reste à parler, sont maintenant connus d'une manière assez complète par les travaux d'Everard Home, de Cuvier, de Blainville, de Geoffroy Saint-Hilaire, de Knox et de Meckel. Toutefois nous verrons qu'il y a encore, pour beaucoup de points, des doutes à lever et des lacunes à remplir, et que les recherches qui pourront être faites ultérieurement, seront bien loin d'être inutiles, surtout si la science en est redevable à un anatomiste physiologiste, et à un homme qui, possédant plusieurs individus de différens sexes et de différens âges, aura eu à sa disposition toutes les ressources matérielles qu'il est possible de désirer. L'organe mâle, dont nous nous occuperons d'abord, a été décrit d'une manière très-complète par Meckel, et les détails suivans sont principalement empruntés à l'ouvrage déjà cité de cet illustre zootomiste, et à un Mémoire que Geoffroy Saint-Hilaire a lu tout récemment à l'Institut, sur les appareils sexuels et urinaires de l'Ornithorhynque. Les testicules, placés dans l'abdomen au-dessous des reins, étaient chez l'individu observé par Meckel, très-inégaux entre eux, le gauche étant de beaucoup plus petit que le droit, et il y avait une différence analogue entre les deux canaux déférens : du reste, la structure du testicule et de l'épididyme est la même que chez les Mammifères normaux. Les canaux déférens s'ouvrent dans l'urètre, entre l'orifice unique de la vessie et les méats des uretères, et viennent concourir à la formation d'un canal qui est l'analogue de celui que Geoffroy Saint-Hilaire a nommé urétro-sexuel : canal dont nous avons ailleurs (*V.* MARSUPIAUX) donné déjà d'une manière générale la détermination, et que nous décrirons en parlant de l'organe femelle. Enfin, le pénis (*V.* Atlas, Anat. de l'Ornit. fig. 2, lettr. P) présente, de même que le clitoris, son analogue chez la femelle, plusieurs particularités très-remarquables que Geoffroy Saint-Hilaire (*loc. cit.*) a notées de la manière suivante. « De la face ventrale du canal urétro-sexuel et tout près de son orifice terminal, proviennent le pénis chez le mâle et le clitoris chez la femelle. Le corps du pénis, eu égard à son tissu, à sa structure et à son enveloppe, se rapproche plus de ce qu'on voit chez certains Oiseaux aquatiques que de sa composition chez les Mammifères. La partie fibreuse est à nu chez l'Ornithorhynque; et le gland seul est dans cette mesure à l'égard des Mammifères : mais il est pourvu à l'extrême sensibilité de ce tissu fibreux par l'abri d'une bourse générale (fig. 2, lett. B) qui enveloppe le pénis dès sa racine, et qui se prolonge même par-delà. Cette bourse, que ses rapports nous font connaître comme l'analogue de celle du prépuce, ne ressemble entièrement ni à la bourse péniale des Oiseaux, ni au prépuce des Mammifères; elle se dirige, s'unit et se continue comme le vestibule commun, s'ouvrant dans ce dernier compartiment et fort près de la marge de son anus. Ce que je viens de rapporter du pénis, est, en tout point, applicable au clitoris, sauf que cet organe pénial femelle est réduit au tiers de la longueur de l'organe mâle, sans que pour cela la bourse péniale soit devenue proportionnellement plus petite..... La composition du pénis fut, en 1802, bien vue et appréciée par Everard Home; M. Cuvier qui, trois années plus tard, n'eut sous les yeux qu'un sujet fort altéré, éleva quelques doutes contraires; mais je crois les faits bien établis par M. Meckel...., et je n'ai qu'à rappeler ce qui est consigné dans les écrits de ces illustres anatomistes. Le clitoris, organe de condition rudimentaire, retrace en petit l'organe pénial du mâle, sauf qu'il est imperforé, le pénis étant au contraire canaliculé, et l'on peut ajouter, comme une particularité curieuse, percé de part en part..... Son canal se partage en deux branches, comme l'extrémité du pénis en deux glands (fig. 2, lett. GG); puis se subdivise de nouveau, comme l'extrémité des glands en quatre cinq fortes épines (fig. 3, lett. EE), creuses elles-mêmes et perforées à leurs pointes. De très-petites épines (fig. 3, lett. DD) sont en outre disposées symétriquement, surtout à la surface des glands, par rangées circulaires et parallèles. Cet organe pénial est, comme celui des Oiseaux, uniquement dévolu aux fonctions génératrices; mais il y a cette différence que chez ceux-ci le canal servant de vésicule à la liqueur séminale, est seulement un sillon profond et creusé à l'extérieur, et que, chez les Monotrêmes, cette route est pleinement fermée ou creusée dans l'intérieur. »

Nous passons maintenant à l'examen de l'organe femelle, dont la description a été donnée par Home, dans les Transactions Philosophiques; par Cuvier, dans son Anatomie comparée; et par Geoffroy Saint-Hilaire, dans le second tome de la Philosophie Anatomique, et dans le Mémoire précédemment cité. Meckel a aussi donné quelques détails intéressans, mais seulement sur les parties les plus extérieures de l'appareil, les autres organes ayant été enlevés sur le seul individu femelle qu'il ait pu disséquer.

Les ovaires (fig. 4, lett. O) sont petits et peu différens par leur structure de ceux des Mammifères; mais il paraît, d'après des recherches assez récentes d'Everard Home (Trans. Phil., 1819), qu'on ne trouve de vésicules que dans l'ovaire du côté gauche; ce qui établirait entre l'Ornithorhynque et les Oiseaux un rapport très-remarquable. Les tubes de fallope (fig. 4, lettr. T) sont également assez semblables à ceux des Mammifères. A la suite du tube de fallope se trouve de chaque côté un adutérum (V. MAMMIFÈRES) qui se continue avec lui, et semble, au premier coup-d'œil, en être un simple renflement. Néanmoins cet organe (fig. 4, lett. AA) est encore assez semblable à celui d'un grand nombre de Mammifères, pour qu'on puisse admettre, sans hésitation, la détermination que nous venons de donner, d'après Geoffroy Saint-Hilaire et Meckel. Quoi qu'il en soit, jusqu'à l'extrémité interne des deux cornes de la matrice, l'appareil sexuel est double, et c'est après ces organes qu'il devient simple : les deux adutérums vont s'ouvrir sur les côtés du canal de l'urètre (en *a*) entre le méat de la vessie (*v*) et les méats des uretères (*u u*), c'est-à-dire aux mêmes points où s'ouvrent chez le mâle les canaux déférens. Il y a du reste, entre l'orifice des canaux déférens chez le mâle, et ceux des adutérums chez la femelle, une différence qu'il est important de signaler. Tandis que les premiers ne présentent rien de particulier, les seconds sont divisés en deux parties par une petite bride tégumentaire qui s'étend transversalement d'un de leurs bords à l'autre. Nous ne croyons pas devoir examiner ici quelles peuvent être l'influence physiologique et la valeur anatomique de cette bride très-remarquable, dont on doit la connaissance à Geoffroy Saint-Hilaire (Phil. Anat. T. II, p. 421), et nous passons de suite à la description des organes dont il nous reste à parler. Nous avons vu que les deux canaux déférens, les deux uretères, et le col de la vessie, chez le mâle ; les deux adutérums, les deux uretères et le col de la vessie, chez la femelle, viennent se réunir à l'entrée d'une poche analogue à l'urètre, dans sa première portion, et au canal urétro-sexuel (fig. 4, lett. S) dans la seconde. Ce canal, excessivement allongé chez l'Ornithorhynque, dépasse en avant le bord antérieur du bassin (fig. 2 et fig. 4, lett. II), et se prolonge en arrière de beaucoup au-delà de son bord postérieur ; et ces dimensions considérables forment même l'un des principaux caractères anatomiques des Monotrêmes. Il est important de remarquer que les Marsupiaux ont aussi un long canal urétro-sexuel, comme nous l'avons montré ailleurs avec détail. (*V.* MARSUPIAUX.) Ces Mammifères se trouvent donc, sous ce point de vue, en rapport avec l'Ornithorhynque ; mais tandis que leur canal urétro-sexuel va s'ouvrir à l'extérieur, celui des Monotrêmes va s'ouvrir (en *s*) dans le rectum (fig. 4, lett. X), ou plutôt se réunir avec le rectum dans une poche (fig. 2 et fig. 4, lett. Z) placée après le bassin, et que les anatomistes ont tantôt désignée sous le nom de cloaque, tantôt sous celui de vestibule commun. Il y a donc chez les Marsupiaux deux orifices externes, l'un pour les produits sexuels et les déjections urinaires, l'autre pour les déjections intestinales : il n'y en a qu'un seul (fig. 1, fig. 2 et fig. 4, lett. Z) pour les voies génitales, urinaires et intestinales chez l'Ornithorhynque et les Echidnés, comme l'indique ici le nom de Monotrêmes sous lequel on les désigne en commun, d'après Geoffroy Saint-Hilaire.

Ce nom de Monotrêmes, qui signifie Animaux à une seule ouverture extérieure, se rapporte en effet à ce caractère très-important de l'existence d'un vestibule commun et d'un seul orifice extérieur, caractère qui est à la fois et l'un des plus apparens, et l'un des plus remarquables de l'Ornithorhynque et des Echidnés. Toutefois il est ici à ajouter que chez quelques Mammifères de différens ordres, les deux orifices des voies génito-urinaires et intestinales sont très-rapprochés l'un de l'autre, et même quelquefois assez incomplétement séparés pour se réunir en un seul ; et c'est ce qui a lieu particulièrement dans les Castors, chez lesquels quelques auteurs ont même admis l'existence d'un cloaque. Une observation assez analogue a été tout récemment faite chez un Chien monstrueux, par Joseph Martin ; et plusieurs faits d'un autre ordre, mais qui reproduisent également chez les Mammifères, par anomalie, quelques-unes des conditions organiques qui forment l'état normal des Monotrêmes, ont aussi été recueillis par divers auteurs, chez l'Homme lui-même. (Geoffroy Saint-Hilaire, Philosophie Anatom. T. II, p. 407 ; Fournier-Pescay, article *Cas rares* du Dictionnaire des Sciences médicales, etc.)

Après avoir exposé, dans les paragraphes précédens, les principaux caractères de l'Ornithorhynque, nous pourrions, en présentant un résumé de notre article et en discutant la valeur et le degré d'authenticité des observations transmises aux voyageurs par les naturels de la Nouvelle-Hollande, rechercher si, dans l'état présent de la science, on peut, avec quelque certitude, regarder les Monotrêmes comme des Animaux vivipares et comme de véritables Mammifères, ou si l'on est fondé à les croire ovipares, et à établir pour eux une nouvelle classe dans l'embranchement des Animaux vertébrés ; mais nous n'entreprendrons pas ce travail difficile et dont le résultat ne saurait, à notre avis, être décisif ni dans un sens, ni dans l'autre. Nous nous bornons donc à renvoyer à notre article MONOTRÊMES dans lequel se trouve esquissé le travail que nous venons d'indiquer ; et nous nous hâtons de passer à l'histoire spécifique de l'Ornithorhynque.

Nous regardons comme un fait démontré, qu'une seule espèce d'Ornithorhynque est encore connue, ou plutôt que l'*Ornithorhynchus fuscus* de Péron et de Lesueur n'est qu'une espèce nominale, et doit être rapporté comme simple variété d'âge, de sexe ou de saison, à l'*Ornithorhynchus rufus* des mêmes auteurs, c'est-à-dire à l'*Ornithorhynchus paradoxus* de Blumenbach. C'est ce qui a été établi par Oken (Cours de zoologie), par Meckel (*loc. cit.*, par. 44, p. 59), et surtout par Geoffroy Saint-Hilaire (Annales des Sciences Naturelles, décembre 1826) qui, ayant pu examiner comparativement un très-grand nombre de sujets, a reconnu que toutes les différences regardées comme caractéristiques pour les deux prétendues espèces, sont variables et répandues, pour ainsi dire, irrégulièrement d'un individu à l'autre, et ne peuvent nullement être considérées comme spécifiques. Nous avons eu nous-même à notre disposition tous les matériaux sur lesquels Geoffroy Saint-Hilaire a établi son travail, et de plus un mâle et une femelle d'Ornithorhynque, que le

docteur Busseuil a bien voulu nous communiquer ; et nos propres recherches nous ont fourni de nouvelles preuves en faveur de l'opinion émise par les savans que nous venons de citer. Il nous semble donc certain que l'Ornithorhynque brun ne diffère pas de l'Ornithorhynque roux, et que les naturalistes ne connaissent encore d'une manière positive qu'une espèce dans le singulier genre que nous venons de décrire. Il est d'ailleurs très-possible lorsque l'intérieur de la Nouvelle-Hollande aura été parcouru par les Européens, ou même lorsque ses côtes seront moins imparfaitement connues, que l'on vienne à découvrir d'autres Ornithorhynques. Bien plus, on sait même, par le témoignage de quelques Anglais qui ont passé les montagnes Bleues, qu'il existe dans les rivières de Campbell et de Macquarie, des Ornithorhynques beaucoup plus grands que ceux apportés en Europe par divers voyageurs ; et Desmarest (Mammal., p. 580) a déjà émis l'opinion que ces Animaux pourraient bien différer spécifiquement de l'Ornithorhynque ordinaire. Enfin, ce qui paraît plus positif encore, nous trouvons dans les Mémoires de la Société Wernérienne d'Edimbourg (T. v, p. 575), l'annonce d'une seconde espèce que Macgillivray croit pouvoir établir sur des caractères certains, et qu'il nomme *Ornithorhynchus crispus*.

Quoi qu'il en soit, en attendant qu'une seconde espèce soit établie avec authenticité, nous conserverons, à celle qui est anciennement connue, le nom d'*Ornithorhynchus paradoxus*, Ornithorhynque paradoxal, proposé par Blumenbach, et adopté par Everard Home, Cuvier, Blainville, Meckel, Geoffroy Saint-Hilaire et plusieurs autres naturalistes ; et nous rapporterons seulement comme synonymie, celui de *Platypus Anatinus*, Sh. (*Natur. Miscell.*, p. 585 ; et *Génér. zool.* T. 1) ; celui d'*Ornithorhynchus rufus*, Pér. et Les., et celui d'*Ornithorhynchus fuscus*, que nous avons dit n'avoir été établi que sur un double emploi. On doit au contraire se garder de confondre avec l'Ornithorhynque paradoxal, l'*Ornithorhynchus hystrix* ou *aculeatus*, et l'*Alter Ornithorhynchus hystrix* d'Everard Home, qui sont, l'un, l'Echidné épineux, *Echidna hystrix*, Geoff. S.-H.; et l'autre, l'Echidné soyeux, *Echidna setosa*, Geoff. St.-H. (Bullet. de la Soc. Philom. T. III, p. 126, pl. 15).

Les caractères spécifiques de l'Ornithorhynque sont assez faciles à indiquer. Le corps est généralement couvert de poils de deux sortes : les uns laineux, courts et très-fins, sont grisâtres : les autres, soyeux et lustrés, sont en dessus d'un brun qui varie du brun-roux au brun-noirâtre, et en dessous d'une couleur qui varie du blanc-grisâtre au roux. La tête est, comme le corps, brune en dessus, et blanche, rousse ou roussâtre en dessous. Les pates, nues en dessous, sont en dessus couvertes de poils d'un gris-jaunâtre : les doigts sont au nombre antérieur, nus supérieurement comme sous la plante. La queue est velue en dessus chez les jeunes individus, mais complétement nue chez les vieux ; elle est toujours en dessus couverte de poils bruns, très-rudes et presque épineux, dont la disposition est très-irrégulière, et qui se croisent dans tous les sens. Le poil du dos est au contraire toujours lisse, si ce n'est pendant la mue ; et c'est sans doute pour avoir observé un individu pris dans cet état, qu'on avait attribué pour caractère à l'une des deux prétendues espèces d'avoir le poil un peu crépu (1). Quant aux différences spécifiques que l'on avait cherché à tirer de la forme ou de la grandeur du bec, de l'ergot du mâle, et de la queue, enfin de la couleur et de la taille, nous ne croyons pas devoir y attacher plus d'importance : car les premières, très-légères si elles existent réellement, sont purement

individuelles, ou même tiennent uniquement au mauvais état de préparation de quelques-uns des individus observés ; et c'est ce dont est convenu avec une honorable franchise, un des auteurs qui croient le plus fermement à l'existence de deux espèces, Van der Hoeven (*Nov. Act. physico-med.* T. XI, p. 552). Il en est très-probablement de même des différences tirées de la forme de la queue, qui, suivant Van der Hoeven, serait pointue chez l'Ornithorhynque roux, et élargie à son extrémité chez le brun ; différences que nous n'avons jamais pu apercevoir. Quant à l'ergot, il est, comme tous les organes cornés, susceptible de s'user, par le contact souvent répété des corps extérieurs, et de-là une multitude de variations de forme et de grandeur. La taille est aussi très-variable chez les Ornithorhynques, même en ne parlant pas des individus non adultes. Nous croyons en effet pouvoir donner comme un fait certain que le mâle est constamment plus grand que la femelle ; c'est ce qui résulte des mesures prises sur des individus des deux sexes, par Everard Home (*Phil. Trans.*, 1802, p. 68), Van der Hoeven (*loc. cit.*, p. 565) et Meckel (*loc. cit.*, p. 8), et ce que nous avons nous-même vérifié sur les deux sujets décrits par Geoffroy Saint-Hilaire dans les Annales des Sciences Naturelles (déc. 1826) et appartenant à S. A. R. le duc de Chartres, et sur le mâle et la femelle que le docteur Busseuil a bien voulu nous communiquer. Nous donnerons ici le tableau comparatif des dimensions de ces deux derniers.

	Mâle.		Femelle.	
Longueur totale. . .	1 p. 8 p.	l.	1 p. 6 p.	l.
———— de bec. . .	2	6	2	3
———— de la queue.	4	6	3	11

L'Ornithorhynque est désigné par les naturels de la Nouvelle-Galles sous les nom de *Mullingong*, suivant Patrick Hill, ou *Mouflengong*, suivant Garnot et Lesson. Quoique l'espèce soit assez commune dans plusieurs cantons, ses mœurs ont été

***

(1) Ne serait-ce pas aussi sur un individu pris dans la mue, que repose l'espèce de Macgillivray, l'*Ornithorhynchus crispus* ?

long-temps très-peu connues : Cuvier se borne à dire qu'elle habite les rivières et les marais de la Nouvelle-Hollande, et ce n'est guère que dans les ouvrages très-modernes qu'il est possible de rencontrer des observations un peu détaillées. Nous empruntons les suivantes à l'Anthologie de Florence (T. xxiv, p. 3o5, 1826); et nous citons même textuellement et presque dans son entier (d'après les Ann. des Sc. Nat., fév. 1827) un article très-intéressant, mais malheureusement très-court, publié dans ce recueil sans nom d'auteur : « L'Ornithorhynque habite les marais de la Nouvelle-Hollande. Il fait, parmi des touffes de roseaux, sur le bord des eaux, un nid qu'il compose de bourre et de racines entrelacées, et y dépose *deux œufs blancs*, *plus petits que ceux des poules ordinaires*; *il les couve long-temps*, *les fait éclore comme les oiseaux*, et ne les abandonne que s'il est menacé par quelque ennemi redoutable. Il paraît que pendant tout ce temps il ne mange ni semence ni herbe, et qu'il se contente de vase prise à sa portée, ce qui suffit pour le nourrir : du moins c'est la seule substance qu'on ait trouvé dans son estomac. Lorsque l'Ornithorhynque plonge sous l'eau, il y reste peu de temps, et revient bientôt à la surface en secouant la tête comme le font les Canards. Il parcourt les rives des marais en marchant, ou plutôt en rampant avec assez de vitesse ; ses mouvemens sont prompts, et il est difficile de le prendre, parce qu'il a une vue excellente. Il n'emploie ordinairement qu'une narine pour respirer dans l'air. Il se gratte la tête et le cou avec un des pieds de derrière, comme font les Chiens : il cherche à mordre quand il est pris; mais son bec, étant très-flexible et faible, ne peut faire aucun mal. Le mâle, le seul qui soit armé d'un éperon à la jambe de derrière, emploie cette arme contre ses agresseurs. La blessure qu'il fait produit une inflammation et une très-vive douleur; mais il n'y a pas

d'exemple qu'elle ait occasioné la mort. »

La manière dont se trouve rédigé l'article que nous venons de rapporter, le cachet d'originalité qui semble lui être empreint, les détails pleins de vérité qu'il expose, ne permettent pas de rejeter et de considérer comme une assertion sans importance, le témoignage de l'auteur des observations qu'il contient, au sujet de la ponte et de l'incubation de l'Ornithorhynque. Ce témoignage est d'ailleurs dans une concordance parfaite avec celui des naturels de la Nouvelle-Hollande et de quelques voyageurs, et avec les recherches de Hill et de Jamison sur l'Échidné; recherches dont Garnot a fait mention dans le Bulletin de la Société Philomatique, et d'où il résulterait que les Monotrêmes sont ovipares. Garnot et Lesson disent aussi, comme presque tous les auteurs, que les colons croient les Ornithorhynques ovipares; et ils ajoutent que le surintendant de la ferme d'Emious-Plains leur affirma positivement avoir vu des œufs de la grosseur de ceux d'une poule, et au nombre de deux. Nous nous bornons ici à faire cette remarque, sans entrer dans la discussion d'une question qui nous paraît toujours indécise, et dont nous avons déjà dit ne pas vouloir nous occuper dans cet article. Quant à l'innocuité de la piqûre de l'Ornithorhynque, l'assertion de l'auteur anonyme de l'article de l'Anthologie est pleinement confirmée par les renseignemens que Quoy et Gaimard ont pris à la Nouvelle-Hollande, lors du mémorable voyage de l'*Uranie* : « Nous ajouterons, dit l'un de ces naturalistes, le docteur Quoy, en terminant quelques remarques sur l'Ornithorhynque (Bull. des Sc. Nat., juillet 1824), que le venin de cet Animal n'a pas une bien grande action sur l'Homme; car depuis qu'on prend des Ornithorhynques, nous croyons qu'il ne s'est présenté qu'un accident peu grave de blessure; et même au port Jackson il n'est point encore populaire que cet ergot soit venimeux. Nous avons eu trois Ornithorhynques de militaires qui les avaient eux-mêmes pris dans les rivières des montagnes Bleues, et qui ne nous ont point indiqué qu'ils fussent susceptibles de blesser grièvement. » Garnot et Lesson rapportent aussi, dans leur ouvrage zoologique (p. 133), que, suivant le docteur Palmeter, « on ne connaît dans la Nouvelle-Galles aucun exemple de blessure suivie d'accidens dus à la présence d'un venin quelconque. » On voit que ces témoignages, et il en est de même de plusieurs autres que nous pourrions aussi invoquer, confirment parfaitement les assertions de l'Anthologie de Florence; et il est presque superflu de remarquer combien cet accord unanime des voyageurs et des naturalistes sur tout ce qu'ils ont pu vérifier de l'article du recueil de Florence, doit donner d'authenticité à tout ce qu'il affirme, même sur les points que personne n'a encore pu constater après lui, et inspirer de confiance dans l'exactitude des observations qu'il contient, et dans la véracité de son auteur, quel que soit d'ailleurs cet auteur, ou quelle que soit la source à laquelle l'Anthologie de Florence ait pu emprunter ces observations.   (IS. G. ST.-H.)

ORNITHOTYPOLITE. OIS. Même chose qu'Ornitholyte. *V.* ce mot.   (B.)

ORNITROPHE. *Ornitrophe.* BOT. PHAN. Le genre désigné sous ce nom par Commerson, adopté par Jussieu, est le même que le *Schmidelia* de Linné, Mant., auquel il faut aussi réunir l'*Allophyllus* du même auteur et le *Toxicodendron* de Gaertner. *V.* SCHMIDELIE.   (A. R.)

ORNOS. BOT. PHAN. Syn. de Figuier sauvage chez les Grecs modernes, et de *Fraxinus Ornus.* (B.)

ORNUS. BOT. PHAN. On trouve ce nom dans Virgile et dans d'autres poëtes de l'antiquité; les modernes l'ont généralement appliqué au Frêne à fleur ou petit Frêne qui a pour cette raison été nommé *Fraxinus Ornus.* Mais Dureau de La Malle fils, dans une savante Dissertation, a prouvé que c'était au grand Frêne ou Frêne commun, *Fraxinus excelsior,* L., que les anciens donnaient le nom d'*Ornus,* tandis qu'ils appliquaient celui de *Fraxinus* à notre Frêne à fleur. Le même nom d'*Ornus* n'a pas toujours été appliqué de la même manière par les anciens. Ainsi Tragus le donnait au Charme; Pandactarius au Hêtre; Ruellius, Dodoens, Gesner au Sorbier des oiseleurs; Belon, Micheli au Frêne à fleurs, etc. Dans ces derniers temps on en a fait un genre particulier, mais qui n'a pas été adopté. *V.* ORNIER et FRÊNE.
   (A. R.)

OROBANCHE. *Orobanche.* BOT. PHAN. Genre de la Didynamie Angiospermie, L., autrefois placé à la suite des Pédiculaires, mais constituant aujourd'hui le type d'un ordre naturel nouveau, sous le nom d'Orobanchées. Les caractères de ce genre sont les suivans: le calice est tantôt tubuleux à cinq divisions inégales, tantôt profondément divisé en lanières distinctes. La corolle est monopétale, tubuleuse, irrégulière, ventrue à sa base; son limbe est à deux lèvres, la supérieure convexe en dessus et l'inférieure à trois lobes inégaux. Les étamines sont didynames cachées sous la lèvre supérieure. L'ovaire est libre, appliqué sur un disque hypogyne et annulaire; le style est simple et terminé par un stigmate bilobé. Le fruit est une capsule terminée en pointe à son sommet, à une seule loge, contenant un très-grand nombre de petites graines attachées à deux trophospermes longitudinaux; cette capsule s'ouvre en deux valves, portant chacune un placenta biparti sur le milieu de leur face interne. Le professeur Desfontaines a proposé de diviser le genre Orobanche en deux, savoir: les Orobanches vraies, qui ont leur calice divisé jusqu'à la base, et paraissant composé de bractées, et le *Phelipea* qui a le calice tubuleux,

V. Phelipea. Le genre Orobanche est extrêmement bien caractérisé par le port des différentes espèces qui le composent. Ce sont toutes des Plantes parasites, charnues, dépourvues de feuilles, lesquelles sont remplacées par de simples écailles, d'une couleur généralement brunâtre et terne, qui les fait ressembler à des Plantes desséchées; leurs fleurs sont grandes, réunies en épi à la partie supérieure de la tige; chacune d'elles qui est placée à l'aisselle d'une bractée, est ordinairement accompagnée de trois écailles qui, dans quelques espèces, remplacent le calice. On doit à Vaucher, de Genève, des observations curieuses sur la germination des graines d'Orobanche. Toutes les espèces de ce genre, ainsi que nous l'avons dit, sont des Plantes parasites; il était donc fort curieux d'observer les premiers développemens de leurs graines. Quand ces graines qui sont fort petites et à surface hérissée sont confiées à la terre, elles restent dans un état stationnaire, tant qu'elles ne sont pas en contact avec quelque radicelle d'une Plante qui leur convienne. Mais aussitôt qu'elles sont rencontrées par quelque filet de racine, elles s'y attachent, et dès-lors leur germination commence et s'achève, et quand la Plante est développée, elle reste adhérente à la racine à laquelle elle s'est d'abord attachée. On a établi deux sections dans le genre Orobanche, suivant que leur corolle offre à son limbe quatre ou cinq lobes.

† Corolle à quatre lobes.

Orobanche majeure, *Orobanche major*, L. Cette espèce, la plus grande de toutes, a une tige qui s'élève quelquefois jusqu'à deux pieds de hauteur; elle croît en général sur la racine du Genêt à balais; sa tige est renflée à sa base, qui est recouverte d'écailles très-rapprochées; celles de la tige sont écartées; les fleurs sont grandes, formant un épi très-long; les divisions calicinales sont presque égales et terminées en pointe. Cette

espèce est très-commune dans les bois.

Orobanche vulgaire, *Orobanche vulgaris*, Lmk.; *Or. caryophyllæa*, Willd. Cette espèce se distingue de la précédente à sa tige moins haute, d'une couleur blanche, jaunâtre quand elle est fraîche, à ses fleurs moins nombreuses, d'un rouge vineux intérieurement et répandant une odeur agréable de Gérofle. Elle est commune dans les bois découverts, les friches, les pelouses sèches.

†† Corolle à cinq lobes.

Orobanche rameuse, *Orobanche ramosa*, L., Bull., Herb., t. 599. Cette espèce est commune dans les champs où on cultive le Chanvre, le Tabac, etc. Elle se reconnaît facilement à sa tige rameuse, d'une teinte blanche lavée de bleu, haute de six à dix pouces. Les fleurs sont assez petites, disposées en épi. Leur calice est court, divisé en quatre lobes aigus. Cette espèce a été décrite comme genre distinct sous le nom de *Kopsia*, par Dumortier, mais ce genre n'a pas été adopté.   (A. R.)

* OROBANCHÉES. *Orobancheæ.* bot. phan. Famille de Plantes dicotylédones monopétales à étamines ou corolles hypogynes, établie par Ventenat (Tabl. du Règn. Végét.) et adoptée par tous les botanistes modernes. Voici quels sont ses caractères : le calice est tubuleux ou divisé jusqu'à sa base en sépales distincts; la corolle est monopétale, irrégulière, souvent divisée en deux lèvres; les étamines insérées à la corolle sont généralement didynames; l'ovaire est libre, appliqué sur un disque hypogyne et quelquefois unilatéral. Cet ovaire présente une seule loge contenant deux trophospermes pariétaux, s'étendant dans toute la hauteur de la loge, bifides sur leur côté interne et portant un très-grand nombre d'ovules; le style est simple, terminé par un stigmate à deux lobes inégaux. Le fruit est une capsule ovoïde, allongée, terminée en pointe,

à une seule loge contenant un grand nombre de graines attachées à deux trophospermes pariétaux, s'ouvrant en deux valves qui portent chacune un trophosperme attaché sur le milieu de leur face interne. Ces graines fort petites offrent un tégument propre double, recouvrant un endosperme charnu qui porte un petit embryon dicotylédoné dans une petite fossette creusée dans sa partie supérieure et latérale. Les Plantes qui forment cette famille sont tantôt parasites sur la racine d'autres Végétaux, tantôt terrestres ; leur tige simple ou rameuse est nue, c'est-à-dire recouverte de simples écailles, ou portant des feuilles alternes ou opposées ; dans quelques cas elles sont toutes radicales. Les fleurs toujours accompagnées de bractées sont terminales et solitaires, ou plus souvent disposées en épis. Les genres qui composent la famille des Orobanchées sont les suivans : *Orobanche*, L. ; *Phelipea*, Desf. ; *Hyobanche*, L. ; *Epiphagus*, Nuttal ; *Schultzia*, Rafinesq. ; *OEgynetiâ*, Roxb. ; *Gymnoscalis*, Nut. Quant au genre *Obolaria* placé par tous les botanistes dans cette famille, il nous paraît avoir des rapports plus marqués avec celle des Gentianées. Mais en général nous devons ajouter que cette famille a besoin d'être de nouveau soumise à l'examen, et que les genres qui la composent sont encore assez imparfaitement connus.   (A. R.)

OROBANCHIA. BOT. PHAN. Vandelli (*Flor. Lusit. Bras.*, p. 41, tab. 5o, f. 18 et 19) a décrit sous ce nom un genre de la Didynamie Angiospermie, L. , qui offre les caractères suivans : calice pentagone, persistant, à cinq découpures aiguës ; corolle velue, dont le tube est un peu courbé et cylindrique à sa base, puis renflé vers son sommet ; la gorge étroite, resserrée ; le limbe court, à cinq lobes arrondis ; quatre étamines didynames, plus courtes que la corolle, à anthères arrondies et rapprochées les unes des autres ; ovaire supère allongé, surmonté d'un style filiforme velu et plus court que les étamines ; stigmate bilobé ; glande échancrée, très-grosse, située à la base et d'un seul côté de l'ovaire ; capsule non pulpeuse, uniloculaire, bivalve, contenant des graines nombreuses et fort petites. C'est par ces caractères carpologiques que le genre *Orobanchia* se distingue du *Besleria*, qui a été placé à la suite des Personnées ou Scrophularinées. Deux espèces indigènes du Brésil ont été décrites par Vandelli. Ce sont des Plantes à tiges grimpantes, radicantes, garnies de feuilles oblongues ou lancéolées, pétiolées et opposées. Les fleurs ont leur calice de couleur écarlate, à divisions glabres ou velues sur les bords, et à corolle hérissée, jaunâtre.   (G..N.)

OROBANCHOIDES. BOT. PHAN. Les botanistes antérieurs à Linné nommaient ainsi le genre *Monotropa* de cet auteur, à cause de la ressemblance extérieure des espèces qui le composent avec les Orobanches. *V.* HYPOPYTIS et MONOTROPE.

On trouve aussi ce mot pour Orobanchées dans le Dictionnaire de Déterville.   (G..N.)

OROBE. *Orobus.* BOT. PHAN. Ce genre, de la famille des Légumineuses et de la Diadelphie Décandrie, L. , présente les caractères suivans : calice tubuleux, campanulé, divisé peu profondément en cinq lobes aigus, dont les deux supérieurs sont plus courts ; corolle papilionacée, formée d'un étendard cordiforme, long, réfléchi sur les côtés, de deux ailes oblongues, conniventes, aussi longues que l'étendard, et d'une carène divisée en deux à sa base, ayant ses bords connivens, parallèles et comprimés ; dix étamines diadelphes ; style grêle, linéaire, velu au sommet ; gousse cylindracée, oblongue, terminée par une pointe ascendante, uniloculaire, bivalve, et renfermant plusieurs graines marquées d'un hile linéaire. Ce genre fait partie de la tribu des Viciées de Brown et De Candolle, et il est tellement lié, par les caractères que nous venons d'exposer, avec les genres *Vicia*, *Lathyrus* et *Pisum*, qu'il serait impossible de les distinguer, s'il n'y avait pas encore d'autres différences dans l'ensemble des organes de la végétation. Ajoutons en outre qu'un port assez remarquable, mais qu'on ne peut bien saisir au moyen d'une simple description, fait reconnaître les Orobes au premier coup-d'œil. Ce sont des Plantes herbacées, munies de stipules semi-sagittées, et de feuilles à un petit nombre de paires de folioles terminées sans impaire par une soie courte, simple et non roulée. Les fleurs sont portées sur des pédoncules axillaires; leurs couleurs sont variées, souvent même elles offrent différentes teintes sur les mêmes fleurs.

Trente-trois espèces d'Orobes, sans compter six peu connues, sont décrites par Seringe dans le second volume du *Prodromus Vegetabilium* du professeur De Candolle. La plupart croissent dans les montagnes de l'Europe méridionale; beaucoup se trouvent également dans l'Orient et la Sibérie; deux seulement habitent l'Amérique septentrionale. Seringe a encore compris parmi les Orobes le *Vicia piscidia* de Forster et Sprengel, Plante qui croît dans la Nouvelle-Calédonie.

L'Orobe tubéreux, *Orobus tuberosus*, L., que nous mentionnons ici pour indiquer l'espèce considérée comme type du genre, est une des plus jolies Plantes qui croissent en abondance dans les bois de toute l'Europe, et particulièrement aux environs de Paris. De sa racine tubéreuse, s'élèvent quelques tiges grêles, munies de feuilles à folioles allongées, pointues, vertes en dessus et d'une couleur glauque en dessous. Les fleurs sont d'un rose tendre, quelquefois versicolores, et disposées par trois ou quatre sur chaque pédoncule.

Parmi les autres Orobes qui croissent en France, on distingue principalement, 1° l'*Orobus luteus*, L., dont la tige est droite, anguleuse,

élevée de plus d'un demi-mètre, munie de grandes stipules semi-sagittées, et de feuilles composées d'environ six paires de folioles lancéolées et glabres; les fleurs sont fort grandes et remarquables par leur couleur jaune safranée. Cette espèce croît dans les Alpes, le Jura et les Pyrénées. 2° L'*Orobus vernus*, L.; les folioles de ses feuilles sont grandes, ovales, pointues et très-glabres, accompagnées de stipules grandes et entières; les fleurs, bleuâtres ou purpurines, font un effet charmant dans les bois des montagnes de l'Europe méridionale, où cette Plante croît en abondance. 5° L'*Orobus niger*, L., qui a des feuilles composées de folioles petites, au nombre de huit à douze, ovales, pointues, et d'un vert un peu glauque; les pédoncules axillaires soutiennent quatre à huit fleurs bleuâtres ou rougeâtres. Cette espèce croît dans certaines localités sylvatiques de l'Europe méridionale et tempérée. Quelques soins, quelques précautions que l'on puisse apporter dans sa dessiccation, elle noircit toujours dans l'herbier, et c'est de cette circonstance que Linné a dérivé le nom spécifique. (G..N.)

OROBITES. géol. *V.* Hammites.

* OROBITIS. ins. Genre de l'ordre des Coléoptères, section des Tétramères, famille des Rhynchophores, tribu des Charansonites, établi par Germar, et adopté par Latreille (Fam. Nat., etc.) et Schonherr. Les caractères que ce dernier assigne à ce genre sont: antennes médiocres, un peu grêles, insérées sur le milieu de la trompe, composées de sept articles, dont ceux de la base obconiques, et les autres lenticulaires; massue des antennes ovale et acuminée; trompe allongée, un peu effilée, cylindrique, arquée et réfléchie; yeux grands, un peu contigus en dessus; corselet très-court, transverse, rétréci en avant, tronqué à la base et au sommet; élytres arrondies, très-convexes, atténuées en arrière et déhiscentes. Germar et Dejean avaient rapporté à ce

genre plusieurs espèces qui ne doivent pas en faire partie; Schonherr ne conserve qu'une espèce, c'est l'*Attelabus globosus* de Fabricius, *Curculio cyaneus* de Linné.   (G.)

* OROBU. ois. Même chose qu'Urubu. *V.* CATHARTE.   (DR..Z.)

OROBUS. BOT. PHAN. *V.* OROBE.

ORONCE. *Orontium.* BOT. PHAN. Genre de la famille des Aroïdées et de l'Hexandrie Monogynie, L., composé de deux espèces qui doivent constituer deux genres distincts, et appartenant probablement à deux familles différentes. Voici les caractères de l'*Orontium aquaticum*, L., la première qui ait porté ce nom : les fleurs sont petites, disposées en un épi cylindrique, terminal, dense et serré; celles qui occupent la partie inférieure de la fleur se composent d'un calice formé de cinq à six sépales dressés, légèrement carénés, d'un égal nombre d'étamines à filamens planes et courts, à anthères biloculaires. Ces étamines sont insérées tout-à-fait à la base des sépales et en dehors de l'ovaire; elles sont opposées à ces sépales. L'ovaire est libre, très-aigu, à trois angles obtus, surmonté par un stigmate très-petit, sessile et en forme de point proéminent. Le fruit est un akène arrondi, ombiliqué à son sommet et renfermant une seule graine. Cette Plante, originaire de l'Amérique septentrionale, y croît sur le bord des rivières. Ses feuilles sont radicales, ovales-lancéolées, entières, striées, terminées inférieurement par un long pétiole en forme de gaîne tubuleuse. L'épi de fleurs, d'environ un pouce de longueur, est porté sur un long pédoncule radical, presque demi-cylindrique, offrant vers sa partie inférieure une écaille roulée en forme de spathe.

La seconde espèce rapportée à ce genre est l'*Orontium Japonicum*, Willd., Lamk., Ill., tab. 251. Cette Plante, que l'on voit assez fréquemment dans les jardins, offre les caractères suivans : ses fleurs forment une sorte de capitule ovoïde, porté par un pédoncule radical, épais, strié et un peu contourné. Chaque fleur se compose d'un calice monosépale urcéolé, presque globuleux, à six divisions peu profondes, obtuses et recourbées en dedans; de six étamines très-courtes, insérées à une ligne circulaire saillante, qui forme la gorge du calice. Chacune de ces étamines, dont le filet est fort court et l'anthère didyme, à deux loges, s'ouvrant par un sillon longitudinal, est placée en face de chaque dent calicinale. L'ovaire est libre, ovoïde, à trois angles obtus, terminé supérieurement par trois cornes peu saillantes, épaisses, obtuses, et dont le sommet tronqué et coupé obliquement en dedans, est glanduleux et stigmatique. L'ovaire est à trois loges, contenant chacune deux ovules collatéraux attachés à l'angle interne de chacune d'elles. Le fruit est ovoïde, fongueux, terminé par un petit mamelon à son sommet. Il ne contient qu'une seule graine, par suite de l'avortement des cinq autres. Cette graine, irrégulièrement arrondie, se compose d'un tégument mince, recouvrant un endosperme corné, blanc, contenant vers son sommet un embryon axile, renversé, c'est-à-dire ayant la radicule opposée au hile. Cet embryon est presque cylindrique, parfaitement indivis, ayant son corps radiculaire comme tronqué. Dans cette espèce, les feuilles sont radicales, emboîtées et comme roulées les unes dans les autres à leur base. Ces feuilles sont extrêmement roides, épaisses, allongées, aiguës, entières, à bords un peu ondulés.

Pour peu que l'on compare les caractères de cette espèce avec ceux de la précédente, on y reconnaîtra de très-grandes différences. Ainsi, dans l'*Orontium aquaticum*, le calice se compose de quatre à six écailles distinctes; dans l'*Orontium Japonicum*, il est monosépale, urcéolé, à six divisions très-courtes et repliées en dedans. Les étamines, dans l'espèce américaine, sont attachées à la base des sépales; et à la gorge du calice, dans celle du Japon. Dans l'*Orontium aquaticum*, l'ovaire est à une seule loge (du moins tous les auteurs le décrivent ainsi, et sur les échantillons desséchés que nous possédons de cette Plante, nous n'avons pu constater ce fait). Le stigmate est sous la forme d'un point proéminent; dans l'*Orontium Japonicum*, l'ovaire est à trois loges, contenant chacune deux ovules attachés à leur angle interne; il est surmonté de trois stigmates distincts. Ces différences nous paraissent trop grandes pour que ces deux espèces restent dans le même genre. Cette observation est due à mon père qui, dans ses manuscrits, avait fait un genre particulier de l'*Orontium Japonicum*, sous le nom de *Nestlera*. Mais comme il existe déjà un genre *Nestlera*, dédié au professeur Nestler de Strasbourg par le professeur Sprengel, nous nous proposons de décrire incessamment ce nouveau genre dans un des recueils d'histoire naturelle. Maintenant, ce genre doit-il rester dans la famille des Aroïdées? nous ne le pensons pas. Par tous ses caractères, il nous paraît appartenir à la famille des Asparaginées, où il vient se placer non loin des genres *Polygonatum* et *Convallaria*. (A. R.)

ORONGE. BOT. CRYPT. (*Champignons.*) Nom vulgaire donné à l'*Amanita aurantiaca*. On désigne par le nom de FAUSSE ORONGE l'*Amanita muscaria*. *V.* AMANITE. (AD. B.)

ORONTIUM. BOT. PHAN. *V.* ORONCE. Ce nom est également donné à une espèce du genre *Antirrhinum*. *V.* MUFLIER. (B.)

* OROPETUM. BOT. PHAN. Genre de la famille des Graminées et de la Triandrie Digynie, L., établi par Trinius (*Fundam. Agrostograph.*), et caractérisé ainsi : épillets enfoncés dans les fossettes du rachis; lépicène à une seule valve cartilagineuse; glume à deux valves, hyalines, garnie de poils à la base; la valve inférieure ventrue; la supérieure plane; caryopse enfermé dans la glume. Ce genre ne renferme qu'une seule espèce, *Oropetium thomœum*, placée parmi les *Nardus* par Linné, et parmi les *Rotboella* par Willdenow et Roxburgh. C'est une petite Graminée à feuilles linéaires, sétacées, velues, disposées sur deux rangs, et dont l'épi est filiforme, droit. Elle croît au Malabar. (G..N.)

* OROPHEA. BOT. PHAN. Genre nouveau de la famille des Annocacées, établi par Blume (*Bijdragen tot de flora van nederlandsch Indie*; Batavia, 1825, fasc. 1) qui l'a ainsi caractérisé : calice à trois divisions profondes; corolle à six pétales disposés sur deux rangs, les extérieurs plus courts, les intérieurs pédicellés, cohérens par leur sommet, et formant une sorte de coiffe; six à neuf étamines dont les filets sont très-courts, alternes, souvent stériles; les anthères biloculaires, adnées et extrorses; ovaires, au nombre de trois ou plus rarement de quatre, velus, d'abord rapprochés, mais divergens, biovulés; stigmates obtus; carpelles en nombre égal à celui des ovaires, ou solitaires par avortement, sessiles, bacciformes, cylindriques, à une ou deux graines superposées. Ce genre est placé à côté des genres *Monodora* et *Asimina*, dont il diffère par ses filets d'étamines et ses graines en nombre défini. Il se compose de deux Arbrisseaux indigènes de l'île de Java; l'un offre toujours six étamines, et l'autre en a neuf. (G..N.)

* OROPOGON. BOT. PHAN. Ce genre de Necker, formé aux dépens des *Andropogon*, n'a pas été admis. (G..N.)

OROSTACHYS. BOT. PHAN. Nom générique sous lequel, dans le Catalogue du Jardin de Gorenki, publié par Fischer, le *Sedum spinosum*, Willd., ou *Crassula spinosa*, L., et le *Cotyledon Malacophyllum*, Willd., sont désignés, mais sans indication des caractères du genre. (G..N.)

* OROWAS. mam. *V*. Écureuil commun.

* OROXYLUM. bot. phan. Ventenat a établi sous ce nom un genre de la famille des Bignoniacées, qui a été adopté par Kunth (Révision de la famille des Bignoniacées, p. 7), avec les caractères suivans : calice campanulé, légèrement denté; corolle irrégulière, dont la gorge est renflée, le limbe à cinq lobes; cinq étamines fertiles, l'intermédiaire plus courte; stigmate bilamellé; capsule en forme de silique, biloculaire, dont la cloison est parallèle aux valves; graines munies d'une aile membraneuse. La Plante sur laquelle ce genre encore peu connu a été fondé, est un Arbre à feuilles opposées, bi ou tripinnées, terminées par une impaire, à fleurs en grappes terminales, allongées et munies de bractées. (G..N.)

OROZO. mam. Espèce du genre Hamster. *V*. ce mot. (B.)

ORPHE. *Orphus*. pois. Un Cyprin et un Spare ont reçu ce nom spécifique. (B.)

* ORPHÉE. ois. Espèce du genre Sylvie. *V*. Fauvette. (DR..Z.)

ORPHÈLE. bot. phan. (Dict. de Déterv.) Pour Ophèle. *V*. ce mot. (G..N.)

ORPHELINE. conch. Dans les anciens Catalogues de Coquilles et dans le Dictionnaire conchyliologique de Favart d'Erbigny, on trouve ce nom appliqué à plusieurs Coquilles bivalves de différens genres, à des Vénus, des Pétoncles, des Arches, des Bucardes, etc., et même à la Nucule nacrée de nos côtes. Ce terme n'est plus employé aujourd'hui que par quelques marchands. (D..H.)

ORPHESIUS. min. Suivant Boëce de Boot, c'est une variété d'Opale blanchâtre, d'une qualité inférieure, dont l'analogue se trouve en Hongrie. (G. DEL.)

ORPHIE. pois. Sous-genre d'Esoce. *V*. Esoce aiguille. (B.)

* ORPHNÉ. *Orphnus*. ins. Genre de l'ordre des Coléoptères, section des Pentamères, famille des Lamellicornes, tribu des Scarabéides, division des Arénicoles, établi par Macleay (*Horæ Entom.*, vol. 1, p. 119) et adopté par Latreille qui le place avec doute à côté des Trox et des Hybosores. Les caractères que Macleay assigne à ce genre, sont : antennes de dix articles, le premier grand, peu allongé, conique; le second presque globuleux; les cinq suivans très-courts, transversaux; les autres s'élargissant un peu progressivement et formant une massue lamellée, presque globuleuse; labre presque caché par le chaperon; son bord antérieur seul apparent; mandibules avancées, arquées, presque triangulaires, épaisses à leur base, arrondies extérieurement, aiguës à leur pointe, unidentées intérieurement; mâchoires non dentées; dernier article des palpes labiaux plus grand que les autres, presque ovale; menton presque carré, tronqué à l'extrémité; chaperon des mâles unicorne; élytres ne recouvrant pas l'abdomen postérieurement; jambes antérieures tridentées à leur côté externe. Macleay cite comme type de ce genre l'*Orphnus bicolor* qui est le *Geotrupes bicolor* de Fabricius. Il se trouve dans l'Inde. (G.)

ORPIMENT. min. Variété ou plutôt sous-espèce d'Arsenic sulfuré. *V*. ce mot. (B.)

ORPIN. *Sedum*. bot. phan. Ce genre de la famille des Crassulacées et de la Décandrie Pentagynie, L., est ainsi caractérisé : calice persistant, divisé profondément en cinq segmens aigus; corolle à cinq pétales insérés sur le calice, égaux entre eux, et larges à la base; dix étamines, dont cinq plus petites insérées un peu au-dessus de la base des pétales, les cinq autres plus longues, insérées sur le calice; cinq ovaires, surmontés chacun d'un style, sessiles, uniloculaires, contenant un grand nombre d'ovules attachés à l'angle interne; écaille située à la base de chaque ovaire, et opposée à chacun des pétales ; cinq capsules entourées par le calice, la corolle et les étamines qui persistent, terminées en pointe, écartées, uniloculaires, déhiscentes longitudinalement par l'angle interne où sont attachées les graines. Celles-ci sont très-petites et dépourvues d'endosperme ; leur tégument extérieur est membraneux, l'intérieur très-mince, diaphane ; l'embryon, conforme à la graine, a ses cotylédons planes, légèrement convexes, la radicule obtuse, regardant le hile. Les Orpins sont des Plantes herbacées, succulentes, charnues, rarement des sous-Arbrisseaux. Leurs feuilles sont éparses, rarement opposées ou verticillées, grasses, planes ou cylindracées. Les fleurs sont teintes de couleurs diverses, selon les espèces ; il y en a de blanches, de jaunes, d'orangées, de purpurines et de bleues. Elles sont disposées en corymbes, en grappes, ou en panicules, le plus souvent terminales et accompagnées de bractées. Le nombre des parties de la fructification est quelquefois augmenté ou diminué d'une unité, c'est-à-dire qu'on voit des fleurs à six ou à quatre divisions tant au calice qu'à la corolle, et conséquemment à quatre ou à six étamines.

Les anciens botanistes comprenaient sous le nom de *Sedum* plusieurs Crassulacées qui sont devenues les types de genres distincts. Ainsi, Vaillant y comprenait le *Tillæa* de Michéli, rétabli par Linné. Tournefort y joignait les Plantes dont Linné fit son genre *Sempervivum*. D'un autre côté, le genre *Anacampseros* de Tournefort fut réuni par Linné avec son genre *Sedum*.

Le nombre des espèces d'Orpins est assez considérable ; il s'élève à plus de quatre-vingts, qui sont distribuées sur une grande étendue du globe, mais qui abondent surtout dans les climats chauds. Elles ont pour stations principales les rochers des montagnes, les murs et les localités stériles. Environ trente espèces croissent en France, parmi lesquelles nous nous bornerons à en décrire deux qui depuis long-temps sont des remèdes populaires. L'une est placée dans la section des Orpins à feuilles planes, l'autre dans la section des Orpins à feuilles cylindracées.

L'ORPIN REPRISE, *Sedum Telephium*, L., D. C., Plantes grasses, tab. 92. Vulgairement Joubarbe des vignes, Grasset, Herbe à la coupure, Herbe aux charpentiers, etc. De sa racine vivace et tuberculeuse, s'élèvent plusieurs tiges cylindriques, glabres, légèrement rameuses au sommet, hautes d'un pied et plus, garnies de feuilles sessiles, éparses ou opposées, dentées sur leurs bords, un peu succulentes, et d'un vert pâle. Les fleurs de couleur rougeâtre ou blanche forment d'agréables corymbes au sommet de la tige et de ses ramifications. Cette Plante croît spontanément dans les vignes et à l'ombre des bois taillis, où elle fleurit en juillet et en août. On la cultive dans quelques jardins comme Plante d'agrément. Les anciens médecins faisaient beaucoup d'usage de cette espèce, soit à l'extérieur pour cicatriser les plaies et les ulcères, soit à l'intérieur comme astringente dans la dyssenterie et l'hémoptysie. Elle entrait dans la composition de l'eau vulnéraire, et on en préparait une eau distillée qui ne devait posséder aucune propriété, puisque la Plante est complétement inodore. Ses noms vulgaires d'Herbe aux coupures et d'Herbe aux charpentiers, indiquent l'usage que le peuple en fait encore aujourd'hui pour la guérison des blessures ; et quelle que soit l'opinion qu'on se forme sur son mode d'action, il est certain que l'expérience a prononcé dans une foule de cas en faveur de ce topique.

L'ORPIN BRULANT, *Sedum acre*, L., Bulliard, Herb., tab. 30. Ses tiges naissent en touffes, au sommet d'une petite racine vivace et fibreuse ; elles ne s'élèvent guère au-delà de trois à quatre pouces, et sont garnies de feuilles ovales, cylindroïdes ou un peu triangulaires , charnues, d'un vert clair, alternes et comme imbriquées. Les fleurs sont d'un jaune de soufre , et rassemblées au sommet des tiges. On trouve abondamment cette petite Plante sur les vieux murs et dans les localités pierreuses de l'Europe. Toutes ses parties, et surtout ses feuilles, sont pleines d'un suc tellement âcre, qu'il en devient caustique; il serait donc dangereux de s'en servir, soit comme émétique, soit comme purgatif, ainsi que cela se pratiquait imprudemment autrefois. De graves accidens inflammatoires doivent résulter de l'emploi d'un tel médicament, que d'ailleurs on peut facilement remplacer par un grand nombre d'autres substances drastiques ou vomitives, qui ne seraient pas aussi corrosives. Nous croyons donc nécessaire de prévenir nos lecteurs contre l'usage médical de l'Orpin brûlant, qu'on a , en outre, préconisé contre les maladies scorbutiques. A cet effet, certains médecins allemands le prescrivaient en infusion dans de la bière.

Quelques espèces qui croissent en abondance dans les lieux secs, pierreux et exposés au soleil, ne possèdent pas les propriétés actives de celles que nous venons de décrire. Nous mentionnerons seulement ici l'ORPIN A FLEURS BLANCHES (*Sedum album*, L.), vulgairement connu sous les noms de Petite-Joubarbe et Trique-Madame, qui passe pour rafraîchissant et un peu astringent. Ses feuilles se mangent en salade dans quelques cantons de la France.   (G..N.)

ORPIN. MIN. Même chose qu'Orpiment. *V*. ARSENIC.   (B.)

ORQUE. *Orca*. MAM. Syn. d'Epaulard , espèce du genre Dauphin. *V*. ce mot.   (B.)

ORRE. MAM. *V*. ÉCUREUIL COMMUN.

ORSEIL ou ORSEILLE. BOT. CRYPT. (*Lichens*.) On donne ce nom dans la teinture à une espèce du genre *Roccella* et à la Parelle ; la première est distinguée par le nom d'ORSEILLE DES CANARIES ; la seconde par celui d'ORSEILLE TERRESTRE. (B.)

ORSODACNE. *Orsodacna*. INS. Genre de l'ordre des Coléoptères , section des Tétramères , famille des Eupodes, tribu des Sagrides, établi par Latreille aux dépens du genre *Crioceris* de Fabricius, et auquel il donne pour caractères : languette profondément échancrée; pointe des mandibules entière ou sans échancrure; antennes simples , allongées, presque entièrement composées d'articles en forme de cône renversé; dernier article des palpes maxillaires plus grand , presque cylindrique; cuisses à peu près de la même grandeur. Ce genre se distingue facilement des Mégalopes par les antennes qui sont courtes et presque en scie dans ces derniers, et par les palpes. Les Sagres ont les antennes composées comme celles des Orsodacnes , mais à articles inégaux : leurs palpes sont filiformes avec le dernier article ovoïde et pointu ; mais ce qui les sépare encore mieux des Orsodacnes, ce sont leurs cuisses postérieures qui sont très-grosses et renflés. Les Donacies et les autres genres suivans ne peuvent être confondus avec le genre qui nous occupe , parce qu'ils ont la languette entière ou sans échancrure notable. La tête des Orsodacnes est enfoncée dans le corselet; les antennes sont filiformes, composées de onze articles égaux et coniques; la lèvre supérieure est membraneuse, assez large, arrondie et un peu ciliée. Les mandibules sont cornées , comprimées , arquées , aiguës , munies d'une dent à peine marquée vers l'extrémité. Les mâchoires sont bifides , la division extérieure est un peu plus grande que l'autre , comprimée , un peu dilatée à l'extrémité, arrondie et ciliée. La division intérieure est pointue , comprimée , ciliée tout le long du bord interne. Les palpes maxillaires sont composés de quatre articles dont le premier est petit, court; le second, le plus long, est conique, le troisième également conique, et le dernier, le plus large de tous, est tronqué à son extrémité. La lèvre inférieure est avancée, bifide; ses divisions sont grandes, distantes, arrondies à leur extrémité et ciliées. Les palpes labiaux sont courts, de trois articles presque cylindriques. Le corselet est plus étroit que les élytres, et figuré en cœur. Les pates sont de grandeur moyenne; le corps est oblong. On ne connaît pas les métamorphoses de ces Insectes; on les trouve au printemps sur les feuilles des Arbres, tels que le Cerisier, Prunier, etc.; ils se laissent tomber quand on cherche à les prendre. Ce genre est peu nombreux en espèces. Les cinq connues sont propres à l'Europe, parmi lesquelles nous citerons :

L'ORSODACNE CHLOROTIQUE, *Orsodacna chlorotica*, Latr.; *Crioceris chlorotica*, Oliv., Encycl.; le Criocère aux yeux noirs, Geoff., Ins. T. I, p. 243, n° 6; *Crioceris cerasi*, Fabr., Syst. Eleuth., Oliv.; *Crioceris ruficollis*, Fabr., Ent. Syst.; *Crioceris fulvicollis*, Panz., Faun. Germ., fasc. 83, tab. 8; Payk., Faun. Suéd. Long de près de deux lignes et demie. Antennes d'un fauve obscur. Tête d'un fauve pâle avec la partie postérieure noire; corselet jaune, pâle, très-finement pointillé. Écusson noirâtre; élytres finement ponctuées, jaunâtres. Poitrine et abdomen noirâtres. Pates pâles. Cette espèce est commune aux environs de Paris et dans toute l'Europe; on la trouve sur le Cerisier. (G.)

* ORTALIDES. *Ortalides*. INS. Famille de Diptères Athéricères, établie par Fallen aux dépens des Muscides de Latreille, et embrassant les divisions de la tribu des Muscides du savant français, qu'il désigne sous les noms de Carpomyzes et de Dolichocères, et une partie de la division des Gonocéphales. Cette famille renferme les genres suivans : *Sepedon*, *Loxocera*, *Mycetomyza*, *Tephritis*, *Ortalis* (*Musca urticæ*, *vibrans*); *Sepsis* (*M. Punctum*), *Mycropeza*

(*Calobate*, Fabr.); *Scatophaga* (*Scat. fimetaria*, Fabr.) ; *Geomyza* (*M. combinata*, L.); *Sapromysa* (*Tephritis flava*, Fal.), *Lauxania*. Plusieurs de ces genres n'ont pas été adoptés par Latreille, soit parce qu'ils ne sont pas suffisamment caractérisés, soit parce que ce savant ne les a pas connus. *V*. MUSCIDES. (G.)

* ORTALIS. *Ortalis*. INS. Genre de l'ordre des Diptères, famille des Athéricères, tribu des Muscides, établi par Fallen, et placé par lui dans la famille des Ortalides. (*V*. ce mot.) Ce genre n'a pas été adopté par Latreille, et nous ne connaissons pas les caractères que lui assigne Fallen. (G.)

ORTÉGIE. *Ortegia*. BOT. PHAN. Genre de la famille des Caryophyllées, et de la Triandrie Monogynie, L., offrant les caractères essentiels suivans : calice profondément divisé en cinq folioles ovales, membraneuses sur leurs bords; corolle nulle; trois étamines dont les filamens sont courts et les anthères cordiformes; style unique, surmonté d'un stigmate capité; capsule uniloculaire à trois valves; graines fixées au fond de la capsule. Ce genre fait partie de la tribu des Alsinées de De Candolle, laquelle tribu se distingue des autres Caryophyllées par ses sépales libres ou à peine soudés à la base; le nombre des étamines dans ce genre ne permet pas de le confondre avec aucun des autres genres de la même tribu.

On en connaît deux espèces, toutes deux décrites par Linné, qui leur a imposé les noms spécifiques d'*hispanica* et de *dichotoma*. Celle-ci, confondue par Cavanilles (*Icon*. 1, tab. 47) avec la première, n'en est peut-être qu'une simple variété puisqu'elle en diffère uniquement par ses pédoncules très-courts. Elle croît dans le Piémont, et l'autre se trouve en Espagne. Ce sont des Plantes herbacées, à tiges dichotomes et à fleurs disposées en panicules ou en corymbes. Les feuilles sont accompagnées à la base et de chaque côté d'une glande noire.   (G..N.)

ORTEIL DE MER. POLYP. Un des noms vulgaires du *Lobularia digitata*. *V.* LOBULAIRE. (E. D..L.)

* ORTHAGORISCUS. POIS. *V.* MOLE.

ORTHITE. MIN. *V.* ALLANITE.

* ORTHOCARPE. *Orthocarpus.* BOT. PHAN. Genre de la famille des Scrophularinées et de la Didynamie Angiospermie, L. , établi par Nuttall (*Genera of North Americ. Plants*, 2, p. 56) qui lui a imposé les caractères suivans : calice tubuleux, plus court que les bractées ; à quatre découpures peu profondes, linéaires, lancéolées et aiguës ; corolle dont le tube est de la longueur du calice ; le limbe bilabié : la lèvre supérieure petite, comprimée, avec les bords roulés en dedans ; l'inférieure concave, non étalée, à trois dents peu prononcées ; quatre étamines didynames, petites, dont les filets sont attachés sur la lèvre supérieure, près de l'entrée du tube, et les anthères à loges inégales et divariquées ; style filiforme, portant un stigmate simple et petit ; capsule droite, elliptique, ovale, à deux loges, à autant de valves, déhiscente par les deux côtés, séparée par une cloison transversale qui naît sur le milieu des valves ; graines, en nombre qui excède dix, petites, bordées d'une aile interrompue, en forme de croissant. Ce genre est formé sur une espèce qui, au premier coup-d'œil, pourrait être prise pour un Mélampyre. Il se distingue aisément de ce dernier genre par la forme droite de son fruit.

L'*Orthocarpus luteus*, Nutt., *loc. cit.*, est une Plante annuelle, munie d'une racine pivotante, tortueuse et garnie de fibrilles ; la tige est simple, velue, cylindrique, garnie de feuilles alternes, sessiles, linéaires, lancéolées, aiguës, entières, et de même que les bractées et le calice, pubescente et visqueuse. Les bractées qui accompagnent les fleurs,

dont la couleur est jaune pur, sont cunéiformes, à trois lobes écartés et à trois nervures. Cette Plante croît abondamment dans les localités humides des plaines qui avoisinent le Missouri, dans l'Amérique septentrionale.   (G..N.)

* ORTHOCENTRE. *Orthocentron.* BOT. PHAN. H. Cassini a formé, sous ce nom, un genre ou sous-genre aux dépens du grand genre *Cnicus* de Willdenow ou *Cirsium* de Gaertner et De Candolle. Il se distingue des sous-genres voisins, la plupart formés comme lui sur des Plantes classées auparavant dans le même groupe, par l'appendice des folioles intermédiaires de l'involucre, lequel est étalé, long, très-droit, subulé, piquant, quelquefois denté en scie sur ses bords, et d'une substance toute différente de la partie inférieure de la foliole. Les corolles sont en outre presque régulières au lieu d'être obringentes, et les filets des étamines sont glabres au lieu d'être garnis de poils ou de papilles, comme dans toutes les autres Carduacées. Ce sous-genre a pour type principal le *Cnicus pungens* de Willdenow, Plante herbacée, très-grande, droite, peu rameuse, à feuilles décurrentes, alternes, inégales, oblongues, lancéolées, et inégalement dentées, spinescentes. Les calathides de fleurs purpurines sont rassemblées en groupes inégaux et irréguliers au sommet de la tige et des rameaux. Cette espèce est indigène de l'Arménie ; on la cultive au Jardin du Roi à Paris. Cassini rapporte avec quelque doute, au genre *Orthocentron*, le *Cnicus arenarius*, Willd.   (G..N.)

ORTHOCÉRACÉES. *Orthoceracea.* MOLL. Nom employé par Blainville comme synonyme d'Orthocérés. *V.* ce mot.   (D..H.)

ORTHOCERAS. BOT. PHAN. Genre de la famille des Orchidées et de la Gynandrie Diandrie, L. , établi par R. Brown (*Prodrom. Flor. Nov.-Holl.*, p. 316) qui l'a ainsi caractérisé : périanthe ringent, dont le casque est ovoïde ; les folioles extérieures et antérieures dressées, linéaires ; les intérieures très-petites, sessiles et conniventes ; le labelle trifide, sans éperon ; anthère parallèle au stigmate, placée de chaque côté du lobe latéral du gynostème. Ce genre est composé d'une seule espèce (*Orthoceras strictum*), Plante dont les bulbes sont indivis, et qui habite les environs du Port-Jackson à la Nouvelle-Hollande. L'Orthocéras est voisin du *Diuris*, dont il se distingue par son périanthe ayant beaucoup plus la forme ringente, et par ses folioles intérieures naines et conniventes, tandis qu'elles sont étalées et onguiculées dans le genre *Diuris*. (G..N.)

* ORTHOCÉRATES. *Orthocerata*. MOLL. Latreille a proposé cette famille, dans son dernier ouvrage (Fam. Natur. du Règn. Anim., p. 162), pour rassembler toutes les Coquilles cloisonnées, droites ou projetées en ligne droite, après une courbure plus ou moins prononcée. Voici les caractères que donne Latreille et l'arrangement des groupes qu'il propose : la coquille est percée d'un siphon, le plus souvent central, et formant à sa surface extérieure, lorsqu'il est latéral, une rainure longitudinale. Elle est ordinairement presque entièrement solide ou empilée en forme de long cône, droite, ou bien tantôt un peu arquée, tantôt contournée au sommet, en manière de crosse. Cette tribu se partage en deux sections : la première, la plus considérable, renferme toutes les Coquilles lisses sans nœuds ni articulations annulaires transverses ; la seconde, les Coquilles noueuses ou annelées transversalement dans la première section ; les cloisons ont les bords simples ou découpés. Parmi les Coquilles dont les cloisons sont simples, on en trouve qui ont des côtes longitudinales ; d'autres, qui en sont dépourvues, ce qui établit deux groupes dont le premier est encore divisé d'après l'existence ou non d'une gout-

tière latérale produite par le siphon. Cette division n'est point encore la dernière. Elle se partage en deux autres d'après la forme du test.

1. Coquilles coniques.

Genres : BÉLEMNITE, CALLIRHOÉ, ICHTHYOSARCOLITHE.

2. Coquilles lancéolées.

Genres : HIBOLITE, PORODRAGUE.

Les Coquilles qui n'ont point de gouttière latérale sont divisées également en deux sections.

1. Un espace étoilé au sommet de la Coquille.

Genres : ACAME, CÉTOCINE, PACLITE.

2. Point d'espace étoilé au milieu de la Coquille.

† Coquille droite.

Genres : PIRGOPOLE, TÉLÉBOÏTE, ACHELOÏTE, CHRYSAORE.

†† Sommet de la Coquille incliné ou contourné.

Genres : HORTOLE, LITUITE, CONILITE.

Toutes ces sous-divisions et tous ces genres sont compris dans la section des Coquilles sans côtes longitudinales. Les deux genres Nogrobe et Hippurite en sont pourvus. Nous avons vu qu'une des grandes divisions de la famille a été faite d'après la forme des cloisons, dont les unes sont simples, et les autres découpées. Les genres que nous avons cités offrent des cloisons dont les bords sont simples ; les quatre suivans appartiennent à la dernière division : Bâtolite, Tiranite, Baculite, Hamite. La dernière division de cette famille contient les Coquilles noueuses ou ondulées transversalement. Les genres Échidné, Raphanistre, Molosse, Réophage, Nodosaire et Spiroline se présentent pour la former. Telle est la composition de cette famille sur laquelle nous avons quelques observations à présenter. Dans la première section, à côté des Bélemnites, nous trouvons le genre Callirrhoé de Montfort, qui en est un dédoublement inutile. Ce genre, a été fait avec les piles alvéoliques détachées, isolées de l'intérieur des Bélemnites. Avec ces deux genres qui renferment des Coquilles droites et coniques, Latreille en admet un troisième qui n'a, avec les Bélemnites, aucun rapport. C'est le genre Ichthyosarcolithe de Desmarest; il est tourné en spirale, et son test a une structure tout-à-fait particulière. Nous voyons que la section suivante ne contient que deux genres de Montfort; on ne saurait les admettre comme genres; ce sont des Bélemnites, il est vrai, d'une forme lancéolée, mais cette forme seule ne saurait suffire pour leur admission dans la Méthode. Il en est de même aussi de ceux de la section suivante qui ne sont que des démembremens inadmissibles des Bélemnites. On a toujours beaucoup critiqué Montfort sur la manière peu naturelle dont il a fait tous ces genres; le moindre caractère extérieur lui suffisait, puisqu'il est reconnu depuis long-temps que son travail est généralement mauvais; il ne faudrait en admettre des parties qu'après les avoir soumises à la critique la plus sévère. La composition de la section suivante fait voir combien cela est nécessaire. Le genre Pirgopole de Montfort est le même que le genre Entale de Defrance; c'est un tuyau calcaire appartenant probablement aux Annelides ou à un Mollusque voisin des Dentales. Nous l'avons trouvé trop peu déterminable pour le comprendre dans la Monographie des Dentales. Le genre Téléboïte ne pouvait non plus être admis qu'avec beaucoup de circonspection. Nous pensons, avec D'Orbigny, qu'il a eu pour type une tige usée d'Encrinite. Le genre Achéloïte appartient aux Orthocératites telles que Sowerby les comprend. *V.* ce mot. Le genre Chrysaore enfin n'est probablement qu'une pile d'alvéoles de Bélemnite. Nous ferons remarquer que le genre Achéolite a

beaucoup de rapports avec les Echidnés; ils doivent entrer tous deux dans le même genre, et ici ils se trouvent séparés par toute la série des Coquilles droites à cloisons découpées, et rapprochés des genres microscopiques qui en diffèrent bien essentiellement. Nous ne voyons pas la liaison qui existe entre les genres que nous venons de citer les derniers et les Hortoles, les Lituites et les Conilites. Ces genres, il faut en convenir, ne sont point à leur place; c'est près des Spirules ou des Nautiles qu'ils doivent se trouver. Quant au genre Conilite de Lamarck, il est probablement le même que celui que Sowerby nomme *Orthocera*; il est à peine courbé, et le plus souvent droit; il n'est donc point non plus à sa place. Le genre Nogrobe, qui entre dans la section suivante, est fort incertain (*V.* ce mot), et les Hippurites, comme nous l'avons démontré à ce mot, sont des Coquilles bivalves. Ce qui est extraordinaire, c'est que Latreille ait séparé dans un autre groupe les Batolites, qui ne sont que des Hippurites plus allongées, et les ait associées aux Tiranites, aux Baculites, et aux Hamites qui ont des cloisons découpées comme les Ammonites. La dernière section, enfin, se compose des six genres suivans: Echidné dont nous avons déjà parlé; Raphanistre, qui laisse du doute, mais qui n'est probablement qu'une Hippurite; Molosse, auquel nous renvoyons, aussi bien qu'aux mots RÉOPHAGE, NODOSAIRE et SPIROLINE, tous trois genres microscopiques qu'il est impossible de laisser dans cette famille. Il ne devra donc y rester que les Bélemnites et leurs sous-divisions, et les Orthocératites. *V.* ce mot.   (D..H.)

ORTHOCÉRATITE. *Orthoceratites.* MOLL. Ce mot a été employé d'abord par Picot Lapeyrouse pour des Coquilles soi-disant cloisonnées que l'on confondit pendant long-temps avec les Polythalames, et qui appartiennent, comme nous l'avons démontré (*V.* HIPPURITE), à la famille des Rudistes, où elles se placent à côté des Radiolites. Lamarck, n'ayant point adopté le nom de Lapeyrouse, y substitua celui d'Hippurite, et comme le mot Orthocératite a été employé ensuite pour d'autres Coquilles entièrement différentes des Orthocératites de Lapeyrouse, il en est résulté une confusion d'autant plus grande, qu'il existait déjà des genres Orthocère et Orthocérate. Nous avons vu à l'article NODOSAIRE, que le genre Orthocère devait en faire partie, puisque ce sont des Coquilles foraminifères microscopiques. Quant au genre Orthocérate, il a été proposé par Sowerby, et il devra être conservé tel qu'il l'a présenté, pour qu'on ne le confonde plus à l'avenir avec les deux autres dont nous avons parlé. *V.* NODOSAIRE, ORTHOCÈRE et ORTHOCÉRATE. (D..H.)

ORTHOCÈRE. *Orthocera.* MOLL. Ce genre a été créé par Lamarck, dès 1801, dans son Système des Animaux sans vertèbres, et conservé depuis dans ses différens ouvrages. La plupart des auteurs contemporains l'ont adopté en le mettant dans des rapports différens. Il fut établi pour rassembler les Coquilles microscopiques polythalames qui sont droites ou arquées, un peu coniques, à loges distinctes, formées par des cloisons simples, transverses et perforées, soit au centre, soit latéralement. Ces caractères, qui ne diffèrent de ceux des Nodosaires que par le renflement des loges, sont insuffisans pour un genre, car, en l'admettant, ce serait baser une coupe aussi importante sur le plus ou moins d'étranglement des loges, ce qui, certes, ne peut être admis. Aussi voyons-nous que les auteurs qui ont publié leurs travaux, depuis Lamarck, ont rectifié cette erreur. Férussac, en laissant les Orthocères de Sowerby avec les Nodosaires, dans sa famille des Orthocères, a eu soin de rapprocher les Orthocères de Lamarck de ce dernier genre, ce qui le rend beaucoup plus naturel. Blainville a eu la même opinion; seu-

lement au lieu du genre Nodosaire, c'est le genre Orthocère qu'il a adopté, et auquel il a réuni les Nodosaires, ce qui, au fond, est absolument la même chose. D'Orbigny a préféré, comme Férussac, adopter le genre Nodosaire, et nous avons suivi son exemple: aussi nous renvoyons à l'article NODOSAIRE. (D..H.)

ORTHOCÈRE. *Orthocerus.* INS. Nom donné par Latreille à un genre de Coléoptères qu'Illiger avait nommé Sarrotrie. Latreille, fidèle à ses principes de justice pour les noms donnés par les auteurs antérieurs à lui, a abandonné la dénomination d'Orthocère pour conserver à ce genre celle qu'Illiger lui avait assignée primitivement. *V.* SARROTRIE. (G.)

ORTHOCÉRÉS. *Orthocerata.* MOLL. Blainville (Traité de Malac., p. 376) a donné ce nom à la première famille de son ordre des Polythalamacés. Cette famille a quelque analogie avec celle de Latreille, quant aux genres qui y sont compris; mais ils sont arrangés dans un ordre différent; ils sont partagés en deux groupes, d'après la forme des cloisons; les uns ont des cloisons simples, et les autres ont des cloisons découpées. Dans la première section, nous trouvons les genres Bélemnite et ses sous-divisions Conulaire, Conilite (Orthocère, Sowerb.), et Orthocère, dans lesquels on trouve les Nodosaires, les Réophages et les Molosses. La seconde section se compose du genre Baculite lui seul. On retrouve ici le défaut que nous avons déjà fait remarquer ailleurs, du mélange des Coquilles polythalames à siphon, et des Coquilles polythalames sans siphon (*Asiphonoidea*, De Hann), ainsi que de celles qui ont les cloisons simples avec celles qui les ont découpées. Cette confusion existe chez tous les auteurs dont les écrits sont antérieurs à ceux de De Hann, qui, le premier, a porté une réforme très-utile dans la classification des Coquilles multiloculaires. D'Orbigny est venu dans le même temps confirmer les opinions de De Hann, dans son travail général sur les Céphalopodes, opinions qui ne peuvent manquer d'être généralement adoptées.   (D..H.)

ORTHOCHILE. *Orthochile.* INS. Genre de l'ordre des Diptères, famille des Tanystomes, tribu des Dolichopodes, établi par Latreille qui le caractérise ainsi : antennes très-rapprochées, fort courtes, de trois pièces, disposées en une tête globuleuse, avec une soie longue, presque terminale; trompe avancée, très-courte, terminée par deux lèvres dont l'extrémité forme une pointe recouverte en dessus par deux palpes de sa longueur, avancés et presque coniques. Ces Diptères ont les plus grands rapports avec les Dolichopes, mais ils en diffèrent par les palpes qui, dans ces derniers, sont aplatis et étroits; la trompe des Dolichopes n'est pas si avancée et si pointue, et ne se prolonge pas en forme de bec, comme cela a lieu chez les Orthochiles. Le genre Callomyie de Meigen en est distingué par ses antennes qui sont notablement plus longues que la tête; le corps des Orthochiles est oblong; leur tête est verticale et a une forme trigone, avec les angles obtus; les yeux sont grands; les antennes sont insérées entre les yeux, près du milieu de la face antérieure de la tête, plus courtes qu'elle, presque contiguës à leur base, élevées, et de trois articles; le premier est un peu allongé, presque cylindrique, un peu plus gros vers le bout, plus grêle que les suivans, et formant au second une sorte de pédicule; celui-ci est presque cupulaire; le troisième ou le dernier est en cône très-court, avec une soie allongée, avancée, simple, insérée sur le dos et un peu de côté; la trompe est membraneuse, beaucoup plus courte que la tête, très-petite, avancée, et d'une figure conique; les palpes sont de la longueur de la trompe et la recouvrent en s'avançant et s'inclinant sur elle; le corselet est élevé; les ailes sont couchées horizontalement sur le corps,

et ressemblent presque, quant à la disposition des nervures, à celles des Dolichopes et de la Mouche domestique; les balanciers sont découverts; l'abdomen est conique, comprimé, un peu arqué sur le dos; les pates sont longues et terminées par deux pelotes; elles paraissent proportionnellement plus grosses et moins longues que dans les Dolichopes. Les métamorphoses de ce genre nous sont encore inconnues. La seule espèce connue est :

L'ORTHOCHILE BLUET, *Orthochile nigro-cœruleus*, Latr., *Gen. Crust. et Ins.* T. IV, p. 289; Encyclop. Long d'une ligne; d'un bleu foncé, avec une teinte violette et du vert sur les côtés de l'abdomen; antennes noires; contour inférieur de la tête bordé de petits poils gris; yeux grands, d'un brun noirâtre; espace compris entre eux tirant sur le vert, et paraissant d'un blanc soyeux et argenté près de la bouche; dessus du corselet ayant quelques poils noirs; ailes sans taches, avec des nervures noires et un reflet doré; balanciers jaunâtres; abdomen violet en dessus, vert sur les côtés, et garni d'un léger duvet; pates noires et un peu poilues. Trouvé une seule fois aux environs de Paris dans les prairies du Petit-Gentilly.   (G.)

* **ORTHOCHOETE.** INS. Genre de Coléoptères mentionné par Latreille (*Fam. Nat.*), et très-voisin des Lipares, genre de Charançon. (G.)

ORTHOCLADE. *Orthoclada.* BOT. PHAN. Palisot–Beauvois (Agrostographie, p. 69, tab. 14, fig. 9) a constitué sous ce nom un genre de la famille des Graminées et de la Triandrie Digynie, L. Il offre les caractères suivans : fleurs hermaphrodites; lépicène à deux valves aiguës, renfermant un épillet de trois à quatre fleurs; valves de la glume aiguës; ovaire gibbeux, terminé par un bec court cylindrique, et accompagné à sa base de deux écailles obtuses; trois étamines; deux styles courts, portant des stigmates très-longs. Le type de ce genre, que Palisot de Beauvois rapproche des *Poa*, est la Plante décrite par Lamarck dans l'Encyclopédie sous le nom de *Panicum rarifflo- rum*. Le chaume s'élève à la hauteur d'un pied et plus ; il est garni d'un petit nombre de nœuds, et dans sa partie inférieure seulement, de feuilles courtes, ovales-lancéolées, velues sur leurs bords, et rétrécies près de la gaîne. Les fleurs forment une panicule très-rameuse et très-lâche. Cette espèce croît à Cayenne et au Brésil. (G..N.)

* ORTHOCORYS. ois. (Vieillot.) Syn. d'Hoazin. (DR..Z.)

* ORTHODON. MAM. Lacépède a décrit sous ce nom une espèce de Physéter, qui n'a été admise qu'avec doute par les auteurs modernes, et qui a même été rejetée d'une manière absolue par quelques-uns d'entre eux. (IS. G. ST.-H.)

*ORTHODON. BOT. CRYPT. (*Mousses.*) Ce genre, d'abord établi par Bory de Saint-Vincent, qui l'avait découvert dans les îles australes d'Afrique, avait été réuni, par quelques auteurs, au genre *Octoblepharum*. Brown a depuis rétabli ce genre, et plusieurs muscologistes, en l'adoptant, en ont constaté les caractères qu'on peut établir ainsi : fleurs femelles terminales; péristome simple, à huit dents droites, marquées de trois stries longitudinales; coiffe campanulée, dentée à sa base, poilue extérieurement. Fleurs mâles terminales en disque. La forme de la coiffe distingue ce genre des *Octoblepharum*, et le nombre et la forme des dents le séparent des *Orthotrichum*. On ne connaît qu'une seule espèce de ce genre. L'*Orthodon serratum* (*Octoblepharum serratum*, Brid.; Hook, *Musc. exot.*, tab. 156). C'est une Mousse de moyenne taille, à tige droite, peu rameuse, dont les feuilles sont insérées tout autour des rameaux, étalées, oblongues, dentelées, traversées par une nervure assez forte, et terminées par une pointe acérée; la capsule portée sur

un pédicule assez court, plus long cependant que celui de la plupart des *Orthotrichum*, est droite, lisse, oblongue; les dents du péristome sont larges, droites et obtuses, marquées de trois stries longitudinales, qui indiquent qu'elles sont formées par la soudure de quatre dents, ce qui ramène leur nombre à celui qui forme le maximum dans les Mousses à dents libres, c'est-à-dire à trente-deux. L'espèce unique de ce genre croît dans les îles d'Afrique, au Népal, et probablement dans la plupart des régions équatoriales. (AD. B.)

* ORTHOGONIUS. INS. Genre de l'ordre des Coléoptères, section des Pentamères, famille des Carnassiers, tribu des Carabiques, établi par Dejean dans le Spéciès des Coléoptères de sa collection, et ayant pour caractères : crochets des tarses dentelés en dessous; dernier article des palpes cylindrique; antennes plus courtes que le corps, et filiformes; articles des tarses triangulaires ou en cœur; pénultième fortement bilobé; corps long; tête ovale, peu rétrécie postérieurement; corselet plus large que la tête, assez court, transversal, et coupé carrément postérieurement; élytres larges, en carré assez allongé. Ce genre se distingue des Lebies et des *Coptodera* de Dejean, parce que le premier de ces genres a le bord postérieur du corselet prolongé dans son milieu, et que le second a le pénultième article des tarses non-bilobé. Les Plochiones se distinguent des Orthogonius, parce que leurs palpes labiaux sont terminés par un article sécuriforme, ce qui n'a pas lieu chez ces derniers.

Ce genre, dont le nom signifie rectangle, paraît, à la première vue, se rapprocher beaucoup des Harpales, mais il s'en distingue facilement. Le corps est large et un peu aplati. La tête des Orthogonius est ovale, presque pas rétrécie postérieurement; les antennes sont plus courtes que le corps et filiformes; le dernier article de tous les palpes est cylindrique; le corselet est plus large que la tête, court, transversal, coupé carrément antérieurement et postérieurement, et arrondi sur les côtés; les élytres sont un peu plus larges que le corselet, très-légèrement convexes, plus ou moins allongées, et en forme de rectangle ou de carré long; les trois premiers articles des tarses sont longs et plus ou moins triangulaires ou en cœur; le pénultième est très-fortement bilobé; les crochets des tarses sont fortement dentelés en dessous. Ces Insectes habitent les pays chauds de l'ancien continent. On en connaît quatre espèces, dont trois viennent des Indes-Orientales, et une de Sierra-Leone. Nous citerons :

L'ORTHOGONIUS ALTERNANT, *Orthogonius alternans*, Dej., Spéciès des Coléopt., etc. T. 1, p. 280; *Plochionus alternans?* Wiedmann, *Zoologische Magazin*, II, p. 52, n. 75. Long de six à sept lignes et demie; d'un noir un peu brunâtre; tête assez longue, ridée, avec quelques enfoncemens entre les yeux; lèvre supérieure, bouche, palpes et antennes d'un brun ferrugineux; corselet déprimé plus large que la tête, court, transverse, et coupé carrément en avant et en arrière, avec les côtés arrondis, et les angles postérieurs nullement saillans; élytres plus larges que le corselet, presque en forme de carré long et presque arrondies à l'extrémité; elles ont chacune neuf stries assez profondes et finement ponctuées; les intervalles sont alternativement plus larges; les plus étroits sont presque lisses, et l'on aperçoit, sur les plus larges, des points enfoncés, rangés en lignes longitudinales; elles ont en outre plusieurs points enfoncés, distincts entre la sixième et la septième strie. Cette espèce se trouve dans l'île de Java.   (G.)

* ORTHOGRAMMA. BOT. CRYPT. (Desvaux.) Syn. de Monogramma. *V.* ce mot.   (B.)

*ORTHOKLAS. MIN. Dans le Système minéralogique de Breithaupt, ce nom désigne l'une des espèces du genre Feldspath, savoir: celle qui est à base de Potasse et d'Alumine.
      (G. DEL.)

* ORTHONIX. OIS. Genre établi par Temmink dans son ordre des Anisodactyles. Caractères : bec très-court, comprimé, presque droit, échancré à la pointe; narines placées de chaque côté du bec, et vers le milieu, ouvertes, percées de part en part et garnies de soies; quatre doigts, trois en avant, l'intermédiaire plus court que le tarse, et d'égale longueur avec l'externe; ongles robustes, plus longs que les doigts, faiblement arqués et cannelés latéralement; ailes très-courtes; les cinq premières rémiges étagées; la sixième la plus longue; rectrices longues, larges et fortes, terminées par une pointe aiguë.

Le SPINICAUDE, *Orthonix spinicaudus*, Temm. Parties supérieures d'un brun marron; sommet de la tête couvert de plumes effilées, formant une petite huppe d'un brun sombre, marquées de mèches noires; joues grises; nuque et scapulaires brunâtres, marqués sur la barbe interne de chaque plume, d'une grande tache noire; tectrices alaires, traversées par deux longues bandes noires et deux plus étroites, d'un gris terne; gorge et devant du cou d'un rouge vif; un demi-collier noir; milieu de la poitrine et du ventre blancs; côtés de la poitrine et flancs d'un brun cendré, nuancé de marron; tectrices caudales et rectrices d'un brun terne; celles-ci terminées par une pointe de cinq à six lignes de longueur, garnie latéralement de soies roides; bec noir; pieds longs et forts, noirâtres; ongles bruns; taille, sept pouces six lignes. La femelle a le devant du cou d'un blanc pur. Cette espèce, qui n'existe encore que dans le Musée des Pays-Bas, faisait partie d'une collection envoyée de la Nouvelle-Hollande. On ne sait absolument rien de ses mœurs ni de ses habitudes.
      (DR. Z.)

* ORTHOPLOCÉES. *Orthoploceœ.*

BOT. PHAN. De Candolle (*Syst. Veget. Nat.*, 2, p. 581) a ainsi nommé le troisième sous-ordre de la famille des Crucifères, caractérisé par ses cotylédons condupliqués et incombans. *V.* CRUCIFÈRES. (G..N.)

ORTHOPOGON. BOT. PHAN. Le genre établi sous ce nom par Robert Brown, est fondé sur les mêmes espèces que l'*Oplismenus* de Palisot-Beauvois. *V.* OPLISMÈNE. (G..N.)

ORTHOPTÈRES. *Orthoptera.* INS. Cinquième ordre de la classe des Insectes dans la méthode de Latreille (Fam. Nat. du Règn. Anim.), ou le sixième (Règn. Anim.), ayant pour caractères essentiels : bouche composée d'organes propres à la mastication ; deux ailes pliées longitudinalement et quelquefois en outre transversalement ; recouvertes par des élytres coriaces, souvent chargées de nervures ou réticulées ; des yeux lisses dans le plus grand nombre ; antennes ayant ordinairement plus de onze articles. Ces Insectes se distinguent très-bien de tous les ordres voisins au moyen des caractères que nous venons de présenter ; les Coléoptères qui en sont très-voisins en sont séparés par leur mode de métamorphoses et par d'autres caractères pris dans les organes de la manducation ; on ne peut confondre avec eux les Hémiptères qui en sont les plus rapprochés par leurs métamorphoses, mais dont la bouche est composée d'organes effilés et formant un suçoir ; enfin les autres ordres s'en distinguent tellement au premier aspect qu'il est inutile de faire ressortir les différences qui existent entre eux. Quoique Linné ait placé les Orthoptères parmi les Coléoptères, il avait cependant senti qu'ils en étaient distincts, et il les avait rangés à la fin de cet ordre. Geoffroy, en suivant la méthode de Linné, a fait subir quelques changemens à l'arrangement des genres de cet ordre et l'a moins distingué des Coléoptères. C'est Degéer qui, le premier, sépara les Orthoptères des Coléoptères en pro-

posant de leur donner le nom de Dermoptères (*Dermoptera*), et c'est ce nom qui aurait dû être adopté par les entomologistes ; cependant, sans avoir égard à l'antériorité acquise par ce savant, Fabricius désigna le même ordre sous le nom d'Ulonates (*Ulonata*), et Olivier vint encore après lui assigner celui qui a généralement prévalu et qui est adopté actuellement. Il n'y a que le genre Forficule qui forme pour Kirby et Leach un ordre particulier qu'ils ont nommé Dermoptères, mais que Latreille n'a pas cru devoir adopter.

Le corps des Orthoptères est généralement allongé, de consistance molle et charnue ; il est composé, comme celui de tous les Insectes, de trois parties que l'on peut envisager séparément et dont nous ferons connaître les principaux traits : ces trois parties principales sont la tête, le tronc ou thorax et l'abdomen. La tête des Orthoptères varie beaucoup pour la forme, la grandeur et même la position. Elle est grosse, verticale, et offre dans le plus grand nombre deux ou trois petits yeux lisses dont la position varie ; le front se prolonge quelquefois en forme de cône comme dans certaines Truxales et dans quelques Mantes ; d'autres fois il porte un appendice charnu qui vient retomber en avant de la tête et que l'on pourrait presque comparer à une espèce de voile, comme cela se voit dans un Grillon d'Espagne (*Gryllus umbraculosus*); les yeux occupent les côtés de la tête ; ils sont souvent très-grands, à réseau ; les antennes sont insérées ordinairement au-devant des yeux, et quelquefois au-dessous ou entre eux ; elles sont de longueur variable, composées d'un plus ou moins grand nombre d'articles peu distincts ; ces antennes sont filiformes, sétacées, en massue, perfoliées et quelquefois ensiformes ou semblables à une lame d'épée ; la bouche est composée d'une lèvre supérieure ou labre, de deux mandibules cornées, de deux mâchoires, et d'une lèvre inférieure ; le labre est fixé au chaperon par une suture distincte; il est mobile, toujours extérieur, demi-coriace, un peu voûté et presque demi-circulaire, arrondi en devant et s'avançant sur les mandibules; celles-ci sont écailleuses, triangulaires, courtes, épaisses, avec le côté extérieur arqué et l'intérieur armé de plusieurs dentelures inégales; d'après les observations de Marcel de Serres, ces dentelures sont en rapport avec le mode de nourriture de ces Insectes; il les distingue donc, comme dans les Mammifères, en dents incisives, laniaires ou canines, et molaires. Ces dernières sont les plus grandes et chaque mandibule n'en offre jamais qu'une située à sa base. Ces trois sortes de dents n'existent pas toujours simultanément, et c'est par leur présence, leur absence ou leurs modifications de formes qu'on peut reconnaître la nature des matières dont se nourrissent les Orthoptères. Les Mantes et les Empuses, par exemples, qui sont entièrement carnassières n'ont que des dents laniaires. Les espèces qui n'ont que des incisives et des molaires sont uniquement herbivores. Les omnivores ont des laniaires et des molaires; mais elles ont des proportions moins considérables. En général les mandibules des Orthoptères sont de grandeur inégale, quand ces organes sont très-rapprochés, les dentelures de l'un se plaçant entre celles de l'autre, comme cela a lieu dans les Animaux supérieurs. Les mâchoires ont beaucoup de ressemblance avec celles des Coléoptères carnassiers; elles sont très-fortes, cornées au moins à leur partie supérieure qui forme une sorte de dent conique, grande et munie de deux ou trois dentelures; ces mâchoires ont, comme dans les Coléoptères carnassiers, deux palpes, mais celui qui est nommé palpe interne chez ces derniers est ici transformé en une pièce membraneuse, inarticulée, quelquefois cylindrique, d'autres fois triangulaire et dilatée, mais toujours voûtée en dessus et recouvrant l'extrémité des mâchoires. C'est

cette pièce ou ce palpe maxillaire interne, que Fabricius a nommé *Galea*, Casque, qu'Olivier a traduit, nous ne savons trop pourquoi, par le mot français Galette. Les palpes maxillaires externes, les seuls apparens, sont composés de cinq articles, dont les deux premiers sont très-courts, et c'est dans ces palpes qu'Olivier et Marcel de Serres pensent que se trouve le siége de l'odorat. Ce dernier auteur a vu, dans leur intérieur, deux nerfs se répandant sur la membrane vésiculeuse qui termine leur dernier article; il les nomme nerfs olfactifs; l'un est fourni par la cinquième paire qui part des faces inférieures du cerveau, et l'autre par la première paire des faces latérales et supérieures du premier ganglion situé dans la tête. Entre ces deux nerfs est, suivant Marcel de Serres, une trachée qui, avant d'arriver à la membrane vésiculeuse, commence par former une poche pneumatique; cette poche se développe entièrement lorsqu'elle a pénétré dans l'intérieur du palpe, et jette de nombreuses ramifications qui se répandent et se distribuent dans la cavité de cet organe. C'est cet appareil qui a fait penser à Marcel de Serres et à Olivier que les palpes étaient le siége de l'odorat. Latreille n'est pas convaincu de ce fait, et désirerait que quelques expériences vinssent à l'appui des observations anatomiques. La lèvre inférieure des Orthoptères ou la languette, est presque membraneuse, allongée, un peu élargie à son extrémité, et divisée en deux ou quatre lanières. On voit dans l'intérieur de la bouche, une autre pièce que l'on peut considérer comme une espèce de langue; elle est charnue, longitudinale, carenée en dessus, plus large à sa base, un peu resserrée avant son extrémité antérieure, arrondie, un peu échancrée en ce point, et immobile; le menton est coriace, en forme de carré transversal et un peu plus étroit au sommet. Les palpes labiaux sont composés de trois articles; le thorax est composé, comme à l'ordinaire, d'un prothorax, d'un mésothorax et d'un métathorax assez grand ; le prothorax est, le plus souvent, le plus grand de tous ; c'est le seul qui soit découvert, il présente des formes variées et quelquefois très-bizarres ; il est prolongé postérieurement en manière de pointe, et c'est ce prolongement qui remplace l'écusson. Ce prothorax donne attache aux pates antérieures ; les autres segmens du thorax donnent attache aux quatre pates suivantes, aux élytres et aux ailes. Les élytres, dans le plus grand nombre, sont coriaces, minces, flexibles, demi-transparentes vues à la lumière et chargées de nervures ; quelquefois elles sont presque horizontales avec la suture droite, comme dans les Coléoptères ; mais le plus souvent elles s'inclinent plus ou moins en toit, et lorsqu'elles sont couchées sur le corps, leurs bords internes se croisent ; les ailes sont plus larges que les élytres, membraneuses, très-réticulées, et plissées longitudinalement en manière d'éventail ; il n'y a que celles des Forficules qui soient, en même temps, pliées transversalement comme celles des Coléoptères. Quelques femelles, et même quelquefois les deux sexes, sont privés de ces organes. Les élytres de plusieurs mâles sont aussi très-courtes et rudimentaires ; en général les ailes et les élytres des Orthoptères sont ornées de couleurs variées et souvent très-agréables. Dans plusieurs mâles, une portion du bord interne des élytres ressemble à du talc ou du parchemin, et présente de grosses nervures irrégulières ; le frottement réciproque de ces parties produit un bruit monotone ou une espèce de chant qu'on désigne sous le nom de *stridulation*. Quelques espèces produisent ce bruit en frottant leurs cuisses postérieures, qui agissent comme des archets sur leurs élytres ; les pates sont quelquefois toutes semblables ; quelquefois les antérieures sont ravisseuses et armées d'épines et de pointes propres

à saisir la proie ; d'autres fois elles sont dilatées, fort comprimées, fortement dentées en dehors et propres à creuser la terre. Les pates postérieures sont souvent beaucoup plus grandes que les autres, et propres au saut ; les quatre pates postérieures sont plus écartées entre elles à leur origine, ou plus rapprochées des côtés de l'arrière-poitrine, que dans les Coléoptères ; le nombre des articles des tarses n'est pas le même dans tous les Orthoptères, et ou pourrait se servir de cette considération pour diviser cet ordre en sections ; il n'y a point, comme dans les Coléoptères, d'espèces hétéromères. En général les articles des tarses sont garnis, en dessous, de pelotes membraneuses ; le dernier article est toujours terminé par deux crochets. L'abdomen est allongé, ovale, cylindrique ou conique ; il est composé de huit ou neuf anneaux extérieurs et souvent terminé par des appendices saillans. Dans un grand nombre de femelles, son extrémité postérieure est armée d'une tarière ou oviducte plus ou moins long, en forme de stylet, de sabre ou de couteau, composé de deux pièces appliquées l'une contre l'autre, et destinées à enfoncer leurs œufs dans la terre ; les stigmates sont placés sur les côtés de l'abdomen. Tous les Orthoptères, dont on a pu faire l'anatomie, ont un premier estomac membraneux ou jabot, suivi d'un gésier musculeux, armé à l'intérieur d'écailles ou de dents cornées, selon les espèces ; autour du pylore sont, excepté dans les Forficules, deux ou plusieurs intestins aveugles, munis à leur fond de plusieurs petits vaisseaux biliaires ; d'autres vaisseaux du même genre, très-nombreux, s'insèrent vers le milieu de l'intestin. Les larves sont organisées de même, quant au système digestif, que l'Insecte parfait.

Les métamorphoses des Orthoptères sont incomplètes, et s'opèrent dans l'espace de quelques mois, sous leurs trois états de larve, de nymphe et d'Insecte parfait ; ces Insectes, pendant ces diverses métamorphoses, prennent de la nourriture et jouissent du mouvement ; les larves ne diffèrent de l'état parfait que par la taille et l'absence totale des ailes ; les nymphes ont de plus que les larves, les rudimens des ailes et des élytres. Ces Insectes pullulent beaucoup ; leurs œufs sont souvent très-nombreux, ordinairement fort grands et d'une forme allongée ; ils sont quelquefois renfermés dans une capsule bivalve et cornée, comme cela a lieu dans les Blattes. Le plus grand nombre d'Orthoptères se nourrit de substances végétales ; ces Insectes sont d'une extrême voracité, et, comme ils sont souvent en quantités innombrables, ils causent des dégâts affreux en dépouillant des provinces entières de toute leur végétation. Des nuées de Sauterelles arrivant souvent de lieux éloignés, s'abattent sur les champs ensemencés, et détruisent l'espoir de la récolte en peu d'heures. C'est dans les pays chauds en Afrique, en Asie et dans le midi de l'Europe, que ces Insectes sont très-abondans. Il n'y a que quelques peuples de l'Afrique qui en retirent un avantage, en faisant servir les grosses Sauterelles à leur nourriture. Les anciens ont donné à ces peuples le nom d'Acridophages.

Cet ordre a été divisé de diverses manières. Duméril (Zool. Anat.) le partage en quatre familles : les Labidoures, les Blattes, les Anomides et les Grylloïdes. Elles correspondent aux grands genres de Linné. Thunberg, dans les Mémoires de l'Académie des sciences de Saint-Pétersbourg, place ces Insectes avec les Hémiptères, mais il en fait une division particulière sous le nom de Mâcheliers (*Maxillosa*). Latreille, dans le Règne Animal de Cuvier, divisait les Orthoptères en deux familles. Dans son nouvel ouvrage (Familles Naturelles du Règne Animal.) il a converti ces deux familles en sections, et en a ajouté une qui renferme le genre Criquet de Geoffroy, et il a divisé ces sections ainsi qu'il suit :

1re section. (Famille des Coureurs, Règne Anim.)

Elytres et ailes horizontales ; pieds uniquement propres à la course. Aucun individu ne possédant d'organe musical ou stridulant.

Familles : FORFICULAIRES, BLATTAIRES, MANTIDÉS et SPECTRES.

2e section. (Partie de la famille des Sauteurs, Règne Anim.)

Elytres et ailes en toit, excepté dans la première famille ; pieds postérieurs, dans tous, propres à sauter, leurs cuisses étant fort grandes. Les mâles produisant une sorte de chant ou stridulation en frottant l'une contre l'autre, une partie interne de leurs élytres ; premier segment abdominal n'offrant aucun organe aérien particulier ; anus de toutes les femelles pourvu d'un oviscapte ou tarière bivalve, saillante, en forme de sabre, d'épée ou de long stylet. Ces Orthoptères enfouissent leurs œufs sans les envelopper.

Familles : GRILLONIENS et LOCUSTAIRES.

3e section. (Partie de la famille des Sauteurs, Règne Anim.)

Elytres et ailes toujours en toit ; pieds postérieurs propres au saut ; tous les tarses de cinq articles. Les deux sexes produisant une stridulation au moyen d'un frottement alternatif et instantanément réitéré de leurs cuisses postérieures contre les élytres ; élytres semblables dans les deux sexes ; premier segment abdominal offrant, de chaque côté, dans le plus grand nombre, une sorte de tambour distingué extérieurement par un opercule membraneux, circulaire ou lunulé ; tarière composée de quatres pièces crochues et faisant saillie.

Famille : ACRIDIENS. *V*. ce mot et les précédens.   (G.)

ORTHOPYXIS. BOT. CRYPT. (*Mousses.*) Le genre établi sous ce nom par Palisot-Beauvois, se compose surtout des espèces de *Bryum*, à capsule droite, tels que les *Bryum androgynum*, *palustre* et plusieurs autres ; il y avait aussi placé des espèces qui appartiennent aux genres *Bartramia*, *Tortula*, *Grimmia*, etc. Ce genre, fondé sur des caractères de nulle importance, n'a pas été adopté.   (AD. B.)

* ORTHORHYNQUE. ois. (Lacépède.) Dénomination appliquée aux Oiseaux-Mouches qui se distinguent des Colibris par leur bec droit. *V.* COLIBRI.   (DR..Z.)

ORTHOSE. MIN. Haüy proposait de substituer ce mot à celui de Feldspath. *V.* ce mot.   (B.)

* ORTHOSELIS. BOT. PHAN. (De Candolle.) *V.* HÉLIOPHILE.

ORTHOSIE. *Orthosia*. INS. Nom donné par Ochsenheimer à un nouveau genre formé aux dépens des NOCTUELLES. *V.* ce mot et NOCTUÉLITE.   (G.)

ORTHOSTEMON. BOT. PHAN. Genre de la famille des Gentianées et de la Tétrandrie Digynie, L., établi par R. Brown (*Prodr. Flor. Nov.-Holland.*, p. 451) qui lui a imposé les caractères suivans : calice tubuleux, à quatre dents ; corolle marcescente, dont la gorge est nue, et dont le tube est court, partagé en quatre divisions ; étamines égales, saillantes, ayant leurs anthères longitudinalement déhiscentes, mutiques au sommet, dressées et roides après la floraison ; deux stigmates arrondis. Ce genre tient le milieu entre le *Canscora* de Lamarck (qui est le même genre que le *Pladera* de Solander et de Roxburgh) et l'*Erythræa* de Richard ; il se distingue du premier par le limbe de la corolle, à divisions égales, et par ses étamines aussi égales entre elles ; sa corolle quadripartite et ses anthères droites le distinguent de l'*Erythræa*. Mais ces caractères, d'après Robert Brown, sont très-faibles, et peut-être devra-t-on réunir ces trois genres en un seul. Chamisso et Schlectendal ont constitué récemment (*Linnæa*, 2e fasc., p. 195) un genre *Dejanira*, qui a beaucoup de rapports pour les caractères avec l'*Orthostemon* ; cependant les différences de patrie n'ont pas permis de les réunir. Ce nouveau genre, dont Martius a déjà changé le nom en celui de *Callopisma*, se rapproche beaucoup plus des *Erythrea*. *V.* DEJANIRA au Supplément.

L'*Orthostemon erectum* est une Plante herbacée, à tige dressée, à feuilles larges, trinerviées, les inférieures pétiolées, les fleurs pédonculées en corymbes terminaux. Cette espèce croît à la Nouvelle-Hollande, dans la partie située entre les tropiques. Elle a le port de l'*Exacum diffusum* de Vahl, *Gentiana diffusa* de Heynes, qui, d'après la description de Vahl, est une espèce de *Canscora* ou de *Pladera*. *V.* ce dernier mot.   (G..N.)

ORTHOTRIC. *Orthotrichum*. BOT. CRYPT. (*Mousses*.) Hedwig, lorsqu'il réforma complétement la classification des Mousses, créa ce genre, l'un des plus naturels de cette famille, malgré les aberrations qu'il présente dans des caractères regardés généralement comme importans. Linné avait confondu les diverses espèces de ce genre sous le nom de *Bryum striatum* ; mais Adanson en avait déjà formé un genre particulier sous le nom de *Dorcadion*. Depuis la réforme d'Hedwig, d'autres auteurs ont été cependant beaucoup plus loin, et ont séparé quatre ou cinq nouveaux genres de celui-ci ; tels sont les *Macromitrion*, *Ulota*, *Schlotheimia*, créés par Bridel ou par Schwægrichen, et qui ne diffèrent que par de légers caractères des vrais Orthotrics dont ils ont parfaitement le port. En considérant ce genre comme Hedwig, Hooker, Greville et Arnott, on peut le caractériser ainsi : capsule droite, lisse ou sillonnée longitudinalement ; péristome externe, formé de seize dents rapprochées par paires, larges et courtes, déjetées en dehors après l'émission des graines ; l'interne formé de huit ou seize cils alternans avec les dents, réfléchis en dedans, et manquant dans quelques espèces; coiffe campanulée, le plus souvent laciniée à sa base et hérissée extérieurement de poils droits et roides. Les fleurs mâles, suivant Hedwig, varient de position; elles sont tantôt en têtes terminales, et tantôt à l'aisselle des feuilles.

Les Orthotrics sont des Mousses à tige droite, rameuse, couvertes de feuilles nombreuses, souvent courtes et obtuses, imbriquées ou étalées. Ils croissent sur les rochers ou plus souvent sur les troncs des Arbres. On en connaît maintenant environ soixante espèces, en réunissant à ce genre ceux que nous avons nommés ci-dessus; un grand nombre sont exotiques, et c'est avec ces dernières qu'avaient été créés les genres *Schloteimia* et *Macromitrion*.

Les *Schloteimia* ne diffèrent des vrais Orthotrics que par leur péristome interne, à lanières plus larges, presque soudées en une membrane plissée, dressée et conique. Les *Macromitrion* ont été séparés à cause de leur coiffe grande, glabre et laciniée à sa base. Enfin, le genre *Ulota*, que Mohr avait établi pour l'*Orthotrichum crispum*, et quelques autres espèces d'Europe analogues, ne diffère des Orthotrics que par sa coiffe moins velue, divisée à sa base en quelques lobes profonds; ce qui a cependant lieu aussi dans la plupart des vrais Orthotrics. Ses feuilles longues et crispées lui donnent un aspect assez différent.

Les espèces d'Europe ont tantôt le péristome simple; tels sont les *Orthotrichum cupulatum* et *anomalum*, et tantôt double, comme on l'observe dans le plus grand nombre.

(AD. B.)

* ORTHOTRICHOÏDÉES. *Orthotrichoideæ.* BOT. CRYPT. (*Mousses.*) Arnott, qui a indiqué ce groupe naturel (Mém. Soc. Hist. Nat. Par. T. II), le place entre les Splachnoïdées et les Grimmioïdées. Il y rapporte les genres *Tetraphis*, *Octoblepharum*, *Orthodon*, *Calympères*, *Zy-*

godon, *Orthotrichum*. Cette section de la famille des Mousses a été l'objet d'un travail spécial de Hooker et Greville, qui en ont mieux défini les caractères et les genres, et les ont limités à ceux que nous venons d'indiquer; les trois premiers cependant ne sont placés qu'avec doute dans ce groupe, et ont beaucoup de rapports, surtout le premier, avec les Splachnoïdées; aussi, en fondant cette tribu, Hooker et Greville ne les y avaient pas placés. *V.* MOUSSES.

(AD. B.)

ORTHRAGUS. POIS. (Rafinesque.) Syn. d'*Orthagoriscus. V.* MOLE. (B.)

ORTIE. *Urtica.* BOT. PHAN. Ce genre, qui a donné son nom à la famille naturelle des Urticées, est placé par les auteurs systématiques dans la Monœcie Tétrandrie, L. Ses fleurs sont monoïques, rarement dioïques. Les mâles naissent en grappes, et ont un calice à quatre ou rarement cinq divisions profondes, arrondies et concaves, renfermant quatre ou rarement cinq étamines, dont les filets sont courbés avant la floraison, et placés à la base des folioles calicinales; on voit quelquefois un rudiment de pistil. Les fleurs femelles forment de petits capitules, et sont composées chacune d'un calice à deux ou quatre divisions profondes; d'un ovaire supère, surmonté d'un style court et d'un stigmate capité et pubescent; akène recouvert par le calice persistant. Ce genre est excessivement nombreux en espèces; on en compte aujourd'hui plus de cent vingt, qui sont réparties sur toute la surface du globe. Quelques-unes, en petit nombre, croissent en Europe; la plupart habitent les contrées équinoxiales, et surtout les Antilles, le continent de l'Amérique méridionale, l'Inde-Orientale et les îles de France et de Mascareigne. Les Orties, Plantes herbacées dans nos climats, deviennent quelquefois des Arbrisseaux dans les régions équatoriales; leurs feuilles sont tantôt opposées, tantôt alternes, toujours accompa-

28

gnées de stipules; leurs fleurs sont en grappes pendantes ou réunies en glomérules dans les aisselles des feuilles.

Parmi les espèces indigènes d'Europe, il en est deux qui infestent les jardins, les haies et les alentours des habitations rustiques; ce sont les *Urtica urens* et *U. dioica*, L. La première offre une tige rameuse, haute seulement d'un pied à un pied et demi, garnie de feuilles ovales, profondément dentées, d'un vert foncé, et hérissées, ainsi que tout le reste de la Plante, de poils très-piquans. Ses fleurs sont monoïques. La seconde produit des tiges quadrangulaires, hautes de deux à quatre pieds, garnies de feuilles pétiolées, cordiformes, pointues, dentées en scie et couvertes de poils acérés. Les fleurs sont, ainsi que l'indique le nom spécifique, unisexuées et portées sur des individus différens.

Personne n'ignore les effets de la piqûre des Orties. Une démangeaison très-incommode, même douloureuse, se fait immédiatement sentir, et il succède à cette première impression une sorte de tuméfaction blanche, au centre de laquelle est la piqûre; puis après la disparition de cette petite tumeur, la partie de la peau laisse une tache rouge. On peut considérer cet effet comme un véritable empoisonnement produit par l'introduction dans les vaisseaux capillaires du derme, du suc vénéneux contenu dans une petite glande, sur lequel repose le poil de l'Ortie; ce poil, ayant une pointe très-acérée, pénètre facilement dans les tissus animaux, s'y rompt et laisse écouler le fluide caustique, au moyen du canal dont il est creusé, et qui est le prolongement de la cavité glandulaire. Lorsque par l'effet de la dessiccation de la Plante, tous ses sucs ont, sinon disparu, du moins se sont concrétés de manière à ne plus s'écouler facilement dans les tissus animaux, on peut toucher impunément l'Ortie; elle ne cause aucun accident; ce qui prouve que le poil n'est point venimeux par lui-même, et qu'il ne joue le rôle que d'un conduit excrétoire, qui est rempli par le suc vénéneux seulement au moment de son écoulement, et où par conséquent il ne peut exister que sous forme de dépôt concret. La douleur occasionée par la piqûre des Orties de nos climats, est passagère, et disparaît ordinairement sans qu'il soit besoin d'y faire quelques applications; on se contente tout au plus d'asperger dessus un peu d'eau froide. Mais dans les climats chauds, le suc des poils d'Ortie est tellement vénéneux et abondant, qu'il produit des douleurs atroces à ceux qui ont le malheur d'en être piqués. Leschenault de la Tour (Mémoires du Muséum d'Histoire Naturelle, T. VI, p. 559) a publié la narration des accidens graves qui lui sont survenus après avoir cueilli sans précaution l'*Urtica crenulata* de Roxburgh, Plante indigène de la province de Chittagong, dans l'est du Bengale. Ayant été légèrement piqué à la main gauche par une des feuilles, il éprouva peu de temps après une douleur insupportable, semblable à celle que produirait une lame de fer brûlante qu'on promènerait sur les doigts; il n'y avait cependant à l'extérieur aucune tuméfaction ni inflammation quelconque. La douleur s'irradia successivement le long du bras jusqu'à l'aisselle; puis elle remonta dans la tête, détermina un violent coryza, enfin une contraction spasmodique de la partie postérieure des mâchoires, qui persista toute une journée. Les douleurs diminuèrent ensuite progressivement et ne cessèrent que le neuvième jour. Des symptômes semblables et beaucoup plus intenses s'étaient déclarés sur un employé du jardin botanique de Calcutta, qui avait été frappé sur les épaules avec des feuilles de la même espèce d'Ortie. Au nombre des Orties dangereuses qui croissent dans l'Inde, Leschenault cite encore l'*Urtica stimulans*, L., indigène de Java, et une espèce de Timor, que les habitans nomment *Daoun setan*, c'est-à-dire Feuille du Diable, et qui leur inspire la plus grande terreur. C'est probablement la même Plante ou une espèce très-voisine qui, dans les Moluques, porte le nom de *Cossir*, et qui est aussi très-venimeuse.

L'urtication ou l'irritation produite par les Orties de nos climats, était un moyen dérivatif fort usité par les anciens médecins; mais on n'en fait plus d'usage depuis que la thérapeutique, éclairée par l'expérience et les saines théories médicales, a su régler convenablement l'emploi des vésicatoires et des sinapismes. On employait aussi l'Ortie brûlante en infusion ou en décoction, comme astringente dans les hémorrhagies, la dyssenterie, les flueurs blanches, etc.; mais aujourd'hui cet emploi est totalement oublié. Les akènes de l'Ortie dioïque ont été vantés comme purgatifs et vermifuges; mélangés avec l'Avoine, ces akènes sont excitans pour les Chevaux; ce qui les fait employer par les maquignons pour donner à leurs bêtes un air vif et un poil brillant. On dit aussi que les Poules auxquelles on en fait avaler, pondent plus souvent. Les feuilles de cette même Ortie sont un fourrage usité dans le nord de l'Europe, etc., particulièrement en Suède, où on la cultive en grand; on prétend que les Vaches qui en mangent fournissent un lait très-abondant en crème, et qui donne un beurre jaune et très-agréable. Les mêmes feuilles, vertes et finement hachées, forment la base d'une pâtée avec laquelle on nourrit la volaille. Enfin, pour terminer l'indication des usages économiques auxquels on a fait servir des Plantes en apparence aussi inutiles que les Orties, nous ajouterons que leurs fibres offrent assez de résistance pour être soumises au rouissage et converties en fils et en tissus, comme celles du Chanvre et du Lin; c'est surtout l'*Urtica cannabina*, L., que l'on emploie sous ce rapport dans la Sibérie et au Kamtschatka. Loureiro cite encore l'*Urtica nivea*, qui offre la même utilité aux peuples de la Chine et de la Cochinchine. (G..N.)

On a étendu le nom d'ORTIE à plusieurs Plantes qui n'appartiennent pas au genre qui vient d'être traité. Ainsi on a vulgairement appelé :

ORTIE BLANCHE, le Lamier vulgaire, *Lamium album*.

ORTIE CHANVRE ou CHANVRINE, le *Galeopsis Tetrahit*.

ORTIE GRIÈCHE, l'*Urtica urens*.

ORTIE MORTE, la Mercuriale annuelle et le *Lamium album*.

ORTIE NÈGRE, le *Dalechampia scandens*.

ORTIE ROUGE, le *Galeopsis Galeobdolon*; etc., etc. (B.)

ORTIE DE MER. ACAL. Nom vulgaire, sur nos côtes, des Médusaires et d'autres Animaux analogues qu'on ne manie pas impunément, parce que la plupart causent à la peau une inflammation douloureuse que l'on compare à la piqûre des Orties. (B.)

ORTOHULA. MAM. Hernandès (*Hist. Nov.-Hisp.*, p. 6, cap. 16) désigne sous ce nom une Moufette à pelage noir et blanc avec du fauve sur quelques parties. *V*. MOUFETTE. (IS. G. ST.-H.)

ORTOLAN. *Emberiza Hortulana*. OIS. (Linné.) Espèce du genre Bruant fort estimée des amateurs de bonne chère, et dont on fait un commerce assez considérable dans certains cantons méridionaux de la France où l'on en engraisse beaucoup. On a étendu ce nom à plusieurs autres petits Oiseaux du même genre, et dont le plumage est assez triste; ainsi on a appelé :

ORTOLAN DE LORRAINE, le Bruant Fou.

ORTOLAN DE LA LOUISIANE, l'*Emberiza Ludoviciana*.

ORTOLAN DE NEIGE, l'*Emberiza nivalis*.

ORTOLAN DE PASSAGE, l'*Emberiza montana*, Gmel., qui n'est peut-être que le précédent dans l'état de jeunesse.

ORTOLAN DES ROSEAUX, le Bruant des Roseaux. *V*. BRUANT.

Le Cocotzin, du genre Pigeon, a aussi été appelé Ortolan aux Antilles. (B.)

* ORTSTEIN. min. Nom donné au Fer hydraté limoneux dans le pays de Lunébourg. (G. DEL.)

ORTYGIS. ois. Dénomination que quelques auteurs, Illiger entre autres, ont appliquée à la sous-division du genre Perdrix qui comprend les Cailles. *V.* PERDRIX. (DR..Z.)

ORTYGODE. ois. Vieillot (Ornithologie Élémentaire) avait ainsi nommé les Cailles à trois doigts, division qui répond à l'*Ortygis* d'Illiger, et que Bonnaterre avait appelée Turnix. Vieillot a depuis adopté cette dernière dénomination. (B.)

ORTYGOMETRA. ois. Syn. ancien de Râle de Genêt, que Barrère avait adopté pour désigner un genre composé de la Cane-Petière. (B.)

ORTYON ET ORTYX. ois. La Caille en grec ancien et moderne. (B.)

ORUBU. ois. Pour Urubu. *V.* ce mot. (B.)

* ORUCARIA. bot. phan. L'Ecluse et J. Bauhin ont décrit et figuré sous ce nom une Légumineuse de l'Amérique méridionale, qui fut réunie par Linné fils au genre *Pterocarpus*, sous le nom de *P. lunatus*, quoique son fruit formât une exception remarquable au caractère essentiel, en ce qu'il était dépourvu d'ailes. Richard l'avait distingué génériquement dans son herbier, sous le nom de *Nephrosis*, et Jussieu aussi, dans son herbier, lui avait conservé le nom primitif donné par l'Écluse. Ces deux noms n'ayant pas été publiés, le docteur Meyer, dans sa Flore d'Essequebo, lui a imposé celui de *Drepanocarpus*, qui a été admis par Kunth et De Candolle. *V.* DRÉPANOCARPE. Depuis l'impression de ce dernier article, ce genre a été augmenté de quelques espèces indigènes du Mexique et de l'Amérique méridionale. (G..N.)

ORVALE. *Orvala.* bot. phan. Ce nom était appliqué par les anciens botanistes au *Salvia Sclarea.* Linné (*Spec. Plant.*, 2, p. 887) s'en servit pour désigner l'ancien genre *Papia* de Micheli (*Gener.*, 20, tabl. 17); mais il n'en plaça pas moins parmi les Lamiers une Plante qui n'est cependant qu'une variété de l'espèce sur laquelle Micheli avait fondé son genre. De Candolle (Flore Française, T. III, p. 539) a rétabli le genre *Orvala*, et l'a distingué du genre *Lamium*, 1° par sa corolle, dont la lèvre supérieure est dentelée au sommet, et dont la gorge est bordée de chaque côté d'un appendice à trois lobes; 2° par ses anthères glabres et non hérissées de poils.

L'ORVALE FAUX-LAMIER, *Orvala Lamioïdes*, D. C.; *Lamium Orvala*, L., est une belle Plante qui atteint jusqu'à un demi-mètre de hauteur. Sa tige est simple, presque glabre, munie de feuilles pétiolées, grandes, cordiformes, presque ovales, légèrement pubescentes, bordées de dentelures inégales, assez profondes, surtout dans la variété figurée par Micheli. Les fleurs sont grandes, disposées en bouquets axillaires; le calice est coloré, et la corolle d'un rouge violet pâle, marquée de raies plus foncées sur la lèvre inférieure. Cette Plante croît dans les lieux ombragés des montagnes de l'Italie et d'autres parties de l'Europe méridionale. (G..N.)

OR-VERT. ois. Espèce d'Oiseau-Mouche. *V.* COLIBRI. (B.)

ORVET. *Anguis.* rept. oph. Linné, qui établit ce genre parmi les Serpens, le plaça vers la fin de l'ordre, en le caractérisant par la privation de plaques ventrales, et par les écailles semblables à celles des parties supérieures du corps qui en recouvrent les parties inférieures. Les espèces de ce genre avaient été portées à plus de vingt-cinq par le dernier éditeur du *Systema Naturæ*; elles ont été réduites aujourd'hui en vertu de la formation de quelques genres qu'on a démembrés de celui de Linné, mais qui tous ne sont pas universellement adoptés. Daudin ne comptait que treize Orvets. Au lieu de ranger ce genre vers la fin de l'ordre des Ophidiens, il paraît bien plus naturel de le placer en tête, et comme passage à celui des Sauriens; car les Orvets sont de véritables Sauriens, dépourvus seulement de pates, et qui s'y lient conséquemment d'une manière très-serrée par les Seps ainsi que par les Chalcides. La conformation de ces petits Serpens Sauriens est, ainsi que leurs mœurs, absolument semblable. Cuvier (Règne Animal, T. II, p. 58) définit ainsi les Orvets. « Ils ont encore la tête osseuse; leurs dents sont longues, semblables à celles des Seps, et leur œil est muni de trois paupières; des écailles imbriquées qui les recouvrent entièrement à l'extérieur, les caractérisent. » La bouche de ces Animaux, dépourvue de crochets venimeux, est fort petite, et l'on n'y trouve qu'une rangée de dents très-faibles; leur gosier n'est pas susceptible de ce degré de dilatation qui permet aux autres Serpens d'avaler laborieusement des proies plus grosses que leur corps; aussi les Orvets sont-ils réduits à vivre d'Insectes ou des œufs de ceux-ci ainsi que de petits Mollusques terrestres, qu'ils cherchent parmi les Mousses; on doit regarder comme des fables tout ce qu'on a rapporté de leur appétit pour les Grenouilles, Oiseaux, Rats des champs, et du danger de leur morsure. Il n'est pas d'Animaux plus faibles ni plus innocens; ils ne montrent leur résistance à la main qui les saisit, qu'en se roidissant de toutes leurs forces, et ils se roidissent même tellement, qu'on en voit se rompre; de-là ce nom de Serpent de verre, qu'on donne en plusieurs endroits à l'espèce la plus commune. Il n'est sorte de contes absurdes qu'on n'ait débité sur les Orvets d'après une telle singularité; on a dit qu'ainsi brisé, chaque tronçon devenait un Animal complet, mais que ceux de la queue ou du corps, où il n'y avait pas d'yeux, devenaient des individus privés de la faculté de voir, et de-là ce nom d'Aveugle, qu'on donne encore vulgairement à l'un des Reptiles où les yeux sont le plus remarquables par la couleur métallique de l'iris, et par une sorte d'expression douce dans le regard. Ce qu'il y a de certain, au fond de telles absurdités, c'est que si les Orvets perdent leur queue par quelque accident, même assez près de l'anus, ils se retirent aussitôt, en manifestant peu de douleur, dans quelque asile, où ils se tiennent blottis durant plusieurs jours, après lesquels ils sortent pour reprendre leurs habitudes, ayant une cicatrice brunâtre au lieu de la blessure; au bout d'un an, la régénération de la partie perdue est complète; mais on y reconnaît toujours la marque de l'accident qui nécessita cette opération de la nature. Le corps des Orvets est, en général, très-court, par rapport à la longueur de cette queue, qui peut si impunément être abattue. Bosc rapporte que, lorsqu'on veut les prendre, ou lorsqu'on les frappe, ils roidissent cette queue autour des pierres et des arbres, ou dans la terre, s'ils sont au bord de leur trou; trop de résistance fait alors que l'Animal se casse, et son corps, souvent moins long que la queue, se sauve tout écourté; alors la queue se tortille long-temps, de même que le fait celle des Lézards, et comme si elle cherchait à se joindre au corps dont elle fit partie. Les Orvets sont de fort jolis Animaux, un peu épais, mais qui, sans offrir des couleurs très-éclatantes, brillent d'un vernis métallique, qui donne à leurs petites écailles, polies et serrées, une certaine richesse. On peut les prendre sans le moindre danger; leurs mouvemens n'ont pas même alors cette pétulance inquiétante qui fait redouter dans les autres Serpens ces enlacemens qui inspirent toujours un certain effroi, peut-être parce que notre jeunesse fut bercée de l'histoire de Laocoon, rendue toujours présente à l'esprit par la manière horriblement naturelle dont l'éternisa le ciseau de l'antiquité. Les

Orvets saisis ne résistent point, ne se roulent pas autour des mains, ne pressent point les doigts dans d'étroits replis, et comme résignés, ils ne menacent pas même de mordre. On peut les conserver quelque temps vivans sans leur donner à manger; mais ceux qu'on soumet à cette épreuve, y résistent beaucoup moins de temps, quand on les prend en été, que lorsqu'on les prend en automne, où ils s'apprêtent à s'engourdir pour passer l'hiver sans nourriture. Ils recherchent les trous creusés par les Taupes, et s'en font, à l'aide de leur petit museau conique, des galeries souterraines, parfois très-étendues, et autant qu'il est possible, disposées de façon à ce que l'eau des pluies n'y puisse point pénétrer. C'est là qu'ils se retirent au moindre bruit; on en trouve néanmoins quelques-uns dans les trous et sous l'écorce des vieux tronçons d'arbre. Ils se tiennent habituellement dans les pelouses sèches, ainsi qu'au bord des taillis. C'est pendant les plus grandes chaleurs de l'été qu'ils changent de peau, et cette mue paraît les faire souffrir. Ils s'accouplent comme les autres Ophidiens, en se roulant l'un autour de l'autre, et les femelles sont ovovivipares, c'est-à-dire qu'elles mettent au jour des petits vivans; ce qu'on assure avoir lieu deux fois par an, d'abord de bonne heure, au premier printemps, ensuite vers le milieu de l'automne. Les genres formés aux dépens des *Anguis* de Linné, et qui ayant été généralement adoptés dans ce présent Dictionnaire, s'y trouvent traités dans des articles particuliers, sont: Hydre, Erix, Acontias, Typhlops, auquel appartient le Lombric, *Anguis Lombricalis*, L., et Tétrix, dans lequel rentre le Miguel. L'Orvet, tel que l'établit Cuvier, se partage en deux sous-genres.

† Ophisaures, *Ophisaurus*. Où le tympan est visible et paraît au dehors; les dents-maxillaires sont coniques, et il en existe deux groupes dans le fond du palais; on n'en connaît qu'une espèce, *Ophisaurus*

ventralis, Daud.; *Anguis ventralis*, L., Gmel., *Syst. Nat.*, XIII, T. 1, p. 112; Encycl. Méth., pl. 31, f. 5; *Cæcilia maculata*, Catesb., *Car.* T. II, tab. 59. Cet Orvet, qu'on trouve à la Caroline, a la queue comme séparée du corps par un sillon; elle est annelée et trois fois plus longue; la couleur en dessus est d'un vert brun mêlé de taches jaunâtres, disposées symétriquement; le ventre est jaune; l'Animal atteint deux pieds. C'est le plus fragile et le plus cassant du genre; il est aussi le plus printanier des Serpens de l'Amérique septentrionale.

†† Anguis, *Anguis*. Chez eux, le tympan est caché sous la peau; les dents maxillaires sont comprimées et crochues; il n'en existe point au palais; la queue n'y est point distinguée du corps par des anneaux, et si elle l'égale en longueur, elle ne le surpasse pas. Nous distinguerons dans ce sous-genre l'Orvet commun, Lac., Serp., pl. 19, fig. 1, copiée dans l'Encycl. Méth., pl. 45, f. 6; *Anguis fragilis*, L., Gmel., *Syst. Nat.*, XIII, T. 1, p. 1122. Aucune des figures que nous connaissons de cette jolie et innocente espèce, n'en donne une idée bien exacte; sa couleur plombée tirant sur le blond, le gris ou le brun en dessus, et sur le noir en dessous, relevée d'un poli vitré qui rappelle celui de l'acier, la distingue mieux que ses formes les plus simples de toutes, puisque des figures diverses dans les écailles n'y portent pas même cette sorte de variété, qu'on rencontre encore chez les autres Serpens. Cet Animal est fort commun dans toute l'Europe où nous l'avons observé, depuis l'Andalousie jusque sur les rives du Niémen. On le trouve encore plus au nord; mais il ne se revoit point en Afrique. Nous n'en avons jamais vu aucun individu qui eût plus de dix à onze pouces de longueur; on prétend cependant qu'il en existe de dix-huit pouces à deux pieds. « Lacépède, dit Bosc, rapporte que les Anguis-Orvets se dressent fréquemment sur leur queue, et

demeurent quelquefois long-temps dans cette situation, et que leurs mouvemens sont rapides; mais je ne les ai jamais observés dans cette situation; j'ai toujours trouvé leurs mouvemens plus lents que ceux des autres Serpens d'Europe, et ils ne m'ont montré un peu de vivacité que pour se saisir de leur proie. » Nous n'avons jamais vu, plus que Bosc, d'Orvets dressés sur leur queue, et dont les mouvemens fussent agiles; mais Lacépède n'avait peut-être pas vu l'Anguis dont il écrivait, puisqu'il n'a jamais couru les campagnes pour y étudier les objets dont il fit l'histoire d'après les individus du Muséum conservés dans l'esprit-de-vin, ou sur les matériaux que lui fournirent des correspondans, dont plusieurs étaient certainement de fort mauvais naturalistes.

On a appelé mal à propos ORVET BIPÈDE l'*Histeropus Gronovii*, ORVET BLANC, et ORVET CALAMAR ou CALMAR, des espèces du genre Couleuvre.

Les Orvets corallin ou rouge, fascié, Miguel ou Scythale, appartiennent maintenant au genre Tétrix; les Orvets Lombric, à long museau et réticulé, sont des Typhlops. Le Miliaire, le Colubrin et le Trait, rentrent parmi les Erix, et l'on doit observer que l'Erix de Linné, qui a donné son nom à ce dernier genre, n'en doit pas faire partie, si, comme le prétend Cuvier, il n'est, ainsi que le *Clivicus*, qu'un état de l'Orvet commun. On sait aujourd'hui que l'*Anguis cornutus* d'Hasselquist est un Animal fabuleux. (B.)

* ORYCTÈRE. *Orycterus*. MAM. Fr. Cuvier a ainsi appelé un genre auquel il rapportait les Rongeurs décrits par Buffon sous les noms de grande et petite Taupes du Cap, et qui correspondait aux *Bathyergus* et *Georychus* d'Illiger. Depuis, et par suite des nouvelles découvertes faites au Cap par Delalande, Fr. Cuvier a modifié lui-même cette nomenclature, et il place seulement dans le genre Oryctère la grande

Taupe du Cap et une espèce qu'il regarde comme nouvelle. *V.* RAT-TAUPE. (IS. G. ST.-H.)

ORYCTÈRES ou FOUISSEURS. INS. Duméril (Zool. Anal.) désigne ainsi une famille d'Hyménoptères; comprenant les genres Tiphie, Larre, Pompile et Sphège. *V.* FOUISSEURS. (G.)

ORYCTÉRIENS. MAM. Nom adopté par Desmarest pour une famille d'Edentés, composée des genres Oryctérope et Tatou, et caractérisée par des molaires d'une forme très-simple et par des ongles fouisseurs. (IS. G. ST.-H.)

ORYCTÉROPE. *Orycteropus*. MAM. Genre de l'ordre des Edentés, appartenant, suivant la Méthode de Cuvier, à la seconde famille (celle des Edentés ordinaires), et qui nous présente, mais avec un moindre degré d'anomalie, une partie des caractères qui rendent si remarquables les Fourmiliers et les Pangolins. Du reste, il s'éloigne de ces derniers par son corps couvert de poils semblables à ceux de la plupart des Mammifères, et diffère à la fois des uns et des autres par l'existence d'un système dentaire, à la vérité assez imparfait. Il n'y a, comme chez la plupart des Edentés, ni incisives ni canines; mais il existe à l'une et à l'autre mâchoire des molaires dont la structure est très-remarquable. « Leurs racines, dit Fr. Cuvier (Dents des Mammifères), ne diffèrent point de leur couronne, mais elles ne présentent point de cavité pour la capsule dentaire comme font toutes les espèces de dents chez les Mammifères; elles semblent présenter un nouveau mode de développement pour ces organes. Comme toutes les dents dépourvues de racines proprement dites, elles paraissent croître constamment; mais au lieu d'être formées de couches successives et toujours renaissantes, elles le sont, en apparence du moins, de fibres longitudinales, pentagones, et dont le centre serait percé ou rempli d'une substance de couleur plus foncée que ces fibres. » Suivant presque tous les auteurs qui ont décrit le genre Oryctérope, les molaires sont au nombre de douze à l'une et à l'autre mâchoires ; mais il paraît qu'il y en a réellement sept de chaque côté à la supérieure. En effet, d'après Fr. Cuvier, il existe, de plus qu'on ne l'avait dit, une très-petite dent, placée en avant et assez loin des autres, mais très-peu visible, très-rudimentaire, et même à peine sortie de la gencive. Au reste, la seconde dent est elle-même très-petite, et c'est seulement la troisième qui commence à servir à la mastication ; sa coupe représente un ovale très-allongé ; la quatrième et la septième sont de même longueur, mais beaucoup plus larges que celles-ci, et les deux autres, les plus grandes de toutes, présentent un large sillon sur chacune de leurs faces latérales, et semblent résulter de deux portions de cylindre réunies. Les trois premières dents de la mâchoire inférieure sont assez semblables à la seconde, à la troisième et à la quatrième de la supérieure, mais elles sont un peu plus petites ; au contraire, les trois dernières molaires inférieures sont un peu plus grandes que les trois dernières supérieures, auxquelles elles sont analogues et auxquelles elles correspondent.

Les autres caractères du genre Oryctérope consistent dans sa tête très-allongée, de forme généralement conique, mais terminée par une sorte de boutoir, et comparée, nous ne savons trop pourquoi, à celle du Cochon, à laquelle elle ne ressemble que par la position terminale des narines ; dans ses oreilles membraneuses, très-longues et un peu pointues ; dans sa bouche très-peu fendue et ses yeux de grandeur moyenne ; dans son corps assez allongé ; dans sa queue renflée à la base et de forme conique ; dans ses membres robustes, mais assez courts, dont les postérieurs sont plantigrades et pentadactyles, et les antérieurs digitigrades, et seulement tétradactyles ; enfin, dans ses ongles très-forts, très-épais, très-

comprimés, entourant presque toute la phalange unguéale (surtout aux pieds de derrière), et rapprochés avec juste raison par Desmarest des vrais sabots. La langue est un peu extensible, ce qui, vu l'imperfection et la composition toute particulière du système dentaire, ne détruit en aucune façon le rapport que nous avons signalé (*V.* MAMMIFÈRES) entre la forme et la structure des dents et la forme et la structure de la langue. La peau, généralement dure et très-épaisse, est presque nue sur les oreilles et le ventre, mais garnie de poils ras sur la tête, sur les trois quarts postérieurs de la queue et sur la face dorsale des quatre pieds, et au contraire, de longs poils sur la cuisse, sur la jambe et sur la partie postérieure de l'avant-bras : le reste du corps, des membres et de la queue est couvert de poils soyeux, rudes, peu abondans et de grandeur moyenne. Ces derniers caractères et la nature de la peau ont fait comparer l'Oryctérope aux Pachydermes, et cette comparaison est en effet assez juste : nous verrons (*V.* PACHYDERMES) que tous les genres de cet ordre (excepté celui des Chevaux qui peut être considéré, suivant l'opinion de plusieurs auteurs, comme le type d'un groupe particulier), ont pour caractère constant de n'avoir qu'un petit nombre de poils soyeux, ce qui est évident pour les Eléphans, les Rhinocéros, les Hippopotames et même les Sangliers et les Pécaris, et ce qui a également lieu, du moins suivant nous, pour les Damans (*V.* PACHYDERMES). Au reste, il nous semble que plusieurs Mammifères de différens ordres sont, par la nature de leurs poils et de leur peau elle-même, plus encore que les Pachydermes, en rapport avec l'Oryctérope, et tel est particulièrement le Ratel.

On ne connaît encore dans le genre Oryctérope qu'une seule espèce qui habite le cap de Bonne-Espérance, et dont la taille est aussi considérable que celle du Fourmilier Tamanoir ; elle a trois pieds et demi du museau à l'origine de la queue, celle-ci mesurant un pied neuf pouces; ses oreilles ont un peu plus d'un demi-pied, et sa hauteur totale est environ d'un pied un pouce. Le corps est généralement d'un gris roussâtre, avec la jambe, l'avant-bras et les pieds noirâtres, et la queue presque blanche. Ce singulier Quadrupède, que tous les naturalistes désignent spécifiquement sous le nom d'Oryctérope du Cap, *Orycteropus Capensis*, est, malgré l'odeur d'Acide formique dont sa chair est imprégnée, un gibier très-estimé des Européens et des Hottentots : c'est du moins ce que nous assure Kolbe qui paraît avoir assez bien connu l'Oryctérope, ou, comme il l'appelle, le *Cochon de terre*, à en juger d'après les détails qu'il donne sur les mœurs de cet Édenté (part. III, chap. v, par. 5, 6 et 7). « La terre, dit le voyageur hollandais, sert de demeure à cet Animal; il s'y creuse une grotte, ouvrage qu'il fait avec beaucoup de vivacité et de promptitude; et s'il a seulement la tête et les pieds de devant dans la terre, il s'y cramponne si bien que l'homme le plus robuste ne saurait l'en arracher. Lorsqu'il a faim, il va chercher une fourmilière. Dès qu'il a fait cette bonne trouvaille, il regarde tout autour de lui pour voir si tout est tranquille, et s'il n'y a point de danger : il ne mange jamais sans avoir pris cette précaution; alors il se couche, et plaçant son grouin tout près de la fourmilière, il tire la langue tant qu'il peut : les Fourmis montent dessus en foule, et dès qu'elle en est bien couverte, il la retire et les gobe toutes. Ce jeu recommence plusieurs fois, et jusqu'à ce qu'il soit rassasié. Afin de lui procurer plus aisément cette nourriture, la nature, toute sage, a fait en sorte que la partie supérieure de cette langue qui doit recevoir les Fourmis, est toujours couverte et comme enduite d'une matière visqueuse et gluante qui empêche ces faibles Animaux de s'en retourner lorsqu'une fois les jambes y sont empétrées : c'est là sa manière de manger. Il a la chair de fort bon goût et très-saine. Les Européens et les Hottentots vont souvent à la chasse de ces Animaux. Rien n'est plus facile que de les tuer; il ne faut que leur donner un petit coup de bâton sur la tête. »

Le genre Oryctérope a été établi en 1791, par Geoffroy Saint-Hilaire (Magasin Encyclopédique, T. VI; et Bulletin de la Société Philomatique, T. I). Jusqu'alors l'espèce dont il se compose avait été rapportée aux Fourmiliers sous le nom de *Myrmecophaga afra* ou *Capensis* (Pall., Bodd., Gmel., etc.), et de *Mangeur de Fourmis* (Allamand); son existence était même, suivant quelques auteurs, un fait qui déposait contre la grande loi de géographie physique établie par Buffon (*V.* MAMMIFÈRES), tandis que d'autres naturalistes, pleins de confiance dans les principes posés par l'illustre auteur de l'Histoire Naturelle, se refusaient, par une erreur non moins grave, à croire qu'il y eût en Afrique des Mangeurs de Fourmis. Il semblait alors qu'on dût, ou rejeter comme fausses les idées de Buffon, ou révoquer en doute les récits de Kolbe, de Desmarchais, de Pallas et de tous les naturalistes qui avaient décrit le Myrmécophage du Cap; et cependant l'existence de cet Édenté, mise tout-à-fait hors de doute par la figure très-exacte et par la description détaillée qu'Allamand en publia en 1781, bien loin de donner gain de cause aux détracteurs de l'immortel naturaliste français, a fini par fournir une nouvelle et puissante preuve à l'appui de la loi posée par ce grand homme, lorsque Geoffroy a démontré que les rapports naturels du *Myrmecophaga Capensis* le plaçaient dans la même famille, il est vrai, mais non pas dans le même genre que les Fourmiliers américains.

(IS. G. ST.-H.)

ORYCTÈS. *Oryctes.* INS. Genre de l'ordre des Coléoptères, section des Pentamères, famille des Lamellicornes, tribu des Scarabéïdes, division des Xylophiles, établi par Latreille aux dépens du grand genre *Scarabæus* de Linné, et ayant pour caractères : labre entièrement caché sous le chaperon ; mâchoires coriaces, à un seul lobe ; côté extérieur des mandibules sans crénelures ni dents ; massue des antennes plicatile, composée de feuillets allongés ; corps ovoïde, convexe ; côtés du corselet dilatés et peu arrondis. Ce genre se distingue des Scarabées avec lesquels il a de grands rapports, par les mâchoires qui, dans ces derniers, sont entièrement cornées ou écailleuses, et plus ou moins dentées ; les mandibules des Scarabées sont dentées au côté extérieur, ce qui n'a pas lieu chez les Oryctès. Les Phileures en diffèrent parce que leurs mâchoires sont cornées et dentées ; ils ont les mandibules conformées comme celles des Oryctès ; mais leur corps est déprimé. Enfin les genres Hexodon, Rutèle, Chasmadie, Macraspis, Pelidnote, Crysophore et Oplognate sont bien séparés des Oryctès et des Scarabées par leur labre qui est saillant et très-apparent, et par d'autres caractères tirés des mâchoires et des antennes. Le corps des Oryctès est en général deux fois plus long que large, cylindrique, velu en dessous et de couleur rougeâtre ; la tête est de forme triangulaire, insérée dans une échancrure sinueuse du corselet et beaucoup plus petite que lui ; les antennes sont de la longueur de la tête, coudées, à la massue, insérées en avant des yeux, et séparées d'eux par un prolongement corné ; ceux-ci sont placés tout-à-fait à la base de la tête, touchent au corselet et sont divisés en deux parties par cette lame ou prolongement corné de la tête dont nous avons parlé. Les mâles ont toujours une corne recourbée vers le dos et placée sur le milieu de la tête ; les femelles n'ont qu'un tubercule pour remplacer cette corne ; le corselet est aussi large à sa base que les élytres, arrondi sur les côtés, diminuant de largeur vers la tête, et sinué à son insertion avec le tronc ; il est tronqué et creusé en devant et

présente, dans les mâles surtout, deux élévations ou tubercules dirigés en avant, qui sont quelquefois assez longs et en forme de cornes. L'écusson est assez grand, triangulaire, mais à angles arrondis ; les élytres sont longues, plus ou moins lisses, arrondies postérieurement et laissant l'anus à découvert ; les pates sont fortes, de grandeur moyenne ; les antérieures ont le plus souvent trois dents au côté externe des jambes ; les tarses ont leur dernier article le plus long de tous ; ces tarses sont terminés par deux crochets recourbés entre lesquels on voit une pièce en forme de poil roide et divisé en deux à son extrémité. Les larves de ces Insectes vivent, comme celles des Scarabées, auxquelles elles ressemblent entièrement, dans les matières végétales en décomposition ; celle de l'espèce commune à Paris (*O. nasicornis*), vit dans le tan à demi pourri du Chêne, et dans les couches des jardins où ce tan est employé. Cette larve est d'un jaune sale, mêlé de gris, avec la tête d'un rouge vif parsemé de petits points. On croit que ce n'est qu'après quatre ou cinq ans qu'elle parvient à prendre tout son accroissement et qu'elle passe à l'état de nymphe ; avant de se changer, elle se construit une coque ovale, allongée et très-lisse intérieurement ; cette nymphe est de la même couleur que la larve ; elle présente toutes les parties de l'Insecte parfait et demeure couchée sur le dos, quand elle s'est métamorphosée. L'Oryctès, devenu Insecte parfait, reste environ un mois dans sa coque pour laisser le temps à son corps de se raffermir. Ces Insectes s'accouplent en juin et juillet ; aussitôt après, la femelle cherche les lieux où il y a du tan, elle s'y enfonce et y dépose ses œufs qui sont oblongs, d'un jaune clair et de la grosseur d'un grain de Chenevis. Ce genre renferme une dizaine d'espèces propres à tous les climats de la terre ; celle qui se trouve aux environs de Paris et dans toute l'Europe, est :

L'ORYCTÈS NASICORNE, *Oryctes nasicornis*; Latr.; *Scarabæus nasicornis*, L., Rœs., *Ins.*, II, VI, VII; long de quinze lignes; d'un brun marron luisant avec la pointe du chaperon tronquée; une corne conique, arquée en arrière, plus ou moins longue suivant le sexe, sur la tête; devant du corselet coupé, avec trois dents ou tubercules à la partie élevée ou postérieure; élytres lisses avec une strie près de la suture et des lignes de très-petits points enfoncés.   (G.)

ORYCTOGNOSIE. MIN. La partie de la science qui traite de la description des espèces minéralogiques. *V.* MINÉRALOGIE.   (B.)

ORYCTOGRAPHIE. GÉOL. On donna ce nom à l'étude des Fossiles lorsque la connaissance des Fossiles, sur lesquels on écrivait peu philosophiquement, ne méritait pas le nom de science.   (B.)

ORYCTOLOGIE. GÉOL. On donnait ce nom à la science qui traitait de tous les Minéraux et des Fossiles. Ce mot est tombé en désuétude ainsi qu'Oryctographie.   (B.)

ORYGIA. BOT. PHAN. Ce genre de Forskahl a été rapporté au genre *Talinum*, et les deux espèces qu'il a décrites sous les noms d'*Orygia decumbens* et *portulacæfolia*, sont les *Talinum decumbens* et *crucifolium*.
                      (G..N.)

* ORYGOMA. BOT. CRYPT. Necker (*Corollar. ad Phil. Bot.*, p. 14, tab. 54, f. 4) donne ce nom à la cavité ou fossette qui se produit à la superficie des feuilles de certaines *Marchantia* par la rupture de l'épiderme, et qui renferme les corps reproducteurs. Mirbel, dans ses Elémens de botanique et de physiologie, est le seul auteur qui ait adopté ce mot.   (G..N.)

ORYSSE. *Oryssus.* INS. Genre de l'ordre des Hyménoptères, section des Térébrans, famille des Porte-Scies, tribu des Urocérates; établi par Latreille, sous le nom d'*Orussus* (je creuse), dans un Mémoire lu à l'Institut, en l'an IV, et auquel Fabricius a donné le nom d'*Oryssus* (Suppl., Ent. Syst., p. 209 et 210). Ce genre a pour caractères : antennes insérées près de la bouche, de dix à onze articles; mandibules sans dents; palpes maxillaires longs et de cinq articles; extrémité postérieure de l'abdomen presque arrondie, et faiblement prolongée, et dont la tarière est capillaire et roulée en spirale dans l'intérieur de l'abdomen. Quoique ce genre ait la plus grande ressemblance avec les Sirex de Fabricius, ou les Urocères de Geoffroy, il s'en distingue cependant au premier coup-d'œil par sa tarière qui est cachée, tandis qu'elle est saillante chez ces derniers. Scopoli est le premier qui fit mention de l'espèce qui a servi de type à ce genre et qu'il place parmi les Sphex. Fabricius en plaçait une espèce (*O. coronatus*) dans son genre Sirex. Christ décrivit et figura sous le nom de *Tenthredo degener*, une espèce qui paraît avoir beaucoup de rapports avec l'Orysse couronné ou du moins avec des Xyphidries; il appliqua la synonymie de Scopoli à un Pompile que Latreille croit être le *coccineus*. Le corps des Orysses est cylindrique; la tête est verticale, un peu plus large que le corselet, comprimée en devant; les yeux sont latéraux, assez grands, ovales et entiers; les trois petits yeux lisses sont égaux, écartés, et forment un triangle équilatéral sur le sommet de la tête; les antennes sont filiformes, un peu courbées, vibratiles, un peu plus courtes que le corselet et composées de onze articles dans les mâles et de dix dans les femelles; la lèvre supérieure est apparente, coriace, petite, plane, arrondie, et ciliée en devant; les mandibules sont cornées, saillantes, courtes, épaisses et terminées par une pointe sans dentelures; les mâchoires sont coriaces, en demi-tuyau comprimé, un peu bombé au milieu du côté extérieur et se terminant par une pièce membraneuse, large, arrondie, un peu velue, et qui recouvre, dans le repos, l'extrémité de la lèvre inférieure ; le palpe est large, inséré sur le dos de la mâchoire, presque sétacé, pendant et composé de cinq articles ; la lèvre inférieure est petite, membraneuse, recouverte, près de sa naissance, d'une pièce coriace, transverse, en forme d'anneau ; et se termine en un demi-cercle n'ayant point d'échancrure apparente ; les palpes sont insérés immédiatement au-dessus de la petite pièce coriace où de la petite gaîne qui enveloppe inférieurement cette lèvre ; ils sont trois fois plus courts que les maxillaires et composés de trois articles ; le corselet a la figure d'un ovoïde tronqué ; les ailes sont couchées horizontalement, et s'étendent jusqu'à l'extrémité postérieure du corps ; les supérieures ont cette portion marginale et calleuse nommée point par Jurine et stigmate par d'autres, trèsgrande, ovale. Elles n'ont qu'une cellule radiale ou marginale, qui est grande et incomplète. Les cellules cubitales sont au nombre de deux ; la première reçoit seule une nervure récurrente. L'abdomen est une fois plus long que le corselet, cylindrique, un peu rétréci, arrondi postérieurement, et composé de huit à neuf anneaux plus larges que longs ; les pates sont de grandeur moyenne ; les tarses sont longs, minces et cylindriques, tous ceux des mâles ont cinq articles ; mais dans les femelles les deux antérieurs n'en ont que trois et celui de la base se prolonge en pointe au-dessus du second. On trouve les Orysses au printemps et dans les bois, ils courent avec rapidité sur le tronc des vieux Arbres exposés au soleil, et s'arrêtent un peu lorsqu'ils sont menacés. Le Sapin, le Hêtre et le Chêne, sont les Arbres qu'ils semblent préférer. On ne connaît pas leurs métamorphoses, mais il est probable que leurs larves vivent dans le bois. Ce genre ne se compose jusqu'à présent que de deux espèces ; la première est :

L'Orysse couronné, *O. coronatus*, Latr., Fabr., Jurine, Coqueb.,

Illust. Icon. Ins., déc. 1, tab. 5, f. 7, A, B, le mâle ; *ibid.*, f. 7, c, la femelle ; *Oryssus Vespertilio*, Klug ; *Sphex abietina*, Scop. ; *Sirex Vespertilio*, Panz. Noir ; deux lignes blanches sur le devant de la tête ; abdomen fauve avec la base et l'extrémité inférieure noires. Latreille a trouvé cette espèce à Brives (Corrèze), sur de vieux Charmes ; elle se trouve aussi en Autriche, et Olivier l'a rapportée des îles de l'archipel grec.

Orysse unicolore, *Oryssus unicolor*, Latr., Encycl. Noir ; tête, corselet et abdomen sans taches. Latreille a pris plusieurs individus de cette espèce au bois de Boulogne, près Paris.   (G.)

ORYTHYE. CRUST. *V.* Orithie.

ORYTHIE. *Orythia.* ACAL. Genre de Médusaires ayant pour caractères : corps orbiculaire, transparent, ayant un pédoncule avec ou sans bras sous l'ombrelle ; point de tentacules ; bouche unique, inférieure et centrale. Le genre Orythie, tel que l'entend Lamarck, n'est point tout-à-fait le même que celui qu'avaient établi Péron et Lesueur (Ann. du Mus.), qui ne comprenait que les Méduses agastriques, pédonculées, non tentaculées, sans bras, sans suçoirs, munies seulement d'un pédoncule simple, comme suspendu par plusieurs bandelettes. En réunissant aux Orythies de Péron et Lesueur quelques-unes des Favonies, les Evagores et les Mélitées (*V.* ces mots) de ces auteurs, Lamarck a dû établir d'autres caractères génériques que ceux énoncés en tête de cet article. Ainsi les Orythies dont il est ici question, ont toujours sous leur ombrelle un pédoncule avec ou sans bras ; il n'y a point de tentacules autour de l'ombrelle, ce qui les distingue des Dianées ; enfin, comme elles n'ont qu'une seule bouche, on ne les confondra point avec les Céphées.

Ce genre ne renferme qu'un petit nombre d'espèces qui se trouvent dans différentes mers ; ce sont les *Orythia viridis*, *minima*, *octonema*, *hexanema, tetrachira, purpurea* et *capellata.*   (E. D..L.)

ORYX. zool. Une Antilope parmi les Mammifères (*V.* Antilope et Licorne), et un Gros-Bec parmi les Oiseaux, ont reçu ce nom spécifique. (B.)

ORYZA. bot. phan. *V.* Riz.

ORYZAIRE. moll. *V.* Mélanie.

*** ORYZÉES.** *Oryzeæ.* bot. phan. Kunth a donné ce nom à la huitième section qu'il a établie dans la famille des Graminées, section qui a pour type le genre *Oryza. V.* Graminées et Riz.   (G..N.)

ORYZOPSIS. bot. phan. Genre de la famille des Graminées, tribu des Stipacées, établi par le professeur Richard (*in Michx. Fl. Bor. Am.,* 1, p. 51), et qui peut être caractérisé de la manière suivante : fleurs disposées en panicule; épillets uniflores; lépicène à deux valves membraneuses, acuminées et terminées en pointe à leur sommet; glume à deux valves, l'extérieure carenée et terminée par une longue arête, qui part d'une légère échancrure; l'interne plus petite et simplement aiguë; la glumelle se compose de deux petites squammules minces et lancéolées. Les étamines sont au nombre de trois. Le style est simple, assez long, plane, cilié sur les bords, terminé par deux stigmates assez courts, glanduleux et poilus.

Ce genre ne se composait que d'une seule espèce, *Oryzopsis asperifolia,* Michx., *loc. cit.,* tab. 9. C'est une Plante vivace, dont le chaume est dressé, nu dans sa partie inférieure; les feuilles sont roides, dressées, rudes et un peu piquantes; la panicule est composée d'un petit nombre de fleurs. Cette espèce croît dans les montagnes de l'Amérique septentrionale, depuis la baie d'Hudson jusqu'au Canada.

Nous en possédons une seconde espèce entièrement nouvelle, à laquelle nous donnons le nom de *Oryzopsis setacea,* et dont on trouvera la figure dans l'Atlas de ce Dictionnaire. C'est une petite Graminée vivace, ayant assez le port d'une *Aira.* Ses feuilles sont étroites, dressées, sétacées, roides et réunies en touffe à la base des chaumes. Ceux-ci sont un peu plus longs que les feuilles, également dressés, portant deux ou trois feuilles sétacées. La dernière de ces feuilles est plus large et en forme de spathe, qui enveloppe les fleurs avant leur développement. Les fleurs forment une petite panicule resserrée. Les épillets, presque globuleux et uniflores, se composent d'une lépicène à deux valves, membraneuses, dont l'extérieure est plus grande; l'une et l'autre sont terminées en pointe à leur sommet. La glume se compose de deux valves; l'extérieure, coriace, très-convexe et fortement carenée, portant une longue arête un peu flexueuse et velue, qui naît d'une légère échancrure à son sommet; l'externe est beaucoup plus petite et acuminée; la glumelle est formée de deux paléoles unilatérales, ovales-lancéolées, un peu obtuses, plus longues que l'ovaire; les trois étamines sont dressées. L'ovaire est légèrement stipité, terminé par un style plane, cilié sur ses bords et surmonté de deux stigmates très-courts. Cette petite Plante a été trouvée à Montevidéo, par Commerson. (A. R.)

OS. zool. *V.* Squelette.

OS DE SÈCHE. moll. On a donné ce nom à la coquille poreuse et légère que les Sèches portent dans les tégumens du dos. Nous parlerons de cette partie à l'article Sèche auquel nous renvoyons.   (D..H.)

OSANE. mam. (Geoffroy Saint-Hilaire.) Syn. d'*Antilope equina.* (B.)

OSBECKIE. *Osbeckia.* bot. phan. Genre de la famille des Mélastomacées, offrant pour caractères : un calice dont le limbe est à quatre, rarement à cinq divisions peu profondes, persistantes ou caduques, et souvent accompagnées entre chacune d'elles d'une petite dent. Les pétales sont au nombre de quatre à cinq; les étamines, qui sont égales entre elles, varient de huit à dix; les anthères, toutes de même grandeur, sont biauriculées à leur base, terminées à leur sommet par un petit appendice grêle; l'ovaire semi-infère; le stigmate extrêmement petit et ponctiforme. Le fruit est une capsule sèche, à quatre ou cinq loges. Ce genre est fort voisin du *Rhexia*. Il se compose d'un petit nombre d'espèces qui toutes croissent dans l'ancien continent, tandis qu'en général les véritables espèces de *Rhexia* sont américaines. Parmi ces espèces du genre *Osbeckia*, nous citerons les *Osbeckia chinensis* et *Osbeckia zeylanica*, déjà décrites par Linné. Le professeur Hooker (*Exotic. Flor.*, 31) a figuré et décrit une espèce nouvelle, à laquelle il a donné le nom d'*Osbeckia Nepalensis*. Ses feuilles sont lancéolées, à cinq nervures; le tube de son calice est cilié et muni d'écailles; son limbe est à cinq divisions qui sont caduques. Cette espèce est originaire du Napaul. On doit encore réunir au genre *Osbeckia*, le *Rhexia glomerata* de Rottboel et Willdenow.

(A. R.)

OSCABRELLE. *Chitonellus*. MOLL. Genre fait par Lamarck pour des espèces d'Oscabrions des mers Australes, qui ont les pièces testacées rudimentaires et fort petites, relativement au rebord du manteau. Elles sont larviformes, c'est-à-dire beaucoup plus étroites que la plupart des autres Oscabrions. Ce genre ne saurait être admis, les caractères sur lesquels il repose étant de trop peu de valeur. *V.* OSCABRION. (D..H.)

OSCABRION. *Chiton*. MOLL. Le genre Oscabrion n'a point été connu des anciens, à ce qu'il paraît, car on ne le trouve mentionné nulle part d'une manière claire et précise avant le renouvellement des lettres. La première figure que l'on en voit est dans Rondelet, mais on n'en trouve pas de description dans le texte quoique la même figure soit reproduite à trois reprises différentes dans le cours de l'ouvrage. Aldrovande, dans sa compilation, a copié deux fois la figure de Rondelet, et il n'a rien dit non plus sur les Oscabrions, de sorte que Valisniéri est le premier qui en ait fait mention sous le nom de *Cimex marinus*. Dans le même temps Frankeneau publiait, dans les Actes de la Nature, 1727, p. 63, une observation dans laquelle il présentait un Oscabrion comme la couronne d'un Serpent. Ce fut quelque temps après que l'on donna à ces Animaux le nom d'Oscabrion, emprunté à la langue islandaise, ce qui pourrait faire supposer que les auteurs de ce pays ont parlé d'une manière particulière de ce genre; il n'en est rien cependant, car la citation de Wormius faite par Jacobœus a rapport, selon l'opinion de Blainville lui-même, à quelques espèces de Cymothoés, et non à des Oscabrions. Ce nom d'Oscabrion se trouvant consacré, Petiver l'employa pour une grande espèce de la Caroline. Rumphius, dans son *Thesaurus* d'Amboine, en figura une espèce, pl. 10, fig. 4, et lui donna le nom de *Limaxellarina*; il avait sans doute l'opinion que cet Animal était de la classe des Crustacés; car c'est au milieu d'eux qu'il est représenté. Quelque temps après, Adanson fit connaître une petite espèce du Sénégal; mais cet auteur, doué à un haut degré de l'esprit de classification, rapprocha les Oscabrions des Patelles: c'est la première opinion raisonnable qui ait été émise jusqu'alors. Linné ne rassembla ces matériaux épars que dans la deuxième édition du *Systema Naturœ*; il en fit le genre *Chiton* qu'il plaça dans la classe des Multivalves. Ainsi s'établirent deux opinions, celle d'Adanson qui les rapprochait des Patelles, et celle de Linné qui les mettait en rapport avec les Balanes et les autres genres de cette classe peu naturelle. L'opinion Linnéenne fut d'abord adoptée par Bruguière et abandonnée presque entièrement par les auteurs jusque dans ces derniers temps. Ce qui fit prévaloir les rapports indiqués par Adanson, c'est que Cuvier les reproduisit, en 1798, dans son premier ouvrage, Tableau élémentaire d'histoire naturelle, pag. 391. Quelques années après, Lamarck, tout en adoptant la manière de voir de Cuvier, lui fit subir quelques modifications ; il plaça en effet les Oscabrions à la fin des Céphalés mis dans la section de ceux qui rampent sur le ventre après les Doris et les Phyllidies, et il commença la section suivante par les Patelles. Le genre Oscabrion est donc considéré comme un intermédiaire entre les Céphalés nus et les Céphalés conchifères. On pouvait considérer comme bien établie une opinion émise par Adanson et sanctionnée par Cuvier et Lamarck, et l'on ne devait pas s'attendre à lui voir éprouver de fortes modifications. De Roissy, dans le Buffon de Sonnini, termine les Gastéropodes nus par les genres Bulle et Bullée, et commence les Gastéropodes testacés par les Oscabrions, ce qui change très-peu les rapports de Lamarck, si ce n'est que les caractères des deux genres Bulle et Bullée sont mieux appréciés. Quelques années après, lorsque Lamarck publia la Philosophie Zoologique, on trouva les Oscabrions dans la famille des Phyllidiens qui fut composée des six genres, Pleurobranche, Phyllidie, Oscabrion, Patelle, Fissurelle, Emarginule. Voilà donc les Oscabrions plus intimement encore en rapport avec les autres Mollusques ; ces rapports sont établis sur les organes de la respiration, ce qui aurait dû en éloigner les genres Fissurelle et Emarginule. Cette erreur fut bientôt rectifiée par Lamarck lui-même dans l'Extrait du Cours ; il conserva les Oscabrions dans la famille des Phyllidiens, mais elle ne contient plus les deux genres que nous avons mentionnés ; ils forment avec quelques autres nouveaux la famille des Calyptraciens. La famille des Phyllidiens est partagée en deux sections, la première pour les Pleurobranches et les Phyllidies ; et la seconde pour les Oscabrions, les Ombrelles, les Patelles, et avec un

point de doute les Haliotides. Ces rapports, plus naturels que ceux établis précédemment, sont le résultat des connaissances acquises entre les deux publications de Lamarck ; mais on doit remarquer que ces changemens sont des perfectionnemens à l'opinion fondamentale dont la certitude semble s'accroître naturellement. Cette opinion que nous avons vu prendre sa source dans l'ouvrage d'Adanson, reçut un nouveau degré de probabilité par les travaux de Cuvier. Mais avant de donner une idée des travaux de ce célèbre zoologiste, nous devons dire que Poli, dans son magnifique ouvrage des Testacés des Deux-Siciles, présenta le premier des détails anatomiques sur les Oscabrions dont il disséqua plusieurs petites espèces, ce qui fut cause qu'il offrit quelques lacunes que le Mémoire de Cuvier ne laissa pas subsister. Poli avait adopté les trois classes de Linné ; les Multivalves durent comprendre les Oscabrions. Le premier travail de Cuvier, sur les Oscabrious, fut publié d'abord dans les Annales du Muséum, et reproduit dans les Mémoires pour servir à l'histoire naturelle des Mollusques. Cuvier prouve que ces Animaux n'ont que des rapports assez éloignés avec les Phyllidies, que celles-ci ont les deux sexes, tandis que les Oscabrions, aussi bien que les Patelles, sont complétement hermaphrodites, ce qui a porté Cuvier (Règne Animal) à former sa famille des Cyclobranches, des Patelles et des Oscabrions, et à la mettre la dernière des Mollusques céphalés. Malgré ces justes observations de Cuvier, Lamarck, dans son dernier ouvrage, persiste toujours dans son premier arrangement modifié, comme nous l'avons vu. Les Oscabrions se trouvent donc dans la famille des Phyllidiens, qui est réduite aux quatre genres, Phyllidie, Oscabrelle, Oscabrion et Patelle. Le genre Oscabrelle est nouveau, il a été démembré des Oscabrions pour les espèces larviformes dont les plaques osseuses sont rudimentaires. Férussac, dans ses Tableaux des Animaux Mollusques, a suivi l'opinion de Cuvier; seulement il a élevé au degré d'ordre la famille des Cyclobranches, et il la divise en deux familles, les Patelles et les Oscabrions; il admet, dans la famille des Oscabrions, les Oscabrelles de Lamarck.

Gray (Classification naturelle des Mollusques) a conservé à peu près les mêmes rapports que Lamarck, mais dans un ordre inverse. Il a établi une famille sous le nom de *Polyplacophora* pour les deux genres Oscabrion et Oscabrelle de Lamarck; cette famille se trouve entre les *Cyclobranchia* (les Patelles) et les *Dipleurobranchia* (les Phyllidies), ce qui au fond change peu la question.

Nous avons vu jusqu'à présent qu'entre les deux opinions établies, celle d'Adanson avait constamment prévalu sur celle de Linné; il semblait, d'après les travaux des meilleurs zoologistes, que cette question était résolue puisqu'ils ne différaient que par quelques rapports peu importans. Un savant des plus recommandables vient cependant de revenir sur ce sujet, et loin d'admettre l'opinion la plus généralement reçue, il préfère celle de Linné en la modifiant. Nous voyons en effet Blainville (Traité de Malacol.) diviser son soustype des Mollusques, les Malentozoaires, en deux classes, les Némato-podes, qui correspondent au genre *Lepas* de Linné, et les Polyplaxiphores (genre *Chiton*); il rétablit presque par-là les Multivalves de Linné dont il retranche seulement un genre. Blainville établit son opinion sur des faits anatomiques. Cuvier l'avait également basé d'après les mêmes faits. Il nous semble bien difficile de les faire accorder toutes deux pour ce qui est relatif aux parties extérieures. Il faudrait donc, dans l'état de la question, apporter des observations nouvelles qui soient concluantes pour l'une d'elles. Nous ne pouvons, pour asseoir une opinion qui soit utile à la classification, que comparer les faits rap-

portés par les deux auteurs que nous venons de citer, et d'abord nous trouvons une coïncidence. Les Oscabrions ont tous une forme ovale plus ou moins allongée, presque autant arrondie à une extrémité qu'à l'autre; ils sont plats en dessous, convexes en dessus et formés, comme dans la plupart des Mollusques, d'une partie charnue, et d'une partie solide qu'on ne devrait pas nommer coquille, car elle n'a de rapports avec les coquilles des Patelles que par l'ensemble de la forme, étant composée de huit parties séparables que l'on désigne ordinairement par le nom de valves, qui n'est guère mieux approprié que celui de coquille; l'Animal est lié à la coquille d'une manière plus intime que la plupart des Mollusques qui n'ont qu'un seul muscle d'attache, lorsque les Oscabrions en ont plusieurs pour chaque valve. La partie solide ou la coquille est bordée d'un repli plus ou moins large du manteau fortement épaissi dans cet endroit pour donner insertion aux extrémités des valves; en dessous ce bord est lisse et couvert d'une peau mince; en dessus, il est revêtu, soit par des granulations disposées comme des écailles de Serpent, soit par des poils, quelquefois même des épines plus ou moins longues; dans certaines espèces ces poils sont réunis en fascicules dont le nombre égale de chaque côté celui des valves. En dessous, ce bord du manteau se distingue d'un large disque charnu ovalaire, coriace, le plus souvent ridé, semblable en un mot au pied des Mollusques Gastéropodes. Cette ressemblance pour cet organe locomoteur est telle qu'il est impossible de la contester. La tête est faiblement séparée du pied par un sillon peu profond; elle est en fer-à-cheval ou subtriangulaire; elle se compose d'une ouverture buccale, froncée, médiane, entourée d'une large lèvre aplatie, très-mince au bord: cette lèvre semble être un organe de toucher, et on pourrait en quelque sorte la comparer au voile tentaculaire des bulles; cependant ici on ne trouve aucun vestige de tentacules et d'organes de la vue; sous ce rapport les Oscabrions diffèrent des Patelles, des Phyllidies, etc.; mais l'absence seule de ces parties est-elle suffisante pour faire rejeter des Mollusques le genre qui nous occupe? Cuvier et Blainville diffèrent en cela, que le premier, malgré l'absence des yeux, admet les Oscabrions au nombre des Mollusques, parce qu'il y a un bon nombre de véritables Mollusques qui en sont dépourvus, et Blainville considère au contraire cette absence d'organes comme un motif de plus qui, ajouté à d'autres faits, peut servir à faire conclure en sa faveur.

L'appareil musculo-cutané a été décrit par Poli dans son bel ouvrage sur les Testacés des Deux-Siciles; Cuvier renvoie à cet ouvrage, parce qu'il n'a rien de plus à ajouter sur cette partie; Blainville entre dans des détails qui se rapportent aux descriptions de l'auteur italien. Outre le disque charnu de la locomotion, qui est formé par un entrelacement presque inextricable des fibres, on trouve, pour le mouvement des valves, trois séries de muscles, une médiane et deux latérales; on voit très-bien ces muscles aussitôt que l'on a enlevé les valves calcaires auxquelles elles adhèrent; les muscles médians sont longitudinaux, ils s'implantent directement d'une valve à l'autre dans l'endroit où viennent se fixer les muscles obliques et latéraux des deux autres séries; chaque valve est donc pourvue de trois muscles qui partent de la valve précédente pour se rendre vers le sommet de la suivante, le muscle médian dans la ligne droite, et les latéraux obliquement de la base au sommet des valves. On trouve encore des fibres musculaires dans l'endroit où s'insèrent les valves; elles s'implantent dans l'épaisseur du manteau où il est impossible de les suivre.

Entre le pied et le bord du manteau, il existe un profond sillon dans lequel on remarque d'abord à la partie moyenne et postérieure dans la ligne médiane, un petit tubercule ouvert au centre; c'est l'anus; puis autour du pied et de chaque côté, une série de petits appendices pyramidaux, striés transversalement, fort rapprochés les uns des autres : ce sont les branchies, qui ont, il faut en convenir, beaucoup de rapports avec celles des Patelles qui ne diffèrent que par leur forme plus lamelleuse. Cette disposition des branchies, et leur nature si semblable à celle d'une famille entière de Mollusques, est un fait bien concluant pour leur réunion aux Mollusques, et dans le cas où cette opinion serait erronée, du moins aurait-elle des analogies bien fortes en sa faveur.

Les valves des Oscabrions sont au nombre de huit, et ce nombre est invariable dans toutes les espèces quoique quelques auteurs en aient cité à six ou sept valves; il est bien à présumer qu'ils étaient mutilés et incomplets; nous n'en avons jamais vu dans aucune collection qui aient plus ou moins de huit valves. Blainville, qui a donné beaucoup de développement à son article *Oscabrion* du Dictionnaire des Sciences Naturelles, dit également n'en avoir jamais vu, et il ajoute en parlant d'un principe certain : C'est que les espèces qui ont la coquille la plus rudimentaire ont aussi les huit valves. Les valves n'ont point d'autres dénominations que celle du nombre; la première est celle qui est au-dessus de la tête, la huitième ou dernière celle qui est au-dessus de l'anus. Ces deux valves ont une forme qui n'a point de ressemblance avec celle des valves intermédiaires; elles sont toutes deux demi-circulaires. La première est demi-circulaire antérieurement, et c'est par ce bord antérieur qu'elle s'implante dans l'épaisseur du rebord du manteau; postérieurement elle a un bord droit et tranchant, taillé en biseau aux dépens de la face interne. Ce bord en biseau est destiné à recouvrir le bord antérieur de la seconde valve. La face inférieure est concave, lisse, présentant deux impressions musculaires, latérales; à l'extérieur elle est convexe, le plus souvent rayonnée et en général ornée des divers accidens qui se remarquent dans chaque espèce. Les six valves intermédiaires ayant une ressemblance presque parfaite, il nous suffira d'en décrire une pour donner des autres une idée suffisante; elles ont la forme d'un carré allongé, étroit, ployé dans son milieu en forme de toit ou simplement courbé en demi-arche; sa face inférieure offre trois surfaces distinctes, triangulaires, une médiane très-grande, et deux latérales parfaitement symétriques; la médiane occupe toute sa partie antérieure; elle est séparée des latérales par une ligne rugueuse oblique qui aboutit latéralement à une échancrure sur les bords en partant du sommet. C'est dans cette grande surface et de chaque côté que l'on aperçoit deux impressions musculaires; les deux surfaces latérales sont beaucoup plus petites; elles occupent la longueur du bord postérieur; elles partent du sommet, s'élargissent ou descendent vers les bords latéraux; ces deux surfaces latérales correspondent aux lames antérieures d'insertions qui font saillie en dessous du bord antérieur; la face externe présente les trois surfaces dont nous venons de parler; elles ont à peu près les mêmes dimensions; dans la plupart des espèces, elles se distinguent non-seulement par une légère saillie, mais encore par la direction différente qu'affectent les stries. Le bord antérieur peut se diviser en deux parties dans son épaisseur, l'une externe, corticale, presque toujours en ligne droite ou presque droite, et l'autre formant deux saillies latérales, minces, tranchantes, qui s'appuient sur les surfaces latérales, internes dont nous avons parlé. Le bord postérieur est mince, tranchant, droit ou presque droit, parallèle au bord antérieur; c'est ce bord qui recouvre les lames du bord antérieur de la valve suivante; les bords latéraux sont aussi

étroits que les valves elles-mêmes; ils sont partagés dans leur épaisseur en deux parties bien distinctes, l'une plus mince, extérieure, l'autre interne, plus épaisse, destinée à l'insertion des valves dans l'épaisseur du bord du manteau. La valve postérieure se distingue facilement de la première en ce que son sommet est antérieur au lieu d'être postérieur, et qu'elle est pourvue à son bord antérieur des lames d'insertion des autres valves lorsque la première en manque toujours.

Telles sont les diverses parties que l'on peut observer sur le plus grand nombre des espèces d'Oscabrions; un certain nombre d'autres sont toujours lisses et ne présentent aucune surface extérieure; la face interne aussi ne se partage qu'en deux parties parallèles; l'une antérieure où se trouvent les impressions musculaires, l'autre postérieure qui correspond à la face externe des lames d'insertion de la valve précédente. Nous avons vu que sur quelques points Cuvier et Blainville n'étaient point d'accord; en continuant l'exposé des faits anatomiques, nous ferons apercevoir ceux sur lesquels ils sont encore dissidens.

Les organes de la digestion sont composés comme dans tous les Mollusques; la bouche dont nous avons indiqué la position est le seul organe spécial des sens qui soit à la tête; elle est percée à peu près au milieu de la lèvre plissée qui remplace probablement les tentacules; elle communique avec une cavité assez grande qui est partagée en deux parties, l'une supérieure plus grande, l'autre inférieure plus petite; dans la supérieure, on voit deux petits organes dentelés que Blainville considère comme des glandes salivaires. Dans la partie inférieure de la bouche, on voit un petit mamelon antérieur dans lequel on trouve la langue qui est un cordon assez long composé de dents cornées, noires ou brunes, comme articulées et reçues dans un sac particulier; c'est de cette cavité que part un œsophage court, qui aboutit à l'estomac ; celui-ci est membraneux, subglobuleux, collé à l'œsophage dont il est séparé par un étranglement ; cet organe est très-antérieur dans la cavité viscérale ; il est enveloppé par un lobe du foie qui est l'antérieur. L'intestin qui naît de cet estomac commence d'abord par rester dans sa direction, mais étant très-long, il fait un grand nombre de circonvolutions dans lesquelles il est suivi par le foie qui est divisé, dit Blainville, en un grand nombre de petites lanières semblables à des cœcums jaunes, à peu près de la même longueur, qui s'ouvrent successivement dans un grand canal biliaire, lequel s'augmente à mesure qu'il s'avance vers l'estomac où il s'ouvre largement après avoir reçu le vaisseau du lobe antérieur. L'intestin se termine, comme nous l'avons dit, à un anus médian et postérieur, placé entre le pied et le bord du manteau. Il existe beaucoup d'analogie entre les organes respiratoires des Oscabrions, des Patelles et des Phyllidies ; ils se composent, comme nous l'avons dit, d'une série de petits appendices pyramidaux, striés transversalement, placés entre le pied et le bord du manteau : dans les Patelles, ces appendices sont lamellaires, et on peut douter que ce ne soit bien des organes de respiration, malgré l'opinion contraire émise par Blainville. Nous disons qu'il est indubitable pour les Oscabrions que ces appendices ne soient les organes de la respiration, puisqu'on voit les veines branchiales en sortir pour donner naissance à un assez gros trouc placé dans le bord du manteau se dirigeant de chaque côté symétriquement vers l'extrémité postérieure de l'Animal où elle aboutit à l'oreillette.

Le cœur est composé, comme dans tous les Mollusques, de deux parties bien distinctes, le ventricule et les oreillettes ; mais ici il est parfaitement symétrique, ce qui ne se voit que bien rarement dans ces Animaux ; il est fusiforme ou subglobuleux, placé dans la ligne médiane postérieurement au-dessous des dernières valves ; de son extrémité antérieure naît une artère dorsale qui se distribue aux viscères ; son extrémité postérieure fournit un autre tronc qui se bifurque, s'enfonce près de la veine branchiale et se distribue d'une manière fort régulière aux branchies. Les oreillettes sont symétriques, placées à la partie postérieure du cœur ; elles sont minces, membraneuses, transparentes ; leur forme est triangulaire, la base est vers le cœur, et le sommet est antérieur et interne, placé à l'endroit de la jonction des veines caves. L'entrée des veines dans l'oreillette est simple, mais il paraît que dans plusieurs espèces au moins, l'oreillette communique au cœur par deux petites ouvertures ovales, chacune munie d'un petit bourrelet qui sert de valvule, tandis que dans d'autres, et Blainville en cite un exemple, l'ouverture de communication est simple. Il n'y a point de faits importans relativement aux organes de la circulation qui ne soient en accord dans les travaux de Cuvier et de Blainville ; il n'en est pas de même pour ce qui a rapport aux organes de la génération ; ni Poli, ni Cuvier lui-même n'avaient point aperçu la double terminaison de ces organes, terminaison dont on ne trouve pas d'exemples dans les Mollusques, et qui est bien dans le cas de modifier l'opinion que l'on a eue jusqu'à ce jour sur les Oscabrions. Nous allons rapporter textuellement cette partie très-importante des observations de Blainville. « L'appareil générateur se compose d'un ovaire considérable un peu flexueux, qui occupe toute la ligne dorsale, depuis l'extrémité antérieure du corps jusqu'à la postérieure. Il est formé d'une partie longitudinale ou centrale beaucoup plus épaisse au milieu, et amincie aux deux extrémités, de chaque côté de laquelle sont une foule de petits cœcums, ou mieux d'espèces de petits arbuscules, qui vont se loger dans leur développement, dans les interstices musculaires jusqu'à la ligne de jonction du manteau avec les branchies; leur couleur est d'un blanc grisâtre; l'ovaire lui-même est évidemment divisé en lobules aplatis, palmés d'une manière fort irrégulière, et sa membrane est excessivement mince. Outre cet ovaire, on trouve à sa partie postérieure, et presque confondu avec lui, un autre organe que Poli a regardé comme appartenant au sexe mâle, mais que je serais plus volontiers porté à croire l'organe de la glu ou de la viscosité, qui doit entourer tous les œufs avant leur sortie. Cet organe est formé d'un double renflement, séparé par un étranglement dont le postérieur est pyriforme, le renflement en avant, la pointe en arrière, et le tout enveloppé en très-grande partie dans la membrane ovifère qui lui adhère. Les parois sont extrêmement minces et présentent à l'intérieur un corps ovalaire, roulé comme une coquille de Bullée dont la partie renflée est creuse. Toutes les parties de cet organe étaient remplies, dans l'individu que j'ai disséqué, par une très-grande quantité d'une matière coagulable, comme muqueuse. La terminaison de l'appareil générateur est réellement fort singulière, en ce qu'elle a lieu à droite et à gauche. L'extrémité postérieure de l'ovaire, ou mieux de la partie terminale, arrivée à la pointe antérieure du cœur, se bifurque ou donne naissance à un canal plus étroit que lui, qui se dirige vers le bord du manteau, où il passe dans la même échancrure que l'artère pulmonaire, pour se terminer à l'un des tubercules et peut-être aux deux tubercules que nous avons dit exister sous le rebord du manteau. » Ces tubercules sont situés, d'après Blainville, « de chaque côté à la partie postérieure du sillon du manteau, l'un entre la racine des deux dernières branchies, et l'autre à deux ou trois branchies en avant. Ces orifices tuberculeux sont bordés de petites lèvres squammeuses. »

Nous citons encore ici Blainville, parce qu'après des recherches minutieuses sur plusieurs grands individus d'Oscabrions conservés dans la liqueur, nous n'avons pu découvrir ces ouvertures; cependant nous avons tant de confiance dans les observations du savant anatomiste, que nous admettons le fait tel qu'il l'a observé malgré son extrême anomalie. Ainsi, d'après ce que nous venons de rapporter sur les organes de la génération, il résulte à peu près ce que Cuvier avait pressenti, c'est-à-dire que les Oscabrions n'ayant point d'organe excitateur mâle sont hermaphrodites, qu'ils se suffisent à eux-mêmes, mais ces doubles ouvertures, à quel usage sont-elles destinées dans les fonctions de la génération? doivent-elles donner seulement passage aux œufs? Leur position est d'ailleurs si singulière qu'elle n'a rien de commun avec celle des autres Mollusques qui les ont toujours d'un seul côté et ordinairement vers la tête. L'existence de l'organe mâle reste toujours incertaine, et c'était là, ce nous semble, le point essentiel à éclaircir dans la question; on peut dire aussi qu'il est extrêmement probable que cet organe n'existe pas puisqu'il a constamment échappé aux savantes recherches d'aussi habiles anatomistes que les Poli, les Cuvier et les Blainville. Pour terminer ce qui a rapport à l'anatomie des Oscabrions, il nous reste à parler du système nerveux; Poli n'en a point parlé, et Cuvier l'a connu moins que Blainville; ce sera donc encore à ce savant que nous emprunterons ce que nous allons en dire. « On voit de chaque côté de la masse buccale, mais non pas appliqué contre elle, un assez fort ganglion ou un plexus nerveux, duquel part un très-gros cordon médullaire, qui fait le tour du bord antérieur du corps, logé dans une sorte de sillon; il est cependant réellement au-dessous de l'œsophage. C'est là ce qu'on doit regarder comme le cerveau lui-même. Du bord interne du ganglion latéral naît un petit cordon qui se porte en dedans, et qui va se réunir à un très-petit ganglion, placé sous la masse buccale, et du bord antérieur duquel partent les filets qui vont à la bouche. Il y a aussi un filet transversal qui sert à réunir les deux ganglions latéraux, en sorte que l'anneau œsophagien est complet. Il part aussi de cet anneau inférieur quelques filets qui vont à l'œsophage. Enfin, de l'angle postérieur de chaque ganglion latéral naissent deux gros cordons, dont un extérieur est bien plus considérable, suit tout le bord du corps, ou mieux du pied, contenu dans une sorte de gaîne comprise entre la peau proprement dite et la couche de fibres transverses, argentées. Il se continue aussi tout le long de la racine des branchies, et va probablement se terminer par anastomose à la partie postérieure et moyenne du corps. Enfin l'autre rameau postérieur est beaucoup plus grêle ; il s'enfonce dans les fibres musculaires et presque médianes du pied, auquel il se distribue. »

C'est après avoir décrit avec soin les divers organes des Oscabrions que Blainville aborde la discussion relativement à la place qu'ils doivent occuper dans la série ; comme il est dans l'opinion que les Oscabrions n'ont aucuns rapports, non-seulement avec les Phyllidies et les Patelles, et n'en ont pas davantage avec les véritables Mollusques, tous ces faits semblent concourir pour lui à la confirmation de son opinion. Il est obligé d'avouer cependant que pour la forme générale, paire et symétrique, il y a une très-grande ressemblance entre les Phyllidies et les Oscabrions ; mais on doit convenir avec lui que les Oscabrions manquent d'yeux et de tentacules, ce qui n'a pas lieu dans les Phyllidies. Quant aux organes du toucher, les Oscabrions en sont certainement pourvus ; la large lèvre plissée doit tenir lieu de la paire inférieure de tentacules des autres Mollusques, et comme un certain nombre de Mollusques sont dépourvus des points oculaires, et qu'une classe très-nombreuse, les Acéphales, en est toujours privée ; l'absence des yeux ne peut être un motif suffisant pour rejeter les Oscabrions des Mollusques. Dès que le test d'un Mollusque n'est plus d'une seule pièce, il doit en résulter des modifications très-nombreuses qui doivent se faire sentir d'abord dans le système musculaire ; ce motif à lui tout seul est insuffisant pour faire rejeter le genre qui nous occupe de l'ordre des Mollusques, car que l'on suppose que l'on trouve un jour une Phyllidie avec des pièces détachées semblables à celles des Oscabrions, on n'en sera pas moins forcé de tenir ce genre ambigu avec les véritables Mollusques, ce qui prouve que cette modification musculaire ne suffit pas ; il en est de même de la coquille, car nous pourrions citer des Mollusques acéphales qui ont des coquilles de plus de deux pièces et qui n'en sont pas moins des Mollusques. Les orifices des organes de la digestion sont terminaux et médians ; ce caractère, il faut le dire, est d'une grande importance, il suffirait à lui seul pour éloigner les Oscabrions des Patelles et des Phyllidies ; quoiqu'il soit rare de rencontrer des Mollusques qui offrent cette disposition, il en existe cependant, et nous pouvons citer les Dentales qui sont de ce nombre ; la masse buccale et la langue ont beaucoup d'analogie avec celle des Patelles ; il en est à peu près de même aussi relativement à la disposition du foie qui n'offre pas dans les deux genres de différences considérables, quant à l'appareil de la respiration ; il a beaucoup de ressemblance avec celui des Phyllidies et des Patelles ; quoique pour ce dernier genre Blainville ait une opinion absolument différente. Nous n'entrerons point ici dans cette discussion que nous nous proposons d'approfondir à l'article PATELLE auquel nous renvoyons. La circulation se fait dans les Oscabrions par les mêmes moyens que dans tous les Mollusques, seulement le cœur et les oreillettes sont rejetés bien plus en arrière que dans la plupart d'entre eux, et leur forme, comme l'observe très-judicieusement Blainville, rappelle assez bien celle des mêmes organes dans les Bivalves.

« L'appareil générateur, dit Blainville, ne permet pas de rapprocher les Oscabrions des Phyllidies ou des Patelles. En effet, ces dernières, sous ce rapport, n'offrent aucune différence avec les autres Mollusques hermaphrodites ; c'est-à-dire qu'il y a un ovaire circonscrit, un oviducte, une sorte de matrice, pour la partie femelle ; un testicule, un canal déférent, un organe excitateur pour la partie mâle ; les deux parties se terminant dans un seul et unique tubercule, situé du côté droit, et plus ou moins près du col. Or, y a-t-il rien de cela dans les Oscabrions qui nous ont, au contraire, offert un ovaire non borné, et susceptible d'une extension énorme, comme dans les Bivalves ; à peine et d'une manière douteuse une partie mâle fort incomplète ; enfin une double terminaison, l'une à droite et l'autre à gauche et dont je ne connais d'exemples que dans les Octopodes, les Décapodes, etc. » On ne peut contester la justesse des observations du savant que nous venons de citer, il est bien certain que les organes de la génération diffèrent tellement, qu'on ne peut laisser les Oscabrions à la place qui leur a été assignée par les auteurs. Le système nerveux diffère sans doute un peu de celui des Mollusques que l'on a voulu rapprocher des Oscabrions ; néanmoins l'anneau œsophagien existe ; c'est à Blainville lui-même que l'on doit la connaissance de ce fait important. Ainsi, en résumant, tout porte à ranger les Animaux qui nous occupent parmi les vrais Mollusques ; ils en ont tous les caractères principaux, et ceux qui peuvent faire exception, ou se trouvent aussi quoique rarement parmi les Mollusques, ou sont propres aux Oscabrions, et parmi ceux-ci il n'y en a véritablement qu'un qui soit

d'une grande importance, c'est la terminaison des organes de la génération ; ainsi on peut dire que les Oscabrions sont des Mollusques, mais il faut convenir qu'ils doivent y occuper une place à part, qu'ils doivent y constituer à eux seuls une famille que l'on devra placer vers la fin des Mollusques céphalés comme un type isolé conduisant aux Cirrhipèdes.

On ne sait point encore si les Oscabrions ont un accouplement ; il est probable cependant, et c'est l'opinion vers laquelle penche Blainville, qu'ils n'en ont point, mais alors à quoi sert donc la double issue des organes de la génération? Les mœurs de ces Animaux ne sont point connues, on sait seulement qu'ils adhèrent très-fortement aux corps sousmarins sur lesquels ils vivent ; on présume qu'ils se nourrissent de matières végétales plutôt que d'animales. Les Oscabrions se trouvent dans toutes les mers, dans celles du pôle comme dans celles de l'équateur; mais ils paraissent moins nombreux et moins grands dans les mers du nord que partout ailleurs, et par cela ils suivent la règle commune au plus grand nombre de Mollusques.

D'après ce que nous avons vu il est facile de caractériser les Oscabrions ; voici de quelle manière Blainville le fait : corps plus ou moins allongé, déprimé ou subcylindrique, obtus également aux deux extrémités ; abdomen pourvu d'un disque musculaire ou pied propre à ramper, surtout à adhérer ; dos subarticulé ; bord du manteau dépassant plus ou moins complétement le pied dans toute sa circonférence et recouvert par une série longitudinale de huit pièces calcaires ou valves imbriquées et demi-circulaires ; bouche antérieure et inférieure au milieu d'une masse considérable ; point d'yeux ni de tentacules, ni de mâchoires ; une sorte de langue étroite, hérissée de denticules dans la cavité buccale ; anus tout-à-fait postérieur et médian ; les organes de la génération branchiaux et formés par un cordon de petites branchies situées sous le rebord du manteau, surtout en arrière ; les organes de la génération femelle seulement, et ayant une terminaison double de chaque côté entre les peignes branchiaux.

Cette caractéristique diffère peu de celle de Lamarck ; le seul caractère important qu'il n'ait pas mentionné est celui des organes de la génération dont la terminaison ne lui était pas connue.

Le genre Oscabrelle, de Lamarck, a été créé pour des espèces singulières d'Oscabrions rapportés des mers australes par Péron et Lesueur ; elles sont étroites, larviformes ; les bords du manteau sont très-larges, et les valves très-petites et rudimentaires, les branchies sont absolument comme dans les Oscabrions ; on peut conclure de la grande ressemblance des Oscabrelles avec les Oscabrions, que c'est un genre inutile que l'on ne peut admettre que comme sous-division générique, comme l'a fait Blainville. Ce savant, dans son Traité de Malacologie, a proposé six sous-divisions parmi les nombreuses espèces de ce genre, mais il en a augmenté le nombre dans son article *Oscabrion* du Dictionnaire des Sciences Naturelles ; il conserve toujours les divisions principales, mais il les sous-divise de telle sorte qu'il porte à onze les divisions du genre. Nous ne pensons pas qu'il soit nécessaire de les admettre toutes, mais nous croyons que les six principales peuvent être utiles au groupement des espèces. Nous proposons la distribution suivante :

† Espèces à aires latérales distinctes.

α. *Bord du manteau régulièrement écailleux.*

OSCABRION MAGNIFIQUE, *Chiton magnificus*, Nob. Nous ne trouvons nulle part de figure ni de description qui puissent convenir à l'espèce que nous désignons par ce nom ; elle est ovale, également obtuse aux deux extrémités, les deux valves termi-

nales sont rayonnées ; du sommet à la base, ces stries sont fines, légèrement granuleuses, souvent divisées. Les valves intermédiaires sont assez étroites, bien imbriquées les unes sur les autres, présentant bien distinctement les aires latérales séparées par une légère élévation ; elles sont striées du sommet à la base de la même manière que les valves terminales, tandis que le milieu des valves est recouvert de stries longitudinales très-fines et peu profondes ; le limbe ou bord du manteau est assez large, il est couvert d'écailles subgranuleuses, très-serrées ; cet Oscabrion est d'un noir uniforme dans toutes les parties ; ce qui le rend très-remarquable, c'est la grande taille qu'il acquiert parfois, il a quatre pouces de long sur deux de large ; il y a très-peu d'Oscabrions qui parviennent à cette taille. On le trouve dans les mers du Chili.

β. *Bord du manteau épineux.*

OSCABRION DE SOWERBY, *Chiton Sowerbyi*, Nob. Cette espèce est fort remarquable ; elle conserve les aires latérales, et néanmoins les bords du manteau sont chargés d'épines assez rares, peu longues, calcaires, non flexibles, irrégulièrement espacées sur le limbe qui est étroit surtout antérieurement et postérieurement ; la valve antérieure présente des granulations rares, assez grosses, disposées en rayons qui descendent du sommet à la base ; le bord postérieur de cette valve est granuleux aussi, mais les granulations y sont plus serrées, très-fines au sommet et bien plus larges vers la base. La valve postérieure est presque aussi grande que l'antérieure ; elle a un sommet submédian, très-prononcé, elle se divise en deux parties presque égales, une postérieure offrant des granulations rayonnantes du sommet à la base, comme dans la valve antérieure, et l'autre antérieure et striée longitudinalement. Les valves intermédiaires sont fort remarquables ; les aires latérales sont lisses, séparées par une ligne ponctuée qui descend du sommet à la base ; une autre ligne semblable, mais à points plus petits, se voit postérieurement vers le bord qui lui-même est couvert de granulations oblongues ; le reste de la surface est strié longitudinalement ; les stries sont subsquammeuses, légèrement ondulées ; elles diminuent insensiblement de profondeur et de longueur de la base au sommet qui présente une zône médiane, longitudinale, entièrement lisse. Tout cet Oscabrion est d'un brun foncé uniforme ; celui que nous possédons n'a qu'un pouce et demi de longueur, il vient de Coquimbo.

C'est dans cette section que doit se placer une espèce curieuse des mers du Pérou, qui non-seulement a des épines sur le limbe, mais encore d'autres en grand nombre qui sortent entre les valves, de sorte qu'il est tout velu ; aussi on pourrait bien lui donner le nom de *Chiton hirsutus*.

γ. *Bord du manteau nu ou à peine poileux.*

OscABRION GÉANT, *Chiton Gigas*, L., Gmel., p. 5206, n° 22 ; Chemn., Conch. T. VIII, tab. 96, fig. 819 ; Lamk., Anim. sans vert. T. VI, pag. 320, n° 1 ; Encyclopédie Méthod., pl. 161, fig. 3. Cette espèce est une des plus grandes du genre ; elle acquiert jusqu'à quatre pouces de longueur ; elle est blanche, teinte de brun dans le milieu des valves qui sont lisses, fortement courbées, ce qui donne à cet Oscabrion une carène assez forte sur le dos. Les aires latérales sont saillantes sur les valves ; elles sont entièrement lisses comme elles ; le bord du manteau sur trois individus que nous avons vus était dépourvu de poils et d'épines.

†† Espèces qui n'ont point d'aires latérales.

α. *Le bord du manteau couvert d'épines, de poils ou de tubercules.*

OscABRION ÉPINEUX, *Chiton spinosus*, Bruguière, Journ. d'Hist.

Nat. T. 1, pag. 25, pl. 2, fig. 12, Lamk., Anim. sans vert. T. VI, pag. 521, n° 4, Sowerby, *Genera of Schells*, genre Chiton, fig. 1. Cette espèce est très-remarquable par la largeur de son limbe ou bord palléal qui est tout couvert de longues épines subcornées, peu flexibles, arquées, noires ou d'un brun très-foncé comme le reste de la coquille dont les valves sont lisses ou à peine marquées par quelques stries d'accroissement. La taille ordinaire de cette espèce est de deux pouces ou un peu plus ; on la trouve à la Nouvelle-Hollande.

β. *Bord du manteau fort large, garni de neuf paires symétriques de faisceaux de soies calcaires.*

Blainville avait proposé, dans l'Encyclopédie d'Edimbourg, de faire un petit genre à part des Oscabrions qui portent sur le bord du manteau des fascicules de poils qui y sont fortement implantés ; à ce caractère, il en joignait un autre tiré des branchies moins nombreuses, et se terminant beaucoup moins antérieurement que dans les autres espèces ; nous pensons que ces caractères sont de trop peu d'importance, et Blainville paraît lui-même l'avoir senti, puisqu'il n'a pas établi ce genre ni à son article OscABRION ni dans son Traité de Malacologie.

OscABRION FASCICULAIRE, *Chiton fascicularis*, L., Gmel., pag. 3202, n° 4 ; Chemnitz, Conch. T. X, tab. 173, fig. 1688 ; L. T. VIII, pag. 21, pl. 1, fig. 1, Encyclop., pl. 163, fig. 15 ; Blainville, Dict. des Scienc. Nat. T. XXXVI, pag. 551, *ibid.*; Malac., pag. 603, pl. 87, fig. 4 ; Sow., *the Genera of Schells*, n° 12, genre Oscabrion, fig. 5. Nous pensons qu'il y a eu plusieurs erreurs de commises relativement à cette espèce ; Blainville cite une figure de l'Encyclopédie ; Lamarck en cite une autre ; Blainville dit qu'il y a de chaque côté dix faisceaux de soies ; Linné et les autres auteurs s'accordent pour n'en trouver qu'autant de valves ;

d'après quelques auteurs, il serait d'une couleur grise uniforme et tout lisse; Sowerby le représente agréablement· coloré de taches rouges, noires et blanches sur un fond verdâtre avec la carène lisse seulement; il semblerait difficile d'accorder ces diverses contradictions; cependant on peut les expliquer par les divers états dans lesquels on observe cette espèce qui tantôt est usée et sans couleurs, et tantôt bien conservée; nous croyons néanmoins qu'il y a erreur de la part du dessinateur de l'Encyclopédie, qui a représenté la fig. 11 et 12 de la pl. 163, avec dix fascicules pileux, ce qui aura pu tromper Blainville; d'après cela nous pensons que ce savant a fait un double emploi en créant l'espèce qu'il nomme Oscabrion échinote, *Chiton echinotus*, qui est certainement le même que celui que Sowerby a représenté sous le nom de Fasciculaire; nous soumettons ces observations aux naturalistes; elles pourront peut-être servir à déterminer d'une manière précise quel est le véritable Oscabrion fasciculaire.

††† Espèces larviformes à limbe très-large, les valves rudimentaires.

Les intermédiaires qui existent entre ces espèces et celles qui terminent la section précédente, démontrent que le genre Oscabrelle était peu nécessaire, comme nous l'avons fait observer et comme Blainville et Sowerby l'ont fort bien senti.

OSCABRION STRIÉ, *Chiton striatus*, Sow., *the Genera of Schells*, genre Chiton, fig. 4; Oscabrelle striée, *Chitonellus striatus*, Lamk., Anim. sans vert. T. VI, pag. 317, n° 2, semblable à une larve pour la forme; cette espèce est remarquable par la largeur des bords du manteau qui ne laissent apercevoir que le sommet des valves qui sont écartées les unes des autres à l'exception des antérieures qui se touchent; elle est longue, subcylindrique, brunâtre, hérissée de poils calcaires fort courts. Le pied est fort étroit, ayant dans le

milieu un pli longitudinal; les valves se touchent à peine; elles n'ont qu'une très-petite surface extérieure qui est couverte de stries rayonnantes qui se terminent sur le bord, ce qui le rend crénelé; la valve postérieure et dernière est obtuse. Les espèces de cette sous-division ne se sont encore trouvées que dans les mers de l'Australasie.   (D..H.)

OSCANE. *Oscanus.* MOLL. Genre douteux proposé par Bosc pour un Animal parasite qui vit sur les branchies des Crevettes. La description et la figure données par ce savant sont insuffisantes, et personne depuis n'ayant observé ce genre, il n'a pu être adopté ni tout-à-fait rejeté; la manière dont cet Animal vit, et le peu que Bosc en dit, a fait penser à Blainville qu'il pourrait bien appartenir au genre Bopyre ou au genre Lernée.   (D..H.)

OSCILLAIRE. *Oscillaria.* PSYCH. Genre type de la famille des Oscillariées (*V.* ce mot), d'abord confondu avec les Conferves, et dont quelques espèces étaient évidemment ce que Linné appela *Conferva fontinalis*. Dans le premier opuscule de Botanique, que vers l'âge de quinze ans nous avons présenté à la Société d'Histoire Naturelle de Bordeaux, le genre dont il est question se trouvait déjà indiqué. Bosc l'adopta avec le nom que nous proposons pour le désigner, et Vaucher, en le consacrant définitivement dans son excellent Essai sur les Conferves d'eau douce, allongea le mot Oscillaire d'une syllabe pour en faire Oscillatoire, que, sans égard pour l'antériorité, et malgré une désinence désagréable, la plupart des auteurs ont employé imitativement depuis. Mais Turpin, dont les dessins font maintenant autorité dans la micrographie, ayant employé le nom d'Oscillaire, auquel, du reste, nous ne tenions guère, nous croyons devoir le préférer désormais à tout autre.

Adanson, le premier, appela l'attention du monde savant sur les étranges créatures qui seront le sujet du présent article. Le premier, il s'aperçut des mouvemens qu'exercent leurs filamens; le mot Trémelle ayant été employé avant l'époque où florissait ce botaniste, pour désigner des productions fugaces et gélatineuses; il l'étendit, dans l'habitude où il était de déplacer la valeur des noms, à l'une des espèces les plus répandues d'Oscillaires, sur laquelle il composa un Mémoire curieux, inséré dans l'Histoire de l'Académie des Sciences. De ce que la prétendue Trémelle d'Adanson devenait une sorte d'Animal, nul naturaliste n'écrivit plus une ligne où le nom de Trémelle se trouvât employé, qu'il n'y fût question de l'animalité des Trémelles. Vaucher particulièrement, en reconnaissant « que le nom même des Trémelles ne présentait qu'un sens équivoque, » laissa les Oscillaires dans le rang de celles-ci, et parce que ces Oscillaires sont réellement animées, il crut voir, dans les filamens intérieurs des Nostocs, certains mouvemens qui n'y existent pourtant en aucun cas. « Les Trémelles dans le sens rigoureux de leur nom et les Oscillaires sont, avons-nous dit ailleurs, aussi éloignés dans la nature que le peuvent être, par exemple, un Agaric et une Sertulaire. Les naturalistes doivent donc désormais éviter d'employer légèrement l'un ou l'autre nom sans être bien instruits auparavant de ce que ces noms désignent. Il en est de même du mot Conferve qui, lorsqu'on l'emploie linnéennement, mais dans des occasions où, sous d'autres points de vue, on s'occupe d'affinités naturelles, ne présente pas un sens plus exact que ne le feraient les mots Triandrie ou Gynandrie par exemple, sous lesquels se trouvaient rapprochés les Végétaux les plus disparates. »

Vaucher n'hésita point à regarder les Oscillaires comme des Animalcules, et en cette qualité il leur reconnut une queue et une tête que nous n'y avons jamais vues. Leur animalité décida De Candolle à les repousser de sa Flore Française; cette ani-

malité a, au contraire, appelé depuis sur eux l'attention d'un savant qui nous dit ne s'en être point occupé tant qu'il les crut des Plantes; ce savant, dont nous regardons les opinions comme devant faire loi sur toute autre point de la Zoologie, quand il ne prend pas l'inventeur des Némazoaires pour guide, rapporte dans le Dictionnaire de Levrault (T. XLIII, p. 520 et suiv.) ce qu'écrivirent sur les Oscillaires, Adanson, Corti, Fontana, Vaucher, Girod-Chantrans et Gaillon. Celui-ci, selon Blainville, « pense que chaque filament d'Oscillaire est composé d'un plus ou moins grand nombre d'Animalcules, d'un genre qu'il ne paraît pas avoir encore déterminé, réunis sous forme de filamens et dont le petit mouvement de chaque être composant produit sans doute le mouvement total. » Cette manière de voir ne paraît pas étrange au savant professeur qui la reproduit, puisqu'il ne fait pas la moindre remarque critique sur sa bizarre singularité; mais, ajoute-t-il, « il est assez difficile de démêler au juste l'opinion que M. Bory de Saint-Vincent s'est formée de ces êtres; chaque filament est-il un Végétal ou un Animal? ou bien est-ce la réunion d'Animalcules qui se sont fixés bout à bout, et qui deviennent susceptibles de végéter ? Alors ce serait assez rigoureusement l'opinion du professeur Agardh; puisqu'il pense que ces filamens doivent leur naissance à différens genres d'Animalcules, mais qu'ils n'ont plus, de la vie animale, que l'apparence. » Nous ne savons dans quelle partie de nos ouvrages le savant Blainville, qui comprend Gaillon et qui ne nous comprend pas, a pu trouver l'extravagante théorie qu'il nous prête, non plus que le moindre mot où nous ayons avancé que le mucus dans lequel vivent les Oscillaires ou qu'ils produisent, soit un Polypier. Nous n'insisterons conséquemment pas sur des absurdités que dans certaines coteries on semble se plaire à nous attribuer gratuitement, et passant outre sur les Oscillaires, nous

n'en discourrons point d'après des
livres, mais d'après ce que nous ont
appris au moins trente ans d'observations assidues faites dans les deux
hémisphères, dans toutes les saisons,
dans toutes les eaux, non à la hâte,
parce qu'on nous aurait averti que les
Oscillaires étaient des Animaux, et
fortuitement, sur quelques lambeaux
de vase flottans dans la puante rivière
des Gobelins.

De toutes les créatures microscopiques soumises à nos investigations,
nous n'en connaissons point dont l'é-
tude nous ait présenté plus de difficultés. Nous avons renoncé à trouver
leur mode de reproduction, et surtout à expliquer le mécanisme et les
raisons de leurs mouvemens. Que de
plus heureux ou de plus habiles y
réussissent du premier coup, nous les
en féliciterons en déclarant que nous
avons tout au plus approfondi la
structure et les mœurs des Oscillaires,
sans en avoir jamais pu voir davantage. Cette structure nous a été clairement dévoilée, parce que nous
avons employé un grossissement triple et même quadruple de celui d'a-
près lequel sont dessinées les figures
dans Vaucher; aussi les segmens des
espèces où le savant genevois n'en a
jamais pu voir, nous sont devenus
très-distincts, ainsi que le double
tube sur lequel des personnes, qui
n'ont point encore assez vu, préten-
dent jeter des doutes. Les Oscillaires consistent en filamens essentiellement simples qui, chacun, forment
un individu; mais certainement pas
une collection d'individus. Ces filamens paraissent, au premier coup-
d'œil, divisés transversalement par
de petites lignes parallèles qu'on regarde, et que nous avons long-temps
regardées nous-même comme des cloisons. Il est parfois de ces prétendues cloisons beaucoup plus prononcées que les autres et qui s'observent,
soit à des distances égales, soit inter-
jetées sans ordre, dans la longueur
des filamens; d'autres fois ces lignes
paraissent, soit alternativement fort
marquées, soit à peine visibles;

on dirait la graduation d'un décimètre divisé en millimètres où les
divisions seraient faibles et fortes,
régulièrement de deux en deux. Les
lignes apparentes dont il est question
distinguent autant de segmens ou
anneaux dont se composent deux
tubes placés l'un dans l'autre. Ces
deux tubes se distinguent assez aisément dans certaines espèces où l'intérieur étant d'un diamètre bien
moindre, laisse longitudinalement
un espace plus ou moins sensible
entre lui et l'extérieur. Le tube interne
est rempli de matière colorante, souvent très-intense. Il jouit évidemment de la propriété de s'allonger ou
de se retirer dans le tube externe,
comme un doigt de la main entre,
s'enfonce ou se retire dans le doigt
d'un gant; ce tube externe est aussi
diaphane que celui d'un baromètre.
Quand par le glissement de l'un
dans l'autre, les segmens se trouvent parfaitement en rapport sur
le profil du filament, les lignes
de graduation sont toutes semblables, également prononcées et à de
petites distances; on dirait des tra-
chées-artères d'Oiseaux ou des petites
échelles; mais si les segmens du tube
interne qui s'allonge ou se raccourcit,
répondent aux intervalles des segmens de l'externe s'il en existe, on
conçoit pourquoi les lignes transverses paraissent alternativement plus
faibles et plus prononcées. Nous avons
en e, fig. 5, de l'une des planches
d'Arthrodiées de ce Dictionnaire,
marqué sur l'un des filamens de l'Oscillaire Ténioïde, le filament interne
très-retiré, et laissant une longue
partie de l'externe entièrement vide.
Dans cette espèce où les deux tubes
sont d'un diamètre tellement égal,
qu'on n'en reconnaîtrait pas la différence latéralement, le mécanisme du
glissement intérieur démontre seul
que les deux tubes y existent. Celui
du dehors est si transparent que
nous n'y avons pas distingué les anneaux, ce qui arrive dans plusieurs
autres espèces; aussi, chez celle-ci,
on ne trouve jamais les segmens

apparens alternativement faibles et plus marqués. Le tube externe semble être perforé au sommet où il s'amincit ordinairement plus que l'interne, de sorte que lorsque ce dernier atteint jusqu'à l'extrémité de l'autre, il y laisse toujours une petite pointe ou comme une calotte vide et transparente qu'on a prise pour une tête. Du côté opposé, les deux filamens sont soudés au limbe d'une ouverture qu'accompagnent quelquefois de faibles dentelures ou déchirures dans lesquelles Vaucher ne vit que deux appendices opposés qu'il appelait queues. Par cet orifice, agissant peut-être ainsi que le fait une ventouse, chaque filament, que nous regardons comme un être complet, peut se fixer sur les corps étrangers, de même qu'il arrive aux Vorticellaires simples et à plusieurs Animaux beaucoup plus avancés dans l'organisation. C'est fixé de la sorte par sa base que l'Oscillaire s'agite dans sa longueur, et ses mouvemens varient selon les besoins de chaque espèce. Nous distinguerons ces mouvemens, 1° en *Oscillatoires*, quand l'Oscillaire se balance de droite à gauche, tout d'une pièce, en ligne droite (l'*Oscillaria Adansonii*); 2° en *Anguleux*, quand il se fléchit à angle plus ou moins aigu sur quelque point de sa longueur (l'*O. nigrescens*); 3° en *Reptatoires*, lorsque, sans qu'on distingue aucun changement de figure ou de direction dans le filament, les deux tubes se portant en avant parallèlement par une progression qui n'est pas la même chez l'un et chez l'autre, on aperçoit, avec beaucoup d'attention, que les rapports des segmens, changeant graduellement, il en résulte comme des brisemens et des interruptions au tube interne; 4° en *Rotatoires*, quand le filament, tournant sur lui-même, présente comme un crochet à son extrémité ou quelques replis tortueux qui varient en raison du tournoiement (l'*O. Gratelupii*); 5° en *Sinueux*, lorsque le filament s'infléchit mollement en courbes allongées et irrégulières,

sur divers sens, ce qui ne proscrit pas les mouvemens oscillatoires (l'*O. Tenioides*); 6° en *Onduleux*, lorsque le filament ondule régulièrement dans toute sa longueur en courbes assez courtes (l'*O. Boryana*); 7° enfin, en *Anguins*, lorsque deux filamens serpentent autour l'un de l'autre, ou que l'un d'eux se repliant sur lui-même, ses deux moitiés s'enlacent spiralement, ce qui, dans l'un et l'autre cas, rappelle la figure qu'on donne au Caducée (l'*O. formosa*). Tous ces mouvemens sont brusques ou lents, sans que nulle règle apparente y préside. Certaines espèces n'en exercent qu'un, d'autres les peuvent faire tous. Il est impossible, quand on les a vus, de leur supposer une cause purement machinale. Tant que nous n'avions observé que des mouvemens oscillatoires, et dans la persuasion où nous étions que les êtres où nous les remarquions n'étaient que des Végétaux, nous en cherchions les causes dans l'action de la lumière et dans celle de l'évaporation du fluide où les Oscillaires rayonnaient; mais force nous fut d'en chercher la raison dans une animalité très-prononcée, lorsque nous eûmes enfin occasion de saisir diverses espèces dans leurs enlacemens et dans leur reptation. Nous ne doutâmes plus que la volonté ne fût le mobile d'un phénomène que seule elle pouvait expliquer.

Par suite de ces mouvemens divers, les filamens ne se présentent pas toujours parfaitement de profil, et les voyant souvent de trois quarts, l'observateur y croit distinguer des empilemens lenticulaires, c'est-à-dire comme des corps ovalaires, placés les uns au-dessus des autres, ce que nous avons représenté dans la partie inférieure du tube *f* (fig. 5, de l'une des planches d'Arthrodiées de ce Dictionnaire). On sent que ceci n'est qu'une illusion d'optique dont il est plus aisé de saisir l'aspect que de définir la cause.

Les Oscillaires présentent encore un phénomène de coloration qui se fait principalement remarquer dans l'espèce dédiée au savant Mougeot, et qui se voit d'autant mieux que les filamens des espèces sont plus gros, et les masses qu'ils forment plus épaisses. A certaines époques, on distingue, sur toute leur surface, des teintes sombres, passant peu à peu au rouge, et qui sont dues à une sorte de circulation extérieure résultante de l'émission d'une substance particulière, élaborée dans le tube intérieur, comme on le voit en *f* de la fig. 5 citée tout à l'heure. L'*Oscillaria Mougeotii* surtout, venant à éprouver au fond des eaux où elle se développe d'abord, certain degré d'altération, s'élève à la surface, entraînant un amas de limon; soit par l'action de l'air extérieur, soit par celle du calorique, soit enfin par l'influence de la lumière, il apparaît au milieu de la rosette qui résulte du rayonnement des filamens oscillans, une tache couleur de sang, très-éclatante, de consistance muqueuse, et qui s'étend à mesure que le petit bassin, de plus en plus creusé au milieu, acquiert plus de surface et de profondeur; cette tache passe ensuite au violet sur ses bords, et se fond par ceux-ci avec une auréole du plus beau bleu, développée au pourtour de la rosette. Les nuances résultantes de ces diverses colorations, persistent sur le papier où l'on prépare l'Oscillaire, et produisent un effet très-singulier dans les échantillons dont un collecteur soigneux embellit son herbier. Cette singulière substance rouge, dont nous ignorons complétement la nature, teint d'abord l'eau pure, de la plus belle nuance de carmin, qui passe ensuite au bleu de Prusse, et définitivement au violet. C'est particulièrement en hiver qu'on observe ce phénomène; peut-être parce que les bains thermaux où se développe l'espèce qui le présente le plus visiblement sont moins fréquentés. On voit alors avec admiration la surface des eaux chaudes couvertes de larges plaques au centre desquelles existe une tache d'un à deux décimètres de largeur, d'un rouge vif, bordée de violet et de bleu resplendissant. Cette matière colorante provient-elle de la décomposition d'une substance animale? Le docteur Grateloup, observateur intelligent, curieux de savoir ce qu'elle était, et frappé de l'odeur ammoniacale fétide qui s'en exhale, a fait diverses expériences à ce sujet, et nous donnerons le résultat de ses recherches. Une certaine quantité d'Oscillaires de Mougeot, placée dans une cornue, et distillée à une douce chaleur, a donné d'abord un liquide qui rougissait le papier bleu, et qui faisait passer au noir du papier qu'on y mouillait après l'avoir trempé dans le sous-acétate de Plomb, ce qui indiquait la présence de l'Acide hydrosulfurique. En poussant plus loin la distillation, on a obtenu une eau alcaline ayant une odeur des plus désagréables où se faisait distinguer celle du sous-carbonate d'Ammoniaque. Cette eau faisait repasser au bleu le papier rougi par la première expérience. Enfin, l'Oscillaire chauffée plus fortement, a donné un charbon d'une odeur très-fétide, absolument pareille à celle qui s'exhale des substances animales en putréfaction. Des Acides non concentrés font d'abord passer au violet la substance rouge des Oscillaires et finissent par la détruire. Les sous-carbonates alcalins la poussent au rouge, quelquefois au bleu, et la détruisent si on les emploie avec excès. Les Alcalis caustiques la détruisent complétement et rendent bientôt l'eau, qui en était colorée, aussi transparente que si nulle teinte n'y eût jamais existé. Le microscope ne nous a rien appris sur la matière dont il est question, il nous l'a seulement fait reconnaître circulant entre les filamens oscillans de plusieurs espèces où nous ne la distinguions pas à l'œil désarmé; nous avons alors vainement cherché, en la séparant du reste de la masse, et en la faisant couler sur un point du porte-objet bien nettoyé, à y trouver des globules ou la moindre trace d'une molécule particulière. Nous n'y avons rien vu de plus que ce que nous eussions observé dans des gouttes d'eau qu'on aurait colorées avec de la Cochenille ou de l'Indigo, et c'est alors que nous avons trouvé une preuve de plus de la divisibilité prodigieuse de la matière.

Le nombre des espèces d'Oscillaires répandues dans la nature doit être fort considérable si nous en jugeons par celui des espèces qui nous sont connues; mais il est très-facile de les confondre, les caractères réels de la plupart d'entre elles ne pouvant être saisis qu'à l'aide de très-forts grossissemens. Souvent ces espèces, assez différentes par leur aspect à l'œil désarmé, deviennent presque identiques à travers les lentilles multipliantes; d'autres fois, au contraire, des Oscillaires qu'on dirait être les mêmes par tous les caractères qu'elles offrent à la vue simple, deviennent fort différentes, soit par la nature de leurs mouvemens, soit par la proportion de leurs segmens, dès qu'on les soumet au microscope. L'*habitat* n'y est pas toujours un caractère, puisque des espèces thermales continuent à prospérer dans l'eau froide, et que plusieurs vivent indifféremment en pleine eau, comme à la surface des pierres ou de la terre simplement humide. Pour se rendre raison des différences sur lesquelles les espèces doivent être établies, il faut donc dessiner soigneusement, au grossissement de cinq cents fois, au moins, chacune de ces espèces, en quelque lieu et en quelque saison qu'on les rencontre, et comparer sans cesse les dessins et les descriptions qu'on en a faites. Il faut tenir compte des changemens de port et de teinte qu'y causent l'éducation et le desséchement. Nulle espèce ne peut être réputée connue si on ne l'a minutieusement analysée, et si l'on n'a tenu compte de ses métamorphoses; aussi n'hésitons-nous pas à regarder comme capable de causer les plus fortes erreurs ce qu'Agardh en a entassé dans son *Systema Algarum*, où sont mentionnées trente espèces que de simples phrases spécifiques,

trop courtes, ne sauraient faire reconnaître. La synonymie de ces trente Oscillaires est confusément établie comme au hasard, si nous en jugeons par la manière dont la nôtre s'y trouve jetée. Ne tenant conséquemment aucun compte de cette informe compilation, les seules espèces que nous avons examinées par nous-même un grand nombre de fois, seront censées constatées dans le présent article, et elles s'élèvent à vingt-neuf.

On ne peut pas regarder comme une espèce connue l'*Oscillaria calida* de Kunth (*Syn. Pl. orb. nov.* T. 1, p. 1) récoltée par Bonpland dans les eaux chaudes sulfureuses de Venezuela, qui n'a pas été soumise au microscope et qui peut être aussi bien l'*O. Mougeotii* que le *Gratelupii* ou qu'une espèce nouvelle. Le savant collaborateur de Humboldt dit que cette Oscillaire diffère de toutes les autres, en ce que ses filamens se tissent en une membrane représentant une Ulve couleur de Nostoc; mais il n'est pas une seule espèce d'Oscillaire qui ne puisse présenter le même caractère par la dessiccation, et Kunth n'a certainement vu la production rapportée d'Amérique que dans l'état de desséchement sur lequel il est impossible de rien statuer. Thunberg (Voy., chap. III, p. 8) rapporte qu'ayant visité les eaux thermales, non loin de la montagne appelée *Stagen-Kop*, où les habitans du cap de Bonne-Espérance vont prendre des bains, mais dont il ne mentionne pas le degré de chaleur, y trouva une petite Conferve croissant en abondance, et qui ne peut être qu'une Oscillariée. Don Simon de Rojas y Clemente, savant botaniste espagnol, nous a communiqué un échantillon étiqueté *Conferva*, recueilli dans des thermes du royaume de Murcie, lequel appartient au genre Oscillaire s'il n'est une *Anabaine*, mais qu'il est impossible de mieux reconnaître que l'*Oscillatoria* de Kunth. Nous en avons vu dans les bains chauds de Lugo et de Caldas de Rey en Galice, sans que les événemens de guerre, qui nous conduisaient en ces lieux, nous aient permis de les examiner. Gaudichaud en a rapporté une espèce des eaux de Rawak, qu'on ne peut décrire dans l'état où la mit le naufrage que fit ce zélé botaniste, mais qu'Agardh, sur la simple inspection de débris qui furent durant plusieurs jours macérés dans la mer, n'hésite pas à regarder comme identique avec une de celles qu'il mentionne, pour l'avoir trouvée rampante à la surface des Mousses de la Suède!... En général, les eaux thermales de tout l'univers nourrissent des Oscillaires qui restent à déterminer. L'algologue de Lund établit enfin un *Oscillatoria arenaria* (p. 65, n. 18) qu'il a reçu de Cadix, d'où le chanoine Cabréra nous l'a également adressé, mais qu'il est imprudent de ranger dans le Catalogue des espèces connues, tant que sa structure n'aura pas été étudiée au microscope, puisque le soi-disant *O. arenaria* n'offre aucun caractère qui le distingue à la vue simple et dans son état de dessiccation, des *Oscillaria urbica* et *Adansonii*, ni même du *Microcoleus maritimus*.

Nous avons nous-même signalé dans notre Voyage en quatre îles des mers d'Afrique (T. 1, p. 285), sous le nom de *Conferva atrovirens*, une Oscillaire trouvée à Mascareigne dans la rivière de Saint-Denis, où elle croît sur le limon et les pierres sous les eaux. Ses filamens, d'un beau vert noir et très-gélatineux, n'y avaient guère qu'une ligne de longueur. Ne l'ayant pas suffisamment examinée alors, nous ne savons si l'on doit y voir une espèce nouvelle, ou s'il la faudra rapporter à quelqu'une des espèces connues.

Dans la description des espèces constatées, nous commencerons par la plus anciennement décrite, et nous terminerons par celles qui, examinées de nouveau, pourront offrir des différences suffisantes pour être éliminées d'un genre sur lequel nous appelons toute l'attention des naturalistes.

OSCILLAIRE D'ADANSON, *Oscillaria Adansonii* (représentée par Turpin dans le magnifique Atlas de Levrault, fig. 1, de l'une des planches de végétaux élémentaires) ; *Oscillatoria parietina*, Vauch., p. 196, pl. 15, f. 8 (synonyme mal à propos rapporté par Lyngbye à son *Oscillatoria muralis*, et par Agardh, à son *Lyngbia muralis*, qui sont l'une et l'autre une Confervée, et non pas une Pychodiée); *Oscillatoria autumnalis*, Lyngb., *Tent.*, p. 95 (sans figure); *Oscillatoria autumnalis*, Agardh, *Syst.*, p. 62, n. 2 (qui rapporte mal à propos comme synonymes notre *Phytoconis nigricans*, qui était l'*Oscillaria urbica*, et un *Oscillaria sordida*, Bory, que nous n'avons jamais ni observé ni publié); *Hair-like insect.*, Baker, *Empl. micr.* T. II, p. 255, *Plat.* XI (où l'Oscillaire rayonné dans un vase de verre, fig. v), la véritable Trémelle d'Adanson, Mém. de l'Acad.... Spallanz., Observ. part., 1, p. 297, pl. 27, fig. 7-9 ; *Conferva gelatinosa omnium tenuissima et minima, aquarum limo innascens*, Dillen, *Musc.*, p. 15. Cette espèce est bien certainement celle à laquelle Adanson donna une certaine célébrité, et qui, par une mutation de nom, introduite dans la science par ce savant, a donné lieu à tant de confusion et d'erreurs répandues sur les Trémelles. Il est singulier que Vaucher ait dédié à Adanson une toute autre espèce que celle dont ce botaniste s'occupa. Celle à qui nous restituons le nom de son premier observateur, est l'une des plus répandues dans la nature, où elle forme, durant la plus grande partie de l'année, mais en automne surtout, et dans les hivers doux également, des plaques noirâtres à la base de certains murs humides, aux joints des pierres où suinte l'eau des fontaines publiques de nos villes, sur la vase des eaux stagnantes de nos faubourgs, entre les parois des bassins de jardins, dans l'eau qui persiste sur les toits où des gouttières en plomb ou en fer-blanc retiennent la pluie. Selon qu'elle est exondée ou inondée, elle présente l'aspect d'un enduit appliqué, muqueux et luisant, ou celui de presque toutes les espèces des marais, qui, après s'être propagées en strates sur le limon du fond, viennent à surnager en lambeaux bulleux, autour desquels rayonnent de nombreux filamens. Ces filamens, dans l'état normal, excèdent rarement trois à six lignes ; dès qu'on place l'Oscillaire dans l'eau, on les voit s'agiter assez vivement par des mouvemens rectilignes et anguleux, souvent très-brusques, comme s'ils obéissaient à une détente par ressort, et jamais anguins ni même sinueux. En les conservant dans des assiettes creuses, on en obtient un allongement considérable, et nous en avons préparé des rosettes, où ils acquièrent près de dix-huit lignes. Quelquefois on les distingue fort bien à l'œil désarmé, où leur couleur est d'un vert noir, sordide, qui paraît d'une teinte bien plus belle, et tirant au bleu, sous le microscope. Le milieu des plaques flottantes, ainsi que le centre des rosettes, chargé de limon, est d'un noir foncé, et dans les échantillons préparés sur le papier, ces parties deviennent luisantes comme vernies par un enduit de gomme. En continuant pendant plusieurs mois à élever l'*Oscillaria Adansonii* dans de grands vases de verre, cette espèce multiplie considérablement, et paraît se plaire beaucoup plus à se stratifier le long des parois qu'à flotter en rosettes. Elle voyage vers le côté de la lumière, se tisse en membranes serrées, qu'on dirait, dans les parties décolorées, être du parchemin mouillé. Ces membranes sont d'un vert noir foncé, brillant, se décolorent en dessous, où l'on dirait des Ulves, et elles présentent quelquefois la disposition aréolaire de l'*Oscillaria favosa*, mais d'une façon bien moins distincte. Les filamens sont à peu près du même diamètre que dans cette dernière, avec laquelle nous lui avons trouvé dans quelques-uns de ses états une certaine ressem-

blance. Les segmens paraissent le plus souvent très-rapprochés, comme dans le *nigrescens*, et d'autres fois à une distance qui fait paraître leurs espaces comme carrés ; ce qui vient des rapports de position dans lesquels se trouvent le tube externe et le tube interne. On n'y voit pas, comme dans les grandes espèces, de ces lignes transversales si marquées, dont la position produit plus ou moins d'irrégularité dans la structure apparente des filamens. Ceux de l'*Oscillaria Adansonii* sont très-obtus et bien arrondis. Dilleu avait observé cette espèce dans les environs de Londres ; nous l'avons étudiée en Belgique, notamment à Bruxelles, pendant tout un été ; à Caen et dans les rues de Dax, durant le mois de septembre ; à Paris, toute l'année ; à Aix-la-Chapelle et dans toutes les régions rhénanes, où elle couvre d'un enduit noirâtre le chaume humide des habitations rustiques, durant la saison pluvieuse. Desmazières nous en a communiqué des échantillons, recueillis également sur les chaumières aux environs de Lille en Flandre. Il suffit, pour distinguer au premier coup-d'œil cette espèce de la suivante, qui s'y mêle parfois et habite aux mêmes lieux, de la faire osciller dans des vases ; elle y manifestera, dès ses premiers rayonnemens, la teinte verdâtre de ses filamens, tandis que l'autre paraîtra toujours d'un gris noirâtre.

Oscillaire des villes, *Oscillaria urbica* (*V.* planches de ce Dict., Arthrodiées, fig. 5 ; *a*, l'Oscillaire dans l'état normal, sur un sol humide, *b*, ayant oscillé dans une assiette pleine d'eau, *c*, filament grossi de trois cents fois environ) ; *Oscillatoria fusca*, Vauch., p 197, pl. 16, fig. 9 ; *Oscillaria autumnalis*, Chauvin, Algues de Normand., n. 3 (non l'*autumnalis* d'Agardh, qui est l'*Adansonii*). Cette espèce, peut-être la plus commune de toutes, paraît avoir été confondue avec la précédente, excepté par Vaucher qui l'a très-bien décrite et même passablement figurée.

Elle habite, comme la précédente, le bas des murs humides dans les villes; mais on la voit moins souvent persévérer aux lieux où l'eau stagne; elle préfère ramper à la surface de la terre mouillée; aussi la voit-on se propager aux interstices du pavé, le long des rues peu fréquentées, dans les cours des maisons et sur les places publiques, du côté que le soleil frappe le moins; elle forme dans les abreuvoirs, dans les auges, dans les barriques et baquets, où séjourne de temps à autre de l'eau destinée aux arrosemens, des pellicules qui s'enlèvent en lambeaux par la sécheresse, et qui ressemblent à du velours noir durant l'immersion; pour ainsi dire amphibie, et plus communément subterrestre, elle oscille cependant avec vivacité quand on l'élève dans des assiettes creuses. Ses filamens, un peu plus fins que chez l'*Adansonii*, acquièrent un allongement considérable. Si quelquefois on ne peut les faire étendre à plus de trois lignes, en d'autres occasions on en obtient d'un pouce. Ils paraissent d'un brun sale, et jamais verts. Cependant, quand à force de les faire osciller en domesticité, on les a comme contraints à prendre une physionomie aquatique, ils passent au gris, au vert noir et même au bleu en séchant. Nous en conservons des rosettes de cette dernière couleur, obtenues de masses nourries plusieurs mois en pleine eau, et que nous avions originairement recueillies à terre dans une rue peu fréquentée. Vus au microscope, les filamens d'un tiers au moins plus grêles que dans l'espèce précédente, paraissent d'un vert d'olive tirant au bleu, plus amincis à l'extrémité, ne jouissant pas davantage du mouvement anguin, mais se courbant mollement en oscillant par les secousses angulaires; leurs segmens forment des carrés égaux, dont quelques-uns sont beaucoup plus prononcés et forment des barres noires de distance en distance. Aucune odeur ne s'en exhale. Il nous est arrivé de la voir

se développer en abondance confusément avec l'*Oscillaria Adansonii*, que nous élevions dans des vases, s'y mêler en rayonnant, au point de produire des rosettes ou des expansions mixtes, qui prenaient un *facies*, qu'on eût été exposé à regarder comme caractérisant une espèce nouvelle, si l'on n'eût emprunté le secours du microscope. Nous avons examiné cette Oscillaire dans les rues de Berlin, de Bruxelles, de Paris et de Bordeaux; c'est celle que nous appelions, dans nos premiers essais, *Phytoconis nigricans*. Nous l'avons encore recueillie sur divers murs au pays de Liége, notamment sur ceux de la fontaine froide, à Chaufontaine, en été. Delastre l'a retrouvée contre la fontaine de Sainte-Barbe, près de Poitiers. Desmazières l'a observée à Lille en Flandre, dans des baquets, et sur l'arbre toujours humecté de la roue d'un moulin à eau. Vaucher la décrivit comme des environs de Genève. Ce sont des expansions formées de cette espèce et de l'*Adansonii*, qui couvrent les marches du palais de l'Institut, au pied de la colonnade qui est à la façade du nord, vis-à-vis le pont des Arts.

Oscillaire de Bory, *Oscillaria Boryana*; *Oscillaria nigra*, β *Boryana*, Agardh, *Syst.*, p. 64. Cette espèce, que nous communiquâmes au professeur de Lund, avec ses détails grossis à la lentille de demi-ligne, vient d'un ruisseau de Borcette, près d'Aix-la-Chapelle, par où s'écoulent les eaux de l'une des sources chaudes qui attirent les étrangers dans cette ville. Elle y forme, soit contre plusieurs murs que le ruisseau baigne, soit contre les piquets qui en contiennent les parois, soit enfin sur les corps étrangers qui s'y trouvent, et même sur la vase, des couches muqueuses et noirâtres, qui demeurent à sec durant plusieurs heures, ou sont couvertes alternativement d'eau simplement tiède et d'eau chaude, à trente degrés au moins. En mai, ces couches ne sont pas fort épaisses; mais en été elles augmentent au point que les bulles d'air qui en pénètrent la muçosité, rendent leur masse légère; ces couches se détachent alors de leur support, et viennent flotter à la limite de l'eau, s'accrochant aux herbes qui les arrêtent. Elles y prennent diverses figures irrégulières, et l'on dirait des Souris noyées. Portée dans des vases où l'eau devint promptement froide, cette espèce n'a pas cessé de prospérer; elle a oscillé tortueusement; mais les filamens qui devenaient d'autant plus pâles et verdâtres, qu'ils s'éloignaient davantage de la vase, formant le centre des rosettes, n'ont guère que deux lignes de long dans l'état normal, et n'en acquièrent guère que cinq ou six par l'éducation. Vus au microscope, ils n'équivalent guère qu'au tiers ou au quart du diamètre de ceux de l'*O. Gratelupei*, sont d'un vert obscur, mais fort transparens; obtus aux deux extrémités, les segmens y sont très-distincts sans être fort prononcés, tous égaux, avec leurs intervalles presque carrés. On croirait dans les plus gros discerner une ligne longitudinale au centre du tube, ce qui n'est peut-être qu'une illusion optique, provenant de la forme cylindrique parfaite que paraissent avoir ces filamens. Leur mouvement est fort remarquable, en ce qu'il est constamment sinueux. Un Serpent qui rampe doucement, avec des ondulations égales, très-douces, de droite à gauche, donne une idée exacte de ce mouvement, qui est aussi celui des Vibrions du Vinaigre, et que notre Oscillatoire se donne continuellement sans paraître exercer de mouvemens angulaires ou d'entrelacemens. Nous avons observé qu'en élevant la température de l'eau où nous en conservions au moyen d'eau beaucoup plus chaude, l'Oscillaire s'agitait avec plus de vivacité, mais sans jamais changer d'allure. Durant l'hiver, sur les parois de la source, ouverte en plein air, qui est au centre de Borcette, contre les pierres qu'humectent les vapeurs sou-

vent très-chaudes et fort épaisses, la même espèce forme hors de l'eau de petites plaques muqueuses noires, où l'on reconnaît que les filamens se pressant les uns contre les autres, n'ont pas un quart de ligne. Il est difficile de faire osciller et grandir dans des vases ceux qui languissent dans cet état, et dont beaucoup de sable et de malpropreté altèrent les amas.

OSCILLAIRE ALVÉOLAIRE, *Oscillaria favosa. An Oscillatoria nigra?* Lyngb., *Tent.*, p. 87, tab. 26. On a vu que l'*Oscillatoria nigra* de Lyngbye n'était pas celle de Vaucher. La description que le savant danois donne de son espèce, et surtout l'excellente figure qui l'accompagne, conviennent parfaitement à celle dont il est ici question. Lyngbye l'a observée dans l'eau lentement agitée d'une usine de Norvége. Nous l'avons recueillie en août, dans la Vesdre, petite rivière du pays de Liége, couvrant les cailloux de couches noires et muqueuses, en un lieu où se dégorge l'eau des bains de Chaufontaine, qui peut avoir en cet endroit de douze à dix-huit degrés de chaleur en tout temps. Cette espèce compose des couches vaseuses, étendues, fort entremêlées, noires, luisantes et glissantes, où les filamens fins, mais visibles à l'œil nu, ont un pouce tout au plus dans l'état normal, mais peuvent s'étendre davantage en devenant beaucoup plus fins et bleuâtres, quand on les nourrit dans des vases remplis soit d'eau froide, soit d'eau tiède. Vus au microscope à une demi-ligne du foyer, ils ont la grosseur d'un soie de porc, égalant en diamètre la moitié de ceux de l'*O. Gratelupei* à peu près; leur couleur est d'un brun olivâtre, tirant sur le gris ou la terre d'ombre; ils sont obtus à leur base, amincis et un peu aigus en avant; leurs segmens, dont la distance équivaut environ à la moitié du diamètre, sont alternativement à peine visibles et très-prononcés; ce que Lyngbye a un peu trop fortement exprimé. Ces filamens s'a_ gitent avec assez de vivacité; ils affectent une figure courbe, se plaisant à se déjeter légèrement en tout sens, mais sans se trop tortiller. Nous ne les avons jamais vus bien droits. Se tissant en membranes superposées, ils présentent dans cet état un phénomène remarquable, formant des mailles polygones très-régulières, dans lesquelles on retrouve exactement la figure réticulée d'une Hydrodictie, quand on les a dépouillés de la vase qui les obstruait. Cette singularité a échappé aux yeux de lynx du savant Lyngbye.

OSCILLAIRE ANGUINE, *Oscillaria Anguina.* Cette espèce rampe en tapis assez épais, muqueux, noirs et luisans sur les pierres, les planches, les piquets inondés, et la vase le long des prises et des conduits de moulins, où l'eau n'est pas trop fortement agitée; les filamens en sont courts et serrés; ils oscillent vivement, et présentent dans certains aspects des nuances d'un rouge brun, mêlé à du vert noir, surtout quand on les examine à la clarté du soleil; ils s'étendent, comme dans le *nigrescens,* sur les feuilles flottantes, et nous avons vu cette espèce, notamment dans la Nonhette, petite rivière qui de Chantilly tombe dans l'Oise, former, près de son embouchure, au lieu nommé Touvois, de petites imitations de Queue de Renard noir, sur le *Festuca fluitans.* Elevée dans des assiettes creuses, l'Oscillaire Anguine a prospéré, en rayonnant tout autour des échantillons préparés sur le papier; les filamens très-fins, et cependant perceptibles à l'œil nu, n'y ont pas dépassé cinq lignes, ne s'y sont pas crispés, et ont pris en séchant une couleur d'un bleu noirâtre luisant, très-vif; ce qui donne à l'Oscillaire, dans l'herbier, l'air d'avoir été enduit d'une couche d'eau fortement gommée. Vus au microscope, ces filamens se font remarquer par leur agilité et par la variété de leurs mouvemens rapides; d'un diamètre assez fort, ils paraissent d'un beau vert très-foncé, mais néan-

moins transparent, avec des segmens réguliers tellement rapprochés, que trois ou quatre au moins sont nécessaires pour former la figure d'un carré. Le tube interne remplit si bien l'externe dans certains individus, qu'on ne l'y saurait reconnaître, tandis que beaucoup plus étroit, dans d'autres, il laisse entrevoir sur chaque côté, dans la longueur du filament, une ligne plus diaphane que le reste. L'extrémité antérieure paraît tantôt obtuse et droite, tantôt légèrement courbée en crochet ou diversement tordue. Les filamens oscillent vivement en ligne droite bien roide; d'autres fois, ils se courbent mollement en divers sens; on les voit se fléchir en crosse vers leur extrémité, ramper au moyen de sinuosités fort rapprochées et plus ou moins sensibles; enfin, se pliant par le milieu, enlacer spiralement leurs deux extrémités d'une manière très-élégante, et qui démontre combien ceux qui veulent absolument que les Oscillaires soient de simples Végétaux, ont parlé légèrement de ce qu'ils n'avaient pas suffisamment observé.

OSCILLAIRE NOIRATRE, *Oscillaria nigrescens,* Moug., *Stirp. Vosg.,* n. 792; *Oscillatoria nigra,* Vauch., p. 192, pl. 15, fig. 4. Cette espèce, qui n'est pas noire, comme l'indique Vaucher, mais qui est simplement noirâtre, n'est certainement pas celle que Lyngbye(*Tent. Algol.,* p. 87, pl. 26) a décrite et figurée sous le même nom de *nigra.* Quant à l'*Oscillatoria nigra* d'Agardh (*Syst.,* p. 63, n. 13), c'est un mélange de synonymes réunis comme au hasard, et sans examen, composé d'après quelques échantillons confondus de diverses espèces, devenus noirâtres par la dessiccation. Le *nigrescens* dont il est ici question, ne croît pas en stratifications muqueuses au fond des eaux pour en tapisser la vase; les filamens n'y sont pas rigides, droits, et surtout d'un gris jaunâtre, *griseo-lutescentibus;* les segmens n'y présentent pas la disposition que leur donne l'exact

Lyngbye, dans une figure qui convient à notre *O. favosa*, n. 4. Le Psychodié dont il est ici question, a ses filamens fins, mais très-visibles à l'œil désarmé, où ils paraissent être d'un noir foncé lustré, ondulés, manifestant une certaine tendance à se crisper mollement. Ils ont, dans les mares qu'ils habitent, de deux à six lignes de longueur, tant qu'ils ne viennent pas osciller en rosettes à la surface de l'eau. Se tenant d'abord à une certaine profondeur, ils se groupent autour des Plantes inondées, telles que les Potamots, les Renoncules aquatiles, et surtout des Salmacides et Conferves, qui montent de bas en haut, en s'abandonnant à un faible courant; ils forment à la surface de ces Plantes un duvet lâche et les enveloppent au point de leur donner l'aspect de petites queues ou de lanières de peau de rat, s'allongeant à mesure qu'elles se rapprochent de la lumière; les extrémités de ces sortes de queues parvenues à la surface, l'oscillation en rosette y commence avec activité. Des fragmens que nous en avons élevés dans des jarres de verre, y ont formé avec une étonnante rapidité des rosettes rayonnantes en tous sens, de dix lignes à deux pouces de diamètre, se frisant gracieusement sur les bords, demeurant d'un beau noir bleuâtre lustré sur le papier. En prolongeant cette sorte d'éducation, l'Oscillaire noirâtre a fini quelquefois par s'éparpiller en nuages légers sur toute la surface de l'eau. Vus au microscope, ses filamens nous ont paru moins forts que ceux du *Tenioides*, mais plus larges que ceux du *Gratelupei*; leur couleur toujours brunâtre tirait sur le vert d'iris terne et foncé; les segmens y étaient fort serrés, et peut-être plus que dans toute autre espèce, et parfaitement égaux dans beaucoup d'individus; dans d'autres, ils étaient bien plus sentis, de deux en deux ou de trois en trois; ailleurs, les plus prononcés formaient des carrés parfaits, subdivisés en quatre ou six fractions presque imperceptibles par comparaison, et comme on le voit plus constamment dans le *Gratelupei*. Ailleurs, ces segmens si marqués étaient irrégulièrement épars. L'extrémité antérieure obtuse est d'ordinaire transparente, comme si le tube interne cloisonné qui finit carrément, n'y atteignait pas. A l'extrémité opposée, le filament, quand il se montre exactement de profil, semble coupé net; s'il se présente en face, dans quelque mouvement de l'Oscillaire, on y reconnaît évidemment un orifice rond, très-distinct, et l'on dirait l'extrémité ouverte d'une Tubulaire dépouillée de son Polype; mais cet orifice ne peut servir au même usage que dans les Tubulariées. Nous le considérons comme une sorte de ventouse, par où chaque individu peut se fixer contre les corps étrangers; d'où vient qu'en se touchant les uns les autres par le limbe de cette ventouse, les associations de l'Oscillaire prennent cette disposition en queue que nous voyons autour des filamens emprisonnés de Conferves. On trouve cette espèce dans les ruisseaux herbeux, dont le cours est fort lent, ainsi que dans les pièces d'eaux pures fraîches et tranquilles. Nous l'avons observée à la fin de septembre et en octobre, aux environs de Bruxelles et de Paris; aux environs de Lille en Flandre, en décembre, avec Desmazières; autour de Caen, à la fin d'août. Vaucher la décrivit le premier en été (thermidor), à Genève. Nous l'avons trouvée dans l'herbier de Draparnaud, sous les noms de *Conferva segmentosa* et de *Conferva fontinalis*, comme recueillie aux environs de Montpellier.

OSCILLAIRE TÉNIOIDE, *Oscillaria Tenioides* (*V*. pl. de ce Dict., Arthrod., fig. 5, *d*, *f*); *Oscillatoria Princeps*, Vauch., p. 190, pl. 15, fig. 2; Ag., *Syst.*, p. 67, n° 26; *Conferva mucosa, conflagrosis rivulis incescens*, Dill. *musc.*, tab. 2, fig. 4; le *Conferva Tenioides*, et l'*Oscillaria Tenioides* de nos premiers Essais sur les Conferves. Si l'on en juge par la description que Lyngbye (*Tent.*, p.

86) donne sans figure de son *Oscillatoria limosa*, cette Oscillaire est évidemment le *Tenioides* dont il est ici question, mais on doit alors en exclure le synonyme de Dillen (tab. 2, f. 5), que le savant danois y rapporte, ainsi que ceux de Roth, et du *Flora Danica*, qui appartiennent au véritable *O. limosa*. La plus grande des espèces qui nous soit connue, cette Oscillaire habite les eaux pures, fraîches, tranquilles des bassins de fontaines où ses filamens rampent au fond sur le limon ou sur les corps en décomposition qui peuvent y tomber. Quand ils s'y sont multipliés au point de former un strate de couleur obscure, épais et muqueux, ils s'élèvent à la surface, surtout après la grande chaleur du jour, et y flottent en nappes souvent fort considérables et d'un à six pouces de diamètre. On dirait, d'abord en les apercevant, quelque Animal noyé, dont les poils soyeux et noirs onduleraient mollement en obéissant à la moindre agitation de l'eau ; si l'on tente de les saisir avec la main, ces masses se divisent, fuient, s'éparpillent, se collent en partie aux doigts ainsi qu'à tout autre corps qu'on emploierait pour les pêcher. Nous avons souvent disséminé les flocons flottans formés par cette espèce; quelques heures après on en distinguait les filamens déjà rapprochés au fond de l'eau, et dès le lendemain ils surnageaient en nombreuses associations comme la veille. Assez vivace, on peut l'élever plusieurs jours dans un appartement, soit dans des assiettes creuses, soit dans des vases de verre ; elle y multiplie beaucoup, mais ne venant pas former des rosettes à la surface, elle rampe au fond ou contre les parois des vases en rayonnant par faisceaux dans tous les sens, jusqu'à ce que, fort épaissie, elle s'y élève pour flotter comme elle ferait dans le bassin d'une fontaine. Ses filamens qui atteignent à la grosseur d'un cheveu humain, sont conséquemment tous bien visibles ; ils peuvent avoir d'un à deux pouces de long ; leur couleur est d'un vert foncé

noir, avec des reflets d'un brun brillant, quand on la regarde au soleil ; muqueux et fugaces, ceux qui ne s'y collent pas s'échappent sous les doigts ; ils adhèrent au papier suffisamment pour ne s'en plus détacher, et y répandent en séchant une forte odeur de marécage qu'on n'y remarquait pas dans l'état frais. Quand on les laisse croupir, ils émettent une belle teinte bleu indigo qui finit par colorer assez fortement l'eau des vases où on l'élevait. Vus au microscope, ces filamens sont d'un vert d'iris très-foncé, passant quelquefois au bleu ; leurs mouvemens d'oscillation sont graves et très-visibles. Leur extrémité antérieure est parfaitement arrondie, et nous a paru plus obtuse que dans toute autre espèce ; la postérieure comme tronquée nous a présenté tantôt deux très-petits appendices latéraux ainsi qu'on en voit dans les figures Vaucher, tantôt une sorte de déchirure frangée, par où sans doute chaque filament qui est un individu se fixe comme point d'appui. Les segmens du tube interne sont extrêmement rapprochés, de sorte que les articles sont cinq fois environ plus courts que larges. Leur figure varie quelquefois selon que le filament se présente parfaitement de profil ou obliquement. Sur quelques-uns de ces filamens, certains segmens sont plus fortement marqués de distances en distances. Cette espèce d'Oscillaire commence à paraître en été et prospère jusque vers le milieu de l'automne. Nous l'avons observée aux environs de Liége, de Bruxelles, de Paris et de Bordeaux. Desmazières nous l'a envoyée de Lille en Flandre, et Brebisson l'a recueillie à Falaise en Normandie.

OSCILLAIRE DE GRATELOUP, *Oscillaria Gratelupei* (*V.* pl. de ce Dict., Arthr., fig. 5, *g*); *Oscillatoria major*, Vauch., 192, Agardh, *Syst.*, pl. 67, n° 23. Cette espèce paraît se trouver aux Thermes d'Aix où Saussure l'aurait le premier recueillie dans le bassin dit de Saint-Paul. Nous l'avons trouvée en abondance, dans les sources de Dax où elle prospère de 30 à 50 degrés de chaleur, et principalement en automne jusqu'à la fin de décembre. Elle se développe d'abord, comme la précédente avec laquelle on lui trouve beaucoup de ressemblance, sur la vase, au fond de l'eau, mais eu couches moins denses. On la voit plus tard flotter à la surface en rosettes mollement onduleuses, d'un pouce à trois au moins de diamètre selon leur âge, d'abord d'un vert érugineux clair, tirant sur le bleu-ciel, puis devenant d'un vert noir toujours mêlé de teintes claires; au centre est ordinairement un petit amas de limon muqueux, d'où rayonnent les filamens qui, plus longs à la fin que dans le *Tenioïdes*, sont d'un diamètre moitié moindre quoique encore assez fort. Nous avons aisément recueilli de ces rosettes pour l'herbier, surtout à l'endroit nommé la fontaine de Saint-Pierre ou bain des Pauvres, au pied des remparts de Dax. L'extrémité antérieure des filamens se recourbe sur l'un des côtés; les segmens y sont fort rapprochés; on dirait, sur les deux lignes parallèles que forment les parois du tube externe, la graduation de l'échelle de quelque carte géographique; de distance en distance assez régulièrement, et quelquefois avec une régularité parfaite, ces segmens, beaucoup plus sentis, forment de petits carrés longs à la suite des uns des autres, comme seraient des millimètres divisés en cinq ou six fractions égales très-finement exprimées. Leur couleur au plus fort grossissement est d'un vert bleuâtre. Nous n'y avons pas observé la substance colorante d'un rouge vif, passant au bleu par le violet qu'offre en si grande abondance l'*Oscillaria Mougeotii* qui croît quelquefois confusément avec elle. Le nom de *major* donné à cette espèce était en tout point impropre, car elle n'est pas la plus grande des Oscillaires, et nous avons conservé celui qu'elle portait dans nos collections depuis vingt ans, et que daigna agréer le docteur Grateloup, lors-

qu'habitant encore Dax, ce savant nous envoya une excellente figure de cette belle Plante, avec sa description très-bien faite.

OSCILLAIRE CRÉPUE, *Oscillaria gyrosa*, représentée par Turpin, d'après un dessin que nous lui avons communiqué dans le magnifique atlas du Dictionn. de Levrault (Végét. élém., fig. 5). Nous avons, ainsi que notre savant ami Grateloup, trouvé assez abondamment cette élégante Oscillaire sur les eaux froides stagnantes, particulièrement dans celles que contenaient les saignées faites dans le sol humide et qu'on appelle des rigoles. Elle est dans son entier développement durant l'automne, nage à la surface en formant de grands tapis noirâtres qui s'attachent aux branchages, aux feuilles mortes, et autres corps étrangers, tombés dans les mares. Quand l'eau demeure dans un parfait repos, les filamens qui sont onctueux au tact et excessivement fins, s'allongent jusqu'à six et dix lignes en se frisant de manière à former sur les bords des rosettes et des expansions qui en résultent des touffes crépues, et comme de petites mèches de cheveux qui convergent vers le centre, où l'Oscillaire s'épaissit en une masse compacte, et d'un noir brillant tirant sur la couleur d'indigo. En se desséchant sur le papier, elle y demeure fort élégamment crépée, y passe au bleu turquin et devient plus luisante qu'aucune autre. Ses filamens extrêmement fins paraissent diaphanes et à peine bleus au microscope; les articles y sont assez rapprochés et si peu marqués qu'on les distingue d'abord difficilement.

OSCILLAIRE DE MASCAREIGNE, *Oscillaria Mascarenica; Conferva (intermedia) filamentis aggregatis, simplicibus, cylindricis, atroviridibus fuscis*, Voy. dans quatre îles d'Af. T. II, p. 126. Nous avons anciennement recueilli cette Oscillaire dans des trous remplis d'eau saumâtre sur le rivage de Mascareigne, tout près de la mer vers l'embouchure de la rivière de Saint-Benoît. Elle y formait à l'ar-

,leur du soleil sans nuage de la torride, qui élevait l'eau stagnante à vingt-huit degrés au moins, des masses épaisses flottantes, d'un beau noir et qu'on eût pu prendre, plus que chez toute autre, pour des Taupes noyées. Préparée sur le papier, l'Oscillaire dont il est question, y parut être d'un beau vert noirâtre et oscilla vivement. Ses filamens acquirent promptement jusqu'à un pouce de longueur et se frisèrent à peu près comme le font ceux de l'*O. gyrosa*. Egalement luisans et un peu moins fins, leurs amas présentent assez de ressemblance avec ceux de l'espèce suivante. Vus au microscope, ils paraissent de la teinte qu'on nomme vert d'iris, et leurs articles ont à peu près les mêmes dispositions que dans l'*O. nigrescens*.

OSCILLAIRE LIMEUSE, *Oscillaria limosa*, *Flor. Dan.*, tab. 1549, fig. 2 (*optima*); Agardh, *Syst.*, p. 66, n° 23 (non le *limosa* de Lyngbye que nous rapportons au *Tenioides*); *an Oscillatoria Adansonii?* Vauch., p. 194, pl. 15, fig. 6; *Conferva gelatinosa, omnium tenerrima et minima, aquarum limo innascens*, Dill., *Musc.*, tab. 2, fig. 5. Dès le premier printemps, cette espèce forme, au fond des étangs, des fossés tranquilles et des retenues d'eau, des couches assez épaisses, mais bien moins que celles du *Tenioides* dont elle affecte le port et les habitudes en diminutif. Aux premiers jours chauds d'avril, on la voit surgir en masses polymorphes, arrondies, d'un à deux pouces de diamètre, remplies de limon au centre et de bulles d'air, répandant une forte odeur de marais et de camphre. Ces masses flottantes sont souvent si nombreuses que réunies en une sorte de tapis considérable du côté où les pousse le vent, joint au mouvement général de l'eau, elles encombrent la surface de cette eau au point qu'on n'y distingue plus que l'Oscillaire. Leur aspect est noir, mais si on les recueille dans des vases, on reconnaît que les filamens longs d'un bon pouce, très-distincts à l'œil désarmé, quoique bien plus fins que dans le *Tenioides* et le *Gratelupei*, y rayonnent en tout sens, et sont de la plus belle couleur verte foncée tirant au bleu d'aigue-marine ou de verdet. Quand on les agite pour les disjoindre, ces filamens tombent au fond des vases, mais ne tardent pas à s'y rapprocher les uns des autres en petites masses étoilées, formées de faisceaux divergens; bientôt le désordre est réparé et de nouvelles masses remontent à la surface pour y flotter. On peut, en continuant une espèce d'éducation, leur faire acquérir jusqu'à deux pouces; mais alors ils prennent un aspect gras et luisant qu'ils conservent sur le papier où leur beau vert s'altère et reluit. Nous n'avons jamais vu s'en échapper de substance colorante rouge ou bleue. Vus au microscope les filamens très-obtus, d'un plus fort diamètre que ceux du *nigrescens*, s'agitant vivement par oscillations angulaires sans sinuosités longitudinales, ont leurs segmens un peu moins rapprochés que ceux du *Tenioides*, et assez régulièrement pareils les uns aux autres. Leur couleur est d'un vert d'iris assez sale et beaucoup moins brillant que ne le ferait supposer la belle couleur des rosettes qui s'étendent gracieusement sur le papier. Cette espèce a été trouvée en Angleterre et en Danemarck; nous l'avons reçue comme recueillie à Lunéville par Mougeot; Vaucher l'a observée en Suisse, Grateloup à Dax. Elle abonde surtout aux environs de Bruxelles; herborisant dans les environs de Lille, en octobre, avec Desmazières, nous la retrouvâmes dans plusieurs grands fossés. C'est l'une des plus communes, aux environs de Paris, dans les eaux tranquilles, particulièrement dans la rivière des Gobelins.

OSCILLAIRE ARACHNOIDE, *Oscillaria arachnoidea*. Cette espèce que nous avons trouvée à Dax, dans l'été de 1813, formait, comme l'*O. Smaragdina*, sur le limon des eaux pures et stagnantes, si communes dans les Landes, des strates ou tapis veloutés d'un vert bleu presque noir, où les filamens très-fins, mais perceptibles pour de bons yeux, avaient d'une à trois lignes de longueur ; des bulles d'air s'y mêlaient et en faisaient comme dans tant d'autres espèces surnager quelques lambeaux rayonnant par les bords. Elevée dans des vases pleins d'eau entretenue fraîche, elle forma rapidement des rosettes d'une excessive ténuité et d'une étendue considérable, car il y en avait dont le rayon dépassait dix-huit lignes ; les filamens s'y étendaient toujours horizontalement à la surface, en s'y tissant au moyen des faisceaux divergens en éventail qui, partant du centre à la circonférence, semblaient se croiser en glissant les uns sur les autres. En s'allongeant ainsi ils ne cessaient point d'être distincts comme dans le *Smaragdina*, mais en devenant plus fins, ils demeuraient toujours visibles et subordonnés ; leur couleur passait au vert d'iris, quelquefois teint de jaunâtre, et ils finissaient par onduler et par se créper légèrement aux limités de la rosette qui par ce moyen demeurait fixément circonscrite. Ces rosettes ainsi que l'Oscillaire dans son état normal, prennent en séchant sur le papier une couleur charmante de vert foncé tirant au bleu avec un reflet brillant et gommé à la surface, à peu près comme il arrive aux espèces du genre *Leptomitus* d'Agardh, ou dans l'*Oscillatoria majuscula* de Lyngbye, qui ne nous paraît pas être une Oscillaire. L'aspect général de cette espèce suffirait pour la distinguer des mêmes états chez l'*Oscillaria Smaragdina*, qui en est l'espèce la plus voisine, et qui habite les mêmes lieux, quand l'examen microscopique ne viendrait pas rendre la différence évidente. Ici les filamens d'un diamètre un peu plus fort sont parfaitement transparens, ils ne paraissent avoir de coloré que leurs contours qui sont d'un vert sombre, obtus, ondulant obscurément, oscillant anguleusement d'une manière brusque. On reconnaît que les intervalles de leurs

segmens sont parfaitement carrés, encore que des lignes bien plus tranchées que dans le *Smaragdina* y alternent avec d'autres lignes parallèles à peine visibles, ce qui fait paraître chaque espace comme rayé transversalement ; on reconnaît à une ligne de foyer, que cette disposition est due à l'alternance des segmens des deux tubes intérieur et extérieur ; phénomène qu'on distingue plus facilement dans l'*O. arachnoidea* que dans toute autre. Quand les filamens sont desséchés sur le verre ou sur le talc du porte-objet, tous les segmens s'y dessinent également ; on ne distingue plus ceux qui étaient très-marqués des moins visibles qui alternaient avec eux ; on n'y trouve alors qu'une série de petits carrés translucide comme dans le *Smaragdina* vivant. Nous avons découvert cette belle espèce oscillant à la surface ombragée de pièces d'eaux tranquilles, aux environs de Bruxelles, durant le mois de septembre.

OSCILLAIRE ÉMERAUDINE, *Oscillaria Smaragdina*; *Oscillatoria viridis*, Vauch., p. 195, pl. 15, fig. 7 (à un grossissement insuffisant pour y distinguer les articulations) ; *Oscillatoria tenuis*, Lyngb., *Tent.*, p. 88 (sans figure) ; Ag., *Syst.*, p. 65, n. 20, dont la plupart des synonymes sont faux ; *Oscillatoria flexuosa*, Agardh, *Icon.*, tab. 10, fig. 1-3. (La figure 4 représente une Anabaine et doit être exclue ; la troisième offre encore des défectuosités.) Cette espèce, l'une des plus communes et des plus faciles à reconnaître, croît sur le limon, dans les eaux tranquilles et claires de tout marécage ou amas d'eaux, d'où s'exhale beaucoup de gaz hydrogène sulfuré ; aussi l'avons-nous trouvée autrefois dans la source qui est devenue pour la vallée de Montmorency à Enghien, l'objet de l'une des spéculations auxquelles se livrent avec une sorte de fureur certains entrepreneurs de bâtisses. Nous l'avons récoltée abondamment par les grandes chaleurs d'août sur diverses mares de Flandre et de Zélande, et particulièrement dans l'île de Sud-Bewland, aux environs de Caen en Normandie dans le mois de septembre, ainsi qu'à Bruxelles, sur la vase des étangs d'Ixelles et de Saint-Joss-Tenhoude, enfin dès le commencement de l'été dans tous les environs de Bordeaux. Nous l'avons retrouvée dans l'herbier de Draparnaud qui la nommait *Conferva tremelloides*, comme ayant été récoltée autour de Montpellier. Elle a été observée par Lyngbye dans le fond des ruisseaux du Danemarck. Elle forme d'abord comme une teinte d'un vert fort pâle qui bientôt produit un duvet du plus beau vert d'herbe devenant de plus en plus serré et brillant; muqueux au tact, il ne tarde point à retenir des bulles d'air qui, introduisant du limon dans son épaisseur, contribuent à faire surnager en lambeaux souvent assez considérables cette belle espèce, dont la couleur, dans l'état parfait, est celle de l'émeraude foncée, et qui, ne rayonnant pas de toutes parts autant que les espèces noirâtres, n'affecte jamais les formes de petits Animaux noyés et demeure toujours souillée des teintes de la vase dont les tas flottans sont pénétrés en plus grande quantité qu'aucune autre. Quand on élève cette belle Oscillaire dans des assiettes creuses, ses filamens paraissent si fins, qu'on ne les peut guère discerner, et atteignent de deux à six lignes de longueur; tous ces filamens oscillent çà et là rapidement, et, s'amincissant à mesure qu'ils rayonnent, ils finissent par s'éparpiller dans la masse de l'eau, au point que les tas, qu'on dispose sur du papier mouillé, et dont on favorise le développement en tenant ce papier constamment humide, n'y forment bientôt plus que des teintes d'un beau vert s'affaiblissant sur le bord des taches, dans lesquelles on ne distingue plus la moindre apparence des filamens qui s'y sont dispersés. Nous ne lui avons pas trouvé cette odeur camphrée ou de marais si forte dans l'*Anguina*, le *Tenioides* et même le *nigrescens*. Vus au microscope, ses filamens très-fins paraissent d'un vert bleuâtre des plus suaves et fort transparent. Les segmens, dont les espaces sont presque carrés, sont situés fort régulièrement à des distances égales à leur longueur, mais difficiles à discerner. Il faut un grossissement d'une demi-ligne pour les bien voir; encore peuvent-ils échapper à nos sens aidés du microscope dans les jeunes individus du commencement de l'été.

OSCILLAIRE DE MOUGEOT., *Oscillaria Mougeotii*; *Oscillatoria major*, Moug., *Stirp. Vosg.*, n. 596 (non celui de Vaucher); *Materia viridis thermarum*, Schreb. *in Jacq. Collect.* 1, pl. 171 (syn. rapporté par Agardh à son *Oscillatoria labyrinthiformis*, qui est la grande Anabaine du bassin de Dax); *Oscillatoria tenuis ß, calida*, Agardh, *Syst.*, p. 66. Cette belle espèce, l'une des plus faciles à reconnaître, a cependant été confondue avec plusieurs autres, et comme il lui fallait un nom, nous lui avons imposé celui du savant et modeste Mougeot, le premier des cryptogamistes de la France, et le plus infatigable explorateur des Vosges. Cet excellent naturaliste, trompé par l'habitat de l'Oscillaire que nous lui dédions, la prit pour le *major* de Vaucher (*Gratelupei*, N.) dont il diffère par la prodigieuse ténuité de ses filamens, par la disposition arachnoïde de ceux-ci quand ils s'étendent en rosettes, et par l'abondance de la matière colorante rouge et bleue qui s'y développe à certaines époques. Elle abonde dans les eaux de Plombières et d'Aix; nous en avons, dans l'hiver d'Austerlitz, trouvé des traces à Baden, près de Vienne en Autriche. Les eaux chaudes de Dax nous l'ont surtout présentée en abondance, et c'est en ce dernier lieu que Grateloup l'a soigneusement observée. On l'y trouve nageante à la surface des eaux où elle forme d'abord des toiles de la plus grande ténuité, d'un vert pomme passant au bleu, et semblables, pour la consistance, à des toiles d'Araignées. Dans cet état, elle enveloppe tous les corps étrangers du voisinage et s'épaissit bientôt à l'entour ; d'autres fois, elle tapisse le fond des bains en rampant contre leurs parois pour s'y tisser en tapis muqueux, toujours minces , et d'une couleur charmante. Les rosettes qu'elle compose sont parfois très-considérables ; nous en avons obtenu de quatre à cinq pouces de diamètre. C'est dans leur vieillesse, au centre des tas de limon qui en forment le noyau , que se développe , en si grande quantité, la substance colorante d'un rouge de sang alternativement bleue ou violette dont il a été question plus haut. Vus au microscope, les filamens, d'autant plus fins qu'on ne les pouvait discerner à l'œil désarmé, paraissent d'un vert tendre, absolument droits, si ce n'est vers l'extrémité où ils se courbent en un petit crochet fort prononcé. Les segmens visibles, quoique très-fins, sont à une distance égale au diamètre du filament les uns des autres, ce qui fait paraître leurs intervalles carrés. Nous n'y avons pu distinguer l'interne de l'externe. Cette Oscillaire, élevée dans des vases pleins d'eau, à la température extérieure, même quand elle est assez froide, a continué de prospérer, et a formé dans des assiettes creuses, de magnifiques rosettes qui, sur le papier, sont devenues, par le tissement des filamens, comme de grandes taches du plus beau vert ; ces rosettes ont fini par s'épaissir en membranes serrées, semblables à des Ulves, et qui adhèrent bien moins au papier que ne le font les filamens oscillans, lesquels semblent s'identifier avec les feuilles sur lesquelles on les prépare, comme le ferait une teinte de couleur passée avec le pinceau. Quelques échantillons sont devenus gris d'ardoise en se desséchant.

OSCILLAIRE ÉLÉGANTE , *Oscillaria formosa* (*V*. pl. de ce Dict. , Arthr. , fig. 5 , *h*, au grossissement de trois cents fois sous le nom d'*elegans*) ; représentée dans le superbe Atlas de Levrault , Végétaux élémentaires , fig. 5. Nous avons découvert cette charmante espèce au pays de Liége , durant les temps d'exil, le long de la rivière de Vesdre, au lieu où l'eau courante des Thermes de Chaufontaine s'y dégorgeait ; elle forme sur les pierres et la vase , aux endroits rapides des petites chutes, des tapis en touffes du vert de gris le plus brillant, avec des parties plus foncées , et tirant au noirâtre. Ces tapis se composent de membranes superposées, pénétrées de bulles d'air remplies de limon, et qui, lorsqu'on les a nettoyées, se montrent d'autant plus décolorées et jaunâtres, qu'elles sont inférieures. Hors de l'eau, l'Oscillaire élégante paraît presque noire , et sa surface est comme onctueuse et fort douce au toucher. Elevée dans des assiettes creuses, elle a rayonné avec une telle rapidité, qu'en une nuit du mois d'août, ses filamens se sont étendus à deux pouces tout autour, de sorte que nous avons pu en préparer des rosettes d'autant plus élégantes sur le papier, que leur couleur est celle du vert pomme mêlé à celui d'airain le plus brillant. Vus au microscope, ces filamens, qu'on a peine à suivre d'une extrémité à l'autre, tant ils s'étendent, sont d'un diamètre deux fois moindre que ceux de l'*O. favosa* qui croissait aux mêmes lieux. Très-transparens , à peine leur reconnaît-on une teinte extrêmement pâle d'émeraude ; les segmens , très-difficiles à distinguer , laissent entre eux des espaces carrés ; l'extrémité paraît tantôt obtuse, droite et vitrée, tantôt courbée en crochet latéral. On distingue , dans la longueur de certains filamens, des interruptions de matière colorante qui forment des espaces parfaitement vitrés. Leurs mouvemens sont rapides , ils ont lieu en tous sens, et paraissent d'autant plus remarquables, que la longueur des filamens leur donne parfois quelque chose de l'allure d'un Dragonneau (*Gordius*) des plus grands. C'est surtout ici qu'on voit de ces filamens inquiets ramper spiralement autour d'un filament voisin qui demeure droit, ou se replier sur eux-mêmes pour former des nœuds d'enlacement fort gracieux. Cette espèce nous a paru complétement inodore, et nous ne l'avons pas saisie émettant de substance colorante. Nous n'avons eu occasion de l'observer qu'en été.

Oscillaire membranacée, *Oscillaria membranacea*. Grateloup pense que cette espèce est la même que le *Conferva decorticans* de Dillwyn (tab. 25), ce que nous avons peine à croire, parce que l'auteur anglais donne à sa plante une fructification qui l'éloigne du genre dont il est question pour la rapprocher des Desmarestelles, et la porter conséquemment dans le domaine de la botanique. Notre savant correspondant de Dax l'a recueillie en pellicules de consistance trémelloïde, douce au toucher, d'un vert tantôt clair, tantôt foncé, comme diapré et moucheté de diverses teintes, vivant dans les eaux douces où elle recouvrait de vieux troncs, les racines et les tiges inondées et en désorganisation. Nous l'avons recueillie dans plusieurs ruisseaux des environs de Paris, notamment au Val, chez la comtesse Regnault de Saint-Jean-d'Angély, non loin des bords de l'Oise. Ses filamens sont longs, diaphanes, à segmens moins rapprochés que dans les *Tenioides*, mais beaucoup plus que dans l'*O. Smaragdina*; ils se tissent en membranes plus serrées et plus consistantes qu'aucune autre, oscillant légèrement sur le bord des membranes en une teinte d'un beau vert, mais ne dépassant jamais, dans les oscillations provoquées par la conservation dans des assiettes creuses, une ou deux lignes de longueur.

Oscillaire maritime, *Oscillaria æstuarii*, Lyngb., *Tent.*, p. 91, tab. 26, fig. e; *Lyngbya æruginosa*, Ag., *Syst.*, p. 74, n. 5. Cette espèce, dont Lyngbye lui-même nous a communiqué un échantillon, et qui se trouve parfaitement figurée par cet habile naturaliste danois, forme des expansions souvent très-considérables dans les fossés et les amas d'eau saumâtre au bord de la mer; ses filamens, aussi gros que des cheveux, sont d'un brun verdâtre, longs et très-entremêlés. Vus au microscope, le tube intérieur y est très-distinct, beaucoup plus étroit que l'extérieur sur les côtés duquel il laisse deux lignes longitudinales plus transparentes. Les segmens y sont aussi rapprochés que dans l'*O. Tenioides* avec des interruptions parfaitement transparentes. Elle est fort commune au printemps, le long des côtes méridionales de la Baltique et de la mer du Nord jusque dans la Manche.

Oscillaire trompeuse, *Oscillaria fallax*; *Oscillatoria scorigena*, Agardh, *Syst.*, p. 65, n. 17. De toutes les Oscillaires, celle-ci est la plus élégante et la plus variable dans les formes qu'affectent ses expansions, lesquelles consistent en une membrane brunâtre, muqueuse, semblable à du vieux parchemin mouillé, s'appliquant contre les corps humides, et dont les filamens, d'une excessive finesse, rayonnent le long des bords, ou s'allongent en pinceaux et en petites queues du plus beau vert de gris foncé. Ces filamens investissent souvent les Conferves voisines, au point de leur donner l'aspect d'une Thorée, ce qui nous induisit autrefois en erreur, en nous faisant figurer et décrire sous le nom de *Thorea viridis* (Ann. du Mus. T. 13, p. 154, pl. xviii, fig. 5) un composé de Conferves et de filamens de l'Oscillaire dont il est question, coloré du vert le plus vif. Nous l'avons trouvée en l'an V de la république, recouvrant des scories submergées dans les cours d'eau rapides des forges de Pontens au canton de Marensin, dans le département des Landes. Nous l'avons depuis retrouvée dans plusieurs ruisseaux où le courant étant assez fort, les filamens, qui obéissaient à sa rapidité, formaient des traînées longues de plusieurs pouces, gracieusement et sans cesse agitées. Nous n'avons pu en obtenir de rosettes. Nous en possédons un échantillon de l'herbier de Draparnaud que ce botaniste, si l'on s'en rapporte à son annotation, avait recueilli dans les environs de Montpellier.

OSCILLAIRE RACCROCHEUSE, *Oscillaria Meretrix*. On trouve cette Oscillaire sur les cascades, dans les torrens, aux lieux où le courant est le plus rapide, formant des masses épaisses, comme spongieuses, remplies de limon qui, s'y amoncelant, finit par déterminer, avec les membranes tissées par les filamens, des boules mamelonnées, diaprées de vert foncé et de teintes vaseuses jaunâtres. Une chute d'eau, à Oro, sur les bords du Leug, petite rivière des environs de Dax, en est ordinairement presque toute couverte. Delastre l'a récoltée en des sites analogues, dans les ruisseaux rapides, aux environs de Poitiers. Nous n'avons pu parvenir à faire rayonner les filamens autour des masses que nous en avons préparées pour l'herbier; ces filamens sont du même diamètre que ceux de l'*O. Smaragdina*, très-entremêlés, obtus, avec leurs segmens éloignés, et formant des espaces à peu près carrés.

OSCILLAIRE PAPYRINE, *Oscillaria papyrina*. Nous avons trouvé cette espèce sur des pièces de bois et sur les planches des parois, aux écluses des moulins où le courant est le plus rapide, mais que l'eau ne lave pas sans cesse. Elle y forme une membrane mince comme une feuille de vélin, d'un vert brillant, et n'adhérant pas au papier. Nous n'avons jamais réussi à faire rayonner complétement ses filamens qui sont courts, obtus, fort entremêlés, se mouvant en lignes courbes, et dont les segmens assez distans, forment une suite de petits carrés. Commune aux environs de Paris et en Belgique, nous l'avons retrouvée dans l'herbier de Draparnaud, comme venant aussi des environs de Montpellier.

OSCILLAIRE TOILE, *Oscillaria Tela*. Nous aurions cru reconnaître dans cette espèce l'*Oscillatoria subfusca* de Vaucher et de Lynghye, si cette dernière n'était pas représentée, par nos prédécesseurs, totalement dépourvue d'articles. Dans notre Oscillaire qui forme des couches membraneuses très-serrées contre les pierres et les pièces de bois, dans les canaux de moulins, les filamens sont bruns, très-entremêlés, d'un diamètre plus considérable que ceux du *nigrescens*, et fortement articulés. Leur extrémité est amincie en pointe diaphane; le tube interne est très-distinct, d'où vient que les articulations sont alternativement prononcées ou moins senties. Outre les mouvemens oscillatoires et de torsion qui s'y reconnaissent facilement, les extrémités se contournent souvent en spirale lâche par des mouvemens anguins fort remarquables; ils s'allongent d'une à deux lignes sur les bords des membranes déchirées quand on les élève quelque temps dans des vases. L'*O. nigrescens* s'y mêle parfois, ce qui lui donne alors une physionomie particulière dont le microscope rend aisément raison.

OSCILLAIRE DES ROCHERS, *Oscillaria rupestris*, Agardh, *Syst.*, p. 65, n. 11; *Oscillatoria subfusca*, β, *atra*, Lyngb., *Tent.*, p. 88. On trouve cette Oscillaire sur les parois des torrens, contre les rochers où suinte de l'eau, et quelquefois aux mêmes lieux que l'*O. Meretrix* dans toute l'Europe, depuis la Norvége jusque sur les versans septentrionaux des Pyrénées. Nous l'avons particulièrement recueillie près du pont d'Orthez, dans le département des Pyrénées-Occidentales, en hiver, la veille de la bataille qui fut donnée sur les hauteurs de cette ville. Elle forme des plaques muqueuses, luisantes, d'un vert noir, souvent fort étendues, qui se déchirent et tombent par écailles, englobant de la terre et beaucoup de malpropretés. Elle n'adhère que très-imparfaitement au papier.

OSCILLAIRE PARESSEUSE, *Oscillaria torpens*; *Batrachospermum hematites*? De Cand., *Flor. Fr.*, *Suppl.*, p. 9, n. 14. Grateloup a remarqué cette espèce dans les environs de Dax; nous l'avons retrouvée aux environs de Paris et en Belgique, dans le courant rapide des torrens et des prises d'eau des moulins. Requien, botaniste d'Avignon, nous l'a communiquée comme venant des environs de la ville, que ce savant explore avec autant d'activité que de succès. Elle forme, dans l'interstice des pierres, des mamelons d'un beau vert, remplis de vase d'où rayonnent en tous sens des filamens extrêmement courts qui n'oscillent pas sur le papier où l'on a essayé de les fixer. Ces filamens sont d'un diamètre très-considérable par rapport à leur taille qui est fort courte; ils sont fort obtus; à peine y peut-on distinguer le moindre mouvement; les segmens y sont disposés en carrés, le tube interne s'y distingue aisément de l'externe, et l'orifice inférieur par où ils se fixent est des plus visibles.

Oscillaire Cuir, *Oscillaria Corium*; *Oscillatoria Corium*, Lyngb., *Tent.*, p. 89; Agard., *Syst.*, p. 64, n. 14. Cette espèce forme, sur les pierres des ruisseaux et des torrens, dans les contrées montagneuses, des plaques serrées, souvent assez étendues, dont le tissu est compacte, plus ou moins épais, comme du cuir ou du parchemin mouillé, d'un bleu noirâtre ou verdâtre à la face externe qui offre quelquefois les teintes du chocolat, et qui n'est pas aussi muqueuse que dans les autres Oscillaires; elle devient de plus en plus brunâtre dans l'intérieur et en dessous où se forment des strates de limon et des membranes dans lesquelles on ne reconnaît plus les moindres traces d'organisation. Les filamens qu'on ne peut que très-difficilement faire osciller dans les assiettes creuses où n'existe pas le courant nécessaire pour faire prospérer l'Oscillaire, sont très-serrés, fort minces, ne paraissant pas plus gros, à demi-ligne de foyer, qu'une soie de porc ou qu'un gros cheveu; les intervalles des segmens y sont presque carrés, peu prononcés et transparens. Leurs mouvemens, très-lents, se bornent à quelques flexions courbes, ou de temps en temps, mais rarement, on distingue quelques oscillations brusques. Lyngbye donne l'*Oscillaria Corium*, comme se trouvant en Norvége. Mougeot l'a découverte sur les rochers, dans les ruisseaux des Hautes-Vosges. Nous l'avons recueillie et observée aux environs de Spa, en été, dans le torrent de la Géroustère.

Oscillaire laineuse, *Oscillaria? lanosa*. N'ayant point examiné au microscope cette belle espèce lorsqu'elle était vivante, c'est avec doute que nous la plaçons dans le genre dont il est question; mais, quoique desséchée, elle présente, dans notre collection, toutes les fois qu'on en mouille des fragmens, les caractères des Oscillaires; on dirait les filamens du *Tenioides*, pour le diamètre; la couleur, le rapprochement des segmens, la disposition des deux tubes externe et interne, le premier étant parfaitement vitré, et le second coloré absolument comme dans la figure 5 de l'une de nos planches d'Arthrodiées, qui donne une idée parfaitement exacte du grossissement de notre Oscillaire laineuse. Nous avons recueilli cette belle espèce à l'Ile-de-France, dans le conduit de l'aqueduc qui traverse monumentalement, comme un pont à plusieurs arches, la grande rivière à gauche du grand chemin en allant du Port nord-ouest aux plaines de Wilheins; elle formait des masses floconneuses, du plus beau vert noir, retenues dans les jets de *Dufourea tristica*, qui croissaient sur les parois à peu près comme le *Fontinalis antipyretica* croît dans nos eaux; nous l'avions étiquetée dans notre herbier où Agardh l'a vue, *Conferva barbata*, mais nous n'y avions pas écrit que notre prétendue Conferve vînt des rivages de l'île de Mascareigne. C'est pourtant comme marine et de ce pays que l'algologue de Lund la donne pour synonyme de son *Lyngbya crispa* (*Syst.*, p. 74), qui est une Plante des mers du Nord. Beaucoup moins muqueuse au tact que les autres Oscillaires, sa consistance est néanmoins molle; ses filamens très-entremêlés ne se collent pas si étroitement aux doigts ou n'adhèren pas aussi fortement au papier; ils paraissent devoir être extrêmement longs et fort crépus. N'ayant pas songé dans le temps à élever cette espèce dans des vases remplis d'eau, nous ne savons pas si elle y eût oscillé. Les échantillons que nous en avons préparés, ressemblent à des flocons de laine très-fine, teinte en vert dragon lustré où les filamens ondulant, légèrement crépus et entremêlés, ont deux à trois pouces de longueur; elle aurait beaucoup de ressemblance avec la suivante, qui présente la même consistance, si en se desséchant elle perdait sa belle couleur érugineuse foncée pour passer au marron noirâtre.

Oscillaire drapée, *Oscillaria pannosa*. De toutes les Oscillaires où nous avons cru, au premier aspect, reconnaître cette espèce, pas une ne s'est trouvée la même quand nous les avons examinées avec attention. Nous ne la possédons encore que d'une fontaine très-pure de Montpellier, située au lieu appelé le Pérou. Elle y abonde vers la fin de l'été et en automne, et y tapisse les pierres en gazons plus ou moins arrondis, très-denses, d'un vert érugineux pendant leur jeunesse, et d'un olivâtre foncé dans leur dernier état. Quelquefois les plaques qu'elle forme sont vertes au centre, et couleur d'olive à la circonférence. Les filamens sont assez gros pour être bien visibles à l'œil nu; longs de deux à cinq lignes, d'un aspect plus rigide que chez toutes les autres espèces; s'appliquant fortement par leur base contre la roche pour y osciller, et finissant par se tisser en un feutre épais, extrêmement compacte, qui, englobant des matières terrestres, devient dur au toucher. Ce feutre peut être détaché en morceaux qui, préparés pour l'herbier, y prennent la consistance et la couleur d'un drap marron, tirant au noir lustré, au point que, taillés en carré, on les prendrait pour de ces échantillons de drap que les maîtres tailleurs et les fabricans appliquent sur leurs cartes de montre. Vu au

microscope, le tube interne est très-distinct et moitié moindre que l'extérieur, au milieu duquel il forme une ligne brunâtre où les segmens sont très-rapprochés. L'*Oscillatoria lævigata* de Vaucher ou *Retzii* d'Agardh est l'espèce, mentionnée par les auteurs, qui nous paraît avoir le plus de rapports avec celle dont il vient d'être question, mais nous n'osons prononcer sur l'identité.

Oscillaire solitaire, *Oscillaria solitaris*. Nous n'avons pas trouvé les filamens de cette Oscillaire réunis en tapis muqueux, en plaques feutrées, ni en membranes; aussi ne le reconnaît-on point à la vue simple; le microscope, à de forts grossissemens, nous en a seul révélé l'existence. On l'observe quelquefois sur les tubes des Conferves, dans les eaux douces et stagnantes, où la réunion de quelques filamens, rapprochés par leur base, forme de petits faisceaux divergens; mais le plus communément, ces filamens vivent isolés, et on ne les surprend que par hasard sur le porte-objet; ils ont tout au plus une demi-ligne ou une ligne de longueur; les segmens s'y distinguent très-bien; leurs intervalles forment des carrés réguliers qui sont alternativement translucides et légèrement colorés. Il est cependant de ces filamens qu'on dirait être de verre, tandis que d'autres sont entièrement d'un vert pâle. Cette espèce se courbe sinueusement en divers sens, elle oscille même parfois, et replie son extrémité assez distinctement, sous l'œil de l'observateur, pour qu'on ne la puisse confondre avec une Conferve naissante.

Oscillaire vibrionide, *Oscillaria Vibrionides*. D'après les descriptions que donne Vaucher des *Oscillatoria alba*, p. 198, n. 10, et *tenuissima*, n. 11, l'une et l'autre conviennent à l'espèce qui va nous occuper, et n'en paraissent être que divers états; les figures qu'a fait graver le savant genevois de ces deux Oscillaires étant insuffisantes d'ailleurs pour fixer nos doutes. Le nom de

Vibrionides indique la prodigieuse agilité de l'Oscillaire à qui nous l'avons imposé. De Saussure découvrit cette espèce dans les Thermes d'Aix, formant sur les plaques veloutées de ce qu'il croyait être la Trémelle d'Adanson, comme une espèce de moisissure blanche. C'est absolument sous la même apparence que nous l'avons retrouvée à Chaufontaine, dans le pays de Liége, parmi les tapis que formait dans l'eau chaude les *Oscillaria formosa* et *favosa*. A peine visible, elle ne se manifeste que par une sorte de pénombre nuageux ou comme par un enduit de blanc d'œuf, ainsi qu'un duvet grisâtre transparent, très-court. Vus au microscope, les filamens, excessivement nombreux et pressés dans le moindre fragment qu'on place sur le porte-objet, ne paraissent pas, au grossissement de cinq cents fois, plus épais que le plus fin cheveu, ce qui, joint à leur diaphanéité complète, rend extrêmement difficile l'étude de leur organisation. Ce n'est qu'à l'aide des ombres, qu'une grande habitude du microscope apprend à jeter en dessous, en remuant le miroir réflecteur, qu'on parvient à discerner que le tube interne y est manifeste, que les segmens forment au moins des carrés par leur distance, et qu'ils se montrent tantôt très-régulièrement pareils, ou alternativement plus forts ou moins marqués, comme dans quelques grandes espèces, à cause du défaut de rapport entre la situation des deux tubes quand l'un glisse dans l'autre. Il arrive que dans certaines positions on croirait apercevoir à l'intérieur de l'Oscillaire Vibrionide une série de petits points noirâtres, mais ce n'est qu'une illusion d'optique. L'agilité de cette Oscillaire est surprenante, ses filamens s'agitent tantôt par de longues et molles sinuosités, tantôt se courbant en tous sens comme le ferait un Dragonneau (*Gordius*) ou les Vibrions de la pâte et du vinaigre ; ils semblent vouloir se dégager violemment de la masse dont ils font partie, et de la mucosité qui transsude des grandes espèces entre lesquelles ils vivent. Nous n'avons jamais pu parvenir à en isoler des échantillons qui pussent, sur le papier, donner une idée suffisante de cette espèce, la seule qui soit mal conservée dans notre herbier.

Oscillaire de Pharaon, *Oscillaria Pharaonis*. Nous devons à la générosité du savant Mougeot la connaissance de cette singulière espèce qui parut, en février et mars de l'année 1825, renouveler dans les lacs de Neufchâtel et de Morat, en Suisse, celle des plaies d'Egypte où les eaux furent changées en sang. De Candolle, qui en eut avis, publia une Notice sur l'Oscillatoire nouvelle qu'il proposait d'appeler *Oscillaria purpurea*, nom qui eût entraîné quelque confusion, puisque nous avons vu d'autres espèces se colorer en pourpre. Ici notre Psychodié ne se colore pas, mais il colore ; ses filamens, dont la structure n'a pas été observée au microscope, sont excessivement fins, d'abord invisibles à l'œil nu, mais y devenant appréciables en se crépant sur les bords de plaques et de rosettes flottantes ; ils y ressemblent à de petites mèches onduleuses comme dans l'*O. gyrosa* dont le *Pharaonis* aurait assez l'aspect frisé et luisant, du moins dans l'un des échantillons qui nous furent envoyés, si la couleur n'y était toute autre. Il s'en échappe une teinte rougeâtre qui colore le papier. Il paraît que, vivante, cette Oscillaire, qu'on n'avait précédemment pas remarquée, était d'un assez beau rouge, et cette teinte a passé, par la dessiccation, à des nuances de lilas plus ou moins pures.

Telles sont les espèces du genre Oscillaire que nous avons observées par nous-même, et dont nous publierons incessamment une Monographie avec des figures où seront représentés les filamens grossis de chacune avec l'ensemble de l'Oscillaire vivante dans l'eau, et desséchée dans l'herbier. Nous en avons exclu l'*Oscillatoria Flos-Aquæ* des auteurs, et le *labyrinthiformis* d'Agardh qui sont des Anabaines. Le *Chtonoplastes* est le type du genre *Microcoleus*. Quant aux *O. torta*, *distorta*, *majuscula*, *Confervicola* et *Zostericola* de Lyngbye, ce sont évidemment des Confervées. Nous ne terminerons pas cet article sans mentionner le travail d'un professeur bavarois qui, poussant plus loin que nous l'idée de l'animalité des Oscillaires, en a fait des Vibrions, sans avoir peut-être jamais examiné un seul de ces Animaux, mais parce que Müller, lors de ses premiers essais sur les Microscopiques, avait son *Vibrio vegetalis* qui nous paraît devoir être rapporté à l'*Oscillaria Adansonii*.   (B.)

OSCILLARIÉES. ᴘꜱʏᴄʜ. Famille de l'ordre des Arthrodiées dans la seconde classe du règne intermédiaire à l'animal et au végétal dont nous avons proposé l'établissement sous le nom de Psychodiaire (*V.* ce mot et ʜɪꜱᴛᴏɪʀᴇ ɴᴀᴛᴜʀᴇʟʟᴇ). Les Oscillariées ne formaient d'abord qu'une tribu, lorsque avançant prudemment, et comme à tâtons dans l'étude des infiniment petits, nous n'avions fait des Arthrodiées (*V.* ce mot) qu'une simple famille. Les caractères généraux par lesquels on les peut distinguer du reste des Phytozoaires consistent dans les filamens dont se composent leurs espèces ; ces filamens sont essentiellement simples, étant un individu cylindrique, constitué par deux tubes articulés, disposés l'un dans l'autre et dont l'intérieur contient une matière colorante plus ou moins intense. Les associations que forment les Oscillariées sont toujours pénétrées ou enduites d'une mucosité dans laquelle leurs filamens exercent des mouvemens spontanés très-distincts plus ou moins vifs et variés. Ces mouvemens spontanés, toujours individuels, consistent dans certain mode d'oscillation plus ou moins brusque, et de flexion, d'enlacement ou de reptation, qui ne laissent nul doute sur l'animalité des êtres qui les

peuvent faire, animalité que contestent seuls les écrivains qui font de l'histoire naturelle sur ouï-dire, plus que d'après l'examen des objets. On a comparé ces mouvemens à ceux qui singularisent quelques parties de plusieurs Phanérogames, tels que les *Hedysarum gyrans*, le *Dionea muscipula* ou le *Mimosa pudica;* mais il suffit d'avoir suivi les Oscillariées dans divers états pour juger combien est fausse une telle comparaison. Les mouvemens que se donnent les filamens des Oscillariées, finissant par les mêler, il en résulte des tissus feutrés, souvent fort épais et aussi solides qu'un morceau de drap ou qu'un parchemin mouillé. Ces tissus se composent de lames qui se superposent, où tout mouvement cesse, et qui présentent une organisation approchant plus ou moins du réseau des Hydrodicties et même de feuilles de Végétaux compliqués. On ne connaît point d'Oscillariée qui ne soit aquatique ou du moins à qui beaucoup d'humidité ne soit indispensable pour vivre. Les eaux douces ou saumâtres en nourrissent beaucoup, mais il n'existe guère de véritables Oscillariées dans la mer où l'agitation considérable des vagues disperserait leurs filamens trop peu liés par le mucus environnant.

Tandis que la plupart des Oscillariées habitent les fontaines très-froides, il en est qui se plaisent dans les eaux thermales où elles supportent jusqu'à cinquante degrés de chaleur. Parmi les espèces auxquelles une pareille température est habituelle et favorable, il en est cependant qui n'en continuent pas moins à croître dans l'eau refroidie ; d'un autre côté, plusieurs de celles qu'on trouve dans les sources fraîches et dans les marais profonds peuvent prospérer quand on chauffe le fluide qui les nourrit.

Aucune espèce d'Oscillariée ne reprend l'apparence de la vie quand elle en a été une fois privée. Préparées sur du papier pour l'embellissement de l'herbier, ou desséchées contre les rochers et la vase qui leur servait de support durant leur vie , ou les remouillerait en vain ; les filamens se décomposeraient dans l' … plutôt que d'y recouvrer leur fl… ilité et surtout que d'y osciller j… mis. Ce point de leur histoire doit … re soigneusement noté. Une erreur de Spallanzani , qu'ont reproduite sans examen la plupart des personnes qui se mêlent de micrographie sans s'être beaucoup servies du microscope ou sans trop savoir s'en servir, fit croire à la résurrection des Rotifères et autres Animalcules, et comme la plupart des Agames et des Cryptogames, dans la botanique, ont, quand on les mouille, même long-temps après qu'ils furent desséchés, la faculté de reprendre leur souplesse, on se hate d'en conclure que vers les limites des deux règnes la vie se pouvait ôter et restituer au moyen de quelques gouttes d'eau. On chercha , dans une faculté imaginaire, un rapport naturel entre des choses qui ne présentent pas de rapports. Les Plantes des degrés inférieurs, en paraissant revivre , joüissent d'une propriété qui les rend propres à être élégamment préparées et observées en tout temps, mais dès que le moindre symptôme d'animalité s'est manifesté dans une créature de forme phytoïde, le même phénomène n'a plus lieu. La vie y est l'effet de causes tellement complexes, que son apparence même ne peut reparaître, et c'est l'un des caractères qui séparent le mieux les Psychodiés des Végétaux avec lesquels on les confondait naguère. Les Confervées et les Céramiaires, dont l'aspect a le plus de rapport avec celui des Oscillariées , sont peut-être , de toutes les Cryptogames, celles qui reviennent le mieux , et leur résurrection fictive n'est pas moins que la privation de mouvemens locomoteurs dans leurs filamens , une manière sûre de les distinguer. D'ailleurs ces Plantes ont besoin pour se développer de s'enraciner contre les corps inondés comme elles , ce qui n'a pas lieu pour les Oscillariées parmi lesquelles on a conséquemment mal à propos inter-

callé jusqu'ici les espèces que nous avons précédemment réunies sous le nom générique de Desmarestelles (*V*. ce mot). Les Desmarestelles parasites des Zostères ressemblent aux Oscillariées comme les Chauve-Souris ressemblent aux Oiseaux ; le vulgaire seul s'arrête à ces fausses similitudes qui n'ont pas la moindre importance scientifique.

Quatre genres bien constatés composent, dans l'état actuel de nos connaissances , la famille des Oscillariées telle que nous l'avons établie en 1822 dans le tome 1er du présent Dictionnaire, p. 593 ; ces genres sont : *Dilwynella*, *Oscillaria*, *Microcoleus* et *Anabaina*. Nous ajouterons quelques mots à ce qui a été dit de ceux de ces quatre genres dont l'ordre alphabétique appela précédemment l'histoire.

Le nom de Vaginaire, que nous avions imposé au troisième de ces genres, n'a pas dû être adopté, et sur des observations judicieuses d'un naturaliste flamand , nous lui avons substitué celui de Microcoleus qu'il porte maintenant. Desmazières ajoute aux échantillons qu'il donne sous le n. 55, dans ses Fascicules, une bonne figure grossie du *Microcoleus terrestris*, où les filamens qui se dégagent des gaînes sont représentés très-droits et comme roides. Il pense que celle que nous avons fait graver dans les planches de ce Dictionnaire , représente ces filamens trop flexueux. Lorsque le *Microcoleus terrestris* oscille, ces filamens sont effectivement rectilignes comme les peint Desmazières. Lorsque leurs faisceaux rampent, les filamens s'y contournent en tous sens et sont très-flexueux. Quant à la manière plus ou moins marquée dont se terminent les gaînes, il faut savoir que celles-ci furent originairement des filamens, que chaque filament, en se dilatant pour en émettre intérieurement et parallèlement d'autres, deviendra à son tour une gaîne, et qu'en raison du temps qui se sera écoulé entre la rupture de cette gaîne à son extrémité et l'émission de ce qu'elle renfermait, le limbe du déchirement sera plus ou moins détérioré, et conséquemment plus ou moins arrêté et visible. Ce mode de propagation est un genre d'accouchement.

On doit, dans l'intérêt de la science et dans un esprit de vérité, signaler comme détestable la figure grossière que donne F.-F. Chevallier du *Microcoleus terrestris*, dans le premier volume d'une compilation de Plantes prises comme au hasard dans tous les livres, et qu'il intitule Flore des environs de Paris. En général, tout ce qui, dans les planches de ce malheureux Essai, n'a pas été calqué sur Vaucher, sur Bulliard et même sur le vieux Dillen, est aussi faux et mauvais que les planches des Hippoxylons du même auteur sont exactes et belles. La confiance que nous avons dans les observations du savant Vaucher nous avait fait adopter l'idée que l'espèce dont il est question reprenait au moins l'apparence de la vie quoiqu'elle eût été desséchée, et nous avions reproduit cette erreur dans l'article où le genre *Microcoleus* se trouve traité. Nous avons depuis inutilement essayé de rappeler les *Microcoleus* à leur premier état de fraîcheur. Un Psychodié n'en recouvre pas même l'apparence, ainsi que nous l'avons dit plus haut.

On doit rapporter à notre seconde espèce, *Microcoleus maritimus*, la figure donnée par Turpin dans le magnifique Atlas de Levrault sous le nom d'*Oscillaria triappendiculata*, où ce que le savant peintre a regardé comme des appendices, sont les filamens internes commençant à sortir des tubes qui deviennent des gaînes.

Le genre *Anabaina* s'est accru d'une espèce fort remarquable par le voyage que notre confrère Gay a fait aux Thermes de Néris d'où ce botaniste nous a rapporté une substance muqueuse, formée de lames superposées, étroitement appliquées les unes contre les autres, parallèles, membraneuses, rampant à la surface des corps inondés au fond des sources chaudes, en masses épaisses qui se mamelonnent, se bossellent, s'élèvent ou se creusent en forme de petites chaînes anfractueuses que nous ne pouvons mieux comparer, pour les formes, qu'à cette Suisse en relief dont il a été question dans notre article MONTAGNE (T. XI, p. 167); aussi proposerons-nous d'appeler l'espèce rapportée par Gay *Anabaina monticulosa*. La surface extérieure y est du beau vert érugineux, propre à la plupart des autres Oscillariées; cette couleur se dégrade dans l'intérieur de l'Anabaine dont les couches inférieures sont jaunâtres, transparentes, et comme seraient des fragmens de cartilages bien mouillés, après avoir été long-temps desséchés. Vus au microscope, les filamens très-fins et serrés présentent une grande ressemblance avec ceux de l'*Anabaina thermalis* de Dax. Ce Psychodié encombrerait les eaux du lieu qui le produit si l'on ne s'en servait confusément avec la boue qui le supporte pour frotter le corps des malades que leurs rhumatismes appellent aux bains. On éprouve, dit-on, les plus salutaires effets d'une telle pratique.

Desmazières, dans ses Fascicules cryptogamiques du nord de la France, a donné, avec ses échantillons de notre *Anabaina terrestris* sous le n° 54, une fort bonne figure des filamens grossis de cette espèce; mais nous croyons qu'il est dans l'erreur lorsqu'il dit qu'on n'y trouve pas des articles plus renflés de distance en distance puisque lui-même en représente de tels. En effet, les pénultièmes articles qui sont renflés dans plusieurs des filamens grossis de Desmazières devaient, si leur croissance n'eût été interrompue, se trouver suivis de dix à douze globules de taille ordinaire après lesquels serait venu un article renflé. Le botaniste de Lille a prononcé sur l'examen d'individus qu'il n'a pas suivis jusqu'à leur dernier développement; quoi qu'il en soit, nous le répétons, la figure de Desmazières est fort bonne et doit être conséquemment adoptée.

On ne peut admettre dans la famille des Oscillariées les genres *Calothrix*, *Lyngbya*, *Bangia* et *Sphæroplea*, qu'Agardh range à la suite de ses Oscillatoires dans sa tribu des Oscillatorinées, parce que de tels groupes se composent à tort ou à travers de Plantes véritables fixées par des racines ou empâtemens à des supports contre lesquels on les voit former, non des feutres, mais des gazons où nul mouvement spontané n'a jamais lieu.   (B.)

OSCILLATOIRE. *Oscillatoria*. PSYCH. Nom substitué par Vaucher à celui d'Oscillaire, *Oscillaria*, qui avait été précédemment donné au genre de Psychodiés qui est devenu le type de la famille des Oscillariées. *V.* ce mot.   (B.)

*** OSCILLATORINÉES.** *Oscillatorinæ*. PSYCH. En 1824, dans son petit *Systema Algarum*, Agardh a ainsi dénaturé le nom que nous avions imposé à la famille des Oscillariées quand nous l'établîmes en 1822. C'est ainsi qu'au moyen de l'addition ou de la soustraction d'une ou deux lettres dans un nom précédemment adopté, F.–F. Chevallier a imaginé, dans un Catalogue de Cryptogames entassés au hasard, sous le titre de Flore des environs de Paris, de substituer la lettre N., comme titre de propriété à l'initiale de tous les botanistes dans les ouvrages desquels il puisa les matériaux de sa compilation.   (B.)

OSCINE. *Oscinis*. INS. Genre de l'ordre des Diptères, famille des Athéricères, tribu des Muscides, établi par Latreille et auquel il donne pour caractères : trompe membraneuse, bilabiée, rétractile, portant deux palpes presque filiformes ; antennes en palettes, comprimées, plus courtes que la face de la tête, insérées au sommet du front, écartées, avancées, un peu inclinées, de trois articles ; le second et le troisième presque de la même longueur ; celui-ci presque ovoïde ou presque orbiculaire, arrondi au bout, avec une soie simple sur le dos ; corps et pates peu allongés ; balanciers découverts ; ailes grandes, couchées l'une sur l'autre ou peu écartées ; sommet de la tête paraissant seul être coriace ou écailleux, et en forme de triangle. Ce genre, qui appartient à la famille des Micromyzides de Fallen, est très-difficile à circonscrire, et Latreille a beaucoup varié à son égard dans ses divers ouvrages ; il se distingue des Calobates, parce que ceux-ci ont le corps allongé avec les pates grêles, et que leur tête est ovoïde ou globuleuse. Les Téphrites en sont séparés par leur tête, par les proportions des antennes, et surtout parce que les femelles ont à l'abdomen, une tarière propre à introduire les œufs dans les Végétaux ; enfin le genre Otite, que Latreille avait réuni aux Oscines, en est séparé par des caractères tirés de la consistance plus ou moins coriace de la tête et de la forme de cette tête. Les Oscines ressemblent beaucoup aux Mouches, tant par leur forme et leur port, que par leurs habitudes ; leur corps est un peu plus allongé et peu velu ; leur tête est moins arrondie et plus avancée, et leurs cuillerons sont très-petits. On les rencontre sur les Arbres et sur les feuilles de divers Végétaux. Les larves de quelques espèces attaquent les substances les plus utiles à l'Homme, telles que les Plantes céréales, et font éprouver de grands dommages à l'agriculture. Ce genre est assez nombreux en espèces ; mais peu sont bien connues. Nous citerons :

L'OSCINE RAYÉE, *O. lineata*, Fabr. ; *Musca saltatrix*, L. ; *Musca lineata*, Schellemb., Dipt., t. 4, f. 1 ; longue de deux lignes ; corps presque entièrement jaunâtre ; corselet rayé de noir ; dernière pièce des antennes presque orbiculaire, beaucoup plus grande que la précédente, avec une soie menue et noirâtre. Cette espèce est très-commune aux environs de Paris.   (G.)

OSEILLE. BOT. PHAN. Sous la dénomination d'*Acetosa*, Tournefort constitua un genre qu'adopta Linné, en lui opposant le nom de *Rumex*. *V.* ce mot. L'Oseille des Jardins ou Grande Oseille, *Rumex Acetosa*, L., n'en est qu'une espèce qu'on trouve sauvage dans nos prés, ainsi que la Petite Oseille, qui est le *Rumex Acetosella*, et qui croît aux lieux stériles. On a étendu ce nom d'Oseille à beaucoup d'autres Plantes, etc., et appelé :

Oseille de Brebis, le *Rumex multifidus*.

Oseille des Bois, ou simplement Oseille dans les Colonies, diverses Bégones.

Oseille de Bucheron et Petite Oseille, l'*Oxalis Acetosella*, L.

Oseille de Cerf, le *Rhexia Alifanus*.

Oseille de Guinée, l'*Hibiscus Sabdariffa*, et le *Basella rubra*.

Oseille du Malabar, une Bégone.

Oseille ronde, le *Rumex scutatus*.

Oseille rouge et sanguine, les Rumex colorés en sang.

Oseille de Saint-Domingue, l'*Oxalis frutescens*.

Oseille a trois feuilles, diverses autres Oxalides, notamment l'Alleluia ou Petite Oseille, etc. (B.)

OSIER. bot. phan. Nom vulgaire des Saules, dont les rameaux flexibles sont employés à divers usages agricoles, comme pour faire des paniers, des liens, etc. On a appelé Osier bleu le *Salix Helix*, et Osier fleuri, l'*Epilobium angustifolium*, L. (B.)

OSILIN. moll. (Adanson, Sénég., pl. 12.) Syn. de *Trochus tessellatus*, L. (B.)

OSKAMPIA. bot. phan. Mœnch avait imposé ce nom générique à une Borraginée placée dans les *Lycopsis* par Lamarck, et dans les *Anchusa* par divers auteurs. De Candolle en a fait une espèce de son genre *Nonea*, sous le nom de *Nonea lutea*. *V.* Nonée. (G..N.)

OSMANTHUS. bot. phan. Loureiro (*Flor. Cochinchin.*, 1, p. 35) établit sous ce nom un genre qu'il plaça dans la Diandrie Digynie, L., et qui ne comprenait qu'une espèce cultivée dans les jardins de la Cochinchine. Dans une observation placée à la suite de l'établissement de ce genre, l'auteur lui-même avoue que sa Plante pourrait bien se rapporter au *Moksei* de Kœmpfer (*Amœnit. exot.*, p. 844), dont Thunberg (*Flor. Japon.*, p. 18) a fait son *Olea fragrans*. Ce rapprochement, que Loureiro n'a pas adopté à cause du style double de l'*Osmanthus*, a été confirmé par Willdenow et les auteurs modernes. En conséquence l'*Osmanthus fragrans* de Loureiro est définitivement synonyme d'*Olea fragrans*, Thunb., *loc. cit. V.* Olivier. (G..N.)

* OSMAZOME. chim. org. Le principe aromatique du bouillon de la viande avait été signalé autrefois par Thouvenel ; mais c'est le célèbre chimiste Thénard qui l'a fait connaître sous le nouveau nom d'*Osmazome*, sans néanmoins l'avoir amené à l'état de pureté. On l'obtient en traitant par l'Alcohol concentré, la viande écrasée dans un mortier, et en laissant évaporer spontanément la liqueur filtrée. L'Osmazome est sous forme d'extrait, ayant l'odeur de la viande et contenant des matières étrangères au principe odorant, qui le colorent et lui donnent la propriété de précipiter le nitrate d'argent. Proust a rapproché l'Osmazome de l'Acide caséique ; il a observé entre ces substances une grande similitude, et il a considéré la première comme un Acide tout formé dans les viandes rouges fraîches. (G..N.)

OSMERUS. pois. *V.* Éperlan.

OSMIE. *Osmia*. ins. Genre de l'ordre des Hyménoptères, section des Porte-Aiguillons, famille des Mellifères, tribu des Apiaires, division des Apiaires solitaires dasigastres, établi par Panzer et adopté par Latreille, avec ces caractères : antennes filiformes, à peine plus grosses vers leur extrémité, presque coudées, plus courtes que le corselet dans les femelles ; mandibules très - fortes, triangulaires dans les femelles ; mâchoire et lèvre longues, formant, réunies, une fausse trompe fléchie en dessous ;.languette longue et linéaire. Quatre palpes ; les maxillaires très-petits, presque coniques, de quatre articles ; les labiaux semblables à des soies écailleuses, de quatre articles, dont les deux premiers très-grands et les deux de l'extrémité très-petits. Labre en carré, long et perpendiculaire ; premier article des tarses postérieurs très-grand, comprimé, garni de duvet au côté interne. Abdomen des femelles presque ovoïde, convexe en dessus, garni en dessous d'une brosse soyeuse et pollinifère. Ailes supérieures, ayant une cellule radiale, allongée, et deux cellules cubitales, dont la seconde reçoit les deux nervures récurrentes. Les Osmies se.distinguent des Cératines, Chélostomes, Hériades et Stélides, parce que ces genres ont le corps étroit et allongé, avec l'abdomen oblong, tandis que les Osmies sont plus courtes et plus ramassées. Les Anthidies s'en distinguent par leurs palpes maxillaires, qui ne sont composés que d'un seul article. Les Mégachiles diffèrent des Osmies, parce que leurs palpes maxillaires n'ont jamais que deux articles, et par d'autres caractères tirés des ailes et de la forme du corps. Les antennes des Osmies prennent leur insertion vers le milieu de la hauteur de la face antérieure de la tête et un peu sur les côtés ; elles sont filiformes ou à peine et insensiblement plus grosses vers le bout, coudées ou rejetées sur les côtés, et formant un angle au second article ; jamais plus longues que le corselet, même dans les mâles, et leur extrémité ne dépassant pas l'origine des ailes. Le nombre de leurs articles est de treize dans les mâles, et de douze dans les femelles. Les yeux sont ovales ou elliptiques ; les petits yeux lisses sont rapprochés en triangle sur le vertex. Le chaperon des mâles offre souvent une touffe de poils blancs ou grisâtres. Le labre est crustacé, tombe perpendiculairement entre les mandibules et recouvre et garantit la fausse trompe. Les mandibules sont cornées, grandes, avancées, triangulaires, raboteuses ou striées, et souvent pubescentes en-dessus. La tête est verticale, arrondie, épaisse, mais plus petite dans les mâles. Le corselet est presque globulaire, un peu plus long que large, et tronqué aux deux bouts ; l'abdomen a la forme d'un ovoïde tronqué et excavé en-dessus, à sa base ; il est convexe en-dessus, plane en dessous, et plus ou moins courbé à son extrémité postérieure ; le ventre des femelles est tout garni en dessous de poils épais, soyeux, droits, mais inclinés en arrière, disposés par rangées transverses, et composant une sorte de brosse que l'Insecte passe et repasse sur les étamines des fleurs, afin d'enlever ainsi leur pollen. Ces femelles sont armées d'un aiguillon très-fort. Les pates sont de longueur moyenne, mais assez robustes, et toujours plus ou moins garnies de petits poils. Les deux postérieures ont deux épines très-fortes ; à leur extrémité, les autres n'en ont qu'une. Les tarses sont longs, avec le premier article beaucoup plus grand, comprimé, en carré long ; garni intérieurement de poils fins, courts et nombreux, ou d'une sorte de duvet. Le genre Osmie avait été compris par Linné dans son grand genre Apis. Kirby, dans son travail sur les Abeilles d'Angleterre, l'en a distingué, mais ne l'a considéré que comme une coupe de son genre Apis. Fabricius, dans son système des Piézates, confondit les Osmies dans son genre Anthophore, que Latreille avait nommé, bien avant lui, Mégachile ; Jurine, se servant du caractère tiré des ailes supérieures, a confondu les Osmies, les Anthophores de Fabricius, ses Anthidies, ses Dasypodes et quelques Eucères, sous le nom de Trachuse ; Panzer a le premier séparé des Anthophores, les espèces qui forment aujourd'hui le genre dont nous nous occupons; Klug a formé avec les Osmies de Panzer trois genres : *Anthophore*, *Oplitis* et *Amblys*, dont deux n'ont pas été adoptés.

Les mœurs des Osmies ont été observées par Réaumur, Degéer, Spinola et Latreille ; en général, plusieurs sont maçonnes, et ont souvent deux ou trois cornes sur le chaperon, qui paraissent leur être de quelque usage dans la construction de leurs nids; elles cachent ces nids dans la terre, les fentes des murs, les trous des portes ou autres boiseries des maisons, et quelquefois même dans des coquilles d'Hélix. Ces nids sont toujours bâtis avec un mortier que l'Osmie femelle va chercher, quelquefois très-loin du lieu où elle les construit, et qu'elle humecte avec une liqueur gommeuse qu'elle rend par la bouche. D'autres Osmies coupent des pétales de fleurs et en font des cellules. Toutes placent au fond de leur cellule une quantité de pâtée suffisante pour la nourriture d'une larve, déposent leur œuf dessus et bouchent la cellule avec le même mortier qui a servi à la construire. La pâtée qu'elles mettent dans ces cellules est composée d'un mélange de pollen de fleurs et de miel. Ces observations ont été faites sur quelques espèces de France que nous allons citer, en donnant plus de détails sur leurs habitudes. Latreille divise ce genre ainsi qu'il suit :

† *Chaperon des femelles cornu.*

OSMIE CORNUE, *Osmia cornuta*, Latr., *Gen. Crust. et Ins.*; *Megachile cornuta*, ibid., Hist. Nat. des Ins., etc.; *Apis bicolor*, Vill.; *Apis bicornis*, Oliv.; *Apis rufa*, Rossi, le mâle; *Apis bicornis*, id., la femelle, Réaum., Mém. T. VI, p. 86, tab. 8, f. 11, la femelle. Longue d'environ sept lignes, noire, très-velue, avec l'abdomen bronzé, tout couvert de poils roux; chaperon relevé au bord antérieur, et présentant deux cornes pointues, situées une de chaque côté, simples et ar-

quées. Mâle ayant les antennes presque aussi longues que la tête et le corselet. Devant de la tête et première paire de pates ayant des poils blancs et les mêmes couleurs que la femelle. Cette Osmie construit son nid dans la cavité de quelque pierre ou d'un mur ; elle ne se sert pas d'un mortier très-dur, parce qu'il lui est inutile, puisque les endroits où elle construit son nid sont à l'abri de la pluie. Elle recouvre de terre les parois de la cavité qu'elle a choisie, et n'y laisse de vide que l'espace nécessaire pour contenir la provision de pâtée devant servir à l'accroissement de la larve qui doit naître de l'œuf qu'elle confie à cette cellule. Comme l'entrée des cavités qu'elle choisit n'est jamais exactement juste de la grandeur de son corps, l'Osmie femelle la rétrécit en attachant de la terre à son bord intérieur, et laisse au milieu un trou bien circulaire. La pâtée a la consistance de bouillie; le miel a un goût fort agréable. Chaque cellule étant fournie suffisamment de pâtée, et renfermant un œuf, est fermée avec le même mortier qui a servi à la construire. L'Insecte parfait paraît dans les premiers jours du printemps. Il est très-commun aux environs de Paris. Une autre espèce très-voisine et aussi commune que la précédente (*Osmia bicornis*), construit son nid dans les trous du bois, dans les troncs d'arbres, les planches, etc. Réaumur l'a observée dans une porte de la cuisine de sa maison de campagne à Charenton ; il fut étonné de son peu de timidité. Cette Osmie s'empara d'un trou qui avait servi autrefois à laisser passer une grosse vis qui tenait la serrure; elle y apporta de la terre, dont elle se servit pour enduire les parois internes, pour remplir une partie de la capacité et pour rétrécir l'entrée du trou qu'elle avait trouvée trop grande. Il lui était indifférent que le battant de cette porte fût ouvert ou fermé ; le mouvement des domestiques qui entraient et sortaient ne l'inquiétait nullement, et elle venait toujours à son trou comme si elle avait été privée. Quand elle eut rempli son tru de pâtée, elle le scella par les eux bouts, après y avoir déposé ses œufs.

†† *Chaperon sans corne dans les deux sexes.*

OSMIE BLEUATRE, *Osmia cærulescens*, Latr., Panzer, *Faun. Germ.*, fasc. 55, tabl. 18, la femelle; *Apis cærulescens*, L.; *Anthophora cyanea*, Fabr., la femelle; *Andræna cærulescens*, Fabr., la femelle; *Anthophora ænea*, Fabr., le mâle; Abeille maçonne, etc., Degéer, Mém. T. II, p. 751, tab. 30, f. 25, la femelle, et tabl. 52, f. 1, le mâle. Longue de quatre lignes, d'un bleu foncé ou violet, avec des poils blanchâtres; dessus de l'abdomen presque nu, avec des raies blanches, en partie interrompues; brosse du ventre noire et épaisse. Le mâle est d'un vert bronzé foncé et luisant, avec les poils de la tête et du corselet d'un gris jaunâtre; les autres tirent sur le blanc. L'abdomen est presque globuleux, plus nu et plus luisant; le bord postérieur de l'avant-dernier anneau est arrondi et entier; l'anus est armé de trois épines assez longues, droites, parallèles, écartées et presque égales. Cette espèce construit son nid avec de la terre et sur les murs exposés au soleil. Degéer trouva plusieurs de ces nids dans les inégalités d'un mur bâti de grosses pierres de granit; ils avaient la forme de plaques ovales, relevées en bosse, et ayant la couleur de l'argile. En les examinant de près, il s'aperçut qu'elles étaient composées de terre et de sable mêlés ensemble, et formant une masse assez solide; mais qu'on les détachait assez facilement avec la pointe d'un couteau, et qu'elles tombaient en poussière pour peu qu'on les touchât trop rudement. Ayant ouvert un de ces nids au mois de mai, il vit dans son intérieur deux ou trois cellules, remplies chacune d'une coque ovale de soie, d'un blanc sale, et qui renfermait une Osmie pleine de vie et prête à quitter sa coque. Ces nids avaient été construits l'année précédente. Il trouva un autre nid fait de la même manière, dans une couche épaisse d'argile, mêlée de chaux, dont on a coutume, dans le pays, d'enduire les parois des maisons de bois. Ce nid renfermait dans une grande cavité intérieure, une larve sans pates, d'un bleu jaunâtre, ayant le corps gros et court, la tête écailleuse, arrondie et armée de deux petites dents, à extrémité brune. Le derrière de cette larve était gros, arrondi, et marqué d'un petit trait brun et transversal, que Degéer soupçonne être l'anus. Cette larve passa tout l'hiver sous cette forme, et ne se transforma en nymphe qu'au commencement de juin de l'année suivante. Cette nymphe était entièrement d'un blanc de lait; son corps était court, gros, dodu, avec l'abdomen un peu courbé en dessous. Les antennes et les pates étaient arrangées régulièrement sous le corps. Les fourreaux des ailes et la trompe étaient très-apparens. Latreille a rencontré souvent le nid de cette Osmie à Meudon et à Montmartre, aux environs de Paris, dans les terrains coupés à pic.

OSMIE DU PAVOT, *Osmia Papaveris*, Latr., *Gen. Crust. et Ins.*; *Megachile Papaveris*, Latr., Hist. Nat. des Ins., etc.; l'Abeille Tapissière (*Apis Papaveris*), Latr., Hist, Nat. des Fourmis, et Mém., p 302, tab. 12, f. 1, la femelle; Coqueb., *Illust.*, etc., déc. 3, tab. 21, f. 14; Réaum. T. VI, p. 131 et suiv., pl. 13 fig. 1-11; *Anthophora bihamata*, Panzer; Andrène Tapissière, Oliv. Longue d'un peu plus de quatre lignes, noire; mandibules tridentées; tête et corselet hérissés de poils d'un gris roussâtre; abdomen gris soyeux en dessous; anneaux bordés de gris en dessus; le second et le troisième ayant en devant une ligne imprimée et transversale. Cette espèce, une des plus intéressantes à connaître, à cause de son industrie admirable, avait échappé aux recherches des naturalistes, parce que Réaumur ne s'était pas assez attaché à la décrire exactement dans son immortel ouvrage. Latreille sentant bien qu'on ne pouvait découvrir cette espèce qu'en renouvelant les observations de Réaumur, et en la trouvant dans son nid, fit des recherches aux environs de Paris, et ne tarda pas à rencontrer, dans un champ peuplé de Coquelicots, quelques trous bordés de rouge ; il se mit en embuscade près de ces trous, et vit bientôt arriver l'Abeille Tapissière dont Réaumur a si élégamment tracé l'histoire. « Le premier travail de l'Abeille Tapissière, dit Latreille, est de creuser dans la terre un trou perpendiculaire, qui m'a paru n'avoir que trois pouces de profondeur, quoique Réaumur lui en donne plus de sept, cylindrique à son entrée, puis évasé et ventru au fond, ressemblant à une espèce de bouteille. Le terrier une fois préparé, l'Abeille le consolide, pour éviter l'éboulement, avec des pièces en demi-ovale qu'elle a coupées, par le moyen de ses mandibules, sur des pétales de fleurs de Coquelicots, et qu'elle a transportées à son habitation. Elle y fait entrer ces pièces en les pliant en deux, les développe, les étend le plus uniment possible, et les applique sur toutes les parois intérieures de la cavité, même avec une apparence de superfluité, puisque cette tapisserie en déborde l'ouverture de quelques lignes, et forme tout autour un ruban couleur de feu. La tenture achevée, une espèce de pâtée, composée de poussière d'étamines, de fleurs de Coquelicot, mêlée d'un peu de miel, est déposée avec l'œuf d'où naîtra la larve, qui doit la consommer dans le fond de cette retraite. L'extrémité antérieure de la tapisserie qui débordait, est repliée en dedans et refoulée ; le nid est fermé ; un monticule terreux le recouvre, et à la faveur de cet ingénieux artifice, l'habitant solitaire de cette maison croîtra tranquillement jusqu'à ce qu'il quitte sa sombre demeure pour aller jouir de l'éclat du jour, et faire pour d'autres ce qu'on a fait pour lui. L'Abeille ne creuse pas toujours un trou pour chaque petit. J'ai vu qu'elle met très-souvent un second nid sur le premier ou celui du fond, qui se raccourcit par cette pression, et n'a guère que cinq lignes de longueur. On trouve communément cette Osmie autour de Paris, sur les hauteurs de Gentilly, à Meudon, etc. »

Les mœurs d'une autre espèce de la même division (*Osmia gallarum*), ont été observées par Spinola, et diffèrent tellement de celles des espèces que nous venons de faire connaître, qu'elles méritent que nous en disions un mot : elle vit dans le midi de la France et en Italie, s'empare de la cavité qu'une espèce de Cynips laisse dans des galles fongueuses qu'il a produites sur une espèce de Chêne, et en fait le domicile de sa postérité. L'habitation primitive du Cynips étant trop petite, l'Osmie l'agrandit considérablement et en polit l'intérieur. Le local ainsi préparé, elle y fait son nid, consistant en plusieurs petites cellules presque cylindriques, placées confusément, et dont chacune renferme un œuf. Le nombre de ces cellules est de douze à quinze ; quelquefois, mais rarement, il est porté à vingt-quatre. Des brins de feuilles de Chêne, agglutinées au moyen d'une matière résineuse, en forment les parois intérieures.

Le genre Osmie se compose d'à peu près trente espèces, toutes propres à l'Europe. Si l'on ne considérait que leurs habitudes, on pourrait les diviser en deux groupes, dont l'un renfermerait celles qui sont maçonnes, et l'autre celles qui coupent les feuilles.

(G.)

OSMITES. BOT. PHAN. Linné fonda sous ce nom un genre qui appartient à la famille des Synanthérées et à la Syngénésie frustranée. Il le composa de plusieurs espèces que l'on ne regarde plus aujourd'hui comme congénères. En effet l'*Osmites bellidiastrum*, L., est devenu le type du genre *Relhania* de l'Héritier, ou *Lapeyrousia* de Thunberg ; l'*Osmites* *camphorina*, L., est restée seule dans le genre *Osmites*; l'*O. astericoides*, L., indiqué déjà par Gaertner comme un genre particulier, a été nommé *Osmitopsis* par Cassini. Ainsi réformé, le genre *Osmites* offre pour caractères principaux : involucre composé de folioles imbriquées, scarieuses ou herbacées; réceptacle légèrement convexe, muni de paillettes linéaires-oblongues et concaves; calathide radiée, dont le centre se compose de fleurons hermaphrodites et fertiles, et la circonférence de demi-fleurons stériles, à languette lancéolée très-entière; akènes petits, ovoïdes, comprimés et bordés par une légère membrane, couronnés d'une aigrette formée de plusieurs paillettes courtes et pointues. Cassini a placé ce genre dans la tribu des Anthémidées.

L'*Osmites camphorina*, L., Lamk., Ill., tab. 865, fig. 1; Séba, Mus., 1, tab. 90, f. 2, a une tige haute d'environ un pied, simple, ligneuse, garnie de feuilles sessiles, alternes, assez nombreuses, étroites, lancéolées, un peu dentées à leur base, couvertes, de même que la tige, d'un duvet fin et cotonneux. La calathide est solitaire au sommet de la tige; son disque est jaune, ses rayons blancs et les paillettes du réceptacle teintes de bleu à leur sommet. Toutes les parties de cette Plante exhalent une forte odeur de camphre, d'où Linné a dérivé les noms générique et spécifique. Elle croît au cap de Bonne-Espérance. La saveur piquante et l'odeur forte de l'*Osmites camphorina*, sont des qualités physiques tellement prononcées qu'on serait tenté de croire aux vertus merveilleuses attribuées à cette Plante par les médecins du cap de Bonne-Espérance. On l'applique en sachets sur les parties enflammées, particulièrement sur l'estomac dans les coliques. Thunberg assure même l'avoir employée avec succès dans l'apoplexie et la paralysie. On en prépare une teinture qui est usitée, sous le nom d'Esprit de Paquerette, contre la toux et l'aphonie. Comme cette Plante est assez rare, on lui substitue l'*O. astericoides*, qui possède des propriétés moins énergiques.   (G..N.)

OSMITOPSIS. BOT. PHAN. Genre de la famille des Synanthérées, et de la Syngénésie frustranée, L., établi par Cassini (Bulletin de la Société Philom., octobre 1817, p. 154) qui l'a placé dans la tribu des Anthémidées, et l'a ainsi caractérisé : involucre égal aux fleurs du disque, composé de folioles placées à peu près sur trois rangs, et ovales; les extérieures plus grandes; réceptacle convexe garni de paillettes nombreuses, aussi longues que les fleurs; calathide radiée, dont le centre est composé de fleurons nombreux, réguliers, hermaphrodites, et la circonférence de demi-fleurons stériles; akènes privés d'aigrette, pourvus seulement d'un bourrelet ou rebord qui entoure un grand nectaire placé sur le sommet de chaque akène; la base du tube de la corolle s'élargit considérablement après la fécondation, phénomène qui se présente dans plusieurs autres Anthémidées. C'est par l'absence de l'aigrette que le genre *Osmitopsis* diffère surtout de l'*Osmites*: Il a pour type l'*O. astericoides*, L., et Burm., *Plant. afric.*, p. 161, tab. 58; Séba, *Mus.*, 1, tab. 16, f. 4. C'est un Arbrisseau élevé d'environ un mètre, dont les branches nues, épaisses et cylindriques, se divisent en d'autres plus petites, cotonneuses, garnies de feuilles éparses, sessiles, un peu épaisses, lancéolées, aiguës, dentées vers le sommet, couvertes de poils jaunâtres, un peu glanduleux à la base. Les calathides sont sessiles à l'extrémité des rameaux; elles ont le disque jaune et les rayons blancs. Cette Plante croît au cap de Bonne-Espérance.   (G..N.)

OSMIUM. MIN. Ce Métal, découvert par Tennant, qui n'a pu l'obtenir que sous la forme d'une poudre d'un noir bleuâtre, existe dans la nature à l'état de combinaison avec l'*Iridium*, et se rencontre en petits grains brillans parmi ceux de Platine brut du Choco, en Amérique, et de Kuschwa, dans les monts Ourals en Sibérie. *V.* Iridium Osmiuré.

(G. DEL.)

OSMODIUM. bot. phan. (Rafinesque.) Syn. d'*Onosmodium. V.* ce mot.

(B.)

OSMONDARIA. bot. crypt. (*Hydrophytes.*) Genre établi par Lamouroux, dès 1813, dans les Annales du Muséum, pour une Fucacée très-rare de la Nouvelle-Hollande, dont les caractères sont: fructifications fort petites, oblongues, pédicellées, situées au sommet des feuilles; feuilles entièrement couvertes de mamelons, pédicellés, épinoux, se touchant presque tous. Lamouroux ajoute à cette phrase caractéristique la description suivante: « Si les Plantes phanérogames de la Nouvelle-Hollande nous étonnent chaque jour par la singularité de leur forme, la mer qui baigne les côtes de cette cinquième partie du globe, aussi riche que la terre, nous offre également des Thalassiophytes qui se refusent à toutes nos classifications: ce genre, composé d'une seule espèce, en est un exemple. D'une tige anguleuse et rameuse, fixée aux rochers par une racine à empâtement, sortent des feuilles pétiolées, planes, dentées, lancéolées, partagées par une nervure longitudinale, de laquelle s'élèvent de nouvelles feuilles semblables aux premières par leur forme quoique plus petites. Elles sont entièrement couvertes, excepté sur la nervure, de petits mamelons épineux, pédicellés, se touchant presque tous, et rendant la surface des feuilles semblable à celles des Osmondes. Les fructifications allongées en forme de siliques, situées en plus ou moins grand nombre au sommet des feuilles, sont si petites, qu'on les confond quelquefois avec les mamelons. Cette petitesse m'a empêché de voir si les graines qu'elles renfermaient, étaient des tubercules ou des capsules? La couleur de la Plante vivante m'est inconnue; la dessicca-

tion l'a rendue noire. Sa grandeur varie d'un à trois décimètres; elle paraît être bisannuelle ou vivace. » La seule espèce du genre est l'*Osmondaria prolifera*, représentée dans la pl. 11, fig. 4-6 de l'Essai sur les Thalassiophytes. Agardh, sans motifs suffisans, a substitué le nom de *Polyphacum* à celui d'*Osmondaria*, mais l'antériorité doit l'emporter, et l'innovation de l'algologue de Lund ne nous paraît pas heureuse.

(D.)

OSMONDE. *Osmunda.* bot. crypt. (*Fougères.*) Ce genre, d'abord créé par Tournefort pour l'Osmonde royale, reçut de Linné une grande extension et devint l'un des plus hétérogènes de la Cryptogamie. Toutes les Fougères, en effet, dont les frondes fertiles plus ou moins déformées, étaient en grande partie couvertes de capsules, se rangèrent dans ce genre *Osmunda* sans égard ni à la disposition réelle de ces capsules, ni à leur structure. Swartz, Smith, et quelques autres botanistes modernes, en établissant les genres parmi les Fougères sur des caractères plus précis et plus naturels, ont débrouillé ce chaos. Plusieurs espèces dont les capsules sont pourvues d'un anneau élastique se sont rangées parmi les divers genres de la tribu des Polypodiacées; tels sont l'*Osmunda crispa* qui est ou un Ptéris ou un genre particulier voisin des Ptéris; l'*Osmunda spicans* qui appartient au genre *Blechnum* ou plutôt au *Lomaria*; l'*Osmunda Struthiopteris*, type du genre *Struthiopteris*; d'autres sont devenues le type de genres particuliers dans la tribu même des Osmondacées, et forment les genres *Anemia; Lygodium, Todea, Mohria;* enfin plusieurs espèces composent le genre *Botrychium* de la tribu des Ophioglossées. Les véritables Osmondes sont des Fougères dont les capsules lisses, sans aucune trace d'anneau élastique ni de disque strié, se divisant jusqu'à moitié en deux valves, sont portées sur un très-court pédicelle et réunies en très-grand nombre sur des frondes dont le limbe est avorté; elles forment ainsi des panicules rameuses, dans lesquelles on ne reconnaît le plus souvent que la disposition générale des frondes sans trouver de trace de l'expansion membraneuse qui les forme dans l'état stérile; quelquefois cependant des pinnules à peine déformées portent des capsules nombreuses sur leur bord comme on l'observe quelquefois sur l'*Osmunda regalis*. Toutes les espèces du genre *Osmunda* ainsi limité sont propres à l'hémisphère boréal et aux régions froides ou tempérées de cet hémisphère. L'*Osmunda regalis* est commune dans presque toutes les parties de l'Europe; c'est sans aucun doute la plus belle de nos Fougères indigènes; elle croît en touffe épaisse, formant une sorte de corbeille ou de gerbe dans les marais un peu tourbeux; ses feuilles, deux ou trois fois pinnées, sont plus grandes que celles d'aucune autre espèce de nos contrées; une partie de ces frondes se terminent par des grappes rameuses, formées de capsules nombreuses d'abord d'un jaune verdâtre, ensuite d'un brun marron. Deux espèces très-peu différentes entre elles et de celles qui habitent nos climats ont été trouvées par Thunberg au Japon. L'Amérique septentrionale en possède quatre dont une, l'*Osmunda spectabilis*, diffère très-peu de l'espèce d'Europe; les trois autres s'éloignent beaucoup plus, par leur taille et par la forme de leurs frondes, de l'*Osmunda regalis*. Les genres qui ont le plus d'analogie avec les Osmondes sont : les *Todea* que R. Brown réunit même aux *Osmunda* et qui n'en diffèrent qu'en ce que les capsules sont insérées à la face inférieure de la fronde non déformée; les *Anemia*, dont les capsules sont surmontées d'une calotte striée, et ne sont insérées que sur les deux divisions inférieures déformées des frondes; enfin les *Botrychium* dont l'aspect a quelque analogie avec les *Osmunda*, mais qui en diffèrent essentiellement par leur cap-

sule sessile, et même en partie plongée dans le tissu de la fronde, doublée par une membrane particulière, enfin par le mode de développement tout-à-fait différent de celui des autres Fougères et analogue à celui des Ophioglosses. *V.* ces mots. (AD. B.)

* OSMUNDULA. BOT. CRYPT. (Plumier.) Syn. de *Lastrea calcarea*, N., qui était le *Polypodium calcareum* des auteurs. (B.)

OSMYLE. *Osmylus.* INS. Genre de l'ordre des Névroptères, famille des Planipennes, tribu des Hémérobins, établi par Latreille aux dépens du genre *Hemerobius* de Linné et de Fabricius et n'en différant que parce que le dessus de la tête porte trois petits yeux lisses, tandis que les Hémérobes n'en ont pas. Les articles des antennes sont un peu plus cylindriques dans les Osmyles que dans les Hémérobes; enfin le dernier article des palpes est un peu plus allongé. Ce genre ne renferme qu'une espèce; c'est :

L'OSMYLE TACHETÉ, *Osmylus maculatus*, Latr.; *Hemerobius fulvicephalus*, Will., Ent., t. 2, tab. 7, f. 7; *Hemerobius maculatus*, Fabr. Cette espèce est une fois plus grande que l'Hémérobe Perle; son corps est noirâtre avec la tête et les pates rougeâtres; les ailes sont grandes, velues; les supérieures et la côte des inférieures sont tachetées de noir. On trouve cette espèce aux environs de Paris, dans les lieux aquatiques. (G.)

* OSORIUS. INS. Genre de Coléoptères Brachélytres, de la tribu des Longipalpes, mentionné par Latreille (Familles Naturelles du Règne Animal), et dont les caractères ne sont pas encore publiés. Ce genre avoisine les Oxytèles. (G.)

OSPHRONÈME. *Osphronemus.* POIS. Genre de la famille des Squammipennes, dans l'ordre des Acanthoptérygiens de la méthode ichthyologique de Cuvier, caractérisé par les écailles qui couvrent, non-seulement la base de toutes les nageoires verticales, mais encore les membranes branchiostéges et la tête entière; la bouche est petite avec des dents très-courtes, disposées en velours, mais très-courtes; leur préopercule et leur sous-orbitaire sont finement dentelés sur leurs bords; enfin, et c'est ce qui les fait reconnaître, un des rayons de leurs ventrales forme une soie articulée aussi longue que tout leur corps, et semblable à l'antenne de certains Insectes : « Nous conservons aux Osphronèmes, dit Lacépède (Pois. T. III, p. 117), le nom générique qui leur a été donné par Commerson dans les manuscrits duquel nous avons trouvé la description et la figure de ce Thoracin. » H. Cloquet, dans le Dictionnaire de Levrault, dit que ce nom vient du grec et signifie *odorer*, mais il ne dit pas ce qu'odorer veut dire; nous ne trouvons ce mot dans aucun livre écrit en français. Deux sous-genres contiennent le peu d'Osphronèmes connus.

† Osphronèmes, où se remarquent plusieurs épines à la dorsale, et une à chaque ventrale en dehors du long brin.

Le Gouramy, écrit *Goramy* et *Gorany* dans quelques ouvrages; *Osphronemus olfax*, Lac., *loc. cit.*, pl. 8, f. 2. Ce Poisson est originaire de la Chine; il se trouve, dit-on, également dans les eaux douces des îles de la Sonde, notamment à Batavia; il paraît n'être pas étranger aux étangs du Bengale, mais il y serait rare si l'on s'en rapporte, dit toujours Lacépède, « à l'excellent citoyen Cossigny. » La délicatesse de sa chair détermina quelques gastronomes du siècle dernier à transporter le Gouramy dans les eaux de l'Ile-de-France; il y a vécu, et s'y est reproduit assez abondamment, pour fournir de beaux individus à la poissonnerie du port Nord-Ouest, mais de notre temps les Gouramys n'étaient point naturalisés dans le pays, on n'en trouvait pas dans les rivières, et Mascareigne en manquait absolument. Les plus gros Poissons de cette espèce, dont nous

avons mangé notre part sur les tables recherchées, n'étaient guère plus gros qu'une forte Carpe du Rhin; mais on assure que dans les grandes eaux de sa patrie originaire le Gouramy acquiert jusqu'à six pieds. Nous avons peine à le croire; quoi qu'il en soit, la réputation de délicatesse qu'a méritée si bien cet Animal, ayant fait du bruit en Europe, on trouve dans le Dictionnaire de Levrault (T. xxxvii, p. 14) que « M. le chevalier Moreau de Jonnès, membre correspondant de l'Académie royale des sciences, a proposé à S. E. Monseigneur le ministre de la marine d'envoyer des Gouramys aux colonies d'Amérique, où le climat semble propre à en laisser perpétuer la race. Cette idée a été accueillie avec rapidité. En effet vers la fin de l'année de 1819, cent individus de cette espèce de Poissons ont été embarqués. Pendant la traversée beaucoup d'entre eux sont devenus aveugles, mais il n'en est mort que vingt-trois. Cayenne a ainsi reçu vingt-cinq de ces Poissons, le reste a été partagé entre la Guadeloupe et la Martinique. Dans la première et la dernière de ces colonies ils ont déjà multiplié. » Cependant le nom du véritable bienfaiteur de l'humanité qui porta, le premier, en Europe, la Pomme de terre, demeure ignoré, mais la postérité saura que le chevalier Moreau de Jonnès eut le premier l'idée de proposer à S. E. Monseigneur le ministre de la marine de porter des Poissons de luxe aux Antilles; elle saura, selon l'expression de H. Cloquet (p. 14), « qu'un vœu fait dans des intentions si pures a été réalisé; disons plus, ajoute l'écrivain qui attache une si haute importance à ce que les Gouramys d'eau douce voyagent sur mer, quels avantages inappréciables n'en retireront point les malades dans les hôpitaux! Tout fait espérer que bientôt on en pourra distribuer abondamment la chair aux hôpitaux militaires dans les contrées où les feux d'un soleil toujours ardent, etc., etc. »

Tout en applaudissant aux sentimens philanthropiques dont les phrases que nous venons de citer sont l'expression fleurie, nous doutons que la chair de Gouramy soit jamais un objet de distribution dans les hôpitaux de Cayenne et de Saint-Pierre. Les riches amateurs de bonne chère seulement en pourront goûter, et comme ceux de l'Ile-de-France ils paieront un Gouramy aussi cher qu'on paie à Paris une belle Alose de six à huit livres. Lorsque le Grand-Frédéric, qui fut aussi grand connaisseur dans l'art de Grimod de la Reynière, que grand maître dans celui des combats, fit transporter des Lavarets du lac du Bourget, dans les lacs de la Poméranie où ces Poissons ont pris le nom de Marènes, il n'eut point l'idée d'en faire une ressource pour les hôpitaux militaires de Colberg ou de Stetin, mais simplement une addition à ses philosophiques soupers de Postdam, et nous pensons qu'il serait beaucoup plus digne de la sollicitude d'un gouvernement raisonnable d'essayer l'introduction des Vigognes dans nos Pyrénées, que d'ordonner l'empoissonnement de quelques rivières américaines. Encore que nous aimassions beaucoup la chair de Gouramy, durant notre séjour à l'Ile-de-France, il ne nous vint pas dans l'idée de nous exposer à la privation d'un verre d'eau pour en rapporter de vivant, mais nous fîmes l'offre, en 1815, au ministère qu'effarouchait notre présence, d'utiliser notre injuste exil, en nous exposant aux périls que pourrait entraîner la recherche dans leur pays, et le transport dans le nôtre des précieux Chameaux du Nouveau-Monde. Le ministre de la marine, ne jugeant sans doute pas que de tels domestiques, dont la chair n'est pas si délicate que la toison, valussent des Gouramys, ne daigna pas répondre à notre proposition, mais il a accueilli celles du chevalier Moreau de Jonnès; il y a conséquemment eu compensation.

Le corps du Gouramy est très-comprimé et très-haut surtout postérieurement; il y a ensuite un abaissement rapide vers la queue, ce qui produit une sorte de bosse en arrière où se termine la dorsale qui, de même que l'anale, est longue et s'élargit prodigieusement en finissant. Le dessous du ventre et de la queue présente une carène aiguë. Les écailles sont larges comme celles des Carpes et brillantes; mais brunâtres, surtout au dos, avec des reflets argentés en dessous, et des nuances rougeâtres sur les nageoires. Commerson a pris pour l'ethmoïde les os pharyngiens de ce Poisson. B. 6, D. 13/12, P. 14, V. 1/5, A. 10/20, C. 16.

Lacépède rapporte au genre Osphronème sous le nom d'*Osphronemus Gallus*, le *Scarus Gallus* de Forskahl, qui est le *Labrus Gallus* de Gmelin, Poisson de la mer Rouge, que nous ne croyons pas avoir été figuré, dont les couleurs sont très-belles, mais dont la chair passe pour être vénéneuse, ce qui fait dire au poétique ichthyologiste: «S'il est dangereux de manger la chair du Gal, il doit être fort agréable de voir cet Osphronème; il offre des nuances gracieuses, variées et brillantes; et ces humeurs funestes, dérobées aux regards par des écailles *qui* resplendissent des couleurs *qui* émaillent nos parterres, offrent une nouvelle image du Poisson *que* la nature a si souvent placé sous des fleurs.» B. 5, D. 8/14, P. 14, V. 1/5, A. 3/12, C. 15.

†† Trichopode, *Trichopodus*, qui diffèrent de ceux que Cuvier appelle Osphronèmes *propres* par le défaut d'épines aux ventrales, lesquelles adhèrent un peu plus en avant.

Le Trichoptère, *Trichopodus Trichopterus*, Lac., Pois. T. III, p. 129; *Labrus Trichopterus*, Gmel., *Syst. Nat.*, XIII, T. I, p. 1286; Labre Crin, Encycl. Méth., Pois., pl. 99, fig. 406. Cette espèce est des mers de l'Inde; elle n'atteint guère que quatre pouces; sa couleur est ondée de brunâtre, avec une grande tache ronde noirâtre de chaque côté du corps, et une autre pareille de chaque côté de la queue. B. 4/11, P. 9, V. 1, A. 4/24, C. 16.

Le MENTONNIER, *Trichopodus mentum*, Lac., *loc. cit.*, p. 126, pl, 8, f. 3. C'est encore d'après un dessin de Commerson que Lacépède a établi cette espèce, à laquelle il étend improprement, selon nous, les noms de Gouramy et de Gouramie, que nous n'avons jamais entendu appliquer qu'à l'*Osphronemus olfax*. La tête singulièrement conformée de ce Poisson présente une sorte de profil humain mal dessiné; le rapprochement grossier, qu'une imagination un peu vive peut faire entre les deux silhouettes, est devenue pour l'émule de Buffon le sujet de plusieurs de ces périodes, regardées comme des modèles d'éloquence par certains imitateurs. On y lit entre autres belles choses, « que cette tête est le produit bien plutôt singulier que bizarre d'une de ces combinaisons de formes plus rares qu'extraordinaires.... Elle présente d'une manière frappante les principaux caractères de la plus noble des espèces, les traits les plus reconnaissables de la face auguste du suprême dominateur des êtres; elle rappelle le chef-d'œuvre de la création; elle montre en quelque sorte un exemplaire de la figure humaine.... Toutes les parties de la tête du Mentonnier se réunissent pour produire cette image du visage de l'Homme, aux yeux de ceux surtout qui regardent ce Trichopode de profil; mais cette image n'est pas complète. Les principaux linéamens sont tracés; mais leur ensemble n'a pas reçu de la justesse des proportions une véritable ressemblance.... Ce n'est donc pas une tête humaine que l'imagination place au bout du corps du Poisson Mentonnier; elle y suppose plutôt une tête de Singe ou de Paresseux; et ce n'est même qu'un instant qu'elle peut être séduite par un commencement d'illusion, etc., etc. » La chute de toutes ces phrases, péniblement ordonnées, et au fond complétement contradictoires, est que de tous les

traits qui rapprochent le Poisson Mentonnier de l'être privilégié, la mâchoire inférieure seule présente tant soit peu de ressemblance avec un menton, et que le mot Trichopode, qui le doit désigner scientifiquement, signifie un pied en forme de filament; or, nous ne trouvons pas qu'une nageoire ventrale, formée d'un seul rayon, ressemble plus à un pied que le profil du Mentonnier ne ressemble à une face auguste.

Une troisième espèce de Trichopode, le Fascié, est devenue pour Schneider (pl. 36), le genre Trichogaster, que Cuvier n'admet point. (B.)

* OSPHYA. INS. Nom donné par Illiger au genre déjà désigné sous le nom de *Nothus*. *V*. ce mot. (G.)

OSSA. MAM. (La Hontan.) Syn. de Sarigue. *V*. DIDELPHE. (B.)

OSSEUX. POIS. Nom collectif donné par opposition à Cartilagineux ou Chondroptérygieus aux Poissons munis d'arêtes, c'est-à-dire à squelette solide. *V*. POISSONS. (B.)

OSSIFRAGE ET OSSIFRAGUE. ZOOL. Une espèce du genre Corbeau, l'Orfraie et un Labre. *V*. ces mots. (B.)

OSTARDE. OIS. Vieux nom français de l'Outarde. *V*. ce mot. (B.)

OSTÉOCARPON. BOT. PHAN. (Plukenet.) Syn. d'Ostéosperme. *V*. ce mot. (B.)

OSTÉOCOLLE. MIN. On a donné ce nom à des concrétions calcaires cylindroïdes, dont la cavité intérieure est vide, ou remplie d'une autre matière calcaire à l'état terreux et pulvérulent, ce qui leur donne quelque ressemblance avec la structure des os. On leur supposait pour cette raison, dans l'ancienne médecine, la vertu de faciliter le cal des os fracturés, ou l'ossification des enfans. (G. DEL.)

OSTEOCOLLON. BOT. PHAN. (Daléchamp.) Syn. d'*Ephedra distachia*, L. (B.)

OSTÉODERMES. POIS. Dans sa

Zoologie Analytique, Duméril appelle ainsi une famille de l'ordre des Cartilagineux Téléobranches, dont les branchies sont garnies d'un opercule et d'une membrane, mais qui sont dépourvues de ventrales, et dont la peau est recouverte d'une cuirasse ou de grains osseux. Elle contient les genres Coffre, Tétrodon, Diodon, Mole, Syngnathe, Hippocampe, Ovoïde et Sphéroïde. (B.)

OSTÉOLITHES. GÉOL. Les oryctographes ont ainsi nommé les Ossemens fossiles. *V.* FOSSILES, ANIMAUX PERDUS, etc. (B.)

*OSTÉOMÈLES. BOT. PHAN. Genre de la famille des Rosacées, section des Pomacées, établi par J. Lindley (*Trans. Linn. Soc.*, 13, p. 98, tab. 8), et caractérisé de la manière suivante : calice turbiné-campanulé, dont le limbe offre cinq dents; corolle à cinq pétales planes et très-ouverts; environ vingt étamines dressées; ovaires au nombre de cinq ou très-rarement de trois, soudés ensemble et avec le fond du calice, à loges qui chacune renferment un seul ovule ascendant, surmontés de styles aussi longs que les étamines et velus inférieurement; pomme lanugineuse, couronnée par les dents calicinales, renfermant cinq osselets monospermes. L'auteur de ce genre l'a fondé sur un Arbrisseau qui croît aux îles Sandwich. Smith l'avait décrit dans l'Encyclopédie de Rées sous le nom de *Pyrus anthyllidifolia*. Ses feuilles sont pinnées, à folioles très-entières ; le calice est supporté par des bractées opposées et subulées. En adoptant le genre *Osteomeles*, Kunth (*Nov. Gener. et Spec. Plant.*, vol. 6, p. 211, tab. 553 et 554), y a réuni trois espèces indigènes de l'Amérique du sud, sous les noms d'*O. glabrata*, *ferruginea* et *latifolia*. La première est très-voisine du *Cratægus obtusifolia* de Persoon, qui est aussi, selon Kunth, une espèce d'*Osteomeles* et qu'il a nommée l'*O. Persoonii*. L'*O. ferruginea* est le *Cratægus ferruginea*

de Persoon. Lindley et De Candolle ont placé les deux Plantes de ce dernier auteur dans le nouveau genre *Eriobotrya*. Enfin l'*O. latifolia* est une Plante décrite et figurée pour la première fois par l'auteur des *Nova Genera*. (G..N.)

* OSTEOPERA. MAM. Un crâne de Rongeur, trouvé il y a environ trente ans sur les bords de la Delaware, et conservé dans le Musée de Philadelphie, a donné lieu à l'établissement du genre *Osteopera*, proposé par Harlan dans sa Faune Américaine, et déjà rejeté par Desmarest. Notre savant compatriote a, en effet, démontré (Bulletin des Sciences Naturelles, 1826, T. 1) que le crâne de la Delaware n'est autre qu'un crâne de Paca fauve, et qu'on doit supprimer le prétendu genre *Osteopera* et la prétendue espèce *Osteopera placephala*. (IS. G. ST.-H.)

OSTÉOPHILE. *Osteophilus.* INS. Rafinesque a donné ce nom à un genre d'Insectes voisin des Podures, et qu'il caractérise ainsi : tête arrondie; corps obovale, obtus, mutique, sans articulations ; antennes claviformes; six jambes égales. La seule espèce de ce genre est l'Ostéophile blanche de Rafinesque. (G.)

OSTÉOSPERME. *Osteospermum.* BOT. PHAN. Ce genre, de la famille des Synanthérées, Corymbifères de Jussieu, et de la Syngénésie nécessaire, avait été nommé autrefois *Monilifera* par Vaillant. Linné changea cette dénomination, peu conforme aux règles de la glossologie, et réunit au genre *Osteospermum* plusieurs espèces, toutes indigènes de la partie intra-tropicale et orientale de l'Afrique, principalement des environs du cap de Bonne-Espérance. Ces espèces sont les types de plusieurs genres établis par H. Cassini, et qui ne diffèrent entre eux que par des caractères excessivement légers. *V.* ERIOCLINE, GARULEON et GIBBAIRE. Le genre *Osteospermum* fait partie de la tribu des Calendulées, et il a donné son nom à une sous-section, nom—

mée par Cassini Calendulées-Ostéospermées. Voici les caractères essentiels du genre : involucre composé de folioles disposées sur un petit nombre de rangs, inégales, courtes, ovales-oblongues, aiguës, un peu ciliées et cotonneuses; réceptacle nu ; calathide radiée, composée au centre de fleurons réguliers et mâles avec un rudiment d'ovaire, et à la circonférence de demi-fleurons femelles, fertiles, à languette longue ; akènes presque globuleux, glabres, lisses et drupacés. Les fleurs mâles ont un disque épigyne ou nectaire, en forme de barillet, sur lequel est appuyée la base d'un style rudimentaire, et qui n'existe point dans les fleurs femelles. La consistance osseuse des akènes d'où est dérivé le nom du genre, en est le caractère distinctif.

Les auteurs ont décrit un grand nombre d'espèces sous le nom générique d'*Osteospermum*; c'est à Linné et surtout à Thunberg que l'on doit la distinction de la plupart de ces Plantes qui croissent toutes aux environs du cap de Bonne-Espérance ; mais les descriptions laissées par ces auteurs sont trop succinctes ou faites sur des Plantes trop en dehors de leurs rapports naturels, pour qu'on puisse adopter le genre *Osteospermum* tel qu'il était anciennement composé.

Ayant donc égard aux modifications de ce genre proposées par Cassini, et que nous avons fait connaître aux mots que ce botaniste a créés, nous mentionnerons ici comme espèce fondamentale l'*Osteospermum moniliferum*, L., Lamk., Illustr., tabl. 714. C'est un sous-Arbrisseau de trois ou quatre pieds de haut, dont les rameaux sont rapprochés par quatre à six, de distance en distance. Les feuilles sont éparses, nombreuses, ovales, dentées, portées sur des pétioles linéaires et ailés. Les calathides de fleurs sont jaunes, pédonculées et terminales. Cette Plante, indigène de l'Afrique australe, est cultivée en Europe dans les jardins de botanique. (G..N.)

OSTEOSTOME. POIS. Dans sa Zoologie Analytique, Duméril donne ce nom, qui signifie bouche osseuse, à une famille du sous-ordre des Holobranches Thoraciques, dont les caractères sont : branchies munies d'un opercule et d'une membrane; ventrales sous les pectorales ; corps épais et comprimé ; mâchoires entièrement osseuses. Les genres dont cette famille se compose sont : Leiognathe, Scare et Ostorhinque. *V.* ces mots. (B.)

OSTÉOZOAIRES. ZOOL. Nom donné par Blainville à ce qu'il appelle le premier type de son premier sous-règne, et qui contient les Animaux vertébrés. (B.)

*OSTERDAMIA. BOT. PHAN. Necker (*Elem. Bot.*, n. 1373) a donné ce nom à un genre qui a pour type l'*Agrostis Matrella*, L. Persoon l'a nommé *Matrella*, et Willdenow *Zoysia*. C'est cette dernière dénomination qui a été généralement adoptée. *V.* ZOYSIE. (G..N.)

OSTERDYKIA. BOT. PHAN. Le genre auquel Burmann a donné ce nom, et qui a été formé sur une Plante nommée *Antholyza Cunonia* par Linné, n'a pas été adopté. L'*Antholyza* lui-même n'est plus considéré comme genre distinct du *Gladiolus*. *V.* GLAYEUL. (G..N.)

*OSTERICUM. BOT. PHAN. C'était le nom sous lequel Tragus et C. Bauhin ont désigné une Plante de la famille des Ombellifères, sur laquelle Hoffmann (*Umbellif. Gen.*, p. 164) a établi un genre particulier. Besser (*Flor. Gallic.*, 1, p. 214) a décrit cette Plante sous le nom d'*Imperatoria sylvestris*. Marshall-Bieberstein et Sprengel l'ont réunie au genre *Angelica*, et lui ont donné le nom spécifique de *pratensis*. Le genre *Ostericum* d'Hoffmann était, en effet, fondé sur des caractères trop faibles pour mériter d'être adopté. (G..N.)

OSTERITIUM. BOT. PHAN. Les anciens botanistes donnaient ce nom

à l'*Astrantia major*. *V*. ASTRANTIE.
(G..N.)

OSTIA. BOT. PHAN. C'est ainsi que, par erreur typographique, on a écrit dans le Supplément de l'Encyclopédie, à l'article SPIELMANNE, le nom du genre *Ostia* d'Adanson. Cette orthographe vicieuse a été reproduite par divers compilateurs. (G..N.)

* OSTODES. BOT. PHAN. Genre de la famille des Euphorbiacées et de la Diœcie Polyandrie, L., nouvellement établi par Blume (*Bijdragen tot de Flora van Nederlandsch Indie*, p. 619), qui l'a ainsi caractérisé : fleurs dioïques ; les mâles ont un calice divisé peu profondément en deux ou trois parties ; cinq pétales ; des étamines nombreuses, dont les filets sont insérés sur un disque glanduleux, et les anthères à loges distinctes. Les fleurs femelles se composent d'un calice à cinq sépales imbriqués, inégaux, caducs ; de cinq pétales plus longs que le calice ; d'un ovaire velu, triloculaire, entouré d'un rebord crénelé, charnu, surmonté d'un style à trois branches bipartites, tortueuses et divariquées. Le fruit est sphérique, marqué de six sillons, composé intérieurement de trois coques osseuses et monospermes. Ce genre est, au rapport même de l'auteur, extrêmement voisin de l'*Elæococca* de Commerson, et de l'*Aleurites* de Forster. Il ne renferme qu'une seule espèce (*Ostodes paniculata*, Bl., *loc. cit.*), Arbre à feuilles alternes, celles des petites branches ramassées, longuement pétiolées, munies de deux glandes à la base, bordées de dents glanduleuses, coriaces, glabres, pubescentes en dessous et aux anastomoses des veines. Les fleurs sont disposées en panicules dans les aisselles des feuilles. Cet Arbre croît dans les forêts des montagnes de Salak, de Burangrang et de Tjérimai, dans l'île de Java, où il fleurit en octobre, et où il porte le nom vulgaire de *Kirendong*. (G..N.)

OSTOME. *Ostoma*. INS. Lacharting donne ce nom au genre de Co-

léoptère que Fabricius a désigné sous celui de Nitidule. *V*. ce mot. (G.)

OSTORHINQUE. *Ostorhinchus*. POIS. Cuvier n'a pas cru devoir adopter le genre formé sous ce nom par Lacépède, et qui, voisin des Scares, n'était formé que d'après un dessin de Commerson, à peine accompagné de description, puisque l'émule de Buffon n'en donnant aucune, se borne à énumérer le nombre des rayons de nageoires, en établissant de la manière suivante les motifs qui l'ont déterminé à donner le nom d'un conseiller d'Etat à un Poisson. « J'ai pensé qu'une espèce découverte dans le grand Océan équinoxial, par un habile observateur, et pendant le voyage de notre Bougainville, devait être choisie pour rappeler par sa dénomination spécifique la reconnaissance de ceux qui s'intéressent aux progrès des sciences envers mon célèbre confrère et ami, le citoyen Fleurieu, de l'Institut de France, pour tous les ouvrages dont il a enrichi les navigateurs, etc... » (B.)

OSTRACÉES. *Ostracea*. MOLL. Le genre Huître de Linné renfermait un grand nombre de Coquilles qui furent successivement séparées en genres qui, pour la plupart, présentant beaucoup d'affinités entre eux, furent réunis en famille sous le nom d'Ostracées. Les démembremens du genre Huître furent presque tous proposés par Lamarck, et successivement adoptés ; c'est dans la Philosophie Zoologique de cet auteur que l'on trouve pour la première fois cette famille ; elle renferme les genres Radiolite, Calcéole, Cranie, Anomie, Placune, Vulselle, Huître, Gryphée, Plicatule, Spondyle et Peigne. Dans l'Extrait du Cours cette famille n'éprouva aucun changement ; elle ne commença à subir quelques modifications que dans l'ouvrage de Cuvier, qui y fit entrer un très-grand nombre de genres ; il la sous-divisa, comme Blainville l'a fait également depuis, en deux parties, les Ostracées à un seul muscle qui comprennent les genres Huître, Anomie, Placune, Spondyle, Marteau, Vulselle, Perne, et les Ostracées à deux muscles dans lesquels sont rassemblés les genres, Aronde, Jambonneau et Arche; ces genres contiennent eux-mêmes plusieurs sous-genres, comme on peut le voir à chacun de ces mots en particulier. Bientôt après, Lamarck, dans son dernier ouvrage, partagea les Ostracées en deux familles; les Rudistes (*V.* ce mot) se composèrent des genres Sphérulite, Radiolite, Calcéole, Birostrite, Discine et Cranie. Les Ostracées se trouvèrent réduites aux genres Gryphée, Huître, Vulselle, Placune et Anomie.

Blainville, dans son Traité de Malacologie, a conservé la famille des Ostracées, à peu près telle que Lamarck l'avait faite, c'est-à-dire que l'on y trouve les genres Anomie, Placune, Huître et Gryphée, les Vulselles ayant été, avec juste raison, reportées à côté des Marteaux; telles sont les modifications que cette famille a éprouvées; nous pensons qu'elle peut rester composée des genres que Blainville y a admis en exceptant cependant le genre Harpace qu'il a reconnu, d'après nos observations, devoir faire partie des Plicatules. Cette famille pourra être alors caractérisée de la manière suivante : Animal ayant les lobes du manteau entièrement séparés et libres dans presque toute leur circonférence, si ce n'est vers le dos; abdomen caché par la réunion des lames branchiales dans toute la ligne médiane, et sans prolongement au pied. Coquille plus ou moins grossièrement lamelleuse, irrégulière, inéquivalve, inéquilatérale, sans appareil régulier d'articulation, et avec une seule empreinte musculaire subcentrale. (D..H.)

OSTRACIAS et **OSTRACITES.** ross.? Le nom de ces Pierres, désignées par Pline comme très-dures, assez semblables à l'Agate, venait de leur forme qui rappelait celle d'une écaille d'Huître ou d'un tesson de pot. On s'en servait en guise de Ponce pour lisser et polir la peau. Le crédule compilateur leur attribue de grandes propriétés curatives. (B.)

OSTRACINS ou **BITESTACÉS.** crust. Duméril désigne ainsi la famille de Crustacés entomostracés, dont les yeux sont sessiles, le corps protégé par deux valves de substance calcaire ou cornée, en forme de coquilles. Cette famille comprend les genres Daphnie, Cypris, Cythérée et Lyncée; elle répond à celle que Latreille désigne sous le nom d'Ostracode. *V.* ce mot. (G.)

OSTRACION. *Ostracion.* pois. Genre de la famille des Sclérodermes, dans l'ordre des Plectognathes, le premier de la sous-classe des Poissons osseux, dans la Méthode de Cuvier, placé par Linné parmi ses Branchiostéges, et dans la famille des Ostéodermes par Duméril. Ses caractères consistent dans une enveloppe très-dure, composée, au lieu d'écailles, par des compartimens réguliers, soudés en une sorte de cuirasse inflexible, qui leur revêt la tête et le corps, en sorte que les Ostracions n'ont de mobile que la queue, les nageoires, la bouche, et une sorte de petite lèvre qui garnit le bord de leurs ouïes, par des trous de cette cuirasse, d'où est dérivé le nom d'Ostracion, qui doit être scientifiquement préféré à celui de Coffre, emprunté du langage des matelots, lesquels appellent Poissons Coffres, les espèces du genre qui fera le sujet de cet article. Le plus grand nombre des vertèbres y sont soudées ensemble, comme dans les Tortues, avec la carapace desquelles l'enveloppe dure des Ostracions a un certain rapport, mais dont elle diffère par sa nature qui tient de celle des écailles des autres Poissons. « Lacépède cependant, dit Bosc (Diction. de Déterv. T. xxiv, p. 225), pense que cette enveloppe est osseuse, mais il suffit de l'examiner avec attention, et de la comparer avec celle de quelques autres Poissons, remarquables par l'épaisseur et la dureté de ces parties, telles que celles de l'Esocé Cayman, pour être convaincu que Lacépède se trompe. » L'enveloppe des Ostracions n'en a pas moins la dureté des os, et sa composition n'en diffère que par la proportion. C'est toujours du calcaire uni à la gélatine ; mais la première de ces substances n'y entre qu'en très-petite quantité, tandis qu'elle prédomine dans les os proprement dits. Cette enveloppe est donc formée d'écailles ordinairement hexagones, réunies par leurs bords, saillantes dans leur milieu, et rayonnées de tubercules de diverses grosseurs selon les espèces. Elle a beaucoup d'analogie avec celle des Balistes, genre fort voisin des Ostracions sous un grand nombre de rapports. On ne voit aux ouïes de ces Poissons qu'une fente garnie d'un lobe cutané, mais à l'intérieur elles montrent un operculé à six rayons. L'os du bassin manque ainsi que les nageoires ventrales ; la dorsale et l'anale, situées très en arrière, et qui se correspondent à peu près l'une sur l'autre, sont très-petites. On n'en connaît pas d'espèces où la caudale soit échancrée ou en croissant. Une sorte d'épiderme mince règne sur toute la cuirasse ; les mâchoires sont armées chacune de six à douze dents coniques, fortes, et auxquelles on a attribué le caractère d'incisives. Le coffre des Ostracions peut être aussi comparé à celui des Insectes et des Crustacés, mais il contient encore moins de chair ; aussi ces Poissons, presque pleins d'air, sont-ils très-légers et se conservent fort aisément ; à peine les doit-on vider ; il suffit d'en faire sortir par la bouche ou par l'anus, le foie, qui est fort gros et qui donnerait beaucoup d'huile, pour que le tout se sèche sans se déformer, et sans qu'il soit nécessaire d'y introduire de coton ou autre substance dont on rembourre ordinairement les peaux destinées à l'ornement des Musées. Cette facilité de conservation, et la bizarrerie des formes,

fait que dès les premières navigations lointaines, dont on rapporte quelques raretés, les Coffres furent au nombre de celles qui se répandirent le plus en Europe, et dont on trouvait des individus suspendus au plafond des boutiques d'apothicaire. L'estomac est membraneux et assez grand. Nous l'avons constamment trouvé rempli de débris de Coquilles, de Madrépores et de Crustacés ; ils sont uniquement carnivores. Quoique devant vivre long-temps, puisqu'ils sont revêtus d'une arme défensive qui les met à l'abri de tous les dangers, ils ne viennent pas trop gros. Ils passent pour être vénéneux. Cependant, au rapport de Browne, l'Ostracion lisse fournit, à la Jamaïque, un mets fort recherché sur la table des riches. Lacépède demande, à ce sujet, si les Coffres dépourvus d'épines, et dont la chair est savoureuse, ne seraient pas les femelles, tandis que ceux dont la chair est coriace et qui sont armés, seraient les mâles, les cornes étant, selon l'éloquent écrivain, les attributs du sexe masculin ?...... Les Ostracions se tiennent le long des rivages ; on n'en a du moins jamais, que nous sachions, trouvé en pleine mer. Leur patrie est sous la ligne, du moins la plupart s'en éloignent peu, et l'on n'en connaît encore que deux espèces qui sortent d'entre les tropiques. On peut répartir les Ostracions en quatre sous-genres d'après la forme de leur corps.

† CYLINDRACÉS, dont la cuirasse ne présente aucune arête anguleuse.

L'AGONE, *Ostracion Agonus*. Rafinesque a fait connaître, sous le n. 292, cette espèce pêchée en Sicile, dans le golfe de Catane ; elle diffère de toutes les autres par la rotondité de son corps allongé en ellipse. Des divisions rhomboïdales marquées d'une ligne saillante au centre forment son armure ; sa couleur est brunâtre ; une grosse épine, implantée sur le dos, a sa pointe dirigée vers la tête ; une autre, qui lui correspond sous le ventre, est au contraire tournée vers la queue qui est ronde.

†† COMPRIMÉS, ou plutôt septangulaires, l'abdomen étant caréné. On en connaît peu d'espèces dont l'une est originaire de la Nouvelle-Hollande, et qui offre des épines éparses. C'est le Coffre à quatorze piquans de Lacépède, Ann. du Mus. T. IV, pl. 58, fig. 1; l'*Ostracion auritus* de Schneider, pl. 175, dont on trouve une excellente figure dans l'Atlas de Levrault.

††† TRIANGULAIRES, où le ventre plat forme dans la coupe du Poisson le petit côté du triangle dont le dos devient le sommet. On peut établir quatre coupes dans ce sous-genre d'après l'absence, la présence et la situation des épines qui, saillantes sur quelques parties de la surface, ont été appelées cornes quand elles armaient la tête.

** Espèces triangulaires mutiques.*

Le COFFRE LISSE, *Ostracion triqueter*, L., Gmel., *Syst. Natur.* XIII, T. I, p. 1441, n. 1; Bloch, pl. 130; Seba, T. III, tab. 24, fig. 6, 12, dont on trouve une figure excellente dans l'Atlas de Levrault. Celle qui est gravée dans l'Encyclopédie Méthodique, pl. 12, fig. 40, est passable, mais il n'est pas possible d'en imaginer une plus mauvaise que celle de Lacépède (T. I, pl. 20, fig. 2). Celle-ci est tellement défectueuse qu'on croirait y voir une espèce toute différente, si le nom n'était gravé au bas. Les pièces hexagonales de la cuirasse sont relevées en bosses, comme des boucliers du centre desquels rayonnent des lignes de petits tubercules semblables à des perles. La teinte générale est d'un brun rougeâtre, et les nageoires jaunes; il atteint jusqu'à quinze et dix-huit pouces de longueur. On le trouve aux Antilles et dans les mers de l'Inde. Ainsi que le chevalier Moreau de Jonnès s'est immortalisé dans le Dictionnaire de Levrault, pour avoir proposé à S. Ex. monseigneur le mi-

nistre de la marine de transporter des Gouramys (*V.* OSPHRONÈME) de l'Inde aux Antilles, Lacépède, dans son Histoire des Poissons, propose d'acclimater le Coffre, que la délicatesse de sa chair fait rechercher sur les bonnes tables de la Jamaïque, non-seulement dans nos mers, mais encore dans nos rivières d'eau douce. Lacépède indique sérieusement la manière dont il faudrait s'y prendre. D. 10, P. 12, A. 10, C. 10.

L'*Ostracion concatenatus* de Bloch, p. 131, représenté dans l'Encyclopédie Méthodique, pl. 14, fig. 46, appartient à cette division mutique des Coffres triangulaires. Il est des mers des Antilles, et acquiert jusqu'à quinze pouces de longueur. D. 10, P. 12, A. 9, C. 8.

*** Armées d'épines en arrière de l'abdomen et point au front.*

Le COFFRE TRIGONE, *Ostracion trigonus*, L., Gmel., *Syst. Nat.* XIII, T. I, p. 1441, n. 2; Bloch, pl. 135, Encyclop., Pois., pl. 13, fig. 14. Cette espèce, des mers du Brésil, fait entendre, quand on la saisit, une sorte de grognement qui lui a valu le nom de Cochon de mer. D. 14, P. 10, A. 9, C. 7.

L'*Ostracion bicaudalis*, L., Gmel., *loc. cit.*, n. 3, représenté, dans l'Encyclopédie Méthodique, sous le nom de Coffre chagriné à deux épines, pl. 13, fig. 42, appartient encore à cette division. Il est assez commun sur les rivages d'Haïti. D. 10, P. 12, A. 10, C. 10.

**** Ayant en outre des épines au front.*

Le QUADRICORNE, *Ostracion quadricornis*, L., Gmel., *loc. cit.*, n. 5; Bloch, pl. 134; Coffre triangulaire à quatre épines, Encyclop., pl. 13, fig. 43. Cette espèce, qui se trouve en Guinée, sur les côtes d'Afrique, et aux Grandes-Indes, acquiert un pied de longueur. D. 10, P. 11, A. 10, C. 10.

L'*Ostracion tricornis*, L., Gmel., *loc. cit.*, p. 442, n. 4; Seba, 3, tab.

24 , fig. 9; le Lister de Lacépède, T. 1, pl. 23 , fig. 2 , rentre dans cette section. Un aiguillon solitaire implanté sur la partie postérieure mobile, où s'implante la caudale, caractérise cette espèce dont la patrie n'est point inconnue, comme on l'a répété dans le Dictionnaire de Levrault, mais qui vient de l'Inde, et dont nous avons vu un individu desséché à l'Ile-de-France, qu'on nous assura avoir été pêché sur la côte. Il atteint jusqu'à un pied de long. D. 9, P. 10, A. 10, C. 10.

**** *Où les épines sont répandues sur les arêtes ou angles saillans du corps.*

L'ÉTOILÉ, *Ostracion stellifer*, Schn., tab. 98; *O. bicuplis* de Blumenbach. Cette espèce américaine, et de petite taille, a son dos arqué, armé de deux aiguillons ; il en existe deux autres au-dessus de chaque œil, et quatre sur chaque côté de l'abdomen ; les pointes de tous ces aiguillons sont tournées vers la queue.

Le CHAMEAU MARIN, Encyclop. Méthod., pl. 14, fig. 47; *Ostracion turritus*, L., Gmel., *loc. cit.*, n. 1442; Bloch, pl. 136. Cette espèce nous paraît devoir se ranger ici; sa coupe n'est certainement pas quadrangulaire, mais à quelques sinuosités près, véritablement pyramidale vers le dos et le ventre, y forme le plus petit côté d'un grand triangle. Du reste, sa forme est très-bizarre. Une bosse s'élève sur le dos; un fort aiguillon la termine; quatre autres sont distribuées sur les côtés inférieurs aux saillies anguleuses du ventre, il en existe un droit sur chaque orbite; un réseau à maille triangulaire diapre la surface du corps, avec quelques taches noires dispersées, dont deux sur la queue. On trouve ce singulier Poisson dans l'Inde et dans la mer Rouge. Il y atteint jusqu'à dix-huit pouces de longueur. D. 9, P. 10, A. 9, C. 10.

†††† QUADRANGULAIRES, où la coupe verticale du Poisson présente un carré dont les angles sont plus ou moins vifs. Comme parmi ceux du sous-genre précédent, l'absence, la présence ou la distribution des épines sur le corps, peuvent fournir diverses coupes pour la répartition des espèces.

* *Espèces quadrangulaires mutiques.*

Le COFFRE, *Tigre*, Encycl. Méth., pl. 14, fig. 45; *Ostracion cubicus*, L., Gmel., *loc. cit.*, p. 1443, n. 9; l'Ostracion moucheté, Lacép., Pois. T. 1, pl. 22, fig. 1 (mauvaise). Nous avons eu occasion d'examiner fort souvent cette espèce qui est l'une des plus communes dans les mers de l'Inde et de l'Ile-de-France, et qu'avait déjà figurée Séba. On la retrouve dans la mer Rouge. On assure qu'elle acquiert plus d'un pied de longueur. Les plus grands individus que nous ayons pris avaient de six à huit pouces, et nous n'avons pas remarqué qu'on fût très-friand de leur chair; cependant Lacépède rapporte « que le Moucheté qui vit dans les mers chaudes, particulièrement à l'Ile-de-France, a sa chair exquise, et qu'on le nourrit avec soin, le conservant dans des bassins et dans des étangs. » Il y devient, selon Renard, si familier, qu'il accourt à la voix de ceux qui l'appellent, vient à la surface de l'eau, et prend sa nourriture jusque dans la main qui la lui présente. D. 9, P. 10, A. 10, C. 10.

L'*Ostracion lentigiosus*, ou le Pointillé de Lacépède, T. 1, pl. 21, fig. 1, que nous avons fréquemment pêché à l'Ile-de-France, et qui est le *Meleagis* de Schaw., et le *Lentigiosus* de Schneider; le *Tuberculatus*, L., Gmel., *loc. cit.*, n. 7, des mers de l'Inde, et le *Nasus*, sont les autres Ostracions constatés de cette section. Le dernier, figuré par Bloch, dans sa planche 138, l'a été sous le nom de Coffre à bec, par Bonnaterre, dans l'Encyclopédie Méthodique, n. 15, fig. 38, et dans Lacépède, T. 1, pl. 21, fig. 2. C'est une espèce fort remarquable, en ce qu'elle est la seule qui persiste hors des tropiques, et qu'on trouve dans notre Méditerranée, à l'embouchure du Nil, que ce Poisson remonte assez avant. Lacépède n'y voit de remarquable que la forme de son museau qui pourtant n'est ni trop allongé ni en bec, et ne dit pas un mot de son singulier habitat. Il est probable qu'on retrouvera l'*Ostracion Nasus* dans la mer Rouge. Rafinesque le mentionne au nombre des Poissons de Sicile.

** *Armées d'épines au front et derrière l'abdomen.*

Le TAUREAU MARIN, *Ostracion cornutus*, L., Gmel., *loc. cit.*, n. 6; Bloch, pl. 133; le Coffre quadrangulaire à quatre épines, Encyclop. Pois., pl. 14, fig. 44; Lacép., T. I, pl. 21, fig. 3 (médiocre). Cette espèce est l'une des plus anciennement connues, et Séba l'avait déjà figurée. C'est aussi l'une des plus répandues dans les collections, les marins pouvant la rapporter d'un plus grand nombre d'endroits, car il est constant que le Coffre se trouve aux Antilles où sa chair et le foie surtout sont réputés vénéneux. Nous l'avons pêché sur les côtes des îles de France et de Mascareigne. Il est commun à Java, et c'est l'espèce la plus répandue dans la Méditerranée. Il acquiert jusqu'à un pied de long. En ayant surpris un petit individu de deux pouces seulement, embarrassé parmi des Sargasses flottantes, par le travers du cap de Bonne-Espérance, nous l'avons conservé vivant durant près d'un mois dans un vase où l'eau de mer était soigneusement entretenue dans son état de fraîcheur; nous l'avons ensuite lâché dans un vivier, à l'Ile-de-France, où le changement d'habitation ne parut pas l'avoir beaucoup incommodé; au bout de trois ou quatre jours, nous l'y aperçûmes encore nageant avec les mêmes allures qu'il affectait dans le bocal où il avait été transporté. D. 11, P. 9, A. 9, C. 10.

*** *Où les épines sont distribuées sur les angles saillans ou arêtes du corps.*

Ayant transporté l'*Ostracion turritus* dans le sous-genre des Triangulaires, il ne reste dans cette section que l'*Ostracion diaphanus* de Schneider, petite espèce de quatre pouces de long qui a la queue courte, avec trois épines sur le milieu du dos, autant de chaque côté de l'abdomen, et deux cornes au front.

Il paraît que l'*Ostracion gibbosus*, L., Gmel., *loc. cit.*, n. 8, n'est point une espèce véritable; elle n'est établie que sur une mauvaise figure qu'Artédi avait déterrée dans Aldrovande. (B.)

OSTRACITES. concii. foss. Les oryctographes ont désigné les Huîtres fossiles sous ce nom que Pline avait également employé. *V.* OSTRACIAS. On a appelé les Cranies OSTRACITES DE BLAKEMBOURG. (B.)

OSTRACODES. *Ostracodes.* CRUST. Famille, auparavant tribu, de l'ordre des Lophiropodes, établie par Latreille (Fam. Nat. du Règn. Anim.) et correspondant à sa troisième section des Branchiopodes, celle des Lophiropes, du Règne Animal de Cuvier. Cette famille est ainsi caractérisée : tous les pieds uniquement propres à la natation, mais simplement garnis de poils, tantôt simples, tantôt branchus ou en forme de rames; test, soit plié en deux, soit formé de deux valves réunies par une charnière, et renfermant le corps. Ces petits Crustacés sont excessivement communs et remplissent nos eaux dormantes. Latreille divise cette famille ainsi qu'il suit :

I. Test plié en deux; point de charnière; plus de six pieds.

Genres : POLYPHÈME, DAPHNIE, LYNCÉE.

II. Deux valves; une charnière; six pieds. (Ordre des Ostrapodes, Strauss.)

Genres : CYPRIS, CYTHÉRÉE. *V.* tous ces mots. (G.)

OSTRACOMORPHITES. concii. foss. Même chose qu'Ostracites. *V.* ce mot. (B.)

* OSTRAGUS. pois. Rafinesque, dans son *Ichthyologia Sicula*, établit sous ce nom un genre dont le *Tetrodon Mola* de Linné est le type. *V.* Mole.   (B.)

* OSTRAPODES. *Ostrapoda.* crust. Strauss (Mém. du Mus. d'Hist. Nat. de Paris, t. 5, pag. 380) donne ce nom à un ordre qui correspond à la deuxième division de la famille des Ostracodes de Latreille (Fam. Nat. du Règn. Anim.). *V.* Ostracodes.   (G.)

OSTREA. conch. *V.* Huitre.

OSTREITE. conch. foss. Pour Ostracites. *V.* ce mot.   (B.)

OSTRÉOCAMITES et OSTREOPECTINITES. conch. foss. Noms barbares employés par les oryctologistes pour désigner les Coquilles fossiles des genres Came et Peigne.   (B.)

OSTRUTHIUM. bot. phan. Nom scientifiquement spécifique d'une espèce d'Impératoire. *V.* ce mot. (B.)

OSTRYA. bot. phan. Nom employé par Théophraste pour désigner, suivant les uns, le Sorbier des oiseleurs, suivant d'autres le Lilas, et enfin, d'après L'Écluse et Cordius, le Charme. Micheli a fait d'une espèce de ce dernier genre, un genre particulier auquel il a donné le nom d'*Ostrya*. Linné et la plupart des autres botanistes l'ont de nouveau réuni au Charme, sous le nom de *Carpinus Ostrya*. Néanmoins ce genre présente quelques particularités que nous allons noter ici. Ses fleurs sont unisexuées, monoïques, disposées en chatons séparés les uns des autres. Les chatons mâles sont cylindriques, composés d'écailles d'abord imbriquées et portant chacune un nombre plus ou moins considérable d'étamines dont les filamens, irrégulièrement rameux, soutiennent plusieurs anthères. Les chatons femelles sont également allongés et cylindriques, composés de petites écailles. Chaque écaille porte dans son aisselle deux fleurs sessiles et dressées, offrant l'organisation suivante : elles sont enveloppées chacune dans une sorte de vésicule ovoïde très-allongée, velue, rétrécie à son sommet en un petit col percé d'une très-petite ouverture. La fleur est placée au fond de cette écaille qui correspond exactement à l'écaille bi ou trilobée des fleurs femelles du Charme ordinaire. La fleur elle-même offre un ovaire complétement infère, terminé à son sommet par le limbe calicinal, qui forme un petit rebord irrégulièrement déchiqueté. Cet ovaire est à deux loges contenant chacune un seul ovule pendant; il est surmonté d'un style assez court que terminent deux stigmates glanduleux, cylindriques, subulés, très-longs et dressés. Le fruit est une sorte de petit gland renfermé dans l'écaille vésiculeuse et contenant une seule graine par suite de l'avortement constant du second ovule. Cette graine se compose d'un gros embryon dicotylédon immédiatement recouvert par son tégument propre. Ce caractère d'une écaille florale en forme de vésicule, qui recouvre entièrement la fleur et le fruit, est le seul qui distingue l'*Ostrya* du *Carpinus*. L'*Ostrya vulgaris*, Willd., Sp., est un Arbre originaire des contrées méridionales de l'Europe. On le cultive assez souvent dans les jardins comme le Charme dont il offre le port.

       (A. R.)

* OSTRYER. On a proposé ce nom francisé pour désigner le genre *Ostrya*. *V.* ce mot.   (B.)

* OSTRYODIUM. bot. phan. Desvaux (Journal de Botanique, 3, p. 119, tab. 4, f. 2) a constitué sous ce nom un genre de la famille des Légumineuses, qui a pour type l'*Hedysarum strobiliferum*, L. Mais cette Plante ayant déjà été réunie au genre *Flemingia* de Roxburgh, par Aiton (*Hort. Kew.*, ed. 2, vol. iv, p. 350), De Candolle en a formé une section de ce dernier genre. Les noms de *Lourea* et de *Moghania* imposés plus tard au même genre par Jaume Saint-

Hilaire, sont par conséquent super-flus. *V.* FLEMINGIE.   (G..N.)

* OSYRICERA. BOT. PHAN. Genre de la famille des Orchidées et de la Gynandrie Diandrie, L., établi ré-cemment par Blume (*Bijdragen tot de Flora van Nederlandsch Indie*, 1, p. 307) qui l'a ainsi caractérisé : périanthe dont les sépales extérieurs sont plus grands, un peu soudés in-férieurement, les latéraux presque jusqu'au sommet; labelle renflé, in-divis, articulé avec l'onglet calleux du gynostème, ayant le limbe con-vexe et glanduleux; gynostème court, muni au sommet de deux ailes tricus-pidées; anthère terminale, semi-bi-loculaire, prolongée antérieurement comme une lame glanduleuse; mas-ses polliniques au nombre de deux, ovales, pulpeuses-céréacées, rappro-chées du bord du stigmate.

Ce genre ne comprend qu'une seule espèce (*Osyricera crassifolia*), Herbe parasite sur les Arbres, et que l'on trouve au mont Salak dans l'île de Java. Ses feuilles sont linéaires, lan-céolées, sortant de bulbes monili-formes. Les fleurs sessiles, rougeâ-tres, forment des épis radicaux.

                     (G..N.)

* OSYRIDÉES. BOT. PHAN. La fa-mille ainsi nommée par Jussieu est celle que Robert Brown appela Santalacées. *V.* ce mot.   (A. R.)

OSYRIS. BOT. PHAN. Genre placé par Jussieu dans sa famille des Éléagnées, mais qui fait aujourd'hui partie du groupe des Santalacées. Voici les caractères de ce genre : ses fleurs sont très-petites et dioïques. Les fleurs mâles sont nombreuses, réunies plusieurs ensemble, au som-met de ramuscules très-courts et formant ainsi une espèce de petit sertule, environné de bractées en même nombre que les fleurs qui sont légèrement pédicellées. Le calice est monosépale comme campanulé à trois divisions égales, larges, trian-gulaires. Le fond de la fleur est ta-pissé par une sorte de disque char-nu; à la base et en face de chaque lobe du calice est attachée une éta-mine à filet très-court, à anthère ovoïde introrse et à deux loges pres-que didymes. Les fleurs femelles sont solitaires et terminales environnées de trois à quatre feuilles verticillées, semblables aux autres et lui formant une sorte d'involucre. Le calice dont le limbe est semblable à celui des fleurs mâles, se termine inférieure-ment en un tube cylindrique allon-gé, adhérent avec l'ovaire qui est infère; la partie du calice qui sur-monte l'ovaire est tapissée par un dis-que charnu analogue à celui des fleurs mâles, et les trois étamines existent également; mais elles sont moins développées que dans les in-dividus mâles. L'ovaire est infère, ainsi que nous l'avons dit. Il est à une seule loge qui contient trois ovules pendans. Le style est très-court, surmonté d'un stigmate tri-lobé. Le fruit est une sorte de petite drupe ombiliquée à son sommet, con-tenant une seule graine globuleuse. Ce genre ne se compose que d'une seule espèce, *Osyris alba*, L., vulgai-rement connue sous le nom de Rou-vet. C'est un petit Arbuste buisson-neux, très-commun dans les lieux incultes des provinces méridionales de la France, sur le bord des gran-des routes, etc.; ses rameaux sont striés, les plus jeunes sont anguleux; ses feuilles sont alternes, très-petites, elliptiques, lancéolées, aiguës, en-tières, très-glabres et un peu co-riaces. Les fruits sont rouges et de la grosseur d'une petite cerise. (A. R.)

* OTANTHUS. BOT. PHAN. Link a imposé ce nom générique, adopté par Sprengel, à l'*Athanasia mariti-ma*, L., que Desfontaines a depuis long-temps érigé en un genre parti-culier, sous le nom de *Diotis*. Ce changement de nom est motivé par les auteurs allemands, sur ce qu'ils admettent d'après Schréber le nom de *Diotis*, pour un genre de la famille des Atriplicées, et qui a été nommé *Ceratospermum* par Persoon. *V.* DIO-TIDE et CÉRATOSPERME.   (G..N.)

OTARDE et OTARDEAU. ois. Anciens noms de l'Outarde adulte et jeune. (B.)

* **OTARIA.** bot. phan. Kunth (*Synopsis Plant. Orbis novi*, 2, p. 277) a proposé d'ériger en un genre particulier la Plante qu'il a décrite et figurée (*Nov. Genera et Species Plant. œquin.* T. iii, p. 191, tab. 228) sous le nom d'*Asclepias auriculata.* Ce genre, très-voisin du *Gomphocarpus*, se distinguerait principalement par les oreillettes géminées qui se voient à la base des feuilles de la couronne staminale, et par le port de l'espèce qui est une Herbe dressée, à feuilles opposées, et à ombelles interpétiolaires. Au reste, voici les caractères essentiels de ce nouveau genre : calice divisé profondément en cinq parties; corolle également à cinq divisions profondes et réfléchies; couronne placée au sommet du tube des filets staminaux, à cinq folioles en capuchon, du fond desquelles sort un processus en forme de corne, munies intérieurement et à la base de deux oreillettes; anthères terminées par une membrane; masses polliniques comprimées, fixées par le sommet qui est atténué, pendantes; stigmate concave, mutique; fruit inconnu. (G..N.)

OTARIE. *Otaria.* mam. *V.* Phoque.

OTHERA. bot. phan. Thunberg (*Flora Japonica*, p. 4) a fondé sous ce nom un genre de la Tétrandrie Monogynie, L., auquel il a imposé les caractères suivans : calice glabre, persistant, divisé profondément en quatre segmens ovales; corolle à quatre pétales blancs, ovales et obtus; quatre étamines dont les filets sont insérés à la base des pétales et deux fois plus longs que ceux-ci; les anthères didymes, à quatre sillons; ovaire supère, glabre, couronné d'un style unique et sessile; fruit inconnu, peut-être une capsule. Ce genre, encore imparfaitement déterminé, fait partie, selon De Candolle, de la fa-

mille des Myrsinées. Cependant il a été fondu par Sprengel (*Syst. Veget.* T. i, p. 496) dans le genre *Ilex*, qui appartient à la famille des Rhamnées. Une seule espèce (*Othera Japonica*, Thunb., *loc. cit.*, p. 61) le constitue; c'est un Arbrisseau qui croît au Japon, et dont les branches striées, rouges, sont garnies de feuilles alternes, pétiolées, ovales, obtuses, entières, glabres et coriaces. Les fleurs sont pédonculées et groupées dans les aisselles des feuilles. (G..N.)

OTHONNE. *Othonna.* bot. phan. Genre de la famille des Synanthérées, Corymbifères de Jussieu, et de la Syngénésie nécessaire, L. Il fait partie de la tribu des Sénécionées de Cassini, et il offre les caractères essentiels suivans : involucre composé de folioles nombreuses, aiguës, foliacées et disposées en verticille sur une seule rangée; réceptacle nu; calathide radiée, composée au centre de fleurons nombreux, réguliers, à cinq divisions, et à la circonférence de demi-fleurons lancéolés, un peu élargis, femelles et fertiles; akènes glabres, oblongs, cylindracés, surmontés d'une aigrette soyeuse et blanchâtre. Ce genre renferme plus de trente espèces, dont le port très-élégant se rapproche de celui des Cinéraires et des Seneçons; elles sont originaires de l'Afrique, et pour la plupart du cap de Bonne-Espérance. Parmi celles que l'on remarque dans les jardins de botanique de l'Europe, nous décrirons la suivante, parce qu'en même temps qu'elle est le type du genre, elle est aussi la plus belle de toutes les espèces, la plus facile à cultiver, et conséquemment très-répandue dans les jardins.

L'Othonne a feuille de Giroflée, *Othonna cheirifolia*, L., Duham., Arb., 2, p. 94, tab. 17, est une Plante sous-frutescente, dont les tiges sont longues d'environ deux pieds, couchées à leur base, rameuses, garnies de feuilles sessiles, glauques, alternes, spatulées, un peu charnues, cartilagineuses sur leurs bords;

les inférieures obtuses, les supérieures aiguës. Les fleurs sont radiées, d'une couleur jaune, d'environ deux pouces de diamètre, terminales et solitaires au sommet de longs pédoncules simples, un peu renflés dans leur partie supérieure. Cette Plante croît dans l'Afrique orientale, au nord de la ligne ; elle a été trouvée par le professeur Desfontaines jusque sur les côtes maritimes du royaume de Tunis, où elle était en fleur pendant l'hiver. Cette belle espèce, dont les feuilles sont persistantes, mériterait d'être propagée comme Plante d'ornement pour les bosquets d'hiver, n'étant point délicate sur la nature du terrain : elle supporte d'ailleurs facilement les gelées et se multiplie par les graines et les marcottes.

Nous nous bornerons à citer les autres espèces que l'on cultive pour leur beauté, mais qui sont plus rares que la précédente. Ce sont les *Oth. coronopifolia*, L. et Lamk, Illustr., tab. 714; *Oth. tenuissima*, L., Jacq., *Hort. Schœnbr.*, vol. II, tab. 539; *Oth. arborescens*, L., Dill., *Hort. Elth.*, tab. 105 ; *Oth. pectinata*, L., Miller, *Icon.*, tab. 194 ; et *Oth. retrofracta*, Willd. et Jacq., *loc. cit.*, 3, tab. 576. (G..N.)

OTHRYS. BOT. PHAN. Du Petit-Thouars (*Nov. Gener. Madag.*, n. 44) a établi sous ce nom un genre de la famille des Capparidées, mais qui n'est pas distinct du *Cratæva*. Il est fondé sur la même Plante que Vahl (*Symb.*, 1, p. 161) a nommée *C. obovata. V.* CRATÉVIER. (G..N.)

*** OTIDEA**. BOT. CRYPT. (*Champignons.*) Nom donné par Persoon à une section des Pezizes, qui comprend des espèces assez grandes, dont la capsule est mince, assez irrégulière, et dont les bords sont enroulés en dedans. *V.* PEZIZE. (AD. B.)

OTIDÉS. *Otidea.* MOLL. Cette famille a été proposée par Blainville, dans son Traité de Malacologie, pour rassembler les genres Haliotide et

Ancyle ; elle commence le troisième ordre des Paracéphalophores hermaphrodites consacré aux Scutibranches. On a toujours été fort embarrassé pour placer convenablement le genre Ancyle ; il semblait peu probable cependant qu'il dût se réunir aux Haliotides sur lesquelles il n'a point existé de variation pour leurs rapports ; on devait d'autant moins le penser, que l'organisation des Ancyles est fort peu connue, et qu'il existe des obstacles réels pour que de long-temps encore on ne puisse rien statuer à leur égard; leur petitesse et la mollesse extrême de leurs organes s'opposent à leur dissection complète; aussi nous pensons, avec Lamarck et Gray, que ce genre est beaucoup plus naturellement placé près des Limnées, des Planorbes et des Physes, que partout ailleurs ; quant au genre Haliotide, Cuvier le range dans les Scutibranches non symétriques, ce que Blainville a adopté. (D..H.)

*** OTIDIA**. BOT. PHAN. Genre établi par Sweet, aux dépens de l'immense genre *Pelargonium*, de Burmann et de l'Héritier. Il a pour type le *P. ceratophyllum*, et comprend en outre cinq espèces indigènes de la pointe australe de l'Afrique. Les coupes génériques établies dans le genre *Pelargonium* par Sweet, n'ayant pas encore reçu la sanction générale, nous passons sous silence les caractères de l'*Otidia*, pour lequel nous renvoyons à l'article PELARGONIUM. (G..N.)

*** OTIOCÈRE**. *Otiocerus.* INS. Genre de l'ordre des Hémiptères, section des Homoptères, famille des Cicadaires, tribu des Fulgorelles, établi par Kyrby (*Trans. of Lin. Soc.*, t. XIII, p. 12, pl. 1), et adopté par Latreille (*Fam. Nat. du Règn. Anim.*). Les caractères de ce genre sont : antennes insérées sous les yeux, allongées, d'une seule pièce composée d'une infinité d'anneaux et ayant une soie au bout ; base des antennes ayant un et quelquefois deux appendices ou oreillettes antenniformes, allongées et tortueuses; yeux réniformes; point d'yeux lisses; tête comprimée, presque triangulaire avec deux carènes en dessus et en dessous; front avancé, presque en forme de bec, un peu relevé; corps oblong, sans rebords, petit; pates assez longues, avec le tarse composé de trois articles; élytres du double plus longues que le corps, membraneuses et d'une consistance de parchemin; ailes plus larges, presque de la même consistance que les élytres; abdomen presque triangulaire, avec une carène en dessus. Ces Insectes ont beaucoup de rapports avec les Fulgores et les Delphax; ils se rapprochent des premiers par leur front prolongé en pointe, et des derniers par les yeux réniformes et les antennes allongées; ils se distinguent ensuite des uns et des autres par plusieurs caractères particuliers dont quelques-uns sont vraiment remarquables; tels sont, par exemple, la tête comprimée avec une double crête en dessous; les antennes sans articulations et seulement très-annelées; présentant à leur base un et même deux appendices ou oreillettes, longs et tortueux, circonstance qui ne se rencontre dans aucun des genres de la famille des Cicadaires; enfin l'absence des yeux lisses, très-visibles dans les Fulgores et les Delphax, ainsi que la structure différente de l'appareil anal des sexes. Kirby décrit huit espèces de ce genre, toutes originaires de la Géorgie. Nous allons donner la description d'une de ces espèces en renvoyant, pour les autres et pour plus de détails, au Mémoire original ou aux Annales des Sciences Naturelles où l'on a reproduit ce Mémoire.

OTIOCÈRE DE COQUEBERT, *Otiocerus Coquebertii*, Kirby, *loc. cit.*, et Ann. des Sc. Nat. T. 1, p. 196, pl. 14, fig. 14. Corps long de trois lignes, pâle; élytres ayant une bande rouge de sang, fourchue à son extrémité, et un point de la même couleur vers leur milieu. (G.)

OTION. *Otion.* CIRRH. Blainville décrivit le premier ce genre dans le Dictionnaire des Sciences Naturelles (T. III, pag. 134, du Suppl.) sous le nom d'Aurifère; déjà Bruguière l'avait indiqué dans la description du *Lepas aurita* de Linné, ayant fort bien apprécié la différence qui existe entre ce singulier Animal et les autres Anatifes. D'un autre côté Leach sentit la nécessité d'établir aussi un genre pour y placer le même Animal; c'est ce qu'il fit, en lui donnant le nom d'Otion, que Lamarck (Anim. sans vert. T. v, pag. 408) adopta en conservant la seconde espèce donnée par Leach. Férussac adopta aussi ce genre dans ses Tableaux systématiques; Latreille fit de même dans ses Familles Naturelles du Règne Animal; mais Blainville (Traité de Malacol., pag. 695) en conservant justement un genre, que le premier il avait proposé, ne lui laissa ni le nom qu'il lui avait imposé d'abord, ni celui donné par Leach; le mot Gymnolèpe, *Gymnolepas*, fut celui qu'il préféra.

Les Otions sont fort singuliers; ils vivent de la même manière que les Anatifes dont ils ont à peu près la forme, fixés aux rochers en groupes quelquefois très-nombreux. Ce sont, parmi les Cirrhipèdes, ceux qui ont la coquille la plus rudimentaire; elle se compose de cinq pièces, mais très-petites, les trois postérieures surtout. Comme l'Anatife, l'Otion est composé de deux parties distinctes, un tube ou pédicule qui supporte le corps de l'Animal; le pédicule est cylindrique, entièrement nu; le corps est ovalaire et se renfle subitement sur le pédicule; il est ouvert antérieurement et supérieurement; derrière l'ouverture se voient deux appendices auriformes, assez grands, tubuleux, percés au sommet, et qui communiquent à l'intérieur; du reste l'organisation des Otions est semblable à celle des Anatifes.

Lamarck a caractérisé ce genre, d'après la persuasion où il était qu'il n'existait que deux valves ; cependant, d'après Sowerby, elles sont au nombre de cinq. Ce genre peut être caractérisé de la manière suivante : corps pédonculé, tout-à-fait enveloppé d'une tunique membraneuse, ventrue supérieurement ; deux tubes en forme de corne , dirigés en arrière, tronqués, ouverts à leur extrémité et disposés au sommet de la tunique ; une ouverture latérale un peu grande ; plusieurs bras articulés, ciliés, sortant par l'ouverture latérale ; coquille composée de cinq pièces toujours séparées, deux semi-lunaires, les plus grandes placées près de l'ouverture, une médiane dorsale extrêmement petite, et deux autres un peu plus grandes terminales. On ne connaît encore que deux espèces dans ce genre.

Otion de Cuvier, *Otion Cuvieri*, Leach, Cirrhip., *Campilozomata*, pl. F. ; *Lepas aurita*, L., Gmel., pag. 3212, n° 14 ; *Lepas leporina*, Poli, Test. des Deux-Siciles, tab. 6, fig. 21 ; *Otion Cuvieri*, Lamk., Anim. sans vert. T. v, pag. 410, n° 1. Cette espèce est d'une couleur uniforme, violâtre, ce qui, joint à une plus grande taille, la distingue de l'espèce suivante.

Otion de Blainville , *Otion Blainvillii*, Leach , *ibid.*, pl. F. ; *Conchoderme* , Olfers, Magasin de Berlin, 1814. Cette espèce, qui vient des mers de Norvége, a le corps et les appendices auriculaires couverts de taches ; elle est plus petite que la précédente. (D..H.)

OTIOPHORES. *Otiophori*. INS. Nom donné par Latreille (*Gen. Crust. et Ins.*) à une famille qu'il composait avec les genres Dryops, Macronyche et Gyrin , parce que ces Insectes ont un des articles inférieurs des antennes dilaté extérieurement et présentant l'apparence d'une espèce d'oreille. Cette famille n'a pas été conservée par son auteur, et il place les genres qui la composaient dans deux de ses tribus. *V*. Gyrinites et Macrodactyles. (G.)

* OTIORHYNQUE. *Otiorhynchus*. INS. Latreille (Fam. Nat. du Règn. Anim., p. 391) cite ce nom comme synonyme du genre Brachyrhine , sans dire de quel auteur est ce nom. *V*. Brachyrhine. (G.)

OTIS. OIS. (Linn.) *V*. Outarde.

OTITE. *Otites*. INS. Genre de l'ordre des Diptères , famille des Athéricères, tribu des Muscides , établi par Latreille, réuni par lui à son genre *Oscinis*, et qu'il en a séparé dans ces derniers temps (Fam. Nat.). Ces Diptères ont tous les caractères des Oscines (*V*. ce mot), mais ils en diffèrent en ce que tout le dessus de leur tête paraît être de la même consistance et coriace, tandis que le sommet seul est de cette consistance dans les Oscines. Le port, les mœurs et probablement les métamorphoses de ces Diptères sont les mêmes que dans les Oscines. Les espèces qui composent ce genre sont très-peu connues ; nous citerons :

L'Otite élégante, *Otites elegans*, Latr., Hist. Nat. des Crust. et des Ins., t. 14, p. 383 ; *Oscinis elegans*, Latr., *Gener. Crust. et Ins.*, et Encycl. ; *Scatophaga ruficeps*, Fabr., *Syst. Antl.*, p. 209, n° 24 ? ; longue de quatre lignes ; corps noir, ailes tachetées ; des lignes sur le corselet et des bandes sur l'abdomen cendrées. On trouve cette espèce au printemps , sur le tronc des Chênes, aux environs de Paris. (G.)

* OTITES. BOT. PHAN. Section du genre Silène, ayant pour type le *Cucubalus Otites*, L. *V*. Silène, (A.R.)

OTITES. BOT. CRYPT. (*Champignons.*) Fries a désigné par ce nom une section des Téléphores, qui renferme des espèces sessiles, attachées par le côté demi-circulaire, et ressemblant par leur forme à une oreille. *V*. Téléphore. (AD. B.)

OTOBA. BOT. PHAN. Nom vulgaire , dans la république de Colombie, d'une espèce de Muscadier (*Myristica Otoba*), décrite et figurée par

Humboldt et Bonpland , Plantes équinoxiales, 62, p. 98, tab. 103.

(G..N.)

OTOLICNUS. mam. Nom proposé par Illiger pour le genre Galago.

(IS. G. ST.-H.)

OTOLITHE. *Otolithes.* pois. Genre de la grande famille des Percoïdes, de l'ordre des Acanthoptérygiens, dans la Méthode ichthyologique de Cuvier, démembré du *Johnius* de Bloch ; genre qui n'a point été adopté, et qui diffère des Sciœnes, dont il a les dentelures à peine sensibles, en ce que le museau n'y est pas renflé, que les dents de la rangée externe sont plus fortes, et qu'il y en a surtout deux beaucoup plus longues à la mâchoire supérieure. Les *Johnius ruber* et *regalis* de Schneider rentrent dans le genre Otolithe, auquel, dit Cuvier, on doit aussi rapporter le Pêche-Pierre, Poisson de Pondichéry, ainsi nommé des grosses pierres qu'il a dans les oreilles, comme le genre Sciœne. (B.)

* OTOMYS. mam. *V*. Rat.

* OTOPTERA. bot. phan. Ce genre, de la famille des Légumineuses, récemment établi par De Candolle (*Prodrom. Syst. Veget.*, 2, p. 240), sera probablement placé par les botanistes systématiques avec la plupart des genres de Légumineuses, dans la Diadelphie Décandrie, L., quoique ses étamines soient monadelphes. Voici ses caractères : calice dont le tube est court, rétréci inférieurement, divisé en cinq lobes aigus, dont les deux supérieurs sont si rapprochés , qu'on les prendrait pour une lèvre indivise ; des trois autres lobes, celui du milieu est plus long que les deux autres ; corolle papilionacée ; l'étendard grand, arrondi, muni d'un onglet très-court ; les ailes oblongues, obtuses, rétrécies en un onglet assez long, muni vers le milieu d'une oreillette crochue ; la carène à deux pétales libres et onguiculés à la base , soudés au sommet, courbés sur le dos, acuminés , munis de petites oreillettes

à la base du limbe ; étamines au nombre de dix, monadelphes ; ovaire droit, linéaire, comprimé , glabre, renfermant cinq à six ovules, surmonté d'un style recourbé , un peu plus épais au sommet, et d'un stigmate à deux lèvres, dont la supérieure est plus grande et arrondie ; légume inconnu. Ce genre se rapproche par son port à certains égards des *Clitoria*, et à d'autres des *Psoralea*. Il s'éloigne des premiers surtout par la monadelphie des étamines, et des seconds par la présence de petites stipules aux folioles, par l'absence totale de glandes sur la tige, les feuilles et le calice, et par son ovaire linéaire , renfermant plusieurs ovules. L'auteur, d'abord incertain sur la place que ce genre devait occuper dans les diverses tribus des Légumineuses, s'est décidé à le ranger près des *Clitoria*, dans la tribu des Lotées.

L'*Otoptera Burchellii*, D. C., *loc. cit.*, et Mém. sur les Légumineuses, p. 250, tab. 42, est un sous-Arbrisseau qui a été rapporté du cap de Bonne-Espérance par Burchell. Sa tige est glabre, filiforme, cylindrique, allongée, et semble, d'après le sec, avoir été grimpante ; les stipules sont oblongues, presque fixées par le centre, c'est-à-dire ayant un limbe oblong, un peu aigu , dressé, prolongé inférieurement en une oreillette aussi grande que le limbe lui-même et de même forme. Le pétiole anguleux porte des feuilles composées de trois folioles, oblongues, lancéolées, acuminées, et d'un vert pâle ; la terminale est munie à la base de deux stipelles longues et aiguës, les deux latérales situées par paire, et munies chacune d'une seule stipelle.

(G..N.)

* OTRÉLITE. min. Nom donné par les Allemands à une variété de Diallage en petites lames noirâtres, disséminées dans un schiste talqueux des environs de Spa, près du village d'Otré, en Belgique. (G. DEL.)

OTTÉLIE. *Ottelia.* bot. phan.

Genre de la famille des Hydrocharidées, établi par Persoon, pour le *Stratiotes alismoides*, L., adopté par le professeur Richard dans son travail sur cette famille (Mém. de l'Inst., année 1811, deuxième part.). Voici ses caractères : la spathe est pédonculée, relevée d'appendices en forme d'ailes sur ses côtés, ovoïde, bifide à son sommet, contenant une seule fleur hermaphrodite. Celle-ci a le limbe de son calice à six divisions, trois extérieures oblongues, trois intérieures pétaloïdes plus larges, obovales, et offrant à leur base interne un tubercule obtus. Les étamines varient de six à douze ; leurs filets sont dressés, assez longs ; leurs anthères linéaires. L'ovaire est de la longueur du tube de la spathe, très-étroit et allongé ; les stigmates au nombre de six profondément bifides, sont linéaires et étroits. Cette espèce croît en Égypte et dans l'Inde. Elle a été décrite par Willdenow sous le nom de *Damasonium Indicum* et figurée sous ce nom par Roxburgh, Corom., 2, p. 45, t. 185. C'est une herbe aquatique, très-glabre, sans tige, ayant des feuilles radicales longuement pétiolées, presqu'arrondies, profondément et largement échancrées en cœur à leur base, à bords entiers ou légèrement sinueux, pourvues de neuf à onze nervures principales. (A. R.)

* OTTOA. BOT. PHAN. Genre de la famille des Ombellifères, et de la Pentandrie Digynie, L., établi par Kunth (*in Humb. et Bonpl. Nov. Gen. et Sp.*, 5, p. 21) qui le caractérise de la manière suivante : les fleurs sont polygames ; le limbe du calice n'est pas distinct ; les pétales sont égaux, acuminés, subulés et infléchis à leur sommet. Les étamines sont au nombre de cinq ; les deux styles sont surmontés chacun d'un petit stigmate capitulé. Le fruit (avant sa maturité) est oblong, comprimé latéralement, glabre, offrant des côtes membraneuses. Ce genre est voisin de l'Œnanthe, dont il diffère surtout par son limbe calicinal non marqué. Il se compose d'une seule espèce, *Ottoa œnanthoides*, Kunth, *loc. cit.*, t. 423. C'est une Plante vivace, ayant ses tiges simples ; ses feuilles cylindriques et fistuleuses ; son ombelle terminale composée, sans involucre ni involucelles, et ses fleurs blanches. Elle croît dans les lieux montueux et ombragés entre San-Vicente et Villa de Ibarra, dans le royaume de Quito, à une hauteur de douze cents toises au-dessus du niveau de la mer. (A. R.)

* OTTONIA. BOT. PHAN. Dans l'édition du *Systema Vegetabilium* que vient de publier Sprengel, un genre de la Tétrandrie Tétragynie, L., a été constitué sous ce nom et caractérisé ainsi : fleurs disposées en chatons ou en grappes, chacune distante de la petite écaille qui la soutient ; calice et corolle nuls ; anthères biloculaires ; akône quadrangulaire. Ces caractères n'étant éclaircis ni par des figures ni par une description plus détaillée qui puisse suppléer à ce qu'ils offrent de vague et d'incomplet, on ne peut être certain de la famille naturelle à laquelle on doit rapporter ce genre. Nous ne pensons pas que le nom d'*Ottonia* doive subsister ; car il est évidemment trop conforme à celui d'*Hottonia*, imposé par Boerhaave à une de nos plus belles Plantes aquatiques. Adanson aurait-il pu différencier ces mots avec sa bizarre orthographe ?

L'*Ottonia Anisum*, Sprengel, *loc. cit.*, 1, p. 500, est une Plante frutescente, indigène du Brésil, à feuilles alternes, oblongues, lancéolées, très-entières, à grappes de fleurs opposées aux feuilles. Toutes les parties de cette Plante exhalent une odeur d'Anis. (C. N.)

OTUS. OIS. (Linn.) Nom scientifique du Moyen-Duc. *V.* CHOUETTE. (DR. Z.)

OUAICARI. MAM. L'AÏ, à la Guiane, selon Barrère. (B.)

* OUALIRE. *V.* FOURMILIER A DEUX DOIGTS.

OUANDEROU. MAM. Espèce du genre Macaque. *V*. ce mot.   (B.)

OUANTOU. OIS. Espèce du genre Pic. *V*. ce mot.   (DR..Z.)

*** OUAOU.** MAM. *V*. FOURMILIER A DEUX DOIGTS.

OUARI ET **OURAI.** BOT. PHAN. Nom de pays du fruit de l'Icaquier. *V*. CHRYSOBALANE.   (B.)

OUARINE. MAM. *V*. HURLEUR au mot SAPAJOU.

*** OUARNAK.** POIS. Espèce du genre Raie, sous-genre des Mourines.   (B.)

OUATIRI-OUAOU. MAM. *V*. FOURMILIER A DEUX DOIGTS.

OUATTE ou **OUATTIER.** BOT. PHAN. Syn. d'Apocyn de Syrie.   (B.)

*** OUAVAPAVI.** MAM. *V*. SAPAJOU.

OUAYCHO. OIS. (Laët.) Syn. de *Ramphastos Tucanus*, L. *V*. TOUCAN.   (B.)

OUBLIE. MOLL. Nom vulgaire et marchand du *Bulla lignaria*.   (B.)

OUBOUÉRI. BOT. PHAN. Même chose que Jakoïkachi. *V*. ce mot. (B.)

OUBRON. BOT. PHAN. L'un des noms vulgaires du *Carpinus Ostrya*, L., dans certains cantons de la France. *V*. OSTRYA.   (B.)

OUCLE. BOT. PHAN. Arbuste grimpant de l'Inde dont on se sert pour faire des cercles, et que Valmont de Bomare soupçonne, selon Bosc, être un *Pisonia*.   (B.)

*** OUDNEYA.** BOT. PHAN. Genre nouveau de la famille des Crucifères, tribu des Arabidées, établi par R. Brown (*App. Voy. Denham.*) et ayant pour type et jusqu'à présent pour unique espèce, l'*Hesperis nitens* de Viviani (*Flor. Lyb.*, p. 38, tab. 5, fig. 3). Voici les caractères de ce nouveau genre : son calice est dressé, offrant deux petites bosses à sa base ; les filets staminaux sont distincts et sans dents ; les stigmates soudés entre eux à leur base sont seulement distincts dans leur partie supérieure ; la silique est sessile, linéaire, terminée par un petit appendice à son sommet ; les valves sont planes et offrent une seule nervure ; les podospermes sont adhérens et la cloison est dénuée de nervure. Les graines sont disposées sur une rangée et leurs cotylédons sont accombans.

Une seule espèce compose ce genre : *Oudneya africana*, R. Brown, *loc. cit.* ; *Hesperis nitens*, Viv., *loc. cit.* C'est un petit Arbuste glabre dans toutes ses parties, très-rameux, offrant des feuilles entières, sessiles, sans nervures ; les inférieures obovales ; les supérieures presque linéaires. Les fleurs, de grandeur médiocre, dépourvues de bractées, et ayant la lame de leurs pétales ovale et veinée, forment des épis terminaux. Cette espèce, qui croît en Lybie, a été trouvée dans les nombreuses vallées, entre Tripoli et Mourzouk, par le docteur Oudney, l'un des compagnons du major Denham.

Ce genre diffère des *Hesperis* par ses cotylédons accombans, et se distingue des *Arabis* par la forme de son stigmate, par sa silique terminée par un bec, etc. Le genre *Parrya* offre aussi des rapports avec le genre *Oudneya*, mais il en diffère par sa cloison offrant deux nervures rameuses, par son calice étalé, par la forme de sa silique, et ses graines disposées sur deux rangées.   (A. R.)

OUDRE. MAM. (Belon.) Syn. de *Delphinus Tursio*. *V*. DAUPHIN. (B.)

*** OUETTE.** MAM. (Duhamel.) *V*. DAUPHIN MARSOUIN.

OUETTE. OIS. Espèce du genre Cotinga. *V*. ce mot.   (DR.. Z.)

OUIE. ZOOL. *V*. OREILLE.

OUIES. POIS. *V*. POISSON.

OUILLARD. OIS. L'un des noms vulgaires de la Maubèche. *V*. BÉCASSEAU.   (DR.Z.)

*** OUIPROUIL.** OIS. Nom vulgaire

de pays de l'Engoulevent criard. *V.* ENGOULEVENT. (DR..Z.)

*** OUIRA-OUASSOU. ois. *V.* FAUCON, sous-genre Autour.**

OUISTITI. *Jacchus*. MAM. Genre de Quadrumanes, formant, dans le groupe des Singes du Nouveau-Monde, ou des Platyrrhinins, une section particulière sous le nom d'Arctopithèques, selon la classification de Geoffroy Saint-Hilaire, et se rapportant, suivant Buffon, à la famille des Sagouins, c'est-à-dire d'après la définition de l'illustre auteur de l'Histoire Naturelle, à la famille des Singes américains à queue entièrement velue, lâche et droite. Les Ouistitis ont ainsi été placés par Buffon, près des Callithriches et des Sakis, et rangés dans le même groupe que ces derniers ; et ce rapprochement a été admis par quelques zoologistes : cependant il nous semble qu'il doit être regardé comme peu exact, et que Geoffroy, en admettant parmi les Sagouins, deux sections, l'une pour les Callithriches et les Sakis sous le nom de Géopithèques, et l'autre pour les Ouistitis, sous celui déjà indiqué d'Arctopithèques, a bien mieux indiqué leurs véritables rapports. Peut-être même, en se conformant rigoureusement aux principes qui doivent présider à l'établissement de toute bonne méthode naturelle, devrait-on faire de ces derniers une coupe d'un ordre plus élevé que ne l'a fait Geoffroy lui-même, et, par exemple, partager immédiatement la grande famille des Singes en trois groupes : l'un pour les genres de l'Ancien-Monde, ou les Catarrhinins, et le second pour tous les genres américains, moins les Arctopithèques qui composeraient à eux seuls le troisième ; le second serait ensuite subdivisé à son tour en deux sections, celle des Sapajous ou des Hélopithèques, et celle des véritables Sagouins ou des Géopithèques. Nous verrons en effet que les véritables Sagouins, et cela est vrai des Sakis eux-mêmes, se rapprochent beaucoup plus des Sapajous placés,

dans l'état présent de la science, dans une autre division, que des Ouistitis, rangés par Buffon dans le même genre ; et on peut dire même que ces dernières espèces, si remarquables par leur petite taille, par leurs formes gracieuses et par la beauté des couleurs dont elles sont presque toujours parées, le sont plus encore, aux yeux des naturalistes, par l'état d'anomalie où elles présentent tous les caractères propres à la famille des Singes, et par le passage qu'elles forment de ce groupe sur les limites duquel elles se trouvent placées, aux groupes inférieurs. Un examen comparatif des modifications de leurs principaux organes extérieurs suffira pour démontrer ce que nous venons d'avancer.

Les caractères principaux de la famille des Singes sont : d'avoir quatre incisives verticales à chaque mâchoire ; les ongles plats à tous les doigts, et les fosses orbitaires complétement séparées des temporales par une cloison osseuse. Or, sur ces trois caractères, un seul se retrouve chez les Ouistitis, celui d'avoir la cloison orbitaire externe complète comme chez l'Homme ; et les deux autres, quoique d'une haute importance, ont subi des modifications essentielles. Ainsi les incisives, et surtout les supérieures, au lieu d'être verticales, sont obliques et proclives ; et les ongles, au lieu d'être plats, sont tellement comprimés, arqués et crochus, qu'ils représentent de véritables griffes semblables à celles de plusieurs Carnassiers : c'est même ce dernier caractère qui a valu aux Ouistitis, les noms de Singes à ongles d'Ours et d'Arctopithèques. Nous verrons bientôt quelle influence ont sur les habitudes de ces Animaux, ces variations très-remarquables.

Si maintenant nous comparons les Ouistitis avec les autres Singes du Nouveau-Monde, nous apercevrons entre eux d'autres différences non moins remarquables et non moins importantes que celles que nous venons de noter. Les Platyrrhinins ont géralement trente-six dents, savoir : deux incisives, une canine, et six molaires de chaque côté et à chaque mâchoire. Au contraire, les genres de l'ancien continent ou les Catarrhinins n'ont jamais que trente-deux dents, savoir : deux incisives et une canine, nombre constant pour tous les Singes, et cinq molaires, de chaque côté et à chaque mâchoire, comme cela a également lieu chez l'Homme. Or, c'est de ces derniers que les Ouistitis se rapprochent par le nombre de leurs molaires, quoiqu'ils appartiennent, comme les premiers, à la grande tribu des Platyrrhinins par leurs narines ouvertes latéralement, comme par leur patrie; et c'est même une chose fort remarquable que de voir, au milieu des modifications aussi importantes que nombreuses dont nous venons de parler, se conserver avec autant de constance ce caractère des narines latérales; caractère qui semblait devoir n'être considéré que comme d'un ordre bien secondaire, mais dont Buffon avait jugé tout autrement lorsqu'il établit, à l'égard de la famille des Singes, sa belle loi de géographie zoologique.

Ces considérations sur les caractères généraux des Ouistitis sont propres à faire apprécier d'une manière exacte leurs véritables rapports : quelques détails sur leurs principaux organes sont maintenant nécessaires: Leurs dents, semblables pour le nombre, à celles des Catarrhinins, sont très-différentes par leurs formes. Nous avons déjà dit que les incisives médianes sont un peu obliques et proclives, ce qui a lieu surtout d'une manière très-prononcée à l'égard des supérieures : il est à ajouter que celles-ci, convexes à leur face antérieure, et fortement excavées à la postérieure, arrondies sur leur bord intérieur et légèrement échancrées sur l'externe, sont remarquables par leur largeur; les inférieures sont très-allongées, mais beaucoup plus étroites que les supérieures. Les incisives latérales ont quelques rapports de forme avec les médianes, mais elles sont

beaucoup plus courtes. Les canines présentent quelques variétés peu importantes. Les fausses molaires, au nombre de trois, ont une pointe à leur bord externe et un talon à leur bord interne : les inférieures surpassent un peu les supérieures en volume, et parmi celles-ci, la postérieure est la plus grande. Enfin, les deux arcades dentaires sont de chaque côté terminées en arrière par deux vraies molaires, ayant à la mâchoire inférieure, quatre tubercules, et à la supérieure, trois seulement, dont l'un interne, et les deux autres externes. Il est à remarquer que ces formes commencent déjà à se montrer dans la dernière fausse molaire.

Ce système de dentition a, comme on peut le remarquer, quelque analogie avec celui des Sakis, mais il en diffère aussi sous un très-grand nombre de rapports; et la somme des dissemblances l'emporte tellement sur celle des ressemblances, qu'il doit être considéré comme absolument propre au premier de ces genres, et comme caractéristique pour lui. L'examen des membres fournit un semblable résultat.

Nous avons déjà vu que les Ouistitis méritent à peine le nom de Singes, en ce sens que presque tous les caractères de la famille des Singes, sont chez eux altérés de la manière la plus remarquable. On peut ajouter que si l'on s'en tenait rigoureusement au sens précis du mot Quadrumanes, ils ne mériteraient pas même ce dernier nom. En effet, leurs extrémités antérieures ne sont pas terminées par de véritables mains, non pas par l'effet de la même modification qui a lieu chez les Atèles (*V.* SAPAJOUS) et les Colobes (*V.* GUENON), c'est-à-dire par l'effet de l'absence ou de l'état rudimentaire du pouce, mais parce que ce doigt est chez eux très-peu libre et très-peu mobile, et qu'il ne peut ainsi être opposé aux autres. Il est à ajouter qu'il est armé d'une véritable griffe et non pas d'un ongle plat. Au contraire, au membre postérieur, le doigt interne assez court, et par conséquent de peu d'usage, mais du moins libre et bien mobile, a l'ongle aplati, comme cela a généralement lieu pour tous les doigts chez les autres Singes; et il se trouve ainsi avoir conservé les caractères d'un véritable pouce, aussi bien par la forme de son ongle que par sa mobilité. Les membres postérieurs sont d'ailleurs, dans leur ensemble, beaucoup plus longs que les antérieurs, disposition que nous avons déjà remarquée être constante à l'égard des Animaux qui exécutent facilement des sauts étendus. La queue, toujours plus longue que le corps, est entièrement velue; elle n'est jamais prenante, de même que chez toutes les espèces américaines placées par Buffon parmi les Sagouins et chez toutes celles de l'Ancien-Monde. Les oreilles sont grandes, membraneuses et presque nues, et les narines sont ouvertes de même que chez tous les Platirrhinins, sur les côtés, et non pas à la face inférieure du nez. Les poils, ordinairement peints de couleurs très-gracieuses et bien nuancées, sont généralement longs, touffus et très-doux au toucher; ce que l'on remarque sur toutes les parties du corps, excepté sur les mains et la tête où ils sont courts et peu abondans.

Les Ouistitis vivent sur les Arbres, comme la plupart des Singes: privés, pour ce genre de vie, des ressources que les Sapajous trouvent dans l'organisation de leur queue devenue pour eux comme une cinquième main, et les Singes de l'Ancien-Monde, dans les callosités de leurs fesses, ils en trouvent de non moins puissantes dans la forme aiguë de leurs ongles: ils s'accrochent en effet au moyen de leurs griffes, l'extrême petitesse de leur corps leur permettant de se soutenir par ce seul secours; et ils parviennent ainsi très-facilement jusque sur les branches les plus élevées des Arbres, comme le font également, et de la même manière, les Écureuils avec lesquels ils ne sont pas sans avoir de nombreux rap-

ports, par leurs habitudes, par leurs formes, par leurs couleurs même et par leur taille. Il n'est pas besoin, à l'égard de ce dernier rapport, de montrer qu'il devait nécessairement exister, puisqu'un semblable genre de vie suppose une légèreté qui ne pourrait se concilier avec un plus grand volume.

Leurs mœurs, dans l'état de nature, sont peu connues, et l'on ne trouve en effet, dans les ouvrages des voyageurs qui ont parcouru l'Amérique méridionale, presque aucun détail qui mérite d'être rapporté. Au contraire, plusieurs espèces ayant été fréquemment transportées en Europe, et s'y étant même reproduites, les naturalistes ont pu faire sur elles d'intéressantes observations. Fr. Cuvier, dans son Histoire Naturelle des Mammifères de la Ménagerie, en a figuré trois, le Tamarin nègre, le Marikina et l'Ouistiti vulgaire, et nous avons nous-même vu vivantes ces deux dernières dans la Ménagerie du Muséum. Edwards a également eu occasion d'étudier sur un assez grand nombre de sujets les mœurs du *Jacchus vulgaris*, comme on peut le voir dans ses Glanures d'Histoire Naturelle, T. I, p. 15; et les remarques qu'il a faites s'accordent assez bien avec celles de Fr. Cuvier. Enfin, notre collaborateur Audouin, ayant possédé pendant long-temps deux individus de cette dernière espèce très-bien apprivoisés et très-familiers, a pu aussi faire de nombreuses observations qu'il a bien voulu nous communiquer, et dont quelques-unes sont véritablement très-curieuses. Chacun sait, par l'expérience journalière, qu'un Chien, placé devant un miroir, ne reconnaît pas dans l'image qui se présente à ses yeux, celle d'un Animal de son espèce, et qu'à bien plus forte raison, la vue d'un tableau ne produit sur lui aucune impression particulière. Il en est bien autrement des Ouistitis: Audouin s'est assuré, par des expériences plusieurs fois répétées, que ces Singes savent très-bien reconnaître dans un tableau, non pas seulement leur image, mais même celle d'un autre Animal. Ainsi, l'aspect d'un Chat, et ce qui semble plus remarquable encore, l'aspect d'une Guêpe leur causent une frayeur manifeste, tandis qu'à la vue d'un autre Insecte, tel qu'une Sauterelle ou un Hanneton, ils se précipitent sur le tableau comme pour saisir l'objet qui s'y trouve représenté. Ce seul fait semble prouver chez les Ouistitis un grand développement de l'intelligence; ce que l'inspection de leur crâne suffirait pour indiquer, et ce que plusieurs autres observations d'Audouin confirment également. Il arriva un jour à l'un des deux individus que possédait notre collaborateur, de se lancer dans l'œil, en mangeant un grain de Raisin, un peu du jus de ce fruit; depuis ce temps il ne manqua plus, toutes les fois qu'il lui arriva de manger du Raisin, de fermer les yeux; observation qui suffit pour démontrer, d'une manière incontestable, que les Ouistitis jouissent, à un haut degré, de la faculté d'associer leurs idées. Mais comment expliquer le fait suivant? Les deux individus qui ont fourni les intéressantes remarques que nous venons de rapporter, attrapaient, avec une incroyable dextérité, les Mouches que le hasard amenait dans leur cage : mais une Guêpe s'étant un jour approchée d'un morceau de sucre qu'on avait fixé à leurs barreaux, ces Animaux, qui n'avaient jamais vu de Guêpes, et qui ne pouvaient connaître, par expérience, le danger de la piqûre de ces Insectes, prirent aussitôt la fuite, et allèrent se réfugier au fond de leur cage. Etonné de ces marques de frayeur, Audouin prit alors la Guêpe et l'approcha des deux Ouistitis, qu'il vit aussitôt cacher leur tête entre leurs mains, et rapprocher leurs paupières en fronçant le sourcil, de manière à fermer presque entièrement leurs yeux. Au contraire, à peine leur avait-on présenté une Sauterelle, un Hanneton ou quelque autre Insecte dont ils n'a-

vaient rien à redouter, qu'ils se précipitaient sur lui avec un avide empressement, le saisissaient à l'instant même, et le dévoraient avec délices. Ils aimaient aussi beaucoup le sucre, la pomme cuite et les œufs qu'ils savaient saisir avec beaucoup de grâce, et vider avec une adresse remarquable; mais ils ont constamment refusé les amandes de toute nature, les fruits acides ou acidules, et les feuilles qui se mangent en salade. Ils n'aimaient pas non plus la chair; mais lorsqu'on mettait dans leur cage un petit Oiseau vivant, et qu'ils parvenaient à s'en rendre maîtres, ils lui ouvraient le crâne, mangeaient tout le cerveau, en ayant soin de lécher le sang qu'ils faisaient couler, et dévoraient quelquefois aussi la corne du bec, les tendons des pates et quelques autres parties non charnues. Audouin a aussi remarqué que ses Ouistitis étaient très-curieux; qu'ils avaient la vue très-perçante; qu'ils tenaient beaucoup à leurs habitudes; quoiqu'ils fussent sous plusieurs rapports fort capricieux; qu'ils reconnaissaient parfaitement les personnes qui avaient soin d'eux; enfin, que leurs cris étaient très-variés suivant les passions qui les animaient. C'était, lorsqu'ils étaient effrayés, des glapissemens qui semblaient partir du gosier, et qu'ils faisaient entendre en ouvrant la bouche, et en montrant les dents, et lorsqu'ils étaient en colère, un sifflement bref suivi d'une sorte de croassement. Dans d'autres circonstances, ils poussaient de petits sifflemens prolongés, ce qui arrivait surtout quand on les mettait en plein air; ou bien ils s'appelaient l'un l'autre par un gazouillement semblable à celui d'un grand nombre d'Oiseaux.

Fr. Cuvier a aussi donné quelques détails intéressans sur les mœurs des Ouistitis, particulièrement au temps de l'éducation de leurs petits, comme on peut le voir dans la huitième livraison de son Histoire Naturelle des Mammifères. Au reste, il est à remarquer que ses observations ne s'accordent pas en tout point avec celles d'Audouin, probablement parce que les individus qu'il a examinés étaient moins apprivoisés, et peut-être aussi plus jeunes que ceux de notre collaborateur. « Les Ouistitis adultes, dit Fr. Cuvier, n'ont jamais montré beaucoup d'intelligence : très-défians, ils étaient assez attentifs à ce qui se passait autour d'eux, et on aurait pu leur croire de la pénétration, à n'en juger que par leurs grands yeux toujours en mouvement, et par la vivacité de leurs regards. Cependant ils distinguaient peu les personnes, se méfiaient de toutes, et menaçaient indifféremment de leur morsure, celles qui les nourrissaient et celles qu'ils voyaient pour la première fois. Peu susceptibles d'affection, ils l'étaient beaucoup de colère. La moindre contrariété les irritait, et lorsque la crainte s'emparait d'eux, ils fuyaient se cacher en jetant un petit cri, court, mais pénétrant ; d'autres fois, et sans motifs apparens, ils poussaient un sifflement aigu qu'ils prolongeaient singulièrement sur le même ton. Ils avaient besoin de déposer souvent de l'urine goutte à goutte, et ils le faisaient toujours au même endroit en s'accroupissant. Leurs mouvemens n'avaient pas une très-grande vivacité, et ils étaient peu agiles. Ce n'était pas sans précautions qu'ils montaient et descendaient dans leur cage. A cet égard, les Ecureuils, qui me paraissent d'ailleurs avoir avec eux beaucoup de rapports, leur sont bien supérieurs, et ils ne sont pas loin de les égaler pour l'intelligence. »

Le genre adopté par tous les zoologistes modernes, tantôt sous le nom de *Jacchus*, Geoff. St.-H., tantôt sous celui d'*Hapale*, Illig., a été subdivisé en plusieurs groupes secondaires ; ainsi Geoffroy Saint-Hilaire et Kuhl ont établi parmi les Ouistitis deux petits genres, qu'ils ont nommés, l'un *Jacchus* ou *Hapale* (Ouistitis proprement dits), l'autre *Midas* (Tamarins) ; et tout récemment Mikan, dans son grand ouvrage sur la Faune et la Flore du Brésil (*Delectus Floræ et Faunæ Brasiliensis*), a

partagé ces Singes en trois sections, caractérisées par la disposition de leurs poils, et dont il suffira de dire qu'elles ont pour types, la première l'Ouistiti ordinaire et l'Ouistiti à pinceau, la seconde le Marikina, la troisième, le Tamarin. C'est, au contraire, sur la forme des dents et du crâne que Geoffroy Saint-Hilaire a établi ses groupes secondaires, les *Jacchus* ayant les incisives inférieures inégales et cylindriques, et le front peu apparent, et les *Midas* ayant au contraire les incisives inférieures égales et en bec de flûte, et le front rendu très-apparent par la saillie en avant des bords supérieurs de l'orbite. Ces dernières coupes sont, comme on le voit, fondées sur des caractères assez importans ; toutefois, comme les dents sont susceptibles d'un assez grand nombre de variations dans le genre Ouistiti, et que quelques espèces forment véritablement un passage entre les *Midas* et les *Jacchus*, nous ne conserverons ces noms que comme ceux de simples sous-genres, suivant en cela l'exemple du professeur Desmarest et de Ranzani.

* Ouistitis proprement dits, *Jacchus*, Geoff.

L'Ouistiti vulgaire, *Jacchus vulgaris*, Geoff. St.-H. ; l'Ouistiti, Buff. T. xv, pl. 14 ; le Sanglin ou *Cagui minor*, Edwards, Glanures, T. I, chap. viii, et *Simia Jacchus*, L., est l'espèce la plus commune, et, comme on le voit, celle qui a donné son nom au genre. Tout le dessus du corps est couvert de poils assez longs, annelés de jaune, de noir et de blanc dans l'ordre suivant ; la racine est noire, puis viennent une zône de couleur jaune, et une noire ; celle-ci est plus étroite que la précédente, mais elle s'étend presque jusqu'à la pointe, qui est blanche ; disposition d'où il résulte que le dos présente une série de bandes alternatives noires et blanches, qui donnent à l'Animal un aspect très-gracieux. La queue est aussi, dans son ensemble, annelée de noir et de blanc;

mais les bandes de cette région sont beaucoup plus distinctes que celles du dos, et tout au contraire de ce qui a lieu pour celles-ci, c'est le noir qui domine, parce que la zône de couleur jaune est à peine sensible, ou même, comme on le voit chez beaucoup d'individus, manque complétement. On compte, sur la queue, environ une vingtaine de ces bandes noires, et autant de blanches. La portion supérieure des membres est de même couleur que le dos; mais la portion inférieure de la jambe, et surtout celle du bras sont seulement d'un brun tiqueté de blanc, parce que les poils de cette région sont entièrement bruns avec la pointe blanche. Les mains et les pieds sont couverts de poils ras, brunâtres chez beaucoup d'individus, grisâtres chez d'autres. Le ventre est comme la partie interne des cuisses, d'un brun tiqueté de blanc. Le col et la tête sont généralement brunâtres à l'exception d'une tache blanche placée sur la partie médiane du front, entre les yeux, et de très-longs poils disposés en demi-cercle autour de l'oreille; les longs poils qui forment sur les côtés de la tête une parure très-gracieuse, sont presque entièrement blancs; seulement leur extrême pointe est noirâtre. Enfin on voit aussi quelques poils blancs à la partie inférieure de la face qui est généralement nue et de couleur de chair. Il en est de même de la paume et de la plante; les ongles sont brunâtres. Cette jolie espèce a environ huit pouces de longueur sans comprendre la queue qui est un peu plus longue que le corps. Le jeune, âgé de quelques mois, diffère principalement de l'adulte en ce que les bandes dorsales sont moins distinctes, et en ce que la tête est grisâtre. Au contraire vers l'époque de la naissance la tête et le col sont presque entièrement noirs, et, ce qui est très-remarquable, le point où se trouve chez l'adulte la tache frontale, est d'un noir plus foncé que les parties environnantes;

la queue couverte de poils ras présente des bandes alternatives aussi marquées que celles d'un Mococo ou d'un Coâti, mais elle est noire vers son extrémité; enfin le corps et les quatre membres sont d'un gris roussâtre. L'Ouistiti vulgaire se trouve à la Guyane et au Brésil où il est commun; l'espèce a été très-fréquemment apportée en Europe, et s'y est même, comme nous l'avons dit, plusieurs fois reproduite. La femelle fait ordinairement un, deux ou trois petits, auxquels elle donne des soins que le mâle partage avec elle : celui-ci porte très-souvent ses petits, les prenant quelquefois pour soulager sa femelle, mais d'autres fois aussi les lui arrachant de vive force.

L'OUISTITI A PINCEAU, *Jacchus penicillatus*, Geoff. St.-H., est une espèce très-voisine, mais (du moins selon nous) bien distincte de la précédente; elle diffère de celle-ci par la gorge et le ventre qui sont roussâtres et non pas brunâtres, par l'étendue un peu plus considérable de la tache blanche frontale, par la nuance plus éclaircie du dos, et surtout par le caractère assez remarquable qui lui a valu le nom de *Jacchus penicillatus*. Les longs poils blancs qui ornent les côtés de la tête chez l'Ouistiti vulgaire, n'existent pas, et sont remplacés par un pinceau de longs poils noirs, naissant au-devant de l'oreille. Chez quelques individus on voit aussi de longs poils à l'occiput et surtout à la partie postérieure de l'oreille. Cette espèce, que Geoffroy a le premier décrite, de même que plusieurs des suivantes, habite le Brésil; ses mœurs ne sont pas connues.

L'OUISTITI A TÊTE BLANCHE, *Jacchus leucocephalus*, Geoff. St.-H.; *Simia Geoffroyi*, Humboldt, Observ. de Zool., est encore une espèce assez voisine de l'Ouistiti vulgaire. Il a, comme le *Jacchus penicillatus*, un pinceau de poils noirs; mais la tête et la gorge sont entièrement blanches, caractère qui ne permet de le confondre avec aucun de ses congénères. Nous ajouterons que cette espèce, un peu plus grande que les précédentes, a le derrière du col et la partie inférieure du dos, couverts de longs poils d'un beau noir, et que le dos a une nuance jaunâtre très-prononcée, parce que les zônes noire et blanche qui terminent les poils, sont très-étroites, et que la zône de couleur jaune est au contraire très-étendue. Cette espèce habite le Brésil. Auguste de Saint-Hilaire en a rapporté plusieurs individus de la capitainerie des Mines, mais il n'en a jamais vu dans les bois vierges.

L'Ouistiti oreillard, *Jacchus auritus*, Geoff. St.-H., est de même taille que l'Ouistiti vulgaire, dont il s'éloigne d'ailleurs à plusieurs égards; il n'a plus sur le dos que des bandes rousses et des bandes noires, à peine distinctes, ces dernières étant surtout très-peu prononcées, parce que les poils sont noirs, avec une bande jaune très-rapprochée de leur pointe. Le ventre, les flancs et la gorge sont noirs, et les membres sont couverts de poils ras noirâtres et grisâtres ; la face et le menton sont blancs, et le dessus de la tête est d'un roux jaunâtre. Enfin ce qui distingue particulièrement cette espèce, c'est qu'il y a au-devant de l'oreille un pinceau de poils blancs, beaucoup plus court que le pinceau noir du *Jacchus penicillatus*. Le jeune de l'Ouistiti oreillard est généralement couvert de poils annelés de noir et de roux ; la calotte jaune n'existe pas. Cette espèce habite le Brésil, comme les précédentes.

L'Ouistiti camail, *Jacchus humeralifer*, Geoff. St.-H., s'éloigne encore davantage de l'Ouistiti vulgaire ; il a les bandes caudales assez peu distinctes, et le dos couvert de poils blancs dans leur milieu, noirs à leur origine et à leur extrémité, d'où résulte une teinte générale noirâtre. Le dessus de la tête est aussi à peu près de cette couleur ; mais les cuisses sont d'un brun tiqueté de blanc, et les bras, la partie antérieure du dos, le col et presque toute la région inférieure du corps, sont

blancs, de même que de très-longs poils, qui naissent, non plus comme dans les espèces précédentes, près de la conque auriculaire, mais bien sur ses faces antérieure et postérieure. Cette espèce, un peu plus petite que l'Ouistiti vulgaire, a la queue proportionnellement plus longue. Elle habite le Brésil.

L'Ouistiti mélanure, *Jacchus melanurus*, Geoff. St.-H. Dans cette espèce, la queue n'est même plus annelée, comme dans les précédentes ; elle est entièrement d'un noir brunâtre. Le corps et les membres sont généralement d'un brun clair, avec les parties inférieures et les cuisses d'un blanc-roussâtre. Les pieds et les mains sont bruns. Cette espèce est de la taille de l'Ouistiti vulgaire ; elle paraît habiter le Brésil, de même que les précédentes.

Le Mico, Buff. T. xv, pl. 18, *Jacchus argentatus*, Geoff. St.-H., est une espèce de la taille de l'Ouistiti vulgaire, qui habite le Para ; son pelage est généralement blanc, à l'exception de la queue qui est noire. Est-il certain qu'on doive rapporter au *Jacchus argentatus*, le Mico à queue blanche, décrit par Kuhl, et indiqué d'après lui par Desmarest? et ne serait-il pas possible que l'un et l'autre ne fussent que des variétés albines du Mélanure?

** Les Tamarins, *Midas*, Geoff.

Le Tamarin, Buff. T. xv, pl. 15 ; *Jacchus Midas; Simia Midas*, L. ; *Midas rufimanus*, Geoff. St.-H.; *Jacchus rufimanus*, Desm., est généralement noir avec les pieds et les mains d'un roux doré et le dos annelé de noir et de gris jaunâtre. Cette espèce qui habite la Guiane, où on la rencontre par grandes troupes, a communément sept à huit pouces de long, sans compter la queue qui a plus d'un pied.

Le Tamarin nègre, Buff., Suppl., 7, pl. 32; *Jacchus ursulus*, Desm.; *Midas ursulus*, Geoff. St.-H.; *Saguinus ursula*, Hoffm. *Naturf.*, ne diffère guère du *Jacchus Midas* que par les mains noires, comme le reste des membres, et par la région inférieure du dos, qui tire sur le roux. Cette espèce, commune au Para, est du nombre de celles qui ont été quelquefois transportées vivantes en Europe. Fr. Cuvier a eu quelques jours sous les yeux une femelle qu'il a figurée dans son grand ouvrage sur les Mammifères (livraison 9ᵉ). Cette femelle était très-irritable, et mordait avec violence quand on la touchait.

L'OUISTITI LABIÉ, *Jacchus labiatus*, Desm. Cette espèce que Geoffroy Saint-Hilaire a fait connaître le premier, sous le nom de *Midas labiatus*, est très-remarquable par son système de coloration. Le dos et la face externe des cuisses et des bras, sont d'un brun tiqueté de blanc roussâtre; les pieds, les mains, la queue et la tête, sont noirâtres; et la face interne des membres, la partie inférieure de l'origine de la queue, et le dessus du corps, sont d'un beau roux; enfin la nuque est d'un fauve roussâtre, et la bouche est entourée d'un cercle de poil ras de couleur blanche, qui forme un contraste frappant avec le noir des parties environnantes. Cette espèce, plus petite que le Tamarin, habite le Brésil, et c'est à elle qu'il faut rapporter, suivant Temminck (septième livraison des Monographies de Mammalogie), les *Midas fuscicollis*, *nigricollis* et *mystax* de Spix.

Le PINCHE, Buff. T. xv, fig. 17, *Jacchus OEdipus*, Desm.; *Simia OEdipus*, L.; *Midas OEdipus*, Geoff. St.-H., est une espèce remarquable par de très-longs poils blancs qui couvrent tout le dessus de la tête, et qui simulent la chevelure d'un vieillard; tout le dessous du corps; la face interne des cuisses et des jambes, les pieds et les membres antérieurs tout entiers, sont également blancs. La partie externe des cuisses et les fesses sont d'un beau roux ferrugineux; la queue est aussi de cette couleur dans la première moitié,

mais elle est noire dans la seconde; le dos est couvert de poils noirs, à pointe d'un jaune olivâtre, et qui forment des bandes alternatives de ces deux couleurs; mais ces bandes sont très-peu marquées. Cette espèce un peu plus grande que le Tamarin, et chez laquelle la queue est aussi longue que le corps, a été trouvée à Carthagène, à l'embouchure du Rio-Sinu, et à la Guiane où elle est assez rare.

Le LÉONCITO, *Jacchus leoninus*, Desm.; le Léoncito de Mocoa, *Simia leonina*, Humb., Observ. Zool.; *Midas leoninus*, Geoff. St.-H. Cette espèce, découverte par Humboldt, a été caractérisée à peu près de la manière suivante par l'illustre voyageur: taille du Tamarin; face noire; une tache blanchâtre près de la bouche et du nez. Le pelage d'un brun olivâtre avec une crinière de même couleur; le dos varié de taches et de stries d'un blanc jaunâtre. Queue de même longueur que le corps, noire en dessus, brune en dessous. Mains et pieds d'un noir profond; ongles noirs. « Le Léoncito, dit Humboldt (Obs. Zool. T. ı, p. 15), est très-rare même dans son pays natal. Il habite les plaines qui bordent la pente orientale des Cordillères, les rives fertiles du Putumayo et du Caqueta; il ne monte jamais jusqu'aux régions tempérées. C'est un des Singes les plus petits et les plus élégans que nous ayons vus; il est gai, joueur, mais, comme la plupart des petits Animaux, très-irascible. Lorsqu'il se fâche, il hérisse le poil de la gorge, ce qui augmente sa ressemblance avec le Lion d'Afrique. Je n'ai pu voir que deux individus de ce Singe très-rare, c'étaient les premiers qu'on eût portés vivans à l'ouest de la Cordillère; on les tenait dans une cage, et leurs mouvemens étaient si rapides et si continuels que j'eus beaucoup de peine à le dessiner. On m'a assuré que dans les cabanes des Indiens de Mocoa, le Léoncito se multiplie dans l'état de domesticité. Ce ne serait que par la voie du grand Pará et de la rivière des Amazones qu'on pourrait se le procurer en Europe. »

Le MARIKINA, Buff. T. xv, pl. 16; *Jacchus Rosalia*, Desm.; *Simia Rosalia*, L.; *Midas Rosalia*, Geoff. St.-H. Cette jolie espèce, connue vulgairement sous le nom de Singe-Lion, a, de même que le Léoncito, une longue crinière, qui est, comme tout le pelage, d'un beau roux jaunâtre doré. Elle a été quelquefois apportée vivante en Europe; et la ménagerie du Muséum en possédait il y a quelques années deux individus. Il est à remarquer que ces Animaux qui avaient, à leur arrivée en France, tout le pelage d'une belle couleur d'or, n'étaient plus à l'époque de leur mort que d'un jaune blanchâtre, et il est à croire qu'ils seraient devenus entièrement blancs s'ils eussent vécu plus long-temps.

L'OUISTITI CHRYSOMÈLE, *Jacchus Chrysomelas*, Desm.; *Midas Chrysomelas*, Kuhl, est généralement noir avec le front et le dessus de la queue d'un jaune doré, et l'avant-bras, les genoux, la poitrine et les côtés de la tête d'un roux marron. Ce Singe habite les grandes forêts du Brésil et du Para. — Doit-on rapporter à cette espèce, l'Ouistiti que le prince Maximilien de Neuwied a rapporté du Brésil, et qu'il a désigné sous le nom de *Chrysurus?* C'est ce que le peu de notions que nous possédons sur le *Chrysomelas*, ne nous permet pas de décider, mais néanmoins, ce qui est très-vraisemblable, comme le montrera une courte description de l'espèce du prince de Neuwied, faite d'après un individu rapporté du Brésil par ce savant zoologiste lui-même. Le dessus du pied dans la portion qui correspond au métatarse, tout l'avant-bras et la main, enfin le dessous de la queue dans sa première moitié, sont d'un beau roux doré. Les poils qui entourent la face et ceux de la gorge sont très-longs; leur couleur est généralement d'un jaune doré, tirant plus ou moins sur le roux; mais ceux qui

avoisinent la conque auriculaire sont de couleur marron. Cette nuance se retrouve aussi sur le coude, et même sur la poitrine où des poils noirs se trouvent mêlés avec des poils d'un roux marron. Tout le reste du pelage est d'un beau noir. L'individu qui a servi de type à cette description est à peu près de la taille du Tamarin; sa queue est d'un quart environ plus longue que le corps.

L'OUISTITI AUX FESSES DORÉES, *Jacchus chrysopygus*, Natterer, et Mikan, *Delect. Flor. et Faun. Bras.*, fasc. III, fig. color., se distingue par son pelage généralement noir avec les fesses et la partie interne des cuisses d'un jaune doré, et le front jaunâtre; par l'existence d'une longue crinière noire qui tombe de la tête jusque sur les bras, et par sa queue qui forme plus de la moitié de la longueur totale. Cette espèce, très-bien caractérisée par ce système de coloration, a dix pouces neuf lignes du bout du museau à l'origine de la queue, celle-ci ayant quatorze pouces cinq lignes (mesure de Vienne). L'Ouistiti aux fesses dorées ne nous est connu que par une description et une belle figure que Mikan vient de publier dans son ouvrage sur la Flore et la Faune du Brésil; ce naturaliste nous apprend que l'espèce a été découverte au Brésil par Natterer, dans la capitainerie de Saint-Paul.   (IS. G. ST.-H.)

* OULAR. REPT. OPH. Ce mot, dans la langue malaise, entre dans la composition du nom de plusieurs Serpens.

OULAR-CORON. *V.* ACROCHORDE.

OULAR-LIMPÉ. *V.* HYDRE, sous-genre Chershydre.

OULAR-SAWA. *V.* COULEUVRE, sous-genre Python.   (B.)

* OULOTRIQUES. MAM. Pour Ulotriques. *V.* ce mot et HOMME.
          (B.)

OURAPTERIX. INS. Leach désigne ainsi un genre de Lépidoptères composé de quelques Phalènes à queue, telles que la *Phalena sambucaria* et quelques autres analogues. Ce genre n'a pas été adopté. (G.)

* OURAQUE. zool. *V.* ALLANTOÏDE et ARRIÈRE-FAIX.

OURATEA. bot. phan. Sous le nom d'*Ouratea guianensis*, Aublet (Plantes de la Guiane, vol. 1, p. 397, tab. 152) a décrit et figuré une Plante qui a été rapportée au genre *Gomphia* par Richard père (Act. Soc. Hist. Nat. de Paris, vol. 1, p. 168). Cette espèce croît à Cayenne, sur le bord de la crique des Galibis. C'est un Arbre de soixante pieds de haut, dont le tronc est droit, revêtu d'une écorce épaisse, rougeâtre et raboteuse. Le bois est blanc et tendre. Les branches nombreuses, étalées, portent des feuilles simples, alternes, pétiolées, roides, glabres, très-grandes, ovales-oblongues et entières. Les fleurs sont disposées en une panicule lâche, terminale, qui répand au loin une odeur très-agréable, approchant de celle du Géroflier. Pour les caractères génériques, *V.* le mot GOMPHIE.
(G..N.)

OURAX. ois. Syn. de Pauxi. *V.* ce mot. (DR..Z.)

OURET. bot. phan. C'était ainsi qu'Adanson désignait un genre fondé sur l'*Achyranthes lanata*, L., et que Forskahl a nommé *Ærua*. *V.* ce mot.
(G..N.)

* OURIE. ois. (Salerne.) Nom ancien du *Corymbus septentrionalis*, L. *V.* PLONGEON. (DR..Z.)

OURIGOURAP. ois. (Levaillant.) Syn. du Catharte Alimoche. *V.* CATHARTE. (DR..Z.)

* OURIKINAS. ois. Espèce du genre Perdrix. *V.* ce mot. (DR..Z.)

OURIL ou URILE. ois. Espèce du genre Cormoran. *V.* ce mot. (B.)

OURISIE. *Ourisia.* bot. phan. Genre de la famille des Scrophularinées et de la Didynamie Angiospermie, L., établi sur une Plante du détroit de Magellan, par Jussieu, d'après Commerson, et ainsi carac-

térisé : calice presque bilabié, à cinq lobes courts, légèrement inégaux ; corolle campanulée, courbée, dont la gorge est renflée ; le limbe à cinq divisions courtes, obtuses et presque égales ; quatre étamines didynames, à filets recourbés ; ovaire didyme, surmonté d'un style et d'un stigmate bilobé ; capsule à deux loges et à deux valves, qui portent les cloisons sur leur milieu ; graines couvertes d'un test lâche en forme d'arille. Linné fils avait décrit sous le nom de *Chelone ruelloides*, la Plante qui forme le type de ce genre ; mais l'absence d'un cinquième filet stérile devait empêcher de la placer dans le genre *Chelone*, qui appartient à une autre famille. Persoon a fait entrer dans le genre *Ourisia*, comme seconde espèce, le *Dichroma coccinea* de Cavanilles (*Icon. rar.* 6, p. 67, 582), malgré les différences que cette Plante, qui croît au Chili, présentait dans son port et dans quelques caractères ; aussi le genre *Dichroma* est-il conservé par Sprengel dans la nouvelle édition du *Systema Vegetabilium* qu'il vient de publier. Enfin, R. Brown (*Prodrom. Flor. Nov.-Holl.*, p. 438), adoptant le genre *Ourisia*, en a fait connaître une troisième espèce, de l'île de Diémen à la Nouvelle-Hollande, sous le nom d'*O. integrifolia*; mais il a fait observer qu'étant différente de la Plante magellanique par son port, ainsi que par son calice et sa corolle, elle pourrait peut-être former un genre distinct. Ces considérations nous engagent à ne décrire que la Plante rapportée par Commerson, sur laquelle le genre *Ourisia* a été fondé.

L'OURISIA DE MAGELLAN, *Ourisia Magellanica*, Pers., Gaertner fils, Carp., tab. 185; *Chelone ruelloides*, L. fils, Suppl., p. 279, a des tiges couchées ou inclinées, à peine plus longues que les feuilles radicales; celles-ci, au nombre de deux, sont ovales, dentées, portées sur de longs pétioles, crénelées et dentées en scie; les feuilles caulinaires sont opposées, amplexicaules et bractéiformes. Les pédoncules sont axillaires, opposés, allongés, et portent une seule fleur, dont la corolle est purpurine. On trouve cette Plante à la terre de Feu, dans le détroit de Magellan. (G..N.)

OURISSIA. OIS. (Nieremberg.) Syn. d'Oiseau-Mouche. *V.* COLIBRI.
(DR..Z.)

OURITE. MOLL. Les Poulpes sont ainsi appelés à Madagascar, d'où les Nègres ont introduit le nom d'Ourites aux îles de France et de Mascareigne. (B.)

OURLON. INS. L'un des noms vulgaires du Hanneton dans certains départemens du nord de la France.
(B.)

OUROUA. OIS. *V.* AURA.

OUROU-COUCOU. OIS. Espèce très-peu connue et que Stadman place parmi les Chouettes. (DR..Z.)

OUROUPARIA. BOT. PHAN. Le genre ainsi nommé par Aublet et que Schreber appelait *Uncaria*, Necker *Agylophora*, a été réuni par Jussieu au *Nauclea* dont il ne diffère pas. *V.* NAUCLÉE. (A. R.)

OUROVANG. OIS. Espèce du genre Merle. *V.* ce mot. (DR..Z.)

* **OURROUCOUAI. OIS.** Espèce du genre Couroucou. *V.* ce mot. (B.)

OURS. *Ursus,* MAM. Genre de Carnassiers, appartenant, suivant la méthode de Cuvier, à la famille des Carnivores et à la tribu des Plantigrades (*V.* le second des tableaux synoptiques de notre article MAMMIFÈRES). Les Ours sont remarquables entre les Carnivores plantigrades par leur taille très-considérable ; et on peut dire même qu'ils sont les plus grands de tous les Carnassiers, en exceptant deux ou trois espèces de Chats et quelques amphibies. Se trouvant ainsi doués d'une force à laquelle la plupart des Animaux ne sauraient résister, ils sont cependant peu dangereux, et ne font que rarement usage de leurs puissans moyens

d'attaque, parce que l'organisation de leur appareil digestif les rend plutôt Frugivores, ou, si l'on veut, plutôt Omnivores que Carnivores. Leurs molaires, bien loin d'être tranchantes et disposées de manière à se rencontrer par leurs faces latérales et à agir entre elles comme le font les deux branches d'une paire de ciseaux, sont larges, aplaties, tuberculeuses et disposées de manière à se rencontrer par leurs couronnes avec celles de l'autre mâchoire, et à agir sur elles comme le fait le pilon sur son mortier, d'où il suit qu'elles sont très-propres à écraser et à broyer des matières végétales, mais qu'elles ne peuvent que difficilement couper ou déchirer de la chair. C'est ce que montrera d'une manière plus évidente la description de l'appareil de la mastication chez les Ours. Les molaires sont, à la mâchoire supérieure, au nombre de six de chaque côté, savoir : trois fausses molaires, une carnassière et deux tuberculeuses ; ce qui, avec la canine et les trois incisives qui existent chez tous les Carnassiers plantigrades et digitigrades, donne dix dents de chaque côté. Les dents de la mâchoire inférieure ne diffèrent numériquement de celles de la supérieure que par l'existence d'une fausse molaire de plus de chaque côté ; ce qui porte le nombre total des dents à quarante-deux, savoir : vingt supérieures et vingt-deux inférieures ; c'est-à-dire deux de plus que chez les Ratons et les Coatis, six de plus que chez les Blaireaux, et quatre ou huit de plus que chez les Gloutons. Les Ours diffèrent d'ailleurs d'une manière notable de ces deux derniers genres par les formes de leurs mâchoires, et même par celles de leurs incisives et de leurs canines. Ces dernières dents sont, aux deux mâchoires, très-grosses, arrondies, mais un peu plus étendues d'avant en arrière que transversalement, légèrement recourbées sur elles-mêmes, et garnies antérieurement d'une petite crête très-peu saillante. Les incisives sont assez petites ; les supérieures sont séparées de chaque côté de la canine par un intervalle vide, à la vérité très-peu étendu, tandis que les inférieures sont contiguës aux canines, entre lesquelles elles se trouvent comme entassées ; leur forme et leur disposition sont d'ailleurs susceptibles de quelques variations suivant les espèces où on les examine. Les fausses molaires, peu différentes de celles des autres Carnivores, sont généralement assez petites, et quelques-unes d'entre elles manquent fréquemment chez les individus adultes. Quant aux véritables molaires, il est nécessaire de les faire connaître d'une manière plus détaillée, parce que leurs formes sont caractéristiques pour le genre; et nous croyons même devoir citer presque dans son entier la description qu'en a donnée Fr. Cuvier dans son ouvrage sur les dents des Mammifères; description qu'il serait d'ailleurs impossible d'abréger sans la tronquer. «La carnassière supérieure, dit ce savant zoologiste, est réduite aux plus petites dimensions : extérieurement on y remarque le tubercule moyen qui est propre à cette espèce de dent dans les genres précédens, et le tubercule postérieur; mais le lobe antérieur est presque effacé ; à son côté interne se trouve postérieurement un tubercule plus petit que les précédens, qui l'épaissit. Cette position particulière du tubercule interne, que nous avons toujours vu jusqu'à présent à la partie antérieure des carnassières supérieures, tandis que c'est à commencer par leur partie opposée que les fausses molaires deviennent tuberculeuses, me ferait pencher à regarder cette dent, que je viens de décrire pour une carnassière, comme étant seulement une fausse molaire; mais alors la carnassière supérieure aurait entièrement disparu, et la seule fausse molaire normale qui existerait, remplirait les fonctions de carnassière. La dent suivante présente à son bord externe les deux tubercules principaux des premières tuberculeuses ; à son côté interne sont deux tubercules

parallèles aux deux premiers, mais séparés l'un de l'autre par un tubercule plus petit. Cette dent est à peu près le double plus longue que large. La dernière molaire, d'un tiers plus grande que la précédente, présente sur son bord externe, à sa partie antérieure, deux tubercules qui semblent avoir leurs analogues dans la dent précédente, mais qui sont un peu plus petits. Au bord antérieur de cette même partie, est une crête divisée irrégulièrement par trois principales échancrures, et tout l'intérieur de la couronne est couvert de petits sillons, de petites aspérités qui sont propres aux Ours. A la mâchoire inférieure, la quatrième fausse molaire a seule la forme normale. Après elle vient une dent étroite comparativement à sa longueur, mais non tranchante. On y remarque antérieurement un tubercule, puis un autre à sa face externe, et deux plus petits à la face interne, vis-à-vis le précédent. Ces quatre tubercules forment à peu près la moitié de la dent; après eux vient une profonde échancrure, et la dent se termine en arrière par une paire de tubercules. La mâchelière suivante, qui est la plus grosse des dents de cette mâchoire, est fort irrégulière quant à la distribution de ses saillies et de ses creux, de ses tubercules et des vides, ou des dépressions qui les séparent. On y distingue cependant deux tubercules principaux à sa moitié antérieure, l'un à la face interne, l'autre à la face externe, qui sont réunis par une crête transversale; mais ces tubercules sont subdivisés, l'interne surtout, par de petites échancrures qui se partagent en deux ou trois autres. La dernière dent, encore moins susceptible d'être décrite que la précédente pour les détails, est plus petite qu'elle, a une forme elliptique, est bordée dans son pourtour d'une crête irrégulièrement dentelée, et garnie dans son intérieur de rugosités plus régulières encore. Dans leur position réciproque, toutes les dents sont opposées couronne à couronne , excepté la première molaire inférieure. »

Les Ours présentent aussi quelques caractères génériques assez remarquables dans les formes trapues et les proportions un peu lourdes de leur corps ; dans l'extrême brièveté de leur queue ; dans leurs membres assez courts et tous terminés par cinq doigts peu inégaux ; dans leurs ongles allongés, crochus, très-forts et propres à fouir ; dans leur marche entièrement plantigrade ; dans leurs oreilles courtes et velues sur leurs deux faces ; dans leurs yeux assez petits ; dans leur langue très-douce ; dans leurs narines très-ouvertes et entourées d'un mufle soutenu par un cartilage très-mobile ; enfin dans leur épaisse fourrure toujours composée de très-longs poils. Leur tête est allongée, large en arrière, et terminée en avant par un museau assez fin, mais d'ailleurs d'une forme assez variable suivant les espèces chez lesquelles on l'examine : c'est ce qu'ont rendu très-sensible les auteurs de la Ménagerie du Muséum d'Histoire Naturelle, par une belle planche, dans laquelle ils ont présenté en regard la tête de trois espèces, l'*Ursus maritimus*, l'*Ursus Arctos* et l'*Ursus americanus*. Enfin les Ours offrent quelques particularités anatomiques qui ne doivent pas être omises ici. Le cerveau (Serres, Atlas de l'Anat. du cerv., fig. 230 et 231, pl. 11) est volumineux, et ses circonvolutions sont assez nombreuses. L'estomac est de grandeur moyenne, et l'intestin est à peu près de même diamètre dans presque toute sa longueur : du reste il n'y a point de cœcum, de même que chez les autres Plantigrades. L'os pénial est assez grand et recourbé en S. Les testicules sont suspendus dans un scrotum, comme chez la plupart des Carnassiers ; et les vésicules séminales n'existent pas, au contraire de ce qui a lieu dans quelques genres voisins. La crosse de l'aorte ne fournit que deux artères, savoir : la sous-clavière gauche et un tronc d'où proviennent les deux carotides primitives, et la sous-clavière droite. Enfin, et ce caractère anatomique nous semble le plus remarquable et le plus curieux de tous, les reins sont tellement divisés et se trouvent composés de lobules tellement dictincts, qu'on peut, avec Cuvier, comparer ces glandes à des grappes de raisin.

Le genre *Ursus* est très-remarquable, non-seulement en ce qu'il offre une combinaison de caractères zoologiques qui lui est propre, et que l'on peut regarder comme très-singulière, mais aussi (et c'est même sous ce point de vue qu'il nous semble surtout intéressant) par la concordance parfaite que nous observons entre les modifications organiques de ses organes digestifs et celles de ses membres, entre ses goûts et les moyens qu'il a de les satisfaire. De tous les Carnassiers proprement dits, ou, si l'on veut, de tous les Carnivores, les Ours sont en même temps ceux qui ont le moins d'appétit pour la chair, et ceux qui réussissent, avec le plus de difficulté, à se procurer une proie vivante et à la déchirer. En effet, leur marche plantigrade, et la presqu'égalité de leurs membres antérieurs et des postérieurs, excluent nécessairement cette rapidité de course et cette facilité de saut dont plusieurs genres assez voisins offrent des exemples remarquables ; et leurs dents plates et garnies de tubercules mousses, sont plutôt propres à broyer des Végétaux qu'à déchirer de la chair. Aussi les Ours peuvent-ils être considérés comme Omnivores, et s'accoutument-ils également bien à un régime végétal et à l'usage des substances animales, qu'ils viennent à boût de découper avec leurs incisives. En domesticité, on les nourrit à la fois de pain, de carottes et de viande ; et dans l'état de nature, ils vivent principalement de racines et de fruits, mangent souvent aussi de jeunes pousses, et paraissent surtout aimer le miel qu'ils ne craignent pas d'aller chercher dans les ruches, redoutant péu les piqûres des Abeilles, dont ils sont en partie préservés par leur épaisse fourrure. Du reste, ce n'est guère que lorsqu'ils sont pressés par la faim, qu'ils se décident à attaquer les Animaux, se montrant alors très-hardis et très-courageux, malgré la circonspection et l'extrême prudence qui semblent présider ordinairement à toutes leurs actions. Cette prudence et le développement très-remarquable de leur intelligence les tient toujours en garde contre les piéges ; et il est même assez difficile de prendre vivans des individus adultes. C'est cependant ce qu'on réussit à faire par différentes ruses, dont l'une, assez singulière, consisterait, disent quelques auteurs, à enivrer l'Ours, au moyen de miel arrosé d'eau-de-vie. Plusieurs procédés, ou, si l'on peut employer cette expression, plusieurs méthodes sont aussi usitées pour la chasse aux Ours ; chasse qui n'est pas sans danger à cause du courage opiniâtre avec lequel se défendent ces Animaux, et de leur force extrême. Il est cependant des contrées où l'on ne craint pas de les attaquer, sans autre secours que celui d'un pieu que l'on cherche à leur enfoncer dans le ventre, profitant du moment où ils se dressent sur leurs pates de derrière pour lutter, avec plus d'avantage, contre leur ennemi, et pour l'étouffer entre leurs bras, selon leur habitude la plus ordinaire. Cette chasse est, comme on le pense bien, très-périlleuse, et l'on peut même ajouter que l'usage des armes à feu est presque le seul moyen qui mette le chasseur à l'abri de tout danger réel. Néanmoins on tue annuellement un grand nombre d'Ours pour se procurer leur fourrure et leur graisse, qui sont, comme chacun le sait, employées à divers usages, et qui ont quelque valeur dans le commerce. Leur chair est aussi estimée dans quelques contrées, principalement à l'automne, et leurs pates passent même pour un mets assez délicat.

Le genre Ours est l'un de ceux que l'on peut regarder comme cosmopolite : il se trouve répandu sous toutes les latitudes et dans presque toutes les contrées du globe, et il existe même à la fois plusieurs espèces dans certaines régions. Ainsi, sans compter l'*Ursus maritimus* qui appartient également à l'Europe, à l'Asie et à l'Amérique, on connaît de la manière la plus authentique, et on peut même voir réunis dans la Ménagerie ou dans les collections du Muséum, des Ours de diverses parties de l'Europe, de l'Asie méridionale, de l'Asie septentrionale et des deux Amériques. Quant à ceux de l'Afrique septentrionale et de l'Afrique centrale, leur existence est très-douteuse, malgré les témoignages de Shaw, de Dapper et de Poncet, suivant lesquels le genre se trouverait en Barbarie, au Congo et en Nubie ; il paraît tout-à-fait certain qu'il n'existe point d'Ours dans l'Afrique méridionale, si bien connue des zoologistes par les recherches de l'infatigable voyageur Delalande, non plus que dans la Nouvelle-Hollande et les terres voisines.

Nous passons maintenant à la description des espèces du genre Ours, qui sont, comme on va le voir, assez nombreuses, surtout si l'on croit devoir adopter définitivement toutes celles que Fr. Cuvier a établies dans son Histoire Naturelle des Mammifères et dans le Dictionnaire des Sciences Naturelles.

* *Espèces européennes.*

L'Ours brun d'Europe, *Ursus Arctos*, L. ; Buff. T. viii, pl. 51, et Cuv., Ménag. du Mus. T. i, est la plus commune, la plus anciennement connue, et cependant l'une des plus obscures des espèces de notre continent. Il a communément de quatre à cinq pieds de longueur totale, et atteint même quelquefois une taille plus considérable encore. Son pelage est le plus ordinairement d'un brun-marron, plus foncé sur le dos et la partie supérieure des membres, plus clair sur les côtés de la tête et du corps. Son poil est partout long, touffu et très-épais, excepté sur les pates et le museau où il est court, selon la disposition la plus habituelle chez les Mammifères. On doit ajouter comme caractère de l'éspèce, que la tête est très-large en arrière, que le museau se rétrécit presque subitement, que la plante des pieds de derrière est moyenne et entièrement nue; enfin que les jeunes diffèrent des adultes par l'existence d'un collier blanc ou blanchâtre plus ou moins complet. Cette espèce vit, comme la plupart de ses congénères, dans les montagnes boisées, et elle leur ressemble presqu'à tous égards par ses mœurs. Nous croyons utile, pour cette raison même, de donner sur ses habitudes quelques détails que nous empruntons au travail de G. Cuvier (Ménagerie du Muséum, T. I): « Blumenbach assure, dit l'illustre auteur du Règne Animal, que l'Ours se contente de matières végétales dans sa jeunesse, et qu'il devient plus carnassier lorsqu'il passe trois ans. Il est certain qu'on peut le nourrir de pain seulement; ceux de notre Ménagerie ne mangent pas autre chose, et quoiqu'ils n'en reçoivent que six livres par jour, ils se portent très-bien; l'un d'eux a même vécu quarante-sept ans à ce régime dans les fossés de Berne où il était né. Ils mangent aussi volontiers des légumes, des racines, des raisins; mais ce qu'ils aiment le mieux, c'est le miel; ils renversent les ruches, grimpent dans les arbres creux, et s'exposent à la piqûre des Abeilles pour s'en rassasier. Ils recherchent les Fourmis, sans doute à cause de leur acidité, car ils aiment tous les fruits acides, et surtout les baies d'Épine-Vinette et de Sorbier. Lorsque la faim les presse, ils dévorent les cadavres et les voiries les plus infectes. Les nôtres boivent chacun un demi-seau d'eau par jour; ils la hument à peu près comme le Cochon. Leurs excrémens sont jaunâtres et très-liquides; ils urinent en avant et sans lever la cuisse. L'Ours n'attaque

jamais l'Homme, mais quand on le provoque, il est fort dangereux; la femelle surtout défend ses petits avec fureur. Cet Animal cherche à écraser son ennemi avec ses pates ou à l'étouffer entre ses bras; Il emploie aussi ses ongles avec avantage, mais il se sert peu de ses dents. Il attaque les Quadrupèdes en leur sautant sur le dos, et il paraît que les Chevaux et les Taureaux même ne sont pas toujours en sûreté devant lui. Sa démarche ordinaire est lente et traînante, il ne court jamais bien, et ne peut nager long-temps; mais il grimpe aisément aux arbres, et peut se tenir debout sur les larges plantes de ses pieds; il descend à reculons tant des arbres que des montagnes un peu rapides. L'Ours est naturellement triste et sauvage; il mène une vie silencieuse et solitaire, et ne se rapproche de sa femelle que dans la saison d'amour. Il commence à engendrer dès l'âge de cinq ans, et entre en chaleur au mois de juin : l'accouplement dure fort long-temps, et se fait par des mouvemens très-vifs avec des intervalles de repos. Après avoir fini, le mâle se baigne tout le corps. Ce qu'on a dit de la fureur amoureuse de la femelle, de ses avortemens volontaires, de sa position renversée dans l'accouplement, sont autant de fables. La femelle porte sept mois, et non pas trente jours, comme le croyait Aristote; elle met bas dans sa retraite d'hiver, et fait depuis un jusqu'à trois petits; leur poil court et lustré les fait paraître beaucoup plus jolis que les adultes. Ils restent un mois les yeux fermés, et la mère les allaite pendant plus de trois. Un Ours femelle a encore mis bas à plus de trente-un ans. L'Ours ne dort pas toujours dans sa retraite d'hiver; mais la quantité de graisse qu'il a accumulée pendant la belle saison lui rend l'abstinence possible et même nécessaire. Cette retraite commence et finit avec les grandes gelées. L'Ours choisit un tronc d'arbre creux ou un autre souterrain, ou quelque trou de roche;

et lorsqu'il ne trouve aucune cavité naturelle , il se fait une hutte avec des branches et des feuillages qu'il garnit soigneusement de mousse en dedans. » Nous ajouterons , d'après Fr. Cuvier, que l'Ours ne tombe point en léthargie lorsque l'hiver est doux , et que son sommeil est au contraire assez profond quand il est très-rigoureux ; l'on sait d'ailleurs qu'en captivité, il est presque aussi éveillé pendant l'hiver que pendant le printemps ou l'été. Les habitudes de l'Ours , comme on le voit, sont connues d'une manière assez complète dans l'état présent de la science: au contraire , il est très-difficile , ou plutôt il est entièrement impossible d'indiquer avec précision les contrées dans lesquelles se trouve répandue l'espèce. Les Ours des Pyrénées , ceux des montagnes de la Norvége , de la Pologne, de la Bohême , de la Hongrie, de la Thrace , ceux de la Russie et de la Sibérie sont-ils de même espèce que ceux des Alpes ? doivent-ils être rapportés , comme ces derniers , au véritable Ours brun , à l'*Ursus Arctos?* C'est ce que pensent plusieurs naturalistes distingués, et particulièrement Desmarest, suivant lequel l'*Ursus Arctos* se trouverait à la fois dans les Alpes, dans les Pyrénées , dans les Vosges , dans les Crapacks, et même dans le mont Atlas, dans les principales chaînes de l'Asie tempérée et méridionale et dans les parties occidentales de l'Amérique du Nord. Tout au contraire , Fr. Cuvier, dans un travail tout récent , l'article *Ours* du Dictionnaire des Sciences Naturelles, sépare l'Ours brun ordinaire, ou, comme il l'appelle, l'Ours des Alpes, de l'Ours des Asturies , de l'Ours de Norvége et de l'Ours de Sibérie qu'il considère comme autant d'espèces distinctes. Suivant cette manière de voir, l'Ours des Asturies , ou , comme il a été aussi appelé par Fr. Cuvier, l'Ours des Pyrénées (*U. Pyrenaicus*), serait caractérisé par sa taille moindre que celle de l'Ours des Alpes , et par sa couleur qui est généralement

le blond jaunâtre sur le corps et le noir sur les pieds , et l'Ours de Sibérie (*Ursus collaris*) se reconnaîtrait à son pelage généralement brun , avec les membres noirs et les épaules couvertes d'une bande blanche. Quant à l'Ours de Norvége (Hist. Nat. des Mamm., liv. 7 , avril 1819), il n'est connu que par un jeune individu, âgé de cinq semaines , et qui était d'un brun terre d'ombre , sans aucune trace de collier blanc. Il nous suffira ici d'avoir indiqué, d'après Fr. Cuvier, ces espèces ou variétés ; les observations que nous avons pu ajouter par nous-même à celles que ce savant a publiées, et celles même que nous trouvons dans les ouvrages des naturalistes, sont en effet trop peu nombreuses pour que nous puissions nous prononcer pour ou contre son opinion. Remarquons seulement qu'il s'en faut de beaucoup que tous les Ours d'une même contrée soient semblables entre eux : c'est ce dont il est facile de se convaincre en lisant les descriptions que Daubenton (Hist. Nat. de Buffon, T. VIII, pag. 263 et 264) a données de trois Ours des Alpes , dont deux avaient été pris en Savoie , et le troisième en Suisse. Il existe aussi , principalement dans les parties septentrionales de l'Europe, des Ours entièrement blancs, que l'on doit bien se garder de confondre avec l'Ours blanc polaire , *Ursus maritimus* , L. , et qui doivent être considérés comme de simples variétés albines : tel est l'individu dont Buffon a donné une figure, T. VIII, planche 22 , sous le nom d'Ours blanc terrestre.

Il paraît que l'on ne doit rapporter à aucune des espèces ou variétés précédentes (si ce n'est peutêtre à l'Ours de Norvége), celle que Buffon avait indiquée sous le nom d'Ours noir d'Europe , et que G. Cuvier (Oss. Foss. T. IV) distingue aussi de l'Ours brun ordinaire. Suivant cet illustre naturaliste, ce dernier serait caractérisé par son crâne bombé de toutes parts en dessus, et par son poil brun foncé à la base et fauve à la pointe. L'Ours commun des Alpes, de Suisse et de Savoie, l'Ours des Pyrénées, auquel se rapporterait l'Ours doré, et plusieurs races qui existent dans la Pologne, sont autant de variétés de cette espèce. L'Ours noir d'Europe, beaucoup plus rare que le précédent, aurait au contraire la partie frontale du crâne aplatie et même concave surtout en travers, et le pelage d'un brun noirâtre avec le dessus du nez d'un fauve clair et le reste du tour du museau d'un brun roux. Cuvier ne connaît cette espèce que par un seul individu, dont on ignore la patrie, et par un squelette et quelques crânes qui existent au cabinet d'anatomie du Muséum. Ces crânes sont figurés dans l'ouvrage sur les Oss. Foss. T. iv, pl. 20 et 21.

** *Ours de l'Asie septentrionale.*

On connaît dans le nord de l'Asie deux espèces, dont l'une, déjà indiquée, sous le nom d'Ours de Sibérie, n'est, suivant quelques auteurs, qu'une simple variété de l'*Ursus Arctos* d'Europe, et dont l'autre est le fameux Ours polaire, si célèbre par les récits des voyageurs, et si redouté des habitans des pays les plus septentrionaux de notre hémisphère. Nous décrirons cette seconde espèce avec quelques détails.

L'Ours polaire, *the polar Bear*, Penn., Syn. Quadr., n. 159; *U. maritimus*, L.; *U. marinus*, Pall., *Spic. Zol.*, fasc. xiv. A l'exemple de Pennant, de Cuvier et de quelques autres auteurs, nous adoptons, pour cette espèce, le nom d'Ours polaire, beaucoup plus exact que ceux d'Ours blanc et d'Ours de mer ou maritime qui lui ont été donnés par la plupart des naturalistes, et principalement par Buffon, T. xv, p. 128, et Suppl. T. ii. En effet, ces noms, appliqués à l'Ours polaire, pourraient produire une véritable confusion; le premier ayant été donné aussi à la variété albine de l'*Ursus Arctos*, et le second, à une espèce très-remarquable de Carnassiers amphibies, le *Phoca Ursina* de

Linné ou *Otaria Ursina* de Desmarest. Au reste, Buffon a lui-même prévenu ses lecteurs contre cette double cause d'erreur, soit à l'article de l'Ours brun (T. viii, *loc. cit.*), soit dans la description du Phoque Ours marin (Suppl. vi, p. 346).—L'Ours polaire est une espèce très-remarquable par la couleur de son pelage qui est entièrement blanc, soit en hiver, comme chez la plupart des Mammifères des pays très-froids, soit même en été; par la couleur du bout du museau et des ongles qui sont noirs; et par celle des lèvres et de l'intérieur de la bouche, qui tire sur le violet-noirâtre. La plante et la paume sont en grande partie velues dans cette espèce; mais ce qui la distingue peut-être d'une manière encore plus précise de tous ses congénères, ce sont ses proportions. Comme si la remarque que Blainville a faite d'une manière générale sur l'allongement du corps des Animaux aquatiques (*V.* Mammifères, p. 76), était aussi bien applicable aux espèces comparées entre elles qu'aux genres, aux familles et aux ordres, ce qui caractérise plus particulièrement l'Ours polaire, c'est la longueur du corps, du cou, et surtout de la main et du pied. Ainsi, cette dernière partie, qui fait à peine la dixième partie de la longueur du corps, chez l'Ours brun, est seulement chez l'Ours polaire d'un sixième plus court que le corps, ce qui donne en plus chez celui-ci une différence considérable. De plus, une autre modification organique que présentent également la plupart des espèces aquatiques, l'aplatissement du crâne se retrouve aussi chez l'Ours polaire qui a cette partie sensiblement plus aplatie et plus mince que chez l'Ours brun. Une autre différence doit encore être notée; c'est que chez le premier, la tête est terminée supérieurement par un bord presque uniformément convexe sur toute son étendue, tandis que chez l'Ours brun et la plupart de ses congénères, on remarque entre le front qui est bombé et le museau qui est rectiligne, un enfoncement assez profond ; en sorte que le bord supérieur de la tête est alternativement convexe, concave et rectiligne. Suivant quelques auteurs, l'Ours polaire parvient à une taille très-considérable : les Hollandais de la troisième expédition pour la recherche d'un passage aux Indes par le Nord, affirment même avoir tué un individu dont la peau avait jusqu'à treize pieds de longueur : assertion que plusieurs naturalistes ont révoquée en doute, en se fondant sur ce fait, que tous les individus amenés en Europe ou décrits par des voyageurs dont le témoignage est le plus authentique avaient moins de sept pieds de longueur totale. Cette espèce n'habite pas seulement les régions les plus froides de l'Asie ; elle est répandue dans la partie septentrionale de l'Amérique et dans la baie d'Hudson, se retrouve aussi au nord de l'Europe, et vient quelquefois, porté par les glaces, sur les côtes d'Islande et même de Norvége ; en sorte qu'on peut, d'une manière générale, lui assigner pour patrie, la mer Glaciale et les terres qui avoisinent le cercle polaire arctique. « Pendant les longues nuits du commencement et de la fin de l'hiver, il s'écarte quelquefois des rivages, dit Cuvier (Ménag. du Mus. T. i), mais jamais il ne passe l'été dans les terres, et il n'arrive jamais jusqu'aux régions boisées situées au sud du cercle arctique, tandis que l'Ours brun craint de s'élever au nord de ce cercle. La partie de la Sibérie, où l'on trouve le plus d'Ours blancs, est celle qui est située entre les embouchures de la Léna et du Jénissey. Il y en a moins entre ce dernier fleuve et l'Obi, et entre l'Obi et la mer Blanche, parce que la Nouvelle-Zemble, leur offrant un asile commode, ils ne viennent guère jusqu'au continent. On n'en voit point sur les côtes de la Laponie. C'est au mois de septembre, ajoute l'illustre auteur, que l'Ours blanc, surchargé de graisse, cherche un asile pour passer l'hiver. Il se contente pour cela

de quelque fente pratiquée dans les rochers, ou même dans les amas de glace ; et sans s'y préparer aucun lit, il s'y couche et s'y laisse ensevelir sous d'énormes masses de neige. Il y passe les mois de janvier et de février dans une véritable léthargie.... C'est dans leur asile d'hiver et au mois de mars que les femelles mettent bas. Elles portent par conséquent au moins six à sept mois. Le nombre de leurs petits est ordinairement de deux ; ils suivent leur mère partout, et vivent de son lait jusqu'à l'hiver qui suit leur naissance. On dit même que la mère les porte sur son dos lorsqu'elle nage. À cet âge le poil est plus fin et plus blanc : il jaunit toujours plus ou moins dans les adultes. » L'Ours polaire vit très-bien en captivité, même dans notre climat, quoiqu'il souffre beaucoup de la chaleur. Dans les ménageries, on est obligé, surtout pendant l'été, de lui jeter, presque à chaque instant, des seaux d'eau sur le corps pour le rafraîchir. Du reste, soumis au même régime que les autres Ours, il s'y habitue très-bien, et se laisse, comme eux, apprivoiser avec assez de facilité. Dans l'état de nature, il se nourrit de la chair des Oiseaux d'eau, des Poissons, des Cétacés et des Phoques qu'il poursuit très-bien à la nage, se jette quelquefois sur les cadavres, et ne craint pas, lorsqu'il est affamé, d'attaquer les Morses, les Dauphins les mieux armés et l'Homme luimême. Il paraît que cette espèce n'était pas inconnue aux anciens. Cuvier pense en effet que c'est un Ours polaire que Ptolémée Philadelphe fit voir à Alexandrie, et dont parlent Calixène le Rhodien et Athénée.

*** *Ours de l'Asie méridionale.*

L'Ours aux grandes lèvres, *Ursus labiatus*, Blainv. ; *Ursus longirostris*, Ticdem. ; l'Ours jongleur de Fr. Cuvier ; *Chondrorhynchus*, Fisch. ; *Melursus*, Mey. ; *Prochilus*, Illig., a été l'objet de l'une des plus singulières méprises qu'aient jamais faites les naturalistes. Un individu de cette espèce, privé de toutes ses incisives, soit par l'effet de l'âge, soit par quelque autre circonstance individuelle, fut amené en Europe, vers 1790, par des montreurs d'Animaux ; il fut examiné à cette époque par plusieurs naturalistes et décrit par eux avec soin. L'espèce pouvait dès-lors être bien connue : mais ces naturalistes ne comprirent pas que l'absence des incisives pouvait être accidentelle, et, grands admirateurs de la méthode linnéenne, ils se trompèrent, pour avoir suivi à la lettre un immortel ouvrage sans en avoir pénétré l'esprit. Le nouvel Animal manquant d'incisives, appartenait nécessairement, suivant eux, à l'ordre des *Bruta*, que caractérise la phrase suivante : *Dentes primores nulli utrinquè ;* ainsi, quoiqu'il eût le port, la physionomie, les doigts, et tous les caractères extérieurs des Ours, il fut placé dans le genre *Bradypus*. On se fondait, pour ce dernier rapprochement, sur l'existence, chez le nouvel Ours, d'ongles très-allongés et de poils assez semblables à ceux des Paresseux, et sur cette autre considération purement négative, qu'il s'éloigne des autres genres de l'ordre des *Bruta*, beaucoup plus encore que des Bradypes. On se rappelle en effet que cet ordre, qui correspond à peu près à celui que l'on désigne aujourd'hui sous le nom d'Edentés (*V.* MAMMALOGIE), comprenait les genres *Bradypus*, *Myrmecophaga*, *Manis*, *Dasypus*, *Rhinoceros*, *Elephas* et *Trichechus*. C'est ainsi que l'*Ursus labiatus* fut décrit par divers auteurs sous les noms de *Bradypus Ursinus* (Sh., *Gen. Zool.*); de Paresseux ursiforme (*Ursiform Sloth*, Penn.), de Paresseux Ours, et de Paresseux à cinq doigts. Plus tard, quelques auteurs, sans comprendre encore ce qu'était le *Bradypus Ursinus*, comprirent du moins qu'il n'était pas un véritable Paresseux, et ils créèrent pour lui un genre nouveau qui fut nommé *Prochilus* par Illiger et *Melursus* par Meyer. On doit à Buchanan à et Sonnini d'avoir annoncé les

premiers, à Blainville (Bull. Sc. Philom., 1817) et à Tiedemann, d'avoir démontré que le prétendu Paresseux n'est qu'un Ours, à la vérité remarquable par la présence de quelques caractères particuliers. La lèvre inférieure dépasse un peu la supérieure, et le museau est, dans son ensemble, très-allongé, et en même temps assez gros; son extrémité est soutenue par un cartilage nasal, mobile et très-large; la tête est petite, et les oreilles assez grandes. Le pelage est partout d'un noir profond, si ce n'est sur la poitrine où se voit une tache blanche en forme de V majuscule, et sur le museau qui est blanchâtre : il se compose, du moins chez les adultes, de poils excessivement longs, principalement sur les côtés de la tête et sur la partie antérieure du corps où il existe même une sorte de crinière comparable à celle du Lion. Cette espèce, qui a ordinairement un peu plus de quatre pieds de longueur totale, est, suivant Duvaucel, assez commune au Bengale, particulièrement dans les montagnes du Silhet, aux environs des lieux habités, où elle passe pour être exclusivement frugivore. Douce et intelligente, elle se laisse facilement dresser par les jongleurs de l'Inde à divers exercices.

L'OURS DU THIBET, *Ursus Thibetanus*, Cuv., Ossem. Foss. T. IV, p. 325, et Fr. Cuv., Mammif. lithogr., a été découvert à peu près dans le même temps au Népaul par Wallich, et dans le Silhet par Duvaucel. Il se distingue par la grosseur de son col et la forme de sa tête terminée supérieurement par un bord presque rectiligne; par ses ongles petits; par son pelage lisse et généralement noir, avec la lèvre inférieure blanche et une tache en forme d'Y sur la poitrine. Sa taille n'est pas connue d'une manière exacte; on sait seulement qu'il est plus petit que l'espèce précédente, et plus grand que la suivante.

L'OURS MALAIS, *Ursus malayanus*, Raff., Trans. Linn. T. III, Horsfield, *Zool. reseach. in Java*, est assez commun dans quelques-unes des îles de la Sonde, et se retrouve dans le Pégu, suivant Duvaucel. Sa taille est plus petite d'un sixième que celle de l'*Ursus labiatus*. Sa tête est ronde; son front large; son museau assez court, et son pelage noir et luisant. Les jeunes ont au-dessus des yeux une tache d'un fauve pâle; le museau est également d'un fauve pâle; la poitrine est couverte d'une tache de même couleur, représentant à peu près, par la forme, un large cœur.

******** *Ours de l'Amérique méridionale.*

L'Ours des cordillères du Chili, *Ursus ornatus*, Fr. Cuv., Hist. des Mammif., liv. 5o. Cette espèce, la seule que l'on ait encore découverte dans l'Amérique méridionale, si elle ne diffère pas de celle que Garcilasso et Acosta disent exister au Pérou, n'est connue que par un jeune individu ayant trois pieds de longueur totale, que le Muséum a possédé vivant. Elle a quelques rapports, par la nature et les couleurs de son pelage, avec les deux espèces précédentes et avec la suivante. Elle est généralement noire avec la mâchoire inférieure, le dessous du col et la poitrine d'un blanc assez pur; le museau d'un gris roussâtre, et une tache fauve sur le front : celle-ci, remarquable par sa disposition, commence entre les yeux et se divise à la partie antérieure du front pour se porter à droite et à gauche, en décrivant sur le front deux arcs presque demi-circulaires que leur position permettrait de comparer à des sourcils, s'ils se trouvaient plus rapprochés des yeux. Cette espèce remarquable, mais encore très-peu connue, habite les Cordillères du Chili.

********* *Ours de l'Amérique septen-trionale.*

L'Ours noir d'Amérique, Cuv., Ménag. du Mus. T. II; *Ursus americanus*, Pall., Spic. Zool., fasc. 14. Cette espèce, un peu plus petite que l'Ours brun d'Europe, est généralement couverte de poils d'un noir brillant et de médiocre longueur; ceux du museau sont cependant très-

courts et d'un roux grisâtre; et on remarque au-dessus de chaque œil une tache fauve. Les oreilles sont à peu près rondes et plus écartées l'une de l'autre que chez l'*Ursus Arctos*; le front, qui est aussi moins bombé, est presque en ligne droite, et le museau est plutôt convexe que concave; les ongles sont très-comprimés, et la plante est assez petite et étroite. Cette espèce, très-commune dans plusieurs cantons de l'Amérique du nord, se retrouve dans quelques parties de l'Asie septentrionale, et particulièrement au Kamtschatka. Elle s'établit, pour sa retraite hibernale, dans des troncs d'Arbres creux, et quelquefois dans la neige. Elle passe pour être presque exclusivement frugivore, et elle se nourrit en effet principalement de fruits sauvages et cultivés, et de légumes : elle aime beaucoup aussi le Poisson, et surtout le miel qu'elle se procure avec beaucoup d'adresse. Sa voix, très-différente de celle de l'*Ursus Arctos*, consiste dans des hurlemens aigus qui ressemblent à des pleurs; observation qui avait été faite assez anciennement par Pallas, et que Cuvier a vérifiée depuis sur les individus qu'a possédés la Ménagerie du Muséum. Les jeunes sont à leur naissance entièrement gris et sans collier, comme on a eu occasion de le vérifier à la Ménagerie du Muséum où l'espèce s'est reproduite.

L'Ours terrible, *Ursus ferox*, Lew. et Cl.; *Ursus horribilis*, Ord.; Say, Exp. aux Mont. Roch.; Godman, Mast.; a été aussi désigné sous le nom d'Ours gris, *Ursus cinereus*, par Warden, Desmarest, Sabine, Harlan et quelques autres naturalistes. « C'est, dit Warden (Description des Etats-Unis, T. V) le plus grand et le plus féroce du genre. Il habite les parties élevées de la contrée du Missouri et la chaîne des montagnes Rocheuses. Sa force musculaire est si grande qu'il tue facilement les plus grands Bisons. Il pèse de huit à neuf cents livres. On emploie sa fourrure pour faire des manchons et des palatines, et sa peau se vend de vingt à cinquante dollars. Cet Ours est d'une couleur grise ou grisâtre, quelquefois tirant sur le brun et le blanc. Il est beaucoup plus grand, plus fort et plus léger que le plus grand Ours brun. L'un de ces Animaux, tué par les compagnons de Lewis et de Clark, pesait entre cinq et six cents livres. La longueur de son corps était de huit pieds sept pouces et demi. Sa circonférence avait cinq pieds dix pouces, et le tour du milieu de ses jambes de devant, vingt-trois pouces. Ses griffes avaient quatre pouces trois huitièmes. Sa queue était plus courte que celle de l'Ours commun; son poil plus long, plus beau et plus abondant, surtout sur le derrière du cou. » Telle est, d'après Warden, cette espèce encore très-peu connue des naturalistes européens, et dont il n'est point encore absolument certain que l'on doive distinguer l'Ours brun d'Amérique. On peut encore moins affirmer que ce dernier diffère spécifiquement de l'*Ursus Arctos* auquel l'ont rapporté, mais avec doute, Desmarest et quelques autres auteurs : en effet, Harlan n'a fait que traduire une description que Fr. Cuvier a donnée de l'Ours brun des Alpes, en l'appliquant à l'Ours brun de l'Amérique du Nord; et Warden nous apprend seulement que l'Ours rôdeur (c'est l'un des noms de l'Ours brun américain) ressemble à l'*Ursus americanus* par ses formes générales, mais que ses jambes et son corps sont plus longs, qu'il émigre vers le sud en hiver, et se retire à l'époque des premières neiges dans les cavités des roches ou dans les creux d'Arbres où il reste dans un état d'hibernation jusqu'à la fin de la saison froide. « On ne sait, dit en terminant l'auteur américain, s'il diffère de l'Ours d'Europe. » Le petit nombre de matériaux que possède la science, ne nous permettent pas de chercher à résoudre cette question, et celle non moins difficile, suivant nous, de l'identité spécifique de l'Ours gris et de l'Ours brun d'Amérique. Nous nous bor-

nerons à donner ici une description succincte d'un jeune Ours que possède en ce moment la Ménagerie du Muséum, et dont elle est redevable à la générosité de l'illustre général La Fayette. Cet individu a le front et la nuque d'un brun noir; le museau d'un gris roussâtre; le dessous de la mâchoire inférieure noirâtre; les oreilles noires, avec une tache d'un fauve roussâtre sur leur face convexe, et une autre tache longitudinale de même couleur, sur chacun des côtés du museau; les poils du dessus de la tête, du cou et du corps d'un noir brun, avec la pointe roussâtre ou grisâtre; la poitrine et les flancs d'un fauve roussâtre; l'iris d'un brun clair; les ongles d'un gris jaunâtre; le mufle noirâtre et la langue rose : les ongles sont longs et très-forts, et la tête, assez semblable à celle de l'*Ursus Arctos*, nous a paru proportionnellement moins large en arrière. L'individu que nous venons de décrire est évidemment le jeune d'une très-grande espèce; car, quoique sa taille soit déjà presque égale à celle de l'Ours brun d'Europe, il a encore des vestiges très-sensibles du demi-collier blanc, et on sait d'ailleurs, d'une manière positive, qu'il n'a que deux ans environ. Ses habitudes sont très-analogues à celles des autres Ours, et il s'est, comme eux, laissé apprivoiser avec assez de facilité.

Tel est à peu près, dans l'état présent de la science, le grand genre des Ours, l'un de ceux qui ont le plus occupé les naturalistes de tous les temps, et cependant l'un de ceux dont l'étude offre encore le plus de difficultés. Ce genre, dans lequel Gmelin ne comptait que huit espèces, en y comprenant, d'après Linné, les Ratons, les Blaireaux et les Gloutons, et Desmarest seulement cinq, après l'exclusion de ces derniers, est maintenant composé de huit espèces bien déterminées, sans compter quelques autres que l'on doit considérer encore comme douteuses. Il est vraisemblable que ce nombre sera encore augmenté par les recherches des voyageurs; mais nous doutons que les nouvelles acquisitions de la science viennent confirmer l'opinion de quelques naturalistes qui croient devoir subdiviser le genre *Ursus*, tel que nous l'avons admis, en plusieurs autres. Ainsi Horsfield (*Zool. Journ.*, n. 6) a proposé d'établir sous le nom d'*Helarctos*, un nouveau groupe où il place l'*Ursus malayanus* qu'il appelle *Helarctos malayanus*, et une autre espèce, *Helarctos euryspilus*, caractérisée de la manière suivante : *Helarctos ater, pectore plaga ampla, aurantia, superne profunde emarginata, pedibus fascia transversa cinerea.* Cette espèce habiterait Bornéo. Un autre zoologiste anglais, Gray (Ann. Philosoph., juillet 1825) a encore été plus loin : en effet, il adopte le genre *Prochilus* d'Illiger où il place l'Ours aux grandes lèvres (*Prochilus labiatus*, Gray.), et l'Ours malais (*Prochilus malayanus*, Gr.), et il en établit deux nouveaux, l'un pour l'Ours polaire, sous le nom de *Thalarctos*; l'autre pour l'Ours terrible sous le nom de *Danis*. Tous ces genres ne nous paraissent pas admissibles par plusieurs raisons qu'il est inutile d'indiquer : mais nous pensons qu'on peut approuver la division que Gray a faite des Ours en trois sections établies par lui de la manière suivante : 1°. Ours à griffes courtes, coniques, recourbées; ce sont : *Ursus Arctos*, *Ursus collaris*, *Ursus pyrenaicus*, et *Ursus americanus*; 2° Ours à griffes longues et comprimées, *Ursus horribilis*, *Ursus labiatus*, *Ursus malayanus*, et *Ursus thibetanus*; 3° Ours à griffes courtes, peu recourbées, *Ursus maritimus.*

Ours fossiles.

Un très-grand nombre d'auteurs ont décrit et figuré avant Cuvier, des ossemens fossiles d'Ours ; mais la plupart d'entre eux n'avaient pas même su les rapporter à leur véritable genre ; tandis que d'autres naturalistes avaient déterminé comme appartenant aux Ours, les débris de plusieurs Animaux très-différens. Esper et surtout le célèbre Camper et Rosenmüller sont presque les seuls que l'on puisse consulter avec fruit, jusqu'à l'époque où parut le grand ouvrage de Cuvier. Cet illustre naturaliste (dans sa seconde édition) admet, mais avec quelque doute, quatre espèces que nous indiquerons succinctement. 1°. *Ursus spelœus*, espèce indiquée assez anciennement par Blumenbach, sous ce nom que Rosenthal et Cuvier ont depuis adopté. Elle est d'un quart plus grande que notre Ours brun d'Europe, et est principalement caractérisée par son front très-élevé au-dessus de la racine du nez, et présentant à sa partie antérieure deux bosses convexes. On trouve en abondance ses débris fossiles dans les cavernes de la Hongrie, des montagnes du Hartz, de la Franconie et de plusieurs autres parties de l'Europe; 2° *Ursus arctoideus*, Blum., Cuv. (*loc. cit.*). Celui-ci, de même taille que le précédent, a le crâne moins bombé; les crêtes temporales moins promptement rapprochées; la première molaire séparée de la canine par un intervalle un peu plus grand, et celle-ci sensiblement plus petite. Cette espèce, assez rapprochée, suivant Cuvier, de l'Ours noir d'Europe, se trouve ordinairement dans les mêmes lieux que l'*Ursus spelœus*, mais elle est moins commune; 3° *Ursus priscus*, Goldfuss, Cuv. (*loc. cit.*). Cette espèce, beaucoup plus petite que la précédente, a beaucoup de rapports avec l'Ours brun des Alpes par les formes de sa tête. Son crâne, qui est cependant un peu plus déprimé, a sa plus grande convexité à l'endroit de la suture frontale; le front est plane dans tous les sens, et s'unit aux os du nez sans concavité sensible; la mâchoire inférieure a les apophyses coronoïdes un peu plus larges et plus élevées; les intervalles des molaires aux canines un peu plus longs, et le bord inférieur plus droit que chez l'Ours brun. On voit les alvéoles de la petite dent derrière la canine aux deux mâchoires , et de la première des molaires en série à la mâchoire supérieure qui manquent presque toujours dans les autres Ours des cavernes. On doit à Goldfuss la connaissance de cette espèce qu'il a décrite (*Nov. Act. Acad. Cæs.*) sur un crâne trouvé dans les parties les plus profondes de la caverne de Gaylenreuth ; 4° enfin Cuvier (*loc. cit.*, p. 580) a donné le nom d'*Ursus etruscus* à une quatrième espèce encore peu connue dont on a trouvé quelques fragmens dans le val d'Arno.

En outre de ces quatre espèces décrites ou indiquées par l'illustre professeur que nous venons de citer, on a annoncé récemment l'existence de quelques autres ; dans le grand nombre d'ossemens fossiles trouvés en 1825, 1826 et 1827 en Auvergne près d'Issoire, on a découvert des débris de plusieurs Carnassiers parmi lesquels il existerait au moins deux Ours nouveaux. *V.* Devèze et Bouillet, Essai Géol. sur la mont. de Boulade ; et Bravard, Croiset et Jobert, Rech. sur les Corps organ. Foss. de la mont. de Perrier.

Les noms d'Ours et d'*Ursus* ont été quelquefois appliqués à des Carnassiers voisins des Ours, et même à des Animaux de genres et d'ordres très-différens. Ainsi Linné et la plupart des auteurs systématiques plaçaient parmi les Ours la plupart des Carnassiers plantigrades (*V.* BLAIREAU, GLOUTON et RATON) ; et l'on a même quelquefois désigné le Kinkajou sous le nom d'Ours à miel , et les Fourmiliers Tamanoir et Tamandua , sous ceux d'Ours mangeurs de Fourmis ou d'Ours Fourmiliers. (IS. G. ST.-H.)

OURSAGNE. BOT. PHAN. On donne ce nom, dans les Pyrénées, à diverses Graminées, particulièrement à une petite Festuque, parce qu'on dit que les Ours s'en forment des litières pour passer l'hiver dans les grottes ; mais le fait est loin d'être constaté. (B.)

OURSE. MAM. La femelle de l'Ours. *V.* ce mot. (B.)

OURSIN. MAM. Ce nom a quelquefois été donné à une Otarie. *V.* ce mot à l'article PHOQUE. (IS. G. ST.-H.)

OURSIN. *Echinus*. ÉCHIN. Genre de l'ordre des Pédicellés, ayant pour caractères : corps régulier, enflé, orbiculaire, globuleux ou ovale, hérissé, à peau interne solide, testacée, garnie de tubercules imperforés , sur lesquels s'articulent des épines mobiles , caduques. Cinq ambulaires complets , bordés chacun de deux bandes multipores, divergentes, qui s'étendent en rayonnant du sommet jusqu'à l'ouverture centrale inférieure. Bouche inférieure centrale, armée de cinq pièces osseuses surcomposées postérieurement. Anus supérieur vertical. Les Oursins, connus vulgairement sous le nom de Hérissons ou Châtaignes de mer à cause des fortes épines dont leur corps est couvert, se distinguent facilement des autres Echinodermes par la présence de ces fortes épines et parce que leur anus est vertical et diamétralement opposé à la bouche. D'après Lamarck on doit distinguer les Oursins des Cidarites parce que les tubercules de ceux-ci sont perforés à leur centre, et que leurs ambulaires sont plus étroits, plus réguliers que ceux des Oursins. Le corps des Oursins est renflé, globuleux, hémisphérique, presque conique et même ovale suivant les espèces, toujours aplati plus ou moins en dessous ; il consiste en une coque calcaire en général peu épaisse, formée d'une infinité de petites pièces polygones , régulières ou irrégulières qui se joignent exactement par leurs bords ; cette espèce de structure en mosaïque a été nommée parquetage ; elle se distingue quelquefois à l'extérieur par des lignes enfoncées qui correspondent aux points d'union des pièces entre elles. Les espèces offrant cette disposition ont été particulièrement appelées parquetées, mais, que cette structure soit apparente ou non à l'extérieur, elle existe toujours, et tous les Oursins sont véritablement parquetés. Le sommet de la coque calcaire est percé d'un trou plus ou moins grand; pendant la vie, il est bouché par une membrane couverte de pièces calcaires qui ne se joignent pas aussi exactement que celles du corps; aussi manquent-elles souvent dans les échantillons desséchés et conservés avec peu de soin. Au centre de cette membrane existe une ouverture où vient aboutir l'intestin, et à sa circonférence cinq petits trous béants auxquels se terminent les ovaires. Au milieu de la base ou face inférieure du test calcaire l'on voit une ouverture arrondie ou subpentagone, toujours plus grande que la supérieure qui lui est opposée verticalement; elle est également fermée dans l'état frais par une membrane contractile, couverte de très-petites écailles calcaires imbriquées; au milieu se trouve la bouche qui laisse voir cinq dents dont sont armées les mâchoires. A la surface externe de la coque calcaire l'on aperçoit dix bandelettes poreuses qui se rendent de l'ouverture supérieure à l'inférieure comme les méridiens d'un globe; elles circonscrivent ainsi dix espaces d'étendue inégale et qui alternent régulièrement; les plus étroits sont nommés ambulaires, les plus grands aires interstitiales. Les bandelettes poreuses sont percées d'une infinité de petits trous qui traversent l'épaisseur de la coque et qui se voient également à la surface interne. Chacune d'elles est formée de deux, trois, quatre, cinq et même six rangées longitudinales de trous, disposés par paires transversales ou obliques; ces bandelettes sont droites, sinueuses, festonnées, suivant les espèces et souvent d'une manière fort élégante. Tous les trous ne traversent pas directement l'épaisseur de la coque calcaire; plusieurs sont obliques, de sorte que l'espèce de dessin qu'ils forment à l'extérieur est presque toujours plus compliquée qu'à l'intérieur. Pendant la vie, l'Animal fait sortir par ces trous une infinité de petits tentacules charnus,

rétractiles, susceptibles de s'allonger autant que les épines; il paraît qu'ils servent à l'Animal à se fixer sur les corps solides. La surface externe des ambulaires et des aires interstitiales est garnie de tubercules plus ou moins gros, plus ou moins nombreux et presque toujours disposés avec une certaine régularité, mais variant beaucoup suivant les espèces. Le sommet de ces tubercules est formé par une surface arrondie, circonscrite, très-lisse, sur laquelle s'articulent les épines dont la base présente une facette concave qui s'adapte parfaitement sur le sommet des tubercules. Les épines sont de nature calcaire; leur forme et leur volume varient beaucoup; il y en a de longues, de courtes, d'aiguës, d'obtuses, de striées, de denticulées, etc. Leur grosseur est en général proportionnée à celle des tubercules, et chaque espèce en a de diverses dimensions. Ce sont surtout les Oursins à test ovale où l'on voit les disproportions les plus grandes. Chaque épine présente à sa base un rétrécissement circulaire en forme de gorge étroite surmontée d'un rebord saillant.

La surface externe du corps des Oursins est couverte pendant la vie par une membrane contractile dans tous ses points, exactement appliquée sur le test, et percée d'autant d'ouvertures qu'il y a de trous aux bandelettes poreuses et de tubercules sur les ambulaires et aires interstitiales. Les trous correspondant aux bandelettes poreuses, laissent passer les tentacules charnus, et ceux qui correspondent aux tubercules embrassent circulairement le rebord situé au-dessus de la portion articulaire des épines; c'est par la contraction de cette membrane que les épines peuvent se mouvoir et servir à la locomotion de l'Animal; ce mouvement progressif est fort lent.

Les mâchoires dans ces Animaux sont fort singulières, très-compliquées, et composées de trente pièces calcaires articulées, formant par leur assemblage une espèce de cône renversé que l'on désigne vulgairement sous le nom de lanterne d'Aristote. Elles sont armées de cinq dents (comprises dans le nombre des trente pièces) allongées, dont les pointes fort dures sont seules visibles par l'ouverture de la bouche. Cet assemblage de pièces est fixé par des muscles, à cinq lames calcaires qui bordent intérieurement l'ouverture intérieure du corps. L'intestin est fort long et attaché en spirale aux parois intérieures du test par un mésentère; un double système vasculaire règne le long de ce canal, et s'élève en partie sur le mésentère; on trouve également dans l'intérieur des Oursins cinq ovaires qui viennent aboutir aux cinq ouvertures situées autour de l'anus.

Les Oursins se trouvent dans toutes les mers, et fossiles dans presque toutes les formations; leurs espèces sont nombreuses et difficiles à distinguer entre elles; Lamarck en a fait deux sections, les Oursins à test orbiculaire, et ceux à test ovale; dans la première on trouve les *Echinus esculentus*, *ventricosus*, *granularis*, *virgatus*, *globiformis*, *fasciatus*, *pilecolus*, *Melo*, *sardicus*, *acutus*, *pentagonus*, *obtusangulus*, *polyzonalis*, *macullatus*, *variolaris*, *margaritaceus*, *sculptus*, *punctulatus*, *Ovum*, *pallidus*, *subangulosus*, *variegatus*, *subcœruleus*, *pustulosus*, *neglectus*, *miliaris*, *rotularis*, *lividus*, *tuberculatus*, *bigranularis*; dans la seconde les *Echinus*, *atratus*, *mamillatus*, *trigonarius*. (E. D..L.)

OURSINE. *Arctopus.* BOT. PHAN. Ce genre fondé par Linné sur une Plante fort remarquable d'Afrique, a été placé par les auteurs dans la Pentandrie Digynie, quoique ses fleurs fussent unisexuées. C'était sans doute pour ne pas l'éloigner des genres qui, au milieu de la Pentandrie, forment un groupe compacte appartenant aux Ombellifères, famille où se range naturellement aussi l'*Arctopus* près de l'*Eryngium* et de

l'*Echinophora*. La description de l'unique espèce qui constitue ce singulier genre, en fera mieux reconnaître les principaux caractères que si nous essayions de les exposer à part et d'une manière abrégée.

L'OURSINE D'AFRIQUE, *Arctopus echinatus*, L., *Hort. Cliff.*, 495; Burm., *Plant. afric. Dec.*, tab. 1, copiée dans les Illustrations de Lamarck, pl. 855, a une souche souterraine, très-grosse, noueuse, brune, résineuse, perpendiculaire, terminée inférieurement par une racine rampante et divisée en fibres radicellaires. De cette souche qui reste à fleur de terre, sortent des feuilles réunies au nombre de huit à dix en une touffe étalée; les extérieures sont les plus grandes. Ces feuilles sont pétiolées, larges, planes, épaisses, marquées de nervures, découpées en sinus profonds, garnies sur leurs bords de cils longs et bruns qui les font paraître comme frangées. C'est cette forme générale des feuilles qui a suggéré à Linné le nom d'*Arctopus*, mot qui signifie pied d'Ours. A l'angle de chaque échancrure, est un faisceau d'épines jaunâtres très-aiguës, et disposées en étoile. Les pétioles sont élargis, membraneux, blancs et engaînans à leur base. Les fleurs disposées en ombelles naissent au centre du faisceau que forment les feuilles. Dans certaines ombelles les fleurs sont toutes mâles par avortement de l'ovaire; dans les autres, elles sont androgynes, c'est-à-dire que les ombelles ont de nombreuses fleurs mâles, au centre, et quatre à cinq fleurs femelles à la circonférence. Jamais ces deux sortes d'ombelles ne se rencontrent sur le même pied; c'est pourquoi la plupart des auteurs ont donné pour caractères essentiels à l'*Arctopus*, des fleurs dioïques-polygames. Thunberg (*Flor. Cap.*, 2, p. 197) dit, dans sa Description, que les fleurs sont parfaitement dioïques, et il n'admet point d'ombelles androgynes. Les ombelles mâles sont lâches et portées sur d'assez longs pédoncules. Leurs rayons sont très-longs, inégaux, et supportent des ombelles courtes, uniformes et pourvues de fleurs nombreuses. L'involucre est composé de cinq folioles sessiles, oblongues, pointues, plus courtes que les pédoncules. Les involucelles sont monophylles, divisées très-profondément en cinq découpures entières, ou bifides et même trifides, lancéolées et épineuses. Chaque fleur mâle offre un calice très-petit à cinq divisions; cinq pétales, infléchis au sommet, entiers, égaux, et du double plus longs que le calice; cinq étamines dont les filets sétacés et plus longs que la corolle, soutiennent des anthères ovées et purpurines; à la place de l'ovaire avorté, deux styles sétacés, purpurins, à stigmates simples, aigus. Les ombelles androgynes ont l'involucre comme dans les fleurs mâles; les fleurs sont sessiles, disposées dans un involucelle monophylle, très-grand, persistant, ouvert, fendu en quatre ou cinq parties, qui s'accroît considérablement et devient épineux sur ses bords. Au centre de l'involucre sont les fleurs mâles et à la circonférence les fleurs femelles, en très-petit nombre. Celles-ci ont un calice et une corolle comme dans les fleurs mâles, à l'exception que la corolle est composée de pétales rouges, très-petits puisqu'ils ne dépassent pas le calice. Les étamines manquent complétement. Le fruit consiste en un double akène, dont les deux portions sont acuminées. Selon Thunberg, il n'y a que des fleurs femelles dans l'involucelle épineux que nous venons de décrire pour les ombelles androgynes. L'Oursine d'Afrique croît dans les localités sablonneuses et les plaines de l'Afrique australe, surtout aux environs du cap de Bonne-Espérance. Thunberg (Voyage, vol. 1, p. 163) dit que cette Plante est imprégnée d'une résine blanche. Elle est usitée en décoction comme dépurative dans les maladies syphilitiques.

(G.-N.)

OURSININS. MAM. Nom proposé par Daubenton et Vicq-d'Azyr, et adopté par Desmarest, pour une famille de Carnassiers, qui correspond au genre *Ursus* de Linné. *V.* OURS.

(IS. G. ST.-H.)

OURSON. MAM. Le petit de l'Ours. *V.* ce mot. On a aussi appelé de ce nom l'Alouate.

(B.)

OUTARDE. *Otis.* OIS. Genre de l'ordre des Coureurs. Caractères : bec de la longueur de la tête au plus, droit, conique, comprimé latéralement; mandibule supérieure un peu voûtée à la pointe, dépassant l'inférieure qu'elle recouvre de ses bords; narines ovales, situées vers le milieu du bec, rapprochées l'une de l'autre et ouvertes; pieds longs, nus au-dessus du genou; trois doigts en avant, courts, réunis à leur base et bordés par des membranes; point de pouce; ailes médiocres; la première rémige de moyenne longueur, la deuxième un peu plus courte que la troisième qui est la plus longue. Pour le volume du corps et pour leur taille ramassée, il serait sans contredit plus convenable de laisser les Outardes au milieu des Gallinacés, ainsi que l'ont fait Linné et beaucoup d'autres naturalistes, que de les placer parmi les Coureurs; néanmoins certains caractères, les mêmes que ceux qui distinguent les Oiseaux de ce dernier ordre, et surtout de grands rapprochemens d'habitudes n'ont pas permis que l'on suivît plus long-temps les anciens erremens. En général toutes les espèces du genre sont pesantes et beaucoup plus aptes à la course qu'au vol; lorsqu'elles sont forcées de se livrer à ce dernier usage de leurs facultés, elles paraissent le faire avec crainte et plus près possible de la surface des terres qu'elles effleurent néanmoins avec assez de rapidité. Elles se tiennent constamment dans les grandes plaines couvertes de moissons ou dans les broussailles les moins fréquentées. Leur nourriture consiste en graines, herbes tendres et Insectes. Un mâle suffit à plusieurs femelles qui se retirent et reprennent la vie solitaire dès qu'elles ont été fécondées. Aucune de celles connues ne contient d'autre nid qu'un trou creusé en terre et dans lequel sont déposés les œufs ordinairement peu nombreux. Tout porte à croire qu'elles sont assujetties à deux mues par année. On distingue facilement les mâles à quelques ornemens particuliers et à beaucoup plus d'éclat et de bigarrures dans le plumage. L'Outarde est un gibier des plus succulens et très-recherché des gastronomes. Le nouveau continent n'a encore offert aucune espèce de ce genre.

Outarde d'Afrique, *Otis afra*, L. Parties supérieures d'un brun noirâtre, irrégulièrement rayé et strié de roux; sommet de la tête brun avec des raies et des stries blanches; un large trait blanc de chaque côté de la tête, plus une tache sur l'oreille; rémiges primaires noires, moins longues que les secondaires qui ont une large bande blanche sur toute la longueur de l'aile; cou et parties inférieures noirâtres, un demi-collier blanc sur le premier; un anneau blanc sur la jambe; bec noirâtre; pieds jaunes; ongles noirs. Taille, vingt-sept pouces. La femelle n'a que de petites lignes blanches sur la tête et le cou qui sont noirs; elle n'a point non plus de collier ni de taches sur les oreilles. Du cap de Bonne-Espérance.

Outarde d'Arabie, *Otis arabs*, L. Parties supérieures variées de noir et de marron; front blanchâtre; tête noire garnie d'une huppe pointue, couchée en arrière; une tache blanche de chaque côté; rémiges primaires noires, les secondaires tachetées de noir et de blanc; rectrices latérales blanchâtres, les intermédiaires blanches, traversées de bandes noires; gorge et devant du cou bleuâtres rayés de brun; parties inférieures blanches. Bec grisâtre; pieds brunâtres. Taille, vingt-quatre pouces.

Outarde barbue. *V.* **Grande Outarde.**

Outarde blanche. Espèce douteuse que l'on prétend habiter l'île de Chypre.

Outarde bleuatre, *Otis cœrulescens*. Parties supérieures roussâtres, pointillées et rayées de noir; cou, poitrine et parties inférieures d'un blanc bleuâtre. Cette espèce a été observée par Levaillant et par Barrow dans l'Afrique méridionale au pays des Cafres.

Outarde cane-petière, *Otis Tetrax*, L., Buff., pl. enl. 10 et 25. Parties supérieures variées de fauve, de blanchâtre et de zig-zags noirâtres avec quelques taches noires assez grandes; plumes de la tête noires ayant à leur centre une tache longitudinale fauve, rougeâtre; joues et menton cendrés; la majeure partie du cou noire; un double collier blanc au bas de la gorge et sur la poitrine dont le haut est noir; tectrices alaires variées de roux et de noirâtre en zig-zags; rémiges variées de noir et de blanc; rectrices blanches, traversées de bandes noirâtres, les quatre intermédiaires fauves; parties inférieures blanches; bec gris; iris orangé; pieds bruns. Taille, dix-huit pouces. La femelle se distingue du mâle par le haut de la tête, le cou et la poitrine qui, au lieu d'une teinte noirâtre, uniforme, présente un mélange de zig-zags blanchâtres, fauves et gris, sans aucune trace de collier; les parties supérieures sont plus chargées de noir; la gorge est blanche de même que toutes les parties inférieures; seulement vers le haut du ventre et sur les flancs se font remarquer quelques lignes noires ondulées en forme d'écailles. De l'Europe méridionale d'où elle émigre périodiquement vers les régions tempérées de cette partie du continent. Les voyages se font assez ordinairement en petites troupes de six à dix; mais aux lieux de séjour chacun se disperse, pour ne se réunir qu'au départ. Ces Oiseaux sont défians et même farouches; ils quittent rarement les guérêts et les broussailles, volent et courent avec rapidité; leur ponte consiste en quatre ou cinq œufs d'un

vert brillant. La mère élève ses petits à la manière des Gallinacés.

OUTARDE DU CHILI. Nom donné
par Molina à un Oiseau qui ne peut
appartenir à ce genre, puisqu'il lui
donne quatre doigts.

OUTARDE CHURGE, *Otis Bengalensis*, Lath. Parties supérieures variées
de fauve, de brun et de noir; sommet de la tête, cou et parties inférieures noirs; collet de la tête et auréole des yeux d'un roux fauve; une
large ceinture des couleurs dorsales
sur la poitrine; rémiges variées de
noir et de blanc, terminées de gris
foncé; rectrices variées de blanc, de
brun et de noir; bec et pieds bruns.
Taille, vingt-quatre pouces. La femelle a les nuances généralement
plus claires; la tête, le cou et le ventre sont d'un cendré pâle assez pur.
De l'Inde.

OUTARDE A GORGE BLANCHE, *Otis
indica*, Lath. Parties supérieures brunes, variées de zig-zags noirs et blancs;
tête noire; rectrices noirâtres; gorge
blanche; parties inférieures jaunâtres,
presque blanches vers les flancs; bec
et pieds bruns. Taille, dix-huit pouces. De l'Inde. Espèce douteuse.

GRANDE OUTARDE, *Otis Tarda*,
L., Buff., pl. enl. 245. Parties supérieures variées de taches et de bandes
transversales, brunes et fauves sur un
fond jaunâtre; tête, cou et poitrine
d'un cendré clair; un faisceau de
plumes effilées, en forme de moustache de chaque côté du bec et près
des angles; auréole des yeux blanche;
grandes rémiges noirâtres; les autres
variées de noir et de blanc; rectrices
roussâtres, traversées de deux bandes noires; parties inférieures blanches, légèrement lavées de fauve;
bec d'un gris brun; iris orangé;
pieds cendrés. Taille, trente-huit à
quarante pouces. La femelle est plus
petite de près de moitié; son plumage
est en général plus brun, elle est
privée de moustache. L'Outarde est
plus commune en Italie et dans le
Piémont que dans toute autre contrée
de l'Europe; elle abonde aussi en
Andalousie selon Bory de Saint-Vin-

cent. Soumise à des émigrations très-
irrégulières et dont on ne connaît
aucunement la direction, elle ne paraît en France que de loin en loin et
assez ordinairement pendant l'hiver;
elle se nourrit d'herbes et de graines;
quand rien n'excite son inquiétude,
elle se promène gravement, et c'est
probablement de cette lenteur naturelle dans la marche, que vient le
nom d'*Avis Tarda* que lui donnaient
les Romains et dont nous avons formé celui d'Outarde; quand au contraire elle se voit découverte ou pour-
suivie, elle fuit avec une telle vitesse
que les meilleurs Chiens l'atteignent
difficilement, et soit qu'elle ne puisse
prendre son essor qu'à l'aide du vent,
soit qu'elle craigne d'être aperçue du
chasseur, on a beaucoup de peine à
la faire lever. La ponte n'est que de
deux œufs d'un vert olivâtre, tachetés de brun.

OUTARDE HOUBARA, *Otis Houbara*,
Lath. Parties supérieures jaunâtres,
tachetées et finement rayées de brun;
front et côtés de la tête d'un roux
cendré, finement pointillés de brun;
cou garni de longues plumes effilées,
blanchâtres et striées de noir; occiput,
joues et menton blancs rayés de
brun; rémiges blanches et noires;
rectrices roussâtres, traversées par
trois larges bandes cendrées; parties
inférieures blanches; bec d'un brun
noirâtre; pieds verdâtres. Taille,
vingt-cinq pouces. Les jeunes mâles
ont les parties supérieures roussâtres,
variées de zig-zags blancs et bruns;
les côtés de la tête plus fortement
rayés, et les plumes blanches du sinciput plus courtes et coupées vers la
pointe par de fines raies cendrées et
rousses; celles des côtés du cou mélangées de brun foncé; enfin le dessous du corps d'un gris blanchâtre.
Les femelles diffèrent des jeunes mâles en ce qu'elles sont privées de longues plumes sur le cou. En Turquie
et en Barbarie.

OUTARDE HUPPÉE D'AFRIQUE. *V.*
OUTARDE D'ARABIE.

OUTARDE DE L'ILE DE LUÇON, *Otis
Luzoniensis*, Sonnerat, Voy. à la

Nouvelle-Guinée, pl. 49. Parties supérieures cendrées, rayées de brun; tête, cou et poitrine gris, rayés de noir; occiput garni d'une huppe noire, traversée de bandes grises; poignet blanc avec l'extrémité des plumes grise; parties inférieures blanches; bec noirâtre; pieds verdâtres. Taille, trente-quatre pouces. Latham considère cette espèce comme identique avec l'*Otis Houbara*.

OUTARDE KORHAAN. *V.* OUTARDE D'AFRIQUE.

OUTARDE LOHONG. *V.* OUTARDE D'ARABIE.

OUTARDE MOYENNE DES INDES. *V.* OUTARDE CHURGE.

OUTARDE A OREILLES. *V.* OUTARDE PASSARAGE.

OUTARDE PASSARAGE, *Otis aurita*, Lath. Parties supérieures noires variées de brun; tête, cou, poitrine et ventre noirs; une tache auriculaire blanche; une bande blanche entre le cou et le dos; occiput garni de huit plumes étroites, étagées, terminées en fer de lance et dont les plus longues atteignent environ quatre pouces; grandes tectrices alaires blanches; bec long, grêle et brun; pieds d'un jaune pâle. Taille, dix-sept pouces. De l'Inde. Espèce douteuse, encore peu connue et qui paraît même ne devoir pas appartenir à ce genre.

PETITE OUTARDE. *V.* OUTARDE CANE-PETIÈRE.

PETITE OUTARDE D'AFRIQUE. *V.* OUTARDE HOUBARA.

OUTARDE PIOUQUEN. *V.* OUTARDE DU CHILI.

OUTARDE RHAAD., *Otis Rhaad*, Lath. Parties supérieures fauves, tachetées de brun; tête noire; occiput garni d'une huppe d'un noir bleuâtre; rectrices brunes rayées transversalement de noir; parties inférieures blanches; bec noirâtre; pieds robustes, bruns. Taille, vingt-cinq pouces. De la Barbarie. Temminck pense que cette Outarde est au plus une variété de l'Houbara et qu'elle doit lui être réunie. (DR..Z.)

Les gros Oiseaux des Malouines mentionnés dans le Voyage de Bougainville comme des Outardes, dont on ne trouve pas la moindre trace dans ces îles, étaient deux espèces d'Oies, celle des Malouines et l'Oie antarctique. *V.* CANARD. (B.)

OUTARDEAU. OIS. Le petit de l'Outarde. (B.)

OUTASEU ou OUTATAPASEU. OIS. Espèce du genre Gros-Bec. *V.* ce mot. (DR..Z.)

OUTAY ou JOUTAY. BOT. PHAN. Même chose qu'*Outea*. *V.* ce mot. (B.)

OUTEA. BOT. PHAN. Genre établi par Aublet (Pl. Guian., 1, p. 28) et appartenant à la famille des Légumineuses. Willdenow en avait fait une espèce de son genre *Macrolobium*, mais le professeur De Candolle l'a rétabli comme genre distinct (*Prodrom. syst.*, 2, p. 510) et y a ajouté deux nouvelles espèces. Voici les caractères de ce genre : son calice est à cinq divisions peu profondes, accompagné extérieurement de deux bractées latérales, opposées; les pétales sont au nombre de cinq dont quatre sont extrêmement petits; le cinquième au contraire est très-grand, ondulé et comme plissé; l'ovaire est pédicellé; le style est très-long; le fruit est comprimé, uniloculaire, monosperme. Les espèces de ce genre, dont une seule était connue jusqu'à présent, sont des Arbres à feuilles paripinnées, à fleurs disposées en grappes et dont deux sont originaires de la Guiane française, savoir *Outea guianensis*, Aubl., *loc. cit.*, 9, et *Macrolobium pinnatum*, Willd., dont les feuilles son bijuguées; les folioles elliptiques, oblongues, obtuses; les étamines au nombre de quatre, dont une stérile et velue. Une seconde espèce a été nommée *Outea multijuga*, par D. C., *loc. cit.* Les feuilles sont composées de trois à cinq paires de folioles obovales, réniformes oblongues, très-obtuses et émarginées à leur sommet. Comme la précédente elle est originaire de la

Guiane française. Enfin il a réuni à ce genre comme troisième espèce le *Macrolobium bijugum* de Colebrook (*Trans. Lin. Soc.*, vol. 12), qui croît dans les Indes-Orientales.   (A. R.)

OUTIAS. MAM. *V*. CAPROMYS.

* **OUTRE DE MER.** MOLL. Nom vulgaire donné par quelques pêcheurs aux Ascidies. *V*. ce mot. (B.)

OUTREMER. OIS. Syn. de Combasou. *V*. GROS-BEC.   (DR..Z.)

OUTREMER. MIN. *V*. LUZULITE.

* **OUVI.** BOT. PHAN. Ce mot, dans la langue malégache, désigne en général les Plantes tubéreuses, et particulièrement l'Igname, dont les variétés sont désignées par les noms d'OUVI-FOUTCHI, d'OUVI-HAVRES, etc. Ce mot entre dans la composition de beaucoup d'autres noms de Plantes, tels que :

OUVI-PASSO, un Dolic des bords de la mer.

OUVI-DAMBOU, une Vigne sauvage.

OUVI-LASSA, un Liseron très-purgatif.

OUVI-VAVE, le *Flagellaria indica*, etc., etc.   (B.)

OUVIER. OIS. Syn. vulgaire de Vanneau – Pluvier. *V*. VANNEAU.   (DR..Z.)

OUVIRANDRA. BOT. PHAN. Genre de la famille des Saururées, établi par Du Petit-Thouars (*Gener. Madagasc.*, p. 2), et que Persoon a fort mal à propos nommé *Hydrogeton*, nom d'un genre de Loureiro qui n'a pas été adopté. Ce genre se compose d'une seule espèce, *Ouvirandra madagascariensis*, Du Petit-Thouars, ou *Hydrogeton fenestrale*, Persoon. C'est une Plante vivace, croissant dans l'eau. Sa racine est un gros tubercule oblong, charnu, aux dépens duquel naissent des fibres cylindriques. Les feuilles sont radicales et bien remarquables par leur organisation ; elles sont pétiolées, elliptiques, allongées, obtuses, percées de trous très-rapprochés, en forme de parallélogrammes, de manière qu'elles sont réduites en quelque sorte à leur réseau vasculaire, qui est d'une très-grande élégance. La hampe est radicale, cylindrique, plus grande que les feuilles, renflée dans sa partie moyenne, terminée supérieurement par deux à cinq épis digités de petites fleurs roses et odorantes ; chaque fleur offre un calice formé de cinq sépales colorés ; six étamines dressées, ayant leurs filets dilatés à la base ; les anthères presque globuleuses, didymes. Au fond de la fleur, on trouve trois pistils sessiles, composés d'un ovaire ovoïde, à une seule loge, contenant deux à trois ovules dressés. Le fruit se compose de trois capsules allongées, s'ouvrant par leur côté interne, et contenant chacune deux graines dressées. Ces graines, qui sont presque globuleuses, renferment un embryon monocotylédon sans endosperme.

Ce genre est très-voisin de l'*Aponogeton*, par son port, la disposition de ses fleurs et leur structure ; mais il en diffère par ses fleurs munies d'un véritable calice, et n'ayant que six étamines ; tandis que dans l'*Aponogeton*, chaque fleur consiste dans une grande écaille, qui porte à sa base de douze à quatorze étamines. *V*. APONOGETON.   (A. R.)

OVAIRE. ZOOL. et BOT. *V*. GÉNÉRATION, OEUF, OVULE et PISTIL.

* **OVAIRES** (PIERRES). GÉOL. Même chose qu'Oolithe, et des pointes d'Oursin fossiles chez quelques oryctographes.   (B.)

* **OVALES.** *Ovalia.* CRUST. Famille de l'ordre des Lœmodipodes, établie par Latreille (*Fam. Nat. du Règn. Anim.*), et à laquelle il donne pour caractères : corps ovale, avec les segmens transversaux ; pieds forts et de longueur moyenne. Quatrième et dernière pièce des antennes simple et sans articles. Pieds des second et troisième segmens imparfaits, terminés par un article fort long, cy-

lindrique et mutique, avec une vésicule allongée à la base de chacun
d'eux; il n'y a point de corps analogue à la base des autres. Cette famille ne renferme qu'un genre; c'est
celui des Cyames (*Cyamus*) de Latreille. *V*. ce mot. (G.)

OVÉOLITES. POLYP. FOSS. *V*.
OVULITES.

OVIBOS. MAM. Blainville (Bulletin
de la Société Philomatique, 1815) a
proposé sous ce nom un genre qu'il
caractérise de la manière suivante :
cornes simples, lisses; brosses nulles;
pores inguinaux? queue courte; mamelles au nombre de deux; poils
longs, laineux; point de mufle. Ce
genre, adopté par la plupart des auteurs modernes, et qui se trouve intermédiaire entre les Moutons et les
Bœufs, ne se compose que d'une seule
espèce, le *Bos moschatus* des auteurs,
dont l'histoire a déjà été faite dans
ce Dictionnaire. *V*. BOEUF.
(IS. G. ST.-H.)

OVICAMELUS. MAM. On trouve
dans les premiers auteurs qui écrivirent sur l'Amérique et sur les productions du double continent, ce
nom donné aux Llamas. *V*. CHA-
MEAU. (B.)

OVIDUCTE. *Oviductus*. ZOOL. *V*.
OEUF.

OVIEDA. *Ovieda*. BOT. PHAN.
Linné constitua sous ce nom un
genre de la Didynamie Angiospermie, dont il décrivit deux espèces,
qu'il nomma *Ovieda mitis* et *O.
spinosa*. Ce genre, identique avec
le *Valdia* de Plumier et d'Adanson,
fut d'abord placé parmi les Caprifo-
liacées par A.-L. Jussieu, qui bientôt reconnut ses véritables affinités
avec les Verbénacées. Plus tard, notre
célèbre botaniste (Ann. du Muséum,
vol. VII, p. 65) s'appuyant sur les
observations de Gaertner relativement au fruit de l'*Ovieda mitis*, fut
convaincu que cette Plante et le *Si-
phonanthus indica*, L., étaient la
même espèce, et il se contenta de
citer l'opinion de Gaertner sur l'*O-*

vieda spinosa; opinion suivant laquelle cette Plante devait constituer
un genre distinct. Cependant, il admit le genre *Ovieda*, et lui ajouta
une espèce indigène de Pondichéry,
dont il donna la description (*loc.
cit.*, p. 76) sous le nom d'*Ovieda ovalifolia*. R. Brown, après un examen
approfondi de quelques genres de
la famille des Verbénacées, tels que
le *Clerodendron* et le *Wolkaméria*,
réunit le genre *Ovieda* de Linné au
Clerodendron. Cette opinion a été em-
brassée par tous les auteurs modernes, et particulièrement par Kunth
et Sprengel. Ce dernier auteur trouvant le nom d'*Ovieda* sans emploi,
l'appliqua à un genre de la famille
des Iridées et de la Triandrie Monogynie, L. Ce genre est composé de
plusieurs espèces indigènes du cap
de Bonne-Espérance, placées auparavant dans les genres *Gladiolus*,
Ixia et *Galaxia*. L'une d'elles (*O.
anceps*, Spreng.; *Ixia corymbosa*,
L.) avait été indiquée autrefois comme type du genre *Lapeyrousia* par
Pourret. Il serait donc convenable
de rétablir cet ancien nom générique; mais comme le genre *Lapeyrousia* de Pourret n'avait pas été
admis généralement, Thunberg a
formé un autre genre *Lapeyrousia*,
qui se place dans la famille des Synanthérées, et qui a été admis par
Cassini. *V*. LAPEYROUSIE, pour les
caractères du genre *Ovieda* de Sprengel. (G..N.)

OVILLA. BOT. PHAN. (Adanson.)
Syn. de Jasione. *V*. ce mot. (B.)

OVIPARES. ZOOL. C'est-à-dire
Animaux qui engendrent des OEufs.
Quelquefois les œufs, au lieu d'être
pondus extérieurement, éclosent
dans l'intérieur de l'organe sexuel :
les Animaux qui présentent ce phénomène sont appelés Ovovivipares,
ou, par abréviation, Ovovipares.
V. OEUF. (IS. G. ST.-H.)

OVIS. MAM. *V*. MOUTON.

*OVIVAU. BOT. PHAN. L'Arbre de
Madagascar, cité par Flacourt sous

ce nom, n'est pas déterminé; les naturels tirent de son amande une huile dont ils oignent leurs cheveux. (B.)

OVIVORE. REPT. OPH. Espèce du genre Couleuvre. (B.)

OVOIDE. POIS. Lacépède, qui se plut à établir des genres de Poisson d'après des figures faites en Chine par des peintres dont la réputation de fidélité n'est pas trop bien établie, ne devait pas laisser échapper l'occasion d'en former avec des peaux rembourrées, quelque patente qu'en fût la mutilation. Il créa donc, contre toutes les règles de la nomenclature, son Ovoïde d'après Commerson, qui lui-même soupçonnait d'autant plus l'altération de l'individu qu'il esquissa, qu'on n'y trouvait pas la moindre trace de queue à la partie postérieure d'un corps rond comme un œuf où l'anus s'ouvrait en remontant vers le dos. Autant vaudrait admettre dans un catalogue des êtres naturels, ces Basilics que des charlatans façonnaient avec de petites Raies achetées au marché, que d'y conserver l'Ovoïde dont Lacépède a fait graver le bizarre portrait, sans plus de difficulté dans la planche 25, fig. 2 de son premier volume. Un simple coup-d'œil, jeté sur cette représentation, suffit pour faire reconnaître un Diodon arrangé de façon à en faire une mystification ichthyologique. (B.)

* OVOIDES. *Ovatœ.* MOLL. Latreille a divisé la famille des Enroulés de Lamarck en deux autres : les Olivaires et les Ovoïdes. Cette dernière comprend seulement les deux genres Porcelaine et Ovule. Nous avons dit à notre article OLIVE pour quels motifs nous n'avions pas admis cette division dans une série simple et unique. (D.-H.)

OVOVIVIPARES. ZOOL. *V.* OVIPARES. Lacépède, dans son Histoire des Poissons, appelle ainsi l'espèce de Blennie, généralement connue sous le nom adopté de Vivipare. *V.* BLENNIE. (B.)

OVULE. *Ovula.* MOLL. Ce genre a été établi par Bruguière dans les planches de l'Encyclopédie, où il est placé entre les Porcelaines et les Bulles. La plupart des espèces de ce genre étaient confondues par Linné parmi les Bulles. On ne doit donc pas être étonné que Bruguière, tout en modifiant Linné, en ait conservé les rapports, lorsque plus tard Cuvier, dans son premier ouvrage (Tableau élémentaire d'Hist. Natur., p. 398), n'a point opéré ce changement. Aussi le genre Ovule ne fut consacré que par les premiers travaux de Lamarck où l'on trouve déjà ce genre, placé dans ses rapports naturels, entre les Porcelaines, les Tarières, non loin des Olives, des Ancillaires et des Cônes. De Roissy (Buffon de Sonnini, T. v des Mollusques, p. 419) admet les rapports indiqués par Lamarck, et fait observer judicieusement que l'Animal doit être bien voisin de celui des Porcelaines, ce qui se conçoit par les rapports intimes qui existent entre les Coquilles. Ces rapports ne pouvaient que se confirmer de plus en plus. Aucun auteur ne les a contestés, et pour le plus grand nombre, ils ont admis la famille des Enroulés telle que Lamarck l'a proposée dans sa Philosophie Zoologique. L'examen de l'Animal, il est vrai, manquait encore pour faire changer en certitude les probabilités que l'on avait pour rapprocher les Ovules des Porcelaines; mais ces doutes n'existent plus depuis la publication du Voyage de Freycinet, pendant lequel Quoy et Gaimard ont recueilli l'Animal de l'Ovule OEuf, qu'ils donnèrent à Blainville. Ce savant publia ses observations dans l'ouvrage que nous venons de citer. On y a joint une bonne figure de l'Animal que l'on peut facilement comparer avec celui des Porcelaines, l'Animal de la Porcelaine Tigre s'y trouvant aussi représenté. N'ayant pas vu l'Animal de l'Ovule, nous pensons ne pouvoir mieux faire que de rapporter ce qu'en a dit Blainville. Il offre la plus grande ressemblance avec celui de la Porcelaine Tigre, comme pouvait le faire présumer le grand rapprochement des Coquilles; sa forme générale est tout-à-fait la même; le manteau, qui enveloppe le corps, se termine également dans sa circonférence par deux lobes latéraux presque égaux, un peu moins grands cependant que dans les Porcelaines, et dont les bords sont moins extensibles; au-delà de cette bande marginale, en est une autre, plus épaisse, évidemment plus musculaire, et qui est garnie à l'intérieur de petits cirrhes tentaculaires, pédiculés et un peu renflés en champignon à l'extrémité; ils sont un peu moins nombreux, et d'une autre forme que dans les Porcelaines; en avant et en arrière, les deux lobes du manteau sont réunis, ou mieux, se continuent, sans former de canal proprement dit, si ce n'est en avant, où l'on voit qu'à cet endroit le bord du manteau est grossi par un rudiment de tube, ou plutôt par une expansion musculaire venant du faisceau columellaire. Le pied est tout-à-fait coniforme, comme dans les Porcelaines, c'est-à-dire fort grand, ovale, à bords minces; l'antérieur étant également traversé par un sillon marginal. Dans le seul individu que nous ayons disséqué, il y avait en outre, dans le milieu de la partie antérieure du pied, une sorte de ventouse assez profonde, à bords épais, plissés, et assez réguliers; mais nous ne saurions assurer que ce fût une disposition normale. La tête ressemble entièrement à celle des Porcelaines, ainsi que les tentacules et les yeux qui étaient cependant évidemment plus petits; la bouche, également à l'extrémité d'une petite trompe labiale, nous a paru susceptible de se dilater en pavillon. Nous avons vu distinctement un rudiment de dent labiale supérieure en forme de fer à cheval, fort étroite, et collée à la peau, de manière, sans doute, à n'avoir pas une grande action dans la mastication. La masse linguale est épaisse, ovale, s'avance en partie libre dans la cavité buccale, et se

prolonge dans la cavité viscérale; elle est, du reste, armée de petits crochets comme à l'ordinaire; l'anus est aussi, comme dans les Porcelaines, à l'extrémité d'un petit tube flottant, dirigé en arrière dans la partie tout-à-fait postérieure de la cavité branchiale; celle-ci est réellement énorme, puisqu'elle occupe tout le dernier tour de la Coquille; elle est pourvue, comme il a déjà été dit, d'un rudiment de tube à son extrémité antérieure; les branchies sont encore, comme dans les Porcelaines, au nombre de deux, l'une grande et l'autre petite; la première, dont les lames sont très-nombreuses et très-longues, constitue une sorte de fer à cheval ouvert en avant et dans les branches duquel est la seconde branchie, en forme de petite plume, tout-à-fait à l'entrée du tube. En arrière de la grande branchie, sont toujours les plis muqueux, au nombre de sept à huit, et qui accompagnent le rectum et l'oviducte. Celui-ci se termine par un tube libre flottant dans la cavité branchiale, et dirigé d'arrière en avant. Le reste de l'organisation est encore plus semblable à ce qui existe dans les Porcelaines. Le système nerveux offre un ganglion latéral de la locomotion bien évidemment séparé par un cordon d'un demi-pouce de long du cerveau lui-même, placé et composé comme à l'ordinaire. Les Ovules ont donc une grande analogie avec les Porcelaines sous tous les rapports. Il sera cependant encore nécessaire de confirmer toute l'analogie par l'étude des Animaux de différentes sections du genre, parce que l'on peut présumer qu'il existe plus de différences entre l'Ovule oviforme et l'Ovule navette, qu'il n'y en a entre le premier et les Porcelaines. Les caractères de ce genre peuvent être exprimés ainsi : Animal presque en tout semblable aux Porcelaines ; coquille bombée, atténuée et subacuminée aux deux bouts ; à bords roulés en dedans ; ouverture longitudinale, étroite, versante aux extrémités, non dentée sur le bord gauche

OVULE DES MOLUQUES, *Ovula ovi-formis*, Lamk., Anim. sans vert. T. VII, p. 366; n. 1; *Bulla Ovula*, L., Gmel., p. 3422, n. 1; List., Conch., t. 711, fig. 65; Fav., Conch., pl. 50, fig. N; Encycl., pl. 358, fig. 1, A, B. C'est la plus ventrue des espèces de ce genre, et en même temps la plus grande; elle est de couleur blanc de lait à l'extérieur, et en dedans d'un orangé rougeâtre ou brunâtre.

OVULE NAVETTE, *Ovula Volva*, Lamk., *ibid.*, p. 370, n. 12; *Bulla Volva*, L., Gmel., p. 3422, n. 2; Martini, Conchyl. T. 1, tab. 25, fig. 210; Encyclop., pl. 357, fig. 5, A, B. Coquille fort remarquable, renflée dans le milieu. Elle se termine, de chaque côté, par un canal long et grêle, cylindracé. Elle est rare et fort recherchée dans les collections. Elle vient de la mer des Antilles.

Il existe dans ce genre plusieurs espèces fossiles dont la plus remarquable est, sans contredit, celle des environs de Paris. Elle a quatre pouces et demi de long, et elle porte sur le dos plusieurs gros tubercules, ce qui lui a fait donner, dans la collection de Duclos, le nom d'OVULE TUBERCULEUSE, *Ovula tuberculosa;* elle est encore extrêmement rare dans les collections. Elle fut découverte, d'abord, dans les environs de Laon, et depuis, on l'a retrouvée aux environs de Soissons, dans le terrain qui contient les grosses Nérites.   (D..H.)

OVULE. BOT. PHAN. On appelle ainsi la jeune graine encore renfermée dans l'ovaire, avant ou à l'époque de la fécondation. Le nombre et la position des Ovules contenus dans chaque loge de l'ovaire, avant la fécondation, est, comme on sait, un point de la plus haute importance dans la botanique philosophique, pour l'établissement des rapports naturels. Nous en dirons quelques mots en parlant du pistil. L'organisation de l'Ovule avant l'imprégnation diffère beaucoup du même organe, lorsque la fécondation s'est opérée. Cette fonction y introduit des change-

mens notables; en même temps qu'elle y développe de nouveaux organes, elle en détruit d'autres, dont souvent il ne reste plus tard presque aucune trace. La structure de l'Ovule antérieurement à l'imprégnation, a été traitée avec beaucoup de profondeur par notre savant ami Robert Brown (*Appendice botanique du Voyage à la Nouvelle-Hollande*, par le capitaine King. *V. Ann. Scienc. Nat.*, 8, p. 211). Nous exposerons brièvement ici le résultat des observations de ce profond botaniste sur ce sujet important.

Avant l'imprégnation, l'Ovule se compose de deux membranes et d'une amande. La membrane extérieure ou le testa, présente quelquefois près du hile, d'autres fois dans un point plus ou moins éloigné, une petite ouverture ponctiforme, déjà aperçue par quelques observateurs anciens, et à laquelle Turpin a donné le nom de *micropyle*. Cette ouverture n'a aucune communication directe et immédiate avec les parois de l'ovaire, ainsi que quelques auteurs l'avaient avancé. Robert Brown la considère comme la véritable base de l'Ovule, tandis que jusqu'à présent c'était le hile ou point d'insertion de l'Ovule qui servait à indiquer la base de cet organe; le point diamétralement opposé à cette ouverture, est le sommet de l'Ovule. Les vaisseaux nourriciers du péricarpe qui arrivent à l'Ovule par le hile, rampent dans l'épaisseur du testa, jusque vers son sommet, où ils forment une sorte d'épanouissement, communiquant avec la membrane interne, et qu'on nomme *chalaze*. Cette membrane interne, à laquelle on peut conserver le nom de *tegmen*, présente une direction opposée à celle du testa, c'est-à-dire qu'elle s'insère par une base assez large au sommet de celui-ci, seul point par lequel ces deux membranes soient en communication l'une avec l'autre; car, du reste, elles ne contractent ensemble aucune autre adhérence. Le sommet du tegmen qui correspond à la base du testa, est percé d'une ouverture qui est en rapport avec celle de la membrane externe. Ces deux membranes sont donc ainsi perforées, l'une à sa base, et l'autre à son sommet; et par leur position relative, qui est inverse, les deux ouvertures se correspondent exactement. Dans cet état, les deux tégumens de l'Ovule ne sont pas de simples membranes minces; elles sont plus ou moins épaisses et celluleuses. L'amande est renfermée dans l'intérieur des deux tégumens de l'Ovule; c'est un corps celluleux, ayant constamment la même direction que la membrane interne ou tegmen, c'est-à-dire inséré à sa base ou au point opposé à sa partie perforée. L'amande se compose elle-même de deux parties, l'une épaisse, celluleuse, que Malpighi a nommée *chorion*, l'autre intérieure, formant une sorte de petit sac celluleux, souvent rempli d'un fluide d'abord mucilagineux; c'est l'amnios et sa liqueur. C'est dans ce sac intérieur que l'embryon commence d'abord à se montrer. Sa radicule correspond toujours au sommet de l'amande, c'est-à-dire à l'ouverture ou base du tégument externe de l'Ovule. L'amande envoie quelquefois, à travers l'ouverture des deux tégumens de l'Ovule, un prolongement particulier, qui se trouve en quelque sorte mis directement en contact avec le tissu conducteur des granules fécondans; tissu qui vient aboutir à l'ouverture des enveloppes. Ce prolongement, selon notre collaborateur Ad. Brongniart, sous la forme d'un tube membraneux et délié, vient s'appliquer contre le placenta ou trophosperme, et puise à sa surface les granules spermatiques pour les porter dans l'intérieur même de l'Ovule, et y déterminer le développement de l'embryon.

Lorsque la fécondation s'est opérée, l'embryon commence à se montrer dans l'intérieur du sac amniotique. Celui-ci, avant l'imprégnation, n'était rempli que de globules transparens, mucilagineux, et en quelque sorte inorganiques; mais bientôt il se remplit de globules verts, lesquels se réunissent en une masse qui quelquefois remplit plus ou moins complétement le sac de l'amnios, et constitue le jeune embryon. Mais ces granules qui se réunissent ainsi pour constituer l'embryon, ne remplissent pas toujours toute la cavité de l'amnios, ainsi que l'a remarqué R. Brown. Quelquefois, en effet, après la formation de l'embryon, il reste encore dans le petit sac une certaine quantité de tissu cellulaire, qui enveloppe plus ou moins complétement l'embryon, se développe, se remplit de granules amylacés, et constitue, quand la graine a acquis toute sa maturité, l'endosperme. Ce développement du tissu amniotique a lieu aux dépens de celui de l'amande, qui est graduellement absorbé. Assez souvent aussi la membrane propre de l'amnios s'oblitère, et est remplacée, soit par celle de l'amande ou par la tunique interne de l'Ovule, soit lorsque ces deux dernières disparaissent aussi par le testa lui-même; mais l'endosperme n'est pas toujours formé par le tissu cellulaire de l'amnios. Assez souvent, au contraire, il provient du tissu de l'amande, qui se remplit d'une matière granuleuse. Ainsi donc, l'endosperme n'a pas toujours la même origine primitive. Tantôt, en effet, il est formé par un dépôt de matière granuleuse dans les utricules de l'amnios, tantôt dans celles de l'amande, et même il y a certains cas où il a à la fois ces deux origines, ainsi qu'on peut l'observer dans les Scitaminées; mais pour bien la reconnaître, il faut nécessairement étudier les développemens successifs de l'Ovule, depuis le moment qui précède la fécondation, jusqu'à celui où la graine a acquis toute sa maturité.

(A. R.)

* **OVULITES.** *Ovulites.* POLYP. Genre de l'ordre des Milléporées dans la division des Polypiers entièrement pierreux, ayant pour caractères: Polypier pierreux, libre, ovuliforme

ou cylindracé, creux intérieurement, souvent percé aux deux bouts ; pores très-petits, régulièrement disposés à la surface. Les Ovulites sont de petits corps très-remarquables par la régularité de leurs formes ; les uns sont ovoïdes, d'autres allongés ; leur intérieur est creux, leurs parois très-minces et très-fragiles ; ils sont presque toujours percés aux deux extrémités de leur grand diamètre ; leur surface externe, vue à la loupe, paraît criblée d'une infinité de petits pores régulièrement disposés ; c'est d'après ce caractère qu'on les a considérés comme des Polypiers.

Les Ovulites ne sont connues qu'à l'état fossile. On en trouve deux espèces à Grignon ; l'une très-connue, ovoïde, est l'*Ovulites margaritula* ; l'autre allongée, plus rare, est l'*Ovulites elongata*.   (E. D..L.)

* OXALATES. CHIM. ORG. Sels provenant de la combinaison de l'Acide oxalique avec les bases. L'existence de cet Acide fut annoncée, en 1776, par Bergmann qui l'obtint en traitant le Sucre par l'Acide nitrique. Schéele prouva, en 1784, que l'Acide du Sel d'Oseille était identique avec l'Acide saccharin de Bergmann, et il démontra la présence de l'Oxalate de Chaux dans plusieurs écorces et racines de Plantes. L'Oxalate de Potasse fut reconnu dans le Bananier par Vauquelin, qui observa ensuite l'Oxalate de Soude dans les Plantes du genre *Salsola*. Soumettant à un nouvel examen les combinaisons de l'Acide oxalique avec la Potasse, le docteur Wollaston évalua les proportions d'Acide contenu dans les trois Oxalates de Potasse ; il reconnut qu'elles étaient multiples les unes des autres, et il fit connaître en même temps les propriétés du Quadroxalate de Potasse. Enfin plusieurs chimistes, parmi lesquels nous citerons Thompson, Bérard, Berzélius et Dulong, publièrent des recherches importantes sur la composition de l'Acide oxalique et des Oxalates. Nous allons présenter un résumé succinct de leurs travaux.

L'Acide oxalique obtenu, soit par l'action de l'Acide nitrique sur le Sucre, soit par la décomposition de Sel d'Oseille, est susceptible de se sublimer en cristaux, que Bérard considéra comme privés d'eau, ainsi que l'Oxalate de Chaux ; mais Berzélius observa, en 1812, que l'Acide oxalique sublimé contient 21 centièmes d'eau qu'il ne perd pas en totalité dans sa combinaison avec la Chaux, mais qu'il perd quand il s'unit au Plomb. Berzélius indiqua en outre, dans l'Oxalate de Plomb, une quantité si minime d'Hydrogène, que Dulong ayant répété les expériences du chimiste suédois, et approfondi la nature de l'Acide oxalique, fut conduit à ne pas admettre la présence de cet Hydrogène.

On peut expliquer, suivant deux théories, tous les phénomènes qui accompagnent la formation des Oxalates. 1°. L'Acide oxalique sublimé peut être considéré comme composé : d'une part, d'*Acide carboneux*, c'est-à-dire d'Oxigène et de Carbone, en des proportions qui sont moindres que celles qui constituent l'Acide carbonique, mais supérieures à celles de l'Oxide de Carbone, ou, ce qui revient au même, d'un mélange à parties égales d'Acide carbonique et d'Oxide de Carbone ; et d'autre part, d'une certaine quantité d'eau. Ainsi l'Acide oxalique serait un Hydrate d'Acide carboneux. 2°. L'Acide oxalique peut être regardé comme un Hydracide d'une nature analogue à celle de l'Acide hydrochlorique, c'est-à-dire composé d'Hydrogène et d'Acide carbonique, celui-ci faisant fonction de principe comburant.

Suivant la première de ces théories, les Oxalates de Baryte, de Strontiane, de Chaux, d'Argent, de Cuivre et de Mercure, sont des *Carbonites hydratés*, renfermant toute l'eau contenue dans l'Acide oxalique, tandis que les Oxalates de Plomb et de Zinc sont des Sels anhydres, ou des *Carbonites secs*. En effet, les premiers de ces Sels donnent à une haute température dès produits hydrogénés, et un résidu de Sous-Carbonate ainsi que du Charbon, lorsque la base est indécomposable par la chaleur et le Carbone, et qu'elle est en outre susceptible de former un Sous-Carbonate qui résiste à la chaleur rouge naissante; ils donnent de l'Eau, de l'Acide carbonique et du Métal, lorsque les bases sont réductibles par la chaleur et le Carbone. Mais au contraire, les Oxalates de Plomb et de Zinc ne donnent pas de produits hydrogénés; conséquemment ils ne contiennent ni Eau ni Hydrogène.

D'après la seconde théorie, c'est-à-dire, celle qui considère l'Acide oxalique comme un hydracide (A. hydro-carbonique), les Oxalates de Baryte, de Strontiane, de Chaux, d'Argent, etc., se forment sans décomposition des élémens de cet Hydracide; ce sont des Hydro-Carbonates. Mis en contact avec les Oxides de Plomb et de Zinc, tout l'Hydrogène de l'Acide s'unit à l'Oxigène de la base pour former de l'eau qui se dissipe, tandis que l'Acide carbonique se porte sur le Plomb et sur le Zinc métallique, et forme avec eux des composés que Dulong a proposé de nommer *Carbonides*. En admettant cette explication, il est difficile de concevoir comment un Acide oxigéné, tel que l'Acide carbonique, peut s'unir à des Métaux non oxigénés. Néanmoins il est certain que lorsqu'on distille les Oxalates ou Carbonides de Plomb et de Zinc, il y a dégagement de Gaz oxide de Carbone, et production de Protoxide de Plomb ou de Zinc; conséquemment le Gaz oxide de Carbone ou l'Oxigène des Oxides étaient les élémens de l'Acide carbonique, existant dans les Oxalates.

Tous les Oxalates sont décomposables par le feu. La plupart sont peu solubles dans l'eau ; ce sont surtout ceux qui ont pour base des Oxides métalliques peu solubles, tels que la Chaux, la Baryte, les Oxides de Bismuth, de Cobalt, de Mercure, de Nickel, etc. Les diverses proportions d'Acide influent aussi sur la solubili-

té de ces Sels ; ainsi les Binoxalates et les Quadroxalates sont moins solubles que les Oxalates neutres.

Quelques Oxalates existent tout formés dans diverses Plantes. Nous avons parlé de l'Oxalate de Potasse neutre que Vauquelin a découvert dans le Bananier ; ce Sel à l'état de Binoxalate ou de Quadroxalate, c'est-à-dire contenant une quantité double ou quadruple d'Acide, se trouve dans quelques espèces d'*Oxalis* et de *Rumex*, notamment dans l'*Oxalis Acetosella*, L., et le *Rumex Acetosa*, L., connu sous le nom d'Oseille. L'Oxalate de Chaux abonde dans la racine de Rhubarbe, et dans la plupart des racines et des bois de nos forêts. L'Oxalate de Fer a été découvert par Rivero dans quelques Minéraux.

L'Oxalate d'Ammoniaque que l'on prépare avec facilité en saturant l'Acide oxalique par l'Ammoniaque, est un Sel soluble dans l'eau, presque insoluble dans l'Alcohol, et qui cristallise en prismes tétraèdres, terminés par des sommets dièdres. Il est surtout employé pour précipiter la Chaux de ses combinaisons salines.

Le Binoxalate de Potasse, vulgairement nommé Sel d'Oseille, se prépare soit directement par la combinaison de l'Acide oxalique avec la moitié de la Potasse qu'il faudrait pour neutraliser celle-ci, soit par un procédé plus économique, et qui consiste à l'extraire du *Rumex Acetosa* ou de l'*Oxalis Acetosella*. C'est surtout dans la partie de l'Allemagne contiguë à la Suisse, aux environs de la Forêt - Noire, qu'on exécute en grand cette préparation. A cet effet, on écrase la Plante dans un grand mortier carré avec un pilon qui a la forme d'un marteau, et qui est mis en mouvement par une roue de moulin. On laisse macérer pendant quelques jours le suc et le marc, puis on les soumet à la presse ; on lave le marc avec de l'eau jusqu'à ce qu'on l'ait épuisé du Sel qu'il peut contenir. Tous les sucs obtenus et réunis, on les fait légèrement chauffer dans une grande cuve, puis on y ajoute de l'Argile fine délayée dans de l'eau. Après avoir agité la liqueur, on la laisse en repos pendant 24 heures; ensuite on la décante et on la filtre sur des étoffes de laine. Cette liqueur est soumise à une douce évaporation dans des chaudières de cuivre étamé, jusqu'à ce qu'il se forme une pellicule à la surface. On la verse alors dans des vases de grès, et on la laisse en repos pendant un mois. Il se forme alors une grande quantité de Cristaux d'Oxalate acidule que l'on purifie par une nouvelle dissolution dans l'eau, par la filtration et l'évaporation.

La saveur du Sel d'Oseille est très-acide, légèrement âcre et amère. Il se dissout dans environ 10 parties d'eau bouillante. Avec le Péroxide de Fer, il forme une combinaison incolore; c'est ce qui le fait employer pour enlever les taches d'encre et de rouille de dessus le linge. (G..N.)

OXALIDE. *Oxalis.* BOT. PHAN. Genre qui, autrefois placé dans la famille des Géraniacées, est devenu pour quelques botanistes, et en particulier pour le professeur De Candolle, le type d'un ordre naturel nouveau, sous le nom d'OXALIDÉES. Ce genre peut être caractérisé de la manière suivante : le calice est à cinq divisions profondes, dressées, quelquefois un peu inégales et persistantes; la corolle se compose de cinq pétales onguiculés, égaux entre eux, libres ou légèrement cohérens entre eux au-dessus de leur onglet, et tombant tous ensemble, de manière à ressembler en quelque sorte à une corolle monopétale; les étamines sont au nombre de dix, dont cinq alternes, plus petites et opposées aux pétales; toutes sont monadelphes par leur base, et leurs anthères sont introrses et à deux loges, s'ouvrant par un sillon longitudinal; ces étamines sont insérées à la base de l'ovaire, ainsi que les pétales. L'ovaire est libre, dressé, à cinq côtes saillantes et à cinq loges, contenant chacune plusieurs ovules pendans, attachés à l'angle interne de chaque loge, et disposés sur une seule rangée longitudinale. A son sommet, l'ovaire se termine par cinq styles généralement persistans, plus ou moins velus, et offrant à leur sommet un stigmate capitulé ou bifide, et quelquefois comme lacinié. Dans quelques espèces, les styles se soudent ensemble à leur base, et ne sont distincts qu'à leur partie supérieure. Le fruit est une capsule d'une forme variable, à cinq loges s'ouvrant en dix valves par le dédoublement des cloisons. Les graines sont peu nombreuses; leur tégument propre est charnu extérieurement et crustacé à sa partie interne. La portion charnue se fend quelquefois régulièrement, et s'enlève elle-même avec élasticité, et a été considérée à tort par un grand nombre d'auteurs comme un arille. Dépouillée de cette enveloppe charnue, la graine est généralement anguleuse et marquée de stries transversales et irrégulières. Le hile est un peu latéral; l'embryon, dont la radicule est cylindrique et assez longue, tournée vers le hile, est placée au centre d'un endosperme charnu.

Les espèces de ce genre sont extrêmement nombreuses. Dans son Prodrome, le professeur De Candolle en mentionne cent cinquante-quatre, auxquelles il faut encore ajouter les espèces brasiliennes nouvelles, décrites par Aug. Saint-Hilaire dans sa Flore du Brésil, et dont le nombre n'est pas moindre de trente. Ainsi donc on peut estimer à environ deux cents les espèces de ce genre aujourd'hui connues. Parmi ces espèces, quatre seulement croissent en Europe; deux à la Nouvelle-Hollande, une dans l'Inde, et toutes les autres se trouvent en nombre à peu près égal dans les diverses parties de l'Amérique méridionale et du cap de Bonne-Espérance.

Les Oxalides sont des Herbes avec

ou sans tige, ou de petits Arbustes. Leur racine est quelquefois tubéreuse, d'autres fois fibreuse et diversement ramifiée. Leurs feuilles sont alternes, généralement pétiolées, composées de deux, très-souvent de trois ou d'un plus grand nombre de folioles digitées ou paripinnées; dans un petit nombre d'espèces, les feuilles sont simples ou nulles, et les pétioles dilatés, simulent des feuilles simples, comme dans les Acacias à feuilles simples de la Nouvelle-Hollande. Les folioles sont toujours entières, sessiles et souvent obcordiformes. Les fleurs sont tantôt solitaires et pédonculées, tantôt elles sont disposées en une ombelle simple ou sertule; elles offrent presque toutes les nuances des couleurs jaune, rouge ou blanche.

Dans le premier volume de son *Prodromus Systematis naturalis*, le professeur De Candolle a proposé sous le nom de *Biophytum*, la formation d'un genre distinct pour les espèces à feuilles pinnées, telles que les *Oxalis Sensitiva*, L., et *Oxalis dendroides*, Kunth, *in Humb*. Les caractères de ce nouveau genre, qui le distingueraient des véritables Oxalides, consisteraient en des étamines libres, des stigmates bifides et une capsule ovoïde, globuleuse; mais ces caractères se retrouvent également dans plusieurs autres espèces à feuilles non pinnées, et comme l'a fort bien observé Aug. Saint-Hilaire (*Fl. Bras.*, 1, p. 106) dans l'*Oxalis dendroides*, rangé par De Candolle dans son genre *Biophytum*, les étamines sont manifestement monadelphes. Il suit de ces remarques, que le genre *Biophytum* ne saurait être adopté.

Jacquin a publié une excellente monographie du genre qui nous occupe, et où un très-grand nombre d'espèces sont parfaitement figurées. Parmi les espèces d'Oxalides, un nombre considérable est cultivé dans les serres ou les jardins. Ce sont particulièrement les espèces du cap de Bonne-Espérance. Toutes les Oxalides sont remarquables par leur saveur très-acide, mais agréable, qui est due à l'Acide oxalique qu'elles contiennent en abondance. Ce genre étant très-nombreux en espèces, le professeur De Candolle y a établi plusieurs coupes ou sections naturelles que nous allons indiquer.

§ Ier. MIMOSOÏDÉES. Cette première section renferme les espèces dont le professeur De Candolle avait fait son genre *Biophytum*. Nous croyons inutile d'en reproduire ici les caractères. Outre les deux espèces que nous avons déjà mentionnées, on doit encore y ajouter l'*Oxalis mimosoïdes*, Saint-Hil., *loc. cit.*, p. 107, tab. 22.

§ II. HÉDYSAROÏDÉES. Pédoncules multiflores; tiges souvent frutescentes et feuillées; feuilles trifoliolées; folioles ovales-lancéolées, non cordiformes; celle du milieu pétiolée; loges de l'ovaire ordinairement monospermes. Toutes les espèces de cette section appartiennent à l'Amérique méridionale. Nous citerons entre autres les *Ox. pentantha*, Jacq., *Ox.*, tabl. 1; *Ox. sporalioides*, Kunth, *in Humb.*, 5, p. 246, tab. 470; *Ox. glauca*, *id.*, tab. 471; *Ox. rosellata*, Saint-Hil., *loc. cit.*, tab. 22; *Ox. fulva*, *id.*, Pl. Us., tab. 44, et beaucoup d'autres.

§ III. CORNICULÉES. Tiges non bulbeuses à leur base, herbacées, très-rarement sous-frutescentes; pédoncules rarement uniflores, le plus souvent à deux ou un grand nombre de fleurs; feuilles à trois folioles, sessiles et obcordiformes. Telles sont les *Ox. corniculata*, L., Jacq., tab. 5; *Ox. stricta*, L., Jacq., tab. 4: l'une et l'autre originaires d'Europe; *Ox. repens*, Thunb., Jacq., tab. 78, f. 1, etc.

§ IV. SESSILIFOLIÉES. Tiges allongées, bulbeuses à leur base, à feuilles éparses, sessiles, trifoliolées, velues et non glanduleuses; pédoncules uniflores et axillaires. Par exemple: *Ox. rubella*, Jacq., tab. 16; *Ox. multiflora*, *id.*, tab. 15; *Ox. hirtella*, *id.*, etc., etc.

§ V. CAULIFLORÉES. Tiges allongées, feuillées; feuilles supérieures pétiolées, à trois ou cinq folioles; pédoncules axillaires et uniflores. Exemples : *Ox. virginica*, Jacq., *Hort. Vind.*, tab. 71, etc.

§ VI. CAPRINÉES. Point de tige, ou tige très-courte, feuillée à son sommet, ou feuilles radicales, pétiolées, à trois ou plusieurs folioles; pédoncules uniflores ou multiflores. Exemples : *Ox. decaphylla*, Kunth, *loc. cit.*, tab. 468; *Ox. tetraphylla*, Cavan., *Ic.*, tab. 237, etc.

§ VII. SIMPLICIFOLIÉES. Point de tige, ou rarement caulescentes; feuilles simples, pétiolées. Exemples : *Ox. monophylla*, L., Jacq., tab. 79; *Ox. lepida*, Jacq., tab. 21 ; *Ox. buplevrifolia*, St.-Hil., *loc. cit.*, tab. 23, etc.

§ VIII. PTÉROPODÉES. Point de tige; feuilles glabres, à deux ou trois folioles ; pétiole dilaté ; pédoncules uniflores. Exemples : *Ox. crispa*, Jacq., tab. 23 ; *Ox. leporina*, *id.*, tab. 25; *Ox. lanceæfolia*, *id.*, tab. 24, etc.

§ IX. ACÉTOSELLÉES. Point de tige, ou tige très-courte; feuilles pétiolées, à trois folioles, non glanduleuses; pédoncules radicaux et uniflores. Cette section est, sans contredit, la plus nombreuse en espèces. C'est ici que vient se ranger notre *Oxalis Acetosella*, L., Jacq., tab. 82, f. 1, commune dans les lieux ombragés de l'Europe.

§ X. ADÉNOPHYLLÉES. Tiges rarement nues, ou portant des feuilles tantôt éparses, tantôt réunies à leur sommet; feuilles pétiolées, à trois ou cinq folioles, linéaires, portant à leur sommet de petits tubercules glanduleux ; pédoncules uniflores. Exemples : *Ox. glabra*, Thunb., Jacq., tab. 76, f. 3 ; *Ox. tenuifolia*, Jacq., tab. 38, etc.

§ XI. PALMATIFOLIÉES. Point de tige, ou tige très-courte et nue; feuilles pétiolées, composées de cinq à treize folioles, sans glandes; pédoncules uniflores. Ici se trouvent les *Ox. lupinifolia*, Jacq., tab. 72; *Ox. flava*, *id.*, tabl. 73; *Ox. flabellifolia*, *id.*, tab. 74, etc., etc. (A. R.)

* OXALIDÉES. *Oxalideæ*. BOT. PHAN. C'est, comme nous l'avons dit dans l'article OXALIDE, une famille de Plantes formée principalement et presque exclusivement par le genre *Oxalis*, autrefois placé parmi les Géraniacées. Les caractères qui distinguent les Oxalidées des vraies Géraniacées, nous paraissent d'assez peu d'importance; en effet, il n'y a de différence marquée entre ces deux familles, que la présence d'un endosperme charnu dans les premières, qui manque entièrement dans les secondes, et que l'absence des stipules, qui, comme on sait, existent dans les Géraniacées. Nous ne sommes donc pas éloigné de considérer les Oxalidées comme une simple tribu de la famille des Géraniacées. C'est, au reste, l'opinion de plusieurs excellens observateurs, tels que Kunth et Auguste de Saint-Hilaire. Outre le genre *Oxalis*, le professeur De Candolle place encore dans les Oxalidées, les genres *Averrhoa*, L., et *Ledocarpum* de Desfontaines. (A. R.)

* OXALIQUE. CHIM. ORG. *V.* ACIDE et OXALATES.

OXALIS. BOT. PHAN. *V.* OXALIDE.

OXÉE. *Oxæa*. INS. Genre de l'ordre des Hyménoptères, section des Porte-Aiguillons, famille des Mellifères, tribu des Apiaires, division des Cuculines, établi par Klüg, et ne comprenant jusqu'à présent qu'une seule espèce qu'Illiger avait d'abord réunie aux Centris et dont il avait formé son genre Dasyglosse. Le genre Oxée a été adopté par Illiger et par tous les entomologistes avec ces caractères : labre court, presque demi-circulaire ou semi-ovale; paraglosses presque aussi longues que les palpes labiaux; antennes courtes, filiformes; mandibules cornées, arquées, pointues, unidentées à leur partie interne. Point de palpes maxillaires. Ce genre se distingue des Pasites, Épéoles et Nomades, par les paraglosses qui sont plus courtes que les palpes labiaux dans ces derniers genres. Les Crocises et les Mélectes en sont séparées, ainsi que tous les autres genres de la tribu, parce qu'ils ont des palpes maxillaires, ce qui n'a pas lieu chez les Oxées. Les antennes des Oxées sont insérées à la partie antérieure de la tête et à peine de sa longueur; elles sont composées de douze articles dans les femelles et de treize dans les mâles : le premier est un peu allongé; le second très-court, le troisième aminci à sa base, et les suivans courts et cylindriques. Les yeux sont grands et ovales, et on voit entre eux et à la partie supérieure de la tête, trois petits yeux lisses placés sur une ligne courbe. La lèvre supérieure est linéaire, comprimée, cornée, un peu plus courte que les mâchoires. Les mandibules sont cornées, fortes, arquées, et munies d'une dent obtuse vers le milieu de leur partie antérieure. Les mâchoires sont droites, cornées, plus longues que la lèvre supérieure, divisées en deux parties dont la première est une fois plus longue que l'autre, et celle-ci est terminée en pointe. Elles n'ont point de palpes selon Klüg. La langue ou lèvre inférieure est également divisée en deux parties, dont l'une, cornée, porte les deux palpes à son extrémité, et l'autre est longue, sétacée, plus courte que la pièce précédente. Les palpes labiaux sont courts et composés de trois articles dont le dernier est pointu. Le corselet est arrondi, convexe, un peu plus large que la tête. Les ailes supérieures sont un peu plus longues que l'abdomen : elles ont une cellule radiale, allongée et étroite, et trois cellules cubitales, presque carrées et petites. Les pates sont de longueur moyenne, celles de derrière sont un peu plus longues. L'abdomen est plus long que le corselet, presque conique et terminé en pointe. Les mœurs et les habitudes de la seule espèce connue de ce genre, nous sont entièrement inconnues ; c'est :

L'Oxée jaunatre, *Oxea flavescens*, Klüg, *Berlin Mag. nat. cur.*, 1807, p. 262, tab. 7, fig. 1. — 1810, p. 44 et 45, Latr. ; *Centris aquilina*, Illig.; *Mag. ent.*, 5, p. 144, n° 12, le mâle ; *Centris chlorogaster*, Illig., *loc. cit.*, n° 11, la femelle ; corps d'un jaune roux, velu. Abdomen d'un vert bleuâtre dans le mâle, noir dans la femelle, avec le bord des anneaux poli, d'un vert doré. Cet Insecte a été trouvé à Bahia de Gomez, dans le Brésil. (G.)

* OXERA. bot. phan. Genre nouveau, établi par Labillardière (*Sert. austro-caledon.*, p. 23, t. 28) qui lui assigne les caractères suivans : calice à quatre divisions profondes et scarieuses ; corolle monopétale, tubuleuse à sa base, dilatée à sa partie supérieure, dont le limbe est dressé, à quatre lobes inégaux ; quatre étamines dont deux stériles et plus courtes, déclinées ; ovaire profondément divisé en quatre lobes, très-déprimé à son sommet, appliqué sur un disque hypogyne très-saillant ; cet ovaire est à quatre loges contenant chacune un très-grand nombre d'ovules attachés à un réceptacle central. Le style qui part du sommet déprimé de l'ovaire est décliné comme les étamines et terminé par un stigmate bifide. Le fruit, qu'on ne connaît pas à son état de maturité, paraît devoir être charnu.

Ce genre se compose d'une seule espèce, *Oxera pulchella*, Labill., *loc. cit.*, t. 28. C'est un petit Arbuste à rameaux rugueux, cylindriques, glauques, portant des feuilles opposées, ovales, oblongues ; des fleurs en grappes axillaires. Il a été trouvé par Labillardière à la Nouvelle-Calédonie.

Il est assez difficile de déterminer exactement la place que ce genre doit occuper dans la série des ordres naturels. Son ovaire le rapproche néanmoins assez des Viticées, auprès desquelles il doit être placé. (A. R.)

OXICÈDRE. bot. phan. pour Oxycèdre. *V.* ce mot.   (B.)

OXIDATION. chim. org. et inorg. *V.* Oxigénation.

OXIDES. chim. org. et inorg. L'Oxigène, en se combinant avec les corps simples, donne naissance à deux sortes de produits. Les uns ont la faculté de faire passer au rouge les couleurs bleues végétales, et sont doués d'une saveur aigre, plus ou moins prononcée; ce sont les composés que l'on a désignés sous le nom d'*Acides*. Les autres, qui ont été nommés *Oxides*, possèdent des propriétés contraires; loin de rougir les couleurs végétales, ils les verdissent, et ramènent à leur couleur primitive, celles qui ont été rougies par les Acides; ils ont une saveur plus ou moins âcre, urineuse, quelquefois nulle, mais jamais aigre; enfin, lorsqu'on les met en contact avec les Acides, ils en neutralisent les propriétés, se combinent avec eux et donnent naissance à de nouveaux corps qui ont reçu le nom de *Sels*. C'est sur cette propriété de se saturer réciproquement qu'est fondée la distinction des Acides et des Oxides, car la faculté d'altérer diversement les couleurs bleues végétales, et les caractères tirés de leur saveur aigre ou non aigre, ne sont pas des propriétés tellement constantes qu'elles puissent faire reconnaître la nature acide ou alcaline de certains corps. On connaît des Acides qui ne possèdent pas ou qui possèdent à peine les qualités attribuées autrefois à cette classe de corps, mais que cependant on est convenu de nommer Acides, puisqu'ils saturent d'autres corps oxigénés. En effet, la saveur et la faculté de faire virer au rouge les couleurs bleues végétales, propriétés qui caractérisent certains Acides, sont d'autant plus intenses que ceux-ci sont plus solubles; elles sont au contraire complétement nulles, lorsque les corps considérés comme Acides sont insolubles. Ainsi l'on a rangé la Silice parmi les Acides, quoique cette substance n'ait aucune saveur, et qu'elle n'altère point la teinture de tournesol; mais elle se combine avec les Alcalis et donne lieu à des composés qui ont tous les caractères des Sels. D'un autre côté, certains Oxides très-oxigénés se rapprochent tellement des Acides, et par leurs qualités physiques, et par leurs propriétés chimiques, qu'il est difficile de leur assigner une place constante dans la série des composés. Ils présentent même ceci de particulier qu'ils sont tantôt de véritables Oxides par rapport à quelques corps, tantôt des Acides par rapport à d'autres. Par exemple, les Deutoxides d'Etain, d'Arsenic, d'Antimoine, d'Or, etc., semblent jouer le rôle d'Acides dans certains cas, et on leur a donné les noms d'Acides *stannique, arsénieux, antimonieux, orique*, etc. On ne peut donc plus établir de distinction absolue entre les Acides et les Oxides, puisque non-seulement les caractères attribués à chacune de ces classes de corps s'évanouissent ou se nuancent, mais encore puisque ces corps peuvent, suivant la nature des substances auxquelles ils se combinent, passer facilement d'une classe à l'autre. Le temps n'est peut-être pas fort éloigné où l'on abandonnera tout-à-fait ces dénominations déjà vieillies d'*Acides* et d'*Oxides* pour les remplacer par d'autres plus en harmonie avec les phénomènes dont elles doivent être l'image. En effet, plusieurs chimistes ne voient dans les affinités par lesquelles s'effectuent les combinaisons des corps, que des états particuliers d'électricité dans lesquels ils se constituent lorsqu'on les met en contact; d'où résultent deux principales séries de corps, suivant lesquelles on peut classer tous les corps, et surtout les composés d'Oxigène. Ceux que l'on nomme Acides sont toujours *électronégatifs* vis-à-vis des Oxides qui deviennent alors *électro-positifs*, c'est-à-dire que les premiers se constituent dans un état d'électricité négative, qu'ils tendent à neutraliser l'électricité positive des seconds, et réciproquement. En se saturant ainsi, les corps doués d'électricités opposées, contiennent des quantités proportionnelles d'Oxigène, de telle sorte que, dans les Sels, l'Oxigène de l'Oxide est toujours un multiple par un nombre entier de celui de l'Acide, et lorsque le Sel est à l'état d'*Hydrate*, il y a aussi un rapport déterminé entre l'Oxigène de l'Eau, et celui de l'Oxide. *V*. Sels. Nous ne pousserons pas plus loin l'examen de la théorie électro-chimique, intéressante question pour l'éclaircissement de laquelle convergent toutes les recherches des chimistes contemporains, et particulièrement de Berzélius, Dulong, Gay-Lussac, Wollaston, Becquerel, etc.; il nous suffit d'indiquer en ce moment l'application de cette théorie à la nature des corps oxigénés. Mais, pour être compris de tout le monde, nous continuerons à désigner ces corps sous les noms d'Acides et d'Oxides.

On ne peut assigner aux Oxides des propriétés générales physiques et chimiques bien tranchées ; car on trouve ces corps dans tous les états et sous toutes les formes ; il en est de solides, de liquides et de gazeux, de colorés et d'incolores, de visibles et d'invisibles, de très-pesans et d'excessivement légers, de très-sapides, même d'âcres et caustiques, et d'insipides, de solubles et d'insolubles, etc.

Une foule de corps simples sont susceptibles de plusieurs degrés d'Oxidation. On nomme *Protoxide*, le composé qui contient la moindre quantité d'Oxigène ; *Deutoxide*, celui qui consiste en une double proportion d'Oxigène que dans le protoxide ; *Tritoxide*, celui où cette portion est triple ; et *Péroxide*, le corps oxide dans lequel le nombre des atômes d'Oxigène est à son maximum. Ainsi, par exemple, l'Eau est un Protoxide d'Hydrogène, et l'Eau oxigénée de Thénard en est le Deutoxide ; le Fer est susceptible de trois degrés d'Oxidation : protoxide, deutoxide et tritoxide, etc.

Nous ne ferons point ici l'histoire des nombreux Oxides qui existent dans la nature. Plusieurs de ces corps ont reçu depuis long-temps des dénominations dont l'emploi a prévalu malgré les changemens survenus dans les théories chimiques. Le Protoxide d'Hydrogène ou l'Eau, conservera toujours son ancienne dénomination vulgaire ; les Alcalis et les Terres ont passé dans la classe des Oxides métalliques ; la Silice est considérée comme un Acide ; mais on n'en a pas moins continué de désigner ces Oxides sous les noms de Potasse, Soude, Chaux, Magnésie, Baryte, Strontiane, Silice, etc. ; parce que le sens attaché à ces mots est bien déterminé, et que d'ailleurs ils n'induisent pas en erreur sur leur nature chimique ; il n'y a que les chimistes rigoureux sur la nomenclature qui se servent des mots Deutoxide de Potassium, de Sodium, de Magnésium ; Protoxide de Barium, de Strontium, Acide silicique, etc. Nous renvoyons donc aux mots anciens sous lesquels sont traités minéralogiquement et chimiquement les Oxides métalliques qui constituaient autrefois la classe des Terres et des Alcalis. Quant aux Oxides qui ont pour bases les autres corps simples métalliques, c'est aux articles concernant ces derniers corps que nous donnons dans ce Dictionnaire l'histoire des divers Oxides qu'ils sont susceptibles de former, et surtout ceux qui se rencontrent tout formés dans la nature ou qui sont d'une importance majeure pour les arts.

(G.-N.)

OXIGÉNATION. chim. org. et inorg. Ce mot exprime l'acte par lequel l'Oxigène se combine aux autres corps, quelles que soient les propriétés des composés qui en résultent. Parmi les corps oxigénés, on distingue les Acides et les Oxides (*V*. ces mots) ; d'où il suit que l'Acidification et l'Oxidation sont des cas particuliers de l'Oxigénation. Cependant il faut observer que tous les Acides ne sont pas engendrés par l'Oxigène, et que la faculté de les produire, c'est-à-dire le pouvoir acidifiant, appartient encore à d'autres principes , tels que l'Hydrogène et le Chlore. La combustion , la respiration (*V*. ce mot) et la chaleur animale, sont des phénomènes intimement liés avec l'Oxigénation , ou du moins qui ont leur principale source dans celle-ci. Les Végétaux, en exhalant de l'Oxigène qu'ils séparent de l'Acide carbonique répandu dans l'atmosphère par l'effet des phénomènes précédens, opèrent une véritable désoxigénation. (G..N.)

OXIGÈNE. CHIM. ORG. et INORG. Aux articles ATMOSPHÈRE et GAZ, on a fait connaître les propriétés essentielles de ce principe vivifiant de la nature, sans lequel tout être animé périrait , tout corps combustible en ignition s'éteindrait, en un mot, dont l'absence replongerait les élémens dans le chaos, et couvrirait la nature entière d'un deuil éternel. Quant aux combinaisons qu'il est susceptible de former avec la plupart des corps , *V.* les mots ACIDES et OXIDES. (G..N.)

*OXIGONES. *Oxigona.* MOLL. Famille proposée par Latreille dans ses Familles naturelles du Règne Animal, p. 211. Elle est à peu près l'équivalent de celle que Lamarck a créée sous le nom de Malléacées. On remarque quelques différences dans l'arrangement et le nombre des genres. Les caractères de cette famille sont exprimés ainsi par Latreille. Le ligament cardinal est marginal, long, étroit, fortement prolongé sur le corselet, ou même, et le plus souvent, il s'étend uniquement, ou presque uniquement sur cette partie de la coquille. Cette famille est divisée en deux sections principales.

† Ligament cardinal crénelé.

α Point de byssus.

Genres : MULLERIE, CRÉNATULE, GERVILIE.

β Un byssus.

Genre : PERNE.

†† Ligament cardinal continu, ou point entrecoupé par des crénelures.

MARTEAU , PINTADINE , AVICULE , PINNE. (D..H.)

* OXINOE. *Oxinoe.* MOLL. Genre douteux, proposé par Rafinesque, dans le Journal de Physique , T. LXXXIX , p. 152, pour un Animal qui paraît voisin des Sigarets, mais qui est trop peu connu pour l'admettre ou le rejeter définitivement. Il faut attendre, à son égard, de nouvelles observations. (D..H.)

* OXISMA. CONCH. Rafinesque a proposé ce genre dans le Journal de Physique, 1819, p. 417 , pour une Coquille fossile bivalve, dont il ne dit pas la localité, qui paraît fort peu différer des Jambonneaux ; la charnière est membraneuse et plissée ; ce sont les seuls caractères positifs qu'il donne. Ils nous semblent insuffisans pour l'adoption de ce genre. (D..H.)

*OXOPHYLLUM. BOT. PHAN. Pour *Ozophyllum. V.* ce mot. (B.)

* OXURE. *Oxurus.* INS. Genre de l'ordre des Coléoptères, mentionné par Latreille (Fam. Nat. du Règne Anim.), et qu'il place à côté des Blaps. Les caractères de ce genre nous sont inconnus. (G.)

OXYA ET OXYNE. BOT. PHAN. Le Hêtre chez les Grecs. Ces mots sont entrés comme racines dans la composition de beaucoup de noms de Végétaux. (B.)

OXYACANTHA. BOT. PHAN. Les anciens donnaient ce nom à divers Arbres épineux. Celui que Galien désignait ainsi était l'Epine-Vinette , *Berberis vulgaris*, L. ; l'*Oxyacantha* de Dioscoride était l'Aubépine ou Epine blanche, *Cratægus Oxyacantha*, L., qui avait été placée dans le genre *Mespilus* par Tournefort, et maintenue dans ce genre par les auteurs de la Flore Française, mais qui , selon Lindley, doit rester parmi les *Cratægus* ou Alisiers. *V.* ce mot. (G..N.)

OXYANTHUS. BOT. PHAN. Genre de la famille des Rubiacées et de la Pentandrie Monogynie, L., établi par De Candolle (Annal. du Mus. T.

IX, p. 218) qui l'a ainsi caractérisé : calice dont le tube est adhérent à l'ovaire, resserré au sommet ; le limbe à cinq divisions petites et très-aiguës ; corolle infundibuliforme, ayant le tube extrêmement long, le limbe à cinq lobes très-aigus ; cinq anthères sessiles sur l'entrée du tube de la corolle, très-aiguës et saillantes hors de celle-ci ; ovaire ovoïde, surmonté d'un style et d'un stigmate ; fruit biloculaire, polysperme. Ce genre est placé par son auteur dans la tribu des Cinchonées ; il est très-voisin du *Tocoyena* et surtout du *Posoqueria*. Il diffère de l'un et de l'autre par son stigmate simple, par les lobes très-pointus de son calice et de sa corolle, par son fruit couronné par le calice et par son inflorescence latérale. C'est de cette forme aiguë de toutes les parties de la fleur qu'est dérivé le nom générique. La longueur du tube de la corolle est un caractère très-remarquable dans ce genre et qui le distingue du *Gardenia* avec lequel on avait associé l'unique espèce dont il se compose.

L'*Oxyanthus speciosus*, De Cand., loc. cit.; *Bot. Magazine*, tab. 1992; *Gardenia tubiflora*, Andrews, *Bot. Repos.*, tab. 183; est un Arbuste originaire de Sierra-Leone en Afrique, d'où il a été rapporté en 1789 et introduit dans les jardins d'Angleterre. Il croît à la hauteur d'environ deux pieds et porte de grandes feuilles larges, elliptiques-lancéolées, aiguës, marquées d'une forte nervure médiane, de laquelle partent d'autres petites nervures latérales accompagnées de grandes stipules interpétiolaires. Les fleurs sont odorantes et naissent par trois ou quatre à la fois dans les aisselles des feuilles. Cette insertion latérale des fleurs est au nombre des caractères qui, selon De Candolle, distinguent l'*Oxyanthus* des genres voisins ; cependant, la figure donnée par le *Botanical Magazine* fait voir un groupe de fleurs qui est terminal. L'*Oxyanthus speciosus* est une Plante d'ornement qui se multiplie facilement par la greffe, et qui fleurit, dans les serres, aux mois de juillet et d'août.

(G..N.)

OXYARCEUTIS. BOT. PHAN. C'est-à-dire *Genevrier aigu*. Un des anciens noms du *Juniperus Oxycedrus*, L. *V*. GENEVRIER. (G..N.)

OXYBAPHE. *Oxybaphus*. BOT. PHAN. Genre de la famille des Nyctaginées, et de la Triandrie ou de la Tétrandrie Monogynie, L., établi par L'Héritier et ainsi caractérisé : involucre monophylle, campanulé, quinquéfide, renfermant tantôt une seule fleur, quelquefois, mais plus rarement, deux à quatre ; calice corolloïde, infundibuliforme, dont le limbe est à cinq lobes ; trois ou quatre étamines ; akène recouvert par la base endurcie du calice, et entouré par l'involucre qui s'est considérablement agrandi. Ce genre a été confondu avec le *Mirabilis* ou *Nyctago*, par Cavanilles, et il a été reproduit par Ruiz et Pavon, ainsi que par Ortega, sous le nom de *Calyxhymenia* que Persoon a modifié en celui de *Calymenia*. Il renferme plusieurs espèces, toutes originaires de l'Amérique méridionale, principalement de la république de Colombie et du Pérou. On en cultive quelques-unes en Europe, dans les jardins de botanique, parmi lesquelles nous citerons comme type du genre, l'*Oxybaphus viscosus*, Vahl, Enum., 2, p. 39, ou *Mirabilis viscosa*, Cavan., Icon., 1, p. 13, tab. 19. Ce sont des Plantes herbacées, assez élevées, dont les branches supérieures sont dichotomes ; leurs feuilles sont opposées, et les fleurs, ordinairement de couleur rouge, peu apparentes, sont réunies en corymbes au sommet des rameaux. (G..N.)

OXYBÈLE. *Oxybelus*. INS. Genre de l'ordre des Hyménoptères, section des Porte-Aiguillons, famille des Fouisseurs, tribu des Nyssoniens, établi par Latreille et adopté par tous les entomologistes avec ces caractères : labre entièrement caché ou peu découvert ; mandibules non échancrées inférieurement ; yeux entiers, une seule cellule cubitale fermée; antennes un peu plus grosses vers le bout, coudées, contournées et très-courtes; jambes épineuses; une à trois pointes en forme de dents à l'écusson. Ce genre a beaucoup de rapports avec ceux de la tribu des Larrates, mais il en est bien séparé par les mandibules qui, dans ces derniers, sont profondément échancrées intérieurement. Les genres Astate, Nysson et Pison en sont distincts parce qu'ils ont trois cellules cubitales; enfin le genre Nytèle s'en distingue en ce qu'il n'a pas de dents en pointes à l'écusson. Linné n'avait connu qu'une espèce de ce genre, et il la plaçait parmi les Guêpes; Fabricius les a rangés avec les Frélons et les Abeilles, et ensuite il les a confondus avec son genre Nomade. Ces Insectes sont d'assez petite taille; leur tête est plus large que longue; elle tient au corselet par un col très-court. Les yeux sont peu saillans, oblongs. Ils ont trois petits yeux lisses. Les antennes sont filiformes, un peu roulées en spirale, à peine plus longues que la tête et composées de douze articles dans les femelles et de treize dans les mâles. La lèvre supérieure est cornée, fort courte et ciliée antérieurement. Les mandibules sont cornées, allongées, minces, pointues et munies d'une dent peu saillante vers le bord interne. Les mâchoires sont cornées, comprimées à leur base, minces et fléchies du milieu à l'extrémité. Les palpes maxillaires sont filiformes, composés de cinq articles. La lèvre inférieure est cornée à sa base, allongée, étroite, presque membraneuse ensuite, jusqu'à l'extrémité qui est échancrée; ses palpes sont presque aussi longs que les maxillaires et composés de quatre articles. Le corselet est court, épais et presque globuleux. L'écusson porte des appendices en forme de pointes, ordinairement au nombre de trois, et disposées en triangle; l'inférieure est plus longue, en forme d'épine et canaliculée en dessus, les deux latérales ressemblent à de pe-

tites écailles. Les pates sont courtes, mais robustes, avec les jambes épaisses, dentées ou épineuses extérieurement; les tarses sont terminés par une grande pelote. Les ailes supérieures dépassent à peine l'abdomen; elles ont une cellule radiale allongée, accompagnée d'un petit appendice, et une cellule cubitale très-grande qui reçoit une nervure récurrente. L'abdomen est court, de forme conique; les anneaux sont bien emboîtés les uns dans les autres, et ne présentent pas les incisions qu'on remarque dans les genres voisins de celui-ci.

On trouve ordinairement les Oxybèles sur les fleurs où ils récoltent le suc mielleux propre à les nourrir. Ils font leur nid dans les lieux sablonneux et exposés au soleil; c'est là que les femelles creusent des trous dans lesquels elles déposent des cadavres de divers Insectes qu'elles ont été chasser, et particulièrement de Muscides. Elles pondent leurs œufs sur ces corps d'Insectes, et les larves qui en sortent se nourrissent de cette proie. On connaît une vingtaine d'espèces de ce genre : elles ont toutes le corps varié de jaune et de noir. Nous citerons parmi les espèces qui se trouvent en France :

L'OXYBÈLE MUCRONÉE, *Oxybelus mucronatus*, Latr., Fabr., Panz., *Faun. Germ.*, fasc. 73, tab. 19; *Crabro mucronatus*, Fabr. Corps noir, tacheté de jaune; écusson armé de deux dents et d'une épine tronquée; pates jaunes avec les cuisses noires.

(G.)

OXYCARPUS. BOT. PHAN. Le genre fondé sous ce nom par Loureiro, dans sa Flore de Cochinchine, a été réuni par Du Petit-Thouars à son genre *Brindonia*. *V*. ce mot. Choisy (Mém. de la Sociét. d'Hist. Natur. de Paris, T. I, p. 225) n'a considéré le *Brindonia* que comme une section du genre *Garcinia*. *V*. GARCINIE.

F. Hamilton, dans ses Commentaires sur les Plantes de l'*Herbarium Amboinense* de Rumph (*in Mem. of the Werner. Society*, vol. 5, p. 346), admet le nom générique d'*Oxycar-*

pus, et en décrit avec soin une nouvelle espèce qu'il a observée sur le vivant dans les forêts de Magadha, au sud du Gange. Il lui a donné le nom d'*O. Gangetica*, et il la croit différente de l'*O. Celebica,* espèce anciennement connue.   (G..N.)

OXYCÈDRE. *Oxycedrus.* BOT. PHAN. Espèce du genre Genevrier. *V.* ce mot.   (B.)

OXYCÉPHAS. POIS. Rafinesque, dans son *Indice d'Ittiologia Siciliana,* indique sous ce nom un genre nouveau, dont il figure l'espèce unique, tab. 1, fig. 2, *O. scaber.* C'est le *Lepidoleprus trachirhinus* de Risso. *V.* LÉPIDOLÈPRE.   (B.)

OXYCÈRE. *Oxycera.* INS. Genre de l'ordre des Diptères, famille des Notacanthes, tribu des Stratiomydes, établi par Meigen aux dépens du genre *Stratiomys* de Geoffroy, et adopté par tous les entomologistes avec ces caractères : antennes plus courtes que la tête; les deux premiers articles courts, cylindriques, velus; le troisième fusiforme-ovalaire, à quatre divisions; style sétiforme, de deux articles, inséré soit à l'extrémité, soit un peu sur le côté; yeux légèrement velus dans les mâles; trompe très-courte, membraneuse, terminée par deux grandes lèvres saillantes devant la tête, non avancée en manière de bec, portant les antennes. Les Oxycères, qui étaient confondues ainsi que le genre Clitellaire de Meigen, dans le genre Stratiome, en diffèrent cependant assez par les antennes qui sont beaucoup plus longues dans les Stratiomes, et qui ont leur dernier article allongé, composé de cinq divisions, et manquant de style. Les Némotèles qui ont assez de rapports avec ces Diptères en diffèrent par leur trompe qui est longue et forme une saillie en forme de bec. La tête des Oxycères est plus large que longue; elle porte deux grands yeux à réseau placés à sa partie latérale, et trois petits yeux lisses fort rapprochés et disposés en triangle sur le vertex. Le corselet est peu élevé, arrondi,

presque cylindrique, terminé par un écusson un peu élevé, ordinairement armé de deux épines aiguës, presque droites ou légèrement arquées. L'abdomen est déprimé, tranchant sur les côtés, aussi large que long, ou même plus large et terminé en pointe obtuse. Les ailes sont un peu plus longues que l'abdomen ; les pates sont simples, de longueur moyenne, terminées par deux ou trois petites pelotes spongieuses et par deux crochets. Les mœurs de ces Diptères et leurs métamorphoses sont encore inconnues; on les trouve, comme les Stratiomes, dans les lieux humides, sur les fleurs et les feuilles des Plantes. On connaît cinq à six espèces de ce genre, parmi lesquelles nous citerons :

L'OXYCÈRE JOLI, *Oxycera puchella*, Meig.; *Oxycera hypoleon*, Meig. Klass., tab. 8, f. 5, *mas*, Latr., Eucycl. T. VIII, p. 2, p. 600; Macquart, Dipt. du Nord de la France, p. 118. Long de trois lignes. *Mâle :* hypostome noir, à poils d'un gris blanchâtre; front à deux pointes argentées; antennes noires; yeux à bande pourpre; thorax noir; une bande jaune depuis l'épaule jusqu'à la base de l'aile où elle se prolonge en dessous; entre cette base et l'écusson, une tache jaune, triangulaire; écusson jaune; pointes à extrémité noire; abdomen noir; une tache d'un beau jaune, allongée, dirigée en avant, de chaque côté des troisième et quatrième segmens; cinquième à tache jaune, triangulaire au milieu; ventre noir; deuxième et troisième segmens jaunes au milieu; pieds jaunes; cuisses noires dans leur partie supérieure; balanciers jaunes; ailes hyalines à nervures, brunes. *Femelle :* hypostome et front jaunes, à bande noire; vertex noir; bord postérieur des yeux jaune; premier segment de l'abdomen à tache jaune sous l'écusson. Cette espèce est assez commune dans toute la France, en Suisse et en Allemagne.   (G.)

OXYCEROS. BOT. PHAN. Loureiro

(*Flor. Cochinch.*, 1, p. 186) a établi sous ce nom un genre qui appartient à la famille des Rubiacées, et à la Pentandrie Monogynie. Ce genre offre les caractères suivans : calice à cinq dents dressées ; corolle hypocratériforme, dont le tube est du double plus long que le calice ; le limbe grand, à cinq découpures ovales, un peu réfléchies ; cinq anthères filiformes, presque sessiles sur l'entrée du tube de la corolle ; ovaire arrondi, surmonté d'un style de la longueur du tube et d'un stigmate à plusieurs rayons ; baie presque arrondie, petite, couronnée par le calice persistant, biloculaire et polysperme. Ce genre, que Willdenow regardait comme voisin des *Psychotria* et des *Rondeletia*, a été réuni au *Randia* par Rœmer et Schultes. Il se compose de deux espèces, savoir : 1° *Oxyceros horrida*, Lour., *loc. cit.*, Arbrisseau dont la tige est dressée, et s'élève à environ huit pieds ; ses branches sont longues, étalées, terminées par des rameaux nombreux, courts et fourchus ; elles sont couvertes d'aiguillons très-grands, opposés, fort aigus et en forme de cornes. Les feuilles sont ovales, lancéolées, très-entières, glabres, opposées. Les fleurs sont blanches, disposées en grappes trichotomes presque terminales. Les baies sont noires, et ne sont employées à aucun usage. Cette Plante croît dans les forêts de la Cochinchine. 2° *Oxyceros sinensis*, Lour., *loc. cit.* Cet Arbrisseau est dressé, très-branchu, et ne s'élève qu'à environ cinq pieds ; il est couvert d'aiguillons nombreux, courts, aigus et obliques. Ses feuilles sont lancéolées, très-entières, glabres et marquées de nervures. Les fleurs sont blanches, disposées en grappes courtes et terminales. Cette espèce est sauvage aux environs de Canton.   (G..N.)

* **OXYCHEILE.** *Oxycheila*. INS. Genre de l'ordre des Coléoptères, section des Pentamères, famille des Carnassiers, tribu des Cicindelètes, établi par Dejean (Species des Coléoptères de sa Collection, T. I, p. 15) et ayant pour caractères : les trois premiers articles des tarses antérieurs des mâles dilatés, allongés, ciliés également des deux côtés, les deux premiers grossissant vers l'extrémité, le troisième presque en cœur ; palpes labiaux allongés, aussi longs que les maxillaires ; le premier article allongé, saillant au-delà de l'extrémité supérieure de l'échancrure du menton ; le second très-court ; le troisième très-long, cylindrique et légèrement courbé, et le dernier sécuriforme ; lèvre supérieure très-grande, avancée en pointe et recouvrant les mandibules. Ce genre, formé avec le *Cicindela tristis* de Fabricius, et augmenté depuis peu, se distingue des Cicindèles par les palpes labiaux qui n'ont pas le dernier article sécuriforme chez ces dernières ; la lèvre supérieure des Cicindèles est beaucoup moins avancée et moins pointue ; les palpes maxillaires des Oxycheiles sont plus allongés, et leur dernier article est légèrement sécuriforme ; les labiaux sont semblables à ceux des Mégacéphales ; ils sont cependant un peu moins longs et ne dépassent pas les Maxillaires ; la lèvre supérieure est très-grande, triangulaire, et recouvre presque entièrement les mandibules ; la tête n'est pas très-grosse, elle est un peu allongée et presque plane ; les yeux sont assez saillans latéralement, mais nullement en dessus ; les antennes sont minces, déliées, à peu près de la longueur des deux tiers de l'Insecte ; le corselet est à peu près de la largeur de la tête ; son bord postérieur est sinué et presque trilobé, et il recouvre presque entièrement l'écusson dont la pointe dépasse à peine la base des élytres ; celles-ci sont du double plus larges que le corselet, assez allongées, peu convexes, et elles s'élargissent un peu postérieurement ; l'avant-dernier anneau de l'abdomen des mâles est assez fortement échancré ; les pates sont grandes et allongées ; les trois premiers articles des tarses antérieurs

des mâles sont dilatés et un peu plus larges que dans les Cicindèles; les deux premiers vont en grossissant un peu vers l'extrémité, le troisième est presque en forme de cœur allongé, et ils sont également ciliés des deux côtés. On ne connaît jusqu'à présent que deux espèces de ce genre; celle qui lui sert de type est:

L'OXYCHEILE TRISTE, *Oxycheila tristis*, Dej., *loc. cit.; Cicindela tristis*, Fabr., Latr., Oliv., 11, 33, p. 15, n° 53, t. 5, fig. 25, Schon. Longue de neuf lignes et demie à dix lignes; d'un noir obscur très-légèrement bronzé en dessus; élytres fortement ponctuées depuis la base jusqu'au milieu, ayant chacune au milieu une tache jaune assez grande et irrégulière; dessous du corps d'un noir plus brillant que le dessus et un peu bleuâtre; pates grandes et d'un noir obscur. Cette espèce est assez commune au Brésil; l'autre espèce d'Oxycheile est formée de la *Cicindela tripustulata*, que Latreille a décrite dans le n° 15, t. 16, fig. 1 et 2 du Voyage de Humboldt.

(G.)

OXYCOCCOS ET **OXYCOCCUS.** BOT. PHAN. J. Bauhin, Mentzel et d'autres anciens botanistes donnaient le nom d'*Oxycoccus* à la Plante qui fut depuis nommée *Vaccinium Oxycoccos* par Linné. Tournefort, dans ses *Institutiones Rei herbariæ*, avait admis le genre *Oxycoccus* qui fut rétabli sous ce dernier nom par Persoon, et sous celui de *Schollera* par Roth. Nous ne pensons pas que cette dernière dénomination puisse subsister, puisque le nom d'*Oxycoccus* était connu très-anciennement et consacré par l'illustre botaniste qu'on regarde universellement comme le fondateur des genres, et peut être comme celui qui savait le mieux en peser la valeur. D'ailleurs, il y a d'autres *Schollera* proposés par Willdenow et Rohr. *V*. ce mot.

L'*Oxycoccus* de Persoon se compose de trois ou quatre espèces dont le port est très-différent des espèces du genre *Vaccinium* dans lequel Lin-

né les avait placées. Elles en diffèrent surtout par la forme de la corolle et par le nombre des étamines qui est de huit, tandis qu'il est de dix dans les *Vaccinium*. L'*Oxycoccus palustris*, Persoon, *Vaccinium Oxycoccos*, L., vulgairement nommé Canneberge, est une jolie petite Plante à tiges filiformes, rampantes, et à feuilles très-entières, ovales et roulées sur leurs bords; sa corolle est rosée, à quatre découpures profondes, linéaires, recourbées; les étamines ont leurs filets connivens et les anthères tubuleuses bipartites. On trouve cette Plante parmi les Sphaignes dans les marais tourbeux de plusieurs contrées d'Europe, surtout dans la partie occidentale et boréale. Les autres espèces *O. macrocarpus*, *hispidulus*, *erythrocarpus*, sont indigènes de l'Amérique septentrionale. (G..N.)

***OXYDENIA. BOT. PHAN.** Le genre de Graminées, constitué sous ce nom, par Nuttal (*Genera of North Americ. Plants*, vol. 1, p. 76), a été réuni par tous les auteurs au *Leptochloa* de Palisot-Beauvois. *V*. ce mot. (G..N.)

OXYDES ET **OXYGÈNE. CHIM.** Pour Oxides et Oxigène. *V*. ces mots. (G..N.)

***OXYGNATHE.** *Oxygnathus.* INS. Genre de l'ordre des Coléoptères, section des Pentamères, famille des Carnassiers, tribu des Carabiques, établi par Dejean dans le Species des Coléoptères de sa belle Collection, et auquel il donne pour caractères: menton articulé, presque plane et trilobé; lèvre supérieure très-courte et peu distincte; mandibules avancées, arquées, très-aiguës et non dentées intérieurement; dernier article des palpes labiaux presque cylindrique; antennes moniliformes; le premier article assez long; les autres beaucoup plus petits, arrondis et grossissant vers l'extrémité; corps allongé et cylindrique; corselet presque carré; jambes antérieures palmées. Ce genre est très-voisin des Oxystomes de Latreille; mais il en diffère par le menton qui est presque plane, tandis qu'il est très-concave dans les Oxystomes. Les articles des antennes fournissent aussi quelques caractéres distinctifs entre ces deux genres : les mandibules sont grandes, avancées, courbées, tranchantes intérieurement et très-aiguës ; elles se croisent vers l'extrémité, et elles n'ont point de dents sensibles intérieurement. Les palpes sont assez allongés ; les labiaux sont un peu plus courts que les maxillaires, et le dernier article des uns et des autres est allongé, très-légèrement ovalaire et presque cylindrique. Les antennes sont moniliformes et plus courtes que la tête et les mandibules réunies ; leur premier article est à peu près aussi long que les trois suivans réunis, et va un peu en grossissant vers l'extrémité ; tous les autres sont presque égaux, assez courts et grossissent sensiblement vers l'extrémité ; le second et le troisième sont presque coniques et un peu plus allongés que les autres qui sont arrondis ; la tête est assez grande, allongée et presque carrée ; le corselet est presque carré ; les élytres sont allongées, parallèles, cylindriques et arrondies à l'extrémité ; les jambes antérieures sont assez fortement palmées. On ne connaît qu'une espèce de ce genre, c'est :

L'Oxygnathe allongé, *Oxygnathus elongatus*, Dej., Spec. des Col., etc. T. ii, Supp., p. 475 ; *Scarites elongatus*, Wiedemann, *Zoologisches Magazin*, 11, 1, p. 38, n° 52. Il est long de cinq lignes, noir, cylindrique ; ses mandibules sont avancées ; les jambes antérieures ont trois dents sur le côté extérieur ; les postérieures n'ont qu'une petite épine ; les élytres sont allongées, parallèles, sillonnées avec des points enfoncés dans chaque sillon ; les antennes et les pates sont d'un brun ferrugineux plus ou moins rougeâtre. Cette espèce se trouve aux Indes-Orientales.
(G.)

OXYLAPATHUM. bot. phan. Ce nom, qui dans Discoride désignait le *Rumex acutus*, L., a été étendu jus-

qu'au Potamot denté par Daléchamp, et à la Bette vulgaire.   (B.)

OXYLOBIUM. bot. phan. Genre de la famille des Légumineuses, établi par Andrews (*Botan. Reposit.*, n. 492), adopté par Rob. Brown (*Hort. Kew.*, éd. 2, vol. iii, p. 9) et par De Candolle (*Prodr. Syst. Veget.*, 2, p. 104), qui l'a placé dans la tribu des Sophorées, et l'a ainsi caractérisé : calice divisé profondément en cinq découpures, formant presque deux lèvres ; corolle papilionacée, dont la carène est comprimée, de la longueur des ailes ainsi que de l'étendard qui est aplati ; étamines insérées sur un torus ou au fond du calice ; style ascendant ; stigmate simple ; légume sessile ou presque sessile, polysperme, renflé, ové et aigu. Ce genre est excessivement voisin du *Callistachys*, précédemment établi par Ventenat, dans son grand ouvrage sur les Plantes de la Malmaison ; il n'offre même d'autre différence essentielle que celle de son fruit sessile ou presque sessile, tandis qu'il est stipité dans le *Callistachys*. Les étamines de ce dernier genre ont l'apparence d'être hypogynes ; mais une nouvelle espèce décrite par De Candolle (Mém. sur les Légumineuses, p. 170), sous le nom d'*O. Pulteneæ*, a ses étamines qui offrent aussi l'insertion en apparence hypogyne. D'un autre côté, une espèce d'*Oxylobium* est munie d'un ovaire légèrement stipité ; ce qui infirme encore la valeur des caractères du genre *Oxylobium*.

Les cinq espèces décrites jusqu'à ce jour, sont des Arbrisseaux ou sous-Arbrisseaux de la Nouvelle-Hollande. Leurs feuilles sont entières, verticillées par trois ou par quatre ; les fleurs sont jaunes, safranées ou purpurines, et disposées en corymbes. L'*Oxylobium cordifolium*, Andr., *loc. cit.*, doit être considéré comme le type du genre. R. Brown lui a réuni le *Gomphalobium ellipticum* de Labillardière (*Nov.-Holl. Spec.*, 1, p. 166, tab. 155), que Ventenat plaçait dans à son genre *Callis-tachys.* Enfin, De Candolle a publié deux espèces nouvelles, sous les noms d'*O. spinosum* et *O. Pulteneæ.* La première a du rapport avec l'*O. cordifolium,* dont elle diffère par ses feuilles acuminées en pointe épineuse; la seconde, à raison de quelques différences importantes, devra peut-être former un genre distinct.

(G..N.)

OXYMYRSINE. BOT. PHAN. Syn. de *Ruscus aculeatus. V.* FRAGON. (B.)

* **OXYNOTUS.** POIS. Rafinesque, dans son *Indice d'Ittiologia Siciliana,* forme sous ce nom et aux dépens des Squales, un genre qui ne contient qu'une espèce, *O. Centrina,* le Poisson Massepain des Siciliens, dont le corps est triangulaire, avec le dos en carène; ce qui en établit la seule différence générique. (B.)

OXYOIDES. BOT. PHAN. Sous ce nom, Garcin avait distingué l'*Oxalis Sensitiva* de ses congénères, parce que cette Plante est munie de feuilles pennées au lieu d'être trifoliées comme la plupart des autres Oxalides. Mais cette organisation des feuilles se rencontre également dans un grand nombre d'autres espèces, surtout dans celles qui ont été récemment découvertes en Amérique. L'impropriété du mot *Oxyoides* aurait d'ailleurs suffi pour le faire rejeter.

Le genre *Biophytum* de De Candolle est fondé sur la même Plante. *V.* OXALIDE. (G..N.)

OXYOPE. *Oxyopes.* ARACHN. Genre de l'ordre des Pulmonaires, famille des Aranéides, section des Dipneumones, tribu des Citigrades, établi par Latreille et correspondant parfaitement au genre Sphase de Walkenaër. Les caractères de ce genre sont: huit yeux disposés deux par deux sur quatre lignes transverses, et formant, par leur réunion, un triangle dont la base est arquée et occupe l'extrémité antérieure du corselet, et dont la pointe est tronquée; les yeux de la seconde ligne et ceux de la troisième plus gros et plus écartés entre eux; lèvre al-

longée, étroite, dilatée et arrondie à son extrémité, plus étroite à sa base; mandibules perpendiculaires terminées par un crochet replié sur leur côté interne; mâchoires cylindriques, allongées, étroites, arrondies à leur extrémité, les deux côtés formant une ligne droite; palpes filiformes, insérés près de la base externe des mâchoires et composés de cinq articles; pates allongées, fines; la première paire la plus longue, la seconde et la quatrième presque égales, la troisième sensiblement plus courte que les autres. Ce genre, qui a de grands rapports avec les Ctènes, s'en éloigne cependant en ce que ces derniers ont les yeux disposés sur trois lignes, dont la première composée de deux yeux très-éloignés entre eux; la seconde en ayant quatre, et la troisième deux très-rapprochés; les mâchoires des Ctènes ne sont pas cylindriques et arrondies à l'extrémité; elles sont coupées obliquement et légèrement échancrées à leur côté interne. Les Lycoses et les Dolomèdes s'en éloignent aussi par la disposition des yeux et par d'autres caractères tirés des proportions relatives des pates. Le corps des Oxyopes est oblong, peu velu; le corselet a une forme ovoïde; il est étroit et tronqué antérieurement; l'abdomen est ovoïdo-conique. Ces Arachnides se trouvent dans les pays chauds de l'Asie, de l'Amérique et de l'Europe. Leurs mœurs ne sont pas encore bien connues. On en connaît cinq espèces : celle d'Europe (*O. variegatus*) a été trouvée, par Latreille, dans le midi de la France; elle était placée sur l'extrémité desséchée de la Plante appelée Carline et au-dessus du cocon renfermant ses œufs. Ce cocon est blanc, orbiculaire et aplati. Suivant l'observation de Bosc, une espèce de la Caroline (*O. fossana*) se renferme dans des feuilles qu'elle rapproche pour pondre ses œufs. Cette espèce court après sa proie. Nous citerons comme type du genre :

L'OXYOPE BIGARRÉ, *Oxyopes variegatus,* Latr., *Gen. Crust. et Ins.*

T. I, p. 116; *Aranea eterophtalma*, Latr., Hist. Nat. des Crust. et des Ins. T. VII, p. 280; Walkenaër, Hist. Nat. des Aran., fasc. 3, tab. 8; Tableau des Aran., p. 19, sp. 2. Cette espèce est longue de près de quatre lignes; son corps est gris mélangé de noir et de roux; ses pates sont d'un roux pâle et tachetées de noirâtre; les épines des jambes sont allongées; le corselet est presque aussi long que l'abdomen, et gris; l'abdomen est ovoïdo-conique, rougeâtre; il a en dessus un ovale plus pâle, étroit et peu visible; les côtés du ventre sont recouverts de poils gris, formant quatre raies longitudinales, dont les latérales plus larges; ces raies sont séparées par trois lignes étroites de couleur carmélite. Latreille a trouvé cette espèce aux environs de Brive (Corrèze).   (G.)

* OXYOSTOMUS. pois. Genre formé par Rafinesque, dans son *Indice d'Ittiologia Siciliana*, et qui contient une seule petite espèce d'Anguiforme, d'un pied de long, nommée scientifiquement *hyalinus*, à cause de sa grande transparence. C'est le *Leptocephalus Spallanzani* de Risso, qui est un Sphagebranche. *V.* ce mot. (B.)

OXYPETALUM. bot. phan. Genre de la famille des Apocynées, section des Asclépiadées, et de la Pentandrie Digynie, L., établi par R. Brown, et présentant les caractères suivans : calice divisé profondément en cinq parties; corolle dont le tube est court, urcéolé; le limbe divisé en cinq grandes lanières ligulées; couronne staminale, à cinq folioles charnues, insérée au sommet du tube des filets des étamines; anthères terminées par une membrane; masses polliniques linéaires, cylindracées, pendantes et fixées par le sommet à la courbure des appendices qui finissent en pointe ascendante; stigmate terminé par une pointe allongée, cylindrique, bifide au sommet. Le genre *Gothofreda* de Ventenat (Choix de Plantes, p. 8, tab. 60) doit être réuni à l'*Oxypetalum*, qui se compose d'Ar-

brisseaux volubiles, à feuilles opposées, cordiformes, à fleurs douées d'une odeur agréable, portées sur des pédoncules interpétiolaires. Les espèces de ce genre, encore peu nombreuses, croissent dans les contrées équinoxiales. Kunth (*Nov. Gener. et Spec. Plant. æquin.*, vol. III, p. 197) en a décrit une nouvelle sous le nom d'*Oxypetalum riparium*, qui croît sur les rives du fleuve Mayo, dans la république de Colombie. Ses feuilles sont ovales, acuminées, cordiformes et pubescentes; les pédoncules bi ou triflores sont de la longueur de la feuille.   - (G..N.)

OXYPHÆRIA. bot. phan. D'après le *Nomenclator Botanicus* de Steudel, ce nom a été proposé pour remplacer celui de *Calomeria* de Ventenat, sous prétexte qu'il était une charade grecque, formée avec le nom de Bonaparte; nous nous en sommes tenu à l'antériorité. *V.* CALOMÉRIE.   (G..N.)

OXYPHYLLUM et OXYTRIPHYLLUM. bot. phan. Plusieurs Plantes à feuilles trifoliées, d'une saveur acide, telles que diverses espèces de Trèfles, de Lotiers, et l'*Oxalis Acetosella*, étaient désignées sous ce nom par d'anciens auteurs. (G..N.)

* OXYPOGON. bot. phan. La Plante que Rafinesque (Journal de Physique, août 1819, p. 98) a décrite sous le nom d'*Oxypogon elegans*, paraît être le *Lathyrus venosus* de Muhlenberg et Willdenow. Cette espèce est remarquable par son ovaire stipité et sa gousse en forme de faux.   (G..N.)

OXYPORE. *Oxyporus.* ins. Genre de l'ordre des Coléoptères, section des Pentamères, famille des Brachélytres, tribu des Fissilabres, établi par Fabricius aux dépens du grand genre *Staphylinus* des entomologistes anciens, et dans lequel il comprend plusieurs espèces dont Gravenhorst a formé le genre Tachine. Tel qu'il est restreint actuellement, le genre Oxypore a pour caractères : tête entièrement dégagée et distinguée du corselet par une espèce de col ; labre profondément échancré ; antennes en massue perfoliée ; palpes maxillaires filiformes ; les labiaux terminés par un article grand et arqué en croissant. Ce genre a beaucoup de rapports avec les Astrapées, mais il en diffère parce que ces derniers ont tous les palpes terminés par un article en croissant. Les Staphylins et autres genres voisins s'en éloignent, parce qu'ils ont tous leurs palpes filiformes. La tête des Oxypores est grande, un peu emboîtée dans le corselet ; les yeux sont arrondis et saillans ; les antennes sont insérées à la base extérieure des mandibules ; elles ne sont guère plus longues que la tête, et leurs cinq ou six derniers articles forment une massue allongée et perfoliée : la lèvre supérieure ou labre est cornée, large, courte, échancrée antérieurement et ciliée ; les mandibules sont cornées, grandes, arquées, très-pointues et sans dents intérieures ; les mâchoires sont presque cornées et bifides. La division intérieure est courte et pointue, l'extérieure est beaucoup plus grande, comprimée et arrondie ; les palpes maxillaires sont composés de quatre articles filiformes ; la lèvre inférieure est petite, étroite, presque échancrée et coriace ; ses palpes sont aussi longs que les maxillaires, composés de trois articles dont le premier est court, le second très-allongé, un peu renflé à son extrémité et le troisième court, très-large, figuré en croissant ; le menton est presque carré et corné ; le corselet est arrondi, peu convexe, plus étroit que les élytres, et muni d'un léger rebord ; l'écusson est petit ; les élytres sont dures, très-courtes, elles cachent deux ailes membraneuses pliées ; les pates sont de longueur moyenne ; les jambes sont velues.

On trouve les Oxypores dans les Champignons pourris ; leur démarche est très-vive, et ils s'enfoncent dans la matière molle du Champignon avec beaucoup de célérité ; leur larve est blanche et passe sa vie dans les mêmes Champignons. Le genre Oxypore est composé de huit ou neuf espèces ; celle qui sert de type au genre est ✦

L'OXYPORE FAUVE, *Oxyporus rufus*, Fabr. ; *Staphylinus rufus*, L., Fourc., *Faun. Germ.*, fasc. 16, tab. 19 ; *Staphylinus flavus*, etc., Geoff., Ins. Paris, T. 1, p. 570, n. 22. Long de trois à quatre lignes ; antennes fauves à leur base, noirâtres à leur extrémité ; palpes fauves ; tête noire ; corselet fauve, lisse, légèrement rebordé ; élytres noires, avec une grande tache fauve à la base ; abdomen fauve, avec l'extrémité noire ; pates fauves, avec la base des cuisses noire. Cette espèce se trouve dans toute l'Europe. On la rencontre assez fréquemment aux environs de Paris, dans les bois.
(O.)

OXYPTÈRE. *Oxypterus*. MAM. Sous-genre de Dauphins proposé par Rafinesque, et caractérisé par l'existence de deux nageoires dorsales. L'espèce type de ce genre, *Delphinus Mongitori*, Raf. (Préc. de Somiol.) n'est encore connue que par un seul individu que Rafinesque a vu dans la Méditerranée, près des côtes de Sicile, et sur lequel il n'a donné aucun détail. Lesson (Manuel de Mammalogie, p. 411) pense que l'on doit aussi rapporter au genre Oxyptère le Dauphin Rhinocéros de Quoy et Gaimard (*V.* DAUPHIN) ; et il le décrit, sous le nom d'*Oxypterus Rhinoceros*, à la suite de l'espèce de Rafinesque, qu'il appelle *Oxypterus Mongitori*.
(IS. G. ST.-H.)

* OXYPTÈRE. *Oxypterum*. INS. Genre de l'ordre des Diptères, famille des Pupipares, tribu des Coriaces, établi par Leach, et réuni par Latreille à son genre Ornithomyie. *V.* ce mot.
(G.)

* OXYRHINQUE. *Oxyrhinchus*. OIS. Genre de l'ordre des Anisodactyles. Caractères : bec court, droit, triangulaire à sa base, effilée en alène vers la pointe ; narines placées de chaque côté du bec et près de sa base ; quatre doigts, trois en avant, l'intermédiai-

re presque aussi long que le tarse, les latéraux égaux, l'externe soudé à sa base, l'interne divisé; la première rémige nulle, deuxième et troisième plus courtes que les quatrième et cinquième qui sont les plus longues. Jusqu'à ce jour, on ne connaît encore des deux espèces de ce genre que les dépouilles qui sont même assez rares dans les collections. Les deux espèces sont de l'Amérique méridionale.

OXYRHINQUE EN FEU, *Oxyrhinchus flammiceps*, Temm., Ois. col., pl. 125. Parties supérieures d'un vert assez pur; sommet de la tête garni de plumes fines, longues, à barbes décomposées qui s'élèvent en huppe; cette huppe est variée de rouge de feu et de noir; joues, lorum, sourcils, cou et gorge blanchâtres, rayés de verdâtre; rémiges et rectrices d'un brun noirâtre, bordées extérieurement de vert; parties inférieures d'un vert blanchâtre, parsemées de taches triangulaires d'un vert-olive foncé; bec et pieds d'un gris bleuâtre. Taille, sept pouces. Du Brésil.

OXYRHINQUE VERDATRE, *Oxyrhinchus virescens*. Parties supérieures verdâtres; rémiges et rectrices d'un vert-olive foncé, bordées de vert jaunâtre; gorge et partie du cou jaunâtres variées de vert; parties inférieures d'un blanc verdâtre, tachetées de brun noirâtre; bec et pieds gris. Taille, sept pouces. Du Brésil. (DR..Z.)

OXYRHINQUE. *Oxyrhinchus*. POIS. Ce nom, donné par les anciens au Poisson réputé le meilleur du Nil, est celui d'une espèce de Mormyre. *V.* ce mot. On l'a aussi spécifiquement appliqué à un Corégone, ainsi qu'à une Raie. *V.* ces mots. (B.)

* OXYRHINQUE. *Oxyrhinchus*. INS. Genre de l'ordre des Coléoptères, section des Tétramères, famille des Rhynchophores, tribu des Charansonites, établi par Schœnher et mentionné par Latreille (Fam. Nat. du Règn. Anim.). Ces Insectes ont, comme les Calandres, les jambes ter-

minées par un fort crochet, les antennes de huit articles, dont le dernier formant la massue; mais ils s'en distinguent par leurs antennes droites, tandis qu'elles sont coudées dans les Calandres et autres genres voisins. L'espèce qui sert de type au genre est le *Calandra discors* de Fabricius. Cette espèce se trouve aux Indes-Orientales et à Java. (G.)

OXYRHINQUES. *Oxyrhinchi*. CRUST. Ce nom a été donné par Latreille à une famille de Crustacés décapodes. Cette famille a servi à en former plusieurs autres dans les derniers ouvrages de ce savant; actuellement les principaux genres qui la composaient font partie de sa tribu des Triangulaires, et les autres sont dispersés dans diverses autres tribus. Telle qu'elle était adoptée par Latreille avant la publication du Règne Animal, elle comprenait les genres Dorippe, Myctyre, Leucosie, Coryste, Lithode, Maja, Macrope, Orithyie, Matute et Ranine. *V.* ces mots. Duméril, dans sa Zoologie Analytique, a établi une famille sous le même nom et avec les mêmes principes; mais elle offre quatre genres de moins, ce sont ceux de Myctyre, Coryste, Lithode et Macrope. (G.)

* OXYRIA. BOT. PHAN. Ce genre, de la famille des Polygoneés et de l'Hexandrie Digynie, L., avait été proposé autrefois par Hill; mais il n'avait pas été assez bien caractérisé pour mériter d'être adopté. Il était fondé sur une Plante que Linné avait placée dans le genre *Rumex*, et que De Candolle (Flore Franç., vol. III, p. 379) avait rangée à part, comme formant une section du genre *Rumex*. R. Brown (*in Ross. Voyage*, ed. 2, vol. II, p. 192, *et in Chlor. Melvilliana*, p. 25), fut le premier qui le distingua nettement, et en fixa ainsi les caractères : périanthe à quatre folioles sur deux rangs; six étamines; deux styles; stigmates en pinceaux; akène lenticulaire, membraneux, ailé de chaque côté, ceint inférieurement par le périanthe; embryon central.

Ces caractères ont été adoptés par Campdera dans sa Monographie des *Rumex*, et par Hooker, dans sa Flore d'Écosse. D'après les observations de R. Brown, il se rapproche encore davantage du genre *Rheum* que du *Rumex*; mais il se distingue suffisamment de l'un et de l'autre. Il diffère du *Rheum* par le nombre binaire des parties du périanthe et des styles, par ses stigmates en pinceaux (capités dans les Rhubarbes) et par la texture de l'akène; il s'en rapproche par le nombre proportionnel et par la position des étamines (une placée devant chaque foliole intérieure du périanthe, et deux réunies par paire devant chaque foliole extérieure); par son péricarpe entouré seulement à la base et ailé; enfin, par son embryon central. Le genre *Oxyria* ne peut rester uni au genre *Rumex*, qui a toutes les parties de la fleur en nombre ternaire, le fruit nucamentacé, non ailé, recouvert par les folioles intérieures du péricarpe et l'embryon latéral; mais dans les deux genres, les stigmates sont semblables. La seule espèce qui constitue ce genre, a été nommée *Oxyria reniformis.* C'est le *Rumex digynus*, L., et le *Rheum digynum* de Wahlemberg. Cette Plante est pourvue d'une souche courte, rameuse, épaisse, d'où sortent des feuilles réniformes, qui semblent radicales, et dont la saveur est très-aigrelette. Les fleurs forment une grappe simple et allongée au sommet d'une hampe nue, qui s'allonge pendant la maturation. On trouve cette petite Plante près des neiges éternelles, dans les Alpes et les Pyrénées. Elle croît aussi dans les contrées polaires.   (G..N.)

* OXYRUS. POIS. Et non *Oxyure.* Rafinesque indique sous ce nom, dans son *Ittiologia Siciliana*, un genre à la suite d'*Ophisurus*, dont il cite une seule espèce, le *vermiformis*, appelée Ver-de-Mer dans le pays. Nous n'en trouvons pas davantage sur ce Poisson.   (B.)

OXYS. BOT. PHAN. Syn. ancien d'Oxalide. *V.* ce mot.   (B.)

OXYSTELME. *Oxystelma.* BOT. PHAN. Genre de la famille des Asclépiadées et de la Pentandrie Monogynie, L., établi par R. Brown (*Transact. Werner. Soc.*, 1, p. 40) qui lui a imposé les caractères suivans : corolle presque rotacée, à tube très-court; colonne saillante hors de la corolle; couronne staminale, à cinq folioles comprimées, aiguës et indivises; anthères terminées par une membrane; masses polliniques comprimées, pendantes, fixées par la partie supérieure amincie; stigmate mutique; follicules lisses; graines aigrettées. Ce genre se compose de Plantes herbacées vivaces, ou de sous-Arbrisseaux volubiles et glabres, à feuilles opposées et à fleurs disposées en grappes ou en ombelles interpétiolaires.

Le type de ce genre est l'*Oxystelma carnosum*, R. Br., *Prodr. Flor. Nov. Holl.*, p. 462, Plante dont les fleurs forment des faisceaux pédonculés en forme d'ombelle. Ses feuilles sont charnues, presque ovales, mucronées et glabres. Elle croît dans la partie de la Nouvelle-Hollande située entre les tropiques.

R. Brown indique comme seconde espèce le *Periploca esculenta*, L., Suppl., et Roxb., Corom., 1, p. 13, tab. 11, qui cependant diffère beaucoup de la Plante de la Nouvelle-Hollande, et peut-être devra en être séparée génériquement. Le nom spécifique d'*esculenta* vient de ce que, d'après le rapport de divers voyageurs, elle sert d'aliment aux indigènes de l'Inde-Orientale. Cette qualité alimentaire est très-remarquable dans une Plante qui appartient à une famille composée de Végétaux âcres et toniques.   (G..N.)

OXYSTOMA. BOT. CRYPT. (*Lichens.*) Genre formé par Eschweiler (*Syst. Lichen.*, p. 14), et placé dans sa cohorte de Graphidées. Il est caractérisé ainsi : thalle crustacé, attaché, uniforme; apothécie allongé, linéaire, rameux, presque sessile, à périthécium cylindrique, dont le nucléum est comprimé longitudinalement vers sa partie supérieure, et aigu vers son centre. Eschweiler croit que l'*Opegrapha cylindrica* de Raddi (*Att. de la Societa Italiana delle Scienze*, 1820, p. 54, t. 11, fig. 1), doit rentrer dans ce genre. Il donne comme type du genre l'*Oxystoma connatum* (tab. uniq., fig. 5). Nous pensons que le genre n'est point susceptible d'être conservé. S'il en était autrement, ce nom générique devrait être changé, les entomologistes l'ayant appliqué à un genre de Coléoptères. *V.* OXYSTOME. Meyer réunit avec raison l'*Oxystoma* à son genre *Graphis*.   (A. F.)

OXYSTOME. *Oxystomus.* INS. Genre de l'ordre des Coléoptères, section des Pentamères, famille des Carnassiers, tribu des Carabiques, établi par Latreille (Fam. Nat., etc.) et ainsi caractérisé par Dejean, dans le Species général des Coléoptères de sa collection : menton articulé, très-concave et trilobé; lèvre supérieure courte et tridentée; mandibules grandes, très-avancées, aiguës, non dentées intérieurement; dernier article des palpes labiaux allongé et pointu; antennes moniliformes; le premier article très-grand; les autres beaucoup plus petits et presque égaux; corps très-allongé et cylindrique; corselet presque carré; jambes antérieures palmées. Ce genre se distingue facilement des Scarites et de tous les genres voisins par la forme allongée et cylindrique de son corps. Le genre Oxygnathe en est plus voisin, mais son menton plane et d'autres caractères l'en distinguent suffisamment. Les mandibules se croisent et n'ont aucune dent sensible intérieurement; les palpes labiaux sont presque aussi longs que les maxillaires; leur pénultième article est allongé, cylindrique et un peu courbé, et il se termine en pointe assez aiguë; la tête est allongée, assez grande et presque ovale; le corselet est presque carré; les élytres sont allongées, parallèles et arrondies à l'extrémité; les pates sont plus courtes que celles des Scarites; les jambes antérieures sont assez fortement palmées; les intermédiaires ont plusieurs dents ou épines sur leur côté extérieur, tandis qu'il n'y en a plus que deux dans les Scarites. Ce genre ne se compose que de deux espèces : l'une, faisant partie de la Collection de Dejean, est décrite dans son ouvrage, l'autre est conservée au Muséum d'Histoire Naturelle de Paris, et a été rapportée du Brésil par Auguste Saint-Hilaire. Elle est inédite. Nous allons donner la description de celle de Dejean qui sert de type au genre.

OXYSTOME CYLINDRIQUE, *Oxystomus cylindricus*, Dej., Spec. des Coléopt. T. 1, p. 410. Il varie de longueur depuis neuf lignes jusqu'à neuf lignes et demie; son corps est noir, cylindrique et très-allongé; les mandibules sont très-avancées; ses jambes antérieures ont quatre dents au côté extérieur; ses élytres sont allongées, parallèles, avec des sillons profonds et longitudinaux. Il se trouve au Brésil.   (G.)

*OXYSTOMES. *Oxystomæ.* MOLL. Blainville a constitué cette famille, la cinquième et dernière de son second ordre, les Asiphonobranches, pour un seul genre qui a toujours été fort embarrassant à bien placer; nous voulons parler de celui des Janthines. Nous renvoyons à ce mot, parce que nous y avons traité la question à sa place dans la série.   (D..H.)

*OXYSTOPHYLLUM. BOT. PHAN. Sous ce nom, Blume (*Bijdragen tot de Flora van nederlandsch Indië*, 1, p. 334) a constitué un genre qui appartient à la famille des Orchidées, et à la Gynandrie Diandrie, L. Ce genre offre les caractères suivans : sépales du périanthe ouverts et un peu redressés, les extérieurs plus larges que les intérieurs, soudés légèrement par leur partie inférieure; les latéraux obliquement insérés à l'onglet du gynostème, embrassant le labelle par sa base, et simulant un éperon obtus;

labelle fixé au large onglet du gynostème, indivis, étalé, ayant un petit renflement ou tubercule en dessous; gynostème muni d'une dent dorsale allongée et anthérifère; anthère terminale, convexe, biloculaire; masses polliniques solitaires dans chaque loge, presque globuleuses, farineuses-pulpeuses, adnées au bord du stigmate. Ce genre renferme trois espèces qui ont reçu les noms d'*Oxystophyllum rigidum*, *carnosum* et *excavatum*. Ce sont des Herbes parasites sur les Arbres, et qui croissent dans les forêts de la montagne de Salak à Java. Leurs tiges sont réunies en touffes et munies de feuilles distiques, ensiformes, engaînantes à la base, rigides ou charnues. Les fleurs sont réunies en capitules, sessiles dans les aisselles des feuilles, et entourées de paillettes. (G..N.)

OXYTÈLE. *Oxytelus.* INS. Genre de l'ordre des Coléoptères, section des Pentamères, famille des Brachélytres, tribu des Aplatis, établi par Gravenhorst et ayant pour caractères: antennes insérées devant les yeux, sous un rebord, plus grosses vers le bout; palpes terminés en alène; jambes épineuses, du moins les deux premières, du côté extérieur, plus étroites et échancrées à leur extrémité; tarses se repliant sur le côté extérieur des jambes. Ce genre se distingue de tous les autres genres de la famille, par ses tarses repliés sur la jambe, et dont les quatre premiers articles sont extrêmement courts, tandis que le cinquième est une fois plus long que tous les autres pris ensemble. La tête des Oxytèles est arrondie, déprimée, ordinairement raboteuse; dans quelques mâles, elle porte en avant deux appendices en forme de cornes. Les antennes sont un peu plus courtes que le corselet et vont un peu en grossissant; les derniers articles sont bien distincts, presque cylindriques; ils vont un peu en grossissant, et paraissent enfilés par le milieu; le dernier est plus gros et terminé en pointe; la lèvre supérieure ou labre est entière, cornée, et ciliée antérieurement; les mandibules sont fortes et terminées dans quelques-uns par deux dents inégales; les mâchoires sont coriacées, bifides; la division extérieure est grande et arrondie; l'intérieure est courte, obtuse, toute couverte, à son bord interne, de cils courts, très-serrés; les palpes maxillaires sont composés de quatre articles dont le dernier étroit et terminé en pointe; la lèvre inférieure est coriace, bifide; les divisions sont égales, avancées et un peu distantes entre elles; les palpes sont composés de trois articles, dont le dernier est plus mince; le corselet est presque demi-circulaire, ou en carré, arrondi postérieurement; les élytres sont courtes, cornées, dures, presque carrées; elles cachent les ailes qui sont membraneuses et pliées; l'abdomen est allongé, nu, déprimé, rebordé et formé de plusieurs anneaux bien distincts; les quatre jambes antérieures sont épineuses au côté extérieur, rétrécies en pointe ou échancrées à leur extrémité; les tarses se replient contre la jambe.

Les Oxytèles se trouvent dans les fientes d'Animaux et les excrémens humains; quelques-uns aiment les lieux humides, d'autres vivent sous la mousse, les tas d'herbes pourries et les pierres; on en trouve aussi dans les fleurs. Ils volent souvent en grande quantité aux environs des tas de fumier; ce sont eux qui entrent quelquefois dans les yeux des personnes qui se promènent le soir, et leur causent une douleur si vive. Leurs larves ne sont pas connues, mais elles ne doivent pas différer de celles des autres Staphyliniens. Ce genre est assez nombreux en espèces; on en connaît une trentaine, presque toutes d'Europe; il est probable qu'on en découvrirait beaucoup dans les pays équatoriaux, mais leur petitesse les a toujours fait négliger des voyageurs. Nous citerons parmi les espèces des environs de Paris:

L'OXYTÈLE CARÉNÉ, *Oxytelus carinatus*, Grav. Long d'une à deux lignes ; noir luisant ; élytres noirâtres ; corselet avec trois sillons.

Oxytèle tricorne, *Oxytelus tricornis*, Grav., Latr. Long de trois lignes ; noir ; deux cornes courtes , obtuses, avancées sur la tête dans le mâle ; deux simples tubercules à la place, dans la femelle ; corselet presque en cœur , avec une ligne enfoncée dans son milieu ; celui du mâle est armé d'une pointe dirigée en avant, et presque aussi longue que la tête ; élytres d'un rouge brun, avec tous les bords ou leur majeure partie noirs ; pates brunes. Cette espèce est assez rare.   (G.)

* OXYTRÊME. *Oxytrema*. MOLL. Quelques Coquilles fluviatiles qui paraissent voisines des Nérites , ont servi à Rafinesque pour l'établissement de ce genre qui est trop peu caractérisé pour qu'on puisse l'adopter ; Blainville cependant le range parmi ses Pleurocères (*V*. ce mot) dont il forme une sous-division.

                   (D..H.)

* OXYTRIPHYLLUM. BOT. PHAN. (Lebouc.) Syn. d'Oxalide. *V*. ce mot.   (B.)

OXYTROPIDE. *Oxytropis*. BOT. PHAN. Genre de la famille des Légumineuses et de la Diadelphie Décandrie, L., établi par De Candolle (*Astragalogia*, p. 3 et 19) qui en a ainsi exprimé les caractères : calice cylindrique ou campanulé , à cinq dents aiguës et presque égales ; corolle papilionacée, dont l'étendard est ovoïde, oblong ou arrondi, plus long que les ailes ; celles-ci sont stipitées, à limbe oblong, obtus, muni d'une oreillette à la base ; la carène à deux pétales soudés supérieurement, ou, si l'on veut, à un seul pétale fendu à la base, plus court que les ailes, et terminé supérieurement en une pointe aiguë ; étamines diadelphes, dont neuf soudées par leurs filets, jusque près du sommet, à anthères ovées et biloculaires ; ovaire sessile, oblong ou ovoïde ; style courbé en dedans à sa base, ou plus souvent à son mi-

lieu, surmonté d'un stigmate simple , linéaire , velu inférieurement ; légume biloculaire ou presque triloculaire par l'introflexion de la suture supérieure. Ce genre a été formé aux dépens du grand genre *Astragalus* de Linné ; la carène aiguë des Légumineuses qui le composent en est un des caractères essentiels, et c'est de cette forme que le nom générique a dérivé ; d'un autre côté, l'introflexion de la suture supérieure des gousses le distingue suffisamment des véritables Astragales dans lesquelles c'est la suture inférieure qui se replie au dedans des gousses pour les partager en deux loges.

Le nombre des Oxytropides est très-considérable. Primitivement porté à trente-trois, dans l'Astragalogie, il s'est élevé à cinquante dans le *Prodromus Systematis Vegetabilium* Ce sont des Plantes herbacées, qui ne diffèrent pas extérieurement des vrais Astragales, et qui , comme ceux-ci, croissent pour la plupart dans les pays montueux de l'ancien continent. Mais c'est principalement dans les régions orientales de l'empire russe, c'est-à-dire dans le vaste espace du globe, connu en géographie sous les noms de Sibérie et de Daourie, que se trouvent presque toutes les espèces. Quelques-unes se rencontrent dans les Alpes de la Suisse et de la Savoie, ainsi que dans les contrées polaires, par exemple , à l'île Melville et dans la Norvége. Les feuilles des Oxytropides sont imparipinnées ; les fleurs disposées en épis portés sur des pédoncules axillaires ou radicaux. Quelques espèces ont des fruits renflés , vésiculaires , de couleur rougeâtre ou d'un blanc sale, ayant quelques rapports avec ceux des *Phaca* et des *Colutea* ; aussi le célèbre Pallas, qui a publié un grand ouvrage sur les Astragales, avait-il réuni au genre *Phaca* un grand nombre d'Oxytropides.

Comme les nombreuses espèces de ce genre ne sont employées à aucun usage spécial, il n'en est point qui puisse mériter de fixer l'attention des personnes qui ne se vouent pas particulièrement à l'étude de la botanique. Cependant nous citerons ici les cinq espèces qui croissent dans les Alpes, les Pyrénées et les hautes montagnes de la France. L'*Oxytropis montana*, D. C., *loc. cit.*, *Astragalus montanus*, L., est une jolie petite espèce assez fréquente dans les prairies sèches et assez élevées des montagnes. Sa racine ligneuse et rampante se divise au collet en quelques souches courtes, garnies de stipules écailleuses, et desquelles partent des feuilles qui ont vingt-une à vingt-cinq folioles ovales, oblongues, un peu velues; les pédoncules sont droits, longs, et portent un épi de sept à douze fleurs purpurines ou violettes, auxquelles succèdent des gousses droites, oblongues, renflées, cartilagineuses et velues. L'*Oxytropis uralensis*, D. C., est, de même que la précédente espèce, une Plante écaule, soyeuse, à folioles oblongues, lancéolées, à pédoncule plus long que la feuille, à calice hérissé et laineux, et à fleurs nombreuses, disposées en capitules ovoïdes. Cette jolie Plante, qui a reçu son nom spécifique des monts Ourals où elle croît en abondance, se rencontre aussi, mais en certaines localités seulement, dans les Alpes et les Pyrénées; on dit qu'elle a été trouvée en Ecosse, mais peut-être l'a-t-on confondue avec l'*Oxytropis campestris*, D. C., espèce qui n'est pas rare dans les prairies sèches et découvertes des montagnes. L'*Oxytropis fœtida*, D. C., ressemble beaucoup à cette dernière, mais elle est glabre, un peu visqueuse et d'une odeur fétide. On la trouve dans les lieux pierreux des Alpes. Enfin l'*Oxytropis pilosa*, D. C., possède des tiges droites, simples, garnies de poils mous et blanchâtres; ses folioles sont lancéolées, aiguës, au nombre de vingt-une à vingt-cinq, et les fleurs d'un blanc jaunâtre, forment des épis ovoïdes oblongs. Cette Plante croît parmi les rochers des montagnes dans les contrées méridionales de l'Europe. (G..N.)

OXYURE. pois. (Dict. de Déterville.) Pour Oxyrus. *V.* ce mot. (B.)

OXYURE. *Oxyuris.* INT. Genre des Nématoïdes, ayant pour caractères : corps cylindrique, élastique, subulé en arrière (dans les femelles seulement); bouche orbiculaire; organe génital mâle extérieur, enveloppé dans une gaîne. Le nom générique qui signifie *queue aiguë*, par lequel les Oxyures sont désignés, ne convient qu'aux femelles de ces Animaux, car les mâles ont toujours la queue plus ou moins obtuse. Ces Vers se distinguent des Trichocéphales en ce que ceux-ci sont amincis antérieurement; c'est le contraire pour les Oxyures. Ils se distinguent également des Ascarides parce que leur tête n'est point garnie de trois tubercules comme ces derniers. Il est probable néanmoins que, parmi les petites espèces d'Ascarides de Rudolphi, il s'en trouve plusieurs qui devront être rapportées aux Oxyures, et déjà Bremser a réuni à ce genre les *Ascaris vermicularis* et *obvelata* qui n'ont point de tubercules distincts à la tête. Notre collaborateur Bory de Saint-Vincent, dans son article *Vibrion* de l'Encyclopédie Méthodique, trouve beaucoup de rapports entre ces Animaux microscopiques et les Oxyures.

Quoi qu'il en soit, les Oxyures dont l'organisation générale est celle de tous les Nématoïdes, ont le corps cylindrique et épais antérieurement; leur bouche est une petite ouverture ronde à bords unis ou crénelés. Quelques espèces ont, sur les côtés de la tête, la peau renflée en manière de vésicules; l'intestin présente quelques dilatations dans son trajet, et se termine à l'anus qui est situé plus près du bout de la queue dans les mâles que dans les femelles; celles-ci ont cette partie mince, subulée et droite; une portion des ovaires y est logée, et l'on peut apercevoir les œufs au travers de la double enveloppe de la peau et des ovaires. La queue des mâles n'est point subulée, mais assez grosse, obtuse et fortement infléchie;

on a observé que l'organe génital mâle, qui a paru simple, est enveloppé dans une gaîne membraneuse analogue à celle que l'on voit dans les Trichocéphales. Du reste les mâles sont infiniment plus rares que les femelles ; il y a des espèces très-communes dont les mâles ne sont pas connus.

Ce genre n'est composé que d'un petit nombre d'espèces qui habitent le gros intestin de quelques Mammifères ; ce sont : les *O. curvula, alata, ambigua, vermicularis, obvelata.*

(E. D..L.)

OXYURES. *Oxyuri.* INS. Tribu de l'ordre des Hyménoptères, section des Térébrans, famille des Pupivores, établie par Latreille (Fam. Nat.), et qu'il caractérise de cette manière : leurs ailes inférieures n'ont au plus qu'une nervure ; les supérieures n'offrent jamais de cellule discoïdale fermée, et manquent, dans plusieurs, de cellule radiale ; les antennes sont composées de dix à quinze articles, toujours filiformes ou un peu plus grosses vers le bout dans les femelles et dans plusieurs mâles ; celles des autres individus de ce dernier sexe sont en massue ; les palpes maxillaires de plusieurs sont longs ; le second ou rigoureusement le troisième anneau de l'abdomen est souvent fort grand ; la tarière est tubulaire, formée par l'extrémité de l'abdomen, mais sans aiguillon au bout ; tantôt interne, exsertile et sortant par l'anus comme un aiguillon, tantôt constamment extérieure et formant une sorte de queue ou de pointe terminale. La plupart vivent à terre. Latreille divise ainsi cette tribu :

I. Des cellules ou des nervures brachiales (basilaires) ; palpes maxillaires saillans ; antennes filiformes ou presque filiformes dans les deux sexes.

1. Les uns ayant le prothorax allongé, presque triangulaire ; les autres ayant le thorax formé de deux nœuds, et les tarses antérieurs ravisseurs ou terminés par deux crochets fort longs, dont l'un se replie.

Genres : BÉTHYLE (*Omalus*, Jurine), DRYINE.

2. Thorax continu ; son premier segment court et transversal ; tarses antérieurs toujours simples.

Genres : ANTÉON, HÉLORE, PROCTOTRUPE (*Codrus*, Jur.), CINÈTE, BÉLYTE.

II. Point de cellules ni de nervures brachiales ; palpes maxillaires très-courts dans plusieurs ; antennes ordinairement coudées ; celles de plusieurs femelles en massue ; abdomen déprimé dans la plupart.

1. Antennes insérées sur le front ; palpes maxillaires saillans.

Genre : DIAPRIE (*Psilus*, Jur.).

2. Antennes insérées près de la bouche.

Genres : CÉRAPHRON, SPARASION, TÉLÉAS, SCELLION et PLATYGASTRE. *V.* tous ces mots. Latreille rapporte à ce dernier genre le Psile de Bosc, de Jurine, sur lequel Léon Leclère de Laval a donné des observations très-curieuses. Selon Jurine, les antennes des Psiles sont composées de douze ou treize anneaux ; ce caractère exclurait cette espèce du genre Platygastre auquel Latreille le rapporte ; mais Jurine ne paraît pas avoir donné beaucoup d'attention à ces organes et à leur insertion. Il est aisé de voir qu'à cet égard, le Psile de Bosc rentre parfaitement dans le genre précédent.

(G.)

OYAT. BOT. PHAN. Dans quelques cantons maritimes des Côtes-du-Nord et de la Manche, on donne ce nom à l'*Arundo arenaria*, L., dont on se sert pour fixer les dunes.   (B.)

OYE ET **OYSON.** OIS. L'Oie et l'Oison en vieux français. *V.* CANARD. (B.)

* **OYÈNE.** POIS. Espèce du genre Labre. (B.)

* **OYSANITE** ou **OISANITE.** MIN. De Laméthérie, Théorie de la terre, T. II, p. 269, désigne sous ce nom

l'Anatase, dont le principal gisement est au bourg d'Oysans, dans les Alpes dauphinoises. *V.* Titane Anatase.

(G. DEL.)

OZEILE. BOT. PHAN. Pour Oseille. *V.* ce mot. (B.)

OZÈNE. *Ozœna.* INS. Genre de l'ordre des Coléoptères, section des Pentamères, famille des Carnassiers, tribu des Carabiques, établi par Olivier et adopté par Latreille et Dejean ; ce dernier le caractérise ainsi, dans le Species général des Coléoptères de sa collection : menton articulé, presque plane et fortement trilobé ; lèvre supérieure légèrement échancrée ; dernier article des palpes labiaux court, tronqué et presque sécuriforme ; antennes plus courtes que la moitié du corps, à articles serrés, peu distincts et grossissant vers l'extrémité ; corps aplati et plus ou moins allongé ; corselet presque carré ; jambes antérieures non palmées. L'espèce sur laquelle Olivier a établi le genre Ozène ne fait pas partie de la collection de Dejean, et les caractères que nous rapportons ont été pris sur trois espèces nouvelles, ayant les plus grands rapports avec celle d'Olivier. Ce dernier auteur dit que les mâchoires de l'espèce qu'il décrit sont cornées, presque cylindriques, un peu arquées à leur extrémité, et garnies tout le long de leur partie interne de cils très-nombreux et très-serrés. Ces Insectes ont beaucoup de rapports avec les Morions, mais ils en diffèrent par les antennes qui dans ces derniers ne vont pas en grossissant vers l'extrémité et ne sont pas terminées par un article plus gros. Les Morions ont plus d'analogie avec les Scarites, tandis qu'à la première vue on prendrait les Ozènes pour des Ténébrions. Le menton des Ozènes est un peu avancé, et il paraît moins libre que dans les genres voisins quoiqu'il soit séparé de la tête par une suture assez distincte ; la lèvre supérieure est assez étroite, peu avancée et légèrement échancrée ; les mandibules sont cour-

tes, assez fortes, un peu arquées, et pointues à l'extrémité ; les palpes sont peu avancés ; leurs articles sont courts et assez gros ; le dernier des labiaux est assez large, tronqué et presque sécuriforme ; les antennes sont plus courtes que la moitié du corps ; leur premier article est un peu plus long que les suivans ; tous les autres sont presque égaux ; la tête est assez allongée ; les yeux sont assez saillans ; le corselet est presque corné et assez fortement rebordé ; les élytres sont plus ou moins allongées, et arrondies à l'extrémité ; les pates ne sont pas très-grandes ; les jambes antérieures sont fortement échancrées intérieurement. Ce genre se compose à présent de quatre espèces toutes propres à l'Amérique méridionale ; la seule connue par Olivier est :

L'Ozène DENTIPÈDE, *Ozena dentipes*, Oliv., Encycl. Méth., Latr. Long de dix lignes ; corps noir, luisant, tirant un peu sur le brun ; tête plane, inégale, ponctuée ; corselet pointillé, marqué d'une ligne longitudinale enfoncée avec les bords larges et un peu raboteux ; élytres irrégulièrement striées avec quelques petits points enfoncés entre les stries ; jambes antérieures munies, à leur partie interne, d'une petite dent au-dessous de laquelle sont des cils courts, placés dans une légère entaille. Cette espèce se trouve à Cayenne. Dejean décrit trois autres espèces nouvelles dont deux de Cayenne et la dernière des îles de l'Amérique méridionale. (G.)

* OZIUS. CRUST. Nom donné par Leach, dans un travail qui n'est pas publié, à un genre qu'il démembre des Crabes proprement dits, et dont nous ne connaissons pas les caractères. (G.)

OZOLE. *Ozolus.* CRUST. Genre établi par Latreille (Hist. Nat. des Crust. et des Ins.), et qu'il a reconnu appartenir au genre Argule de Müller. *V.* Argule. (G.)

* OZONIUM. BOT. CRYPT. (*Mucédi-*

nées.) Ce genre, établi par Link, appartient à la section des Byssinées et diffère même peu des vrais *Byssus*; il a les caractères suivans : filamens rameux, décombans, entrecroisés, les principaux épais, non cloisonnés, les secondaires minces et cloisonnés. Les espèces qu'il renferme étaient placées auparavant soit parmi les *Byssus*, soit parmi les *Himantia*. Ces espèces ont en général une couleur jaune ou fauve; elles forment des masses plus ou moins étendues dont les filamens secs et très-entrecroisés ont l'aspect d'une sorte de bourre. Ces Plantes croissent en général dans les lieux obscurs, soit sur les bois morts entre les feuilles tombées, soit dans les caves et dans l'intérieur des mines. Le *Byssus intertexta* de De Candolle, et le *Byssus fulva*, Humb., qui croissent dans ces dernières localités, appartiennent à ce genre.   (AD. B.)

OZOPHYLLUM. BOT. PHAN. (Schreber.) Et non *Oxophyllum.* Syn. de *Ticorea* d'Aublet. *V.* ce mot. (B.)

OZOTHAMNUS. BOT. PHAN. Genre de la famille des Synanthérées, Corymbifères de Jussieu, et de la Syngénésie superflue, L., établi par R. Brown (*Observations on the Compositæ*, p. 125) qui l'a ainsi caractérisé : involucre composé de folioles imbriquées, scarieuses, colorées; réceptacle glabre et dépourvu de paillettes; fleurons, en nombre moindre que vingt, tubuleux, tous hermaphrodites, ou quelques-uns, en très-petit nombre, femelles, plus étroits et placés à la circonférence; anthères incluses, munies de deux soies à la base; stigmates obtus presque tron-

qués et hispidules au sommet; akènes couronnés par une aigrette sessile, poilue, quelquefois en pinceau, persistante. Les Plantes qui composent ce nouveau genre sont des Arbrisseaux odorans, cotonneux, qui croissent dans la Nouvelle-Hollande et dans la Nouvelle-Zélande; quelques espèces se trouvent peut-être dans l'Afrique australe. Leurs feuilles sont éparses, très-entières, ordinairement à bords roulés en dessous. Les fleurs sont disposées en faisceaux ou en corymbes terminaux. Les involucres blancs ou cendrés ont leurs écailles intérieures tantôt semblables entre elles et conniventes, tantôt composées de lames étalées, blanches comme de la neige et formant un rayon court et obtus. Les corolles sont jaunes, et l'aigrette est blanche. L'auteur de ce genre lui assigne pour type le *Calea pinifolia* de Forster, Plante de la Nouvelle-Hollande, à branches étalées, cotonneuses, à feuilles linéaires, aiguës, glabres, étalées et rassemblées en faisceaux, et à corymbes terminaux. Il lui adjoint plusieurs espèces rangées par les auteurs dans les genres *Eupatorium* et *Chrysocoma*, telles que les *Eupatorium rosmarinifolium* et *ferrugineum* de Labillardière, ainsi que le *Chrysocoma cinerea* de cet auteur. Toutes ces Plantes sont réunies au genre *Chrysocoma* par Sprengel dans son édition du *Systema Vegetabilium* de Linné; mais comme il ne donne point d'explication pour justifier cette réunion, on doit continuer à regarder comme distinct le genre *Ozothamnus*. Il a été admis par Cassini, mais seulement pour l'espèce type.   (G..N.)

P.

PACA. *Cœlogenus* ou *Cœlogenys.*
MAM. Genre de Rongeurs, appartenant à la division des Non-Claviculés, et dont le type est un Quadrupède de l'Amérique méridionale, indiqué par les auteurs sous le nom
de *Cavia Paca.* Ce genre, maintenant
composé de deux espèces, ressemble
par son organisation générale et par
son système dentaire, aux Agoutis
ou Chloromys, mais se distingue au
premier aspect de ceux-ci, et même
de tous les Rongeurs non-claviculés,
par ses pieds tous pentadactyles :
caractère auquel on ne doit pas, au
reste, attacher une grande importance, parce que ceux des doigts des
Pacas, qui n'ont pas leurs analogues
chez les Agoutis, sont tous très-
petits et presque sans usage. Ce
qui rend surtout remarquable le
genre *Cœlogenus*, et ce qui lui a valu
le nom qu'il porte scientifiquement,
c'est l'existence des poches très-sin-
gulières des joues. Ces poches ont
été décrites pour la première fois par
Geoffroy Saint-Hilaire (Ann. du
Mus. T. IV, 1804). « Daubenton,
dans sa Description du Squelette, dit
ce zoologiste, s'est borné à remarquer que l'arcade zygomatique était
très-large et descendait très-bas. Cette
partie du crâne ne présente cette anomalie, que parce que l'os de la pommette est d'une étendue très-considérable. C'est une particularité qui
mérite d'être décrite avec détail.
Dans un crâne d'un décimètre et
demi de long, cet os a, de devant
en arrière, six centimètres sur quatre de hauteur; sa forme est celle
d'un demi-ellipsoïde allongé; de
manière qu'indépendamment de sa
grandeur, il contribue encore, par
sa convexité, à donner à la tête une
largeur considérable. Il est, par son
bord postérieur, articulé avec une
branche de l'os temporal. Depuis long-
temps nous avions remarqué cette organisation dans notre squelette de
Paca, sans soupçonner quel en pouvait être l'objet. Nous fûmes donc
très-étonnés, lorsque nous pûmes,
à notre aise, examiner un Paca qui
venait de mourir, de découvrir une
large fente au-dessous de la saillie
des pommettes. Nous apprîmes, en
sondant, que cette ouverture conduisait à une cavité assez profonde,
et nous vîmes que cette bourse était
formée par un large repli des tégumens communs. En effet, la peau,
après avoir recouvert l'os de la pommette à sa surface extérieure, se re-
pliait vers le bord libre de cette
pièce osseuse pour l'enfermer dans
sa presque totalité, ou pour en aller
du moins tapisser la face interne;
elle revenait ensuite sur elle-même
pour contribuer à former la lèvre supérieure. Indépendamment de cette
poche, qui s'ouvre au dehors, et à
laquelle il est difficile d'assigner un
usage, le Paca est pourvu d'abajoues; elles sont si grandes, que lorsqu'elles se trouvent gonflées par la
présence de quelques corps étrangers, elles remplissent tout l'espace
compris sous l'os de la pommette. »
Une particularité non moins remarquable de l'organisation des Pacas,
c'est la forme du pénis du mâle. Cet
organe, cylindrique dans la plus
grande partie de sa longueur et terminé par un cône obtus, est hérissé,
en dessus et latéralement, d'un grand

nombre de papilles, et garni en dessous d'un fort ligament qui occupe toute son étendue. Le gland n'est séparé du reste de la verge que par un sillon transversal situé en dessus à la base du cône; et l'orifice de l'urètre, qui est aussi placé en dessus, est perpendiculaire à ce sillon. Enfin, il existe sous le pénis, parallèlement au ligament que nous avons indiqué, deux crêtes osseuses, mobiles à la volonté de l'Animal, et garnies de dentelures dirigées en arrière. Ces dentelures ont nécessairement pour effet de retenir la femelle pendant l'acte de l'accouplement, ainsi que l'a remarqué Fr. Cuvier, auquel nous avons emprunté les détails que nous venons de donner sur l'organe mâle.

Les autres caractères du genre Paca consistent dans l'absence presque complète du prolongement caudal, qui n'est composé que d'un très-petit nombre de vertèbres, et qui ne paraît à l'extérieur que sous la forme d'un petit tubercule; dans les narines ouvertes en travers au bout du museau; dans la forme arrondie des oreilles, qui sont très-plissées et de grandeur moyenne; dans l'existence de deux mamelles pectorales et de deux inguinales; enfin dans la nature du pelage, composé de poils courts, roides et très-peu abondans. C'est à Frédéric Cuvier (Annales du Muséum, T. x, 1807) que l'on doit l'établissement de ce genre, pour lequel il a proposé le nom de *Cœlogenus*, c'est-à-dire *Animaux à joues creuses*. Ce nom est maintenant généralement adopté des naturalistes français et étrangers; seulement, quelques-uns de ces derniers lui ont fait subir, d'après Illiger, une légère modification, et l'écrivent *Cœlogenys*. Avant Fr. Cuvier, les Pacas avaient été placés par presque tous les auteurs dans le genre *Cavia*, dont on doit en effet les considérer comme voisins.

Le Paca brun ou Paca noir, *Cœlogenus subniger*, Fr. Cuvier, a été décrit ou indiqué par plusieurs auteurs, et particulièrement par Buffon (Suppl. iii, p. 203), sous le nom de Paca, et par Azara (Hist. Nat. du Parag. T. ii), sous celui de *Pay*. On l'appelle encore dans diverses parties de l'Amérique méridionale, *Ourana*, *Pak* ou *Pag*, et *Cottie*. Son pelage est généralement brun en dessus, avec neuf ou dix bandes blanches longitudinales, formées de taches placées en série, et tantôt bien séparées, tantôt contiguës entre elles; le ventre, la poitrine, la gorge et la face interne des membres, sont d'un blanc sale; les moustaches, très-longues, sont noires et blanches. Cette espèce, qui a communément un pied de hauteur en avant, et un peu plus en arrière, sur un pied neuf pouces de longueur totale, se trouve au Brésil, au Paraguay, à la Guiane et aux Antilles. La chair du Paca est fort estimée dans toute l'Amérique méridionale, et principalement aux Antilles, où il est devenu extrêmement rare, à cause de la grande destruction que les chasseurs ont faite de l'espèce. Il se creuse des terriers à plusieurs issues, d'où il ne sort guère que la nuit; c'est alors qu'il cherche sa nourriture, qui consiste principalement en fruits et en racines. En domesticité, il mange de tout ce qu'on lui donne, comme du pain, des légumes, du sucre, des écorces et même de la viande; ce qui résulte des observations faites par Buffon sur un individu qu'il a possédé vivant. Cet illustre naturaliste pense que le Paca pourrait être naturalisé en Europe, et que cette acquisition pourrait être avantageuse. En effet, cet Animal, dont la chair est très-délicate, est facile à nourrir, et ne paraît pas beaucoup redouter le froid. La même idée a aussi été émise par Fr. Cuvier.

Le Paca fauve, *Cœlogenus fulvus*, Fr. Cuvier, long-temps confondu sous le nom de *Cavia Paca* avec le Paca brun, diffère de celui-ci par plusieurs caractères importans : ses arcades zygomatiques sont excessivement écartées, et sa tête osseuse est couverte de fortes rugosités, qui sont indiquées en dehors par les irrégularités de la peau : l'espèce précédente a, au contraire, le crâne entièrement lisse. Enfin, chez le *Cœlogenus fulvus*, le fond du pelage est fauve, et non pas brun, comme l'indique le nom donné à l'espèce. Du reste, les deux Pacas ont la même taille et la même disposition de couleurs, et sont ainsi liés entre eux par les rapports les plus intimes. Tous deux ont aussi la même patrie et les mêmes habitudes.

On ne connaît encore que par l'ouvrage de Laët (Histoire du Nouveau-Monde), les Pacas à pelage blanc, qui existent dans quelques parties de l'Amérique méridionale ; et l'on ne peut conséquemment déterminer l'espèce à laquelle appartient cette variété albine. On peut, au contraire, dès à présent admettre comme très-vraisemblable l'opinion de Desmarest, qui rapporte au Paca fauve le genre *Osteopera* proposé par Richard Harlan. *V.* OSTEOPERA.

(IS. G. ST.-H.)

* PACAES. BOT. PHAN. *V.* GUABAS.

PACAL. BOT. PHAN. Monardez, cité par J. Bauhin, mentionne sous ce nom un Arbre du Pérou, renommé par ses vertus médicinales, qu'on a comparé à l'Orme, mais qui n'est pas encore déterminé. (B.)

* PACANE. BOT. PHAN. Fruit du Pacanier. *V.* ce mot. (B.)

PACANIER. *Juglans olivæformis.* BOT. PHAN. Espèce américaine du genre Noyer. *V.* ce mot et CARYE. (B.)

PACAPAC. OIS. Espèce du genre Cotinga. *V.* ce mot. (B.)

PACASSE. MAM. D'anciens voyageurs ont mentionné sous ce nom un Ruminant du Congo comparé au Buffle, et que Buffon a supposé être le Coudous, *A. strepsiceros. V.* ANTILOPE. (B.)

* PACAYES. BOT. PHAN. Ce que

d'anciens voyageurs ont désigné sous ce nom pourrait bien être la Pacane. *V.* ce mot et GUABAS. (B.)

* PACHACA. BOT. PHAN. Nom vulgaire chez les habitans de la côte de Cumana, d'une espèce de Caprier (*Capparis Pachaca*), décrite par Kunth (*Nov. Gen. et Species Plant. æquin.* T. V, p. 95). Cette Plante est remarquable par son calice, dont le fond est charnu, et ressemble à l'ovaire infère des Myrtacées. (G..N.)

PACHIRIER. *Pachira.* BOT. PHAN. Genre de la famille des Bombacées, dans la grande tribu des Malvacées, établi par Aublet, adopté par Jussieu, et que Linné fils a nommé à tort *Carolinea*, le nom imposé par Aublet, à cause de son antériorité, devant être seul adopté. Ce genre peut être caractérisé de la manière suivante : le calice est monosépale, campanulé, persistant, à bord entier ou à peine denté. La corolle se compose de cinq grands pétales linéaires, très-longs, égaux, un peu recourbés en dehors. Les étamines sont très-nombreuses ; leurs filets sont réunis par leur partie inférieure en un tube cylindrique, et supérieurement ils forment plusieurs faisceaux dichotomes, qui se divisent ensuite en autant de filets simples et filiformes qu'il y a d'anthères. Celles-ci sont étroites, recourbées en rein ; l'ovaire est libre, à cinq angles, terminé supérieurement par un style grêle de la longueur des filets staminaux, que surmontent cinq stigmates linéaires et divergens. Le fruit est une grande capsule à parois coriaces et presque ligneuses, à une seule loge contenant un très-grand nombre de graines anguleuses, et s'ouvrant naturellement en cinq valves. Ce genre est peu nombreux en espèces. On n'en connaît encore que quatre à cinq. Ce sont toutes de grands et beaux Arbres originaires des diverses parties de l'Amérique méridionale. Leurs feuilles sont alternes, très-grandes, digitées, composées ordinairement de cinq à huit folioles.

Leurs fleurs sont des plus grandes qu'on puisse voir, puisque dans le *Carolinea insignis* de Swartz, les pétales ont quelquefois jusqu'à douze et treize pouces de longueur. Ces fleurs sont constamment axillaires et solitaires. La première espèce connue et celle qui forme le type du genre est le *Pachira aquatica*, Aublet, Guian., 2, p. 726, t. 291 et 292, ou *Carolinea Princeps*, L., Suppl. Dans la Guiane où il est assez commun sur les bords des fleuves, on le désigne communément sous le nom de Cacao sauvage. C'est un Arbre de moyenne grandeur, mais d'un beau port. Ses feuilles sont alternes, portées sur de longs pétioles accompagnés à leur base de deux stipules. Ces feuilles se composent de cinq à sept grandes folioles digitées, elliptiques, acuminées, entières, glabres et un peu coriaces. Les fleurs sont solitaires à l'aisselle des feuilles et presque sessiles ; leur calice est campaniforme et tronqué ; leur corolle formée de cinq pétales tomenteux et jaunâtres extérieurement, un peu ondulés sur leurs bords, linéaires, étroits et longs de huit à neuf pouces. Cet Arbre croît à la Guiane. Humboldt et Bonpland l'ont trouvé dans les lieux inondés des Missions du Haut-Orénoque, sur les rives du Pimichin. Kunth l'a mentionné sous le nom de *Pachira nitida*. Une seconde espèce est celle que Swartz a décrite sous le nom de *Carolinea insignis*, et que l'on cultive aux Antilles, sous le nom de Châtaignier de la côte d'Espagne. C'est un Arbre très-élevé, qui par son port ressemble assez à l'Hippocastane ou Marronnier d'Inde. Ses feuilles sont alternes, plus rapprochées vers l'extrémité des rameaux ; les folioles sont au nombre de six à huit, longues quelquefois de douze à quinze pouces. Les fleurs sont excessivement grandes, d'une odeur peu agréable, solitaires et axillaires. Le fruit est ovoïde, presque ligneux, uniloculaire, à cinq valves ; intérieurement il contient une pulpe qui recouvre les

graines. Celles-ci sont fort nombreuses, presque noires, disposées sur deux rangées longitudinales et attachées au milieu de la face interne de chaque valve. Cette belle espèce a été décrite et figurée par Cavanilles, Diss. 5, p. 295, t. 154, sous le nom de *Bombax grandiflorum*. Le genre *Pachira* est très-voisin du genre *Bombax*, dont il diffère par les filamens de ses étamines d'abord monadelphes, puis divisés en faisceaux, par son fruit uniloculaire et non à cinq loges, et par ses graines environnées de pulpe et non d'une bourre soyeuse, comme dans les espèces de *Bombax*.   (A. R.)

*PACHLYDE. *Pachlys.* ins. Genre de l'ordre des Hémiptères, section des Hétéroptères, famille des Géocorises, tribu des Longilabres, établi par Lepelletier de Saint-Fargeau et Serville, dans l'Encyclopédie Méthodique, et auquel ils donnent pour caractères : antennes non coudées, insérées à nu sur la partie supérieure de la tête, composées de quatre articles ; le premier long, cylindrique ; le second long, toujours cylindrique, du moins à sa base ; le troisième plus court que les autres, comprimé, dilaté, surtout à l'extrémité ; le quatrième long, cylindrique, arqué ; bec court, atteignant à peine l'origine des cuisses intermédiaires, renfermant un suçoir de quatre soies ; tête petite ; yeux très-saillans, deux petits yeux lisses, saillans, assez éloignés l'un de l'autre, placés sur la partie supérieure de la tête, près des yeux à réseau ; corps épais ; corselet élevé postérieurement, s'abaissant peu à peu vers le devant ; écusson triangulaire ; abdomen composé de segmens transversaux dans les deux sexes ; anus des femelles sillonné longitudinalement dans son milieu, celui des mâles entier, sans sillon longitudinal ; pates fortes ; cuisses postérieures toujours renflées, celles des femelles l'étant moins ; jambes postérieures armées d'une épine au moins dans les mâles ; tarses de trois articles, le second plus court, le dernier terminé par deux crochets recourbés ayant une pelote bilobée dans leur entre-deux. Ce genre, établi aux dépens du genre *Ligæus* de Fabricius, s'en distingue facilement par les antennes qui, dans ce dernier, ont le premier article court, dépassant à peine l'extrémité de la tête, tandis que ce même article, chez les Pachlydes, est beaucoup plus long et dépasse notablement l'extrémité de la tête. Les Néides, Alydes et Corées s'en distinguent par leurs antennes dont tous les articles sont simples. Les Holyménies, nouveau genre dont nous donnerons les caractères au Supplément, s'en distinguent en ce que les second et troisième articles de ses antennes sont en palette; les mêmes considérations servent à distinguer d'autres genres voisins tels que ceux nommés Anisoscèle et Nématope. Le genre Pachlyde se compose d'Hémiptères très-grands; ce sont ceux qui tiennent le premier rang, sous ce rapport, dans la famille des Géocorises. Toutes les espèces connues de ce genre sont originaires de l'Amérique méridionale. On ne connaît pas leurs mœurs.

Les auteurs de ce genre le divisent ainsi qu'il suit :

† Abdomen beaucoup plus large que les élytres; corselet un peu plus étroit que l'abdomen, anguleux postérieurement, mais sans épines; ayant toujours une impression transversale plus ou moins prononcée.

PACHLYDE DE PHARAON, *Pachlys Pharaonis*, Lepell. et Serv., Encycl. Méthod. T. x, p. 62 ; *Lygæus Pharaonis*, Fabr., *Syst. Rhyngot.*, n. 20; Stoll., Cicad., tab. 3, fig. 20. Corselet denté en scie, noir, avec des lignes rouges; élytres brunes, avec des stries rouges; corps noir, avec deux lignes rouges; pates noires. On trouve cette espèce dans l'Amérique méridionale.

†† Abdomen ne surpassant guère les élytres en largeur; corselet plus large que l'abdomen, ses angles pos-

térieurs prolongés en épines; point d'impression transversale.

PACHLYDE A DOUBLE MASSUE, *Pachlys biclavatus*, Lepell. et Serv., Encycl. Méth. T. x, p. 62; *Lygæus biclavatus*, Fabr., *Syst. Rhyng.*, n. 22; Stoll., Punaises, pl. 10, fig. 67. Corselet épineux, noir, avec des lignes jaunes; les deux avant-derniers articles des antennes jaunes à la base, avec l'extrémité épaisse et comprimée. Elle se trouve dans le même pays que la précédente.   (G.)

* PACHYDERMA. BOT. PHAN. Blume (*Bijdragen tot de Flora van nederlandsch Indië*, p. 682) a constitué sous ce nom un genre de la famille des Jasminées, et de la Diandrie Monogynie, L., auquel il a imposé les caractères suivans : calice infère; à quatre dents peu prononcées; corolle globuleuse, coriace, dont l'entrée est semi-quadrifide; deux étamines très-courtes, insérées sur la corolle près de la base; ovaire à deux loges qui renferment chacune deux ovules; stigmate presque sessile, obtus; baie sèche, ne contenant qu'une graine dont l'albumen est charnu, et l'embryon renversé. Ce genre est extrêmement voisin de l'Olivier dont il diffère par sa corolle globuleuse, son stigmate indivis et son fruit en baie. Le *Pachyderma javanicum* est un Arbre à feuilles opposées, portées sur de courts pétioles, oblongues-lancéolées, acuminées, très-entières, glabres et légèrement veinées, à fleurs disposées en panicules terminales de la longueur des feuilles. Il croît à Java dans les forêts du mont Salak où il fleurit en décembre. Les habitans lui donnent le nom de *Patjar-Gunung*.   (G..N.)

PACHYDERMES. MAM. Sixième ordre de la classe des Mammifères, suivant la méthode du Règne Animal. On a vu ailleurs (*V.* MAMMALOGIE) que tous les Mammifères terrestres ont été divisés par Cuvier en deux groupes secondaires, celui des Onguiculés et celui des Ongulés. Ce dernier groupe a été à son tour subdivisé en deux sections, l'une comprenant toutes les espèces qui ruminent, c'est l'ordre des Ruminans; l'autre, toutes les espèces qui ne ruminent pas, c'est l'ordre des Pachydermes. De ces deux ordres d'Ongulés, l'un est établi sur une modification organique d'une haute importance; aussi est-il éminemment naturel: l'autre au contraire est basé sur un caractère purement négatif; aussi est-il si peu naturel que nous ne saurions, après avoir dit des Pachydermes qu'ils ne ruminent pas, ajouter quelque chose qui soit applicable à tous à la fois. Parmi eux le nombre des doigts varie de un à trois, quatre et même cinq; les dents sont tantôt de trois sortes, et tantôt de deux seulement; la peau, le plus souvent presque nue, est quelquefois couverte de poils épais; l'estomac est tantôt simple, et tantôt divisé en plusieurs poches; parmi eux se trouvent avec de très-petites espèces, les plus grands de tous les Mammifères, et avec des genres très-rapprochés à tous égards des Ruminans, d'autres que la bizarrerie de leurs formes et les anomalies nombreuses de leur organisation, signalent entre tous à l'attention du naturaliste. En un mot, l'ordre des Pachydermes réunit le Daman au Mastodonte, le Cheval au Rhinocéros, le Sanglier à l'Eléphant. Ces différences énormes entre les genres de l'ordre des Pachydermes, ont motivé sa subdivision en plusieurs groupes d'un ordre inférieur, que Cuvier nomme des familles, et que plusieurs naturalistes ont considérés comme de véritables ordres (*V.* MAMMALOGIE). Ces groupes sont, suivant le Règne Animal : 1° celui des Proboscidiens, comprenant les Eléphans et les Mastodontes; 2° celui des Pachydermes ordinaires, comprenant les Hippopotames, les Cochons, les Phacochères, les Pécaris, les Anoplothériums, les Rhinocéros, les Damans, les Paléothériums et les Tapirs; 3° celui des Solipèdes comprenant le seul genre Cheval. Re-

marquons que dans le travail où l'ordre des Pachydermes a été proposé pour la première fois, travail composé en commun par Cuvier et Geoffroy Saint-Hilaire, et publié en 1795, dans le Magasin encyclopédique (T. II), les Solipèdes formaient un ordre à part; ordre que Cuvier avait aussi adopté dans son Tableau de l'Histoire Naturelle, publié en 1795, et qui sera peut-être avec avantage rétabli dans la méthode. En effet, le seul genre *Equus* séparé des Pachydermes, cet ordre devient beaucoup plus naturel, et il devient possible de lui assigner quelques caractères généraux : tel est celui de l'épaisseur de la peau, qui a fourni à Cuvier et Geoffroy le nom même de Pachydermes; tel est encore celui de l'existence de poils soyeux et rudes, mais peu abondans, et quelquefois même très-rares, qui tantôt sortent du milieu des poils laineux, et tantôt existent seuls. Ce dernier caractère n'a encore été aperçu par aucun auteur; nous le croyons cependant important, et on verra qu'exprimé comme nous venons de le faire, il existe constamment chez les Pachydermes, malgré l'exception que quelques personnes croiront trouver dans le genre *Hyrax* ou Daman. Rien de plus différent à la première vue qu'un Daman et un Rhinocéros, l'un très-petit et couvert de poils épais, l'autre très-grand et presque entièrement nu; et cependant il est difficile de ne pas admettre l'opinion de Cuvier, qui regarde le Daman comme une sorte de Rhinocéros en miniature. Ce rapport est démontré par l'organisation interne des *Hyrax*, et indiqué même à l'extérieur par plusieurs caractères bien connus depuis quelques années, tels que celui des sabots, etc. A ces caractères, nous croyons pouvoir en ajouter un, tiré de la nature même du pelage; c'est celui de l'existence de soies semblables à celles des Pachydermes, c'est-à-dire, rudes, longues, très-peu nombreuses, et éparses sur diverses régions du corps et principalement sur le dos, absolument comme chez les Eléphans. Ces soies seront évidentes pour quiconque se donnera la peine d'examiner un Daman; car elles sont remarquables à la fois et par leur extrême longueur et par leur couleur différente de celle du reste du pelage. Il y a d'ailleurs cette différence entre les Damans et la plupart des Pachydermes, que, chez les premiers, au lieu d'exister seules, elles naissent au milieu de poils courts, très-abondans et de nature laineuse; or n'est-ce pas là une disposition très-analogue à celle que présente l'Eléphant fossile lui-même, dont le corps était, comme chacun le sait, couvert de deux sortes de poils, les uns laineux, assez courts, les autres soyeux, beaucoup plus longs et en même temps moins abondans? (IS. G. ST.-H.)

PACHYGASTRE. *Pachygaster.* INS. Nom donné par Meigen aux Diptères que Latreille désigne sous le nom de Vappe. *V.* ce mot.

Le nom de *Pachygaster* a été assigné par Dejean (Catal. des Coléopt.) à un genre de Charançons dont il n'a pas publié les caractères. Ce genre n'a pas été adopté. (G.)

* PACHYMÈRE. *Pachymerus.* INS. Genre de l'ordre des Hémiptères, section des Hétéroptères, famille des Géocorises, tribu des Longilabres, établi par Lepelletier de Saint-Fargeau et Serville, aux dépens du genre *Lygæus* de Fabricius et auquel ils donnent pour caractères : antennes ordinairement filiformes, insérées à la partie antérieure des côtés de la tête, composées de quatre articles cylindriques, le premier beaucoup plus court que le second, dépassant à peine l'extrémité de la tête, le dernier quelquefois un peu plus gros que les autres; bec de longueur moyenne, composé de quatre articles, et renfermant un suçoir de quatre soies; tête petite; yeux petits; deux ocelles peu saillans, écartés l'un de l'autre, placés près des yeux à réseau, sur la partie de la tête qui est derrière ceux-

ci; corps ovale; corselet ordinairement plat et sans rebords, peu rétréci en avant; écusson triangulaire, assez grand; élytres de même longueur que l'abdomen, le couvrant en entier; abdomen composé de segmens transversaux dans les mâles, les avant-derniers segmens rétrécis dans leur milieu, posés obliquement et en forme de chevrons brisés, le dernier s'élargissant et s'étendant souvent dans son milieu jusqu'à la moitié de la longueur du ventre dans les femelles; anus de celles-ci sillonné longitudinalement; ce sillon renfermant une tarière longue, comprimée, ployée en deux sur elle-même dans le repos et pouvant en être retirée; anus des mâles entier, court, sans sillon longitudinal; pates de longueur moyenne; cuisses antérieures toujours canaliculées et souvent épineuses en dessous, ordinairement renflées; tarses de trois articles, le second plus court que les autres; crochets recourbés, munis d'une pelote bilobée dans leur entre-deux. Ce genre a les plus grands rapports avec les Lygées, mais il s'en distingue par la forme des cuisses antérieures qui n'ont jamais d'épines ni de sillon en dessous dans ces derniers; l'abdomen des Lygées est composé d'anneaux transversaux dans les deux sexes, tandis que les femelles des Pachymères ont ces mêmes segmens rétrécis dans leur milieu et formant des espèces de chevrons. Les Saldes s'en distinguent par leurs yeux très-grands et rejetés sur les côtés du corselet; les Myodoques ont un long cou, ce qui n'a pas lieu dans le genre qui nous occupe. On ne connaît pas les mœurs de ces Insectes. Toutes les espèces connues sont propres à l'ancien continent, et la plupart à l'Europe. Nous citerons :

Le PACHYMÈRE DE LA VIPÉRINE, *Pachymerus Echii*, Lep. de St.-Farg. et Serville (Encycl. Méthod. T. X, p. 523; *Lygæus Echii*, Fabr., *Syst. Rhyng.*; Panz., *Faun. Germ.*, fasc. 72, tab. 22. Corps tout noir, sans taches; cuisses antérieures ayant trois dents courtes et aiguës; les quatre jambes postérieures assez épineuses. Cette espèce se trouve en Allemagne.

Le nom de Pachymère a été donné par Latreille (Fam. Natur. du Règn. Anim., p. 386) à un genre de Coléoptères démembrés des Bruches et renfermant les espèces exotiques qui ont les cuisses postérieures très-grosses. Le nom de ce genre doit être changé.

(G.)

* PACHYMYE. *Pachymya*. MOLL. Nous ne connaissons ce nouveau genre que par l'ouvrage de Sowerby (*Mineral Conchology*, n. 87), dans lequel il est proposé la première fois pour une Coquille pétrifiée fort grande et fort épaisse, qui a de l'analogie avec les Modioles, quant à la forme, ainsi qu'avec quelques espèces du genre Mye. Elle paraît différer cependant de l'un et l'autre genre, quoique, par les caractères qui lui sont donnés, on ne puisse pas les juger exactement. Les voici : coquille bivalve, allongée transversalement, fort épaisse, sub-bilobée, les deux crochets vers l'extrémité antérieure, le ligament en partie caché et fixé à des nymphes saillantes. « La grande analogie, dit Sowerby, qui existe entre ce genre et les Modioles, vient de la position des crochets, de la forme allongée des valves, ainsi que de la séparation de la partie antérieure, en un lobe peu prononcé; » mais par un examen plus approfondi, on peut le rapprocher aussi des Cypricardes ou de plusieurs autres genres qui ont un ligament court, mais fixé sur des parties épaisses et saillantes qui bordent la coquille en dedans. C'est par cela que cette Coquille a aussi des rapports avec les Moules. La grande épaisseur des valves, leur profondeur, ainsi que l'obliquité des crochets, servent à distinguer ce genre des autres, indépendamment des dents de la charnière qui ne sont point connues. « Il est probable, ajoute le même auteur, que plusieurs Coquilles fossiles, décrites dans le genre Modiole, devront se placer dans le nouveau genre. »

D'après ce que nous venons de dire, il est facile de voir que ce genre est loin d'être suffisamment connu. On ne peut donc rien encore statuer à son égard. Il nous semble que si la charnière ne diffère pas notablement de celle des Modioles, comme cela paraît probable, ce sera dans ce genre que l'on devra reporter la Coquille dont il est question.

PACHYMYE GÉANTE, *Pachymya gigas*, Sow., *Mineral Conchol.*, n. 87, p. 1, pl. 504 et 505. On ne connaît encore qu'une espèce de ce genre, et de cette espèce un seul individu seulement qui a été trouvé à Lime-Regis par de Labèche, géologue distingué qui la communiqua à Sowerby. Cette Coquille est longue de six pouces; elle est transversalement oblongue, modioliforme; ses crochets, très-antérieurs, sont obliques, peu saillans; toute la coquille est très-bombée, épaisse; les valves en sont conséquemment profondes. D'après la figure que nous venons de citer, il semblerait que le test est composé de fibres perpendiculaires comme dans les Catillus et les Pinnigènes de Saussure. S'il en était ainsi, ce que ne nous indique ni la caractéristique, ni la description, on pourrait alors faire de nouvelles conjectures. Il est à désirer que Sowerby donne à cet égard de nouveaux renseignemens.

(D..H.)

PACHYNÈME. *Pachynema*. BOT. PHAN. Genre de la famille des Dilléniacées et de la Décandrie Digynie, L., établi par Rob. Brown (*in De Cand. Syst. veget.*, 1, p. 411), et offrant les caractères suivans : calice à cinq sépales presque arrondis, concaves et persistans; corolle nulle; étamines au nombre de sept à dix, dont les filets sont droits, très-épais à la base, atténués au sommet, et les anthères ovoïdes, à loges distinctes conniventes ou parallèles, adossés à l'extrémité amincie des filets; deux ou trois ovaires ovés se prolongeant en styles subulés; fruit inconnu.

Ce genre ne renferme qu'une seule espèce, *Pachynema complanatum*, R.

Brown., *loc. cit.* Delessert, *Icon. Select.*, 1, tab. 75. C'est un sous-Arbrisseau dressé, dont les jeunes rameaux sont comprimés, fasciés, munis sur leurs deux bords de dents aiguës courtes et distantes; ce sont des vestiges de feuilles. Les vieilles branches sont presque cylindriques et ne portent point de feuilles, à l'exception des organes dentiformes qui se voient sur elles aussi bien que sur les jeunes branches. Les fleurs naissent des aisselles des petites dents foliaires; elles sont solitaires ou géminées; les pédicelles ne supportent qu'une seule fleur, et sont plus courts que celleci et très-grêles. Cette Plante croît dans la Carpentarie à la NouvelleHollande. (G..N.)

* **PACHYNOTUM.** BOT. PHAN. (De Candolle.) *V.* MATTHIOLE.

* **PACHYPE.** *Pachypus.* INS. Genre de l'ordre des Coléoptères, section des Pentamères, famille des Lamellicornes, tribu des Scarabéides phyllophages, mentionné par Latreille (Fam. du Règn. Anim.), et comprenant les Hannetons qui ont neuf articles aux antennes. Ces Insectes ressemblent du reste entièrement aux Hannetons proprement dits, mais ceux-ci en sont distincts parce qu'ils ont un article de plus aux antennes. *V.* HANNETON. (G.)

PACHYPHYLLUM. BOT. PHAN. Genre de la famille des Orchidées et de la Gynandrie Monandrie, L., établi par notre savant collaborateur Kunth (*in Humb. Nov. Gen.*, vol. 1, p. 339.) et auquel il donne les caractères suivans : le calice est formé de six sépales, dont cinq sont presque égaux et semblables, un peu étalés et charnus; le labelle est un peu plus long que les autres divisions calicinales, dépourvu d'éperon, marqué sur sa face interne de deux lignes longitudinales saillantes, qui se terminent à leur sommet par deux tubercules arrondis. Du reste le labelle est articulé avec la base du gynostème; celui-ci est canaliculé sur sa

face antérieure, et ses bords sont mem braneux supérieurement. L'anthère est terminale, operculiforme, contenant deux masses polliniques solides, simples et libres.

Ce genre ne se compose que d'une seule espèce, *Pachyphyllum distichum*, Kunth, *loc. cit.*, t. 77. C'est une Plante parasite, dont la tige rampante porte des rameaux redressés et de six à dix pouces de hauteur; les feuilles sont très-rapprochées, alternes, distiques, courtes, charnues, ensiformes, engaînantes à leur base. Les fleurs sont pédicellées, verdâtres, distiques, disposées en petits épis axillaires; chaque fleur est accompagnée d'une petite bractée de manière qu'un épi ressemble en petit par la forme et la disposition des bractées à un des rameaux de la tige. Cette Plante croît au Pérou entre Loxa et Gonzanama. (A. R.)

PACHYPTILA. OIS. Genre formé par Illiger aux dépens des Pétrels, *Procellaria;* Lacépède en l'adoptant l'a traduit par le mot français Prion. *V.* ce mot. (DR..Z.)

* **PACHYRIZE.** *Pachyrizus.* BOT. PHAN. Ce genre, qui appartient à la famille des Légumineuses et à la Diadelphie Décandrie, L., avait été indiqué par Loureiro. Du Petit-Thouars l'établit dans le Dictionnaire des Sciences Naturelles, sous le nom de *Cacara*, terme dont, au rapport de Rumphius, les Indiens se servent pour désigner les diverses Plantes qui composent ce genre. Ce nom barbare n'a pas été admis par De Candolle qui lui a préféré celui de *Pachyrizus*, employé depuis long-temps par Richard dans son herbier, et qui exprime un des caractères du genre, d'être composé de Plantes à racines tubéreuses et comestibles. Les Pachyrizes ont le calice urcéolé à quatre lobes, dont le supérieur échancré au sommet est formé par la soudure de deux. Les pétales sont légèrement connés à la base; l'étendard est presque rond, étalé, sans callosités, mais muni à la base de deux plis qui en

veloppent les pédicelles des ailes. Les étamines sont diadelphes, ayant leur gaîne épaisse à la base et ouverte par une large fente. L'ovaire a le pédicelle entouré par une petite gaîne qui naît du tronc ; il est surmonté d'un style imberbe, recourbé et un peu renflé au sommet. La gousse est comprimée, allongée, et renferme sept à huit graines réniformes. Le genre *Pachyrizus* fait partie de la tribu des Phaséolées, et se compose de trois espèces placées par Linné et Loureiro dans le genre *Dolichos*. On considère comme type, le *Pachyrizus angulatus*, Rich. et D. C., figuré par Rumphius (*Herb. Amboin.*, 5, tab. 132). C'est le *Dolichos bulbosus*, L. ; sa racine, dans la jeunesse de la Plante, est comestible, tubéreuse, en forme de Rave, tantôt simple, tantôt multiple. Cette Plante croît dans les Moluques et en diverses contrées des Indes-Orientales ; on la cultive à l'Ile-de-France. Le *Pachyrizus trilobus*, D. C., *Dolichos trilobus*, Loureiro (Flor. Cochinch., 2, p. 535), est également cultivé en Chine et en Cochinchine, pour ses racines tubéreuses cylindriques, longues de plus de deux pieds, et qu'se mangent après qu'on les a fait cuire. Enfin le *P. montanus*, D. C., *Dolich. montanus*, Lour., *loc. cit.* ; qui croît dans les montagnes de la Cochinchine, a des racines tubéreuses, fasciculées et très-dures. Ces Plantes sont pourvues de tiges volubiles, sous-frutescentes, à feuilles pinnées, trifoliolées, à fleurs violacées, purpurines ou bleuâtres.   (G..N.)

PACHYSANDRE. *Pachysandra.* BOT. PHAN. Ce genre, de la famille des Euphorbiacées et de la Monœcie Tétrandrie, L., a été établi par Richard (*in Michx. Flora Boreali-Amer.*, p. 177) et ainsi caractérisé par Adrien De Jussieu (Euphorb., p. 13) : fleurs monoïques, ayant un calice divisé profondément en quatre parties, dont deux intérieures et deux extérieures alternes. Les fleurs mâles offrent quatre étamines insérées sous un pistil rudimentaire très-petit ;

leurs filets sont saillans, larges, aplatis, surmontés d'anthères adnées, introrses, arquées après leur déhiscence. Les fleurs femelles se composent d'un ovaire court, à trois loges qui contiennent chacune deux ovules, surmontées de trois styles recourbés, épais, glanduleux et sillonnés à leur face interne. Le fruit est capsulaire, presque globuleux, terminé par les trois styles persistans, à trois coques dispermes. Ce genre est placé près du Buis dont il se distingue surtout par le port de l'unique espèce qui le compose. Celle-ci, *Pachysandra procumbens* (Mich., *loc. cit.*, tab. 45), est une Plante herbacée dont les tiges sont couchées, à feuilles alternes, glabres, ovales, crénelées au sommet. Les fleurs forment des épis placés à la base de la tige, entourés de bractées écailleuses et imbriquées. Les fleurs mâles occupent le sommet de l'épi et ne sont soutenues que par une seule bractée ; les femelles en plus petit nombre, se trouvent à la partie inférieure de l'épi, et sont accompagnées chacune de trois bractées conformes aux sépales. Cette Plante est originaire des monts Alléghanis dans l'Amérique septentrionale. On la cultive en Europe dans les jardins de botanique.   (G..N.)

* **PACHYSTEMON.** BOT. PHAN. Genre de la famille des Euphorbiacées, et de la Diœcie Monandrie, L., nouvellement établi par Blume (*Bijdragen tot de Flora van nederlandsch Indië*, p. 626) qui l'a ainsi caractérisé : fleurs dioïques ; les mâles ont un calice tubuleux à trois dents ; une seule étamine libre dont le filet est épais et ne fait pas saillie hors du calice ; l'anthère est terminale, déhiscente par un pore. Les fleurs femelles ont un calice urcéolé, non découpé ; un ovaire globuleux marqué de cinq à six sillons, à cinq ou six loges renfermant chacune un ovule ; cinq à six stigmates subulés, soudés jusque vers leur milieu. Le fruit est charnu, globuleux, sillonné, à cinq ou six loges qui s'ouvrent en autant de val-

ves. Ce genre est voisin de l'*Hippomanes*, et il se rapproche du *Mappa* par le port. Il ne renferme qu'une seule espèce (*Pachystemon trilobum*), Arbre à feuilles alternes, portées sur de longs pétioles, peltées, trilobées, nerveuses, glanduleuses, denticulées, accompagnées de grandes stipules géminées et caduques. Les fleurs sont disposées en épis axillaires et rameux, munis de bractées qui sont uniflores dans les femelles et multiflores dans les mâles. Cet Arbre croît dans les montagnes de l'île de Java, où il fleurit en septembre, et porte les noms vulgaires de *Marra*, *Marra-Beurum* et *Marrum-Burrum*.	(G..N.)

*PACHYSTOMA. BOT. PHAN. Genre de la famille des Orchidées et de la Gynandrie Diandrie, L., établi par Blume (*Bijdragen tot de Flora van nederlandsch Indië*, p. 376) qui lui a imposé les caractères suivans : périanthe à cinq sépales un peu dressés; les latéraux extérieurs embrassant à leur base le labelle; les intérieurs plus étroits que les extérieurs; labelle formant un éperon court, obtus à la base, concave, dressé, épais à l'intérieur et pubescent, à limbe dressé, semi-trilobé; gynostème courbé en dedans, en massue, muni au sommet d'une cavité pollinifère ; anthère terminale, à deux loges formant quatre petites loges incomplètes ; quatre masses polliniques ovées, comprimées, farinacéo-pulpeuses, se déposant élastiquement sur le bord du stigmate visqueux. Ce genre ne renferme qu'une seule espèce, *Pachystoma pubescens*, Plante herbacée pourvue d'une racine tubéreuse, d'une hampe dressée, sans feuilles ou garnie simplement de gaînes paléiformes, lancéolées, portant à son sommet plusieurs fleurs penchées, rougeâtres, pubescentes, disposées en épis et accompagnées de bractées. Cette Plante croît parmi les Graminées dans la province Krawang de l'île de Java.	(G..N.)

PACHYSTOME. *Pachystomus.* INS. Genre de l'ordre des Diptères, famille des Tanystomes, tribu des Sicaires, auparavant tribu des Rhagionides, établi par Latreille aux dépens des genres *Rhagio* et *Empis* de Panzer, et auquel il donne pour caractères : palpes avancés; antennes cylindriques, insérées sur une élévation, épaisses, avec le dernier article divisé en trois anneaux. Ce genre se distingue facilement des Cœnomyies, de la même tribu, par le troisième article des antennes qui dans ces derniers est divisé en huit anneaux, et par d'autres caractères tirés des palpes et de la forme du corps. Quoique les Pachystomes aient quelque ressemblance avec les Rhagions, ils s'en distinguent cependant d'une manière bien nette, par leurs antennes et par beaucoup d'autres caractères. La trompe des Pachystomes est portée en avant, courte, bilabiée; elle porte deux palpes de sa longueur, ovoïdes, comprimés et glabres; les antennes sont insérées sur une éminence, cylindracées, grosses, un peu arquées, de la longueur de la tête, de trois articles presque cylindriques, dont le troisième plus long, un peu aminci vers l'extrémité et divisé en trois anneaux sans soie; la tête est plus large que longue, un peu plus étroite que le corselet et de forme triangulaire; les yeux sont grands, arrondis et saillans; il y a trois petits yeux lisses rapprochés et disposés en triangle sur le vertex; le corselet est ovale, un peu convexe, terminé postérieurement, comme dans les Rhagions, par un écusson assez grand et arrondi; l'abdomen est allongé, conique; il est terminé, dans la femelle, par un tube articulé, dont les anneaux décroissent progressivement et rentrent les uns dans les autres; le dernier est pourvu de deux crochets arqués et aigus; les pates n'ont rien de remarquable; les ailes sont assez grandes, transparentes ; les balanciers sont portés sur un pédicule long et mince, et les cuillerons sont petits et arrondis. Ces Diptères sont rares; on les trouve dans les bois; la larve d'une espèce (*P. syrphoides*) a été trouvée sous l'écorce d'un Pin ; la nymphe a des rapports avec celle des Taons ; ses anneaux sont ciliés transversalement ; le dernier est resserré près de sa base, épineux sur les côtés, et terminé par deux pointes ; les antennes sont détachées ou libres et rejetées latéralement. On ne connaît que deux espèces de ce genre, qui sont :

Le PACHYSTOME SYRPHOIDE, *Pachystomus syrphoides*, Latr. ; *Rhagio syrphoides*, Panz., *Faun. Germ.*, fasc. 77, tab. 19. Long de six lignes, noir ; partie supérieure de l'abdomen et pates rougeâtres. Cette espèce se trouve en Allemagne, aux environs de Mayence et de Bareuth.

Le PACHYSTOME SUBULÉ, *Pachystomus subulatus*, Latr. ; *Empis subulata*, Panz., *Faun. Germ.*, fasc. 54, tab. 23. Long de quatre lignes ; noir avec toutes les cuisses fauves et les quatre jambes antérieures jaunes. Il se trouve en Allemagne.   (G.)

* PACHYSTYLUM. BOT. PHAN. (De Candolle.) Sous-genre d'Héliophile. *V.* ce mot.   (B.)

*PACHYTE. *Pachytos.* MOLL. FOSS. Defrance est le créateur de ce nouveau genre qu'il a proposé pour démembrer des Plagiostomes, plusieurs espèces fossiles, auxquelles cet habile observateur a trouvé des caractères différens de ceux qu'offrent celles qui doivent rester à l'avenir dans le genre Plagiostome. Ce genre était nécessaire, et il n'est pas douteux qu'il ne soit adopté généralement. Blainville l'a admis dans son Traité de Malacologie, mais par une inversion qu'il a lui-même corrigée dans ses additions, il avait donné le nom de Pachyte aux véritables Plagiostomes, et nommé Plagiostome le nouveau genre qui nous occupe. Il suffit de comparer le Plagiostome épineux, par exemple, ou toute autre espèce provenant de la Craie avec le Plagiostome semi-lunaire, pour s'assurer de la grande différence qui existe entre ces Coquilles. Les unes, les Plagiostomes, sont inéquilatérales, subauriculées, légèrement bâillantes latéralement pour le passage d'un byssus ; la coquille est libre, équivalve ; sa charnière est droite, et ne présente sur chaque valve qu'une fossette large et peu profonde pour l'insertion du ligament. Dans la plupart des espèces, les crochets sont écartés, taillés en biseau absolument comme dans les Limes. Les Plagiostomes sont si voisins des Limes, qu'il ne serait pas étonnant qu'après un examen approfondi on réunît ces deux genres ; mais les Pachytes, qui sont des Coquilles équilatérales, épineuses, avec une ouverture triangulaire sous le crochet, comme dans les Dianchores et quelques Térébratules, doivent être rapprochés de ces deux genres. Voici les caractères que Defrance donne à ce nouveau genre : coquille bivalve, régulière, équilatérale, dépourvue de dents à la charnière ; cette dernière, en ligne droite sur une valve, et dans l'autre profondément coupée par un sinus qui présente une ouverture triangulaire, et qui a pu servir pour le passage d'un pédicule tendineux pour attacher la coquille.

Defrance n'indique encore que deux espèces dans ce genre ; il en existe cependant un plus grand nombre, et sans doute que ce nombre s'augmentera encore par la suite.

PACHYTE ÉPINEUX, *Pachytos spinosus*, Defr., Dictionn. des Sciences Natur. T. XXXVII, p. 207 : *Plagiostoma spinosa*, Sowerb., *Miner. Concholog.*, pl. 78, fig. 1, 2, 3 ; Brong., Géologie des envir. de Paris, pl. 4, fig. 2, A, B, C. Il est bien à présumer que l'espèce que Defrance nomme *Pachytos striatus* n'est qu'une variété de celui-ci. Cette variété se reconnaît par son manque d'épines, soit sur les deux valves, soit sur l'inférieure seulement.

PACHYTE FRAGILE, *Pachytos hoperi*, Defr., *loc. cit.* ; *Plagiostoma hoperi*, Sowerb., *loc. cit.*, pl. 380 ; Mantel, *Geolog. of Sussex*, 204, tab. 26, fig. 2, 3, 15. Cette espèce se rapproche beaucoup des Peignes par sa forme suborbiculaire, le peu de concavité des valves, et leur peu d'épaisseur, ce qui lui donne quelque ressemblance avec le *Pecten solea*. Elle est presque lisse, offrant des stries divergentes du sommet à la base, peu profondes, à peine ponctuées. Elle paraît particulière à l'Angleterre. C'est à Gravesend et à Northfleet qu'elle se trouve. (D..H.)

* PACHYTE. *Pachyta*. INS. Nom donné par Dejean (Cat. de Col.) à un genre de Coléoptères que Latreille réunit aux Toxotes. *V*. ce mot et aussi LEPTURE. (G.)

* PACINIRA. BOT. PHAN. (Surian.) Nom de pays du *Maranta arundinacea*. Il pourrait bien venir de *Pacivira* qui chez les Brasiliens désignait le *Canna angustifolia*, espèce du genre Balisier. *V*. ce mot. (B.)

PACLITE. *Paclites*. MOLL. Genre proposé par Denis Monfort (Conchyl. Systém. T. 1, p. 318) pour un corps que l'on s'accorde aujourd'hui à ranger parmi les Bélemnites. La manie qu'avait Montfort de faire des genres, le portait à saisir la plus mince occasion pour satisfaire son goût. Déjà plus d'une fois nous avons adressé ce reproche à ses ouvrages, et ici nous la retrouvons encore. Le Paclite n'est autre chose qu'une Bélemnite courbée probablement par accident au sommet, et offrant quelque usure. Ce genre, d'après les propres paroles de l'auteur, est pourtant un de ceux « qui se dessinent purement et avec fermeté. » Personne, malgré cela, ne l'a adopté. *V*. BÉLEMNITES. (D..H.)

PACO. MAM. D'où *Alpaco*, qui signifie proprement le *Paco*. Syn. de Vigogne et non de Llama, selon Téran, auteur espagnol d'un excellent Mémoire sur ces Animaux. *V*. CHAMEAU. (B.)

PACO-CATINGA ET PACOCATINGA. BOT. PHAN. Ces noms sont cités dans Pison et Marcgraaff, comme désignant au Brésil un Arbre qui paraît être un Cocoloba. *V*. ce mot. (B.)

PACOEIRA. BOT. PHAN. *V*. PACQUO.

PACOS. MIN. C'est un mot péruvien qui veut dire *rouge*, et par lequel on désigne au Pérou un Minerai d'Argent, mêlé d'une grande quantité d'Oxide de Fer. Il contient, d'après une analyse de Klaproth, 14 parties d'Argent, 71 d'Oxide brun de Fer, 4,3 de Silice et 8,5 d'Eau. (G. DEL.)

PACOURIER. *Pacouria*. BOT. PHAN. Genre établi par Aublet, Guian., 1, p. 268, et faisant partie de la famille des Apocynées et de la Pentandrie Monogynie, L., qui offre pour caractères : un calice monosépale à cinq divisions aiguës, profondes et charnues ; une corolle monopétale hypocratériforme, à tube court, à limbe étalé et à cinq lobes arrondis et ondulés. Les cinq étamines sont très-courtes, insérées à la base du tube et ayant les anthères sagittées. L'ovaire est globuleux, surmonté d'un style court, tétragone, que termine un stigmate épais, ovoïde, divisé en deux pointes et appliqué sur une sorte de disque circulaire. Le fruit est une grosse baie charnue, de la grosseur du poing, pyriforme, uniloculaire et contenant un grand nombre de graînes, éparses dans une pulpe jaune, d'une odeur agréable.

Le PACOURIER DE LA GUIANE, *Pacouria guianensis*, Aublet, *loc. cit.*, p. 269, t. 115, est un Arbrisseau à branches noueuses et sarmenteuses, qui s'enroulent autour des Arbres voisins et s'élèvent quelquefois ainsi à une hauteur considérable. De ces branches naissent des rameaux pendans, portant des feuilles opposées, entières, ovales, aiguës, ondulées sur leurs bords, coriaces et glabres. Les fleurs sont jaunes, disposées en grappes axillaires, portées sur de longs pédoncules, souvent roulés en forme de vrilles.

Cette Liane croît aux environs de

Cayenne. Les Garipons la nomment *Pacourirana.*   (A. R.)

PACOURINE. *Pacourina.* BOT. PHAN. Aublet (Plantes de la Guiane, 2, p. 800) a établi sous ce nom un genre de la famille des Synanthérées et de la Syngénésie égale, L., auquel il a imposé les caractères suivans : involucre ovoïde, composé de plusieurs folioles imbriquées, presque arrondies, aiguës; réceptacle charnu, chargé de paillettes presque rondes, concaves, plus longues que les akènes entre lesquelles elles sont placées; calathide composée de fleurons hermaphrodites, égaux, dont la corolle est tubuleuse, infundibuliforme, à limbe divisé en cinq lanières aiguës; cinq étamines à filets capillaires et à anthères réunies en un tube cylindracé; ovaire conique, oblong, surmonté d'un style de la longueur de la corolle et d'un stigmate bifide, réfléchi; akènes solitaires, ovoïdes, oblongs, couronnés par une aigrette simple, poilue. Ces caractères ont été modifiés, relativement au réceptacle, par Kunth qui attribue au *Pacourina* un réceptacle nu. Cassini a critiqué cette rectification, parce que, dit-il, Kunth n'a pu observer le type du genre d'Aublet, et que la nouvelle espèce, décrite dans ses *Nova Genera*, appartient à un genre voisin du *Pacourina*, mais qui s'en distingue suffisamment par la structure de ce réceptacle. Il est impossible, ajoute-t-il, qu'Aublet, ainsi que les auteurs modernes qui ont vérifié les caractères imposés au *Pacourina*, se soient mépris sur la question de savoir si ce genre possède un réceptacle muni ou dépourvu d'écailles; et parce qu'au contraire ils lui en assignent positivement un pourvu de paillettes, il faut bien que la Plante de Kunth, ainsi qu'une autre, examinée par Cassini, dans l'Herbier de Desfontaines, soient les types d'un genre distinct pour lequel il propose le nom de *Pacourinopsis.* Cette discussion ayant piqué notre curiosité, nous avons voulu vérifier, sur une Plante de la Guiane rapportée par Poiteau sous le nom de *Pacourina* d'Aublet et conservée dans les collections de B. Delessert, l'existence des paillettes; mais malheureusement les Insectes avaient en partie dévoré les réceptacles; cependant les portions intactes nous ont démontré l'absence des paillettes. De plus, nous nous sommes convaincu que cette Plante était identique, non-seulement avec le *Pacourina edulis* d'Aublet, *loc. cit.*, tab. 316, mais encore avec la Plante nommée par Cassini *Pacourinopsis integrifolia.* C'est ce qui résulte de la comparaison de la Plante que nous avons étudiée avec l'excellente description que Cassini a donnée de son *Pacourinopsis*, et avec la figure publiée par Aublet, qui, toute grossière qu'elle est, ne peut laisser de l'incertitude à cet égard. Mais comment peut-on se rendre compte du caractère assigné au réceptacle par Aublet? En examinant, par une dissection attentive, la structure de la calathide du *Pacourina*, nous avons reconnu que l'involucre est composé de folioles nombreuses disposées sur plusieurs rangées dont les plus intérieures occupent presque le centre de la fleur, ce qui diminue considérablement le diamètre du réceptacle; les folioles intérieures ne sont pas entièrement conformées comme les extérieures; elles ont l'aspect de grandes paillettes, et elles ressemblent parfaitement à la paillette isolée que l'on voit, dans Aublet, sur la figure du *Pacourina edulis.* Le nombre considérable de folioles intérieures et paléiformes aura, sans aucun doute, induit en erreur Aublet, et lui aura fait prendre pour des paillettes du réceptacle ce qui est une dépendance de l'involucre. Au reste, la distinction de ces organes n'est intéressante que sous le rapport de la nomenclature et pour fixer les caractères assignés aux genres, car les paillettes du réceptacle et les folioles de l'involucre sont des organes fort analogues sous le rapport physiologique D'après ce que nous venons d'exposer, le genre *Pacourinopsis* de Cassini ne peut subsister, et dès-lors le *Pacourina* ne renferme que deux espèces : l'une type du genre, *Pacourina edulis*, Aubl., ainsi nommée parce que l'on mange non-seulement les réceptacles, mais encore toute la Plante qui est vivace, à plusieurs tiges presque rameuses, à feuilles alternes, ovales, oblongues, aiguës, bordées de quelques petites dentelures très-fines. Elle croît à la Guiane, dans les lieux humides. L'autre espèce, *Pacourina cirsiifolia*, Kunth, est une Plante à feuilles oblongues, munies de fortes dents épineuses. Elle a été trouvée au Pérou, près de Guayaquil. Sprengel a réuni au *Pacourina* l'*Hololepis pedunculata*, D. C. (*Ann. Mus.*, vol. XVI, tab. 6), Plante décrite sous le nom générique de *Serratula* dans le *Synopsis* de Persoon. Cette Plante, en effet, se rapproche du genre *Pacourina*, tant par le port que par les caractères.

Scopoli et Willdenow ont injustement proposé les noms de *Meisteria* et de *Haynea* en remplacement de celui de *Pacourina*. Il est fâcheux que Sprengel et la plupart des auteurs allemands aient sanctionné cet inutile changement.　(G..N.)

PACOURINOPSIS. BOT. PHAN. Ce genre, proposé par H. Cassini dans le Bull. de la Sociét. Philomat., doit rentrer dans le *Pacourina* d'Aublet. *V*. PACOURINE.　(G..N.)

PACQUIRES. MAM. (Encyclopédie.) Probablement le Pécari dans l'île de Tabago. *V*. COCHON.　(B.)

*PACQUO. BOT. PHAN. D'où peut-être *Pacoeira* des Portugais, et *Pacguovere* en Amérique. Syn. chinois de Bananier. *V*. ce mot.　(B.)

PACTOLE. *Pactolus*. CRUST. Genre de l'ordre des Décapodes, famille des Brachyures, tribu des Triangulaires, établi par Leach et adopté par Latreille (Fam. Nat. du Règne Animal). Les caractères assignés par Leach à ce genre sont : abdomen composé de cinq articles dans les femelles ; les deux pieds antérieurs dépourvus de pinces ; les quatre postérieurs didactyles. Ce genre se distingue des autres de la même tribu par ses quatre pates postérieures en pinces ; les antennes extérieures ont leur premier article long et cylindrique ; les yeux sont assez gros, situés derrière les antennes, et toujours saillans hors de leurs fossettes. La carapace offre une seule pointe derrière chaque orbite. Les pieds sont médiocrement longs et assez épais, les deux antérieurs sont plus courts que les autres ; ils ne sont pas terminés par une main, mais seulement pourvus d'un ongle crochu ; ceux de la seconde paire sont semblables ; on n'a pas vu comment se terminent les troisièmes pieds parce qu'ils étaient cassés dans l'individu sur lequel le genre a été établi. Les pieds des quatrième et cinquième paires sont didactyles ; la carapace n'est pas épineuse en dessus, elle est triangulaire, allongée, assez enflée de chaque côté en arrière, et terminée en avant par un rostre fort long, aigu, mince et entier, semblable à celui des Leptopodies ; l'abdomen de la femelle est composé de cinq feuillets, dont le premier étroit, les trois suivans transverses, linéaires, et le cinquième très-grand, presque arrondi. On ne connaît qu'une espèce de ce genre, c'est :

Le PACTOLE DE BOSC, *Pactolus Boscii*, Leach, Zool. Miscel. T. II, tab. 68 ; Desm., Dict. des Sc. Nat. et Consid. sur les Crust., tab. 23, f. 2. Il est long d'un pouce huit lignes, mais le rostre prend à peu près la moitié de cette longueur ; ce rostre porte sur ses côtés de petites épines dirigées obliquement en avant ; la carapace est lisse, brunâtre ; les pieds sont variés de roux et de blanchâtre. On ne sait pas d'où vient l'individu qui a servi à cette description.　(G.)

* PACURERO. BOT. PHAN. Les habitans de la Nouvelle-Andalousie, dans l'Amérique méridionale, don-

nent ce nom à une espèce de *Piso-nia* nouvellement décrite par Kunth sous son nom vulgaire ainsi devenu spécifique. *V*. PISONIE. (G..N.)

PACU-UTAN. BOT. PHAN. C'est le nom malais d'une Plante que Rumph (*Herb. Amboin.*, 6, p. 62, tab. 27) a figurée sous celui de *Palmifilix*. Elle a une tige herbacée ou presque ligneuse, simple, haute d'environ douze pieds, et couverte d'écailles formées par les bases persistantes des anciennes feuilles. Le sommet de la tige est garni d'un grand nombre de feuilles bi ou tripinnées, à folioles lisses en dessus, et couvertes en dessous d'un duvet ou d'une poussière rousse. Est-ce une Fougère du genre *Acrostichum*? c'est ce que la description et la figure ne permettent pas d'établir positivement. Rumph ajoute qu'on mange les feuilles avant leur développement, après les avoir coupées en petits morceaux et les avoir assaisonnées. (G..N.)

PADA. BOT. PHAN. Dans son *Hortus Malabaricus*, Rhéede cite ce mot comme employé par les Brames pour désigner des Arbres ou des Arbustes qui n'ont entre eux que des analogies fort éloignées. Néanmoins il paraît être un de ces termes génériques sous lesquels les peuples de l'Inde rangent des objets qui, sans doute, présentent quelque chose de commun, et pour les distinguer entre eux, les Brames ajoutent au mot *Pada*, un autre mot du pays qui en détermine la signification. Ainsi on nomme dans l'Inde :

PADA-CALI, l'*Ixora coccinea*, L., qui est le *Schetti* des Malais.

PADA-DALIQUI, un petit Arbre à feuilles opposées, qui, par ses caractères incomplets, semble appartenir à la famille des Nyctaginées, entre le *Boerrhaavia* et le *Pisonia*. C'est le *Kauri-Vetti* des Malais.

PADA-KALENGU et PADA-VALLI, le *Cocculus peltatus*, D. C.

PADA-MAOTU, une espèce indéterminée de *Nuphar* ou de *Nymphæa*,

que les Malais nomment *Tamara*.

PADA-NIRVULI, l'*Euphorbia antiquorum*, L.

PADA-VALAM, le *Trichosanthes cucumerina*, L.

PADA-VALLI, *V*. PADA-KELENGU.

PADA-VARA, une espèce indéterminée de *Morinda*; elle est figurée dans Rhéede (*Hort. Malab*. T. VII, pl. 27). (G..N.)

PADDA. OIS. Espèce du genre Gros-Bec. *V*. ce mot. (DR..Z.)

* PADÈRE. REPT. OPH. Espèce du genre Couleuvre. *V*. ce mot. (B.)

PADINE. *Padina*. BOT. CRYPT. (*Hydrophytes*.) Adanson sentit le premier combien ce que l'on appelait de son temps *Fucus Pavonius* ou *Ulva Pavonia* était déplacé dans les genres *Ulva* et *Fucus*. Il en forma le type d'un genre très-bon, adopté depuis par Palisot-Beauvois, et dont Lamouroux fit d'abord une simple section de son genre *Dictyota*, lequel, plus tard, devint le type d'une famille des Dictyotées, où dès 1824, dans le tome cinquième de notre Dictionnaire, ce savant avait adopté le genre d'Adanson, en renvoyant au mot PADINE pour en traiter. Agardh, sans égard pour l'antériorité et la propriété du nom de *Dictyota*, a formé, des Plantes qui le portaient, un genre *Zonaria*, monstrueux assemblage des Hydrophytes les plus disparates, et placé par l'algologue suédois tout proche des Laminaires qui en seront peut-être les Plantes les plus éloignées dans tout ordre raisonnable qu'on tentera d'introduire dans l'histoire des Végétaux de la mer. Singularisé par son élégant *facies* dans la famille des Dictyotées, le genre Padine a pour caractères la disposition flabellaire qu'affectent les filamens longitudinaux d'un tissu serré, membraneux, où d'autres filamens entrecroisés forment transversalement des lignes concentriques, entre lesquelles les gongyles apparaissent en fascies plus foncées, très-minces, et qui contribuent à diaprer élégamment des frondes déjà remarquables par une forme particulière. Les espèces de Padines qui nous sont connues pour les avoir étudiées sur la nature, et que nous possédons en herbier, sont au nombre de huit entre lesquelles la plus anciennement décrite abonde dans nos mers. On peut répartir ces espèces en trois sous-genres.

† PAVONIES, dont les expansions plus minces sont toujours diaphanes, au moins sur leurs bords, que garnit une sorte de duvet blanchâtre, d'une extrême finesse, formant dans l'eau, autour de la Plante, une auréole nuageuse et vague qui, dans certaines inflexions des rayons lumineux, décompose ceux-ci comme le ferait un prisme. Ce duvet court n'a point encore été examiné au microscope, et nous nous reprochons une telle négligence, lorsque nous avons eu si souvent occasion d'observer des Pavonies; il adhère au papier par la dessiccation, et forme une teinte d'un blanc jaunâtre pâle au limbe des échantillons ainsi préparés. C'est dans ce sous-genre que se rangent plusieurs Padines confondues jusqu'ici sous le nom de *Pavonia*, et qui, cependant, présentent des caractères essentiels fort différens; savoir : 1° le *Padina tenuis*, N., recueilli d'abord par Commerson vers l'embouchure de la grande rivière à l'Ile-de-France, et que nous avons depuis retrouvée sur les mêmes rivages à l'île aux Tonneliers. C'est le *Zonaria Pavonia* d'Agardh, Syst., p. 26, rapporté des îles Marianes par Gaudichaud. Cette espèce, la plus petite de toutes, est presque sessile; son stipe étant très-court; ce stipe se dilate en une expansion flabelliforme, subhémisphérique, qui n'atteint guère qu'un pouce ou un pouce et demi de diamètre, un peu plus large que longue, se divisant bien moins que les autres espèces, et souvent même pas du tout. Les zônes y sont aussi beaucoup moins senties; sa couleur est d'un fauve vif, et sa consistance très-

mince.—2°. *Padina mediterranea*, N. Celle-ci est très-répandue dans la Méditerranée, où ne se trouve pas la suivante; nous l'avons cependant observée à Cadix, d'où elle nous a été depuis envoyée par le chanoine Cabréra. C'est celle-ci qui est particulièrement si commune à Marseille. Son stipe court s'élève d'abord en une expansion parfaitement réniforme, très-réfléchie par les deux côtés; elle s'étend souvent dans cet état jusqu'à trois et cinq pouces de diamètre en éventail, avant de se fisser et de se diviser en plusieurs lobes, qui, tout nombreux qu'ils puissent être, conservent toujours la même figure. Les zônes y sont fort rapprochées. Durville nous a rapporté des côtes du Chili et d'Otaïti, des échantillons qui, par le dernier caractère, conviendraient assez à cette espèce.—3°. *Padina oceanica*, N. C'est bien celle qu'a figurée Ellis (*Coral.*, pl. 33, fig. c). Son stipe est plus long, et l'expansion est inférieurement cunéiforme. Elle se partage profondément en lobes toujours en coin par leur base, qui s'allongent sans prendre autant que dans la précédente un aspect flabelliforme. Sa consistance est aussi beaucoup moins coriace; sa couleur est plus verdâtre, et les zônes y sont deux ou trois fois plus éloignées les unes des autres. Nous avons observé cette espèce partout où nous avons visité le rivage, depuis les rives de la mer du Nord jusqu'à Cadix où elle se trouve confusément avec le *mediterranea*. Nous en connaissons trois variétés : α *P. O. cuneata*, celle de nos côtes la plus large, qui peut se lober beaucoup sans pourtant devenir rameuse, ou se diviser en lanières minces. β *P. O. composita*, qui nous a été envoyée de Cadix par feu le chanoine Cabréra, et qui nous a été rapportée de la Nouvelle-Hollande par Durville. Ses frondes s'étendent à quatre et six pouces, se fissent jusqu'à leur base et paraissent alors comme rameuses; γ *P. O. multifida* que Draparnaud n'avait pas trouvée dans la Méditerranée comme le dit Agardh, mais que nous avions rapportée de Ténériffe où nous la découvrîmes, et que nous communiquâmes au naturaliste de Montpellier. La fronde de celle-ci, plus cunéiforme encore et inférieurement bien plus mince qu'aucune autre, se fisse profondément en lanières minces qui ne se dilatent jamais en éventail. Ces lanières atteignent de deux à quatre pouces.—4°. Le *Padina Durvillœi*. Belle espèce que nous dédions au savant marin qui nous l'a rapportée de la Conception au Chili. Elle a jusqu'à six pouces de longueur. Son stipe, assez large, se dilate en une expansion lobée, d'une belle couleur brun-marron. — 5°. *Padina variegata*, Lamx., Ess., pl. 5, fig. 7-9. Celle-ci vient des mers des Antilles.

†† Padines squammeuses, dont les expansions sont très-coriaces, à peine transparentes, fortement colorées, avec un duvet drapé qui s'étend sur presque toute la page supérieure de la fronde. Ce sous-genre se compose: 6°. du *Padina squamaria*, Lamx.; *Zonaria squamaria* d'Agardh, dont il existe deux variétés fort distinctes : *a sanguinea*, qui est celle dont on trouve une détestable figure dans Gmelin (*Fuc.*, tab. 20, fig. 2). C'est la plus commune dans la Méditerranée; elle n'est jamais que lobée, et sa couleur est d'un rouge plus ou moins foncé en dessous; β *nigrescens*, c'est celle des côtes océanes; nous l'avons trouvée depuis Bayonne jusqu'à Cadix, d'où feu Cabréra nous en a envoyé, sous le nom de *deusta*, des échantillons presque rameux, fort épais et tomenteux en dessus, noirs ou noirâtres en dessous. La planche 244 de Turner la représente fort bien.

††† Padines rameuses. Celles-ci s'éloignent des précédentes par leur faciès, qui les rapproche des Dictyoptères; un stipe rameux y soutient les frondes qui sont simplement cunéiformes ou sublinéaires. Nous en connaissons deux : 7° le *Padina in-*

terrupta de Lamouroux (Essai, tab. 6, fig. 1); charmante Hydrophyte de Mascareigne si bien représentée par Turner dans sa planche 245. Elle a également été retrouvée à Madagascar et à la Nouvelle-Zélande.—8° le *Padina Tournefortii* de Lamouroux; *Zonaria flava* d'Agardh, *Syst.*, p. 130, dont Tournefort seul a donné une excellente figure dans ses *Institutiones Rei Herbariæ*, tab. 336. Cette magnifique Plante a ses tiges souvent grosses comme le pouce, formées de filamens d'un brun brillant, extrêmement fins et serrés, comme spongieux; longue de trois à six pouces et plus, très-rameuses, avec des frondes inférieurement allongées en coin, dilatées, arrondies et diversement lobées et déchirées à leur extrémité; leur consistance est légèrement scarieuse; leur couleur est d'un vert roux et brillant qui prend un aspect soyeux par la dessiccation. Cette Padine est assez commune à Cadix. Nous l'avons trouvée à Ténériffe. Chamisso paraît également l'avoir recueillie au Brésil.

Nous ne regardons pas comme appartenant à ce genre, les *Zonaria rosea*, *collaris* et *adspersa*. Quant au *deusta*, il ne nous est pas connu. L'espèce que Cabréra nous a souvent envoyée sous ce nom, d'après l'autorité d'Agardh lui-même, n'est que le *squamosa* β.   (B.)

PADOLLE. *Padollus*. MOLL. Genre tout-à-fait inutile proposé par Montfort pour une espèce d'Haliotide, qui ne diffère de ses congénéres que par une rigole décurrente qui se voit sur le dos de la Coquille, suivant la direction de la spire qui est bien visible dans cette espèce. L'*Haliotis canaliculatus*, Lamk., a servi de type à ce genre inadmissible. V. Haliotide.   (D..H.)

PADOTA. BOT. PHAN. Adanson distinguait sous ce nom générique le *Marrubium Alyssum*, L., qui offre de légères différences dans la lèvre supérieure de la corolle. Ce genre n'a pas été adopté.   (G..N.)

PADRI. BOT. PHAN. *V.* BOVATTI.

PADUS. BOT. PHAN. Nom scientifique d'une espèce de *Prunus* de Linné, placée maintenant parmi les Cerisiers. *V.* ce mot. (B.)

PÆDÈRE. INS. *V.* PÉDÈRE.

PÆDÉRIE. *Pœderia.* BOT. PHAN. Genre de la famille des Rubiacées et de la Pentandrie Monogynie, L., offrant les caractères essentiels suivans : calice petit, à cinq dents ; corolle infundibuliforme, hérissée en dedans et à cinq lobes ; cinq étamines, dont les anthères sont oblongues, presque sessiles et non saillantes hors de la corolle ; baie petite, ovée, fragile et disperme. Ce genre se compose d'Arbustes sarmenteux, souvent dioïques par avortement, ayant leurs fleurs disposées en grappes axillaires. On en a séparé quelques espèces, que l'on a réunies au genre *Danais* de Commerson, dont le fruit est capsulaire. *V.* DANAÏDE. Le *Pœderia* a, en outre, de grandes affinités avec les genres *Coprosma* et *Disodea*.

La Plante que l'on doit considérer comme type du genre, est le *Pœderia fœtida*, L. et Lamk., Ill., tab. 166 ; c'est le *Gentiana scandens*, Loureiro, Flor. Cochinch., et le *Daun-Contu* de Rumph (*Herb. Amboin.*, 5, p. 436, tab. 160). Ses tiges, ligneuses inférieurement, poussent des sarmens longs, grêles, rameux, et qui s'entortillent autour des Arbrisseaux qu'ils rencontrent. Les feuilles sont pétiolées, lancéolées, presque cordiformes à la base, molles, entières, aiguës, glabres et vertes des deux côtés. Elles exhalent une odeur forte et puante lorsqu'on les froisse avec les doigts. Les stipules interpétiolaires sont petites, aiguës, élargies à la base. Les fleurs sont disposées en grappes axillaires, courtes, peu garnies, munies de bractéoles aux divisions du pédoncule. Cette Plante croît dans les Indes-Orientales et aux Moluques. Elle est cultivée en Europe dans les jardins de botanique. (G..N.)

PÆDEROTE. *Pœderota.* BOT. PHAN. Ce genre, de la famille des Scrophularinées, section des Rhinanthacées, et de la Diandrie Monogynie, L., offre les caractères suivans : calice divisé profondément en cinq découpures linéaires, subulées, persistantes ; corolle monopétale, dont le tube est plus court que le calice, et le limbe bilabié, bâillant ; la lèvre supérieure entière ou échancrée, l'inférieure trifide ; deux étamines à filets un peu courbés, de la longueur de la corolle, et à anthères arrondies ; ovaire ovoïde, surmonté d'un style filiforme et d'un stigmate capité ; capsule ovale, oblongue, un peu comprimée, biloculaire et polysperme. Ce genre, dont le nom a été inutilement changé par Scopoli en celui de *Bonarota*, qui avait été anciennement proposé par Micheli, est voisin des Véroniques. Il ne renferme que trois ou quatre espèces légitimes, lesquelles se réduisent à deux seulement, selon Sprengel ; la plupart de celles que Linné et d'autres auteurs avaient décrites sous le nom générique de *Pœderota*, ont été transportées dans d'autres genres, ou en ont formé de nouveaux. Ainsi, le *Pœderota Bonæ Spei*, L., fait partie du genre *Hemimeris* ; le *P. minima*, Retz et Savigny, est placé dans le *Microcarpæa* de R. Brown ; le *P. nidicaulis*, Lamk., Illustr., tab. 15, f. 2, est le type du genre *Wulfenia* de Jacquin et Smith. *V.* tous les noms génériques à leur ordre alphabétique.

La Plante que nous regardons comme espèce fondamentale, avait d'abord été rapportée aux Véroniques par Linné. C'est le *Pœderota Bonarota*, qu'il ne faut pas confondre avec des Plantes voisines, mais distinctes, qui ont reçu le même nom. Cette espèce a des tiges hautes de six à huit pouces, grêles, faibles, cylindriques, légèrement pubescentes, distantes les unes des autres, ovales, pointues et fortement dentées ; celles du bas de la tige sont beaucoup plus petites que les autres.

Les fleurs sont bleues, pédicellées, et disposées en épi lâche et terminal. Elles sont munies de bractées linéaires, placées sous les calices et plus longues que les corolles. Cette Plante croît dans les Alpes de l'Autriche et de l'Italie supérieure. L'autre espèce (*Pæderota Ageria*, L.) se trouve dans les Alpes de la Carniole et se distingue à peine de la précédente; ses corolles jaunâtres lui ont valu le nom de *P. lutea*, imposé par Lamarck.   (G..N.)

PÆLOBIE. INS. Nom donné par Schœnher et Leach au genre *Hygrobia* de Latreille. *V.* HYGROBIE.

PÆONIA. BOT. PHAN. *V.* PIVOINE.

PAERSIÈRE-FOLLE. OIS. L'un des syn. vulgaires de Friquet. *V.* GROS-BEC.   (DR..Z.)

PAGALA. OIS. L'un des noms de pays du Pélican blanc. *V.* PÉLICAN.
                (DR..Z.)

PAGAMEA. BOT. PHAN. *V.* PAGAMIER.   (A. R.)

* PAGAMETTA. BOT. PHAN. Un Arbre d'Amboine a été figuré sous ce nom par Rumph (*Herb. Amb.*, tab. 103), et décrit trop imparfaitement pour qu'on puisse déterminer positivement à quel genre il appartient. Il a un tronc bas et épais, des feuilles alternes, des fruits en petites grappes axillaires, gros comme une Noisette, contenant une Noix raboteuse à l'extérieur, et se partageant en deux ou quatre segmens. Ces caractères le rapprochent du genre *Elæocarpus*, L., qui a pour synonyme le *Ganitrus* de Rumph et Gaertner, dont deux espèces sont figurées par Rumph, *loc. cit.*, tab. 101 et 102. Le bois de *Pagametta* contient un suc visqueux, qui le rend dur et pesant; mais ces qualités s'évanouissent par la dessiccation.
                (G..N.)

PAGAMIER. *Pagamea*. BOT. PHAN. C'est un genre de Plantes établi par Aublet, et qui appartient à la famille des Rubiacées et à la Tétrandrie Monogynie. Ce genre se compose jusqu'ici d'une seule espèce, et comme son organisation n'a encore été qu'imparfaitement décrite, nous la ferons connaître ici avec quelques détails. Le *Pagamea guianensis*, Aublet, est un Arbrisseau qui peut s'élever jusqu'à une douzaine de pieds; ses rameaux sont dichotomes, divariqués, feuillés seulement dans leur partie supérieure. Les feuilles sont opposées, très-rapprochées, ovales, lancéolées, acuminées, entières, rétrécies à leur base en un pétiole. Les deux stipules sont entières, tronquées, soudées ensemble et formant en dedans des pétioles une gaîne courte et lâche. Les fleurs sont petites, sessiles, d'un blanc sale, disposées en petites grappes pédonculées, qui naissent de l'aisselle des feuilles supérieures. Le calice est fort petit, monosépale, campanulé à cinq dents, quelquefois à quatre seulement; la corolle est monopétale, régulière, presque campanulée, profondément divisée en quatre lobes linéaires, obtus et égaux, garnie de poils sur sa face interne. Les étamines au nombre de quatre plus courtes que les lobes de la corolle, et insérées à leur base, ont leurs filets grêles, leurs anthères allongées, obtuses. L'ovaire est presqu'entièrement libre (caractère fort remarquable dans une Rubiacée!), c'est-à-dire qu'il est inséré par une base large au fond du calice, où il est entouré par un disque annulaire et périgyne. Il est presque globuleux, terminé supérieurement par deux renflemens opposés, entre lesquels s'élève un style grêle, sétacé, terminé par un stigmate biparti. Le fruit est environné à sa base par le calice, qui est persistant, s'est durci et accru, et forme une sorte de cupule à la base du péricarpe. Celui-ci est une drupe noirâtre, ombiliquée à son sommet, offrant quatre sillons longitudinaux et par conséquent légèrement quadrilobée. Elle contient un ou quelquefois deux petits noyaux très-durs, qui renferment chacun une seule graine. Cet Arbrisseau est assez commun dans les savanes et au voisinage des forêts dans la Guiane. (A. R.)

PAGANEL ou PAGANELLE. pois. Espèce du genre Gobie. *V.* ce mot. (B.)

PAGAPATE. bot. phan. (Sonnerat.) *V.* Bagatbat.

PAGARA. pois. (Delaroche.) Syn. de Pagre aux Baléares. *V.* Spare. (B.)

PAGE. ins. Nom marchand du *Papilio Protesilans*, L., qui appartient maintenant au genre Uranie. *V.* ce mot. (B.)

PAGEL. pois. Espèce du sousgenre Pagre, dans le genre Spare. *V.* ce mot. Aux Baléares on donne ce nom, suivant Delaroche, au *Sparus Erythrynus*. (B.)

PAGESIA. bot. phan. Rafinesque (*Flor. Ludovic.*, p. 49) a formé sous ce nom un genre de la famille des Scrophularinées et de la Didynamie Angiospermie, L., auquel il attribue les caractères essentiels suivans : calice à cinq divisions inégales ; corolle monopétale, dont le tube est renflé au sommet; le limbe étalé, à deux loges; la supérieure plane, réfléchie, échancrée, trilobée; style et stigmate simples; capsule à deux valves et à deux loges polyspermes. Ce genre se rapproche beaucoup du *Gerardia*, peut-être même des *Chelone* et *Pentstemon* ; mais l'insuffisance des caractères cidessus exposés, empêche de prononcer sur cette question. Il ne renferme qu'une seule espèce, *Pagesia leucantha*, Plante herbacée, dont les tiges sont faibles, quadrangulaires, rameuses, munies de feuilles sessiles, opposées, glabres, ovales, oblongues et dentées en scie. Les fleurs sont blanches, portées sur de longs pédoncules, disposées en grappes. Cette Plante croît dans la Louisiane. (G..N.)

PAGLIERIZ. ois. (Aldrovande.) Syn. du Bruant commun. *V.* Bruant. (DR..Z.)

*PAGNON. ois. L'un des syn. vulgaires de Sterne Pierre-Garin. *V.* Sterne. (B.)

PAGODE. conch. Nom vulgaire et marchand du *Turbo Pagodus*, L., et d'une espèce de Toupie, qui est devenue le type du genre Tectaire de Montfort. *V.* Tectaire. (A. R.)

PAGODIDE. min. *V.* Glyphite et Talc.

PAGRE. *Pagrus*. pois. Espèce de Spare, type d'un sous-genre. *V.* Spare. (B.)

*PAGRE. polyp. foss. Defrance a proposé ce nom, déjà employé en ichthiologie, pour un genre de Polypier fossile, qu'il caractérise de la manière suivante : Polypier pierreux fixé, orbiculaire, peu épais, convexe et poreux en dessus, concave en dessous, avec des lignes concentriques ; pores nombreux, placés irrégulièrement. On en connaît deux espèces, savoir : le Pagre élégant, *Pagrus elegans*, Defr., Dict., qui a été trouvé dans les couches de Craie, aux environs de Néhou, département de la Manche. Il adhère en général à des branches d'autres Polypiers; il a cinq à six lignes de diamètre, et conserve sa forme orbiculaire. La seconde espèce, le Pagre changeant, *Pagrus Protœus*, Defr., est fort variable dans sa forme et sa grosseur; il paraît quelquefois sans adhérence et ses pores sont toujours plus grands et moins réguliers que dans le Pagre élégant. On l'a trouvé à Meudon, à Beauvais, etc. (A. R.)

PAGURE. *Pagurus*. crust. Genre de l'ordre des Décapodes, famille des Macroures, tribu des Paguriens, établi par Fabricius, et restreint par Leach et par Latreille qui lui donne pour caractères : Animal vivant dans une coquille ; antennes intermédiaires courbées, notablement plus courtes que les latérales, avec les deux filets courts; division antérieure du thoracide carrée ou en forme de triangle renversé et curviligne; thoracide ovoïde-oblong ; post-abdomen long , cylindracé , rétréci vers le bout avec un seul rang de filets ovifères. Ce genre se distingue au premier coup – d'œil du genre Birgue, parce que celui-ci a les anneaux de l'abdomen couverts d'une écaille crustacée, et que son thorax est en forme de cœur renversé. Le genre Cénobite en est séparé par les antennes intermédiaires qui sont aussi longues que les extérieures et par d'autres caractères ; enfin le genre Prophylace s'en éloigne par son corps grêle, étroit et linéaire, par son post - abdomen droit, simplement courbé en dessous, avec tous les segmens distincts, recouverts d'une peau coriace, et ayant en dessous deux rangs d'appendices ovifères. Les antennes extérieures des Pagures sont à peu près de la longueur des pinces. Leur pédoncule est composé de trois articles apparens : le premier est le plus court ; il porte à son extrémité interne un appendice en forme de longue épine ; ces antennes sont terminées par un filet quatre fois plus long que le pédoncule ; ce filet est sétacé et finement articulé ; les antennes intermédiaires sont composées d'un pédoncule long, coudé, de trois articles, et d'une pièce terminale divisée jusqu'à sa base en deux petits filets sétacés, pluriarticulés, et dont le supérieur est plus gros et très-cilié inférieurement ; les yeux sont situés à l'extrémité de deux pédoncules cylindriques. Le tronc ou le thoracide est en forme de carré long, arrondi aux angles et plus large postérieurement, faiblement crustacé ; son dos est divisé en deux portions par une impression transverse et arquée dont l'antérieure représente la tête ; la queue est fort molle, contournée, en forme de sac vésiculeux, cylindrique, avec le dessus des deux premiers et des trois derniers anneaux plus solide ; elle n'a point de feuillets natatoires à son extrémité, ses deux appendices latéraux sont petits, d'inégale grandeur et formés d'un article commun portant deux autres articles

en forme de doigts, chagrinés extérieurement ou divisés, dans une partie de leur surface, en petites écailles très-nombreuses, régulières, imitant une râpe ; l'un de ces doigts est plus petit que l'autre ; les six pates antérieures sont beaucoup plus grandes que les autres, contiguës et rapprochées à leur naissance ; les deux premières sont en pince, ordinairement inégales, rapprochées et avancées au-dessus de la bouche ; les quatre suivantes sont terminées par un tarse simple et pointu ; enfin les quatre dernières sont petites, repliées, le plus souvent fendues à leur extrémité ou terminées par une petite pince ; le doigt immobile ou inférieur est chagriné extérieurement en forme de râpe ; la troisième paire de pates est ordinairement la plus longue de toutes. Tous les Crustacés de ce genre vivent dans des coquilles vides, et en changent à mesure qu'ils prennent de l'accroissement ; les femelles déposent leurs œufs dans des lieux où il s'accumule des petites coquilles vides, afin que ces petits, aussitôt après leur naissance, puissent se choisir un gîte convenable ; Risso nous apprend que les jeunes individus s'emparent d'abord des Colombelles, des Toupies, des Sabots et même des Bulimes d'eau douce, qui ont été jetés dans la mer ; ensuite ils s'emparent des Buccins, des Cérithes, des Rochers, et ils changent ainsi à mesure qu'ils croissent. Ce genre est assez nombreux en espèces ; on en connaît plus de trente, parmi lesquelles nous citerons :

Le PAGURE BERNARD, *Pagurus Bernardus*, Fabr.; *Pagurus streblanyx*, Leach, tab. 26, f. 1-4; *Astacus Bernardus*, Degéer ; *Cancer Bernardus*, Herbst, Cancr. T. II, p. 14, tab. 22, f. 6 ; communément appelé Bernard-l'Hermite. Il varie beaucoup de grandeur selon l'âge ; les plus grands individus ont le corps long d'environ un pouce et demi ; ses pinces sont chagrinées et muriquées, la droite est plus grande que la gauche ; le dessus du corps, et l'extrémité des bras et des pieds des seconde et troisième paires sont épineux; les ongles sont un peu tordus sur eux-mêmes, épineux en dessus. Cette espèce est commune sur toutes nos côtes.

Le PAGURE ANGULEUX, *Pagurus angulatus*, Risso, Crust., p. 58, pl. 1, f. 8; *Pagurus elatus*, Fabr.; Plancus, *de Conc. minus notis*, Append., t. 4, A; Herbst, Canc., tab. 23, f. 8; cette espèce est remarquable en ce que ses pinces sont pourvues en dessus de trois carènes longitudinales fort saillantes, avec le corps rugueux et épineux; la pince droite est plus grosse, le corps est d'un beau rouge. Il habite la mer de Nice et les côtes de Provence; on le trouve aussi dans la mer Adriatique. (G.)

PAGURIENS. *Paguril.* CRUST. Tribu de la famille des Macroures, établie par Latreille (Fam. Nat. du Règn. Anim.), et renfermant le genre *Pagurus* de Fabricius, d'Olivier et de Bosc, et le genre *Birgus* de Leach. Linné n'a pas distingué génériquement ces Crustacés de son grand genre *Cancer*, et Degéer les confond avec son genre *Astacus*. Telle qu'elle est restreinte par Latreille, cette tribu a pour caractères : les deux pieds antérieurs en forme de serre ordinaire et didactyle; le tarse des quatre suivans long et pointu; les quatre derniers pieds beaucoup plus petits que les autres, et terminés, soit par une petite pince ou pièce bifide et en partie chagrinée, soit par un doigt ou un crochet pointu; appendices latéraux de l'avant-dernier segment ordinairement charnus, en forme de doigts inégaux et servant simplement à l'Animal à s'accrocher ou à se fixer; thoracide et surtout post-abdomen plus ou moins mous ou faiblement crustacés; Animal parasite et vivant dans des Coquilles univalves marines ou terrestres vides, et quelquefois dans des Alcyons. Les Paguriens ont quelques rapports avec les Ecrevisses, tant par les organes de la manducation que par ceux de la reproduc-

tion. Dans les uns comme dans les autres, les parties génitales du mâle sont pareillement situées à l'article radical des pieds postérieurs.

Les Pagures ont été connus des anciens, et leur singulière manière de vivre les a toujours fait remarquer. Aristote (Hist. des Anim., liv. 4, ch. 4, et liv. 5, ch. 15) fait mention de ces Crustacés; il place le Pagure à la suite des Mollusques, et il dit qu'on peut le considérer comme un Testacé ou comme un Crustacé. Il donne à l'espèce dont il parle le nom de petit Cancre; il observe, pour le distinguer des Mollusques, qu'il n'est pas attaché à sa coquille, comme les Pourpres et les Buccins, et qu'il est facile de l'en détacher. Il en distingué plusieurs espèces. Il avait observé que ces Crustacés n'adhéraient pas à la coquille qu'ils habitent et qu'ils n'ont aucun muscle pour les retenir. Rondelet, Belon et plusieurs autres naturalistes anciens sont du même avis, mais Swammerdam pense tout autrement; il affirme avoir vu les tendons qui servent à attacher ces Crustacés à leur coquille : il les décrit, et il conclut que la coquille des Pagures ne leur est pas moins propre et ne leur sert pas moins de peau que celle du Limaçon (*Biblia Natur.*, p. 196). Les anciens ne donnaient pas le nom de Pagure aux Crustacés auxquels il a été appliqué par Fabricius. Aristote désignait ainsi (liv. 4, chap. 2) un gros Crustacé qu'il place parmi ses Cancres, à la suite de ses *Maia*. Il est probable que c'est le *Cancer Pagurus* des auteurs modernes; ils donnaient le nom de *Carcinion* aux Pagures proprement dits. Les Latins les connaissaient sous le nom de *Cancelli*; enfin, les modernes leur donnent les noms d'Hermite, de Bernard-l'Hermite ou de Soldat, parce que ces Crustacés vivent seuls dans une coquille comme dans une cellule ou dans une guérite.

Les antennes des Paguriens sont au nombre de quatre; les extérieures sont placées ordinairement sur la même ligne que les yeux, composées de quatre articles dont le dernier fort long et multiarticulé, et ayant souvent un appendice en forme de longue épine à la partie intérieure du premier article; les intermédiaires sont insérées au-dessous des yeux, coudées, composées également de quatre articles; le dernier est divisé en deux filets multiarticulés dont le supérieur est plus long et plus gros que l'inférieur et divisé en un grand nombre d'anneaux distincts; les pédicules oculaires sont très-rapprochés ou contigus, cylindriques, avancés parallèlement, avec un appendice à leur base; les yeux sont situés à leur extrémité; la bouche de ces Crustacés a les plus grands rapports avec celle des Écrevisses; la tige interne de leurs pieds-mâchoires extérieurs est formée de six articles dont le premier court et inégal, le second court, anguleux et dentelé intérieurement, et le troisième un peu plus étroit et plus long, supportant les trois derniers qui sont grands, linéaires, aplatis et ciliés.

Les mœurs des Paguriens sont encore peu connues; quelques auteurs ont avancé qu'ils faisaient périr le propriétaire naturel de la coquille dans laquelle ils voulaient s'établir. Cette assertion est fausse, et on sait très-bien qu'ils ne s'emparent que de celles qui sont vides; ils ont donc dû choisir celles dont le sommet finit en spirale, afin de pouvoir s'y cramponner facilement. Ils changent de coquille une fois par an, et c'est à l'époque de la mue qu'a lieu ce changement, parce que leur corps grossit, et qu'ils ne peuvent plus tenir dans leur ancienne habitation. Ce n'est qu'après avoir essayé leur abdomen dans un grand nombre de coquilles, qu'ils parviennent à en trouver une dont la capacité leur convient. Lorsque ces Crustacés sont jeunes, ils s'enfoncent presque entièrement dans leur coquille, et on aperçoit à peine l'extrémité de leurs pates; en avançant en âge, ils prennent plus de volume; leurs serres et leurs pates grossissent, et ils

sont alors obligés de les laisser sortir. Ceux qui ont les pinces inégales, se servent de la plus grosse pour boucher leur coquille, comme le ferait un Mollusque avec son opercule. Il est bien reconnu que la même espèce de Pagure se loge dans des coquilles d'espèces différentes; et quoique Olivier ait pensé que le Pagure qui a passé une partie de sa vie dans une, ne peut se replacer que dans un individu de la même espèce, mais plus grand, il est bien certain que la forme du corps des Pagures ne s'adapte pas si intimement à celle de la coquille, et qu'ils peuvent se loger dans des espèces bien différentes, pourvu qu'elles soient analogues pour la forme. Les Pagures se meuvent très-bien au fond de la mer au moyen de leurs pates. Ils sortent quelquefois de l'eau et marchent sur le sable ou sur les rochers; mais ils ont la démarche lente, et paraissent traîner difficilement leur coquille. Les Pagures doivent en sortir pour s'accoupler. On a pensé qu'ils en sortaient pour chercher leur proie; mais ils peuvent très-bien saisir les petits Mollusques dont ils se nourrissent, sans sortir pour saisir ainsi et sans s'exposer à être eux-mêmes dévorés par leurs ennemis et pris sans défense. Ulloa dit que le Pagure qui a quitté sa coquille, court vite vers le lieu où il l'a laissée, aussitôt que quelque danger le menace, y rentre promptement à reculons, et tâche d'en fermer l'entrée avec ses pinces. Suivant le même auteur, la morsure que les Pagures font avec leurs pinces, produit les mêmes accidens que la piqûre du Scorpion. Il est certain que cette assertion est une erreur grossière, et que l'auteur s'en est laissé imposer par de faux rapports. Les Paguriens portent leurs œufs sous la queue, comme les autres Crustacés décapodes; ils sont attachés à de petits filets barbus ou fausses pates. Latreille a observé que ces appendices ovifères n'occupent qu'un seul rang d'un côté de l'abdomen. Risso nous apprend que ces Crustacés font deux pontes par an ; ils ont soin de s'approcher des endroits peu profonds de la mer, où sont accumulées des petites coquilles vides, afin que les petits puissent se choisir un gîte convenable après leur naissance. L'opinion d'Aristote sur la génération des Pagures est assez plaisante ; mais ses observations sur leur accroissement et sur leur changement de coquilles, sont parfaitement justes. « Le petit Cancre, dit-il, liv. 5, ch. 5, se forme originairement de la terre et de la vase ; il se revêt ensuite d'une coquille vide. Devenu plus gros, il change de coquille et passe dans une plus grande, telle que celle du Nérite, de la Trompe et autre semblable ; souvent il se loge dans les petits Buccins. Il porte avec lui sa nouvelle coquille, et il s'y nourrit jusqu'à ce que le volume de son corps augmenté l'oblige à passer une seconde fois dans une coquille plus vaste. » Risso dit que les Pagures ne cessent de remuer leurs antennes et leurs pates, quand ils marchent dans l'eau ou sur la terre ; aussitôt que l'on vient les saisir, ils se retirent dans leur retraite et se laissent tomber dans l'eau. La plupart de ces Crustacés vivent en sociétés, et ils se réunissent en grand nombre pour dévorer les corps morts quand ils en rencontrent sur le rivage.

Quelques Paguriens sont entièrement terrestres ; plusieurs auteurs en avaient parlé, mais aucun n'en avait donné de description, de sorte que leur existence restait encore dans le doute. Nous avons reçu de notre ami Poey, naturaliste instruit et zélé, habitant de Cuba, plusieurs individus formant un genre particulier (*Cœnobita*, Latr.), et qui vivent dans les bois à de grandes distances de la mer ; ils se rapprochent, quant à quelques caractères tirés des antennes, du *Birgus Latro*, qui est presque terrestre. Le Père Nicolson, dans son Essai sur l'Histoire naturelle de Saint-Domingue, en a fait mention, mais très-vaguement ; Maugé, qui a visité les Antilles,

avait parlé à Latreille de ces Pagures terrestres ; enfin, Bosc en a fait aussi mention. Nous nous proposons de faire connaître ces Crustacés dans un Mémoire particulier, et au mot Cénobite du Supplément de cet ouvrage.

Les Paguriens ne sont pas recherchés pour la nourriture de l'Homme, et nous n'en avons pas vu manger un seul, quoique nous ayons habité le port de Toulon pendant plus de vingt ans : cependant, au rapport de notre collaborateur Bory de Saint-Vincent, les habitans des côtes du département du Calvados les emploient pour leur nourriture ; le savant que nous citons en a mangé plusieurs fois et paraît les trouver fort bons. Le Birgue Larron et quelques autres sont mangés aussi dans les colonies, et Rochefort dit que les habitans des Antilles en mangent quelquefois, comme on mange, dans quelques contrées de l'Europe, les Limaçons. L'abdomen des Pagures sert souvent au pêcheur comme appât. L'étude de ces Crustacés est assez difficile, et les descriptions que les auteurs ont données des diverses espèces, sont très-incomplètes ; souvent même les figures manquent de détails et peuvent convenir à diverses espèces. En général, on ne peut bien observer ces Animaux qu'en les ayant dans l'esprit-de-vin. Latreille divise ainsi cette tribu :

I. Thoracide en forme de cœur renversé ; post-abdomen régulier, suborbiculaire. Les deux pieds pénultièmes simplement un peu plus petits que les deux précédens ; les deux derniers repliés, cachés, reçus à leur extrémité dans un enfoncement de la base du præsternum ; leurs doigts, ainsi que ceux de la paire précédente, simplement velus ou épineux. Crustacés se retirant dans des trous et pouvant courir.

Le genre Birgue. *V.* ce mot au Supplément.

II. Thoracide ovoïde ou oblong ; post-abdomen long, cylindracé, rétréci vers le bout , avec un seul rang d'appendices ovifères dans la plupart. Les quatre pieds postérieurs beaucoup plus courts que ceux de la troisième paire, à doigts courts et granuleux. Animaux vivant dans des coquilles univalves, ordinairement turbinées ou turriculées.

Les genres CÉNOBITE, PAGURE, PROPHYLACE. *V*. ces mots.   (G.)

* **PAGUROIDE.** CRUST. Espéce du genre Crabe. *V*. ce môt.   (B.)

* **PAICA** ET **PASOTE.** BOT. PHAN. Noms vulgaires de l'Ansérine Ambroisine (*Chenopodium Ambrosioïdes*, L.) chez les habitans du Pérou. *V*. ANSÉRINE.   (G..N.)

* **PAILLE.** OIS. Espèce du genre Gobe-Mouche. *V*. ce mot. (DR..Z.)

PAILLE. BOT. PHAN. Ce mot désigne, dans l'économie domestique et industrielle, les Chaumes desséchés de plusieurs Graminées, et notamment des Céréales, telles que le Froment, le Seigle, l'Orge, le Riz, le Maïs, l'Avoine, etc. *V*. tous ces mots, ainsi que CHAUME et GRAMINÉES.   (G..N.)

PAILLE-EN-QUEUE. *Phaeton*. OIS. Genre de l'ordre des Palmipèdes. Caractères : bec gros, dur, robuste, tranchant, très-comprimé, pointu, faiblement incliné, de la longueur de la tête ; bords des mandibules élargis à la base, comprimés et dentelés dans le reste de la longueur; narines placées de chaque côté de la base du bec et percées de part en part, couvertes en dessus par une membrane nue; pieds très-courts, retirés dans l'abdomen ; quatre doigts engagés dans la même membrane ; le pouce court et articulé intérieurement; ailes longues ; la première rémige dépassant toutes les autres ; queue courte, garnie de deux brins ou filets très-longs, formés d'une tige presque nue, garnie seulement de très-petites barbules.

De même que les Albatros, les Frégates et autres Oiseaux grands voiliers, les Pailles-en-Queue ont le vol rapide et assez soutenu, pour se porter à de grandes distances de toute terre. Soit l'effet d'une modification particulière dans leur organisation, soit habitude pure et simple, ou même le seul résultat de l'instinct qui leur suscite les moyens de ménager leurs forces et d'éviter de trop grandes fatigues, ces Oiseaux parvenus, selon leur manière de voler, à une hauteur extrême, modèrent tout-à-coup leurs mouvemens de progression et s'abandonnent pour ainsi dire à leur propre poids ; mais arrivés près de la surface des flots, ils s'élancent de nouveau par un vol oblique, et malheur alors aux petits Poissons qui se trouvent à leur portée ; en un clin-d'œil ils sont saisis et avalés. On trouve dans quelques voyageurs les Pailles-en-Queue appelés Oiseaux des tropiques, parce qu'on les voit rarement s'écarter de la zône torride. Les cimes des rochers caverneux paraissent être les abris où ils se livrent au repos ; quelquefois malgré la palmure de leurs pieds, ils se perchent, comme les Cormorans, sur le sommet des Arbres les plus élevés, et quand, surpris par le déclin du jour, avant d'avoir pu regagner le rivage, ils sont forcés de descendre sur l'eau, on dit qu'ils s'y endorment en toute sécurité. Ces mêmes rochers reçoivent aussi les pontes que l'on assure se renouveler jusqu'à deux fois dans l'année ; les œufs au nombre de trois et d'un blanc-jaunâtre, tachetés de brunâtre, sont déposés dans des crevasses où le père et la mère accumulent quelque duvet. Les jeunes sont d'abord couverts de petites plumes duveteuses d'un blanc de neige, qui tardent assez long-temps à être remplacées par les véritables plumes. Toutes les mers inter-tropicales sont également fréquentées par les Pailles-en-Queue ; on les rencontre souvent en troupes dans le voisinage des îles et des archipels.

PAILLE-EN-QUEUE A BEC ET PIEDS NOIRS, *Phaeton melanorhyncos*, Lath.

V. PAILLE-EN-QUEUE A BRINS ROU-
GES, jeune.

PAILLE-EN-QUEUE BLANC, *Leptu-
rus candidus*, Briss. ; Paille-en-
Queue de l'île de l'Ascension, Buff.,
pl. enl. 569. Plumage d'un blanc
mat de même que les brins de la
queue; sourcils noirs; des taches de
cette couleur sur les scapulaires et
les rémiges; bec et pieds jaunâtres;
membrane qui entoure les doigts et
ongles noirs. Taille, vingt-huit pouces. Océan Atlantique.

PAILLE-EN-QUEUE A BRINS ROUGES,
Phaeton phœnicurus, Lath., Buff.,
pl. enl. 979 et 998. Tout le plumage
d'un blanc satiné avec un léger reflet rosâtre; quelques taches noires à
l'extrémité des plumes scapulaires et
des rémiges; un trait arqué au-dessus de l'œil; les deux brins de la
queue d'un rouge de rose, de même
que la base; pieds noirs. Taille,
trente à trente-six pouces, de l'extrémité du bec à celle des brins. Dans
le moyen âge, les parties supérieures
sont plus ou moins ornées de taches
arquées noires, et le blanc du plumage n'est point nuancé de rose; le
bec et les pieds sont rouges. Les jeunes ont la taille d'un bon tiers plus
petite, et toutes les parties supérieures couvertes de stries noires, les
inférieures et le front sont noirs; un
trait de cette couleur passe en dessous
des yeux et s'étend de chaque
côté du cou; le bec et les pieds sont
noirs. Habite les rives tropicales et
la surface des mers qui les baignent.

PAILLE-EN-QUEUE DE CAYENNE. *V.*
PAILLE-EN-QUEUE A BRINS ROUGES
(moyen âge).

PAILLE-EN-QUEUE GRAND PHAÉ-
TON, *Phaeton œthereus*, Lath. *V.*
PAILLE-EN-QUEUE A BRINS ROUGES
(moyen âge).

PAILLE-EN-QUEUE DE L'ILE DE
L'ASCENSION. *V.* PAILLE-EN-QUEUE
BLANC.

PAILLE-EN-QUEUE DE L'ILE-DE-
FRANCE. *V.* PAILLE-EN-QUEUE A
BRINS ROUGES.

PAILLE-EN-QUEUE MÉLANORYN-
QUE, *Phaeton Melanorhynchus*. *V.*

PAILLE-EN-QUEUE. A BRINS ROUGES,
jeune.

PAILLE-EN-QUEUE PETIT PHAÉTON.
V. PAILLE-EN-QUEUE A BRINS ROU-
GES (moyen âge).   (DR..Z.)

Le nom de PAILLE-EN-QUEUE et de
PAILLE-EN-CUL, a été appliqué quelquefois aux Poissons du genre Tri-
chiure. *V.* ce mot.   (B.)

PAILLERET. OIS. Syn. vulgaire
de Bruant commun. *V.* BRUANT.
                                (DR..Z.)

PAILLETTE. INS. Nom donné par
Geoffroy à une espèce du genre Al-
tise : c'est l'*Altica atricapilla*, commun dans les jardins des environs de
Paris.   (G.)

PAILLETTES. *Paleœ*. BOT. PHAN.
On nomme ainsi certains organes foliacés ou scarieux qui existent dans
les fleurs de divers Végétaux, et que
l'on ne peut assimiler positivement
aux organes sexuels ou à leurs annexes tels que la corolle et le calice. Cependant, on observe la plus
grande ressemblance entre les Paillettes qui recouvrent le réceptacle
d'un grand nombre de Synanthérées, et qui fournissent souvent un
bon caractère pour distinguer les
fleurs; on observe, disons-nous,
beaucoup de rapports entre ces organes et les folioles de l'involucre.
On nomme *Paillettes* dans les fleurs
de Graminées, tantôt les membranes
scarieuses qui forment les enveloppes florales, organes que l'on désigne plus ordinairement sous les noms
de Lépicène, de Balle et de Glumes;
tantôt deux petits corps hétéromor-
phes souvent glanduleux, qui se
trouvent à la base de l'ovaire. Le
mot de Paillettes ne désignant point
d'organe spécial, ne devrait point
être employé isolément dans les descriptions des Plantes, c'est-à-dire que
lorsque l'on donne le nom de Paillettes à certains organes de Végétaux,
on doit décrire leur forme, leur consistance, leur couleur, en un mot,
toutes les qualités physiques qui
leur sont particulières.   (G..N.)

PAIN. zool. bot. On a donné ce nom, emprunté de la boulangerie, à divers corps naturels, soit à cause de leur consistance et figure, qui rappellent les formes de notre aliment le plus habituel, soit parce que divers Animaux en font leur nourriture de prédilection ; ainsi, l'on a appelé :

Pain des Anges (Bot.), le *Holchus saccharatus.*

Pain blanc (Bot.), la variété du *Viburnum Opulus*, vulgairement nommé Boule de Neige.

Pain de Bougie (Annel.), diverses Serpules.

Pain de Coucou (Bot.), l'*Oxalis Acetosella.*

Pain de Crapaud (Bot.), l'*Alisma Plantago* et divers Bolets suspects.

Pain d'épice (Moll.), le *Nerita Albumen.*

Pain fossile (Min.), même chose que *Ludus Helmontii V.* Jeux de Vanhelmont.

Pain de Hanneton (Bot.), les fruits de l'Orme, aussi appelés vulgairement Deniers.

Pain de Hottentot (Bot.), le *Zamia cycadis* et l'*Arum esculentum.*

Pain des Indes (Bot.), l'Igname.

Pain de Lapin (Bot.), l'*Orobanche major.*

Pain de Lièvre (Bot.), l'*Arum maculatum.*

Pain de Loup (Bot.), divers Agarics suspects.

Pain mollet (Bot.), même chose que Pain blanc.

Pain d'Oiseau (Bot.), le *Sedum acre.*

Pain pétrifié (Min.), même chose que Pain fossile. *V.* aussi Artholithe.

Pain de Poulet (Bot.), le *Lamium purpureum.*

Pain de Pourceau (Bot.), le *Cyclamen europeum.*

Pain de quatre sous (Min.), des masses de Strontiane sulfatée, argilifère et terreuse, d'une forme arrondie, comme des miches, et communes à Montmartre près de Paris.

Pain de Saint-Jean (Bot.), les Caroubes, fruits du *Ceratonia siliqua.*

Pain de Singe (Bot.), le fruit du Baobab.

Pain de Vache (Bot.), le Mélampyre des champs, et dans Paulet, un Agaric de sa famille des Bassets à crochets, etc.   (B.)

PAINA – SCHYLLI. bot. phan. (Rhéede, *Hort. Malab.*, tab. 48). Nom vulgaire à la côte de Malabar de l'*Acanthus ilicifolius*, L., ou *Dilivaria ilicifolia* de Jussieu. *V.* Dilivaire.   (G..N.)

* **PAI-PAROEA.** bot. phan. *V.* Couradi.

PAISSE. ois. Nom vulgaire de diverses espèces d'Oiseaux, qui, accompagné de différentes épithètes, désigne le Pinson d'Ardenne, appelé Paisse des Bois ; le Pégot, appelé Paisse Buissonnière et Paisse privée ; le Friquet, appelé Paisse de Saule ; le Merle solitaire, appelé Paisse solitaire ou sauvage, etc. Paisse, purement et simplement, était anciennement le Moineau franc, d'où l'on nomme encore cet Oiseau Paisserelle en divers cantons de la France occidentale.   (B.)

* **PAJEROS** ou **CHAT PAMPA.** mam. *V.* Chat.

* **PAJOUI.** bot. phan. Les habitans de la côte de Cumana nomment ainsi le *Bumelia buxifolia* de Humboldt et Bonpland, décrit et figuré par Kunth (*Nov. Gen. et Spec. Plant. æquin.* T. VII, p. 211, tab. 647).   (G..N.)

PAK. mam. *V.* Paca.

PAKEL. moll. Dans son Voyage au Sénégal, pl. 7, fig. 3, Adanson nomme ainsi une Coquille du genre Pourpre de Lamarck, adopté en partie de celui d'Adanson (*V.* Pourpre). Cette Coquille, fort commune, n'est autre chose que le *Buccinum patulum* de Linné, Pourpre antique, *Purpurea patula* de Lamarck.   (D..H.)

PAKIRI. MAM. L'un des noms de pays du Paca. *V*. ce mot. (B.)

PAKIS-GALAR. BOT. CRYPT. (Leschenault.) Syn. de Fougère en arbre chez les Javanais. (B.)

PAKOSEROKA. BOT. PHAN. (Adanson.) Syn. barbare d'Amome. *V*. ce mot. (B.)

PAL. POIS. L'un des noms vulgaires de l'Emissole. *V*. SQUALE. (B.)

PALA. POIS. L'un des noms vulgaires du Lavaret. *V*. SAUMON. (B.)

PALA. BOT. PHAN. Pline a mentionné sous le nom de *Pala-Ariena*, une Plante de l'Inde produisant un fruit plus gros que la Pomme et d'un goût plus agréable, qui servait de nourriture aux peuples religieux et phytophages de cette région ; ses feuilles étaient longues de quelques coudées. Ces courts renseignemens s'appliquent bien au Bananier : aussi C. Bauhin a cru reconnaître cette Plante dans le *Pala-Ariena* de Pline. Néanmoins, dans la citation d'une espèce de Grenadier à fruit très-gros et indiquée par Dodœus sous le nom de *Malus aurea*, il a rapporté l'opinion de ce dernier auteur qui paraît y voir la Plante de Pline. Cette opinion est moins vraisemblable que la première. Belon a cité aussi sous le nom de *Pala*, la Raquette ou Figuier d'Inde (*Cactus Opuntia*, L.) *V*. CIERGE.

Rhéede (*Hort. Malab.*, vol. 1, tab. 45) a décrit et figuré sous le nom de *Pala*, une Apocynée qui a pour synonyme le *Lignum scholare* figuré par Rumph (*Herb. Amboin.*, 2, tab. 82), ou *Echites scholaris*, L. Cette Plante a été érigée en un genre distinct voisin du *Nerium*, par R. Brown dans son excellent travail sur les Asclépiadées et les Apocynées, inséré parmi les Mémoires de la Société Wernérienne d'Edimbourg. Il lui a donné le nom d'*Alstonia* resté sans emploi depuis que le genre *Alstonia* de Mutis a été réuni au *Symplocos*. Mais comme à l'article ALSTONIA, il n'a été ques-tion que de ce dernier genre, nous renvoyons au même mot du Supplément pour faire connaître le genre nouveau de R. Brown. Suivant Leschenault, les mots *Pala*, *Palak*, *Palay* et *Palavayrainou*, désignent le *Nerium tinctorium*, espèce qui donne un fort bel indigo et que l'on a récemment tenté d'introduire à Mascareigne. Il est placé dans le genre *Wrigthia* de Brown. *V*. ce mot.

Enfin le mot *Pala* ou *Palala* est appliqué à d'autres Végétaux de l'Inde. Rumph cite cinq variétés du Muscadier ordinaire sous les noms de *Pala-Boy*, *Pala-Pantsjocri*, *Pala-radja*, *Pala-Puti* et *Pala-Domine*. Il parle encore d'autres espèces de Muscadiers à fruits plus ou moins allongés et plus ou moins gros, qui portent les noms vulgaires de *Pala-Lacki* et *Pala-Kitsjul*. *V*. MUSCADIER. (G..N.)

PALÆOTHERIUM. MAM. FOSS. Sous ce nom, qui signifie *Animal ancien*, Cuvier a réuni dix espèces d'Animaux Mammifères, dont les ossemens fossiles ont été trouvés, soit dans la pierre à plâtre des environs de Paris, soit dans des dépôts calcaires ou sablonneux du même âge, de diverses localités. Les *Palæotherium* forment, dans l'ordre des Pachydermes, un genre très-naturel, voisin des Tapirs, auxquels, d'après les portions de squelettes que l'on a pu étudier, ils ressemblaient probablement, par leur forme générale, par celle de leur tête, et notamment par l'espèce de petite trompe mobile, dont la brièveté de leurs os du nez annonce qu'ils étaient pourvus ; ils avaient en même temps quelques rapports d'organisation avec les Rhinocéros, par la forme de leurs dents molaires et par la division de chacun de leurs pieds en trois doigts, caractère qui les éloignait des Tapirs, dont les pieds du devant sont divisés en quatre. La plupart des espèces de *Palæotherium* vivaient à la même époque et dans les mêmes contrées qu'un grand

nombre de Mammifères Pachydermes, dont les mêmes ossemens se
trouvent confondus avec les leurs
dans les mêmes terrains. C'est au
profond savoir de l'auteur des Recherches sur les Ossemens Fossiles,
que l'on doit la découverte et la distinction de près de quarante espèces
d'êtres qui habitaient ensemble les
mêmes lieux, et dont les races aujourd'hui entièrement éteintes, ont
donné lieu à la création de plusieurs
genres distincts, qui ont reçu les
noms d'*Adapis*, de *Cheropotame*,
d'*Antracotherium*, d'*Anoplotherium*,
de *Lophiodon*, et enfin de *Palæotherium*. Comme l'histoire de quelques-
uns de ces différens groupes n'a pu
être faite, et que celle des autres ne
l'a été qu'incomplétement dans les
premiers volumes du Dictionnaire
qui ont paru avant la dernière édition de l'ouvrage de Cuvier, nous
prendrons occasion de compléter
cette histoire, en exposant ici d'une
manière comparative les caractères
zoologiques de chacun d'eux.

Genre *Palæotherium*. Quarante-
quatre dents, dont six incisives à
chaque mâchoire. Quatre canines
saillantes. Sept molaires de chaque
côté et à chaque mâchoire ; celles de
la mâchoire supérieure carrées ; celles
de l'inférieure en forme de doubles
croissans. Nez prolongé, mobile et
formant une petite trompe. Trois
doigts distincts à chaque extrémité.

1°. *Palæotherium magnum*; cinquante-quatre à cinquante-cinq pouces de hauteur au garrot ; taille inférieure à celle du Cheval ordinaire ;
corps plus trapus ; tête plus massive ;
jambes plus grosses et plus courtes.

2°. *Palæotherium medium*; taille
d'un Cochon de moyenne grandeur ;
trente à trente-deux pouces au garrot ; jambes plus longues, plus grêles
en proportion que dans l'espèce précédente. Peut-être aussi avait-il une
trompe plus longue et plus mobile,
à en juger par la brièveté des os du
nez.

3°. *Palæotherium crassum*; formes
semblables à celles du *P. magnum*,
mais différant de cette espèce par sa
grandeur moindre de moitié, et qui
égalait presque celle du *P. medium*,
dont il se distinguait par ses pieds
plus courts et plus larges.

4°. *Palæotherium latum*; de même
dimension que les deux précédens,
mais pieds encore plus larges et surtout plus courts que dans le dernier.

5°. *Palæotherium curtum*; de la
taille d'un Mouton, mais bien plus
basse ; pieds encore plus larges et plus
courts, en même proportion que dans
l'espèce précédente.

6°. *Palæotherium minus*. On a trouvé à Pantin, près Paris, un squelette
presque complet de cette espèce au milieu d'un bloc de Gypse, et les formes
générales par conséquent assez bien
connues, ont pu servir de point de
comparaison pour l'établissement des
autres espèces, dont il a fallu choisir
et rapprocher les diverses parties
éparses ou confondues au milieu de
la roche qui les enveloppe. Le *P. minus* avait environ seize ou dix-huit
pouces de hauteur ; il égalait à peu
près la taille d'un petit Mouton ; ses
pieds grêles avaient les doigts latéraux plus courts.

7°. *Palæotherium minimum*; ressemblait au précédent, mais il n'était
pas plus grand qu'un Lièvre.

Les ossemens de toutes les espèces
précédentes ont été trouvés ensemble
dans la masse même de pierre à plâtre des environs de Paris, à Sanois,
Montmorency, Triel, et dans un
grand nombre de localités, avec des
portions de squelettes de beaucoup
d'autres Animaux Mammifères Pachydermes, et aussi avec ceux de
quelques Carnassiers, avec des os
d'Oiseaux, de Reptiles et de Poissons, dont les races également perdues rappellent des Animaux des
eaux douces particuliers aux climats plus chauds que le nôtre ; d'autres contrées de la France ont également fourni des vestiges fossiles, qui
se rapportent au genre *Palæotherium*,
et tout porte à croire que de nouvelles recherches seront encore suivies de nombreuses découvertes. Les

environs du Puy en Velay, ont procuré une espèce, *P. velaunum*, très-semblable au *P. medium*, mais qui cependant offre quelques différences d'organisation, principalement dans quelques détails de la mâchoire inférieure. Les ossemens ont été trouvés dans des lits d'une marne gypseuse, de même âge probablement que le plâtre de nos environs, comme on peut le voir par la description spéciale que Bertrand-Roux a donnée de cette contrée intéressante. Le calcaire d'eau douce des environs d'Orléans contient aussi les débris d'une ou peut-être de deux espèces; le *P. aurelianense* se distinguerait des autres, parce que ses molaires inférieures ont l'angle rentrant de leur croissant fendu en une double pointe, et par quelques différences dans les collines des molaires supérieures. Le long des pentes de la Montagne-Noire, auprès d'Issel, on a trouvé encore, dans une couche de gravier ou de sable argileux, une espèce (*P. Isselanum*) qui offre les mêmes caractéres que celle d'Orléans, mais dont la taille est plus petite; enfin, dans le midi de la France, dans les formations argilo-sablonneuses du département de la Dordogne, on a eu l'occasion de constater que les *Palæotherium* se trouvent en abondance non moins grande qu'aux environs de Paris. Les os que l'on a extraits d'une seule fouille, dans un parc du duc de Cazes, et qui ont été trouvés avec ceux de Trionyx, de Tortues d'eau douce, de Crocodiles, se rapporteraient peut-être à trois espèces différentes de celles précédemment décrites, dont deux se rapprocheraient par leur dimension des *P. minus* et *crassum*, et dont la troisième se placerait par sa taille entre ce dernier et le *P. magnum*.

Genre *Anoplotherium*, (*V.* ce mot). Toutes les espèces ont, comme dans les *Palæotherium*, les dents au nombre de quarante - quatre; mais elles sont en série continue, les canines étant semblables aux incisives et non saillantes; dispo-

sition qu'indique le mot *Anoplotherium*, et qui ne se voit que dans l'Homme. Les pieds de devant, ainsi que ceux de derrière, sont terminés par deux doigts, comme dans les Ruminans, avec cette différence que les os du métacarpe et du métatarse sont séparés et distincts. Tandis que les différentes espèces qui composent le genre *Palæotherium* ont les plus grands rapports, et qu'avec les mêmes dents et le même nombre de doigts, elles diffèrent principalement par leur taille; les *Anoplotherium* offrent des différences spécifiques assez grandes, qui ont autorisé à les répartir dans trois sous-genres distincts.

1°. Les *Anoplotherium* proprement dits, à dents molaires antérieures assez épaisses, les postérieures de la mâchoire d'en bas ayant leurs croissans à crête simple; ils comprennent l'*An. commune* et l'*An. secundarium. V.* ANOPLOTHERIUM.

2°. Les *Xiphodon*, dont les molaires antérieures sont unies et tranchantes, dont les postérieures d'en bas ont, vis-à-vis la concavité de chacun de leurs croissans, une pointe qui prend aussi, en s'usant, la forme d'un croissant, en sorte qu'alors les croissans sont doubles, comme dans les Ruminans; tel est l'*An. gracile*, décrit sous le nom d'*An. medium*, au mot ANOPLOTHERIUM.

3°. Les *Dichobunes*, dont les arrière-molaires offrent des croissans extérieurs, qui sont aussi pointus dans le commencement, et ont ainsi des pointes disposées par paires. L'*An. leporinum*, de la grosseur d'un Lièvre, et décrit sous le nom d'*An. minus*, entre dans cette division, ainsi que deux autres espèces, de la taille d'un Cochon d'Inde ou d'un Rat, *An. murinum* et *An. obliquum*.

Genre *Cheropotame*, établi sur quelques portions de tête, qui suffisent pour caractériser un Pachyderme différent de tous ceux connus, et faire voir qu'il était plus voisin des Cochons que les *Anoplotherium*, mais dont la place précise ne pourra être assignée que lorsque l'on connaîtra la forme de toutes les dents et des pieds de la seule espèce dont on a trouvé très-rarement quelques débris dans les plâtres de Montmartre. Les portions de squelette que l'on a recueillies annoncent un Animal de la taille d'un Cochon de Siam, dont les molaires postérieures étaient carrées en haut, rectangulaires en bas, ayant quatre éminences coniques, entourées d'éminences plus petites; les molaires antérieures avaient la forme de cônes courts, légèrement comprimés; les dents canines étaient petites, mais saillantes.

Le genre *Adapis* est également fondé sur plusieurs portions de tête et de mâchoire, lesquelles indiquent l'existence d'un Animal de la grosseur d'un Lapin ou d'un Hérisson, qui vivait avec les *Palæotherium* et les *Anoplotherium*, et qui, très-voisin de ces derniers par la forme de ses dents molaires, paraît en devoir être distingué par le nombre des incisives, qui était de quatre à chaque mâchoire, et surtout par des canines coniques, un peu plus saillantes que les autres dents.

Le genre *Anthracotherium*, intermédiaire entre les Cochons, les *Palæotherium* et les *Anoplotherium*, se compose de plusieurs espèces qui, par la forme de leurs dents mâchelières, avaient beaucoup de rapports avec ces derniers, mais qui en différaient par des canines saillantes. Deux espèces ont été trouvées à quelque distance de Savone, dans les lignites de Cadibona, qui ont été regardées par quelques naturalistes comme des Houilles, mais dont la position géologique paraît devoir faire rapporter à une époque de beaucoup plus récente, et même, d'après Brongniart, à la formation des terrains tertiaires supérieurs des collines subapennines. Auprès du village de Hautevigne, dans le département de Lot-et-Garonne, en Alsace, à Lobsau, près Wissembourg, dans les environs du Puy en Velay, on a recueilli divers fragmens qui indiquent l'existence du genre *Anthracotherium* à l'état fossile dans ces divers lieux, mais qui semblent aussi annoncer des espèces différentes, qui, provisoirement, ont été désignées sous les noms d'*Anthracotherium minus*, *A. minimum*, *A. alsaticum*, *A. vélaunum*.

Genre *Lophiodon*; ayant avec les Tapirs encore plus d'analogie que n'en ont les *Palæotherium*, en ce que les molaires de leur mâchoire inférieure ont des collines transverses. Quoique Cuvier soit parvenu, au moyen de l'examen comparatif des parties, à distinguer jusqu'à douze espèces de Lophiodon, qui présentent quelques différences dans les détails de la structure des dents de chacune, il n'a pu encore acquérir de connaissance certaine sur le nombre des doigts qui terminaient leurs membres; la plus grande espèce approchait du Rhinocéros par sa taille; elle n'est connue que par quelques os trouvés aux environs d'Orléans, avec ceux d'une espèce plus petite, et avec ceux du *Palæotherium aurelianense*. Les environs de Montpellier et ceux de Laon en ont fourni chacun une espèce; deux ont été reconnues dans des terrains d'eau douce, auprès de Buchsweiler, et c'est à celle-ci que l'auteur des Recherches sur les Ossemens Fossiles avait donné dans les premières éditions de son ouvrage, les noms de *Palæotherium tapiroïdes* et de *P. buxovillanum*; enfin, dans une marnière des environs d'Argentan, exploitée à ciel ouvert pour l'amendement des terres, et qui a été creusée jusqu'à vingt pieds de profondeur, sans qu'on ait atteint le fond, lequel dépôt paraît remplir une cavité allongée dans le terrain oolithique, on a reconnu parmi des ossemens d'*Anoplotherium* et de *Palæotherium*, et avec des Coquilles analogues à nos Coquilles terrestres ou lacustres, assez de fragmens de squelettes de *Lophiodon* pour établir d'après eux cinq espèces; dont une avait précédemment été trouvée près Issel, département de l'Aude, avec deux autres. Une autre espèce de très-grande dimension a été observée près de Gannat.

V. pour le gisement de ces divers genres d'Animaux fossiles, le mot TERRAIN. (C.P.)

PALÆOZOOLOGIE. MAM. Blainville propose de former sous ce nom une science nouvelle, dont l'étude des Animaux fossiles serait l'objet. (B.)

* PALAFOXIA. BOT. PHAN. Lagasca (*Genera et Species Plantarum*, Madrid, 1816) publia sous ce nom un genre de la famille des Synanthérées, fondé sur l'*Ageratum lineare* de Cavanilles (*Icon. et Descr.*, vol. 3, p. 3, tab. 205). Dans le Bulletin de la Société Philomatique, décembre 1816, Cassini proposa le même genre sous le nom de *Paleolaria* qui a été adopté. *V.* PALÉOLAIRE. (G..N.)

PALAIOPTÈRE. MIN. (Saussure.) *V.* NÉOPTÈRE.

PALAIS. *Palaitum.* ZOOL. BOT. C'est la partie supérieure de la cavité de la bouche, formée par les apophyses palatines des os maxillaires et palatins, réunis par une suture médiane et recouverts d'une membrane épaisse, souvent plissée et contenant un grand nombre de follicules muqueux. *V.* BOUCHE.

En botanique on donne ce nom, dans une corolle monopétale personnée, au renflement de la lèvre inférieure qui cache l'entrée de la corolle. *V.* ce mot. (A. R.)

PALALA. BOT. PHAN. (Rumph.) Syn. des *Myristica microcarpa* et *salicifolia*, Willd. (G..N)

PALALACA. OIS. Espèce du genre Pie. *V.* ce mot. (DR..Z.)

PALAMDIE. POIS. Pour Pélamide. *V.* ce mot et SCOMBRE. (B.)

PALAMEDEA. OIS. *V.* KAMICHI.

PALARE. *Palarus.* INS. Genre de l'ordre des Hyménoptères, section des Porte-Aiguillons, famille des Fouisseurs, tribu des Larrates, établi par Latreille, et auquel il donne pour caractères : antennes grossissant un peu et insensiblement vers leur extrémité, plus courtes que la tête et le corselet; mandibules éperonnées, arquées, presque sans dents au côté interne; lèvre supérieure, très-petite, à peine saillante; mâchoires courtes, coriaces, terminées par un lobe presque ovale; lèvre inférieure droite, renfermée en partie dans une gaîne allongée, cylindrique; son extrémité supérieure évasée, à deux divisions arrondies et ciliées; palpes filiformes de la même longueur; les maxillaires composés de six articles; les labiaux de quatre; trois cellules cubitales, fermées aux ailes supérieures. Ce genre se distingue des genres Miscophe et Dinète, parce que ceux-ci n'ont que des cellules cubitales aux ailes supérieures. Les Larres et les Lyrops se distinguent du genre Palare, parce qu'ils ont les antennes filiformes, et par d'autres caractères tirés des ailes et des mandibules. Ces Insectes ont reçu de Jurine le nom de *Gonius*; Panzer ne les a pas distingué des Philanthes. La tête des Palares est orbiculaire, transversale et plus large que le corselet; les yeux sont ovales, allongés et convergeant postérieurement; le chaperon est convexe; les antennes sont séparées par une petite carène; elles sont presque filiformes, un peu plus grosses vers leur extrémité, de la longueur de la tête et de la moitié du corselet. Elles sont composées de treize articles dans les mâles, et de douze dans les femelles. Le premier est turbiné, épais, à peine aussi long que le troisième; le second est très-court; les autres, jusqu'à l'avant-dernier inclusivement, sont cylindriques; le troisième est un peu plus long; les suivans sont courts, serrés, un peu dilatés inférieurement, et comme légèrement en scie ou noueux; dans les mâles, le dernier est conique et terminé en pointe. La lèvre supérieure est petite, à peine saillante, coriace, en triangle transversal, entière et un peu ciliée. Les mandibules sont cornées, plus étroites, arquées vers le bout, et terminées en pointe obtuse; près du milieu du côté inférieur est une échancrure ou une entaille assez profonde, comme dans les Larres. Les mâchoires sont courtes, coriaces, comprimées, et terminées par un lobe grand, presque ovale, d'une consistance un peu moins solide, transparent et comme membraneux sur les bords, cilié et un peu voûté. Les palpes maxillaires sont plus courts que les mâchoires; ils sont insérés sur leur dos, vers le milieu de leur longueur, et composés de six articles. La lèvre inférieure est courte, membraneuse et renfermée, presque aux deux tiers de sa longueur, dans une gaîne étroite, allongée, presque cylindrique et non dentée au milieu de son bord supérieur. La languette présente deux lobes assez grands. Les palpes labiaux sont plus courts que la lèvre, insérés sur la face antérieure, immédiatement au-dessus de la gaîne; ils sont composés de quatre articles de la même longueur. Le sommet de la tête porte trois petits yeux lisses, disposés en triangle. Le corselet a la forme d'un ovoïde court et tronqué; le métathorax est ridé, court, avec une ligne imprimée, représentant un V; l'abdomen est conique, courbé, tronqué et échancré en devant; il est armé d'un aiguillon rétractile dans les femelles; les jambes et les tarses sont épineux; les tarses antérieurs sont ciliés postérieurement; les ailes supérieures ont une cellule radiale appendicée et trois cellules cubitales, dont la seconde, plus petite, triangulaire, pétiolée, recevant les deux nervures récurrentes. On connaît trois espèces de ce genre, toutes propres aux contrées chaudes de l'Europe et de l'Afrique. Nous citerons :

LE PALARE FLAVIPÈDE, *Palarus flavipes*, Latr.; *Philanthus flavipes*, Panz., *Faun. Ins. Germ.*, fasc. 84, tab. 24, mâle; *Crabro flavipes*, Fabr.; Ros., *Faun. Etrust. Mant.*, 1, p. 256, n. 501; Frélon flavipède, Oliv.; *Gonius flavipes*, Panz., Révis. des Hym., p. 178; Jurine, Nouv. Méth. de class., les Hym., p. 208, pl. 10, genre 24. Cet Insecte a près de cinq lignes de long; il est noir; ses antennes sont toutes noires; le rebord du segment antérieur du corselet, le bord postérieur de l'écusson, une ligne en-dessous, et les anneaux de l'abdomen, leur base exceptée, sont jaunes; les pates sont d'un jaune fauve, avec les hanches et une tache sur les cuisses, noires. Les ailes sont presque transparentes. Cette espèce se trouve dans le midi de la France et en Italie. Olivier a découvert le *Palarus fulviventris* de Latreille dans les déserts de l'Arabie; l'autre espèce (*Palarus rufipes*) a été rapportée de Barbarie par le célèbre professeur Desfontaines. (G.)

*PALASS. BOT. PHAN. Marsden cite sous ce nom un Arbrisseau de Sumatra, dont la fleur ressemble à celle de l'Aubépine et en a l'odeur. Ses feuilles, d'une rudesse extraordinaire, servent à polir les ouvrages de bois et d'ivoire. Le *Delima sarmentosa*, L., possède cette propriété, car selon Hermann (*Mus. Zeylan.*, 19) on la nomme *Koroswael*, mot tiré d'un verbe qui signifie polir; et il dit positivement qu'on se sert de ses feuilles pour lisser les matières dures. Il est donc extrêmement probable que c'est la Plante citée par Marsden. (G..N.)

PALATINE. MAM. Syn. de Diane, espèce de GUENON. *V.* ce mot. (B.)

PALATINS. ZOOL. *V.* CRANE.

PALAVA OU PALAVIA. BOT. PHAN. Cavanilles a le premier établi sous ce nom un genre de Plantes appartenant à la famille des Malvacées. Plus tard Ruiz et Pavon, dans leur Flore du Pérou et du Chili, ont donné le même nom à un autre genre que Jussieu place dans les Hypéricinées, et Kunth dans les Ternstrœmiacées. Le même genre a été nommé

Saurauja par Willdenow. Comme le genre de Cavanilles a le premier porté le nom de *Palava*, il doit aussi le conserver seul, et celui de Ruiz et Pavon sera décrit sous le nom de *Saurauja* qui lui a été donné par Willdenow. Nous ne décrirons donc ici que le genre *Palava* de Cavanilles. *V.* SAURAUJA.

Le genre *Palava* offre pour caractères : un calice simple et nu, à cinq divisions profondes ; une corolle composée de cinq pétales égaux; des étamines nombreuses et monadelphes; et pour fruit des petits carpelles capsulaires monospermes, réunis en ordre et formant un capitule globuleux. Ces caractères ont beaucoup de rapports avec ceux du genre *Sida*, dont le genre *Palava* ne diffère que par ses carpelles plus nombreux et réunis en capitule. Ainsi il existe entre ces deux genres les mêmes rapports et les mêmes différences qu'entre les genres *Malope* et *Malva*.

Deux espèces seulement composent ce genre : *Palava malvœfolia*, Cavan., Diss. 1, p. 40, t. 2, f. 4. C'est le *Malope parviflora* de L'Hérit., Stirp., 1, p. 105, t. 50. C'est une Plante annuelle, qui croît dans les lieux sablonneux aux environs de la ville de Lima au Pérou. Elle est glabre, étalée; ses fleurs sont petites, purpurines, portées sur des pédoncules qui sont à peu près de la longueur des pétioles.

La seconde espèce, *Palava moschata*, Cav., loc. cit., t. 11, f. 4, croît dans les mêmes lieux; mais ses tiges sont dressées, tomenteuses et les pédoncules de ses fleurs plus longs que les feuilles. (A. R.)

* **PALAVIER.** BOT. PHAN. Pour *Palavia*. *V.* ce mot et SAURAUJA. (A. R.)

* **PALAY.** BOT. PHAN. *V.* PALA.

PALE ET PALETTE. OIS. Syn. vulgaires de Spatule blanche. *V.* SPATULE. (DR..Z.)

* **PALE.** REPT. OPH. Espèce du genre Couleuvre. (B.)

PALÉE. POIS. Le Corrégone, ainsi nommé sur les bords du lac de Neufchâtel, paraît être le Lavaret. *V.* SAUMON. (B.)

PALÉMON. *Palœmon.* CRUST. Genre de l'ordre des Décapodes, famille des Macroures, tribu des Salicoques, établi par Fabricius, et adopté, à quelques changemens près, par tous les entomologistes avec ces caractères : quatre antennes; les extérieures longues, sétacées, accompagnées à leur base latérale d'une écaille large, ciliée intérieurement; les intermédiaires formées de trois soies de longueur inégale portées sur un pédoncule de trois articles dont le premier est dilaté; les quatre pieds antérieurs didactyles. Ce genre se distingue des Pénées et des Sténopes en ce que les pieds didactyles de ces deux genres sont au nombre de six. Les Alphées, Nika, etc., qui ont, comme les Palémons, les quatre pieds antérieurs didactyles, s'en distinguent par leurs antennes intérieures qui ne sont composées que de deux filets; les Palémons font partie de la division des Crustacés que les Grecs nommaient *Karis*, nom rendu, par les Latins, par le mot *Squilla*. Aristote a distingué trois espèces de *Karis*, les *Bossus*, les *Cranges* et ceux de la petite espèce ; les caractères qu'il assigne à ses *Cranges* paraissent convenir aux Squilles des auteurs modernes; les deux autres espèces renferment les Palémons et des espèces de plusieurs genres voisins. Les Palémons sont connus dans les ports de France, sous les noms de Chevrette, Crevette et Salicoque. On les confond avec les Crangons et avec d'autres genres qui en diffèrent fort peu, et qui se trouvent aux mêmes époques et dans les mêmes localités.

Le corps des Palémons est recouvert d'un test et de plaques minces, beaucoup moins solides que les tégumens des autres Animaux du même ordre; il est comprimé, arqué, comme bossu, allongé et rétréci en ar rière. Le test se termine de chaque côté ; en devant, par deux dents aiguës ; de la partie antérieure du milieu du dos, s'élève une carène qui se détache et s'avance ensuite à la manière d'un bec comprimé en forme de lame d'épée, dont la tranche est perpendiculaire avec une arête ou côté de chaque côté, et les bords supérieur et inférieur aigus, ordinairement dentelés en scie et ciliés. Les yeux sont presque globuleux, portés sur un pédicule court ; ils sont assez gros, rapprochés, insérés de chaque côté à l'origine du bec, avancés et reçus, en partie, dans la concavité de la base du premier article du pédoncule des antennes intermédiaires. Les antennes latérales ou inférieures sont plus longues que le corps ; elles sont insérées sur un pédoncule court, de quatre articles, dont le second donne attache à une forte écaille ovale, allongée, pourvue à son extrémité et en dehors d'une dent bien prononcée ; les antennes intermédiaires sont formées de trois filets ; les deux plus longs sont sétacés, multiarticulés, et le troisième est très-court, assez-gros et enté sur la base de celui des deux premiers qui est situé supérieurement ; ces antennes sont portées sur un pédoncule de trois articles, dont le premier, ou le plus grand, est dilaté, comprimé extérieurement, avec une échancrure en dessous pour recevoir la partie inférieure de l'œil ; la bouche est fermée par les pieds-mâchoires extérieurs qui sont avancés et se prolongent jusqu'un peu au-delà des pédoncules des antennes intermédiaires ; ils sont presque filiformes, amincis vers leur extrémité, étroits, comprimés et velus ; leur second article, le plus grand de tous, est concave ou échancré au côté intérieur, et plus large à son extrémité ; le dernier est très-petit, en forme d'onglet écailleux ; le palpe flagelliforme est petit, membraneux, sétacé, sans articulations bien distinctes, avec quelques soies allongées vers le bout ; les autres parties de la bouche ne présentent pas de

particularités remarquables ; elles ressemblent en général à celles des autres Macroures, mais les mandibules ont une organisation particulière qui a été observée par Fabricius, et qui mérite une description ; leur extrémité supérieure est bifide et comme fourchue ; son côté antérieur présente une excavation assez forte et se dilate près de l'origine de cet enfoncement, pour former une petite lame comprimée, presque carrée ou peu arquée en dessus, dentelée au bout, se dirigeant vers la bouche et que Fabricius compare à une dent incisive ; on peut considérer avec lui, comme une dent molaire, échancrée angulairement à son extrémité, l'autre branche de la mandibule ou celle qui la termine et qui est opposée à la précédente. On remarque quelques légères différences dans ces mandibules. Elles portent chacune un palpe court, grêle, presque sétacé, terminé en pointe, triarticulé, inséré au-dessus de l'origine de la dent incisive, s'appliquant contre son bord supérieur, mais n'atteignant pas tout-à-fait son extrémité. Les pates des Palémons sont rapprochées à leur naissance, généralement longues, grêles et coudées en arrière à la jointure des quatrième et cinquième articles ; les quatre antérieures sont terminées en une pince allongée et didactyle ; celles de la seconde paire sont les plus grandes de toutes, et contrastent souvent, sous ce rapport, avec les autres ; les deux premières sont pliées en deux, de sorte que leurs pinces sont cachées entre les pieds-mâchoires extérieurs, et que souvent on ne les aperçoit pas au premier coup-d'œil ; l'article qui précède la pince est simple ou sans ces petites divisions annulaires que l'on observe dans quelques genres de la même tribu. Les six pates postérieures sont terminées par un article conique, comprimé, au bout duquel est un onglet écailleux ; les deux dernières sont un peu plus longues ; les quatre autres et celles de la paire antérieure sont presque de la même longueur; aucune d'elles n'offre de division ou d'appendices à leur base. La queue est plus longue que le test, très-comprimée, courbée en dessus, avec les extrémités latérales des plaques dorsales de ses premiers anneaux, celles du second surtout, élargies et arrondies ; les quatre feuillets de la nageoire terminale sont ovales , ciliés sur leurs bords , minces et demi-transparens; la côte des deux feuillets extérieurs est cependant plus épaisse ou plus crustacée, et se prolonge en pointe aiguë près du sommet; vue à la lumière, l'extrémité de ces mêmes feuillets présente une division linéaire et arquée qui semble les partager en deux portions; la pièce intermédiaire de la nageoire est étroite, allongée , et finit insensiblement en pointe tronquée, au bout de laquelle sont deux pointes mobiles; on voit près du milieu de son dos quatre petites épines disposées par paires. Les deux fausses pates ou appendices natatoires, qui garnissent sur deux rangs le dessous de la queue, consistent chacune en deux lames membraneuses, étroites, allongées, ayant de chaque côté un rebord épais, strié transversalement, ciliées et portées sur un article commun , creux le long de sa face postérieure ou presque demi-tubulaire.

Les Palémons forment un genre assez nombreux en espèces ; elles sont presque toutes marines et plusieurs sont comestibles; on désigne les dernières par divers noms que nous avons rapportés plus haut. Leur chair cuite et salée est très-estimée tant dans les pays des bords de la mer que dans ceux de l'intérieur. Dans le Levant on sale les grandes espèces et on les conserve dans des paniers faits de feuilles de Palmier. On les envoie ainsi dans toutes les villes de la Turquie. Leur chair est tendre et très-agréable au goût; on la regarde comme très-nourrissante et de digestion facile, et on en recommande l'usage aux personnes menacées de phthisie.

Les Palémons vivent en grandes sociétés, et chaque troupe abandonne rarement l'endroit qu'elle a choisi pour demeure. Leur natation est très-vive et ils s'arrêtent un moment après chaque élan. C'est au moyen des fausses pates placées au-dessous de la queue, que ces Animaux exécutent leurs mouvemens progressifs. Dans le danger ils accélèrent prodigieusement leurs mouvemens en se servant de leur abdomen et des feuillets de l'extrémité de leur queue. Alors ils prennent toutes les directions qui leur conviennent, ils vont surtout en arrière au moyen de cette queue qui paraît principalement destinée à cet usage. Les lames des antennes servent aussi à la natation, elles contribuent par leurs mouvemens, à faire tourner l'Animal comme le ferait un gouvernail. Beaucoup de Poissons se nourrissent de ces Crustacés. Rondelet a dit que leur rostre leur servait à se défendre des Poissons; Latreille pense, avec raison, que cette arme n'est pas destinée à lutter contre de pareils adversaires ; cependant elle empêche le Poisson d'avaler sa proie par la tête, car Risso a observé que les Poissons qui se nourrissent de Palémons sont forcés de les faire descendre dans leur estomac à reculons, et qu'on les trouve toujours dans cette situation. Ces Crustacés se trouvent sur toutes nos côtes; on a remarqué qu'ils étaient en plus grand nombre à l'embouchure des fleuves et des rivières et dans les parages voisins. On en trouve aussi dans les marais salés et saumâtres; en général ils s'approchent beaucoup des rivages et se tiennent de préférence sous les Fucus et les autres herbes marines, soit attachées au fond, soit flottantes.

Les espèces comestibles de nos côtes ne sont pas de grande taille; on en connaît trois; nous citerons :

Le PALÉMON PORTE-SCIE, *Palæmon serratus*, Leach, Malac. Brit., tab. 43, f. 1-10; *Astacus serratus*, Penn., Herbst., Cancr., tab. 27, f. 1; *Palæmon xiphias*, Risso? Long de trois à quatre pouces ; rostre très-prolongé en pointe, relevé à son extrémité, pourvu sur sa tranche supérieure et près de la base, de six, sept ou huit dentelures, et sur l'inférieure de quatre, cinq ou six dents pareilles. Doigts aussi longs que la main ; couleur générale, le rouge pâle, devenant plus vif sur les antennes, le bord postérieur des segmens de l'abdomen et les lames natatoires de la queue. Cette espèce est très-commune sur les côtes de France et d'Angleterre ; on la vend à Paris pendant presque toute l'année. C'est sur elle que l'on trouve le genre Bopyre (*V*. ce mot).

PALÉMON SQUILLE, *Palæmon Squilla*, Leach, *ibid.*, tab. 43, fig. 11-13 ; *Cancer Squilla*, L. ; de moitié plus petit que le précédent ; rostre plus court, plus droit, échancré au bout, pourvu sur la tranche supérieure, et dans presque toute son étendue, de sept ou huit dents, et sur l'inférieure de deux ou trois seulement. Commun dans les mêmes localités que le précédent.

Plusieurs Palémons exotiques atteignent une assez grande taille, et ont la seconde paire de pinces très-grande ; ils avaient été réunis par Linné et ensuite par Fabricius sous le nom de *Carcinus*. Nous citerons :

Le PALÉMON CANCRE, *Palæmon Carcinus*, Fabr. ; *Astacus Carcinus*, Fabr., Rumph, Barei, Kam., tab 1, fig. B. Long de sept à huit pouces ; rostre prolongé, d'abord infléchi et ensuite relevé vers sa pointe qui est aiguë ; pourvu de onze dents sur sa tranche supérieure, et de neuf beaucoup plus petites sur l'inférieure ; seconde paire de pieds très-allongée, plus grande que le corps, linéaire, hispide et terminée par une main longue à doigts minces et arqués. Couleur généralement bleue. Cette espèce habite la mer des Indes. Fabricius l'indique à tort comme propre aux fleuves de l'Amérique.

(G.)

PALÉOLAIRE. *Paleolaria*. BOT. PHAN. Genre de la famille des Synanthérées, tribu des Adénostylées et de la Syngénésie égale, L., établi par Cassini (Bullet. de la Soc. Philom., décembre 1816, et mars 1818), qui l'a ainsi caractérisé : involucre plus court que les fleurs, oblong, cylindracé, formé de folioles peu nombreuses, presque sur un seul rang, appliquées et linéaires ; réceptacle petit, plane et sans paillettes ; calathide oblongue, cylindracée, sans rayons, composée de fleurons nombreux, épais, réguliers et hermaphrodites ; les corolles ont le tube court, le limbe long, divisé en cinq segmens oblongs, très-divergens, arqués en dehors, couverts de paillettes à leur face interne ; les étamines sont pourvues de filets glabres soudés avec la corolle jusqu'au sommet du tube ; les articles anthérifères sont courts, presque globuleux ; les anthères soudées, pourvues au sommet d'appendices obtus, nus à la base. Le style est comme celui des autres Adénostylées ; il se divise en deux branches longues, grêles, demi-cylindriques, arrondies au sommet, roulées en dehors pendant la floraison, ayant leur face extérieure convexe, hérissée de grosses papilles, et leur face intérieure plane, munie de deux gros bourrelets stigmatiques confluens au sommet, demi-cylindriques, colorés en rose et à peine garnis de papilles. L'ovaire est long, grêle, presque cylindracé ou un peu tétragone, hérissé de longues soies, surmonté d'une aigrette presque aussi longue que lui, et qui se compose d'environ huit à dix paillettes sur un seul rang, contiguës à la base, inégales, ordinairement lancéolées, aiguës, membraneuses, diaphanes, munies d'une très-forte nervure médiane.

Le genre *Paleolaria* a été démembré du *Stevia* et de l'*Ageratum*, dans lesquels Cavanilles avait successivement placé l'espèce qui le constitue. Il en diffère essentiellement par la structure du style, différence qui fut seulement appréciée par Cassini, et qui le détermina à créer le genre dans le courant de l'année 1816. A la même époque, Lagasca décrivit, dans ses *Nova Genera et Species Plantarum*, un genre *Palafoxia* fondé sur la même Plante que celle qui fait le type du *Paleolaria*; mais il se contenta de caractériser ce nouveau genre par la structure de l'involucre et celle de l'aigrette, qui ne permettent pas de le confondre avec l'*Ageratum* ou le *Stevia*. Le style n'a pas été pris en considération par Lagasca; cependant c'est cet organe qui, selon Cassini, offre la différence la plus importante. En conséquence, le genre *Paleolaria* doit être placé parmi les Adénostylées, sur la limite de cette tribu et de celle des Eupatoriées-Agératées, où se trouve rangé le *Stevia*, qui, d'ailleurs, a beaucoup d'affinités avec le nouveau genre.

La PALÉOLAIRE A FLEURS RÔSES, *Paleolaria carnea*, Cass., *loc. cit.*, mars 1818, p. 47; *Palafoxia linearis*, Lagasc., *loc. cit.*, p. 26; *Stevia linearis*, Cavan., *Descript.*, n. 464; *Ageratum lineare*, Cavan., *Icon.*, vol. III, p. 3, tab. 205; a une tige haute d'environ trois pieds, ligneuse, presque sarmenteuse, grêle, cylindrique, pubescente et rameuse. Ses feuilles sont presque toutes alternes; quelques-unes, dans la partie inférieure de la tige, sont opposées; elles sont presque sessiles, linéaires, lancéolées, très-entières, un peu charnues, pubescentes et marquées d'une seule nervure. Les calathides sont disposées en corymbe lâche, aux extrémités de la tige et des rameaux; elles se composent chacune de douze à vingt fleurs, d'un rose clair et à anthères rougeâtres. Cette Plante est originaire du Mexique; on la cultive en Europe dans les jardins de botanique. (G..N.)

* PALÉOLES. *Paleolæ*. BOT. PHAN. Ce mot, qui est un diminutif de Paillette, s'emploie plus particulièrement pour désigner les petites écailles glanduleuses ou pétaloïdes qui forment la glumelle de Richard et qui existent à la base de l'ovaire de certaines Graminées. *V*. ce mot. (G..N.)

PALETTE. INS. On a désigné ainsi l'extrémité des antennes de quelques Diptères, ainsi que l'extrémité des balanciers de ces mêmes Insectes. (G.)

PALETTE DE LÉPREUX. CONCH. Nom vulgaire et marchand du *Spondylus Gæderopus*. (B.)

PALÉTUVIER. BOT. PHAN. On désigne sous ce nom, dans les contrées équinoxiales, divers Arbres qui croissent sur les bords de la mer, et dont les pieds sont baignés par ses eaux. Les *Rhizophora*, ordinairement nommés Mangliers, ont aussi reçu le nom de Palétuviers. Comme ce genre n'a pas été traité au mot MANGLIER, trop facile à confondre avec MANGUIER (*Mangifera*) pour qu'on le puisse adopter scientifiquement, nous renvoyons, pour sa description, à l'article RHIZOPHORE. L'Héritier et Lamarck ont décrit sous le nom latin de *Bruguiera*, un genre démembré des *Rhizophora*, qu'il ne faut pas confondre avec le *Bruguiera* de Du Petit-Thouars (*V*. BRUGUIÈRE), et auquel on réserve exclusivement le nom assez vague de Palétuvier; c'est celui que nous décrirons dans cet article. Quant aux autres Palétuviers, ils se rapportent à des Arbres très-différens les uns des autres. Ainsi, on a nommé Palétuvier gris, l'*Avicennia nitida*; Palétuvier blanc du Sénégal, l'*Avicennia tomentosa*; Palétuvier de montagne, le *Clusia venosa*; Palétuvier soldat de Cayenne, le *Conocarpus racemosa*, L., ou *Sphænocarpus* de Richard; Palétuvier Flibustier, le *Conocarpus erecta*, et Palétuvier sauvage de Cayenne, le *Mimosa Bourgoni* d'Aublet.

Le PALÉTUVIER DES INDES, *Bruguiera gymnorhiza*, Lamk., Illustr., tab. 397; *Rhizophora gymnorhiza*, L.; *Mangium celsum*, *M. digitatum*, et *M. Candelarium*, Rumph, *Herb. Amb.*, tab. 68, 70 et 71; *Candel*, Rhéede, *Hort. Malab.*, tab. 31 et 32, est un Arbre des Indes-Orientales, qui croît dans les lieux salés et marécageux, où il est souvent inondé par les eaux de la mer. Son tronc, d'une hauteur médiocre (dix à douze pieds environ), est tortueux, inégal, revêtu d'une écorce épaisse, brune, rugueuse et crevassée. Ses rameaux sont fort nombreux et s'étendent en tous sens. Du tronc et des branches inférieures descendent un grand nombre de jets nus, cylindriques, souples, flexueux, dont les extrémités se plongent dans la terre, s'y enracinent et produisent quelquefois de nouveaux troncs; ces jets forment, par leurs bifurcations et leurs entrelacemens, des lacis impénétrables. Les feuilles sont opposées, portées sur de courts pétioles, ovales, acuminées, épaisses, vertes, lisses, très-entières, plus pâles en dessous et marquées d'une forte nervure médiane, de laquelle naissent latéralement des nervures grêles et anastomosées. Ces feuilles sont très-grandes et ne sont jamais ponctuées comme celles des Rhizophores. Avant leur évolution, les jeunes feuilles forment des bourgeons cylindriques très-allongés, pointues à peu près de même que dans les Figuiers. Les fleurs sont solitaires, axillaires ou latérales, pendantes, d'un jaune verdâtre et d'un assez grand diamètre (environ un pouce); elles sont soutenues par de longs pédoncules et accompagnées de deux bractées. La structure de ces fleurs est très-singulière : le calice est persistant, partagé peu profondément en dix à douze divisions linéaires, carénées en dehors, concaves en dedans, acuminées, un peu charnues. La corolle se compose de dix à douze pétales, opposés aux divisions calicinales, plus courts que celles-ci, oblongs, bifides au sommet, pointus, pliés en carène et comme bivalves, ciliés et velus à leur base. Les étamines sont en nombre double de celui des pétales, savoir : deux à la base de chaque pétale et cachées dans sa concavité; l'ovaire est semi-infère, un peu arrondi, surmonté d'un style triangulaire, terminé par trois stigmates. Le fruit est une capsule semi-infère, ovale, chargée du style persistant, uniloculaire et monosperme. La graine germe d'une manière particulière dans la capsule même, et lorsque la germination est assez avancée, le propre poids de cette graine germée l'entraîne hors de la capsule et la fait tomber dans la vase où la radicule continue à se développer. Ce phénomène s'observe aussi dans les vraies Rhizophores, avec lesquelles le genre *Bruguiera* de L'Héritier est d'ailleurs étroitement lié, puisque ses différences réelles ne reposent que sur une augmentation dans le nombre des parties de la fleur. Peut-être jugera-t-on nécessaire de les réunir, attendu le peu de gravité de ce caractère, ainsi que le petit nombre des espèces qui n'exige pas, pour leur distinction, qu'on multiplie les coupes génériques. Quoi qu'il en soit, le *Bruguiera* était placé par Richard et Jussieu dans la famille des Loranthéees; mais il en a été retiré par R. Brown pour former, avec le *Rhizophora*, la nouvelle famille des Rhizophorées. Il a été placé par les auteurs systématiques dans la Dodécandrie Monogynie, L.

Le Palétuvier des Indes a un bois rougeâtre, dur, pesant, exhalant à l'état frais une forte odeur qui tire sur celle du soufre, et répandant lorsqu'il est sec une vive lumière par sa combustion. Son écorce sert aux Chinois dans la teinture en noir. Les Indiens mangent son fruit, après l'avoir fait cuire dans du vin de Palmier; quelques-uns se contentent de ses feuilles et même de son écorce, dont la saveur leur paraît agréable.   (G..N.)

* PALÉTUVIERS. BOT. PHAN. Dans l'Encycl. Méthod., Savigny a proposé d'ériger sous ce nom, en une famille, les genres Rhizophore et Palétuvier (*Bruguiera*, L'Hérit.). C'est la même famille qui a été mieux définie plus tard par R. Brown sous le nom de Rhizophorées, admis par De Candolle. *V.* RHIZOPHORÉES. (G..N.)

PALIAVENA. BOT. PHAN. Vandelli, dans sa Flore du Brésil, avait décrit sous ce nom, mais très-incomplétement, un genre qui fut nommé postérieurement *Gloxinia* par L'Héritier. Ce dernier nom a été généralement adopté. *V.* GLOXINIE. (G..N.)

PALICOUR ou PALIKOUR. ois. Espèce du genre Fourmilier. *V.* ce mot. (DR..Z.)

PALICOURE. *Palicourea.* BOT. PHAN. Ce genre de Plantes, établi par Aublet (Guian., 1, p. 73), appartient à la famille des Rubiacées, et à la Pentandrie Monogynie, L. Jussieu l'avait réuni au *Simira*; Schreber, dans sa manie de changer les noms, l'avait appelé *Stephanium*. Swartz et Willdenow, croyant qu'il n'était pas différent du *Psychotria*, l'y avaient réuni; mais le professeur Richard et notre savant collaborateur Kunth ont rétabli le genre d'Aublet dans tous ses droits en prouvant qu'il se distinguait des autres genres de la famille des Rubiacées par quelques caractères qui lui sont propres : son calice soudé avec l'ovaire infère a son limbe libre, urcéolé, à cinq divisions; la corolle est monopétale, tubuleuse, obliquement renflée et gibbeuse à sa base, barbue à sa face interne au-dessous de sa partie moyenne; le limbe est grand, à cinq divisions réfléchies; les étamines, au nombre de cinq, sont saillantes; l'ovaire est infère, surmonté d'un style simple que termine un stigmate bifide. Le fruit est charnu, ovoïde ou globuleux, couronné par le limbe calicinal et sillonné; il renferme deux petits noyaux coriaces et monospermes.

Ce genre se compose d'un assez grand nombre d'espèces, qui ont, en grande partie, été découvertes par Humboldt et Bonpland dans les diverses parties de l'Amérique méridionale qu'ils ont visitées. Ce sont des Arbres ou des Arbustes qui, par leur port, se rapprochent beaucoup des *Psychotria* dont ils diffèrent surtout par leur corolle renflée à sa base et barbue intérieurement. Leurs feuilles sont opposées, très-entières;

leurs stipules soudées et bifides, et leurs fleurs forment des panicules ou plus rarement des corymbes.

L'espèce la première connue est celle qui a été décrite et figurée par Aublet sous le nom de *Palicourea guianensis, loc. cit.*, p. 173, tab. 66. C'est un Arbrisseau de sept à huit pieds d'élévation, remarquable par ses feuilles ovales, lancéolées, aiguës, coriaces, longues de plus d'un pied et larges souvent de cinq à six pouces. Il croît dans les forêts de la Guiane.

Dans son magnifique ouvrage (*Nova Genera et Spec. Am. œquin.*), le professeur Kunth en a décrit dix espèces nouvelles. (A. R.)

* PALIMBIA. BOT. PHAN. Sprengel cite ce nom générique comme synonyme de son *Siler salsum* ou *Sium nudicaule*, Lamk. Ce genre paraît avoir été fondé par Besser, mais nous n'en connaissons pas les caractères. (G..N.)

PALINURE. *Palinurus.* CRUST. Ce nom a été donné par Olivier au genre Langouste. *V.* ce mot. (G.)

* PALITHOË. POLYP. Pour Palythoë. *V.* ce mot. (B.)

PALIURE. *Paliurus.* BOT. PHAN. Tournefort établit ce genre, qui appartient à la famille des Rhamnées, et à la Pentandrie Trigynie, L. Il fut réuni au *Rhamnus* par Linné, mais il a été rétabli par Gaertner, Desfontaines, De Candolle et tous les botanistes modernes. Dans le Mémoire sur la famille des Rhamnées que vient de publier notre collaborateur Adolphe Brongniart, voici les caractères assignés à ce genre : calice dont le tube est très-déprimé, presque plane; le limbe à cinq découpures peu profondes, étalées, ovales, aiguës, légèrement carenées à leur face interne; corolle à cinq pétales obovales, presque spathulés, onguiculés, insérés sur le bord du disque; étamines opposées aux pétales et plus longues que ceux-ci, à filets cylindriques, comprimés à la base, et adnés aux onglets des pétales; à anthères introrses, ovées, biloculaires, s'ouvrant longitudinalement; disque charnu, plane, remplissant le tube calicinal, ceignant étroitement l'ovaire, et adné à la base de celui-ci; ovaire libre supérieurement, à trois loges qui renferment chacune un ovule dressé, surmonté de trois styles coniques, peu distincts de l'ovaire, et de trois stigmates oblongs; fruit sec, spongieux, coriace, hémisphérique, ayant la forme d'un petit chapeau aplati, d'où le nom de Porte-Chapeau donné à l'Arbrisseau type du genre. Cette forme du fruit est produite par l'expansion du disque qui s'étale circulairement et prend une consistance membraneuse. Il renferme une noix ligneuse, globuleuse, à trois loges monospermes. Les graines sont dressées, solitaires dans chaque loge, comprimées, obovées, couvertes d'un test crustacé, très-lisse, munies d'un petit endosperme charnu, d'un grand embryon à cotylédons planes, à radicule conique et inférieure. Les détails de l'organisation que nous venons de décrire sont représentés avec beaucoup d'exactitude et de clarté dans la planche 1re du Mémoire d'Adolphe Brongniart, et font voir, d'une manière comparative, les différences du genre *Paliurus* avec les genres voisins, dont il se distingue surtout par la forme de son fruit; car, sans ce caractère, il se confondrait aisément avec le genre *Zizyphus*. On ne connaît avec certitude que deux espèces de *Paliurus*, l'une qui croît dans la région méditerranéenne, et l'autre dans le Népaul.

Le PALIURE A AIGUILLONS, *Paliurus aculeatus*, Lamk.; *Paliurus australis*, Gaertn., tab. 43; *Rhamnus Paliurus*, L.; *Zizyphus Paliurus*, Willd., est un Arbrisseau dressé, très-rameux, à branches effilées, sinueuses, un peu pubescentes, à feuilles alternes, ovales, acuminées, finement dentées, très-glabres, à trois nervures, munies à la base de deux épines stipulaires dont l'une est dressée, subulée, l'autre plus courte, étalée et crochue. Les fleurs

forment de petites ombelles axillaires. Le Paliure est connu sous les noms vulgaires d'Argalou, de Porte-Chapeau et d'Epine du Christ. La forme de son fruit lui a valu la seconde de ces dénominations, et il a été nommé Epine du Christ, parce qu'on a cru que c'était avec les branches épineuses de cet Arbrisseau que les juifs avaient couronné Jésus-Christ avant de le crucifier. Cependant, quelques commentateurs pensent que le *Zizyphus Spina Christi*, autre Rhamnée garnie d'épines très-acérées, est le véritable Arbrisseau qui a fourni la couronne du Dieu-Martyr. D'après ce que dit Pline du *Paliurus* qui croît dans la Cyrénaïque, dont le fruit à noyau est rouge, comestible, et dont on fait plus de cas que du *Lotus*, il paraîtrait que ce *Paliurus* est un *Zizyphus*, peut-être même le *Z. Spina Christi*. Virgile et Columelle ont aussi donné le nom de *Paliurus* à une Plante épineuse qu'ils désignent assez vaguement et qu'ils signalent avec une sorte de mépris et seulement comme propre à former des haies. Tout porte à croire que ces auteurs ont voulu parler de notre Paliure qui n'est pas un Arbrisseau d'ornement, à moins qu'on ne le plante dans les jardins pittoresques où l'on cherche à répandre un peu de variété dans les formes des Plantes cultivées, et où le Paliure peut plaire à cause de ses épines même, ainsi que par la beauté et la viridité de son feuillage. Il se multiplie facilement de graines que l'on sème dans une bonne terre, mais cependant assez sèche, et il ne craint que les fortes gelées du climat de Paris.

La seconde espèce, *Paliurus virgatus*, Don, *Prodr. Flor. Nepal.*, 189, et *Bot. Magaz.*, tab. 2535, diffère de la précédente par ses rameaux très-glabres, ses feuilles cordées obliquement, ses fruits dont les bords sont entiers et non crénelés. Le *Paliurus Aubletia* de Schultes, admis avec doute par De Candolle, est une espèce fondée sur l'*Aubletia ramosissima* de Loureiro; son fruit était imparfaitement connu, on ne sait si elle doit être plutôt rapportée au genre *Paliurus* qu'au genre *Zizyphus*. (G..N.)

* PALIXANDRE. BOT. PHAN. *V.* BOIS DE PALIXANDRE.

PALLADIA. BOT. PHAN. Sous le nom de *Palladia*, Lamarck (Illustr. des genres, tab. 285) a figuré les fleurs d'une Plante de l'hémisphère austral trop imparfaitement connue pour qu'on puisse être certain de ses affinités. On l'a rapportée à la famille des Gentianées, mais la structure de son fruit l'en éloigne évidemment, et le ferait plutôt associer aux Apocynées. C'est le *Blackwellia antarctica* de Gaertner (*de Fruct.*, tab. 117). Ses fleurs offrent un calice coloré, infundibuliforme, ayant un tube court, et le limbe partagé en quatre découpures ovales; une corolle aussi infundibuliforme, à tube long, marqué de huit plis, et le limbe divisé en huit lanières oblongues; huit étamines à filets roides, persistans, adnés au tube de la corolle dans plus de la moitié de leur longueur; deux ovaires appliqués par leur face interne contre un style simple, comprimé, denté sur ses bords, et terminé par deux stigmates divergens. Le fruit est formé de deux capsules oblongues, renflées au sommet, minces, coriaces, légèrement anguleuses d'un côté, profondément sillonnées de l'autre, s'ouvrant longitudinalement en deux valves qui se contournent sur elles-mêmes. Les graines sont nombreuses, petites, roussâtres, fixées à un réceptacle spongieux qui s'attache à la suture interne.

Mœnch a établi un autre genre *Palladia* qui n'a pas été adopté. Il était fondé sur le *Lysimachia atropurpurea*, dont les filets des étamines sont libres par lobes, tandis qu'ils sont légèrement soudés par la base dans les autres *Lysimachia. V.* LYSIMAQUE. (G,.N.)

PALLADIUM. MIN. Substance métallique d'un blanc éclatant, très-malléable, pesant spécifiquement 11,5; soluble dans l'Acide nitro-hydrochlorique, d'où elle n'est point précipitée par les Sels de Potasse. On ne l'a encore trouvée que dans les sables platinifères du district des mines d'Or, au Brésil. C'est le docteur Wollaston qui l'a découverte en 1805. Elle se présente en petites paillettes d'un gris de plomb, à structure fibreuse, dans lesquelles elle est toujours alliée avec une petite quantité de Platine et d'Iridium. On en trouve aussi quelquefois dans les lingots d'Or qui viennent du même pays. (O. DEL.)

Le Palladium, par la facilité qu'il a de s'unir à différens Métaux et de former avec eux des alliages très-durs et d'une couleur d'un gris blanc, et par son inaltérabilité dans l'eau et l'air humide, est un Métal précieux pour la fabrication des limbes de certains instrumens d'astronomie. Parties égales de Palladium et d'Or combinés forment un alliage gris, dont la dureté est égale à celle du Fer forgé; il s'aplatit sous le marteau, mais il est moins ductile que l'Or ou le Palladium pur. Lorsqu'on le frappe long-temps, il finit par se rompre, et il présente une cassure grenue. Sa densité est de 11,079. L'alliage de Platine et de Palladium, à parties égales, est gris, moins malléable que le précédent, et pèse spécifiquement 15,141. Enfin le Palladium forme avec l'Etain, le Bismuth et le Cuivre, des alliages très-cassans. On ne connaît qu'un seul Oxide de Palladium, composé, selon Berzélius, d'Oxigène 12,44, et de Palladium 87,56. On l'obtient en exposant à une douce chaleur le Nitrate de ce Métal. Cet Oxide privé d'eau a l'éclat métallique de l'Oxide de Manganèse cristallisé; il est réductible par la chaleur seule.

Le Palladium s'unit au Chlore et forme un Chlorure qui se prépare comme le Chlorure d'Or, c'est-à-dire en dissolvant ce Métal dans l'Acide hydro-chloro-nitrique et en faisant évaporer doucement et jusqu'à siccité la solution. Il est d'un brun rougeâtre, peu soluble dans l'eau et forme des Chlorures doubles avec les Chlorures de Sodium et de Potassium. Il est également susceptible de s'unir à l'Hydrochlorate d'Ammoniaque. La chaleur le réduit en Chlore et en Métal. D'après des expériences récentes de Ch. Gmelin, le Chlorure de Palladium est un poison très-actif pour les Chiens et les Lapins, surtout quand il est introduit dans le système circulatoire.

On forme un Sulfure de Palladium, en projetant du Soufre sur ce Métal chauffé au rouge; au moment où les corps s'unissent il y a émission de lumière. Ce Sulfure est composé, selon Berzélius, de Soufre 28,5, et de Palladium 100; et d'après Vauquelin de Soufre 24, et de Palladium, 100. Il est beaucoup plus fusible que le Palladium, plus blanc et très-cassant. Lorsqu'on le chauffe au contact de l'air, le Soufre se brûle et le Palladium reparaît à l'état métallique. (G..N.)

PALLAS. zool. On a donné ce nom spécifique à divers Animaux : à une Céphalote parmi les Mammifères (*V.* Roussette); à un Erycine parmi les Insectes (*V.* Erycine); enfin à un Bouvreuil et à un Hétéroclite parmi les Oiseaux. *V.* Bouvreuil et Hétéroclite. (B.)

PALLASIA. bot. phan. Plusieurs genres de Plantes ont été dédiés au célèbre naturaliste Pallas; mais par une singulière fatalité, tous ont été retranchés. Ainsi L'Héritier, Aiton et Willdenow ont donné le nom de *Pallasia* au genre *Encelia* d'Adanson et de Jussieu. Le *Pallasia* de Scopoli n'est autre que le *Crypsis*, genre de la famille des Graminées; celui de Houttuyn est un double emploi du *Calodendrum* de Thunberg. Enfin, le *Pallasia* de Linné est un nouveau nom imposé au *Pterococcus* de Pallas lui-même, lequel diffère si peu du *Calligonum*, qu'il lui a été réuni par L'Héritier et Willdenow. *V.* tous ces mots. (G..N.)

* PALLASIUS. crust. Leach avait désigné sous ce nom un genre qu'il a réuni au genre Idotée de Fabricius. *V.* Idotée. (G.)

* PALLENIS. bot. phan. Genre de la famille des Synanthérées, et de la Syngénésie superflue, L., établi par Cassini (Bulletin de la Société Philomatique, novembre 1818) qui l'a ainsi caractérisé : involucre beaucoup plus grand que les fleurons du centre de la calathide, composé de folioles imbriquées et disposées sur un petit nombre de rangées, appliquées, coriaces, et surmontées d'un grand appendice étalé et spinescent. Réceptacle plan, garni de paillettes aussi longues que les fleurons, demi-embrassantes, coriaces, acuminées, spinescentes. Calathide radiée, composée au centre de fleurons nombreux, réguliers et hermaphrodites, et à la circonférence de demi-fleurons ligulés, femelles, et placés sur deux rangées; ovaires des fleurons du centre comprimés des deux côtés, obovoïdes, légèrement hispides, surmontés d'une aigrette en forme de couronne membraneuse et laciniée; ceux de la circonférence orbiculaires, munis d'une aile, et portant une aigrette en forme de couronne, tronquée obliquement, membraneuse et denticulée; les corolles des demi-fleurons de la circonférence ont le tube épais, coriace, large, quelquefois muni à l'intérieur d'un long appendice laminé qui simule une languette intérieure opposée à la vraie languette; celle-ci est étroite, linéaire, et tridentée au sommet; les corolles des fleurons du centre ont le tube très-épais, coriace, charnu, muni aussi d'un appendice longitudinal et en forme d'aile. Ce genre, qui est un démembrement du *Buphtalmum*, s'en distingue essentiellement par les fleurs de la circonférence nombreuses et sur deux rangs; par les folioles longues et spinescentes de son involucre; par son réceptacle plan; par ses ovaires hispidules et comprimés; enfin, par ses corolles des

fleurs centrales dont le tube est épais, muni d'un appendice aliforme. Il diffère du *Nauplius*, autre genre formé aux dépens des *Buphtalmum*, par la forme de son aigrette, par ses ovaires ailés, et par les caractères qu'offrent les corolles, et que nous venons d'exprimer.

Le type du genre *Pallenis* est le *Buphtalmum spinosum*, L., Plante herbacée dont la tige, haute d'environ un pied, est dressée, dure, velue et rameuse ; les feuilles radicales sont étalées, longues, étroites vers la base, obtuses au sommet, dentelées sur leurs bords ; celles de la tige sont alternes, embrassantes, lancéolées et velues ; les calathides sont solitaires, terminales ou axillaires, et composées de fleurs jaunes. Cette Plante croît sur le bord des champs, dans la région méditerranéenne.　　　(G..N.)

* **PALLIOBRANCHES.** *Palliobranchiata.* MOLL. C'est ainsi que Blainville désigne, dans son Traité de Malacologie, p. 509, la classe de Mollusques acéphales à laquelle Duméril avait le premier donné le nom de Branchiopodes, *V.* ce mot. Ce mot était devenu classique, puisque Lamarck et Cuvier l'avaient adopté ; mais il ne pouvait convenir au système de terminologie de Blainville, qui cherche toujours des mots qui expriment le caractère essentiel de la classe ou de l'ordre. L'ordre des Palliobranches est le premier de la troisième classe des Mollusques, les Acéphalophores (Acéphales des auteurs) ; il est divisé en deux sections : la première ne contient que les genres à coquilles symétriques ; ce sont les suivans : Lingule, Térébratule, Thécidée, Strophomène, Pachyte, Dianchore et Podopside ; la seconde renferme les coquilles non symétriques, irrégulières, constamment adhérentes. On y trouve les deux genres Orbicule et Cranie. *V.* ces mots.　　　(D..H.)

PALMA. BOT. PHAN. Sous ce nom générique, qui, en langue espagnole, signifie Palmier, les habitans de l'Amérique du sud désignent cette multitude de Palmiers qui sont l'ornement des contrées équinoxiales, et que les botanistes ont distribués en plusieurs genres bien caractérisés. Pour distinguer ces divers Arbres, ils leur ajoutent une épithète qui est ordinairement un nom propre de pays ; ainsi ils nomment :

PALMA ALMENDRON, c'est-à-dire Palmier Amandier, l'*Attalea amygdalina*, Kunth.

PALMA BARRIGONA, c'est-à-dire Palmier ventru, le *Cocos crispa*, Kunth.

PALMA COROZO, le *Martinezia caryotœfolia*, Kunth. Dans la Nouvelle-Grenade, on donne encore le nom de *Corozo* à l'*Alfonsia oleifera* de Kunth, genre excessivement voisin de l'*Elais*.

PALMA DE COVIJA, PALMA REDONDA et PALMA DE SOMBRERO (Palmier chapeau), le *Corypha tectorum*, Kunth.

PALMA DE CUESCO et PALMA DE VINO, le *Cocos butyracea*. En quelques contrées, on le nomme aussi *Palma dulce*, mais il ne faut pas confondre ce Palmier avec le suivant.

PALMA DULCE ou SOYALE, le *Corypha dulcis*, Kunth.

PALMA SANCONA, l'*Oreodoxa Sancona*, Kunth.

Nous ne citerons pas les autres *Palma* des habitans de l'Amérique méridionale, parce que ces dénominations n'ont pas été appliquées avec certitude aux espèces bien connues de Palmiers.

Quelques botanistes n'ayant pu déterminer à quels genres de Palmiers devaient se rapporter les Plantes qu'ils décrivaient, se sont servis du mot *Palma* comme nom générique ; mais la plupart de ces Plantes sont encore restées indéterminées ; il en est même quelques-unes qui n'appartiennent pas à la famille des Palmiers. Le *Palma altissima* de certains auteurs, est l'*Elais guianensis* ; le *P. Cocos* se rapporte au *Cocos nucifera* ; le *P. dactylifera* au *Phœnix dactylifera* ; le *P. Draco* au *Dracœna Draco* ; les *P. gracilis* et *P. spinosa* au *Bactris*

minor; le *P. polypodiifolia* de Miller
au *Cycas circinalis*; le *P. prunifera*
au *Chamærops humilis*; et le *P. pumila* au *Zamia furfuracea*. Enfin on
ne sait pas positivement à quels Palmiers appartiennent les *Palma americana* et *oleosa* de Miller; *P. ar-
gentea* de Jacquin.; *P. maripa* et *Mo-
caya* d'Aublet.   (G..N.)

PALMA-CHRISTI. BOT. PHAN.
Synonyme vulgaire de Ricin. *V.* ce
mot. Les anciens se servaient aussi
de ce mot pour désigner quelques espèces d'Orchidées à racines palmées,
telles que l'*Orchis latifolia* et le *Satyrium nigrum*, L.   (G..N.)

   * PALMAIRE. *Palmarium.* MOLL.
Il est surprenant que depuis Montfort personne n'ait vu la Coquille qui
fait le sujet de ce genre qu'il a établi sous ce nom; son abondance sur
les plages de la Martinique aurait pu
fournir l'occasion de l'étudier, mais
nous sommes à son égard dans un
doute que l'observation seule pourra
détruire. Le Palmaire a des rapports
avec les Emarginules, mais il offre
cette singularité d'avoir le sommet
dirigé vers la fente, ce qui est l'inverse
dans les Emarginules; aussi cette
anomalie jointe au peu d'épaisseur de
la coquille et à sa transparence ont
fait penser à Blainville qu'elle pourrait bien appartenir à son ordre des
Thécosomes. *V.* ce mot.   (A. R.)

PALMAIRES. MAM. Storr a partagé sa tribu des Mammifères à mains
ou *Manuati* (*V.* MAMMALOGIE), en
trois sections, savoir : 1°. Les Palmaires, qui n'ont de mains qu'aux
membres antérieurs; c'est le genre
Homme. 2°. Les Palmoplantaires,
qui ont des mains aux membres antérieurs et postérieurs; ce sont les
Singes, les Makis, les Tarsiers et les
Galéopithèques. 3°. Les Plantaires,
qui n'ont de mains qu'aux membres
postérieurs; ce sont les Didelphes.
                        (IS. G. ST.-H.)

   * PALMANGIS. BOT. PHAN. Du
Petit-Thouars a figuré (Histoire des
Orchidées des îles Australes d'Afri-

que, tab. 67 et 68) sous ce nom une
Plante de l'île de Mascareigne qui,
suivant la nomenclature linnéenne,
serait nommée *Angræcum palmifor-
me*. C'est une belle espèce qui s'élève
à plus de deux pieds et demi, et dont
la tige très-grosse porte, au sommet,
de grandes feuilles rubanées, échancrées, naissant très-rapprochées les
unes des autres. Les fleurs sont blanches, grandes, et sont portées sur
des petites branches qui partent de
la tige, au-dessous des feuilles.

                          (G..N.)
   * PALMARIA. BOT. CRYPT. (*Hydrophytes.*) On ne voit pas pourquoi
Link, qui est à la vérité un très-sa-
vant naturaliste, mais qui n'a peut-
être jamais examiné un *Fucus*, a
exhumé ce nom de Tabernœmonta-
nus, qui l'appliquait à un Saxifrage,
pour le substituer à celui de *Lamina-
ria*, proposé par Roussel, consacré
par Lamouroux, et adopté par tous
les botanistes pour désigner un genre
d'Hydrophytes qui s'est, dans le présent Dictionnaire, élevé au rang de
famille. L'innovation de Link ne
nous paraît pas heureuse.
   Nous lisons, dans le Dictionnaire
de Levrault (T. XXXVII, p. 278),
que Lamouroux avait aussi créé un
genre Palmaria pour y placer le *Fucus Filicinus* de Turner. Nous ne connaissons aucun écrit de Lamouroux,
qui fut notre intime ami, avec lequel,
la veille de sa mort, nous correspon-
dions encore sur les Hydrophytes, où
le genre Palmaria soit même indiqué,
et quant à la Plante à laquelle on prétend qu'il l'appliquait, nous présu-
mons qu'elle n'est citée dans Levrault
que pour revenir sur le genre *Grate-
loupia* d'Agardh, qui avait été omis à
sa place alphabétique, et que toute
personne qui aura regardé seulement
vingt Plantes marines jugera inadmissible.   (B.)

   *PALMATIFOLIÉES. BOT. PHAN.
(De Candolle.) *V.* OXALIDE.

   * PALME. BOT. PHAN. On appelle
vulgairement ainsi la feuille du Dattier que l'antiquité appelait *Palma*,

et dont elle avait fait le symbole de la gloire. On portait des Palmes devant le triomphateur aux siècles où le triomphe était la plus grande récompense que pût ambitionner celui qui avait rendu de grands services à la patrie. Quand le christianisme s'introduisit, on imagina que les anges accueillaient dans le ciel, avec des Palmes à la main, les saints qui mouraient pour témoigner de la foi, d'où l'on dit encore les *Palmes du martyre*. Aujourd'hui, où les tableaux d'église sont conséquemment toujours bien fournis de Palmes, on n'en voit plus en réalité qu'à la procession dans les pays catholiques riverains de la Méditerranée où croît l'Arbre aux feuilles glorieuses et saintes. Une jolie ville d'Elché, au royaume de Murcie, n'a guère d'autres revenus, pour entretenir dans l'aisance quinze mille habitans environ. Elle en vend pour des sommes énormes, principalement à l'approche du dimanche des Rameaux. Après que ces Palmes ont été bénies, et qu'elles ont contribué à la pompe d'un cortége religieux, elles sont suspendues aux balcons ou bien au grillage des croisées ; elles décorent aussi le petit oratoire particulier que chacun consacre dans son appartement au saint ou à la sainte de sa dévotion, et si l'on s'en rapporte au témoignage des habitans d'Elché et des prêtres espagnols, le diable n'entre jamais dans les maisons où se trouvent de ces Palmes consacrées.

(B.)

*PALMELLE. *Palmella*. BOT. CRYPT. (*Chaodinées*.) Genre de la tribu des Trémellaires, dans la famille des Chaodinées (*V.* ce mot mal à propos écrit CAHODINÉES), institué par Lyngbye qui le définit fort bien en ces termes : masse gélatineuse, demi-transparente, remplie de globules solitaires. En adoptant ce genre, nous avons dû en éliminer les espèces qui n'en offraient pas les caractères, mais nous n'avons imprimé nulle part, comme on nous le fait dire dans le Dictionnaire de Levrault (T. XXXVII, p. 281) que le *Palmella myosurus* que

nous en détachons, dût entrer dans notre genre Chaos ; nous n'y avons pas non plus renvoyé d'autres espèces que Léman nous y fait mettre. Ce *Palmella myurus* ou *myosurus* de nos prédécesseurs est devenu pour nous le type d'un genre Cluzelle décrit dans le présent Dictionnaire où l'on peut conséquemment vérifier, à chaque instant, combien quelques personnes qui ne lisent guère ce qu'elles citent, semblent se plaire à nous prêter des choses auxquelles nous n'avons jamais songé. Quoi qu'il en soit, les Palmelles informes ne se présentent souvent que sous l'aspect d'une glaire à peine colorée d'une teinte plus ou moins terne. Elles ne consistent que dans l'introduction d'une molécule dans un mucus primordial. Nous citerons parmi les espèces les plus communes celle qui nage au printemps dans les bassins des jardins publics et des fontaines de Paris particulièrement, après s'être détachée des parois ou du fond, en fragmens informes ; on dirait, au premier coup-d'œil, cette albumine avec laquelle on a, dans certaines fabriques, purifié quelques liquides, et qu'on rejette ensuite chargée d'impuretés.

Les *Palmella adnata*, *alpicola* et *hyalina* sont fort bien représentées par Lyngbye dans sa planche 69. Le genre Arthrodie de Rafinesque où l'on ne saurait trouver le moindre rapport avec des Oscillaires, rentrera peut-être parmi les Palmelles, dont on trouve indifféremment les espèces dans les eaux douces ou salées, ainsi qu'à la surface des rochers, des Mousses et de la terre très-humide.

(B.)

*PALMÉS. ZOOL. On dit des doigts des Oiseaux, des Mammifères et des Reptiles, qu'ils sont palmés lorsqu'ils sont engagés dans une membrane, depuis leur origine jusqu'aux ongles. Ils sont semi-palmés quand la membrane n'atteint pas à leur extrémité. (DR..Z.)

PALMETTE. *Palmetta*. BOT. Espèce du genre *Sphærococcus* , dont Lamouroux faisait une Délesserie.

On a aussi appelé Palmette , le *Chamærops humilis.* (B.)

PALMIERS. *Palmæ.* BOT. PHAN. Les Palmiers constituent une famille très-naturelle de Végétaux monocotylédones à étamines périgynes, remarquables, et par l'élégance de leur forme , la variété de structure de leurs organes, et les services nombreux qu'ils rendent aux habitans des contrées où ils croissent. Les anciens botanistes désignaient tous les Palmiers sous le nom général de *Palma*, et en faisaient un genre unique. Linné le premier commença à les distinguer, et en forma dix genres , auxquels il donna les noms de *Chamærops*, *Borassus*, *Corypha*, *Cycas* , *Cocos* , *Phœnix* , *Areca* , *Elate* , *Zamia* et *Caryota*. De ces dix genres deux doivent être portés ailleurs ; savoir : *Cycas* et *Zamia* qui constituent la famille des Cycadées , laquelle forme le passage entre les Monocotylédones et le Dicotylédones. Les huit autres genres contenaient chacun une espèce seulement. Plus tard il forma deux autres genres qu'il nomma *Calamus* et *Elais*. Dans son *Genera Plantarum* , Jussieu mentionne quatorze genres de Palmiers, savoir : les dix établis par Linné, auxquels il ajoute le *Nipa* de Rumphius , le *Licuala* de Thunberg , le *Latania* de Commerson , et le *Mauritia* de Linné fils. Le nombre des Palmiers s'est ensuite accru par le grand nombre de voyages faits dans presque toutes les contrées du globe, à la fin du dernier siècle et au commencement de celui-ci. Mais l'étude de ces Végétaux présente les plus grandes difficultés. Tous à l'exception d'un seul sont étrangers à l'Europe; ce sont, pour la plupart, de très-grands Arbres, dont les fleurs et les fruits ne se développent que tout-à-fait au sommet, et sont par conséquent difficiles à atteindre. Ils croissent souvent au milieu des forêts vierges, dans les endroits les plus

fourrés ; un grand nombre d'espèces sont dioïques. De toutes ces difficultés il résulte que les Palmiers , jusqu'en ces derniers temps , étaient fort incomplétement connus. On possédait dans les collections un assez grand nombre de fruits, mais fort souvent on manquait de détails précis sur la patrie, la forme des feuilles , et sur tous les autres caractères des espèces auxquelles ils appartiennent ; et bien qu'on cultive un assez grand nombre de Palmiers dans nos serres, ils y végètent si difficilement, qu'à peine compte-t-on quelques espèces qui y fleurissent et dont les fruits parviennent à leur maturité. La famille des Palmiers était donc du petit nombre de celles dont on ne peut bien faire l'histoire que dans les lieux mêmes où ils croissent. Le professeur Martius de Munich, qui a récemment parcouru la plus grande partie des provinces du Brésil, vient d'entreprendre une histoire complète de la famille qui nous occupe. Il a publié , en avril 1824 , un tableau de tous les genres de cette famille connus jusqu'à présent, et dont il porte le nombre à environ cinquante. Déjà quatre fascicules contenant 107 planches grand in-folio, ont paru de son Histoire des Palmiers du Brésil , auxquels il joint souvent quelques espèces recueillies dans d'autres parties de l'Amérique méridionale. Comme ce grand et bel ouvrage est sur le point d'être achevé, il est à désirer que Martius le complète en y joignant l'histoire de tous les autres Palmiers de l'Inde et de l'Afrique. Cet ouvrage, vivement attendu par tous les naturalistes , remplirait un vide immense dans l'Histoire de la Science des Végétaux. Après avoir tracé les caractères de la famille des Palmiers , nous exposerons ensuite la méthode de classification des genres telle qu'elle a été adoptée par le savant professeur de Munich.

Les Palmiers sont tantôt de grands et beaux Arbres, dont la hauteur atteint et surpasse quelquefois cent pieds; d'un port tout particulier; tantôt, mais plus rarement, ils forment de petits Arbustes, quelquefois tout-à-fait dépourvus de tige et dont toutes les feuilles partent d'une sorte de plateau qui surmonte la racine. Quelques espéces par leur tige grêle ressemblent à des Graminées gigantesques. Leur tige, qui a reçu les noms de stipe, de fronde ou de tige à colonne, est généralement simple, dressée, cylindrique, nue excepté à son sommet où elle est couronnée par une énorme touffe de feuilles. Cette tige, dépourvue de véritable écorce, mais présentant l'empreinte des feuilles qui l'ont successivement formée par leur agglutination, offre une organisation intérieure que nous avons déjà fait connaître au mot MONOCOTYLÉDONS. Les feuilles naissent toutes du sommet de la tige; elles sont généralement très-grandes, pétiolées, tantôt simplement pinnées ou digitées, tantôt décomposées, toujours persistantes pendant plusieurs années, et les folioles qui les composent sont roides et coriaces. Les fleurs sont tantôt hermaphrodites, tantôt et plus souvent unisexuées, dioïques ou polygames : elles forment généralement de vastes grappes rameuses, désignées sous le nom de régimes et qui, avant leur épanouissement, sont renfermées dans de grandes spathes coriaces et quelquefois ligneuses, monophylles ou polyphylles; d'autres fois les fleurs forment de simples épis ou des chatons. Le périanthe est à six divisions disposées sur deux rangées, l'une interne et l'autre externe, de sorte qu'il paraît y avoir un calice et une corolle qui persistent. Les trois divisions extérieures sont généralement plus courtes et plus larges; les trois intérieures plus grandes sont souvent soudées par leur base et représentent une corolle monopétale à trois divisions. Les étamines sont au nombre de six dans la plupart des genres; cependant on en compte quelquefois un plus grand nombre ou bien seu-

lement trois dans quelques genres. Ces étamines sont tantôt libres et tantôt monadelphes, insérées à la base du périanthe et opposées à ses divisions. Dans les fleurs hermaphrodites ou femelles on trouve un seul ou trois pistils distincts. Dans le premier cas le pistil unique est tantôt formé de la réunion de trois pistils uniloculaires et monospermes, qui se sont plus ou moins intimement soudés, en sorte qu'il présente trois loges monospermes; tantôt deux des pistils ont avorté, et celui qui reste est à une seule loge et à un seul ovule. Chaque pistil est terminé à son sommet par un style simple et par un stigmate plus ou moins allongé. L'ovule renfermé dans chaque ovaire naît du fond de la loge. Le fruit est une drupe charnue ou fibreuse et coriace, contenant un noyau osseux, très-dur, à une ou trois loges monospermes; la graine, outre son tégument propre, se compose d'un endosperme ordinairement cartilagineux, marbré et comme cérébriforme intérieurement, quelquefois charnu et offrant intérieurement une cavité centrale ou latérale, souvent remplie d'un liquide mucilagineux. L'embryon est monocotylédon, très-petit relativement à la masse de l'amande, cylindrique ou déprimé, contenu horizontalement dans une petite fossette latérale de l'endosperme, et plus ou moins éloigné du hile ou point d'attache de la graine.

Dans son énumération des genres qui composent cette famille, le professeur Martius les a divisés en six sections naturelles, dont il a tiré les principaux caractères des spathes polyphylles ou monophylles, de l'ovaire simple ou au nombre de trois et de la nature du fruit. Nous allons faire connaître ces sections et les genres qui y ont été rapportés :

1ere. Section. — SABALINÉES.

Plusieurs spathes incomplètes; ovaire triloculaire; baie ou drupe contenant d'une à trois graines.

* Feuilles pinnatifides.

Chamœdorea, Willd.

** Feuilles palmées.

Thrinax, L., Supp. *Sabal*, Adans., *Licuala*, Rumphius.

2. Section. — CORYPHINÉES.

Plusieurs spathes incomplètes ; trois pistils soudés par leur côté interne, mais un seul parvenant à maturité par l'avortement des deux autres ; baie ou drupe monosperme.

* Feuilles pinnatifides.

Morenia, Ruiz et Pavon.

** Feuilles flabelliformes.

Rhapis, Aiton, *Chamœrops*, L., *Livistona*, Rob. Brown, *Corypha*, L., *Taliera*, Martius.

*** Feuilles pinnées.

Phœnix, L.

3. Section. — LÉPIDOCARYÉES.

Plusieurs spathes incomplètes ; fleurs disposées en chatons ; ovaire triloculaire ; baie monosperme et écailleuse.

* Feuilles flabelliformes.

Lepidocaryum, Martius, *Mauritia*, L., Suppl.

** Feuilles pinnées.

Calamus, L., *Sagus*, Rumph., *Nipa*, Thunb.

4. Section. — BORASSÉES.

Plusieurs spathes incomplètes ; fleurs disposées en chatons ; ovaire à trois loges ; baie ou drupe contenant trois graines.

* Feuilles flabelliformes.

Borassus, L., *Lodoicea*, Labill.

** Feuilles pinnées.

Latania, Commers., *Hyphœne*, Gaertn.

5. Section. — ARÉCINÉES.

Point de spathe ou une ou plusieurs spathes complètes ; ovaire à trois loges ; baie monosperme.

* Point de spathe.

Leopoldinia, Martius.

** Une ou plusieurs spathes.

A. Feuilles pinnatifides.

Hyospathe, Martius, *Geonoma*, Willd.

B. Feuilles pinnées.

Psychosperma, Labill., *Kunthia*, Humb., *Areca*, L., *Oenocarpus*, Martius, *Euterpe*, Gaertner, *Seaforthia*, R. Brown, *Iriartea*, Ruiz et Pavon, *Wallichia*, Roxburgh.

c. Feuilles bipinnées.

Caryota, L.

6. Section. — COCOINÉES.

Une ou plusieurs spathes complètes ; ovaire à trois loges ; drupe contenant une ou trois graines.

* Feuilles pinnées.

†† Drupe monosperme.

A. Stipe épineux.

Desmonchus, Martius, *Elœis*, Jacquin., *Bactris*, Id., *Guilielma*, Mart., *Acrocomia*, Id., *Martinezia*, Ruiz et Pavon, *Astrocaryum*, Meyer.

B. Stipe non épineux.

Syagrus, Martius, *Elate*, Aiton, *Cocos*, L., *Jubœa*, Humb., *Maximiliania*, Mart., *Diplothemium*, Id.

†† Drupe à trois graines.

Attalea, Humb., *Areng.*, Labill.

** Feuilles simples.

Manicaria, Gaertn.

Les Palmiers sont les plus beaux ornemens de la végétation intertropicale. En effet, ce sont les régions tropicales qui peuvent être considérées comme le berceau et la véritable patrie de ces Végétaux intéressans. Selon la remarque du professeur Martius, dans l'hémisphère boréal, ils ne dépassent pas le trente-cinquième degré, tandis qu'ils descendent jusqu'au quarantième dans l'hémisphère austral. Chaque espèce de Palmier a en général ses limites fixes, au-delà desquelles on la voit rarement s'étendre. Aussi dans chaque partie du globe trouve-t-on des espèces particulières de Palmiers, qui forment en quelque sorte un des caractères de sa végétation. Cependant un petit nombre d'espèces, surtout parmi celles qui croissent sur les bords de la mer, paraissent en quelque sorte cosmopolites; tels sont, par exemple, le Cocotier, le *Borassus*, l'*Acrocomia sclerocarpa*, et quelques autres. Le professeur de Munich estime qu'il n'existe pas moins de mille espèces différentes de Palmiers dans toutes les régions du globe où ces Végétaux peuvent croître, non pas qu'on en connaisse déjà un nombre aussi considérable, mais il espère que les recherches plus exactes des voyageurs les feront facilement découvrir. Quelques Palmiers croissent dans les lieux humides, sur le bord des sources et des fleuves; d'autres se plaisent sur les plages sablonneuses et maritimes; quelques-uns préfèrent les vastes plaines et y vivent soit isolés, soit réunis en société; enfin plusieurs croissent sur les montagnes plus ou moins élevées.

Cette famille renferme des Végétaux non-seulement très-remarquables par la beauté, l'élégance de leurs formes, mais de la plus haute importance pour les services nombreux qu'ils rendent aux habitans des contrées où ils croissent. Plusieurs même sont des Arbres de la première nécessité et dont les fruits sont l'aliment presque exclusif de certains peuples. Ainsi les fruits du Dattier pour les habitans de tout le bassin méridional et occidental de la Méditerranée, le Cocotier, le Chou palmiste pour les habitans de l'Inde, de l'Amérique et des îles de l'océan Pacifique, sont un aliment aussi abondant que nécessaire; on mange aussi les fruits de l'*Areca*, de l'*Elate*. Plusieurs espèces de cette famille fournissent une fécule amilacée, très-pure, connue sous le nom de Sagou, et que l'on tire principalement du *Sagus farinacea*, du *Phœnix farinacea*, etc.; d'autres un principe astringent, une sorte de sang

dragon, comme le *Calamus Rotang*. Quelques-uns fournissent de l'huile grasse, comme l'*Elœis guineensis*. Enfin ces Arbres offrent encore aux habitans des régions équatoriales des bois de construction pour leurs maisons, de larges feuilles pour les recouvrir, des fibres résistantes pour faire des lignes et des filets. La sève d'un assez grand nombre d'espèces est susceptible de passer à la fermentation spiritueuse et donne par la distillation une liqueur alcoholique.

Envisagée sous le rapport botanique, la famille des Palmiers constitue un groupe parfaitement distinct par son port et la structure de son périanthe et celle de sa graine. Elle se rapproche des Graminées par plusieurs caractères extérieurs, mais c'est avec la famille des Joncées qu'elle a les rapports les plus intimes, surtout avec les genres *Xerotes* et *Flagellaria*. Mais néanmoins les caractères que nous avons indiqués précédemment suffisent pour les en distinguer.
(A. R.)

PALMIPÈDES. ZOOL. En Mammalogie, Illiger a donné ce nom à un groupe assez naturel qu'il composait des Castors et du Myopotame; mais dans un sens plus général on désigne par ce mot tous les Animaux dont les pieds sont palmés, c'est-à-dire chez lesquels les doigts sont réunis entre eux par une membrane. Tels sont les Crocodiles et un grand nombre de Chéloniens et de Batraciens, parmi les Reptiles; les Phénicoptères, les Canards, les Mouettes, les Cormorans et une foule d'autres parmi les Oiseaux; les Loutres, les Phoques et plusieurs autres genres parmi les Mammifères. Le nom de Palmipèdes s'applique le plus ordinairement aux groupes que nous venons de désigner, c'est-à-dire aux Animaux aquatiques des trois classes supérieures; et il conviendrait également aux Poissons qui presque tous sont véritablement palmés, et même à quelques Animaux qui, bien loin de fréquenter les eaux, vivent habituellement sur les Arbres ou dans les cavernes. Tels sont, parmi les Mammifères, les Galéopithèques et les Chauve-Souris : celles-ci ne diffèrent en effet des Quadrupèdes et des Oiseaux désignés ordinairement sous le nom de Palmipèdes, que par l'immense étendue de leur palmature. Réciproquement, parmi les Animaux aquatiques on connaît quelques genres chez lesquels il n'existe aucune trace de membrane entre les doigts; tels sont, parmi les Reptiles, les Tupinambis; et cependant quelques-uns de ces Lézards nagent avec la plus grande facilité, se tiennent le plus souvent dans l'eau, et se laissent même fréquemment pêcher comme des Poissons, ainsi que nous l'avons remarqué, dans le grand ouvrage sur l'Égypte, à l'égard de l'espèce du Nil.   (I. G. ST.-H.)

En ORNITHOLOGIE, Temminck appelle Palmipèdes, le quinzième ordre de sa méthode, dont les caractères sont : bec de forme variée; pieds courts, plus ou moins retirés dans l'abdomen; doigts antérieurs à moitié garnis de membranes découpées ou totalement enveloppées par ces membranes qui comprennent aussi quelquefois le pouce; ordinairement celui-ci est articulé intérieurement sur le tarse; plusieurs genres en sont dépourvus. Habitans des mers, des fleuves ou des marais, les Palmipèdes ne les quittent que pour se retirer sur les rives qui les baignent, et dont ils s'écartent bien rarement pour se hasarder dans l'intérieur des terres ; il en est même qui n'y pénètrent jamais ; vivant presque continuellement à la surface des eaux, ils ne viennent à terre que pour y déposer leurs œufs et les couver. Les uns sont doués de la faculté de voler et de nager avec une égale vitesse, d'autres plongent et nagent avec la même facilité entre deux eaux, comme à la surface. Presque tous se nourrissent de Poissons, de Mollusques et de Vers; ils établissent leurs nids dans

des trous, sur les rochers, au milieu des Joncs et des broussailles marécageuses, et quelquefois tout simplement sur la grève; quelques-unes, malgré la palmature de leurs pieds, s'établissent au sommet des Arbres sur lesquels il n'est pas rare de les voir perchés. Tous ont le plumage épais et serré; les plumes sortent d'un duvet extrêmement moelleux que les arts ont su mettre à profit pour la confection de certaines fourrures très-recherchées. Dans la plupart des genres de cet ordre, la mue est double et la robe des femelles très-différente de celle des mâles. Pendant les deux ou trois premières années, les jeunes ont aussi un plumage incertain qui, au premier abord, rend assez embarrassante la division des sexes. On trouve des Palmipèdes sur tous les points du globe. (DR..Z.)

PALMISTE. ZOOL. On a donné ce nom à un Ecureuil, à un Oiseau du genre Tachyphore de Vieillot, ainsi qu'aux larves d'une grosse espèce de Coléoptère du genre Calandre. *V.* tous ces mots.   (B.)

PALMISTES. BOT. PHAN. *V.* AREC. On ne voit pas pourquoi ce nom a été déplacé pour désigner le genre *Chamœrops* dans le Dict. de Levrault.
(B.)

PALMO – PLANTAIRES. MAM. (Storr.) *V.* PALMAIRES.

* PALMULAIRE. *Palmularia.* POLYP. FOSS. Nom donné par Defrance à un genre nouveau de Polypiers fossiles, qu'il caractérise de la manière suivante : corps fixé, solide, plat, linéaire, uni sur l'une de ses faces; l'autre garnie de côtes arrondies, partant du centre et allant se terminer obliquement sur les bords. Une seule espèce compose ce genre, *Palmularia Soldanii*, Defr., Dict. Ce sont de petits corps d'environ deux lignes de longueur, sur moins d'une ligne de largeur, planes, lisses sur une face, élargis d'un bout. L'une des faces est couverte d'environ vingt à trente petites côtes, partant d'un

centre commun, comme les nervures d'une feuille ; ils sont du reste pleins, solides et sans pores. On les a trouvés dans la falunière d'Orglandes, département de la Manche. (A. R.)

PALMYRE. *Palmyra*. ANNEL. Savigny a décrit sous ce nom (Syst. des Annel., p. 16) un genre de sa famille des Aphrodites dans l'ordre des Néréidées, dont les caractères sont : le manque des écailles dorsales ; cirres tentaculaires au nombre de cinq dont la paire externe est plus grande ; une seule paire d'yeux et des mâchoires demi-cartilagineuses ; point de tentacules à l'orifice de la trompe. La seule espèce décrite par Savigny est la Palmyre aurifère, *Palmyra aurifera*, Savig., *loc. cit.*, qui a été observée sur les côtes de l'Ile-de-France. Son corps, composé de trente anneaux et de trente paires de pates, est obtus à ses deux extrémités ; ses branchies sont à peine visibles ; les soies qui naissent en faisceaux sur les rames dorsales, sont plates, recourbées en palmes voûtées, et brillantes d'un éclat métallique. *V*. APHRODITES.

(A. R.)

* PALOEOBALISTUM. POIS. On lit dans le T. IX, p. 70., du Dictionnaire de Levrault, que les Fossiles vulgairement appelés Yeux de Serpens ont le plus grand rapport avec les plaques maxillaires du *Sparus auratus* ou de l'*Anarrhicas Lupus*, mais que « M. de Blainville pense qu'on pourrait plutôt les rapporter à celles d'une espèce de Poisson fossile trouvée au mont Bolaca, et auquel il a donné le nom de *Palœobalistum*. » Dans ce même ouvrage où le professeur Blainville paraît étendre sa suprématie sur le règne animal, ce savant n'a pas traité de son Palœobalistum, qu'il reste conséquemment à faire connaître, pour qu'on puisse juger de la solidité de son opinion sur les Yeux de Serpens. (B.)

PALOMBE. *Palumba*. OIS. *V*. PIGEON.

PALOMET. BOT. CRYPT. Ce qui

signifie petite Palombe dans le patois du département des Landes où l'on appelle ainsi un petit Agaric que Thore a décrit dans sa Chloris des Landes, et qui est l'un des mets les plus agréables que puisse offrir la classe entière des Champignons. On le nomme aussi Palomette. (B.)

PALOMMIER. BOT. PHAN. *V*. GAULTHERIE.

* PALOMYDES. INS. *V*. MYODAIRES.

PALOURDE. CONCH. Nom vulgaire de diverses grosses Coquilles bivalves, en diverses parties de la France ; sur les côtes océanes, c'est le *Cardium rusticum*. Dans le midi, ce sont les *Unio*. (B.)

PALOURDE. BOT. PHAN. Variété de Courge qu'on donne aux bestiaux en quelques cantons de la France. (B.)

* PALOVE. *Palovea*. BOT. PHAN. C'est un genre de Plantes de la famille des Légumineuses et de l'Ennéandrie Monogynie, L., établi par Aublet (Guian., 1, p. 365, t. 141) pour un petit sous-Arbrisseau originaire des lieux humides de la Guiane, et qu'il nomme *Palovea guianensis* ; sa tige est grêle et peu rameuse ; ses feuilles alternes, simples, à peine pétiolées, elliptiques, oblongues, acuminées, entières, glabres et coriaces. Les fleurs sont grandes, terminales, rarement axillaires, réunies en petit nombre ; elles sont purpurines, à filamens cramoisis ; chacune d'elles est accompagnée d'une écaille concave ; et en outre d'un involucre ou calicule extérieur monophylle, bifide et recouvrant la base du véritable calice. Celui-ci est tubuleux, verdâtre, presque cylindrique, divisé supérieurement en quatre lobes allongés, obtus et réfléchis ; le supérieur et l'inférieur sont plus grands que les deux latéraux. La corolle se compose de cinq pétales, savoir : trois plus grands, dont un supérieur, dressé, allongé, le plus grand ; les deux inférieurs sont extrêmement petits, à

peine visibles et ont jusqu'ici échappé à l'attention de tous les observateurs qui ont décrit la corolle comme formée de trois pétales seulement. Les étamines au nombre de neuf sont très – longues , insérées ainsi que la corolle , à la gorge du calice ; les filets sont distincts, capillaires et presqu'égaux ; les anthères obtuses à leurs deux extrémités sont comme transversales. L'ovaire est longuement pédicellé à sa base, recourbé , et décliné , terminé par un style capillaire et devenant très-long et par un stigmate capitulé. Le fruit est une gousse plane , allongée, aiguë , contenant un petit nombre de graines.   (A. R.)

PALPES. INS. *V*. BOUCHE.

PALPEURS. *Palpatores*. INS. Tribu, auparavant famille, de l'ordre des Coléoptères , section des Pentamères , famille des Clavicornes , établie par Latreille , et qu'il caractérise ainsi (Fam. Nat. du Règn. Anim.) : tête ovoïde , dégagée ou séparée du corselet par un étranglement ; extrémité antérieure du corselet rétrécie et plus étroite que la tête ; palpes maxillaires toujours renflés vers leur extrémité , très-saillans et de la longueur au moins de la tête ; abdomen ovalaire ou subovoïde , embrassé inférieurement par les élytres ; antennes presque filiformes ou grossissant insensiblement vers leur extrémité , plus ou moins coudées ; palpes labiaux courts ; leur dernier article (mastige) ou celui des maxillaires (scydmène) très-petit, pointu. Ces Insectes sont de petite taille ; on les trouve dans les lieux humides, sous la pierre ou dans les herbes. Cette tribu comprend deux genres. *V*. MASTIGE et SCYDMÈNE.   (G.)

PALPICORNES. *Palpicornes*. INS. Famille de l'ordre des Coléoptères , section des Pentamères , établie par Latreille et ainsi caractérisée par ce savant (Fam. Nat., etc.) : antennes composées de six ou neuf articles , insérées dans une fossette profonde , sous les bords latéraux et avancés de la tête, se terminant par une massue perfoliée ou solide , guère plus longues ou même plus courtes que les palpes maxillaires ; menton grand en forme de bouclier ; palpes maxillaires longs. Plusieurs de ces Insectes vivent dans l'eau ; ils ont pour cela des pieds natatoires et leurs tarses paraissent n'avoir que quatre articles , le premier étant très-court et souvent peu distinct ; en général ces Coléoptères , quand ils sont dans l'eau , ne laissent paraître que leurs palpes, qui sont si longs qu'on les prendrait pour des antennes ; au contraire quand ils sortent de l'eau , leurs palpes sont cachés sous la tête , et alors les antennes sont mises en avant et semblent leur servir à toucher les corps environnans et à diriger leur marche. Latreille divise cette famille en deux tribus. *V*. les mots HYDROPHILIENS et SPHÉRIDIOTES.

     (G.)

PALQUIN. BOT. PHAN. (Feuillée.) Nom de pays du *Budleja globosa*. *V*. BUDLEIE.   (B.)

PALTORIA. BOT. PHAN. Ruiz et Pavon , dans leur Flore du Pérou et du Chili , ont décrit et figuré sous ce nom générique une Plante qui a été réunie au genre *Ilex* par Jussieu et par tous les auteurs modernes. *V*. HOUX.   (G..N.)

PALUDAPIUM. BOT. PHAN. (Tabernæmontanus.) Syn. d'*Apium graveolens* , L. *V*. ACHE.   (B.)

* PALUDELLA. BOT. CRYPT. (*Mousses.*) Ce genre a été créé par Bridel qui y rapporte le *Bryum squarrosum* de Linné ; il lui donne les caractères suivans : urne terminale ; péristome double, l'externe composé de seize dents lancéolées , aiguës ; l'interne formée par une membrane divisé en seize dents courtes , séparées par un point proéminent ; la coiffe est inconnue , mais se fend latéralement comme dans les vrais *Bryum*, dont ce genre diffère à peine ; en effet il ne s'en distingue que par la brièveté des divisions de son péristome interne et

par l'absence des cils de ce péristome, caractères qui le rapprochent surtout des *Pohlia*. Plusieurs auteurs confondent ce genre ainsi que plusieurs autres avec les *Bryum;* c'est l'opinion des muscologistes anglais ; les botanistes allemands au contraire, qui en général subdivisent davantage les genres, admettent assez généralement le genre *Paludella*. On ne connaît, jusqu'à présent, qu'une seule espèce de ce genre, *Paludella squarrosa* de Bridel (*Bryum squarrosum*, L., Hedv., Spec. Musc., t. 44, fig. 6-11; *Hypnum Paludella*, Web. et Mohr); c'est une Mousse assez grande, à tige droite, peu rameuse, à feuilles ovales, pointues, étalées ou réfléchies, dentelées vers leur extrémité; l'urne est terminale, oblongue, penchée, portée sur une soie assez longue. Elle croît dans les marais du nord de l'Europe, en Suède, en Laponie, en Russie et dans le nord de l'Allemagne. (AD. B.)

* PALUDINE. *Paludina*. MOLL. Les anciens conchyliologues avaient séparé, avec quelque exactitude, les Coquilles terrestres de celles qui vivent dans l'eau. Les divisions d'Aristote reposaient même sur l'habitation, ce qui a été long-temps imité par le plus grand nombre des auteurs, et entre autres par le célèbre Lister. Cet auteur, cependant, n'a point séparé les Paludines de ses autres Buccins fluviatiles. Ce genre doit être attribué à Guettard. Il l'a proposé sous les noms de Vigneau, Demoiselle, Limaçon, Vivipare, Fluviatile, dans son Mémoire intitulé: Observations qui peuvent servir à former quelques caractères de Coquillages, publié le 29 mai 1726, parmi les Mémoires de l'Académie des Sciences, p. 152. Ce qui est remarquable, c'est qu'à cette époque Guettard donna l'exemple, bien rare avant lui, et long-temps négligé après lui de tirer les caractères du genre d'après les Animaux; cette méthode si naturelle parut oubliée, car jusqu'à Linné, nous ne comptons guère qu'Adanson

et Geoffroy qui l'aient suivie ; mais ce dernier est le seul qui, sous le nom de Vivipare à bandes, ait parlé d'une espèce de Paludine qu'il a laissée dans son genre Nérite. Linné, on ne sait pourquoi, confondit le genre de Guettard avec les Hélices, ce qui établissait des rapports évidemment faux. Müller ne fit pas la même faute, et se rapprocha davantage de la vérité, en rangeant les Paludines dans son genre Nérite; au moins n'est-ce pas comme dans Linné un mélange de Coquilles terrestres et fluviatiles. Si Bruguière n'a pas placé les Paludines dans son genre Bulime, d'autres ont eu soin de le faire, et nous pouvons citer Poiret. On ne sait, lorsque Cuvier et Lamarck publièrent leurs premiers travaux, quelle a été l'opinion de ces deux savans sur ce genre, puisqu'on ne le trouve nulle part mentionné clairement. Draparnaud, conduit par la seule analogie des Coquilles, se laissa entraîner hors des principes qu'il s'était tracés, et revint à l'idée de Linné en confondant les Paludines avec des Coquilles terrestres, les Cyclostomes. L'opinion de Draparnaud fut la seule adoptée jusqu'en 1808, que Cuvier publia son Mémoire sur la Vivipare d'eau douce, Mémoire où les faits anatomiques démontrent la nécessité de séparer dans deux genres distincts les Cyclostomes terrestres des fluviatiles. Aussi, bientôt après, Lamarck proposa, dans sa Philosophie Zoologique, le genre Vivipare qu'il plaça dans sa famille des Orbacées, entre les Cyclostomes et les Planorbes. L'année suivante, Montfort adopta le genre Vivipare dans sa Conchyliologie systématique, et ce ne fut qu'un peu plus tard que Lamarck changea la dénomination de Vivipare en celle de Paludine, et après une étude plus approfondie, changea avantageusement les rapports de ce genre en l'associant aux Valvées et aux Ampullaires dans la famille des Péristomiens. Cuvier (Règne Animal) ne suivit pas l'exemple de Lamarck, mais conséquent avec les conclusions de son Mémoire anatomique que nous avons déjà cité , il plaça les Paludines dans sa grande famille des Pectinibranches dans le genre Sabot, et seulement à titre de sous-genre entre les Valvées et les Monodontes, tout près des Cyclostomes. Cette opinion de Cuvier, toute juste qu'elle est, pouvait recevoir d'heureuses modifications en admettant des rapports que ce savant n'avait pas appréciés, tel que celui des Ampullaires, par exemple, qui est si naturel. Lamarck l'indiqua le premier , comme nous l'avons vu , et le conserva dans son dernier ouvrage où on retrouve la famille des Péristomiens composée comme dans l'Extrait du Cours.

La première modification que nous rencontrons dans les auteurs qui suivirent Cuvier, est celle de Gray (Classification naturelle des Mollusques) qui , pour les divisions des Pectinibranches de Cuvier, se servant judicieusement de l'opercule, arrive à des coupes fort naturelles, et celle des Paludines, la quatrième de l'ordre , se rapproche de l'arrangement de Lamarck , puisqu'elle renferme les Paludines et les Ampullaires. Vient ensuite l'opinion de Férussac, imitée en partie de Cuvier. Les Paludines, dans les Tableaux de cet auteur, sont placées en tête des Pectinibranches dans la première famille du premier sous-ordre , avec les genres Turritelle, Vermet, Valvée et Natice , séparées des Ampullaires et dans une série qui ne nous semble pas fort naturelle. Le genre Paludine se trouve divisé par Férussac en cinq sous-genres dont les rapports ne paraissent pas mieux justifiés que ceux qui rassemblent les genres de la famille où se rencontrent celui-ci. Le premier sous-genre contient les Paludines proprement dites, c'est-à-dire les espèces que Lamarck a décrites lui-même dans son genre Paludine ; le second renferme les Mélanies ; le troisième le genre Omphémis de Rafinesque, qui est encore très-incertain ; le quatrième contient le genre Risso qui est marin ; et le cinquième enfin qui est marin ; et le cinquième enfin

est proposé par Férussac sous le nom de Littorine pour la plupart des petites espèces , soit lacustres , soit des eaux saumâtres. Les Mélanies et les Risso sont des genres suffisamment distincts pour qu'ils soient séparés des Paludines. Le genre Omphémis étant incertain, on trouve le sous-genre Littorine qui peut rester, mais suivant notre opinion seulement, à titre de sous-division dans le genre. Si l'on adoptait celle de Blainville, on conserverait le genre Littorine comme établissant le passage entre les Paludines et les Mélanies. Dans le dernier ouvrage du savant que nous venons de citer, les Paludines font partie de la famille des Cricostomes (*V*. ce mot au Supp.), dans laquelle ne se trouvent pas les genres qui ont beaucoup d'analogie avec les Paludines ; savoir : les Littorines et les Ampullaires ; aussi cet arrangement, certainement peu naturel, a été contredit par Blainville lui-même à l'article *Paludine* du Dictionnaire des Sciences Naturelles , puisqu'il dit (T. XXXVII, p. 301) : « Ce genre n'est pas aussi facile à séparer des Ampullaires que des Cyclostomes, et l'on peut même à peu près assurer qu'ils devront être réunis, tant il y a de ressemblance entre l'Animal et l'opercule. Il n'y a donc que la forme plus ventrue et ombiliquée de la coquille qui puisse servir à distinguer les deux genres dont les Animaux ont, du reste, les mêmes habitudes, et vivent également dans les eaux douces. L'opinion que Blainville manifeste ici, et qui est la mieux fondée, est, nous le répétons, en contradiction avec la méthode où l'on voit les Paludines et les Ampullaires dans deux familles différentes.

Latreille (Familles Naturelles du Règne Animal) imita à peu près Férussac, car sa famille des Péristomiens , divisée en deux sections, renferme les genres Paludine et Valvée dans la première, et dans la seconde les genres Vermet, Dauphinule et Scalaire. Les Ampullaires sont aussi rejetées dans la famille suivante.

L'organisation des Paludines a été le sujet d'une dissertation de Lister qui a développé assez bien l'anatomie de ces Animaux, en y laissant cependant plus d'une lacune que Swammerdam lui-même ne put remplir. Cuvier, dans son savant Mémoire inséré parmi ceux du Muséum, donna le premier une anatomie complète de ce genre. Nous ne répéterons pas ce que ce savant anatomiste a dit de ce genre curieux, sous le rapport de l'organisation, parce que cela est connu de tous les naturalistes. Il en est fort peu qui n'aient eu l'occasion de l'étudier par eux-mêmes, les Paludines étant répandues dans presque toutes les rivières de France, et les grandes espèces dans les fleuves et les grandes rivières. Les Paludines sont particulières aux régions tempérées du globe dans les pays chauds ; elles sont remplacées par les Ampullaires, et cela dans les deux continens. Voici les caractères que l'on peut assigner à ce genre : Animal spiral ; le pied trachélien ovale, avec un sillon marginal antérieur ; tête proboscidiforme ; tentacules coniques, obtus, contractiles, dont le droit est plus renflé que le gauche et percé à sa base pour la sortie de l'organe excitateur mâle ; yeux portés sur un renflement formé par le tiers inférieur des tentacules ; bouche sans dents, mais pourvue d'une petite masse linguale hérissée ; anus à l'extrémité d'un petit tube au plancher de la cavité respiratoire ; organes de la respiration formés par trois rangées de filamens branchiaux et contenus dans une cavité largement ouverte, avec un appendice auriforme inférieur à droite et à gauche ; sexes séparés sur les individus différens ; l'appareil femelle se terminant par un orifice fort grand dans la cavité branchiale ; l'organe mâle cylindrique très-gros, se renflant quand il est rentré ; le tentacule droit et sortant par un orifice situé à la base ; coquille épidermée, conoïde, à tours de spire arrondis ; le sommet mamelonné ; ouverture arrondie, ovale, plus longue que large, anguleuse au sommet ; les deux bords réunis, tranchans, jamais recourbés en dehors ; opercule corné, appliqué, squammeux, ou à élémens imbriqués ; le sommet subcentral.

On connaît déjà un assez grand nombre d'espèces de ce genre à l'état fossile, quoique Defrance n'en ait signalé que cinq dans son Tableau des corps organisés fossiles. Nous pourrions, aux quinze espèces que nous avons décrites dans notre ouvrage des Environs de Paris, en ajouter autant au moins de diverses autres localités, soit de France, d'Allemagne ou d'Italie. Quant aux espèces vivantes, elles paraissent moins nombreuses, à en juger au moins d'après ce qui existe dans nos collections.

PALUDINE VIVIPARE, *Paludina vivipara*, Lamk., Anim. sans vert. T. VI, p. 173, n. 1; *Helix vivipara*, L., Gmel., p. 3646, n. 105; *Nerita vivipara*, Müll., Verm., p. 182, n. 370; *Cyclostoma viviparum*, Drap., Mollusq. terrestr. et fluviat., pl. 1, fig. 16; Lister, Conchyl., tab. 126, fig. 26 ; Favanne, Conchyl., pl. 61, fig. D, 9.

PALUDINE AGATHE, *Paludina achatina*, Lamk., *ibid*, n. 2; *Nerita fasciata*, Müll., Verm., p. 182, n. 369; *Helix fasciata*, L., Gmel., p. 3646, n. 106; Encyclop., pl. 458, fig. 1, a, b. Elle se trouve avec la précédente dans la Seine et les eaux douces du Midi.   (D..H.)

PALUMBA. OIS. *V*. PALOMBE.

PALYTHOÉ. *Palythoa*. POLYP. Genre de l'ordre des Alcyonées dans la division des Polypiers sarcoïdes, ayant pour caractères : Polypier en plaque étendue, couverte de mamelons nombreux, cylindriques, de plus d'un centimètre de hauteur, réunis entre eux; cellules isolées, presque cloisonnées, longitudinalement et ne contenant qu'un seul Polype. Sous cette dénomination Lamouroux a cru devoir distraire du genre Cahotique des Alcyons deux productions marines figurées et décrites par Solander et Ellis, comme faisant partie de ce dernier genre et que les auteurs n'en ont point distingué non plus. Ces Polypiers composés de mamelons de deux à trois lignes de diamètre sur cinq à sept lignes de hauteur, forment des nappes ou croûtes peu considérables recouvrant les corps marins; les mamelons sont réunis et adhèrent ensemble presque jusqu'à leur extrémité qui est saillante et percée au centre d'une ouverture arrondie ou étoilée; l'intérieur des mamelons est creux et les parois sont marqués en dedans de dix à douze lames saillantes, longitudinales. Desséchés, leur couleur est d'un gris terreux et leur consistance analogue à celle de la plupart des Alcyons desséchés. Les Animaux ne sont pas connus. Les espèces de ce genre adhèrent sur les rochers des côtes des Antilles. Ce sont les *Palythoa stellata* et *ocellata*.   (E. D..L.)

PAMBORE. *Pamborus*. INS. Genre de l'ordre des Coléoptères, section des Pentamères, famille des Carnassiers, tribu des Carabiques abdominaux, établi par Latreille et adopté par tous les entomologistes. Dejean, dans le Species des Coléoptères de sa collection, caractérise ainsi ce genre : tarses semblables dans les deux sexes; dernier article des palpes fortement sécuriforme; corselet presque cordiforme; élytres en ovale allongé. Ce genre se distingue des Tefflus, Procères, Carabes et Calosomes, par les mandibules qui, dans ceux-ci, n'ont pas de dents notables au côté interne; les Cychres, Scaphinotes et les Sphérodères de Dejean, s'en éloignent parce que leurs élytres sont carénées latéralement et qu'elles embrassent l'abdomen, ce qui n'a pas lieu dans les Pambores; la tête des Pambores est assez allongée, plane en dessus, et rétrécie postérieurement; la lèvre supérieure est bilobée à peu près comme dans les Carabes; les mandibules sont peu avan-

cées, très-courbées, et très-fortement dentées intérieurement; le menton est assez grand, presque plan, rebordé, et légèrement échancré en arc de cercle; les palpes sont très-saillans; leurs premiers articles vont un peu en grossissant vers l'extrémité; les antennes sont filiformes, et un peu plus courtes que la moitié du corps; le corselet est assez grand; les élytres sont un peu convexes; les pates sont à peu près comme celles des Carabes; mais les jambes antérieures sont terminées par deux épines un peu plus fortes, surtout l'intérieure, et l'échancrure entre les deux épines se prolonge un peu sur le côté interne; les tarses sont semblables dans les deux sexes. On ne connaît encore qu'une seule espèce de ce genre; c'est :

Le PAMBORE ALTERNANT, *Pamborus alternans*, Latr., Eucycl. Méth., t. 8. p. 678, n. 1; Ins., Dej., Species des Col. T. II, p. 19. Cet Insecte est long de treize lignes et large de quatre lignes trois quart. Il est noir avec les côtés du corselet d'un bleu violet; les élytres sont sillonnées, et d'une couleur bronzée foncée; les sillons sont coupés par des impressions transverses et présentent chacun une rangée de tubercules ou de graines élevées. On trouve ce bel Insecte à la Nouvelle-Hollande.   (G.)

PAMEA. BOT. PHAN. *V*. PAMIER.

PAMET. MOLL. Nom qu'Adanson (Voy. au Sénég., pl. 18) a donné à une Coquille de son genre Telline; genre qui correspond en tout aux Donaces des auteurs (*V*. ce mot). Gmelin a confondu cette Coquille avec le *Donax rugosa*, mais c'est une espèce distincte; Lamarck la nomme Donace allongée, *Donax elongata*.   (D..H.)

PAMIER. *Pamea*. BOT. PHAN. Aublet (Plantes de la Guiane, p. 946, tab. 359) a décrit sous le nom de PAMIER DE LA GUIANE, *Pamea guianensis*, un Arbre de la Polygamie

Monœcie, L., qui croît dans les forêts de la Guiane, et qu'il dit avoir beaucoup de rapports avec le *Catappa* de Rumph (*Herb. Amboin.*, vol. 1, tab. 68), et l'*Adamaram* de Rhéede (*Hort. Malab.*, vol. 4 , tab. 3 et 4), Plantes dont Linné a fait une espèce de *Terminalia.* D'après une note d'Aublet ajoutée à la fin de sa description , où il est dit que l'on cultive le même Arbre à l'Ile-de-France, sous le nom de Badamier, Lamarck a proposé, dans l'Encyclopédie, de réunir le *Pamea guianensis* au *Terminalia mauritiana;* mais il nous semble qu'on a mal interprété la note en question. Elle se rapporte à l'Arbre des Moluques , et non à celui de Cayenne. En conséquence le *Pamea*, quoique peut-être congénère du *Terminalia mauritiana*, n'est probablement pas identique avec lui. Les différences de patrie autorisent notre soupçon. En attendant qu'on ait une nouvelle description du *Pamea*, voici en abrégé celle qu'en a laissée Aublet : le tronc de cet Arbre s'élève à plus de trente pieds ; il est composé d'un bois blanc cassant, revêtu d'une écorce grisâtre, lisse et gercée. Son sommet se divise en branches dont les unes sont droites, les autres inclinées, presque horizontales, s'étalant au loin et en tous sens. Ces branches se subdivisent en petits rameaux ; elles portent des nœuds espacés et garnis de plusieurs rangs de feuilles, placées très-près les unes des autres. Celles-ci sont entières, oblongues, ovales, lisses, vertes, ondulées sur les bords et terminées en pointe. Elles sont très-grandes , pétiolées et partagées par une nervure médiane, saillantes en dessous. Les fleurs n'ont pu être observées. Chaque fruit est attaché au calice qui est divisé en trois parties larges et obtuses; c'est une baie oblongue et triangulaire , épaisse , renfermant une amande oblongue, dicotylédone et comestible. Les fruits sont ramassés en grappes portées sur de longs pédoncules axillaires.   (G..N.)

PAMPA. mam. Syn. de Pajeros , espèce du genre Chat. *V.* ce mot. (B.)

PAMPELMOUSSE. bot. phan. Pour Pamplemousse. *V.* Oranger.
(B.)

PAMPHALÉE. bot. phan. *V.* Panphalée.

PAMPHILIE. *Pamphilus.* ins. Genre de l'ordre des Hyménoptères, section des Térébrans, famille des Porte-Scies, tribu des Tenthrédines, établi par Latreille, et ayant pour caractères : labre caché ou peu saillant; antennes de seize à trente articles, simples dans les deux sexes; tête grande , paraissant presque carrée vue en dessus; mandibules grandes, arquées, croisées, terminées par une pointe forte, avec une entaille et une dent robuste au côté interne; ailes supérieures ayant deux cellules radiales fermées, dont la première presque demi-circulaire, et trois cellules cubitales complètes , dont la seconde et la troisième reçoivent chacune une nervure récurrente; abdomen parfaitement sessile; celui des femelles ayant une tarière composée de deux lames dentelées en scie, et reçue dans une coulisse de l'anus.

Les Pamphilies se distinguent des Cimbex , Tenthrèdes , Hylotomes , Lophires et autres genres voisins , parce que ceux-ci ont le labre apparent, ce qui n'a pas lieu dans les premiers. Les Mégalodontes, qui ont le labre caché comme les Pamphilies, s'en distinguent par leurs antennes qui sont en scie ou en peigne. Les Céphus ont les antennes plus grosses vers le bout et leur tarière est saillante, caractère qui sépare aussi des Pamphilies les genres Xièle et Xiphydrie. Le corps des Pamphilies ressemble beaucoup à celui des Tenthrèdes, il est peu allongé; la tête est très-grande, large et très-obtuse en devant; les ailes sont grandes relativement au corps; l'abdomen est déprimé , et les jambes postérieures épineuses sur les côtés.

Ces Hyménoptères ont été distingués des Tenthrèdes par Linné qui les a placés dans une division particulière de ce genre. Après que Latreille eut donné à ces Insectes le nom de Pamphilie, Fabricius leur substitua celui de Lyda qui a été adopté par Klug, dans les Actes des curieux de la nature, et par Lepelletier de Saint-Fargeau, dans sa Monographie des Tenthrédines. Jurine a aussi établi ce même genre sous le nom de *Cephaleia* en y réunissant les Mégalodontes de Latreille. Le genre Pamphilie est nombreux en espèces, mais toutes sont assez rares. Latreille pense que la durée de leur vie est très-courte.

Les mœurs et les métamorphoses de quelques espèces de ce genre ont été étudiées par Frich, Bergman et Degéer. Les larves diffèrent des autres fausses chenilles, parce qu'elles n'ont point de pates membraneuses, et que leur derrière est terminé par deux espèces de cornes pointues. Les trois premiers anneaux du corps portent chacun deux parties coniques et écailleuses, analogues aux pates écailleuses des chenilles, mais qui sont presque inutiles dans le mouvement, de manière que Bergman dit que ces larves sont dépourvues de pates. Le corps de ces fausses chenilles est allongé et nu. Leur premier anneau a, de chaque côté, une plaque écailleuse, et en dessous, deux autres plaques, mais plus petites et noires. La tête a quatre petits palpes coniques dont les extérieurs ou les maxillaires plus grands, et une filière placée à l'extrémité de la lèvre inférieure. Les mandibules sont fortes. On voit deux petites antennes saillantes, de figure conique, terminées en pointe fine, de huit pièces, ce qui distingue encore ces larves de celles des Insectes des autres genres de la famille. Ces fausses chenilles se trouvent sur divers Arbres fruitiers; celles qui vivent sur l'Abricotier en lient ensemble les feuilles avec de la soie blanche et les mangent. Chacune d'elles se file en outre une petite demeure particulière, un tuyau de soie proportionné à la grosseur du corps, et tous

ces tuyaux sont renfermés dans le paquet des feuilles. Ces larves ne marchent pas; c'est par des mouvemens de contraction qu'elles parviennent à avancer, elles s'appuient aux parois de leur tuyau pour exécuter ce mouvement. Quand elles veulent aller plus loin, elles sont obligées de filer pour allonger leur tuyau, afin de n'en pas sortir et de trouver toujours un point d'appui. Une des particularités les plus remarquables de leur allure, c'est qu'elles sont toujours placées sur le dos lorsqu'elles veulent changer de place ou glisser en avant ou en arrière. Si l'on retire une de ces fausses chenilles de son nid, et qu'on l'abandonne à elle-même sur une feuille, elle se pose sur le dos et commence à tendre tout autour de son corps des arcs de soie, qu'elle fixe contre le plan de position; elle construit ainsi une voûte soyeuse dans laquelle elle peut se glisser en se contractant. Quelquefois ces fausses chenilles se laissent glisser à terre en se tenant à une soie qu'elles filent instantanément: ceci n'a rien d'extraordinaire, mais c'est leur manière de remonter qui est remarquable et mérite l'admiration. La fausse chenille qui veut monter à l'endroit qu'elle a quitté, se courbe et applique sa tête au milieu du corps pour y attacher le bout du fil auquel elle est suspendue; là, elle s'entoure d'une ceinture et d'une boucle de la même matière: son corps glisse en avant dans cette ceinture, de sorte qu'au lieu d'embrasser son milieu, cette boucle de soie se trouve maintenant près de son derrière. Elle a soin de ne pas tirer tout-à-fait son corps hors de la ceinture puisqu'elle doit en faire un point d'appui. Sa tête étant portée le plus haut qu'il est possible, elle se fixe, et fait une manœuvre semblable à la précédente. C'est dans la terre que ces fausses chenilles se cachent pour se transformer. On trouve une autre chenille du même genre sur le Poirier; elle vit en société et a été connue par Réaumur. Le genre Pamphilie est nombreux en espèces. Le

Pelletier de Saint-Fargeau en décrit trente-sept dans sa Monographie des Tenthrédines. Nous citerons parmi ces espèces :

Le PAMPHILIE DES PRÉS, *Pamphilius pratensis*, Latr., Encycl., n. 9; *Lyda pratensis*, Lepell. de St.-Farg., Monog. *Tenthr.*, p. 10, spec. 27; *Lyda vafra*, Fab., *Tenthredo vafra*, L., *Tenthredo pratensis*, Fabr.; *Tenthredo stellata*, Christ. Hymén., p. 453, t. 51, fig. 4; Schœff., *Icon. Ins.*, t. 42, vol. VIII, IX. Noire; antennes, pates et des taches diverses sur la tête et sur le corselet, jaunes;

bords de l'abdomen fauves; ailes transparentes. Cette espèce se trouve en Allemagne. On en trouve d'autres espèces aux environs de Paris, mais elles sont très-rares; nous citerons les suivantes : *Pamphilius erythrocephalus, punctatus, Geoffroyi, varius, sylvaticus, betulœ*, etc.　　(G.)

PAMPLEMOUSSE. BOT. PHAN. *V.* ORANGER.

PAMPRE. BOT. PHAN. On désigne vulgairement sous ce nom les rameaux de la Vigne chargés de feuilles et de fruits.　　(A. R.)

FIN DU TOME DOUZIÈME.

ERRATA.

—

Page 312, colonne 1re, ligne 32, *au lieu de* interne, *lisez :* externe

Page 315, colonne 2e, ligne 44, *au lieu de* séparés, *lisez :* distinct

Page 317, colonne 1re, ligne 45, *au lieu de* formée, *lisez :* fermée

Page 319, colonne 1re, ligne 16, *après* canal, *ajoutez :* guttural

Page 322, colonne 1re, ligne 5, *au lieu de* cinquième paire, après, *lisez :* cinquième paire. Après

    Ibid.,   *ibid.*, ligne 7, *au lieu de* mastoïdien. Le nerf facial, *lisez :* mastoïdien, le nerf facial

Page 326, colonne 2e, ligne 14, *après* mouvemens, *ajoutez :* du marteau

    Ibid.,   *ibid.*, ligne dernière, *au lieu de* diverses, *lisez :* directes